Gesamtverzeichnis des deutschsprachigen Schrifttums (GV) 1700 – 1910

Bearbeitet unter der Leitung von
Hilmar Schmuck und Willi Gorzny
Bibliographische und redaktionelle Beratung:
Hans Popst und Rainer Schöller

73

Kart - Kea

K · G · Saur München · New York · London · Paris 1983

CIP-Kurztitelaufnahme der Deutschen Bibliothek

Gesamtverzeichnis des deutschsprachigen Schrifttums :
(GV). – München, New York, London, Paris : Saur.
Bd. 1 – 6 bearb. unter d. Leitung von Peter Geils
u. Willi Gorzny.
ISBN 3-598-30000-X

1700 – 1910 / bearb. unter d. Leitung von Hilmar
Schmuck u. Willi Gorzny. Bibliograph. u. red.
Beratung: Hans Popst u. Rainer Schöller

NE: Schmuck, Hilmar [Bearb.]

73. Kart - Kea. - 1983.

Techn. Realisierung und Druck: Norbert Gärtner, Mainz-Kastel
Binden: Karl Schaumann, Darmstadt
Printed in the Federal Republic of Germany
ISBN 3-598-30000-X (Gesamtwerk)

Kart, kilka, z krwawego rocznika. 16. (26 S.) Leipzig 864, Brockhaus' Sortiment und Antiquarium. *

Kärtchen der Umgebung von Bern mit Distanzenzeiger. 1 Bl. 4, *zus.-gefaltet in Umschlag* 8. Bern, Hans Koerber. [fr. —. 50]
Titel auf dem Blatt: Excursionskarte von Bern. Massstab 1:200.000. 186/193 mm. Graph. Kunstanst. (*5. Aufl.:* H. & A.) Kümmerly & Frey, Bern. Verlag von Hans Koerber, Bern. — *Rückseite des Blattes bedruckt (Distanzenzeiger).*
5. verbesserte Aufl. 1906. — 6. verbesserte Aufl. 1907.

Karte von Aarau und Umgebung, nach Michaelis. Zu militärischen und Excursionszwecken veröffentlicht. Massstab 1 : 50,000. Aarau, H. R. Sauerländer. 1881.
Auf Leinw. aufgezogen in Taschenformat 2 —

Karte enthaltend die Abgangszeit und Ankunftszeit sämmtlicher Briefe, Fracht, Personen-Fußboten etc. etc. in den Herzogtümern Schleswig-Holstein und Lauenburg. Entw. v. Christian L. Evers im Mai 1845. o. O. Lithogr. 1 Bl. Groß-Fol., 100/67 cm, aufgez. auf Leinen.

Karte von Afghanistan und den angrenzenden Gebieten [mit Benützung von A. Petermann's Karte von Iran und Turan]. Ausg. I. 1 : 2,550,000. Chromolithogr. Mit beigedruckten statist. Daten. Imp.-Fol. Wien 878, Hartleben's Verlag.

— dass. — Ausg. II. 1 : 5,000,000. Chromolithogr. qu. gr. Fol. Ebendas. 878.

— der Schwäbischen Alb und des oberen Donauthals. 1 : 200,000. Lithogr. Imp.-Fol. Ebendas. 879. *
Auf Leinw. **

Karte der Alpen aus G. Mayr's Atlas der Alpenländer zusammengestellt und vollständig umgearbeitet. 8 colorierte Blätter. Massstab 1 : 450 000 Fol. Gotha (1871—1872).

Karte der West-Tiroler und Engadiner Alpen. Bearbeitet unter Mitwirkung des Deutschen und Oesterreichischen Alpenvereins. 1 : 250 000. Frankfurt a. M. 1 Bl. c. L. NC.

Karte von Alsen und Sundewitt. 3. verb. Aufl. 1 : 80000. Hamburg. o. J. 1 Bl. 36/39 cm.

Karte des Eisenbahn-Directions-Bezirks Altona. 1:1 000 000. (Altona.) Ausgegeben im December 1890. Farbendr. 1 Bl. Imp.-Fol., 80/67 cm.

Karte des Ammer- und Würmseegebietes. Hrsg. vom topogr. Bur. d. K. Bayer. Gen.-Stabes. Maßst. 1 : 100,000. *München: Th. Riedel (1903).* (1 Kartenbl. 44×48 cm.) 8° [03. 6848

Amtliche **Karte** zur Baupolizeiordnung des Regierungs-Präsidenten in Potsdam v. 22. Aug. 1898 f. Charlottenburg, Plötzensee u. f. d. Gemeinden Rummelsburg, Lichtenberg, Stralau, Deutsch-Wilmersdorf, Schöneberg, Tempelhof, Rixdorf u. Treptow, soweit diese innerhalb d. Ringbahn liegen, u. z. Baupolizeiordng f. d. Stadtkreis Berlin v. 15. Aug. 1897 m. Angabe d. Bau-Inspektionsgrenzen. Im Auftr. d. Kgl. Regierg bearb. u. hrsg. v. Jul. Straube. Verh. 1 : 17777. 8 farbig ... *Berlin: J. Straube 1898.* (32 S., 1 Ktnbl. ≡) 1 Bd 8. [98. 11014

Karte zur Anfertigung statistischer Uebersichten nach Schmitt's Statistik des österreich. Kaiserstaates. Lithogr. qu. 4. Mit 1 Bl. Text. Wien 860, [Gerold's Sohn.] Thlr. *

Karte zur Anfertigung statist. Uebersichten nach Schmitt's Statistik des österr. Kaiserstaates. gr. 4. 7" h. 10½" br. Wien, Tendler & Comp. 1860. 10 kr.

Karte des Kreises Angermünde. Masst. 1 : 100,000. *Berlin: M. Pasch [1901]; Geogr. Inst. W. Greve.* (1 Kartenbl. 55×49 cm.) quer-gr. 2° [kol.]

Karte vom Fürstenthum Ansbach oder Onolzbach, oder Burggrafthum unterhalb des Gebürges. Berlin 1792. 1 Bl. c. K. v.

Antiquarische Karte der friesischen Norder- und Strander-Harden, oder der Wieding- u. Böckingharde wie sie 1240 und später waren, sammt der Insel Nordstrand und deren Resten, wie selbige von J. Meier um 1240 u. 1649 angegeben, und von anderen 1870 gefunden worden. Entw. v. Christian Peter Hansen. 1: 120 000. (Hamburg?) 1872. Lithogr. 1 Bl. Fol., 48,2/38 cm.

Antiquarische Karte der Insel Sylt. Entw. 1866 v. Christian Peter Hansen. 1 : 78 000. Garding. o. J. Lithogr. 1 Bl. Fol., 47/33,5 cm. Zusammengefaltet in Umschlag. 8°.

Karte der Arlbergbahn und Rheinthalbahn. Lith. In-Fol. Zürich, Orell Füssli & Cie. 1893.
In Carton 8 —

— über den Ausfall der am 21. Februar 1887 erfolgten deutschen Reichstagswahlen. Leipzig, Ruhl, 1887. qu.-Fol. (M. 0,30.)

— für sämmtliche Ausflüge der Umgebung von Wien und Graz, den Semmering, die steyrischen Alpen und die Westbahn. 1 : 374,400. Fol. Wien 868, Hölder. In Carton *

Karte von Aussee und Umgebung nebst einem kurzen Wegweiser für die Besucher des Curortes. 1871, und [Neue Ausg.] gr. 8. (IV, 26 S. mit 1 lithogr. Karte in Fol.) Wien 878, Braumüller. *

Karte von Aussee und Umgebung. Nebst einem genauen Verzeichniss der Wohnungen, Bade-Einrichtungen, Aemter, Tarife, Fahrpläne, Verbindungen etc. 3. Aufl. Lithogr. Imp.-Fol. Mit Text. 8. (27 S.) Wien 878, Braumüller. *

Karte für Auswanderer nach Amerika, nebst Angabe der wichtigsten Münzen, Maaße und der bedeutendsten Reise-Routen. 16. (8 S. mit 1 lithogr. und ill. Karte in gr. 4.) Berlin 850, Adolf und Comp.

Karte von dem Grossherzogth. Baden bearb. auf dem Karten-Bureau des Gr. Generalquartiermeisterstabs 1848. Massstab 1:400,000 Verjüngung. Imp.Fol. Lith. (Karlsruhe 850, Braun.) n. ⅔ ß

Karte von dem Grossherzogth. Baden bearb. von der topogr. Abtheilung des grossh. Generalstabs. 1 : 400,000. Fol. Carlsruhe 868, Braun'sche Hofbuchh. **

Karte von dem Grossherzogthum Baden, bearb. von der topographischen Abtheilung des Grossh. Generalstabs. 1: 400 000. o. O. (1876. 1878 u. 1879.) Lithographie. 1 Bl. Fol., 67/62,3 cm.

Karte des Großherzogtums Baden. Maasst. 1 : 400,000. *Karlsruhe: J. Bielefeld [1903].* (1 Kartenbl. 46×67 cm.) 8° [kol.] [03. 10391

Karte von Baden und Umgebung. Für Touristen von G. Freytag. Massstab 1 : 25.000. Wien. Leipzig. Freytag & Berndt. 45×47 *cm* in Umschlag. K 1.—

Karte der hervorragendsten Bäder und Luft-Curorte von Mittel-Europa und ihrer Eisenbahn-Verbindungen. 1 : 4300000. Mit Ortsverzeichniss 12. Wien, Hartleben's Verlag, 1881. qu.-Fol. Lith. u. kol. (1 M.) . . . . (Br. Mus.)

Karte der Balkan-Halbinsel in 46 Bl. Aus der General-Karte von Central-Europa. Hrsg. vom K. K. militärisch-geographischen Institut. 1 : 300 000. Wien 1880 —. c. L. Ff. u. Sch.

[Umschlagt.:] A. Hartleben's Karte des Kriegsschauplatzes 1897. **Karte** der Balkan-Halbinsel u. d. angrenzenden Gebiete. Nach d. neuesten Quellen bearb. Massstab 1 : 1,600.000. In fünffachem Farbendr. ... *Wien, Pest, Leipzig: A. Hartleben (1897).* (1 Ktnbl. ≡) 1 Bd 8. [97. 3110

Karte der Balkanhalbinsel und der angrenzenden Gebiete. 1 : 1,600.000. 62×69 *cm.* In Farbendruck gefalzt in Umschlag K 1.20
Wien: Hartleben 1908.

Karte der Balkan Halbinsel und der angrenzenden Gebiete.
1:1,600.000. Ausgabe 1909 gefalzt in Umschlag K 1.20
Wien: Hartleben.

Karte, balneologische, von Deutschland. Lithogr. und ill. Imp.-Fol. Mit Text: Verzeichniss der Mineralbäder, Molken- und Trauben-Curorte etc. Deutschlands und der Grenzgebiete mit Angabe der Lage, des chem. Charakters, der Bodenbeschaffenheit etc. (56 S. in 8.) München 865, Gummi. cart. * —

—— balneologische, von Deutschland und den angrenzenden Landestheilen, mit Berücksichtigung der Seebäder, Kaltwasser-, Molken-, Traubenkuranstalten und Fichtennadelbäder. Lithogr. Fol. (Mit 16 S. Text in gr. 16.) Berlin 855, Gebr. Scherk. *

Karte, Balneologische, von Deutschland u. den angrenzenden Landestheilen. Mit Berücksichtigung der Seebäder, Kaltwasser-, Molken-, Traubenkuranstalten und Fichtennadelbäder. Berlin, Gebr. Scherk, 1856. Fol. Lith. (1/2 Rt.)

Karte von Basel und seinen Umgebungen. 4. Aufl. gr. Fol. Basel, Amberger. 1877. 4. —

Karte von Basel und seinen Umgebungen. 1 : 100 000. Basel (1889). 1 Bl. L. Ff.

Karte von Basel und seinen Umgebungen. Maassstab 1:100,000. Ausg. 1891. Tondruck und kolor. Gr. in-fol. Basel, Amberger's Verlag. 3 —; auf Leinwd. 4 —

Karte von Basel u. s. Umgebungen. 1 : 100,000. Neue Aufl. m. Ergänzgn. bis März 1898. 54,5 × 50,5 cm. Lith. u. kolor. Basel, H. Ambergers Verl. 3 —: auf Leinwd. 4 —

— von Bayern. qu. gr. 4. Kpfrst. u. col. Nürnberg 850, Sera & Co. 3 ngr; mit Distanzangaben 1/4 ℔

Charte vom Königr. Bayern. Nach den vorzüglichsten Hilfsmitteln neu gez. u. hrsg. Imp. Fol. Kpfrst. u. col. Nürnberg 852, Beyerlein. 16 ngr

Karte von Baiern, Tirol und Schwaben, mit einem grossen Theil von Böhmen, Osterreich, Salzburg, Steiermark, Kärnten und Krein. Wien, Artaria & Co. ... 6 Bll. (Br. Mus.)

Bentheographische Karte des Meeres zwischen Tenedos und dem Festlande (entw. v. P. W. Forchhammer), gez. v. G. Haase. Kiel. 1856. Lithographie. 1 Bl. Fol., 31,6/25,5 cm.

Karte (amtliche), der Stadt Bergedorf. Nach der Vermessung von D. A. Schubert im J. 1871 hrsg. von der Bau-Deputation. 1:4000. Lithogr. Imp.-Fol. Hamburg 875, (Meissner und Behre.) *

Karte von den gesammten Bergwerksbesitzungen aller in der Grafschaft Mansfeld pp. bauenden Gewerkschaften auf Kupferschiefer.

Karte von Berlin und Umgebung in 12 Blättern. 1 : 50000.
1. Nauen.
2. Oranienburg.
3. Bernau.
4. Freienwalde.
5. Potsdam.
6. Berlin.
7. Köpenick.
8. Strausberg.
9. Werder.
10. Zossen.
11. Königs-Wusterhausen.
12. Fürstenwalde.

(Berlin: Kgl. Preuß. Landesaufnahme 1904)

Karte und Beschreibung des Fahrwassers von der Mündung der Elbe bis Cuxhaven. Hamburg 1815. 8°.

Karte zur Beschreibung des Regierungs-Bezirks Posen. Posen. 1 Bl. c. I..

Karte, Bibliopolische, von Deutschland. Leipzig, C. A. Eyrand, 1846 ...

Karte des Kreises Biedenkopf (Reg.-Bez. Wiesbaden). Massst.: 1:100,000. *Marburg: N. G. Elwert 1901.* (1 Kartenbl. 35×07 cm.) 8° [Umschlagt.]

Karte von Bielefeld und Umgegend. Bielefeld: A. Helmich [1899]. (1Kartenbl. 53x65 cm.) quer-gr. 2°

Karte von der königl. Oberförsterei Biesenthal. 1:50,000. Lithogr. qu. gr. Fol. Eberswalde 877. Ritter. *

Karte vom Kreis Bitterfeld im Reg.-Bez. Merseburg. 1 : 100,000. Fol. Eisleben 868. Reichardt. *

[Umschlagt.:] Karte von Blasewitz, Loschwitz, und Umgebung ... Massstab 1 : 10000 ... *Dresden-Blasewitz: Th. Schuberth [1897].* (1 Bl., 1 Ktnbl. ...) 1 Bd 8. [97. 3411

Karte des Bodensees. Maasstab 1 : 200,000. Lith. folio. Tübingen, Fues. 1879. — 80
auf Leinwand gez. 1 60

Karte des Bodensees mit Umgebung. Massstab 1:200000. Hrg. von dem K. Württ. Statistischen Landesamt. 1 Bl. quer-fol., *in Umschlag* 8. Stuttgart, Komm. H. Lindemann, 1903. M. 1.20

Titel auf dem Blatt: Bodensee mit Umgebung. Hrg. von dem Königl. Württ. Statistischen Landesamt. Massstab = 1:200000. 447/592 mm. Zusammengestellt aus den Blättern Tuttlingen und Ravensburg der Generalkarte des Königreichs Württemberg i. M. 1:200000.

Karte des Bodensees und seiner Umgebung. Ulm, H. Müller. [1859?] . . . (Br. Mus.)

Karte vom Königr. Böhmen nach der neuesten Eintheilung und Bezeichnung der 89 Bezirke in Farben ausgeführt nebst den sämmtlichen bestehenden, in Bau begriffenen und projectirten Eisenbahnen. Fol. Prag 869. Silber und Schenk *

Karte des Königreiches Böhmen nach den neuesten und besten vorhandenen Hilfsmitteln entworfen. Prag, bei Marco Berra 1854. (1 Bl. 12" hoch, 15" breit, auf Kupfer gest. mit Zeichenerklärung, politisch-gerichtlicher Eintheilung und dem Landeswappen.)

Karte der Sudetenländer Böhmen, Mähren und Schlesien.
1:1,500.000 gefalzt K —.12
Wien: Freytag & Berndt 1910.

[Umschlagt.:] Karte des Nördlichen Böhmerwaldes. Im Masse 1:75.000. Hrsg. v. k. u. k. militär-geogr. Inst. in Wien ... *Wien: Comm.-V. R. Lechner [1896].* (A. T.: Mapa severní části šumavy ...) (1 Ktnbl. ...) 1 Bd 8. [96. 7373

Karte vom holsteinischen Amte Bordesholm. Entw. und gez. v. Franz Geerz. 1: 120 000. Kiel. 1842. Kupferstich, kol. 1 Bl. 4°, 40/31,5 cm. Mit 1 Nebenkärtchen: Die Vogtei Sachsenbande.
Dass, schwarz.
Dass, physisch kol.

Karte von Bosnien, der Herzegovina und Rascien. (Von Roskiewics.) 1:1,152,000. Revid. Ausg. Fol. Leipzig 875, Brockhaus. *

Karte von Bosnien, Serbien und Montenegro nebst anschließenden Ländern. 1:1,000.000 gefalzt K 2.—
Wien: R.Lechner 1909.

Karte, botanische. 4 Bl. Imp.-Fol. Weimar 841—43, Landes-Industrie-Comptoir. à Bl. $22\frac{1}{2}$ Ngr. Hrbges. Pr. à
Nr. 1. Das Pflanzenreich nach Jussieu.
- 2. Das Pflanzenreich nach Linné.
- 3. Synoptische Uebersicht der Acotyledonen oder Blüthenlosen-Pflanzen. Plantae Acotyledones s. Cryptogamae. Die Genera nach Endlicher. (Mit vielen Abbildgn.)
- 4. Synopt. Uebersicht der Monocotyledonen oder Einsamenlappigen-Pflanzen. Plantae Monocotyledones.

[Umschlagt.:] **Karte** von Bozen-Gries-Meran ... (Maassst.: 1:200,000). *Berlin: A. Goldschmidt 1898.* (1 Ktnbl. $\frac{2}{2}$) 1 Bd 8.
(Griebens Reisebücher.) [98. 9894

— der Provinz Brandenburg. Hrsg. von dem K. Preuss. Generalstabe. Maasstab 1 : 100,000. Sect. 21. Fürstenberg. Sect. 22. Magdeburg. Sect. 23. Gardelegen. Sect. 24. Guben. Sect. 25. Guben. Sect. 26. Fürstenwerder. Sect. 27. Muskau. Sect. 28. Putlitz. Sect. 29. Rheinsberg. Sect. 30. Templin. Sect. 31. Wittstock. Sect. 32. Hoyerswerda. Sect. 33. Mühlberg. Sect. 34. Ortrand. Sect. 35. Luckau. Sect. 36. Dobrilugk. Sect. 37. Alt Dobern. Sect. 38. Beskow. Sect. 39. Lubben. Sect. 40. Buckow. Sect. 41. Frankfurt. Sect. 42. Freienwalde. Sect. 43. Torgau. Fol. Lith. Berlin 847—51, Schropp & Co. Sect. 21—31 : à n. $16\frac{3}{4}$ ngr 32—34 : à n. $\frac{1}{3}$ ß 35—43 : à n. $16\frac{3}{4}$ ngr (1—43 : n. $23\frac{1}{3}$ ß)

Karte der Bezirkshauptmannschaft Braunau. Masstab 1 : 75.000. „Beilage zur Braunauer Heimatskunde". Laut Erlass des k. k. Landesschulrathes in Prag vom 24. October 1894, Zahl 34 581, zum Unterrichtsgebrauche an Volks- und Bürgerschulen mit deutscher Unterrichtssprache zugelassen. Trautenau. [1899.] Lorenz. 38×45 cm. Gefalzt fl. —.10

Karte des Rheinischen Braunkohlenreviers, mit Angabe der Grenzen sämtlicher Konzessionen. Hrsg. vom Verein für die Interessen der Rheinischen Braunkohlenindustrie. 1 : 12 500. Köln, 1900—1902.

Karte des Herzogthums Braunschweig. Bestellbezirke der Landes-Postanstalten. Braunschweig 1867. 1 Bl. c. L.

Karte zu den Brigademanövern der VIII. Division — [der] Schweizerische[n] Armee — 1906. 1 : 25,000. Überdruck [aus den Blättern] 254, 255, 256, 257, 267, 268 [des Topographischen Atlas Siegfried]. 1 Bl. fol., *zus.-gefaltet mit Titel* 8. [Bern,] Schweiz. Landestopographie, 1906. *Aufdruck:* fr. 2. —
Titel auf dem Blatt: Buchs-Sargans. Masstab 1 : 25 000. 730/650 mm. Schweizerische Landestopographie, Bern. Ueberdruck 1906.

[**Karte.**] Provinz Posen. Karte vom Regierungsbezirk Bromberg und den angrenzenden Gebieten. 1 : 300 000. Berlin u. Glogau 1908. 8°.

Karte des Bezirkes Bruck an der Leitha. 1 : 150.000
Wien: Freytag & Berndt 1907. K —.20

Karte des Bezirkes Bruck an der Leitha. 1 : 150.000
Wien: Freytag & Berndt 1909.

Karte der k. k. Bezirkshauptmannschaft Brünn mit den Bezirksgerichten: Brünn, Tischnowitz und Eibenschitz. Aufgespannt in Mappe oder mit Rollen 10.—
Brünn: Winiker 1889.

Karte der deutschen Bucht der Nordsee. 2 Bll. Berlin, Admiralität, 1889. (HC.)

Karte der **Lübecker Bucht** und der Trave bis Lübeck. Gez. v. **Fink.** (1 : 60000). Lübeck. 1860. Lithographie. 1 Bl. Imp.-Fol., 88.5/67 cm.
Auf dem untern Drittel: Die Trave von Lübeck bis zur Schlutuper Wyck. (1 : 16000.)
Mit Ansichten des Holsteinischen Ufers und der Leuchtthürme in Travemünde und Neustadt.

Karte der Bukowina oder Czernowitzer Kreis des Königreiches Galizien. Nach den zuverlässigsten Quellen bearbeitet und entworfen. (1 : 288 000.) Lemberg, Czernowitz: Winiarz 1842.

Karte des Herzogtums Bukowina. (1 : 288.000.) Lemberg, Czernowitz: Winiarz 1855.

Karte des Herzogthums Bukowina. Bearbeitet von k. k. Oberlieutenant E. Fischer. Massstab 1 : 600.000 Lithogr. Farbendruck. Gr.-4.
Czernowitz: Pardini 1896. —.10

Karte von Bulgarien mit Ostrumelien und türk. Thrakien. 1 : 864.000. 82×61 *cm* K 2.20
Wien: Artaria 1903.

— des norddeutschen Bundes nach den Friedensschlüssen von 1866. Norddeutschland, Niederlande und Belgien. M. 1 : 3 000 000 d. nat. Gr. Darmstadt, Koehler's Verl. qu. Fol. Chromolith. (6 Sgr.)

— von den Süddeutschen-Bundes-Staaten von R(ühle) v. L(ilienstern). Nach den besten Hülfsquellen neu bearb. im Jahre 1849. gr. Fol. Lith. u. color. Berlin 849. D. Reimer. n. $\frac{1}{3}$ ß

Karte vom Cavalese-Borgo. 1 : 200.000 K —.20
Bozen: Deutsche Buchhdlg. 1906.

Karte von Coburg und Umgegend. Massst.: 1 : 150000. *Coburg: E. Riemann jr.; (Dr. v. H. Petters in Hildburghausen) [1896].* 1 Bl. 2. ($\frac{1}{1}$) 97. 3569

[Umschlagt.:] A. Hartleben's Karte des Kriegsschauplatzes 1898. **Karte** von Cuba. Nach d. neuesten u. besten Quellen bearb. Massst.: 1 : 1,500,00. ... In fünffachem Farbendr. ... *Wien, Pest, Leipzig: A. Hartleben [1898].* (1 Ktnbl. $\frac{1}{1}$) 1 Bd 8. [98. 3556

Karte des Königreiches Dalmatien, der Reichsländer Bosnien und Herzegowina. 1 : 2,000.000 K —.12
Wien: Freytag & Berndt 1910.

— von Dänemark u. der Herzogthümer Schleswig, Holstein u. Lauenburg. Fol. Lith. u. col. Erfurt 848, Bartholomäus. $\frac{1}{6}$ ß

Karte des Stadt- und Landkreises Danzig im Reg.-Bez. Danzig. 1 : 100,000. Hrsg. von der kartogr. Abtheilung der königl. preuss. Landesaufnahme 1875. Aufgenommen vom königl. preuss. Generalstab 1862, 1864 und 1867. Lithogr. und color. Imp.-Fol. Berlin 876, (Schropp'sche Landkartenh.) **

Karte der deutschen und franz. Denkmäler und Kriegergräber auf den Schlachtfeldern um Metz. 11. Aufl. Metz o. J. 8°.

— von Deutschland; nach den vorzüglichsten Hülfsmitteln bearbeitet u. den neuesten politischen Veränderungen eingerichtet. Prag, Berra. Fol. ($\frac{1}{3}$ Rt.)

Karte von Deutschland. Leipzig, Schreiber's Erben, 1825. Fol. ($\frac{1}{3}$ Rt.)

Karte von Deutschland. 24 Blätter in Kpfrst. Wien, Artaria u. Co., 1828. Imp.-Fol. (8 Rt.)

Karte von Deutschland. Mit allen Eisenbahnen. Zittau, Schreibers Erben, 1848. Kupferst. u. kolor. Fol. ($\frac{1}{4}$ Rt.)

— von Deutschland. Mit allen Eisenbahnen. Fol. Kpfrst. u. col. Zittau 849, Schreiber's Erben. $\frac{1}{4}$ ß

— von Deutschland. Sect. Cassel. qu. Fol. Lith. u. color. Magdeburg 851, Kägelmann. n. $\frac{1}{3}$ ß (s.: Platt, A., Karte v. Mittel-Europa.)

Karte von Deutschland. (Tapetenwandkarte.) In Buntdruck. Carlsruhe, Macklot, 1872. 3 Bll. Imp.-Fol. . . . . (Br. Mus.)

— von Deutschland [Mittel-Europa] nebst Angabe der Eisenbahnen. Nach den besten Hülfsmitteln bearb. Chromolith. Dresden, Tittel & Wolff, 1866. Imp. 4.

Karte von Deutschland, nach den Armeecorps des Deutschen Bundesheeres, nach den in den Grundzügen der Militärverfassung ausgesprochenen Bestimmungen. Carlsruhe, Braun, 1820. Fol. Kolor. (½ Rtlr.)

—— von Deutschland mit besonderer Berücksichtigung der fahrbaren und projectirten Eisenbahnen. Leipzig (1840). . . . . (BC.)

—— von Deutschland nach der gegenwärtigen Eintheilung in 4 Blättern entworfen. Augsburg, Walch. Imp. Fol. Kol. (¾ Rtlr.)

—— von Deutschland und den angrenzenden Ländern. M. 1:2500000. Berlin, Schropp. [1866?] . . . . (Br. Mus.)

—— von Deutschland und den angrenzenden Ländern, im Maasstabe von 1:500000 bearbeitet nach den Materialien des Königl. Preuss. Generalstabs. Berlin, Schropp u. Co. [1866?] 1—6 Blatt. Imp.-Fol. (3 Rtlr.)
a) Section Amsterdam, Antwerpen. b) Düsseldorf, Zwoll, Münster. c) Brüssel, Rheims, Sedan. d) Cöln, Mainz, Metz. e) Berlin, Magdeburg, Dresden. f) Stuttgart, Zürich, Augsburg.

Karte von Deutschland und den angrenzenden Ländern. (Karte der Teutschen Nation … M. 1 : 2500000.) Berlin, A. Berg [1867?] . . . . (Br. Mus.)

Karte von Deutschland, Preussen u. der Schweiz, nach Woerl's grossem Atlas als Wand u. Schulkarte entworfen und bearbeitet. Freiburg, Herder, 1843. 4 lith. u. kolor. Bll. in Imp.-Fol. (1¾ Rtlr.)

—— von Deutschland, nebst beträchtlichen Theilen der angrenzenden Länder, nach den neuesten u. besten Hülfsmitteln bearbeitet. 16 Blätter. Berlin, D. Reimer. Fol. (Herabges. Preis 2 Rtlr.)

—— von Deutschland zur Uebersicht der Haupt-Verkehrs-Linien u. der militärischen Eintheilung. Mit Benutzung von L. Friedrich's Post-, Eisenbahn- und Reise-Karte. Neue Ausg. M. 1:1800000. Gotha, J. Perthes, 1866. Imp.-Fol. Chromolith. (n. ½ Rtlr.) (Br. Mus.)

Karte von Deutsch-Ostafrika. M. Angabe der nutzbaren Bodenschätze. Von Moisel. Vollständ. bericht. Aufl. 1:2000000. 1909.

——— von Deutsch-Südwestafrika. Von Sprigade u. Moisel. 1:2000000. Mit Namenverzeichn. 1910.

Karte von Hannan's District z. Übersicht aller daselbst existirenden Minen, m. Ang. d. Feldmarken u. Areale … bearb. nach offic., trigonometr. Aufnahmen u. Spec.-Pl. Hrsg. v. d. 'Goldminen-Börse' … Maasst. = 1:29.500. (W. Droysen del.) *London: (Gedr. b. Willetts & Sohn) 1896.* 1 Bl. gr.2. (☐) (97. 3570)

Karte der Dolomiten und des Süd-Abhanges der Centralalpen. 1:320.000. Wien, A. Hartleben's Verlag. Cartonnirt 60 kr. 1882.

Karte der Dolomiten u. d. Südabhanges d. Central-Alpen. Maassst. 1:320.000. (2. Aufl.) Wien: A. Hartleben [1906]; (Kartogr. Anst. G. Freytag & Berndt). (1 Kartenbl. 45×39 cm.) 8° [lith.] [kol.] (06. 1905)

Karte von der niedern Donau bis Constantinopel. 1:600 000. Berlin. 1 Bl. L. Ff.

Karte der Donau von ihrem Ursprunge bis an die Mündung. 1 : 300000. Wien, Hartleben's Verlag, 1860. 16 Sect. auf 9 Bll. Lith. u. kol. . . . . (BPA.)

Karte der Donau von ihrem Ursprunge bis an die Mündung. Im Masstabe 1:800.000. 16 Sectionen auf 9 Blättern. 2. vollständig neu bearbeitete Auflage. Wien. Pest. Leipzig. 1899. Hartleben. geb. fl. 2.—

[Umschlagt.:] Karte vom Dortmund-Ems-Kanal bearb. nach Angaben d. Kgl. Kanal-Kommission in Münster. Massst. 1 : 200000. M. e. kurzen Beschreibg hrsg. v. M[ax] Geitel, Kais. Reg.-R. 2. Aufl. *Berlin: M. Pasch 1897.* (2 Bl., 1 Ktnbl. ☐) 1 Bd 4. (97. 6934)

Karte von Drei-Aehren. Maßst. 1:25,000. Mit e. Beschreibung der von dort aus zu unternehmenden Spaziergänge u. Touren. Hrsg. von d. Vogesenclub-Sect. Drei-Aehren. Colmar [1907]: Straßb. Druckerei u. Verlagsanst. Filiale Colmar. (1 Kartenbl. 33×21 cm mit Legende, 6 Bl. Text.) 8° [Umschlagt. ℑ. lith.] (07. 11994)

Karte von Eberswalde und Umgegend. Eine Karte d. Stadt, mit ihren Strassen … Die Umgegend von Eberswalde nebst Verkehrskarte. (2. Aufl. durch Text u. Nebenkarten erw.) [Massst. ca 1 : 5000.] *Eberswalde: (E. v. Kornatzki) 1901; Berlin: Lith. H. Meysel Nachf.* (1 Kartenbl. 49×46 cm.) 8° (01. 10190)

Karte vom Eider-Kanal nebst Profil vom Steigen u. Fallen des Wassers bei dem gew. Wasserstande in demselben. o. O. u. J. 1 Bl. in Visitenkartengröße, lithogr. Auf der Rückseite:
Dimensionen welche den Eider-Canal passieren können. Darunter: Zersen & Co. Rendsburg. 8°.

Karte vom Eiderstrom aus der Westsee bis Tönningen. Mit Beschreibung v. Braarens. (ca. 1:72 000.) Altona? o. J. Kupferstich. 1 Bl. Imp.-Fol., 47,5/66,5 cm.

[Umschlagt.:] [ℑ.] Karte der Einmündung des Elbe-Trave-Kanals und des Kanalhafens sowie der Einmündg d. Kanalhafens in d. Seehäfen b. Lübeck. Unt. Berücks. d. Lage d. vorhand. Eisenbahn- u. Wasserwege. Nebst Erläut. (Massst. 1:5000.) *Lübeck: Gebr. Borchers 1896.* (1 Ktnbl. ☐, 11 S.) 1 Bd 8. (96. 7379)

Karte für die Einsegelung in die Elbe. Herausg. im Auftrage des Senats. … Hamburg 1868. Fol.

—— Gez. von W. Benecke. M. 1 : 100000. Hamburg 1869. Fol. . . . . (HC.; Br. Mus.)

Karte für die Einsegelung in die Elbe, Jade, Weser u. Eider, herausg. im Auftrage des Senats. 1 : 100000. Hamburg 1875. Fol.

Karte des ehemaligen Stiftsgebietes Einsiedeln s. [Sidler, Wilhelm].

Karte der politischen Eintheilung der österreichisch-ungarischen Monarchie. Maßstab 1 : 2,400.000. Fol. Chromolith. —.60
Wien: Hof-u.Staatsdruckerei 1889.

Karte der badischen Eisenbahn von Mannheim bis Basel, in 4 Sect. Carlsruhe. 1846.

Karte der Bergisch-Märkischen und der Prinz Wilhelm-Eisenbahn. Iserlohn und Elberfeld. 1 Bl. L. Ff.

— der Berlin-Hamburger Eisenbahn. Nebst Angabe des Tarifs, Meilenzeigers und der Gasthöfe Berlins u. Hamburgs. 8. Hamburg 847, Berendsohn. n. 3 ngr.

Karte der Berlin-Potsdamer Eisenbahn. 1 Bl. L.

Karte der Berlin-Sächsischen Eisenbahn. Berlin-Cöthen. 1 Bl. c. L.

Karte der Eisenbahn zwischen Düsseldorf und Elberfeld. Berlin. 1 Bl. L.

Karte der Erzgebirgischen Eisenbahn in Verbindung mit der Leipzig-Dresdener Eisenbahn. 1 Bl. L.

Karte der Löbau-Zittauer Eisenbahn. 1 Bl. L. Ff.

Karte, der Magdeburg-Brandenburg-Potsdamer Eisenbahn in Verbindung mit der Berlin-Potsdamer Bahn. Magdeburg. 1845. ¼ Thlr.

— der München-Veroneser Eisenbahn mit Angabe sämmtl. Stationen, der Steigungsverhältnisse der Bergbahn zwischen Innsbruck u. Bozen u. Gebirgsprofilen, nebst 2 Beiplänen der Abkürzungsprojekte München-Innsbruck u. der Eisenbahn Rosenheim-Salzburg. 2 Blatt Lithogr. München 867. Moy & Widmayer. qu. Fol. (2 S. Text in 8.) In Carton n. 10 ngr.

— d. Niederschlesisch-Märkischen Eisenbahn im Maasstabe von 1/200000. Fol. Glogau 847, Flemming. n. ⅓ Rtlr.

Karte von der Eisenbahn zwischen Potsdam und Berlin. Berlin 1838. 1 Bl. c. L.

Karte der Königlichen Saarbrücker und Rhein-Nahe-Eisenbahn nebst Nachbarbahnen. 1:240 000. St. Johann 1879. 1 Bl.

Karte der sächsisch-baierischen Eisenbahn. – Leipzig-Altenburg-Hof. Plauen. 1843.

Karte der sächsisch-baierischen Eisenbahn von Leipzig nach Hof. Leipzig. 1842.

Karte der Sächsisch-Schlesischen Eisenbahn. 1. Abth. Dresden-Bautzen, 2. Abth. Bautzen-Görlitz. 2 Bl. L.

—— der Eisenbahn über den Sommering. 1:43,200. Fol. Wien 875, Artaria und Comp.

Karte der Sibirischen Eisenbahn nebst ihrer chinesisch-koreanischen Verzweigung. 1:8000000. (Berlin 1898). 1 Bl. c. L.

Karte der Stettin-Stargardter Eisenbahn. 1:100000. Stettin. 1 Bl. c. L.

— der ausgeführten, im Baue begriffenen u. vorgeschlagenen Eisenbahnen in Deutschland u. den angränz. Ländern. Carte des Routes de fer exécutées, en construction et projettées en Allemagne et dans les Pays limitrophes. Lith. u. illum. gr. Imp.-Fol. Trieste 842, Favarger. n. 1 ℛ 14 ngl cart. 1 ℛ 18 ngl

— der im Bau begriffenen u. projectirten Eisenbahnen im Königr. Hannover. Gezeichnet unter Leitung des Herrn Baurath Mohn. Lithogr. u. color. Roy.-4. (Mit Text.) Hannover 844. (Hahn'sche Hofbuchh.) n. 1/2 ℛ

Karte der Eisenbahnen zwischen Berlin und Hamburg, Altona-Kiel und Rendsburg, Elmshorn und Glückstadt, Büchen und Lübeck, Hagenow-Wismar und Rostock. Gotha 1 Bl. L.

Karte der Eisenbahnen u. Chausseeen in Ostpreußen. Maßstab 1:400,000. Bearb. in d. Bauabth. d. Prov.-Verwalt. im Dez. 1898. *(Königsberg i. Pr. 1898: E. Quatz.)* (1 Kartenbl. 58×75 cm.) 4° [kol.] (04.13.6.10

Karte der Deutschen Eisenbahnen. Wesel, Bagel, 1842. Fol. Lithogr. (1/6 ℛ)

— der Eisenbahnen Deutschlands, zusammengestellt auf Grund officieller Mittheilungen sämmtl. Eisenbahnverwaltungen u. hrsg. im Auftrage des deutschen Eisenbahnvereins von der Herzogl. Braunschweig-Lüneburg. Eisenbahn- u. Post-Direction. Imp. Fol. (In 9 Bl.) Blatt 1–4 u. 6. Lith. u. color. Braunschweig 851. 52, Wehrt. Subscript.-Pr. (à n. 1/2 ℛ) n. 2 1/2 ℛ Ladenpr. (à n. 2/3 ℛ) n. 3 1/3 ℛ

Karte der Eisenbahnen Deutschlands, zusammengestellt und herausgegeben von der Herzoglich Braunschweigischen Post- und Eisenbahn-Direction. Braunschweig 1853. 9 Bl. c. L.

Karte der Eisenbahnen Deutschlands. Zusammengestellt auf Grund officieller Mittheilungen sämmtlicher Eisenbahnverwaltungen und herausg. im Auftrage des deutschen Eisenbahnvereins von der herzogl. Braunschweig-Lüneburg. Eisenbahn- und Post-Direction. 3. verm. u. verb. Aufl. nach d. Zustande des Eisenbahnnetzes am 1. Jan. 1861. 9 Bll. Lith. u. kolor. Braunschweig (Leipzig, O. A. Schulz) 1861. Imp.-Fol. Mit Übersichtsnetz der Eisenbahnen u. Extrablatt. 2 lith. Karten in Fol.
—— 4. Aufl. Von G. Glindemann. Ebenda 1866. . . . . (Br. Mus.)

Karte von Deutschlands Eisenbahnen. Berlin (Leipzig, Hinrichs) 1863. qu.-Fol. Lith.

Eisenbahnen und Course der Donau-Dampfschiffahrts-Gesellschaft, Karte der österreichischen. Unter genauer Bezeichnung der einzelnen Eisenbahn-Gesellschaften und Landungs-Plätze. Mit Benützung des im k. k. Finanzministerium redigirten Notizenblattes. In lithogr. Umschlag, auf der Rückseite ein Plan von Wien. Verlag E. Becher. In Comm. Debit E. Hügel. 80 kr.
1864.

Karte der Eisenbahnen von Mittel-Europa. In Holzschn. u. in Tondr. Leipzig, Weber, 1861. gr. qu.-Fol.

— — Karte der Oesterreichischen, der Gegenwart und der Zukunft. Mit genauer Unterscheidung der Gesellschaften, welchen sie angehören und Angabe der Haupt-Stationen, im Anschlusse an die Eisenbahnen des Auslandes. Wien, Artaria & Comp. 1868. 75 kr.
— — Dieselbe neue vervollständigte Ausgabe 1869. Ebds. 75 kr.

Karte der österreichischen und ungarischen Eisenbahnen der Gegenwart und der Zukunft. Ausg. 1877. Lithogr. und color. Imp.-Fol. Wien 877, Artaria und Comp.

Karte der österr.-ungar. Eisenbahnen der Gegenwart und Zukunft. Erneute Ausgabe 1890, mit 3 Beikarten. Gr.-Fol. Lithographie mit Handcolorit. Gefalzt —.75
Wien: Artaria.

Karte der österr.-ungar. Eisenbahnen der Gegenwart und Zukunft. Erneute Ausgabe 1891, mit 3 Beikarten. Quer-Fol. Lithographie mit Handcolorit. Gefalzt —.75
Auf Leinen 1.50
Wien: Artaria.

Eisenbahnen, Karte der, von Oesterreich-Ungarn nebst Uebersichtstabelle d. Eisenbahnactien u. Prioritäten, Bahnlänge (in Betrieb, in Bau), Gesellschaftscapital, Staatsgarantie, Interessen, Steuer, Agiozuschlag, Rentabilität. Fol. Teschen. K. Prochaska. 80 kr.
1870.

Karte der Eisenbahnen d. europäischen Russland mit Theilen der angrenzenden Länder u. Klein-Asiens. 1:6,000,000. Ausg. 1887. Lith. u. color. gr. Fol. Wien, Artaria & Co. fl. —.75.

— der sämmtlichen von Berlin ausgehenden u. der damit in Verbindung stehenden Eisenbahnen. Lith. Nebst 1 Blatt Text (aus dem Berliner Gewerbe-, Industrie- u. Handelsblatt Band II. Nr. 20 besonders abgedruckt). gr. 4. Berlin 842, Heymann.) n. 1/6 ℛ

Karte sämmtlicher Eisenbahnen Mittel-Europas. Dresden, Holnze, 1860. Imp.-Fol.

Karte der schweizer. Eisenbahnen mit Angabe sämmtl. Stationen, sowie der Länge der im Bau und Betrieb befindlichen Strecken. 1 : 1,000,000, Chromolith. qu. Fol. Zürich, Orell Füssli & Co. In Umschlag 1876. —. 80

Karte der Eisenbahnen in Süd- und Mittel-Deutschland, der Schweiz, den Niederlanden und ihrer Anschlussbahnen. 1881. 1:2000000. Metz, Deutsche Buchhandlung, gr. qu.-Fol. Chromolith. (75 Pf.)

Karte der Eisenbahnen u. Tramways von Italien. 1898. 75×57 cm. Farbdr. Zürich, J. Meier 2 —

Karte der Eisenbahnen u. Tramways v. Italien 1899. 75×57 cm. Farbdr. Zürich. Geograph. Institut J. Meier. 2 —

Karte einer Eisenbahnlinie von Bergedorf bis zur Stecknitz bei Lauenburg. Zur Darstellung der Curven, Steigungen und hauptsächlichsten Arbeiten für das Planum. Hamburg, im October 1844. (Unterzeichnet) M. C. von Bressendorf. F. Gullan. Lithogr. 1. Bl. Quer-Fol., 53,5/93,5 cm. Aufgez. a. Carton.

C. & E. Karte der Glückstadt-Elmshorner Eisenbahnlinie. 1:40 000. Berlin 1845. 1 Bl.
Dass. Glückstadt 1846.

Karte der Eisenbahnprojekte des linken und rechten Seeufers, der Uetlibergbahn u. s. w. Zürich, C. Schmidt. 1873. 2. —

Karte der Elbe vom Buntenhause bis zur Mündung der Lühe. Central-Bureau der Schiffahrt- und Hafen-Deputation. 1 : 60000. Hamburg. 1855. Lithographie. 1 Bl. Quer-Fol., 25,5/64,5 cm.

Karte des E l b e - S t r o m e s vom Nesshaken bis zur Lühe. 1841. 1:14 400. (Hamburg) o. J. Lithographie. 2 Bl. Quer-Fol., 36,3/51,7 cm.

Charte von den drey Departements E l b - M ü n d u n g e n, Weser-Mündungen und Ober-Ems nach ihrer Eintheilung in Arondissements und Cantons. Hamburg. 1811. Kupferstich, kol. 1 Bl. Fol. 27,5/43 cm, nebst 2 Bl. Text.

Karte der Elektrizitätswerke der Schweiz. In Nachführung d. Karte v. Prof. Dr. Wyssling bearb. u. hrsg. v. Schweiz. elektrotechn. Verein. Carte des Stations centr. d'électricité en Suisse ... éd. par l'Assoc. Suisse des Électriciens. Massst. 1:500,000. [Nebst] Beilage. (Bern 1907: Kümmerly & Frey.) (1 Kartenbl. 70×48 cm, 30 S.) 8° [lith.][kol.] Beilage. Verzeichnis d. schweiz. Elektrizitätswerke. 07. 14674

Karte von Elsass-Lothringen. Auf Grund besonderer Recognoscirungen unter Benutzung der »Carte de France« bearbeitet von der geographisch-statistischen Abtheilung des Grossen Generalstabes. 1 : 80 000. Berlin 1879. 38 Bl.

Karte der Reichs-Provinz E l s a s s - L o t h r i n g e n. Maassst. 1 : 400,000. (Neueste Aufl.) *(Strassburg): Strassb. Dr. u. Verlagsanst. [1901].* (1 Kartenbl. 46 × 59 cm.) 4° [kol.] 01. 375

Karte der E m s von Dollart bis nach Papenburg. Massst. 1:100 000. Emden & Borkum: W. Haynel [1901]. (1 Kartenbl. 32x22 cm.) 8° [Umschlagt.]

Charte zu Capitain Parry's zweyter Entdeckungsreise im nördlichen Polarmeere in den Jahren 1821, 1822, 1823. Weimar im Verlage des Geograph. Instituts. 1824. 1 Bl.

Karte des Erz-Gebirges. 1:390,000. Lithogr. und color. gr. Fol. Annaberg 876, Graser. **

Karte des Stadt- und Landkreises E s s e n. Hrsg. vom Essen-Werden-Mülheimer Lehrer-Verein. 8. Aufl. Lithogr. und color. gr. 4. Essen 877, Bädeker. **

E t h n o g r a p h i s c h e Karte der österr.-ungar. Monarchie. Reducirt nach Carl Freih. v. Czoernig's von der k. k. Direct. d. administrat. Statistik herausgeg. ethnogr. Karte d. Monarchie in 4 Bl. 1868. Farbendruck in Gr. Quer-Folio nebst Text: Ficker, Dr. Adolph. Die Völkerstämme der österr.-ungar. Monarchie und ihre Gebiete, Grenzen und Inseln. Historisch, geographisch, statistisch dargestellt. gr. 8. (98 S.)
Wien, August Prandel (Commissions-Debit) 1869.

—— von Europa im J. 1860. Nach der soeben in Paris erschienenen französ. Ausg. übers. Lithogr. und ill. qu. Fol. Mit Text (1 Bl. in qu. 4.) Leipzig 859, Gerhard. *

— von E u r o p a u. dem Orient mit Nord-Afrika u. dem Kaukasus bearb. mit vorzügl. Berücksicht. der polit. u. Verkehrsverhältnisse (von J. M. Z i e g l e r). Imp. Fol. Lith. u. col. Berlin 848, D. Reimer. n. 1/3 ℳ

Charte des F a h r w a s s e r s unter Neuwerk. September 1852. (ca. 1:80 000.) Hamburg. o. J. Lithographie. 1 Bl. 4°, 23/29 cm.

— vom Kreise F i s c h h a u s e n, Reg.-Bez. Königsberg. Fol. Lith. Königsberg 847, Gebr. Schamberg. n. 5/12 ℳ

Karte des Kreises F i s c h h a u s e n im Reg.-Bez. Königsberg. 1 : 1,000,000. Hrsg. von der kartogr. Abtheilung der königl. preuss. Landesaufnahme 1876. Aufgenommen vom königl. preuss. Generalstab 1859—1864. Lithogr. und color. Imp.-Fol. Berlin 876. (Schropp'sche Landkartenh.) **

Karte der Insel Föhr. (Kopenhagen.) 1823. Farbendruck. 1 Bl. 4°, 31/38 cm. Aufgez. a. Leinen.

— von F r a n k r e i c h für den Hand- u. Reisegebrauch. Neue Ausg., revid. und mit den neuesten Nachträgen verm. von J. B. R o o s t. Imp. Fol. Kpfrst. u. col. München 849, Liter.-artist. Anstalt. Auf Leinw. n. 2 ℳ

Karte von F r a n k r e i c h, worauf die alte Eintheilung in Provinzen mit der neuen in Departements verbunden ist. (ca. 1:2 000 000.) Nürnberg. 1801. 1 Bl. Fol. zusammengefaltet in 4°

Karte von Freienwalde und Coethen. 1 : 12,500. Fol. Berlin 868, Schropp'sche Landkartenh. *

Freytags Karte der Balkanhalbinsel. 1 : 1,250.000
gefalzt K 1.20
Wien: Freytag & Berndt 1908.

G. Freytags Karte der Goldberg- und Ankogelgruppe. 1 : 50.000. Neue, revidierte Ausgabe 1909
gefalzt K 3.—, auf Leinwand gespannt K 5.—
Wien: Freytag & Berndt.

Karte vom Gardasee. 1 : 200.000 K —.80
Bozen: Deutsche Buchhdlg. 1906.

Karte der Garnisonen des Reichsheeres. 1891, 1893. Auf Veranlassung des kgl. preuss. Kriegsministeriums bearb. in der kartogr. Abtheilung der kgl. Landesaufnahme. 1 : 900000. 109×132 cm. 4 Bll. Zusammengeklebt, gefalzt u. im Umschlag. Berlin. Berliner lith. Institut.

Karte der Garnisonen des Reichsheeres. Auf Veranlassung des königl. preussischen Kriegsministeriums bearbeitet in der kartographischen Abtheilung der königl. Landesaufnahme. Massstab 1 : 900.000. (Ein Schuber mit 1 Karte.) 8 Berlin 1897.

Karte der Garnisonen des Reichsheeres. Bearbeitet von der Kartogr. Abtheilung der Königl. Landesaufnahme. 1 : 900 000. Berlin 1901.
Desgl. Ausgabe von 1899 und 1901.
Je 4 Bl. c. L.

Karte des Gaues 1 ... des D. R. B. (Nach d. neuesten offiz. Unterlagen unter Mitw. d. Gauverbände d. Deutschen Radfahrerbundes ... bearb. u. hrsg. Massst. 1 : 300,000. Leipzig: Mittelbach [1905]; Photolith. 'Globus' Dresden-Kötzschenbroda.) [kol.] 07. 9537

Karte von Emin Pascha's Gebiet und den Nachbarländern. 1 : 3 000 000. (Nebenkarte: Die oberen Nilländer. 1 : 8 000 000). Weimar (1887). 1 Bl. c. L.

Karte der Transkaspischen Gebiete und von Nord-Chorassan. Hauptsächlich nach General J. Stebnitzki's Karte von Transkaspien (1885); mit Nachträgen und den Routen der Forschungs-Expeditionen unter Dr. G. Radde, Dr. Walter und J. M. Konschin 1881 bis 1886. 1 : 2 000 000. Gotha 1887. 1 Bl. c. A. Sch.

Karte des B a y e r i s c h e n nebst einem Theil d. Tiroler u. Salzburger-Gebirges. 2. verb. u. verm. Aufl. qu. Fol. Lith. München 850, Fleichmann. n. 1/4 ℳ

Karte des schlesischen Gebirges. Maaßst. 1 : 150,000. [Mit 3 Nebenkarten.] (Breslau: W. G. Korn [1905]; Lith. C. Flemming, Glogau.) (1 Kartenbl. 92 × 80 cm.) 4° [kol.]
Beilage d. Schles. Zeitung. 05. 11892

—— vom Mansfelder Gebirgskreis im Regierungsbezirk Merseburg. 1 : 100,000. Fol. Eisleben 874, Reichardt. *

Karte von Geestemünde und Umgegend. 1 : 5000. Stade 1885. 1 Bl. c. L.

Karte der Gegend nördlich Berlin. Lindow, Joachimsthal (Kreis Nieder-Barnim). 1:125000. Berlin 1 Bl. c. L.

(**Karte** der G e g e n d zwischen Eider, Schlei und Treene v. Franz Geerz.) o. O. u. J. (1851) Farbendruck. 2 Bl. Quer-Fol. zusammengeklebt, 36/100 cm.

[**Karte** der G e g e n d nördlich von Itzehoe.] 1:40 000. o. T., O. u. J. Lithogr. 1 Bl. Quer-Fol., 29,2/45,2 cm.

Karte über die Gegend von **Kiel.** entw. v. **Andreas Christopher Gudme.** gez. v. Friedrich von **Hedemann.** (1 : 50000.) o. O. 1822. Kupferstich. 1 Bl. Imp.-Fol., 92/76,5 cm.

—— Revidiert v. Franz Geerz. Kiel. bei J. A. Cetti 1844. Kupferstich. kol.

—— Gedruckt a. Leinwand.

—— Revidirt 1849. Aufgez. a. Leinen. Mit vielen handschrittlichen Eintragungen (Kanalprojecte).

—— Aufgez. a. Leinwand. Mit vielen antiquarischen Eintragungen. „begonnen Dusternbrook, 21. Dec. 1865. F. Geerz, Major."

Karte über die königl. G e h e g e des Amts Neumünster und Segeberg, welche auf der Excursion der Forstwirthe am 17. Juni 1858 berührt werden, als Festgabe für die 2te Wanderversammlung Holsteinischer Land- und Forstwirthe in Neumünster. Gez. v. A. Bruhn. Kiel. 1858. Farbendruck. 1 Bl. Fol., 55/44 cm.

Geognostische Karte. Anzeige der geognostischen Karte von Deutschland, England, Frankreich und den Nachbarländern (von H. v. Dechen?) Berlin. 1839. 8.

— geognostische, von den Erz-Lagerstätten des Muschelkalksteins bei Tarnowitz u. Beuthen in Oberschlesien. Entworfen durch R. v. Carnall. Lith. u. col. gr. Fol. Ebd. 844. n. 1⅔ ßf

Karte. Geognostische. von Sachsen, Schlesien, einem Theile Böhmens u. der Rheinlande. 50 Bll. 6 Lfrgn. Zur östlichen u. westlichen Erweiterung der geognostischen Karte vom nordwestlichen Deutschland des Professors Hoffmann. Berlin, Schropp u. Co., 1838. Fol. (60 ℛ.) . . . . (Br. Mus.)

G e o g n o s t i s c h e **Karte** der Herzogthümer Schleswig und Holstein. (1:450 000.) Berlin. 1847. Farbendruck. 1 Bl. Imp.-Fol. 60/47,5 cm.
Die geognostischen Angaben rühren von Georg Forchhammer her, die Karte selbst ist identisch mit derjenigen, die 1847 an die Mitglieder der 11. Versammlung deutscher Land- und Forstwirthe in Kiel verteilt wurde. Aus der Festgabe für die 11. Versammlung deutscher Land- und Forstwirthe in Kiel. Altona. 1847. 8°

Geognostische Karte eines Theiles von Sachsen. 5 Blätter. Leipzig, **1869.**

Geognostische Karte über die Umgegend von Harzburg. Mit 1 Blatt Profile. Clausthal, **1864.**

G e o g r a p h i s c h e **Karte** der Gegenden zwischen Eider, Schlei und Treene im Jahre 1859. Gez. v. Franz Geerz. 1:450 000. (Berlin. 1860.) Lithogr. 1 Bl. 4°, 22,5/27,6 cm.
Mit 1 Nebenkärtchen: Das Herzogthum Schleswig. Copirt aus der im 16. Jahrhundert erschienenen Karte: „Daniae Regni Typus Cornelius Antoniades descripsit."
Aus: Zeitschrift für allgem. Erdkunde. N. F. Bd.8, Taf. 2.

— geographisch-militärische, des Herzogthums Holstein u. d. Gebiete d. freien Reichsstädte Hamburg und Lübeck, in 4 Fol. Blättern, nebst Beschreib. Hannover, Gebr. Hahn. 814.

Karte, Geologisch-bergmännische, mit Profilen von Joachimsthal, nebst Bildern von den Erzgängen in Joachimsthal und von den Kupferkies-Lagerstätten bei Kitzbühel. Aufgenommen von den k. k. Bergbeamten. **Redigirt von dem k. k Ministerialrathe weiland F. M. Ritter von Friese und von dem k. k. Oberbergrathe Wilhelm Göbl. Herausgegeben auf Befehl Sr. Excellenz des Herrn k. k. Ackerbau-Ministers Julius Grafen Falkenhayn. Mit einer geologisch-bergmännischen Karte im Maassstabe von 1 : 25000, einem Blatte mit Profilen im Maassstabe von 1 : 6000 und 65 Gang- und Lagerstättenbildern in** $^1/_{20}$ **Naturgrösse. Kl.-4. (58 S.) In Comm.** Wien: Hölder 1892. 10.–

Karte, geolog., od. synopt. Uebersicht d. Zustandes d. Erde in ihren verschied. Altern, auf e. Untersuch. v. Thatsachen gegründet. Mit color. Abbildung. Imp.-Fol. Weimar 836, Landes-Industr.-Compt.

— dies. No. 1—5. A. u. d. T.: Geologische General-Karte, oder synoptische Uebersicht des Zustandes der Erde in ihren verschied. Altern. 2e umgearb. u. mit vielen Abbildd. verm. Aufl. — Geolog. Elementarkarte. I—IV Blatt. Imp.-Fol. Weimar 838. Landes-Industrie-Compt. 3½ ßf

Geologische Karte der Stadt **Berlin.** Hrsg. von der Königl. Preussischen Geologischen Landesanstalt. 1:15000. Berlin (1887). 1 Bl. c. L. Ff.

———, Geologische, von **Böhmen,** public. vom Comité f. d. Landesdurchforsch. von Böhmen. 1 : 200 000. **Prag.**

Sect. 2. **Umgeb. von Teplitz bis Reichenberg. Entw. von A. Frič u. G. C. Laube. 1895. Kol. 1 Bl. M. Erl.**
in: **Archiv f. d. naturw. Landesdurchf. von Böhmen. Bd 10, No 1.**
„ 8. **Umgeb. von Eisenbrod, Jičin bis Braunau u. Nachod. Entw. von A. Frič u. G. C. Laube. 1895. Kol. 1 Bl. M. Erl.**
in: **Archiv f. d. naturw. Landesdurchf. von Böhmen. Bd 9, No 6.**
„ 5. **Weitere Umgeb. Prags. Bearb. u. m. Erl. vers. von Ph. Počta. 1903. Kol. 1 Bl.**
in: **Archiv f. d. naturw. Landesdurchf. von Böhmen. Bd 12, No 6.**
„ 6. Umgeb. von Kuttenberg bis Böhm. Trübau. Entw. von **J. Krejči. M. Erl. von A. Frič. 1891. Kol. 1 Bl. [Ersatz-Kt. zu Bd 5, No1 d. Archivs.]**
in: **Archiv f. d. naturw. Landesdurchf. von Böhmen. Bd 7, No 6.**

Karte, Geologische, von Böhmen. Publicirt vom Comité für die Landesdurchforschung von Böhmen. Section VI. Umgebung von Kuttenberg bis Böhm.-Trübau Entworfen von Prof. Dr. Johann Krejci. Mit Erläuterung von Prof. Dr. A. Fric. (Archiv der naturwissenschaftlichen Landesdurchforschung von Böhmen. VII. Bd. Nr. 6. (Maßstab 1 : 200.000 mit 10 S. Text.) in Carton 2.20
Prag: Fr. Řivnáč 1891.

Karte Geologische — des **Königreiches Böhmen,** auf Grundlage der **Karten** des k. k. General-Quartiermeister-Stabes, in dem Maaße von 2000 Klft. auf den Zoll. Ausgeführt von der k. k. geologischen Reichsanstalt. 16 Bl. nebst Titelblatt, und einem Bl. Farbenerklärung. Gradeintheilung ohne Netz, der Grad in 60 Theile getheilt. Die Blätter der Karte sind 9'' 8''' hoch, und 14½'' breit. von Josef Kiß geschrieben, und von Johann David, J. Möber, F. Rotter, V. Szotzori u. L. Gurganti gestochen. Mit ausführlicher Terrainzeichnung, einer Zeichenerklärung, Erhöhungen über dem Meere trigon. bestimmter Punkte und der polit. Eintheilung Böhmens. 1856.

Karte. Geologische K' der Gebirge zwischen Lauterbrunnenthal, Kanderthal und Thunersee. aufgenommen 1902—1905 von Ed[uard] Gerber, Ed[uard] Helgers, A[lfred] Trösch; bestehend aus Specialkarte № 43.a, Profiltafel № 43.b und einem Heft «Erläuterungen» № 5. 2 Bl. fol. Kartographia Winterthur A. G.; [Born, Komm. A. Francke, 1907]. [zus., mit «Erläut'», fr. 6. —] P[f]
[Bl. 1: Karte.] Massstab = 1 : 50.000. Ueberdruck aus dem topogr. Atlas der Schweiz, Blätter № 355, 367, 395, 488. ... 491/425 mm. — Beiträge zur geologischen Karte der Schweiz Specialkarte № 43.a.
[Bl. 2: 15 Profile.] Massstab 1 ; 50 000 (für Profile 1—14).... 897/579 mm. — Beiträge zur g' K' der Sch' Profiltafel № 43.b.
Die «Erläuterungen» s. Baltzer, A[rmin]. Erl' zur geologischen Karte...: P

Beyrich, E.

— —. Rose. G., Roth. J. und Runge. W. Geologische Karte von dem niederschlesischen Gebirge und den angrenzenden Gegenden im Auftrage des preuss. Ministers für Handel. Gewerbe und öffentliche Arbeiten, Herrn von der Heydt, mit Benutzung der Beobachtungen des königl. Berghauptmannes Dr. v. Carnall und anderer kgl. Bergbeamten bearbeitet. Berlin. 1860. Folio.

Geologische Karte der im Reichsrathe vertretenen Königreiche und Länder der Oesterreichisch-Ungarischen Monarchie, auf Grundlage der Specialkarte i. M. 1 : 75.000 des k. und k. Militärgeographischen Institutes neu bearbeitet und als Kartenwerk von 341 Blättern in zwanglosen Lieferungen herausgegeben durch die k. k. Geologische Reichsanstalt in Wien. Wien. 1898. In Comm. R. Lechner (Wilh. Müller). Jubiläumsausgabe. 58 × 72*cm*. erscheint in Lieferungen).

Preis der 1. u. 2. Lieferung enthaltend 10 Karten nebst 4 Beilagen fl. 24.—.

Geologische Karte der im Reichsrate vertretenen Königreiche und Länder der österr.-ungar. Monarchie. Auf Grundlage der Spezialkarte im Maße von 1 : 75.000 des k. u. k. militärgeographischen Instituts. 6. Lief. (enthaltend 7 Blätter mit 5 Erläuterungen). † K 42.—
Wien: R.Lechner 1905.

Karte, Geologische — des Erzherzogthums Oesterreich. Auf Grundlage der Karten des k. k. General-Quartiermeister-Stabes, in dem Maaße von 2000 Klft. auf einen Zoll. Ausgeführt von der k. k. geolog. Reichsanstalt. Wien, 1852. 29 Bl. nebst Titelblatt und 2 Bl. Farbenerklärung. Die Gradeintheilung ohne Netz, der Grad in 60 Theile getheilt. Die Blätter der Karte sind 9″ 8‴ hoch, und 14″ 4‴ breit, beschrieben von E. Stein und A. Müller, und gestochen von J. David, A. Withlm und J. Zutz. Mit ausführlicher Terrainzeichnung, mit einer Zeichenerklärung, der polit. Eintheilung und statistischen Notizen.

Karte, Geologische, von Preußen und benachbarten Bundesstaaten. Hrsg. von der Kgl. Preuß. Geolog. Landesanstalt (u. Bergakademie). 1 : 25 000. Lfg 64 ff. Berlin 1898 ff. 2°

64. Bl. Crawinkel, Plaue, Suhl, Ilmenau, Schleusingen, Masserberg. 1898.
70. Bl. Altenbeken, Etteln, Lichtenau, Kleinenberg. 1904.
103. Bl. Gosslershausen, Briesen, Nahrendorf, Schönsee, Gollub, Schewen. 1909.
113. Bl. Eisenach. Wutha, Fröttstedt, Salzungen. 1912.
114. Bl. Lehesten, Lobenstein, Hirschberg a. d. S., Titschendorf. 1910.
117. Bl. Schüttenwalde, Zalesie. Tuchel, Lindenbusch, Klonowo, Lubiewo. 1906.
118. Bl. Massin, Hohenwalde, Vietz, Költschen. 1905.
119. Bl. Ahrensberg. Lychen, Fürstenberg, Himmelpfort. 1908.
120. Bl. Dritschmin, Bromke, Schirotzken, Bagniewo. 1908.
128. Bl. Wartubien, Schwetz, Bartowitz. 1909.
133. Bl. Saalburg, Sorquitten, Ribben, Aweyden, Theerwisch. 1910.
141. Herzogenrath, Aachen, Eschweiler, Stolberg, Düren. Langerwehe. 1911.
145. Schömberg, Freiburg, Waldenburg, Friedland. 1910.
149. Bl. Priemhausen, Massow, Schöneback, Kublank, Stargard i. P., Marienfließ. 1910.
150. Bl. Beddern, Kerschken, Benkheim. 1910.
151. Bl. Altenwalde u. d. Insel Neuwerk, Cuxhaven, Westerwanna, Midlum. 1909/10.
152. Bl. Stadtoldendorf, Sievershausen, Eschershausen. 1910.
153. Bl. Ottenstein, Holzminden, Höxter, Salzhemmendorf, Gronau. 1912.
154. Bl. Plantlünne, Lohne, Baccum. 1910.
156. Bl. Bienenbüttel, Ebstorf, Bevensen. 1910.
159. Stieglitz, Gembitz, Czarnikau, Colmar. 1911.
160. Jastimmen, Sechesten, Cabienen, Wartenburg, Bischofsburg. 1911.
161. Grabowen, Gr. Daneyken, Orlowen, Czychen. 1912.
162. München-Gladbach, Titz, Wevelinghoven, Grevenbroich, Stommeln. 1912.
163. Hagen i. Westf., Hohenlimburg, Unna, Menden, Iserlohn. 1911.
164. Barby, Zerbst, Wulfen, Aken, Cöthen. 1913.
165. Werben, Kollin, Pyritz, Pillwitz. 1910.
167. Detmold, Horn-Sandebeck, Blomberg, Steinheim. 1911.
168. Krummesse, Schwarzenbek, Nusse, Siebeneichen, Hamwarde. 1911.
169. Köslin, Belgrin, Seeger, Boissin, Gr. Tychow. 1913.
170. Greifenberg, Kölpin, Witzmitz, Regenwalde, Gr. Borckenhagen. 1912.
171. Spahl, Kleinsassen, Hilders, Gersfeld, Sondheim, Ostheim v. d. Rhön. 1910.

Karte, Geologische, von Preussen und den benachbarten Bundesstaaten im Maasstabe 1 : 25 000. Lfg 52. 78. 81. 92. 95. 100. 101. 108—111. 117—120. 122—124. 126—132. 134—140. 142—144. 146—148. 155. 158. 171. Berlin 1901—1910. 2°. — Sc 2200. —

52: Bl. Halle-Süd. Merseburg-West. Landsberg b. Halle, Dieskau, Merseburg-Ost. 1908.
78: Bl. Dasburg-Neuerburg, Waxweiler, Kilburg. 1908.
81: Bl. Zehden, Wölsickendorf, Freienwalde, Neu-Lewin, Neu-Trebbin, Trebnitz. 1908.
92: Bl. Wilhelmshöhe, Cassel, Besse, Oberkaufungen. 1901.
95: Bl. Bärwalde, Fürstenwalde, Neudamm, Letschin, Quartschen, Tamsel. Nebst Bohrkarte. 1909.
100: Bl. Seesen, Osterode, Zellerfeld, Riefensbeck, Harzburg. 1908.
101: Bl. Dillenburg, Herborn, Oberscheld, Ballersbach. 1907.
108: Bl. Winsen, Artlenburg. Lauenburg a. d. Elbe, Lüneburg. 1904.
109: Bl. Barten, Wenden, Kastenburg, Drengfurth, Rosengarten, Gr. Stuerlack. 1906.
110: Bl. Angerburg, Gross-Steinort, Kutten, Lötzen, Kruglanken. 1903.
111: Bl. St. Goarshausen, Algenroth, Caub, Pressberg-Rüdesheim. 1904.
117: Bl. Schüttenwalde, Zalesie, Tuchel, Lindenbusch, Klonowo, Lubiewo. 1905.
118: Bl. Massin, Hohenwalde, Vietz, Költschen. 1905.
119: Bl. Ahrensberg, Lychen, Fürstenberg, Himmelpfort. 1908.
120: Bl. Dritschmin, Bromke, Schirotzken, Bagniewo. 1908.
122: Bl. Sonnenburg. Gr. Rade, Drenzig. Alt-Limmritz, Drossen, Reppen. 1908.
123: Bl. Langenhagen, Kolberg. Gützlaffshagen, Gr. Jestin. 1908.
124: Bl. Quaschin, Zuckau, Praugenau, Gross-Paglau. 1905.
126: Bl. Balow-Grabow, Hülsebeck, Gorlosen, Karstedt, Bälk, Lanzen. 1905.
127: Bl. Alfeld. Dassel, Lauenberg. Hardegsen. 1906.
128: Bl. Langula. Langensalza, Henningsleben (Grossenbehringen). 1905.
129: Bl. Creuzburg i. Th., Berka (Mihla). 1907.
130: Bl. Kodenberge, Lamstedt, Hamelwörden, Himmelpforten. 1906.
131: Bl. Meuselwitz, Windischleuba, Altenburg. 1908.
132: Bl. Hesepertwist, Wietmarschen, Lingen. 1906.
134: Bl. Basenthin, Naugard, Farbezin, Speck, Eichenwalde, Daber. 1907.
135: Bl. Rutenbrock, Hebelermeer, Haren, Meppen, Haselünne. 1907.
136: Bl. Mieste, Letzlingen, Calvörde, Uthmöden. 1907.
137: Bl. Goerzke, Belzig. Brück, Stackelitz, Klepzig. Niemegk. 1906.
138: Bl. Alten-Grabow, Nedlitz, Mühlstedt. Dessau, Hundeluft, Coswig. 1908.
139: Bl. Wusterbarth, Krössin, Polzin, Kollatz. 1907.
140: Bl. Ratzeburg. Carlow, Mölln, Seedorf m. Gr. Salitz, Gudow, Zarrentin. 1907.
142: Bl. Jülich, Bergheim, Frechen, Buir, Kerpen, Brühl. 1908.
143: Bl. Dortmund, Witten, Kamen, Hörde. 1909.
144: Bl. Vettweiss, Erp, Sechtem, Euskirchen, Rheinbach. 1910.
146: Bl. Weissenfels, Lützen, Hohenmölsen, Zeitz. 1908.
147: Bl. Driburg, Willebadessen. Peckelsheim. 1908.
148: Bl. Göllnitz, Alt-Döbern, Klettwitz, Senftenberg. (Nebst) 2 Flözkart. 1908.
155: Bl. Harburg, Allermöhe, Hittfeld. 1910.
158: Bl. Quellendorf, Raguhn. Gräfenhainichen. 1909.
171: Bl. Spahl, Kleinsassen, Hilders, Gersfeld, Sondheim, Ostheim v. d. Rhön. 1910.

Geologische Karte von Preußen und benachbarten Bundesstaaten im Maßstabe von 1 : 25 000. Hrgg. von der Königl. Preussischen Geologischen Landesanstalt. Berlin. Fol. 58/61 cm. Farbendruck.

Aus Lfrg. 106: Ütersen, Horneburg. 1904; aus Lfrg. 108: Artlenburg, Lauenburg. 1904; Lfrg. 140: Carlow, Gudow, Mölln, Ratzeburg, Seedorf mit Gr.-Salitz, Zarrentin. 1907.

GEOL. KARTE DER PROV. PREUSSEN.
Auf Kosten der Provinz Preussen, im Auftrage der Königl. physikal. ökonom. Gesellschaft zu Königsberg mit Zugrundelegung der topograph. Aufnahmen des Kgl. Generalstabes aufgenommen von G. BERENDT.
Sect. 2. Memel. Das curische Haff. nördl. Theil. Maasstab $\frac{1}{100.000}$ der natürl. Länge. Colorirt. Berlin, Verlag der Landkartenhandlung von J. H. Neumann. fol.
Sect. 3. Rossitten. Das curische Haff. südl. Theil. ib. —
Sect. 4. Tilsit. Das Memel Delta (Schalaunen.) ib. —
Sect. 5. Jura. Das Jura Becken (Schalaunen.) ib. —
Sect. 6. Königsberg. West-Samland. ib. —
Sect. 7. Labiau. Ost-Samland. ib. —
Sect. 8. Insterburg. Nadrauen. ib. —
Sect. 9. Pillkallen. Littauen. ib. —
Sect. 12. Danzig. Weichsel Delta. (Nordwestlicher Theil) nebst Theilen von Pommerellen und der Kassubei. ib. —
Auf Kosten der Provinz Preussen, im Auftrage der Königl. physikal. ökonom. Gesellschaft zu Königsberg mit Zugrundelegung der topograph. Aufnahmen des Kgl. Generalstabes unter Leitung von A. JENTZSCH aufgenommen von R. KLEBS.
Sect. 14. Heiligenbeil. 1877—78. ib. —
Auf Kosten der Provinz Preussen, im Auftrage der Königl. physikal. ökonom. Gesellschaft zu Königsberg mit Zugrundelegung der topograph. Aufnahmen des Kgl. Generalstabes aufgenommen von A. JENTZSCH.
Sect. 15. Friedland. 1876—77. ib. —
Auf Kosten der Provinz Preussen, im Auftrage der Königl. physikal. ökonom. Gesellschaft zu Königsberg mit Zugrundelegung der topograph. Aufnahmen des Kgl. Generalstabes aufgenommen von G. BERENDT.
Sect. 16. Nordenburg. Das alte Land Barten. Jetzt Littauen. ib. —
Sect. 17. Gumbinnen-Goldapp. Nord-Sudauen. Jetzt Littauen. ib. —
Auf Kosten der Provinz Westpreussen im Auftrage der physikal. ökonom. Gesellschaft zu Königsberg mit Zugrundelegung der topograph. Aufnahmen des Kgl. Generalstabes (sowie der geolog. Aufnahmen des Dr. R. Klebs für die Gegend südwestlich von Gr. Semlin — Pr. Stargard — Bobau) geologisch bearbeitet von A. JENTZSCH.
Sect. 20. Dirschau. 1878—79. ib. —
Auf Kosten der Provinzen Ost- und Westpreussen, im Auftrage der physikal. ökonom. Gesellschaft zu Königsberg mit Zugrundelegung der topograph. Aufnahmen des Kgl. Generalstabes geologisch bearbeitet von A. JENTZSCH.
Sect. 21. Elbing. 1878—79. ib. —

Karte, geologische, von Preussen und den Thüringischen Staaten. 1:25,000. Hrsg. durch das königl. preuss. Ministerium für Handel, Gewerbe und öffentl. Arbeiten. 1.—6. Lfg. Fol. Mit Erläuterungen. Berlin, Neumann. *

Inhalt:

Lfg. 1. Einleitende Bemerkungen. (8 S.) — Nr. 237. Zorge. (23 S.) — Nr. 238. Benockenstein. (21 S.) — Nr. 239. Hasselfelde. (15 S.) — Nr. 255. Ellrich. (18 S.) — Nr. 256. Nordhausen. (27 S.) — Nr. 257. Stolberg. (24 S.) 870. *ℳ 12.

» 2. Nr. 274. Worbis. (16 S.) — Nr. 275. Bleicherode. (12 S.) — Nr. 276. Hayn. (11 S.) — Nr. 295. Nieder-Orschla. (12 S.) — Nr. 296. Gross-Keula. (11 S.) — Nr. 297. Immenrode. (18 S.) 872. *ℳ 12.

» 3. Nr. 329. Buttstedt. (13 S.) — Nr. 330. Eckartsberge. (16 S.) — Nr. 343. Rosala. (7 S.) — Nr. 344. Apolda. (14 S.) — Nr. 359. Magdala. (9 S.) — Nr. 360. Jena. (16 S.) 872. *ℳ 12.

» 4. Nr. 327. Sömmerda. (7 S.) — Nr. 328. Cölleda. (7 S.) — Nr. 341. Stotternheim. (8 S.) — Nr. 342. Neumark. (7 S.) — Nr. 357. Erfurt. (7 S.) — Nr. 458. Weimar. (10S.) 873. *ℳ 12.

» 5. N. 245. Grölzig. (28 S.) — Nr. 246. Zörbig. (14 S.) — Nr. 263. Petersberg. (23 S.) 874. *ℳ 6.

Lfg. 6. Nr. 44. Ittersdorf. (4 S.) — Nr. 45. Bouss. (2 Bl. und 28 S.) — Nr. 46. Saarbrücken. (2 Bl. und 41 S.) — Nr. 47. Dudweiler. (2 Bl. und 45 S.) — Nr. 51. Lauterbach. (8 S.) — Nr. 52. Emmersweiler. (4 S.) — Nr. 53. Hanweiler. 875. *ℳ 20.

Karte, geologische, von Preussen und den Thüringischen Staaten im Maassstabe von 1 : 25,000. Hrsg. durch das königl. preuss. Ministerium für Handel, Gewerbe und öffentl. Arbeiten. 7., 8., 10.—13. Lfg. Imp.-Fol. Mit Erläuterungen. Lex.-8. Berlin, Neumann. *

Inhalt:

Lfg. 7. Grad-Abthl. 80: Nr. 38. Gross-Hennersdorf. (18 S. mit 1 Stnt. in qu. gr. 4.) — Nr. 39. Saarlouis. (2 Bl. und 16 S.) — Nr. 40. Heusweiler. (2 Bl. und 19 S.) — Nr. 41. Friedrichsthal. (2 Bl. und 31 S.) — Nr. 42. Neunkirchen. (2 Bl. und 23 S.) 876. *ℳ 18.

» 8. Grad-Abthl. 55: Nr. 52. Waldkappel. (24 S.) — Nr. 53. Eschwege. (24 S. mit 1 Stnt. in gr. 4.) — Nr. 58. Sontra. (35 S. mit 2 Stnt.) — Nr. 59. Netra. (28 S. mit 2 Stnt.) — Grad-Abthl. 69: Nr. 4. Hönebach. (23 S.) — Nr. 5. Gerstungen. (14 S.) 876. *ℳ 12.

» 10. Grad-Abthl. 80: Nr. 19. Wincheringen. (12 S.) — Nr. 20. Saarburg. (14 S.) — Nr. 25. Beuren. (12 S.) — Nr. 26. Freudenburg. (17 S.) — Nr. 31. Perl. (8 S.) — Nr. 32. Merzig. (13 S.) 880. *ℳ 12.

Lfg. 11. Grad-Abthl. 44: Nr. 16. Linum. (25 S.) — Nr. 17. Cremmen. (26 S.) — Nr. 22. Nauen. (33 S.) — Nr. 23. Marwitz. (25 S.) — Nr. 28. Markau. (20 S.) — Nr. 29. Rohrbeck. (34 S.) 878. *ℳ 12.

» 12. Grad-Abthl. 57: Nr. 51. Naumburg. (14 S.) — Nr. 52. Stössen. (13 S.) — Nr. 57. Camburg. (15 S.) — Nr. 58. Osterfeld. (13 S.) — Grad-Abthl. 71: Nr. 3. Bürgel. (9 S.) — Nr. 4. Eisenberg. (14 S.) 879. *ℳ 12.

» 13. Grad-Abthl. 71: Nr. 5. Langenberg. (21 S.) — Nr. 6. Grossenstein. (12 S.) — Nr. 11. Gera. (29 S.) — Nr. 12. Ronneburg. (29 S.) 879. *ℳ 8.

Lfg. 9. ist noch nicht erschienen

Geologische **Karte** von Preussen und den Thüringischen Staaten, nebst Erläuterungen, herausgegeben von der Preussischen Geologischen Landesanstalt. Lieferung 1–90 ff. Berlin, 1870. Hierzu gehören als selbstständige Abhandlungen, in ganzer Reihenfolge:

Band.	Heft.	
I.	1.	**Eck, H.** Rüdersdorf und Umgegend.
	2.	**Schmid, E.** Keuper des östlichen Thüringens.
	3.	**Laspeyres, H.** Steinkohlengebirge bei Halle a S.
	4.	**Meyn, L.** Geognosie der Insel Sylt.
II.	1.	**Weiss, Ch.** Steinkohlen-Calamarien I.
	2.	**Orth, A.** Rüdersdorf und Umgegend.
	3.	**Berendt, G.** Umgegend von Berlin: I. Nordwesten Berlins.
	4.	**Kayser, E.** Fauna des Harzer Devons.
III.	1.	**Weiss, Ch.** Flora des Rothliegenden von Wünschendorf.
	2.	**Laufer und Wahnschaffe.** Boden der Umgegend von Berlin.
	3.	**Meyn, L.** Boden Schleswig-Holsteins.
	4.	**Schütze, A.** Niederschlesisch-Böhmisches Steinkohlenbecken.
IV.	1.	**Schlüter, Cl.** Echiniden der norddeutschen Kreide I.
	2.	**Koch, C.** Homalonotus des Rheinischen Devons.
	3.	**Friedrich, P.** Tertiärflora der Provinz Sachsen.
	4.	**Speyer, O.** Bivalven des Casseler Tertiärs.
V.	1.	**Roemer, H.** Geologie der Stadt Hildesheim.
	2.	**Weiss.** Steinkohlen-Calamarien II.
	3.	**Laufer, E.** Die Werderschen Weinberge.
	4.	**Liebe, Th.** Schichtenaufbau Ostthüringens.
Band.	**Heft.**	
VI.	1.	**Beushausen, L.** Der Oberharzer Spiriferensandstein.
	2.	**Blanckenhorn, M.** Trias am Nordrande der Eifel.
	3.	**Noetling, Fr.** Fauna des samländischen Tertiärs I.
	4.	**Noetling, Fr.** Fauna des samländischen Tertiärs II.
VII.	1.	**Wahnschaffe, Fel** Quartär bei Magdeburg.
	2.	**Berendt, G.** Märkisch-Pommersches Tertiär.
	3.	**Felix, Weiss und Potonié.** Innerer Bau westfälischer Carbon-Pflanzen.
	4.	**Branco, W.** Zur Kenntniss von Lepidotus.
VIII.	1.	**Berendt und Dames.** Geognosie der Umgegend von Berlin.
	2.	**Denckmann, A.** Geognosie von Dörnten bei Goslar.
	3.	**Frech, F.** Geologie von Haiger (Nassau).
	4.	**Schlüter, Cl.** Anthozoen des Rheinischen Devons.
IX.	1.	**Ebert, Th.** Echiniden des Oligocäns.
	2.	**Caspary, R.** Fossile Hölzer Preussens.
	3.	**Frech, Fr.** Devonische Aviculiden Deutschlands.
	4.	**Kinkelin, Fr.** Tertiär und Diluvium des Main-Thales, Taunus pp.
X.	1.	**v. Koenen, A.** Norddeutsches Unter-Oligocän I.
	2.	Ders. Norddeutsches Unter-Oligocän II.
	3.	Ders. Norddeutsches Unter-Oligocän III.
	4.	Ders. Norddeutsches Unter-Oligocän IV.
	5.	Ders. Norddeutsches Unter-Oligocän V.
	6.	Ders. Norddeutsches Unter-Oligocän VI.
	7.	Ders. Norddeutsches Unter-Oligocän VII.

Neue Folge.

Heft	1.	**Kayser, E.** Hauptquarzit und Zorger Schiefer des Unterharzes.
„	2.	**Weiss, Ch.** Sigillarien der Preussischen Steinkohle.
„	3.	**Beissel, J.** Foraminiferen der Aachener Kreide.
„	4.	**Caspari, R.** Flora des Bernsteins.
„	5.	**Schlüter, Cl.** Echiniden der norddeutschen Kreide II.
„	6.	**Eck, H.** Geognosie von Baden-Baden.
„	7.	**Uthemann, A.** Braunkohlen am Meissner (Hessen).
„	8.	**v. Reinach, A.** Rothliegendes der Wetterau.
„	9.	**Beyschlag und Potonié.** Rothliegendes Thüringens.
„	10.	**v. Fritsch und Beyschlag** Jüngere Steinkohlen der Provinz Sachsen.
„	11.	**Woelfer, Th.** Geologische Spezialkarte und Bodeneinschätzung.
„	12.	**Bücking, H.** Nordwestlicher Spessart.
„	13.	**Dathe, E.** Geologie von Salzbrunn.
„	14.	**Keilhack, K.** Geologische Schriften des ostelbischen Preussens.
„	15.	**Holzapfel, E.** Das Rheinthal.
„	16.	**Holzapfel, E.** Oberes Mitteldevon am Rhein.
„	17.	**Beushausen, L.** Lamellibranchiaten des rheinischen Devon.
„	18.	Fehlt.
„	19.	**Ebert, Th.** Stratigraphie der Oberschlesischen Steinkohle.
„	20.	**Wahnschaffe, F.** Tertiär und Quartar von Buckow.
„	21.	**Potonié, H.** Flora des deutschen Carbon und Perm.
„	22.	**Dathe, E.** Das Schlesisch-Sudetische Erdbeben von 1895.
„	23.	**Graf Solms-Laubach.** Pflanzenreste des Unterculm von Saalfeld.
„	24.	Fehlt.
„	25.	Fehlt.
„	26.	**Keilhack und Michael.** Geologische Schriften Deutschlands.
„	27.	**Wagner, R.** Muschelkalk bei Jena.
„	28.	**Berendt, G.** Der tiefere Untergrund Berlins.

u. s. w. u. s. w.

Geologische Karte der Rheinprovinz. Sektion Wiesbaden. Berlin, 1886.

Karte Geologische — des Herzogthumes Salzburg auf Grundlage der Karten des k. k. General-Quartiermeister-Stabes, in dem Maaße von 2000 Klft. auf den Zoll. Ausgeführt von der k. k. geolog. Reichsanstalt. Wien, 1854. 15 Bl. nebst Titelblatt und einer Farbenerklärung. Die Gradeintheilung ohne Netz, der Grad in 60 Theile getheilt. Die Blätter der Karte sind 9'' 8''' hoch, u. 14½'' breit, von Hauptm. v Stutulz, Oberlieut. v. Balz, Hauptm. v. Mederer, Oberlieut. Manzinski, Hauptm. Wihbek, Oberlieut. Weingarten, Hauptm. Bergmann, Oberlieutenant Baron Born, Hauptm.

v. Baumgarten und Hauptm. v. Weiß gezeichnet und von Ponheimer und J. Zutz gestochen. Mit ausführlicher Terrainzeichnung, trigonometrisch bestimmten Erhöhungen über das Meer, dann geogr. Längen und Breiten vom Meridian des St. Stephansthurms zu Wien ꝛc.

Karte, geologische, der Schweiz. 1 : 100,000, Blatt 17. Vevoy, Chromolith. In-fol. Bern, Dalp.
1883. **16 25**

Karte. Geologische K' der Schweiz 1 : 500.000. Bearb. im Auftrage der Schweiz. geologischen Kommission von Alb[ert] Heim und C[arl] Schmidt. 1894. Begleitworte hrg. von der Schweiz. geol' Komm'. 8. Bern (1894).

Karte, Geolog., der Schweiz. Hrsg. v. *E. Renevier* und *H. Schardt.* Blatt XVI. 1 : 100,000. 2. Ed. (m. erklärendem Text). Bern, Schmid & Francke.
1900. 10 —

Karte. Geologische K' der Schweiz, hrg. von der Geologischen Kommission der Schweizer. Naturforschenden Gesellschaft auf Kosten der Eidgenossenschaft. [Erläuterungen] No 4. 8. Bern, Komm. A. Francke, April 1905.
s. Mühlberg, F[ritz]. Erläuterungen....

Karte. Geologische K' der Schweiz, hrg. von der Geologischen Kommission der Schweizer. Naturforschenden Gesellschaft auf Kosten der Eidgenossenschaft. [Erläuterungen] Nr. 5 u. Nr. 6. 8. Bern, Komm. A. Francke; Zürich, Buchdr. des Schweiz. Grütlivereins.
Nr. 5. 1907 s. Baltzer, A[rmin]. Erläuterungen....
Nr. 6. 1908 s. Schmidt, C[arl], und Preiswerk, H[einrich]. Erläuterungen....

——, Geologische, des Wetterstein-Gebirges aufgenommen von O. M. Reis u. Fr. W. Pfaff. 1:25000. 2 Bl.

Karte zur Geschichte Altgriechenlands. Karte von Hellas. *Prag* Verl. v. *F. Tempsky*. 1 Bl. H. 1' 1/4", Br. 1' 4". Verhältn.: 1:2,450.000.
Auf diesem Blatte befinden sich zwei Karten unter den obigen Titeln, auf ganz gleichen Netzen; nur ist auf der Karte von Hellas das Terrain eingezeichnet. Das Gewässer ist durch blauen Farbendruck dargestellt. Das Blatt gehört zu Höfler's Atlas der alten Geschichte.

Karte der Gemeinden Gnissau, Flecken Ahrensbök und Landgemeinde Ahrensbök. Gez. v. Krause 1877. 1:15 000. Lübeck. o. J. Farbendruck. 1 Bl. Imp.- Fol., 67,8/100 cm.

—— des Kreises Goldapp im Reg.-Bez. Gumbinnen. 1:100,000. Hrsg. von der kartogr. Abtheilung der königl. preuss. Landesaufnahme 1876. Aufgenommen vom königl. preuss. Generalstab 1862—1864. Lithogr. und color. Imp.-Fol. (Ebendas.) 876. **

Karte der Goldküste u. westl. Sklavenküste, sowie des südl. Aschantee-Reiches in Westafrika. Nach den Arbeiten der Missionare Riis, Strömberg, Locher u. a. hsggb. von d. evang. Missionsgesellschaft in Basel. Basel, Bahnmaier's Verlag. 1. —
1874.

Karte über die bedeutendsten Goldminen-Gebiete der Coolgardie, Dundas und Yilgarn Goldfelder zu spec. Darstellg der bisher bekannt gewordenen Claims, bearb. nach d. neuesten Aufnahmen v. Ingen. d. Regierg v. West-Australien. Hrsg. v. d. 'Goldminen-Börse' ... (W. Droysen del.) Maasst. = 1:1,030000. *London: (Gedr. b. Willetts & Sohn) 1896.* 1 Bl. gr. 2. (☐) [97. 3571

Karte vom Grasbrook und der Norder-Elbe. 1 : 6000. Hamburg. (1857.) Lithographie. 1 Bl. Quer-Fol., 36,82 cm.
Ist nach einer handschriftl. Bemerkung v. F. Geerz 1857 lithographiert, aber nicht in den Handel gekommen.

Karte des Kts Graubündten, reducirt nach Dufour's topogr. Atlas der Schweiz von J. W. Mengold. 3. Aufl. Chur, L. Hitz. Auf Leinwand aufgez.
1872. 5. —

Karte des deutsch-englischen Grenzgebiets zwischen Njassa- und Tanganika-See. Nach offiziellen englischen Quellen und mit Benutzung der Karte: Stevenson Road Country von Dr. Kerr Cross. 1 : 1 000 000 Berlin 1890. 1 Bl. c. L. Sch.

Karte des südlichen Grenzgebiets des asiatischen Russlands. Massstab 1 (Russ.) Zoll auf 40 Werst. Erscheint unter Redaction des Regimentschefs. 32 Bl. c. L. Sch.

Karte der deutsch-französischen Grenzländer von Köln bis Bern und von Metz bis Ulm. 1:925,000. Mit Special-Cartons der Festungen: Mainz, Saarlouis, Landau, Germersheim, Rastatt, Ulm. 1:150,000. Fol. Gotha 870, J. Perthes.

Karte der deutsch-französischen Grenzländer u. Nordost-Frankreichs bis Paris mit genauer Einzeichnung der französischen Befestigungs-Anlagen u. deren neueren Verstärkungen. 1 : 400000. 2 Blatt. Farbendr. 60,5 × 65 cm, 4. Aufl. Leipzig, Lang, 1892.

Karte des deutschen Gross-Logenbundes. Zeichnung v. Rich. Herms. [Mit 1 Nebenkt.] Berlin-Schöneberg: Lampson & Martin [1907] 50×39,5 cm. 8° [Lithogr., kol.]

[Dasselbe.] 2. verb. Aufl. Berlin: Wunder [1907]. 50×39,5 cm. 8° [Lithogr., kol.]
cf. f. 2. Aufl.: BstF. 17 (1908) S. 79 (A. Feld); Brh. 5 (1908) S. 237 (W. Kunis); FZ. 62 (1908) S. 151; H. 19 (1908) No 14 (F. Zimmer); Bh. 52 (1909) S. 240 (R. Mahlau).

Karte von Gross-Polen. Berlin 1793. 1 Bl. c. K. v.

Karte des Kreises Gross-Strehlitz. 1 : 150 000. Gr. Strehlitz 1893. 1 Bl. c. L. Ft.

Karte der projectirten Wiener Gürtel-Eisenbahn sammt Abzweigungen u. Verbindungen mit allen in Wien einmündenden Bahnen. Massstab. 1 : 14.400. Tondruck in gr. Qu.-Folio (50 C. h., 65 C. br.). Von Jos. Fogerty. Wien, Carl Teufen. 40 kr.
1881.

Karte von den Häfen der Ostsee und dem Sunde. Weimar, Geogr. Inst., 1803. 4.

Karte des Handelskammer-Bezirks Halle a. S. Gez. z. Feier d. Einweihung d. Handelskammer-Gebäudes zu Halle a. S. am 12. Mai 1902. (Halle a. S. 1902: G. Sternkopf.) (1 Kartenbl. 25x34 cm.) 8°

Karte des Verbandes Halle, bestehend aus den Gemeinden Halle, Hörste, Borgholzhausen und Werther. Landräthl. Kreis Halle, Regierungs-Bezirk Minden. 1 Bl. L.

Karte (amtliche), von Hamburg und Umgebung. Nach der Landesvermessung in den J. 1855—1866 unter Leitung des Ob.-Geom. H. Stück ausgeführt bis 1874. Gezeichnet von G. Gramm. 1 : 20,000. Sect. I. und II.: Hamburg und Langenhorn. Kpfrst. Imp.-Fol. Hamburg 877, (Meissner und Behre.) à Sect. *

—— dass. — 1 : 50,000. (In 6 Bl.) Sect. I.: Hamburg. Kpfrst. qu. gr. Fol. Ebendas. 877. *

—— dass. — Mit Höhencurven. Sect. I.: Hamburg. Kpfrst. qu. gr. Fol. Ebendas. 877. *

Karte vom Churfürstenthum Hannover und angrenzenden Landen nach dem definitiven Reichs-Deputations-Schluss vom 20. November 1802. 1:573 396. Hannover 1804. 1 Bl.

— vom Harz nebst den dahin führenden Eisenbahnen. Bearb. im geograph.-lithograph. Institute v. L. Holle. Gez. u. gest. v. Rud. Diederich. Imp. Fol. Lith. u. col. Wolfenbüttel 849, Holle. 1/2 ß; in 8. Carton 2/3 ß; auf Leinw. u. in Etui 1 ß

Karte des Harzes im Massst. 1 : 50,000. Hrsg. v. Harzklub. Ausg. 1. Bl. 3. Quedlinburg: H. C. Huch 1906; Kupferstich-Inst. H. Petters, Stuttgart. 8° [kol.] [06. 11936 7

Karte des Harzes im Massst. 1 : 50,000. Hrsg. v. Harzklub. Ausg. 2. Bl. 3 Quedlinburg: H. C. Huch 1906; Kupferstich-Inst. H. Petters, Stuttgart. 8° [kol.] [06. 8390

Karte des Verwaltungsbezirks oder der Gemeinde Heepen. 1 : 50 000. 1 Bl. L.

Karte der Lüneburger Heide. Maassst. 1:300,000. *Hannover: O. Borgmeyer [1900].* (1 Kartenbl. 47 × 62 cm.) 8° [00. 9089

— vom Kreise Heiligenbeil, Reg.-Bez. Königsberg. Fol. Lith. Königsberg 846, Gebr. Schamberg. n. 5/12 ngr

Karte zur Heimatkunde des Kreises Düren. (Maßst. 1:160,000. Düren: W. Solinus [1904].) (1 Kartenbl. 21 × 19 cm.) [lith.] [kol.]
[Auf d. Rückseite:] Regierungsbezirk Aachen. Maßst. 1:500,000.

Karte von Helgoland. (1:15 000.) Berlin. 1855. Lithogr. 1 Bl. Imp.-Fol., 49/42,5 cm.
Aus: Helgoland von Friedrich Oetker. Berlin. 1855.

Karte von Helgoland im Zustande des achten, dreizehnten und siebzehnten Jahrhunderts. (Kopien nach J. Mejer), gest. v. A. Papen. 1 Bl. 4°, 36/24,5 cm und:
Karte von Helgoland im 19ten Jahrhundert gest. v. A. Papen. (1:24 000.) 1 Bl. 4°, 25,5/35,5 cm.
Aus: F. von der Decken. Pholosophisch-historisch-geographische Untersuchungen über Helgoland. Hannover. 1826.

— von d. Grossherzogth. Hessen in d. trigonometr. Netz d. allgem. Landesvermessung aufgenommen vom Grossh. Hess. Generalquartiermeisterstabe. Sect. Rennertehausen, gez. von Becker, Mootz u. Coulmann, und Sect. Vöhl, gez. von Mootz u. Gründler. 2 lith. Bl. in Roy.Fol. Darmstadt 847. (Jonghaus. — Pabst.) baar 1 ngr (27 Bl. baar 26 ngr)

Karte von dem Grossherzogthume Hessen, in das trigonometrische Netz der allgemeinen Landesvermessung aufgenommen von dem Grossherzoglich Hessischen Generalstabe. 1:50000. 31 Bl. L. Ff.

Karte des Grossherzogthums Hessen. Bearbeitet durch das Grossherzogliche Katasteramt. 1:25000. Darmstadt 1886. (Im Erscheinen).

Karte von dem Grossherzogthume Hessen und den angränzenden Ländern. Bearbeitet in dem Grossherzoglich Hessischen Generalquartiermeisterstabe. 1:250 000. Darmstadt 1858. 2 Bl.

Karte von dem Kurfürstenthum Hessen. Aufgenommen von dem topographischen Büreau des Kurfürstlich Hessischen Generalstabes. 1:50000. Cassel 1840—1855. 40 Bl. L. Ff.

Karte des politischen Bezirkes Hietzing-Umgebung. 1:25.000
auf Leinwand mit Stäben K 40.—
Wien: Freytag & Berndt 1909.

Karte des politischen Bezirkes Hietzing—Umgebung. 1:100.000
K —.20
Wien: Freytag & Berndt 1910.

Historische Karte von Dithmarschen, Elderstedt, Helgoland, Stapelholm, d. Wilster-Marsch, den Ämtern Hanerow und Ritzebüttel, sowie von dem nördlichen Theile der Lande Kehdingen, Hadeln u. Wursten. Red. für die Zeit von 1643–1648, mit besonderer Berücksichtigung der vor dem Jahre 1643—1648 untergegangenen Köge, Kirchen, Ortschaften etc. v. Franz Geerz. 1:120000. Berlin. 1886. Farbendruck. 1 Bl. Imp.-Fol., ca. 73/91 cm
Mit 2 Nebenkarten:
Veränderungen der Nordsee-Küste von der Elbmündung bis zur Hever in dem Zeitraum von 230 Jahren (1648—1878). 1:300000.
Helgoland im Jahre 1648. Neu construirt 1884. 1:24000.
Politisch kol.
—— Physisch kol.

—— historische, der Grafschaft Mansfeld. Mit Erläuterung: Die Grafen von Mansfeld und ihre Besitzungen. gr. 8. (VIII, 115 S. mit 1 Tab. in qu. gr. Fol.) Fol. Eisleben 872, (Kuhnt'sche Buchh.) cart. **

Historische Karte von den Nordfriesischen Inseln Nordstrand, Pellworm, Amrum, Föhr, Sylt etc. der continentalen Marsch zwischen Hever und Königsau, sowie von der Friesischen Vorgeest. Red. für die Zeit von 1643 bis 1648, mit besonderer Berücksichtigung der vor dem Jahre 1643 untergegangenen Köge, Kirchen, Ortschaften etc. v. Franz Geerz. 1:120 000. Berlin. 1888. Farbendruck. 1 Bl. Imp.-Fol., 90/65 cm.
Mit 2 Nebenkarten:
Veränderungen der Nordsee-Küste von d. Hever bis zur Mündung d. Wiedau in dem Zeitraum von 230 Jahren (1648–1878). 1:300 000.
Die Küstenzone westlich von Ripen im Jahre 1648. 1:400 000.
Politisch kol.

– Physisch kol.

— vom Hochschwab, Ötscher u. Veitschalpe. Im Masse 1:75.000, mit markirten Wegen, nach Angaben der Herren C. Biedermann und A. Böhm. Wien, Lechner's Sortiment. fl. 1.60, auf Leinen fl. 2.40. 1886.

— von Hohwald und Umgebung. Gezeichnet durch *J. E. Kuntz.* 1:25,000. Farbendruck. Mit Text (gr. in-8°, 1 S.). Imp. in-fol. Zürich, Art. Inst. Orell Füssli. 1891. 1 20

Karte vom Herzogthum Holstein, den Gebiethen der Reichs-Städte Hamburg und Lübek, und des Bisthums Lübek. Nach der Fischerischen Karte entw. und berichtigt v. B. ... (1:260 000.) 2te verb., verm. und neu gestochene Aufl. Schleswig. 1801. Kupferstich. kol. 1 Bl. Fol., ca 52/64 cm.

– Mit der Jahreszahl 1813.
Die Karte geht unter den Namen der Binzerschen, soll aber von von Wimpfen gezeichnet sein. Geerz, Geschichte der Vermessungen, S. 73.

Karte von dem Herzogthum Holstein, den Gebiethen der Reichs-Städte Hamburg u.: Lübeck u.: des Hochstifts Lübek. (1:265 000.) o. O. u. J. Kupferstich, kol. 1 Bl. Fol., 57,6/68 cm.

Karte von den Herzogthümern Holstein und Lauenburg, mit dem Fürstenthum Lübek und den Gebieten der freien und Hansestädte Hamburg und Lübek. Hrsg. vom Königlich Dänischen Generalstabe. 1:120000. Kopenhagen 1861—1864. 4 Bl. (1—4) c. K.

Karte des Deutschen Reichs. Humoristische, und von Oesterreich-Ungarn. Stuttgart. Levy & Müller. 1887. Fol. Chromolith. (M. 0,50.)

Hydrographische Karte von Bayern. Hrsg. im topographischen Büreau des General-quartiermeister-Stabs. 1:500000. München 1834. 1 Bl. K.

Karte, Hydrographische, von Deutschland u. den angrenzenden Staaten. Gestochen von Mare. Berlin, Schropp u. Co. Imp.-Fol. (1/2 Rℓ.)

[Umschlagt.:] Hydrographische Karte von Norddeutschland in 2 Bl. Massst. 1:250000. Bearb. im Bur. d. Wasseraussch. Hierzu als Anlage e. Verzeichniss d. Pegelstationen, d. Regenstationen u. d. Flächeninhaltes d. Stromgebiete ... (Vorr.: [Ad.] Keller.) *Berlin: Komm.-V. D. Reimer 1895. 96.* 2 Bde 4.
Karte. 1896. (1 Ktnbl. 2) Anlage. 1895. (1 Bl., IV S., 1 Bl., 70 S.) [97. 1911

— hydrograph., petrograph., polit., militär. u. Post-, von d. vorzügl. Theilen von Europa ꝛc., in 72 Bl. qu. Fol. Leipz. 813. Hinrichs. 12 ngr ill. 15 ngr

Karte, hydrograph. und physikal., von Deutschland in 30 Bl. n. Beschr. Querfol. Lpz. Hinrichs. 805.

— hydrographische, des Rhein's nebst den topograph. Gegenständen der anliegenden Ufer (u. dem Inundationsgebiet. Nach amtlichen Vermessungen. Maassstab: 1.: 10,000.) Regierungs-Bezirk Köln. 15 Sectionen. gr. Fol. Coblenz 840, Bädeker. n. 11/3 ngr.

Hypsometrische Karte von **Bayern**. Hrsg. vom topographischen Bürean des Königl. Bayerischen Generalstabes. 1:250000. München 1881—. 16 Bl. c. I.. NC. (Im Erscheinen).

Karte, Hypsometrische, von Mittel- und Süd-Europa, in Farbendruck mit Horisontal-Schichten, nach Steinhauser und dem Systeme des ... Ritter von Hauslab. Wien, Artaria & Co., o. J. [vor 1877.] (1 M. 20 Pf.)

Karte der Iller-Korrektion von Ferthofen bis Ulm. 4 Abteilungen und 2 Beilagen in Mappe. fol (Stuttgart 1880)

Karte des Königreichs Illyrien und des Herzogthums Steyermark, nebst dem Königlich Ungarischen Littorale, astronomisch-trigonometrisch vermessen, topographisch aufgenommen, reduzirt und gezeichnet von dem Kaiserlich-Königlich Oesterreichischen General-Quartiermeisterstabe. Wien 1834. 37 Bl. K. Ff.

Karte des Inn- und Hausruck kreises in Oberösterreich mit den Gruben-Maßen der Wolfsegg-Traunthaler Kohlen-Bergbau- und Eisenbahngesellschaft. Von A. Wagner. Wien. Lith. Anstalt von E. Sieger 1855. 1 Bl.

Charte der südlich von Tschu-San auf der östlichen Küste von China gelegenen Inseln nach derjenigen des H. Alex-Dalrymple mit Anmerkungen und Zusätzen von J. Barrow. 1780? 1; 560,000. 1 Bl.

Karte der neusibirischen Inseln und des Jana-Landes. 1:3000000. Gotha 1888. 1 Bl. c. i.. Ff.

Karte des Insurrectionsgebietes an der unteren Donau. 1:864000 4 Sect. Wien.

Karte des **Isergebirges** (mit farb. Höhenschichten von je 100 zu 100 Metern). 1:75.000. (2. Aufl.) *Görlitz: Vierling (1902).* (1 Kartenbl. 47×36 cm.) 8° [kol.] [02. 13101

Charte von Italien. Nach den letzten Friedens-Schlüssen und neuesten geographischen Hilfsmitteln entworfen. (1 Karte in Schuber.) 8. Wien 1832.

Karte von Italien. 1:2,000,000. Fol. Weimar 869, Geograph. Institut. (*M* 1,20.)

Karte vom Schleswig-Holsteinischen Canal (1:200 000), nebst Profil (1:50 000) vom Steigen und Fallen des Wassers bei dem gewoehnlichen Wasserstande in demselben. Constr. u. gez. v. Friedrich v. Hedeman. Kiel, bei J. A. Cetti. (1827.) Kupferst. 1 Bl Quer-Fol., 45/70 cm.

Charte über den Kanalweg von Stockholm nach Gothenburg. Stockholm. 1 Bl. c. L. Mit Ansichten der Ortschaften und 1 Heft Beschreibung.

Karte der Karawankenbahn. Lithographie
Klagenfurt: A.Raunecker 1905.

Karte von Karlsbad und Umgebung. 1:25.000. 47×45 *cm* gefalzt in Umschlag K 2.—, auf Leinwand K 3—
Wien: Freytag & Berndt 1902.

Karte von Kärnten. Maßstab 1:800.000. 2. Auflage. Wien. Pest. Leipzig. [1899.] Hartleben. 84×63 cm. Gefalzt in Carton fl. —.50

Karte von Kärnten. 1:500.000. 89×29 *cm*
Klagenfurt: Joh.Leon 1905.

Karte von Kärnten. 1:800.000. 3. Aufl. gefalzt in Leinwandkarton K 1.—
Wien: Hartleben 1907.

Karte des Kreises Karthaus im Reg.-Bez. Danzig. Hrsg. v. der kartogr. Abtheilg. der königl. preuss. Landesaufnahme 1880. Aufgenommen v. königl. preuss. Generalstab 1862—1875. Einzelne Nachträge 1897. 1:100,000. 44,5×66,5 cm. Farbdr. Berlin (R. Eisenschmidt). n.n. 2.—; ermäss. Preis n.n. 1.50

Karte von Kaukasien. 1:2,600,000. Chromolithogr. qu. gr. **Fol. Leipzig 877, Bibliograph. Institut.**

— des Kaukasus, nach den neuesten Aufnahmen des Russ. Generalstabes entworfen. Berichtigt u. ergänzt 1846 v. Heinr. Mahlmann. Imp. Fol. In Kpfr. gest. u. color. Berlin 847, Schropp & Co. n. 1 *ℳ*.

Karte vom Kreise Kiel. Nach der dänischen Generalstabs-Karte copirt u. vervollständigt v. H[ugo Bernhard] Jahn. 1:120000. Kiel. 1877. 1 Bl. Fol. 64/49 cm. Lithogr.

(Alexius) Kießling's Große **Karte** der Provinz Brandenburg. (3farbig. Mit Kilometer-Einteilung d. Chausseen ...) **Maaßst.** 1:432,690. (11. Aufl. Berlin: A. Kießling [um 1902].) (1 Kartenbl. 74×57 cm.) 8° [lith.] [03. 10310

(Alexius) Kießling's Topographische **Karte** des Nieder-Barnim'schen Kreises. Im Maßst. 1:150,000 auf Grund d. Generalstabs-Aufnahmen entworfen u. neu bearb. (3. [auf d. Umschl.: 2.] Aufl. März 1904 berichtigt. In Farbendr.) Berlin: A. Kießling (1904; Lith. L. Kraatz). (1 Kartenbl. 43×48 cm.) 8° [05. 11893

[Karte des] rheinisch-westfälischen Kohlen- und Industriegebiet[es]. **(Nebenkt. zu der Beckmannschen Karte d. deutsch. Eisenbahnen. Berlin 1899.) o. O. u. J. Schw. 1 Bl.**

Karte der Pilsener Kohlenmulde. Maassstab 1: 28.800. 4 Blatt unaufgezogen 2.—
Prag: G.Neugebauer 1891.

Karte, komische, von Europa. Chromolithogr. Imp.-Fol. Augsburg 879, Schmid'sche Verlagsh.

Karte des lombardisch-venezianischen Königreichs. Prag, bei Marco Berra. 1855. (1 Bl. 11" hoch, 14" breit. Lith.)

Karto vom **Königssee** und Umgebung. 1:25,000. Hrsg. vom Kgl. Bayr. Topogr. Bureau. *München: Th. Riedel (1900).* (1 Kartenbl. 80×60 cm.) 8° [Umschlagt.] [00. 9430

— constitutionelle, von Frankreich, wie sie war und jetzt ist. Franz. u. Deutsch. gr. 8. Hamburg ... Niemeyer. 1/6 *ℳ*

— — des Konzessionsgebietes der Gesellschaft Süd-Kamerun. Bearb. v. **Moisel.** 1:300000.

Karte des Herzogtums Krain und des Küstenlandes. 1:1,000.000
Wien: Freytag & Berndt 1910. K —.12

— des Bidschower Kreises im Königr. Böhmen nach den neuesten u. besten vorhandenen Hilfsmitteln entworfen. gr. Fol. Kpfrst. Prag 848, Berra. 14 *ngr*.

Karte des Breslauer Kreises. 1:150000. Berlin 1840. 1 Bl.

— des Bunzlauer Kreises im Königr. Böhmen nach den neuesten u. besten vorhand. Hilfsmitteln entworfen. gr. Fol. Kpfrst. Ebd. 848. 14 *ngr*.

— des Caslauer Kreises im Königr. Böhmen nach den neuesten u. besten vorhand. Hilfsmitteln entworfen. gr. Fol. Kpfrst. Ebd. 848. 14 *ngr*.

Karte des Chrudimer Kreises im Königreiche Böhmen nach den neuesten und besten vorhandenen Hilfsmitteln entworfen. Gest. von Fr. Pluth. Prag Ad. Christoph und W. Kuhe 1855 1 Bl. 15 Zoll hoch, 21 Zoll br. mit Zeichenerklärung und politischer und gerichtlicher Eintheilung

Karte des Glogauer Kreises. 1 : 150 000. Berlin 1840. 1 Bl. c. L. Ff.

— des Kaurimer Kreises im Königr. Böhmen nach den neuesten u. besten vorhand. Hülfsmitteln entworfen. gr. Fol. Kpfrst. Prag 848, Berra. 14 ngl

Karto des Neustädter Kreises (⟨V. Verwaltungsbez. d. Grossh. S.-Weimar⟩) und der angrenzenden Gebiete. Massstab 1 : 100,000. *Neustadt (Orla): R. Hertel [1901]; Leipzig: Lith. Anst. v. C. Kirst.* (1 Kartenbl. 63 × 49 cm.) 8° [kol.] [...]

Karte vom Saatzer Kreise in Böhmen. Saatz, 1828.

— des Taborer Kreises im Königr. Böhmen nach den neuesten u. besten vorhand. Hilfsmitteln entworfen. Imp. Fol. Lith. u. color. Ebd. 847. 14 ngl

Karte der Mansfelder Kreise. 1 : 200,000. Lithogr. qu. Fol. Eisleben 877, Mähnert's Verlag. *

Karte von Kreuznach und Umgebung. 1 : 45,000. 4. Kreuznach 875, Schmithals. *

Charte der Kriegs - Operationen am Donn und Dnieper Ihro Russisch Kayserl. Majestät Glorieusen Armeen Ao. 1736. Gestochen bey der Kays. Academ. der Wiss. in St. Petersburg, zu haben bey M. Seutter der K. u. K. Maj. Geogr. in Augsburg. 1 : 1,700,000. 1 Bl.

Karto vom Kriegsschauplatze 1866. Neu-Ruppin, Oehmigke. Fol. Lith. u. kol.

—— 1866. Neue Ausgabe. Neu-Ruppin, Oehmigke. Fol. Lith. u. kolor. (4 Sgr.)

—— vom Kriegsschauplatz. Nach der französ. Generalstabs-Karte. I.—III. Fol. Berlin 870, J. Abelsdorff. à

Inhalt:

I. Metz. Special-Karte der Departements: Mosel, Meurthe und Maas.
II. Chalons. Special-Karte des Departement: Marne.
III. Paris. Special-Karte der Departements: Seine und Marne.

—— des Kriegs-Schauplatzes 1870. Mit besond. Bezeichnung der geraubten deutschen Provinzen Elsass und Lothringen. Fol. Berlin 870, Janke. *

—— vom Kriegsschauplatz 1870. Fol. Würzburg 870, Stuber.

Karte des Kriegsschauplatzes in Dalmatien. gr. 4. Wien 869, Perles. *

—— des deutsch-französischen Kriegsschauplatzes am Rhein und an den Küstenländern. 1. und 2. Aufl. Fol. Dessau 870, Barth.

—— des deutsch - französischen Kriegsschauplatzes. 1 : 791,000. Fol. Glogau 870, Flemming.

—— des Kriegsschauplatzes von Deutschland und Frankreich, Neueste, nebst den angrenzenden Ländern. Stuttgart, J. Maier [1870.] . . . . (Br. Mus.)

Karte des Kriegsschauplatzes an der Donau [Rumänien und Bulgarien]. 1 : 1,250,000. Chromolithogr. qu. gr. Fol. Braunschweig 877, Westermann.

—— des französisch-deutschen Kriegsschauplatzes. Fol. Berlin 870, Wruck. *

—— des Kriegsschauplatzes in Klein-Asien. Armenien und Kaukasien. 1 : 1,250,000. Chromolithogr. gr. Fol. Ebendas. 877.

—— vom Kriegsschauplatz des deutsch-französ. Krieges im J. 1870. Fol. Braunschweig 870, Wasserkampf. aufgez. in Schwarzdr. 75 Pf.; in Buntdr.

Karte vom Kriegsschauplatz in Ost-Asien. [Massstab] 1 : 5.000.000. [Hergestellt durch die] Geograph. Anstalt H. Kümmerly & Frey Bern. 355/435 mm. 1 Bl. fol. Bern, Geograph. Karten Verlag H. K' & F' u. A. Francke, [1904].
Beilage zu vielen Zeitungen.

—— des Kriegs-Schauplatzes am Rhein. 1 : 1,000,000. Fol. Stuttgart 870, Hallberger.

—— des Kriegsschauplatzes vom Rhein bis Paris. 1 : 800,000. Fol. Berlin 870, Barthol und Comp.

Karte des Russisch-japanischen Kriegsschauplatzes. 1 : 7,500.000. Neue erweiterte Ausgabe. 33×35 *cm* gefalzt in Umschlag K —.36
Wien: Freytag & Berndt 1904.

—— des russisch-türkischen Kriegsschauplatzes in Europa und Asien. 1 : 2,250,000. 2 Bl. Chromolithogr. qu. gr. Fol. Berlin 877, Mittler und Sohn. *

—— des Kriegsschauplatzes in Sachsen, Schlesien u. Böhmen. Nebst 2 Übersichtskarten. M. für die Hauptkarte in 1 : 1000000, für die Nebenkarte 1 : 2702700. Berlin, Barthol & Co., 1866. gr. Fol. Chromolith. . . . . (Br. Mus.)

— des Kriegs-Schauplatzes von Schleswig-Holstein. gr. Fol. Lith. u. color. Mannheim 848, Löffler. 1/4 ₰

— des Kriegsschauplatzes der Schweiz. gr. 4. 2 lith. u. color. Bl. Winterthur 848, Steiner. 1/8 ₰

—— vom türkischen Kriegsschauplatze. 1 : 1,000,000. 2 Bl. Lithogr. und color. gr. Fol. Neusalza 876, Oeser. *

—— des türkischen Kriegsschauplatzes. 1 : 3,700,000. Lithogr. und color. qu. Fol. Stuttgart 876, Hoffmann'sche Verlagsh.

Karte vom Nördlichen Kriegstheater enthaltend das Westliche Russland, ganz Polen und Preussen nebst Dänemark, Schweden und Deutschland zum Theil. Nach der grossen Reymann'schen Karte gezeichnet und gestochen im Jahre 1812. Hannover bey den Gebr. Hahn. 1 : 2,300,000. 4 Bl.

Karte der Krim, nach M. J. R. Hout's großer geognostischer Karte zu Anatol v. Demidoff's Reise in die Krim. Verlag von Paterno in Wien. Druck von J. Locer. 1 Bl. 14" hoch, 20" breit. 1855.

— der Kronländer Kroatien u. Slavonien so wie der kroatisch-slavon. Militärgränze nach ihrer neuen polit. u. gerichtl. Eintheilung. Imp. Fol. Lith. u. color. Wien 851, Bermann 1/3 ₰

Karte der Küste der Nordsee zwischen Ameland und der Elbe nach Hannover. Orig.-Messungen (ausgeführt in den J. 1859 bis 1863), unter Benutzung der holländ. Karte für die Ems und der preuss. für die Jade-, Weser- und Elbe-Mündungen hrsg. von der königl. General-Direction des Wasserbaues zu Hannover. 6 Blatt. Massstab 1 : 100,000. Lithogr. und ill. (Text 15 S. in gr. 8.) Hannover 866, Helwing'sche Hofbuchh. * 6 Thlr.; Text apart *

Karte der Küste der Ostsee zwischen Ermeland u. der Elbe, nach hannov. Original-Messungen. Herausg. v. d. Kgl. Gener.-Direktion des Wasserbaues zu Hannover. Hannover 1868. Mit Text. 6 Bll.

Karte des österreichisch-illyrischen Küstenlandes, umfassend die gefürsteten Grafschaften Görz und Gradiska, die Markgrafschaft Istrien und die Stadt Triest mit ihrem Gebiete nach der gegenwärtigen politischen, gerichtlichen und kirchlichen Eintheilung. Verfaßt im Auftrage der k. k. Statthalterei in Triest, im J. 1855. Lith. B. Linassi in Triest. A. Magnaron inc. 1 Bl. 37″ hoch, 26″ breit. Ueber der statistischen Tabelle, welche die Zahlen der Gemeinden, der Bevölkerung, der Seelsorge, des Flächenraumes und des Steuer-Erträgnisses enthält, sind die drei Landeswappen von Görz, Istrien und von Triest angebracht, ferner enthält die Karte noch eine Zeichenerklärung und einen Maßstab: 1/192000tel der Natur oder 1 1/2 Wr. Zoll = 1 österr. Meile. Mit einfacher Gradeintheilung ohne Netz.

Karte des österreichisch-illirischen Küstenlandes umfassend die gefürsteten Grafschaften Görz und Gradiska, die Markgrafschaft Istrien und die Stadt Triest mit ihrem Gebiete nach der gegenwärtigen politischen, gerichtlichen und kirchlichen Eintheilung. Verfaßt im Auftrage der k. k. Statthalterei in Triest im Jahre 1855. 1 Bl. 37″ hoch, 25 1/2″ breit. Ohne Gradeintheilung. Die Karte enthält die drei Länderwappen, Tabellen über die Eintheilung nach Gemeinden, Flächenmaß, Bevölkerung und Steuererträgniß, nebst einer Zeichenerklärung. Maßstab: 1/192000tel der Natur o. 1 1/2″. Wiener Zoll = 1 österr. Meile.

—— der Küstenländer des Schwarzen Meeres. Lithogr. und color. qu. gr. Fol. Leipzig 877, Bibliograph. Institut. *

— vom Kreise Labiau, Reg.-Bezirk Königsberg. Fol. Lith. Königsberg 846, Gebr. Schumberg. n. 5/12 ß

Karte von Deutschland's politischer Lage zu Anfang des Krieges 14. Juni 1866. M. 1:2500000. Berlin, Schropp. Lith. u. kolor. gr. Fol. (1/6 ...)

Karte der nutzbaren Lagerstätten Deutschlands. Gruppe Preußen und benachbarte Bundesstaaten. Bearb. durch H. Everding. Hrsg. von der Kgl. Preußischen Geologischen Landesanstalt. 1:200 000. Abt. I, 1 u. II. Berlin. 1907–1908.
Abt. I. Rheinland und Westfalen. Mit 1 Bl. Begleitwort. Lfg. 1. 1907;
[Abt. II.] Elsaß-Lothringen mit Luxemburg. 1908;

Karte von dem Lager- und Manöver-Terrain auf der Lockstedter Heide. Kiel. 1865. Lithogr. 1 Bl. Fol., 41/52 cm.

—— des Landbesitzes und der Minengerechtsame in Deutsch-Südwestafrika. 1:5000000. 2 Bl.

Karte der Hohenzollernschen Lande. Aufgen. u. hrgg. v. d. topogr. Abth. d. Königl. Preuss. Grossen Generalstabes. 1 : 50000. Berlin. 1863. Lithographie. 9 Bl. Fol., ca. 51/69 cm (beschn.).
Das Kartenbild ist 12 Bogenminuten hoch und 20 Bogenminuten breit. Mit vielen Ansichten und einem Grundriss der Burg Hohenzollern in 1 : 1100.

Karte der deutschen Länder zwischen der Donau und der Ost- und Nordsee, dem Rheine und der Weichsel. O. O. o. J. Fol. (D.)

Karte der sächsischen Landtagswahlen v. 1909. Farbdr. Leipzig, M. Ruhl. —. 40.
1910.

— der neuen Landwehr-Bezirks-Eintheilung d. preuß. Staats. Nach der allerh. Cabinets-Ordre vom 3. Novbr. 1842. Nach amtl. Hülfsmitteln. In Kupfer gest. u. illum. Imp.-Fol. (Nebst Text: Neue Eintheilung der Landwehr-Brigade- u. Landwehr-Bataillons-Bezirke.) Ebd. 843. 1 1/3 ß

Karte der Landwehr-Bezirks-Eintheilung des Deutschen Reichs. Auf Veranlassung des Königlich Preussischen Kriegs-Ministeriums bearbeitet in der kartographischen Abtheilung der Königlichen Landes-Aufnahme. 1:900 000. Berlin 1888. 1 Bl. c. 1..

Karte vom Herzogthum Lauenburg. Entw. u. gez. v. F[ederspiel]. (1:120 000.) Copenhagen. 1831. Lithogr. 1 Bl. Fol., 56,5/52 cm.

Karte vom Herzogthum Lauenburg, nach der Kopenhagener Generalstabskarte von 1844 entw., rev. u. verm. v. H. J. Wollheim. (1:83 333.) Ratzeburg. 1852. Farbendruck. 1 Bl. Imp.-Fol., 73/67 cm.

— — 1873 rev. v. H. J. Wollheim. 1:83 333. Ratzeburg. 1873.

Karte des Kreises Herzogthum Lauenburg. 1 : 100000. Hrgg. v. der Kartograph. Abtheilung der Preuss. Landesaufnahme 1902. ⟨Aufgenommen 1879.⟩ (Berlin. 1902.) Lithogr. 1 Bl. Fol. 73/69 cm.

Karte vom Lauf und Flussbecken der Donau. Leipzig, Hinrichs, 1812. qu.-Fol. 12 Bll.

Karte vom Laufe und Flussbecken der Elbe. Leipzig, Hinrichs, 1812. qu.-Fol. 8 Bll.

Karte vom Lauf und Flussbette des Rheins. Leipzig, Hinrichs, 1812. 15 Bll. qu.-Fol. 2. Aufl. u. d. T.: Der Lauf des Rheins . . . 1813.

— vom Laufe des Rheins von Basel bis Rotterdam. Nebst Ansichten u. Städte-Plänen, color. Abzeichnung d. Länder-Gränzen (auf 1 Blatt), so wie einem Wegweiser u. Notizen für diese Reise. (8.) Wesel 840. Bagel. 5/12 ß

— vom Laufe des Rheins von Basel bis Rotterdam. Nebst genauer Bezeichnung der rhein. u. belg. Eisenbahnen, so wie Ansichten u. Städte-Plänen, color. Abzeichnung der Länder-Gränzen u. einem Wegweiser für diese Reise. (58 Zoll lang u. 8 Zoll breit, nebst Text in 8.) Wesel 843, Bagel. In Etui. 5/12 ß

Karte vom Laufe des Rheins, von seinem Ursprung an bis zu seinem Ausflusse in die Nordsee. Weimar, Geogr. Inst., 1803. 4.

Karte vom Lauf der Tauber. Massst. 1:100,000. [Mit 1 Nebenkarte.] (Würzburg: A. Herzer 1907.) (1 Kartenbl. 76× .. cm.) 8° [lith.] [kol.]
[07. 11627

Karte von dem Laufe der Weser von Münden bis Bremerhaven. (Karte der Werra von Berka bis Münden ...) 2. Ausg. Bremen, G. Hunckel. [1846.] . . . .

Karte d. Bezirkshauptmannschaft — zugleich Strafgerichtsbezirk — Leitmeritz. Ein Lehrmittel für den Unterricht in der Vaterlandskunde; hrsg. v. dem Lehrpersonale der Leitmeritzer k. k. Hauptschule. Imp. Fol. Lith. u. color. (Leitmeritz 851, Pohlig.) n. n. 1/3 ß

—— des Kreises Liebenwerda. Fol. Finsterwalde 868, Schneider.

—— vom königl. Forstrevier Liepe. 1:50,000. Lithogr. qu. gr. Fol. Ebendas. 877. *

Karte des Kreises Lingen in Hannover. Masst. 1:75,000. Lingen: R. van Acken 1907; (Lith. P. Baron, Liegnitz). (1 Kartenbl. 44×50 cm.) [lith.] [kol.]
[07. 18100

Karte der Linien bei Stollhofen zwischen Strassburg u. Fort Louis od. der Selinger Linien im Elsass, durch die Franzosen 1703 angegriffen.

Karte des Bezirkes Linz-Umgebung. 1: 150.000 K —.20
Wien: Freytag & Berndt 1907.

Karte von Lübeck und Umgegend. 1: 120,000. Lithogr. Imp.-Fol. [Lübeck 876.] Hamburg 876, Seelig. *

— der Kronländer Mähren u. Schlesien nach der neuen polit. u. Gerichts-Eintheilung nach amtlichen Quellen bearb. 1850. Imp. Fol. Lith. u. color. Brünn 851, Buschak & Irrgang. n. 12 ngl

Karte der Markgrafschaft Mähren u. des Herzogthums Schlesien, bearbeitet v. Anton Steinhauser, k. k. Regiergsr., gezeichn. u. gestochen unter Leitung v. Ant. Mück etc. Gr.-Qu.-Folio. Neue Auflage. Wien, Artaria & Co. Ausgabe mit Terrain 2 fl., mit neu eingetragenen Bezirksgerichtsgrenzen u. nach Bezirkshauptmannschaften colorirt 2 fl. 1881.

Karte des politischen Bezirkes Mähr.-Trübau. Massstab: 1:150.000. (Politický okress: Moravská-Třebová.) Hoch-Quart. Mit color. Grenzen. 10 kr. Wien: Hölzel 1882.

Karte der Main - Neckar Eisenbahn und des Odenwaldes. Darmstadt. 1846.

Karte von Makedonien, Altserbien und Albanien. 1:864 000. 8. Aufl. 63 × 66 *cm* gefalzt K 1.80
Wien: Artaria 1904.

Karte der südlichen Mandschurei und Nordkorea. 1:1,500.000. 73×49 *cm* gefalzt in Umschlag K 2.—
Wien: Lechner 1904.

Karte zu den Manövern des III. Armeekorps 1904 [der] Schweizerische[n] Armee. [In Dreifarbendruck.] Massstab 1: 100,000. 376/745 mm. 1 Bl. quer-fol. [Bern,] Schweiz. Landestopographie. Regensberg-St. Gallen *resp.* Constanz-Uster.

Karte zu den Manövern des IV. Armeekorps 1906 [der] Schweizerische[n] Armee. Massstab 1: 100.000. 1 Bl. quer-fol. [Bern,] Schweiz. Landestopographie.
Ausg. A: K'.... [Zürich-Wartau *resp.* Töss-Schwanden. In Dreifarbendruck.] 555/735 mm.
Ausg. B: [Karte — — 100.000. Zürich-St. Gallen *resp.* Winterthur-Einsiedeln. In Schwarzdruck.] 424/624 mm. *Rückseite mit* Ordre de bataille ... *u. Titel* Billige Ausgabe der Manöverkarte 1906, mit Uebersicht der Manövertruppen. Abgeschlossen auf 15. *resp.* 20. August 1906. Beilage *resp.* Gratisbeilage *resp.* Supplément *zu vielen Zeitungen.*

Karte zu den Manövern des II. Armeekorps 1905 [der] Schweizerische[n] Armee. [In Dreifarbendruck.] Massstab 1: 100,000. 567/446 mm. 1 Bl. fol. [Bern,] Schweiz. Landestopographie.
Aufgezogen, mit Titel, 8: ... [Bern,] Sch' L', 1905. fr. 1.— Bern-Willisau *resp.* Balsthal-Schangnau.
Gleiche Karte — — Armee [in Schwarzdruck], *Rückseite mit* Ordre de bataille ... *u. Titel* Billige Ausgabe der Manöverkarte 1905, mit Uebersicht der Manövertruppen. Gratisbeilage *resp.* Supplément *zu vielen Zeitungen.*

Karte für die Manöver des Garde-Corps im Septbr. 1872. 1: 50,000. Fol. Berlin 872. Schropp'sche Landkartenh. *

Karte von Marienbad und Umgebung. 1: 25.000. 45 × 47 *cm* gefalzt in Umschlag K 2.—, auf Leinen K 3.—
Wien: Freytag & Berndt 1902.

Karte von Masuren zu A. Hensel's Wegweiser durch das Seengebiet von Masuren u. seine Nachbarschaft. (Massstab 1:200 000) Königsberg: Hartung 1900. (1 Kartenbl. 53x46 cm.) 8°

Karte von Masuren (zu A. Hensel's Wegweiser durch d. Seengebiet von Masuren ...). Masst. 1:200,000. (Königsberg i/Pr.: Hartung [1905]; Lith. H. Schwarz.) (1 Kartenbl. 41×46 cm.) 8° [kol.] [07. 11301

Karte der Grossherzogthümer Meklenburg - Schwerin und Meklenburg-Strelitz. Entw. nach dem Maasstabe von 1: 350000 v. B. F. Engel. Rostock o. J. Farbendruck. 1 Bl. Imp.-Fol., 57,5/70,4 cm.

Kaspischen Meere — Karte von dem — nach Pr. Guldenstaedts Entwurf gezeichnet von J. Wussin, herausgegeben von Herrn F. A. Schraembl 1787.
Wien im eigenen Verlage. 1: 3,000,000. 1 Bl.

Karte des Eckernförder Meerbusens. Aufgenom. u. gez. v. Rob. Edwards, 1849. Hamburg. (1849.) Lithogr. 1 Bl. Fol., 35,6/52 cm.

Karte der politischen Bezirke Melk und Scheibbs. 1: 200.000 K —.30
Wien: Freytag & Berndt 1907.

Karte der politischen Bezirke Melk und Scheibbs. 1: 200.000 K —.30
Wien: Freytag & Berndt 1908.

—— vom Kreis Merseburg im Regierungs-Bezirk Merseburg. 1: 100,000. Fol. Ebendas. 871. *

Karte des Kreises Merseburg nebst einem grossen Teile d. angrenz. Kreise ... Masst. 1: 90.000. *Merseburg: F. Stollberg 1899.* (1 Kartenbl. 55×65 cm.) quer-gr. 2° [00. 4804

Militärische Karte von der Festung Strassburg, der Feste Kehl, und von den umliegenden Gegenden. Zu finden bey dem Hofkupferstecher Felsing in Darmstadt. 1: 20,000. 1 Bl.

Karte der Militärkreis-Eintheilung des Kantons Bern nebst Numerirung der Truppeneinheiten des Kantons Bern. Bundesrathsbeschluss vom 15. März 1875. 8. Bern, Huber & Co. 1875. 1. 20

Karte der Missionsstationen und der Zollämter und Karavanenstrassen in Deutsch-Ostafrika. Berlin 1892. 2 Bl. L.

— von Mittel-Europa. Nach Hübschmanns grosser Wandkarte. gr. Fol. Lith. u. color. Annaberg 849, Rudolph & Dieterici. 6 ngl

— von Mittel-Europa, zur Uebersicht sämmtlicher Eisenbahnen, der Meer- u. Binnen-Dampfschiffahrt nebst sämmtlichen optischen u. electrischen Telegraphen. gr. Fol. Lith. Berlin 848, D. Reimer. 1/3 ℞ Auf feinem Papier u. color. 5/6 ℞

Karte von Mödling und Umgebung. Für Touristen bearbeitet von G. Freytag. Massstab 1:25.000. Wien und Leipzig. [1901.] Freytag & Berndt. 45 × 47 *cm* in Umschlag K 1.—

Charte von Mosel-, Saar-, Neccar-, Rhein- und Mayn-Strom. Nürnberg, Chrph. Riegel, o. J. Fol. Kupf. . . . . (D.)

Karte von Mühlhausen [i. Th.] u. Umgebung. Massst. 1: 100.000. 2. Aufl. Mühlhausen i. Th.: Hey [1906]; (Kartogr. Anst. H. Kahle, Eisenach). (1 Kartenbl. 63×55 cm mit Legende.) [lith.] [kol.] [06. 14052

[Umschlagt.:] [J.] ... **Karte** des Kreises Mülheim a. d. Ruhr nebst Beschreibung desselben ... 2. Aufl. *(Essen: H. L. Geck 1894.)* (2 Bl. Umschlag u. 1 Ktnbl. ♯) 1 Bd 4. [94. 5548

Karte der Mündungen der Elbe, Weser und Jahde und von einem Theile der Nord-See. Auf Kösten der Hamburgischen Comerz-Deputation herausgegeben Anno 1802. (Alles in dieser Karte Gezeichnete gründet sich theils auf mitgetheilte, theils auf selbst angestellte Trigon. Operationen. Die Tiefen sind bey niedrigem Wasser in Faden angegeben.) J. F. Reinke Strom- und Canal-Director zu Hamburg. Gez. v. J. Kock u. gest. Pingeling, Hagemann in Hamburg. 1 : 120,000. 1 Bl.

Karte des Komitats Nagyküküllö. 1:800.000 K —.20
Kronstadt: Zeidner 1909.

— des Nahefiusses von seinem Ursprung bis zu dessen Einfluss in den Rhein, mit der Umgebung von Kreuznach u. dem Rheingau, 2' 2" lang. Lith, Coblenz 850, Müller. 1/2 ₰

Südafrikan. Kriegsschauplatz. **Karte** von Natal, Massst. 1:800000, u. Spezial-Karte von Ladysmith, Colenso u. Umgebung im doppelten Massst. *Berlin: D. Reimer 1900.* (1 Kartenbl. 49×35 cm.) 4°

— Natur- Kunst- und Producten-, von Oesterreich. 18 Stck. Fol. Wien, Binz. 795.

—— vom Kreis Naumburg im Reg.-Bez. Merseburg. 1:100,000. Fol. Ebendas. 869. *

Karte des Neckarthals. 1:200,000. Lithogr, Imp.-Fol. Tübingen 879, Fues'sche Sortimentsh. *
Auf Leinw. **

Karte, neue, der Erde nach Merkator. Revid. v. CF Baur. Gefalzt in 8°. Stuttgart

Karte, die neue, von Frankreich und Ober-Italien im Jahre 1860. (Von Ed. v. Callot.) Leipzig 859. Kollmann. 8. (33 S.) n. 4 ngr.

Neue Charte des Kriegs-Schauplatzes bestehend in 17 Blättern, enthaltend eine Darstellung der Märsche, Stellungen etc. der Französisch-Alliirten, so wie der Russischen Armeen. Vom Ausbruch des Kriegs den 22. Junii 1812 bis — Nach den Bülletins oder officiellen Berichten. Nürnberg bey Riegel et Wiessner. Nebst einer kurzen Darstellung der Märsche etc. vom 22. Juni 1812 an bis zum 10 März 1813 und von da bis 4. Juni. 3 Bogen; nicht beendigt. Die ersten 11 Blätt. ganz Russland bis zur Weichsel darstellend 1:6,000.000. Die andern 6 Bl. den Kampfplatz von der Düna bis zur Elbe enthaltend 1 : 2,800,000. 17 Bl.

Neue Karte von dem französ. Kriegs-Schauplatz in Ober- u. Mittel-Italien, Tirol, Friaul, Krain, Kärnthen, Steyermark. 1797.

Karte, Neue, von den gegenwärtigen Kriegsschauplatze ... O. O. o. J. 1793. Kupf. u. kolor. . . . . (D.)

Neue Karte, Sechzehn Meilen um Hamburg. (1:480 000.) o. O. u. J. Kupferstich. 1 Bl. Fol., 52/55,5 cm.
Mit 16 Randbildern, Kleidertracht in und um Hamburg.
Titel und Unterschrift der Bilder deutsch und englisch.

— neue polit.-militärische, von Frankreich, mit Erläuterungen. qu. Fol. Leipz. 814. Hinrichs. 8 ₰

— Dieselbe von Deutschland, in 35 Bl., (von J. N. Champion). qu. Fol. Leipz. 813. Hinrichs. 6 ₰ ill. 7 ₰

Karte. Eine neue K' der Schweiz in 546 Blättern. ‹Nebst Karte, s. Tafel 16.› (Bern 1870.) [Recension. A.] 4. ([Gotha] 1871.)

Neue Karte der Tauernbahn. Doppelpostkartenformat K —.30
Triest: Schimpff 1906.

Neue topographische Karte des Königreichs Württemberg. Hrsg. vom Königl. Württemberg. Statistischen Landesamt. 1 : 25 000. Stuttgart 1893—. 184 Bl. c. K. NC. (Im Erscheinen).

Neue **Karte** der Umgegend von Erfurt. Stadt u. Landkreis Erfurt mit angrenz. Landesteilen ... Massst. 1:50,000. Erfurt: H. Neumann [1902]. (1 Kartenbl. 60×66 cm.) 8° [Umschlagt. lith.] [kol.] [07. 6691

[Umschlagt.:] Neue(ste) **Karte** der Vogesen. Massstab: 1:400 000. *Freiburg (Baden): Lorenz & Waetzel [1897].* (1 Ktnbl. 2) 1 Bd 8.
(Collection Lorenz.) [97. 3724

Karte von Deutschland, Neueste, 1866. Lith. u. kolor. Stuttgart, Breitschwert's Selbstverlag, 1867. Fol.

Karte, Neueste, von Deutschland in VI Blättern. Gleichförmig mit jener des H. Sotzmann u. H. Bouge; zugleich auch nach den neuesten Hülfsquellen, u. gemäss den Friedensschlüssen von Luneville u. Pressburg entworfen. M.: 1 : 800000. Wien, Artaria & Co. 1806. Imp.-Fol. (4 Sk.) . . . . (D.)

Neueste **Karte** von Donaueschingen und Umgebung. Massstab: 1:75,000. *Freiburg i. B.: Lorenz & Waetzel [1900].* (1 Kartenbl. 25 × 40 cm.) 8° [Umschlagt.]
(Collection Lorenz.) [00. 8754

Karte. Neueste Karte vom Engadin und Davos. *Kopftitel:* Griebens Reisebücher. 318/370 mm. 1 Bl. fol., *in Umschlag* 8. Berlin, Albert Goldschmidt, 1901. M. —.50
Titel auf dem Blatt: Davos und das Engadin. Maassstab 1 : 250,000. Berlin, Verlag v. Albert Goldschmidt, Lith. Anstalt v. Leopold Kraatz. *Auch in:* Stromer, Th[eodor]. Die Schweiz. 20. Aufl. ... 1901.

Neueste Karte von Galizien und Lodomerien nebst dem österreichischen neuen Anteil von Polen. Nach dem Petersburger Teilungs-Traktate vom 24. Oktober und dem russischen k. Manifeste vom 25. Dezember 1795. Gestochen von Franz Müller in Wien 1796. (1:1.100.000.) Wien: Artaria 1796.

Neueste Karte vom Östlichen Holstein. Hrgg. v. Ernst Uebermuth. 1 : 100 000. Kiel. [1905.] Lithogr. 1 Bl. Gr.-Fo. 59/68 cm. Zusammengefaltet in Buchdeckel. 8°.

Karte, neueste komisch-ernste, von Europa für das J. 1877. Chromolithogr. qu. Fol. Augsburg 877, Schmid'sche Verlagsh.

Karte, Neueste, von ganz Preussen u. dem Herzogthum Warschau mit dem grössten Theil von Sachsen, dem Herzogthum Meklenburg und Schwedisch-Pommern nebst dem angrenzenden Oesterreichischen und Russischen Antheil von Polen nach Sotzmann, Gilly, Schrötter u. A. entworfen. M. 1 : 540000. Wien, Artaria u. Co., 1808. Roy.-Fol. 12 Blatt. (5 1/3 Sk.) . . . . (Br. Mus.)

Karte, Neueste, vom deutschen Reich, der österreichisch-ungarischen Monarchie, der Schweiz, den Niederlanden, Belgien, Rumänien, nebst Theilen der angrenzenden Länder. Mit besonderer Rücksicht auf Handel und Verkehrs-Interessen, sowie zum Hand- und Comptoir-Gebrauch im Masstab 1 : 1.250.000. Gezeichnet und bearbeitet von C. F. Baur und E. Serth. (6 Blätter in einem Oktav-Schuber.) Fol. Stuttgart (1875).

— neueste, der Bay San Francisco u. der Gold-Gegend. Mit allen neuen Städten, Flecken, Wegen, trocknen u. nassen Gold-Lagern nebst Angabe ihrer Entfernungen. Nach der v. J. J. Jarves unternommenen Vermessung vom 20. Juni 1849. Mit nachträglichen, in San Francisco selbst gemachten Bereicherungen. Fol. Lith. Hamburg 850. (Leipzig, Klinkhardt.) n. 1/6 ₰

Neueste Karte der Schweiz sowie der angrenzenden Gebiete. (Massst. 1:400 000). Leipzig: A. H. Payne [1899]. (1 Kartenbl. 57x86 cm.) 8° [Umschlagt.]

Karte neueste, der Umgebung von München. gr. 4. München 871, L. Finsterlin.

Karte, neueste, der Umgebung von München. 1:320,000. Lithogr. und color. qu. gr. 4. München 878, L. Finsterlin. *
Auf Leinw. *

—— neueste, der Umgegend von Berlin, nach den besten Aufnahmen bearb. und ausgeführt. Fol. Berlin 868, Thiele. *
color. *

Neueste Karte von dem Königreiche Würltemberg und dem Grossherzogthum Baden mit den inclavirten Fürstenthümern Hechingen und Sigmaringen, mit vorzüglicher Rücksicht auf die bestehenden Haupt- und Vicinal-Strassen. Stuttgart. 4 Bl. L.

[Umschlagt.:]Neueste**Karte**derCentral-GruppedesThüringerWaldes (Insels-Berg, Friedrichroda, Ilmenau, Suhl) . . . (Maasst. 1:100000.) *Berlin: A. Goldschmidt [1897].* (1 Ktnbl. $\frac{n}{n}$) 1 Bd 8.
(Griebens Reisebücher.) [97. 4602

Karte vom Ostseebad Neukuhren nebst Umgebung. Maßst. 1:12500. Hrsg. v. Verschönerungsver. Neukuhren. (Königsberg i. Pr.: Gräfe & Unzer 1907; Lith. B. Gisevius, Berlin.) (1 Kartenbl. 53×37 cm.) 8° [kol.] [07. 11048 10

Karte der Bezirke Nikolsburg und Auspitz. Maßstab 1 – 150.000. Unaufgezogen —.14
Nikolsburg: Nafe 1898.

Karte von Nord-America mit Westindien. Fol. Weimar 869, Geograph. Institut.

Karte von Nord- und Ost-Europa 1:10,000.000 K —.20
Wien: Freytag & Berndt 1910.

Karte des Nord-Ostsee-Kanals. Mit einem Strecken-, Schleusen- und Längen-Profil. 1:100000. Kiel (1895). 1 Bl. c. L.

Freytag, G. Karte des Nord-Ostsee-Canales. 1 : 200.000. 52 × 17 *cm*, gefalzt —.18
Wien: Freytag & Berndt 1895.

Karte von Oberbayern nach den Vermessungen der Königl. B. Steuer-Kataster-Commission, mit den neuesten Ergänzungen bearbeitet. München 1838. 1 Bl. c. L. Sch.

— von Ober- und Mittel-Italien. 1:1,400,000. Fol. Ebendas. 869. (ℳ 1,20.)

Karte des Berner Oberlandes, nach den eidgen. Aufnahmen bearbeitet von W. R. Kutter, gezeichnet von R. Leuzinger. Massstab 1 : 200,000. 2 Aufl. Bern, J. Dalp. 1879. 6 —
Aufgez. 8 —

Karte der Sächsischen Oberlausitz u. d. angrenzenden Teile Schlesiens u. Böhmens. Maßst. 1:100,000. Zittau: A. Grünau [1905]; (E. Gaebler, Leipzig). (1 Kartenbl. 64×48 cm.) 8° [lith.] [kol.]

Karte von Ober-Oesterreich und den angrenzenden Theilen des Böhmer-Waldes, Bayerns und Salzburgs. Maßstab: 1:650.000. In Leinwand-Carton. Gefalzt —.50
Wien: Hartleben 1895.

Karte von Ober-Oesterreich u. d. angrenz. Theilen d. Böhmerwaldes, Bayernsu. Salzburgs. Maßst. 1:650,000. (2. Aufl.) (Wien): A. Hartleben [1906]; (Kartogr. Anst. G. Freytag & Berndt). (1 Kartenbl. 42×28 cm.) 8° [lith.] [kol.] [06. 19033

Karte der Ofenpassgruppe. 1:50,000. 51×82 cm. Lithogr. Ueberdruck. (Aus: „Topogr. Atlas der Schweiz.“) Bern. (Schmid & Francke.) 2 —
1899. Auf Leinw. 3 —

Karte, Offizielle, der Militärkreise der Schweiz, Hrsg. vom eidgen. Stabsbureau. 4 Blatt. Massstab 1 : 250,000. Bern, J. Dalp. 1876. 15. —

Offizielle Karte des Spessarts mit kurzer Beschreibung der farbig bezeichn. Touristenwege. Hrsg. v. dem Verein d. Spessartfreunde. (Massst. 1:150 000.) Aschaffenburg: C. Krebs [1899]. (30 S., 1 Kartenbl. 38x30 cm.) 8° [Umschlagt.]

Offizielle **Karte** des Spessarts mit kurzer Beschreibung der farbig bezeichneten Touristenwege. Hrsg. von d. Verein d. Spessartfreunde. (Maßst. 1:150,000.) [Vorr.: Dr. [Karl] Kihn.] *Aschaffenburg: C. Krebs 1904; (Lith. C. Welzbacher, Darmstadt).* (1 Kartenbl. 41×50 cm mit Legende, 47 S.) 8° [kol.]

Karte von dem Herzogthume **Oldenburg**, entw. v. **A. P.** Freih. **v. Schrenck**, gez. v. F. Hennings. 1:200000. o. O. 1856. Kupferstich. 1 Bl. Imp.-Fol., 96,5,68,8 cm.

Karte vom Luftkurorte Oliva und Umgegend. Entworfen v. Verschönerungsverein zu Oliva. 1904. Maßst. 1:25 000. Danzig: A. W. Kafemann (1904); Druck H. F. Jütte, Leipzig. (1 Kartenbl. 41x51 cm.)

München, Oberste Baubehörde, Ombrohydrometrische Karte Bayerns. München 1885. Fol.

Karte des Operations-Gebietes in Süd-Dalmatien (Crivoscie, Bocche di Cattaro) und der Herzegowina nebst dem Fürstenthum Montenegro. Wien, A. Hartleben. Preis 20 kr. 1882.

Hamburg, Deutsche Seewarte, Orographisch-hydrographische Karte, die Vertheilung der Einrichtungen der Deutschen Seewarte und der Meteorologischen Stationen darstellend. Hamburg 1879.

Karte, Oro-hydrographische, von Deutschland. Berlin. Schropp u. Co., 1823. Fol. (1⅓ ℳ) . . . .

Karte, orohydrographische, der Schweiz. 1:200000. Auf Lwd mit Stäben. Zürich

— der Ortsgruppen d. Deutschen Schulvereines nach dem Stande vom 31. Juli 1885. 4. Aufl. Lith. qu. gr. Fol. Wien, Pichler's Wwe. & Sohn. Baar fl. —.25. 1887.

KARTE DER OST-ALPEN in 9 Blättern. Bearbeitet unter Mitwirkung des Deutschen u.(nd) Oesterr.(eichischen) Alpenvereins von LUDWIG RAVENSTEIN. Maasstab 1 : 250,000. Chromolith. Frankfurt a. M. Verlag der geograph. Anstalt von Ludwig Ravenstein. qu. gr. fol.
Blatt III: Karte der Oesterreichischen Alpen und des Wiener Waldes. ib. (1884) —
Blatt IV: Karte der West-Tiroler und Engadiner Alpen, enthaltend die Gebirge des Oberinnthales bis zum Rheinthale, Berninagebirge, Süd-Vorarlberg, Arlbergbahn, Brennerbahn, Vintschgau, Innsbruck, Bozen, Meran, Bormio u. Chur, Oetzthaler-, Stubaier-, Saruthaler- und Ortler-Alpen. ib. (1883.) —
Blatt V: Karte der Ost-Tiroler Alpen, Tauern und Dolomiten. ib. (1882.) —
Blatt VI: Karte der Steierischen Alpen und der Karawanken. ib. (1884.) —
Blatt IX: Karte des Krainisch-Kroatischen Gebirgslandes. ib. (1886.) —

Karte von Ost-China. [1.] Tsingtau. (Berlin: Kgl. Preuß. Landesaufnahme 1901.) [gestochen] [kol.] [05. 10709

Karte von Ost-China. Hrsg. von der Kartographischen Abtheilung der Kgl. Preuss. Landesaufnahme. 1:1000000. Berlin 1901—. Voraussichtlich 22 Bl. c. L. Sch. (Im Erscheinen).

Karte von Ost-China mit Specialdarstellungen der Provinzen Tschili und Schantung des unteren Peiho-Laufes sowie Plänen von Peking, Tientsin, Taku, Tsingtan, Schanghai, Kanton und Hongkong. Bearbeitet von P. Kraus. Leipzig und Wien. 1900. Bibliographisches Institut. 57 × 82 *cm*, in Umschlag K —.96

Karte des Erz-Herzogthums Oesterreich ob und unter der Enns, astronomisch-trigonometrisch vermessen, topographisch aufgenommen, reduzirt und gezeichnet von dem kaiserlich-königlich Oesterreichischen General-Quartiermeister-Stabe. Wien 1813. 31 Bl. K. Ff.

Karte des Erzherzogtums Osterreich unter der Enns. 1:600.000 K —.20
Wien: Freytag & Berndt 1908.

Karte der Provinzen Ost- und Westpreussen. (Bl. 4, 5, 10 und 11 der Vogel'schen Karte des Deutschen Reichs. 1:500000). Gotha. 1 Bl. c. K. Ff.

Karte der Ost- und Westprignitz mit angrenzenden Kreisen und Landesteilen. Maßst. 1:200,000. *Pritzwalk: C. Lemke [1903].* (1 Kartenbl. 53×40 cm mit Legende.) quer-2° [kol.] [04. 1474

Karte der Diöcese Paderborn. [T. 1. 2.] *Paderborn: F. Schöningh [1899].* (2 Kartenbl. je 70×64 cm.) 2° [Umschlagt.]
[1.] Östl. (Sächs.) Teil. Nach d. neuesten Angaben d. Diöcesan-Schematismus zsgest. durch Th. Hohoff. 1 : 450,000.
[2.] Westl. Teil. 1 : 300,000. [01. 11913 6

Karte des Kreises Peine. Massst. 1:100,000. *Berlin: M. Pasch [1901]; Lith. W. Greve.* (1 Kartenbl. 34×41 cm.) 2° [kol.] [02. 676

Pharmacognostische Karte für die Arzneibücher Europas und der Vereinigten Staaten von Amerika. 2. Auflage. Maßstab am Aequator 1 : 45,000.000. Bearbeitet von Hermann Schelenz. Wien. 1899. Freytag & Berndt. 63×90 cm. Gefalzt. fl. 1.50

Karte der Philippinen. (In zwei Sectionen: nördliches und südliches Blatt.) Nach den neuesten und besten Quellen bearbeitet. Maßstab 1 : 2,500.000. Mit einem Plan der Stadt Manila im Maßstab 1 : 90.000. In vierfachem Farbendruck. Wien. Pest. Leipzig. [1899.] Hartleben. 2 Blätter 40×53 *cm.*
In Umschlag gefalzt fl. 1.10
Auf den Umschlag-Innenseiten befindet sich eine geographisch-statistische Beschreibung der Philippinen mit Illustrationen.

— von Polen nach Engelhardt, Chrzanowski u. a. gr. Fol. Lith. u. color. Berlin 840, Behr. 1/3 ₰

Karte des Königreichs Polen. (Nipanitsch. 1 : 504 000. Warschau 1865.
Desgl. Ausgabe von 1899.
Je 4 Bl. c. L. Ff.

Karte des Königreichs Polen. Hrsg. vom General-Quartiermeister-Amte der I. Armee. 1867. 1 Bl. c. L.

Politische Karte von Europa. 1 : 20,000.000. K —.20
Wien: Freytag & Berndt 1909.

Karte des Deutschen Reichs, Politische, Belgiens und der Niederlande. 1 : 4000000. Bruchsal. Katz, 1886. gr. qu.-4. Chromolith.

Provinz Posen. Karte vom Regierungsbezirk Posen und den angrenzenden Gebieten. 1 : 300 000. Berlin u. Glogau 1908. 8°.

— **Reichs-Postamt**, Karte der Postdampferlinien.
Berlin 1899. 8°.

Karte der großen Postdampfschifflinien im Weltpostverkehr. Bearb. im Kursbureau d. Reichs-Postamts. (Äquatorial-Maßst. 1:47,000,000. K[arl] Langenbucher, [Kartograph].) [Mit 7 Nebenkarten.] [Nebst] Verzeichnis d. Postdampfschifflinien ... Berlin: Berl. Lith. Inst. [1907]. (1 Kartenbl. 96×67 cm, 13 Bl., 32 S.) 4° [kol.] [07. 6600

Karte der Posten, Telegraphen und Eisenbahnen der schweizerischen Eidgenossenschaft. 1 : 300 000. Bern 1864 und 1869. Je 4 Bl. c. L.

Karte der Posten, Telegraphen und Eisenbahnen der Schweiz. Offizielle Ausgabe durch das Postdepartement. Bearbeitet von R. Leuzinger. 1 : 250 000. Bern 1871. 4 Bl. L.

Karte von Preussen mit Bezeichnung der Grenzen derjenigen Ländertheile, in welchen verschiedene Post-Rechte gelten. Berlin 1829. Lith., kolor. . . . (RPA.)

Karte des Königr. Preussen und der norddeutschen Bundesstaaten nach seiner Neugestaltung im Jahre 1866. 4. Ausg. Langensalza 1867. gr. Fol.

—— über die Production, Consumtion und die Circulation der mineralischen Brennstoffe in Preussen während des J. 1860. Hrsg. im königl. preuss. Ministerium für Handel, Gewerbe und öffentl. Arbeiten. Maassstab 1 : 1,200,000. 2 Blatt. Chromolithogr. Imp.-Fol. Mit Erläuterungen. (39 S. in hoch 4. Berlin 862, v. Decker'sche geheime Ober-Hofbuchdruckerei. *

—— dass. — während des J. 1862. 2 Blatt. Chromolithogr. Imp.-Fol. Mit Erläuterungen. (51 S. in hoch 4.) Ebendas. 864. *

—— dass. — während des J. 1865. 2 Blatt. Chromolithogr. Imp.-Fol. Mit Erläuterungen. (IV und 75 S. in hoch 4.) Berlin 867, Neumann. *

Karte über die Production, Consumtion und Circulation der mineralischen Brennstoffe in Preussen während des J. 1871. Hrsg. im königl. preuss. Ministerium für Handel, Gewerbe und öffentl. Arbeiten. Fol. (2 Bl.) und Text. gr. 8. (67 S. mit 1 Tab. in 4.) Berlin 873, Neumann. *

Karte über die Produktion, Konsumtion und Zirkulation der mineralischen Brennstoffe in Preußen. Hrsg. im Kgl. Preuß. Ministerium der Öffentlichen Arbeiten. 1:1200000. Nebst Erläuterungen. Ausg. 1865. Berlin, 1865. Mit 75 S. Text.
Dasselbe. Ausg. 1871. Ebd., 1871. Mit 67 S. Text.
Dasselbe. Ausg. 1881. Ebd., 1881. Mit 88 S. Text.

Karte über die Production, Consumtion und die Circulation des schmiedbaren Eisens in Preussen während des Jahres 1878. [M. 1:1 200 000.] Berlin 1880. 2 Bll. (Br. Mus.)

Karte über die Produktion, Konsumtion und Zirkulation des Roheisens und des schmiedbaren Eisens in Preußen. Hrsg. im Kgl. Preuß. Ministerium der Öffentlichen Arbeiten. Ausg. 1878. Berlin, 1880. Mit 7 S. Text.
Dasselbe. Ausg. 1880. Ebd., 1880. Mit 6 S. Text.

Karte über die Production, Consumtion und die Circulation des Roheisens in Preussen während des Jahres 1878. [M. 1:1 200 000.] [Mit] Erläuterungen. Berlin 1880. (Br. Mus.)
—, —— Berlin 1882.

Karte zu einem Protocoll über einen von Wilddieben erschossenen Jäger (Homann) zwischen dem Gute Jersbeck und Hamburger Gebiet. o. O. u. J. Lithogr. 1 Bl. Fol., 34,5/44 cm.

Karte des Freiwaldauer Quellengebiets. Lith. 12. Freiwaldau, Blažek. fl. —.15. 1886.

— des Gräfenberger Quellengebiets. Lith. 12. Ebd. fl. —.15.
1886.

Karte von dem Bisthume **Ratzeburg** und den dazu gehörenden zehentpflichtigen Bauerdörfern ums Jahr 1231. Entw. v. **D. J.** von **Oertzen.** gez. v. Heinrich Neuendorff. (1 : 285000.) Rostock. 1831. Farbendruck. 1 Bl. Fol., ca. 40,5/57 cm.
Aus: Die Stiftsländer des ehemaligen Bisthums Ratzeburg von J. H. Neuendorff. Rostock. 1832.

Karte des **Deutschen Reiches,** bearbeitet von dem Preussischen, Bayerischen und Sächsischen Generalstabe, sowie von dem statistisch-topographischen Bureau des Königreiches Württemberg. 1 : 100000. Berlin. 1880 ff. Kupferstich, schwarz u. kol., und Lithographie. Fol., 42/49 cm.
Das Kartenbild ist 15 Bogenminuten hoch und 30 Bogenminuten breit.
1 Blatt Zeichen-Erklärung.

Karte des Deutschen Reiches. 1 : 100000. Herausg. von der kgl. preuss. Landesaufnahme, dem kgl. bayer. Generalstab, dem kgl. sächs. Generalstab und dem kgl. württembergischen statistischen Landesamt. Berlin, resp. München. Dresden (Leipzig), Stuttgart 1880—93. qu.-Fol. . . . .
1. Crottingen. 2. Schattern. 3. Memel. 4. Paaschken. 5. Hvidding. 6. Gramm. 7. Hadersleben. 8. Kidten. 9. Heidekrug. 10. Medischkehmen. 11. Röm. 12. Lügumkloster. 13. Apenrade. 14. Tursop. 15. Sarkau. 16. Rossitten. 17. Heinrichswalde. 18. Tilsit. 19. Wischwill. 20. Westerland. 21. Hoyer. 22. Tondern. 23. Flensburg. 24. Augustenburg. 25. Laban. 26. Ossecken. 27. Schwarzau. 28. Cumehnen. 29. Crantz. 30. Labiau. 31. Skaisgirren. 32. Szillen. 33. Pillkallen. 34. Schirwindt. 35. Amrum. 36. Föhr. 37. Bredstedt. 38. Schleswig. 39. Kappeln. 40. Wester-Markelsdorf. 41. Wieck auf Rügen. 42. Sagard. 43. Lanzig. 44. Stolpmünde. 45. Lauenburg i. Pom. 46. Neustadt i. W.-Pr. 47. Hela. 48. Alttief. 49. Pillau. 50. Königsberg in Pr. 51. Wehlau. 52. Insterburg. 53. Gumbinnen. 54. Stallupönen. 55. Gartling. 56. Husum. 57. Rendsburg. 58. Kiel. 59. Lütjenburg. 60. Oldenburg i. Holst. 61. Müritz. 62. Barth. | 63. Stralsund. 64. Bergen. 65. Gr. Möllen. 66. Rügenwalde. 67. Stolp. 68. Lupow. 69. Carthaus. 70. Danzig. 71. Hegenort. 72. Frauenburg. 73. Heiligenbeil. 74. Pr. Eylau. 75. Friedland an d. Alle. 76. Nordenburg. 77. Goldap. 78. Mehlkehmen. 79. Eidermündung. 80. Heide. 81. Hademarschen. 82. Neumünster. 83. Eutin. 84. Grömitz. 85. Kröpelin. 86. Rostock. 87. Ribnitz. 88. Grimmen. 89. Greifswald. 90. Zinnowitz. 91. Fritzow. 92. Treptow a. d. Rega. 93. Colberg. 94. Cöslin. 95. Pollnow. 96. Rummelsburg i. Pom. 97. Bütow. 98. Berent. 99. Dirschau. 100. Marienburg. 101. Elbing. 102. Wormditt. 103. Heilsberg. 104. Rössel. 105. Rastenburg. 106. Grabowen. 107. Marggrabowa. 108. Spiekeroog. 109. Wangeroog. 110. Cuxhaven. 111. Otterndorf. 112. Itzehoe. 113. Segeberg. 114. Lübeck. 115. Schönberg i. Meckl. 116. Wismar. 117. Güstrow. 118. Teterow. 119. Demmin. 120. Anklam. 121. Swinemünde. 122. Wollin. 123. Greifenberg i. Pom. 124. Schivelbein. 125. Polzin. 126. Bublitz. 127. Baldenburg. 128. Brass. 129. Czersk. 130. Pr. Stargard. 131. Stuhm. 132. Christburg. 133. Mohrungen. 134. Allenstein. 135. Sensburg. 136. Nikolaiken. 137. Arys. 138. Lyck. 139. Borkum. 140. Norden. 141. Esens. 142. Wilhelmshaven. 143. Bremerhaven. 144. Osten. 145. Stade. 146. Hamburg. 147. Ratzeburg. 148. Wittenburg. 149. Schwerin. 150. Goldberg. 151. Malchin. 152. Neubrandenburg. 153. Friedland i. Meckl. 154. Pasewalk. 155. Pölitz. 156. Naugard. 157. Labes. 158. Tempelburg. 159. Neustettin. 160. Friedland i. W.-Pr. 161. Konitz. 162. Tuchel. 163. Neuenburg. 164. Marienwerder. 165. Deutsch-Eylau. 166. Osterode i. O.-Pr. 167. Passenheim. 168. Ortelsburg. 169. Johannisburg. 170. Bialla. 171. Ostrokollen. 172. Emden. 173. Aurich. 174. Varel. 175. Brake. 176. Bremervörde. 177. Buxtehude. 178. Harburg. 179. Lauenburg a. d. Elbe. 180. Hagenow. 181. Ludwigslust. 182. Parchim. 183. Malchow. 184. Neu-Strelitz. 185. Woldegk. 186. Prenzlau. 187. Stettin. 188. Stargard i. d. Pom. 189. Nörenberg. 190. Callies. 191. Deutsch-Krone. 192. Flatow. 193. Tempelburg. 194. Crone a. d. B. 195. Kulm. 196. Rehden. 197. Kauernik. 198. Gilgenburg. 199. Neidenburg. 200. Willenberg. 201. Friedrichshof. 202. Gehsen. 203. Bunde. 204. Lehr. 205. Oldenburg. 206. Bremen. 207. Ottersberg. 208. Rotenburg i. Han. 209. Amelinghausen. 210. Lüneburg. 211. Dannenberg. 212. Lenzen. 213. Perleberg. 214. Wittstock. 215. Rheinsberg. 216. Templin. 217. Schwedt. 218. Garz. 219. Pyritz. 220. Arnswalde. 221. Schloppe. 222. Schneidemühl. 223. Wirsitz. 224. Nakel a. d. Netze. 225. Bromberg. 226. Thorn. 227. Gollub. 228. Gurzno. 229. Soldau. 230. Bialutten. 231. Haren. 232. Sögel. 233. Cloppenburg. 234. Wildeshausen. 235. Verden. 236. Walsrode. 237. Soltau. 238. Ülzen. 239. Salzwedel. 240. Seehausen. 241. Havelberg. 242. Neu-Ruppin. 243. Oranienburg. 244. Eberswalde. 245. Freienwalde a. d. O. 246. Königsberg i. d. Neum. 247. Soldin. 248. Friedeberg i. d. Neum. 249. Filehne. 250. Czarnikau. 251. Wongrowitz. 252. Exin. 253. Inowrazlaw. 254. Argenau. 255. Laar. 256. Lingen. 257. Haselünne. 258. Vechta. 259. Diepholz. 260. Nienburg. 261. Neustadt a. Rübenberge. 262. Celle. 263. Wittingen. 264. Clötze. 265. Gardelegen. 266. Stendal. 267. Rathenow. 268. Spandau. 269. Berlin. 270. Wriezen. 271. Cüstrin. 272. Landsberg a. d. W. 273. Schwerin a. d. Warthe. 274. Birnbaum. 275. Samter. 276. Rogasen. 277. Gnesen. 278. Mogilno. 279. Po-

powo. 280. Striepe. 281. Bentheim. 282. Rheine. 283. Osnabrück. 284. Lübbecke. 285. Minden. 286. Hannover. 287. Lehrte. 288. Braunschweig. 289. Oebisfelde. 290. Neuhaldensleben. 291. Burg a. d. Ihle. 292. Brandenburg a. d. H. 293. Potsdam. 294. Cöpenick. 295. Fürstenwalde. 296. Frankfurt a. O. 297. Zielenzig. 298. Meseritz. 299. Tirschtiegel. 300. Buk. 301. Posen. 302. Wreschen. 303. Powidz. 304. Vreden. 305. Ahaus. 306. Burgsteinfurt. 307. Versmold. 308. Bielefeld. 309. Lemgo. 310. Hameln. 311. Hildesheim. 312. Wolfenbüttel. 313. Gr. Oschersleben. 314. Magdeburg. 315. Loburg. 316. Belzig. 317. Luckenwalde. 318. Zossen. 319. Beeskow. 320. Fürstenberg. 321. Krossen. 322. Züllichau. 323. Wollstein. 324. Kosten. 325. Schrimm. 326. Miloslaw. 327. Cleve. 328. Bocholt. 329. Coesfeld. 330. Münster i. W. 331. Warendorf. 332. Gütersloh. 333. Detmold. 334. Höxter. 335. Einbeck. 336. Goslar. 337. Halberstadt. 338. Bernburg. 339. Dessau. 340. Wittenberg. 341. Jüterbogk. 342. Luckau. 343. Lübben. 344. Guben. 345. Sommerfeld. 346. Grünberg i. Schl. 347. Fraustadt. 348. Lissa. 349. Gostyn. 350. Koschmin. 351. Sobotka. 352. Geldern. 353. Wesel. 354. Recklinghausen. 355. Dortmund. 356. Soest. 357. Paderborn. 358. Brakel. 359. Uslar. 360. Göttingen. 361. Nordhausen. 362. Ballenstedt. 363. Eisleben. 364. Zörbig. 365. Düben. 366. Torgau. 367. Finsterwalde. 368. Kalau. 369. Spremberg. 370. Sorau. 371. Sprottau. 372. Glogau. 373. Guhrau. 374. Rawitsch. 375. Krotoschin. 376. Mixstadt. 377. Kaldenkirchen. 378. Crefeld. 379. Elberfeld. 380. Iserlohn. 381. Arnsberg. 382. Brilon. 383. Arolsen. 384. Kassel. 385. Heiligenstadt. 386. Bleicherode. 387. Sondershausen. 388. Querfurt. 389. [illegible] 390. Leipzig. 391. Oschatz. 392. Grossenhain. 393. Kamenz. 394. Niesky. 395. [illegible] 396. Bunzlau. 397. Lüben. 398. Wohlau. 399. Trebnitz. 400. Gross-Wartenberg. 401. Kempen. 402. Erkelenz. 403. Düsseldorf. 404. Solingen. 405. Lüdenscheid. 406. Attendorn. 407. Berleburg. 408. Fritzlar. 409. Melsungen. 410. Eschwege. 411. M[illegible] i. Th. 412. Sömmerda. 413. Naumburg a. d. S. 414. Zeitz. 415. Borna. 416. [illegible] 417. Dresden. 418. Bischofswerda. 419. Bautzen. 420. Görlitz. 421. Löwenberg. 422. Liegnitz. 423. Neumarkt i. Schl. 424. Breslau. 425. Oels. 426. Pitschen. 427. Landsberg i. O.-Schl. 428. Aachen. 429. Düren. 430. Köln a. Rh. 431. Waldbroel. 432. Siegen. 433. Marburg. 434. Ziegenhain. 435. Hersfeld. 436. Eisenach. 437. Gotha. 438. Erfurt. 439. Jena. 440. Gera. 441. Altenburg. 442. Chemnitz. 443. Dippoldiswalde. 444. Königstein. 445. Zittau. 446. Hirschfelde. 447. Hirschberg i. Schl. 448. Waldenburg i. Schl. 449. Schweidnitz. 450. Ohlau. 451. Brieg. 452. Kreuzburg i. Schl. 453. Rosenberg i. Schl. 454. Herby. 455. Eupen. 456. Euskirchen. 457. Bonn. 458. Altenkirchen. 459. Dillenburg. 460. Giessen. 461. Grünberg i. H. 462. Fulda. 463. Geisa. 464. Meiningen. 465. Ilmenau. 466. Rudolstadt. 467. Greiz. 468. Zwickau. 469. Annaberg. 470. Sayda. 471. Fürstenau. 472. Schneekoppe. 473. Friedland i. Schl. 474. Frankenstein. 475. Münsterberg. 476. Grottkau. 477. Oppeln. 478. Lublinitz. 479. Woischnik. 480. Malmedy. 481. Hillesheim. 482. Mayen. 483. Coblenz. 484. Limburg a. d. L. 485. Friedberg i. H. 486. Büdingen. 487. Schlüchtern. 488. Gersfeld. 489. Hildburghausen. 490. Coburg. 491. Lobenstein. 492. Hof. 493. Johanngeorgenstadt. 494. Wiesenthal. 495. Lewin. 496. Glatz. 497. Neisse. 498. Neustadt i. Ob.-Schl. 499. Cosel. 500. Gleiwitz. 501. Beuthen. 502. Neuerburg. 503. Prüm. 504. Cochem. 505. Boppard. 506. Wiesbaden. 507. Frankfurt a. M. 508. Hanau. 509. Orb. 510. Schweinfurt. 511. Hassfurt. 512. Lichtenfels. 513. Kulmbach. 514. Wunsiedel. 515. Mammersreuth. 516. Mittelwalde. 517. Kamnitz. 518. Tropplowitz. 519. Ratibor. 520. Rybnik. 521. Myslowitz. 522. Mettendorf. 523. Trier. 524. Berncastel. 525. Simmern. 526. Mainz. 527. Darmstadt. 528. Aschaffenburg. 529. Lohr. 530. Würzburg. 531. Gerolzhofen. 532. Bamberg. 533. Bayreuth. 534. Kemnat. 535. Tirschenreuth. 536. Hultschin. 537. Ruptau. 538. Pless. 539. Ewringen. 540. Saarburg i. Rhld. 541. Birkenfeld. 542. Kusel. 543. Kirchheim-Bolanden. 544. Worms. 545. Miltenberg. 546. Tauberbischofsheim. 547. Kitzingen. 548. Windsheim. 549. Erlangen. 550. Sulzbach. 551. Weiden. 552. Eslarn. 553. Diedenhofen. 554. Saarlouis. 555. St. Wendel. 556. Kaiserslautern. 557. Neustadt a. d. H. 558. Mannheim. 559. Mosbach. 560. Mergentheim. 561. Rothenburg a. d. Tauber. 562. Ansbach. 563. Nürnberg. 564. Neumarkt i. B. 565. Amberg. 566. Waldmünchen. 567. Fürth. 568. Metz. 569. St. Avold. 570. Saarbrücken. 571. Pirmasens. 572. Landau i. d. Rheinpf. 573. Karlsruhe i. B. 574. Heilbronn. 575. Hall. 576. Dinkelsbühl. 577. Gunzenhausen. 578. Weissenburg am Sand. 579. Beilngries. 580. Regensburg. 581. Cham. 582. Zwiesel. 583. Hirschberg. 584. Solgne. 585. Chateau-Salins. 586. Pfalzburg. 587. Hagenau i. E. 588. Rastatt. 589. Pforzheim. 590. Stuttgart. 591. Gmünd. 592. Aalen. 593. Nördlingen. 594. Eichstätt. 595. Ingolstadt. 596. Kelheim. 597. Straubing. 598. Deggendorf. 599. Grafenau. 600. Bourdonnaye. 601. Saarburg i. D.-Lothr. 602. Strassburg i. E. 603. Brühl. 604. Calw. 605. Esslingen. 606. Goppenheim. 607. Heidenheim. 608. Dillingen. 609. Neuburg. 610. Pfaffenhofen. 611. Landshut. 612. Landau a. d. Isar. 613. Vilshofen. 614. Passau. 615. Schirmeck. 616. Schlettstadt. 617. Offenburg. 618. Freudenstadt. 619. Reutlingen. 620. Ehingen. 621. Ulm. 622. Burgau. 623. Augsburg. 624. Freising. 625. Erding. 626. Vilsbiburg. 627. Pfarrkirchen. 628. Neuhaus a. d. Inn. 629. Markirch. 630. Colmar i. E. 631. Waldkirch. 632. Villingen. 633. Sigmaringen. 634. Biberach. 635. Laupheim. 636. Mindelheim. 637. Landsberg i. Bayern. 638. München. 639. Wasserburg. 640. Burghausen. 641. Haiming oder Salzachmündung. 642. Gebweiler. 643. Ensisheim. 644. Freiburg i. B. 645. Tuttlingen. 646. Ueberlingen. 647. Ravensburg. 648. Memmingen. 649. Kaufbeuren. 650. Weilheim. 651. Tölz. 652. Rosenheim. 653. Traunstein. 654. Laufen. 655. Altkirch. 656. Mülhausen i. E. 657. Waldshut. 658. Stühlingen. 659. Konstanz. 660. Lindau. 661. Kempten. 662. Füssen. 663. Murnau. 664. Tegernsee. 665. Schliersee. 666. Keitr. Winkel. 667. Reichenhall. 668. Pfirt. 669. Oltingen. 670. Oberstdorf. 671. Hinterstein. 672. Mittenwald. 673. Vereins-Alpe oder Kahrwändel. 674. Steinernes Meer.

Karte des deutschen Reiches. 1 : 500000 unter Red. von C. Vogel ausgeführt in Justus Perthes' geograph. Anstalt in Gotha. 27 Blätter (u. Titelblatt) in Kupferst. Ausg. A. m. polit. Kolor., Ausg. B. m. grünen (Flächen) Waldkolorit 44,5 × 33 cm. Gotha 1891—93. gr. qu.-Fol. . . . . (D.)

Karte des Deutschen Reiches im Maßstabe von 1:500.000. Unter Redaction von Dr. C. Vogel ausgeführt. 27 Blätter (u. Titelblatt) in Kupferstich, mit Namensverzeichniß. Quer-Folio 27.90

— — Ausgabe B mit Wald. Colorirt 27.90

Gotha: Perthes 1894.

Justus Perthes' Geographische Anstalt, Karte des Deutschen Reichs im Maasstabe von 1:500000. Redigirt von Dr. C. Vogel. Gotha 1897. Fol.

Karte des Deutschen Reiches [westliches und mittleres Nord-Deutschland]. Buntdr.-Ausg. 1 : 100000. [„Generalstabskarte".] 81 Bl. Berlin, 1905—1908.

Aachen (428).	Geldern (352).	Nienburg (260).
Ahaus (305).	Getelomoor (280).	Oldenburg (205).
Amelinghausen (209).	Gütersloh (332).	Osnabrück (283).
Arnsberg (381).	Hameln (310).	Osten (144).
Attendorn (406).	Hannover (286).	Ottersberg (207).
Aurich (173).	Haren (231).	Paderborn (357).
Bentheim (281).	Haselünne (257).	Recklinghausen (354).
Bielefeld (308).	Hildesheim (311).	Rheine (282).
Bocholt (328).	Iburg (307).	Rotenburg i. H. (208).
Bonn (457).	Iserlohn (380).	Siegen (432).
Brake (175).	Kaldenkirchen (377).	Soegel (232).
Braunschweig (288).	Kleve (327).	Soest (356).
Bremen (206).	Kloppenburg (233).	Solingen (404).
Bremervörde (176).	Köln (430).	Soltau (237).
Brilon (382).	Koesfeld (329).	Uelzen (238).
Bünde (283).	Krefeld (378).	Varel (174).
Burgsteinfurt (306).	Laar (255).	Vechta (258).
Buxtehude (177).	Leer (204).	Verden (235).
Detmold (333).	Lehrte (287).	Vreden (304).
Diepholz (259).	Lemgo (309).	Waldbröl (431).
Dortmund (355).	Lingen (256).	Walsrode (236).
Düren (429).	Lübbecke (284).	Warendorf (331).
Düsseldorf (403).	Lüdenscheid (405)	Wesel (353).
Elberfeld (379).	Lüneburg (210).	Wildeshausen (234).
Erkelenz (402).	Minden (285).	Wittingen (263)
Eupen (455).	Münster i. W. (330).	Wolfenbüttel (312).
Euskirchen (456).	Neustadt a. R. (261).	Zelle (262).

Karte des deutschen Reichs mit den neuen Grenzen, Oesterreich, Holland, Belgien, Schweiz, Nord-Italien und den angrenzenden Ländern. M. 1 : 1700000. Stuttgart, Nitzschke, 1875. Imp.-Fol. Chromolith.

Karte vom ganzen franz. Reiche im Septbr. 1813, mit e. historisch, statist., polit., militärischen Tabelle, nebst Erläuterungen. gr. Fol. Leipz. Hinrichs. 814.

— des ganzen russischen Reichs. 1:22,500,000. Chromolithogr. qu. Fol. Leipzig 878, Photolithogr. Institut.

KARTE des Reiches der Liebe. Wien, o. J. (XVIII. Jh., 2. Hälfte.)

Aeusserst interess. color. Doppelkarte. — Bildet Nr. 3 der „General-Karte von der Moralischen Welt" (10 Nrn., cplt., 25 Mk. Hugo Streisand, Berlin, Cat. 29. [1908] no. 63.)

Karte vom Russischen Reiche, besonders vom asiatischen Antheile desselben. 1796. 1 Bl. c. K. v.

Karte des Bezirkes Reichenberg. 1 : 100.000. 45 × 59 *cm*
Sternberg: Hirschfeld 1903. K —.24

[Umschlagt.:] **Karte** der Reichs-Eisenbahnen in Elsass-Lothringen und der Wilhelm-Luxemburg-Eisenbahnen nebst den Anschlussbahnen. 2 Blätter. 1 : 300,000. *Berlin: D. Reimer 1897.* 1 Ktnbl. gr. 2 ($\frac{11}{71}$) in 2 Bl. [97. 4758

— der Reichstagswahlen (Febr.-März 1887), nebst Abgeordneten-Verzeichniss. Leipzig, L. Naumann, 1887. qu.-Fol. Chromolith.

— der Reichstagswahlen (Juni 1898 m. Berücksicht. der Stichwahlen). Nebst Verzeichniss der Mitglieder des deut. Reichstags. 10. Legislaturperiode. Leipzig 898.

— der Reichstagswahlen 1907. 1 : 2,700.000. 36,5×46,5 cm. Farbdr. Mit Text auf der Rückseite u. 2. S. Text in 8. Leipzig, J. J. Weber. —. 30.
1907.

Karte der deutschen Reichstagswahlen 1871, 1878, 1884 und 1887. Mit Text an den Seiten. Weimar, Geogr. Institut. Imp.-Fol. (M. 1.)

— der deutschen Reichstagswahlen im J. 1887. 2. Aufl. Leipzig, Ruhl. qu.-Fol. Chromolith. (M. 0,30.)
— — von 1890. Nebst e. übersichtl. Zusammenstellung der Wahlresultate von 1871—1887. Ebda. qu.-Fol. (M. 0,30.)

— der deutschen Reichstagswahlen 1893. 1 : 3 250 000. 43×59 cm. Farbendruck. Glogau, C. Flemming, 1893. . . . . (D.)

Karte der deutschen Reichstagswahlen v. 1898. 31 × 40 cm. Farbdr. Mit Text u. farb. graph. Darstellgn. an den Rändern. Leipz. 898.

Karte der Deutschen Reichstagswahlen von 1903. (Nebst e. übersichtl. Zusammenstellung d. Wahlresultate von 1871 bis 1898.) *Leipzig: M. Ruhl (1903).* (1 Kartenbl. 50×58 cm.) gr. 2° [kol.] [03. 12550

Karte der Deutschen Reichstagswahlen v. 1907. Nebst e. übersichtl. Zusammenstellung d. Wahlresultate von 1871 an. Leipzig: M. Ruhl (1907). (1 Kartenbl. 50×58 cm.) [Rückt. Ant. u. F. lith.] [kol.] [07. 6184

— der deutschen Reichstagswahlen zur ersten 5jährigen Legislaturperiode. 1 : 3500000. Eine Übersicht der Wahlergebnisse vom 20. Februar 1890 [m. Berücksicht. der Stichwahlen], in lithogr. Farbendr. dargestellt, bearbeitet im kartograph. Institut der Verlagshandlung. (Mit Verzeichniss der Gewählten am Rande.) Glogau, Flemming, 1890. gr. qu.-Fol.

Karte der Deutschen Reichstagswahl-Kreise. *Leipzig: M. Ruhl [1903].* (1 Kartenbl. 39×30 cm.) quer-4° [Ant. u. F.]
[Umschlagt.:] Karten-Netz der Deutschen Reichstagswahl-Kreise. Zum Selbsteinzeichnen d. Wahlresultate. [03. 20396

— des Rheines von Schaffhausen bis Rotterdam. 4' 12" lang. Lith. Coblenz 842, Müller. 1/4 ₰

Karte des Rheingau-Kreises. Mit Bezeichn. d. Gemeindegrenzen u. Weinbergslagen. (Auf Grundl. d. Messtischblätter u.) unter Benutz. neuesten Materials d. Kgl. Landrathsamts zu Rüdesheim. Bearb. im Geogr. Inst. von D. Reimer in Berlin. Masst. 1:2500 (Umschl.: 1:25,000). *Berlin: D. Reimer [1901].* (2 Kartenbl. je 59 × 90 cm mit Legende.) quer-gr. 2° [kol.]

Karte des Rheingau-Kreises. Maßst. 1:50,000. *Berlin: D. Reimer [1903].* (1 Kartenbl. 58×45 cm.) quer-2° [kol.] (03. 10333

Karte des Rheingaukreises mit Bezeichnung der Gemeindegrenzen und Weinbergslagen. Bearb. im Geogr. Jnstit. von D. Reimer. Berlin (1910?) 112×140cm

—— der Rheingrenze und Eisenbahnkarte von Mittel-Europa. Leipzig, Weber, 1870. Fol. Holzschn. u. kol.

Karte des Rheinlands von Basel bis Rotterdam, Neue. Berlin, Th. Grieben, 1858 gr. qu.-4.

Karte des Rheinlaufes von Basel bis Rotterdam. Berlin, T. Grieben [1855?] (Br. Mus.)

Karte des Rheinlaufes von Basel bis Rotterdam. Lith. Berlin, Goldschmidt, 1865. gr. qu.-4.

[Umschlagt.:] Karte vom Rheinlauf ... *Berlin: A. Goldschmidt 1898.* (1 Ktnbl. $\frac{44}{22}$) 1 Bd 8. (Griebens Reisebücher.) (98. 9897

Karte von der Rhein-Provinz und Westphalen mit Grenzbezeichnung der Ländertheile nach den verschiedenen Rechts-Grundgesetzen. Berlin 1832. 1 Bl. c. L.

Karte des Rhöngebirges und seiner nächsten Umgebungen. Herausg. vom Central-Ausschusse des Rhönclubs. 1:150000. Würzburg (Woerl) 1886. gr.-Fol. Chromolith. (M. 2,50.)

Karte der Rinder-Racen der österr. Alpenländer. Im Auftrage des k. k. Ackerbau-Ministeriums entworfen von Hofrath Professor F. Kaltenegger. Maßstab = 1 : 870.000. Gefalzt in Umschlag
Wien: Frick 1898. --.40

Karte vom Amte Ritzebüttel und seinen Wasserbauwerken. o. T., O. u. J. (nach 1806). Kupferstich. 7 Bl. Quer-Fol., ca. 37 80 cm.

Gehören muthmasslich zu: Kurzgefasste Beschreibung der Wasserbauwerke im Amte Ritzebüttel. Hamburg. 1807.

— der Insel Rügen. [Aus Reymann's Karte von Deutschland.] Fol. Lith. u. color. Glogau 849, Flemming. 9 ngr

Karte der Insel Rügen. Hrsg. von der Kartogr. Abtheilung der Königl. Preuss. Landes-Aufnahme. 1:100000. Berlin 1889. 1 Bl. K. Ff.

(Grosse) Karte der Insel Rügen v. W. Liebenow. Maasst. 1:125,000. *Berlin: A. Goldschmidt [1898].* (1 Ktnbl. $\frac{44}{22}$) 1 Bd 8. (Griebens Reisebücher.) (98. 9898

Karte der Insel Rügen auf Grund d. Karte d. Deutschen Reiches gezeichnet 1899. Maasst. 1:100,000. *Rostock: C. J. E. Volckmann 1899; Hof-Steindr. J. G. Tiedemann Nachf.* (1 Kartenbl. 49×55 cm.) gr. 2° [kol.] (03. 2849

Karte der Saale und Werra. Thüringerwald, Frankenwald, Harz und angrenzende Gebiete, vorzüglich für die Schule bearb. 1:150,000. 12 Bl. Oelfarbendr. gr. Fol. Kassel 879, Fischer. * M 9.; auf Leinw. in Mappe ** Mit Rolle ** M 14.; mit lackirter Rolle **

— vom Königreich Sachsen. qu. 4. Lith. u. color. Annaberg 849, Rudolph & Dieterici. 1 ngr

— des Königreichs Sachsen u. der angrenz. Länderabtheilungen, entworfen, gezeichnet u. lith. bei der Königl. Kammeralvermessung. Imp.-Fol. Dresden 838—40. (Leipzig, Hinrichs; Barth.) color. à Bl. n. 1 1/3 ℛ

— dies. geognostisch colorirt. Bl. VI, VII, X—XII, XIV, XV: Bautzen, Zittau, Dresden, Freiberg, Layn, Grimma u. Oschatz, Chemnitz u. Zwickau. Jedes mit 1 B. Text. Imp.-Fol. Ebd. 840. n. 13 ℛ

— des Königr. Sachsen u. der angrenz. Länderabtheilungen, entworfen, gezeichnet u. lithogr. bei der Königl. Kameralvermessung. Blatt XVIII u. XIX. Geognostisch colorirt. Imp.-Fol. Nebst kurzer Uebersicht der hierauf dargestellten Gebirgsverhältnisse. gr. 8. Dresden 841, 42. (Leipzig, Hinrichs'sche Buchh.) à n. 1 5/6 ℛ

— des Königr. Sachsen etc. geognostisch colorirt, s. a. Specialcharte.

Karte vom Herzogthum Sachsen-Altenburg (Ostkreis). (Maassst. 1:70 000.) Altenburg: O. Bonde [1899]. (1 Kartenbl. 59x69 cm.) 8° [Umschlagt.]

Karte von Salzburg, Berchtesgaden und Umgebungen. Maßstab 1 : 250.000. Mit Panorama von Gaisberg. Carton —.50
Wien: Hartleben 1896.

Karte von Salzburg, Berchtesgaden und Umgebungen. Mit Panorama vom Gaisberg. 3. Aufl. 1:250000. Wien, Pest und Leipzig. (1896). 2 Bl. c. L. Ff.

Carte des Herzogthums Salzburg von dem kaiserlich königlich oesterreichischen General-Quartiermeister-Stabe in den Jahren 1806 und 1807 in Verbindung mit dem oesterreichischen Kaiserreiche astronomisch-trigonometrisch vermessen und topographisch aufgenommen. Wien 1810. 15 Bl. K. Ff.

Karte von Salzburg, dem Salzkammergut und Berchtesgaden. 1:320.000. Zweite Aufl. Wien, Hartleben. Cart. fl. —.50. 1887.

Karte des Salzkammergutes, im Maßstabe von 1:150.000. In Umschlag 40 kr.
Gmunden u. Ischl: Mänhardt 1882.

Karte der Kantone St. Gallen u. Appenzell. Massstab 1 : 200,000. Zürich, R. Kraut-Bosshart. —. 25
1874.

Karte der Kantone St. Gallen und Appenzell, 1 : 200,000. 2. Aufl. Chromolithogr. In-fol. St. Gallen, Scheitlin & Zollikofer. 1893. 1 50

Karte der Kantone St. Gallen u. Appenzell zum Schul- u. Handgebrauch. Lith. u. color. fol. St. Gallen, Huber & Co. 1872. --. 30

Karte der St. Gotthardbahn in 3 Bl 1 : 100 000. Gefalzt hoch 8° Winterthur, Zurich 1880

Karte der St. Gotthardbahn in drei Blättern. Nach dem endgültigen Eisenbahn-Tracé und im Auftrag d. Gotthard-Direction reduzirt auf Dufour's Karte der Schweiz. Zürich, Orell Füssli & Cie.
1882. 1 —

Karte der Diözese St. Pölten
auf Leinwand mit Stäben K 10.—
Wien: Freytag & Berndt 1910.

— vom Schauplatze des Krieges zwischen Deutschland u. Dänemark. qu. Imp. 4. Lith. u. color. Dresden 848, Adler & Dietze. 1/12 ℛ

Schematische Karte des Schweizerischen Telegraphennetzes, zusammengestellt von der Telegraphen-Direktion. Bern 1903 = Carte schématique du Réseau Télégraphique Suisse, dressée par la Direction des Télégraphes. Berne 1903. 1 Bl. quer-fol. 627/936 mm. Bern, Lith. R. Armbruster & Söhne.

Schematische Karte des Schweizerischen Telephonnetzes, zusammengestellt von der Telegraphen-Direktion. Bern 1903 = Carte schématique du Réseau Téléphonique Suisse dressée par la Direction des Télégraphes. Berne 1903. 505/757 mm. 1 Bl. quer-fol. Bern, Lith. R. Armbruster & Söhne.

Karte des Schlachtfeldes von Custozza mit Angabe der Aufstellungen der k. k. österr. Südarmee unter Befehl Seiner kaiserlichen Hoheit des Feldmarschalls Erzherzog Albrecht und der königl. italienischen Armee unter Befehl Seiner Majestät des Königs Victor Emanuel am 24. Juni 1866. Fol. Wien 1867.

Karte des Schlachtfeldes von Königgrätz. 1: 72000. Chemnitz 1866.

Karte des Schlachtfeldes von Königgrätz bearbeitet von Augenzeugen im Masstabe von 1:50.000 der natürlichen Grösse. Fol. Wien im September 1866.

Karte des Schlachtfeldes von Königgrätz. 1:50000. 2. Aufl. Wien 1866.

Karte der Schlachtfelder um Metz mit deutschen u. franz. Denkmälern u. Kriegergräbern nach d. besten Quellen zsgest. (Massst. 1:50,000.) 14., vollst. erg.) Aufl. (Nachträge bis 1906.) Metz: G. Scriba (1906). (1 Kartenbl. 66×52 cm.) 8° [lith.] [kol.] [07. 5447

Karte der Schlacht-Gegend bey Hohenlinden. Nebst den Stellungen der beiden Heere und ihrer Märschen im Jahre 1800. 1: 200,000. 1 Bl.

Karte von Schlesien. In Nieder-, Ober- und Neu-Schlesien und in Fürstenthümer, desgleichen in das Breslausche und Glogausche Kammer-Departement und in deren landräthliche Kreise eingetheilt. Berlin 1804. 1 Bl. c. K. v.

Karte von Schlesien. In dem Liegnitzschen, Breslauschen, Reichenbachschen und Oppelnschen Regierungs-Departement eingetheilt. Berlin 1816. 1. Bl. c. K. v.

Karte der Provinz Schlesien. Industriebez. Oberschlesien, Industriebez. Niederschlesien, Breslau u. Umgegend. 1 : 300 000 mit 3 Spezialkarten. Breslau [1908]. 8°.

Karte vom Herzogthum Schleswig, entw. v. F. von Golowin. (1 : 272 000.) Schleswig. 1806. Kupferstich. 1 Bl. Imp.-Fol., 66/73 cm. Aufgez. a. Leinen.

—— Schleswig. 1813. Aufgez. a. Leinen.

Karte der Herzogthümer Schleswig, Holstein und Lauenburg. Das Fürstenthum Lübeck und die freien Hansestädte Hamburg und Lübeck. (1:450 000.) Berlin. 1847. 1 Bl. Imp.-Fol., 69/53,6 cm.

Karte der Herzogthümer Schleswig - Holstein und Lauenburg. Gez. v. L. Friederichsen. 1:700 000. Kiel. 1865. Farbendruck. 1 Bl. Fol., 47/39,6 cm.
Mit 1 „ Plan des Kieler Hafens" in 1:93 750 und der Städte-Bevölkerung Schleswig-Holstein's nach der Zählung von 1864.
– Mit den Parlament's-Wahldistricten.
– Kiel. 1867.
– 3. Aufl. Zur Veranschaulichung der neuen administrativen Eintheilung. Kiel. 1867. Mit einer gedruckten Übersicht der Eintheilung.

— von Schleswig, Holstein u. Lauenburg. gr. Fol. Lith. u. color. Hamburg 848, Berendsohn. 9 ngl

Karte der preussischen Provinzen Schleswig, Holstein und Lauenburg mit den freien und Hansestädten Hamburg und Lübeck. 1 : 445,000. Fol. Weimar 869, Geographisches Institut. (ℳ 1,20.)

Karte von Schmalkalden und Umgebung. Maßst. 1:50,000. Hrsg. v. Thüringerwald-Ver. Schmalkalden. *Eisenach: H. Kahle 1904.* (1 Kartenbl. 63×54 cm.) 8° [kol.]

Karte der Schneeberg-, Raxalpe-, Hochschwab- und Oetscher Gruppe. Im Massstb. 1 : 75.000. In 2 gross Quer-Folio Blättern. Wien, Verlag des k. k. milit. geogr. Instituts. Haupt-Depôt Rudolf Lechner's k. k. Hof- und Universitätsbuchhdg. Schwarz 2 fl., colorirt 3 fl. 1882.

-- vom Schneeberg, der Rax- und Schneealpe im Masse 1:75.000. Herausgegeben vom k. k. militär-geograph. Institute mit Bezeichnung der markirten Wege nach Angabe der Herren C. Biedermann, J. Zeissberger und B. Zipperling. Wien, Lechner's Hofbuchhandlung. fl. 1.60, auf Leinen fl. 2.40. 1886.

Karte der Schneeberg-Raxalpe-Hochschwab- und Oetscher-Gruppe. 1 : 75.000. Blatt II. Schneeberg, Rax- und Schneealpe. Mit Bezeichnung der markirten Wege oder Angabe der Farbe, bearbeitet von C. Biedermann, J. Zeisberger u. B. Zipperling. Imp.-Fol. Chromolith. Gefalzt 1.70, auf Leinen Wien: Lechner 1889. 2.50

Karte für die Schulen des Kantons Schaffhausen. 1 : 80,000. Schaffhausen, Carl Schoch's Buchhdlg. Aufgezogen auf Leinw. 1 20 1897.

Karte von Schwaben und Neuburg im Königreiche Bayern nach den Vermessungen der Steuer-Kataster-Commission und anderen offiziellen Materialien. München 1838. 1 Bl. c. I..

Karte des Schwarzwalds. 1:200,000. Lithogr. Imp.-Fol. Tübingen 879, Fues'sche Sortimentsh. *
Auf Leinw. **

[Karte des Badischen Schwarzwald-Vereins.] Massst. $\frac{1}{\ldots}$ ... Hrsg. v. Bad. Schwarzwald-Verein. [Bl. 1.] Karlsruhe-Pforzheim. [2.] Baden-Achern. *Karlsruhe: Lith. u. Dr. v. L. Geissendörfer* ([Bl. 2]: *Stich u. Dr. [d.] Kartogr. Inst. v. H. Petters, Hildburghausen*) *[1895]*. quer-gr. 2. [96.6458

Karte des Württembergischen Schwarzwaldvereins. 1 : 70 000. Stuttgart (1888). 5 Bl.

KARTE DES WÜRTT. SCHWARZWALD-VEREINS. Herausgegeben vom Württembergischen Schwarzwaldverein. Maßstab = 1 : 50 000.
No. 2. Hohloh. Stuttgart. 1902. Kupferstich-Institut H. Petters.
No. 3. Calw—Wildbad. ib. 1900. —
No. 4. Freudenstadt. ib. 1901. —

Karte der Schweiz bearb. mit besond. Rücksicht auf Sekundar- und Ergänzungsschulen. Colorirt. quer-fol. Winterthur, J. Wurster & Co. —. 80 1872.

Karte der Schweiz in IV Blättern. Nach dem topographischen Atlasse des eidgenössischen Generalstabes reduziert unter der Direction des Herrn Generals G[uillaume] H[enri] Dufour. Maasstab: 1/250,000. — [Hrg. vom] Eidg. topogr. Bureau (* *Bl. II:* Eidg. Stabsbureau). Gestochen von (*Bl. II:* J[ohann Jacob] Goll, u. vollendet von) H[einrich] Müllhaupt. 4 Bl. *je* 505-508/727-730 mm. quer-fol. *je* fr. 2. — [aufgezogen *je* fr. 3. —, *zus.* als Wandkarte fr. 18. —]

Generalkarte der Schweiz: Blatt I. Anno 1869. Nachträge 1896, 1898, 1899, 1900, 1902.
Blatt II. Anno 1867. Nachträge 1896, 1899, 1900, 1901, 1902.
Blatt III. Anno 1871. Nachträge 1898, 1899, 1900, 1902.
Blatt IV. Anno 1873. Nachträge 1896, 1902.

[Umschlagt.:] Karte der Sächs. Schweiz ... (Maassst.: 1:150,000.) *Berlin: A. Goldschmidt 1898.* (1 Ktnbl. $\frac{20}{30}$) 1 Bd 8.
(Griebens Reisebücher.) [98. 9899

— der sächsischen Schweiz nebst dem angrenz. Böhmen. Fol. Lith. Dresden 851, Schaefer. n. 8 ngl

Karte der Bezirkshauptmanschaft Sechshaus. Entworfen u. gez. von Prof. R. Trampler nach Angaben der Bezirkslehrerconferenz „Sechshaus" 1 : 112,500. 4. Chromolith. —.10 Wien: Hof-u.Staatsdruckerei 1889.

Karte des Großfürstenthums Siebenbürgen nach der definitiven politischen und gerichtlichen Landeseintheilung. Herausgegeben von der k. k. Organisirungs-Landesdirektion durch den k. k. Katastral Landes-Obergeometer Andreas Miersich 1854. 1 Bl. auf Leinwand im Schuber 26″ hoch, 37 1/2″ breit. Eintheilung und Netz nach Meilen vom Observatorium bei Hermanstadt aus, Maßstab von 4 Meilen od.r 16000 Klft. = 2″ 8‴. Lithogr. mit Tondruck des Waldlandes von J. Bäßler bei F. R. Krabs in Hermanstadt. Mit einer Uebersicht der Landeseintheilung und Zeichenerklärung.

Karte von Sicilien zur Uebersicht der Feldzüge von 1718, 1719, 1720. Wien 1811.

Karte für Spaziergänge und Exkursionen in der Umgebung von Engelberg. Masstab 1:25,000. 4. verbesserte Aufl. 1905. 1 Bl. querfol. *zus.-gefaltet* 8. Engelberg, Robert Hess.

Titel auf dem Blatt: Karte für Sp' in der U' von E'. Masstab 1:25.000. 313/411 mm. Mit Bewilligung des Eidg. Top. Bureau n. d. Siegfr. Atlas bearbeitet. Polygr. Institut Zürich. — *Rückseite des Bl.: Text und Anzeigen.*

Karte vom Preussischen Staate; mit bes. Berücksichtigung der Communicationen nach amtlichen Quellen bearb. u. herausg. auf Anordnung ... des H. Ministers für Handel etc. vom technischen Eisenbahn-Bureau des Ministeriums. M. 1:600 000. Ausg. 1—6. Berlin 1859, 60, 64, 66, 70 und 76. Je 12 Bll. Lith., kolor. . . . (BPA.)

Karte vom preussischen Staate mit besond. Berücksicht. der Communicationen, nach amtl. Quellen bearb. und hrsg. auf Anordnung Sr. Exc. des Hrn. Ministers für Handel, Gewerbe und öffentl. Arbeiten vom kartogr. Büreau dieses Ministeriums. 12 Bl. 1:600,000. 6. Aufl. Lithogr. Imp.-Fol. Berlin 876, (D. Reimer.) ** ℳ 24.; color. **

— des Preußischen Staats für das Geschäftsleben, mit der neuesten Eintheilung, der geschichtlich-statist. Beschreibung desselben, dem Nachweis der Entfernung der wichtigsten Städte von der Hauptstadt Berlin, der Angabe des Briefportos für den einfachen Brief, u. dem Verzeichnisse der theils befahrenen, theils noch im Bau begriffenen Eisenbahnen unter der Regierung Friedrich Wilhelm IV. im Jahre 1842. gr. Imp.-Fol. Berlin 842. (Hübenthal u. Comp.) 1/3 ₰

—— der Vereinigten Staaten von Nord-America nebst Canada. Fol. Ebendas. 869.

Karte der k. k. Staatseisenbahn über den Semmering. Wien 1853.

Karte über den Stand des Eisenbahnbaus in Afrika 1900. Mit erl. Text. (von Oberst a. D. Fleck). (1:35,000,000.) *Berlin: D. Reimer 1901.* (10 S., 1 Kartenbl. 27×25 cm.) 8° [Umschlagt.] [Farbig.] [01. 9789

Karte der Standorte des Reichsheeres. Stand am 1. Okt. 1905. Auf Veranl. d. Kgl. Preuß. Kriegsminist. bearb. in d. Kartogr. Abt. d. Kgl. Landesaufnahme. Massst. 1:900,000. Berlin: C. L. Keller (1905). (1 Kartenbl. 130×107 cm.) 4° [lith.] [kol.] [Ant. u. F.] [06. 1476

Karte der elektrischen Starkstrom-Fernleitungen der Schweiz. Carte des lignes Suisses de transport électrique. Massst. 1:100.000. Bearb. u. hrsg. v. Schweiz. Elektrotechn. Verein ... Bl. 13. Zürich: Bureau d. Schweiz. Elektrotechn. Vereins 1907. [gestochen] [kol.] [07. 13048

Karte von Steiermark und Krain. Maaßst. 1:445,000. 3. Aufl. (Wien): A. Hartleben [1906]; (Kartogr. Anst. G. Freytag & Berndt). (1 Kartenbl. 45×59 cm.) 8° [lith.] [kol.] [06. 14380

Karte der Kronländer Steiermark, Kärnthen, Krain und Istrien. Prag, bei Marco Berra. 1855. 1 Bl lith. 13 1/2″ hoch, 11″ breit, mit politisch-gerichtlicher Eintheilung.

Karte der Straßen und Eisenbahnen von Galizien, Bukowina und eines Teiles von Rußland. Hrsg. v. k. u. k. Militärgeogr. Inst. (1:1.500.000.) Wien: Militärgeogr. Inst. 1889.

—— stumme, zum Repetiren der alten Geschichte und zum Ausfüllen des Rahmens aus dem Gedächtniss. Lithogr. und color. gr. Fol. Leipzig 878, Siegismund und Volkening. *

—— von Süd-Deutschland, mit Angabe der Eilwagen. M. 1 : 825000. Carlsruhe, Velten, 1833. Imp.-Fol. Lith. (1 1/2 ℛ)

Karte von Südwestdeutschland (Tapetenwandkarte). Fol. (3 Bl.) Carlsruhe 872, Macklot. *

—— von Südwest-Deutschland bis zu den Alpen mit Theilen angrenzender Länder. In 25 Bl. und 1 Uebersichtsblatt. Gefertigt im topograph. Bureau des königl. bayer. Generalquartiermeister-Stabes. 1:250,000. Fol. München 867, (Mey und Widmayer.) à Bl. ** ℳ 2. **

Karte der Insel Sylt nach den neuesten und besten Quellen bearb. 1:100,000. Lithogr. Fol. Tondern 878, Dröhse. *

Karte und Tabelle der böhmischen Eisenbahnen nach authent. Quellen redigirt. 8. Prag, Carl Reichenecker in Commission. geh. 1867. 50 kr.

Karte der hohen Tátra. Nach der neuesten Aufnahme des k. k. Militär-geographischen Institutes. Mit kurzem Wegweiser und Touren-Angaben von Alexander Heksch. In elegantem Carton. Wien, A. Hartleben. 75 kr. 1881.

Karte der Hohen Tatra. 1:75.000. Mit Panorama. Zweite Auflage. Geb. —.75
Wien: Hartleben 1889.

Karte der Hohen Tatra. (Wegmarkierungen nach Angaben d. Gymn. Prof. Franz Dénes in Leutschau. Massst. 1:75.000. Wien: R. Lechner [1906]; K. u. k. militär-geogr. Inst.) (1 Kartenbl. 57×40 cm.) 8° [Kupfst. lith.] [kol.] [06. 13017

—— der Hohen Tauern. 1:250.000. Chromolith. qu. Fol. Mit Panorama v. d. Schmittenhöhe. Lith. qu. Fol. Wien, Hartleben. In Leinw.-Carton fl. 1.—. 1886.

Karte der Hohen Tauern. 1:250.000. 2. Aufl. Mit Panorama. 27 × 38 *cm* gefalzt in Leinwandkarton K 2.—
Wien: Hartleben 1906.

Karte von dem zu Norden der Eider belegenen Theil des Rendsburger Stadtgebietes. Vermessen im April und Mai 1856, gez. im Sommer 1857 v. H. J. Meyer. 1 : 8000. Rendsburg. o. J. Farbendruck. 1 Bl. Fol., 56,47 cm.

Karte eines Theils von Belgien, umfassend nördlich die Gegend von Brüssel bis Mastricht und südlich bis Verdun. Weimar. 1 Bl. K. Ft.

[Umschlagt.:] Karte vom südlichen Theil des Württembergischen Donaukreises. Massst. 1:150000. *Ravensburg: Dorn [1897].* (1 Ktnbl. 2) 1 Bd 8. [97. 4603

[Umschlagt.:] Tektonische Karte '(Schollenkarte)' Südwestdeutschlands. Hrsg. v. Oberrhein. geolog. Ver. 4 Bl. (Maassst. 1:500,000. 1. Aufl.) *Gotha: J. Perthes 1898.* (4 Ktnbl. zu je 2) 1 Bd gr. 2. [98. 6344

Karte der Telegraphen-Linien und Leitungen des Deutschen Reiches. Bearbeitet im Kaiserlichen General-Telegraphen-Amt. Berlin 1877. 12 Bl. c. L.

Karte des Europäischen Telegraphen-Netzes. 1855. 1 Bl. c. K.

Karte des Schweizer. Telegraphennetzes. Lith. Imp.-fol. Bern, in Commiss. der Dalp'schen Buchh. 2. — 1874.

Karte des schweizerischen Telephonnetzes zusammengestellt von der Telegraphen Direktion. Bern 1903 = **Carte** du réseau téléphonique suisse dressée par la Direction des Télégraphes. Berne 1903. Masstab = Echelle 1:250,000. 908/1428 mm. 1 Bl. fol. Bern, H. Kümmerly & Frey.

Karte des politischen und Schulbezirkes Teplitz. Herausgeg. vom Lehrer-Verein in Teplitz, ausgeführt nach der Specialkarte von Böhmen 1:75.000 im k. k. militär-geogr. Institut zu Wien. 10 Blatt. Folio. roh 4 fl. 20 kr. In Commission. Teplitz: Pörzler 1882.

— des Staates **Texas** [aufgenommen in die Union 1846] nach der neuesten Eintheilung. Fol. Lith. u. color. Elberfeld 849, (Iserlohn) Badeker. n. 12 ngl

Karte zu (Ed[uard]) Thomann, 200 Ausflüge von Zürich. 1 Bl. querfol., *in Umschlag* 8. Zürich, Cæsar Schmidt, [1904]. Einzelpreis fr. 2. —, mit dem Buche 1. 50

Titel auf dem Blatt: Excursions-Karte zu den Ausflügen von Zürich von Ed. Th', Zürich.... Masstab 1:250000. 561/568 mm. Verlag von Cäsar Schmidt, Z'. Kartographische Anstalt von Hermann Keil, Gotha & Eisenach; Hofbuchdr. Eisenach, H. Kahle.

Karte der gefürsteten Grafschaft Tyrol nebst Vorarlberg und dem angrenzenden souverainen Fürstenthum Liechtenstein, astronomisch-trigonometrisch vermessen, topographisch aufgenommen, reduzirt und gezeichnet von dem Kaiserlich-Königlich Oesterreichischen General-Quartiermeister-Stabe. Wien 1823. 24 Bl. K. Ff.

Karte von Tirol und Vorarlberg. 1:350000. Hrsg. v. Landesverkehrsamte für Tirol. Innsbruck.

Karte von Tirol und Vorarlberg (sowie der angrenzenden Gebiete). (Maßst. 1:400.000.) [Mit 1 Nebenkarte.] Leipzig: A. H. Payne [um 1906]. (1 Kartenbl. 68×58 cm.) 8° [lith.] [kol.] [Umschlagt.:] Neueste Karte von Tirol u. Vorarlberg. [07. 12689

Topographische Karte des Gebiets der freien Hanse-Stadt **Lübeck**. Hrgg v. **H. L.** und **G. Behrens**. 1827. Berichtigt v. G. Behrens. (1:90000.) Lübeck. 1843. Kupferstich. 1 Bl. Imp.-Fol., 72/56 cm.

— topograph., der Gegend von **Frankfurt** u. d. O. Imp. 4. (9 Bl.) Berlin 847, Schropp & Co. n. 2 ℛ col. n. 2 ℛ 21 ngl

— **topograph.**, der Gegend um **Cöln**. Imp. 4. (9 Bl.) Berlin 847, Schropp & Co. 1 ℛ 24 ngl col. n. 2 ℛ 16 ngl

Karte, topographische, der Gegenden Wiens nach einer ostwestlichen Durchschnittslinie von Pressburg bis St. Pölten. (Auch mit französischem Titel.) Wien. 1808, Folio.

Karte, Topographische, des Kantons Glarus. 1:100,000. Farbendruck. In-fol. Zürich, Art. Institut Orell Füssli. 1892. 2 —

— topograph., des Königr. Hannover u. Herzogth. Braunschweig, nach e. Maßstabe von $\frac{1}{100000}$ d. wahren Größe, in 67 Bl. Aufgetragen u. radirt vom Prem.-Lieut. A. Papen. Terrain gestochen von G. Fischer, Schrift von H. Wild. 1e u. 2e Lief. Sect. 48 Hannover, 20 Bremen, 49 Braunschweig, 13 Bremer Hafen. Fol. Hannov. 832. (Hahn). Subscr.-Pr. à Bl. 18 ggl

Topographische Karte vom **Kurfürstenthum Hessen**: Sektion Witzenhausen. Sontra und Cassel. Cassel. 1865.

TOPOGRAPHISCHE KARTE der Jungfernheide insbesondere des südl. Theiles. Herausgegeben vom Touristen-Club für die Mark Brandenburg. Gez. v. W. u. M. PÜTZ. 1:25,000.

Karte, Topographische, des Herzogthums Kärnten. Klgft., Sigmund, 1847. Folio/Oktav.

Topographische Karte des Kirchenstaates und des Grossherzogthums Toscana, nach astronomisch-trigonometrischen Vermessungen bearbeitet im K. K. Militairischen Geographischen Institute. 1:86400. Wien 1851. 52 Bl. L. Ff.

Topographische Karte des Regierungs-Bezirks Cöln. Hrsg. von der Königl. Regierung in Cöln. 1:50000. Cöln 1860 bis 1863. 10 Bl. c. L.

— topografica del Regno **Lombardo-Veneto** costrutta sopra misure astronomico-trigonometriche ed incisa a Milano nell' Istituto geografico militare dell' J. R. Stato Maggiore Generale Austriaco. Pubblicata nell' Anno 1833. — Topograph. Karte des Lombardisch-Venetianischen Königreichs nach astronom.-trigonometrischen Vermessungen gezeichnet u. gestochen zu Mailand, in dem militair.-geograph. Institut des k. k. Oesterreichischen Generalquartiermeisterstabs. Herausg. im Jahre 1833. (1e Abthl. Die Lombardei.) XXIV Bl. Mit Titelvign. Nebst 1 Uebersichtsblatt. Imp.-Fol. 835. (Leipzig, Rud. Weigel.) n. 44 1/2 ℛ

— **topographische**, von **Kurhessen** im Maassstabe v. 1:50000. (In 40 Blatt.) Sect. 1. Carlshafen. Sect. 3. Hofgeismar. Sect. 4. Harzhausen. Sect. 22. Lohra. Sect. 24. Ruhlkirchen. Cassel 848. 49, Vollmann. (Sect. 1. 4. 22. 24. à 5/6 ℛ Sect. 3 u. 9. à 1 1/3 ℛ) n. 6 ℛ

— **topographische**, des Landes zunächst um **Berlin** nach den Originalvermessungen metallographirt in d. topograph. Abthlg. d. grossen Generalstabes. Imp. 4. (60 Bl.) Berlin 847, Schropp & Co. 11 ℛ 24 ngl col. n. 15 ℛ 22 ngl

Topographische Karte des Landes zunächst um Berlin. Hrsg. von der topographischen Abtheilung des Grossen Generalstabes. 1:50000. Berlin 1868–1876. 60 Bl. L. Ff.

Karte, topographische, des Kts. Luzern, nach den unter Oberleitung des Generals Dufour gemachten Original-Aufnahmen hsggbn. auf Anordnung der h. Regierung des Kts. Luzern. Massstab 1:25,000. 10 Blätter in-fol. Luzern, in Commis. bei C. F. Prell. 1872. 18. —
Einzelne Blätter werden zu einem verhältnissmässig erhöhten Preise abgegeben.

Topographische Karte der Provinzen Rheinland und Westfalen. Hrsg. von der Kartographischen Abtheilung des Königlich Preuss. Generalstabes. 1:80000. Berlin. 72 Bl. c. K. Ff.

— topograph., der **Rheinprovinz**, im Maassstabe 1:80,000. Hrsg. v. dem K. Preuss. Generalstabe. Sect. 1 u. 2. Jülich u. Cöln. (Topograph. Karte der Provinz Westphalen u. der Rheinprovinz. Nr. 40 u. 41.) Fol. 2 lith. Bl. Berlin 848, Schropp & Co. à n. 7/8 ℛ (1—41: n. 31 ℛ 2 1/4 ngl)

Karte des Rheinstroms, Topographische, von Hüningen bis Lauterburg oder längs der französisch-badischen Gränze nebst der in Folge der Pariser Friedensschlüsse von 1814 bis 1815 neu berichtigten Banngränze zwischen den französischen und badischen Gemeinden. Ges. im Bureau der Grhzgl. Badischen Rheingränz-Berichtigungs-Commission. Freiburg i. Br. 1828. Imp.-Fol. . . . . (D.)

Karte, topogr., d. Rheinstroms u. seiner beiderseit. Ufer v. Hüningen bis Lauterburg, oder längs d. französ.-badischen Grenze, nebst der in Folge d. Pariser Friedensschlüsse vom J. 1814 u. 15 unberichtigten Banngrenze u. den zur Sicherung d. Grenzpunkte angenomm. Rheinmarken u. Transversallinien. Nach d. neuesten Aufnahmen u. aus Materialien reducirt u. gezeichnet nach Scala Nr. 2. d. |: $\frac{1}{10000}$:| im Büreau d. Großherz. Bad. Rheingrenz-Berichtigungs-Comm. In Stein gestochen ꝛc. 20 Bl. in gr. Roy.-Fol. Frburg 829. Herder. 30 ℛ

Topographische Karte vom Riesengebirge. 1:100000. Berlin. 1 Bl. c. L. Ff.

— topographische, vom Königr. Sachsen, bearb vom topogr. Bureau d. königl. sächs. Generalstabes in 1 : 100 000 der natürl. Grösse. (Terrain-Karte.) 8—10. (Schluss-)Lfg. Kpfrst. Fol. Dresden 871—73 (Leipzig, Hinrichs' Sort.) Subscr.-Pr. n.n. 10. —; aufgezogen n.n. 8. 20. (Laden.-Pr. n.n. 36. —

VIII. Sect. 16. Chemnitz. Einzeln n.n. 2. —; auf Leinw n.n. 2.50. — Sect. 17. Dippoldiswalde. Einzeln n.n. 2. — auf Leinw. n.n. 2. 50. — Sect. 21. Elsterberg. Einzeln n.n. 2. —; auf Leinw. n.n. 2. 50.

IX. Sect. 15, Glauchau, Einzeln n.n. 2. —; auf Leinw n.n. 2. 50. — Sect. 25 m. Surplus. Oelsnitz m. Schönberg. n.n. 2. —; auf Leinw. n.n. 2. 70.

X. Sect. 22. Zwickau. Einzeln n.n. 2. —; auf Leinw n.n. 2. 50. — Sect. 28. Annaberg. n.n. 2. —; auf Leinw n.n. 2. 50. — Sect. 26. Johann-Georgenstadt. n.n. 1. 50. auf Leinw. n.n. 2. —.

—— topographische, vom Königr. Sachsen, bearb. vom topograph. Bureau des kgl. sächs. Generalstabes in 1 : 100,000 der natürlichen Grösse. (Mit Terrainzeichnung.) 27 Bl. Fol. Neue Ausg. Dresden 875. (Leipzig, Hinrichs' Sortiment.) **
aufgez. **

Inhalt:

Titelblatt mit Sectionseintheilung. ** 50 Pf.
Sect. 1. Markranstedt. — 2. Leipzig. — 3. Oschatz. — 4. Grossenhain. — 5. Camenz. — 8. Borna. — 9. Döbeln. — 10. Dresden. — 11. Bischofswerda. — 12. Bautzen. — 15. Glauchau. — 16. Chemnitz. — 17. Dippoldiswalde. — 18. Königstein. — 21. Elsterberg. — 22. Zwickau. — 25. Oelsnitz und Schönberg. à ** ℳ 2.
» 6. Mükel. — 13. Ostritz. — 27. Wiesenthal. à ** 50 Pf.
» 7. Pegau. — 14. Langenbernsdorf. — 19. Zittau. — 26. Johann-Georgenstadt. à ** ℳ 1,50.
» 20. Hirschfelde. — 24. Sayda. à ** ℳ 1.
Aufgez. kostet jedes Blatt 50 Pf.; Nr. 25 aber 75 Pf. mehr.

—— topographische, des Königr. Sachsen in 1 : 25,000. Hrsg. durch das königl. Finanzministerium. Bearb. im topograph. Bureau des königl. Generalstabes. 1.—5. Lfg. Kpfrst. und Chromolithogr. qu. gr. Fol. Mit Auszügen aus den Höhenmanualen. 8. (à Lfg. 3/4—1 Bog.) Leipzig 875—78, (Engelmann.)
à Bl. **
Mit getuschten Böschungen à Bl. ** ℳ 2. *
Uebersichtsblatt 1 : 500,000. **

Inhalt:

Lfg. 1. Rochlitz, Penig, Mittweida, Frankenberg, Glauchau, Hohenstein, Chemnitz, Schellenberg.
» 2. Leisnig, Frohburg, Geringswalde, Waldheim, Rosswein, Langenleuba, Zwickau.
» 3. Döbeln, Langhennersdorf, Brand, Lichtenstein, Stollberg, Burkhardtsdorf, Zschopau, Lengefeld.
» 4. Geyer, Marienberg, Zöblitz, Elterlein, Annaberg, Kühnhaide, Eibenstock, Johanngeorgenstadt, Wiesenthal, Hammer-Unter-Wiesenthal.
» 5. Liebertwolkwitz, Naunhof, Grimma, Lobstädt, Lausigk, Colditz, Ebersbrunn, Kirchberg, Lössnitz, Auerbach, Schneeberg, Schwarzenberg, Falkenstein, Zwota, Aschberg.

Topographische Karte des Königreichs Sachsen. Hrsg. durch das Königliche Finanzministerium. 1 : 25 000. Leipzig 1875—1884. 156 Bl. K. NC. und Sch.

[Topographische Karte des Königreichs Sachsen in 1:25 000. Hrsg. durch d. Kgl. Finanzministerium. Bearb. im Topogr. Bureau d. Kgl. Generalstabes. Neue Aufl.] No 1. *Leipzig: Kupferst., Lith. u. Dr. v. Giesecke & Devrient 1897.* quer-2. (:) [98. 7109

—— topographische, der Kantone St. Gallen und Appenzell. Maasstab 1/25000. (In 4 Lfgn.) 1. Lfg. Lithogr. (unter Leitung von J. M. Ziegler.) Imp.-Fol. (4 Bl. mit 12 S. Text in gr. 8.) Berlin 852, D. Reimer. **

Karte, topographische, der Schweiz, aufgenommen unter Aufsicht des Generals G. H. Dufour, 1833–63. Alt. m. 25 Bl.

Karte, topographische, der Schweiz, im Massstab der Orig.-Aufnahmen nach dem Bundesgesetze vom 18. Dezbr. 1868 vom eidgenöss. Stabsbureau veröffentlicht. 1:25,000. Kpfrst. u. color. 7. Lfg. qu. gr. Fol. (12 Bl.) Bern 875. (Dalp.) n. 12. 80

Topographische Karte der Schweiz. Vermessen und hrg.... unter der Aufsicht des Generals G[uillaume] H[enri] Dufour. Maasstab der Karte 1 : 100 000. *je* 508-509/719-723 mm. quer-fol.

Blatt II. Belfort-Basel. Ann. 1846. Nachträge 1897, 1902. fr. 1. — [aufgezogen fr. 2. —]
Blatt VI. Besançon-LeLocle. Ann. 1846. Nachträge 1902. fr. 1. — [aufgezogen fr. 2. —]
Blatt VII. Porrentruy-Solothurn. 1887. Nachträge 1899, 1901, 1902. fr. 2. — [aufgezogen fr. 3. —]
Blatt VIII. Aarau Luzern-Zug Zürich. Ann. 1861. Nachträge 1897, 1898, 1902. fr. 2. — [aufgezogen fr. 3. —]
Blatt XI. Pontarlier-Yverdon. Ann. 1849. Nachträge 1898, 1902. fr. 2. — [aufgezogen fr. 3. —]
Blatt XII. Freyburg-Bern. Ann. 1860. Nachträge 1899, 1900, 1902. fr. 2. — [aufgezogen fr. 3. —]

Topographische Karte der Schweiz — —] Dufour. Maasstäbe im 1/100000. *je* 507-509/720-724 mm. quer-fol. *Bl. II u. V* fr. 1. —, *übrige Bll.* 2. — [aufgezogen 2. — *resp.* 3. —]

Blatt II: Belfort-Basel. Ann. 1846. Nachträge 1897, 1902, 1903.
Blatt V: Rheineck — [Doppel-] Ortsbenennungen.... Anno 1850. Nachtr' 1898, 1903.
Blatt IX: Schwyz Glarus-Appenzell Sargans. Ann. 1854. Nachtr' 1900, 1903.
Blatt XI: Pontarlier-Yverdon. Ann. 1849. Nachtr' 1898, 1902, 1903.
Blatt XII: Freyburg-Bern. Ann. 1860. Nachtr' 1899, 1900, 1902, 1903.
Blatt XV: Davos-Martinsbruck. Ann. 1853. Nachtr' 1899, 1903.
Blatt XVI: Genève-Lausanne. Ann. 1842. Nachtr' 1898, 1900, 1903.
Blatt XVII: Vevey-Sion. Ann. 1844. Nachtr' 1903.
Blatt XX: Sondrio-Bormio. An. 1854. Nachtr' 1895, 1899, 1903.

[Karte. Topographische K' der Schweiz.] G[uillaume] H[enri] Dufour direxit (**Bl. VII:* [Bearb. vom] Eidg. Topogr. Bureau).... Maasstäbe im 1/100000 (**Bl. VII:* Maasstab 1 : 100000). Blatt III *u.* VII *u.* IX *u.* XVII. *je* 506-508/720-723 mm. quer-fol. *Ausg. A: offen. je* fr. 2. —

Blatt III: Liestal — Schaffhausen. Ann. 1849. Nachträge 1899, 1904, 1906.
Blatt VII: Porrentruy — Solothurn. 1887. Nachträge 1899, 1901, 1902, 1905, 1906.
Blatt IX: Schwyz-Glarus — Appenzell-Sargans. Ann. 1854. Nachträge 1900, 1903, 1905, 1906.
Blatt XVII: Vevey — Sion. Ann. 1844. Nachträge 1903, 1905, 1906.

Topographische Karte der Schweiz. Vermessen und hrg. ... unter der Aufsicht des Generals] G[uillaume] H[enri] Dufour. Maasstäbe im 1/100000. Blatt III, X, XIV *u.* XXII *je* 507-508/720-723 mm. quer-fol. *je* fr. 2. — [aufgezogen 3. —]

Blatt III: Liestal-Schaffhausen. Ann. 1849. Nachträge 1899, 1904
Blatt X: Feldkirch-Arlberg. Ann. 1853. Nachträge 1901, 1904.
Blatt XIV: Altdorf-Chur. Ann. 1859. Nachträge 1899/1904.
Blatt XXII: Martigny-Aoste. Ann- 1861. Nachträge 1904.

Karte. Topographische K' der Schweiz. Massstab 1 : 100,000. Überdruck [aus den Blättern] VI, VII, XI, XII [der Dufour-Karte, für die] Kavalleriemanöver 1902. Kavalleriebrigaden I und II. 1 Bl. quer-fol., *zus.-gefaltet mit Titel* 8. [Bern,] Schweizer. Landestopographie, 1902.

Titel auf dem Blatt: Karte für die Kavalleriemanöver 1902 ⟨Kav. Brigaden I & II⟩. Maasstäbe im 1/100,000. 564/788 mm. Druck d. kartogr. Anst. Lips, Bern. Eidg. topogr. Bureau. Ueberdruck 1902. — (Le Locle-Oron-la-Ville *resp.* Pontarlier-Schwarzenburg.)

Karte. Topographische K' der Schweiz. 1 : 100,000. Überdruck. Blatt VII *u.* IX *u.* XII *u.* XIV. *je* 510-514/730 mm. *je* 1 Bl. quer-fol., *zus.-gefaltet mit Titel (mit Kartenskizze)* 8.

Blatt VII. Bern, Schweiz. Landestopographie. — *Titel auf dem Blatt:* Bl' VII: Porrentruy – Solothurn. ... 1887. Nachträge ... [bis] 1905. Ueberdruck 1905.
Blatt IX. [Bern,] Schweiz. L', 1902. — *Titel auf dem Blatt:* Bl' IX: Schwyz-Glarus — Appenzell-Sargans. ... 1854. Nachträge 1900. Ueb' 1902.
Blatt XII. Bern, Schweiz. L'. — *Titel auf dem Blatt:* Bl' XII: Freyburg – Bern. ... 1860. Nachträge ... [bis] 1905. Ueb' 1905.
Blatt XIV. [Bern,] Schweiz. L', 1904. — *Titel auf dem Blatt:* Bl' XIV: Altdorf – Chur. ... 1859. Nachträge 1899, 1904. Ueb' 1904.

Topographische Karte der Schweiz. Vermessen und hrg. auf Befehl der Eidgenössischen Behörden ... aufgenommen ... unter der Aufsicht des Generals G[uillaume] H[enri] Dufour. Maasstab der Karte 1 : 100 000. *je* 509/727 mm. quer-fol.

Blatt X. Feldkirch-Arlberg. Ann. 1853. Nachträge 1901. (fr. 2. —, [aufgezogen fr. 3. —])
Blatt XIII. Interlaken-Sarnen. Stans. Ann. 1864. Nachträge 1895, 1900, 1901. (fr. 2. —, [aufgezogen fr. 3. —])
Blatt XIX. Bellinzona-Chiavenna. Ann. 1858. Nachträge 1901. (fr. 2. —, [aufgezogen fr. 3. —])

Topographische Karte der Schweiz. Vermessen und hrg. ... unter der Aufsicht des Generals] G[uillaume] H[enri] Dufour. Maasstäbe im 1/100000. quer-fol.

Blatt XXIV: Lugano-Como. Ann. 1855. Nachträge 1895, 1902. 507/723 mm. fr. 2. -- [aufgezogen 8. –]

Karte. Topographische K' der Schweiz. Überdruck. 1 : 100,000. *Einzelne Blätter* fol. *resp.* quer-fol., *aufgezogen* 8. Bern, Schweiz. Landestopographie, *Aufdruck:* 1906. *je* aufgezogen fr. 3.— (* *Wallenstadt:* 1.70)

s. Aarau. [Waffenplatz ...] — Bellinzona. [Piazza d'armi ...] — Frauenfeld. [Waffenplatz ...] — St. Gallen. [Waffenplatz ...] — Thun. [Waffenplatz ...] — Wallenstadt. [Waffenplatz ...] — Zürich. [Waffenplatz ...].

Karte. Topographische K' der Schweiz. ⟨Dufourkarte⟩ = Carte topographique de la Suisse. ⟨Carte Dufour.⟩ Masstab = Echelle 1 : 100,000. Blatt = Feuille III *u.* VII *u.* IX *u.* XVII. quer-fol. *Ausg. B: auf Lwd. aufgezogen, Titelblatt mit Kartenskizze,* 8. Bern, Schweiz. Landestopographie = Berne, Service (**Bl. III:* [Bern,] Eidg. topographisches Bureau = Bureau) topographique fédéral, *Aufdruck:* 1906. *je* aufgezogen fr. 3. —

Titel auf den Blättern s. Ausg. A.

Topographische Karte des Königreichs Serbien. Hrsg. vom Kgl. serbischen Grossen Generalstabe. 1 : 75 000. Wien 1888—1895. 94 Bl. c. L. NC. (Serbische Schrift).

Topographische Karte vom **Preussischen Staate** mit Einschluss der Anhaltischen und Thüringischen Länder. Hrgg. von der kartographischen Abtheilung der Königl. Preuss. Landesaufnahme. 1 : 100 000. Berlin. 1861 bis 1880. Lithographie und Kupferstich. schwarz und kol. Fol., ca. 41,5/47 cm. ca. 250 Bl.:

Die Höhe der Kartenbilder beträgt 15 Bogenminuten, die Breite 30 Bogenminuten.

Die Aufnahme der Blätter begann etwa im Jahre 1815. Die Revision derselben erstreckt sich bis in die Gegenwart.

Fortgesetzt durch: Karte des Deutschen Reiches.

Karte, topographische, vom Preussichen Staate mit Einschluss der Anhaltischen und Thüringischen Länder, östlicher Theil. Beurb. in der topograph. Abthl. des königl. Preuss. Generalstabes. 1 : 100,000. (319 Sectionen.) Sect. 30, 31, 41, 43, 45, 47, 48, 62, 67, 70, 84, 86, 89, 90, 105, 106, 124, 128, 146, 168, 273 E. F, 287 D. E, 299 D. F, 304, 305, 310 D. E. F, 312, 312 a, 316 E. Fol. Berlin 868—74, (Schropp'sche Landkartenh.) à Bl. **

Inhalt:

30. Insterburg. — 31. Gumbinnen. — 41. Danzig. — 43. Frauenburg. — 45. Eylau. — 47. Nordenburg. — 48. Goldapp. — 62. Dirschau. — 67. Rössel. — 70. Oletzko. — 84. Christburg. — 86. Allenstein. — 89. Arys. — 90. Lyck. Aufgenommen vom königl. preuss. Generalstabe 1863/64 [Nachträge 1869]. — 105. Osterode. — 106. Passenheim. — 124. Kauernik. — 128. Friedrichshof. — 146. Soldau. — 168. Berlin. — 273 E. Siegen. — 273 F. Laasphe. — 287 D. Altenkirchen. — 287 E. Greifenstein. — 299 D. Coblenz. — 299 F. Kraftsolms. — 304. Levin. — 305. Glatz. — 310 D. Boppard. — 310 E, F. 316 E. Reg.-Bez. Wiesbaden. — 312. Mittelwalde. — 312 a. Peterswald.

Topographische **Karte** vom südlichen Theile des Herzogthums Schleswig. Hrgg. von der Topographischen Abtheilung des Königl. Preuss. Grossen Generalstabes. F. Geerz red. 1863. 1:100 000. Berlin. 1864. Farbendruck. 4 Bl. Imp.-Fol., 53/74 cm.

Bl. 1: Tondern. Bl. 2: Flensburg. Bl. 3: Friedrichstadt. Bl. 4: Schleswig.

Topographische Karte vom südlichen Theile des Herzogthums Schleswig. Hrsg. von der Topographischen Abtheilung des Königl. Preuss. Grossen Generalstabes. 1 : 100 000. Berlin 1868. 4 Bl. L. Ff.

Karte, topographische, von Tübingen, Reutlingen, Urach und den Umgebungen. 1 : 50,000. Hrsg. von dem statist. topogr. Bureau. Fol. Tübingen 868, (Laupp'sche Buchh.) **

Topographische Karte der Umgebung von Carlsruhe. 1 : 50 000. 1838. 1 Bl. L. Ff.

Topographische **Karte** der Umgegend von Belfort. 1:50 000. (Berlin.) 1878. Lithographie. 1 Bl. Fol., 45,5/48,8 cm.

Nach den Aufnahmen der vormaligen topographischen Abtheilung des Königlichen grossen Generalstabes lithographirt in der kartographischen Abtheilung der Königlich Preuss. Landes-Aufnahme.

Topographische Karte der Umgegend von Berlin. 1 : 100 000. Berlin 1879. 1 Bl. c. K. Ff.

Topogr. Karte der Umgegend von Fredericia. fol. Glogau 1864. 0.10.

Karte, topographische, der Umgegend von Hannover. Aufgenommen von der kartogr. Abtheilung der königl. preuss. Landes-Aufnahme. 1 : 50,000. 4 Bl. Autogr. gr. Fol. Hannover 876, Helwing'sche Verlagsh. *

Einzelne Blätter à **

Topographische Karte der Umgegend von Hannover, Lüneburg, Hildesheim und Celle. Hannover, 1850.

Karte, topographische, der Umgegend von Magdeburg. 1 : 100,000. Fol. Magdeburg 871, Baensch.

Karte, topographische, der Umgegend von Potsdam. 1 : 20,000. Fol. Berlin 871, Schropp'sche Landkartenh. *

Topographische **Karte** der Umgegend von Sedan im Maassstab 1:25 000. (Berlin. 1876.) Autographie der Kartogr. Abtheilung der Königl. Preuss. Landes-Aufnahme 1876. 4 Bl. Fol., 49/42, 5 cm.

Topographische Karte der grossen und kleinen Wallachey aus verschiedenen Recognoscirungs-Plänen des K. K. General-Quartier-Meister-Stabs im Jahre 1790 zusammengetragen. Wien 1812. 4 Bl. K. Ff. v.

Karte, topographische, der Provinz Westfalen im Maaßstabe 1 : 80,000. Herausgeg. vom K. Preuß. Generalstabe. Sect. 1—17. Nebst Uebersichtskarte. gr. Fol. Berlin 813, 44, Schropp u. Co. n. $12^3/_4$ nß

— topographische, der Provinz Westphalen u. der Rheinprovinz im Maassstabe: 1;80000. Hrsg. von dem K. Preuss. Generalstabe. Sect. 18—58. 18. Brilon. 19. Wester Cappel. 20. Vreden. 21. Arnsberg. 22. Berleburg. 23. Lasphe. 24. Siegen. 25. Bocholt. 26. Dorsten. 27. Rheine. 28. Tecklenburg. 29. Ahaus. 30. Attendorn. 31. Cleve. 32. Coesfeld. 33. Wesel. 34. Straelen. 35. Geldern. 36. Lüdenscheid. 37. Düsseldorf. 38. Crefeld. 39. Schwelm. 40. Cöln. 41. Jülich. 42. Aachen. 43. Erkelenz. 44. Waldbroel. 45. Eupen. 46. Solingen. 47. Zülpich. 48. Bonn. 49. Greifenstein. 50. Kraftsolms. 51. Coblenz. 52. Altenkirchen. 53. Wetzlar. 54. Aremburg. 55. Mayen. 56. Malmedy. 57. Ludweiler. 58. Boppard. Berlin 847—52, Schropp & Co. 18. n. $^2/_3$ nß 19 u. 20. à n. $^5/_{12}$ nß 21. n. $^2/_3$ nß 22 u. 23. à n. $^5/_{12}$ nß 24. n. $^2/_3$ nß 25. n. $^5/_{12}$ nß 26. n. $^2/_3$ nß 27. n. $^5/_{12}$ nß 28—30. à n. $^2/_3$ nß 31. n. $^5/_{12}$ nß 32 u. 33. à n. $^2/_3$ nß 34. n. $^5/_{12}$ nß 35—38. n. $4^1/_3$ nß 39—41. à n. $^2/_3$ nß 42 u. 43. n. 1 nß $3^1/_2$ ngl 44. n. $26^3/_4$ ngl 45. n. $16^3/_4$ ngl 46—48. à n. $26^1/_2$ ngl 49 u. 50. à n. $16^3/_4$ ngl 51 u. 52. à n. $26^1/_2$ ngl 53. n. $16^3/_4$ ngl 54—56. à n. $26^1/_2$ ngl 57. n. $16^3/_4$ ngl 58. n. $26^1/_2$ ngl (1—58. n. 44 nß $4^3/_4$ ngl)

Karte, topographische, des Kts. Zürich. Atl. m. 32 Bl.

— topographisch-militairische, v. Deutschland in 254 Sectionen. Neue revidirte Ausg. 1—3. 5 u. 7—21. Lfg. Fol. (à 6 Bl. in Kpfrst.) Weimar 852, Landes-Industrie-Comptoir. (à 1 nß) 19 nß

—— Topographisch-militärische, von Deutschland in 254 Sectionen. (Neue revid. Ausg.) Weimar 1852—55. Fol.

Karte der projektirten Traceen der Kaschau-Sajo-Eipel-Eisenbahn. 1 Bl. 17" hoch, 22" breit, lithogr. mit Angabe der geographischen Meilen und der Länge des Tunnels beider Projekte. 1857.

Karte des Regierungs-Bezirks Trier. Berlin 1863. 1 Bl. L. Ff.

Karte von dem Truppen-Übungs-Platz bei Münsingen m. Umgebg. hrsg. v. d. Kgl. Statist. Landesamt 1896. Massst. 1:50,000. *[Berlin] (1898).* 1 Ktnbl. quer-gr. 2. (□)

Karte des Bezirkes Tulln. 1:150.000 K —.20
Wien: Freytag & Berndt 1909.

Karte von Tunesien nach den französischen Generalstabskarten bearbeitet. Massstab 1 : 800,000. Mit einer kleinen Uebersichtskarte von Algerien und Tunesien im Massstab 1 : 10,000,000. Zürich, J. Wurster & Cie. 1881.

Die Karte der europäischen Türkei. 1 : 210.000, herausgegeben vom kaiserl. ottomanischen Generalstabe. (Hiezu Tafel 13.) Separat-Abdruck aus den „Mittheilungen des k. u. k. militär-geographischen Institutes". XIX. Bd. Wien. 1900. Verlag des k. u. k. militär-geographischen Institutes. In Comm. R. Lechner (Wilh. Müller). Gr.-8°. Paginirt: 218 – 223. K —.20

Basel, Missionsbuchhandlung. Karte der zur Provinz Canton gehörigen Kreise Tusi-koré, Sin-on und Kwui-Seré einschliesslich der britischen Kolonie Hongkong. 1 Karte. Basel [o. J.]

Karte zur Uebersicht der Expedition der k. französischen Armee nach Algier im J. 1830. *Wien*, artist. Anst. v. *Reiffenstein & Rösch.*
1 Blatt. Höhe 1' 6". Br. 2' 3¼". Massstab 1 : 1667 der Natur. 15 deutsche Meilen auf 1 Grad des Aequators. Den untern Theil des Blattes nehmen 2 Ansichten (3¼" hoch, 1' br.) ein, nämlich rechts; Algier mit Bezeichn. der wichtigen Punkte; links: Halbinsel Sidi Ferrugh. In der oberen rechten Ecke die Zeichnung von Marinebatterien; die Ansicht eines Blockhauses; von Schanzkörben etc. Mit Terrain und allen topographischen Momenten. Diese Karte bildet eine Beilage des Werkes: Rückblicke auf Algier und dessen Eroberung durch die k. franz. Truppen im J. 1830. (*Wien. L. Grund.* 263 S., 1 Bl. 8°.)

Karte zur Uebersicht d. Gebirgssysteme u. Flussgebiete in Europa. (Zu d. „Handb. d. Militär-Geographie" etc. v. C. A. Frh. v. Malchus.) Gest. v. H. Hessen. Illum. Roy.-Fol. (M. 1½ B. Beil. gr. 8.) Heidelberg 833, Groos.

Karte zur Übersicht der Grenzen der Volks- und Kirchen-Sprachen im Herzogthume Schleswig. Entw. v. Franz H. J. Geerz. Eutin & Kiel. 1838.Farbendr. 1 Bl. 4°. 22,2/28 cm.

Karte zur Uebersicht der Kriege Russlands am Kaukasus. 1 : 2 000 000. Berlin 1843. 1 Bl. c. L. Ff.

Karte und Uebersicht der ganzen Operation am Obern Rheinstrom im Jahre 1793 etc. Gestochen von Jäck in Berlin 1797. 1 : 172,800. 2 Bl.

[**Halle** und Umgebung.] Karte für die Uebungen des 4. Armee-Corps. 1 : 50000. Berlin. 1857. Lithographie. 1 Bl. Fol., 58.5 47.5 cm.

Karte der Umgebung von Brünn. 1 : 50.000 K —.20
Wien: Freytag & Berndt 1909.

Karte der Umgebung von Flensburg in sechs Blättern. Königl. Preuss. Landesaufnahme. 1:25 000. Berlin. 1880. Farbendruck. Fol., 60/57 cm.

Karte der Umgebung von Graz. 1 : 150.000 K —.20
Wien: Freytag & Berndt 1908.

Karte der Umgebung von Graz. 1 : 150.000 gefalzt K —.20
Wien: Freytag & Berndt 1910.

Karte der Umgebung von Hohensyburg. *Dortmund: Koeppen 1901.* (1 Kartenbl. 45×52 cm.) 8° [kol.] [04. 3066 B

Karte der Umgebung von Kolberg. Hrsg. von der Kartogr. Abtheilung der Königl. Preuss. Landesaufnahme. 1 : 50 000. Berlin 1892. 1 Bl. c. L. Ff.

[Umschlagt.:] **Karte** der **Umgebung** von **Konstanz**. *Konstanz: E. Ackermann [1898].* (1 Ktnbl. ¹⁄₄₀, 1 Ktnbl. ¹⁄₂₅) 1 Bd 8. [98. 7110

Karte der **Umgebung** von **Kyllburg**, Eifel (Luftkurort). Hrsg. vom Schriftführer d. Verschönerungs-Ver. Maassst. 1 : 25,000. *Trier: Paulinus-Dr. [1899].* (1 Kartenbl. 31 × 35 cm.) 8° [00. 1763

Karte der Umgebung von Bad Lauterberg im Harz. Massst. 1:30 000. Neu hrsg. v. Harz-Klub 'Zweigverein Lauterberg'. Lauterberg: C. Mittag [1899?]. (1 Kartenbl. 46x59 cm.) 8° [Umschlagt.]

Karte der Umgebung von Mödling. Herausgegeben vom Verein der Naturfreunde in Mödling. Massstab 1 : 25.000. Gross-Q.-Folio, Wien, R. Lechner's k. k. Hof- u. Univ.-Buchhdlg. Gefalzt in kl. 8. 1 fl. 20 kr. 1882.

Karte der Umgebung von Prag zum Gebrauche bei Ausflügen im Massstab 1 : 288.000. Von K. Kareis. Gr.-Q.-Quart. Ebds. 10 kr.
Prag: Kytka 1882.

Karte der Umgebung des Kurhauses Schweigmatt im Maßst. d. topogr. Karte 1 : 25,000. Schopfheim: G. Uehlin 1906; (Lith. C. Flemming, Glogau). (1 Kartenbl. 35×38 cm.) [Rückt.] [kol.] [06. 14383

Karte der weiteren **Umgebung** von Dillenburg. 1 : 170,000. *Dillenburg: Gebr. Richter [1903]; Geogr. Anst. L. Ravenstein, Frankfurt a. M.* (1 Kartenbl. 41×30 cm mit Legende.) quer-4° [kol.]

Karte der Umgebung von Wien. Hrsg. vom k. und k. militair-geografischen Institute in Wien. 1 : 12,500. 20 Bl. Chromolithogr. qu. Fol. Wien 878, (Artaria und Comp.) **

—— dass. — 1 : 75,000. 6 Bl. Chromolithogr. Imp.-Fol. (Ebendas.) 876. **

—— dass. — 1 : 100,000. 9 Bl. Kpfrst. qu. gr. Fol. Ebendas. 878. à Bl. ** 80 Pf. **

—— der Umgebung Wiens. 1 : 100,000. Zusammengestellt und gedr. im k. k. militär-geograph. Institute. Chromolithogr. Imp.-Fol. Wien 879. Lechner's Sortiment. cart. *

— der Umgebung von Wien im Masse 1 : 100.000 zusammengestellt und gedruckt im k. k. milit.-geograph. Institute. VII. Auflage. Mit Bezeichnung der markirten Wege. Ebd. fl. 1.50, auf Leinen fl 2.—, auf Leinen in Decke fl 2.50. 1886.

Karte der Umgebung von Wien im Maße von 1 : 100.000. Zusammengestellt und gedruckt im k. k. milit.-geogr. Inst. X. Auflage. Mit Bezeichnung der markirten Wege od. Farbenangabe. Fol. Chromolith. Gefalzt 1.50, auf Leinen 2.—, auf Leinen in Decke 2.50
Wien: Lechner 1889.

Karte der Umgebungen von Wien. Fol. Lith. Stuttgart 849, H. Köhler. 6 ngl

Karte der Umgebungen von Wien. Mit Special-Plänen von Baden, Wr.-Neustadt, St. Pölten, Krems nebst Umgebungen. Zweite, neu berichtigte Auflage. In illustrirtem Umschlage. Gefalzt —.25
Wien: Hartleben 1895.

Karte der Umgebungen von Wien. Mit Special-Plänen von Baden, Wiener-Neustadt, St. Pölten, Krems, nebst Umgebungen. 3., neu berichtigte Auflage. Wien. Pest. Leipzig. [1900.] Hartleben. 34×57 *cm*. Gefalzt in Umschlag K —.50

Karte der Umgebungen von Wien. 4. Aufl. 34×57 *cm* gefalzt in Umschlag K —.50
Wien: Hartleben 1904.

Karte der Umgegend von Berlin. Zsgest. aus d. Bl. 208, 269, 293 u. 294 d. Reichskarte. Aufnahme 1807, berichtigt 1894—1896. Massst. 1:100,000. *[Berlin]: Kartogr. Abth. d. Kgl. Preuss. Landesaufnahme 1898.* 1 Ktnbl. quer-gr. 2 (⁑). [98. 6583]

Karte der Umgegend von **Berlin** und **Potsdam**. Aufgenommen v. Königl. Preuss. Generalstabe. 1 : 25000. Berlin. 36 Bl. Fol., 60/57 cm. Vorhanden sind 21 Sectionen.
Entspricht genau den Messtischblättern.

Karte der Umgegend von **Bromberg** in 4 Blättern. 1 : 25000. Berlin. 1879. 4 Bl. Fol., 60.4/57 cm. Königl. Preuss. Landes-Aufnahme.

Karte der Umgegend von **Coburg**. 1 : 25000. Berlin. 1881. 1 Bl. Fol., 60,3/57 cm. Königl. Preuss. Landes-Aufnahme.

Karte der Umgegend von Danzig. Hrsg. von der topographischen Abtheilung des Königlich Preussischen Grossen Generalstabes. 1 : 50000. Berlin 1865. 1 Bl. L. Ff.

Karte der Umgegend von **Danzig**. Aufgenommen und hrgg. von der topographischen Abtheilung des Königl. Preuss. Grossen Generalstabes. Nachträge bis 1877. 1 : 50000. (Berlin. 1877 u. 1878.) Lithographie. 1 Bl. Imp.-Fol., 77/62 cm.

Karte der Umgegend von Düppel und Sonderburg, sowie von der Westküste der Insel Alsen mit den Dänischen Befestigungen und den Preussischen Belagerungs-Arbeiten 1864. Nach Special-Aufnahmen hrgg. vom Königl. Preussischen Generalstab. 1:25 000. (Berlin.) 1867. Lithogr. 1 Bl. Imp.-Fol., 71/56,8 cm.

Karte der Umgegend (1:100,000; chromolithogr. qu. Fol.) und Plan der Stadt Gera (lithogr. gr. 8.). 1. und 2. verm. und verb. Aufl. Gera 878, Reisewitz. *

Karte der Umgegend von Görlitz und Zittau. (Maassst. 1:200,000.) *Görlitz: R. Worbs [1900].* (1 Kartenbl. 29×23 cm.) 8° [Umschlagt.] [01. 8790]

Karte der Umgegend von **Goslar** in vier Blättern. 1 : 25000. Berlin. 1880. 4 Bl. Fol., 60,4/57 cm. Königl. Preuss. Landes-Aufnahme.

Karte der Umgegend von **Göttingen** in vier Blättern. 1 : 25000. Berlin. 1879. 4 Bl. Fol., 60,4/57 cm. Königl. Preuss. Landes-Aufnahme.

Karte der Umgegend von Hamburg in 4 Blättern. 1:25 000. Berlin. 1881. 4 Bl. Fol., 60,3/57 cm. Königl. Preuss. Landes-Aufnahme.

Karte von **Hamburg**'s Umgegend, 15 Meilen im Umkreise. (Hamburg.) o. J. (vor 1840). 1 Bl. Fol. 37/43 cm. Zusammengefaltet in Buchdeckel. 8°.

[Umschlagt.:] **Karte** der Umgegend von Hannover für Radfahrer u. Touristen. Umfassend u. A.: D. ganzen Teutoburger Wald, d. Wesergebirge, e. Theil v. Grossh. Oldenburg u. d. Prov. Westfalen. *Hannover: O. Borgmeyer [1897].* (1 Ktnbl. ⁑) 1 Bd 8. [98. 7111 Go]

Karte der Umgegend von Hildburghausen. Massst. 1:100000. *Hildburghausen: Kesselring [1897].* 1 Ktnbl. 2. (⁑) [97. 8314]

Karte der Umgegend von Kiel. Hrsg. von der Kartographischen Abtheilung der Königl. Preuss. Landesaufnahme. 1 : 12 500. Berlin 1875. 4 Bl. L. Ff.

Karte der Umgegend von **Königsberg**. Aufgenommen und hrgg. von der topographischen Abtheilung des Königl. Preuss. Grossen Generalstabes. 1 : 50000. (Berlin.) 1863, mit Nachträgen bis 1875. Lithographie. 1 Bl. Fol., 66,5/74 cm.
—— mit Nachträgen bis 1876.
—— mit Nachträgen bis 1879.

—— der Umgegend von Bad Kreuznach. Zuverlässiger Rathgeber auf Wanderungen nach den sehenswerthesten Puncten der Umgegend Kreuznachs und Münster a. St. etc. 4. Kreuznach 870, Maurer. In Umschlag

Karte der Umgegend von **Lübeck** in sechs Blättern. 1 : 25000. Berlin. 1880. 6 Bl. Fol., 60,4/57 cm. Königl. Preuss. Landesaufnahme.

Karte der Umgegend von Mainz, in das trigonometrische Netz der allgemeinen Landesvermessung aufgenommen von dem Grossherzoglich Hessischen Generalquartiermeisterstabe. 1 : 25 000. 3 Bl. L. Ff.

Karte der Umgegend von Memel. Aufgenommen und hrsg. von der topograph. Abthl. des königl. preuss. grossen Generalstabes. 1:25,000. Fol. Ebendas. 868. **

Karte der Umgegend von Mézières. 1:50 000. (Berlin.) 1877. Lithographie. 1 Bl. Fol., 45,5/58,5 cm.
Nach den Aufnahmen des Königl. Preuss. Generalstabes bearb. von der kartographischen Abtheilung der Königl. Preuss. Landes-Aufnahme 1877.

[Karte der Umgegend von Neumünster.] 1:40 000. o. O. u. J. Lithogr., teilweise kol. 1 Bl. Imp.-Fol., 61/88,5cm.

Karte der nordwestlichen Umgegend von Berlin. Nach den Generalstabskarten vervollständigt und gezeichnet von Einj. Freiwill. Gefreiten des Garde-Füsilier-Regiments im Winter 1874/75. 1:25,000. Fol. Berlin 875, D. Reimer. *

Karte der Umgegend der Stadt Nürnberg. (Georg Glockenton d. Jüngere?) Nachbildung der Originalkarte in Holzschnitt. 4 Bl. L.

Karte der Umgegend von **Rendsburg**. 1 : 40000. Kiel. 1839. Lithogr. 1 Bl. Fol., 67/52 cm.

Karte über die Umgegend der Festung Rendsburg gez. von F. von Jacobsen. (ca. 1:35 000.) Altona? o. J. Lithogr. 1 Bl. Fol., 35/43 cm.

Karte der Umgegend von **Schleswig** in 6 Blättern. Königl. Preuss. Landesaufnahme. 1 : 25000. Berlin. 1880. Farbendruck. Fol., 60,4/57 cm.
1. Jübek; 2. Schleswig; 3. Brodersby; 4. Hollingstedt; 5. Kropp; 6. Hutten. Sämmtliche 6 Blätter sind 1877 aufgenommen.

Karte der Umgegend von **Schwerin** in neun Blättern. 1 : 25000. Berlin. 1881. 9 Bl. Fol., 60,4/57 cm. Königl. Preuss. Landes-Aufnahme.

Karte der Umgegend von Sedan. 1:50 000. (Berlin. 1878.) Lithographie. 1 Bl. Fol., 42/49 cm.
Nach den Aufnahmen des Königl. Preuss. Generalstabes vom Jahre 1871 und der Ergänzungs-Aufnahme des Königl. Bayerischen Generalstabes vom Jahre 1873 bearb. von der kartogr. Abtheilung der Königl. Preuss. Landes-Aufnahme 1878.

Karte der Umgegend von Sonderburg in vier Blättern. Königl. Preuss. Landesaufnahme. 1:25 000. Berlin. 1880. Farbendruck. Fol., 60,2/57 cm.

Karte der Umgegend von Stettin. 1 : 50 000. Stettin 1857. 1 Bl. c. L. Ff.

Karte der Umgegend von Tegernsee und **Schliersee.** 1 : 50 000. 1 Bl. L. Ff.

Karte der Umgegend von **Thorn** in vier Blättern. 1 : 25000. Berlin. 1878—79. 4 Bl. Fol., 60/57 cm. Königl. Preuss. Landes-Aufnahme.

Karte der Umgegend von Ulm. 1 Bl. Photolithogr. Ff.

Karte der Umgegenden von Schliersee, Fischbachau, Bayrischzell (westl. Theil) und Valepp. Bearbeitet im topogr. Büreau des Königl. Bayer. Generalstabes. 1 : 25 000. Je 1 Bl.

Karte von Ungarn. (Regnum Ungariae) (sic!) und Siebenbürgen. Prag 1855 bei Marco Berra. 1 Bl. 11 Zoll hoch, 16 Z br. Längen- und Breitengrade in 5 Theile getheilt. In der rechten oberen Ecke Tabellen der politisch-gerichtlichen Eintheilung, in der rechten unteren Ecke eine Zeichen- und Farbenerklärung.

— des Königreichs Ungarn. qu. 4. Lith. u. color. Meissen 849, Goedsche. 3 ngl

Karte von Unterfranken & Aschaffenburg mit Angabe d. Ortsentfernungen in Kilometerzahl. Maassst. 1 : 200,000. 4. verb. Aufl. *Würzburg: E. Bauer [1901].* (1 Kartenbl. 61 × 75 cm.) 8° [Umschlagt.] [farbig] [01. 8904

Karte des Kantons Unterwalden. 1 Bl. L. Sch.

Karte der Unterweser von Bremen bis Bremerhaven. 1:100 000. [Bremen 1899.] (1 Kartenbl. 23x63 cm.) quer-8°

Karte des Bezirkes Urfahr. 1 : 150.000 K —.20
Wien: Freytag & Berndt 1907.

— — der Uetliberg-Bahn bei Zürich und ihrer Umgebung. Massstab 1 : 25,000. qu. 4. in-8. gefalzen. Zürich, Orell Füssli & Co. —. 60
1876.

— über die geograph. Verbreitung des Kameels nach einer Handzeichnung v. Carl Ritter reducirt u. vermehrt mit der geograph. Verbreitung der Datelpalme [Phoenix dactilifera] durch J. M. Ziegler, [Zu Ritter's Erdkunde. 13. Bd. gehörig.] Imp. Fol. Lith. u. color. Berlin 848, D. Reimer in Comm. n. 1/2 ℛ

Karte der Verbreitung der Salzquellen und des Steinsalzes in Siebenbürgen mit Rücksicht auf die geognostischen Verhältnisse dieses Landes. Hermannstadt. 1854. Im Maße 1/864000 der Natur.

— der Gewerblichen-Verhältnisse im Europ. Rußland mit Angabe der Fabriken u. Hütten, der Erwerbszweige, der verwaltenden Behörden in Gewerbs- u. Handelsangelegenheiten, der vorzügl. Marktörter, der Land- u. Wasserverbindungen 2c. Nach dem im J. 1842 auf Veranstaltung des k. Finanz-Ministerii erschien. Russ. Originale deutsch herausgeg. Gest. von W. Bembe. gr. Fol. (4 color. Blätter.) Berlin 844, Schropp u. Co. n. 2 1/2 ℛ

Karte der gewerblichen Verhältnisse im Europäischen Russland, mit Angabe der Fabriken und Hütten, der Erwerbszweige, der Land- und Wasserverbindungen u. s. w. 1 : 3 675 000. Berlin 1844 und 1852. Je 4 Bl. c. K.

Karte der Verkehrsanstalten von Bayern. Unter Leitung der Generaldirection der Königlich Bayerischen Verkehrsanstalten bearbeitet. 1 : 600 000. München 1874, 1877 und 1880. Je 4 Bl. c. K.

Karte der Verkehrs-Anstalten von Bayern. Zugl. Strassen- u. Ortentfernungs-Karte. Unter amtl. Leitung bearb. u. ausgef. in der K. B. Priv. Kunstanst. von Piloty & Loehle in München. Massst. 1 : 1/2 Million. *München: Piloty & Loehle [1903].* (4 Kartenbl. je 74 × 55 cm mit Legende.) quer-gr. 2° [kol.] [03. 4731

Karte der Verkehrs-Anstalten von Bayern, Württemberg und Baden. Unter Leitung der General-Direction der Kgl. Bayer. Verkehrsanstalten nach amtlichen Mittheilungen bearb. 1 : 600000. München 1854, 1858, 1862, 1865. Je 4 Bll. Kupf., kol.

Karte der Verkehrs-Anstalten von Bayern und Württemberg, zugleich Strassen- u. Ortentfernungskarte von Bayern. Unter amtl. Leitung bearb. M. 1 : 400000. München, Piloty & Löhle, 1883, 1886, 1889. Je 4 Bll. lith., kolor.

Karte der Verkehrs-Anstalten von Bayern und Württemberg, zugleich Strassen- und Ortentfernungs-Karte von Bayern. Unter amtlicher Leitung bearbeitet. 1 : 400 000. München 1883, 1886, 1889, 1892 und 1895. Je 4 Bl. c. L.

Karte über die Vertheilung der in Mittelfranken gezüchtet werdenden Rindviehstämme.
Ansbach 1853.

Karte und Verzeichniss der Eisenbahnen, sowohl der fahrbaren oder im Bau begriffenen und der ernstlich projectirten Bahnen, in Deutschland, der Schweiz, Belgien und Holland, als auch desgleichen einiger benachbarten Bahnen in Frankreich, Italien und Polen. gr. Fol. (Mit Text gr. 8.) Hamburg, Hoffmann u. Campe, 1840. (1/4 ℛ)

Karte u. Verzeichnis der vom Taunus-Club, Zweigverein Diez m. Farbenzeichen versehenen Wege, nebst Angabe der Entfernungen in Stunden. Hrsg. vom Club. (4 S.) kl. 8. Diez (904). (Ph. H. Meckel.)
n. —20

Karte vom Vierwaldstätter-See, aus Berlepsch's Reisebuch für die Schweiz, mit Angabe der Gotthardbahn und der Brünigstrasse. Chromolith. In-4°. Zürich, Schmidt. 1883. 1 25

Karte des Vierwaldstättersee's & Umgebung. Massstab 1 : 100,000. Eigenthum der Dampfschiffgesellschaft des Vierwaldstättersees. 329/379 mm. 1 Bl. fol. Zürich, E. Wagner, Kartographie. Gratis

Rückseite bedruckt mit Anzeigen etc. betr. Luzern, Saison 1901. Luzern, Buchdr. H. Keller.

Karte des Vierwaldstättersees aus der Vogelschau. Chromolithographie. In-fol. Zürich, Orell Füssli & Cie. 1885. Auf Lwd. 3 —

[Karte der Hamburgischen Vogteien.] Nach der Landesvermessung hrgg. von der Bau-Deputation. 1:4 000. Hamburg. 1867–72. Lithographie. Imp.-Fol.
Alsterdorf, 1 Bl., Barmbeck, 2 Bl.; Eilbeck, 1 Bl.; Eimsbüttel, 1 Bl.; Elbinseln, 5 Bl.; Gross Borstel, 1 Bl.; Hamm, 1 Bl.; Horn, 2 Bl.; Langenhorn, 2 Bl.; Ohlsdorf, 1 Bl.; Winterhude, 1 Bl.

Vorgeschichtliche Karte von Schlesien. Nach älteren u. neueren Forschungen (eines C. Schwenkfeld jr., Nic. Henelius ab Hennefeld, ...) insbesondere nach den Acten des unterzeichneten Vereines u. im Auftrage desselben bearbeitet von J. ZIMMERMANN, herausgegeben von dem Vereine für das Museum Schlesischer Alterthümer. (Abgeschlossen im December 1877.) Breslau 1878. Wilhelm Gottlieb Korn. 4 Blatt colorirt. Maassstab 1 : 800 000.

Karte der Vorkursgebiete der Infanteriebrigaden XI u. XIII — [der] Schweizerische[n] Armee — 1906. 1 : 100,000. [In Dreifarbendruck.] 1 Bl. quer-fol., *zus.-gefaltet mit Titel (mit Kartenskizze)* 8. [Bern,] Schweiz. Landestopographie, 1906.

Titel auf dem Blatt: Karte zu den Manövern des III. Armeekorps — [der] Schweizerische[n] Armee — 1904. Massstab 1 : 100,000. 375/743 mm. Schweiz. Landestopographie. — (Constanz-Uster *resp.* Regensberg-St. Gallen.)

Karte von der Wachau. Im Maße 1 : 75.000. Ausgeführt im k. u. k. militär-geogr. Inst. in Wien. Mit Bezeichnung d. markierten Wege. Wien: R. Lechner [1907]. (1 Kartenbl. 61 × 48 cm.) [Rückt. lith.] [kol.] [07. 14022

[Umschlagt.:] [J.] Karte vom Sollinger Wald und vom Oberen Weser- u. Leine-Gebiet. 1 : 200.000 ... *Hannover: Schmorl & v. Seefeld Nachf. [1897].* (1 Ktnbl. ≡) 1 Bd 8. [97. 5554

Karte vom Sollinger Wald und vom Oberen Weser- u. Leine-Gebiet. 1 : 200,000. *Hannover: Schmorl & v. Seefeld Nachf. [1901]; (Leipzig: Lith. E. Gaebler).* (1 Kartenbl. 26 × 21 cm.) 8° [Umschlagt.] [kol.] [04. 20461

Karte der Waldungen des Königreichs Sachsen. Auf Grund amtlicher Unterlagen gezeichnet. 1 : 500 000. Leipzig (1898). 1 Bl. c. L.

Karte vom Schleswigschen Wattenmeer und Nordfriesland. Aus Reymann's topographischer Specialkarte von Mitteleuropa. (1:200 000.) Glogau. o. J. Lithogr. 1 Bl. Fol., 51,6/35 cm.

Karte der markierten Wege im Altvatergebirge. 2. Aufl. 1 : 200.000. 34 × 36 cm K —.40
Freudenthal: Krommer 1906.

Karte der markierten Wege im Altvatergebirge. 3. Aufl. 1 : 200.000 Ebda. 1907. gefalzt K —.40

Karte der mit Farbenzeichen versehenen Wege im nordöstl. Taunus. Hrsg. v. Taunus-Club. Massst. 1 : 100000. *Frankfurt a/M.: W. Merkel [1897].* (1 Ktnbl. [?]) 1 Bd 8. [97. 4604

[Umschlagt.:] [F.] Karte der mit Farbenzeichen versehenen Wege im östlichen Taunus. III. verm. u. verb. Aufl. Hrsg. v. Taunus-Club ... '(1:100 000.)' *Frankfurt a. M.: W. Merkel; (Geogr. Anst. v. L. Ravenstein [1896?]).* (1 Ktnbl. [?]) 1 Bd 8. [96. 6459

Karte der mit Farbenzeichen versehenen Wege im östl. ⟨Main-⟩ Taunus. Hrsg. v. Taunus-Klub. (Massst. 1 : 100,000. 7. verm. u. verb. Aufl. Frankfurt a/M.: F. A. Schmidt [1906]; Geogr. Anst. L. Ravenstein.) (1 Kartenbl. 37×39 cm mit Legende.) [Kopft. lith.] [kol.] [06. 15859

[Umschlagt.:] Karte der farbigen Wege-Bezeichnung im westlichen Taunus. (Massst.: 1:100 000.) 4. verm. u. verb. Aufl. Hrsg. v. Wiesbadener Rhein- & Taunus-Club ... *Wiesbaden: Comm.-V. v. J. G. Birlenbach [1896].* (1 Ktnbl. [?]) 1 Bd 8. [96. 3967

— vom Kreise Wehlau, Reg.-Bezirk Königsberg. Fol. Lith. Königsberg 846, Gebr. Schamberg. n. 5/12 ß

—— vom Kreise Weissenfels im Regierungsbezirk Merseburg. 1 : 100,000. Fol. Ebendas. 873. *

Karte von der Weiterführung der Rheinischen Eisenbahn. General-Uebersicht. 1 Bl. c. L.

Karte von West-Australien und dessen Goldfeldern nach d. neuesten Plänen u. Spec.-Kt. zsgest. Hrsg. v. d. 'Goldminen-Börse'. (W. Droysen del.) *London: (Gedr. b. Willetts & Sohn) 1896.* 1 Bl. gr.2. [?] [97. 3572

Karte von West-Deutschland, etc. ... 1850. . . . . (Br. Mus.)
——, —— ... 1870. . . . . (Br. Mus.)

Karte der Kgl. Preussischen Provinzen Westphalen und Rheinprovinz, Kurfürstenthum und Grossherzogthum Hessen, Herzogthum Nassau, Fürstenthum Waldeck und Gebiet von Frankfurt, nebst Theilen der Niederlande, Belgiens und Bayerns. M. 1 : 750000. Nürnberg, Serz u. Co., 1861. Imp.-Fol. Kupferst. u. kolor.

Karte von der Erzdiöcese Wien in Oesterreich. Wien 1804. 1 Bl. c. K. v.

— des Landes Wien, Gratz, Komorn. Ein Folioblatt in Farbendruck. (Terrain von H. Hindersin.) Aus d. k. lithogr. Inst. zu Berlin. 1852.

Karte der Bezirke Wiener-Neustadt und Neunkirchen. 1 : 150.000 K —.50
Wien: Freytag & Berndt 1909.

Karte des Wienerwaldes im Maße 1 : 75.000. Mit Bezeichnung der markirten Wege. Imp.-Folio. Lithographie mit Farbenaufdruck. In Comm. Gefalzt 2.—, auf Leinen 2.80
Wien: Lechner 1894.

Karte des Wienerwaldes im Maße 1:75,000. (Mit Bezeichnung d. markirten Wege.) *Wien: R. Lechner [1904]; K. u. k. militär-geogr. Inst.* (1 Kartenbl. 61×74 cm.) 8° [kol.]

Karte des Wienerwaldes im Masse 1:75.000. Mit Wegmarkierungen. (Ausgeführt im k. u. k. militärgeogr. Inst. in Wien. Wien: R. Lechner [1907].) (1 Kartenbl. 60×74 cm.) [lith.] [kol.] [07. 17816

— des Staates Wisconsin [aufgenommen in die Union 1848] so weit er bis jetzt vermessen ist. Fol. Lith. u. color. Elberfeld 849, Baedeker. n. 12 ngr

—— vom Kreis Wittenberg im Regierungs-Bezirk Merseburg. 1 : 100,000. Fol. Ebendas. 869. *

Karte von Württemberg, Baden und Hohenzollern. Bearbeitet von L. Rachel. 1 : 450000. Gefalzt in 8° Stuttgart

Karte von Württemberg, Baden und Hohenzollern mit sämmtl. Eisenbahnen. 1 : 450,000. 4. Aufl. Fol. Stuttgart 869, Belser's Sortiment.
aufgez. in Carton

Karte von Württemberg, Baden und Hohenzollern mit sämmtlichen Eisenbahnen. 1 : 450,000. 10. Aufl. Lithogr. und color. Imp.-Fol. Stuttgart 878, A. Müller. *
Auf Leinw. *

Karte des Königreichs Württemberg. In 4 Bl. Maßst. 1 : 200.000. Hrsg. von d. K. Württ. Statist. Landesamt. 2. Stuttgart: H. Lindemann 1904. 8°

— von dem Königreiche Würtemberg, nach der neuen Landesvermessung im 1/50000 Masstabe von dem K. statistisch-topograph. Bureau. (In 62 Blättern.) Blatt 1—50. Fol. Lith. Stuttgart 850. (H. Kohler.) (à n. n. 2/3 ß) n. n. 33 1/3 ß

Karte der Central-Karpathen. (Liptauer Alpen, Galizische Tátra, Hohe Tátra, Beler Kalkalpen, Zipser Magura). Hrsg. vom k. k. militär. geografischen Institute. 1 : 75 000. Wien 1851. 1 Bl. c. L. Ff.

Karte des deutschen Zollgebiets, enthaltend die Grenzen der Bezirke der Zoll- und Steuerdirektionen und Hauptämter, sowie die Sitze der mit Erhebung von Zöllen und gemeinschaftlichen Verbrauchssteuern betrauten Zoll- und Steuerstellen, nach dem Stande vom 1. Juli 1880. M. 1 : 1 250 000. Berlin, Puttkammer & Mühlbrecht, 1880. 4 Bll. Chromolith. . . . . (Br. Mus.; RPA.)

Karte d. deut. Zollgebietes, enth. die Grenzen d. Bezirke etc. Hrsg. v. Kaiserl. Statist. Amt. 4 Blatt. Berlin 881.

Karte des Deutschen Zollgebiets, enth. die Grenzen der Bezirke d. Zoll- u. Steuer-Direktionen u. Hauptämter sowie d. Sitze mit Erhebg. v. Zöllen u. gemeinschaftl. Verbrauchssteuern betrauten Zoll- u. Steuerstellen nach d. Stande v. 1. Mai 1894. Maassst. 1:250 000. Bearb. im Kais. Statist. Amt. [Nebst Netzkarte.] Berlin: Berl. lith. Inst. [1894?]. 1 Ktnbl. quer gr. 2. 1 Ktnbl. quer-2.
Karte. (1 Ktnbl. in 4 Bl. zu je [?]) [Netzkarte.] (1 Ktnbl. ?)

Karte der schweizer. Zollstätten 1888. Herausgeg. vom schweizer. Zolldepartement. Bern, Schmid, Francke & Cie. 1888. — 80

Karte vom Deutschen Zoll-Verein. Berlin, Schropp u. Co., 1834. Kpfrst. u. kolor. gr. Imp.-Fol. (1 Rtl)

— vom Zollvereins-Gebiete des Herzogth. Braunschweig, mit genauer Bezeichnung der Binnenlinie, des Zoll-Gränz-Bezirks u. der Zollstraßen, sowie mit Angabe aller Haupt- u. Neben-Zollämter, der Steuerämter, Steuer-Inspectionen u. Ansageposten. kl. Fol. (Lith. u. color. Nebst 1 Bl. Text.) Braunschweig 842, Wehrt. 1/4 ß

—— zoolog., No. XIV. Synopt. Uebersicht d. Zoophyten od. Polypen. (Zoophytas Polypi.) Nach Cuviers Classification. Mit vielen Abbildn. Lith. gr. Imp.-Fol. Weimar 841, Landes-Industr.-Compt.

—— dies. — No. XV. Synopt. Uebersicht d. Infusorien. (Infusoria.) Nach Ehrenberg. Mit vielen Abbildn. Lith. gr. Imp.-Fol. Weimar 841, Landes-Industr.-Compt.
Vgl. Uebersicht.

Karte vom heutigen Kanton Zürich (aus Beust's histor. Atlas.) 1 Bl. fol. Zürich, C. Schmidt. 1873. 1.
auf Leinwand gezogen 1. 50

Karte der Niederschlesischen Zweigbahn (von Glogau über Sprottau, Sagan und Hansdorf zum Anschluss an die Niederschlesisch-Märkische Eisenbahn). 1 : 25 000. Glogau 1846. 1 Bl. L. Ff.

— der Niederschlesischen Zweigbahn (von Glogau üb. Sprottau, Sagan nach Hansdorf) im Maasstabe von 1/25000. gr. Fol. Glogau 847, Flemming. n. 1 ℳ

Kartell (Das christlich-nationale) der Gastwirtschaftlichen Gehilfen-Vereine in kritischer Beleuchtung. 8⁰. Berlin, Verband deutscher Gastwirtsgehilfen, 1908.

Die Kartelle in der Kohlenindustrie. Bearb. im Reichsamt des Innern. (Denkschrift über das Kartellwesen: Bd 3.) Berlin, 1907. 420 S.

Ueber wirtschaftl. Kartelle i. Deutschl. u i. Auslande. (Schr d.V.f.Sozialpol.60) Leipzig 1894

Ueber wirtschaftliche Kartelle in Deutschland u. im Auslande. 15 Schildergn. Hrsg. v. d. Verein f. Socialpolitik. Leipzig 894.

Kartellgesetzgebung und Kartellentwicklung. Hrsg. vom Zentralverband Deutscher Industrieller. Nebst Rundschreiben No 4 von 1906 an die Mitglieder des Zentralverbandes. Berlin, [1906]. 42 S. mit 1 Anl.

Kartell-Jahrbuch, deutsches, hrsg. v. Ludw. Silberberg. 1. Bd. Jahrg. 1910. 4 Hefte. (100, 86, 91 u. 59 S.) gr. 8. Berlin, Puttkammer & Mühlbrecht. 12. —; geb. 14.—; einz. Hefte 3. 50

Kartell-Rundschau. Zeitschrift f. Kartellwesen u. verwandte Gebiete. Hrsg.: Tschierschky u. J. Borger. Red.: Jos. Borger. 3. u. 4. Jahrg. 1905 u. 1906. à 12 Hefte. (à ca. 70 S.) Lex.-8. Düsseldorf (Karlsruhe, G. Braun'sche Hofbuchdr.) à Jhrg. n. 25. —
Vergl.: Kartell-Rundschau.

Kartell-Rundschau. Zeitschrift f. Kartellwesen u. verwandte Gebiete. Hrsg. u. Red.: S. Tschierschky. 5.—8. Jahrg. 1907—1910. à 12 Hefte. (5.—7. Jahrg. 884, 1084 u. 848 S.) Lex. 8. Düsseldorf (Goethestr. 36), Dr. S. Tschierschky. à Jahrg. 25. —
Erschien bis Juni 1910 noch in Karlsruhe.

Kartell-Turnzeitung. Organ d. Kartellverb. akademischer Turnvereine. Leipzig.
Jg. 2—4. 1885—88, Jg. 6—7. 1889—91.
Forts. s. Akademische Turnzeitung.

Kartell-Turn-Zeitung. Organ d. V.-C. [Kartellverband akadem. Turnvereine auf deutschen Universitäten]. Redact.: Hoffmann. 7. Jahrg. Sommer-Sem. 1890 u. Winter-Sem. 1890/91. 12 Hefte. gr. 8. (à Heft ca. 32 S.) Lpz.-Reudnitz, Max Hoffmann. * 4 60

Kartell-Zeitung akademisch-theologischer Vereine auf deutschen Hochschulen. Schriftleiter: A. Boehm. 1.—5. Jahrg. Novbr. 1890—Oktbr. 1895. à 12 Nrn. (Bog.) gr. 4. Berlin, (F. Rühe). à Jahrg. n. 3. 50

Kartell-Zeitung akadem.-theolog. Vereine auf deutschen Hochschulen. Schriftleiter: A. Boehm. 6.—8. Jahrg. Novbr. 1895—Oktbr. 1898. à 12 Nrn. (à ca. 20 Sp.) gr. 4. Berlin (G. Nauck). à Jahrg. n. 3. 50

— dasselbe d. Eisenacher Kartells ꝛc. 9. Jahrg. Novbr. 1898—Oktbr. 1899. 12 Nrn. (à ca. 20 Sp.) gr. 4. Ebd. n. 3. 50

Kartell-Zeitung des Eisenacher Kartells akademisch-theologischer Vereine. Schriftleiter: Koehler. 10.—12. Jahrg. Novbr. 1899—Oktbr. 1902. à 12 Nrn. gr. 4. (à ca. 25 Sp.) Berlin (G. Nauck). à Jahrg. n. 3.50
Nicht mehr im Buchhandel.

Kartels, J. H., Katechismus der Stallmistwirtschaft mit einem Zusatz über Anwendung der Kunstdünger für bäuerliche Landwirte. Auf Veranlassung des Directors der Localabteilung Merzig, des Geh. Commerz.-R. Boch, verfaßt. 1. und 2. Aufl. 8. (31 S.) Trier 883,84, Lintz'sche Buchh. *

Kartels, J. H., Regeln des bäuerlichen Landwirthschaftsbetriebes. Vorträge. 8. (85 S.) Saarburg 876. Trier, Lintz in Comm. n. 1. —

— die bäuerliche Schweinehaltung als ein Mittel, die Reinerträge der ganzen Wirthschaft zu erhöhen und zu sichern; oder die prat. Lehren von der Zucht, der Fütterung, der Pflege und den Krankheiten des Hausschweines. gr. 8. (V, 55 S. mit eingedr. Holzschn.) Ebendas. 876.

— landwirthschaftliche Vorträge. Feldfutterbau. gr. 8. (V, 50 S.) Ebend. 877. — 60

Kartels, J. H., Dir., Wie ist unserem Bauernstand zu helfen? (Aus: „Trier. Landbote".) Für die bäuerlichen Kreise der rhein. und südwestdeutschen Gebirgsgegenden. gr. 8⁰. Trier, Lintz, 1882. 30 S.

Kartels, Jos., Lorenz Fries, der fränkische Geschichtsschreiber u. seine Chronik vom Hochstift Würzburg. (Quellennachweis bis Mitte des XIII. Jahrh. u. Kritik.) gr. 8. (190 S.) Würzburg 899. (Göbel & Scherer.) n. 2.50

Herdern bei Freiburg i. Br. Nach wissenschaftl. Quellen im Auftr. d. Localvereins Herdern bearb. von Dr. J[osef] Kartels. Freiburg im Br.: F. Wagner 1905. (180 S.) 8° [F.]

Kartels, Josef, aus Homburgen-Trier: Die fränkisch-würzburgische Hochstifts-Chronik des Magisters Lorenz Fries. [T. 1:] (Quellennachweis bis zur Mitte d. XIII. Jahrhunderts). Würzburg 1898: Bonitas-Bauer. (90 [vielm. 190] S.) 8° Würzburg, Phil. Diss. v. 1898

Rats- und Bürgerlisten der Stadt Fulda. Bearb. u. hrsg. von Dr. Joseph Kartels. Fulda 1904: Fuldaer Actiendr. (272 S.) 8°
— Veröffentlichung d. Fuldaer Geschichtsvereins. 4.

Kartels, Jos., s. a. Rats- u. Bürgerlisten der Stadt Fulda.

— die kirchliche Visitation des Chorherrnstiftes Surburg (im J. 1604). (40 S.) gr. 8. Strassburg 903. F. X. Le Roux & Co. n. — 60
Sonderabdruck aus: „Strassburger Diözesanbl."

Die ältesten gedruckten Karten der sächsisch-thüringischen Länder (1550—1593). Hrsg. u. erl. von Viktor Hantzsch. Mit 18 Taf. [in Mappe]. Leipzig: B. G. Teubner 1905. 1 Bd 2°, 1 Bd gr. 2°
— Schriften d. K. Sächs. Kommission f. Geschichte. 12.

E. Halley, W. Whiston, J. C. Wilcke, A. v. Humboldt, C. Hansteen. Die ältesten Karten der Isogonen, Isoklinen, Isodynamen. 1701, 1721, 1768, 1804, 1825, 1826. Sieben Karten in Lichtdruck mit einer Einleitung. (Neudrucke von Schriften und Karten über Meteorologie und Erdmagnetismus. Herausgegeben von Gustav Hellmann. No. 4.) Berlin 1895. 26 S., 5 Tf. 8⁰.

Astronomische Karten. Eckhardt's, CLP, neue Sternkarte. Neu bearb. v. W Soldan. 6. Afl. Mit 3 grossen Karten, in d. Text gedr. Holzschn. u. Titelbild. 8. (16) Giess. 85, Roth. cart. n. 4. —; f. Aufziehen d. Karte n.n. 4. —

— Heidorn, D, Karte d. im mittl. Europa m. blossen Augen sichtbaren Sterne auf d. mittl. Aequ. 1870 berechnet. 2 Bl Lith. Fol. Götting. 88, (Akad. Bh.). n.n. 1 60

— Littrow, Atlas d. gestirnten Himmels. 4. Afl., hrsg. v. E Weiss. 4. (19 lith. Karten.) Mit Text. 8. (91) Berl. 86, Hempel. n. 4. —

— Mayer, J, Sternkarte nebst bewegl. Horizont. Apparat z. Studium d. gestirnten Himmels. Lith. 4. Nebst Text: Astrognosie od. Anl. z. Kenntnis d. Gestirne, nebst e. gemeinfassl. Darstellg d. wichtigsten Vorbegriffe d. Sternkunde. 8. (42 m. 3 L.) Schaffhausen 85, Rothermel & Co. n. 4. —

— Reuter's Wandkarte d. nördl. gestirnten Himmels. 4 Bl. 5 Afl. Chromol. Fol. Gotha 83, J Perthes. n. 5. —; auf Leinw. in Mappe n. 7. 60; m. Stäben n. 9. 60; lackirt n. 11. —

— Schneider, M, Karte d. nördl. Sternhimmels. Unter Kontrole d. L Weinek entworfen. Lith. Fol. Lpzg 82, Dietz & Z. 1. 50; rotierend m. einfacher Transparenz 75. —; m. fünffacher Transparenz 90. —; m. einfacher Transparenz u. Uhrwerk 100. —

— Steinhauser, A, Karten z. mathemat. Geographie. Bl. 2 u. 6. Chromol. Fol. Wien 81, Artaria & Co. à n. 1. 60
2. Erscheingn am Sternhimmel. — 6. Uebersicht d. vorzüglichsten Projectionen.

— Sternkarte, drehbare. Der Sternenhimmel zu jeder Stunde d. Jahres. Ausg. f. Deutschland. 2. Afl. Chromol. 4. (Mit Text auf d. Rückseite u. Drehvorrichtg.) Lpzg 85, Leipziger Lehrmittel-Anst. v. O Schneider. n. 1. 25

— Wetzel, E, Wandkarte f. d. Unterricht in d. mathemat. Geographie. 9 Bl. 4. Afl. Fol. Mit erläut. Text. 8. (32) Berl. 84, D Reimer. n. 10. —

Karten von Attika, hrsg. vom kaiserl. deutschen archäolog. Institute. Bl. I.: Athen und Umgebung, aufgenommen und gezeichnet von J. A. Kaupert 1875. [Mit Nachträgen bis 1877.] 1:12,500. Kpfrst. und color. Berlin 878, D. Reimer. *

Karten von Attika. Auf Veranl. d. Kais. Deutschen Archäol. Inst. ... aufgenommen durch Offiziere u. Beamte d. K. Preuß. Großen Generalstabes. Mit erl. Text hrsg. von E[rnst] Curtius u. J. A. Kaupert. [Karten] H. 1–10 [nebst] erl. Text H. 1–9. *Berlin: D. Reimer 1881–1903.* 5 Bde 4°; 1 Bd gr. 2°
Karten. (In 10 H.) 1881–1903.
Erl. Text.
1. Athen u. Umgebung von E. Curtius. Die Befestigungen d. Hafenstadt von G. v. Alten. Der Peiraieus von A[rthur] Milchhöfer. 1881.
2. Von A. Milchhoefer. 1883. 3–6. Von Arthur Milchhoefer. 1889.
7–8. Von A. Milchhoefer. 1895.
9. ⟨Erg.H.⟩ Von A. Milchhoefer, dazu Gesammtreg. d. Textes von J. Jessen ... 1900.

[**Karten**, Drei, des Kolonial-Wirtschaftlichen Komitees. Berlin 1896—1906. 4°.]
Darin:
1: Übersicht über d. Unternehmungen d. Kolonial-Wirtschaftl. Komitees 1896/1906.
2: Eisenbahn- u. Verkehrskarte von Afrika.
3: Wirtschafts- u. Verkehrskarte von Deutsch-Ostafrika.

Karten zur physikalischen Erdbeschreibung. (6 Bl) In Mappe. Schw. Hall

Karten, Einiger an dem Ufer dess Rheins ligender Festungen, Worbey die Kajserl. Bühler, Hagenauer und Weissenburger Linien, Wie auch die Bataille bey Hünningen und letzte Glorieuse Belagerung Landau anzeigt. Alles mit sonderbarem Fleiss gezeichnet von Johann Conrad Fuchs, Hochfürstl. Oettingschen Landts-Hauptmann. Verlegt von Jeremia Wolff, Kunsthändlern in Augsburg. Ohne M. 2 Bl.

Karten, die, v. Amerika in dem Islario general des Alonso de Sante Cruz, Cosmógrafo mayor des Kaisers Karl V. Mit dem span. Orig.-Texte u. e. krit. Einleitg. hrsg. v. Frz. R. v. Wieser. (Festgabe des k. u. k. Oberstkämmer-Amtes f. den XVI. internat. Amerikanisten-Kongress.) (XX, 59 S. m. 15 Taf.) 40,5×30,5 cm. Innsbruck 908. Wagner. 20. —

Karten kleinerer Gebiete der Schweiz. Herausgegeben vom Eidgenössischen Topographischen Bureau. (Chef: Oberst J. J. Lochmann.) Redigirt von Professor Dr. J. H. Graf.(Aus: „Bibliographie der schweizerischen Landeskunde etc.") 8. Bern 1892.

Karten über Geologie, Topographie und Besitzverhältnisse im rheinisch-westfälischen Industriebezirk. 19 Taf. Berlin, 1904.
Taf. 1. Übersichtsskizze des Ruhrkohlenbeckens und seiner Umgebung (1:1000000).
Taf. 2. Übersichtskarte der Ruhrkohlenablagerung und des Kreidebeckens von Münster (1:500000).
Taf. 3. Geognostische Übersichtskarte des niederrheinisch-westfälischen Steinkohlenbeckens (1:100000).
Taf. 4. Querprofil durch das westfälische Steinkohlenbecken nach der Linie Herten—Weitmar—Haßlinghausen (1:25000).
Taf. 5. Normalprofil der Magerkohlenpartie (1:5000).
Taf. 6. Seiger-Profile der Magerkohlenpartie (1:3000).
Taf. 7. Normalprofil der Fettkohlenpartie (1:5000).
Taf. 8. Seiger-Profile der Fettkohlenpartie (1:3000).
Taf. 9. Normalprofil der Gas- und Gasflammkohlenpartie (1:5000).
Taf. 10. Seiger-Profile der Gas- und Gasflammkohlenpartie (1:8000).
Taf. 11. Grundrißliche Darstellung von Sprüngen.
Taf. 12. Gefaltete Überschiebungen nach Cremer (1:20000).
Taf. 13. Querprofil durch die Hauptquerschläge der Schachtanlage I und VI der Zeche Consolidation (1:5000).
Taf. 14. Tiefenschichtenplan der Oberfläche des Steinkohlengebirges unter den jüngeren Formationen (1:100000).
Taf. 15. Übersichtskarte der Eisenbahnen im Gebiete zwischen Berlin und Paris, Kiel und Straßburg. Frühjahr 1904 (1:2000000).
Taf. 16a. Topographische Übersichtskarte des niederrheinisch-westfälischen Steinkohlenbeckens. — Westliches Blatt (1:100000).
Taf. 16b. Topographische Übersichtskarte des niederrheinisch-westfälischen Steinkohlenbeckens. — Östliches Blatt (1:100000).
Taf. 17. Die Verteilung des Felderbesitzes auf Bergwerks- und Hütten-Gesellschaften in Westfalen und am Niederrhein nach dem Stande Anfang Oktober 1904 (1:160000).
Taf. 18. Der Felderbesitz der wichtigeren Bergwerkseigentümer in Westfalen und am Niederrhein nach dem Stande Anfang Oktober 1904 (1:160000).

Karten, Geologisch-agronomische, (als Lehrfelder für die landwirtschaftlichen Schulen bearb.) M. Bohrkt. u. erl. Text. 1 : 25000.

Bl. Lauenburg i. P. 1908.	Bl. Sprottau 1908.
„ Arendsee 1908/9.	„ Fraustadt i. P. 1908.
„ Soest 1908.	„ Brieg 1909.
„ Gegend zw. Klötkow und Görke südl. v. Treptow a. R. 1908.	„ Verden a. d. Aller 1908.
	„ Herford i. W. 1908.
„ Greifswald 1908.	„ Johannisburg Ostpr. 1908.
„ Berent 1908.	
„ Neustadt a. Rbge. 1908/9.	

Karte. Geologisch-agronomische, (als Lehrfelder f. d. landwirtschaftl. Schulen bearb.) Hrsg. von d. Kgl. Preuss. Geol. Landesanst. M. Bohrkt. 1:25000. Berlin.
Korn (J.), Umgegend von Witkowo. 1908. Erl. 1911.
Schlunck (J.), Umgegend von Heide in Holstein. 1909. Erl. 1911.
Meyer (Erich), Umgegend von Allenstein i. Ostpr. 1908. Erl. 1910.

Karten, Geologisch-bergmännische, mit Profilen von Idria, nebst Bildern von den Quecksilberlagerstätten in Idria. Aufgenommen von den K. K. Bergbeamten, bearb. von W. Göbl und A. Plaminek. Wien, 1893. 42 S. mit 64 Taf.

Geologisch-bergmännische Karten mit Profilen von Raibl, nebst Bildern von den Blei- und Zink-Lagerstätten in Raibl. Lex.-8°. (38 S. nebst 4 Profilen und 71 Karten.) † K 12.—
Wien: Hölder 1903.

Karten, historische, zur geogr. Kenntniß der vornehmsten älteren u. neueren Reiche. Mit 4 color. Karten. gr. Fol. Leipzig, Schreibers Erben. (Ebend. Müller in Com.) 817.

Karten der Wahrsagerin Mlle. Lenormand. 32. (36 ill. Karten und 19 S. Text.) Berlin 847, Literatur- und Kunst-Comptoir. *

E[dmund] Halley, A(lexander) v. Humboldt, E[lias] Loomis, U[rbain] J[ean] le Verrier, É[milien] Renou. **Meteorologische Karten** 1688, 1817, 1846, 1863, 1864. 6 Taf. in Lichtdr. m. e. Einl. (Hrsg.: G[ust.] Hellmann.) *Berlin: A. Asher & C. 1897.* (12 S., 1 Bl., 5 Kt.) 1 Bd 8.(4.)
— **Neudrucke** v. Schriften u. Karten üb. Meteorologie u. Erdmagnetismus. No 8.
[97. 356

Karten und Mittheilungen des mittelrheinischen geologischen Vereins. A. u. d. T.: Geologische Specialkarte des Grossherzogth. Hessen und der angrenzenden Landesgebiete im Maassstabe von 1 : 50000. (1.) Sect.: Friedberg der Karte des grossherzogl. hess. General-Quartiermeister-Stabs geologisch bearb. von R. Ludwig. Lex.-8. (XVI und 76 S. mit einem Höhenverzeichniss, 1 lithogr. Profilkarte in qu. gr. 4. und 1 lithochrom. Karte in Imp.-Fol.) Darmstadt 855, Jonghaus'sche Hofbuchh. *

—— (2.) Sect.: Giessen der Karte des grossherzogl. hess. General-Quartiermeister-Stabs geologisch bearb. von Ernst Dieffenbach. Mit einem Höhenverzeichniss. Lex.-8. (VIII und 112 S. mit 1 lithochrom. Karte in Imp.-Fol.) Darmstadt 856(57,) Jonghaus'sche Hofbuchh. *

Karten und Mittheilungen des mittelrheinischen geologischen Vereins. A. u. d. T.: Geologische Specialkarte des Grossherzogth. Hessen und der angrenzenden Landesgebiete im Maasstabe von 1 : 50000. (3.) Sect.: Büdingen der Karte des grossherzogl. hess. General-Quartiermeister-Stabs (Sect.: Gelnhausen der topograph. Karte des Kurfürstenth. Hessen) geolog. bearb. von R. Ludwig. Mit einem Höhenverzeichniss. Lex.-8. (VIII und 47 S. mit 1 chromolithogr. Karte in Imp.-Fol.) Darmstadt 857, Jonghaus'sche Hofbuchh. *

—— dass. — (4.) Sect.: Offenbach der Karte des grossherzogl. hess. General-Quartiermeister-Stabs (Sect.: Hanau der topograph. Karte des Kurfürstenth. Hessen) geolog. bearb. von G. Theobald und R. Ludwig. Lex.-8. (VII und 59 S. mit lithogr. Profilkarte und Höhenverzeichniss in qu. gr. 4. und 1 chromolithogr. Karte in Imp.-Fol.) Ebendas. 858. *

—— dass. — (5.) Sect.: Schotten der Karte des grossherzogl. hess. General-Quartiermeister-Stabs geolog. bearb. von H. Tasche. Mit einem Höhenverzeichniss. Lex.-8. (VII und 76 S. mit 1 chromolithogr. Karte in Imp.-Fol.) Ebendas. 859. *

—— dass. — (6.) Sect.: Dieburg (Darmstadt) der Karte des grossherzogl. hess. General-Quartiermeister-Stabs geolog. bearb. von F. Becker und R. Ludwig. Mit einem Höhenverzeichniss. Lex.-8. (XVI und 80 S. mit 1 chromolithogr. Karte in Imp.-Fol.) Ebendas. 861. *

Karten und Mittheilungen des mittelrheinischen geologischen Vereins. A. u. d. T.: Geologische Specialkarte des Grossherzogth. Hessen und der angrenzenden Landesgebiete im Maasstabe von 1 : 50,000. (7.) Sect.: Herbstein-Fulda (Sect.: Herbstein der Karte des Grossherzogl. Hess. General-Quartiermeister-Stabs, Sect.: Neuhof der topograph. Karte des Kurfürstenth. Hessen) geologisch bearb. von H. Tasche und W. C. J. Gutberlet. Lex.-8. (VIII und 214 S. mit 1 chromolithogr. Karte in Imp.-Fol. und 3 Stnt. in 4. und qu. gr. Fol. und Höhenverzeichniss.) Darmstadt 863, Jonghaus'sche Hofbuchh. geh. und in Mappe *

—— dass. — (8.) Sect.: Erbach der Karte des Grossherzogl. Hess. General-Quartiermeister-Stabs geologisch bearb. von P. Seibert und R. Ludwig. Lex.-8. (VIII und 52 S. mit 1 chromolithogr. Karte in Imp.-Fol. und einem Höhenverzeichniss.) Ebendas. 863. *

—— dass. — (9.) Sect.: Darmstadt der Karte des Grossherzogl. Hess. General-Quartiermeister-Stabs geologisch bearb. von R. Ludwig. Lex.-8. (VII und 59 S. mit 1 chromolithogr. Karte in Imp.-Fol. und einem Höhenverzeichniss.) Ebendas. 864. *

—— dass. — (10.) Sect.: Alzey der Karte des Grossherzogl. Hess. General-Quartiermeister-Stabs geologisch bearb. von R. Ludwig. Lex.-8. (VI und 66 S. mit 1 chromolithogr. Karte in Imp.-Fol. und 1 chromolithogr. Uebersichtskarte der wetterau-rheinischen Tertiärformation in hoch 4.) Ebendas. 866. *

—— dass. — (11.) Sect.: Mainz der Karte des Grossherzogl. Hess. General-Quartiermeister-Stabs geologisch bearb. von A. Grooss. Lex.-8. (VII und 79 S. mit 1 chromolithogr. Karte in gr. Fol.) Ebendas. 867. *

Karten und Mittheilungen des mittelrheinischen geologischen Vereins. A. u. d. T.: Geologische Specialkarte des Grossherzogth. Hessen und der angrenzenden Landesgebiete im Maassstabe von 1 : 50,000. 12.—17. Sect. Lex.-8. Darmstadt, Jonghaus'sche Hofbuchh.
geh. und in Mappe à Sect. *

Inhalt:

Sect. 12. Lauterbach der Karte des grossh. hess. General-Quartiermeister-Stabs [Sect. Salzschlirf der topograph. Karte des Kurfürstenth. Hessen] geologisch aufgenommen von weil. Salinen-Insp. H. Tasche und weil. Realschul-Insp. W. C. J. Gutberlet. Nach deren Tode durchgesehen von Rud. Ludwig. Mit einem Höhenverzeichniss. (X, 82 S. mit 1 chromolithogr. Karte in gr. Fol.) 869.

» 13. Alsfeld der Karte des grossh. hess. General-Quartiermeister-Stabs, geologisch bearb. von Rud. Ludwig. Mit einem Höhenverzeichniss. (VII, 35 S. mit 1 chromolithogr. Karte in gr. Fol.) 869.

» 14. Allendorf der Karte des grossh. hess. General-Quartiermeister-Stabs [Sect. Treis der topograph. Karte des Kurfürstenth. Hessen] geologisch bearb. von weil. Prof. Dr. Ernst Dieffenbach und Rud. Ludwig. Mit einem Höhenverzeichniss. (VII, 42 S. mit 1 chromolithogr. Karte in gr. Fol.) 870.

» 15. Gladenbach, der Karte des grossh. hess. General-Quartiermeister-Stabs geologisch bearb. von Rud. Ludwig. Mit 7 (lithogr.) Taf. Gebirgsprofilen und einem Höhenverzeichniss. (VIII, 131 S. mit 1 chromolithogr. Karte in gr. Fol.) 870.

» 16. Biedenkopf der Karte des grossh. hess. General-Quartiermeister-Stabs geologisch bearb. von Rud. Ludwig. (VIII, 43 S. mit 3 Stnt. und 1 chromolithogr. Karte in gr. Fol.) 871.

» 17. Worms der Karte des grossh. hess. General-Quartiermeister-Stabs mit Benutzung der Vorarbeiten von P. Seibert geologisch bearb. von Rud. Ludwig. Mit 3 (lithogr.) Profilen und einer Höhenkarte. (VII, 41 S. mit 1 chromolithogr. Karte in gr. Fol.) 872.

Eisenbahnen, neueste Karten der, Oesterreichs, mit genauer Unterscheidung und Benennung der Gesellschaften, welchen sie angehören, nebst Angabe der Hauptstationen, im Anschlusse an die Eisenbahnen des Auslandes. Letzte verbesserte und mit den neuesten Projecten vermehrte Ausgabe vom Jahre 1862. Wien, Artaria & Comp.
1 gr. Blatt color. 75 kr.

Karten u. Pläne z. allgem. Erdkunde, v. Carl Ritter u. F. A. O'Etzel, s. Ritter, Carl.

Karton und Pläne zu der Geschichte des Feldzuges vom J. 1799 in Deutschland und in der Schweitz. (Wien 1819.) Fol. . . . . (Br. Mus.)

(Karten und Pläne zur Geschichte der Kriege Friedrichs II. 1741—1763.) (17 Tafeln mit Beschreibungen in französischer Sprache. In einem Karton.) (Donation Liechtenstein.)
Fol. (Paris, zirka 1793.)

Ueber Karten und Pläne, und deren Werth für die k. k. Truppen-Offiziere, nebst kurzer Anleitung für den Unterricht der Unteroffiziere im Karten- und Plan-Lesen. gr. 8. (60 S.) Wien, Seidel & Sohn. 50 kr. 1870.

Karten und Schlachtpläne zur Erläuter. der Geschichte des Polnischen Krieges, besonders in Bezug auf Spaziers Geschichte des Polnischen Aufstandes. qu. gr. 4. (10 lithogr. Bl., zum Theil in gr. Fol. u. 1 B. Erklär.) Altenburg 834, Literatur-Comptoir. n. $1^2/_3$ ℔

Karten u. Schlachtplane z. Erläuterung d. Geschichte d. Poln. Krieges, besond. in Bezug auf Spaziers „Geschichte d. Poln. Aufstandes.“ qu. gr. 4. (10 lith. Bl., z. Thl. gr. Fol. u. 1 B. Erklär.) Altenburg 834, [Pierer.]

Karten, stumme, f. Geographie. 29 Blatt. Wien (910). G. Freytag & Berndt. 2. 70
1. Planigloben. 21,5×72 cm. — 10. — 2. Europa. 30×41,5 cm. — 10. — 3. Asien. 32,5×41,5 cm. — 10. — 4. Afrika. 31×40 cm. — 10. — 5. Nordamerika. 30×39,5 cm. — 10. — 6. Südamerika. 29,5×38,5 cm. — 10. — 7. Australien u. Polynesien. 30×41,5 cm. — 10. — 8. Österreich-Ungarn. 30×42 cm. — 10. — 9. Nieder-Österreich. 30×41 cm. — 10. — 10. Ober-Österreich u. Salzburg. 30×42 cm. — 10. — 11. Steiermark u. Kärnten. 30×41,5 cm. — 10. — 12. Tirol u. Vorarlberg. 30×41 cm. — 10. — 13. Krain u. Küstenland. 29,5×21 cm. — 06. — 14. Dalmatien. 21×29,5 cm. — 06. — 15. Böhmen. 30×41 cm. — 10. — 16. Mähren u. Schlesien. 30×41,5 cm. — 10. — 17. Ungarn, Galizien u. Bukowina. 30×40,5 cm. — 10. — 18. Österreichische Alpenländer. 32×42 cm. — 10. — 19. Die Alpen. 30×48 cm. — 10. — 20. Deutsches Reich. 30,5×39 cm. — 10. — 21. Schweiz. 21×31,5 cm. — 06. — 22. Niederlande u. Belgien. 31×21,5 cm. — 06. — 23. Frankreich. 31×40 cm. — 10. — 24. Italien. 42×31,5 cm. — 10. — 25. Spanien u. Portugal. 30×41 cm. — 10. — 26. Grossbritannien u. Irland. 40×30 cm. — 10. — 27. Schweden u. Norwegen. 31×21 cm. — 06. — 28. Russland u. Skandinavien. 40×31,5 cm. — 10. — 29. Balkanhalbinsel. 40,5×31 cm. — 10.

— — stumme, f. Geschichte. 10 Bl. Ebd. (909). — 96
1. Europa am Ende der Völkerwanderung (auch f. die „Entwicklung des römischen Reiches“ verwendbar). 30×41,5 cm. — 10
2. Die alte Welt. 30×41,5 cm. — 10
3. Mittel- u. West-Europa zur Zeit der Staufer. 30×40 cm. — 10
4. Alt-Griechenland. 30,5×41,5 cm. — 10
5. Griechenland u. Kleinasien. 30,5×42,5 cm. — 10
6. Alt-Italien. 42×32 cm. — 10
7. Palästina. 29,5×22 cm. — 06
8. Das Zeitalter der Entdeckungen. 29,5×44,5 cm. — 10
9. Deutschland zur Zeit der Reformation. 30,5×39 cm. — 10
10. Die Entwicklung der öst.-ungar. Monarchie (auch als Karte v. „Mittel-Europa“ verwendbar.) 31,5×44,5 cm. — 10

Karten, die Theilung von Polen in den Jahren 1772, 1793, 1795 und 1815 betreffend. 4 Bl. c. L. v.

Karten und Vignetten, hrsg. von Martin Gerlach. Entwürfe und Compositions-Motive für Weinkarten, Menus, Hochzeitsblätter, Glückwunschkarten, Programme und Einladungen zu Musik-, Gesangs- oder Ballfesten, zur Jagd etc.; Festkarten für den Eis-, Wettrenn-, Velociped-, Turn-, Kegel- und sonst. Sport, nebst einem Cyklus humorist. Vignetten. 50 Taf. in farb. Druck. gr. Fol. Wien 886, Gerlach und Schenk. In Mappe * 32 —

Charten der Welt- und Kirchengeſchichte. 3 Blätter (in Imp.-Fol.) 1. Charte der Weltgeſchichte vor Chriſtus. 2. Charte der Weltgeſchichte nach Chriſtus. 3. Charte der Kirchengeſchichte. Calw 851. Stuttgart, (J. F. Steinkopf.) *

Karten, S., de historiae romanae antiquissimae indole et auctoritate, deque primis Romae regibus. 8maj. (III und 68 S.) Trajecti ad Rh. 849, Kemink et filius. *

—— Introductio in historiam universalem, praecipue antiquarum gentium scholis academicis accommodata. 8maj. (VII und 51 S.) Trajecti ad Rh. 849, Kemink et filius. *

Kartenalmanach

— 2 Jahrgg. Wien, Geiſtinger. 2 rß 16 K

— beſtehend in 52 Bl., gezeichn. von Lober, geſt. v. Pfeifer. Wien, Müller. geb. 4 rß

Kartenalmanach a. d. Jahr ....
1805. M. 52 Kpf.
1806. M. 52 Kpf.
1807. M. 52 Kpf.
1808. M. 52 Kpf.
1809. M. 52 Kpf.
1810. M. 52 Kpf.
1811. M. 52 Kpf.
Tübingen. Goed. VIII, 62, 77.

Karten-Almanach, mit Kpf. 1r—6r Jahrg., (von d. Gräfin v. Jenniſon-Wallvort). 12. Tübing. 805—10. v. Cotta. (à 3 rß) 18 rß

KARTEN-ALMANACH (4. Jahrgang.) auf das Jahr 1808. 14 Seiten Einleitung u. 52 Blatt auf Stein gezeichnet u. koloriert. (Coeur. Pique. Treff. Caro.) Tübingen in der J. G. Cotta'schen Buchhandlung 1808. 12°. (12 Mk. 50 Pfg. B. Seligsberg, 1911; 28 Mk. A. Bielefeld, 1911.)

Kartenalmanach. Tübingen 1805—10. H (Jg. 10): *Reinbeck, Georg.* (GGr VIII, 62–63)

KARTEN-ALMANACH für 1810. Tübingen, Cotta. 16°. In 1 Karton. Selten! (15 Mk. Völcker, Frkft. a. M., 1909.)
Enthält 52 Blatt. Kupferstiche mit geistreichen, grösstenteils humoristischen Darstellungen, wobei die verschiedenen Figuren eines Kartenspiels geschickt in die Darstellung verflochten sind, nebst erläuterndem satirischen Text und Dichtungen von G. Reinbeck. Die Kupfer sind von Osiander gezeichnet, von Bisell gestochen.

Kartenalmanach f. die gegenwärt. Zeit, gezeichnet und geſtochen von C. F. Oſiander, mit e. kurzen Erklärung, in Futteral. Tübing. Oſiander. 816.

Kartenblatt, das; aus d. Engl. 2 Thle. 8. Leipz. 755. Gleditſch.

Kartenblätter, f. denkende Spieler, (v. K. G. Kapf), ſ. Aphorismen f. Denker.

Kartenblätter. Ein Neujahrsgeschenk für denkende Spieler. Breslau 1797. V: *Kapf, Carl Gottlieb Heinrich.* (MGT) (GGr)

Kartenblätter, Neue, denkenden Spielern geweiht . . . Breslau 1800. V: *Kapf, Carl Gottlieb Heinrich.* (GGr) (MGT) (Ky)

— neue, denkenden Spielern geweiht, (v. K. Gtl. Kapf). 8. Bresl. 800. W. G. Korn. 12 K

Karten-Freund, der, od. Anzeige u. Beurtheilung neu erſchien. Land- u. See-Karten u. Grundriſſe. In zwangl. Lfgn. hrsg. v. C. W. v. Oesfeld. 1. u. 2. Hft. à 12 Nrn. (à ½ B.) gr. 8. Berlin 840, 42, Heymann. à *

Der Karten-Freund oder Anzeige und Beurtheilung neu erschienener Land- und See-Karten und Grundrisse. Hrgg. v. C. W. von Oesfeld. Heft 1–2. Berlin. 1841–44. 8°

Kartenhäuſer. Roman. Aus dem Engl. überſ. v. Julie Dungern. gr. 8. (200 S.) Ludwigshafen 875. Lauterborn. n. 2. —

Kartenideal zur elementaren Darstellung der topischen Verhältnisse von Wasser und Land usw. 8 Karten. 4°

Karten Collection. 1—5. Zürich, Hofer & Burger. 1892. à — 30
Inhalt: 1. Eisenbahnen u. Alpenpässe der Schweiz, 1 : 1,300,000. — 2. Grössere Excursionen um Zürich, 1 : 250,000. — 3—5. Reliefkarte vom Uetliberg bis Felsenegg.

Kartenkünste. 8. Wien 782. Gerold. 5 *K*

Karten-Künste, 15 neue, aus freier Hand, welche keine Vorbereitungen erfordern. Dann 26 neue Karten-Künste, welche Vorbereitn. erford., nebst Anleit. zu künstl. Mischung u. einfache u. dopp. Volte zu schlagen. Dann Anleit. u. Tabn. zu unverlierbaren Piket- u. Whistspielen. 8. (3¼ B.) Neuburg 823. (Augsburg, Bäumer.)

Karten- und Rechenkünste. Hamb. Vollmer.

Kartenkünstler, der heitere, s. Miniatur-Bibliothek des Nützlichen und Angenehmen.

Kartenkünstler, der unerschöpfl. u. vollständ., e. deutl. Anleit. zu 200 höchst überrasch. größtenth. ganz neuen u. leicht ausführb. Kartenkünsten. Von e. Jünger d. großen Döbler. 12. (7½ B.) Nordhausen 840, Fürst.

Kartenkünstler, d. wohlbewanderte, od. Anleit. zu allen Arten v. Kunststücken mit Spielkarten rc. 12. Ilmenau 822, Voigt.

Kartenkünstler, d. wohlbewanderte, oder Anleit. zu allen Arten von Kunststücken mit Spielkarten rc. 12. Ilmenau 823. Voigt. 8 *K*

Kartenkünstler, d. wohlbewanderte, od. Anleit. 80 ganz neue sehr überrasch. u. in Erstaunen setzende Kartenkunststücke leicht u. schnell auszuführen. Nebst 8 Tab. zu unverlierbaren Piket- u. Whist-Spielen. 2., sehr verb. Aufl. 12. (6 B.) Ilmenau 834, [Weimar,] Voigt.

—— der wohlbewanderte, od. Anleit. 80 ganz neue sehr überrasch. u. in Erstaunen setzende Kartenkunststücke leicht u. schnell auszuführen. Nebst 8 Tab. zu unverlierbaren Piket- u. Whist-Spielen. 3., sehr verb. Aufl. 12. (6 B.) Weimar 838, Voigt.

Kartenkünstler, der wohlbewanderte, od. Anleitung zu circa 100 ganz neuen Kartenkunststücken. 4., verb. u. verm. Aufl. v. J. B. Montag. 12. (6½ B.) Weimar 844, Voigt.

—— der wohlbewanderte, oder Anleitung zu mehr als 100 neuen, überraschenden und in Erstaunen setzenden Kartenkunststücken. Nebst einer Tab. zu einem unverlierbaren Piquetspiele. 5., verb. und vielfach verm. Aufl. Von Louis v. Alvensleben. 16. (XV und 113 S.) Weimar 861, Voigt.

Kartenkunststücke. Eine Sammlg. leicht auszuführend. wirkungsvoller Kartenkunststücke. (31 S.) 8. Leipzig (909). S. Schnurpfeil. — 25

— leichte u. interessante. gr. 8. (15 S.) München 894. Wenger's Verl. n. — 10

Kartenkunststücke, neue amüsante, zur Unterhaltung in geselligen Kreisen. 16. (48 S.) Styrum 891. A. Spaarmann. — 20

Die schönsten Karten-Kunststücke zur Unterhaltung in Gesellschaftskreisen. Mülheim a. d. Ruhr: J. Bagel [1902]. (48 S.) 8° [F.]

Kartenkunststücke, die vorzügl. u. interessantesten, nebst den auserlesenen Rechenkünsten. 3te Aufl. 8. Hamburg, Herold. 818.

Kartenkunststücke, die wirkungsvollsten und überraschendsten, von Prof. Belachini. 12. (48 S.) Oberhausen (Styrum) 887, Spaarmann.

Kartenlegen, das, s.: Miniatur-Bibliothek.

Kartenlegerin, die, s. Zigeunerkünste.

Kartenlegerin, die, od. die Kunst, sowohl aus den Karten, als auch aus der Kaffeeschaale u. durch Bleigießen wahrzusagen. 3. u. 4., verb. Aufl. 12. (à 1 B. u. 1 Kpfrt.) Hamburg 843, 46, Böbecker. Thlr. à

Kartenlegerin, die, od. d. eingetroff. Prophezeihgn. 100 Hfte. gr. 8. (2396 S. m. 100 Vollbild.) Berlin 898. Berliner Roman-Verlag. à Hft. — 10
Erschien auch in 20 Bdn. à — 60.

(B) Kartenlegerin, die. 898. Jetzt: Weißensee, E. Bartels.

Kartenlegerin, die gewandte, s. Miniatur-Bibliothek des Nützlichen und Angenehmen.

Kartenlegerin, die kleine, oder Kunst, aus Karten wahrzusagen. Ein Unterhaltungsspiel für frohe Gesellschaften. 4te Aufl. 12. Magdeburg, Creutz. 821.

Kartenlegerin, d. kleine, od. d. Kunst, aus Karten wahrzusagen. 3te Aufl. Mit 1 illum. Steindr. 16. Magdeb. 824, Creutz.

Kartenlegerin, die kleine, od. d. Kunst, aus Karten wahrzusagen. 6. Aufl. 16. (1 B. u. 1 ill. Kpfr.) Magdeburg 828, Creutz.

Kartennetz vom deutschen Reich im M. von 1 : 3000000 bearb. vom Kaiserl. Statist. Amt. Berlin, Puttkammer u. Mühlbrecht, 1879. gr. qu.-Fol.

Kartennetze [Sachliches Ordnungswort]

— 12 lithogr. Blätter: Europa. — Deutschland. — Die Staaten Mittel-Deutschlands. — N. Oestl. Deutschland. — Rheinlande, Westphalen, Hessen, Darmst. — Bayern, Würtemberg, Baden. — Oesterreichischer Staat. — Pyrenäische Halbinsel. — Frankreich. — Italien. — Welttheile. — Großbritannien. Fol. 838, 39. (Coblenz, Hölscher.) à 1 *gl*

Kartennetze, diverse neue. (Repetitionskarten.) Zürich, H. Keller. 1874. à —. 20

— geographische, mit einzelnen Angaben von Vorgebirgen, Flußmündungen rc. als Constructions-Punkte, zum Behuf d. Selbstzeichnens der Land-Karten. Bl. 1—13. Lithogr. Fol. 839. (Wesel, Becker.) à 1½ *gl*

— geograph., zum Behuf des Selbst-Zeichnens der Landkarten. Fortsetzung. gr. Fol. (4 Steintaf. u. 1 B. Text.) Weimar 840. Geograph. Institut. ¼ *ß* (1. 2: ½ *ß*)

— geograph., zu Stielers Schul-Atlas. 1s—4s Hft. (25 lithogr. Blätter.) qu. ½ Fol. Wolfenbüttel 840. Holle. à ⅙ *ß*

Kartennetze, 25 geographische, zu Stielers u. andern Schulatlanten. Zur Erleichterung des Landkartenzeichnens entworfen. 3. Aufl. Roy.-4. (25 Blätter.) Wolfenbüttel 846, Holle'sche Buchh. n. ⅓ *ß* — Einzelne Blätter ¾ *ngl*

Kartennetze, 26 geographische, zur Erleichterung des Landkartenzeichnens. 4. Aufl. qu. Fol. (26 lith. Bl.) Wolfenbüttel 851, Holle. n. ⅓ *ß*

Karten-Netze zu dem Schul- u. Hand-Atlas von J. Arnz. (24 lithogr. Bl.) qu. 1/2 Fol. Düsseldorf 839. Arnz u. Comp. 1 ℛ

— zum Zeichnen v. Landkarten nach d. Zeichnungen des kl. Handatlasses in 61 Karten. Mit e. Anleit. zum Gebrauche. 1 Lfrg. 3 Bl. Weimar 837. Geograph. Institut. 1/4 ℛ

Kartennetze [Schlagwort]

— s. a.: Atlanten, Gotthold; Vogel.

Kartennetze. Netze zum Eintragen d. Sumner-Linien. Von 15°—60° nördl. u. südl. Breite. Hrsg. v. d. hydrograph. Amte d. Reichsmarine-Amts. 9 Blatt à 49 × 36 cm. Steindr. Berlin 890. (D. Reimer.) n. 4. 50; einzelne Blatt von je 5—5° n.n. — 50

Kartenorakel, das, ein unterhalt. Spiel. Fol. Leipzig, Joachim. 802.

— — dasselbe. Fol. Wien, Pichler. 801.

Karten-Orakel, das, für unverheirathete u. verheirathete Damen u. Herren. (Ein Gesellschaftsspiel.) Fol. (Prag, Leitmeritz u. Teplitz 839, Medau.) In Etui 1/8 ℛ

Karten-Orakel und Punktirbuch, neues, für gesellige Kreise junger Leute, von zwei jungen Mädchen. 12. (35 S.) Gotha 847, Müller.

Kartenprophet, der, od. d. Kunst, aus d. Karten wahrzusagen. 2te Aufl. Mit 1 Steindr. 8. Ilmenau 827, Voigt.

Kartenprophet, der, od. d. Kunst, aus d. Karten wahrzusagen. Nebst 1 Stndr. 4. u. 5., unveränd. Aufl. (à 1 B.) 8. Ilmenau 828, 35, [Weimar,] Voigt. à

— der, oder die Kunst aus den Karten wahrzusagen. Nebst 1 Steindr. 5e unveränd. Aufl. 16. Weimar 835. Voigt. 1/6 ℛ — 6e Aufl. 8. Ebd. 836. 1/6 ℛ

Kartenprophet, der, od. die Kunst aus den Karten wahrzusagen. 7. Aufl. 16. (1 B. u. 1 Stnt.) Weimar 844, Voigt.

Kartenprophet, der, oder die Kunst aus den Karten wahrzusagen. Zur Unterhaltung in müssigen Stunden. 8., unveränd. Aufl. gr. 16. (15 S. und 1 Stnt.) Weimar 851, Voigt.

Kartenprophet, der, oder die Kunst aus den Karten wahrzusagen. Zur Unterhaltung in müssigen Stunden. Nebst 1 Steindrucke (in 4.). 10. unveränd. Aufl. Weimar 853. Voigt. 16. (14 S.) 5 ngr.

Kartenprophet, neuester. Sibyllinische Blätter oder Anweisung, aus der deutschen Spielkarte in kurzer Zeit und ohne fremde Hülfe wahrsagen zu lernen. Ein Beitrag zur Unterhaltung in geselligen Kreisen und einsamen Stunden wie auch ein Rathgeber für Liebende und Verliebte und Neugierige im Allgemeinen. (Neue Titel-Ausg.) 8. (46 S.) Leipzig (864)61. Deckmann.

Kartenprophet, neuester, oder Anweisung aus der deutschen Spielkarte in kurzer Zeit und ohne fremde Hülfe wahrsagen zu lernen. Zur Unterhaltung in geselligen Kreisen und einsamen Stunden, wie auch ein Rathgeber für Liebende und Verliebte etc. 3. (Titel-)Ausg. 8. (46 S.) Berlin (861)68, Mode's Verlag.

Kartenprophet, neuester, oder Anweisung, aus der deutschen Spielkarte in kurzer Zeit und ohne fremde Hilfe wahrsagen zu lernen. Ein Rathgeber für Neugierige, Liebende und Verliebte. Zur Unterhaltung in gesell. Kreisen und einsamen Stunden. 1.–6. Ausg. 8. (48 S.) Berlin 875—79, Mode's Verlag.

Kartenprophet, neuester, oder Anweisung, aus der deutschen Spielkarte in kurzer Zeit und ohne fremde Hilfe wahrsagen zu lernen. Ein Rathgeber für Neugierige, Liebende und Verliebte. Zur Unterhaltung in gesell. Kreisen und einsamen Stunden. 7. und 8. Aufl. 16. (48 S.) Berlin 882,84, Mode's Verlag.

Kartenprophet, neuester, oder Anweisung, aus der deutschen Spielkarte in kurzer Zeit und ohne fremde Hilfe wahrsagen zu lernen. Ein Rathgeber für Neugierige, Liebende und Verliebte. Zur Unterhaltung in gesell. Kreisen und einsamen Stunden. 9.—11. Aufl. 16. (48 S.) Berlin 885—88, Mode's Verlag.

Kartenprophet, neuester, oder Anweisg., aus d. deutschen Spielkarte in kurzer Zeit u. ohne fremde Hilfe wahrsagen zu lernen. E. Rathgeber f. Neugierige, Liebende u. Verliebte. Zur Unterhaltg. in gesell. Kreisen u. einsamen Stunden. 13. Aufl. 16. (48 S.) Berlin 895. S. Mode's Verl. — 60

Kartenprophet, neuester, od. Anweisung, aus der deutschen Spielkarte in kurzer Zeit u. ohne fremde Hilfe wahrsagen zu lernen. Ein Ratgeber f. Neugierige, Liebende u. Verliebte. Zur Unterhaltg. in gesell. Kreisen u. einsamen Stunden. 16. Aufl. (48 S.) kl. 8. Berlin (905). S. Mode. n. — 60

—— der zuverläss., f. Alle, d. ihre Zukunft erfahren wollen. Ein Unterhaltungs-Spiel f. Herren u. Damen. 16. (2¼ B. mit bunter Einfassung u. ill. Abbild. d. Karten.) Berlin 834, Krause.

Karten-Sammlung des Königlich Preussischen Grossen Generalstabes. Berlin: [Generalstab] 1909. XVI, 143 S. 8°

Kartenschlagen, das, od. d. Kartomantie u. d. Astrologie od. Sterndeuterei. 12. (48 S.) Styrum 896. A. Spaarmann. — 30

Kartenschlägerin, Die. Zusammengestellt nach älteren Schriften, besonders aber nach Mlle. Lenormand, Napoleon's Kartenschlägerin. 8. (52 S.) —.36
Karolinenthal-Prag: R. Storch 1891.

Kartenschlägerin, die untrügliche, od. gründl. Anweisung f. Jedermann aus der deutschen Karte die Zukunft vorhersagen zu können. 8. (1¼ B.) Leipzig 844, Thenau. *

Kartenschlägerin, die untrügliche. Gründliche Anweisung für Jedermann aus der Karte die Zukunft zu enthüllen. Min.-Ausg. 32. (45 S.) Leipzig 852, Thenau.

Kartenskizzen [Schlagwort]

Kartenskizzen, s.: Atlanten. Doppler, Ludw. — Hirt, Ferd. — Meinzer, Alb.

Kartenskizzen. Bismarck, Otto, Kartenskizzen f. den Unterricht in der Erdkunde. In drei Kursen. gr. 4. Wittenberg, R. Herrosé. Kart. à n. 1. 40; Schülerheft n. — 15
1. Mitteleuropa. (11 farb. Taf.) 3. Aufl. 901.
2. Europa. (11 farb. Taf.) 2. Aufl. 898.
3. Die fremden Erdteile. (13 farb. Taf.) 2. Aufl. 893.

Kartenskizzen. Bismarck, Otto, Kartenskizzen f. den Unterricht in der Erdkunde. II. u. III. Kurs. Lex.-8. Wittenberg, R. Herrosé. Kart. à n. 1.40
II. Europa. 3. Aufl. (11 farb. Bl.) (905.)
III. Die aussereuropäischen Erdteile. (15 farb. Bl.) 905.

Kartenskizzen. Bismarck, Otto, Kartenskizzen f. den Unterricht in der Erdkunde. Kurs. I Mitteleuropa. 4. Aufl. (11 farb. Bl.) Lex. 8. Wittenberg 909. R. Herrosé. Kart. 1.40

— Debes, E., Zeichen-Atlas. Ausg. B f. das Kartenzeichnen im geograph. Unterricht der Mittelstufen höh. Lehranstalten. In Verbindg. m. A. Kirchhoff u. R. Lehmann. 1. u. 2. Abtlg. gr. 8. Leipzig 910. H. Wagner & E. Debes. — 80; Gradnetzblätter à 0,05; (Norddeutschland 0.10)
1. Erdteile. 18. Aufl. (6 farb. S.) — 30; Gradnetzblätter à — 05
2. Länder Europas. (22. Aufl.) (12 farb. S.) — 50; Gradnetzblätter à — 05 (Norddeutschland — 10)

— Hobbing & Büchle's Karten-Vordrucke zur Herstellg. einfacher Ortsumgebungs-Karten im Masstabe v. 1 : 10,000 u. grösser. Ein Hilfsmittel f. Lehrer beim Schulunterricht in der engeren Heimatskunde u. zur Selbstbeschäftigg. 50×50 cm. Anlagebog. aus Kartenleinen an 2 Stäben nebst Textheft. Geleitswort zu den Kartenvordrucken. — Grundzüge der Kartenkunde, nebst e. Taf. der gebräuchl. kartograph. Zeichen (Signaturen), v. Geo. Sieler. gr. 8. (7 S. m. Fig.) Stuttgart 899. Hobbing & Büchle. n. 4.—; 9 einfarb. Geländebog. à n. — 15; 5 zweifarb. Geländebog. (m. Bergzeichen) à n. — 20; 2 einfarb. Zeichenbog. (f. Orte u. Gewässer) à n. — 10

— Kartenskizzen zum Unterrichte in der Heimatkunde u. Geographie. Hrsg. vom Bez.-Lehrerverein München. 4 Hfte. 4. München (901). (M. Kellerer.) n.n. 2.—
1. (4. Klasse.) (12 Bl.) n.n. — 60. — 2. (5. Klasse.) (12 Bl.) n.n. — 60. — 3. (6. Klasse.) (8 Bl.) n.n. — 40. — 4. (7. Klasse.) (8 Bl.) n.n. — 40.

Kartenskizzen. Kintz, Hans, die Kronländer der österreichisch-ungarischen Monarchie. 18 Kartenskizzen in Farben. Mit Text. 21.—40. Taus. (40 S.) Lex. 8. Wien (907). Triest, M. Quidde. 1.—

— Letoschek, Emil, Sammlung v. Skizzen u. Karten zur Wiederholung beim Studium der mathemat., physikal. u. polit. Geographie. Mit begleit. Text. (18 Taf. m. Text auf der Rückseite u. IV, 13 S. Text.) Lex.-8. Wien (906). G. Freytag & Berndt. n. 2.50

— Mausser, Jos., Kartenskizzen aller Erdteile u. Länder. Mit besond. Rücksicht auf den „Leitfaden f. den Unterricht in der Geographie f. österr. Bürgerschulen" v. G. Rusch bearb. 3. Aufl. (24 S.) 8. Wien 904. A. Pichler's Wwe. & Sohn. n. — 40

— Mausser, Jos., Kartenskizzen aller Erdteile u. Länder. Mit besond. Rücksicht auf den „Leitfaden f. den Unterricht in der Geographie f. österr. Bürgerschulen" v. G. Rusch bearb. 4. Aufl. 24 Skizzen. (24 S.) 8. Wien 910. A. Pichler's Wwe. & Sohn. — 40

— Netzkarte v. Deutschland. 1 : 1,800,000. 57×67,5 cm. Berlin (906). D. Reimer. n. — 50

— Perthes', Just., Umrisskarten f. handschriftliche Einzeichng. Afrika. Grosse Ausg. in 6 Bl. 1 : 6,000,000. Je 61×81 cm. Gotha (910). J. Perthes. 4.—; kleine Ausg. in 1 Bl. 1 : 12,000,000. 92×81 cm. 1.60

— — dasselbe. Asien. Kleine Ausg. in 1 Bl. 1:13,000,000. 76,5×89 cm. Ebd. (910). 1.60

— — dasselbe. Umrisskarte der Erde. (Mercator.) Kleine Ausg. in 1 Bl. 1 : 40,000,000. 76×105 cm. Ebd. (910). 1.60

— Rothaug, J. G., Karten-Skizzen. Ein geograph. Zeichenatlas f. Volks- u. Bürgerschulen. 2. gänzlich umgearb. Aufl. 3 Hfte. qu. hoch 4. Wien (902). G. Freytag & Berndt. à n.n. — 35
I. Zunächst f. die 1. Classe der Bürgerschulen. (8 Blatt u. 1 ausgeführte Skizze.) — II. Zunächst f. die 2. Classe der Bürgerschulen. (10 Blatt u. 1 ausgeführte Skizze.) — III. Zunächst f. die 3. Classe der Bürgerschulen. (10 Blatt u. 1 ausgeführte Skizze.)

— Rothaug, Joh. Geo., stummer Studien-Atlas f. das Kartenzeichnen. Auf Grundlage der in den J. G. Rothaug'schen Schulatlanten enth. Kartenblätter hrsg. Ausg. A. Flussnetzkarten. (38 Bl.) 35×24,5 cm. Wien (907). G. Freytag & Berndt. Geb. 1.30

— — dasselbe. Ausg. B. Geländekarten. (36 Bl.) 35×24,5 cm. Ebd. (907). Geb. 1.30

— — dasselbe. Ausg. C. Fluss- u. Geländekarten. (38 Bl.) 35×24,5 cm. Ebd. (907). Geb. 1.30

— — geograph. Zeichen-Atlas. Skizzen z. Kartenzeichnen f. Schüler mittlerer Lehranstalten. qu. hoch 4. (29 Blatt.) Ebd. (892). Kart. n.n. 1.10

— Scheffer's halbfertige Heimatkarten. Entworfen u. gezeichnet v. Herm. Nicolai. Leipzig. Gr. Lichterfelde, K. G. Th. Scheffer.
Dresden, Amthauptmannsch., Stadt — Altstadt — Neustadt. 54,5×41,5 cm. (910.) nn — 20
Elsterwerda m. Kotzschka, Kranschütz u. Biehla. 54,5×41 cm. (910.) nn — 20
Erfurt, Kreis. 38×27,5 cm. (910.) — 10
Gebesee, Stadt. 42×56 cm. (910.) — 30
Gräfenroda. 41×53,5 cm. (910.) — 30
Langensalza. 27,5×39,5 cm. (910.) — 10
Leipzig, Amtshauptmannsch. 54×41,5 cm. (910.) nn — 20
Passendorf. 41,5×54,5 cm. (910.) — 30
Schleusingen-Suhl. 27,5×39,5 cm. (910.) — 10

— Spitz, Engelb., Sammlung methodisch geordneter Kartenskizzen aus dem Gebiete des Deutschen Reiches, zum Selbstunterricht u. Schulgebrauch bearb. 2. Aufl. 12. (III, 28 S.) Baden-Baden (897). Selbstverlag. n.n. — 55

— — dasselbe aus dem Gebiete v. Europa, z. Selbstunterricht u. Schulgebrauch bearb. 2. Aufl. 12. (III, 20 S.) Ebd. (897). n.n. — 45

— — dasselbe aus d. Gebiete d. aussereuropäischen Erdteile, zum Selbstunterricht u. Schulgebrauch bearb. 2. Aufl. 12. (IV, 47 S.) Ebd. (897). n.n — 75

— Sydow, v., u. Herm. Haack, 4 Übungsatlanten. 30×27,5 cm. Gotha, J. Perthes. 5.—
I. Gradnetz-Atlas. 30 Gradnetze, als Grundlage f. das häusl. Kartenzeichnen hrsg. v. H. (30 Bl.) (909.) 1.—; einz. Bl. — 05; 10 Stück v. 1 Karte — 25
II. Hydrographischer Atlas. 30 Flussnetze, als Grundlage f. Übungs- u. Ergänzungszeichngn. hrsg. v. H. (30 Bl.) 909. 1.—; einz. Bl. — 05; 10 Stück v. 1 Karte — 52
III. Orographisch. Atlas. 30 Geländekarten, als Grundlage f. Übungs- u. Ergänzungszeichngn. hrsg. v. H. (30 Bl.) 909. 1.50; einz. Bl. — 10; 10 Stück v. 1 Karte — 50
IV. Oro-hydrographischer Atlas. 30 stumme Karten zum Einschreiben der Namen f. Studium u. Wiederholg., hrsg. v. H. (30 Bl.) (909.) 1.50; einz. Bl. — 10; 10 Stück v. 1 Karte — 50

— Zeichenkarte, stumme. Nr. 1 u. 2. Gebweiler, J. Boltze. — 15
1. Bez. Lothringen. 17×21 cm. (910.) — 05
2. Reichsland, das, Elsass-Lothringen. 35×23 cm. (910.) — 10

Das älteste gestochene deutsche **Kartenspiel** vom Meister der Spielkarten ⟨vor 1446⟩. Hrsg. von Max Geisberg. Mit 68 Abb. Straßburg: J. H. E. Heitz 1905. (56 S.) 8°
= Studien z. deutschen Kunstgeschichte. H. 66. [06. 301

Kartenspiel, das älteste deutsche, vom Meister d. Spielkarten vor 1446 in Kupfer gestochen. 32 Blätter auf Japanpap. in Lichtdr. Menschen, Vögel, Raubtiere, Hirsche. (As, König, Dame, Bub-Ober, Bub-Unter, Siebener, Achter, Neuner.) 8. Strassburg (907). J. H. E. Heitz. In Karton 10. —
Sonderabdruck aus: Geisberg, Max, das älteste gestochene deutsche Kartenspiel v. Meister der Spielkarten ...

— bibl., aus d. alten Testamente. In 32 Bildern, nebst Erklär. Grätz, Miller. In Futteral 6 ℛ

Kartenspiel, geistliches, z. Nutzen u. Vergnügen frommer Seelen, aber auch z. Heile d. Sünder u. z. Troste d. lieben armen Seelen im Fegefeuer. 16. (32 Bl.) Wien 895. Verlagsbuchh. „St. Norbertus". In Futteral n. — 80

Kartenspiel, Geographisches. O. O. 1800. V: *Körner, Joh. Hnr.* (Cat. d. Stadtbibl. Zürich. Zürich 1864—97.)

Kartenspiel, Geographisches, für die Jugend. Wien 1785. V: *Hegrad, Friedrich.* (Ky) (MGT)

— geograph., französ. u. deutsch, (von Fr. Hegrad). 8. Wien 785. Löwe in Presb. 1 ℛ 16 ℛ

— geogr., f. Kinder. 16. Breslau, Gehr.

— geograph., für Kinder. 8. Grotkau 788. Schulanst. 4 ℛ

— histor.-chronolog., zur Erlernung u. Wiederholung d. deutschen Geschichte. Nürnb., Bieling. 1 ℛ

Kartenspiel, Historisch-Geographisches, von Bayern und der Oberpfalz. München 1782. V: *Pall von Pallhausen, Vincenz.* (Ky) V: *Ball, Vincenz.* (MGT) »Spielkarte« (BB)

Kartenspiel, histor.-geograph., von Baiern. 36 Blätter. (Von Vinc. Pall v. Pallhausen.) 12. Münch. 782. Crätz. 3 ℛ

— für Kinder, um ihnen d. ABC leicht beizubringen. Braunschw., Pluchart. 8 ℛ

— komisches, bestehend in 52 Bl. Wien, Müller. 1 ℛ 16 ℛ

Kartenspiel und Lotterie. Bilder aus der Gegenwart. 8. (88 S.) Zwickau 850, Verein zur Verbreitung von Volksschriften. *

— neues, in Fragen u. Antworten, französ., italien. u. deutsch. 8. Augsb. 785. v. Jenisch u. St. 12 ℛ ill. 16 ℛ

— physikal., zur Unterhaltung für Kinder. 16. Quedlinb. 792. Ernst. 6 ℛ

Das **Kartenspiel** der Kgl. Staats- und Altertümer-Sammlung in Stuttgart. Hrsg. von Max Geisberg. Mit 49 Taf. Strassburg: Heitz 1910. 48 S. 8°
(Studien z. Deutschen Kunstgeschichte. H. 132.) [10. 16062

— witziges, best. in 200 Substantivis und 200 Adjectivis. 8. Brem. Cramer. 770.

Karten-Spielbuch, allgemeines. Eine Anleitg. alle bekannten Conversations-Kartenspiele, als Piquet, l'Hombre, Fresset, Alliance ꝛc., auf's Gründlichste zu erlernen. Nebst einigen nothw. Winken z. Erkenntniß betrüg. Kartenmischungen. 2. Aufl. 16. (19 B.) Wien 846, Tendler u. Comp.

Kartenspiele, die deutschen, od. Anleitung die üblichst. gesellschaftl. Spiele mit d. deutschen Karte, als: Solo, Contra, Schaafkopf, Einwerfen, Funfzehnern, Bassadewitz, Pilet, Mariage u. Eilfern bald u. gründlich zu erlernen.
Auch unt. d. Titel:
Taschenbuch f. Kartenspieler auf das J. 1813. 8. Leipz. Weygand.

Kartenspiele, 72 deutsche, französische und englische, als: Skat, L'Hombre, Whist, Préférence ꝛc. nach den allgemeinen Regeln und Gesetzen leicht und richtig spielen zu lernen. Nebst Karten-Kunststücken, Karten-Orakel und Karten-Deutungen. Zusammengestellt von v. Posert. 8. (VIII und 188 S.) Quedlinburg 861, Ernst'sche Buchh.

Kartenspiele, 72 deutsche, französ. u. englische ꝛc., s. Posert.

Kartenspieler, der gewandte. 1. und 2. Lfg. 8. Würzburg, Stahel'sche Universitäts-Buchh.
Inhalt:
Lfg. 1. Der Bierschlauch. Ein unterhaltendes Kartenspiel. Zu Nutz und Frommen burschi. Hocker neu hrsg. von Mangold Jups u. A. (9 S.) 883. 20 Pf.
„ 2. Der Schafskopf. Ein geistreiches Kartenspiel, neu dargelegt von M. J. R. (13 S.) 884. 25 Pf.

Kartenverständniss. Hummel, A., Wandtafel zur Einführung in das Kartenverständnis. Nach H.'s Schulatlas. 4 Blatt à 87,5 × 72,5 cm. Farbdr. Stuttgart 898. Hobbing & Büchle. Auf Leinw.-Pap. n. 8. —; m. Stäben n.n. 10. —

Kartenwegweiser durch Europa, od. Verzeichn. v. d. bessern gestoch. Karten d. einzelnen Länder dieses Welttheils. 1ste — 4te Abtheil. 8. Berlin 825 — 26, Mittler.

Karten-Wegweiser durch Europa, oder Verzeichnis von den besseren gestochenen Karten der einzelnen Länder dieses Welttheils. Zusammengestellt aus der „Zeitschrift für Kunst, Wissenschaft und Geschichte des Krieges". 8. Berlin 1810.

Kartenwerke, Die militärisch wichtigsten, Europas. (Aus: „Neue militärische Blätter" XI. Jahrg. XXI. Bd. 1. Heft.) 8. Berlin 1882.

Kartenzeichnen, das geographische, zum Gebrauche beim Unterricht in der Geographie für Real- und Gymnasial-Anstalten. (Mit kurz gefaßtem Anh., das Zeichnen auf Pergament betr.) gr. 8. (37 S.) Stuttgart 863, [Kröner.]

Kartenzeichnen, das geographische, zum Gebrauche beim Unterricht in der Geographie f. Real- u. Gymnasial-Anstalten. [Mit kurz gefaßtem Anh., das Zeichnen auf Pergament betr.] Neue Ausg. gr. 8. (37 S.) Stuttgart 884. A. Koch. n. — 60

Kartenzeichner, der. 12 Vorlegeblätter z. Nachzeichnen u. 30 Kartennetze. Nebst einem Texthefte (4 Bog.) eine Darstellung aller die Landkartenkunde u. das Landkartenzeichnen betreff. Kenntnisse enthaltend. Ein Geschenk für d. Jugend. 4. Coesfeld 844, Riese's Verl.

Kartenschlagen, das, od. d. Kunst, sich selbst u. And. aus d. deutschen u. französ. Karte d. Zukunft richtig vorherzusagen, nebst e. Anh. üb. d. Wahrsagekunst aus d. Hand. 8., verb. Aufl. 8. (60 S. m. 1 Abb. u. 1 Farbdr.) Leipzig 897. Ernst. n. 1. —

Kartenschlagen, das, oder die Kunst, sich selbst u. Anderen aus der deutschen u. französ. Karte die Zukunft richtig vorherzusagen, nebst e. Anh. üb. die Wahrsagekunst aus der Hand. 9. verb. Aufl. 8. (60 S. m. Abbildgn. u. 1 Farbdr.) Leipzig (900). Ernst. 1. —

Kartenschlagen, das, od. die Kunst, sich selbst u. Anderen aus der deutschen u. französ. Karte die Zukunft richtig vorherzusagen, nebst e. Anh. üb. die Wahrsagekunst aus der Hand. 10. verb. Aufl. (60 S. m. Abbildgn. u. 1 Farbdr.) 8. Leipzig 903. Ernst. 1. —

Karth, H., Baubuch m. Vorwort u. Anleitung üb. die Führung desselben. Grösse A, f. kleinere Bauten passend. (24 S.) 36×24,5 cm. Karlsruhe (910). G. Braun'sche Hofbuchdr. 2. —

— dasselbe. Grösse B, f. mittlere Bauten passend. (36 S.) 36×24,5 cm. Ebd. (910). 2. 50

Karth, Johs., das Taubstummenbildungswesen im 19. Jahrh. in den wichtigsten Staaten Europas. Ein Überblick üb. seine Entwickelg. Im Verein m. ausländ. Vertretern des Taubstummenfaches hrsg. gr. 8. (VIII, 428 S.) Breslau 902. W. G. Korn. n. 7. 50

Karth, Josephus (geb. am 24 Juli 1815 in Bonn): De dyscrasia saccharina ... Bonnae, typ. F. Baadeni 1840. 3 Bl., 27 S., 1 Bl. 8.
Bonn, Med. Fak., Diss. v. 29 Febr. 1840

Karthaus [Schlagwort]

— s. a.: Danzig, Reg.-Bez. — Deutschland, Uebersichtskarte. — Kassubische Schweiz.

Karthaus, Baron, Paul, Spezial-Karte vom Kreise Karthaus in 5fachem Farbendr. Rev. v. den zuständ. Behörden. 1 : 100,000. 89,5×62 cm. Lissa (906). O. Eulitz. n. — 50; auf Leinw. in Taschenform n. 1. —

Kreis **Karthaus** (in 5 fachem Farbendr.). Maßst. 1:100,000. Rev. von d. zuständ. Behörden. Lissa i/P.: F. Ebbecke [1906]; Kartogr. Anst. P. Baron, Liegnitz.) (1 Kartenbl. 58×35 cm mit Legende.) 8° [Kopft. lith.] [Umschlagt.:] Spezial-Karte v. Kreise Karthaus. [04. 1901]

Karthaus. Touristen-Karte der Umgegend v. Karthaus. 1 : 100,000. Chromolith. Fol. Danzig 887. Th. Bertling. n. — 50

Karthaus [Verfasser]

Karthaus, Christian Aug. (Erfurt), De furto usus. Disp. jur. Präs. D. August Friedrich Schott. Lpz. (Langenheim) 18. X. 1775. 16 S. (6.—) 17512
Gew.: Christian Wilh. Thalemann.

Karthaus, Gust. Adolph. (geb. Halver in Westf. 18. 10. 1842): De herniis abdominalibus radicitus sanandis. Berolini (1864). (32 S.) 8°
Berlin, Med. Diss. v. 10. Aug. 1864

Karthaus, Carolus (geb. am 31 März 1799 in Radevormwald Rgbz. Düsseldorf): Prosopalgiae rationum propiorum dilucidatio historico-pathologica ... Bonnae, typ. Bueschlerianis (1823). 1 Bl., 42 S. 8.
Bonn, Med. Fak., Diss. v. [hs. 12] März 1823

Karthäuser, die, von London, s.: Flugschriften, katholische, zur Wehr u. Lehr'.

Karthäuserkloster. Das Karth' Kl' in Basel. (Njbl.) s. [Burckhardt, Abel].

Karthäuser-Orden, der. Ein Beitrag zur Kenntniß der Orden im Allgemeinen u. d. Karthäuser-Ordens im Besonderen, sowie das Wesen u. die Geschichte desselben. Von e. Karthäuser der Karthause Hain bei Düsseldorf. 16. (95 S.) Dülmen 892. A. Laumann. n. — 40

KARTHÄUSER-PFÖRTNER, Der, oder die Memoiren des Dom Bougre, genannt Saturnin. Von ihm selbst erzählt. Erste ungekürzte deutsche Ausgabe. Herausgegeben von Dr. W. Heine. O. O. u. J. (1906). 8°. 272 S. (= Dokumente zur Sittengeschichte der Menschheit, Bd. III.) Privatdruck in 500 numer. Expl. Roter flexibler Ganzlederband mit Kopfgoldschnitt.

Kartholz, Frz. Just., s. v. Buri, Erläuterung.

Kartirungs-Buch der k. k. erbländischen Ober- und Absatz-Postämter ... Wien 1796. V: *Dalléra, Joh. Ant. Franz.* (MGT)

Kartirungs-Uebersichten, I. für die k. k. Bahnposten Nr. 1, 2, 6 u. 7 der Route Wien—Krakau; Nr. 3 der Route Wien—Prerau—Troppau; Nr. 4 der Route Wien—Brünn—Troppau; Nr. 5 der Route Wien—Brünn: Nr. 71 und 72 der Route Prerau—Böhm.-Trübau. Redig. im Post-Cours-Bureau des k. k. Handelsministeriums. Nach dem Stande vom 25. October 1886. 8°. (86 S.) Wien, Hof- u. Staatsdruckerei. fl. —.30. 1886.
— II. für die k. k. Bahnposten Nr. 8, 9 und 10 der Route Wien—Triest; Nr. 11 der Route Wien—Pontafel; Nr. 101 u. 102 der Strecke Wien—Wr.-Neustadt. 8°. (61 S.) Ebd. fl. —.30.
— III. für die k. k. Bahnposten Nr. 12 der Route Wien—Salzburg; Nr. 13 u. 15 der Route Wien—Innsbruck u. Nr. 16 der Route Wien—Passau. 8°. (58 S. Ebd. fl. —.20.
— IV. für die k. k. Bahnposten Nr. 18—19 der Route Wien—Eger; Nr. 21—22 der Route Wien—Nimburg—Prag; Nr 23 der Route Wien—Tetschen; Nr. 24—25 der Route Wien—Grussbach—Prag. 8° (108 S.) Ebd. fl. —.30.
— V. der k. k. Bahnposten Nr. 28 der Route Marburg—Franzensfeste u. Nr. 29—30 der Route Pontafel—Amstetten. 8°. (44 S.) Ebd. fl. —.20.
— VI. der k. k. Bahnposten Nr. 31 und 32 der Route Prag—Bodenbach; Nr. 33 u. 34 der Route Prag—Furth, bezw. Pilsen; Nr. 37 u. 38 der Route Prag—Eger u. Nr. 39 der Route Bodenbach—Aussitz, Komotau. 8°. (60 S.) Ebd. fl. —.20.
— VII. der k. k. Bahnposten Nr. 35 und 36 der Route Prag—Gmünd; Nr. 42 der Route Prag—Turnau; Nr. 43 der Route Nimburg—Bakov—Georgswalde; Nr. 44 der Route Prag—Bakov—Georgswalde u. Nr. 45 u. 46 der Route Pardubitz—Reichenberg. 8°. (58 S.) Ebd. fl. —.20.
— VIII. für die k. k. Bahnposten Nr. 47 u. 48 der Route Laibach—Tarvis und Nr. 49 der Route Triest—Cormons. 8°. (15 S.) Ebd. fl. —.10.
— IX. für die k. k. Bahnposten Nr. 52 der Route Krakau—Lemberg; Nr. 53 der Route Krakau—Podwoloczylika; Nr. 54 u. 55 der Route Lemberg—Itskany u. Przemyśl—Zagórz. 8°. (45 S.) Ebd. fl. —.20.
— X. für die k. k. Bahnposten Nr. 61 u. 62 der Route Innsbruck—Lindau und Nr. 63, 64 und 65 der Route Kufstein—Ala. 8°. (39 S.) Ebd. fl. —.20.

Kartirungs-Uebersichten für die k. k. Bahnposten. Redigirt im Post-Cours-Bureau des k. k. Handels-Ministeriums. I. 8. (87 S.) —.30
Wien: Hof-u.Staatsdruckerei 1889.

Kartirungs-Uebersichten für die k. k. Bahnposten. Heft II. Nr. 8, 9, 10 und 11 der Route Wien—Triest, Nr. 17 der Route Wien—Pontafel und Nr. 101 und 102 der Strecke Wien—Wr. Neustadt. Redigirt im k. k. Post-Cours-Bureau des k. k. Handelsministeriums. 8. (94 S.) —.30

— — Heft 3. Nr. 12 der Route Wien—Salzburg und Nr. 13, 14 und 15 der Route Wien—Innsbruck. 8. (67 S.) —.20

— — Heft 4. Nr. 18 und 19 der Route Wien—Eger, Nr. 21 und 22 der Route Wien—Nimburg Prag, Nr. 23 der Route Wien—Tetschen und Nr. 24—25 der Route Wien—Grußbach—Prag. 8. (102 S.) —.30

— — V.—VII. 8. (V, 54 S.; VI, 66 S.; VII, 58 S.) à —.20

— — Heft 8. Nr. 47 und 48 der Route Laibach—Tarvis und Nr. 49 der Route Triest—Cormons. 8. (17 S.) —.10

— — Heft 9. Für die k. k. Bahnposten. Nr. 51 und 52 der Route Krakau—Lemberg, Nr. 54 u. 55 der Route Lemberg—Itzkany, Nr. 57 der Route Lemberg—Stróże und Nr. 59 der Route Krakau—Zagórz. 8. (61 S.) —.20

— — X. 8. (41 S.) —.20

Wien: Hof-u.Staatsdruckerei 1889.

Kartirungs-Uebersichten d. k. k. Bahnposten. Sommer-Ausgabe. 1890. I. Inh.: Nr. 1, 2, 6 und 7 der Route Wien—Krakau, Nr. 3 der Route Wien—Prerau—Troppau, Nr. 4 der Route Wien—Brünn—Troppau, Nr. 5 der Route Wien—Brünn und Nr. 71 u. 72 der Route Prerau—Böhmisch—Trübau. Redigirt im Postcursbureau des k. k. Handelministeriums. Abgeschlossen am 15. Juni 1890. 8. (84 S.) —.30

II. Inh.: Nr. 8, 9, 10 und 11 d. Route Wien—Triest, Nr. 17 der Route Wien—Pontafel und Nr. 101 u. 102 der Strecke Wien—Wr.-Neustadt. 8. (90 S.) —.30

III. Inh.: Nr. 12 der Route Wien—Salzburg und Nr. 13, 14 u. 15 der Route Wien—Innsbruck. 8. (68 S.) —.20

IV. Inh.: Nr. 18 und 19 der Route Wien—Egger, Nr. 21 und 22 der Route Wien—Nimburg—Prag, Nr. 23 der Route Wien—Tetschen und Nr. 24 und 25 der Route Wien—Grussbach—Prag. 8. (104 S.)

V. Inh.: Nr. 27—28 der Route Marburg—Franzensfeste und Nr. 29 und 30 der Route Pontafel-Bruck a. d. Mur, Nr. 67 der Route Bruck a. d. Mur—Selzthal—Bischofshofen, und Nr. 69 der Route Bruck a. d. Mur - Selzthal—Amstetten. 8. (53 S.) —.20

VI. Inh.: Nr. 31 u. 32 der Route Prag—Bodenbach, Nr. 33 und 34 der Route Prag—Furth, beziehungsweise Pilsen, Nr. 37 und 38 der Route Prag—Eger und Nr. 39 und 40 der Route Bodenbach—Aussig—Komotau. 8. (66 S.) —.20

Wien: Hof-u.Staatsdruckerei 1890.

Kartirungs-Uebersichten. VII. Inh.: Nr. 35 u. 36 der Route Prag—Gmünd, Nr. 43 der Route Prag—Turnau, Nr. 43 der Route Nimburg—Bakov—Georgswalde, Nr. 44 der Route Prag—Bakov—Georgswalde und Nr. 45 und 46 der Route Pardubitz—Reichenberg. Redigirt im Post-Cours-Bureau des k. k. Handels-Ministeriums. Abgeschl. am 15. October 1890. 8. (59 S.) —.20

VIII. Inh.: Nr. 47 und 48 der Route Laibach—Tarvis und Nr. 49 der Route Triest—Cormons. 8. (17 S.) —.10

IX. Inh.: Nr. 51 und 52 der Route Krakau—Lemberg, Nr. 54, 55 und 56 der Route Lemberg - Itzkany und Nr. 57 der Route Lemberg—Stróze und 59 der Route Krakau—Zagórz. 8. (59 S.) —.20

X. Inh.: Nr. 61 und 62 der Route Innsbruck—Lindau und Nr. 63, 64 und 65 der Route Kufstein—Ala. Abgeschlossen am 15. October 1890. 8. (41 S.) —.20

Wien: Hof-u.Staatsdruckerei 1890.

Kartirungs-Uebersichten der k. k. Bahnposten. Winter-Ausgabe 1890/91. I. Inh.: Nr. 1, 2, 6 und 7 der Route Wien—Krakau, Nr. 3 der Route Wien—Prerau—Troppau, Nr. 4 der Route Wien—Brünn—Troppau, Nr. 5 der Route Wien—Brünn, und Nr. 71 und 72 der Route Prerau—Böhmisch Trübau. Redigirt im Postcursbureau des k. k. Handelsministeriums. Abgeschlossen am 15. October 1890. 8. (83 S.) Ebda.1890. —.30

Kartirungs-Uebersichten für die k. k. Bahnposten. Sommer-Ausgabe 1891. Heft I —.30
— — Heft VI, VII Ebda.1891. à —.20

Kartirungs-Uebersichten der k. k. Bahnposten. Sommer-Ausgabe 1891. 8. Heft II —.30, III —.20, IV —.30, V —.20, VIII —.10, IX 20, X Ebda.1891. —.20

Kartirungs-Uebersichten für die k. k. Bahnposten. Redigirt im Post-Cours-Bureau des k. k Handels-Ministeriums I. 8. (97 S.) —.30
— III 8. (82 S.) -.20
— — IV. 8. (110 S.) —.30
— — VII. 8. (66 S.) —.20
— — IX. 8. (86 S) —.20
— — X. 8. (37 S.) —.20
Wien: Hof-u.Staatsdruckerei 1892.

Kartirungs-Uebersichten für die k. k. Bahnposten. Winter-Ausgabe 1892/93. Heft 2. 8 (89 S) Ebda.1892. —.30

Kartirungs - Uebersichten der k. k. Bahnposten. Winter-Ausgabe. VI. Gr.-8. (71 S.) —.20

— — VIII. Nr. 47 u. 48 der Routen Laibach—Tarvis und Nr. 49 der Route Triest—Cormons. Gr.-8. (17 S.) —.10
Ebda.1892.

Kartirungs-Uebersichten der k. k. österr. Bahnposten. Sommer-Ausgabe Redigirt im Post-Cours-Bureau des k. k. Handels-Ministeriums. Abgeschlossen am 15 Mai 1893 8. (73 S.) —.20
II. Heft. Abgeschlossen am 1. Juni 1893. 8 (95 S.) —.20
III. Heft. Abgeschlossen am 1. Juni 1893. 8. (81 S.) —.20
IV. Heft. Abgeschlossen am 15. Mai 1893. 8. (114 S.) —.30
V. Heft. Abgeschlossen am 15. Mai 1893. 8. (71 S.) —.20
VI. Heft. Abgeschlossen am 15. Mai 1893. 8. (70 S.) —.20
VII. Heft. Abgeschlossen am 15. Mai 1893 8. (66 S.) —.20
VIII. Heft. Abgeschlossen am 15. Mai 1893 8. (32 S.) —.10
IX. Heft. Abgeschlossen am 15. Mai 1893. 8. (91 S.) —.20
X. Heft. Abgeschlossen am 15. Mai 1893. 8. (39 S.) —.20
Wien: Hof-u.Staatsdruckerei 1893.

Kartirungs - Uebersichten der k. k. österr. Bahnposten. Winter-Ausgabe 1893/94. Redigirt im Post-Cours-Bureau des k. k. Handels-Ministeriums. Abgeschlossen am 15. October 1893. I. Heft. 8. (73 S.) —.20
II. Heft. Abgeschlossen am 15. October 1893 8. (95 S.) —.20
III. Heft. Abgeschlossen am 15. October 1893. 8. (83 S.) —.20
IV. Heft. Abgeschlossen am 15. October 1893. 8. (114 S.) -.30
V. Heft. Abgeschlossen am 15 October 1893. 8. (71 S.) —.20
VI. Heft. Abgeschlossen am 15. October 1893. 8. (74 S.) —.20
VII. Heft. Abgeschlossen am 15 October 1893. 8. (78 S.) —.20
VIII. Heft. Abgeschlossen am 15. October 1893 8 (32 S) —.10
IX. Heft. Abgeschlossen am 15 October 1893. 8. (91 S.) —.20
X. Heft. Abgeschlossen am 15. October 1893. 8. (39 S) —.20
Ebda.1893.

Kartirungs-Ubersichten der k. k. österr. Bahnposten. Sommer-Ausgabe 1894. Redigirt im Post-Cours-Bureau des k. k. Handels-Ministeriums. Abgeschlossen am 15. Mai 1894. I. Heft. 8. (73 S.) —.20
II. Heft. Abgeschlossen am 1. Juni 1894. 8. (99 S.) —.20
III. Heft. Abgeschlossen am 1. Juni 1894. 8. (84 S.) —.20
IV. Heft. Abgeschlossen am 15. Mai 1894. 8. (123 S.) —.30
V. Heft. Abgeschlossen am 15. Mai 1894. 8. (72 S.) —.20
VI. Heft. Abgeschlossen am 15. Mai 1894. 8. (82 S.) —.20
VII. Heft. Abgeschlossen am 15. Mai 1894. 8. (79 S.) —.20
VIII. Heft. Abgeschlossen am 15. Mai 1894. 8. (32 S.) —.10
IX. Heft. Abgeschlossen am 15. Mai 1894. 8. (91 S.) -.20
X. Heft. Abgeschlossen am 15. Mai 1894. 8. (39 S.) —.20
Ebda.1894.

Kartirungs-Uebersichten der k. k. österreichischen Bahnposten. Winter-Ausgabe 1894/95. Redigirt im Post-Cours-Bureau des k. k. Handels-Ministeriums. Abgeschlossen am 15. October 1894. I. Heft. 8. (73 S.) —.20
II. Heft. Abgeschl. 15. Oct. 1894. 8. (101 S.) —.20
III. Heft. Abgeschl. 15. Oct. 1894. 8. (84 S.) —.20
IV. Heft. Abgeschl. 15. Oct. 1894. 8. (122 S.) —.30
V. Heft. Abgeschl. 15. Oct. 1894. 8. (77 S.) —.20
VI. Heft. Abgeschl. 15. Oct. 1894. 8. (90 S.) —.20
VII. Heft. Abgeschl. 15. Oct. 1894. 8. (79 S.) —.20
VIII. Heft. Abgeschl. 15. Oct. 1894. 8. (32 S.) —.10
IX. Heft. Abgeschl. 15. Oct. 1894. 8. (91 S.) —.20
X. Heft. Abgeschl. 15. Oct. 1894. 8. (39 S.) —.20

Kartirungs-Uebersichten des k. k. österr. Bahnposten. Winter-Ausgabe 1897 — 1898. I. 8. (75 S.) —.20
II. 8. (117 S.) —.20
III. 8. (94 S.) —.20
IV. 8. (136 S.) —.30
V. 8. (81 S.) —.20
VI. 8. (96 S.) —.20
VII. 8. (102 S.) —.20
VIII. 8. (41 S.) —.15
IX. 8. (96 S.) —.20
X. 8. (42 S.) —.15
Ebda.1897.

Kartirungs-Uebersichten des k. k. österr. Bahnposten. Sommer-Ausgabe 1898. I. 8. (70 S.) —.20
— — II. 8. (119 S.) —.20
— — IV. 8. (128 S.) —.30
— — V. 8. (199 S.) —.20
— — VI. 8. (129 S.) —.30
— — VII. 8. (130 S.) —.30
— — VIII. 8. (51 S.) —.15
— — X. 8. (48 S.) —.15
Ebda.1898.

Kartirungs-Uebersichten für die k. k. Bahnposten. Sommer-Ausgabe. III. Abgeschlossen am 1. Juni 1898. 8. (97 S.) —.20
— — IX. Abgeschlossen am 1. Juni 1898. 8. (110 S.) —.20
Ebda.1898.

Kartirungs-Uebersichten für die k. k. Bahn-Posten. Nr. 71—80. Redigirt im Post Cours-Bureau des k. k. Handels-Ministeriums. Gr.-8. (47 S.) Ebda.1898. —.15

Kartirungs-Uebersichten der k. k. österr. Bahnposten. Winter-Ausgabe 1898. I. 8. (69 S.) —.20
— II. (115 S.) —.20
— — IV. 8. (122 S.) — 30
— — V. 8. (95 S.) —.20
— — VI. 8. (166 S.) —.30
— — VII. 8. (121 S.) —.30

Ebda.1898.

Kartirungs-Uebersichten für die k. k. Bahn-Posten. Winter-Ausgabe. III Abgeschlossen am 15. October 1898. 8. (98 S.) —.20
Wien: Hof-u.Staatsdruckerei 1898.

Kartirungs-Uebersichten für die k. k. Bahnposten. Redigirt im Post-Cours-Bureau des k. k. Handels-Ministeriums. IX Winter-Ausgabe. Abgeschlossen am 16. November 1898. 8. (112 S.) Ebda.1898. —.20

Kartirungs-Verband der k. k. österr. Beamten-Bahnposten. Sommer-Ausgabe 1899. Kartirungs-Uebersichten für die k. k. Bahnposten. Redigirt im Post-Cours-Bureau des k. k. Handels-Ministeriums. Abgeschlossen am 15. Mai resp. 1. Juni. 10 Hefte. Wien. 1899. Hof- und Staatsdruckerei. Gr.-8°. 69, 117, 102, 122, 97, 120, 119, 48, 103, 45 S.
Heft 1, 2, 3, 5, 9 à fl. —.20, Heft 4, 6, 7 à fl. —.30, Heft 8, 10 à fl. —.15

Kartirungs-Verband der k. k. österr. Beamten-Bahnposten. Sommer-Ausgabe 1900. Kartirungs-Übersichten für die k. k. Bahnposten. Redigirt im Post-Cours-Bureau des k. k. Handels-Ministeriums. Abgeschlossen am 25. Mai 1900. 10 Hefte. Wien. 1900. Hof- und Staatsdruckerei. Gr.-8°. 73, 113, 107, 120, 98, 124, 114, 48, 94, 45 S. Heft 1, 2, 3, 5, 9 à K —.40, Heft 4, 6, 7 à K —.60, Heft 8, 10 à K —.30,

Kartirungs-Verband der k. k. österr. Beamten-Bahnposten. Winter-Ausgabe 1900/1901. Kartirungs-Uebersichten für die k. k. Bahnposten. Redigirt im Post-Cours-Bureau des k. k. Handels-Ministeriums. Abgeschlossen am 15. October 1900. 10 Hefte. Wien. 1900. Hof- und Staatsdruckerei. Gr.-8°. 90, 113, 103, 120, 98, 146, 129, 48, 91, 45 S.
Heft 1, 2, 3, 5. 9 à K —.40, Heft 4, 6, 7 K —.60, Heft 8, 10 K —.30

Kartirungs-Verband der k. k. österr. Beamten Bahnposten. Sommer-Ausgabe 1901. Kartirungs-Uebersichten für die k. k. Bahnposten. Redigirt im Post-Cours-Bureau des k. k. Handels-Ministeriums. Abgeschlossen am 25. Mai 1901. 10 Hefte. Wien. 1901. Hof- und Staatsdruckerei. Gr.-8°. 91, 145, 128, 120, 100, 139, 135, 48, 90, 45 S.
Heft 1, 2, 3, 5, 9 à K —.40, Heft 4, 6, 7 à K —.60, Heft 8, 10 à K —.30

Kartirungs-Verband der k. k. österr. Beamten-Bahnposten. Winter-Ausgabe 1901/1902. Kartirungs-Übersichten für die k. k. Bahnposten. Redigirt im Post-Cours-Bureau des k. k. Handels-Ministeriums. Abgeschlossen am 20. October 1901. 10 Hefte. Wien. 1901. Hof- und Staatsdruckerei. Gr.-8°. 90, 144, 128, 120, 100, 139, 135, 48, 84, 45 S. Heft 1, 2, 3, 5, 9 à K —.40, Heft 4, 6, 7 à K —.60, Heft 8, 10 à K —.30

Kartirungs-Uebersichten für die k. k. Bahnposten. Sommer-Ausgabe 1902. Gr.-8°. 10 Hefte. (90, 148, 133, 139, 101, 139, 111, 54, 90, 52 S.) Heft 8, 10 à K —.30, Heft 1, 2, 3, 5, 9 à K —.40, Heft 4, 6, 7 à K —.60.
Wien: Hof-u.Staatsdruckerei 1902.

Kartierungs-Uebersichten für die k. k. Bahnposten. Winter-Ausgabe 1902/03. 10 Hefte 8°. 90, 149, 134, 138, 101, 138 135, 51, 87, 47 S.) Heft 8, 10 K —.30, Heft 1, 2, 3, 5, 9 à K —.40, Heft 4, 6, 7 à K —.60. Ebda.1902.

Kartierungs-Übersichten für die k. k. Bahnposten. Sommer-Ausgabe 1903. 8°. 10 Hefte Ebda.1903. K 4.40

Kartierungs-Übersicht für die k. k. Bahnposten. Winterausgabe 1903/1904. Gr.-8°. 1. Teil (90 S.) K —.40; 2. Teil (152 S.) K —.40; 3. Teil (132 S.) K —.40; 4. Teil (140 S.) K —.60; 5. Teil (101 S.) K —.40; 6. Teil (137 S.) K —.60; 7. Teil (135 S.) K —.60; 8. Teil (51 S.) K —.30; 9. Teil (88 S.) K —.40; 10. Teil (47 S) K —.30.
Ebda.1903.

Kartlüke, Friedrich, Arzt aus Lengerich i. W.: **Aus d. Augusta-Hospital zu Köln.** Ueber **Gallenblasen- und Harnblasen-fisteln.** *Bonn 1903: J. Trapp.* (19 S.) 8°
Bonn, Med. Diss. v. 13. Mai 1903

Kartner, Jos., theoretisches und praktisches Eherecht für Seelsorger und Beichtväter nach der Anweisung für die geistl. Gerichte des Kaiserth. Oesterreich in Betreff der Ehesachen, und nach dem bürgerl. österreich. Ehegesetze für Katholiken. gr. 8. (XVII und 847 S. mit 1 Stnt. in Fol.) Füssen 865. (Innsbruck, Wagner'sche Universitäts-Buchh.) *

Kartoffel, die. Zweckmäßiger Anbau, beste Aufbewahrung u. vortheilhafteste Anwendung in d. Küche rc. 4. Ausg. 8. (8⅜ B.) Leipzig 845, Voigt u. Fernau.

Kartoffel, die, und ihre Kultur. Amtlicher Bericht über die Kartoffel-Ausstellung zu Altenburg vom 14. bis 24. Octbr. 1875 und ihre Ergebnisse. Im Auftrage des Vollzugs-Ausschusses von A. A. Brückmann, K. v. Langsdorff, Fr. Nobbe, E. Oehmichen und Paul Pietrusky. gr. 4. (IV, 203; XII, 65; 73, 27, 65, 21 S. mit 18 lithogr. Taf. in gr. 4. und Fol. und 84 in den Text eingedr. Holzschn.) Berlin 876, [Wiegandt, Hempel und Parey.] Parey. *

Kartoffel, die, und die Vorsichtsmaaßregeln bei deren Anbau mit Rücksicht auf die krankhaften Zustände in dem Jahrg. 1847. Wohlmeinende Aeußerung eines Schlesiers. gr. 8. (32 S.) Breslau 848, (Max und Comp.)

Kartoffelbau, über den, in Großbritannien; aus d. Engl. u. für deutsche Landwirthe umgearb. von F. G. Leonhardi. gr. 8. Lpz. 798. Baumgärtner. 12 gr.

Kartoffelbau, der, im Großen u. sein entschied. Nutzen bei Verwendung d. Kartoffelfrucht zu Branntweinbrennerei, Mästung u. Fütterung d. Nutzviehes rc. Dabei die Zeichn. u. Beschreib. eines durch viele Versuche sehr vervollkomm. Zeit, Holz u. Arbeit erspar. Brennapparats. gr. 8. Königsb. 823, Unzer.

Kartoffelbau, über, Kartoffelbrennerei, Kartoffel- u. Spülichtfütterung, die daraus entstehenden Krankheiten des Rindviehes u. die Heilung derselben. 8. Saalfeld 838. Niese. ¼ rß

— **d.,** in seiner höchsten Kultur u. feinem reichsten Ertrage. Nach vieljähr. Versuchen vom Frhrn. v. D... 8. Wien 820. (Schaumburg u. C.) 9 gr

Kartoffel-Bier, od. durch die Erfahrung vollständig erprobte Anleitung z. Benützung der Kartoffel als eines sehr wohlfeilen u. vorzügl. Materials zum Bierbrauen. Nebst der Angabe ein. Eiskellers. Hrsg. v. E. 8. (2 B.) Reutlingen 843. (Stuttgart, Sonnewald'sche Buchh.) *

Kartoffelbüchlein u. Kartoffel-Kochbuch f. Reich u. Arm, od. d. Kartoffel in ihrer mehrhundertfält. erprobten Anwend. zu d. mannichfalt. Suppen, Gemüsen, Zuspeisen u. a. schmackhaften Zubereitn. f. d. Tafel rc. Nach vieljähr. eigner Erfahr. hrsg. von e. Menschenfreunde. 1. u. 2., verm. Aufl. 12. (à 6½ B.) Weimar 839, 40, Voigt.

Kartoffelbüchlein u. Kartoffel-Kochbuch f. Reich u. Arm rc. Nach vieljähr. eigner Erfahrung hrsg. von e. Menschenfreunde. 3., verm. u. rechtmäß. Aufl. 12. (7 B.) Weimar 843, Voigt.

Kartoffelbüchlein und Kartoffel-Kochbuch für Reich und Arm oder die Kartoffel in ihrer mehrhundertfält. erprobt. Anwendung zu den mannigfaltigsten Suppen, Gemüsen, Zuspeisen rc. wie auch nach ihrer vielfachen Nutzbarkeit für den Viehstand und bei techn. Gewerben, namentlich zu Grütze, Sago, Brod rc. 4., verm. Aufl. 12. (XVI und 197 S.) Weimar 864, Voigt. *

Kartoffeldüngungsversuche, angestellt . . . in Muri 1864. Aarau [1864]. V: *Simler, Rudolph Theodor.* (Cat. d. Stadtbibl. Zürich. Zürich 1864—97.)

Kartoffelfrucht, die, in Rücksicht ihres mannichfachen Küchengebrauchs. 3te verm. Ausg. 8. Rudolstadt, Hofbuchhandlung. 819. Rthlr.

Kartoffelfrucht, die, Anleit. zu ihrem zweckmäß. Anbau, ihrer Einsamml. u. Aufbewahrung, u. vortheilhaft. Anwendung. 4. Ausg. 8. (8½ B.) Rudolstadt 830, Hofbuchhandlung.

Kartoffelkabinet. Oder plastische Darstellung der vorzügl. Kartoffelarten nach Putsche's u. Bertuchs Versuch einer Monographie der Kartoffeln üb. d. Natur selbst in Wachs geformt. In 33 Abbildungen in Wachs in einem Kästchen. Weimar, Industrie-Cptr. 819.

Kartoffelkäfer, der. Eine Abbildung des Käfers in Farbendr. mit beschreib. Text. gr. 8. (5 S.) Leipzig 878. H. Voigt. — 20

Kartoffelkäfer, der, Chrysomela [Doryphora] decemlineata. Im Auftrage d. kgl. preuß. Ministeriums f. die landwirthschaftl. Angelegenheiten hrsg. Mit e. Taf. in Farbendr. u. e. (chromolith.) Karte der Verbreitg. d. Käfers in den Vereinigten Staaten v. Nordamerika (in qu. 4.) gr. 8. (15 S.) Berlin u. Leipzig 875. H. Voigt. n. — 80

Kartoffel- oder Colorado-Käfer, der, (Chrysomela [Doryphora] decemlineata). Eine drohende Gefahr für den deutschen Kartoffelbau. Im Auftrage des Königl. Preuß. Ministeriums für die landwirthschaftl. Angelegenheiten hrsg. Mit 1 Taf. in Farbendr. und 1 (chromolithogr.) Karte der Verbreitung des Käfers in den Vereinigten Staaten von Nord-Amerika (in qu. 4.). gr. 8. (15 S.) Berlin 875, Schotte und Voigt. [Leipzig, H. Voigt.] *

Kartoffel-Kochbuch. (32 S.) kl. 8. Neuweißensee (905), E. Bartels. — 25

Kartoffel-Kochbuch, neuestes, oder: Anweisung, 100 Kartoffelspeisen auf sparsame, einfache und gute Art herzustellen, zum nützlichsten Gebrauch für Stadt und Land. Nebst einem Anhang, die Fische, Compots, Braten zuzubereiten rc. Den deutschen Hausfrauen und Mädchen gewidmet. 16. (72 S.) Dresden 858, Ernst. *

Kartoffelkochbuch, neuestes u. allgemeines, f. Jedermann rc. — A. u. d. T.: Für Reich u. Arm e. Kochbüchlein, das kalt u. warm ja superfein Kartoffelspeisen lehrt zu machen, der Käufer mög' darob nicht lachen, er kaufe erst u. lese nur d. Kaiserschatz aus d. Natur. 32. (72 Seit.) Erfurt 840, Hennings u. Hopf.

Kartoffelkochbuch, neuestes u. allgemeines, f. Jedermann rc. A. u. d. Ttl.: Für Reich u. Arm ein Kochbüchlein, das kalt u. warm, ja superfein Kartoffelspeisen lehrt zu machen rc. 2. u. 3., v. G. Gerlach verm. Aufl. 12. (à 4 B.) Erfurt 842, 43, Hennings u. Hopf. à

Kartoffel- und Obst-Köchin, die erprobte wohlfeil u. gut zubereitende, nach vieljähr., eigner Erfahr. verfaßt v. e. prakt. Köchin. 2 Abthln. 8. (9 B.) Nürnberg 840, Zeh'sche Bh. Thlr.

Kartoffelkrankheit, die. Zusammenstellung d. über Entstehung, Fortgang u. Heilung derselben v. Sachverständigen verschied. Länder abgegebenen Urtheile u. Rathschläge. 8. (1½ B.) Schwerin 845, Kürschner'sche Buchh. *

Kartoffelkrankheit, die, und ihre vollständige Heilung. Nach vielfach geprüften Erfahrungen. 8. (16 S.) Weimar 852, Rauschke und Schmidt.

Kartoffelkrankheit, die, in den Jahren 1845 und 1846 und die Mittel zur Verhütung und Verminderung der Verderbniß unter den Kartoffeln. 12. (24 S.) Cöslin 847, Hendeß.

Kartoffeln, Die. Singspiel in zwei Akten. Riga [18??]. V: *Lüderwald, George Ernst gen. Lange.* (Kv) (GGr)

Kartoffeln. Erzählungen und Gemälde . . . Halberstadt 1821. V: *Böhl, Frdr.* (Ky)

Kartoffeln. Erzähll. u. Gemälde v. Fr. B. (Böhl). 8. Halberst. 821, Brüggemann. 1 ₰ 16 ₰ (1825 mit folg. neuen T.: Die Jahrmarktsreise. — Die Verlobte. — Die Freunde. 8 Erzähll. von K. Böhl.)

Kartoffeln, Erzählungen u. Gemälde, von F. B(öhl.) 8. Halberstadt, Vogler. 821.

Kartoffelnziehung, über, aus Samen. Erfunden v. G. Zander in Boitzenburg, u. mitgetheilt von W. Görlinger. gr. 8. Karlsruhe 846, Macklot. 1 ngl

Kartoffel-Theater, das. Casimir od. Jaromir, der größte Räuberhauptmann seines Jahrhunderts. 16. (32 S. m. Abbildgn.) Leipzig 891. A. H. Payne. n. — 50

Landwirtschaftskammer f. d. Prov. Pommern. (**Kartogramme.** Diagramme und Bilder, die Landeskultur d. Provinz u. die f. ihre Förderung bestehenden Einrichtungen darstellend. Berlin: Meisenbach, Riffarth & Co. 1906.) 2 Bl., 58 Taf. 4°

Kartographia. Die «K' Winterthur», vormals Topographische Anstalt W', J. Schlumpf (*Umschlag:* Die Kartographie in W'). ([Ueberblick über die Geschichte der A', gegründet] 1842 [als] lithographische Anstalt Wurster & Cie.) Unseren ... Kunden gewidmet vom Verwaltungsrat. Neujahr 1907. 19 S. 4. Winterthur, Geschwister Ziegler, 1906.

Kartographie, die, der Schweiz, in ihrer historischen Entwicklung dargestellt. Schweizer. Landesausstellung, Zürich 1883. Spezialkatalog der Gruppe 36. gr. 8. (98 S. mit 7 Taf.) Zürich 883, Hofer und Burger. *

Kartographisches. Basel 1890. V: *Gerster, Joh. Sebast.* (BSchwLk)

Karton-Bilderbuch ohne Text. 4. (12 Chromolithogr.) Wesel 881, Düms. *

Kartsch, Josef

Kartsch, Feldbleameln (Gedichte in österreich. Mundart) für seine liawn Landsleut z'sämma brockt. 8. (10 B.) Wien 845, Wimmer, Schmidt u. Leo. *

Kartsch, Jos., Feldbleameln (Gedichte in österreich. Mundart) für seine liaw'n Landsleut z'sämmabrockt. 2. Busch'n. 8. (224 S.) Wien 847, [Leo.] *
(1. Busch'n.) Ebendas. 1845. * 25 Ngr.

Kartscher, A. W., Die Verhältnisse zwischen den Rittergutseigenthümern und dienstpflichtigen bäuerl. Kleinbesitzern in der Provinz Schlesien. 8⁰. Breslau 1843.

Kartscher, A. W., die Verhältnisse zwischen den Ritterguts-eigenthümern u. dienstpflichtigen bäuerlichen Kleinstellenbesitzern in der Prov. Schlesien. 8. (4½ B.) Breslau 843, G. P. Aderholz.

Kartscher. M., s. Album poetique.

Kartscher, M., s. *Exercices* de mémoire ou recueil etc.

Dysenterie '(Ruhr)'. Von Dr. Kartulis, Arzt im allgem. Regiergshospital in Alexandrien. M. 13 Abb. *Wien: A. Hölder 1896.* (1 Bl., 95 S.) 1 Bd 8. = Pathologie, Specielle, u. Therapie. Bd V. Th. III.

Kartulis, Heilerfolge m. dem alten Tuberkulin, s.: Festschrift zum 60. Geburtstage v. Robert Koch.

Kartulis, Stamatios [aus Chios]: '(Aus d. Institut f. Infektionskrankheiten.)' Untersuchungen über das Verhalten des Tetanusgiftes im Körper ... Berlin, Buchdr. v. G. Schade, *1892*; 30 S., 1 Bl. 8.
Berlin, Med. Fak., Inaug.-Diss. v. 16. Dez. 1892

Kartulis, Stephanos (geb. Chios 9. 10. 1852): Ueber einen Fall von ausgedehnter Amyloidentartung. Berlin (1877). (31 S.) 8°
Berlin, Med. Diss. v. 3. Juli 1877

Kartuschanskaja, Ida. aus Mohilen (Russland): Aus dem Kinderspital in Zürich. Ein Fall von doppelseitigem Teratom des Ovariums bei einem Kinde. Zürich 1906. 40 S. 8⁰. [28. XI. 06.]
Zürich. Med. Diss. 1906/1907

Kartuschanskaja, Ida. Ein Fall von doppelseitigem Teratom des Ovariums bei einem Kinde. Diss. Med. Univ. Zürich. *Kopftitel:* Aus dem Kinderspital in Zürich. 40 S. 8. Zürich, Gebr. Leemann & Co., 1906.

Kartusche der Erzbösewicht, durch die Gnade des Jansenisten Quesnels gerechtfertigt. A. d. Franz. [Augsburg 1785.] V: *Patouillet, Louis.* (Jes)

Kartzke, Georg, a. Berlin: Die Reimsprache des Mirror for Magistrates. (1587.) (Weimar 1908: R. Wagner Sohn.) (VIII, 57 S.) 8°
Berlin, Phil. Fak., Ref. Brandl, Diss. v. 8. Febr. 1908
[Geb. 24. Nov. 83 Berlin; Wohnort: Berlin; Staatsangeh.: Preußen; Vorbildung: Luisenstadt. Oberrealsch. Berlin Reife M. 03; Studium: Berlin 9 S.; Rig. 13. Juni 07.]

Karunagaran, Paul, der Einsiedler v. Perambra. 8. (32 S. m. Textbildern.) Basel 889, Missionsbuchh. * — 15

Karup, Johannes

Karup, J. Die Ausgleichung der Sterblichkeitserfahrungen der Gothaer Bank nach der Gompertz-Makehamschen Sterblichkeitsformel. Göttingen 1884.

Karup, J. Darstellung der bei Pensionskassen vorkommenden Rechnungen in einem Gutachten für die Witwen- und Waisenpensionsanstalt der Genossenschaft deutscher Bühnenangehöriger. Weimar 1873.

Karup, Johs., die Finanzlage der Gothaischen Staatsdiener-Wittwen-Societät am 31. Dezbr. 1890, begutachtet auf Grund der eigenen Erfahrgn. der Anstalt u. eingeh. mathematisch-techn. Untersuchgn. Im Auftrage d. herzogl. sächs. Staatsministeriums veröffentlicht. gr. 4. (VIII, 146 S.) Dresden 893. (H. Morchel.) Kart. n. 14. —; geb. n.n. 15. 50

Karup, Joh., d. Finanzlage d. Gothaischen Staatsdiener-Wittwen-Societät am 31. XII. 1890. gr. 4. (VIII, 146 S.) Dresden 893. Leipzig, Jüstel & Göttel. n. 14. —; geb. 15. 50; ermäss. Pr. n. 4. 50; geb. n. 5. —

— Die technischen Grundlagen für das Beamten-Pensionsinstitut des Assekuranzvereins Österreichischer Zuckerfabriken. Gotha 1881.

— Gutachten über die akademische Witwen- und Waisen-Pensions-Anstalt zu Jena. Gotha 1894.

— Gollmer u. Florschütz, aus der Praxis der Gothaer Lebensversicherungsbank. Versicherungs-Statistisches u. -Medizinisches. Hrsg. vom Vorstand der Gothaer Lebensversicherungsbank a. G. zur 75. Wiederkehr des Gründungstages der Bank. gr. 8. (VIII, 520 S.) Jena 902. G. Fischer. n. 13. —

— Die Reform des Beamten-Pensionsinstitutes der Mitglieder des Assekuranzvereins von Zuckerfabriken in der österr.-ungar. Monarchie zu Prag. Prag 1898.

Karup, Johs., die Reform des Rechnungswesens der Gothaer Lebensversicherungsbank a. G. Eine Denkschrift, im Auftrage des Bankvorstandes verf. 2 Bde. (V, 170 u. X, 544 S.) Lex.-8. Jena 903. G. Fischer. n. 40. —; geb. n. 42. —

Karup, W.

— ud valgte poetiske Skrifter. 5 Bde. Ebend. 869. 8. (IX, 162; IV, 146; VII, 179; III, 111 u. VI, 131 S.) n. 1 ₰ 15 ngr; in engl. Einb. mit Goldschn. n.n. 1 ₰ 26 ngr

Karup, Wilh., theoretisch-praktisches Handbuch der Lebensversicherung. 3 Abthlgn. gr. 8. Leipzig, Fritsch. *
Inhalt:
Abthl. 1. Geschichte der Lebensversicherung und deren Litteratur, nebst Einleitung in die Lebensversicherungs-Wissenschaft. (XV, 97 S.) 869. *ℳ 1,50.
„ 2. Die Mortalitätsstatistik und die Wahrscheinlichkeitslehre mit besond. Rücksicht auf Lebensversicherungswesen, nebst den Mortalitätstafeln. (VII, 140 S.) 869. *ℳ 2.
„ 3. 1. Hälfte. Der Zinseszins und die Versicherungsarten auf das menschliche Leben. (S. 1—96.) 870. *ℳ 1,50. — 2. Hälfte. Die Prämien und Reserven der Lebensversicherungsbanken. (XV, S. 97—164.) 871. *ℳ 1,50.

Karup, W., theoretisches Handbuch der Lebensversicherung. 3. Abth. 2. Hälfte. Die Prämien u. Reserven der Lebensversicherungsbanken. gr. 8. (XV u. S. 97—164.) Leipzig 871. Theile. n. 1. 50 (cplt.: n. 7. —; geb. n. 8. —)

— dasselbe. Neue Ausg. gr. 8. (XV, 261 S.) Ebend. 874. n. 7. —; geb. n. 8. —

Karup, W., Handbuch der Lebensversicherung. 2. Ausg. gr. 8. (XV, 402 S.) Leipzig 885, [A. Fritsch.] Jüstel und Göttel. ℳ 9.—; geb. *

Karup, W., die Lebensversicherung auf den Todesfall im Kriege. Grundzüge zur Errichtg. e. Versicherungs-Anstalt für Officiere, Militairbeamte, Landwehrmänner u. Feldwebel. Ebend. 869. Lex.-8. (55 S.) n. 12 ngr

Karup, Wilhelm Ignatius

Karup, W. J., Geschichte der katholischen Kirche in Dänemark vom Beginn bis zur Gegenwart. Aus dem Dän. übers. gr. 8. (IV und 409 S.) Münster 868, Aschendorff'sche Buchh.

Karus, Hugo, Schläger, Säbel und Pistole. Ein Wort an die deutsche Studentenschaft und die Freunde derselben. 8. (28 S.) Halle 888, Mühlmann's Sortiment. *

Karus, L., Krankheiten d. landwirthschaftl. Kulturgewächse, s.: Renesse, A. v.

Karus v. der Larpe, s.: Larpe, Karus v. der.

Karussel- u. Quadrille-Touren bei einem Feste an einem kgl. (wahrsch. württ.) Hofe. Abt. 1—3. o. O. u. J. (1. Hälfte des 19. Jahrh.)

Karussy, Friederike, Gebäck, 123 erprobte Rezepte, s.: Bibliothek, kulinarische.

Karuth, s.: Entscheidungen des königl. preuß. Oberverwaltungsgerichts in Staatssteuersachen.

Karuth, Carolus *(geb. Ratibor [8. 10.] 1808)*: De uteri retroversione. Vratislaviae (1835). (32 S.) 8°

Breslau, Med. Diss. v. 22. Aug. 1835

Karutz, über den gegenwärt. Stand d. Ohrenheilkunde, s.: Vorträge, klin., a. d. Gebiete der Otologie etc. III. 9.

Karutz, Richard

Karutz, R., die afrikanischen Bogen, Pfeile u. Köcher im Lübecker Museum f. Völkerkunde. gr. 8. (34 S. m. 5 Taf.) Lübeck 900. (Lübcke & Nöhring.) n. 1. 80

Sonderabdruck aus: „Das Museum zu Lübeck".

67. Versammlung deutscher Naturforscher und Aerzte in Lübeck 1895. Zur Fahrt in See nach Neustadt und nach den ostholsteinischen Seen v. Karutz. (Lübeck. 1895.) 8°

— die afrikanischen Hörnermasken. gr. 8. (94 S. m. Abbildgn.) Ebd. 901. n. 3. —

Sonderabdruck aus: „Mitteilgn. d. geogr. Gesellsch. in Lübeck".

Karutz, Richard [app. Arzt aus Stralsund]: Aus d. geburtshülfl.-gynaekolog. Klinik in Kiel. Zur Kasuistik der Myomotomie. . . . Kiel, Druck v. C. Böckel, 1891; 43 S., 2 Bl. 8°

Kiel, Med. Fak., Inaug.-Diss. v. [26. Febr.] 1891

Karutz, R., unter Kirgisen u. Turkmenen. Aus dem Leben der Steppe. Mit e. Beitrag von v. Hornborstel. (VII, 218 S. m. 51 Abb., 32 Taf., 1 eingedr. Kartenskizze u. 1 Notenbeilage 2 S.) 8. Leipzig 911. Klinkhardt & Biermann. 5.—; geb. 6. —

— eine Sammlung peruanischer Altertümer. gr. 8. (17 S. m. Abbildgn.) Ebd. 900. n. 1. —

Sonderabdruck aus: „Das Museum zu Lübeck".

Karutz, Rich., v. Lübeck nach Kokand. Ein Reisebericht. (148 S.) gr. 8. Lübeck 904. Lübcke & Nöhring. n. 3. —

Sonderabdruck aus: „Mitilgn. d. geograph. Gesellsch. u. d. naturhistor. Museums in Lübeck".

Karvasy Agoston., A váltojog. A Közönseges valtorendszabály ésea még fnnáló Magyar váltótörvenyck szerint. hoch 4. (44 S.) Pest 852, Heckenast. n. 1/2 ₰

Karvasy, August. — Lehrbuch des Wechselrechtes hauptsächlich für Handels- und Industrieschulen nach der allgemeinen Wechselordnung und den noch Kraft habenden ungarischen Wechselgesetzen. A Váltójog irta — —. (In ungar. und deutscher Sprache.) (Seite 65—208, Schluß.) 8. Pesth. Verlag von Gustav Heckenast. Druck von Landerer und Heckenast 1853

Karvasy, Aug., Lehrbuch des Wechselrechtes, hauptsächlich für Handels- und Industrie-Schulen, nach der allgem. Wechselordnung und den noch Kraft habenden ungar. Wechselgesetzen. (In ungar. und deutscher Sprache.) 2., vervollständ. Aufl. gr. 8. (247 S.) Pest 857, Heckenast's Verlag. *

Karvásy, Sigm. v., Wolkenbeobachtungen in O-Gyalla im J. 1898, s.: Publikationen der kön. ung. Reichsanstalt f. Meteorologie u. Erdmagnetismus, II.

Karvonen, J. J., üb. den Einfluss d. Quecksilbers auf die Nieren. gr. 8. (III, 103 S. m. 2 farb. Taf.) Berlin 898. S. Karger. n. 3. —

Karvonen, J. J., die Nierensyphilis. gr. 8. (248 S. m. 8 Abb. u. 2 lith. Taf.) Berlin 901. S. Karger. n. 7. —

Sonderabdruck aus: „Dermatolog. Zeitschrift".

Karwath, Cary v., s.: Buch, das, der tausend Nächte u. der einen Nacht.

KARWATH, Cary v., Edler v. Würdeburg, Die Erotik in der Kunst (der letzten 3 Jahrhunderte). (Compl. in 10 Lieferungen à 12 S. Text, à Mk. 5—; gebd. Mk. 68—.) Wien u. Leipzig, C. W. Stern Verlag, 1908. Gr. 4°. (Privatdruck, nicht im Handel. Publikation der Gesellschaft der Oesterr. Bibliophilen. Stück VIII.) 1 Bl. Inh. u. 236 S. (In Wien, Stadtbibl.: Secr. B. 303. Vergriffen! (75 Mk. Dieterich, Göttingen, 1907; 66 Kr. Gilhofer & Ranschburg, Wien, 1908.)

Mit 144 Textillustrationen und 50 ganzseitigen obscönen Kunstbeilagen in Farben-, Kupfer- und Lichtdruck.

— Die Erotik in der Kunst. Privatdruck. (Publikation der Gesellschaft österreich. Bibliophilen. VIII. Stück.) 10 Lfgn. (240 S. m. Abbildgn. u. 40 farb. Taf.) Lex. 8. Wien 907. 08 C. W. Stern. Subskr.-Pr. à 5.—; erh. Pr. à 6. —

— — Ferner wurde eine Luxusausgabe in 50 Exemplaren auf Japan in weissem Ganzleder à Mk. 140— hergestellt.

Die Illustrationen sind Reproduktionen nach Rembrandt, Goya, Boucher, Manet, Lorrain, Fragonard, Rowlandson, Toulouse-Lautrec, Rops, u. v. a.

— — Illustrativer Nachtrag zur Erotik in der Kunst. 5 Lfrgn. (à 10 Bll.). Ebd. 1908. 4°. In Mappe, samt 1 Bl. Inhalt. Kein Titelblatt. (In Wien, Stadtbibl.: Secr. B 303.) Vergriffen! (Br. Mk. 30—, gebd. Mk. 36—, Luxusausgabe in weissem Ganzldrbd. Mk. 72—.) (25 Mk., br., Adolf Weigel, 1908.)

Zus. 50 obscöne Kunstdrucke, zum grössten Theil in farbiger Faksimilereproduktion. — Privatdruck . . . . (wie oben).

KARWATH, Cary von. Die Erotik in der Kunft.
— — Beiwerke Les sept péchés capitaux. Acht Fakfimile-Reproduktionen nach Aquarellen von Lebègue. (Wien, C. W. Stern, 1908.) Gewöhnliche Ausgabe M. 15.—, Luxusausgabe M. 30.—. Die Reproduktion erfolgte den Originalfarben getreu in der Bildgröße 12:16,5, in Blattgröße 25:33,5. Auflage befchränkt.

— — Beiwerke II: Joh. Nep. Geiger. Zehn erotifche Aquarelle. In handkoloriertem Fakfimiledruck. (Wien, C. W. Stern, Gefellfchaft öfterreichifcher Bibliophilen, Okt. 1908.)

Gewöhnliche Ausgabe: 500 Expl. à M. 20.—, Luxusausgabe: 30 Expl. à M. 40.—.

— — Beiwerke III: Devéria und sein Kreis. 50 Blätter in Farbenätzung nach Originallithographien in 6 Lieferungen. Bildgröße 20:16,5 cm. Mit einer Einleitung von Sig. von Eggh. Gewöhnliche Ausgabe: Lieferung M. 7.50; Luxusausgabe: Lieferung M. 15.—. Vier- und Fünffarbendruck. Verlag C. W. Stern, Wien ca. 1909.
Devéria und sein Kreis. Diesem Kreise gehörten an: Jacques Achille Devéria, Eugène Devéria, Numa Bassaget, Devilly, Gavarni, Nicolas und Antoine Maurin, Monnier, Tassaert etc.

Karwath, J. F., um die Ehre, s.: Zehnpfennig-Bibliothek, moderne, 83. Bd.

— dasselbe, s.: Zwanzigpfennig-Bibliothek, moderne, 12. Bd.

Karwath, Juliane, Katharyna Holerbeck. Roman. (254 S.) 8. Dresden 910. E. Reißner. 3.—; geb. n 4. –

Karwe, R., ein Billet von Pauline Lucca, s. Bloch's, E., Theater-Gartenlaube.

[Karwehl, Harry:] D a n z i g . Kleiner Führer durch Westpreußens Hauptstadt. Dem Fremden gewidmet von d. Danziger Verkehrszentrale. Danzig: Kafemann 1908. 72 S. 8⁰

Danzig als Wohnstadt. Hrsg.: Danziger Verkehrszentrale. [Verf.: Dr. Harry **Karwehl**.] Danzig: Danz. Verkehrszentr. 1908. (IV, 100 S.) 8° [08.15032

Karwehl, H(arry), a. Berlin: Die Entwicklung und Reform des Deutschen Knappschaftswesens. Mit bes. Berücksichtigung d. Preußischen Knappschaftsnovelle vom 19. Juni 1906. Jena 1907: G. Fischer. (IV, 40 S.) 8° ¶ (Erscheint vollst. in: Abhandlungen d. Staatswissenschaftl. Seminars Bd 4 H. 2.)
Jena, Phil. Fak., Ref. Pierstorff, Diss. v. 24. Sept. 1907
[Geb. 24. März 81 Berlin; Wohnort: Berlin; Staatsangeh.: Preußen; Vorbildung: Gymn. Zwickau Reife O. 01; Studium: Berlin 2, Jena 4 S.; Rig. 29. Juni 07.]

Die Entwicklung und Reform des deutschen Knappschaftswesens. Mit besond. Berücks. d. preuß. Knappschaftsnovelle v. 19. Juni 1906. Von Dr. H. **Karwehl**. Jena: G. Fischer 1907. (XIV, 164 S.) 8°
= **Abhandlungen** d. staatswiss. Seminars zu Jena. Bd 4, H. 2. [07.14338

Karwell, Johannes, aus Magdeburg-Neustadt, Rechtsanwalt in Oschersleben: Die **Stellung** des vollmachtslosen gewillkürten Stellvertreters und des Geschäftsführers ohne Auftrag sowie des nicht legitimierten gesetzlichen Vertreters nach der Civilprozessordnung vom 30. Januar 1877 unter Berücksichtigung der Novelle vom 17. Mai 1898. *Magdeburg-N. 1900: R. Zacharias.* (53 S.) 8°
Erlangen, Jur. Diss. v. 3. Nov. 1899

Karwendel-Gebirge [Schlagwort]

— s. a.: Tirol.

Karwendel-Gebirge. Brunn's, Osc., Spezialkarte vom Karwendel-Gebirge m. weiterer Umgebung, einschliessend den Kochel- u. Walchensee, die Jachenau, das obere Isartal, den Tegernsee, das Achental m. dem Achensee, das Sonnwendgebirge u. das untere Inntal von Zirl bis Strass am Zillertal. 1:100,000. 59×49,5 cm. Farbdr. München (907). O. Brunn. 1.50

Karwendel-Gebirge. Brunn's, Osk., Spezialkarte v. Karwendel- u. Wetterstein-Gebirge m. weiterer Umgebung. Von Tölz bis Innsbruck, einschliessend das obere Isar- u. Loisach-Thal, den Staffel-, Kochel- u. Walchensee, Murnau, Oberammergau, Garmisch-Partenkirchen, Reutte, Füssen u. den Fernpass. 1:100,000. 68×71,5 cm. Farbdr. München (Ohlmüllerstr. 1/I) (900). O. Brunn. 2.50; auf Leinw. n. 3.50

Karwendel-Gebirge. Specialkarte des Karwendel-Gebirges. Hrsg. vom deutschen u. österreich. Alpenverein. 1:50,000. Kpfrst. Imp.-Fol. München 889. (Lindauer.) n. 4.—

Karwiese, Erich, Alt-Hameln. Geschichte der Stadt bis zum 30jähr. Kriege. (VII, 103 S. m. 10 Abb. u. 3 eingedr. Skizzen.) gr. 8. Hameln (910). Th. Fuendeling. 2.—

Karwitz, s.: Geologische Karten. Preussen. 82.

Karwoche ..., s. C h a r w o c h e ...

Karwowski, v.: Ueber die Theilbarkeit der Zahlen. Thl. 2. 19 S. – Progr. Lissa 1856.

von Karwowski, Adam [aus Ostrów]: Ueber Callustumoren Freiburg i. B., Univ.-Buchdr. v. Ch. Lehmann, 1895; 59 S. 8.
Freiburg i. B., Med. Fak., Inaug.-Diss. v. 1895

Karwowski, Johann von *(geb. Lissa in Pos. 10. 11. 1849)*: Allgemein-pathologische Betrachtungen über die verschiedenen Typhusarten. Breslau 1874. (52 S.) 8°
Breslau, Med. Diss. v. 16. Apr. 1874

K a r w o w s k i, Stanisl. v. Ein Brief der Herzogin Mathilde von Oberlothringen an den König Mieczyslaw von Polen (1206 oder 1207). 13 S. **Progr.** *Sagan* 1882.

Geschichte des Hauses Leszczyc von Radolin Radoliński. Verf.: Prof. Dr. Stanislaus v. **Karwowski**. Posen: Selbstverl. 1908. 248 S. 2° [11.7164 2

K a r w o w s k i, *Stanislaus (Victor)* von Die altfranzösische Geschichtsschreibung in ihren vier Vertretern: Ville-Hardouin, Joinville, Froissart und Commines. 4 (XXII S.). Kath. G. *Leobschütz* 1886 (179).
Progr.

Karwowski, Stanislaus de: De Livonia imperio Sigismundi Augusti regis Polonorum subiecta [a. 1561]. Halis Saxonum 1870: Ploetz. 51 S. 8°
Halle-Wittenberg. Phil. Diss. v. 30. Nov. 1870
Geb. Lissa (Posen) 25. 2. 1848. V.
Ausser der abgekürzten lateinischen Fassung von 77 S. 4° (2°) hatte K. seine Arbeit in deutscher Sprache eingereicht: Die Erwerbung Lieflands durch Sigismund August König von Polen 1561. 144 S. 2°.

Karwowski, St. v, das Salzprivileg der Reichsgrafen v. Oppersdorff, Majoratsherren auf Ober-Glogau i. Schl. Auf Grund der im reichsgräfl. Archiv zu Ober-Glogau befindl. Urkunden bearb. 12. (14 S.) Leobschütz 894. (C. Kothe's Nachf.) — 30

von K a r w o w s k i, Stanislaus Verhältnis der Reichsgrafen v. Oppersdorff auf Oberglogau zu den Königen von Polen. (Umschlagtitel: Beziehungen . . .) 4 (X S.). **Progr.** Kgl. kath. G. *Leobschütz* 1893 (195).

Karzel, Rud., experimentelle Beiträge zur Kenntnis der Heterotrophie v. Holz u. Rinde bei Tilia sp. u. Aesculus Hippocastanum. (22 S. m. 1 Taf.) gr. 8. Wien 906. A. Hölder. — 85
Sonderabdr. aus: „Sitzungsber. d. k. Akad. d. Wiss."

Karzer ..., s.a. C a r c e r ...

Karzer, über d. Hallischen, u. über Studentenorden, e. Montagsblatt. 8. Halle 801. Hendel. 4 K

K a r z e r i s s i m u s, A. von, K a r z e r b l ü t h e n. Einhundert Gedichte und Sprüche aus Leipzigs Karzerräumen. 1874.
Weller, Lex. Ps. p. 294.

Karzinomlitteratur. Bearb. v. Ant. Sticker. Beilage zur „Deutschen Medizinal-Zeitung." 1. Jahrg. Oktbr. 1902—Septbr. 1903. 12 Nrn. gr. 4. (à ca. 8 S.) Berlin, E. Grosser. n. 6. —

Karzinomlitteratur. Hrsg. v. Ant. Sticker. Beilage zur „Deutschen Medizinal-Zeitg." 2.—4. Jahrg. Oktbr. 1903—Septbr. 1906. à 12 Nrn. (à Jhrg. 96 S.) 4. Berlin. E. Grosser. à Jhrg. n. 6. —

Karzinomlitteratur. Hrsg. v. Ant. Sticker. 4. u. 5. Bd. Monatsbeilage zur „Deutschen Medizinal-Zeitg." à 12 Nrn. (à Bd. VI, 96 S.) 32×24 cm. Berlin [E. Grosser]. Leipzig, E. A. Seemann. à Bd. 6. —
Fortsetzg., s.: Zentralblatt f. Krebskrankheiten.

Káš, Adb., Hilfsbuch für Dampfmaschinen-Techniker, s.: Hrabák, Jos.

Käs, Mor., hebräische Dichtungen. (In hebr. Sprache.) 8. (128 S.) Wien 896. (Th. D. Lippe). n. 2. —

Käs, S., s.: Gerber-Kalender.

Käs, S. praktisches Lehrbuch der Lohgerberei, enth. die Fabrikation d. lohgaren Leders auf ihrem heut. Standpunkte. gr. 8. (XVI, 366 S. m. 122 Abbildgn.) Weimar 891. B. F. Voigt. 8. —

KÄS, S.: Praktisches Lehrbuch der Lohgerberei, enthaltend die Fabrikation des lohgaren Leders auf ihrem heutigen Standpunkte. Leichtfassliche Darstellung des alten und neuen Gerbverfahrens, eingehende Erklärung der chemischen Untersuchungen der Gerb- und Hilfsstoffe, sowie umfassende Lehre der Zurichtung aller vorkommenden lohgaren Leder und der in der Lederfabrikation zur Verwendung gelangenden Maschinen und Werkzeuge. - Weimar 1891. 366 S., 122 Abb.

Käs S. Lehrbuch d. Lohgerberei. (Schaupl. der Künste u Handw. 211) Weimar 1891

Kaes, Thdr., zur pathologischen Anatomie der Dementia paralytica. gr. 8. (S. 181—334.) Berlin (902). S. Karger. n. 6. —
Sonderabdruck aus: „Monatsschr. f. Psychiatrie u. Neurologie".

Käs, Theodor [Irrenarzt in Hamburg]: Beiträge zur Kenntniss des Reichthums der Grosshirnrinde des Menschen an markhaltigen Nervenfasern ... München, kgl. Hof- u. Univ.-Buchdr. v. Dr. C. Wolf & Sohn, 1894; 69 S. 8.
München, Med. Fak., Inaug.-Diss. v. 1894

Kaes, Thdr., die Grosshirnrinde des Menschen in ihren Massen u. in ihrem Fasergehalt. Ein gehirnanatom. Atlas m. erläut. Text u. schemat. Zeichg., 16 Tab., 15 Kurven u. 79 farb. Taf. 2 Tle. (1. Tl. Kurven u. Taf. V S. u. 40 Bl. Erklärgn. u. 2. Tl. Text. 64 S.) 36×28 cm. Jena 907. G. Fischer. — 75

Kaes, Thdr., üb. d. Markfasergehalt d. Grosshirnrinde e. $1^1/_4$ jähr. männl. Kindes, s.: Jahrbücher d. hamburg. Staatskrankenanstalten.

Kasae, G. Das Leben der heiligen Elisabeth, Landgräfin v. Thüringen. 16. (24 S. m. 1 Bild.) Aachen 891, Schweitzer. * — 10

Kasack, Krankenblüt, s.: Hannemann, Elise.

Kasack, *Martin* Richard [aus Potsdam]: Ueber Coccygodynie Berlin, C. Vogt's Buchdr., *1893;* 26 S., 3 Bl. 8.
Berlin, Med. Fak., Inaug.-Diss. v. 14. Juli 1893

Kasahara, Kensan Chikafumi [aus Iwate (Japan)]: Untersuchungen über das specifische Gewicht des Blutes bei gesunden und kranken Menschen ... Jena, Druck v. B. Engau, 1895; 22 S. 8.
Jena, Med. Fak., Inaug.-Diss. v. [21. März] 1895

Kasai, S., das Abbinden der Portlandzemente. (V—VIII u. 48 S. m. Abb. u. 7 Taf.) Lex. 8. Berlin 908. Tonindustrie-Zeitg. 3. —

Kasai, Shinzo [aus Yamaguchi, Japan]: Die wasserhaltigen Aluminiumsilikate ... München, Druck v. V. Höfling, 1896; 35 S. 8.
München, Phil. Fak., Inaug.-Diss. v. 1896

(**Kasal,** Josef.) Die Sozialdemokraten als Totengräber der Kleingewerbe- und Bauernleute. An alle Arbeiter, Meister, Industriellen, Handels- und Bauernleute, sowie an alle Freunde des Gewerbestandes zum Nachdenken! Von einem Handwerker. (Separatabdruck aus der «Schweizer. Schreinerzeitung» mit Ergänzungen.) 32 S. 8. Luzern, J. Schill, 1901.

Kasalowsky, Joh. A., ökonomisches Vademecum. Ein Handjournal z. zweckmäß. u. bequemen Aufzeichnung aller Wirthschaftsgegenstände u. Arbeiten. gr. 8. ($12^1/_2$ B.) Olmütz 844. (Brünn, Winiker's Buchh.) * —

KASAMO, Kamon (Kagoshima): Pathologische und spontane Frakturen.- München: Kastner & Callwey 1910. 90 S.
29.4.1911 - Chr 1910/11,26; U 11.3658
Diss.Ingolst.-Landsh.-Mchn.

Kasanskaja, Zipoira, aus Kischineff (Russland): Ueber Lymphangiomitis. Bern 1910. 27 S. 8°. [15. VII. 10.]
Bern. Med. Diss. 1909/10.

Kasansky, Simeon. Operative Behandlung des Oesophaguscarcinom. Diss. Med. Basel. II + 159 S. 8. Bern, A. Benteli, 1905.

Kasanzeff, Wladimir: Experimentelle Untersuchungen über Paramaecium caudatum. Mit zwei Tafeln. Zürich 1901. 60 S. 8°.
Zürich. Phil. Diss. II. S. 1901/1902.

Kasarnowski, Hermann Henryk, Dipl.-Ing. aus Warschau: Ueber die Diffusion der Kolloide. Mannheim 1910. 51 S. 8°. [26. IV. 00.]
Basel. Phil. Diss. 1909/10.

Kasarnowsky, Ginda, aus Minsk (Russland): Über einen Fall spontaner Blasensteinzertrümmerung. Leipzig 1909. 15 S. und eine Tafel. 8°. S.-A. aus Folia Urologica Bd. 3. [16. II. 09.]
Zürich Med. Diss. 1908/09.

Kasasis, Neokles, Griechen u. Bulgaren im 19. u. 20. Jahrh. Autoris. Übersetzg. (139 S.) 8. Leipzig 908. B. Liebisch. 2. —

Kaesbach [Ewald]: Kanon französischer Gedichte. Warendorf 1907 ... s. **Hirschmann** [Friedrich].

Kaesbach, W.: Das Werk der Maler Victor und Heinrich Duenwege und des Meisters von Kappenberg. Ein Beitrag zur Geschichte der Malerei am Niederrhein und in Westfalen im Anfang des XVI. Jahrhunderts. Münster i. W. 1907: Regensberg. (47 S.) 8° [J.]
Straßburg, Phil. Fak., Ref. Dehio, Diss. v. 24. Febr. 1906
[Geb. 18. Jan. 79 M.-Gladbach, Rheinld.; Wohnort: M.-Gladbach; Staatsangeh.: Preußen; Vorbildung: Oberrealsch. Rheydt b. M.-Gladbach Reife Sommer 00; Studium: Leipzig 1, München 1, Berlin 2, Heidelberg 4, Straßburg 1 S.]

Kasbaum, Karl [app. Arzt aus Koblenz]: Myelitis in der Schwangerschaft ... Heidelberg, Buchdr. v. C. Pfeffer, 1897; 38 S. 8.
Heidelberg, Med. Fak., Inaug.-Diss. v. [18. Dez.] 1896

Kasberger, G., Ansicht, Verehrung und Anbetung Gottes in den wichtigsten Glaubenslehren in 15 Sectionen. gr. 8. Landshut, Weber. 817.

— Entwickelung einiger philosoph., psycholog. u. theolog. Begriffe als Vor- u. Hülfskenntnisse zur Methodik u. Theologie. 8. Landsh. 818.

— kurzer Grundriß zur Methodik d. Theologie oder des Wissens durch u. von Gott. 12. Landsh. 816. Weber in Münch. 4 ℛ

— kurzer Grundriß zur Methodik der Theologie oder des Wissens durch und von Gott. 12. Ebend. 817.

Kaesberger, Max, das Vater Unser u. Ave Maria, in Sinnbildern dargestellt u. verf. gr. Fol. (V S., 58 S. auf Karton m. 9 Farbdr.) Wiesbaden (901). J. G. Schabel. Geb. in Halbfrz. m. Goldschn. 60. —

Käs-Blättche, litterar. Kölner, verfaß un in der Handel gebrach vun mir, dem v. d. ganzen gebilten Menschheit verehrte Hârren Antun Meis. 1895. Nr. 1. Feßimmerr. gr. 8. (8 S. m. 1 Abb.) Köln 895. J. G. Schmitz. n. — 20

Käs-Blättche, Kölnisches. Aus dem nachgelasse Papeerkorb des Harrn Tillekatessenhändlers Hârrn Antun Meis. For 5 Fennig for der gebilten un for 5 Fennig vor der ungebilten Mann macht zusamme for Jeder 10 Fennig. Nr. 4—6. gr. 4. (4, 7 u. 4 S.) Köln 899. J. G. Schmitz. à n. — 10

Kaesbohrer, Joseph, a. Nürnberg: Der syphilitische Primäraffekt an den Tonsillen. Borna-Leipzig 1906: R. Noske. (58 S.) 8°
Würzburg, Med. Fak., Ref. v. Leube, Diss. v. 7. Juni 1906
[Geb. 6. Juni 81 Nürnberg; Wohnort: Klein-Rosseln, Lothr.; Staatsangeh.: Bayern; Vorbildung: Gymn. Würzburg Reife 99; Studium: Würzburg 10 S.; Coll. 20. Dez. 05; Approb. 21. Juli 04.]

Käsbohrer, Leonhard [Kgl. Reallehrer]: Die linear-unabhängigen quadratischen Relationen zwischen den zum Kurvengeschlecht p=8 gehörigen Formen φ ... Nürnberg, kgl. Bayer. Hofbuchdr. G. P. J. Bieling-Dietz, 1893; 2 Bl., 43 S. 8.
Erlangen, Phil. Fak., Inaug.-Diss. v. 1893

Käsbohrer, Leonhard Dr. „Die linear-unabhängigen quadratischen Relationen zwischen den zum Kurvengeschlecht p = 8 gehörigen Formen φ.". pg. 1—48. 8°. G. P. J. Bieling-Dietz.
Nürnberg, Progr. 1892/93

Käsborer (Käßbohrer), Sebastian (J. G. Pahl)

— Gutachten über d. Wahlfähigkeit e. Würtemberg. Landtagsdeputirten. 8. ... 797. .. 6 ℛ

— Gutachten üb. die Wahlfähigkeit e. Landtagsdeputirten in Wirtemberg. 8. 797.

Käßbohrer, S., Schutz- Trutz- und Vertheidigungs-Libell für den Wirtemb. Adel. 8. 797.

Käsborer, Sebast., (J. G. Pahl), Vernunft- u. Schriftmäßige Vertheidigungs-Libell für den Würtemberg. Adel. 8. Waldansgalloch u. Leipz. 797. ... 5 ℛ

— letztes Wort über d. Adel. 8. ... 797. .. 3 ℛ

— mein letztes Wort, üb. d. Adel. 8. 797.

Kasch, Alfr., [u.] Alfr. *Mende.* Grosser Gerichtsplan. Berlin u. s. Vororte. Berlin (1905). 8°.

Kasch, Aug., der Herr Obergespan. (IV, 108 S.) 8. Kiel 905. (Univ.-Buchh.) Geb. in Leinw. n. 1. 20

Kasch, E., der Bühnen-Umbau d. königl. Schauspielhauses in Berlin, s.: Heydemann, A.

Kasch, Friedrich M(ax) E(rdmann), aus Wolgast: **Mundartliches** in der Sprache des jungen Schiller. *Greifswald 1900: F. W. Kunike.* (80 S.) 8°
Greifswald, Phil. Diss. v. 7. Mai 1900

Kasch, Fritz: Leopold F. G. von Goeckingk. Marburg 1909: Koch. V, 139 S. 8° ¶(Ersch. auch als: Beiträge z. dtsch. Literaturwissensch. Nr 5.) x)
Marburg, Phil. Diss. v. 31. Juli 1909, Ref. Elster
[Geb. 3. Sept. 80 Bernikow; Staatsangeh.: Preußen; Vorbildung: Gymn. Königsberg i. N. Reife M. 99; Studium: Berlin u. Marburg zus. 14 S.; Rig. 28. Nov. 06.] [U 09. 3185

Kasch, Fritz: Leopold F. G. van G o e c k i n g k.
Marburg: Elwert 1909. VII, 139 S. 8°
[Erschien auch als Inaug.-Diss. Marburg 1909.]
(Beiträge z. deutschen Literaturwissenschaft. Nr. 5.)

Kasch, G. Karte vom asiatischen Kriegsschauplatze, nebst Aufstellung der Streitkräfte Russlands u. der Türkei nach d. Gefecht am Ingurflusse u. d. Sturm auf Kars. Berlin 1856.

Kasch, Katharina, Geburtstagsbuch. Ein Geschenk- und Gedenk-Buch. 8. (III, 366 S.) Kiel 887, Lipsius und Tischer. geb. mit Goldschn. *

Kasch, Katharina, Gedichte. 8. (VIII, 192 S.) Kiel 881. Ploen, Hahn in Comm. n. 2. —; geb. m. Goldschn. n. 3. —

KASCH, Kurt (Scharnhorst): Beitrag zur Statistik, Aetiologie und Therapie der Schieflagen.- München: Wolf 1910. 60 S.
18.1.1911 - Chr 1910/11,24; U 11.3659
Diss.Ingolst.-Landsh.-Mchn.

Kaschade, Rudolf, Referendar: Die Verteilung des Beweises im Falle des § 287 Satz 2 BGB. Borna-Leipzig 1910: Noske. X, 41 S. 8°
Breslau, Jur. Diss. v. 31. März 1910, Ref. Schott, Fischer
[Geb. 3. Nov. 86 Militsch, Bez. Breslau; Wohnort: Landeck; Staatsangeh.: Preußen; Vorbildung: Gymn. Öls Reife M. 05; Studium: München 1, Tübingen 1, Breslau 5 S.; Rig. 17. Dez. 09.] [U 10. 502

Kaschau [Schlagwort]

Kaschau, s.: Europa. Liebenow.

Kaschau [Verfasser]

Kaschau, Adolf: Ueber Diphenylselenid und Diorthophenylendiselenid ⟨Selenanthren⟩. *Heidelberg 1897: Ph. Wiese.* (39 S.) 8°
Heidelberg, Naturw.-math. Diss. v. [15. Okt.] 1897

Kasche, Gli. Hnr., († d. 18. Oct. 1831.) Ideen über religiöse Geographie. 8. Lübeck 795. 4 ℛ

Kasche, *Joachim Alexander* Heinrich [aus Berlin]: Kachexia thyreopriva und Myxödem ... Berlin, Buchdr. v. G. Schade, *1893*; 43 S. 8.
Berlin, Med. Fak., Inaug.-Diss. v. 14. März 1893

Schluss-Bericht der Bau-Commission über den Neubau der Loge Royal York zur Freundschaft i. O. Berlin 1883. [Unterz.:] Wilh. Kasche. Berlin [1883]: Teichler & Fickert. 12 S. 8° [Umschlagtit.]
Nebst ein. beim Richtfest (1881) gesprochenen Gedicht von O. E. L. Jenisch.

Kaschelke, Louis, das gesammte Examen für Stationsvorsteher der Eisenbahnen Deutschlands. Geprüft von einem höheren Eisenbahn-Bau- und Betriebsbeamten. gr. 8. (192 S.) Königsberg 887, Hartung'sche Verlagsdruckerei. *

Kascheike, Louis, die Militär-Eisenbahn-Ordnung in Fragen u. Antworten. Ein Handbuch f. die Beamten der Eisenbahnen Deutschlands u. f. die deutsche Armee u. Marine. 8. (X, 218 S.) Elberfeld 902. S. Lucas. n. — 60

Kascher, Sara, a. Warschau: Aus der Experimentell-biologischen Abteilung des Königlichen Pathologischen Instituts d. Univ. Berlin. Die Oberflächenspannung von Körpersäften unter normalen und pathologischen Bedingungen. Berlin (1907): E. Ebering. (34 S.) 8°
Berlin, Med. Fak., Ref. Orth, Diss. v. 2. Aug. 1907
[Geb. 1. Jan. 78 Warschau; Wohnort: Warschau; Staatsangeh.: Rußland; Vorbildung: Warschau u. Zürich; Studium: Zürich 8, Berlin 5 S.; Rig. 20. Juli 07.]

Kasohke, Erich *Fritz Otto* [aus Magdeburg]: Über den Zusammenhang zwischen Traumen und Erkrankungen der parenchymatösen Unterleibsorgane ... Berlin, Druck v. E. Ebering, *1897*; 31 S., 2 Bl. 8.
Berlin, Med. Fak., Inaug.-Diss. v. 9. Juli 1897

Kaschmir-Shawl
Der Kaschmir-Shawl. 1840
s. White, Charles [Verf.]

KASCHNITZ, JOSEPH: Gedanken über die Erziehung der Jugend. Pest 1787: Trattner. 22 S. - 190 mm

KASCHNITZ, JOSEPH S. P.: Rede an seine Majestät den Kayser Joseph II. Pest 1786: Jos. Gottfried Lettner. 4 S. - 8°

Kaschnitz, Mor. v., der wohlunterrichtete Begleiter in Wien zu allen Staats- und anderen Behörden, öffentl. Anstalten, Gesellschaften, Vereinen, Sehenswürdigkeiten u. a. m. mit Angabe der vorzüglichsten histor. Daten. Ein nützl. Handbüchlein für Fremde und Einheimische. 16. (114 S.) Wien 857, (Dirnböck.) Thlr.

Kaschnitz, Moriz v. Die Benedictiner-Abtei zu den Schotten in Wien. Eine geschichtl. Erinnerung zur Feier des siebenhundertj. Jubelfestes. Mit dem Programme der achttägigen Säcular-Festlichkeiten und einer Abbildung der Stiftskirche im J. 1650. *Wien* 1858. Comm. *J. Dirnböck.* Druck v. *F. Manz.* 31 S., 12°. 12 kr.

Kaschnitz, Mor. v., die herrlichen Gegenden des Wiener-Waldes im Bereiche der Westbahn von Wien bis Mölk und im Anschlusse an die Südbahn; nebst einem Anhang: „Ausflüge nach Maria Zell." Ein verläßlicher Touristen-Führer. Wien 859. Dirnböck. 16. (82 S.) 10 ngr

—— Rundgemälde von Wien. Ein vollkommen verläßl. Führer durch die k. k. Reichshaupt- und Residenzstadt und ihre reizenden Umgebungen. Für Fremde und Einheimische, welche die Merkwürdigkeiten in der kürzesten Zeit sehen und kennen lernen wollen. Mit Berücksicht. alles Neuen. Nach den besten autent. Quellen bearb. 16. (IV und 182 S.) Wien 859, Dirnböck.

v. Kaschnitz zu Weinberg, Frhr. Ant. Valent., († d. 22. Sept. 1812.) prakt. Bemerkk. u. Anleit. zur Veredlung d. Schafzucht in Gallizien. Mit 2 Kpft. 8. Brünn u. Krakau 805.

Kaschub, M. Christian (Danzig), Aristo providentiae divinae circa res singulares testis. Präs. Johann Friedrich Hiller. Wittbg. (Johann Samuel Gerdes) 13. II. 1761. 28 S. (6.20) 17514
Gew.: Johann Friedrich Schumann, Friedrich Gottlieb Fichtel, Heinrich Zerneck, Benjamin Gottlieb v. Schroeder, Jonathan Heller, M. Hermann Bordewisch, Daniel Hermann Richter, Johann Benjamin Engelcke, Gabriel Joachim Weickhmann.

Kaschub, Christian [Praes.], s. Barth, Friedrich Gottlieb: Providentiam dei circa res singulares.

Kaschuben, J. Wz., deutl. Begr. mathemat. Wissenschaften. m. K. 8. Jena, Bielke. 718.

— elementa physico-mechanica percepta. 8. ibid. 718.

Ludus mathematicus ſive crux geometrica cum aliquo ejus uſu cujus innocentiam Rectore Magnificentiſſimo Sereniſſimo Principe ac Domino Dn. *Guilielmo Henrico*, Duce Saxoniae, Juliaci, Cliviae, Montium, Angariae, Weſtphaliae et reliqua ſuperiorum permiſſu praeſide M. *Jo. Wenceslao Kaschubio* Strehla-Sileſio, D. XXI. April. Anno M. DCCXVI. In philoſophorum auditorio horis antemeridianis publice tuebitur reſpondens *Michael Fridericus Leiſtico* Stargardia-Pomer. Jenae, Stanno Wertheriano. 4. 14 Seit. mit 1 Kupft.

Kaschutnig, Antonio. Vellus aureum Burgundo-Austriacum sive ... Ordinis torquatorum aurei velleris equitum ... relatio historica authore P. Antonio Kaschutnig ... tum primum in lucem edita. Cùm sub ... Auspiciis ... ducis Eugenii ... Paulus Antonius Gundl ... in ... universitate Viennensi ... Positiones ex Universa Philosophia ex praelectionibus R. P. Sebastiani Insprugger ... Publicè defenderet Anno M DCC XXVIII [1728] ... Viennæ Austriæ, Typis Wolffgangi Schwendimann ...
Titelkupfer, Tit., 3 Bl., 112 S., 1 Bl.; 11 Taf. in Kupferst. 4°

Kasdorf, Otto

Aufklärung und Freimaurerei. Von O. **Kasdorf.** [Leipzig: Teichmann & Co.] o. J. 8 S. 8°. [Umschlagtit.] (Aufklärungsschriften des Freimbundes z. aufgeh. Sonne. 1.)

Kasdorf, Otto, Bau u. Einrichtung v. Molkereien. (40 S. m. 19 Abbildgn. u. 1 Taf.) gr. 8. Leipzig 904. M. Heinsius Nachf. n. 1.—

— Eis u. Kälte im Molkereibetrieb. Ratgeber bei der Einrichtg. moderner Molkereibetriebe. (VIII, 326 S. m. 208 Abbildgn. u. 5 Taf.) gr. 8. Ebd. 904. n. 6.—

Kasdorf, Otto, die Milchpreiserhöhungen u. die Milchversorgung der Stadt Wien. (35 S.) gr. 8. Wien 910. Brüder Suschitzky. 1.—

Regeneration der Freimaurerei. Ein Vortrag von O. Kado [d. i. Otto Kasdorf]. Als Ms. gedruckt. Hrsg. vom Literarischen Klub Ardens in Wien. Leipzig: Gerhard 1909. 30 S. 8°

[Dasselbe.] 2. Aufl. Ebendas. 1909. 30 S. 8°

[Dasselbe.] 3. Aufl. Ebendas. 1909. 30 S. 8°
cf. H. 20 (1909) No 25 (F. Zimmer), 42 (O. Neumann); ArSt. 6 (1909) S. 193—199, holländ. Übers. in: MW. 58 (1909) S. 387 bis 388; S. 16 (1909) S. 93—94 (F. Rackhorst); "Ulmer Volksbote. 1909 Nr 99; L. 32 (1909) S. 224 (P. Fischer).
Macht Propaganda für den auf monistischer Grundlage ruhenden „Frmrbund zur Aufgehenden Sonne". Fordert Wiederbelebung des Humanitäts-Grundgedankens der Frmrei.

Kase, *Johann Friedrich* Gustav [aus Berlin]: Beziehung zwischen den Radien der einem sphärischen NEck ein- und umbeschriebenen Kreise und ihrer Centralentfernung. . . . Halle a. S., Hofbuchdr. v. C. A. Kaemmerer & Co., 1890; S. 3 49, 2 Taf. 8°
Halle, Phil. Fak., Inaug.-Diss. v. [22. Sept.] 1890

Käseberg, C. G., Gedächtnißübungen für Kinder von 6 bis 8 Jahren. 32. (31 S.) Grimma 851, Verlags-Comptoir.

Kaeseberg, Johannes, Arzt a. Waldenburg in Sachsen: Über einen Fall von Hämatometra im rudimentären atretischen Nebenhorn. Halle a. S. 1906: H. John. (21 S.) 8°
Halle, Med. Fak., Ref. Veit, Diss. v. 24. Dez. 1906
[Geb. 5. Mai 79 Waldenburg in Sachsen; Wohnort: Halle a. S.; Staatsangeh.: Sachsen; Vorbildung: Fürsten- u. Landessch. Grimma Reife O. 99; Studium: Leipzig 2, Kiel 2, Leipzig 3, Straßburg 1, Halle 2 S.; Coll. 21. Dez. 06; Approb. 1. Febr. 05.]

Kaeseberg, Max, s.: Berg, Max.

Kaeseberg, Otto: Beitraege zur Geschichte des naturwissenschaftlichen Unterrichts in den Schulen Deutschlands von seinen ersten Anfaengen an bis zum Beginne des neunzehnten Jahrhunderts. . . . Dresden, C. Rich. Gaertner'sche Buchdr. (Heinrich Nienoher), 1889; 63 S. 8°
Leipzig, Phil. Fak., Inaug.-Diss. v. 7. Febr. 1889

Kaesebier, Gustavus: Quaestiones metricae Callimacheae. 81 S. 4° (2°)
Halle-Wittenberg, Phil. Diss. v. 15. Juli 1869
Geb. [Schönebeck a. d. Elbe (Kr. Kalbe) 8. 5. 1845]
S. 61—81 ersch. später stark verändert in des Verf. Forts. seiner Studien u. d. T.: De Callimacho, *νόμων* poeta. Brandenburg a. d. H. 1873: Wiesike. 17 S. u. Tabula. 4° Gymn.-Progr. Im Buchhandel zus. mit Hutt: Die Mascheroni'schen Konstruktionen. Berlin: Calvary 1874. 22 S. 4°

Kaesebier, Kurt, aus Wörlitz: **Beobachtungen über den Sprachgebrauch in Samuel Pepy's[!] 'Diary'.** *Greifswald 1898: J. Abel.* (82 S.) 8°
Greifswald, Phil. Diss. v. 26. Nov. 1898

Kaesebier, Kurt: Französische Fremdwörter in der deutschen, deutsche Fremdwörter in der französischen Sprache. (T. 1.) Cöthen 1909: Dünnhaupt. 30 S. 8° ¶ [T. 2 ersch. in anderer Form.]
Köthen, herz. Friedrichs-R u. VS OP 1909 (919) [S 09. 236

[Russ.] Buddizm. Raspoznanie ego s točki zrěnija čistago pessimizma. Sostavil i izdal Leonid Kašecin. *(Lejpcig: V tip. F. A. Brokhauza [1896?].)* [Der Buddhismus. Sein Verständniss v. Standp. d. reinen Pessimismus . . .] (1 Bl., IV, 3—14 S., 1 Bl.) 1 Bd 8. [96. 7131

Käsefabrikant, der, nebst Mitteln, Käse zu färben, wohlriechend zu machen, zu verbessern u. vor Maden zu sichern. 8. Leipz. 826, Centr.-Compt. Rthlr.

Käsehage, Friedrich, Referendar a. D.: **Die Verpfändung eines Warenlagers nach gemeinem Recht und bürgerlichem Gesetzbuch.** Rostock 1910: Adler. 51 S. 8°
Rostock, Jur. Diss. v. 25. Mai 1910, Ref. Matthiaß
[Geb. 17. Sept. 83 Hannover; Wohnort: Hannover; Staatsangeh.: Preußen; Vorbildung: Lyz. II Hannover Reife O. 04; Studium: Berlin 2, Göttingen 4, Rostock 1 S.; Rig. 30. März 10.] [U 10. 3849

Kasel, Christian, Arzt in Köln, früh. Assist. d. med. Poliklinik: Beiträge zur Lehre der Gruber-Widal'schen Serodiagnose des Unterleibstyphus. Aus d. med. Poliklinik ⟨Vorst.: Prof. Dr. Matterstock⟩ u. d. hygien. Institute ⟨Vorst.: Prof. Dr. Lehmann⟩ d. Kgl. Universität Würzburg. *Würzburg: Stahel 1899 [vielm. 1901/02].* (91 S.) 8°
Würzburg, Med. Diss. v. 1899

Kasel, Christian: Beiträge zur Lehre der Gruber-Widal'schen Serodiagnose des Unterleibstyphus. M. 4 Curven-Abb. Würzburg: Stahel 1899. (91 S.) 8°
S.-A. aus: Verhandlungen d. physikal.-med. Gesellschaft zu Würzburg. N. F. Bd. 32. No. 6.

Kaselack, Carl Ed., die Kartoffel-Spiritus-Fabrikation d. neuesten Zeit, unt. Anwend. e. Verfahrens, nach welchem Sieben Hundert Proc. Tr. pro Scheffel Kartoffeln gezogen werden können u. in mehr. Brennereien bereits durchschnittl. 650 Proc. pro Scheffel Kartoffeln wirklich gezogen worden sind. gr. Lex.-8. Schwetz a. d. W. 841, Compt. f. Landwirthschaft. *
Angeh. ist: Schweizer Nachrichten v. Landes-Cultur-Sachen. Lex.-8. (12 Blätter.)

Kaeseler, Gustav [pract. Arzt aus Westfalen]: Ueber Area Celsi seu Alopecia areata mit Zufügung eines Krankheitsfalles. . . . Greifswald, Druck v. Carl Sell, 1886; 27 + 3 S. 8°.
Greifswald, Med. Fak., Inaug.-Diss. v. 27. März 1886.

Kaeseler, Gustav, über Area Celsi seu Alopecia areata mit Zufügung eines Krankheitsfalles. Diss. Greifswald 1886, Jul Bindewald. 8°. 27 S.

Kaeseler, Gustav Wilh. (Ibbenbüren/Westf.), De pneumonia infantium. Diss. med. Bln. (Nietack) 13. IV. 1835. 52 S. mit Biogr. (M.: ten Brink.) (6.50) 17279
Oppon.: L. Boehm, C. Burckhardt, J. Proebsting. — Gew.: Dr. Barez.

Kaselitz, Fritz, Anleitung zum Gebrauche der Hülfs- und Uebungswandtafeln und des Hülfs- und Uebungsbüchleins für den ersten Rechenunterricht, den Rechenanschauungsunterricht. gr. 8. (20 S. mit eingedr. Holzschn.) Berlin 868, Stubenrauch. * — 25

— die Formenlehre in der Volksschule. Betrachtung, Darstellung und Berechnung geometrischer Körper. Für die Volksschule zusammengestellt. 2 Thle. gr. 8. (48; 55 S.) Magdeburg 871, Heinrichshofen'sche Buchh. ** — 65
— dass. — 2 Thle. Mit eingedr. Holzschn. 8. Berlin 873, Stubenrauch. à Thl. * 40 Pf. * — 80
Inhalt:
Thl. 1. Betrachtung und Darstellung geometrischer Körper. (S. 1—49.)
" 2. Berechnung von Flächen und Körpern. (S. 50—102.)

Kaselitz, Fritz, die Formenlehre in der Volksschule. Betrachtung, Darstellung und Berechnung geometr. Körper. 1. Tl.: Betrachtung und Darstellung geometr. Körper. Für die Volksschule zusammengestellt und hrsg. 2. Aufl. gr. 8. (48 S.) Bielefeld 888, Velhagen und Klasing. *
2. Tl. Ebendas. 1873. * 40 Pf.

— 2000 Fragen u. Aufgaben aus der ebenen Geometrie zur Beantwortung u. Auflösung für Mittelschüler, Präparanden u. Seminaristen. 1. u. 2. Hft. Mit der amtlich angeordneten Rechtschreibung für preuß. Schulen. gr. 8. Berlin 880. Stubenrauch. à n. — 50
1. [Kurs. I. u. II.] (50 S.)
2. [Kurs. III.] (61 S. m. eingedr. Holzschn.)

— Gefahren moderner Jugendlectüre. Ein Vortrag im Berliner Frauenverein zur Beförderung Fröbelscher Kindergärten gehalten. 8. (20 S.) Ebendas. 868. * — 25

Kaselitz, Fritz, die Geometrie in der Bürgerschule. Für den Unterricht in gehobenen Schulen. 2 Thle. gr. 8. Ebend. 873. n. 1. 40
1. Geometrische Formenlehre. Betrachtung geometr. Körper. (51 S.) n. — 40
2. Die Elemente der ebenen u. körperl. Geometrie.
1. Abth. Von den Winkeln, vom Dreieck, vom Viereck, von der Gleichheit der Figuren, Flächen u. Körperberechng. (S. 52—150.) n. — 60
2. Abth. Vom Kreise, von der Construction regelmäßiger Vielecke, v. der Gleichheit der Figuren u. der Aehnlichkeit der Dreiecke. (S. 151—204.) n. — 40

— die Geometrie in Mittelschulen, Präparandenanstalten u. Seminarien. Nach der genet. u. konstruktiven Methode unter Einreihung von ca. 350 Konstruktions-Aufgaben, nebst Auflösungen, bearb. 2., sehr verm. u. verb. Aufl. der „Geometrie in der Bürgerschule". 1. u. 2. Hft. gr. 8. Ebend. 880. n. 2. 20
1. [Kurs. I. u. II.] (VIII, 132 S. m. eingedr. Holzschn.) n. 1. —
2. [Kurs. III.] (147 S. m. eingedr. Holzschn.) n. 1. 20

—— s. Geyger, W., Rechenbuch für Volks-Schulen.

—— Hülfs- und Uebungsbüchlein für den ersten Rechenunterricht. Nach neuen, anerkannten Grundsätzen bearb. qu. 4. (4 Stnt.) Ebendas. 868. * — 20
—— dass. — Anleitung dazu. gr. 8. (20 S.) Ebendas. 868. * — 25

—— Hülfs- und Uebungswandtafeln für den ersten Rechenunterricht. Nach neuen anerkannten, method. Grundsätzen bearb. gr. Fol. (4 Bl.) Ebendas. 868. * 1 75

Kaselitz, Fritz, die französische Conjugation nach Verbalstämmen. Zum Gebrauch für Schulen und als Supplement zu jeder französ. Grammatik hrsg. gr. 8. (45 S.) Berlin 879, Nicolai'sche Verlagsh. *

— Rechenbuch für deutsche Schulen,
— Rechenbuch für Volks- und Mittelschulen, } s. Brennert, E.

—— und W. Geyger, Rechenbuch,
—— —— Rechenfibel, } s. Geyger, W.

— der erste Rechenunterricht in Zahlenbildern. gr. 8 (29 S.) Berlin 893, Nicolai's Verl. n.n. — 2[illegible]

—— Sangeslust. Sammlung heiterer und ernster 3stimm. Gesänge für die Oberklassen mittlerer und höherer Knabenschulen. Als Suppl. zu jeder Liedersammlung. 1. und 2. Heft. gr. 8. (49; 32 S.) Ebendas. 868,74. à Heft * 50 Pf. * 1 —

—— Umfang, Ziel und Methode der Raumlehre in der Volks- und Mittelschule. gr. 8. (34 S.) Berlin 873, Stubenrauch. * — 50

— Wandtafeln f. den ersten Rechenunterricht in Zahlenbildern. 13 Blatt à 51 × 83,5 cm. Ebd. 893. n. 5. —

— Wegweiser für den Rechenunterricht in deutschen Schulen. Methodisches Handbuch für Lehrer u. Seminaristen, nach eigener Methode mit besonderer Rücksicht auf die neuesten Verfügungen des Bundesraths bearb. 3 Thle. gr. 8. Berlin 878—80. Nicolai's Verl. n. 4. —
1. 2. Unterstufe, Mittelstufe. (VIII, 160 S.) n. 2. —
3. Oberstufe. (IV, 124 S.) n. 2. —

— Wegweiser f. den Rechenunterricht in deutschen Schulen Methodisches Handbuch f. Lehrer u. Seminaristen. 3 Tle 2., umgearb. u. verb. Aufl. gr. 8. Ebd. 893. à n. 3. —
1. Das mündliche Rechnen in den Zahlenkreisen 1—10, 1—20 1—100 u. 1—1000. (XII, 144 S.)
2. Der unbegrenzte Zahlenraum. Mehrfach benannte Zahlen, Bruchzahlen. (VIII, 191 S.)
3. Die bürgerlichen Rechnungsarten. Unbestimmte Zahlen. Gleichungen 1. Grades. Wurzelausziehung. (VI, 166 S.)

Kaselitz, Fritz, Wie muß sich die Methode des Rechenunterrichts gestalten, damit einerseits den Forderungen des practischen Lebens in genügender Weise Rechnung getragen wird, und andrerseits der Rechenunterricht erziehliche Einflüsse übt und sittliche Bildung wirkt? Ein Beitrag zur Methodik des Rechenunterrichts. gr. 8. (32 S.) Berlin 867, Uthemann und Müller.

—— kritische Würdigung der deutschen Kurzschrift-Systeme von Gabelsberger, Stolze und Arends. gr. 8. (44 S.) Berlin 875, Königsstädtische Schulbuchh. — 60

Kaselitz, [Johannes]: [Bericht über die Feier des 25jährigen Bestehens der Anstalt.] S. 16—22. 4.
Progr. Städt. Progymn. mit Realabteil. *Gandersheim* 1904 (808).

Kaselitz, Oscar, a. Halle a. S.: Ueber Kondensationsprodukte substituierter Ortho-Diamine mit Alloxan und dessen Derivaten. (Berlin 1906: E. Ebering.) (83 S.) 8°
Berlin, Phil. Fak., Ref. Gabriel, Diss. v. 17. März 1906
[Geb. 28. Okt. 80 Halle a. S.; Wohnort: Granschütz; Staatsangeh.: Preußen; Vorbildung: Oberrealsch. der Franckeschen Stiftungen Halle Reife O. 00; Studium: München 4, Berlin 7 S.; Rig. 22. Febr. 06.]

Käselitz, Fr. Enk v. dem, bei Erbswurst und Feldzwieback. Kriegsgeschichten. Nach dem Tagebuche eines ehemal. „Feldzüglers", sowie nach „Feldpostbriefen" von 1870/71 zusammengestellt. 8. (III, 376 S.) Hagen 886, Risel und Comp. *

Kaselowski, Fr., Ueber die Bearbeitung des Flachses u. über die Flachs-Brech- u. Schwingmaschine; von Dr. H. Grothe. Berlin 1871. gr. 8°. brosch. (19 S.)

Kaselowsky, Ferdinand, aus Berlin: Aus d. Kieler chirurg. Klinik. Ein Fall von Polyposis recti. *Kiel 1904: Schmidt & Klaunig.* (17 S.) 8°
Kiel, Med. Diss. v. [10. März] 1904

Kaselowsky, G.: Handbuch der Galvanoplastik ... Stuttgart 1862, s. Willich, H.

Kaselowsky, G., Handbuch der Galvanoplastik oder der hydro-elektr. Metall-Ueberziehung in allen ihren Anwendungs-Arten, mit besond. chem. Abhandlungen und Notizen über galvan. [elektro-chem.] Vergolden, Versilbern, Vernickeln rc. Nach dem Französ. des A. Roseleur deutsch bearb. nach dem heut. Standpunkt der Wissenschaft. 2. verm. Aufl. gr. 8. (III, 206 S. mit eingedr. Holzschn.) Stuttgart 876, Rieger'sche Verlagsh.
1. Aufl. vgl. Roseleur, A.

Kaselowsky, G., Handbuch der Galvanoplastik oder der hydro-electrischen Metall-Ueberziehung in allen ihren Anwendungs-Arten, mit besond. chem. Abhandlungen über galvan. [electro-chem.] Vergolden, Versilbern, Vernickeln, Platiniren, Verkupfern, Vermessingen, Bronziren, Verstählen, Verzinnen u. Färben der verschiedenen Metalle rc. Nach dem Franz. des A. Roseleur deutsch bearbeitet nach dem heutigen Standpunkt der Wissenschaft. 3., sorgfältig durchgeseh. u. verm. Aufl. Mit 10 in den Text gedr. Holzschn. gr. 8. (IV, 252 S.) Stuttgart 882. Rieger. n. 5. —; geb. n. 6. —

[Kaselowsky, G]: Handbuch der Galvanoplastik oder der elektro-chemischen Metallüberziehung ... 4. Aufl. des Roseleur-Kaselowsky'schen Handbuches. Von Konrad Taucher. Stuttgart 1887
[Kaselowsky, G]: Handbuch der Galvanoplastik oder der elektro-chemischen Metallüberziehung ... 6. Aufl. des Roseleur-Kaselowsky'schen Handbuches. Von Konrad Taucher. Frankfurt am Main 1900

Kaselowsky. Handbuch der Galvanoplastik, s. Taucher, Konr.

Kaesemacher, Carl [aus Herzberg a. H.]: Die Volksdichte der thüringischen Triasmulde ... M. e. Kte. (Aus: Forsch. z. Deutschen Landes- & Volkskunde. Bd. VI. Heft 2.) Marburg, *Druck d. Union in Stuttgart,* 1892; 61 S., 1 Bl., 1 Kte; 8.
Marburg, Phil. Fak., Inaug.-Diss. v. [21. Febr.] 1892

Kaesemacher, C., die Volksdichte der Thüringischen Triasmulde, s. a. Forschungen zur deutschen Landes- u. Volkskunde.

Struktur und Durchschnittslöhne der Pforzheimer Schmuckwaren-Industrie im Jahre 1900. Für d. Süddeutsche Edel- u. Unedelmetall-Berufsgenossenschaft, Sektion III, dargest. von Dr. L. **Kaesemacher**, Syndikus d. Handelskammer. Pforzheim: Selbstverl. 1910. 47 S. 8° [10. 11762

Kaesemacher, Theod. Alex. (Magdeburg), De epilepsia. Diss. med. Bln. (Nietack) 4. V. 1835. 40 S. mit Biogr. (M.: Ch. Pommer.) (6.50) 17280
Oppon.: L. Voigtel, Ed. Fritze, Fr. Wiedemann.

Käsemark [Schlagwort]

Käsemark, s.: Geologische Karten. Preussen 107.

Rastatter Kasematten-Erzählungen eines Freigewordenen. November 1849.
Meisenheim 1850. 82 S.

Kasem Beg, Mirza A., allgemeine Grammatik der türkisch-tartarischen Sprache. Aus dem Russ. übersetzt und mit einem Anhange und Schriftproben hrsg. von Jul. Thdr. Zenker. gr. 8. (XXVI und 272 S. mit 7 Stnt. in Fol.) Leipzig 848, W. Engelmann. *

— siehe a. Kazem Beg.

Kasemeyer, H[einrich], Gerichtsass.: Die Ansprüche des durch Originärerwerb Enteigneten auf Ausgleichung des Verlustes gegen den Originärerwerber. (Paderborn 1909: Esser.) VIII, 80 S. 8°
Rostock, Jur. Diss. v. 20. Dez. 1909, Ref. Matthiaß
[Geb. 26. März 81 Burgsteinfurt; Wohnort: Burgsteinfurt; Staatsangeh.: Preußen; Vorbildung: Gymn. Burgsteinfurt Reife O. 00; Studium: Halle 2, Tübingen 1, Leipzig 2, Berlin 1, Münster 2 S.; Rig. 28. Juli 09.] [U 10. 3850

Kasemeyer, Rudolf [appr. Arzt aus Leopoldshöhe, Frstth. Lippe]: Beiträge zur antiseptischen und offenen Wundbehandlung. Strassburg, J. H. Ed. Heitz. Universitäts-Buchdrucker. 1877. 8. 36 S. u. 1 Tabelle.

Käsemodel, Wilhelm, appr. Arzt: Ueber die Hinterscheitelbeineinstellung. Halle a. S. 1909: Kaemmerer. 35 S. 8°
Halle, Med. Diss. v. 4. Aug. 1909, Ref. Veit
[Geb. 4. Juli 82 Landsberg b. Halle; Wohnort: Landsberg; Staatsangeh.: Preußen; Vorbildung: Stadt-Gymn. Halle Reife M. 01; Studium: Jena 4, Halle 6 S.; Coll. 30. Juli 09; Approb. 20. Okt. 08.] [U 09. 1609

Auswahl empfehlenswerter Bücher und Schriften für katholische Lehrerinnen. Von Wilhelm **Kaesen** S. J. 2., verm. u. verb. Aufl. Freiburg im Br. [usw.]: Herder 1910. IX, 92 S. 8° [10. 17937

Kaser, C., Anleitung zur guten Schreibart in Briefen. 8. Salzb. 812. Duyle. 8 Kr

Kaser, Kurt, politische u. soziale Bewegungen im Deutschen Bürgertum zu Beginn des 16. Jahrh. m. besond. Rücksicht auf den Speyrer Aufstand im J. 1512. gr. 8. (VIII, 271 S.) Stuttgart 899. W. Kohlhammer. n. 5. —

Kaser, Kurt, deutsche Geschichte im Ausgange des Mittelalters, s.: Kraus, Vict. v.

Kaser, Kurt: Verzeichnis der in Wiener Archiven vorhandenen Urbarien. Wien: Hölder in Komm. 1908. 52 S. 8° [Umschlagt.]
(Sitzungsberichte d. Kais. Akademie d. Wiss. in Wien. Phil.-hist. Kl. Bd 161, Abh. 5.)

— s.: Vierteljahrsschrift f. Sozial- u. Wirtschaftsgesch.

Käser, P. G., Trauerrede auf Frau Aebtiss. Maria Theresia Antonia, aus d. freiherrl. Geschlechte von Eyselsberg ec. Gehalten am 16. Jan. 1813. Salzb., Mayr. 3 Kr

Käser: Ansprache und Trauerrede am offenen Grabe unsers geliebten Br. Christian Siefert ..., s. Fehrenbach, S.

Käser, Engelb., Abendunterhaltungen zwischen Bauersmann, Fabrikarbeiter u. Pfarrer, s.: Hößle, Jos.

Käser, Engelb., Lobet den Herrn! Ein vollständ. kathol. Taschengebetbuch. 32. (VII, 247 S. m. Titelbild.) Freiburg i/B. 899. Herder. — 50; geb. — 70; in Ldr. m. Goldschn. 1. 20; wattiert n. 1. 50

— lobet den Herrn! Ein kathol. Taschengebetbuch. 2. Aufl. (VII, 247 S. m. Titelbild.) 32. Freiburg i/B. (905). Herder. n. — 40; geb. in Leinw. n. — 70; in Ldr. m. Goldschn. n. 1. 10

Käser, Engelb., lobet den Herrn! Ein kathol. Taschengebetbuch. 3. Aufl. (VII, 247 S. m. Titelbild.) 8,5×5,5 cm. Freiburg i/B. (910). Herder. Geb. in Kunstldr. — 75; m. Goldschn. — 80

— das Paradies der Socialdemokratie, so wie es wirklich sein wird. Nach socialdemokrat. Schriften f. alle besonnenen Arbeiter dargestellt. 6., verb. Aufl. 8. (24 S.) Ebd. n. — 15
Die 1.—4. Aufl. sind unter dem Pseudonym E. Klein erschienen.

— Das Paradies der Sozialdemokratie, so wie es wirklich sein würde. Nach sozialdemokrat. Schriften f. alle besonnenen Arbeiter dargestellt. 6., verb. [Titel-]Aufl. (24 S.) 8. Ebd. [899] (907). — 20

Kaeser, Engelbert, Der Sozialdemokrat hat das Wort: D. Sozialdemokratie beleuchtet durch die Aussprüche d. Parteigenossen.
[1. Aufl. 1892.]

Käser, Engelb., der Socialdemokrat hat das Wort! Die Socialdemokratie beleucht. durch d. Aussprüche der Parteigenossen. 2., verm. u. verb. Aufl. gr. 8. (XII, 204 S.) Freiburg i/B. 898. Herder. n. 1. 50

— der Sozialdemokrat hat das Wort! Die Sozialdemokratie, beleuchtet durch die Aussprüche der Parteigenossen. 3., verm. u. verb. Aufl. (XII, 228 S.) 8. Ebd. 905. n. 2. —; geb. in Leinw. n. 2. 50

Kaeser, Hermann [aus München]: **Der associative Faktor im ästhetischen Eindruck.** Zürich 1904. 63 S. 8°. [2. III. 04.]
Zürich. Phil. Diss. I. 8. 1903/1904.

Kaeser, Hermann. Der associative Faktor im ästhetischen Eindruck. Diss. Phil. [I.] Univ. Zürich. 63 S. 8. Zürich, Gebr. Leemann & Co., 1904.

Käser, Jacob. Topographische, historische und statistische Darstellung des Dorfes und Gemeindsbezirkes Melchnau in seinen Beziehungen zur Vergangenheit, Gegenwart und Zukunft. von Jak' K'.... Mit zwei lithographirten Erläuterungstafeln [wovon 1 Karte]. 8. Langenthal 1855.

KÄSER, Johannes („Pfarrer u. Dechant zu Altwaching"), Bemerkungen über die Unzucht u. die unehelichen Geburten, welche in unsern Tagen so sehr überhand genommen haben. München, Mich. Lindauer, 1830. 8°.
XII—72 S., 1 Bl. Druckf., 2 Tabellen. — Vergriffen!

Käfer, J., Bemerkungen üb. d. Unzucht u. d. unehel. Geburten, welche in uns. Tagen so sehr überhand genommen haben. 8. (5½ B. u. 2 Tab. qu. Fol.) München 850, [Jaquet.]

Käfer, J. B., Materialien zum Gebrauche bei den öffentl. Religions-Vorträgen nach der Ordnung des größten Diözesankatechismus. gr 8. München 834. Giel. 1 ℳ

Käfer, Joh. Bapt., nachgelassene Predigten. 1—4. Bd. gr. 8. Landshut 855—56, Krüll'sche Universitäts-Buchh.

Inhalt:

Bd. 1. Festtags-Predigten. (VIII und 892 S.)
„ 2. 8 Bittfest-Predigten. 9 Erntefest-Predigten. 11 Kirchweih-Predigten. 7 verschied. Gelegenheits-Predigten. (334 S.)
Bd. 3. 64 gewöhnl. Sonntagsvorträge (Homilien). 16 Quatember-Sonntags-Predigten. (459 S.)
„ 4. 112 Christenlehr-Predigten. (544 S.)

Käfer, Joh. Baptist, nachgelassene Predigten. 4 Bde. Neue (Titel-)Ausg. gr. 8. (XIV, 886; 332; 456; 540 S.) Würzburg (855,56) 888, Bucher.

Käser, Joh. Bapt., s. Witwen- u. Waisenfreund.

Kneser, Jos., üb. Extremitäten-Vorfall bei Kopflage. Diss. gr. 8. (35 S.) Bern 890. (H. Koerber.) n. — 50

Käfer, Karl, Waisenvater Käfer. Ein christl. Charakterbild aus dem verflossenen Jahrh. gr. 8. (188 S. m. 1 Bildn.) Stuttgart (902). Buchh. des deutschen Philadelphia-Vereins. Kart. n. 1. 20

Käserei- u. Molkerei-Kalender, schweizer. Milchwirtschaftliches Jahrbuch für 1897. Bearb. von *E. Wüthrich*. 1. Jahrg. Mit 1 Abb. Kl. in-8°. XVI, 96 S. Bern, K. J. Wyss. Geb. in Leinw. 2 —

Käserei und Molkerei-Kalender, schweizerischer. Milchwirtschaftl. Taschenbuch f. 1898. Bearb. u. hrsg. v. *E. Wüthrich*. Jahrg. 2. Gr. in-16°. XVI, 117 S. Bern, K. J. Wyss. Geb. in Lwd. 2 —

Käserei- u. Molkerei-Kalender, schweizerischer. Milchwirtschaftl. Taschenbuch f. 1899. Notiz- u. Nachschlagebuch f. Käser, Käsehändler, Molkereiangestellte, Käsereivorstände, Hüttenmeister, Milchseker u. Landwirte. Bearb. u. hrsg. v. E. Wüthrich. 3. Jahrg. 12. (XVI S., Schreibkal. u. 96 S.) Bern, K. J. Wyß. Geb. in Leinw. n. 1. 60

Käserei- und Molkerei-Kalender. Schweizerischer. Milchwirtschaftliches Taschenbuch für 1900. Ein Notiz- und Nachschlagebuch für Käser, Käsehändler, Molkereiangestellte, Käsereivorstände, Hüttenmeister, Milchfeker und Landwirte. Bearbeitet u. herausgegeben von Dr. E. Wüthrich. 8°. 126 S. Bern, K. J. Wyss. 2 —

Schweizerischer Käserei- u. Molkerei-Kalender. Milchwirtschaftl. Taschenbuch für 1901. Ein Notiz- und Nachschlagebuch für Käser, Käsehändler, Molkereiangestellte, Käsereivorstände, Hüttenmeister, Milchfeker und Landwirte. Herausgeg. von Dr. *E. Wüthrich*. Kl. 8°. 123 S. Bern, K. J. Wyss Verlag. 2 —

Käsereikalender. Schweizerischer Käserei- u. Molkerei-Kalender. Milchwirtschaftliches Taschenbuch für 1902. Notiz- und Nachschlagebuch.... Bearb. und hrg. von Dr. Ernst Wüthrich.... Jahrg. 6. (*zus.* 294 S.) 8. Bern, K. J. Wyss. [geb. fr. 2. —]

Käsereikalender. Schweizerischer Käserei- u. Molkerei-Kalender. Milchwirtschaftliches Taschenbuch für 1903. Notiz- und Nachschlagebuch.... Begründet von Dr. Ernst Wüthrich ... und hrg. und neu bearb. von C[arl] Baechler.... Jahrg. 7. [Mit 1 Porträt-Tafel.] (*zus.* 300 S.) 8. Bern, K. J. Wyss. [geb. fr. 2. —]

Käsereikalender. Schweizerischer Käserei- u. Molkerei-Kalender. Milchwirtschaftliches Taschenbuch für 1904. Notiz- und Nachschlagebuch.... Begründet von Dr. Ernst Wüthrich ... und hrg. und neu bearb. von C[arl] Baechler.... Jahrg. 8. (*zus.* 296 S.) 8. Bern, K. J. Wyss. [geb. fr. 2. —]

Käsereikalender. Schweizerischer Käserei- u. Molkerei-K'. Milchwirtschaftliches Taschenbuch für.... Notiz- und Nachschlagebuch.... Begründet von Dr. Ernst Wüthrich ... und hrg. und neu bearb. von.... [Mit 1 Tafel.] 8. Bern, K. J. Wyss. [geb. fr. 2. —]
... für 1905. ... bearb. von C[arl] Baechler.... Jahrg. 9. (*zus.* 294 S.)
... für 1906. ... bearb. von A(lbin) Peter.... Jahrg. 10. (*zus.* 264 S.)

Käserei- u. Molkerei-Kalender, schweizerischer. Milchwirtschaftliches Taschenbuch f. 1907. Notiz- u. Nachschlagebuch f. Käser, Käsehändler, Molkereiangestellte, Käsereivorstände, Hüttenmeister, Milchseker u. Landwirte. Begründet v. Ernst Wüthrich u. hrsg. u. neu bearb. v. A. Peter. 11. Jahrg. (X S., Schreibkalender u. 110 S. m. 1 Vollbild.) kl. 8. Bern, K. J. Wyß. Geb. in Leinw. n. 1. 60

Käsereikalender. Schweizerischer Käserei- u. Molkerei-K'. Milchwirtschaftliches Taschenbuch für 1908. Notiz- und Nachschlagebuch.... Begründet von Dr. Ernst Wüthrich ... und hrg. und neu bearb. von A(lbin) Peter.... Jahrg. 12. [Mit 1 Tafel.] (*zus.* 272 S.) 8. Bern, K. J. Wyss. [geb. fr. 2. —]

Käsereikalender. Schweizerischer Käserei- u. Molkerei-Kalender. Milchwirtschaftliches Taschenbuch für 1910. Notiz- und Nachschlagbuch.... Begründet von Dr. Ernst Wüthrich... und hrg. und neu bearb. von A(lbin) Peter.... Jahrg. 14. [Mit 1 Tafel.] (*zus.* 272 S.) 8. Bern, K. J. Wyss. [geb. fr. 2. —]

Käserei- u. Molkerei-Kalender, schweizerischer. Milchwirtschaftl. Taschenbuch f. 1911. Notiz- u. Nachschlagbuch f. Käser, Käsehändler, Molkereiangestellte, Käsereivorstände, Hüttenmeister, Milchseker u. Landwirte. Begründet v. Ernst Wüthrich u. hrsg. u. neu bearb. v. A. Peter. 15. Jahrg. (XII S., Schreibkalender u. 116 S. m. 1 Vollbild.) kl. 8. Bern, K. J. Wyß. Geb. in Leinw. 1. 60

Kaserer, H.: Studien über die Halogenderivate der Phloroglucine. 4. Abhandlung: Über Chlorderivate der Phloroglucinäther.
Separatabdruck aus: Sitzungsberichte d. k. Akad. d. Wiss. in Wien. Bd. 111. IIb. S.337.

Kaserer, Jos., Beispiele von Proceßacten nach dem Gesetze vom 27. April 1873 über das Bagatellverfahren. Auf Veranlassung des k. k. Justizministeriums entworfen. 2. unveränd. Aufl. gr. 8. (55 S.) Wien 873, Hölder. * — 30

Kaserer, österreich. Gesetze m. Materialien. Heft 1—45. Wien 873—87.

1. Klagerecht wegen Rechtsverletzungen.	1	—	22. Anlegung v. Grundbüchern.	
2. Vollziehung v. Freiheitsstrafen.	—	60	23. Löschung d. Familieneinstandsrechte.	
3. Amtliche Stellung des Wachpersonals.	—	40	24. Handelsmäkler.	
4. Sicherstellung d. Bezüge a. d. Arbeitsverhältniss.	1	—	25. Organisirung d. Börsen.	
5. Mahnverfahren.	—	60	26. Errichtung e. Verwaltungsgerichtshofes.	
6. Erwerbs- u. Wirthschaftsgenossenschaften.	1	60	27. Hintanhaltg. d. Trunkenh.	
7. Hypothekar-Inscription.	—	40	28. Wuchergesetz v. 1877.	
8. Bagatellverfahren.	1	60	29. Vertretung d. Besitzer von Pfandbriefen.	
9. Begünstigung in Stempelgebühren.	—	40	30. Nichtigkeitsbeschwerde im Strafverfahren.	
10. Strafprozessordng. u. Einführungsges. Ausg. A.	6	40	31. Enteignung z. Herstellung v. Eisenbahnen.	
„ B.	3	20	32. Theilung v. Gebäuden.	
11. Vagabundengesetz.	1	—	33. Wuchergesetz v. 1881.	
12. Bagatell-Verfahren in Stempelsachen.	—	60	34. Verfahren zur Todeserklärung.	
13. Bildung d. Geschwornenlisten.	—	60	35. Änderung d. § 74 u. 76 d. Grundbuchgesetzes.	
			36. Anfechtung v. Rechtshandlungen.	

14. Einstellg. d. Geschwornen-Gerichte.	—	60	37. Vereitelung v. Zwangsvollstreckungen.
15. Grundbuchgesetz.	4	—	38. Pfandleihgewerbe.
16. Gebührenbehandlung der Schiedssprüche.	—	50	39. Fischerei in den Binnengewässern.
17. Rechte d. Besitzer v. Theilschuldverschreibungen.	—	80	40. Gesetzliche Zinsen bei Privatgeschäften.
18. Rechte der Besitzer von Pfandbriefen.	—	60	41. Notariatsordnung.
			42. nicht erschienen.
19. Verfahren in Civilrechtsstreitigkeiten.	—	70	43. Erfordernis notarieller Errichtg. einig. Rechtsgeschäfte.
20. Anleg. neuer Grundbücher.	1	20	44. nicht erschienen.
21. Anlegung von Eisenbahnbüchern.	1	20	45. Executionsverf. z. Hereinbringung v. Geldfordergn.

— österreichische Gesetze m. Materialien. Nach amtlichen Quellen 1—5. u. 7—26. Hft. gr. 8. Ebend. 873—76. n. 32. —

1. Das Gesetz vom 12. Juli 1872 üb. das Klagerecht der Parteien wegen der v. richterl. Beamten zugefügten Rechtsverletzgn. [Syndicats-Beschwerde] nebst Materialien. (VIII, 111 S.) n. 1. —
2. Das Gesetz vom 1. April 1872 betr. die Vollziehg. v. Freiheitsstrafen in Einzelhaft u. die Bestellung v. Strafvollzugs-Commissionen m. Materialien. (47 S.) n. — 60
3. Das Gesetz vom 16. Juni 1872 betr. die amtl. Stellg. d. zum Schutze einzelner Zweige der Landescultur aufgestellten Wachpersonales m. Materialien. (25 S.) n. — 40
4. Das Gesetz vom 29. April 1873 betr. die Sicherstellg. u. Execution auf die Bezüge aus dem Arbeits- u. Dienstverhältnisse. (91 S.) n. 1. —
5. Das Gesetz vom 27. April 1873 üb. das Mahnverfahren. (43 S.) n. — 60
7. Das Gesetz vom 20. März 1872 betr. die Erneuerg. v. Hypothekar-Inscriptionen sowie die Anmeldg. u. Umgestaltg. v. Hypothekarrechten in Dalmatien. (25 S.) n. — 40
8. Das Gesetz vom 27. April 1873 üb. das Verfahren in geringfüg. Rechtssachen [Bagatellverfahren]. (184 S.) n. 1. 60
9. Das Gesetz vom 21. Mai 1873 in Betreff der den Erwerbs- u. Wirthschaftsgenossenschaften zukomm. Begünstiggn. in Ansehg. der Stempel- u. unmittelbaren Gebühren. (19 S.) n. — 40
10. Die Strafproceßordnung vom 23. Mai 1873 u. deren Einführungsgesetz. (VIII, 493 S.) n. 6. 40
10. [Ausg. B.] Die Strafproceßordnung vom 23. Mai 1873 u. deren Einführungsgesetz m. Motiven. (VIII, 132 S.) n. 3. 20
11. Das Gesetz vom 10. Mai 1873 betr. polizeistrafrechtl. Bestimmgn. wider Arbeitsscheue u. Landstreicher. (89 S.) n. 1. —
12. Das Gesetz vom 24. Mai 1873 üb. die im Bagatell- u. Mahnverfahren zu entricht. Stempelgebühren. (33 S.) n. — 60
13. Das Gesetz vom 23. Mai 1873 betr. die Bildung der Geschwornenlisten. (55 S.) n. — 60
14. Das Gesetz vom 23. Mai 1873 betr. die zeitweise Einstellg. der Geschwornengerichte. (47 S.) n. — 60
15. Die Reichsgesetze vom 6. Febr. 1869 u. 25. Juli 1871 üb. das Grundbuch. (VIII, 385 S.) n. 4. —
16. Das Gesetz vom 23. März 1874 üb. die Gebührenbehandlung der v. den öffentl. Handels- u. Gewerbekammern u. v. den öffentl. Börsen gefällten Schiedssprüche. (33 S.) n. — 50
17. Das Gesetz vom 24. April 1874 betr. die gemeinsame Vertretg. der Rechte der Besitzer v. auf Inhaber laut. od. durch Indossament übertragbaren Theilschuldverschreibgn. u. die bürgerl. Behandlg. der f. solche Theilschuldverschreibgn. eingeräumten Hypothekarrechte m. Materialien. (79 S.) n. — 80
18. Das Gesetz vom 24. April 1874 betr. die Wahrg. der Rechte der Besitzer v. Pfandbriefen m. Materialien. (48 S.) n. — 60
19. Das Gesetz vom 16. Mai 1874, wodurch einige Bestimmgn. üb. das mündl., das schriftl. u. das summar. Verfahren in Civilrechtsstreitigkeiten abgeändert werden. Mit Materialien. (64 S.) n. — 70
20. Die Gesetze vom 2. Juni 1874 üb. die Anlegg. neuer Grundbücher u. deren innere Einrichtg. in Oesterreich unter u. ob der Enns, Salzburg, Kärnten, Mähren u. Schlesien m. Materialien. (101 S.) n. 1, 20
21. Das Gesetz vom 19. Mai 1874 betr. die Anlegg. v. Eisenbahnbüchern, die Wirkg. der an e. Eisenbahn eingeräumten Hypothekarrechte u. die bürgerl. Sicherg. der Pfandrechte der Besitzer v. Eisenbahnprioritätsobligationen m. Materialien. (118 S.) n. 1. 20
22. Das Gesetz vom 11. März 1875 üb. die Anlegung v. Grundbüchern u. deren innere Einrichtung in Istrien u. die Ausführungsverordngn. zu den Grundbuchsanlegungsgesetzen f. Oesterreich unter u. ob der Enns, Salzburg, Kärnten, Mähren, Schlesien u. Istrien m. Materialien hrsg. [Ergänzung zu Hft. 20.] (70 S.) n. — 80
23. Das Gesetz vom 31. März 1875 üb. die Löschung kleiner Satzposten u. das Gesetz vom 23. März 1875 üb. die Löschg. der in den öffentl. Büchern eingetragenen Familien-Einstandsrechte m. Materialien hrsg. (34 S.) n. — 40
24. Das Gesetz vom 4. April 1875 betr. die Handelsmäkler od. Sensale m. Materialien hrsg. (58 S.) n. — 60
25. Das Gesetz vom 1. April 1875 betr. die Organisirung der Börsen m. Materialien hrsg. (143 S.) n. 1. 20
26. Die Gesetze vom 22. Octbr. 1875 betr. die Errichtg. e. Verwaltungsgerichtshofes u. die Entscheidg. v. Competenzconflicten zwischen dem Verwaltungsgerichtshofe, dem Reichsgerichte u. den ordentl. Gerichten m. Materialien hrsg. (204 S.) n. 1. 60

Kaserer, Jos., österreich. Gesetze u. Materialien. Nach amtl. Quellen. 27—33. Hft. 8. Wien 877—81. Hölder. n. 11. 64

27. Das Gesetz vom 19. Juli 1877 zur Hintanhaltung der Trunkenheit. (42 S.) n. — 60
28. Das Gesetz vom 19. Juli 1877 zur Abhilfe wider unredliche Vorgänge bei Creditgeschäften [Wuchergesetz]. (132 S.) n. 1. 60
29. Das ergänzende Gesetz vom 5. Decbr. 1877 über die Vertretung der Besitzer von Theilschuldverschreibungen u. Pfandbriefen. (83 S.) n. 1. —
30. Das Gesetz vom 31. Decbr. 1877 betr. die Nichtigkeitsbeschwerden im Strafverfahren. (116 S.) n. 1. 20
31. Das Gesetz vom 18. Febr. 1878 betr. die Enteignung zum Zwecke der Herstellung u. des Betriebes von Eisenbahnen. (330 S.) n. 3. 44
32. Das Gesetz vom 30. März 1879 betr. die Theilung von Gebäuden nach materiellen Antheilen m. Materialien. (45 S.) n. — 60
33. Das Gesetz vom 28. Mai 1881, betr. die Abhilfe wider unredliche Vorgänge bei Creditgeschäften [allgemeines Wuchergesetz]. (272 S.) n. 2. 60

Kaserer, Jos., österreichische Gesetze u. Materialien. Nach amtl. Quellen. 8. Wien, Hölder. n. 12. 16

34. Das Gesetz vom 16. Febr. 1883, betr. das Verfahren zur Todeserklärung u. Beweisführung d. Todes, m. Materialien hrsg. (91 S.) 883. n. 1. —
35. Das Gesetz vom 23. Mai 1883 wegen Aenderung der §§. 74 u. 76 d. allgemeinen Grundbuchsgesetzes. (47 S.) 883. n. — 60
36. Die Gesetze vom 16. März 1884, betr. die Anfechtung von Rechtshandlungen zahlungsunfähiger Schuldner u. Aenderungen d. Concurs- u. Executionsverfahrens. (246 S.) 884. n. 2. 40
37. Das Gesetz vom 25. Mai 1883 gegen die Vereitelung von Zwangsvollstreckungen. (139 S.) 884. n. 1. 28
38. Das Gesetz vom 23. März 1885 üb. das Pfandleihergewerbe. (47 S.) 885. n. — 60
39. Das Gesetz vom 25. Apr. 1885, betr. die Fischerei in den Binnengewässern. (46 S.) 885. n. — 64
40. Das Gesetz vom 15. Mai 1885, betr. die gesetzlichen Zinsen bei Privatgeschäften. (22 S.) 885. n. — 32
41. Die Notariatsordnung vom 25. Juli 1871 mit Materialien, auf Veranlassung des österreich. Notarenvereines hrsg. (440 S.) 887. *M 4.—.
42. Die Novellen zur Notariatsordnung vom 25. Juli 1871, betr. 1. die §§. 6 und 119, 2. die Erleichterung der Legalisirung, 3. die Geldbußen als Disciplinarstrafen, auf Veranlassung des österreich. Notarenvereins hrsg. (267 S.) 885. *M 2.40.
43. Das Gesetz vom 25. Juli 1871 über das Erfordernis notarieller Errichtung einiger Rechtsgeschäfte, auf Veranlassung des österreich. Notarenvereins hrsg. (176 S.) 885. *M 1.92.
44. Die Gesetze vom 24. Mai 1885 über die Anhaltung in Zwangsarbeits- und Besserungsanstalten und über deren Errichtung und Erhaltung. (75 S.) 885. *M 1.—.
45. Das Gesetz vom 10. Juni 1887, betr. die Abänderung, bezw. Ergänzung einiger Bestimmungen des Executionsverfahrens zur Hereinbringung von Geldforderungen. (187 S.) 885. *M 2.—.

—— Handbuch der österreichischen Justizverwaltung. Mit Benützung amtl. Quellen. 4 Bde. gr. 8. (VI, 654; IV, 587; 494; 443 S.) Ebendas. 882—84. à Bd. *M 12. *

—— Commentar zur österreichischen Concursordnung mit sämmtlichen Materialien, dem Gesetze vom 9. Jänner 1869 nebst Motiven und mit Formularien. gr. 8. (VIII, 348 S.) Wien 869, Manz. *M 7.; geb. * 8 —

—— über die Personen-Namen und deren Aenderung nach österreichischen Gesetzen. Vortrag in der jurist. Gesellschaft. Wien am 6. März 1878. 8. (72 S.) Wien 879, Manz'sche Hofbuchh. *

Kasermann, ..., Anleit. z. Gebrauch seiner Gellertischen Lieder. 4. Bern 805. Walthardt.

Kasernenblüten, 100. 12. (30 S.) Cannstatt 888, Stehn Verlag.

Kasernen-Vorschrift für das Thüringische Ulanen-Regiment Nr. 6. *Hanau (1904): Waisenhaus.* (41 S.) 8° [F.] [C4. 14193] 4

Kaserne- u. Stall-Ordnung für d. Großh. Hess. Truppen. 8. Darmst. 825. Leske. 8 ½

Kasern-Ordnung im Allgemeinen. Bequartirungs-Vorschrift, Zimmer-Ordnung, Verhaltungen der Kasernwache. gr. 8. (20 S. und 2 lithogr. Tab. in 4. und qu. Fol.) Prag 850, Calve'sche Vrlgsh. *

Kasernordnung, Kasernadienstvorschriften und Dienstnormen in speziellen Fällen. 8. (59 S. mit 15 Tab.) Wien 860, Ferd. Klemm.

Kasern-Reglement für die Garnison Dresden. 8. Dresden 1824.

Kasernvorschrift für die k. k. Gendarmerie. Gr.-8. (39 S.) —.20
Wien: Hof-u.Staatsdruck.1895.

Kaesewieter, Wilhelm, Referendar aus Wildungen: **Der handelsrechtliche Agenturvertrag nach dem Handelsgesetzbuche** vom 10. Mai 1897. *Halle a. S. 1902: C. A. Kaemmerer & Co.* (47 S.) 8°
Leipzig, Jur. Diss. v. 1902

Kashdan, Boris: Geburten alter Erstgebärender. München 1909: Ernst. 34 S. 8°
München, Med. Diss. v. 23. März 1910, Ref. Döderlein
[Geb. 5. März 84 Petersburg; Wohnort: Petersburg; Staatsangeh.: Rußland; Vorbildung: 6. Gymn. Petersburg Reife Juni 03; Studium: Petersburg Mil.-Med. Akad. 5, Heidelberg 5, München 2 S.; Rig. 23. März 10.] [U 10. 3524

Die Jüttische KASIA, Oder Der Durchlauchtige ADAMAREZ Und Die Durchlauchtige ADAMIA, In einer Liebes- und Helden-Geschichte, aus wahrhafften Begebenheiten der galanten Welt zur Erinner- und Ergötzung beschrieben durch *V. S.* Hamburg und Leipzig, Verlegts Christian Jacob Fritsch, 1732. 8°. (In Berlin: Yv 2711.) (6 Mk. Max Perl, Berlin, 1904; 20 Kr. Halm & Goldmann, Wien, 1907.)
Titel, 6 Bll. Vorbericht, unterz. C. B. A., 544 S.

Kasimir (Bischof zu Chersones): „Worin besteht die wahre Volksaufklärung? Eine akademische Rede, in welcher das ächte Verhältniss der Wissenschaften gegen die Staatsverwaltung, und jenes der Staatsverwaltung gegen die Wissenschaften aus historischen Gründen dargethan wird. An Sr. Churfürstl. Durchlaucht.. Namensfeste abgelesen in einer öffentlichen Versammlung der churbayerischen Akademie.....", München 1799 (bei Jos. Lindauer). — Vorh.: StB Nürnberg.

Kasimirshof, s.: Geologische Karten (Preussen).

Kasino, das. Allgemeines Fach- u. Offertenblatt f. die deutschen Offizier- u. Privat-Kasinos. 5.—8. Jahrg. 1903—1906. à 24 Nrn. (à ca. 10 S.) Fol. Berlin, E. Eiselt. à Jhrg. n. 4. —
N. u. d. T.: Kantine, die. — Vergl. a.: Casino, das.

Kąsinowski, Bronisław v. Nałęcz: Beiträge zu einem Studium des Lustspieldichters Franciszek Zabłocki. I. Theil. 8 (48 S.).
Progr. K. k. Rudolfs-G. *Brody* 1897.

Beiträge zu einem Studium des Lustspieldichters Franciszek Zablocki... v. Bronisław Nałęcz **Kąsinowski**, k. k. wirkl. Gymnl. Th. I. *Brody: Dr. v. West 1897.* 8. [97. 6935

Kasinsky, J., Ksiażka do czytania dla katolickich szkół elementarnych. Posen 868. Merzbach. gr. 8. (VII, 356 S.) n, 8 ngr.

Kasiski, F. W.

—— Bericht über die im J. 1873 fortgesetzten Untersuchungen von Alterthümern in der Umgegend von Neustettin. Lex.-8. (29 S. mit eingedr. Holzschn.) (Ebendas.) 875.

—— Bericht über die im J. 1874 fortgesetzten Untersuchungen von Alterthümern in der Umgegend von Neustettin. Lex.-8. (19 S. mit eingedr. Holzschn.) (Ebendas.) 875.

—— Bericht über die im J. 1876 fortgesetzten Untersuchungen von vaterländischen Alterthümern in der Umgegend von Neustettin. gr. 8. (18 S. mit 1 lithogr. Taf.) (Ebendas.) 878.
Vorstehende Schriften sind aus: Schriften der naturforschenden Gesellschaft in Danzig, besonders abgedruckt.

Kasiski, F. W., Beschreibung der vaterländischen Alterthümer im Neustettiner und Schlochauer Kreise. gr. 8. (VII, 106 S. mit 6 lithogr. Taf. Abbild. und 1 lithogr. Karte.) Danzig 881, Bertling.

— über Brandgräber. [Hiorzu 87 Abbildungon (5 Steintaf.).] [Aus: „Schriften der naturf. Ges. in Danzig".] Lex.-8. (23 S.) Danzig 876. Anhuth. n. 1. —

Kasiski, F. W., die Geheimschriften und die Dechiffrir-Kunst. Mit besond. Berücksichtigung der deutschen und französ. Sprache. gr. 8. (104 S.) Berlin 863, Mittler und Sohn.

Kasiski, das Gräberfeld bei der Persanziger Mühle. [Mit einer Skizze des Gräberfeldes auf 1 Holzschntaf.] Lex.-8. (32 S. mit eingedr. Holzschn.) Danzig 873, (Anhuth.) 1 60
Aus: Schriften der naturforschenden Gesellschaft zu Danzig, besonders abgedruckt.

— die Untersuchungen von vaterländischen Alterthümern in der Umgegend von Neustettin im J. 1875. Mit 1 (lith.) Taf. [Aus: „Schriften der naturf. Ges. in Danzig".] Lex.-8. (13 S.) Ebend. 876. n. — 60

Kaskl, Fr., der Bienenhonig u. seine Verfälschung. (19 S.) 8. Reval (908). (Kluge & Ströhm.) n.n. — 30

Kaskel, Hugo (Berlin)
Ueber das Accept eines Wechselblancets.
[lt. Dekanatsbuch nur handschriftlich vorgelegt.]
Dr. jur. Giessen 14.8.1877.

Die Bettlerin vom Pont des Arts. Lyrische Oper in 3 Akten u. e. Vorspiel. Textdichtung nach Wilh. Hauff's gleichnam. Novelle von F. W. Ludwig. Musik von Karl v. **Kaskel**. Vollst. Klav.Ausz. mit Text vom Komponist. *Leipzig: J. Schuberth & Co. 1900.* (199 S.) 4°
(Edition Schuberth. No 7231.) [00. 6497

Der Dusle und das Babeli. Volksoper in 3 Aufz. Dichtung von Wilhelm Schriefer und A. M. Kolloden. Musik von Karl v. **Kaskel**. Vollst. Klavierausz. vom Comp. *Mainz: B. Schott's Söhne 1903.* (156 S.) 4° [F. u. Ant.] [03. 3038

Kaskel, Karl v., Hochzeitmorgen. Oper in 1 Aufz. v. Frz. Koppel-Ellfeld. Musik v. K. Textbuch. 12. (23 S.) Berlin (893). A. Fürstner. n. — 30

Hochzeitmorgen. Oper in 1 Aufz. Text von Franz Koppel-Ellfeld. Mus. von Karl v. **Kaskel**. Vollst. Klavier-Auszug (mit Text) vom Comp. *Berlin: A. Fürstner [1893].* (103 S.) 4° [F.] [93. 770

Sjula. Oper in 2 Akten. Text v. Axel Delmar [d. i. Axel v. Demandowski], Music [!] v. Karl v. **Kaskel**. Vollständ. Clavier-Ausz. v. Comp. ... *Leipzig: J. Schuberth & C. [1896?].* (113 S.) 1 Bd 4.
= Edition Schuberth. No 3936. [96. 8417

Lebensversicherungs-Aktiengesellschaft Suomi 1890—1900. Erinnerungsschrift hrsg. d. 1. Juli 1900. (Verf.: Edwin **Kaslin**.) *Helsingfors 1900: Lilius & Hertzberg.* (113 S.) 8°
[Umschlagt.:] Henkivakuutus osakeyhtiö Suomi 1890—1900. [01. 8905

[F.] **Käslin**, Hans [aus Aarau]: **Albrecht v. Hallers Sprache in ihrer Entwicklung dargest. ... Brugg, Buchdr. „Effingerhof"**, 1892; 4 Bl., 76 S. 8.
Freiburg i. B., Phil. Fak., Inaug.-Diss. v. 1892

Käslin, J[oseph] M[aria]. Geschichte der Pfarrei und des Kirchenbaues zu St. Anton in Ennetbürgen ⟨mit 6 Einschaltbildern⟩. Den Wohlthätern und Pfarrkindern gewidmet vom Ortspfarrer J. M. K'. II + VIII + 233 S. 8. Im Selbstverlag des Verfassers; Altdorf, Buchdr. Gisler & Cie., 1901. [fr. 2. —]

Kaslow, Puschkin, Lermontow. Eine Sammlung aus ihren Gedichten. Aus d. Russischen übers. v. Friedr. Bodenstedt. gr. 12. (7⅚ B.) Leipzig 843. (Kollmann.) *

Kaspar [Sachliches Ordnungswort]

Kaspar, der Thoringer; Schspl. in 5 A. (v. Jos. Aug. Graf zu Törring). 8. Klagenf. 785. Nachgedruckt Augsb., Klett. 7 gr. (Löffler in Manh.) 6 gr. 2e verb. Aufl. gr. 8. Leipz. 792. (W. Vogel). 8 gr.

Kasper d. Thoringer. Histor. Schsp. in 5 A. 8. Lpz. Kummer. (a. Vogel.) 785.

Kaspar. Der Thoringer. Ein Schauspiel. Klgft., Walliser, 1785. — 2. verb. Aufl. 1792. 152 S. (Verf.: Josef August Graf Törring.)

— d. Thoringer. Schsp. 8. Augsb. Klett. 791.

— — dasselbe in 6 Aufz. v. Grafen Törring von Seefeld. 8. Wien, Wallishäußer. 808.

Kaspar der Thoringer, histor. Schauspiel in 5 Aufzügen, neu bearbeitet. 2te Aufl. 8. Wien, Wallishauser. 811.

Kaspar, d. unruhige Wanderer. Feenmährgen in 4 Aufz. v. Hensler. 8. Wien, Wallishäußer. 801.

Kaspar [Verfasser]

Kaspar, Med. Dr. — Parallelen zwischen Homoeopathie und Allopathie von — —. Wien und Olmütz, 1856. Druck von Friedrich Manz. Eduard Hölzel's Verlags-Expedition. (VIII. 100 S. 8.)

Kaspar, A., s.: Ghetto, das Prager.

Kaspar, Ant., die Blumenglocke. Gedichte u. Erzähll. 12. Wien 827. Sollinger. 12 gr.

Kaspar, Ant., Leonidas. Trauerspiel mit Chören in 5 Aufz. gr. 12. (7⅔ B.) Wien 834, (Beck.)

Kaspar, Ant., Leonidas. Trauerspiel mit Chören in 5 Aufz. gr. 12, Wien 834. (Ghelen.) 1 ℛ

Kaspar, Ewald, Biostatik der Stadt Libau u. ihrer Landgemeinde in den J. 1834—1882. gr. 8. (132 S.) Dorpat 883. (Karow.) n. 2. —

Kaspar, Fridolin Die Einwirkung der lateinischen Sprache auf das Deutsche und der Sprachunterricht an Gymnasien. 8 (S. 3—27). **Progr.** Staats-Ober-G. *Mies* 1888.

Kaspar, Geo., Predigten u. Homilien. Nach seinem Tode gesamm. u. hrsg. v. Zweien seiner Freunde. gr. 8. (17½ B.) Regensburg 839, Manz.

Kaspar, J., s. Heirath durch List.

Kaspar, Jean-Jaques, die Affäre Ferrer. Der Justizmord, auf Grund der v. der span. Regierg. veröffentl. Akten dargestellt. Vorwort v. Gabr. Séailles u. e. Vorwort zur deutschen Übersetzg. Berecht. Übersetzg. v. Alfr. Knapp. (75 S.) gr. 8. Frankfurt a. M. 910. Neuer Frankfurter Verlag. — 80

Kaspar, Johann Dominik

Kaspar, J.: „Der Amtsschreiber in allen Amts-, Gerichts-, Grundbuchs-, Wirthschafts- und Rechnungs-Verrichtungen, von allerhöchsten Gesetzen geleitet. Mit Mustern aller nöthigen Aufsätze, Urkunden und Protocolle. Für die deutschen und böhmischen Provinzen des österreichischen Kaiserstaats", 2 Bände, Leipzig 1822 (Hartmann).

Kaspar, (Joh.,) d. Amtsschreiber in allen Amts-, Gerichts-, Grundbuchs-, Wirthschafts- u. Rechnungsverrichtungen. M. deutschen u. böhm. Mustern. 2 Thle. 8. Prag 822, Krauß.

Kaspar, Joh. Dom., der Amtsschreiber in allen Schreib-, Rechnungs-, Wirthschafts-, Amts-, Gerichts- u. Grundbuchs-Geschäften von d. besteh. Gesetzen geleitet. — Versuch e. kurzen, leicht faßl. theoret.-pract. Anweis., allen obigen Dienstpflichten schnell u. richtig entsprechen zu können. Mit deutschen u. böhm. Mustern, f. d. sämmtl. k. k. österreich. Provinzen. 1. Bd. 2 Thle. gr. 8. (38 B. incl. Tab., u. 1 Kpfrt. gr. Fol.) Wien 828, (v. Mösle sel. Wtwe. u. Braumüller.)

— der Amtsschreiber in allen Schreib-, Rechnungs-, Wirthschafts-, Amts-, Gerichts- u. Grundbuchs-Geschäften von den bestehenden Gesetzen geleitet — Versuch einer kurzen, leicht faßl. theoretisch-prakt. Anweisung, allen obigen Dienstpflichten schnell u. richtig entsprechen zu können. Mit deutschen u. böhmischen Mustern, für die sämmtl. k. k. österreich. Provinzen. 1r Bd. 2 Thle. Mit 1 Kpft. in Fol. gr. 8. Wien 828, (v. Mösle). 2 ℛ 8 gr. (Haase Söhne in Prag). 2 ℛ 12 gr.

Kaspar, J. D., der Amtsschreiber in den Schreib-, Rechnungs-, Wirthschafts-, Amts-, Gerichts- u. Grundbuchs-Geschäften von den bestehenden Gesetzen geleitet. Versuch e. kurzen, leichtfaßl. theoretisch-pract. Anweis. allen obigen Dienstverpflichtungen schnell u. richtig entsprechen zu können. Mit deutschen u. böhmischen Mustern aller nöthigen Aufsätze, Urkunden u. Protokolle; für d sämmtl. k. k. österr. Provinzen. 2r Bd. in 2 Thln. gr. 8. Grätz 837. Kienreich. 2¼ ℛ

Kaspar, Jh. Dom., der Amtsschreiber in allen Schreib-, Rechnungs-, Wirthschafts-, Amts-, Gerichts- u. Grundbuchs-Geschäften von den bestehenden Gesetzen geleitet. Mit deutschen u. böhm. Mustern aller nöthigen Aufsätze, Urkunden u. Protokolle. Für die sämmtl. k. k. österr. Provinzen. 3 Bde. 8. Prag 846, Credner. n. 4⅚ ℛ

— dass. 1. Supplementbändchen, enthält die auf den 1. Band der 2. Aufl. Bezug nehmenden, bis zum Jahre 1841 erschien. nachträglichen Vorschriften. 8. Ebend. 846. n. ⅔ ℛ

Kaspar, J. D., der angehende Amtsverwalter in seinen adeligen Richteramts-, Gerichts-, politischen Amts- u. Straf-Verfahren, dann in der Grundbuchsführung. Versuch einer kurzen leichtfaßl. Anweis. dazu nach vorläufiger Abhandl. über den öffentl. Geschäftsstyl etc. für die k. k. österreich. böhm. u. deutschen Provinzen. 1r Bd. gr. 8. Grätz 837, Kienreich. 2¼ ℛ

— der angehende Amtsverwalter in seinen adelichen Richteramts-, Gerichts-, Politischen-, Amts- u. Straf-Verfahren, dann in d. Grundbuchsführung. 2 Bde. 8. Ebd. 846. n. 4⅚ ℛ

— der in d. Wald- u. Forstwissenschaft u. Rechnungslegung gesetzl. unterricht. Forstbeamte u. Revierjäger etc. für Oesterreich ob u. unter der Ens. gr. 8 Wien 828. (Prag, Haase Söhne). 1 ℛ 16 gr.

KASPAR, Johann Dominik: Der in der Wald- und Jagdwirthschaft, dann in der Rechnungslegung gesetzlich unterrichtete Forstbeamte und Revierjäger oder: ein Hülfsbuch in systematischer Ordnung ... Für Österreich ob und unter der Enns, Böhmen, Mähren und Schlesien. - Wien 1828. 2 Tl. insgs. 428 S. - 2. Aufl. ebd. 1845. 2 Tl. 399 S.

Kaspar, Joh. Dom., der in d. Wald- u. Jagdwirthschaft, dann in der Rechnungslegung gesetzlich unterrichtete Forstbeamte u. Revierjäger. Für Oesterreich ob u. unter der Enns, Böhmen, Mähren u. Schlesien. 2 Thle. 2., umgearb. Aufl. 8. (39⅜ B.) Wien 845, Gerold's Verl.

— die Katastral-Gründungs-Pflichten der Wirthschaftsämter u. Magistrate, sammt ihren Geschäftsleitern u. Gemeindeanständen bei d. neuen Grundertragsschätzung u. der Häuser-Classification. 2 Thle. gr. 8. Ebd. 847. Prän.-Pr. n. 3⅓ ₰

— der Rechnungsführer nach Anleit. d. Gesetze, oder Samml. d. Gesetze u. Verordnungen der Verrechnung des Steuer-, Kirchen-, Waisen-, Depositen- u. Armeninstituts Vermögens, für Böhmen, Mähren u. Schlesien. Ein Handbuch für öffentl. u. Privatbeamte rc. 4 Bde. gr. 8. Brünn 824. (Prag, Haase Söhne). 5 ₰

KASPAR, Johann Dominik: Der Waldbeamte oder Waldbereiter und Revierförster in der Wald- und Jagdwirthschaft, dann in der Rechnungslegung nach den bestehenden Gesetzen unterrichtet. - Brünn 1843

Kaspar, Karl, Assistenzarzt: Erfahrungen mit der v. Pirquetschen Tuberkulinimpfung am Kind. Erlangen 1908: Junge. 27 S. 8°

Erlangen, Med. Diss. v. 15. Okt. 1908, Ref. Jamin

[Geb. 5. Febr. 81 Langengern; Wohnort: Nürnberg; Staatsangeh.: Bayern; Vorbildung: Ludwigs-Gymn. München Reife Sommer 00; Studium: München 10 S.; Coll. 14. Juli 08; Approb. 10. März 05.] [U 09. 774

Kašpar, Karl: Papež Leo XIII. a Česká kollej v Římě. Na památku 25letého papežského jubilea Jeho Svatosti. — Papst Leo XIII. und das böhmische Kollegium in Rom. Zur Erinnerung an das 25jährige Papstjubiläum Seiner Heiligkeit. S. 3—53. 8.

Progr. Graf Straka'sche Akademie u. Privat-Gymn. *Prag* 1903.

Kaspar, Otto (Hrsg.), s. Apothekerkalender, Schweizerischer.

Kaspar, Otto (Hrsg.), s. Wochenschrift, Schweizerische, f. Pharmacie.

Kaspar, Rudolph J. — Das heilige Kreuz unseres Erlösers Jesu Christi. Sieben Fastenpredigten gehalten in der Collegiat-Kirche zum heil. Mauritz in Kremsier von — —. Im Jahre des Heils 1855. Der Reinertrag ist zum Besten des Kremsierer F. E. Knaben-Seminariums bestimmt. Kremsier, 1856. Druck und Papier von Franz Slawik. (88 S. 8.)

Kaspar, Rud. J., das heilige Kreuz unseres Erlösers Jesu Christi. Sieben Fastenpredigten gehalten in der Collegiat-Kirche zum heil. Mauritz in Kremsier. Im Jahre des Heils 1855. gr. 8. (88 S.) Kremsier 856. (Olmütz, Grosse.)

Kaspar, Wolfgang [aus Aschaffenburg]: Beiträge zur Histologie der arteriosclerotischen Niere ... Würzburg, Becker's Univ.-Buchdr., 1892; 41 S. 8.

Würzburg, Med. Fak., Inaug.-Diss. v. 1892

Kasparbauer, Anton [aus Viechtach i./Niederbayern]: Über Arthritis urica und Schrumpfniere im Zusammenhang mit chronischer Bleiintoxication ... Viechtach, Druck v. A. Lackerbauer, 1893; 51 S. 8.

Erlangen, Med. Fak., Inaug.-Diss. v. 1893

Kasparek, Georg, Assistenzarzt am Krankenhaus der Elisabethinerinnen zu Breslau: Aus dem Krankenhaus der Elisabethinerinnen zu Breslau. Beitrag zur Casuistik der Pfählungsverletzungen. Leipzig 1906: B. Georgi. (22 S.) 8°

Leipzig, Med. Fak., Ref. Trendelenburg, Diss. v. 14. Dez. 1906

[Geb. 7. März 78 Alt-Popellau; Wohnort: Breslau; Staatsangeh.: Preußen; Vorbildung: Gymn. Oppeln Reife M. 99; Studium: Breslau 10 S.; Coll. 21. Dez. 06; Approb. 4. Apr. 05.]

Kaspar's lustige Streiche. 4 heitere Stücke f. das Kasperletheater. (32 S.) 8. Mühlhausen i/Th. (908). G. Danner. — 30

Kaspars Zögling; od. d. Sieg der Bescheidenheit. Sgsp. in 2 Aufz. 8. Wien, Wallishausser. 791.

Kaspars Zöglinge, oder d. Sieg d. Bescheidenheit. Sgspl. in 2 A. 8. Wien 791. Wallishausser. 5 Gr.

Kasper [Sachliches Ordnungswort]

Kasper, der Herr, ein Roman wider die Hypochondrie, m. K. 8. Wien, Beer. (Wucherer.) 788.

— Frölich, der Seifensieder: (Aus dem Palmsonntag, v. H. Frohreich.) 8. Leipz. 811. Hinrichs.

— Lavigne, od. die Abentheuer des Zufalls. 2 Thle. 8. Leipz. 809. N. A. 823. Reinicke in Halle.

— der Wildschützen-Hauptmann, od. die Bruder des grauen Ordens; eine Räubergesch. vom Verf. der Angelica. 2 Bde. m. K. 8. Lpz. Hinrichs. 802.

Kasper, der Wildschützen-Hauptmann, (von J. J. Brückner). 2 Bde. Mit Kpf. 8. Leipz. 802. Hinrichs. 1 ₰ 12 Gr.

Kasper [Verfasser]

Skapulier-Büchlein der Karmeliten-Bruderschaft. Bearb. von Adolf **Kasper,** Pfarrer. Breslau: F. Goerlich [1905]. (31 S.) 8° [F.]

Kasper, Ant., gewerbl. Geschäftskorrespondenz. Ein Hilfsbuch f. den Unterricht an gewerbl. Fortbildungsschulen. In 2 Tln. u. 1 Anh. (in 1 Bde.). (VII, 183 S.) gr. 8. Wien 908. A. Pichler's Wwe. & Sohn. Geb. 3. 50

Kasper, Anton —. Narcissen und Myrthen. Gesänge zur feierlichen Vermählung Sr. Majestät Franz Joseph, Erbkaisers von Oesterreich, mit Ihrer königl. Hoheit der Frau Prinzessin Elisabeth, Herzogin in Baiern. Von — —. 8. (44 S.) Wien. Gedruckt bei den Edlen von Ghelen'schen Erben. 1854.

Kasper, Hugo, Normalbilanzform zur Vermögensgleichung, D. R. G. M. 249538, bei der die Besitz- u. Schuldteile nach Gruppen getrennt sind, um ein sofortiges Urteil üb. den Vermögensstand zu ermöglichen. (36 S.) Lex.-8. Dresden 905. (H. Minden). Kart. 10. —; geb. in Halbfrz. 15. —; erm. Pr. kart. n. 7. —; geb. n. 9. —

Kasper, Io. Henr., de Carcinomate. Dissert. inaug. Smaj. (1½ B.) Turici 835, Orell, Fuessli et Soc.

Ein Winde. Dramat. Volksspiel aus d. Hauer Spinnstube in 1 Aufz. von Karl **Kasper,** Hain im Riesengebirge. *(Hain i. R.): Selbstverl. (1900).* (36 S.) 8° [F.] [00. 4134

Kasper, P., die Werkstätte. Dies Büchlein gehört dem Arbeiter. 1. Heft. 8. (16 S.) Wien 848, Sallmayer und Comp.

KASPER, Theodorus: Doctrina christiana de libertate hominis defendatur a placitis eorum, qui hoc tempore determinismum profitentur. — (1891) 104 S. 4° (Handschr.)

Diss. Wien, Univ.

Kasper, (Wigandus) Guilelmus (*geb. Reichenstein in Schles. 39 (vielmehr 29.(5.1816)*: De structura fibrosa uteri non gravidi. Vratislaviae (1840). (33 S.) 8°
Breslau, Med. Diss. v. 22. Dez. 1840

Kasperkowitz, Karl: Gebietsveränderungen nach dem Staatsrecht des Deutschen Reiches und dem Staatsrecht der größeren deutschen Einzelstaaten. Neiße 1910. 8°
Breslau, Jur. Diss. v. (1910).

Kasperl, Oswald, Abenteuer. 8. Wien, Camesina. 797.

Kasperl, Oswald, Abentheuer. 8. Wien 797. (Krappe in Leipz.) 12 gr.

Kasperle (Käsperle, Kasperl). –

Käsperle. Puppen-Theater für lustige Kinder. Mit Zeichnungen von F. Jaede. br. 8. (34 S. mit 10 ill. Stnt.) Hildburghausen 852, Schul- und Kinderschriften-Verlag. *

Kasperle. Puppenspiele für Jung und Alt von Fidel Fidelius, Prof. aller heitern Künste u. Wissenschaften. Stuttgart (854.) Gebr. Scheitlin. 4. (VII, 99 S. mit 5 lith. u. color. Taf.) 1 ℛ

Kasperl. Puppenspiele für Jung und Alt von Dr. Fidel Fidelius, Professor aller heiteren Künste und Wissenschaften. Mit einer Anleitung zur Selbstanfertigung eines Kasperltheaters. 8. (136 S. mit Bildern von Lothar Meggendorfer.) Eßlingen 887, Schreiber. geb. *

Kasperl im Frak. Hrsg. v. Puz u. Lurian. Mit Illustrazionen v. Cajetan, Darenzy, Möppl, Bärenpelz, Gökl u. Specht. 1. Bd. (6 Hfte.) gr. Lex.-8. (7 1/4 B.) Wien 846, Lechner's Verl.*

Kasperle im Frak. Hrsg. v. Puz u. Lurian. Mit Illustrazionen v. Cajetan u. Andern. (1. Bd.) 1—6. Hft. Lex. 8. (101 S. m. 15 Abbildgn.) Wien 847, Lechner. (à n. 1/6 ℛ) n. 1 ℛ

Kasperle im Frack. Illustrirt von Mehreren. Jahrg. 1847. 52 Nrn. (à 1—1 1/2 Bog.) 4. Leipzig, Renger'sche Buchh. *

Kasperl, Hans. Großes Spektakelstück f. lust. kleine Leute. (Ausgestanzt.) gr. 4. (16 S. m. farb. Abbildgn.) [Münch. 890.] Nürnb., Stroefer. * 1 50

Käsperle, der lustige. Bewegliches Bilderbuch. 4. (6 ill. Stnt.) Fürth 866, Löwensohn. cart.

Kasperl, unser. 8. (10 S. m. Abbildgn. u. 1 farb. ausgestanzten Bild.) Nürnberg (899). Th. Stroefer. —15

Kasperle und Prinz Ziegenbock oder die Reise nach der Zauberburg. Ein lustiges Kindermährchen mit vielen (lith. u. color.) bunten Bildern. Nürnberg (855.) Geißler. 4. (16 Bl.) 9 ngr.

Käsperle und Prinz Ziegenbock oder die Reise nach der Zauberburg. Ein lustiges Kindermährchen mit vielen bunten Bildern. 4. (16 Bl. mit ill. Lithogr.) Nürnberg 855, Geißler.

(Kasperle-Theater Nr. 1.:) Das Puppenspiel vom Doctor Faust. Zum erstenmal in seiner ursprüngl. Gestalt wortgetreu hrsg. mit einer histor. Einleitung und krit. Noten. 8. (XXIV und 87 S. mit 2 Holzschn.) Leipzig 850, Avenarius und Mendelssohn. Thlr. *

Kasperl-Malbuch m. 24 Postkarten. (12 [6 farb.] perfor. Bl.) 18×29 cm. Nürnberg (909). Th. Stroefer. 1.—

Kasperls neuerrichtetes Kaffeehaus; oder der Hausteufel. Oper in 3 Aufz. 8. Wien, Wallishauser. 803.

Kasperltheater, das lustige. gr. 4. (24 S. m. z. Tl. farb. Abbildgn.) Reutlingen (900). Enßlin & Laiblin. Kart. 1.—

Kasperltheater, das wahrhaftige, s. **Bilderbücher, münchener.**

Kasperow, W. J., Russlands Landwirtschaft u. Getreidehandel, s: **Ssemenow, D. P.**

Kasperowicz, Conrad. Studien über die Festigkeit von Dielektrika. Diss. Math.-Naturw. Freiburg in der Schweiz ... von K' K'. [Mit Figuren.] 53 S. 8. Freiburg (Schweiz), St.-Paulus-Druckerei, 1904.

Kasperowski, Adam, die Branntweinbrennerei mit Wasserdämpfen in Holzgefäßen. 2 Thle. gr. 8. (19 B., 9 lith. Abbild. u. 1 Tab.) Leipzig 835, [Hermann.]

Kasperowski, Adam: Die Branntweinbrennerei mit Wasserdämpfen in Holzgefäßen. Th. 1. 2. Leipzig: Langbein 1835. 296 S., mit 9 Abb. -- 89°

Kasperowski, Adam, die Dampfbierbräuerey, od. d. Kunst mittelst Dampf Bier zu brauen, ohne zu schmelzen; mit e. Feuerbedarf von nur zwey Stunden zu e. Gebräude u. von nur fünf Stunden zu dess. Vollendung. gr. 8. (18 1/4 B., 1 Tab. gr. 4. u. 3 B. Stnt.) Lemberg 834. (Leipzig, Hermann u. Langbein.)

Kaspers lustige Streiche. Eine Kinder-Komödie. gr. 4. (32 S. mit eingedr. ill. Holzschn.) Frankfurt a. M. 852, Literarische Anstalt. *

Kaspers lustige Streiche. 8. Aufl. 4. (32 S. m. eingedr. kolor. Illustr.) Frankfurt a/M. 885. Literar. Anstalt, Rütten & Loening. cart. 1.65

Kaspi, s. **Josef Ibn Kaspi.**

[Hebr.] 'Asārā Kelē kesef. Miktebē R. Jōsēf Kaspi, ašer heetaqtim bebātē 'eqed has-sefārim be-Oxford, Paris, ū- München, we-'ašiti ōtām aguddā ahat we-hōsafti 'alēhem ha'arōt tiqqūnim we-sijjūnim ani Jishāq (Isaac) Last. Hēleq 1. 2. *Pressburg 663 (1903): A. Alkalay.* 2 Bde 8°
[Nebent.:] Zehn Schriften des R. Josef Ibn Kaspi. Nach den Hs. in Oxford, Paris u. München. Mit textkrit. u. erl. Anm. Zum ersten Male hrsg. von Isaac Last. Nebst e. Einl. von Prof. Dr. Ludwig Blau.
[Sondert. 1.] Qebūṣat kesef. [2.] Haṣōṣerōt kesef. Šenē biūrim le-Mišē. [3.] Šulhān kesef. [4.] Haṣōṣerōt kesef. Biūr Šir haš-širim. Biūr Qōhelet. [5.] Kappōt kesef. [6.] Gelīlē kesef. [7.] Hagōrat kesef. [8.] Sēfer ham-mūsār. [9.] Menōrat kesef. [10.] Pērūš has-sōdōt.

Kaspi, Jos., Kommentare zu Dalalat al Haiirin von Moses Maimuni. Nach den Handschriften der k. Hofbibliothek zu München und der Stadtbibliothek zu Leipzig, nebst verschied. Verbesserungen und Zusätzen von *. Hrsg. von Salomon Werblumer. gr. 8. (XXVII und 152 S.) Frankfurt a. M. 848. (Leipzig, C. L. Fritzsche.) *

Kaspret, Anton: Die Instruktion Erzherzogs Karls II. für die landesfürstlichen Reformierungs-Kommissäre in Steiermark aus dem Jahre 1572. S. 3—24. 8. K. k. erstes Staats-Gymn. *Graz* 1903. Progr.

Kaspret, Ant., s.: **Mitteilungen d. Musealvereines f. Krain.**

Kasprowicz, E., Handbuch der polnischen und deutschen Umgangssprache. Rozmowy w polskim i niemieckim jezyku. Leipzig 863. Holtze. 8. (IX, 425 S.) 22 1/2 ngr.

Kasprowicz, E., Handbuch der polnischen und deutschen Umgangssprache. Rozmowy w polskim i niemieckim jezyku. 8. (IX und 425 S.) Leipzig 864, Holtze.

Kasprowicz, E., Handbuch der polnischen und deutschen Umgangssprache. — Rozmowy w polskim i niemieckim języku. 2. Aufl. 8. (VIII, 425 S.) Leipzig 873, Holtze. 2 25

Kasprowicz, E., Rozmowy w polskim i niemieckim języku. Handbuch der polnischen und deutschen Umgangssprache. 3. Aufl. 8. (XVI, 425 S.) Leipzig 887, Holtze. geb.

—— and J. Cornet, a manual of Polish and English conversation. Rozmowy w polskim i angielskim języku. 8. (IX und 425 S.) Leipzig 863, Holtze.

Kasprowicz, E., and J. Cornet, a manual of Polish and English conversation. 2. ed. revised and enlarged. 12. (VIII, 425 S.) Leipzig 898. O. Holtze's Nachf. 2. 40; Einbd. in Leinw. n.n. — 60

— manuel de la conversation polonaise et française. Rozmowy w polskim i francuzkim języku. Ebend. 859. 8. (IX, 425 S.) $22\frac{1}{2}$ ngr.

—— —— Manuel de la conversation polonaise et française. Rozmowy w polskim i francuzkim języku. 8. (IX und 425 S.) Leipzig 863, Holtze.

—— et J. Cornet, Manuel de la conversation polonaise et française. 2e édit. gr. 16. (IX, 425 S.) Leipzig 874, Holtze. ℳ 2,40.; geb. * 3 30

Kasprowicz, E., et J. Cornet, manuel de la conversation polonaise et française. 3. éd. (VIII, 425 S.) kl. 8. Leipzig 910. O. Holtze's Nachf. 2.40; geb. in Leinw. n 3. —

— rozmowy w rossyjskim i polskim języku. Руководство для русскаго и польскаго разговора. Ebend. 859. 8. (IX, 425 S.) $22\frac{1}{2}$ ngr.

—— —— Rozmowy w rossyjskim i polskim języku. Руководство для русскаго и польскаго разговора. 8. (IX und 425 S.) Leipzig 863, Holtze.

Kasprowicz, E. L., Hauptgrundsätze der Lehre vom Geiste. Zusammengestellt aus den theoret. Schriften Allan Kardec's u. auf Grund eigener Erfahrung. 2 Vorträge, geh. am 26. u. 27. März 1879 zu Leipzig. gr. 8. (40 S.) Leipzig 879. Kasprowicz. n. — 80

Kasprowicz, E. L., Marienbrunnen. Ein psych. Märchen in 4 Aufzügen. (111 S.) 8. Leipzig 910. E. L. Kasprowicz. 2. 10

— der Spiritismus u. seine Stellung zum Spiritualismus, insbesondere in Deutschland. Ein öffentl. Vortrag, geh. am 27. November 1878 zu Leipzig. gr. 8. (24 S.) Ebend. 879. n. — 40

— dasselbe. II. Der Spiritualismus der „Psychischen Studien" u. Herr Staatsrath Alexander v. Aksakow. Eine Entgegnung. gr. 8. (16 S.) Ebend. 879. n. — 40

— Tornister-Dolmetscher des deutschen Reichssoldaten im täglichen Verkehr mit den Grenzvölkern des deutschen Reiches. Dänisch, holländisch, französisch, russisch, polnisch u. böhmisch. Sammlung der nothwendigsten Wörter u. Ausdrücke mit Wiedergabe ihrer Aussprache in deutscher Schrift. 16. (79 S.) Ebend. 878. n.n. — 75

Kasprowicz, E. L., Tornister-Dolmetscher des deutschen Soldaten im Verkehr mit Franzosen. Sammlung der nothwendigsten Worte und Ausdrücke mit Wiedergabe ihrer Aussprache in deutscher Schrift. 2. verb. Aufl. 16. (30 S.) Leipzig 884, Kasprowicz. cart.

Kasprowicz, E. L. (verpfl. Dolmetscher beim königl. sächs. Bezirksgerichte in Leipzig). Tornister-Dolmetscher des deutschen Soldaten im Verkehr mit Russen. Sammlung der nothwendigsten Worte und Ausdrücke mit Wiedergabe ihrer Aussprache in deutscher Schrift. 2. verbess. Aufl. kl. 8. Leipzig 1883.

Kasprowicz, E. L. Tornister-Dolmetscher des deutschen Soldaten im Verkehr mit Russen. 2. verb. Aufl. Leipzig 1883. 32 S.

— Tornister-Dolmetscher des deutschen Soldaten im täglichen Verkehr mit allen slawischen Volksstämmen. Sammlung der nothwendigsten Worte u. Ausdrücke mit Wiedergabe ihrer Aussprache in deutscher Sprache. qu. gr. 16. (48 S.) Ebend. 877. n.n. — 50

Jan **Kasprowicz**. Mein Abendlied [Moja pieśń wieczorna]. Hymnen. Mit e. Vorw. von Wilhelm Feldman. In freier Übertr. d. Stanislaw Przybyszewski. Mit d. Bilde Kasprowicz'. Berlin: F. Fontane & Co. 1905. (XXXII, 180 S.) 8° 05. 10413

— der sterbenden Welt. Dichtungen. Aus dem Poln. übertr. v. Jul. Tenner. (56 S.) gr. 8. München (905). [Dr. J. Marchlewski & Co.] Etzold & Co. 1. 50

KASPRZAK, Josephus: De regiminis ecclesiastici forma. — (1870) 129 D. 8° (Handschr.)

Diss. Wien, Univ.

Kasprzik, s.: Verhandlungsbericht der mittelrhein. Gesellschaft f. Geburtshülfe u. Gynäkologie.

Kasprzycki, L.: Ortschafts-Verzeichnis des Herzogtums Bukowina mit Angabe der Postämter. Czernowitz 1879.

KASPRZYK, Theophilus: De fine, argumento et dispositione epistolae ad Romanos. — (1895) 100 S. 4° (Handschr.)

Diss. Wien, Univ.

Kasprzykiewicz, Jos. J., Handbuch schles. Gesetze u. Verordnungen. 1.—5. Bd. 12. Troppau, (Buchholz & Diebel). Geb. in Leinw. n.n. 24. —

1. Gemeinde-, Bezirks- u. Landesverfassungs-Vorschriften. (IV, 480 S.) 888. n.n. 5. —
2. Armen- u. Kranken-, Sanitäts- u. Polizeiwesen. (XII, 761 S.) 889. n.n. 6. —
3. Straßenbauconcurrenz, Wasserrecht u. Landescultur. (IV, 761 S.) 890. n.n. 6. —
4. Kirchenbauconcurrenz u. Volksschulwesen. (IV, 370 S.) 891. n.n. 4. —
5. Statuten der österr.-schles. Boden-Credit-Anstalt, administrative Territorial-Eintheilung Schlesiens, Nachträge u. Ergänzungen, nebst e. allgemeinen chronologischen u. Sachregister. (VI, 309 S.) 893. n.n. 3. —

(F) **Kasprzykiewicz, J. und Krisch, O.**, Landesgesetze für Schlesien. Bd. I. 3. Aufl. 8°. (VIII, 890 S.) 6 Bände kompl. K 54.—
Teschen: Stuks 1910.

(Kass.) Die Römer-Villa zu Westenhofen. Eine Monographie, enthaltend Abbildung des Mosaikfussbodens, Grundriss der Villa u. Spezialkartchen (auf 2 Tfln.). Ingolstadt 1857. Fol.

Kass, Anton, appr. Arzt: Aus d. Pathol. Inst. in Greifswald. Über Chondro-Osteome der Trachea. Greifswald 1910: Abel. 33 S. 8°
Greifswald, Med. Diss. v. 12. Mai 1910, Ref. Grawitz
[Geb. 31. Aug. 79 Lauenburg i. P.; Wohnort: Lauenburg; Staatsangeh.: Preußen; Vorbildung: Gymn. Anklam Reife O. 01; Studium: Greifswald 2, Breslau 2, Greifswald 3, Berlin 4 S.; Coll. 12. März 10; Approb. 10. Mai 08.] [U 10. 1575

Kass, Georg: Möser und Goethe. Berlin 1909: Paul. 145 S.
Göttingen, Phil. Diss. v. 13. Sept. 1909, Ref. Schröder
[Geb. 9. Aug. 84 Winsen; Wohnort: Winsen; Staatsangeh.: Preußen; Vorbildung: Gymn. Lüneburg Reife O. 04; Studium: Tübingen 2, München 2, Göttingen 5 S.; Rig. 12. Mai 09.] [U 10. 1427

Käß, Christian

Käß, Chr., Katechismus d. christl. Heils-Lehre, nach d. Bekenntn. d. vereinigten evangel. Kirche im Großhrzgth. Baden. gr. 12. (8 B.) Speyer 833. (Karlsruhe, Marx.)

—— Henhöfer u. Dietz, drei Predigten an d. 3. Jubelfeste d. Uebergabe d. Augsburg. Konfession, gehalten am 27. Juni 1830. gr. 8. (6 B.) Heidelberg, (Groos.)

Käß, ..., Henhöfer, ..., Diez, ..., drei Predigten am 3n Jubelfeste d. Uebergabe d. Augsburg. Confession 1830. gr. 8. Heidelb. 831. (Groos). 6 K

— die religiösen Privatversammlungen, od. die sogenannten Konventikel, mit besond. Beziehung auf die Umgegend von Karlsruhe, beleuchtet. gr. 8. Karlsr. u. Baden 834. (Marx.) 1/8 ℔ — 2e mit e. Anhange verm. Aufl. 8. Nürnberg 836. Raw. 1/8 ℔

Käss, Franz: Aus der chirurgischen Klinik zu Bonn. Ueber Osteotomia subtrochanterica. *Bonn 1898: A. Henry.* (31 S.) 8° Bonn, Med. Diss. v. [20. Mai] 1898

KÄSS, Josef (Friedberg): Über den Einfluss des vor- und frühzeitigen Blasensprungs auf die Geburt.- München: Müller & Steinicke 1910. 12 S.
24.8.1910 - Chr 1910/11,231 U 11.3654
Diss. Ingolst.-Landsh.-Mchn.

Kaeß, Jos., d. erste hl. Meßopfer. Predigt b. d. Primizfeier d. hochwürd. Hrn. Maximilian Klein in Regensburg am 30. VI. 1897. gr. 8. (12 S.) Regensburg 897. (J. Habbel.) n. -- 20

Kassa ..., s.a. C a s s a ...

[Kassabericht des Vereins „Humanitas" in Wien.]
1872/73. 21.

Kassa-Buch der Hausfrau. (Sep.-Ausg. aus: „Idealbuchhaltung f. Haus- u. Privatwirtschaft".) (59 S.) Lex. 8. Aarau (908). E. E. Meyer. In Leinw. kart. 1.80

Kassa-Konto der Kegelgesellschaft. (2. Aufl.) 8. (Formulare.) Leipzig 892. Grübel & Sommerlatte. Geb. n. 1.50

Kassandra, s.a. C a s s a n d r a .

Kassandra, Ein Notschrei des rechtlosen Bauhandwerkes. 8⁰. Leipzig, R. Werther, 1894.

Kassandra, s.: Seeger. Der Fall Seeger.

Kassandra (Pseud.): Der Fall S e e g e r , s. B a u e r , Erwin

Eine Kassandra-Stimme. Mahnwort an das katholische Schweizervolk von einem amtierenden römisch-katholischen Priester [Jacob Odermatt?]. 15 S. 8. Zug, J. Kündig, 1901. [fr. —. 35]

Kassandra-Stimme, e. Mahnwort an das kathol. Volk v. e. amtier. römisch-kathol. Priester. 6. Aufl. gr. 8. (15 S.) Zürich 901. C. Schmidt. n. — 30

Kassandrus (pseud.), Streiflichter auf die Inferiorität der Katholiken. Würzburg, Göbel, 1898, gr. 8°, 43 S., 40 Pf.

Kassandrus, s.a. Streiflichter auf d. Inferiorität d. Katholiken.

Römisch-katholische Gemeinde Bern. Kassa-Rechnung 1900. — Paroisse catholique-romaine de Berne. Compte-Rendu 1900. VI + 18 S. 8. Bern, Ant. Tanner, 1901.

Römisch-katholische Gemeinde Bern. Kassa-Rechnung 1901. — Paroisse catholique-romaine de Berne. Compte-Rendu 1901. [Mit 1 Ansicht.] VI + 18 S. 8. Berne, A. Tanner, (1902).

Frauen-Verein der Münstergemeinde für arme Kranke und Altersschwache (Basel). 54. u. 55. u. 56. Kassa-Rechnung ([und] Jahresbericht). Vom 1. April 1900 bis 31. März 1901 u. Vom 1. April 1901 bis 31. März 1902 u. Vom 1. April 1902 bis 31. März 1903. [je 2 S.] kl.-4.

Rettungsanstalt in Wiesen [Gemeinde Herisau]. Kassarechnung pro 1900. 6 S. 8. (1901.)

Rettungsanstalt in Wiesen [Gemeinde Herisau]. Kassa-Rechnung.... 8.
... betreffend das Jahr 1901. [4 S.] [Herisau,] Schläpfer & Cie., (1902).
... betreffend das Jahr 1902. 6 S. (1903.)

Freiwillige bürgerliche Witwen- und Waisenkasse der Stadt Basel. Kassa-Rechnung und Status Nr. 106 auf 31. Dezember 1900. 4 S. fol. (Basel, Fr. Reinhardt, 1901.)

Freiwillige bürgerliche Witwen- und Waisenkasse der Stadt Basel. Kassa-Rechnung und Status Nr. 108 auf 31. Dezember 1902. [4 S.] fol. (Basel, Fr. Reinhardt, 1903.)

Kassationsgesuch an den h. Grossen Rath des Kts. Bern gegen den Entscheid des Regierungsrathes vom 30. Herbstmonat 1870, betr. die Verwendung des Ertrages der Einregistrirungsgebühr im Amtsbezirke Delsberg. 23 Stn. 8. 1872.

Kassatkin, N., Untersuchungen üb. die Bildungsverhältnisse d. ocean. Salzlagerungen, s.: Hoff, J. H. van't.

Kassau, A., Andreas Hofer. E. Trauersp. in 5 Akten. 8. (202 S.) Wittenberg 896. P. Wunschmann. n. 2.—

— o Menschenfreud', o Menschenleid. Gedichte. 8. (299 u. XVIII S.) Dresden 898. E. Pierson. n. 3.—; geb. n. 4.—

Kassa-Umsatz-Buch f. Apotheker. 2. Aufl. (Für 5 Jahre.) Fol. (56 Bl.) Heilbr. 890. (Berl., Springer.) geb. * 4 —; f. 10 Jahre * 7 —

Kassay, Adolf v. — Vaterländische Alterthümer und Geschichte der k. k. Haupt- und Residenzstadt Wien und der Festungen Oesterreichs. Von der ältesten bis auf die neueste Zeit gesammelt und nach den glaubwürdigsten Quellen bearbeitet von — —. Wien, 1856. Gedr. und zu haben bei Adalbert della Torre. (8 S. 4.)

Kassay, D. A. v. — Illustrirter Damen-Kalender für das gemeine Jahr 1857, von — —. 1. Jahrg. Wien. Druck und Verlag von A. della Torre. (64 S. 8.)

Kassay, A. v., illustrirter Damenkalender für das J. 1861. 5. Jahrg. 16. (80 S. mit 4 Kpfrn.) Wien 860, Selbstverlag.

Kaßay, A. v. – Farbensprache für Liebende Von — —. Die Hälfte des Reinertrages ist dem Wiener-Schutzverein zur Rettung verwahrloster Kinder gewidmet. Wien, 1856. Ad. della Torre's Buchdruckerei. (63 S. 8.)

Kassay, A. v. — Geheimnisse der Blumen. Von — —. Wien, 1856. Gedruckt bei Leopold Grund. (58 S. 16.)

Kassay, Adolf v. —. Der allgem. österr. Rathgeber, oder: Volksthümliche Erklärung aller im österr. Kaiserstaate erschienenen Gesetze, Verordnungen, Erlässe, rc. für Ortsvorsteher, Orts-Notare, alle Gewerbe- und Handelsbetreibende und für das Volk. Von — —. Wien, 1857. Dr. von U. Klopf und Alex. Eurich. (40 S. 8.)

Kassay, Adolf v. Wien vor und nach der Stadterweiterung oder: kurze Geschichte der Stadt-Erweiterungen von den Zeiten der Römer angefangen bis heute nach den besten Geschichtsquellen geschildert. *Wien* 1858. *J. B. Wallishausser.* 30 S. 8°. Mit 4 lithogr. Bilderbeilagen. 12 kr.

Kaßbaum, Heinrich, Gerichtsassessor a. Waren: Der Ersatzanspruch für Verwendungen nach dem Bürgerlichen Gesetzbuch. Rostock 1907: Adlers Erben. (70 S.) 8°
Rostock, Jur. Fak., Ref. Matthiaß, Diss. v. 5. Aug. 1907
[Geb. 12. Dez. 79 Rehna i. M.; Wohnort: Waren; Staatsangeh.: Mecklenburg-Schwerin; Vorbildung: Gymn. Waren Reife O. 98; Studium: Heidelberg 1, Berlin 1, München 1, Rostock 4 S.; Rig. 4. Mai 07.]

Käßberg, E., Eingehung, Richtigkeitserklärung u. Auflösung der Ehe nach dem Recht des deutschen bürgerlichen Gesetzbuchs. In Anlehng. an e. auf der Hohensteiner Kirchenconferenz üb. „die Beziehgn. des deutschen bürgerl. Gesetzbuchs zur Kirche" geh. Vortrag. gr. 8. (86 S.) Leipzig 899. B. Richter. n. — 60

Käßbohrer, Sebastian, s. Käsborer, Sebastian.

Kassebaum, H., Lehrbuch der deutschen Kurzschrift nach eigenem System. (16 S.) kl. 8. Barsinghausen a/Deister 909. F. W. Kassebaum. — 60

Lehrbuch der deutschen Kurzschrift nach eigenem System von H. **Kassebaum.** Als Ms. gedr. Barsinghausen am Deister: Selbstverl. 1909. 16 S. 8° [10. 10838

Kassebaum, Hermann: Brittons Bowre of Delights 1597. Text nebst Untersuchungen über Stil, Metrum und Verfasserschaft. *Göttingen 1898: E. A. Huth.* (39 S.) 8° ¶(Erscheint vollständig in den Studien zur englischen Philologie.)
Göttingen, Phil. Diss. v. [21. Mai] 1898

Kassebeer, Aug., Erfolge der Vereine junger Christkatholiken der Schweiz, s.: Broschüre Nr. 2 des Reichsverbandes altkatholischer Jungmannschaften.

Kassebeer, Friedrich

[F.] Durch Kampf zur Kaiserkrone. E. Sang z. Erinnerg an Deutschlands Jubeljahre 1870/71. Festsp. in 10 Bild. v. Friedr. **Kassebeer.** *Hildesheim: Gebr. Gerstenberg 1896.* (24 S.) 1 Bd 8. [97. 337

Kassebeer, Fr., die 3 Gesetze f. die preußischen Volksschullehrer, s.: Kreipe, A.

— geistliche Lieder. 12. (124 S. m. Bildnis.) Hildesheim 901. Gerstenberg. Geb. in Leinw. m. Goldschn. n. 2. —

[F.] Hildesheimer Rosen. Die schönsten Sagen u. Bilder aus d. Gesch. Hildesheims. M. zahlr. Abb. u. 1 Stadtpl. Hrsg. v. Fr. **Kassebeer.** *Hildesheim: Gebr. Gerstenberg 1897.* (110 S., 1 Pl.) 1 Bd 8. [97. 2786

Kassebeer, Fr., Hildesheimer Rosen. Die schönsten Sagen u. Bilder aus der Geschichte Hildesheims. Mit zahlreichen Abbildgn. u. 1 Stadtplan. (112 S.) 8. Hildesheim 903. Gerstenberg. Kart. n. 1. —; geb. n. 1. 50

Kassebeer (Fr.), deutscher Sagenschatz, s. a. Sohnrey, Heinr.

Kassebeer, F., und H. Sohnrey, deutscher Sagenschatz. Für die Schule bearb. gr. 8. (IV, 80 S.) [Bernburg 885, Bacmeister.] Gotha, Behrendt. *

— in Wassersnot. Lieder z. Hilfe u. z. Trost. M. Abb. aus d. Überschwemmungsgebiet. 1.—5. Aufl. 8. (à 16 S.) Hildesheim 897. H. Helmke. — 20

Kassel [Sachliches Ordnungswort]

Kassel, s. a. Cassel.

Kassel. Plan der Stadt nebst einem Führer für Fremde, s. Brockhaus' Reise-Atlas.

Kassel, ganz, für 10 Silbergroschen, s.: Wegweiser.

Kassel and how the English should see it! a guide to Kassel, Wilhelmshöhe and environs with 4 plans. 12. (40 S.) Kassel 889. Brunnemann. cart. n. 1. —

Kassel und seine Umgebungen. (20) Ansichten von Kassel, der Orangerie, Augustenruhe u. Wilhelmshöhe. Aufgenommen u. gezeichnet von C. Loewer, gestochen von Martens. — Vues pittoresques de Kassel etc. qu. gr. 4. Kassel 838. Appel. 4 ℛ — weiß Pap. $4^2/_3$ ℛ — chines. Pap. $5^2/_3$ ℛ color. $12^2/_3$ ℛ (Die Ansichten von Kassel (10 Bl.) kosten einzeln n. $2^2/_3$ ℛ — Die Wilhelmshöhe (10 Bl.) auch n. $2^2/_3$ ℛ)

Kassel in der Westentasche und Eisenbahn-Kursbuch für Mittel- und West-Deutschland. Sommer 1876. 128. (X, 191 S.) Kassel 876, Krobel. *

Kassel und Wilhelmshöhe. Illustrierter Wegweiser mit 3 Plänen. 3. Aufl. Kassel 1904. V: *Brunnemann, Max.* (Berl)

— Wilhelmshöhe u. Umgebung. Praktischer Wegweiser m. Plänen v. Kassel, der Aue u. Wilhelmshöhe. 12. (IV, 51 S.) Ebd. 889. n. — 75

Kassel, Wilhelmshöhe u. Umgebung. Praktischer Wegweiser m. Plänen v. Kassel, der Aue u. Wilhelmshöhe. 10., verb. Aufl. 12. (IV, 45 S.) Kassel 893. M. Brunnemann. n. 1. —

Kassel, Wilhelmshöhe u. Umgebung. Reisehandbuch m. Plänen v. Kassel, Wilhelmshöhe, d. kgl. Theater, d. Aue u. e. Wegeskizze v. Habichtswald. 11., verm. u. verb. Aufl. 8. (XII, 99 S.) Kassel 896. M. Brunnemann. Kart. n. 1. —

— — s. a. Woerl's Reisehandbücher.

Kassel [Schlagwort]

Kassel, s.a. Cassel.

Kassel, s. a.: Europa. Übersichtskarte. — Geologische Karten. Karte (Preussen). — Preussen. Messtischblätter.

— s.: **Westentaschen-Sammlung.**

Kassel-Leipzig, s.: Automobilkarten. Automobil-Tourenkarte.

Kassel. Beckmann-Plan. Neuester Plan v. Kassel m. Wilhelmshöhe in 5 farb. Ausführg. m. Strassenverzeichnis (an den Seiten) u. 1 Tab. der Sehenswürdigkeiten (auf dem Umschlag). 1:14,000. (Neudr.) 47×74,5 cm. Stuttgart (910). W. Seifert. — 50

Kassel. Hessler, Carl, Karte der Umgegend v. Kassel. 2. Aufl. 25,5×31,5 cm. Farbendr. Leipzig 893. G. Lang. n. — 30

Kassel [Verfasser]

Kassel, August [appr. Arzt aus Hochfelden i. Elsass]: Historisch-kritische Beiträge zur Lehre vom Fettherz . . . . Strassburg, Univ.-Buchdr. v. J. H. Ed. Heitz (Heitz & Mündel), 1888: 38 S. 8°
Erlangen, Med. Fak., Inaug.-Diss. v. 5. März 1888

Messti und Kirwe im Elsass. Von Dr. August **Kassel**. Strassburg 1908: J. H. E. Heitz. (197 S.) 8° [08. 16388

Kassel, Aug., Messti u. Kirwe im Elsass. (197 S.) gr. 8. Strassburg 908. Hochfelden (Elsass), Dr. Aug. Kassel. 2. 40

Kassel, Ofenplatten u. Plattenöfen im Elsass. (78 S. m. Abbildgn.) gr. 4. Strassburg 903. J. Noiriel. n. 10.—
Sonderabdruck aus: „Illustr. elsäss. Rundschau".

Kassel [Aug.]. Über elsassische Trechten. Strassburg 1907. Druck M. Dumont-Schauberg. 47 S., 3 Taf. 8°.

— Über elsässische Trachten. (47 S. m. 3 Taf.) 8. Hochfelden 907. Dr. Aug. Kassel. bar †1. 80

Kassel, August: Zur Volkskunde im alten Hanauerland. — Straßburg: Heitz 1895. 75 S.

Kassel, Emilie. Was wird heute gekocht? Speisezettel f. jeden Tag im Jahre sowie f. besond. Festlichkeiten u. Gabelfrühstücke. 16. (207 S.) Stuttg. 889, R. Lutz. geb. * 1 60

Kassel, Fritz, prakt. Arzt in Burg b. M.: **Beitrag** zur Casuistik der Carcinome des Pankreas. *Burg b. M. 1900: A. Hopfer.* (34 S.) 8°
Leipzig, Med. Diss. v. [2. Febr.] 1900

Kassel, Georg: Beiträge zur Kenntnis der Reduktion von Eisenschlacken durch Kohlenoxyd und Wasserstoff. 1906. 46 S. 8°
¶ Ganz kurzer Ausz. in: Stahl u. Eisen. Jg. 26, Halbj. 2.
Berlin, Dr.-Ing.-Diss. v. 23. 3. 1906

Kassel, Georg: Die geschichtliche Entwickelung des Delikts der Bettelei und seiner Bestrafung in den europäischen Staaten. I. T. *Breslau: Schletter 1898.* (IV, 68 S.) 8°
Breslau, Jur. Diss. v. 18. Febr. 1898

Kassel, Julius *(geb. Oberglogau [19. 12. 1847])*: Ueber die Erschütterung des Rückenmarkes. Breslau 1873. (27 S.) 8°
Breslau, Med. Diss. v. 15. Dez. 1873

Kassel, Carl, Fremdkörper im Ohre. Eine klin.-histor. Studie. (8 S.) 8. Leipzig 908. B. Konegen. 1. —
Sonderabdr. a.: „Reichs-Medizinal-Anzeiger".

Die Hebung des Proletariats durch die Volksschule unter bes. Berücks. d. Verhältnisse Posens. Vortrag geh. in Posen 1902 von Spezialarzt Dr. Carl **Kassel**. *Posen: J. Jolowicz 1902.* (16 S.) 8° [F.]
— Veröffentlichungen d. Vereins z. Fürsorge f. kranke Arbeiter zu Posen. H. 3. [03. 873

Kassel, Carl, aus der Ohrenheilkunde des Hippokrates, s.: Festschrift, dem Aerzteverein der Kreise Birnbaum usw. gewidmet.

Kassel, Meierus *(geb. Zülz in Oberschles. 11. 10. 1832)*: De encephalomalacia. Vratislaviae (1856). (26 S.) 8°
Breslau, Med. Diss. v. 22. [vielmehr 26.] Nov. 1856

Kassel, Paul, a. Werdau: Die erfolglose Anstiftung. Borna-Leipzig 1908: R. Noske. (V, 44 S.) 8° [F.]
Heidelberg, Jur. Fak., Ref. v. Lilienthal, Diss. v. 1908
[Geb. 18. Febr. 73 Weimar; Wohnort: Werdau; Staatsangeh.: Sachsen-Weimar; Vorbildung: Gymn. Rudolstadt, Gera, Weimar Reife M. 97; Studium: Gießen 5, Berlin 3, Jena 4, Heidelberg 6 S.; Rig. 15. Nov. 07.]

Kassel, Richard: Viskosität binärer Flüssigkeitsgemische. Mit 12 Taf. Wien: Selbstverl. 1910: (Gerold). 50 S. 8° ¶ (Ausz. ersch. in: Zeitschrift f. physik. Chemie.)
Leipzig, Phil. Diss. v. 21. Juni 1910, Ref. Le Blanc, Beckmann
[Geb. 18. Sept. 82 Wien; Wohnort: Wien; Staatsangeh.: Österreich; Vorbildung: Schotten-Gymn. Wien Reife Sommer 01; Studium: Wien 4, Leipzig 10 S.; Rig. 29. April 10.] [U 10. 3168

Kassel, Wilhelm, approb. Arzt aus Neiße: **Aus d. kgl. chirurg. Universitäts-Klinik zu Breslau. Zur operativen Behandlung der angeborenen Gaumenspalten, mit besonderer Rücksicht** auf die funktionellen Erfolge. *Tübingen 1902: H. Laupp Jr.* (23 S.) 8° ¶ (Aus: Beiträge zur klinischen Chirurgie, Bd 35, H. 2.)
Breslau, Med. Diss. v. [15. Sept.] 1902

Literarische Ungezogenheit und Schlimmeres. Ein Interview beim Vert. d. 'Kath. Selbstvergiftung'. Von Dr. rer. pol. S. **Kasselbach**. Bonn: P. Hanstein 1904. (63 S.) 8° [04. 4768

Kassen und Stiftungen, Die, der evangelisch-rhätischen Synode. Chur 1865. V: *Schreiber, P.* (Cat. d. Stadtbibl. Zürich. Zürich 1864—97.)

[Kassenbericht des] Altersheim für Freimaurer „Johannisstift", e. V., zu Einbeck. Berlin, April 1904. o. O. [1904]. 2 Bl. 8°. [Kopftit.]

Schweizerischer Buchhandlungs-Gehilfen-Verein. Kassen-Bericht für das Vereinsjahr 1900/1901 ⟨1. April 1900 bis 31. März 1901⟩. [2 S.] 4.

Schweizerischer Buchhandlungs-Gehilfen-Verein. 4.

Kassen-Bericht für das Vereinsjahr 1901/1902 ⟨1. April 1901 bis 31. März 1902⟩. [2 S.]
(Traktanden der 24. Generalversammlung [und] Liste der Mitglieder.) [4 S.] 1902.

Militär-Hilfsverein im Bereiche des I. Armeekorps ⟨M. H. I.⟩. Kassen- und Geschäftsbericht. [1.] 1903. *(Königsberg i. Pr. 1904.)* 4° [F.] [04. 9037 10

[**Kassenbericht** des Vereins Kinderfürsorge in Düsseldorf seit 1906.]

Kassenbericht der Loge zu den drei Schwertern und Asträa zur grünenden Raute in Dresden. 1. Juli 1895 bis 30. Juni 1896. [Dresden] 1897: Chares. 20 S. 8°. [Umschlagtit.]

[**Kassen-Bericht** über die Sammlungen zur Errichtung eines Seehospizes deutscher Freimaurer seit 1904.]

Kinderfürsorge: [**Kassenberichte** des Vereins „Kinderfürsorge" im Rhein.-Westf. und Nordwestdeutschen Logen-Verbande. Seit 1909/10.] 21.

Kassenbuch f. Hebammen. (30 u. 14 Doppels.) 8. Berlin (909). E. Staude. Geb. nn 1.—

Königl. Preuß. Kassen-Edikt v. J. 1769. Berlin, Decker. Fol. (4. B.).

Kassen- und Rechnungs-instruction, Allgemeine, für das Fürstenthum Leiningen. Amorbach ... 1804. H: *Kretschmann, Theodor Conrad v.* (MGT)

Kassen- und Rechnungs-Kalender, preußischer, zum Gebrauch für Magistrats-Beamte, Kassen-Kuratoren und Revisoren, Kämmerer, Rendanten u. s. w. Hrsg. von Adf. Malsch. 1. Jahrg. 1858. gr. 16. (VI und 272 S.) Berlin, C. Heymann. geb. Ladenpr. ** durchschossen Ladenpr. **

Ist nicht fortgesetzt worden.

Kassenordnung f. die Justizbehörden v. 28. III. 1907 m. den Aendergn. u. Ergänzgn. bis zum 19. III. 1910. 2. Aufl. (VIII, 188 S.) 8. Berlin 910. A. Nauck & Co. 2.—
1. Aufl. (Erg.-Bd. zum Bureau-Blatt f. gerichtl. Beamte.) (VIII, 184 S.) 907. 1.80; kart. 2.—.

— dasselbe. (Just.-Minist.-Bl. S. 127.) Amtl. Ausg. (198 S.) Lex. 8. Berlin 907. R. v. Decker. 2.25; Anh. m. Inhaltsverzeichnis u. m. alphabet. Sachregister zur Kassenordng. (VII, 138 S.) 908. 2.—

— dasselbe, Änderungen u. Ergänzungen, s.: Verfügung, allgemeine, v. 19. III. 1910 üb. Änderungen u. Ergänzungen der Kassenordnung.

Kassen-Ordnung für die Stadt Kiel. Kiel. 1879. 8°.

Kassen-Ordnung für die Stadtkasse zu Altona. Altona. 1890. 8°

Kassenordnung f. die Truppen. [K. O.] Entwurf. 8. (V, 115 u. Nachtrag 2 S.) Berlin 892. E. S. Mittler & Sohn. n. 1,20; kart. n. 1.50

[F.] **Kassenordnung** für die Truppen. '(K. O.)' *Berlin: E. S. Mittler & Sohn 1897.* (IX, 125 S.) 1 Bd 8.

Kassenrecht, über das, d. Würtemberg. Landstände, in Beziehung auf die Garantie d. Staatsverfassung, (v. ... Fischer). 8. Frankf. a. M. 816.

Schlesw: Holst: **Kassen-Scheln.** Ein Thaler im Vierzehn Thaler-Fuss. (1848). In 4° geb.

Kassenverwaltung, über, Kassenbeamte u. Rechnungsführer. 8. Wien 783. v. Mößle. 5 K

Kassor, H[ermann]. Das Bernbiet ehemals und heute. [Teil] 1: Das Emmental. [Mit Illustrationen und 1 Tafel.] IV + 116 S. 8. Born, Stämpfli & Cie., 1905. [fr. 2. 40]
(«Das B' e' und h'» [erschien zuerst im] Berner «Hinkenden Boten», Jahrgg. 1887—1900.)

Kasser, H[ermann]. Das Bernbiet ehemals und heute. [Teil] 2: Mittelland. [Abschnitt] 1. Zwischen Aare und Stockhornkette. [Mit Illustrationen und 1 Tafel.] II + 120 S. 8. Bern, Stämpfli & Cie., 1906. [fr. 2. 40]

Kasser, H[ermann]. Aus der Geschichte von Burgdorf. Historische Skizze. SA. [Mit 3 Tafeln und illustriertem Umschlag.] 8. Bern 1887.

Kasser, H., siehe: *Samariter, Der barmherzige.*

Kasser, S., s. **Beiträge**, Berner, zur Geschichte der schweizer. Reformationskirchen.

Kassette ..., s. Cassette ...

Kassewitz, Jos., Darlegung der dichterischen Technik u. litterarhistorischen Stellung v. Goethes Elegie „Alexis u. Dora". gr. 8. (27 S.) Leipzig 893. G. Fock. n. 1.—

Kassewitz, J. Die französischen Wörter im Mittelhochdeutschen. Diss. Straßburg 1890. 119 S.

— die französischen Wörter im Mittelhochdeutschen. gr. 8. (119 S.) Strassburg i/E. 890. (Leipzig, G. Fock.) n. 2.—

Kassian, Otto: Das Glaubens-Schwert für denkende Katholiken. 5. Aufl. 8° (32 S.) Wien: Hummel's Verl.-Exped. 1869.

Kassian, Otto, die kleine Marienkrone. Versuch einer Sammlung von Marienliedern nach bekannten Melodien. 8. (XXXVI S.) Wien 866, Mechitharisten-Congregations-Buchh. *

Kassian, Otto: Die betrachtete Zeitgeschichte in Briefen. Winke für die Gegenwart und Zukunft. 8° (60 S.) Wien: Hummel's Verl.-Exped. 1868.

Kassianow, Nicolai: Studien über das Nervensystem der Lucernariden nebst sonstigen histologischen Beobachtungen über diese Gruppe. Mit 4 lithogr. Taf. u. 11 Fig. im Text. *Leipzig: W. Engelmann 1901.* (93 S.) 8° ¶(Aus: Zeitschrift f. wissensch. Zoologie, Bd 69, H. 3.)
Heidelberg, Naturw.-math. Diss. v. 1901

Kassiepe, Max, O. M. J., unt. d. Bassuto-Kaffern, s.: Aus Fremde u. Heimat.

Kassiepe, Max. Obl. M. J., die Volksmission, s.a. Seelsorger-Praxis. XIX.

Die Volksmission. Wesen u. Ziele. Methode der Missionare. Anteil des Seelsorgers an ihrem Gelingen. Von P[ater] Max **Kassiepe**. Paderborn: Schöningh 1909. VII, 163 S. 8°
(Seelsorger-Praxis. 19.)

Kassiepe, Max, Obl. M. J., Volksmissionen u. Exerzitien. Prakt. Winke f. Seelsorger, in deren Gemeinden solche Uebgn. gehalten werden. gr. 8. (124 S.) Kevelaer 902. Butzon & Bercker. 1.60

Kassius, die Heilkunst in ihrer Erniedrigung zum Heilgewerbe. gr. 8. (24 S.) Breslau 860, Maruschke und Berendt. *

Kassl, Oswald, v.: Emperger, Franz v.

Kasslatterer, Streusand drauf! (228 S.) kl. 8. Berlin 910. Schuster & Loeffler. 3.—; geb. 4.—

Kassler, Gustav Eduard (Merseburg), De ulcere ventriculi rotundo. Diss. med. Halle 1. V. 1866. Merseburg (Hottenroth & Schneider) 31. S. mit Biogr. (M.: C. Schreiber.) (5.50) 17516
Oppon.: R. Kayser, A. Wolzendorf.

Kaßler, Kurt, Rechtsanw. in Groß-Lichterfelde: Der Einfluß der Ausgleichung auf die Erbenhaftung im Bürgerlichen Gesetzbuche. *Borna-Leipzig 1904: R. Noske.* (IX, 39 S.) 8°
Leipzig, Jur. Diss. v. 1904

Kaßler, Otto, Oberarzt im comb. Jäger-Detachement zu Pferde, Langensalza: Beckengeschwülste und Echinococcen der Beckenknochen. *Mühlhausen i. Th. (1902): Rinneberg & Höller.* (49 S.) 8°
Jena, Med. Diss. v. (17. Sept.) 1902

Kaeßmann, Ferdinand, Medizinalpraktikant a. Dortmund: Ueber primäre Nierentuberkulose. München 1907: C. Wolf & Sohn. (25 S.) 8°
München, Med. Fak., Ref. v. Bollinger, Diss. v. 23. März 1908
[Geb. 28. Nov. 80 Dortmund; Wohnort: Dortmund; Staatsangeh.: Preußen; Vorbildung: Städt. Gymn. Dortmund Reife O. 01; Studium: Marburg 5, Bonn 3, München 3 S.; Coll. 23. März 08; Approb. 14. März 08.]

Kaßner, Barth., die deutsche Nationalerziehung. Ein Beitrag zur Reorganisation des deutschen Schulwesens. 8. (IV, 174 S.) Berlin 873, Henschel. [München, Th. Ackermann.] * 2 40

Kafsner, B. Die deutsche Realschule vom Standpunkte der nationalen Staatsidee betrachtet. Neustadt-Eberswalde. H. B., 1871. 28 S. 4. Progr.

Kassner, Bertholdus (*geb. Breslau 17. 11. 1839*): Sabaudiae comitum primordium quomodo cohaereat cum rebus externis atque internis regni Burgundici. Vratislaviae (1866). (35 S.) 8°
Breslau, Phil. Diss. v. 26. Jan. 1866

Kaßner, C.

Kaßner. Die Ansammlung von Regenwasser zu Feuerlöschzwecken. 5. A. Merseburg 1898.

— Die Bedeutung der öffentl. Feuervers.-Anstalten in Deutschland für den Feuerschutz. Für die Internationale Ausstellung für Feuerschutz und Feuerrettungswesen zu Berlin 1901. Merseburg 1901.

Kassner, die Bedeutung der öffentlichen Feuerversicherungsanstalten in Deutschland für den Feuerschutz. (35 S 1 T) 4° Merseburg (1901)

(**Kassner,** C.): Ueber Blitzschläge in Deutschland während der Jahre 1876 bis 1891 (Feuer-Versicherungs-Verband in Mittel-Deutschland). Merseburg 1892. 32 S., 5 Tf., 3 Krt. 4°.

[F.] Feuer-Versichergs-Verband in Mitteldeutschland. Ueber Blitzschläge in der Provinz Sachsen und dem Herzogthum Anhalt während der Jahre 1887 bis 1897. M. 1 geogr. Darstellg u. 5 Tab. (Vf.: **Kassner,** Geh. Regiergsr.) *Merseburg: (Dr. v. F. Stollberg) 1898.* (20 S., 1 Taf.) 1 Bd 4.

[**Kassner,**] Über zündende u. nicht zündende (kalte) Blitzschläge in dem Königr. Sachsen, der Prov. Ober-Hessen, dem Grossherzogth. Hessen, dem Grossherzogth. Sachsen-Weimar, den Herzogthümern Braunschweig, Sachsen-Meiningen, Sachsen-Altenburg, Sachsen-Coburg-Gotha u. Anhalt, den Fürstenthümern Schwarzburg-Sondershausen, Schwarzburg-Rudolstadt, Waldeck u. Pyrmont, sowie Reuss jüng. Linie, den preuss. Regierungsbezirken Kassel u. Hildesheim u. in der preuss. Prov. Sachsen während des Zeitraumes von 1864 bis 1889. Herausg. von der Provinzial-Städte-Feuer-Societät der Prov. Sachsen. Mit 3 Taf. graph. Darstellungen. Merseburg 1889. Hoch-4. (D.)

Kaßner, Brandstiftungen durch Kinder. Hrsg. von der Provinzial-Städte-Feuer-Societät der Prov. Sachsen. 8. (27 S. mit 4 Tab. und 1 chromolithogr. Karte.) Merseburg 886. (Leipzig, Siegismund und Volkening.) *

Kaßner. Gutachten betr. die Zulässigkeit der Versicherung von Rohbauten nach steigendem Wert. Verh. des preuß. Versicherungsbeirats. Berlin 1897.

Kaßner, C., Mentor für das Abiturienten-Examen. Repetitorium für die Abiturienten auf Real-Gymnasien. 16. (IV, 141 S.) Berlin 885, Friedberg und Mode. *

— Rechts- und Verwaltungs-Grundsätze in Feuer-Versicherungs-Angelegenheiten. 8. (VI, 95 S.) Berlin 885, Vahlen. cart. *

Kaßner. Rechtssprüche in Feuervers.-Angelegenheit. Merseburg 1884.

Kaßner, C.: Die Ursachen der in Deutschland während der zwölf Jahre von 1878 bis 1889 stattgehabten Brände. Merseburg 1891.

Kassner, Geo., Ist in Deutschland eine Production von Kautschuk möglich, gestützt auf den Anbau einheimischer Culturpflanzen? Eine Frage an Landwirthe, Industrielle, Techniker und Chemiker. gr. 8. (48 S. mit 1 lithogr. Taf.) Breslau 885, Kern's Verlag. *

KASSNER, Georg: Über das Mark einiger Holzpflanzen. - Breslau 1884. 38 S., 2 Taf. - Diss. Univ. Basel 1884

— über das Mark einiger Holzpflanzen. Mit 2 lith. Taf. gr. 8. (38 S.) n. 2.—
Breslau: Kern 1884.

— Repetitorium der Botanik, — Repetitorium der Chemie, s. Repetitorium der medicinischen Hilfswissenschaften.

KASSNER, G.
Repetitorium der Chemie. Breslau, 1887.

Kassner, Geo., über e. neue Verbindung des Rohrzuckers. Umgearb. u. erweitert nach e. auf der 76. Versammlg. deutscher Naturforscher u. Aerzte vom Verf. zu Breslau geh. Vortrage: „Ueber e. neues Doppelsaccharat". (14 S.) gr. 8. Münster 904. Aschendorff. n. 1.—

Kassner, Heinrich: Über Alkyloxy- und Alkylthio-Derivate des Indigblaus und Thioindigrots. – 1910. 46 S.
Diss. Wien, TH

Kaßner, Hugo, dem Winde nacherzählt. Skizzen. Leipzig 858. Weber. 16. (2 Bl., 108 S.) n. 20 ngr

Kaßner, J., funfzehn Hymnen zu kirchl. Aufführungen bey der sonntägl. Gottesverehrung, wie auch zur Benutzung beym Singunterricht. Vierstimmig. gr. Quer 8. Breslau, Schöne. 820.

Kassner, Carl *Julius Hermann* [aus Berlin]: Ueber kreisähnliche Cyklonen ... Berlin, Buchdr. v. Hammerich & Lesser in Altona, 1893; 1 Bl., 21 S., 1 Bl. 4.
Berlin, Phil. Fak., Inaug.-Diss. v. 6. März 1893

Kaßner, Karl: Über kreisähnliche Cyklonen.
Hamburg 1893: Hammerich & Lesser in Altona (21 S.) 4°
= Archiv, Aus dem, d. Deutschen Seewarte. Jg. 16, No. 2.

Kassner, Carl, Ergebnisse der Niederschlags-Beobachtgn. im J. 1908, s.: Veröffentlichungen d. königl. preuss. meteorolog. Instituts.

– Die meteorologischen Grundlagen des Städtebaues, s.a. Vorträge, städtebauliche. III, 6.

Die meteorologischen Grundlagen des Städtebaues. Von Dr. C. Kassner, Prof. Mit 5 Abb. Berlin: Ernst 1910. 26 S. 4°.
(Städtebauliche Vorträge. Bd 3, H. 6.)

Kaßner, Karl, Paulus, der Apostel der Heiden. In engstem Anschluß an das Neue Testament. 8. (IV, 32 S.) Berlin 885. Deutsche evangel. Buch- u. Tractat-Gesellschaft. n. — 30

— Das Reich der Wolken u. Niederschläge, s.a. Wissenschaft u. Bildung.

Das Reich der Wolken und Niederschläge. Von Prof. Dr. Carl Kaßner. Mit 43 Fig. u. 6 Karten. Leipzig: Quelle & Meyer 1909. 160 S. 8°
(Wissenschaft u. Bildung. 68.) [09. 7409

Kaßner, Karl: Untersuchungen über die Bewölkungs-Verhältnisse von Tiflis. (Mit 1 autogr. Kurven-Taf.)
Hamburg 1898: Hammerich & Lesser in Altona. (34 S.) 4°
= Archiv, Aus dem, d. Deutschen Seewarte. Jg. 21, No. 3.

Das Wetter und seine Bedeutung für das praktische Leben. Von Prof. Dr. Carl **Kaßner**. Leipzig: Quelle & Meyer 1908. (IV, 148 S.) 8° [3.]
— **Wissenschaft** u. Bildung. 25. [08. 8233

Kassner, Oskar [aus Heudorf]: Beiträge zur Kenntniss der Papaverinhalogenalkylate ... Freiburg i. B., Univ.-Buchdr. v. Ch. Lehmann, 1895; 87 S. 8.
Freiburg i. B., Phil. Fak., Inaug.-Diss. v. 1895

Kassner, Paul, Kompass f. Handel u. Gewerbe. Ein Führer zu Erfolg u. Wohlstand. gr. 8. (II, 87 S.) Breslau 898. Lützowstr. 16, P. Kassner's Selbstverl. n. 1. —

Kassner, Paul: Untersuchungen über Regeneration der Epidermis. (Ludwigsburg 1910: Ungeheuer & Ulmer.) 44 S. 8°
Berlin, Phil. Diss. v. 19. Jan. 1910, Ref. Schwendener
[Geb. 22. Mai 75 Berlin; Wohnort: Steglitz; Staatsangeh.: Preußen; Vorbildung: Luisen-Gymn. Berlin Reife O. 08; Studium: Berlin 6 S.; Rig. 16. Dez. 09.] [U 10. 185

Kaßner, Paul, zur Würdigung der Lehrpläne f. die kgl. preuß. Präparandenanstalten usw., s.: Gerstenhauer, Otto.

Denis Diderot. Von Rudolf **Kassner**. Mit 15 Vollbild. u. 1 Faks. Berlin: Bard, Marquardt & Co. [1906]. (65 S.) 8°
— **Literatur,** Die. 23. [06. 4769

Kaszner, Rudolf, Denis Diderot. Mit 15 Vollbildern u. 1 Facsimile. Berlin, Marquardt u. Co., 1908. 8°.
Seine Persönlichkeit. Der Begründer der Enzyklopädie. Sein Charakter und sein Werk. Voltaire, Baron von Grimm. J. F. Marmontel. Lessing. Mme. d'Epinay. Mme. Necker. Bibliographischer Anhang.

Kassner, Rud., der Dilettantismus, s.a. Gesellschaft, die. 34. Bd.

Der Dilettantismus von Rudolf **Kassner**. Frankfurt a. M.: Rütten & Loening (1910). 69 S. 8°
(Die Gesellschaft. Bd 34.) [10. 11104

— der indische Idealismus. Eine Studie. (90 S.) gr. 8. München 903. Verlagsanstalt F. Bruckmann. n. 3. —

Kassner Rudolf: Der ewige Jude in der Dichtung. Studien zur allgemeinen Literaturgeschichte.
H. 1896 PN 1016 **Diss.** Wien, Univ.

— Melancholia. Eine Trilogie des Geistes. (258 S.) 8. Berlin 908. S. Fischer, Verlag. 4. —

— die Moral der Musik. Sechs Briefe des Joachim Fortunatus an irgend e. Musiker, nebst e. Vorspiel: Joachim Fortunatus' Gewohnheiten u. Redensarten. (XLIV, 211 S.) 8. München: Bruckmann 1905. **geb. in Seehundldr. n. 10. —**

Rudolf **Kassner**. Motive. Essays. Berlin: S. Fischer [1906]. (190 S.) 8° [07. 9435 II

Kassner, Rud., die Mystik, die Künstler u. das Leben. Über engl. Dichter u. Maler im 19. Jahrh. Accorde. gr. 8. (IV, 290 S.) Leipzig 900. E. Diederichs. n. 6. —; geb. n. 7. —; auf Büttenpap. n. 10. —

— der Tod u. die Maske. Gleichnisse. Lex.-8. (145 S.) Leipzig 902. Insel-Verlag. n. 3. 50; geb. n. 4. 50

Kässner, B., der Betriebs-Ingenieur für das Bau- u. Fabrikwesen. Ein Leitfaden zum prakt. Gebrauche bei Anlegung, Erbauung, Ausstattung, Organisation, Betrieb u. Verwaltung industrieller Etablissements. 1. u. 2. Thl. gr. 8. Leipzig 877—80. Spohr. n. 23. —
1. Gewinnung u. Behandlung des Baubodens u. der Mauermaterialien. (XI, 159 S.) n. 5. —
2. Gewinnung u. Behandlung des Holzes für Bau u. Gewerbe. Nebst den hierzu erforderlichen Apparaten u. Maschinen. (780 S. m. eingedr. Holzschn.) n. 18. —

—— der Sägewerk-Techniker. Ein Lehr- und Hilfsbuch für Theorie und Praxis der Sägemaschinenarbeit mit Rücksicht auf die Betriebsökonomie der Sägewerke. gr. 8. (VI, 145 S. mit 17 in den Text gedr. Fig.) München 881, Bassermann'sche Verlagsh. *

KÄSSNER, B.: Der Sägewerk-Techniker. Ein Lehr- und Hilfsbuch für Theorie und Praxis der Sägemaschinenarbeit mit Rücksicht auf die Betriebsökonomie der Sägewerke. - München 1881. 145 S. - 2. Aufl. ebd. 1909. 275 S. bearb. v. F. Steinhilber. - 5. Aufl. ebd. 1921. XII, 237 S., 28 Abb.

—— über das Wesen der Parkets und deren Erzeugung, s.a. Taschenbibliothek, deutsche kunstgewerbliche.

Kässner B. über das Wesen der Parketts und deren Erzeugung. Leipzig 1877

Kässner, B., Zusammenstellung gegenwärtiger Locomotiv-Systeme u. deren Abarten. Mit 2 Tfln. (Abdr. aus dem Organ für die Fortschritte d. Eisenbahnw. IX. Bd. Heft 2 u. 3 1872.) 4°.

Kässner, Carlo. — Der Blumenstrauß. Raccolta di Pezzi Scelti di classici autori tedeschi. Esercizio di Lettura per gli studenti ed amatori dell' Idioma tedesco compilata da — —. Seconda edizione emendata et accresciuta. Milano, 1856. Presso G. Gnocchi Editore-Librajo. (176 S. 8.)

Kässner, Carlo. — Deutsche Lese-Uebungen ossia raccolta di Racconti utili e dillettevoli di una difficoltà progressiva di — —. Terza edizione emendata. 8. (176 S.) Milano. Tip. di Giuseppe Redaelli. Presso Giacomo Gnocchi. 1854.

Kassninck, Wilh., baden ist hier polizeilich verboten! od.: Wer andern e. Grube gräbt, fällt selbst hinein, s.: Wasser-Pantomimen Nr. 1.

— Rentier Bliemchens Reiseerlebn. im Seebade, s.: Wasser-Pantomimen Nr. 2.

— Soldatenliebe od. Der Posten am Inselteiche, s.: Wasser-Pantomimen Nr. 3.

Kassow, C., Bericht über das Sanitätswesen des Reg.-Bez. Potsdam in den J. 1883—1885. gr. 8. (IV, 144 S.) Potsdam 887, Link. *

Kassowitz, Julie, Abstinenz u. Bourgeoisie. (7 S.) kl. 8. Wien 906. Brüder Suschitzky. — 04
Sonderabdruck aus: „Der Abstinent".

Kassowitz Julie: Teleologie als Denkform. M. 1907 PN 2265 Diss. Wien, Univ.

Kassowitz, Julie, Ursachen u. Zwecke. Eine Studie zur Psychologie des naturwissenschaftl. Denkens. (29 S.) gr. 8. Wien 909. M. Perles. — 80

Kassowitz, M., die normale Ossification u. die Erkrankungen des Knochensystems bei Rachitis u. hereditärer Syphilis. 1. Thl. u. 2. Thl. 1. Abth. gr. 8. Wien 881. 82. Braumüller. n. 16. —
1. Normale Ossification. Mit 13 lith. (z. Thl. farb.) Taf. (X, 327 S. m. 13 Bl. Taf.-Erklärungen.) n. 10. —
2. Rachitis. 1. Abth. Mit 4 (chromo-)lith. Taf. (IV, 151 S. m. 4 Bl. Taf.-Erklärungen.) n. 6. —

Kassowitz, M., die normale Ossification u. die Erkrankungen d. Knochensystems bei Rachitis u. hereditärer Syphilis. II. Rachitis. 2. Abth. Die Pathogenese der Rachitis. gr. 8. (VI, 148 S.) Wien 885. Braumüller. n. 4. — (I—II. 2.: n. 20. —)

— die Symptome der Rachitis, auf anatom. Grundlage bearb. 1. Abth. Verbildungen u. Functionsstörgn. der Extremitäten. gr. 8. (III, 130 S.) Leipzig 886. F. C. W. Vogel. n. 2. 40

Kassowitz, M., über die Vererbung der Syphilis. gr. 8. (137 S.) Wien 876, (Braumüller.) *
Aus: Medicinische Jahrbücher, besonders abgedruckt.

Kassowitz, Max

— Alkoholismus im Kindesalter. gr. 8. (82 S.) Berlin 902. S. Karger. n. — 80
Sonderabdruck aus: „Jahrbuch f. Kinderheilkunde".

Kassowitz, Max, der Arzt u. der Alkohol. (55 S.) gr. 8. Wien 904. M. Perles. n. 1. 20

Kassowitz, Max, s.: Beiträge zur Kinderheilkunde.

— allgem. Biologie. 1. Bd. Aufbau u. Zerfall des Protoplasmas. gr. 8. (XV, 411 S.) Wien 899. M. Perles. n. 10. —

Kassowitz, Max, allgemeine Biologie. 2. Bd. Vererbung u. Entwicklg. gr. 8. X, 391 S.) Wien 899. M Perles. n. 10. —

— allgemeine Biologie. 3. u. 4. Bd. gr. 8. Ebd. n. 22. —; geb. in Leinw. n. 26. —
3. Stoff- u. Kraftwechsel des Tierorganismus. (VII, 442 S.) 904. n. 10. —; geb. n. 12. —
4. Nerven u. Seele. (VIII, 534 S. m. Bildnis.) 906. n. 12. —; geb. n. 14. —

Die Einheit der Lebenserscheinungen. Zwei Vorträge, gehalten im Wiener physiologischen Club am 22. u. 29. November 1898 von Professor Dr. Max Kassowitz. Wien. 1899. Perles. Gr.-8°. 38 S. fl. —.50

Kassowitz, Max. Gebt den Kindern keinen Alkohol! [Neudruck.] [2 S.] 8. [Basel, Schriftstelle des Alkoholgegnerbunds, 1902.] [fr. —. 02]

Kassowitz, Prof. Dr. Ist Alkohol ein Nahrungsstoff oder ein Gift? Vortrag. Wien 1900.

Kassowitz, Max, ist Alkohol e. Nahrungsstoff od. e. Gift? 8. (4 S.) Basel (902). Schriftstelle des Alkoholgegnerbundes (durch F. Reinhardt). n. — 04

Kassowitz, Max. Ist Alkohol ein Nahrungsstoff oder ein Gift? [Neudruck.] 8 S. 8. (Basel, Schriftstelle des Alkoholgegnerbundes, Fr. Reinhardt, [1903].) (fr. —.05)
Alkoholgegnerbund. [Flugschriften.] Nr. 36.

Kassowitz, Max, ist Alkohol e. Nahrungsstoff od. e. Gift? (Neue Aufl.) (8 S.) 8. Basel (908). Schriftstelle des Alkoholgegnerbundes. p — 05

Praktische Kinderheilkunde in 36 Vorlesungen f. Studierende u. Ärzte. Von Prof. Dr. M[ax] Kassowitz in Wien. Mit 44 Fig. im Text u. auf 1 Taf. Berlin: Springer 1910. xii, 653 S. 8° [10. 17032]

Metabolismus und Immunität. Ein Vorschlag z. Reform d. Ehrlichschen Seitenkettentheorie. Von Prof. Dr. Max Kassowitz in Wien. Wien: M. Perles 1907. (133 S.) 8° [08. 23219]

— infantiles Myxödem, Mongolismus u. Mikromelie. gr. 8. (89 S. m. 26 Abb.) Wien 902. M. Perles. n. 2. —
Sonderabdruck aus: „Wiener med. Wochenschrift".

Kassowitz, Max, der theoretische Nährwert des Alkohols. Vortrag, geh. in den wissenschaftl. Alkoholkursen in Berlin am 24. IV. 1908. (58 S.) 8. Berlin 908. J. Springer. 1. —

Vorlesungen über Kinderkrankheiten im Alter der Zahnung. Von Dr. Max Kassowitz, a. ö. Prof. ... an d. Wiener Univ. *Leipzig & Wien: F. Deuticke 1892.* (IX, 297 S.) 1 Bd 4.(8.)
— Beiträge z. Kinderheilkunde a. d. I. Öffentl. Kinder-Kranken-institute in Wien. N. F. [Bd] 1. [92. 1476]

— s.: Vorträge u. Besprechungen über die Krisis des Darwinismus.

— Welt — Leben — Seele. Ein System der Naturphilosophie in gemeinfassl. Darstellg. (III, 364 S.) 8. Wien 908. M. Perles. 5.—; geb. n 6. 50

— wie steht es m. d. Serumbehandlung d. Diphtherie? Vortrag, geh. am 18. Jänner 1895 in der k. k. Gesellschaft der Aerzte in Wien. [Aus: „Wiener med. Wochenschr."] gr. 8. (39 S.) Ebd. 895. n. 1. —

— wirkt das Diphtherieheilserum beim Menschen immunisirend? E. krit. Studie aus Anlass d. Falles Langerhans. [Aus: „Wiener med. Wochenschr."] gr. 8. (20 S.) Wien 896. M. Perles. n. — 60

Kassowitz, Theodor Bruno, a. Marienbad: Die Reformvorschläge Kaiser Ferdinand' I. auf dem Konzil zu Trient. Würzburg 1906: C. J. Becker. (277, XLVII S.) 8°
Würzburg, Phil. Fak., Ref. Chroust, Diss. v. 30. Mai 1906
[Geb. 12. Mai 82 Marienbad; Wohnort: Wien; Staatsangeh.: Österreich; Vorbildung: Gymn. Stephaneum Kalocsa Reife Juni 01; Studium: Innsbruck 4, Budapest 2, Würzburg 2 S.; Rig. 19. Mai 06.]

Kassowitz, Thdr. Bruno, die Reformvorschläge Kaiser Ferdinand I. auf dem Konzil v. Trient. (277 u. XLVII S.) 8. Wien 906. W. Braumüller. n. 5.—

Kassubische Schweiz. Schwandt, Wilh., Wege-Karte durch die kassubische Schweiz. 1 : 50,000. Blatt I u. II. à 31,5×41,5 cm. Farbdr. (Mit Text auf der Rückseite.) Danzig (903). A. W. Kafemann. à n. — 50
I. Carthaus u. Umgebung. — II. Turmberg u. Umgebung.

Kast, Alfr., s.: Bibliotheca medica.

Kast, Alfr., pathologisch-anatomische Tafeln, s.: Fraenkel, Eug.

Kast, Alfr., pathologisch-anatomische Tafeln, s.: Rumpel, Thdr.

Kast, E., s.: Verordnung v. 28. Mai 1895 üb. d. Dienst d. französ. Armee im Felde.

Kast, G. C., prakt. Anweisung z. Anbau u. zur Zubereitung d. Krapp- u. Röthewurzeln, nebst Beschreib. u. 7 Abbild. (2 Bl.) d. dazu erforderl. Gebäude, Oefen u. Geräthschaften. 8. (1 B.) Quedlinburg 838, Basse.

Kast, G. C., die Entstehung, Gewinnung und Nutzung des Torfes. Praktisch bearb. 8. (50 S. und 1 Stnt. in 4.) Quedlinburg 847, Basse.

—— die Fabrikation d. Berlinerblaues. Mit Berücksichtig. d. neueren verbess. Methoden. 8. (3 B. u. 1 Abbild.) Quedlinburg 838, Basse.

—— die Fabrikation d. Scheidewassers nach d. neuesten verbess. Methoden. Nebst e. Anleit., den Salpeter nach seiner Beschaffenheit zu erkennen u. den vermischten zu reinigen. 8. (1½ B.) Quedlinburg 838, Basse.

Kast, G. F. F., kurzer Unterricht im barometrischen Höhenmessen, f. Anfänger in dieser Kunst. 8. Gött. Vandenhöck u. R. (in Comm.) 814.

Kast, H., Anleitung zur chemischen u. physikal. Untersuchung der Spreng- u. Zündstoffe. (VII, S. 910—1048 u. 14 S. m. Fig.) gr. 8. Braunschweig 909. F. Vieweg & Sohn. 4.20
Sonderabdruck aus: „Post's chemisch-techn. Analyse".

Kast, H., s.: Dingler's polytechn. Journal.

— Ueber den gegenwärt. Stand der Untersuchungsmethoden f. Schmiermaterialien. Vortrag auf der 5. internationalen Konferenz zur Vereinbarung einheitl. Prüfungsmethoden v. Bau- u. Konstruktionsmaterialien in Zürich 1895. (Deutsch u. französisch.) (14 S.) 32,5×23,5 cm. Stuttgart (897). (Freiburg i/B., J. Bielefeld.) 1.50
Sonderabdruck aus: „Baumaterialienkde."

Kast, Heinrich [cand. med. Strassburg]: Die klinischen Erscheinungen centraler Herde im Trochantor major .... Strassburg, Univ.-Buchdr. v. J. H. Ed. Heitz (Heitz & Mündel), 1888; 1 Bl. + 36 S. 8°
Strassburg, Med. Fak., Inaug.-Diss. v. 1888

Kast, Hermann, Dr.: Ueber eine Acetophenondisulfosäure und einige Derivate derselben. 1884. 48 S. 8°
Karlsruhe Te. H., Hab.-Schr. v. 21. 12. 1884

Kast, Hermann [aus Stuttgart]: Ein Beitrag zur Kenntnis höherer aliphatischer Amidoxime ... Berlin, Buchdr. v. G. Schade, 1893: 35 S. 8.
Berlin, Phil. Fak., Inaug.-Diss. v. 14. Juni 1893.

Kast, Hermann, a. Frankfurt a. M.: Ueber Derivate des 5-Benzylpyrimidins. (Berlin 1906: E. Ebering.) (49 S.) 8°
Berlin, Phil. Fak., Ref. Gabriel, Diss. v. 28. Juli 1906
[Geb. 12. April 82 Frankfurt a. M.; Wohnort: Frankfurt a. M.; Staatsangeh.: Preußen; Vorbildung: Klingeroberrealsch. Frankfurt a. M. Reife O. 01; Studium: Darmstadt T.H. 4, Berlin 4 S.; Rig. 12. Juli 06.]

Kast, Herm., Reinigung und Entwässerung Freiburgs i. Br. Denkschrift der verehrl. Bürgerschaft hiesiger Stadt vorgelegt. gr. 8. (III, 123 S. mit chromolithogr. Plan in gr. Fol.) Freiburg i. Br. 876, Wagner'sche Buchh.

Kast, Hermann [aus Landau i. d. Pfalz]: Vergleichende Untersuchung der Atrolactin- und der Phenylmilchsäure. Ueber Atroglycerinsäure. Landau, Ed. Kaussler's Buchdruckerei, 1880. 8. 26 S.

Kast, J. U.: Einige Sätze über projectivische Ebenen und Strahlenbündel. 1857. 8°. Diss. Marburg.

Kast, Joh. Gottfried (Strassburg), Specimina statuorum et consuetudinum, quae inter mechanicos vigent, irrationabilium. Diss. jur. Strassburg (Johann Beck) Jan. 1715. 24 S., tlws. dtsch. (6.30)
17517

Kast, Jos., s. 1) Ansicht d. n. Begebenheiten. 2) Bemerkk. üb. d. Schr.: d. Wundermann 2c. 3) Blick, ernster, in d. künftige Leben. 4) Skizze d. Zeitgeistes.

(Kast, J.) ernster Blick in das künftige Leben oder das Reich der Geister. Würzb. 818. 8.

Kast, Josef [cand. med.]: Aus d. gynäcolog. Klinik zu Bonn. Ueber einen Fall von Stomatitis gonorrhoica eines Neugeborenen ... Bonn, Hauptmann'sche Buchdr., 1894; 29 S., 1 Bl. 8.
Bonn, Med. Fak., Inaug.-Diss. v. [16. Juni] 1894

Kast, Jos., Skizze des Zeitgeistes mit einem Rückblicke auf sein erstes Werden, seine Abartung, Verbesserungs- oder Fortbildungsweise bis auf unsere Tage u. von da bis zu seiner Vollendung. Würzburg, Selbstverlag des Verf., 1826—30, gr. 8°.
Recens. Katholik 1827, Bd. 25 S. 91—103; 1831, Bd. 39 S. 241—8.

KAST, Karl: Ueber den Unterbau und seine wirthschaftliche Bedeutung.- München, Wien: Fromme 1889. 1 Bl.,51 S.- S.-Abdr.aus: Centralblatt für das gesammte Forstwesen. 1889,2-4. 25.7.1888 - Chr 1888/89,17; Jv 1888/89,209 (Prom.-Datum: 1889)
Diss. Ingolst.-Landsh.-Mchn.

Kast, Karl, die forst- u. gruppenweise Verjüngung im k. b. Forstamte Siegsdorf. gr. 8. (27 S. m. 2 Taf.) München 890. Rieger. n. 1.50

Kastalia. Neueste Zeitschr. f. Literatur, Musik, Kunst, Theater u. Moden. Redact.: R. Büchner u. Carl Ed. Conrad. 1. Jahrg. 18?9. 12 Hfte. à 2 Bog., 2 Composit. f. Pianof. u. Guitarre, 1 col. Modenkpfr. u. Titvign. gr. 4. Leipzig, Pönicke u. Sohn. *

Kastalskaja, K. Zur Aetiologie der Cystitis. In-8°. 56 S. Bern. These. 1896.

Kastan, J., Gesundheitspflege in Haus und Schule. Ein Lesebuch für Eltern und Erzieher. gr. 8. (VIII, 263 S.) [Berlin 887, J. J. Heine.] Leipzig, G. Engel. *
geb. *

Kastan, J. Gesundheitspflege in Haus u. Schule. Ein Lesebuch für Eltern u. Erzieher. 2. unveränd. (Titel-)Aufl. gr. 8. (VIII, 263 S.) Lpz. 891, Engel. * 3 60; geb. * 4 25

Kastan, J., die 1. Versammlung deutscher Naturforscher u. Aerzte zu Berlin im J. 1828. Eine Gedenkschrift. 12. (31 S.) Berlin 886. Staude. n. — 60

Kastan, Isidor. (geb. Kempen in Posen 24. 11. 1841): De degeneratione cordis adiposa. Berolini (1867). (30 S.) 8°
Berlin, Med. Diss. v. 13. Juli 1867

Kastan, Karl, Referendar aus Berlin: Die materielle Rechtskraft im Reichsrecht. *Würzburg 1901: H. Stürtz.* (40 S.) 8°
Rostock, Jur. Diss. v. [30. Nov.] 1901

Kastan, Max, die Komponenten der Diurese nach Strophanthindarreichung. (Vorgetragen in der Sitzg. am 2. VII. 1910.) (5 S.) gr. 8. Rostock 910. H. Warkentien. — 50
Sonderabdr. a.: „Sitzungsber. u. Abhdlgn. d. naturforsch. Ges. zu Rostock“.

Kastanek, Ivo, Leitfaden f. den Unterricht in der Bindungslehre. 2 Tle. gr. 8. Brünn, (G. & R. Karafiat). nn 17. —
I. (99 u. II S. m. Abbildgn. u. Stoffproben.) 901. Geb. in Leinw. nn 10. —
II. (93 u. II S. m. Abbildgn.) 904. nn 7. —

Kastanie, die, und deren Verwendung. 16. (24 S.) Meran 886, [Pötzelberger.] Ellmenreich. *

Kastanie, die, u. deren Verwendg. 2., verm. Aufl. 16. (32 S.) Meran 896. F. W. Ellmenreich. n. — 40

Kästchen, die,. Lstsp. d. Plautus. gr. 8. Berl. Weiß. 809.

KASTCHEN, Das geöfnete (!), voll Mährchen, Schwänke und Possen. Neue Ausgabe. Leipzig, o. J. (179*). 8°. 338 S. (1 Mk. 50 Pfg. Rich. Härtel, Plauen, 1904.)
Die Schröpfgläser. D. Verbrechen der Liebe. D. Erscheinung d. Teufels. D. geheime Züchtigung u. andere Geschichten.

Kästchen, das geöffnete, voll Mährchen, Schwänke u. Possen, z. Verkürzung der langen Winterabende. 8. Leipz. 802. Joachim. 1 ℛ 10 ℊ

— das, mit der Ziffer L. D. B. Lsp. a. d. Ital. 8. Passau, Ambrosi. (Grdff, Lpz.) 794.

Kastein, F. L. W., Wanderstab. Eine Fest- u. Mitgabe für die Jugend. Hannover 854. Helwing. 16. (2 Bl., IV, 151 S.) n. 7½ ngr

Kastein, W., Statuten, Gesetze, Grundlagen ec. der Volksschullehrer-, Wittwen- u. Waisen-Casse für die Verwaltungsbezirke des königl. Consistoriums in Hannover, des Oberkirchenraths der Grafschaft Bentheim, des kathol. Consistoriums zu Osnabrück. Hannover 869. Cruse. gr. 8. (79 S.) 7½ ngr.

Kastein, Wilhelm [app. Arzt aus Hannover]: Aus d. Laboratorium d. pharmakognost. Sammlung in Kiel. Beitrag zur Kenntnis der Wirkung der α-Cyan α-Milchsäure ... Kiel, Druck von A. F. Jensen, 1896; 26 S., 1 Bl. 8.
Kiel, Med. Fak., Inaug.-Diss. v. [17. Aug.] 1896

Kastein, Wilh., deutscher Dichtergarten. Auswahl deutscher Gedichte für Schule u. Haus. Nach pädagog. Grundsätzen geordnet. Stade 860. Steudel. 8. (VIII, 256 S.) n. 10 ngr.

Kastein, Wilh., deutscher Dichtergarten. Auswahl deutscher Gedichte für Schule und Haus. 2. Aufl. 12. (VIII, 256 S.) Stade 887, Steudel jun. geb.

Kastein, Wilh., Jahrbuch für Lehrer u. Schulfreunde in der Provinz Hannover. 1879. 8. (VIII, 281 S.) Hildesheim 879. Lax. cart. n. 2. —

— Schiller's Lebensbild. Zum Gedächtnis seiner Säcularfeier am 10. Novbr. 1859. Mit Illustrationen (4 Holzschnitttafeln). Hannover 859. Lohse. 12. (IV, 214 S.) n. 12 ngr.

Kastel, s.: Mainz.

Kaestel, G., Sprechübungen. Hilfsbüchlein für Präparanden. 8. (16 S.) Sonderburg 880, la Motte jun. *

Kaestel, Rudolf, Assistenzarzt an d. Kreis-Kranken- u. Pflege-Anst. d. Pfalz in Frankenthal: Die angeborene Verlagerung der Niere in ihrer praktischen Bedeutung. *Heidelberg 1903: K. Rößler.* (41 S.) 8°
Heidelberg, Med. Diss. v. 1903

Kasteleyn, P. J., d. Lohgeber, Lederzurichter, Weiß- u. Sämischgerber, oder Abhandl. über d. Bearbeitung d. Thierhäute zu allen Sorten Leder. Aus d. Holländ. Mit 7 Kpft. gr. 8. Leipz. 797. (Fischer u. Fuchs). 16 ℊ

Kastelian-Kastelianski, S. H[eschel]: Cervicaler Kaiserschnitt. Zur Indikation u. Methode. Freiburg i. B.: Hammerschlag & Kahle 1910. 40 S. 8°
Freiburg i. B., Med. Diss. v. 1910, Ref. Krönig
[Geb. 6. Jan. 82 Kowel; Wohnort: Freiburg i. B.; Staatsangeh.: Rußland; Vorbildung: Handelssch. Warschau Reife 05; Studium: Straßburg 3, Freiburg i. B. 7 S.; Rig. 10. Mai 10.] [U 10. 979

Kastell, Jos. Catalog nebst einigen merkwürdigen... Schriften... über das Concilium... in Konstanz. 1832.

Johann Huß. Seine Schreiben über das Konzil in Konstanz 1414, Verurtheilung u. sein Feuertod. Dargest. nach Urkunden im Städt. Archiv u. Richenthals Chronik von J. Kastell, Antiquar. 1832. [Neue Ausg.] Konstanz: Muselik 1900. 40 S. 8°

Kastellaun, s.: Preussen. Messtischblätter.

Kasten, über den, des Cypselus, ein altes Kunstwerk zu Olympia mit erhabenen Figuren. Nach d. Pausanias (v. C. G. Heyne). gr. 8. Götting. (770.) Dieterich. 8 ℊ

Kasten, großer bakteriologischer, f. den Feldgebrauch. gr. 16. (10 S.) Berlin 892. E. S. Mittler & Sohn. n. — 20

Kasten, A., Beiträge zur Baugeschichte des Camminer Doms. gr. 4. (15 S. mit 4 Bl. Lithogr.) Berlin 883, Prüfer. *
Aus: Archiv für kirchliche Kunst, besonders abgedruckt.

Kasten, A., u. W. **Minetti**, gewerbliche Buchführung u. Kalkulation f. Bauhandwerker, s.: Degener's Leitfäden f. Baugewerkschulen u. verwandte Lehranstalten. XXX.

Kasten, A., Grundriß der Geometrie, s.: Kahl, J. H.

Kasten, A., u. W. Minetti, Lehrhefte f. gewerbliche Buchführung u. Kalkulation. Auf Veranlassg. der Gewerbekammer in Hamburg unter Mitwirkg. d. Berufsklassen hrsg. (Für Meisterkurse, Fach- u. Fortbildungsschulen u. zur Selbstbelehrg.) 1.—9. Heft. 8. Leipzig, H. A. L. Degener. Kart. à n. 1. 20
1. Für Klempner. (54 S. m. 3 Taf.) Dresden 903. — 2. Für Maler. (54 S. m. 3 Taf.) Dresden 903. — 3. Für Tischler. (63 S. m. 3 Formularen.) Dresden (903). — 4. Für Fleischer. (65 S. m. 3 Formularen) Dresden 903. — 5. Für Schneider. (50 S. m. 3 Formularen.) Dresden 903. — 6. Für Tapezierer. (63 S. m. 3 Formularen.) Dresden 904. — 7. Für Töpfer. (68 S. m. 3 Formularen.) 905. — 8. Für Schmiede. (60 S. m. Formularen.) 905. — 9. Für Schlosser. (56 S. m. 3 Formularen.) 906.

— — Lehrhefte f. gewerbl. Buchführung u. Kalkulation. Auf Veranlassg. der Gewerbekammer in Hamburg unter Mitwirkg. der Berufsklassen hrsg. (Für Meisterkurse, Fach- u. Fortbildungsschulen u. zur Selbstbelehrg.) 10.—12. Heft. 8. Leipzig, H. A. L. Degener. 2. 60
10. Für Schuhmacher. (59 S. m. 3 Formularen.) 909. — 80
11. 12. Für Bauhandwerker (Maurer u. Zimmerer). (IV, 152 S. m. 3 Formularen.) (910.) 1. 80
Heft 1—9. Ebd. 903—06. Kart. à 1.20

Kasten A u W Minetti. Lehrhefte für gewerbliche Buchführung und Kalkulation. 10. Schuhmacher. (59 S) Leipzig 1910

Kasten, Adt., Geschichte der Bienenzucht in Pommern. Eine kulturgeschichtl. Studie, der am 10., 11., 12. Septbr. 1878 zu Greifswald tagenden 23. Wanderversammlung deutscher und österreich. Bienenzucht dargeboten. gr. 8. (30 S.) Hannover 878. (Greifswald, Abel.)

Kasten, Ernst: Geschichte des Stralsunder Gymnasiums von 1860—1910. Stralsund 1910: Kgl. Regierungs-Buchdr. S. 1—47. 8°
Stralsund, G, in Festschr. z. Feier d. 350j. Bestehens, OP 1910 [S 10. 215

Kasten, Ernst Johannes der Täufer. 4 (22 S.). G. *Stralsund* 1887 (134).
Progr.

Kasten, Ernestus: * Quaestiones Aeschyleae. De Aeschyli Prometheo. 100 S. 4° (2°)
Halle-Wittenberg, Phil. Diss. v. 13. Dez. 1872
Geb. [Demmin (Pomm.) 6. 2. 1847]

Kasten, Ernst Der historische Wert des zweiten Buches der Makkabäer im Vergleiche zum ersten Buche. 24 S. **Progr.** *Stolp* 1879.

Kasten, Friedrich, a. Wehrbergen b. Hameln a. W.: Über Händeasepsis. Straßburg i. E. 1908: Müh & Cie. (32 S.) 8°
Straßburg, Med. Fak., Ref. Fehling, Diss. v. 22. Aug. 1908
[Geb. 5. Jan. 80 Wehrbergen, Kr. Hameln; Wohnort: Straßburg; Staatsangeh.: Preußen; Vorbildung: Gymn. Hameln Reife O. 98; Studium: Berlin 10 S.; Coll. 28. Febr. 08; Approb. 6. Aug. 04.]

Kasten, Friedrich, approb. Arzt aus Schwaan: **Über den therapeutischen Wert der Nebennierensubstanz.** *Rostock 1902: Adler's Erben.* (38 S.) 8°
Rostock, Med. Diss. v. [1. Juni] 1902

Kasten, H., Friedrich Wilhelm Dörpfeld, s.: Zeit- u. Streitfragen, pädagogische.

Kasten (H. W.), Brochüre ohne Titel. Inhalt: Ueber das Asphalt-Vorkommen in der Provinz Hannover. Hannover 1873. kl. 4.

Kasten, H. W., Die Provinz Hannover in geologischer Beziehung. Hofgeismar, 1887. 38 S.

Kasten, H. W., Über Steinsalz und Steinsalzbergbau in der Nähe von Bremen. Hannover, 1886. 24 S.

Pommersche Dichtung der Gegenwart. Festgabe z. 33. Pommerschen Provinzial-Lehrerversammlung. Im Auftr. d. Literar. Kommission d. Kösliner Lehrervereins hrsg. von Hermann **Kasten**. Mit Bild, Buchschmuck u. Musikbeigaben. Köslin: Kösl. Lehrerver. 1906. (VIII, 319, 16 S.) 8° [F.] [07. 11331 B

Kasten, Herm., s.: Jungdeutschland.

[F.] **Kasten**, Herm. [Dir. Prof. Dr.]: *Lebensabriss des ordentlichen Lehrers a. D. Rudolf Rakow.* Bremen, A. Guthe, Buchdr., 1897; S. 10. 4.
Bremen, Handels-S '(Abteilg d. Haupt-S)', P 1897 (752)

[Ant. u. F.] **Kasten**, Hermann [Dir. Prof. Dr.]: Lehrpläne der Handelsschule in Bremen. Bremen, A. Guthe, Buchdr., 1890; 15 S. 4.
Bremen, Handels-S '(Abteilg d. Haupt-S)', P 1896 (740)

[Ant. u. F.] **Kasten**, Herm. [Dir. Prof. Dr.]: Lehrpläne der Handelsschule in Bremen. [Vgl. P-Beil. 1896.] Bremen, A. Guthe, Buchdr., 1897; 16 S. 4.
Bremen, Handels-S '(Abteilg d. Haupt-S)', P 1897 (752)

Kasten: Hermann *Heinrich*: Lehrpläne der Handelsschule in Bremen. 4 (16 S.)
Handelssch. (Abteil. der Hauptsch.) *Bremen* 1898 (763).
Progr.

(**Kasten**, Herm., Dir. Prof. Dr.:) **Lehrpläne der Handelsschule in Bremen.** *Bremen 1899: A. Guthe.* (16 S.) 4°
Bremen, Handels-S ⟨Abteil. d. Haupt-S⟩, P 1899 (771)

(**Kasten**, Herm., Dir. Prof. Dr.:) **Lehrpläne der Handelsschule in Bremen.** *Bremen 1900: A. Guthe.* (14 S.) 4° [F.] ¶ [Vgl. P-Beil. 1896—99.]
Bremen, Handels-S ⟨Abt. d. Haupt-S⟩, P 1900 (778)

(**Kasten**, Herm., Dir. Prof. Dr.): **Lehrpläne der Handelsschule in Bremen.** *Bremen 1901: A. Guthe.* (14 S.) 4° [F.] ¶ [Vgl. P-Beil. 1896—1900.]
Bremen, Handels-S ⟨Abt. d. Haupt-S⟩, P 1901 (791)

Kasten, Herm[ann]: Lehrpläne der Handelsschule in Bremen. 14 S. 4. 16 S. 4. — Lehrpläne der Handelsschule (Oberrealschule) in Bremen. 16 S. 4.
Handelsschule (Abteilung der Hauptschule) *Bremen* 1901 (791). 1903 (827). 1904 (842).
Progr.

— Lesebuch, s.: Lüben, A. u. C. Nacke.

Kasten, Herm., zur Theorie der dreiblättrigen Riemann'schen Fläche. Inaugural-Dissertation. gr. 8. (44 S. mit 1 Stnt.) Bremen 876. (Göttingen, Vandenhoeck und Ruprecht's Verlag.)

Kasten, Hermann (Heinrich):
Ordentlicher Lehrer Dr. Ferdinand Christian Uhlemann, gestorben am 23. März 1898. 4 (S. 10).
Handelssch. (Abteilung der Hauptsch.) *Bremen* 1898
Progr.

— Jo. Ludolph (Dresden), De stupro violento. Disp. jur. Präs. Augustin Leyser. Wittbg. (Wwe. Koberstein) Mai 1736. 32 S., tlws. dtsch. (6.30) 17520
Widm. v.: M. Christian Gottlob Gebhard (Belicio Misn.), C. G. Leisner (Plauen/Vogtl.), Adolph Gottlob Friedrich Conradi (Dobel. Misn.), Joh. Wilh. Siegfried (Zerbst).

Kasten, Johannes, a. Stettin: Zur Lehre der Hämoptoe im Säuglingsalter. Rostock 1906: (Würzburg, A. Stuber.) (20 S.) 8° ¶ (Aus: „Beiträge zur Klinik der Tuberkulose", Bd v.)
Rostock, Med. Fak., Ref. Brüning, Martius, Diss. v. 28. Juni 1906
[Geb. 13. Jan. 77 Stettin; Wohnort: Tribsees; Staatsangeh.: Preußen; Vorbildung: Stadtgymn. Stettin Reife M. 97; Studium: Greifswald 4, Königsberg 2, Greifswald 3 S.; Coll. 20. Febr. 06; Approb. 11. Aug. 02.]

Kasten, Isid., Herr Rob. v. Mohl u. die Judenemancipation. Eine Erwiderung. Berlin 868. (Späth.) gr. 8. (30 S.) n. 5 ngr.

Kasten, Car. A. (Resp.): De gibbosorum rhachitide molestiis, s. Bose, Ern. Gttl. (Praes.)

Kasten, Carl Andreas (Schoeneck/Vogtl.), Repetitio brevis et assertio doctrinae Stahlianae de motu vitali. Disp. med. Präs. Ernst Platner. Leipzig (Klaubarth) 21. VI. 1781. 24 S. (5.50) 17519

Kasten, Mart., die frankfurter Lotterie. Nach dem öffentlichen Ziehungsplan calculatorisch dargestellt. 4. (29 S.) Frankfurt a. M. 858, Boselli'sche Buchh. *

Kasten, Richard *Karl Theodor* [pr. Arzt aus Cartlow in Pomm.]: Casuistischer Beitrag zur Behandlung nicht operabler maligner Neoplasmen durch parenchymatöse Injectionen von Methylviolett . . . Greifswald, Druck v. J. Abel, 1891; 29 S. 8°
Greifswald, Med. Fak., Inaug.-Diss. v. 18. Jun. 1891

Kasten, Richard, Referendar aus Friedeberg i. d. Nm.: **Kann der** Geschäftsunfähige nach dem Bürgerlichen Gesetzbuche occupieren? *Fürstenwalde Spree 1902: H. Richter.* (35 S.) 8°
Freiburg i. B., Rechts- u. staatswiss. Diss. v. 1902

Naturwissenschaftliche Abhandlungen '(Traités d'atmosphérologie)' der Revue des deux mondes im Ausz. entnommen u. f. d. Schulgebr. erkl. v. Dr. W[ilh.] **Kasten,** Prof. . . . zu Hannover. [Nebst] Wörterbuch. *Berlin: R. Gaertner 1894—96.* 2 Bde 8.
[Text.] 1894. (VI S., 1 Bl., 88 S.) Wörterbuch. 1896. (16 S.)
= **Schulbibliothek** französ. u. engl. Prosaschriften aus d. neueren Zeit. Abt. 1. Bdch. 4. [97. 8060

Kasten, Wilh., die Alarmierung. Kurzes patriot. Festspiel zur Erinnerg. an Sr. Maj. des Kaisers u. Königs Erscheinen am 20. Jan. 1891 in Sr. Haupt- u. Residenzstadt Hannover. Mit e. Brustbilde d. Kaisers Wilhelm II. gr. 8. (12 S.) Hannover 1891. C. Meyer. n. — 30

Kasten, W., Ferdinand Callin. Lebensgeschichte, nebst kurzer Auswahl aus seinen Schriften. gr. 8. (48 S.) Hannover 887, Meyer. *

Kasten, Wilh., s.: **Centralblatt, neuphilologisches.**

Kasten, Wilhelm: Über kristallinisch-flüssige Derivate der α-alkylierten Zimtsäuren. Halle a. S. 1909: Kaemmerer. 54 S. 8°
Halle, Phil. Diss. v. 15. März 1909, Ref. Vorländer
[Geb. 30. Dez. 83 Vienenburg; Wohnort: Halle a. S.; Staatsangeh.: Preußen; Vorbildung: Realgymn. Goslar Reife O. 04; Studium: Braunschweig Techn. Hochsch. 5, Halle 5 S.; Rig. 11. Jan. 09.] [U 09. 1668

— **Einführung in die technische Ausdrucksweise im Französischen an der Hand d. Anschauung.** Material zur Besprechg. der Hölzelbilder: Le port (Der Hafen). — Le bâtiment (Der Hausbau). — Intérieur d'une houillère (Inneres e. Kohlenbergwerks). — La mine et la forge (Hüttenbergwerk). (62 S. m. 4 Abbildgn. auf 1 Taf.) gr. 8. Hannover 903. C. Meyer. n.n. — 90

— **Erläuterung der Hölzelschen Bilder „Die Wohnung" u. „View of London" in englischer Sprache, nebst Wörterverzeichnissen u. Fragen zur Einleitg. e. Besprechg. im Unterricht.** gr. 8. (24 S. m. 2 Abbildgn. u. 1 Plane.) Hannover 899. C. Meyer. n. — 60

— dasselbe u. „Vue de Paris" in französ. Sprache, nebst Wörterverzeichnissen u. Fragen zur Einleitg. e. Besprechg. im Unterricht. gr. 8. (IV, 33 S. m. 2 Abbildgn. u. 1 Plane.) Ebd. 900. n. — 60

Kaston, W. An inquiry into the use of the subjunctive mood in the English of the Elizabethan period. Diss. Rostock, u. Hannover, R., 1874. 23 S. 4. Progr.

Kasten, Wilh., s. Moltke, H. de. La guerre de 1870.

KAESTENBAUM, Hugo
Grundriss der Thierseuchen und der Parasitenkrankheiten für Landwirte und Studierende von Hugo Kästenbaum. Mit 39 Abbildungen im Texte. Wien und Leipzig. 1899. Braumüller. Gr.-8°. VIII, 281 S. fl. 2.40

— Üb. d. Regelung d. Veterinärwesens u. d. z. Durchführg dess. erlass. Minist.-Verordng. Hrsg. v. Kgl. ungar. Minist. d. Inn. Budapest 1888.

Kastenberg, Mathilde: Die Stellung der Frau in den Dichtungen der Christine de Pisan. Darmstadt 1909: Otto. 52 S. 8°
Heidelberg, Phil. Diss. v. 16. Sept. 1909, Ref. Neumann
[Geb. 18. April 82 Heidelberg; Wohnort: Heidelberg; Staatsangeh.: Baden; Vorbildung: Realgymn. Karlsruhe Reife M. 04; Studium: Heidelberg 2, Berlin 1, Heidelberg 6 S.; Rig. 17. Febr. 09.] [U 10. 2143

Kastendieck, Adolf

Kastendieck, A., Memoiren e. jungen Griechen, s. Memoiren.

Kastendieck, K. A., († im Mai 1822.) Versuch e. nach d. neuesten Friedensbestimmungen geordneten u. in Versen bearbeiteten Erdbeschreibung von Europa, für Schulen u. Erziehungsanstalten. gr. 8. (Leipz. 818. Hartmann). 12 gr

Kastenmüller, Willibald, Reformation u. Aufklärung. Eine Gelegenheitsrede. Augsburg 1796.

Die Wittenberger und Leisniger **Kastenordnung** 1522. 1523. Hrsg. von Hans Lietzmann. Bonn: A. Marcus & E. Weber 1907. (24 S.) 8°
= **Texte,** Kleine, f. theol. Vorlesungen u. Übungen. 21. [08. 1833

Kaster, s. **Kastr.**

Kaster, Eugen, Handwörterbuch zur Erklärung der eigenthümlichen Benennungen nautischer Kunstw. &c. gr. 8. Wien, Beck. 805.

Kasthofer, (Carl). Forstmeister (Karl) Kasthofers [1777—1853] Abriss seines Lebens ([geschrieben] im Jahr 1848). Mitgeteilt von [Gustav] Tobler. [Sep.-Abdr. aus: Neues Berner Taschenbuch auf das Jahr 1907.] 21 S. 8. [Bern, K. J. Wyss, 1906.]

Kasthofer. Beiträge zur Beurtheilung der Vortheile der Kolonisation eines Theils der Alpenweiden, im Gegensatz der Armenhäuser und Zuchthäuser in Städten und Flecken, und der Einbürgerung der Heimathlosen in schon bestehenden Gemeinden. gr. 8. *Leipzig, G. Fleischer.* **1827**

— **Bemerkk. auf e. Alpenreise über d. Brünig, Brägel, Kirenzenberg u. über d. Flüela, den Maloya u. Splügen.** gr. 8. Bern 822. Jenni. (Sauerländer in Aarau). 1 Rthl 14 gr

Kasthofer, Carl. Bemerkungen auf einer Alpen-Reise über den Brünig, Bragel, Kirenzenberg, und über die Flüela, den Maloya und Splügen. Von K. K.... 8. Bern 1825.

KASTHOFER, Karl: Bemerkungen auf einer Alpen-Reise über den Susten, Gotthard, Bernardin und über die Oberalp, Furka und Grimsel. Mit Erfahrungen über die Kultur der Alpen und einer Vergleichung des wirthschaftlichen Ertrags der Bündenschen und Bernischen Alpen. Nebst Betrachtungen über die Veränderungen in dem Klima des Bernischen Hochgebirgs. - Aarau 1822. 354 S. Gekr. Preisschr.

— Bemerkk. auf e. Alpenreise über d. Susten, Gotthard, Bernardin u. über die Oberalp, Furka u. Grimsel; mit Erfahrungen über d. Kultur d. Alpen u. einer Vergleichung des wirthschaftl. Ertrags d. Bündenschen u. Bernischen Alpen ꝛc. Eine gekr. Preisschrift. gr. 8. Aarau 822. Sauerländer. 1 ℛ 14 𝔤ℊ

KASTHOFER, Karl: Bemerkungen über die Wälder und Alpen des Bernerischen Hochgebirgs. Ein Beitrag zur Bestimmung der Vegetationsgrenze schweizerischer Holzarten, des Einflusses der Waldungen auf die Kultur des Hochgebirgs, des Verhältnisses der Forstwirthschaft zur Landwirthschaft und der Bedinge für Verbesserung der Alpenwirthschaft. - Aarau 1818. XVI, 200 S. 2. Aufl.

— Bemerkk. über d. Wälder u. Alpen d. Bernerischen Hochgebirgs. 2e Aufl. gr. 8. Aarau 818. Sauerländer. 1 ℛ 4 𝔤ℊ

Kasthofer, Karl: B e r i c h t über die Waldungen der Stadt Biel. Biel 1836.

KASTHOFER, Karl: Beschwerdeschrift des Forstmeisters Kasthofer gegen den Regierungsrath, gegen das Finanzdepartement und gegen die Forstkommission der Republik Bern. - Bern 1845. VI, 105 S.

Kasthofer, Karl, Betrachtungen üb. d. einheim. Eisenwerke u. üb. d. Freiheit d. Holzausfuhr. gr. 8. (2½ B.) St. Gallen 833, Huber u. Comp.

Kasthofer, Karl, das schweizerische Bundesbuchli. Burgdorf 833. Langlois. 1/6 ℛ

Kasthofer, K., mein polit. Glaubens-Bekenntniß am Schlusse d. J. 1834. gr. 8. (2½ B.) Bern 835, Jenni Sohn.

Kasthofer, Carl. Rudolf Kastbofer, erster Staatsschreiber des Kantons Aargau (1767—1823). Verfasst von K' K' (1777—1853). Hrg. von Prof. Dr. Otto Hunziker, Zürich. [Mit Porträt-Tafel.] Separatabdruck aus dem Taschenbuch der historischen Gesellschaft des Kantons Aargau für das Jahr 1906. II + 88 S. 8. Aarau, H. R. Sauerländer & Co., 1907.

Kasthofer, Karl, der Lehrer im Walde. Ein Leseb. f. Schweizer. Landschulen, Landleute u. Gemeindsverwalter, welche üb. d. Waldungen zu gebieten haben. 2 Thle. (M. 24 Stnt.) gr. 8. (20¼ B.) Bern 828, 29, Jenni, Sohn.
1 Thlr., m. 15 ill. u. 9 schw. Stnt. Thlr.

KASTHOFER, Karl: Der Lehrer im Walde. Ein Lesebuch für Schweizerische Landschulen, Landleute und Gemeindsverwalter, welche über die Waldungen zu gebieten haben. - Bern 1828 u. 1829. 2 Tl. - Tl. 1: 158 S., XVII Taf. - Tl. 2: 158 S., VII Taf.

(——) der Lehrer in d. vaterländ. Wirren, s. Lehrer, der, ꝛc.

[Kasthofer. Carl.] Der Lehrer in den Vaterländischen Wirren und Drangsalen. Von dem Verfasser des Lehrers im Walde. Allen freiheitsliebenden Eidgenossen gewidmet. 8. Zürich 1833.
Ausg. A. (* *Umschlag:* ...Schulthess'sche Buchhandlung ....)
Ausg. B. (* *Umschlag:* ...in der Schulthess'schen Officin ....)

[Kasthofer. Carl.] Der Lehrer in den Vaterländischen Wirren.... 2. vermehrte und verbesserte Aufl. 8. Zürich 1833.

Kasthofer, Carl. Die Polenpredigt. Gehalten in der Volksversammlung in Burgdorf ... den 23. Juni 1833, von K' K'. 8. Burgdorf [1833].

Kasthofer, Carl. Rede über die Bildung der Wahlkreise und die Repräsentation der Hauptstadt, nebst einer Anrede an die Oberländischen Landleute über Verfassungs-Angelegenheiten des K. Bern. 8. Bern 1831.

(Kasthofer. [Carl].) Rede über das Verhältniss der Repräsentation der Hauptstadt und über den Kampf der Demokratie mit der Aristokratie in der Republik Bern. 8. Bern 1831.

Kasthofer. Carl s. Tscharner, Johann Friedrich von, und Kasthofer, Carl.

KASTHOFER, Karl: Kurzer und gemeinfaßlicher Unterricht in der Naturgeschichte der nützlichen einheimischen Waldbäume, in der Schlagführung zur Förderung der natürlichen Wiederbesaamung der Wälder etc. Zur Selbstbelehrung der Vorgesetzten von waldbesitzenden Gemeinden und Korporationen, von Privatwaldbesitzern usw. - Genf 1846. XXXII, 159 S.

Kasthofer, Carl, kurzer und gemeinfaßl. Unterricht in der Naturgeschichte der nützlichsten einheimischen Waldbäume, in der Schlagführung zur Förderung der natürl. Wiederbesaamung der Wälder ꝛc. Zur Selbstbelehrung der Vorgesetzten von waldbesitzenden Gemeinden und Corporationen, von Privatwaldbesitzern u. s. w. 16. (XXXII und 159 S.) Genf 847, Keßmann.

— Vorlesung über d. Kultur d. Kühalpen. gr. 8. Bern 818. Burgdorfer. (Leipz., Schmidt). 5 𝔤ℊ

KASTHOFER, Karl: Vorlesung über die Cultur der Küh-Alpen. - Bern 1818. 35 S.

Kasthofer. Carl. Vortrag an den Grossen Rath der Rep. Bern über das Verhältniss der Hauptstadt Basel zu den Landschaften des Kantons und zu dem Bunde der Eidgenossen. Von K' K'.... 8. Bern 1832.

Kasthofer, Zuschrift an den schweizerischen Bundesrath. Amnestie zu Gunsten der Kantone des aufgelösten Sonderbundes. gr. 8. (20 S.) Bern 849. (Zürich, Schultheß.)

Kastil, Alfr., die Frage nach der Erkenntnis des Guten bei Aristoteles u. Thomas v. Aquin. gr. 8. (88 S.) Wien 900. (C. Gerold's Sohn.) n. — 90
Sonderabdruck aus: „Sitzungsber. d. k. Akad. d. Wiss."

Kastil, Alfred: Über die G r u n d l a g e n der Moral bei Aristoteles und Thomas von Aquino.
Prag: Phil. Diss. v. 1898/99.

(F) Zur Lehre von der Willensfreiheit in der Nicomachischen Ethik. Von Phil. Dr. Alfred Kastil. Prag. 1901. Calve. Gr.-8°. 44 S. K 1.60

Kastil, Alfr., Studien zur neueren Erkenntnistheorie. I. Descartes. (XVI, 209 S.) gr. 8. Halle (909). M. Niemeyer. 5. —

KASTL, Hans (Leopoldsreuth): Die hygienischen Verhältnisse in Baumwoll-Spinnereien.- München: Wolf 1891. 2 Bl., 93 S., 3 Tab., 6 Taf.
10.5.1891 - Chr 1890/91,20; Jv 1890/91,230
Diss. Ingolst.-Landsh.-Mchn.

Kastl, Hans, wie schützt sich die deutsche Ärzteschaft vor den Folgen d. Novelle zum Krankenversicherungsgesetz? Referat, erstattet im ärztl. Bezirksverein München in der Sitzg. vom 18. II. 1903 u. im Auftrage der Vorstandschaft dieses Vereins hrsg. (82 S.) gr. 8. München 903. Seitz & Schauer. n. — 50

KASTL, Joseph (Vilsbiburg): Operative Behandlung der Haemorrhoidalknoten.- München: Wolf 1885. 31 S.
19.5.1885 - Urk (Titel: De operatione varicum venarum haemorrhoidalium.); Chr 1884/85,21
Diss. Ingolst.-Landsh.-Mchn.

Kästle, J., 100 Uebungsaufgaben aus d. Sprachlehre. Für 10—14 jähr. Volksschüler zusammengestellt. (20 S.) 8. Stuttgart (905). A. Lung. n. — 25

Kaestle, Johannes [app. Arzt aus Leutkirch]: Ueber die gonorrhoische Erkrankung der Bartholini'schen Drüsen. . . . Erlangen, Druck d. Univ.-Buchdr. v. E. Th. Jacob, 1891; 29 S. 8°
Würzburg, Med. Fak., Inaug.-Diss. v. 1891

Kästle, Karl Anton: Ueber Encephalitis acuta, non purulenta (haemorrhagica). *Heidelberg 1898: J. Hörning.* (27 S.) 8°
Heidelberg, Med. Diss. v. [26. Juli] 1898

Kästle, Ludw., Kanzel-Vorträge, gehalten vor den oberen Klassen katholischer Stadtschulen. 1. Reihe. Schaffhausen 859. Hurter. 8. (X, 298 S.) 21 ngr.

Kästle, Ludw., die heilige Kindheit Jesu in ihren zwölf Geheimnissen. 3. Aufl. Freiburg im Br. 858. Herder. 16. (88 S. u. 13 Holzschn.) 6 ngr.

— die heilige Kindheit Jesu in ihren zwölf Geheimnissen. 4. Aufl. Freiburg im Br. 859. Herder. 16. (86 S. u. 13 Holzschntaf.) 6 ngr.

Kästle, Ludw., die heilige Kindheit Jesu in ihren zwölf Geheimnissen. Ein Büchlein für Kinder. 5. Aufl. 16. (98 S. mit Illustr.) Freiburg i. Br. 883, Herder'sche Verlagsh. *
geb. **

Kastleiner, Hans: Die wirtschaftliche Entwicklung der Dominikanischen Republik. Bonn 1909: Eisele. 98 S. 8°
Bonn, Phil. Diss. v. 29. Juli 1909, Ref. Rein
[Geb. 25. Nov. 82 Cöln-Ehrenfeld; Wohnort: Cöln-Ehrenfeld; Staatsangeh.: Preußen; Vorbildung: Gymn. i. d. Kreuzgasse Cöln Reife O. 03; Studium: Bonn 3, München 1, Bonn 8 S.; Rig. 21. Juli 09.] [U 10. 390

Kastler, M., Armierte Zementfüße, Patent Kastler. (Maste für Stromleitungen.) Uster, 1906. 24 S. mit 12 Abb.

Kastler, Rud. M., prakt. Abhandl. zur heutigen physischen Erziehung d. Kinder. 8. Wien 819. N. A. 824. Tendler. 8 fl.

Kastler, R. M., Gedanken über die heutige physische Erziehung. gr. 8. Wien, Tendler (in Comm.) 819.

Kaestler, C., Frage-Tabellen, als Leitfaden zu Dr. Weber's übersichtlicher Darstellung der Weltgeschichte. Für den Schulgebrauch und Selbstunterricht. Mit Vorwort „Zur Empfehlung" von Geo. Weber. gr. 8. (114 S.) [Eisenach 877, Bacmeister.] Dresden, Bleyl und Kaemmerer.

Kastner, Andr., Lehrbuch der biblischen Religionsgeschichte des alten Bundes. (In Fragen und Antworten.) Zum Gebrauche für kathol. Volksschulen. 1. Aufl. (VI und 181 S.) 1849. und 2. Aufl. gr. 12. (VI und 178 S.) Wien 851(52,) Beck'sche Universitäts-Buchh.

—— Lehrbuch der biblischen Religionsgeschichte des neuen Bundes. (In Fragen und Antworten.) Zum Gebrauch für die niedern kathol. Volksschulen. 12. (VI und 230 S.) Wien 850, Beck'sche Universitäts-Buchh.

Kastner, Aug., Archiv für die Geschichte des Bisthums Breslau, s. Archiv.

Kastner, A., actenmässige Beiträge zur Geschichte des Bisthums Breslau, } s. Archiv für die Geschichte des Bisthums Breslau.

Kastner: Diplomata Nissensia antiquiora. 30 S.–Neisse, Progr. 1852

Kastner, Aug., Einiges üb. Sagen, namentl. Schlesiens, u. insbesond. des Fürstenthums Neisse u. des Gesenkes. 4. (3 B.) Neisse 845. (Burckhardt.) *
Aus: Programm des Gymnasii zu Neisse besond. abgedruckt.

Kastner, August: Geschichte der Stadt Neisse, s.a. Archiv für d. Geschichte d. Bisthums Breslau.

Kastner, Aug., Geschichte der Stadt Neisse mit besonderer Berücksichtigung des kirchlichen Lebens in der Stadt und dem Fürstenthum Neisse. 2. Thl.: von 1608 bis 1655. Zeit der Bischofe Carl und Carl Ferdinand. gr. 8. (VIII und 599 S. mit einem lithogr. Plane der Stadt Neisse von 1594 in qu. gr. 4.) Neisse 854, (Hennings.) *
Der 1. Thl. erschien zur Zeit noch nicht.

Kastner, August: Aus der Geschichte des Pfarrgymnasiums bei der Pfarrkirche zum heiligen Jacobus in Neisse. Neisse, 1865.
Schul-/Univ.-Schrift

Kastner, Aug., Geschichte der neisser Schützengilde. (Der neisser Geschichts-Freund. 2. Bdchn.) gr. 8. (VI und 229 S. mit 1 Stnt.) Neisse 850, Graveur. * -
Neisser Geschichtsfreund 1. Bdchn. Ebendas. 1845. * 5 Ngr.

— s. Schönig, Frz., Glätzische u. hochdeutsche Gedichte.

Kastner, Dominik, *Weltpriester d. Diöc. Linz.* Nähere Beschreibung des liebreichen Muttergottes-Bildes vom guten Rath zu Gstaig und der Wallfahrtskirche daselbst. Mit Approbation des hochwürdigsten bischöflichen Ordinariates Linz. *Salzburg* 1858. *Endl & Penker'sche* Buchdruckerei. 53 S., 8°. 12 kr.

Kastner, Dominik, nähere Beschreibung des liebreichen Muttergottes-Bildes vom guten Rath zu Gstaig und der Wallfahrtskirche daselbst. 16. (IV und 54 S. mit 1 Stnt.) Salzburg 858, (Mayr'sche Buchh.) Thlr. *

Kastner, Dominik, Jesus von Nazareth, der wahre Messias und unser göttlicher Erlöser, dargestellt in 6 Kanzelvorträgen. 8. (IV und 96 S.) Linz 865, (Haslinger.) *

—— Mahnruf an die Sünder in der heiligen Fastenzeit. Vorgetragen in sechs Predigten. 16. (77 S.) Linz 860. (Salzburg, Mayr'sche Buchh.) *

—— religiöse Studien über die wichtigsten Fragen des Glaubens mit besond. Berücksicht. der Jetztzeit. gr. 8. (IV und 314 S.) Linz (861)62, (Haslinger.) *

Kastner, Eduard Fedor

Kastner, Ed. Fed. [Ps. Friedr. v. d. Adler]. Herbstfäden. Gedichte. 2. Aufl. 12. (70 S.) Reichenberg 889. (Lpz., Literar. Anstalt A. Schulze.) * 2 —

Kastner, Eduard Fed., Hochgebirge. Bilder u. Stimmgn. aus den Raibler Dolomiten. Mit Federzeichngn. v. Hans Wagner u. Cl. Hofrichter. 3. Taus. (80 S.) schmal 8. Wien 905. (Huber & Lahme Nachf.) n. 1. 70

Kastner, Ed. Fed., aus meinem Leben, nebst losen Gedanken m. e. Geleitsbriefe v. Anton Ohorn u. neuen Gedichten. Mit 2 Porträts u. 2 Handschriften. [Erweit. Sonderabdr. aus: „Böhmens deutsche Poesie u. Kunst".] 12. (108 S.) Wien 896. (Leipzig, Literar. Anstalt, A. Schulze.) n. 2. —

Kastner, Eduard Fedor (Hrsg.), s. Poesie. – Böhmens Dt. Poesie und Kunst.

Kastner, Fedor Eduard, die deutsche Sprache und die Fremdwörter. kl. 8. (16 S.) Tachau 888, Holub. * — 60

— Stimmungen. Gedichte. (2. unveränd. Aufl.) 8. (XII, 142 S.) Ebd. 894. n. 2. 40

—— alte Weisen. Das Reinerträgniß ist dem deutschen Schulvereine gewidmet. kl. 8. (84 S.) Ebendas. 885. * 2 —

Kastner, Emerich, s.: Beethoven's, Ludw. van, sämtliche Briefe.

Kastner, E., Briefe Rich. Wagner's, s. a. Wagneriana.

Kastner, Emerich, Wagneriana. I. Briefe Rich. Wagner's a. seine Zeitgenossen (1830—1883), chronolog. geordn. u. m. Angabe der Quellen zusammengest. 8. (VIII u. 53 S. Wien, Wallishausser'sche H.-B. (A. W. Künast) 1 fl. 1885.

Kastner, Emerich, Briefe v. Richard Wagner an s. Zeitgenossen. 1830—1883. Zusammengest., chronolog. geordnet, m. biograph. Notizen üb. die Adressaten. gr. 8. (X, 188 S.) Berlin 897. L. Liepmannssohn's Antiqu. n. 5. —

Kastner, Em., Bühnenfestspiele zu Bayreuth 1884. Ein Handbüchlein für Parsifal-Pilger. 16. (78 S. mit Holzschn.-Portr.) Wien 884, Perles. *

Kastner, Emerich: Musikal. Chronik, s. Kastner: Wiener mus. Zeitung.

Kastner, Emerich. Neuestes u. vollständigstes Tonkünstler- und Opern-Lexikon. 1. Bdchn.: Aagesen — Azzoni. 12. (VI, 64 S.) [Berl. 889, Brachvogel u. Ranft.] Lpz., List u. Francke. * — 75

— Verzeichniss der ersten Aufführungen von Richard Wagner's dramatischen Werken. (S.-A. aus: Bayreuther Blätter, 1896.)

[F.] Chronologisches Verzeichniss der ersten Aufführungen von Richard Wagners dramatischen Werken. M. Registern nach Städten u. nach d. Werken geordnet. 2. verm. u. verb. Aufl. Nach offic. Quellen zsgest. v. Emerich Kastner ... *Leipzig: Breitkopf & Härtel 1897.* (83 S.) 1 Bd 8. [97. 4739

Kastner, Emerich, chronolog. Verzeichnis der ersten Aufführungen v. Richard Wagners dramat. Werken. Mit Registern, nach Städten u. nach Werken geordnet. 2. verm. u. verb. Aufl. Mit Nachträgen bis 1899. Nach officiell. Quellen zusammengestellt. gr. 16. (64 S. m. 1 Bildnis.) Leipzig 899. Breitkopf & Härtel. n. 1.—; kart. n. 1.25

— Wagner-Catalog. Chronologisches Verzeichniss der von und über Richard Wagner erschienenen Schriften ... Offenbach 1878.

—— Wiener musikalische Zeitung. Hrsgbr. und Redact.: Emerich Kastner. 1. Jahrg. Octbr. 1885 -- Septbr. 1886. 2 Bde. oder 45 Nrn. (Bog.) gr. 8. Wien, Administration, Lammgasse 9. à Bd. ℳ 5.—.

—— dass. — 2. Jahrg. 1886/87. 2 Bde. oder 45 Nrn. (Bog.) gr. 8. Mit Beilage: Musikalische Chronik (Bog. 1—24). gr. 8. Ebendas. à Bd. *ℳ 5.—.
Die Chronik allein à Bd. *ℳ 2.—. *
Der 3. Jahrg. u. d. T.:

—— musikalische Chronik. 3. Jahrg. 5. Bd. Octbr. 1887 —Septbr. 1888. Redact.: Emerich Kastner. 24 Nrn. (Bog.) Mit einer Beilage: Moniteur musical. [Nur bis Nr. 9 ererschienen.] gr. 8. Wien. (Leipzig, K. F. Koehler.) * 10 —

Kastner, Frédéric, Theorie der Schwingungen und Betrachtungen über die Elektrizität [Analyse der Elektrizität]. Nach der 3. Aufl. in's Deutsche übertragen. 4. (21 S.) Strassburg 881, Trübner. *

Kastner, Fritz, Beiträge zu einem rationellen Futterrübenbau. Die Runkelrübe. Die Mohrrübe. Ihr Anbau, ihre Pflege, Ernte und Aufbewahrung behufs Futterverwerthung. gr. 8. (V und 105 S.) Berlin 861, Kastner und Comp.

Kastner F.: Beiträge zu einem rationellen Futterrübenbau: Die Runkelrübe. Die Mohrrübe. 2. Abdr. Berl. 1861. 104 S.

Kastner, G., Neuerungen an Hopfendrahtgerüsten, bestehend in zwei patentirten Vorrichtgn. [Ringe u. Haken], anwendbar auf jedes Drahtsystem, m. Anleitg. zur Construction der neuen Ringdrahtanlage, nebst Zeichngn. (6 Steintaf.). gr. 8. (17 S.) Straßburg 883. Heinrich. — 60

Kastner, Georg, s. Kastner, Johann Georg

Kastner, Geo. Heinr., kritische Bemerkungen zu W. H. Riehl's bürgerlicher Gesellschaft. br. 8. (IV und 87 S.) Nürnberg 857, (Korn'sche Buchh.) *

KASTNER, Hans

(F) Leichtfasslicher Rathgeber zur allgemeinen Erwerbsteuer für Gewerbetreibende, Gemeinde Secretäre, Steuerbeamte, Notare und Advocaten etc. nebst einer übersichtlichen Zusammenstellung der Stempelgebüren für sämmtliche Parteieingaben in Personalsteuersachen. Mit einer grossen Anzahl von Beispielen und Erwerbsteuer-Erklärungen volksthümlich dargestellt von JUDr. Hans Kastner. Linz. 1899. Mareis. Gr.-8°. 64 S. mit 17 Tafeln. fl. —.60

Kastner, Hans, das allgemein Wissenswerte aus dem Vormundschaftswesen. In gedrängter u. gemeinverständl. Fassg. nach dem neuesten Stand d. Gesetzgebg. dargestellt. (27 S.) gr. 16. Hannover 903. Helwing. n. — 40

Kastner, Heinrich: Erlebnisse eines 51ers in Krieg und Frieden. 1860–1910. (Frankenstein i. Schl. 1910: Frankenst. Zeitung.) 36 S. 8°

Kastner, Hermann, Referendar: Der Impfzwang und das Reichs-Impfgesetz vom 8. April 1874. Berlin: Fränkel 1909. 50 S. 8°
Jena, Jur. Diss. v. 27. Mai 1909, Ref. Niedner
[Geb. 25. Okt. 86 Berlin; Wohnort: Berlin; Staatsangeh.: Preußen; Vorbildung: Gymn. z. Grauen Kloster Berlin Reife M. 04; Studium: Berlin 6 S.; Rig. 21. Dez. 08.] [U 09. 2097

Der Impfzwang und das Reichs-Impfgesetz v. 8. April 1874 von Dr. jur. Hermann Kastner. Berlin: Fränkel 1909. 50 S. 8°
[Ersch. auch als Inaug.-Diss. Jena 1909.] [11. 1663

Kastner, Johann Baptist, s. Ehre d. kathol. Jubeljahres.

Kastner, Jh. Bapt., die Ehre des kathol. Jubeljahres gerettet u. dargestellt. 8. Würzb. 826. (Stahel). 6 gr

— über die angeregte Fixation der pfarrlichen Zehenden. gr. 8. Stadtamhof 832. (Landshut, Krüll.) 1/3 ℛ

Kastner, Joh. Bapt., über d. angeregte Fixation d. pfarrl. Zehenden. gr. 8. (4 B.) Stadtamhof 832. (Regensburg, Manz.)

Kastner, Joh. Bapt., Jesus Christus der Messias und Weltheiland, der Sohn Gottes und Gottmensch und Gott der Christen; oder die Wahrheit u. Wichtigkeit des Glaubens an die Gottheit und höhere Würde Jesu. Sulzbach, v. Seidel, 1830, gr. 8°. XXIV, 192 S., 2 Mk.
Recenss. Kathol. Littztg von Kerz 1831, Bd. 1 S. 228—31. Katholik 1832, Bd. 43 S. 117—22.

Kastner, Joh. B., Katholicismus u. Nichtkatholicismus in Beziehung auf Wahrheit u. Vollständigkeit des Glaubens, oder daß man Katholik sein müsse, um wahrer u. vollständiger Christ zu sein. Als Anhang u. Nachtrag zur Schrift „Über das Urchristentum"
nebst einer Beilage zur Widerlegung der Herrn Gegner. Sulzbach, v. Seidel, 1827, gr. 8°, 382 S., 3 Mk.
Recenss. Katholik 1827, Bd. 25 S. 350—7. Felders Littztg 1828, Bd. 1 S. 278—90.

—— die kathol. Kirche Deutschlands in ihren projectirten u. mögl. Verbesserung. gr. 8. (12 B.) Sulzbach 829, v. Seidel.

— Leier u. Hirtenstab. gr. 8. Regensb. 821. Daisenberger. 12 K
Schrbp. 15 K

—— die Leyer u. d. Hirtenstab, od.: Neuere, vermischte Gedichte. 8. (7 B. u. 1 Vign.) Sulzbach 828, v. Seidel.

—— dass. die Leyer u. d. Hirtenstab, od.: Vermischte, neueste Gedichte. 8. (8 B. u. Titvign.) Sulzbach 833, v. Seidel.
Dess. „vermischte Gedichte." Regensburg, Daisenberger. 1821. 12 Gr.

—— über d. Revolutionismus uns. Tage. Allen aufricht. Verehrern d. Wahrheit, d. Religion u. Kirche, d. Thrones, d. Vaterlandes, d. bürgerl. Ordn. u. Glückseligkeit gewid. Lex.-8. (8 B.) Sulzbach 831, v. Seidel.

— s. Riederer, G.: Festtagspredigten.

Kastner, Joh. Bapt., Die sieben Schmerzen unserer Zeit. Nebst Aphorismen über Religion, Philosophie u. Welt. Gesammelt u. herausgegeben von G. Rieder. Regensburg, Manz (jetzt Verlagsanst.), 1852, 8°, 119 S., 75 Pf.

Kastner, Joh. B., Der Sieg des christlichen Glaubens über die Welt. Ein Beitrag und Anhang zu „Würde und Hoffnung der kath. Kirche von J. B. Kastner". Sulzbach, Seidel, 1823, gr. 8°, XVI, 208 S., 2 Mk. (ermäß. 0,90 Mk.)
Recens. Katholik Bd. 11 (1824), S. 147—61.

Kastner, (J. B.,) d. Sieg d. christl. Glaubens üb. d. Welt, ein Beitrag u. Anhang z. Würde u. Hoffnung d. kathol. Kirche. gr. 8. Sulzbach 824, v. Seidel.

— s. Jos. Strasser, die Wichtigkeit der wieder einzuführ. Synoden.

Kastner, Joh. Bapt., der große Streit üb. gemischte Ehen. gr. 8. (5 B.) Regensburg 838, Manz.

—— der Unsichtbare, sich kundmachend in d. Erscheinungen uns. Zeit; od. d. in d. Erscheinungen uns. Zeit leitende, warnende u. strafende Gottes-Hand. gr. 8. (6 B.) Augsburg 832. (Regensburg, Manz.)

—— über das Urchristentum. Nebst einer Antwort an die Gegner der Schrift „Würde und Hoffnung der kath. Kirche". Ebendas. 1824, gr. 8°, 25 Bogen, 3 Mk. (ermäß. 1,50 Mk.)

— üb. das Urchristenthum. Nebst Antwort an d. Gegner d. Schrift: Würde u. Hoffnung d. kathol. Kirche. gr. 8. Sulzb. 825, v. Seidel.

—— über d. relig. Verehrung d. Heiligen Gottes. (Aus „Athanasia" abgedr.) gr. 8. (8 B.) Würzburg 829, Stahel.

— die heil. Wanderungen in Bezieh. auf uns. vorhabende Himmelsreise. In e. Predigt bei Gelegenheit d. 200jähr. Jubiläumsfeier auf d. Mariahilfberge nächst Amberg d. 7. Juli 1834 dargest. u. vorgetragen. gr. 8. (1½ B.) Sulzbach, v. Seidel.

Kastner, Joh. Bapt., Des Papstums segensvolle Wirksamkeit erörtert u. geschichtlich dargestellt. Sulzbach, v. Seidel, 1832, gr. 8°, XII, 304 S., 2,05 Mk.
Eine beredte Apologie des Papstums unter dem Gesichtspunkte seines weltumfassenden Wirkens. Vgl. Kath. Littztg v. Kerz 1833, Bd. 3 S. 276—302. Katholik 1833, Bd. 50 S. 97—104.

Kastner, Joh. B., Würde u. Hoffnung der kath. Kirche mit Rücksichtnahme auf die protestant. Kirche. Sulzbach, Seidel, 1822, 8°, XVI, 286 S. 2. Aufl. 1825.
Felders Littztg 1822, Bd. 3, S. 213—35. 1826, Bd. 2, S. 25—39. Katholik 1823, Bd. 7, S. 86—105. (Wird als herrliche Apologie der kath. K. gerühmt.) Vgl. dazu oben zwei Schriften desselben Verf. zur Rechtfertigung u. Ergänzung der vorstehenden.

Kastner, Joh. Geo., ein elsässischer Tondichter, s. Ludwig, Herm.

Kastner's, Joh. Geo., Werden u. Wirken, s.: Ludwig, H.

—— Elementarschule für das Piano-Forte mit einem Anhange von Uebungsstücken. gr. 8. (78 S.) Leipzig 847, Breitkopf und Härtel.

Kastner, Geo., Elementar-Schule für die Violine mit einem Anhange von Uebungsstücken. gr. 4. (50 S.) Leipzig 847, Breitkopf und Härtel.

—— Elementar-Schule für das Violoncell mit einem Anhange von Uebungsstücken. gr. 4. (55 S.) Leipzig 847, Breitkopf und Härtel.

KASTNER, JOSEPH, Pfarrer zu Bukin: Ehren-Rede, über das hochfeyerliche Jubelfest eines verdienstvollen Priesters, da Emericus Norsics des löblichen Colocser Erz-Capitels titulirte Domherr und eifrigste Seelen-Hirt der k. k. Freystadt Neusatz das Lob und Dankopfer seines fünfzigjährigen Priesterthums dem Herrn der Heerschaaren in seiner eigenen Pfarrkirche 1791. abgestattet hat und die Erstlinge seines unblutigen Messopfers wiederholet hat, vorgetragen. Neusatz 1791: Mit Jankovitsischen Schriften. 6 S. - 4°

Kastner, Julius, k. preuss. Feuerwerks-Hauptm. Militär-Lexikon. Heerwesen und Marine aller Länder mit besonderer Berücksichtigung des deutschen Reichs, Waffen und Festungswesen, Taktik und Verwaltung. (Aus: Meyer's Fach-Lexika.) 8. Leipzig 1882.

Kastner, K. F. W. Chr., das weisse Blut, in physiolog.-patholog. Bezich. betrachtet. gr. 8. (7½ B.) Erlangen 832, (Heyder.)

Kastner, Karl

— Beiträge zur Molluskenfauna des Landes Salzburg. 38. ibd. 05.
Progr.

Kastner, K. Das Salzbergwerk Dürrenberg, s. Fugger, E.

Kastner, C., naturwissenschaftliche Studien und Beobachtungen aus und über Salzburg, s. Fugger, E.

Kastner K.: Die geol. Verhältnisse des Dürrenberges bei Hallein. 28. Salzburg R. 80. Progr.

Kastner Karl: Der Zug der Vögel. 31. Salzburg R. 90.
Progr.

KASTNER, KARL WILHELM GOTTLOB.
Physikalisch-chemische Abhandlungen oder Beiträge zur Begründung einer wissenschaftlichen Chemie. Frankfurt und Heidelberg, 1806–1807. 2 vols.

Kastner, Karl Wilh. Gtlo., Archiv f. Chemie etc.
—— Archiv f. d. gesammte Naturlehre etc.,
} s. Archiv etc.

Kastner, K. W. G. Archiv für die gesammte Naturlehre. Vol. 1—27. (Jährlich 3 Vol.) Nürnberg. 1824—1835. 8.

KASTNER, KARL WILHELM GOTTLOB.
Beiträge zur Begründung einer wissenschaftlichen Chemie. Frankfurt und Heidelberg, 1806. 12mo.
Also under the title: Physikalisch-chemisch-mineralogische und pharmaceutische Abhandlungen.

Kastner, Karl Wlh. Glo., Beiträge z. Begründung eines wissenschaftl. Chemie. 2 Thle. (A. u. d. T.: physikal.-chem.-mineralog. u. pharmaceut. Abhandl.) gr. 8. Heidelb. 807. Mohr. 1 ₰ 20 K

Kastner, K. W. G., Chemie zur Erläuterung der Experimentalphysik. Lex. 8. (IV u. 142 S.) Erlangen 850, Enke. n. 22 ngl

-Einleitung in die neuere Chemie behufs seiner Vorlesungen und zum Selbstunterrichte für Anfänger. Halle und Berlin, 1814. pp. xxiv-696, 8vo.

— Einleitung in d. neuere Chemie. gr. 8. Halle 814. Waisenhaus B. 2 ₰ 12 gr

Kastner, K. W. G., Dr., Erinnerung an gewisse nordlichtartige vulkanische Erscheinungen.

Kastner, Carl Wilh. Gottl. u. **Friedrich Wilhelm Carl Hey** (Gotha), Fluida, inprimis aquam, ubi temperiei vicissitudini subjiciantur, non formae solum, sed chemicae etiam relationis mutationem subire demonstratur. Diss. phys. Jena (Mauk) 15. III. 1805. 14 S. (5.50) 17521

Kastner, K. W. G. (Hrsg.), s. Gewerbsfreund.

— der deutsche Gewerbsfreund. 4 Bde. gr. 4. Halle 815—21. m. Register über alle 4 Bde. 824. Schwetschke u. S. 11 ₰ 12 gr

Kastner, K. W. G., der deutsche Gewerbsfreund. 1r Bd. in 3 Hften u. 2r Bd. in 12 Heften. gr. 4. Halle, Hemmerde u. Schw. 815 u. 16. (1r Bd. 2 Rthlr. 4 gr. 2r 3 Rthlr.)

— — der deutsche Gewerbsfreund. 3r u. 4r Bd. jeder in 12 Heften. Mit Kpfr. 4. Halle, Hemmerde u. Sch. 3ter Bd. 818 u. 819. 4ter Bd. 820 u. 821. à 3 Thlr.

Kastner KWG, der deutsche Gewerbsfreund. IV. Bd 4° Halle 1822

Kastner, (Carl Wilh. G.,) d. deutsche Gewerbsfreund. Supplementheft. Das Register zum 1sten bis 4ten Bde. enthalt. 4. Halle 824, Hemmerde u. S.

Kastner, Karl Wilhelm Gottlob, s. Gren, F. A. K.: Grundl. der Naturlehre.

— Grundriß der Chemie, zum Gebrauch s. Vorlesungen. 1r Thl. gr. 8. Heidelb. 807. Mohr

Grundriss der Chemie. Heidelberg, 1807. 8vo.
[Another edition.] Grundriss der Chemie nach ihrem neuesten Zustande, besonders in technischer Beziehung. Wien, 1823. 8vo.

— Grundriß d. Experimentalphysik. 2 Bde. mit K. gr. 8. Ebend. 809. (1r 2 Rthlr. 8 gr. 2r 1 Rthlr. 20 gr.)

—— Grundriss der Experimental-Physik. 2 Thle. Heidelberg 1810. 8.
Desgl. 2. Aufl. Ebendas. 1820—21. 8.

Kastner, C. W. G., Grundriß der Experimentalphysik. 2 Bde. 2te Aufl. Mit Kpfr. gr. 8. Heidelberg, Mohr u. W. 820.

— Grundriß d. Experimentalphysik. 2r Thl. 2te Aufl. gr. 8. Heidelberg 822, Winter.

— Grundzüge d. Physik u. Chemie, zum Gebrauch für höhere Lehranstalten u. zum Selbstunterricht für Gewerbtreibende u. Freunde der Naturwissenschaft. Mit 21 Holzschn. gr. 8. Nürnb. 821. Stein (a. Weber in Bonn). 2 ₰ 4 gr 2e, verm. u. verb. A. 3 Lfrgg. Mit 1 Steindr. gr. 8. Ebd. 830—32. Stein. 3 ₰ 16 gr

—— Grundzüge d. Physik u. Chemie, z. Gebr. f. höh. Lehranstalten u. z. Selbstunterr. f. Gewerbtreibende u. Freunde d. Naturwissenschaft entworfen. 2., zeitgemäß verm. u. verb. Aufl. 2 Bde. gr. 8. Nürnberg, Stein. [1. (62½ B. u. 1 Stnt.) 832. 3 Thlr. 16 Gr., 2. (37 B. u. 1 Stnt.) 833. 2 Thlr. 8 Gr.] 6 Thlr., hrbgs. Pr.

— Handbuch d. Meteorologie f. Freunde d. Naturwissenschaft. 1r Bd. u. 2r Bd. 1ste Abthlg. gr. 8. Erlangen 823—25, Palm u. Enke

—— Handbuch d. Meteorologie. Für Freunde d. Naturwissenschaft. In 2 Bdn. — 2. Bd. 2. (letzte) Abthl. gr. 8. (40¼ B. u. 5 Kpfrt.) Erlangen 830, Palm u. Enke.
1. Bd., u. 2. Bd. 1. Abthl. Ebendas. 1823—25. 5 Thlr. 16 Gr.

Kastner, K. W. G.: „Handbuch der angewendeten Naturlehre, oder leicht fassliche Entwickelung der Naturgesetze in ihrer Anwendung auf das praktische Leben. Für Leser aus allen Ständen, insbesondere für Pharmaceuten, Künstler, Land- und Forstwirthe, Fabrikanten und Gewerbsmänner", 2 Teile in 7 Lieferungen, Tübingen 1835—1838 (Balz).

—— Handbuch d. angewandten Naturlehre, od. leichtfaßl. Entwickl. d. Naturgesetze in ihrer Anwend. auf. d. prakt. Leben. Für Leser aus allen Ständen, insbes. f. Pharmazeuten, Künstler, Land- u. Forstwirthe, Fabrikanten, Manufakturisten u. Gewerbsmänner aller Art. 1—7. Lfg. gr. 8. (38 B. u. 1 Stnt.) Stuttgart 835—39, Balz'sche Buchh. à

Kastner, Karl Otto. Wilh., Handbuch d. angewandten Naturlehre. 8—16. Lfg. gr. 8. (93 B.) Stuttgart 843—47, Becher's Verl.
Lfg. 1—7. Ebendas. 1835—39. à Lfg. 9 Ngr.

— Handbuch der angewandten Naturlehre. A. u. d. T.: Zur Gesammtnaturlehre. Vorbereitung, Selbstforschung u. Anwendung. 17—21. Lfg. gr. 8. (S. 1489—2048 u. LXXXII S. m. 1 lith. Taf.) Stuttgart 848. 49, Becher. 17—20. Lfg. à 9 ngl 21. Lfg. als Rest. (cmplt. 3 Abthlgn.: 6 ₰)

— chemisches Handwörterbuch. 2 Bde. gr. 8. Halle 813. (Schwetschke u. S.)

– s. Jahn, Chr.: Malzessigbrauerei.

— — Berlinisches Jahrbuch, s. Jahrbuch, Berlin., der Pharmazie.

— Materialien zur Erweiterung d. Naturkunde. 1r Bd. 8. Jena 805. Mauke. 1 ₰ 6 gr

— Mittheilungen vermischten Inhalts.

Kastner, Meteoro- und geologische Nachrichten aus Schlesien; aus dem Berichte der naturw. Section der schles. Gesellsch. für vaterl. Cultur, während des Jahres 1830. (Aus: Archiv für Chemie u. Meteorol. B. 3, H. 1.)

Kastner, Dr., Ueber Nordlichter und verwandte Meteore. (Aus: Archiv für Chemie und Meteorol., Bd. 2, Heft 3.)

Kastner, C. W. G. Observationes de Electromagnetismo. (Diss. inaugur.) Erlangae. 1821. 4.

Kastner, (Carl Wilh. G.,) Observationes de electromagnetismo. gr. 4. Erlang. 822. (Palm u. E.) Rthlr.

—— zur Polytechnologie unserer Zeit. gr. 8. (9¼ B.) Nürnberg 836, Stein.

—— Proteus, eine Zeitschrift, s. Proteus.

— Repertorium, s. Buchner.

— Theorie d. Polytechnochemie. I. Einleit. od. Darstell. d. Grundwahrheiten d. gesammten reinen Chemie, nach ihrem neuesten Zustande. gr. 8. Eisenach 827, Bärecke.

—— Theorie d. Polytechnochemie. Ein Versuch. II. (Bd.) Ausführung, od. Nachweisung d. Gesetze d. Chemie u. deren Anwendung z. Erklär. d. Polytechnochemie. gr. 8. (53 B.) Eisenach 828, Baerecke.
I. (Bd.) Ebendas. 1827. 2 Thlr. 12 Gr.

Theorie der Polytechnochemie. Ein Versuch. I. Einleitung oder Darstellung der Grundwahrheiten der gesammten reinen Chemie, nach ihrem neuesten Zustande. II. Ausführung oder Nachweisung der Gesetze der Chemie und deren Anwendung zur Erklärung der Polytechnochemie. Eisenach, 1828. 2 vols., 8vo. I, xvi–544; II, xxiv–824.

— encyklopädische Uebersicht, der gesammt. Naturwissenschaft. Querfol. Halle, Hemmerde u. Schwetschke. 813.

— vergleichende Uebersicht des Systems der Chemie, ein Versuch. gr. 4. Halle, Hemmerde u. Schw. 820.

—— Vergleichende Uebersicht des Systems der Chemie. Theil 1. Halle 1821. 4.

Kastner, Leopold

Kastner, L., Adressenbuch für Handel u. Gewerbe etc. der österreichisch-ungarischen Monarchie, s.a. Adressenbuch.

Kastner, Leopold, Adressenbuch für Handel, Gewerbe und Actien-Gesellschaften der österreichisch-ungarischen Monarchie, enthaltend: die sämmtlichen, nach dem neuen mit 1. Juli 1863 in's Leben getretenen Handelsgesetze erfolgten Eintragungen in die Einzeln- und Gesellschafts-Register mit Angabe der Procuraführer, der Ehepacten und der Rechtsverhältnisse bei Gesellschaftsfirmen, circa 50000 Firmen in circa 4500 Orten. III. Jahrgang. 1870. gr. 8. (703 S.) Wien, Beck'sche U.-B. (Alfred Hölder.) cart. 6 fl. (Nur baar.)

Kastner, Leop., Adressenbuch der Handel- und Gewerbetreibenden sowie der Actiengesellschaften der oesterreich.-ungar. Monarchie enth. die sämmtl., nach dem neuen mit 1. Juli 1863 in's Leben getretenen Handelsgesetze erfolgten Eintragungen in die Einzeln- und Gesellschafts-Register mit Angabe der Procuraführer, der Ehepacten und der Rechtsverhältnisse bei Gesellschaftsfirmen, ca. 60,000 Firmen in 5500 Orten. 4. verm. Aufl. Lex.-8. (584 S.) Wien 873, Hölder. (* M. 14.) *

Kastner, Leop., Adressen-Buch der Handel- und Gewerbetreibenden, sowie der Actien-Gesellschaften der österreichisch-ungarischen Monarchie. Enth. die sämmtl., nach dem neuen mit 1. Juli 1863 in's Leben getretenen Handelsgesetze erfolgten Eintragungen in die Einzeln- und Gesellschafts-Register mit Angabe der Procuraführer, der Ehepacten und der Rechtsverhältnisse bei Gesellschaftsfirmen, ca. 49,000 Firmen in 6237 Orten. Ausg. 1877. Lex.-8. (102, 566 S.) Wien 877, Hölder. cart. (* M. 12.) *

Kastner, Leop., der Dampfer. Vollständiges Lexicon der Eisenbahn- und Dampfschifffahrten von ganz Europa. Mit Benützung der amtl. Quellen bearb. 1858. 1 — 3. Heft. gr. 8. Wien 858, Mechitharisten-Congregations-Buchh. [1. Heft. (... S.) 2. Heft. (206 S. mit 1 lithogr. Karte in qu. gr. Fol.) 3. Heft. (219 S. mit 1 lithogr. Karte in qu. Imp.-Fol.) à Heft 15 Ngr.]

Kastner, Leop., der Dampfer. Vollständiges Lexicon der Eisenbahn- und Dampfschifffahrten von ganz Europa. Mit Benützung der amtlichen Quellen bearb. 1858. 4 Hefte (à ca. 206 S. u. 1 lith. Karte in gr. Fol.). Wien, Mechitharisten-Congreg.-Buchhdlg. gr. 16. Jedes Heft 15 ngr

— oesterreichischer Eisenbahn-Atlas. 16 (lith.) Bl. (u. 1 Uebersichtskarte des Eisenbahnnetzes im Oesterreich. Kaiserstaate in Holzschn. in gr. 4.) Ebend. (858.) 16. n. 8 ngr

— s.: Eisenbahn-Courier.

Kastner Leop. Eisenbahn und Telegraphenkarte von Europa. Entworfen von — —, gez. von Ant. Hacker. K. k. landesbef. lith Anstalt von E. Sieger. Wien, 1856. 1 Bl. lith. 18'' hoch, 28'' breit. Im linken oberen Ecke befindet sich die Darstellung der Bahn von St. Petersburg nach Moskau, der Telegraphen-Verbindung von Moskau und Sebastopol, und der projektirten Bahn von St. Petersburg nach Warschau, mit einer Zeichenerklärung, ohne Gradeintheilung und Netz.

—— wiener Eisenbahn-Zeitung, s. Eisenbahn-Zeitung, wiener.

—— der Führer für Reisende auf Eisenbahnen und Dampfschiffe in Oesterreich, s. Führer, der.

Kastner, L., Handbuch für den gesammten Eisenbahn-, Dampfschiffahrt- und Telegraphen-Dienst in Oesterreich, s. Handbuch.

Kastner, L., Handels- und Gewerbe-Adressbuch des österreichischen Kaiserstaates, s. Handels- und Gewerbe-Adressbuch.

Kastner, Leopold — Der Lohnbediente. Vollständigster Führer für Fremde und Einheimische in Wien. Mit einem Plan und einer Karte der Umgebungen von Wien. Herausgegeben von — —. Wien, 1857. Mechitharisten-Buchdruck. Verlag der Mechitharisten-Congregations-Buchhandlung. (83 S. 8.)

—— Telegraphen-Tarif von Wien. Vollständiges Verzeichniss aller bis jetzt in Europa eröffneten Stationen mit Angabe der mit 1. April 1858 geänderten Preise nebst einem Anhang enthaltend die bedeutenderen Stationen Nord-Amerikas. Nr. 1. (April 1858.) gr. 8. (38 S.) Wien, Mechitharisten-Congregations-Buchh.
Ist nicht fortgesetzt worden.

Kastner, Dr. Lor. (Prof. d. Philos. am k. Lyceum zu Regensb.), *Martin Deutinger's Leben und Schriften.* Beitrag z. Reform d. Philosophie u. Theologie. Bd. 1 (nicht mehr erschienen). München, J. Lindauer'sche Buchhdlg., 1875. Gr. 8°. Hfrzb. XV—861 S. (incl. 1 S. Err.). „Kathinka v. Münich, der geist- u. gemüthreichsten Schülerin, der aufopferndsten Freundin, der treuesten Pflegerin des Verstorbenen", gewidmet.

Kastner, Ludwig: Der Begriff der Selbstverwaltung im Sinne des Artikel 1 der diesseitigen bayerischen Gemeindeordnung vom 29. April 1869. *München 1897: J. B. Lindl.* (53 S.) 8°
Erlangen, Jur. Diss. v. 1897

Kastner, Otto, Med.-Prakt.: Zur Casuistik des latenten Blasencarcinoms mit ausgedehnten Knochenmetastasen. München 1908: Kastner & Callwey. 26 S. 8°
München, Med. Diss. v. 7. Mai 1909, Ref. v. Bollinger
[Geb. 10. Okt. 80 Görlitz; Wohnort: Wormditt; Staatsangeh.: Preußen; Vorbildung: Friedrichs-Koll. Königsberg i. P. Reife O. 02; Studium: München 5, Königsberg 2, Berlin 3, München 1 S.; Coll. 7. Mai 09; Approb. 30. April 09.]
[U 09. 3347

Kastner, Philipp (Hrsg.), s. Lancaster Volksfreund.

Kastner, Richard, aus Wien: Ueber Hydrazimethanderivate aus Orthodiketonen. *Heidelberg 1900: K. Rössler.* (36 S.) 8°
Heidelberg, Naturw.-math. Diss. v. 1900

Kastner, Rosina, vollständ. tiroler Kochbuch f. deutsche u. wälsche Küche. gr. 8. ($32\frac{1}{2}$ B.) Innsbruck 844, Wagner'sche Buchh.

Kastner, Rosina, vollständiges tiroler Kochbuch für deutsche und wälsche Küche. 2., mit vielen Zusätzen verm. Aufl. gr. 12. (VII und 308 S.) Innsbruck 855, Wagner'sche Buchh.

Kastner, Rosina, vollständiges Tiroler Kochbuch für die deutsche und wälsche Küche. 3., unveränd. Aufl. br. 8. (VI und 368 S.) Innsbruck 866, Wagner'sche Universitäts-Buchh. cart. *

KASTNER, Wilhelm: Experimentelle Beiträge zur Infectiosität des Fleisches perlsüchtiger Rinder.- München: Finsterlin 1889. 22 S.- S.-Abdr.aus: Münchener medizinische Wochenschrift. 9.3.1889 - Chr 1888/89,19; Jv 1889/90,224
Diss. Ingolst.-Landsh.-Mchn.

Kastner, Willy Alex., der Rhapsode v. Venedig. Trauerspiel in 5 Aufzügen. 8. (115 S.) Leipzig 893. (Altenburg, Schnuphase.) n. 1. 50

Kastner, Willy Alex., Sansara. Neue Folge epischer Dichtgn. 8. (VII, 151 S.) Leipzig 897. W. Fiedler. n. 3. —; geb. in Leinw. m. Goldschn. n. 4. —

Kastner, Willy Alex., die Satanide u. andere Burlesken. gr. 8. (100 S.) Leipzig 900. (R. Friese.) n. 1. 50

Kastner, Willy Alex. Sommerlaub. Epische Dichtgn. 8. (118 S.) Wurzen 889, Thiele. geb. in Leinw. m. Goldschn. 3 50

Kastner, W. Alex., Taschen-Wörterbuch. Französisch-deutsch u. deutsch-französisch. Für den Privat-, Kontor- u. Schulgebrauch bearb. 2 Tle. in 1 Bde. (405 u. 494 S.) 16. Leipzig 904. Berlin, Verlag f. Börsen- u. Finanzliteratur. Geb. in Leinw. n. 3. —

—— Wald-Orakel. Ein modernes Idyll in 5 Gesängen. 12. (77 S.) Lpz. 891, Reißner. * 1 50; geb. * 2 50

Geschichte und Verfassungen des Sternkreuzordens. Von E[lse] Kastner-Michalitschke. Mit Bild. von Karl Hayd. Leipzig: Cavael (1909). 134 S. 4° [10. 7371

Kastner-Michalitschke, Else, Geschichte u. Verfassungen des Sternkreuzordens. Mit Bildern von Karl Hayd. (VII, 135 S. m. 9 farb. Taf.) Lex. 8. Leipzig (910). A. Cavael. Geb. in Ldr. nn 25. —

Kastner-Michalitschke, Else: Auf rother Heide. Brünn: F. Winiker & Schickardt 1900. (41 S.) 8°

Kastner-Michalitschke, Else, auf rother Heide. Idylle in Versen. (Nach e. Erzählg. v. Max Geissler. Illustr. v. Fritz Gareis jun.) 8. (41 S.) Wien 900. W. Braumüller. n. 1. 60

Kastner-Michalitschke, Else. Immortellen. Gedichte. gr. 8. (14 S.) Wien 892. (Lpz., Literar. Anstalt A. Schulze.) * — 50

(F) Psyche. Gedichte von Else Kastner-Michalitschke. Wien und Leipzig. 1900. Braumüller. 8°. 87 S. K 2.40

(F) Psyche. Gedichte von Else Kastner-Michalitschke 2. Auflage. Wien und Leipzig. 1900. In Comm Braumüller. 8°. 84 S. K 2.40

— Psyche. Gedichte. 3. unveränd. Aufl. (88 S.) 8. Leipzig (909). A. Cavael. 1.50; geb. in Leinw. 2. 50

Der Sternkreuzorden. Eine Monographie von Else Kastner-Michalitschke. (4. Aufl.) Wien: 'Böhmens deutsche Poesie u. Kunst' 1896. (64 S.) 8° | F. |

— — — und hätte der Liebe nicht — —. Lyrik. (127 S.) 8. Graz 907. Wien, Styria. Geb. in Leinw. 2. 50

— ernste Weisen. Gedichte. 12. (82 S.) Ebd. 894. n. – 80; auf Büttenpap. n. 1. 20

Kästner, Unsterblichkeit u. Jenseits, s. Hölty.

Kästner, Abraham

— — De operis rusticorum earumque per praescriptionem acquisitione. Lpz. (Gabriel Trog) 1735. 4 Bl., tlws. dtsch. (1.—) 17303

— adnot. in divi Ioh. Georgii I. elector. ordination. matrimonial. de d. Dresd. d. 10. Aug. 1624. 4. Lps. Gesner. 743.

Knestner, Abraham (Bernst. [Baerenst.] Misn.; Leipzig), De advocato Electorali Saxonico. Diss. jur. Präs. Johann Wilhelm Engelbrecht. Helmstedt (Hermann Daniel Hamm) 13. Aug. 1717. 28 S., tlws. dtsch. (6.50) 17281

— — Dasselbe. Ohne Präs. Lpz. (Schede) 1721. 36 S. (6.20) 17282

— — An condictio indebiti, solutione per errorem juris facta, locum habeat? Lpz. (Trog) 1742. 4 Bl. (1.50) 17321

— — An conductor aedium contra locatorem, ob usum rei conductae impeditum possessorium summariissimum instituere queat? Lpz. (Gabriel Trog) 1738. 4 Bl. (1.50) 17311

— — An dignitas doctoralis filium a patria potestate liberet? Lpz. (Andreas Martin Schede) 1723. 8 S. (1.50) 17283

— — An pater ad successionem filii, post proclamationem ex suggestu publicam, nati, ante copulam sacerdotalem autem mortui sit admittendus. Lpz. (Gabriel Trog) 1738. 4 Bl. (2.—) 17312

— — An reus, si sit miserabilis persona, ad Legem unic. Cod. quando imperator inter pupillos &c. provocare possit? Lpz. (Gabriel Trog) 1737. 4 Bl. (1.50) 17309

— — An uxor, quae consentit marito testanti, portioni statutariae sine curatore renunciare possit? Lpz. (Christoph Zunkel) 1725. 4 Blatt. (1.50) 17286

Kaestner, Abraham [Praes.], s. Anders, Christian Friedrich: Mutuum adhuc hodie esse gratuitum.

— — De angariis et parangariis. Lpz. (Schede) 1728. 4 Bl. (1.50) 17291

— — De apibus earumque furibus capitaliter puniendis. Lpz. (Langenheim) 1747. 4 Bl., tlws. dtsch. (2.—) 17331

— — De voluptatum artificibus, von Lustigmachern, occas. L. 7. §. 5. de oper. libert. — Classis III. Lpz. (Gabriel Trog) 1735. 4 Blatt. (3.—) 17306
Carl Gottfried Jauch (Meissen), Carl Gottlieb Müller (Kyhn. Misn.), Abraham Gotthelff Kästner (Leipzig), Christian Wilhelm Behrnauer (Bautzen), Johann Gottlieb Lehmann (Dresd.), Michael Herrmann Enderlein (Scheibenb. Misn.), Johann Elias Geißler (Görlitz).

Kaestner, Abraham [Praes.], s. Auerbach, Johann Adolf: De quaestione valde controversa an reus si sit miserabilis persona ad. leg. unic. codic. quando imperator inter pupillos etc. provocare possit?

Kaestner, Abraham [Praes.], s. Auerbach, Johann Moritz: De teste Judaeo.

Kaestner, Abraham [Praes.], s. Behrnauer, Christian Wilhelm: De solidorum valore.

Kaestner, Abraham [Praes.], s. Bismarck, Hanns Christoph von: De scripturae necessitate.

Kaestner, Abraham [Praes.], s. Braune, Johann Christoph: De apostolis eorumque usu in foro.

Kaestner, Abraham [Praes.], s. Breuning, Christian Heinrich: De carnifice fama non laborante cui adjunctae sunt quaest. quaedam connexae.

— — De cathedratico. Lpz. (Langenheim) 17. VIII. 1740. 16 S. (3.50) 17316

— — De clausula codicillari defectum omissae haeredis institutionis non supplente. Lpz. (Schede) 1729. 4 Bl. (1.50) 17292

— — De clerico jurisperito. Lpz. (Trog) 1740. 4 Bl. (1.50) 17317

— — De contractu vitalitio. Lpz. (Langenheim) 1744. 8 S. (1.50) 17325

— — De crimine expilatae hereditatis. Lpz. (Gabriel Trog) 1743. 4 Bl. (1.50) 17323

— — De debito primipilari. Lpz. (Langenheim) 1746. 8 S. (1.50) 17329

Kaestner, Abr.: Delineatio processus ordinarii primae et secundae instantiae adiectis formulis. Ad forum electoratus Saxonici praeprimis accommodata. Lipsiae 1733.

KÄSTNER, Abr.: Delineatio processus judiciarii primae et secundae instantiae. Editio nova. *Lips.*, 746. 4.

— delineatio processus ordin. primae et secundae instantiae, 4. ibid. 746.

— — De aedificiorum demolitione ob constitutam servitutem: ne luminibus officiatur vel de non altius tollendo. Lpz. (Gabriel Trog) 1731. 4 Bl. (3.—) 17296

KÄSTNER, Abrah. (Dr. jur. u. Consulent zu Leipzig), Dissertation von Vernichtung einer durch die Trauung u. eheliche Beywohnung vollzogenen, durch Betrug aber zu wege (sic!) gebrachten Ehen. (Die Schrift ist vom 1. Mai 1727 datirt.)
In Rohr's, Jul. Bernh. v., jurist. Tractat von dem Betrug bey den Heyrathen . . . . Berlin 1736. 8°. S. 109 bis 303.

— — De dote a stupratore stupratae praestanda. Lpz. (Jo. Christian Langenheim) 1745. 4 Blatt. (1.50) 17327

— — De pecuniae efficacia. Lpz. (Schede) 1730. 4 Bl. (1.50) 17295

Kaestner, Abraham [Praes.], s. Ehrhard, Johann Christian: De aequitate et usupractico legis ult. C. de fideicommissis.

— — De equo ad res expeditorias pertinente. Lpz. (Gabriel Trog) 1739. 4 Bl. (1.50) 17313
s. a. Unruh, Aug. Reinh., 1743.

— — De exceptione litis ingressum impediente quaedam disserit. Lpz. (Joh. Heinrich Richter) 1724. 4 Bl. (—.50) 17285

Kaestner, Abraham [Praes.], s. Fischer, Friedrich: De erronea doctorum opinione per locationem ad longum tempus factam utile transferri dominium.

Kaestner, Abraham [Praes.], s. Gaudich, Christian Friedrich: De septiduo in foro electorali Saxonico.

Kaestner, Abraham [Praes.], s. Geissler, Johann Elias: De operis rusticorum earumque per praescriptionem acquisitione.

Kaestner, Abraham [Praes.], s. Gollnisch, Johann Christian: De venia aetatis.

Kaestner, Abraham [Praes.], s. Haynemann, Christian Ehrenreich: De laudemio.

Kaestner, Abraham [Praes.], s. Herrmann, Johann Gottlieb: De quaestione: an conductor aedium contra locatorem ob usum rei conductae impeditum possessorium summariissimum instituere queat?

— — De homine ligio. Vulgo GOttes Freund, Aller Welt Feind. Lpz. (Gabriel Trog) 21. VI. 1734. 4 Bl. (3.—) 17301
Jo. Gottlob Teubner (Hayna/Merseb.), Carl Friedr. Zimmermann (Dresd.), Chn. El. Bergmann (Görl.), Jo. Heinr. Steinberger (Schleiz), Chn. Ehrenfr. Adolph Fritsche (Luck. Laus.), Abraham Gotthelf Kaestner (Leipzig), Chn. Friedr. Anders (Zittau), Jo. Wilhelm Sixtius (Zittau), Chph. Friedr. Kirchner (Eilenb.), Gotthilfft Traugott Scheffler (Görl.).

Kaestner, Abraham [Praes.], s. Jauch, Karl Gottfried: De inquisitione circumspecte et non facile decernenda.

— — De inquisitione circumspecte et non facile decernenda. Lpz. (Gabriel Trog) 1732. 4 Blatt. (1.50) 17298

— — **De inquisitione non infamante quaedam disserit. Lpz. (Schede) 1730. 4 Bl. (1.50) 17294**

Kaestner, Abraham [Praes.], s. J o e c h e r, Karl Ernst: De legis obligatione in foro conscientiae.

— — **Juramentum in causis matrimonialibus recte, etiam negative, deferri. Lpz. (Andreas Martin Schede) 1727. 4 Bl. (1.50) 17290**

— — De jure colonario sive landsidelia, vom Landsiedel=Recht. Lpz. (Gabriel Trog) 1732. 4 Bl. (1.50) 17299

— — **De ICto musico. Lpz. (Gabriel Trog) 1740. 4 Bl. (3.—) 17318**

KÄSTNER, A.: Pr. de Icto musico. *Lips.* 741.

KÄSTNER, A.: Diss. de Icto oeconomo. *Lips.* 740. 4.

Kästner, Abraham (Präs.), s. K ä s t n e r, Abraham Gotthelf: De signis mercatorum ...

Kästner, Abraham (Präs.), s. K ä s t n e r, Abraham Gotthelf: Thema, quo usus Brocardici: Omne quod solo inaedificatur solo cedit, ostenditur.

Kaestner, Abraham [Praes.], s. K i r c h n e r, Christoph Friedrich: Thema juramentum in causis matrimonialibus recte, etiam negative deferri.

Kaestner, Abraham [Praes.], s. K o e h l e r, Johann Kornelius: De clausula codicillari.

Kaestner, Abraham [Praes.], s. K u n a d, A. S.: De usu actionum poenalium in duplum et quadruplum in foris Germaniae.

Kaestner, Abraham [Praes.], s. K ü r t z e l, Chr. G.: De testibus iniuratis.

Kaestner, Abr.: De lege Salica. Progr. Lipsiae (1728).

Kaestner, Abraham [Praes.], s. L e h m a n n, Joh. Gottl.: An spurius ex bonis patris sextantem petere possit?

Kaestner, Abraham [Praes.], s. L o t s, Johann Heinrich: De clerico jurisperito.

Kaestner, Abraham [Praes.], s. M a n t e y, Christian Gottlob: De laudemio.

— — **De marito administratore et usufructuario bonorum uxoris adhuc minorennis. Lpz. (Gabriel Trog) 1737. 4 Bl. (1.50) 17310**

Kaestner, Abraham [Praes.], s. M e i n i c k e, Barthold Heinrich: De fama hujus amissione et restitutione.

Kaestner, Abraham [Praes.], s. M o d r a c h, Johann Gottlob: De Werigeldo.

Kaestner, Abraham [Praes.], s. M ü l l e r, Karl Christoph: De pecuniae efficacia.

Kaestner, Abraham [Praes.], s. M ü l l e r, Karl Gottlieb: De marito administratore et usufructuario bonorum uxoris adhuc minorennis.

— — **De poenae mutatione a principe et magistratu merum imperium habente. Lpz. (Langenheim) 1747. 8 S. (1.50) 17332**

— — **Mutuum adhuc hodie esse gratuitum. Lpz. (Schede) 1726. 8 S. (1.50) 17289**

— — **De legis obligatione in foro conscientiae. Lpz. (Gabriel Trog) 1739. 4 Bl. (1.50) 17314**

— — **De erronea doctorum opinione: per locationem ad longum tempus factam, utile transferri dominium. Lpz. (Gabr. Trog's Wwe.) 1744. 4 Blatt. (1.50) 17326**

KÄSTNER, Abrah.: Juris canonici paradoxa. *Lips.* 727. 4.

— — **De Pauli pediculis argenteis occas. L. XXXII. pr. de auro, argento &c. legat. — Classis II. Lpz. (Gabriel Trog) 1735. 4 Bl. (3.—) 17304**
Traug. Dittr. Wagner (Camenz), Carl Fabian Gottlieb Schönborn (Görl.), Abraham Gotthelff Kaestner (Leipzig), Joh. Cornel. Koehler (Marienberg), Carl Christoph Müller (Bren. Misn.), Christoph Wilhelm Pultz (Leipzig), Heinrich Daniel Praetorius (Bautzen), Gottfried Richter (Bautzen).

Kastner, Abraham [Praes.], s. P i n t h e r, Johann: De quaestione an condictio indebiti solutione per errorem juris facta, locum habeat?

Kaestner, Abraham [Praes.], s. P r a e t o r i u s, Heinrich Daniel: De subselliis templorum.

KÄSTNER, Abr.: Progrr. XXV. corollaris adancta. *L.*, 736. 4.

— — **De protestatione facto contraria, quae speciali responso juridico illustratur. Lpz. (Andreas Martin Schede) 1723. 8 S. (1.50) 17284**

— — **Quatenus uxor maritum relegatum sequi teneatur? Lpz. (Gabriel Trog) 1734. 4 Bl. (1.50) 17302**

— — **Quousque homo vivere praesumatur. Lpz. (Langenheim) 1746. 4 Bl. (1.50) 17330**

— — **De regula practicorum factum tutoris est factum pupilli. Lpz. (Trog) 1743. 4 Bl. (1.50) 17324**

— — **De reservationibus mentalibus. Lpz. (Gabriel Trog) 1741. 4 Bl. (1.50) 17319**

Kaestner, Abraham [Praes.], s. R i c h t e r, Gottfried: De aedificiorum demolitione Ob constitutam seruitutem: Ne luminibus officiatur.

Kaestner, Abraham [Praes.], s. R o e s i g e r, Johann Gottlieb: De quaestione: an pater ad successionem filii post proclamationem e suggestu publicam, nati, ante copulam sacerdotalem autem mortui, sit admittendus?

Kaestner, Abraham [Praes.], s. Schmid, Christian Friedrich: De crimine expilatae hereditatis.

Kaestner, Abraham [Praes.], s. Schmid, Justus Erhard: De matrimonio copula carnali et sacerdotali consummato, ob dolum adhibitum, annullando.

Kaestner, Abraham [Praes.], s. Seyffarth, Jo. Albert: De damno fatali in caupona contingente.

— — De subselliis templorum. Lpz. (Trog) 1731. 4 Bl. (2.—) 17297

— — De foeminarum in feudis successione. Lpz. (Schede) 1729. 4 Bl. (1.50) 17293

— — De Mennonistarum circa jusjurandum superstitione. Lpz. (Schede) 1726. 4 Bl. (1.50) 17288

Kaestner, Abr.: Supplementum ad promptuarium juris practicum Bertochianum, ad modum locorum communium, per integrum alphabetum, in quo non tantum permulti articuli ex editione Bertochiana continuantur, sed etiam 291 novi adiiciuntur. Lipsiae et Zittaviae 1745.

— — De testamento filiifamilias. Lpz. (Langenheim) 1745. 8 S. (1.50) 17328

— — De teste Judaeo. Lpz. (Gabriel Trog) 1736. 4 Bl. (1.50) 17307

— — De testibus injuratis. Lpz. (Gabriel Trog) 1741. 4 Bl. (1.50) 17320

— — De tortura remittenda, si delinquens confiteri velit. Occasione art. 58. const. crim. — Classis IV. Lpz. 1739. 4 Bl. (3.—) 17315
Heinrich Gottlieb Siegel (Leipzig), Andreas Sigismund Kunad (Johanngeorgenstadt), Johann Moritz u. Johann Adolph Auerbach (Weissenfels), Carl Gottlieb Müller (Delitzsch), Johann Gottlieb Herrmann (Görlitz), Johann Gottlieb Roesiger (Pfifa-Misn.).

Kaestner, Abraham [Praes.], s. Unruh, August Reinhard: De equo ad res expeditorias pertinente.

— — De usu actionum poenalium in duplum et quadruplum in foris Germaniae. Lpz. (Gabriel Trog) 1736. 4 Bl. (1.50) 17308

— — De usufructu partium metallicarum. Lpz. (Trog) 1742. 4 Bl. (1.50) 17322

— — Usum practicum Brocardici: omne quod solo inaedificatur, solo cedit. Lpz. (Christoph Zunkel) 1725. 4 Bl. (3.—) 17287
Betr. Walck=Mühle vor d. Ober=Tor zu Görlitz. —

— — Utrum ob deficientem parentum consensum, aut ob tacitam uxoris remissionem bigamus mitiori poena adficiendus sit? Lpz. (Gabriel Trog) 1735. 4 Bl. (1.50) 17305

— — De solidorum valore. Lpz. (Gabriel Trog) 1733. 4 Bl. (1.50) 17300

Kästner, Abraham Gotthelf

A. G. Kaestneri de Aberrationibus Lentium ob diuersam Refrangibilitatem Radiorum, Diss. de Ab. Lent. Sph. in T. I. C. S. R. Continuatio, 1752.
S. Comment. soc. reg. scient. Gotting. Tom. II. 1752. p. 183—199.

— Abhandlung wider die gänzliche Aufhebung d. Todesstrafen. m. Zus. 8. Lpz. Göthe. 805.

— 8 verschiedene kleine Abhandll. 4. Götting. 765—79. Vandenhöck u. R. 20 Ӄ

Kästner, Abraham Gotthelf, s. Abhandlungen d. Schwed. Akademie.

Astronomische Abhandlungen zu weiterer Ausführung der astronomischen Anfangsgründe abgefaßt von Abraham Gotthelf Kästner. Saml. 1, 2. Göttingen: Vandenhöck 1772–74. 8°

Geometrische Abhandlungen. Erste Sammlung, Anwendungen der ebenen Geometrie und Trigonometrie von *Abraham Gotthelf Kästner*. (der mathem. Anfangsgr. I. Theils, 3. Abtheil.) mit 9 Kupft. Göttingen im Verlag bey Vandenhoek und Ruprecht. 8. 26 und 580 S. ohne Innhalt. 1790.

Geometrische Abhandlungen. Zweyte Sammlung. Anwendungen der Geometrie und Trigonometrie von *Abr. Gotth. Kästner*. (Der mathem. Anfangsgr. I. Theils, 4te Abtheil.) mit 4 Kupf. Ebendas. 8. 620 Seiten. 1791.

Kästner, A.G. (Bearb.), s. Abhandlungen d. Gesellschaft d. Wissenschaften zu Harlem.

——— (A. G.), Mathematische Abhandlungen vermischten Inhalts. Erfurt 1794. 4.

— 5 mathemat. Abhandl. 4. Erf. Keyser. 794.

— u. G. S. Klügel, philosoph.-mathemat. Abhandll. (Aus d. philos. Magaz. v. Eberhard abgedr.) 8. Halle 807. Gebauer. 12 Ӄ

— 2 mathemat. Abhandll. als: Berechnung über Ostindische Münzen, u. über ordentliche Vielecke um ein Gleiches. Mit 2 Kpf. gr. 8. Erf. 798 (Otto). 4 Ӄ

Abraham Gotthelf Kästner Über die Aenderung des Ganges der Pendeluhren, im Sommer u. im Winter. Gottingen 1778: Rosenbusch. 12 S. 8°

Anfangsgründe der Analysis endlicher Grössen. Abgefasst von Abraham Gotthelf Kästner. Göttingen: Vandenhoeck 1760. 433 S. 8°
(= Kästner: Mathematische Anfangsgründe. Th. 3, Abt. 1.)

Anfangsgründe der Analysis endlicher Grössen. Abgefasst von *Abrah. Gotth. Kästner* etc. Der math. Anfangsgründe dritter Theil. Erste Abtheilung. Göttingen, im Verlag der Wittwe Vandenhoeck. 8. m. 4 Kupft. 1759. 1767. * — zweyte Auflage. ebend. 443 S. m. 4 Kupft. 8. 1794. * — dritte Auflage. 579 S. m. 4 Kupft. 8.

Anfangsgründe der Analysis des Unendlichen. Abgefasst von Abraham Gotthelf Kästner. Göttingen: Vandenhoeck 1761. 623 S. 8°

(= Kästner: Mathematische Anfangsgründe. Th. 3, Abth.2.)

— Anfangsgründe d. Analysis des Unendlichen. 8. Götting. 760. 2e A. 770. 3e A. 799. Vandenhöck u. R. 2 ₰

Anfangsgründe der Arithmetik, Geometrie, ebenen und sphärischen Trigonometrie und Perspectiv. Abgefasset von *Abraham Gotthelf Kästner*, ersten Theiles erste Abtheilung. Göttingen, im Verlage bey Vandenhöck und Ruprecht. 8. 1758.

Journ. des sçav. 1771. Fevr.

1763. — ibid. 8.

1774. — ibid. 8.

1786. — ibid. 8.

1792. * — Fünfte vermehrte Aufl. ibid. 8. 614 S. 12 Kupf.

Anfangsgründe der Arithmetik, Geometrie, ebenen und sphärischen Trigonometrie und Perspectiv. Abgefasst von Abraham Gotthelf Kästner. 3., verb. Aufl. Göttingen: Vandenhoek 1774. 480 S. 8°

(= Kästner: [Mathematische Anfangsgründe.] Th.1.)

Anfangsgründe der Arithmetik, Geometrie, ebenen und sphärischen Trigonometrie, und Perspectiv. Abgefasst von Abraham Gotthelf Kästner. Göttingen: Vandenhoek & Ruprecht 1792. 614 S. 8°

(= Kaestner: Mathematische Anfangsgründe. Bd 1, Abth.1.)

— Anfangsgr. d. Arithmetik, Geometrie, Trigonometrie und Perspektive. 8. Ebend. (auch Tendler in Wien) 800.

— s. Anfangsgründe d. Handlung.

Anfangsgründe der Hydrodynamik, welche von der Bewegung des Wassers besonders die praktischen Lehren enthalten. Abgefasst von Abraham Gotthelf Kästner. Göttingen: Vandenhoek 1769. 618 S. 8°

(= Kästner: Mathematische Anfangsgründe. Th.4, Abth.2.)

Anfangsgründe der Hydrodynamik welche von der Bewegung des Wassers besonders die praktischen Lehren enthalten. Von Abraham Gotthelf Kästner. Göttingen: Vandenhoek & Ruprecht 1797. 692 S. 8°

(= Kästner: Mathematische Anfangsgründe. Th.4, Abt.2.)

Anfangsgründe der angewandten Mathematik. Abgefasst von Abraham Gotthelf Kästner. Göttingen: Vandenhoek 1759. 534 S. 8°

(= Kästner: Mathematische Anfangsgründe. Th.2.)

— Anfangsgründe d. angewandten Mathematik. 2 Thle. 8. Gött. 759. 2e A. 765. 3e A. 781. 4e A. 792. Vandenhöck u. R. 1 ₰ 16 ℊ

Anfangsgründe der angewandten Mathematik. Abgefasst von Abraham Gotthelf Kästner. Abth. 1.2. Göttingen: Vandenhoek & Ruprecht 1792.

(= Kaestner: Mathematische Anfangsgründe. Th.2, Abth.1.2.)

Abth.1: Mechanische und optische Wissenschaften.
Abth.2: Astronomie, Geographie, Chronologie u. Gnomonik.

——— (Abraham Gotth.). Mathematische Anfangsgründe. Theil 1—4 Göttingen. 8.

I, 1. Anfangsgründe der Arithmetik, Geometrie, ebenen und sphärischen Trigonometrie und Perspective.
I, 2. Fortsetzung der Rechenkunst in Anwendungen auf mancherlei Geschäfte. I, 3. u. 4. Geometr. Abhandlungen.
II, 1 u. 2. Anfangsgründe der angewandten Mathematik. Theil 1 u. 2.
III, 1. Anfangsgründe der Analysis endlicher Grössen.
III, 2. - - - des Unendlichen.
IV, 1. - - höheren Mechanik.
IV, 2. - - Hydrodynamik.

— Anfangsgründe d. höhern Mechanik. 8. Gött. 765. Vandenhöck u. R. 1 ₰ 4 ℊ

Anfangsgründe der hohern Mechanik, welche von der Bewegung fester Körper besonders die praktischen Lehren enthalten. Abgefasst von Abraham Gotthelf Kästner. Göttingen: Vandenhoek 1766. 424 S. 8°

(= Kästner: Mathematische Anfangsgründe. Th. 4, Abth.1.)

— — — 2te sehr vermehrte und verbesserte Auflage. Ebendas. 8. 626 S. 1793.

— Anmerkk. über d. Markscheidekunst. Mit Kpf. 8. Gött. 774. Vandenhöck u. R. 16 ℊ

Anmerkungen über die Markscheidekunst. Nebst einer Abhandlung von Höhenmessungen durch das Barometer. Von *Abraham Gotthelf Kästner*, königl. Grosbrit. Hofrath, und Professor der Mathematik und Physik. Göttingen, im Verlag der Wittwe Vandenhoeck. In 8. 27 Bl. Titel, Zuschr. Vorr. und Inhalt, 440 S. 4 Kupft. 1775.

— weitere Ausführungen d. mathemat. Geographie. Mit Kpf. 8. Götting. 795. Vandenhöck u. R. 1 ₰ 4 ℊ

— an Joh. Beckmann. 8. Götting. 781.

Kästner, Abraham Gotthelf (Hrsg.):

s.: Belustigungen, Physikalische. Stück 21-30. Berlin: 1753-57.

— s. Berghaus: Geschichte.

— Betrachtt. über d. Art, wie allgem. Begriffe im göttl. Verstande sind. 4. Götting. 769.

— s. Blumhof, J. G. L.: Vom alten Dasypodius.

— dreyßig Briefe und mehrere Sinngedichte, herausgegeben von Am. v. Gehren, geb. Baldinger. 8. Darmstadt, Heyer und L. 810.

— dreißig Briefe u. mehrere Sinngedichte; herausg. v. Fr. Wlh. Amal. v. Gehren, geb. Baldinger. 8. Darmst. 810. (Leske). 12 ℊ

– s. B r i s s o n : Über Gewichte.

– s. B u s s e : Unterricht in d. algebr. Auflösung.

— — Cautionem in quantitatum infinite parvarum neglectu observandam exemplis quibusdam illustrat simulque ad audiendam VIIII. cal. Dec. orationem qua munus professoris matheseos publ. extraord. adibit. . . invitat. Lpz. (Langenheim) 1746. 16 S. (4.—) 17337

– s. C h r i s t i a n i , J. W.: Lehre.

Abr. Gotth Kästners Commentarius über Varro, wegen der Mathematik. Göttingen, Bossiegel. (1 gr.) 1766.

— — Commentatio de justitia ejusque speciebus in Aristot. eth. V. Lpz. (Richter) 1737. 4 Bl. (1.50) 17335

Demonstratio theorematis binomialis Lipsiae litteris Breitkopfianis. Viro juveni clarissimo *Christiano Friderico Oechlizio*. Phil. Baccal. civi amicoque suo aestumatissimo summos in philosophia honores D. V. Cal. Mart. clo. Io. ccxxxxv. in academia patria ex merito collatos faustos felicesque esse jubet hasque pagellas D. D. D. *Abraham Gotthelf Kaestner*, Lips. M. A. J. candid. 4. 1. Bog.

(Abraham Gotthelf Kaestner) Demonstratio theorematis Harrioti.Lipsiae (1745):Breitkopf. 8 Bl. 8°
[Glückwunschschrift zur Ernennung von Gottfried Heinsius zum ordentl.Professor der Mathematik, Leipzig 3.März 1745.]

Dissertationes Mathematicae et Physicae, quas Societati Regiae Scientiarum Gottingensi annis 1756-1766. exhibuit *Abraham Gotthelf Kaestner*, Consil. Reg. Aul. Math. et Phys. P. P. O. Soc. Reg. Scient. Gottin. et Soc. Reg. oeconom. Brunsvico-Luneb. Sodalis, Soc. Reg. Teuton. Gotting. Senior. Acad. Reg. Scient. Suecic. et Pruss. Acad. Electoral. Scient. Util. Erfordinae; Acad. Bononiens. et Augustae Perusinae; Societ. Electoral. Apum colendar. Lusaticae; Soc. Teuton. et Lib. art. Lipsiensium, Latinae et Teutonicae Jenensium, Latinae Marchio-Badensis Sodalis. Altenburgi ex officina Richteria. cum fig. pp. 175. 4 maj. (1 Rthlr. 12 gr.) 1771.

— Dissertationes mathematicae et physicae, quas Societ. regia Scientiarum Goettingensi Annis 1756–67. exhibet, c. fig. 4. maj. Altenb. (Academ. Bchhdl. in Iena.) 771.

Kästner, Abr. Ghlf., de objecti e duob. locis dissitis visi invenienda distantia superficie terrae. 4. Erf. 784. Keyser. 2 ℛ

Geometriae Euclidis primam quae post inuentam Typographiam prodiit Editionem breuiter describit *Abraham Gotthelf Kaestner* Math. P. P. E. Reg. Scient. et El. Litt. Acad. Pruss. nec non Instituti et Acad. Scient. Bononiensis Membrum. Lipsiae litteris Langenhemianis. 4. 3 Bogen. 1750.

— zwei Elegien. 8. Götting. 759.

— — Elogium Jo. Christian. Polycarpi Erxleben (Quedlinburg), philos. D. et p. p. o. in acad. Georgia Augusta . . . qui rebus humanis excessit d. 18. VIII. 1777. — In consessu soc. reg. scient. legit. Götting. (Joh. Christ. Dieterich) 6. IX. 1777. 12 S. mit Biogr. u. Schriftenverz. E.'s. (6.—) 17342

— elogium Geo. Chr. Lichtenberg. 4maj. Götting. 799. Dieterich. 1 ℛ

— elogium Tob. Mayeri. 4. Götting. 762.

— — Elogium Alberti Ludov. Friderici Meisteri (Weikersheim/Frk.), quod in consessu societatis regiae scientiarum legit. Götting. (Jo. Christ. Dieterich) 31. I. 1789. 11 S. mit Biogr. M.'s. (6.—) 17343

— — Elogium Jo. Georgii Roedereri, med. et philos. doct. . . in consessu soc. scient. Gottingensis recit. Götting. (Vicor Bossiegel) 18. II. 1764. 24 S. mit Schriftenverz. R.'. (5.50) 17340

Abr. Gotth. Kaestner, de eo quod studium matheseos facit ad virtutem, Gottingae. 4. 2 Bogen. 1756.
Gött. gel. Anz. 1756. p. 937.

Abr. Goth. Kaestneri epistola ad Cardinal. Quirinum. Lips. 1753.

— u. Ab. Fr. Kirsten, der Erinnerung e. Kindes u. fr. Mutter gewidmet. 8. Gött. 796. (Vandenhöck u. R.) 6 ℛ

— d. Erinnerung Jh. Ph. Murray gewidmet, e. Vorlesung. 4. Götting. 776.

Kästner, Abraham Gotthelf, s. F l o r e n c o u r t , Chassot Karl de: Abhandlungen aus der ... Rechnungskunst.

Kästner, Abraham Gotthelf: F o r m u l a Cardani. Gottingae 1757. 4°

Kästner, Abraham Gotthelf: Latus trianguli sphaerici, ex duobus lateribus cum angulo intercepto computandi, f o r m u l a e . 1778/79.

Fortsetzung der Rechenkunst in Anwendungen auf mancherley Geschäffte. Von Abraham Gotthelf Kästner. Gottingen: Vandenhoeck 1786. X,592 S. 8°
(= Kästner: Mathematische Anfangsgründe. Bd 1, Abth. 2.)

— Fortsetzung der Rechenkunst. 8. Göttingen, Vandenhök. 801.

— Gedanken über das Unvermögen d. Schriftsteller, Empörungen zu bewirken. 8. Götting. 793. Vandenhöck u. R. 2 ℛ

Geschichte der Mathematik seit der Wiederherstellung der Wissenschaften bis an das Ende des achtzehnten Jahrhunderts. Von Abraham Gotthelf Kästner. Bd 1-4. Göttingen: Rosenbusch 1796-1800. 8°

(= Geschichte der Künste und Wissenschaften seit der Wiederherstellung derselben ... Abth. 7 [,1], Bd 1-4.)

Bd 1: Arithmetik, Algebra, Elementargeometrie, Trigonometrie, praktische Geometrie bis zum Ende des 16. Jh. 1796.
Bd 2: Perspectiv, geometrische Analysis u. höhere Geometrie, Mechanik, Optik, Astronomie. 1. Zeitraum bis zum Ende des 16. Jh. Nachtr. z. 1. Bd. 1797.
Bd 3: Reine Mathematik, Analysis, praktische Geometrie, bis an Cartesius. Sammlungen von Werken für unterschiedene Wissenschaften. Nachtr. zu Bd 2. 1799.
Bd 4: Mechanik, Optik, Astronomie. 2. Zeitraum v. Anfange des 17. Jh., bis um desselben Mitte. Nachtr. zu vorigen Bänden. 1800.

— Geschichte der Mathematik seit der Wiederherstellung der Wissenschaften bis an d. Ende d. 18n Jahrh. 1r—4r Bd. gr. 8. Götting. 796—800. Röwer. (od. Geschichte d. Künste u. Wissenschaften. 7e Abth. 1r—4r) 7 ℔ 8 ℋ

— Gesinnungen e. deutschen Gelehrten bei der Erinnerung an d. Minister v. Münchhausen, e. Vorlesung. 8. Götting. 770. Dieterich. 1 ℋ

— — Gradus et mensuram probabilitatis dari. Lpz. 1749. 16 S. (4.—) 17338

Abr. Goth. Kaestner de habitu matheseos et physicae ad religionem. Lipſ. 4. 1752.

Matheseos et physices Idea generalis in usum lectionum encyclopaedicarum ed. Abraham Gotthelf Kaestner. Gottingae 1756: Pockwitz & Barmeier. 12 S. 8°

In Optica quaedam *Boerhavii* et *Halleri* commentatur Abr. Gotth. *Kästner*. Leipzig, Breitkopf. 8. 44 S. 1785.

— Cantate bei d. Georg-Augustus-Universität über d. Absterben ihres ersten Curators, Frhr. v. Münchhausen. 8. Götting. 770. Dieterich. 1 ℋ

Abr. Goth. Kaestner de lege continui in natura. Lipſ. 4. 1750.

Vollſtändiger Lehrbegriff der Optik nach Herrn *Robert Smith's* Engliſchen, mit Anmerkungen und Zuſätzen ausgearbeitet von *Abraham Gotthelf Käſtner* . . . . Altenburg, in der Richterſchen Buchhandlung. gr. 4. 531 S. ohne Dedikation, Vorreden, Inhalts-Anz. und Regiſter, nebſt 22 Kupf. 1755.

— vollständiger Lehrbegriff der Optik, nach Rob. Smiths engl. Werk m. Zus. ausgearbeitet. m. K. gr. 4. Altenb. (Academ. Bchhdl. in Jena) 755.

— über d. Lehre d. Schöpfung aus Nichts. 8. Gött. 767.

— Lobschrift auf G. W. v. Leibnitz. gr. 8. Altenb. 770. (Hennings in Neiße). 2 ℋ

Kästner, Abraham Gotthelf, s. L u l o f, Joh.: Einleitung ...

– s. M a l e r, A. F.: Algebra.

– s. M a r t i n : Philosophia Britannica.

— — De moribus eorum qui quaestus solius caussa student. Oratio quam prorectoris munus capessens. Götting. (Schulz / F. A. Rosenbusch) 3. VII. 1766. 11 S. (3.—) 17341

– s. M ü l l e r, J. R.: Geometrie.

– s. M ü l l e r, J. R.: Vorbereitung.

— Nachricht von dem, was bei Anwesenheit des Herzogs v. York vorgegangen. 4. Götting. 765. Vossiegel. 4 ℋ

Kästner, Abraham Gotthelf, Nachricht // von demjenigen // was // bey höchster Gegenwart // des Durchlauchtigsten Herzogs // Ferdinand // von Braunschweig und Lüneburg // zu Göttingen // vorgegangen // von // Abraham Gotthelf Kästner. // Göttingen // im Verlag der Wittwe Vanderhöck // 1766.- Titelblatt und 70 S.

— ob d. Physik Begriffe von d. göttlichen Gerechtigkeit giebt? 4. Götting. 770.

PFLICHTEN, Einige, der Mannspersonen in Absicht auf das Frauenzimmer . . . . (von *Abrah. Gotthelf Kästner*). (Leipzig 1742.)
Anon.-Lex. III. p. 268 (nach Meusel).

— Problema ad Geometriam practicam pertinens, speciatim ad altitudines mensurandas. 4maj. Erf. 786. Keyser. 1¼ ℋ

— Quanta incertitudine designentur vertices angulorum acutiorum.

Conatuum praecipuorum theoriam parallelarum demonſtrandi recenſio, quam publico examini ſubmittent *Abr. Goth. Kaeſtner*. . . . . et auctor reſpondens *Georgius Simon Klügel* Hamburgenſis S. S. Theol. Cultor. Die XX. Aug. A. Aerae Chriſt. CIↃIↃCCLXIII. Goettingae ex officina Schultziana, curante F. A. Roſenbuſch. 4. 30 S. 1763.

Aequationum ſpecioſarum reſolutio *Newtoniana* per ſeries permiſſu inclytae facultatis philoſophicae in academia patria primum pro loco diſputabit *Abraham Gotthelf Kaeſtner*. M. A. Jur. Cand. Lipſiae VII Cal. Octobris Litteris Breitkopfianis. 4. 28 Seit. 1743.

— — De restitutione mutui mutato pecuniae valore. Lpz. (Langenheim) 1750. 12 S. (3.—) 17339

– s. R ö d e l, J. M.: Abhandlung.

– s. R o h r, J. B. v.: Bibliothek.

– s. R o s e n t h a l, G. E.: Encyklopädie.

– s. R ü c k e r, C. H. E.: Erläuter.

— Samml. einiger die Bienenzucht betreffender Aufsätze. Mit Kpf. 8. Götting. 766. Dieterich. 16 ℋ

Schreiben an Herrn M. *Matthias Butschany* wegen Desselben Vertheidigung seiner Algebra, abgelassen von *Abraham Gotthelf Kästnern.* Göttingen. 8. 28 S. 1761.

– Schreiben an Zimmermann in Hannover. 8. Altenb. 780. (Hennings in Neiße). 3 K

– vermischte Schriften. 2 Thle. 8. Altenb. 755—72. 2e A. 773. 3e A. 783. (Hennings in Neiße). 1 ℛ 14 K

— verm. Schriften. 2 Thle. 8. Ebend. 784.

Kästner's, Abraham Gotthelf, Selbstbiographie u. Verzeichnis seiner Schriften nebst Heyne's Lobrede auf Kästner, hrsg. v. Rud. Eckart. (III, 40 S. m. Bildnis.) gr. 8. Hannover (909). E. Geibel. 1.—

SENDSCHREIBEN an den jungen Herrn wegen einer Historie der Moden (von *Abrah. Gotthelf Kästner*). (Leipzig 1742.)
Anon.-Lex. IV. p. 69 (nach Meusel).

— — **De signis mercatorum mercibus imponi solitis. Von der Handels=Leute Waaren=Zeichen.** [Präs. Abraham Kaestner. Lpz. (Gabriel Trog) 1735.] 4 Bl. (3.—) 17334

Kästner's, A. G., ausgewählte Sinngedichte und prosaische Aufsätze, s. Universal-Bibliothek Nr. 1035.

– neueste, größtentheils noch ungedr. Sinngedichte u. Einfälle, v. K. W. Justi. 2 Thle. 8. Gießen 781. 2e A. N. A. 800 u. 820. Krieger. 20 K

Kästner, Abraham Gotthelf. Sinngedichte und Einfälle. Wohlfeile Ausgabe. Frankf. u. Leipz. 1800. H(2.Samml.): *Justi, Carl Wilh.* (BrMm)

— zum Theil noch ungedruckte Sinngedichte u. Einfälle. 2te Sammlung. Neue Aufl. 8. Marburg, Krieger. 820.

Abr. Gotth. *Kästner* Catoptricae analyticae Specimen de focis et Aberrationibus. Lips. 1½ Bog. 1751.

— — **Physicae juris prudentiam illustrantis.** Lpz. (Adam Heinrich Holl) 1744 (1748?). 12 Seiten. (3.—)

Kaestner, Abr. Gotth.: Physicae iurisprudentiam illustrantis specimina aliquot exhibet. Progr. (Lipsiae 1748.)

STREITSCHRIFTEN über das beherzte Frauenzimmer . . . . (von *Abrah. Gotthelf Kästner*). (Leipzig 1742.)
Anon.-Lex. IV. p. 128 (nach Meusel).

— **Abraham Gotthelf** (Leipzig), **Thema quo usus Brocardici: Omne quod solo inaedificatur solo cedit, ostenditur.** Präs. Abraham Kaestner (Vater). Lpz. (Gabriel Trog) 18. VIII. 1734. 5 Blatt. (3.50) 17333

Kästner, Abraham Gotthelf: T h e o r i a projectionis superficiei sphaericae in planum tangens, oculo in centro posito. 1776.

Theoria radicum in aequationibus, amplissimae facultatis philosophicae consensu disputabunt M. *Abraham Gotthelf Kaestner*, Lips. Jur. Cand. et H. *Theodosius Godofredus Fuchsius.* M. C. Suidn. Siles. Lipsiae. Litteris Breitkopfianis. 4. 31 S. 1739.

– s. T h i e l e , J. J. A.: Lehrbuch.

– s. T u t e n b e r g , J. K.: Betrachtungen.

— P. J. Bruns, und E. A. W. Zimmermanns Uebersicht d. Fortschritt. geographischer Wissenschaften, s. Uebersicht.

Abraham Gotthelf Kaestner

Unde plures insint radices aequationibus sectiones angulorum definientibus. Gottingae 1756: Schultz. 47 S. 4°

Göttingen, Univ.-Schr.v. 1756

Kästner, Abraham Gotthelf: De u s u filorum motui diurno non parallelorum. Gotting. 1779. 4°

— Versuch einer Abhandl. v. d. Kegelschnitten. 8. Gött. 759.

– s. V e r s u c h e d. Gesellschaft in Edinburg.

Einige // Vorlesungen. // In der Königlichen // deutschen Gesellschaft zu Göttingen, gehalten // von // Abraham Gotthelf Kastnern // Kön. Großbr. Hofrath; Prof. der Math. u. Phys. der Kön. // Societ. der Wissensch. und der Kön. Churfürstl. Braunschweig // Luneb. Landwirthschaftsgesellschaft Mitglieds, der Kön. // deutschen Gesellschaft Aeltesten. // Altenburg // in der Richterischen Buchhandlung 1768. - 3 Blatt (nicht paginiert: Titelblatt und Widmung.- 128 S.

— einige Vorlesungen gehalten in d. deutschen Gesellsch. z. Göttingen. 2 Thle. gr. 8. Altenb. 768—73. (Hennings in Neiße). 18 K

— über d. Vortrag gelehrter Kenntnisse in d. deutschen Sprache. 4. Götting. 787. Dieterich. 1 K

— über Tychos de Brahe Wahlspruch; e. Vorlesung. 4. Götting. 771.

Kästner, Abrah. Gthe., gesammelte poet. u. prosa. schönwissenschaftl. Werke. 4 Thle. 8. (51⅛ B. u. K's. Bildn.) Berlin 841, Th. Enslin. *

Kästner, Adolf

Kästner, Adf., die Reitkunst in ihrer Anwendung auf Campagne, Militär- und Schulreiterei. Mit 62 in den Text gedr. Abbildgn. (Holzschn.) nach Originalzeichngn. von J. F. W. Wegener. Leipzig 860. Weber. 8. (XI, 228 S.)
n. 1 ℛ 10 ngr.

Kästner, Adf., die Reitkunst in ihrer Anwendung auf Campagne-, Militär- und Schulreiterei. 2. verm. und verb. Aufl. 8. (XIV, 239 S. mit 66 in den Text gedr. Abbild. nach Orig.-Zeichnungen von J. F. W. Wegener.) Leipzig 875, Weber. *

Kästner, Adf., die Reitkunst in ihrer Anwendung auf Campagne-, Militär- und Schulreiterei. Mit 71 in den Text gedr. Abbild. und 2 Bildertaf. (Holzschn. in 4.) von J. F. W. Wegener. 3. verm. und verb. Aufl. 8. (XI, 270 S.) Leipzig 876, Weber. * ℳ 4,50.; geb. *

Kästner, Adf. Die Regeln der Reitkunst in ihrer Anwendung auf Campagne-, Militär- u. Schulreiterei. 4. verm. u. verb. Aufl. 12. (XIV, 292 S. m. 71 Abbildgn. u. 2 Taf.) Lpz. 892, J. J. Weber. * 4 50; geb. in Leinw. * 6 —

Kästner, Alex., Geschichte des teleologischen Gottesbeweises von der Renaissance bis zur Aufklärung. (VII, 104 S.) gr. 8. Leipzig 907. P. Stiehl. 2. 50

Kaestner, Alexander, aus Odessa: Die nordöstliche Heide Mecklenburgs nach ihrer geologischen Beschaffenheit und Entstehung. Mit 3 Taf. u. 1 Karte. *Rostock 1901: Adler's Erben.* (26 S.) 4° [F.] ¶ Aus: Mittheil. aus d. Grh. Meckl. Geol. Landesanst., 13.
Rostock, Phil. Diss. v. [2. Aug.] 1901

Kaestner, A., die nordöstliche Heide Mecklenburgs nach ihrer geolog. Beschaffenheit u. Entstehung, s. Mitteilungen der großh. mecklenburg. geolog. Landesanstalt. XIII.

Kästner A, die Kinderfragen: der erste deutsche Katechismus 1521. (77 S) (Neudrucke pädagogischer Schriften 17) Leipzig 1902

Kästner, Alex., s. Kinderfragen, die.

Kästner, Alexander: Versuch einer Geschichte des theologischen Gottesbeweises von der Renaissance bis zur Aufklärung. Leipzig 1907. VIII + 104 S. 8°. [21. XII. 06.]
Bern. Phil. Diss. 1906/1907.

Kästner, Alexander. Versuch einer Geschichte des teleologischen Gottesbeweises von der Renaissance bis zur Aufklärung. Diss. Phil. Bern. VIII + 104 S. 8. Leipzig, Karl Vogel, 1907.

Kaestner, Alfred, Referendar aus Liegnitz: Die stille Gesellschaft und die Gesellschaft des bürgerlichen Rechtes. Ein Vergleich. *Liegnitz 1904: R. Wagner.* (48 S.) 8°
Breslau, Jur. Diss. v. 18. Juni 1904

Kaestner, B.: Aus Siebenbürgens Vorzeit und Gegenwart, s. Frenius, Fr.

Kästner, Bernh. Charakteristik der röm. Politik in dem Zeitraum von 200 bis zu Karthagos und Korinths Zerstörung. 20 S. G. *Coburg* 1876
Progr.

Kästner, *Bernhard* Die Haltung des römischen Senats während der Belagerung von Mutina. 4 (S. 3—10).
Progr. G. Casimirianum *Coburg* 1886 (637).

Kästner, B., De numero senatorum Romanorum. Pr. 1869. 10 S. 4°.

Kästner, C., Anleit. z. Wachsth. in der Erkenntniß. 8. Dresden, Groll. 748.

Kaestner, C., in verba Christi: ὁ ποιεῖς κτλ. Joan. 13, 27. Dresd. 1732. 4.

— **Christian** (Hermannsd. Misn.), Speculorum ustoriorum brevem ideam delineant. Präs. M. Johann Friedrich Hebenstreit. Lpz. (Andreas Martin Schede) 24. V. 1727. 30 S. (6.80) 17344

Kästner, Christian August Lebrecht

Kästner, Chr. Aug. Lebr., ABC-Buch nach der alten 400jähr. Methode. Mit Fig. 8. Leipz. 808. P. Vogel. 2 gr

— Anleit. z. nützl. Gebrauch desselben. 8. Ebd. 4 gr

Kästner, (C. A. L.) unterhaltendes Allerlei. Ein angenehmes u. nützl. Geschenk f. d. Jugend. Mit 7 illum. Kpfrn. 8. Leipz. 825, Mag. f. Ind.

Kästner, Chrstn. Aug. Lebr., Anleitung d. allgem. Geschichte schneller u. sicherer zu behalten. Zur Vorbereit. auf C. W. Böttiger's „allgem. Geschichte f. Schule u. Haus." 8. (7¼ B., 4 B. Tab. u. 1 Stndr. Fol.) Leipzig 829, [Steinacker.]

— Anleit. z. schnellen Memoriren d. Predigten. Erläutert durch e. Predigt über d. Thema: wie demüthigend u. wie erhebend zugleich für alle Menschen d. Gebot Jesus v. d. Liebe zu Gott ist. Mit Vorwort v. Fr. A. L. Nietzsche. 2e Aufl. 8. Leipz. 826. (W. Nauck). 6 gr

— Anleit. z. schnellen Memoriren d. Predigten. Erläutert durch e. Predigt üb. d. Thema: wie demüthigend u. wie erhebend zugleich f. alle Menschen das Gebot Jesus v. d. Liebe zu Gott ist. Mit Vorwort v. Fr. A. C. Nietzsche. 2te Aufl. 8. Leipz. 826, Sommer.

— neue Anweisung, die am häufigsten vorkommenden Wörter u. abweichenden Redensarten d. französ. Sprache sich bald u. leicht geläufig zu machen. Auch auf andere Sprachen anwendbar. gr. 8. Leipz. 813. Er. Fleischer. 10 gr

— Anweisung z. guten. schriftl. Vortrage in d. deutschen Sprache. gr. 8. Leipz. 825, Voß.

— kleines Bilder-ABC m. 264 ill. Abbild. 2. Aufl. 8. ... Leipzig 832, Enobloch.

— d. Bildermann, od. Lehren d. Weisheit u. Tugend, in Bildern. Auch f. Erwachsene nützlich. Mit 48 illum. Abbild. 8. Leipz. 825, Enobloch.

— Briefe üb. d. Mnemonik. Noch e. Versuch, die Ehre e. Verkannten zu retten. gr. 8. (11 B.) Sulzbach 828, v. Seidel.

— Buchstabierbüchlein, wodurch ein Kind in kurzer Zeit zum Lesen geführt wird. 8. Dortmund 809. Mallinkrodt. 4 gr

— u. Karlitzky, deutsch., französ. u. russischer Dollmetscher. 1e u. 2e verb. Aufl. 8. Leipz. 813. Er. Fleischer. 6 gr

— kl. Encyklopädie, oder Anleitung, das Lesen, Schreiben, Rechnen ꝛc. schnell zu erlernen ꝛc. Leipz. 821. Mag. f. Ind. 12 gr

— Erklärung d. vornehmst. grammat. Kunstausdrücke, zunächst für diejenigen, welche meiner Sprachlehre oder d. Grammatik d. Herrn Weigand sich bedienen ꝛc. 8. Leipz. 810. Weygang. 6 gr

— Erläuterungen über meine Mnemonik. gr. 8. Leipz. 805.

— latein. Etymologie für die, welche in kurzer Zeit Lateinisch lernen u. lehren wollen. 8. Dortm. 809. Mallinkrodt. 6 gr

— Fabel- u. Lesebuch. Mit 12 illum. Kpfrn. 8. Leipz. 826, Magaz. f. Ind.

Kästner, Christian August Lebrecht, s. Geschichte für d. Jugend.

— Gott u. Ewigkeit. Ein Gebet- u. Andachtsbuch f. Christen aller Confessionen. gr. 8. Leipz. 824. Mag. f. Ind. 1 rthl 4 gr

— Kunst, in 2 Monaten Französisch zu lernen ꝛc. 8. Leipz. 806. 2e A. 807. 3e A. 808. 4e A. 811. 5e A. 831. Voß. 18 gr

— dass., ein Auszug aus seiner französ. Sprachlehre. gr. 8. Leipz. 813. Kummer. 12 gr.

—— Kunst, in 2 Monaten französisch lesen, verstehen, schreiben u. sprechen zu lernen. 5., verb. Aufl. gr. 8. (13½ B.) Leipzig 831, Voß.

Kästner, C. A. L., Kunst in zwei Monaten Griechisch zu lernen. Leipzig 810. 8. 16 gr.

Kästner, C. A. L., Kunst in zwei Monaten griechisch zu lernen. Leipz. 819. 8. 16 gr.

Kästner, Chr. Aug. Lebr., Kunst in zwey Monaten griechisch zu lernen. gr. 8. Leipzig, Voß. 820.

—— Kunst, in 2 Monaten griechisch zu lernen. 2., verb., mit e. vergleich. griech. Sprachlehre u. mit e. kl. neugriech. Grammatik, auch mit e. Wandtaf. verm. Aufl. gr. 8. (11 B.) Leipzig 828, Voß.

— Kunst, in 20 Stunden Geschriebenes lesen, die Buchstaben nachbilden ꝛc. mit K. 8. Leipz. Sommer. 812.

— Kunst, in 20 Stunden Geschriebenes lesen, die Buchstaben nachbilden ꝛc. zu lernen. Mit Kpf. 8. Leipz. 813. (W. Rauck). 12 gr.

— Kunst, in 4 Wochen Hebräisch lesen u. verstehen zu lernen. gr. 8. Leipz. 810. Voß. 12 gr.

Kästner's, C. A. L., Kunst in zwei Monaten Lateinisch lesen, verstehen, schreiben und sprechen zu lernen. Leipz. 812. 8. 14 gr. Ebend. 819. 8. 14 gr. Ebend. 821. 8. 14 gr.

— Kunst, in 2 Monaten Lateinisch lesen, verstehen, schreiben u. sprechen zu lernen. gr. 8. Leipz. 812. 3e A. 820. (W. Rauck). 14 gr.

— Kunst, in zwey Monaten lateinisch lesen, verstehen, schreiben und sprechen zu lernen. 3te Aufl. gr. 8. Leipzig, Sommer. 820

— Kunst in zwei Monaten Lateinisch lesen, verstehen, schreiben u. sprechen zu lernen: Als 2r Cursus v. Kästners lat. Sprachlehre. 3te Aufl. gr. 8. Leipz 822, Sommersche B.

— Kunst, die Regeln d. deutschen Sprache geschwind zu lernen, gut zu behalten u. leicht auszuüben; nebst e. Sprachkatechismus u. e. Wandtafel für d. Selbstunterricht. gr. 8. Leipz. 822. Voß. 18 gr.

—— Heinrichs frohestes Lebensjahr. Eine Schrift f. gute Kinder u. d. es werden wollen. M. 8 (ill.) Kpfrn. gr. 8. (14½ B.) Leipzig 831, Magazin f. Ind.

— Lehrbuch der christl. Religion. In der bildlichen Lehrart Ihres Stifters. 8. Wittenb., Zimmermann. 818.

— Leitfaden z. Unterhaltung über Mnemonik. Mit e. Vorrede v. Fr. Lebr. Schönemann. 8. Leipz. 806. Schönemann. 6 gr.

— s. Löhr, J. A.: Fabelbuch.

Mnemonik oder System der Gedächtnißkunst der Alten. Von Christian August Lebrecht Kästner. Leipzig: Kummer 1804. XX, 143 S. 8°

— Mnemonik, oder d. Gedächtnißkunst der Alten systemat. bearbeitet. 8. Leipz. ... 2e A. 805. (Kummer). 1 rℓ

— d. Predigttexte d. J. 1811. z. Vorles. beym Nachmittags-Gottesdienste a. d. Lande z. häusl. Erbauung u. als Grundlage zu Predigt-Entwürfen bearbeitet ꝛc. gr. 8. Lpz. Sommer. 811.

— das Reich Gottes, ein Leitfaden beim Religionsunterricht. gr. 8. Leipz. 823. Mag. f. Ind. 8 gr. Anhang dazu 2 gr.

Kästner, Ch. A. L., französische Sprachlehre nach einer ganz neuen äußerst faßl. Methode, vorzügl. f. dei deutschen Bürger u. Landmann bei franz. Einquartirungen 8. Leipz. Gerh. Fleischer. 812.

— französ. Sprachlehre nach der Naturmethode, oder Anleit., d. französ. Sprache durch Beispiele, aus denen d. Regeln sokratisch entwickelt werden, zu lernen ꝛc. Nebst Wandtafel. gr. 8. Leipz. 822. Mag. f. Ind. 12 gr.

—— kleine franz. Sprachlehre ohne Regeln u. Paradigmen, f. d. ersten Anfänger. Eine Einleit. in meine frühere franz. Sprachlehre, besond. in d. nach d. Naturmethode. 8. (5 B.) Leipzig 829, [Steinacker.]

— lateinische Sprachlehre. Nach den Grundsätzen der Mnemonik oder Gedächtnißkunst. 1r Curs. gr. 8. Leipz. 821. Wohlf. Ausg. 822. (W. Rauck). 9 gr.

— lateln. Sprachlehre nach d. Grundsätzen d. Mnemonik od. Gedächtnißkunst. 1r Cursus. Wohlf. Ausg. gr. 8. Leipz. 822, Sommer.

— französ. Sprachübungen, oder prakt. Anleit., ohne daß man mit Jemandem spricht, die Eigenschaften im Mechanismus d. französ Sprache sich bald geläufig zu machen. 8. Leipz. 812. Er. Fleischer. 8 gr.

— Topik, od. Erfindungswissenschaft, aufs neue erläutert. 8. Leipz. Kummer. 816.

— Uebersetzung u. Erklärung d. berühmten drei Stellen bei den Alten von der Gedächtnißkunst. Nebst noch einigen Beispielen von d. Gebrauche, den ich von dieser Kunst machte. 8. Leipz. 805. Kummer. 8 gr.

Kästner, Chr. Aug. Lebr., Uebersetzung u. Erklärung d. berühmten drei Stellen bei d. Alten von der Gedächtnißkunst ꝛc. 8. — Ist der Anhang zu dessen Mnemonik.

—— Weisheit in Bildern aus d. heidn. Urwelt. Oder d. heidn. Götterlehre nach ihrem tiefen Sinne. Für Erwachsene u. Kinder. 8. (10 B., 1 Tab. qu. Fol. u. Titkpfr.) Leipzig 830, [Steinacker.]

— s. Weygand, G. H. F.: Kunst in 2 Monaten Italien. lesen zu lernen.

Kästner, Christian Nikolaus

Kaestner, Chr. Nicol., practisch-thierärztl. Rathgeber gegen die meisten, sowohl innerlichen als äußerlichen Krankheiten der Pferde. Mit einer Abhandlung über einige allgemeine Krankheiten, dann einem Anhang u. einer Zugabe. kl. 16. Passau 842, Pleuger. (Pustet.) 7/12 rℓ — 2. wohlf. Ausg. 16. Ebend. 846, Pustet. 8 ngℓ

Kästner, Chr. Nik., Prakt.-tierärztl. Ratg. gegen d. meisten, sowohl innerl. als äusserl. Krankheiten d. Pferde. Aus eigener Erfahrg. u. Prüfg. zusammengetragen. 2. Ausg. 16. (206 S.) Passau 46. Pleuger. M. —.80

Kästner, Chrn. Nikol., praktisch-thierärztlicher Rathgeber gegen die meisten, sowohl innerlichen, als äußerlichen Krankheiten der Pferde. Mit einer Abhandlung über einige allgemeine Krankheiten ꝛc. Aus eigener Erfahrung und Prüfung zusammengetragen. Neue (Titel-)Ausg. 16. (312 S.) Passau 853, Pleuger.

Kästner, G., Wandkarte der alten Welt zum Gebrauch beim Vortrag der Geschichte in Schulen. gr. Fol. Clausthal 846, Schweiger'sche Buchh. 2½ ₰

Kästner, Eduard, approb. Arzt aus Thal bei Eisenach: **Aus d. Jenaer Augenklinik.** Pathologisch-anatomischer **Befund eines Auges,** an dem **wegen Glaukoma absolutum Sklerotomie und Skleralpunktion vorgenommen waren.** *Jena 1898: G. Neuenhahn.* (25 S.) 8°
Jena, Med. Diss. v. (10. Dez.) 1898

[F.] **Kästner,** Emil [Oberl.]: Rochlitz und seine Umgebung. Beiträge f. d. Unterricht in d. Heimatskunde. . . . Rochlitz, Druck v. M. Bode, *1891;* 87 S., 1 Kte; 8°
Rochlitz, R m. PG, OP 1891 (573)

Kästner, Ernst

— — (Prorector), Animadversionum in Propertii carmina specim. I, quo ad orat. aliquot juvenum in gymnasio Gubenensi aud. invitat. Guben (Tischer) April 1819. 25 S. (5.50) 17346
Car. Ferd. Hohlfeld (Forst), Jo. Frid. Aug. Schulze (Guben), Jo. Frid. Guehlof (Granov), Ern. Wilh. Ed. Grimm (Niemitsch), Frid. Ad. Boelitz (Guben), Wilh. Ferd. Koehler (Zielenzig), Jo. Aug. Schneller (Weissig), Heinr. Aug. Kunzemueller (Guben), Gust. Imman. Frege (Lieberose).

— Progr. Animadversiones in Propertii Carmina. Spec. I. et II. 4. Guben et Grossen 819—22.

— Ernst (Weimar), Animadversiones in quaedam Lucani et Propertii loca. — Viro Christ. Gottl. v. Voigt natalem 23. XII. fausto omine redeuntem auctoritate societatis ducalis latinae Jenensis gratul. Jena (Carl Schlotter) 1812. 8 Bl., 45 S. mit Namen d. Gratul. (6.—) 17345

Kästner, Er., (J. E. Gli.), animadversiones in quaedam Lucani et Propertii loca. 8maj. Jena 812. Schlatter. (Leipz., Köhler). 8 gr.

Kästner, Ernst, drei Bruchstücke v. Jakobs van Maerlant Rijmbibel od. Scholastica, aus e. alten Manuscripte hrsg. 4. (7 B.) Göttingen 834, Dieterich.

Kästner, E. Carmen, Regis Friderici Guilielmi III. die natali recitatum. 3 S. . . . .
Bielefeld, Progr. 1831

Kästner, E.: Propempticon. Carmen elegiacum. Beim Abgang des Prof. Grunert, 25. Sept. 4 S. . . . .
Brandenburg, G., Progr. 1833

Kaestner, E., Quaestiones Livianae. Pr. 1841. 24 S. 4°.

Kaestner, Ern., quaestiones Livianae. 8 maj. (8 B.) Cellis 843, Schulze. *

— Progr. Quaestiones in Lucani Pharsaliam Part. I. et II. 4. Guben 824 u. 25.

Ders. Earund. Part. III. IV. 21 und 26 S. . . . .
Bielefeld, Progr. 1827, 1829

Kästner, F., Das Wandern der Handwerker und die bestehenden gesetzlichen Bestimmungen. 8°. Crimmitschau 1847.

— neues Wunsch- u. Gratulations-Buch. Gelegenheitsgedichte u. Glückwünsche für alle Festtage des Lebens. 12. (64 S.) Oberhausen 882. Spaarmann. — 40

— neues Wunsch- u. Gratulationsbuch. Gelegenheitsgedichte u. Glückwünsche f. die Jugend zu allen Festtagen d. Lebens. 3. Aufl. 8. (64 S.) Oberhausen 884. Spaarmann. — 40

Kästner, F., neues Wunsch- u. Gratulations-Buch. Gelegenheitsgedichte u. Glückwünsche für die Jugend zu allen Festtagen d. Lebens. 5. Aufl. 12. (64 S.) Styrum 895. A. Spaarmann. — 40

Neues Wunsch- und Gratulations-Buch. Gelegenheitsgedichte u. Glückwünsche f. d. Jugend. Von F. Kästner. 6. Aufl. *Styrum-Leipzig: A. Spaarmann [1896].* (64 S.) 8° [F.] (ca. 1357 5

Kästner, F. A., der Rauchbefreier. Anleitung zum Auffinden der Ursachen des sogenannten Rauchens der Oefen u. anderer Feuerungsanlagen, sowie zum Beseitigen der das Rauchen veranlassenden Mängel. Auch Winke zur Beherzigung bei Neubauten, um das spätere Eintreten von derartigen Uebelständen zu vermeiden. Für Baumeister, Architekten, Hausbesitzer ꝛc., überhaupt für Alle, welche sich mit Feuerungsanlagen beschäftigen müssen. 8. (24 S.) Leipzig 881. Wartig's Verl. in Comm. — 75

Kästner, F. A., Tabellen zur Berechnung der Cubikinhalte vierkantiger, rechtwinkeliger Hölzer, Steine und Eisentheile ꝛc., sowie Tab. zur Berechnung des Preises in sächs., preuß. und rheinländ. Münzsorten. Als zeitersparendes und sicheres Hülfsmittel für Baumeister, Holzhändler, Steinmetzen ꝛc. gr. 8. (VII und 123 S.) Quedlinburg 867, Basse.

Kästner, Ferd. Der „weiße Bär". — s. Volks- u. Jugend-Erzählungen.

Kästner, F., die Gestrandeten auf Costa Firma, s. Erzählungen, neue, für die Jugend.

—— der Hungerthurm von Pisa, s. Volks-Bibliothek, neue.

—— Graf Kunibert von Rammelsburg, s. Volks- und Jugend-Erzählungen.

—— der Neffe aus Paris, } s. Volks-Bibliothek, neue.
—— der rothe Philipp, }

—— die Schreckenstage von Hamburg, s. Volks- und Jugend-Erzählungen.

Kästner, F., } s.: Volks- u.
— der Sklavenaufstand auf Cuba, } Jugend-Erzähl.

—— der Sclavenaufstand auf Cuba, } s. Volks-Biblio-
—— Tarella, die treue Indianerin, } thek, neue.
—— die rothen Teufel, }

— Ferd. Moritz (Sorbiga [= Zörbig]), De somno hominis. Diss. med. Halle (Ploetz) 12. III. 1853. 24 S. mit Biogr. (M.: Ch. Unger.) (6.—) 17347
Oppon.: H. Schrader, A. Hildebrand.

Kästner, [Friedrich Christian Johann:] Geschichte der Bordesholmer Kirche Kloster der Augustiner-Mönche. 2. Aufl. Bordesholm. (1885.) 8°

Kästner, Friedrich [Christian Johann]: Streifereien in der Geschichte Kiels mit besonderer Berücksichtigung des 19. Jahrhunderts. Kiel. 1870. 8°

Kaestner G.: Monstri anatini bicorporei descriptio anatomica una cum disquisitione de eius ortu. Diss. Kiliae 1860. 18 S. 1 Tvl. 4°.

Kästner, G. F. W., Stiftungspred. am Charfreitag 1833, in d. Begräbnißkirche zu Lauf gehalten. (Ueb. Jesaias 53, 9.) gr. 8. (1 B.) Nürnberg, Stein.

Kaestner, Geo, das refundirte Bisthum Reval. Untersuchungen zur Geschichte von Harrien u. Wirland im 13. Jahrh. Inaugural-Dissertation. gr. 8. (80 S.) Göttingen 876. Peppmüller. n. 1. 80

Kaestner, Georg: Untersuchungen über den Gefühlseindruck unanalysierter Zweiklänge. Mit 2 Fig. im Text. Leipzig: W. Engelmann 1908. 36 S. 8° ¶(Aus: Psychol. Studien hrsg. v. W. Wundt. Bd 4, H. 6.)
Leipzig, Phil. Diss. v. 24. Nov. 1908, Ref. Wundt, Wiener
[Geb. 9. Sept. 77 Zwickau i. S.; Wohnort: Leipzig; Staatsangeh.: Sachsen; Vorbildung: König-Albert-Gymn. Leipzig Reife M. 02; Studium: München 1, Leipzig 10 S.; Rig. 21. Juli 08.] [U 09. 2093

— s.: Urkunden der Stadt Göttingen aus dem XVI. Jahrhundert.

Kaestner, Gerh., vom Reisen u. Reisen lassen, s.: Handelsbücher. Hamburger. 4. Bd.

Kästner, Gotthard, Generalmajor v. Mayr. u. sein Freikorps in Kursachsen. (IV, 95 S.) gr. 8. Meissen 904. H. W. Schlimpert. n. 1. 50

Kästner, H. G., Musterblätter für Druckerei, Kattunfabrikanten, Musterzeichner u. Formstecher. 1s u. 2s Heft. à 6 Bl. gr. 4. Chemnitz 840. Expedition d. Gewerbeblatts. (Binder.) (à n. 1/2 Rthlr) 1 Rthlr

Kästner, H. G., Musterblätter für Druckerei. 1. u. 2. Liefg. à 6 lith. Blätter. gr. 4. (Leipzig 841, Bamberg.) à n. 1/2 Rthlr

Kaestner, Heinrich: Kritisches und Exegetisches zu Pseudo-Dioskorides de herbis femininis. Regensburg, Druck d. Nationalen Verlagsanst., 1896; 1 Bl., 64 S. 8.
Regensburg, k. Neues G, P 1896*

Kaestner, Hermann *Hugo Andreas* [app. Arzt aus Burg a. F.]: Die Behandlung des habituellen Abortirens infolge von Lues paterna ... Kiel, Druck v. P. Peters, 1895; 16 S., 1 Bl., 1 Tab. 8.
Kiel, Med. Fak., Inaug.-Diss. v. [27. Juni] 1895

Kästner, J. E. G., u. K. G. Küchler, Morgengebete z. Gebr. in d. oberen Klassen evangel. Gymnasien u. höh. Bürgerschulen. 8. (13 B.) Leipzig 833, Hartmann. Thlr.

Kästner, J. Sm., Museum des Kirchen- u. Schulwesens. 1s Stck. 8. Hildesh. 808. Gerstenberg. 8 gGr.

— christl. Religionslehre; ein Anh. z. Gesenii Katechismus. N. 8. Hildesh. 813.

— wozu fordern am Friedensfeste die Seufzer d. Unglücklichen auf? Eine Predigt. gr. 8. Hannov. 814. Hahn. 3 gGr.

Kästner, S., wozu fordern am Friedensf. d. Seufz. d. Unglückl. auf? Eine Predigt. gr. 8. Hannov. Gebr. Hahn. 815.

KAESTNER, JAC. FRID. HEINR., De jejunio salutari. Diss. inaug. Kiliæ. 1822. 4. P. (U. B.).

Kaestner, Ioannes, Ienensis: De imperio Constantini III ⟨641–668⟩. Lipsiae 1907: B. G. Teubner. (88 S.) 8° ¶(Aus: Commentationes phil. Jen. vol. VIII, 1.)
Jena, Phil. Fak., Ref. Gelzer, Diss. v. 29. Jan. 1907
[Geb. 29. Jan. 82 Jena; Wohnort: Jena; Staatsangeh.: Sachsen-Weimar; Vorbildung: Gymn. Jena Reife O. 01; Studium: Jena 8 S.; Rig. 24. Febr. 06.]

Kästner, Johannes, Referendar: Welche Folgerungen ergeben sich aus der Bundesstaatsnatur des Deutschen Reiches für die Veränderungen der Grenzen des Reiches und der Einzelstaaten? Borna-Leipzig 1910: Noske. VIII, 54 S. 8°
Leipzig, Jur. Diss. v. 22. Juni 1910
[Geb. 29. Sept. 83 Girbigsdorf; Wohnort: Görlitz; Staatsangeh.: Preußen; Vorbildung: Gymn. Görlitz Reife O. 02; Studium: Genf 2, Freiburg i. B. 3, Breslau 2 S.; Rig. 27. Febr. 06.] [U 10. 2752

— Johann Georg (Stadlinga/Ansbach), Observationes miscellas juris criminalis. Diss. jur. Altdorf (Meyer) 26. VIII. 1777. 50 S., tlws. dtsch. (6.80) 17348

Kästner, Julie v., s.: Mädchenbildung, die höhere.

Kaestner, K.: Ruhla und seine Umgebung. Eisenach um 1899. 35 S.

Kästner, K., Übungsbuch für den Unterricht in der deutschen Rechtschreibung und Grammatik. 2. Aufl. 8. (52 S.) Minden 885, Köhler. cart. * — 40

Kästner, Karl, bacc. jur., Referendar: Die erwerbstätige Ehefrau nach deutschem bürgerlichen Recht. Waldenburg i. Sa. 1910: Kästner. VIII, 67 S. 8°
Leipzig, Jur. Diss. v. 30. März 1910
[Geb. 7. Mai 81 Pirna; Wohnort: Pirna; Staatsangeh.: Sachsen; Vorbildung: Kreuz-Gymn. Dresden Reife O. 01; Studium: München 1, Leipzig 7 S.; Rig. 11. Febr. 05.] [U 10. 2753

Kästner, Carl Thdr., Betrachtungen eines Laien über die Grundlagen der christlichen Gemeinde. I. Die Gemeinde als Ganzes. gr. 8. (VI, 80 S.) Riga 879. Kymmel in Comm. n. 2. —

Kästner, M., Christkind auf der Fahrt, s.: Jugend- u. Volksbühne.

Kästner, Max, das Mittelgebirge, s.: Mahler, M.

— Frankenberger Wanderbuch. Mit e. Karte der Umgebung Frankenbergs, e. Karte des städt. Lützeltals, 2 Kärtchen (Treppenhauergebiet u. Schönborner Zschopaugebirge) im Text u. e. Titelbild. (VII, 91 S.) 8. Frankenberg 906. C. G. Rossberg. Geb. n. 1. 10

Kaestner, *Eduardus* Oscar [Francomontanus]: De aeris quae ab imperio Caesaris Octaviani constituto initium duxerint ... Lipsiae, *Frommannsche Buchdr. in Jena,* 1890; 2 Bl., 93 S., 1 Bl. 8°
Leipzig, Phil. Fak., Inaug.-Diss. v. [28. Aug.] 1890

Kaestner, Osc., de aeris, quae ab imperio Caesaris Octaviani constituto initium duxerint. Diss. inaug. gr. 8. (94 S.) Leipzig 890. (Fock.) n. 2. —

Kästner, O., zur Aufsatzreform. Neue Aufgaben u. neue Wege aus der Praxis f. die Praxis. (147 S.) 8. Leipzig 905. Roth & Schunke. n. 1. 80

Kästner, Oskar [aus Troistedt bei Weimar]: Der Begriff der Entwicklung bei Nikolaus von Kues ... Bern, Buchdr. Steiger & C., 1896; 2 Bl., 50 S. 8.
Jena, Phil. Fak., Inaug.-Diss. v. 6. März 1896

Der Begriff der Entwicklung bei Nikolaus von Kues. Von Dr. O. **Kästner.** *Bern: A. Siebert 1896.* (2 Bl., 50 S.) 1 Bd 8.
= **Studien,** Berner, z. Philosophie u. ihrer Geschichte. Bd IV. [97. 4243

Kästner, O., s.: **Lehrplan, der, der höheren Mädchenschule.**

Sozialpädagogik und Neuidealismus. Grundlagen u. Grundzüge e. echten Volksbildung mit besond. Berücks. d. Philosophie Rudolf Euckens. Von Dr. O[skar] **Kästner,** Oberl. zu Leipzig. Leipzig: Roth & Schunke 1907. (X, 201 S.) 8° [07. 13679

Kaestner, Paul, die tierpathogenen Protozoen. (VII, 161 S. m. Abbildgn.) Lex.-8. Berlin 906. R. Schoetz. n. 6. —; geb. in Leinw. n. 6. —

— Untersuchungen üb. die klin. u. bakteriol. Feststellung d. Tuberkulose des Rindes, s.: Ostertag. Rob.

Kaestner, S., Turnbüchlein. Grundaufstellgn. z. Vornahme v. Frei- u. Handgerätübgn. 8. (29 S.) Altona 898. Hamburg, Verlagsanstalt u. Druckerei. n. — 30

Kaestner, Sándor, embryologische Forschungsmethoden. Akademische Antrittsvorlesg., geh. am 27. X. 1900. gr. 8. (30 S.) Leipzig 900. J. A. Barth. n. — 80

Kästner, Vict., Gedichte in siebenbürgisch-sächsischer Mundart, nebst freier metr. Uebersetzung in das Hochdeutsche. gr. 16. (XVIII und 276 S.) Hermannstadt 862, Steinhaussen's Buchh. geb. mit Goldschn.

Kästner, Victor, Gedichte in siebenbürgisch-sächsischer Mundart. 2. Auflage. 8. (XLII, 154 S.) Hermannstadt: W.Krafft 1895.

Kästner, Wilhelm (Hrsg.), s. Lichtfreund, Der.

Kästner, Wilhelm (Hrsg.), s. Nacktsport.

Kaestner, Wolfgang, Referendar in Crimmitschau: Die Haftung der offenen Handelsgesellschaft für Delikte ihrer socii. Leipzig: O. Wigand 1906. (42 S.) 8°
Leipzig, Jur. Fak., Diss. v. 12. Dez. 1906
[Geb. 18. Okt. 78 Zwickau i. S.; Wohnort: Crimmitschau; Staatsangeh.: Sachsen; Vorbildung: Kgl. Gymn. Zwickau Reife O. 98; Studium: Genf 1, Leipzig 6 S.; Rig. 31. Jan. 03.]

Kastomarow, Kudejar. Eine historische Chronik aus der Zeit Iwans des Schrecklichen. Dresden, H. R. Dohrn, 1899. 8°. 347 S. (Mk. 4—; herabges. Preis Mk. 2—.)

KASTOR und Pollux, Hipponax. Ein Taschenbuch für Freunde heiterer Laune. 1817.
Weller, Lex. Ps. p. 295.

Kastor, (Wlh. Ad. Förster), Sappho oder d. Regeln d. deutschen Dichtkunst, in Briefen an eine Dame. 16. Glogau 825. Heymann. 12 K

Kastor, Sappho od. d. Regeln d. deutschen Dichtkunst, in Briefen an eine Dame. 16. Glogau 826, Heymann.

Kastor, Heinr. Erbfolge, Testament u. Pflichtteilsrecht nach dem bürgerl. Gesetzbuch, s.: Jahres-Bericht d. Arbeiter-Sekretariats München.

Kastor, A., Blicke in d. geheime Werkstätte d. Natur bei Zeugung, Bildung u. Geburt des Menschen, nebst Warnung, Belehr. u. Rathschlägen bei gestörten Geschlechtsverhältnissen. gr. 8. (10½ B. u. 1 ill. Stnt.) Leipzig 836, Volckmar.

— s. Ant. Fr. Fischer, Kräftigung des entnervten männl. Organismus.

Der heilige Rock von Trier gerettet von seinen eigenen Feinden. Eine an d. Pilger in Ernst u. Scherz gerichtete Verteidigungsschrift mit 'Widerlegung' d. Angriffe gegen d. 'heiligen Rock' u. s. Verehrer, nebst e. kurzen Abhandlung über d. liebe Geld. Von E. J. **Kastor-**Hülf. Barmen: D. B. Wiemann [1891]. (48 S.) 8° [F.]
— **Streitschriften,** Freundschaftliche. No 39. [06. 13030

Kastr, Eugen, s.a. Kaster, Eugen.

Kastr, Eugen., Handwörterbuch zur Erklärung der eigenthüml. Benennungen nautischer Kunstwerke rc. gr. 8. Wien 805. (Beck). 20 K

— über das Strafrecht. 8. Würzb. 789.

— über d. Studium der Geschichte d. Philosophie, oder Beweis, daß d. Philosophie ohne Geschichte derselben nicht gründl. erlernt werden könne. 8. Würzb. 789.

Kastriotto, Georg, e. biograph. Skizze d. Vorwelt, Vergleichung mit d. Gegenwart darbietend. (Von Heinr. Gttlo. Gräve.) M. K's. Bildn. 8. (8 B.) Meißen 828, [Klinkicht u. Sohn.]

Kastriotto, Georg, eine biographische Skizze ... Meissen 1828. V: *Graeve, Herm. Gottlob.* (EngG) (Pr)

Kastromenos, Panagiotis: Die Demen von Attika .... Leipzig, Druck v. F. A. Brockhaus, 1886; 2 Bl. + 109 S. + 1 Bl. 8°.
Leipzig, Phil. Fak., Inaug.-Diss. v. 10. Dez. 1886.

Kastramenos, Panagiotis, die Demen von Attika. Diss. Leipzig 1886, Gustav Fock. 8°. 109 S.

Kastropp, Gust. Agamemnon. Trauerspiel in 3 Aufzügen. 8. (99 S.) Hannov. 890, Wasserkampf u. Comp. * 2 —

Kastropp, Gust., Dornröschen. Dramatisches Märchen in 5 Aufzügen. gr. 16. (84 S.) Stuttgart 877, Bonz und Comp. *

Kastropp, Gust., Dornröschen. gr. 16. Stuttgart 877, Levi. *

Kastropp, Gust., Dornröschen. Dramatisches Märchen in 5 Aufzügen. gr. 16. (84 S.) Stuttgart 878. R. Levi. n. 1. 20

Kastropp, Gustav: Gernot, s. Albert, Eugen d'

KASTROPP, GUSTAV. *Gnomenmärchen.* Stuttgart, A. Bonz, 1877. IV, 340 SS. Kl.-8°. Reich verziert Orlwd. (Rücken etw. berieben). ★ 1. Ausg. 10.—

—— Gunhild. Ein Heldengedicht. gr. 8. (230 S.) Dresd.-Striesen 891, Heinze. * 3 —; geb. * 4 —

—— Heinrich v. Ofterdingen. Eine Mär. 8. (408 S.) Ebendas. 880. geb. mit Goldschn. (M 6.) *

— Helene. Ein Trauerspiel in 5 Aufzügn. [Den Bühnen gegenüber als Mscr. gedr.] 8. (76 S.) Weimar 875. Kühn. n. 1. —

Kastropp, Gust., Kain. Mit 1 Titelbilde von Carl Gehrts, in Holzschn. ausgeführt von A. Closs. 8. (376 S.) Stuttgart 880, [Bonz und Comp.] Levi. *
geb. mit Silberschn. (* ℳ 9.) *

—— und Rich. Koltsch, das vierblättrige Kleeblatt. Orig.-Lustspiel in 5 Aufzügen. 8. (VII, 134 S.) Leipzig 879, Webel.

—— König Elf's Lieder. Eine lyrische Rhapsodie. 2. Aufl. gr. 16. (155 S.) Ebendas. 877. cart. * ℳ 2,80.; geb. *

Kastropp, Gust., König Elfs Lieder. Eine lyr. Rhapsodie. 3. veränd. Aufl. 8. (144 S.) Stuttgart 888, Bonz und Comp. * ℳ 1.50.; geb. * 2 —

König Elfs Lieder. Eine lyrische Rhapsodie von Gustav **Kastropp**. 4. Aufl. Stuttgart: Bonz 1904. 144 S. 8° [11.1791 7

Kastropp, Gust., Suleika. Ein dramatisches Gedicht in 5 Aufzügen. Den Bühnen gegenüber Mscr. gr. 16. (130 S.) Stuttgart 876, Bonz und Comp. cart. * ℳ 2,20.; geb. *

Die Musik einst und jetzt. Von Marie **Kastropp**. Friedenau-Berlin: Goßnersche Mission [1905]. 24 S. 8° [Umschlagt.] [10. 17450

Kasual-, s.a. Casual-

Kasualbibliothek, neue, zum Behuf für Prediger. 5 Theile. 8. Marb. 794 Krieger. 1 ₰ 6 gr

Kasualgedichte e. Würtembergers, (v. J. U. Schwindrazheim). 8. Stuttg. 782. Mezler. 16 gr

Kasualmagazin für angehende Prediger u. für solche, die bei gehäuften Amtsgeschäften sich das Nachdenken erleichtern wollen. (Herausg. v. J. C. Große.) 9 Bdchn. 8. Meißen 818—27. Goedsche. 7 ₰ 15 gr (1s Bdchn. A. u. d. T.: Reden, Entwürfe u. Altargebete bei Trauungen. 818. 2e, v. J. G. Ziehnert umgearb. Aufl. 825. 14 gr 2s Bdchn. A. u. d. T.: Reden, Entwürfe u. Altargebete bei Begräbnissen. 2e, v. J. G. Ziehnert umgearb. Aufl. 827. 21 gr 3s Bdchn. A. u. d. T.: Reden, Entwürfe u. Altargebete bei der Beichte u. Abendmahlsfeier. 819. 2e A. v. J. G. Ziehnert umgearb. 832. 20 gr 4s Bdchn. A. u. d. T.: Reden, Entwürfe u. Materialien zu Tauf- u. Confirmationsreden. 1 ₰ 3 gr 5s Bdchn. A. u. d. T.: Reden, Entwürfe u. Altargebete bei der Erndtefeier. 820. 16 gr 6s Bdchn. A. u. d. T.: Predigten, Entwürfe u. Gebete über d. Natur. 822. 22 gr 7s Bdchn. A. u. d. T.: J. G. Ziehnert, Predigten, Entwürfe u. Altargebete über d. Erziehung 2c. 824. 15 gr 8s Bdchn. A. u. d. T.: Ziehnert, Predigten 2c. über Armen-, Kranken- 2c. Wesen. 824. 20 gr 9s Bdchn. A. u. d. T.: Ziehnert, Kasual-Homiletik u. Liturgik. 825. 1 ₰ 4 gr)

Kasualprediger, d. populäre u. praktische, (v. J. J. B. Tebnius). gr. 8. Leipz. 797. (Aue in Altona). 1 ₰ 8 gr

Kasualpredigten von Spalding, Teller, Reinhardt 2c., s. Samml. selt. Gelegenheitspredigten.

Kasualreden von Feldpredigern. 1r Thl. 8. Potsd. 785. Horvath. 10 gr

KASUS, Der, des Fräulein Suzanne. Erzählung von *Ch. A.* Mit (freiem) TKpf. (Der moderne Boccaccio. VII.) Budapest M. DCCC. LXXXIV. (1884.) (Auf Rückseite d. Titels: Druck von Sam. Markus, Budapest.) Kl. 8°. 63 S. Illustr. Umschlag.

Kaeswurm, August [aus Darmstadt]: Über Condensationsproducte aromatischer Basen .... München, Druck v. Fr. Straub, 1886; 39 S. 8°.
Erlangen, Phil. Fak., Inaug.-Diss. v. 1886.

Kaeswurm, August, über Condensationsproducte aromatischer Basen. Erlangen 1886, Th. Blaesing. 8°. 39 S.

Kasyapa, Pandit Rama Prasad, s.: Wissenschaft, die, des Atems.

Kaszaniczki, Adam, Grammatica institutio linguae sacrae. Wien, 1791, 8°.

Kasziány, Ferdinand, Zur Regelung des Geld-, Münz-, Bank- und Zahlungswesens. 8. (40 S.)
Wien: Steckler 1889. —.25

Kászony, Daniel von, s.a. Semmikowski, J.

LUCIANI, Asmodeus Patronius *(Daniel v. Kászony)*, Schön Betty's Abenteuer in London. Ein Sittengemälde aus der britischen Weltstadt. Mit Titelbild. Leipzig, Verlags-Anstalt (W. Röhl), o. J. (1871). 8°. (2 Mk. Paul Neubner, Cöln, c. 1893.)

Kászony, Dan. v., 1872. Ein Roman der Zukunft. 4 Bde. 8. (III, 210; 216; 219; 208 S.) Leipzig 869, Pardubitz. [Forber.]

LAWES, Dr. H. (d. i. *Daniel v. Kászony*), Aufzeichnungen, Hinterlassene geheime, des Paters Clemens, Beichtvater eines deutschen Hofes. Leipzig, Verlags-Anstalt (W. Röhl), o. J. (187*). 8°. (Mk. 2—.) Zahm.

LAWES (ps., „Vf. von „Die weiblichen Reize etc.", d. i. *Daniel v. Kászony*), Hinterlassene geheime Aufzeichnungen des Paters Clemens, Beichtvaters eines deutschen Hofes. Nach einem französ. Mspt. übertragen. Leipzig, Literatur-Bureau (Röhl), o. J. (c. 1873). 8°.

SATANELLI, Diavolo (d. i. *Daniel v. Kászony*), Aufzeichnungen eines verliebten Pensionatsfräuleins. Leipzig, Verlags-Anstalt (W. Röhl), o. J. (1877). 8°. (1/4 Rthl.) 88 S. Mit illustr. Umschl. (4 Mk., unbeschn., Adolf Weigel, 1907.)

LUCIANI, Asmodeus Patronus *(Daniel v. Kászony?)*, Claudine der kluge Backfisch. Leipzig, Verlags-Anstalt (Wilh. Röhl) (187*). Kl. 8°. Illustr. farb. Umschl. (3 Mk. F. Waldau, 1907.)
Verboten v. K.-G. Wels, 11. September 1873. § 516.

—— der neue Decameron. Novellen im Geschmacke des Giov. Boccaccio. gr. 8. (255 S.) Leipzig 873, G. Körner.

KASZONY, Daniel v. (kein Ps.), D e r (!) n e u e D e c a m e r o n. (10 stellenw. etwas freie) Novellen im Geschmacke des Giovanni Boccaccio. 5. vermehrte u. verbess. Auflage. Leipzig. Literatur-Bureau. O. J. (1884). Gr. 8⁰. (1 Mk. 50 Pfg. Th. Ackermann, 1885.)

Tit., 1 Bl. Inh., 232 S. — Vorrede. — Dann „Erzählungen eines neuen Boccaccio": 1. Manfred u. Manfredine, oder: Die Liebe nach einem Seebade. 2. Panni, die Rache eines Zigeunermädchens. 3. Lore, oder: Ein gezähmter Löwe. 4. Josephine. Lumpenpech und Courtisanenglück. 5. Helene Die Folgen eines nächtlichen Feldzugsabenteuers. 6. Memoiren eines Englischen Kammerdieners. 7. Nina, das galante Kammerkätzchen. 8. Adele, Felicia und Hildegarde. Ein misslungener Teufelsstreich einer Messaline. 9. Constanze und Caroline. Verheimlichte Liebe. 10. Agnes und Fridolin. Die Exnonne und der Sohn des Prälaten.

Zuerst gedr. Leipzig, Gustav Körner, o. J. (1872). Kl. 8⁰. 15 Bog. Mit illustr. Umschlag. (1 Rthlr. Fischhaber.) — 4. Aufl. Ebd., o. J. 8⁰. 232 S. (3 Mk. Bielefeld; 2 Kr. Halm & Goldmann.)

— — Dasselbe. 6. Auflage. Zürich. Literatur-Bureau. (Der illustr. Umschl. hat: Leipzig. Verlag v. Th. Körner.) Gr. 8⁰. (Mk. 1—.) 256 S. (incl. 12 S. Vorst.).

—— **Felo-de-se. Das Verbrechen des Selbstmordes. Anthropologisch-psycholog. Studien, illustr. durch Beispiele der interessantesten Selbstmordfälle der Gegenwart. 2. Aufl. 8. (222 S.) Leipzig 872, G. Schulze.** *

— — F r a u e n k n i f f e. E r f a h r u n g e n e i n e s R o u é. Nach d. Engl. 3. Aufl. (Motto: 4 Versz.) Zürich. Verlag d. Literatur-Bureau. (Der illustr. Umschl. hat: Leipzig. Verlag v. Th. Zörner.) Gr. 8⁰. (Mk. 2—.) (2 Mk. M. Edelmann, Nürnb., 1904; 1 Mk. 50 Pfg. Adolf Weigel, 1905.)

— — G e h e i m n i s s e e i n e s u n t e r r i r d i s c h e n G a n g e s z w e i e r K l ö s t e r. Ibid. (1877). 8⁰. (¼ Rthl.) 72 S. Mit illustr. Umschl.

— — G e h e i m n i s s e, S o c i a l e. Ibid. (187*). Kl. 8⁰. (In Dresden, Bibl. d. Gehe-Stiftg.)

Kászony, D. v., die Geisterbeschwörer. Roman. 4 Bde. gr. 8. (950 S.) Leipzig 878. G. Schulze. 8. —

—— **Gold und Herz oder die Schätze des Marannon. Orig.-Roman. 2 Bde. 8. (404 S.) Leipzig 868, Rötschke. [Zander.]** (*M* 6.)

— — I m H e m d e, oder d i e I n t e r n i r u n g i m B e t t e. Eine pikante Geschichte aus den Kriegsjahren 1870—71. Ibid. (187*). Kl. 8⁰.

Mit col. Umschl. (¼ Rthlr. Fischhaber &c.)

—— **die Kinder des Morgenlandes. Roman. 5 Bde. 8. (226; 263; 212; 197; 202 S.) Leipzig 869, Matthes.**

Kászony, Dan. v., die Kinder des Morgenlandes. Roman. 5 Bde. 8. Leipzig 869, Licht und Meyer.

— — L i e b s c h a f t e n e i n e r b e r ü h m t e n O p e r n s ä n g e r i n. Ibid. (c. 1877). 8⁰. (¼ Rthl.) 77 S. Mit illustr. Umschl. (4 Mk., unbeschn., der Vorige.)

Die Lieferanten der Hölle und die Lichtscheuen. Histor. Gemälde des Geheimpolizeiwesens und der geheimen Gesellschaften aller Zeiten und Völker. Von Daniel v. Kászony. Leipzig: Schäfer 1870. 256 S. 8⁰
[L. 29 (1873) S. 181.]

LUCIFER I l l u m i n a t o r (d. i. *Dan. v. Kászony*), P f a f f e n u n w e s e n, M ö n c h s s c a n d a l e u n d N o n n e n s p u k. B e i t r a g z u r N a t u r g e s c h i c h t e d e s K a t h o l i c i s m u s u n d d e r K l ö s t e r. 3. verm. u. verbess. Aufl. Leipzig, Literatur-Bureau (W. Röhl), 1874. 8⁰. Illustr. Umschl. X—149 S. Zahm. (3 Kr. Halm & Goldmann, 1907.)

1. u. 2. Aufl. ebd., Gustav Schulze, o. J. (1872). Kl. 8⁰. (1 Rthlr.) IV u. 89 S. Mit 1 Holzschnitt, darstellend einen mit einer Nonne tanzenden Mönch.

— — Dasselbe. 4., verm. u. verb. Auflage. Mit Umschl.-Vign. (Cancan, ausgef. v. Mönch u. Nonne.) Leipzig. Verlag v. Th. Zörner (um 1875). Gr. 8⁰. (Mk. 1—.)

159 S. (incl. 5 Bll. Vorst.). Vorw. z. 2. Aufl. dat. Leipzig im Sept. 1 8 7 2. — Der Drucktitel hat: Zürich. Literatur-Bureau. Umschl. m. Verlags-Anzeigen ähnlicher Produkte. — V e r b o t e n v. L.-G. Wien, 27. April 1888. § 516.

— — R e i z e, D i e w e i b l i c h e n, physiologisch, psychologisch und ästhet. geschildert. Mit vielen Holzschn. (im Texte). 8. Aufl. Ebend., o. J. 8⁰. (Mk. 2—.) (1 Mk. 50 Pfg. Adolf Weigel, 1905.)

Zuerst gedr. Leipzig, Verlags-Anstalt (W. Röhl), o. J. (c. 1872). 8⁰. — Ein z w e i t e r T h e i l, welcher c o n f i s c i r t wurde, hat den Titel:

—— **Satan und Cherub, s. Romanbibliothek, deutsche.**

SCANDAL-GESCHICHTEN e u r o p ä i s c h e r H ö f e. N a c h d e n h i n t e r l a s s e n e n P a p i e r e n e i n e s a l t e n D i p l o m a t e n. (Vf.: *Daniel v. Kászony*.) 10 Bde. Leipzig, Verlags-Anstalt (W. Röhl). O. J. (1871). Kl. 8⁰. (6⅔ Rthl.) (15 Mk. Adolf Weigel, 12 Mk. Conr. Skopnik, Berlin, 1910; 20 Kr. Halm & Goldmann, 1904; 16 Mk. Max Perl, 1905.)

Jeder Band hat c. 10 Bogen u. dieselbe Illustr. auf d. Umschlag. — Zahmen Inhalts.

I: Oesterreich. II—III: England. IV: Italien. V: Spanien, Portugal. VI—VII: Frankreich. VIII: Schweden, Dänemark. IX: Türkei, Polen, Rußland. X: Niederlande, Deutschland.

—— **der Sohn des Deportirten. Orig.-Novelle. 8. (147 S.) Leipzig 869, Pardubitz. [Lorber.]**

K ú s z o n y, Dan. v., **Esther Solymosi, das Blutopfer von Tisza-Eszlár. Social-Roman aus der Gegenwart. 8. (VI, 255 S.) Budapest 883, (Grimm.)** *

— — S ü n d e n, G e h e i m e, d e s C o n s i s t o r i a l p r ä s i d e n t e n M u c k e r. Ibid. (c. 1877). 8⁰. (¼ Rthl.) 77 S. Mit illustr. Umschl.

LAWES, Dr. H. (d. i. *Daniel v. Kászony*), D e r T e u f e l i m B e i c h t s t u h l, oder J e s u i t e n s c h l i c h e. Leipzig, Verlags-Anstalt, (187*). 8⁰.

Zahm. (2 Mk. Fischhaber u. A.)

TEUFEL, D e r, i m B e i c h t s t u h l oder J e s u i t e n s c h l i c h e. Aus d. Engl. von Dr. Lawes (d. i. Daniel v. K á s z o n y). Verf. von „Die weiblichen Reize", „Frauenkniffe" u. s. w. 2. Aufl. Leipzig, Verlags-Anstalt, Wilhelm Röhl, o. J. (1873). 8⁰.

173 S. (incl. 8 S. Vorst.). Zahmen Inhalts.

— — T e u f e l, D e r, u n t e r d e n C r i n o l i n e n. B i l d e r a u s d e m L e b e n g a l a n t e r D a m e n d e r H a u t e v o l é e. Ibid. 1870. 8⁰. (In Hamburg, Bibl. der „Harmonie".)

SATANELLI (d. i. *Daniel v. Kászony*), T e u f e l e i e n. A u s d e r P a r i s e r V e r b r e c h e r w e l t. Leipzig, o. J. (187*). 8⁰. (Mk. 3—.) (1 Mk. 20 Pfg., Beck, Nördl., 1892; 1 Mk. 50 Pfg., Dittmer, Lübeck, c. 1890.)

—— **Vergißmeinnicht, s. Novellenstrauß.**

—— **Wegweiser in die Alterthumskunde. Mythologie und Archäologie theils noch bestehender theils verschollner Völker. Nebst einer Uebersicht ihrer Sagen und Gebräuche. gr. 16. (V, 190 S.) Leipzig 868, Matthes.**

— — Weib, Das, wie es ist, ihre Tugenden, ihre Fehler, ihre natürlichen Reize . . . Ebd., o. J. 8°. (1 fl. 80 xr. Halm, Wien, 1873.)

Kasztan, Georg, prakt. Arzt aus Reichenbach U. E.: **Beitrag zur** Frage der Augendiphtherie. *München 1899: Knorr & Hirth.* (24 S.) 8°
Würzburg, Med. Diss. v. 1899

Kasztner, Wilhelm, Deutsche Sprachlehre nebst Uebungsaufgaben für Volksschulen. Erster Theil. Die Wortlehre. — A szótan. Dritte verbesserte Auflage. 8. (90 S.) —.28
Pressburg: Stampfer 1889.

Katagiri, Toru, aus Schizuoka (Japan): Über **Puerperal-Eklampsia** mit besonderer Berücksichtigung der Nieren- und Leber-Veränderungen. *Erlangen (1904): A. Maletz.* (42 S.) 8°
Erlangen, Med. Diss. v. 11. Mai 1904

Kútai, Gabriel, Was müssen wir thun um die Calamität der Cholera zu mildern? Eigenth. des Verf. Pest 866. (Gebr. Lauffer — Stolp. gr. 8. (43 S.) 6 ngr.

Katajew, N. Geschichte d. Predigt in der russischen Kirche. Eine kurze Darstellg. ihrer Entstehg. u. Entwickelg. bis auf d. XIX. Jahrh. Aus dem Russ. übertr. v. Alexis Markow. gr. 8. (VIII, 153 S.) Stuttg. 890, Kohlhammer. * 2 —

Katakizmai katalikiszki. Visureikalingiausi dėl vaikų ir žmonių praszczioku su lementoriu ir ministranturu. Bitėnai 1903: Jankus. 56 S. 8°
[Kath. Katechismen. Zum Unterricht f. Kinder u. Erwachsene.] [10.133]10

KATALINIĆ, Antonius: De auctoritatis civilis indole atque origine iuxta theologos scholasticos cum speciali respectu ad errores modernos. — (1891) 152 S. 4° (Handschr.) Diss. 185
Diss. Wien, Univ.

Katalog, s. a.: Catalog.

— siehe auch: „*Catalogue*".

Katalog. Hrsg. von der Auskunftsstelle für gewerblichen Rechtsschutz bei der Kgl. Württ. Zentralstelle für Gewerbe und Handel in Stuttgart. Stuttgart 1910

Katalog der Abtheilung A der Bibliothek der Königlichen Technischen Hochschule zu Berlin (aufgestellt im Bau-Akademie-Gebäude, Schinkelplatz 6). 1879. VI, 315 S. [Nebst] Nachtrag I. 1880. 20 S.; II. 1881. 23 S.; III. 1882. 13 S. 4°

Katalog der Stadtbibliothek Aarau 1884. In-8°, 28 S. Aarau, Sauerländer.

— Katalog der Stadtbibliothek Aarau. April 1887. In-8°, 76 S. Aarau, H. R. Sauerländer.

Catalog. K' der Stadtbibliothek Aarau. März 1904. IV + 77 S. 8. Aarau, H. R. Sauerländer & Co.

Katalog der Deutschen Abteilung auf den Internationalen Ausstellungen Buenos Aires 1910. Berlin, 1910. 82 S. mit 9 Taf.

Katalog der Elsaß-Lothringischen Abteilung (der Kaiserl. Universitäts- und Landesbibliothek Straßburg). Bearb. von Ernst, Marckwald, Ferdinand Mentz und Ludwig Wilhelm. Bd 1. — Straßburg: Selbstverl. der Bibliothek 1908—1911. XIII, 691 S. (Katalog der Kaiserl. Universitäts- und Landesbibliothek Straßburg.) Forts. s.: Catalogue de la section alsacienne et lorraine . . .

Kataloge des Pestalozzianums in Zürich. 3: (Katalog der) Abteilung für gewerbliches Fortbildungsschulwesen: Lehr- und Veranschaulichungsmittel für gewerbliche und allgemeine Fortbildung und Knabenhandarbeiten. (Zusammengestellt... von... F[riedrich] Graberg und J[ohann] H[einrich] Büchi.) Erweiterte Neuaufl. des Kataloges der «Lehrmittel für Zeichen- und gewerblichen Unterricht» vom Jahre 1896. [Mit 1 Porträt.] IV + II + 58 S. 8. Zürich (III), Emil Rüegg, 1901. [fr. —. 50]

Catalog. K' der Abteilung für gewerbliches Fortbildungsschulwesen [im] Pestalozzianum in Zürich. Supplement 1. 1901—1904. 16 S. 8. [Zürich, Emil Rüegg, 1905.]

KATALOG DER HISTORISCHEN ABTHEILUNG DES MUSEUMS IN SPEYER. Speyer. 1880. L. Gilardone'sche Buchdruckerei, vorm. D. Kranzbühler. 8°.

Katalog der historischen Abteilung des Museums in Speier. Speier. 1880—88. 8°.

—— der juristischen Abtheilung der Rigaschen Stadtbibliothek. gr. 8. (VIII, 276 S.) Riga 874, (Kymmel.) *

— d. mathemat. Abteilung d. Stadtbibliothek Frankfurt am Main. (X, 327 S.) gr. 8. Frankfurt a/M. 909. Englert & Schlosser. (Nur direkt.)
nn 1.25; geb. in Leinw. nn 1.50

Katalog der Oesterreichischen Abtheilung. Hrsg. von d. Oesterreichischen Commission für die Weltausstellung in Philadelphia. Wien (1876?)

Katalog der Oesterreichischen Abtheilung bei der Ausstellung zu Paris 1867. Wien, 1867.

Katalog der österreichischen Abtheilung der internationalen Ausstellung zu Paris. Hrsg. vom k. k. Central-Comité für die Pariser Ausstellung. 2. Aufl. gr. 8. (XV, 270 S. mit eingedr. Holzschn. und 1 Stnt. in qu. 4.) Wien 868, (Braumüller.) *

—— der österreichischen Abtheilung der Weltausstellung in Melbourne 1880. Hrsg. von der österreich. Commission für die Weltausstellung in Melbourne. gr. 8. (113 S.) Wien 880, (Gerold und Comp.) **

Weltausstellung Paris 1900. Katalog der österreichischen Abtheilung. Herausgegeben von dem k. k. österreichischen General-Commissariate. Heft I. Gruppe I u. III. Unterricht — Hilfsmittel der Kunst u. Wissenschaft. Wien. [1900.] [In Comm. Lehmann & Wentzel.] 8°. VIII, 180 S. mit 4 Tafeln. K 1.—

— der österreich. Abtheilung der Pariser Weltausstellung 1900. Hrsg. v. dem k. k. österreich. General-Commissariate. Hft. 1—3, 4a u. b u. 5—11. 8. Wien (Lehmann & Wentzel). à n.n. 1.—
1. Gruppe I u. III. Unterricht, Hilfsmittel der Kunst u. Wissenschaft. (VIII, 180 S. m. Abbildgn. u. 4 Bildnissen.) — 2. Gruppe II. Kunstwerke. (III, 67 S.) — 3. Gruppe IV u. V. Maschinenbau. Elektrotechnik. (VIII, 120 S. m. Abbildgn. u. 2 Taf.) — 4a. Gruppe VI. Ingenieur- u. Eisenbahnwesen. (VIII, 191 S. m. Abbildgn., 2 Bildnissen u. 1 Karte.) — 4b. Gruppe VI. Handelsschiffahrt. (VII, 93 S. m. Abbildgn. u. 1 Karte.) — 5. Gruppe VII, VIII, IX. Landwirtschaft. Gartenbau. Forstwesen. (VIII, 127 S. m. Abbildgn.) — 6. Gruppe X. Nahrungsmittel. (VII, 119 S. m. Abbildgn. u. 8 Bildnissen.) — 7. Gruppe XI. Bergwesen. Metallverarbeitung. (VIII, 151 S. m. Abbildgn., 2 Bildnissen u. 2 Taf.) — 8. Gruppe XII u. XV. Ausschmückung der Wohnstätten. Verschiedene Industrien. (VIII, 204 S. m. Abb. u. 4 Bildnissen.) — 9. Gruppe XIII. Garne. Gewebe. Färberei. Kleidung. (VII, 75 S.) — 10. Gruppe XIV. Chemische Industrie. (VIII, 133 S. m. Abb. u. 4 Bildnissen.) — 11. Gruppe XVI, XVII, XVIII. Socialökonomie. Hygiene. Hilfswesen. Exportindustrie. Heerwesen. (III, 79 S. m. 8 Taf.)

Weltausstellung Paris 1900. Katalog der österreichischen Abtheilung. Herausgegeben von dem k. k. österreichischen General-Commissariate. Heft 11. Gruppe XVI, XVII, XVIII. Socialökonomie — Hygiene — Hilfswesen — Exportindustrie — Heerwesen. Wien. [1900.] [In Comm. Lehmann & Wentzel.] 8°. IV, 79 S. mit 1 Tafel. K 1.—

—— der österreichischen Abtheilung der Weltausstellung in Sydney 1879. Hrsg. von der österreich. Commission für die Weltausstellung in Sydney. gr. 8. (80 S.) (Ebendas.) 879. *

—— der polnischen Abtheilung der internationalen Musik- und Theater-Ausstellung in Wien 1892. Redig. v. Alfr. Nossig. gr. 8. (IX, 84 S.) (Ebd.) 892. — 60

—— für die schweizerische Abtheilung der Wiener Welt-Ausstellung 1873. gr. 8. (288 S. mit 4 Chromolithogr. in gr. 8. und 4.) Winterthur 873. (Schaffhausen, Baader.) * *

—— dass. — Mit dem Verzeichniss der Prämiirten und einem Register der Aussteller. gr. 8. (344 S. mit 4 Plänen in Farbendr.) Ebendas. 873. *

Katalog der wissenschaftlichen Abteilung der Provinzialausstellung Altona 1905. ⟨Sonderabdr.⟩ Hamburg 1905: Bennich & Hollander (32 S.) 8° [J̈.] [05. 9840 3

Katalog der 2. internationalen Acetylen-Ausstellung vom 13. bis 28. Mai 1899 in Budapest. Budapest 1899

— der II. Acetylen-Fach-Ausstellung u. der deutschen Fach-Ausstellung für Blechbearbeitung u. Installation Cannstatt 11. bis 31. V. 1899, nebst einigen allgemeinverständl. Abhandlgn. üb. diese Industrie. Bearb. v. Hugo Bieler. 8. (72 S. m. Abbildgn.) Cannstatt 899. (H. Reitzel.) — 60

Katalog der Bibliothek Achenbach ⟨Teil d. Bibliothek d. Kgl. Oberbergamts⟩ zu Clausthal. Clausthal 1908: E. Pieper. (X, 271 S.) 4°(8°) [08. 18373

Katalog (Nr. 73) von Theodor Ackermann. K. Hofbuchhandl. nebst Antiquariat in München. Schriften über Freimaurerei, Illuminaten und Rosenkreuzer. München 1881. 8. 12 S.

Katalog (Nr. 83) von Theodor Ackermann, K. Hofbuchhandl. nebst Antiquariat in München. Schriften über Freimaurerei, Illuminaten etc. München 1882. 8. 13 S. und 4 S. Nachtrag.

Katalog (Nr. 99) von Theodor Ackermann. K. Hofbuchhandl. nebst Antiquariat in München. Schriften über Freimaurerei, Illuminaten, Rosenkreuzer und andere geheime Gesellschaften. München 1883. 8. Tit. 18 S.

Katalog (Nr. 130) von Theod. Ackermann, K. Hofbuchhandl. nebst Antiquariat in München. Schriften über Freimrei, Illuminaten, Rosenkreuzer, andere geheime Gesellschaften etc. München 1885. 8. Tit. 18 S.
513 Nummern.

Katalog der Adolf Stäbli-Ausstellung in Zürich [veranstaltet von der] Zürcher Kunst-Gesellschaft.... 12. Januar bis ca. Mitte Februar 1902. ([Mit 1 Porträt-Tafel, illustriertem Umschlag und biographischem] Vorwort [von Elima]r K[usch].) 28 S. 8. ([Zürich,] Berichthaus.) fr. —. 60

Katalog der königl. Akademie der Künste zu Berlin betr. Sonderausstellung Johann Gottfried Schadow u. Ausstellung v. Werken der Mitglieder der Akademie v. 27. I. bis 7. III. 1909, täglich von 10—6 Uhr. (85 S. m. Taf.) kl. 8. Berlin (909). Union, Zweigniederlassg. Kart. nn 1.—

Katalog, allgem., d. Milleniums-Landes-Ausstellung 1896 Budapest. Budapest 1896

Alphabetischer Katalog der Bibliothek der Kgl. Sächsischen Bergakademie zu Freiberg. Nebst Nachtrag 1 u. 2: Ende 1879—Ende 1892 und Ende 1892—Ende 1905. Freiberg, 1879—1907. 1068 S.

— alphabetischer, der Bibliothek der königl. sächsischen Bergakademie Freiberg. Nachtrag I. Zuwachs vom Ende des J. 1879 bis Ende 1892. Lex.-8. (159 S.) Freiberg 893. (J. G. Engelhardt.) n.n. 3. —; Hauptwerk u. 1. Nachtr.: n.n. 10. —)

— alphabetischer, der Bibliothek der kgl. sächs. Bergakademie Freiberg. II. Nachtrag. Zuwachs von Ende d. J. 1892 bis Ende 1905. (144 S.) gr. 8. Freiberg 907. (Craz & Gerlach.) nn 3. —
Hauptwerk m. I. Nachtr. 879. 894. 10.—

Katalog, alphabetischer, der Bibliothek des aargauischen Lehrerseminars in Wettingen, 1883. In-8°, 72 S. Aarau, Sauerländer.

Catalog. Zweites u. Drittes Supplement zum [alphabetischen] K' [1898] der Oeffentlichen Bibliothek der Pestalozzi-Gesellschaft in Zürich. IV + 24 u. IV + 4 + 16 S. 8. Zürich, Aschmann & Scheller, 1901 u. 1902. je fr. —. 10

Catalog. Erste Fortsetzung zum alphabetischen K' [1898] der Oeffentlichen Bibliothek der Pestalozzi-Gesellschaft in Zürich. IV + IV + 114 S. 8. Zürich, Aschmann & Scheller, 1906. fr.
... Katalog, der die drei früher (1900, 1901 und 1902) ausgegebenen Supplemente ersetzt....

Alphabetischer Katalog der Bibliothek der Halleschen Freien Studentenschaft. Halle a. S. 1910: Hohmann. 20 S. 8°

Catalog. Alphabetischer K' der Stadtbibliothek Schaffhausen. 5. Supplement, 1899—1907. II + 158 S. 8. Schaffhausen, Kühn & Comp., 1907.

Catalog. 6. Supplement zum alphabetischen K' der Stadtbibliothek Schaffhausen, 1907—1910. II + 88 S. 8. Schaffhausen, Kühn & Comp., 1910.

KATALOG der Freiberger Alterthumsvereins-Bibliothek. Freiberg. 1870. Gerlach'sche Buchdruckerei.
Nachtrag 1. ib. 1878. —
Nachtrag 2. ib. 1879. —
(Anhang zu: Mittheilungen ... Heft 7. 1870; Heft 8. 1871; Heft 10. 1873; Heft 16. 1879.)

Katalog des K. B. 12. Inf.-Reg. Königin Amalie von Griechenland. Neu-Ulm 1877. 72 S.

Katalog der II. kärntnerischen Amateurphotographen-Ausstellung in Klgft. 1902. Klgft., v. Kleinmayr, (1902). 20 S. — Der III. 1907. 15 S.

Internat. Ausstellungen Buenos Aires. 1910. Amtlicher Katalog der Deutschen Abteilung. (Berlin: Stilke 1910.) 82 S. 8° [10. 8338

— amtlicher, der allgemeinen Ausstellung f. hygienische Milchversorgung vom 2.—10. V. 1903 in Hamburg im Ausstellungsgebäude an der Rothenbaum-Chaussee. (120 S. m. 1 Plan.) gr. 8. Hamburg (903). (C. Boysen.) n. 1. 50

Amtlicher Katalog der Allgemeinen Ausstellung für Hygienische Milchversorgung vom 2. bis 10. Mai 1903 in Hamburg. *Hamburg: P. Conström (1903).* (120 S.) 8°

Katalog, amtlicher, der Ausstellung der Industrie-Erzeugnisse aller Völker. 1851. Deutsch von Moriarty. London. 4° London (1851)

— amtlicher, der Ausstellung der im Reichsrathe vertretenen Königreiche u. Länder Oesterreichs. Mit 3 Uebersichtskart. Wien 1873. 8°.

Amtlicher Katalog der unter dem Allerhöchsten Protectorate Ihrer Maj. der Kaiserin u. Königin stehenden Ausstellung vom Rothen Kreuz. Berlin, Ausstellungs-Park ... v. 1. bis 16. Oct. 1898. (Berlin: Dr.: Deutscher Verl. 1898). (240 S., 1 Pl.) 8°

— amtlicher, der Ausstellung München 1908. Mit Grundrissplänen u. e. farb. Situationsplan. Hrsg. v. der Ausstellungsleitg. (Umschlag- u. Bildniszeichng. v. Adf. Münzer. Vorwort v. Walt. Riezler.) (184 S. m. 1 Bildnis.) 8. München (908). Berlin, R. Mosse. nn 1. —

Internationale Ausstellung in Mailand 1906. Amtlicher **Katalog** der Ausstellung des Deutschen Reichs. Berlin: G. Stilke (1906). (192 S.) 8° [06. 15458

— **amtlicher, der Ausstellung des Deutschen Reichs auf der internationalen Ausstellung in Mailand 1906. (VI, 102 S. m. 2 farb. Plänen.) gr. 8. Berlin (906). G. Stilke. Geb. in Leinw. n. 2. —**

— amtlicher, der Ausstellung d. Deutschen Reiches auf der Columbischen Weltausstellung in Chicago 1893. gr. 8. (XVI, 256 S. m. Fig. u. 2 eingedr. Plänen) Berlin 893. (J. Springer.) In Leinw. kart. n.n. 3. —

Weltausstellung in Paris 1900. Amtlicher **Katalog** der Ausstellung des Deutschen Reichs. *(Berlin: Selbstverl. d. Reichskommissariats; J. A. Stargardt in Komm. [1900].)* (440, 80 S.) 8° [F.] [00. 5612

— amtlicher, der Ausstellung des Deutschen Reiches auf der Weltausstellung in Paris 1900. (Mit Buchschmuck v. Bernh. Pankok.) 4. (VI, 440 S. m. 2 farb. Plänen.) Berlin (900). (J. A. Stargardt.) Geb. in Leinw. n. 2. 40

Weltausstellung in St. Louis 1904. Amtlicher **Katalog**. Ausstellung d. deutschen Reichs. (Hrsg. v. Reichskommissar [Theodor] Lewald, Geh. Ober-Reg.R.) *Berlin: G. Stilke 1904.* (548 S.) 8° [F.]

— **amtlicher, der Ausstellung des Deutschen Reichs auf der Weltausstellung in St. Louis 1904. Hrsg. vom Reichskommissar. (VIII, 548 S. m. 1 Plan.) gr. 8. Ebd. (904). Geb. in Ldr. 5. —; englische Ausg. 5. —; ermäß. Pr. 1. 50**

(Katalog.) Weltausstellung zu Wien. Amtlicher Katalog der Ausstellung des deutschen Reiches. Berlin 1873. 8.
(2 verschiedene Auflagen.) . . . . (POST.)

— **amtlicher, f. die Ausstellung des kgl. bayerischen Staatsministeriums f. Verkehrsangelegenheiten auf der bayerischen Jubiläums-Landes-Industrie-, Gewerbe- u. Kunst-Ausstellung Nürnberg 1906. (VI, 167 S. m. 1 Plan.) 8. Nürnberg (Vertriebsstelle der offiziellen Drucksachen der bayer. Jubiläums-Landes-Ausstellg.). n. 1. —**

— **amtl., der oberlausitzer Gewerbe- u. Industrie-Ausstellung, verbunden m. Ausstellung f. Gartenbau u. Landwirtschaft in Zittau 1902. Abgefasst u. zusammengestellt im Auftrage des Press-Ausschusses v. dessen Schriftführer Rich. Kramer. schmal gr. 8. (IV, 184 S. m. farb. Plan.) Zittau 902. (A. Graun.) n.n. — 50**

— **amtlicher, der Industrie- u. Gewerbe-Ausstellung Düsseldorf 1902. gr. 8. (CXXVIII, 287 S. m. 1 farb. Plan.) Düsseldorf 902. (Schmitz & Olbertz.) n.n. 1. —**

Industrie- und Gewerbe-Ausstellung. Düsseldorf 1902. Amtlicher **Katalog**. (3., neubearb. Aufl.). *Düsseldorf: Ausstellungs-Leitung; [Schmitz & Olbertz in Komm.] (1902).* (Getr. Pag.) 8° [03. 86

— amtl., d. Industrie- u. Gewerbe-Ausstellung Strassburg 1895 unt. d. Protectorat d. Fürsten Hermann zu Hohenlohe-Langenburg, kaiserl. Statthalters in Elsass-Lothringen. 1. Mai bis 15. Octbr. 1895. gr. 8. (XXXVI, 70 S. m. farb. Plan.) Strassburg 895. Strassburger Druckerei u. Verlagsanstalt. n.n. 1. —

— dasselbe. 3. Aufl. gr. 8. (XXXVI, 66 S. m. farb. Plan.) Ebd. 895. n.n. 1. —

— **amtlicher, des Deutschen Reichs, der Weltausstellung Brüssel 1910. Hrsg. vom Reichskommissar. (XII, 375 S. m. Abb., eingedr. Grundrissen, 2 Taf. u. 1 farb. Plan.) gr. 8. Berlin (910). G. Stilke. Geb. in Leinw. 2. 50**

— **amtlicher, der deutschen Städte-Ausstellung Dresden 1903. (Umschlag: 3. Aufl.) (324 S. m. 2 Plänen.) gr. 8. Dresden (903). W. Baensch. n. 1. —**

—— amtlicher, von d. Kgl. Bayer. Studien-Anstalt zu Landshut im Isar-Kreise f. d. Studien-Jahr 18$\frac{32}{33}$. Mit e. Progr. als Anh.: „De Optativi et Indicativi indole atque natura" v. J. Stanko. gr. 4. (5¼ B.) Landshut 833. (Regensburg, Manz.)

—— ders. f. d. Studien-Jahr 18$\frac{33}{34}$. (Enthält u. a.: Ueber d. subjectiven Bedingungen d. Gelingens d. Studium d. Philosophie. (Ein Progr., verfaßt v. Max Furtmair.) gr. 4. (5½ B.) Landshut 834. (Regensburg, Manz.)

— **amtlicher, der Welt-Ausstellung in Philadelphia 1876. Deutsche Abtheilung. (Deutsch und englisch.) gr. 8. (VIII, 128 S.) Berlin 876, v. Decker's Verlag.** *

Katalog der Amtsbibliothek des k. k. Eisenbahnministeriums. 2 Bände. 8. Wien, Verlag des k. k. Eisenbahnministeriums.

Band 1. XVI + 284 S. 1899. — 1. Nachtrag zum Ersten Bande..., enthaltend die... vom 1. Juli bis 31. December 1899 zugewachsenen Bücher, Zeitschriften etc. II + 17 S. 1900.
Band 2. XII + 600 S. 1901.

I. Nachtrag zum Kataloge der Amtsbibliothek des k. k. Eisenbahnministeriums, enthaltend die... bis 31. December 1901 zugewachsenen Bücher, Zeitschriften etc. 147 S. 8. Wien, Verlag des k. k. Eisenbahnministeriums, 1902.

II. (provisorischer) Nachtrag zum Kataloge der Amtsbibliothek des k. k. Eisenbahnministeriums, enthaltend die im Laufe des Jahres 1902 zugewachsenen Bücher, Zeitschriften etc. 88 S. 8. Wien, Verlag des k. k. Eisenbahnministeriums, 1903.

II. Nachtrag zum Kataloge der Amtsbibliothek des k. k. Eisenbahnministeriums, enthaltend die in den Jahren 1902 und 1903 zugewachsenen Bücher, Zeitschriften etc. 182 S. 8. Wien, Verlag des k. k. Eisenbahnmin', 1904.

III. Nachtrag zum Kataloge der Amtsbibliothek des k. k. Eisenbahnministeriums, enthaltend die in den Jahren 1904 und 1905 zugewachsenen Bücher, Zeitschriften etc. 172 S. 8. Wien, Verlag des k. k. Eisenbahnmin', 1906.

Nachtrag zum Katalog der Anstalts-Bibliothek. (Forts. d. P-Beil. 1879 ff.) Karlsruhe, Buchdr. v. Malsch & Vogel, 1890; S. 39–40; 4"
Karlsruhe, R m. Fachkl. f. Kaufleute u. Techniker, MP 1890

— 69, 81 u. 90 v. Ludw. Rosenthal's Antiqu. in München. München 892. L. Rosenthal's Antiqu. n. 15.85

69. Illustrirter Katalog e. reichhaltigen Sammlung v. Ornamentstichen u. Zeichnungen. Calligraphie, Gartenkunst, Stick- u. Spitzenmuster. Prachteinbände. gr. 8. (186 S.) n. 4. —

81. Imitatio Christi. [Thomas a Kempis. Joh. Gerson. Giov. Gersen.] Manuscrits. Éditions. Traductions. Controverse. gr. 8. (48 S. m. Illustr.) n. 1. 85

90. Incunabula xylographica et chalcographica. Mit 102 Illustr. Fol. (VIII, 64 S.) Kart. n. 10. —

Katalog, antiquar. (Nr. 57) von Isaac St. Goar in Frankfurt a/M. 1883. 8. 50 S.

Katalog, antiquar. von F. A. Brockhaus' Sortiment und Antiquarium in Leipzig. Philosophie, Aesthetik, Psychologie, Anthropologie. — Freimaurerei. Aus dem Nachlasse von Geh. Hofrath Prof. Dr. Herm. Hettner in Dresden. Dr. Jul. Frauenstädt in Berlin. u. A. Leipzig, Brockhaus. 1883. 8. Tit. 50 S.

Katalog von Antiquitäten und Kunstsachen des † Theodor Freiherrn von Dreifus, München. (33 S 6 T) 4° München 1899

Katalog von Antiquitäten, Kunstsachen und Oelgemälden. Aus d. Nachlaß der 1898 † Kunstmalerin Lucia van Gelder [u. a.]. München 1900: Knorr & Hirth. (55 S.) 4° [Ant. u. F.]
Auktion in München ... 1900 unter Leitung des ... H. Helbing.

— der Antiquitäten u Kunstsammlungen des Joh Mayer, Tabakfabrikant, in München. (45 S 4 T) 4° München 1899

— der grossen Aquarell-Ausstellung Dresden 1909. (36 S. u. 31 S. Abbildgn.) kl. 8. Dresden 909. C. Heinrich. 1. —

Weltausstellung in Paris 1900. Katalog der Gruppe: Die Arbeiterversicherung des Deutschen Reichs. (Berlin 1900: Reichsdr.) (16 S.) 8° [Umschlagt.] [05. 10434

Katalog des Archivs u. der Bibliothek der schweiz. permanenten Schulausstellung in Zürich, 1879. In-8°. Zürich, J. Herzog.

Katalog des Archivs der Zürcher Hülfsgesellschaft. ([Mit] Nachtrag.) 39 + *Nachtrag* 4 S. 8. Zürich, Art. Institut Orell Füssli, 1903.

Katalog der Archivalen-Ausstellung des k. u. k. Haus-, Hof- und Staats-Archivs. kl. 8. Wien 1905.

— d. Armee-Museums d. bayer. Landes-Ausstellg. Nürnberg 1896. 2. Aufl. 12. (29 S. m. 2 Abb.) Nürnberg 896, J. L. Schrag. — 15

Katalog der apologetischen Ausleihbibliothek an der Zentralstelle des Volksvereins für das katholische Deutschland in M.Gladbach. Bestand d. Bibliothek am 1. Mai 1905. M.Gladbach: Zentralstelle d. Volksver. f. d. kath. Deutschl. 1905. (94 S.) 8° [F.] [05. 10731 B

Katalog der inneren Ausstattung des Ateliers und der Wohnung des Historienmalers Herrn Prof. Ferd. Wagner in München. Versteigerung ... 1892 ... durch J. M. Heberle ... aus Köln ... *Köln: Dr. v. A. Steven 1892.* (2 Bl., 28 S., 5 Taf.) 1 Bd 8.(4.) [94. 3390

Katalog der Aussteller in der Vereinigten Staaten-Abtheilung bei der Internationalen Allgemeinen Ausstellung von Paris, 1900. [Nebst] Zusatzbd. Paris 1900: Lemercier. 2 Bde 8°
[Umschlagt.:] Official Catalogue. United States exhibitors. Internat. Exposition. Paris 1900.

— der Austellung der englischen Abteilung der intern. Gesellschaft v. Bildhauern, Malern u. Radierern zu London. Veranstaltet vom sächs. Kunstverein zu Dresden. 16. XI. bis 15. XII. 1907. (30 S. m. 4 Taf.) kl. 8. Dresden (907). (C. Heinrich.) — 50

Katalog der Ausstellung der Königlichen Akademie der Künste, vom Jahre 1786 an. Vom Jahre 1880 an auch illustrirte Exemplare. 8°.

Katalog für die Allgemeine deutsche Ausstellung auf dem Gebiete der Hygiene, Gesundheitspflege und Gesundheitstechnik und des Rettungswesens. Berlin 1882. 8.

— der allgemeinen Ausstellung von Geflügel, landwirthschaftlichen Maschinen, Haus-, Feld-, Garten- rc. Geräthen, Molkerei-Producten u. Molkerei-Geräthen zu Celle am 24., 25. u. 26. Juni 1882. gr. 8. (29 S.) Celle 882. (Schulze'sche Buchh.) n. — 20

Catalog der Allgemeinen Ausstellung von Jagd- und Luxushunden in Kiel am 3. und 4. Juni 1899 ... veranst. v. Verein z. Förderung d. Zucht u. Liebhaberei von Rassehunden in Kiel. (Kiel 1899: Nord-Ostsee-Zeitung). (130 S.) 8°
[Umschlagt:] 3. und 4. Juni 1899. Allgemeine Ausstellung von Jagd- u. Luxushunden in Kiel ... [05. 7810 B

— der allgemeinen land- u. forstwirthschaftlichen Ausstellung, abgeh. zu Hannover vom 16. bis 24. Juli 1881. 8. (XXXII, 225 u. XXXII, 201 S.) Hannover 881. (Helwing's Sort.) n. 1. 60

—— der achten allgemeinen Ausstellung des Hamburg-Altonaer Vereins für Geflügel-Zucht, im „Zoologischen Garten" zu Hamburg am 2., 3., 4. und 5. Juli 1881. 8. (56 S.) Hamburg 881, Nestler und Melle. **

Katalog der allrussischen Ausstellung für Druckereiwesen. 4° St. Petersburg 1895

—— der Ausstellung der kunstgewerblichen Alterthümer in Düsseldorf 1880. 2. Aufl. 12. (333 S.) Düsseldorf 881. (Münster, Schöningh.)

Ausstellung kunstgewerblicher Altertümer, Oldenburg 1905. Katalog. [Nebst] Nachtrag. Oldenburg (1905): G. Stalling. 2 Bde 5°

KATALOG zur Ausstellung westfälischer Alterthümer u. Kunsterzeugnisse vom Vereine für Geschichte und Alterthumskunde Westfalens im Juni 1879 zu Münster i. W. Münster. Druck der Theissing'schen Buchhandlung. 8°.
Dasselbe. 3. wiederholt durchgesehene Auflage mit 2 Nachträgen und dem Verzeichniss der Aussteller. ib. —

Katalog zur Ausstellung westfälischer Alterthümer u. Kunsterzeugnisse vom Vereine für Geschichte u. Alterthumskunde Westfalens im Juni 1879 zu Münster i. W. 3., wiederholt durchges. Aufl. m. 2 Nachträgen u. dem Verzeichniß der Aussteller. gr. 8. (III, 172 S.) Münster 881. (Schöningh.) n. — 80

Verein Marburger Altertümersammlung. Katalog der Ausstellung. 1906. (Marburg) 1906. (16 S.) 8° [F.] [07. 1538 4

— d. Ausstellg. d. Aquarellisten-Clubs d. Genossenschaft der bild. Künstler Wiens. qu. gr. 8. (19 S.) Wien 897. (Leipzig, Literar. Anstalt, A. Schulze.) n. — 60

— dasselbe, d. XII. Ausstellg. Wien, Jan. 1898. 8. (62 S. m. Abb.) Ebd. 898. n. 2. —

— der XIV. Ausstellung des Aquarellisten-Club's der Genossenschaft bildender Künstler Wiens, Wien, Jan. 1900. 8. (81 S.) Wien (900). (Leipzig, Literar. Anstalt, A. Schulze.) n. 1. 20

— der Ausstellung von Arbeiten der vervielfältigenden Künste im Bayerischen Gewerbemuseum zu Nürnberg. 1877. 4. (VII, 216 S. m. eingedr. Holzschn., Holzschntaf., Stahlst., Autogr., Chromolith. u. Lichtdr.) Nürnberg 877. (Korn.) cart. n.n. 8. —

Centralstelle für Arbeiter-Wohlfahrtseinrichtungen. **Katalog** der Ausstellung auf dem Gebiete der Arbeiter-Wohnungs- und Arbeiter-Erholungsfrage. Im Architektenhause in Berlin 25. April bis 1. Mai 1892. *Berlin: C. Heymann 1892.* (15 S.) 8°

—— der argentinischen Ausstellung, veranstaltet von der geograph. Gesellschaft in Bremen im Tivoli-Saale. Mai—Juni 1884. Mit 1 (chromolithogr.) Uebersichtskarte von Argentinien. [Anlage zu Bd. VII, Heft 2, der deutschen geograph. Blätter.] 2. Aufl. gr. 8. (79 S.) Bremen 884, (v. Halem.) *

— der Ausstellung von Autographen, Schattenrissen, Bildnissen, Druckwerken u. Illustrationen zu Goethe's Leiden d. jungen Werther aus der Autographen-Sammlung d. Frhrn. Hugo v. Donop in Weimar, nebst Ergänzgn. aus dem Archiv u. der Bibliothek d. Freien Deutschen Hochstiftes. Juli—Octbr. 1892. (Bearb. v. O. Heuer.) gr. 8. (VI, 42 S.) Frankfurt a/M. 892. (Gebr. Knauer.) n. 1. —

Katalog der bergmännischen Ausstellung zu Gelsenkirchen. *Gelsenkirchen: C. Bertenburg 1893.* (44 S., 2 Bl., 63 S., 1 Taf.) 1 Bd 8.

Katalog der Ausstellung des deutschen Bergwesens pp. zu Chicago. Berlin, 1893.

Gewerbeförderungsamt, K. K., Wien. Katalog der Ausstellung gewerblicher Betriebsgenossenschaften Wien 1909. (151 S) Wien 1909

Katalog der bienenwirtschaftlichen Ausstellung in Klgft. 1900. Klgft., Bertschinger, 1900. 27 S. — Klgft., v. Kleinmayr, 1903. 23 S. (Verf.: Klemens Mayer.)

— der brasilianischen Ausstellung des Centralvereins für Handelsgeographie u. Förderung deutscher Interessen im Auslande [Berlin, W., Landgrafenstr. 10] im Architekten-Hause Wilhelmstr. 92/93 zu Berlin. gr. 8. (IV, 97 S.) Berlin 882. Allgemeine Verlags-Agentur. n. 1. —

— der Ausstellung f. Buchgewerbe u. Photographie in St. Louis 1904. Hrsg. vom deutschen Buchgewerbeverein zu Leipzig. (140 S.) 8. Leipzig 904. Deutscher Buchgewerbeverein. Geb. in Leinw. n. 2. —

Katalog der Ausstellung anlässlich der Centenarfeier Domenico Cimarosa's. Künstlerhaus, Wien. (Vorr.: Angelo v. Eisner-Eisenhof.) *Wien: Verl. d. Comités 1901.* (163 S.) 8°

— der deutsch-böhmischen Ausstellung Reichenberg 1906. (247 S. m. 1 farb. Plan.) 8. Reichenberg 906. (P. Sollors Nachf.) n.n. 1. —

—— der deutschen allgem. Ausstellung f. Unfallverhütung Berlin 1889. Ausstellung f. Industrie, Bergbau, Baugewerbe, Landwirthschaft, Schifffahrt, Verkehrsgewerbe etc. aus den Gesichtspunkten der Unfallverhütg., der Gewerbehygiene u. der Wohlfahrt der Arbeiter. 1. Aufl. (LXIV, 333 S. m. 1 Plan.) 2. bericht. u. erweit. Aufl. 8. (XXII, 349 S. m. 1 Plan.) Berl. 889, C. Heymann. ** 1 25

Stadtbibliothek in Koeln. **Katalog** einer Ausstellung von Druckwerken bei Gelegenheit der Gutenberg-Feier 1900. (Vorr.: Adolf Keysser.) *Koeln 1900: M. Dumont-Schauberg.* (VI, 10 S.) 8°

K. K. Hofbibliothek. **Katalog** der Ausstellung von Einbänden. Wien: Selbstverl. d. Bibl. [1908]. (VI, 197 S.) 8°

— der Ausstellung v. Einbänden in der k. k. Hofbibliothek. (Von Thdr. Gottlieb.) (VI, 197 S.) kl. 8. Wien (908). (Gerold & Co.) Geb. nn 2. —

— der Ausstellung der Künstlergruppe Elbier, Dresden. (12 Taf. m. 2 S. Text.) kl. 8. Dresden (905). (Leipzig, A. Twietmeyer.) n. — 80

Katalog, der elektro-technischen Ausstellung in Königsberg i. Pr., Flora-Hufen; mit Führer und Situationsplan. 8°. *92 S.* Königsberg i. Pr., Hartung'sche Buchdr. 1883.

Katalog der im Historischen Saale der K. Universitäts-Bibliothek zu Göttingen zur 500-jährigen Geburtstagsfeier Johann Gutenberg's am 24. Juni 1900 eröffneten Ausstellung. (Vorr.: Dr. [Karl] Dziatzko, Dir.) *Göttingen 1900: W. F. Kaestner.* (V, 37 S.) 8°

[Katalog.] Stadtbibliothek in Köln. Katalog einer Ausstellung von Erzeugnissen der Buchdruckerkunst. [Vorr.:] (Adolf *Keysser.*) 2. Abdr. Köln 1890. 8°.

Katalog der Ausstellung von Erzeugnissen der Landwirtschaft, Industrie und Kunst in Graz. Graz 1870

— der fachtechnischen Ausstellung gelegentlich der 65. Versammlung der Gesellschaft deutscher Naturforscher u. Ärzte. Nürnberg 1893. 8. (47 S.) Nürnberg 893. (Verlagsanstalt des Gewerbemuseums.) n. — 80

— der Ausstellung v. Feuerwehrrequisiten. 8. (45 S.) St. Gallen 889. Hasselbrink. n.n. — 80

Katalog für die Ausstellung zum X. deutschen Feuerwehrtag 1877. Stuttgart 1877

— der fränkischen Ausstellung v. Altertümern in Kunst u. Kunstgewerbe in Würzburg vom 6. Aug. bis 4. Septbr. 1893. gr. 8. (III, 74 S.) Würzburg 893. (Stahel.) n.n. 1. —

— für die Ausstellung des Münchener Fremdenverkehrsvereins auf der bayerischen Jubiläums-Landes-Ausstellung Nürnberg 1906. Hrsg. v. Verein zur Förderg. des Fremdenverkehrs in München u. im bayer. Hochland (e. V.). (11 S.) kl. 8. München. (Nürnberg, Vertriebsstelle der offiziellen Drucksachen der bayer. Jubiläums-Landes-Ausstellg.) n.n.n. — 10

Katalog der Ausstellung prähistorischer und anthropologischer Funde Deutschlands, welche unter dem Protectorate Sr. k. und k. Hoh. des Kronprinzen des Deutschen Reiches, in Verbindung mit der XI. allgemeinen Versammlung der Deutschen Anthropolog. Gesellschaft zu Berlin vom 5.—21. Aug. 1880 in dem Geschäftsgebäude des Hauses der Abgeordneten stattfindet. 8. (V, 619 S. mit eingedr. Fig.) Berlin 880, (Stuhr'sche Buchh.) *
Suppl. (V, LXXIX, 48 S.) *

— der Ausstellung bienenwirtschaftlicher Gegenstände in Verbindg. m. der 29. Wander-Versammlg. deutscher u. österreich-ungarischer Bienenwirte zu Königsberg i. Pr. vom 8. bis 12. Septbr. 1884, nebst e. Vorwort üb. den Stand der ostpreuß. Bienenzucht. 8. (44 S.) Königsberg 884. (Gräfe & Unzer.) n.n. — 20

Katalog der Ausstellung ethnographischer Gegenstände aus Deutsch Neu-Guinea im Kunstgewerbe-Museum zu Düsseldorf, 29. April bis 25. Mai 1900. Düsseldorf (1900): Bagel. 61 S. 8°

Hamburg, Ausstellung maritimer Gegenstände, Katalog der —. Eröffnet bei Gelegenheit der Einweihung des neuen Dienst-Gebäudes der Deutschen Seewarte am 14. September 1881. Hamburg 1881.

Katalog der Ausstellung von Gemälden älterer Meister im k. Kunstausstellungsgebäude gegenüber der Glyptothek in München 1869. München 1869. 12°. IV—64 S. Cart.

—— der Ausstellung von Gemälden älterer Meister im Berliner Privatbesitz, veranstaltet zu Ehren der silbernen Hochzeit I.I. kk. und kk. Hoheiten des Kronprinzen und der Frau Kronprinzessin in der königl. Akademie der Künste, 25. Jan. bis Anfang März 1883. 8. (VI, 69 S. mit 1 Grundriss.) Berlin 883, Weidmann'sche Buchh.

Katalog der Ausstellung Pernhart'scher Gemälde u. Panoramen im I. Stockwerke der Realschule, Bahnhofstrasse in Klgft. Klgft., Leon, (1872). 8 S.

Frankfurt a. M., Dritter deutscher Geographentag, Katalog der Geographischen Ausstellung im Saalbau zu Frankfurt a. M., 28. März—8. April 1883. Frankfurt a. M. 1883.

Katalog der Ausstellung des IX. Deutschen Geographentages zu Wien 1891. in: Verhandlungen des neunten Deutschen Geographentages zu Wien. Berlin 1891. S. 335—402. 8°.

Katalog der Ausstellung des X. Deutschen Geographentages, geöffnet vom 3. bis 9. April 1893 in den Räumen des Königsbaues zu Stuttgart. Herausgegeben vom Ortsausschuss. Stuttgart 1893. 94 S. an: Verhandlungen des zehnten Deutschen Geographentages zu Stuttgart. Berlin 1893. 8°.

Katalog der Ausstellung des XI. Deutschen Geographentages, geöffnet vom 14. bis 21. April in den Räumen des Künstlervereins zu Bremen. Herausgegeben im Auftrage des Ortsausschusses von der Ausstellungskommission. Bremen 1895. 110 S. an: Verhandlungen des elften Deutschen Geographentages zu Bremen. Berlin 1896. 8°.

Katalog der Ausstellung des XIII. Deutschen Geographentages zu Breslau. Den Mitgliedern u. Teilnehmern d. Versamml. überreicht v. Ortsausschusse. (Vorr.: J[oseph] Partsch.) *Breslau 1901: Bresl. Genossensch.-Buchdr.* (IV, 52, 8 S.) 8° [01. 7903 2

Katalog der Ausstellung des 15. Deutschen Geographen-Tages zu Danzig. (Vorr.: Georg Gromsch.) Danzig 1905: A. Müller. (50 S.) 8° [F.] [05. 27910

Katalog der Ausstellung des 17. deutschen Geographentages in Lübeck, Pfingsten 1909. Mit e. Beigabe: 'Geschichte d. Kartographie Lübecks', von Dr. G[ustav] Häussler, Oberl. Hrsg. v. Ortsausschuss. Lübeck 1909: (Schmidt). 71 S. 8° [09. 11621

Katalog der geographischen Ausstellung, veranstaltet von der Ostschweizerischen Geographisch-Commerciellen Gesellschaft [im Kantonsschulgebäude zu St. Gallen 1878]. [St. Gallen 1878.] 48, 38, 4 S. 8°.

— der geographischen Ausstellung d. internationalen geographischen Kongresses in Bern, 1.—11. Aug. 1891. gr. 8. (XVI, IV, 96; 68 u. 66 S. m. 3 Plänen.) Bern 891. (Schmid, Francke & Co.) n.n. 2. —

Petersburg, Kais. Russ. Geographische Gesellschaft, Katalog der Geographischen Ausstellung in Moskau 1892. Moskau 1892.

25jähr. Jubel-Kongress des Deutschen Weinbau-Vereins in Trier ... 1898. Katalog der Ausstellung von Geräthen und Bedarfs-Gegenständen für Weinbau, Weinbehandlung und Kellerwirthschaft. Trier 1898: Lintz. 20 S. -- 121°

20. Deutscher Weinbau-Kongress Bad Kreuznach ... 1901. Katalog der Ausstellung von Geräthen und Gebrauchsgegenständen für Weinbau, Weinbehandlung und Kellerwirtschaft, sowie von Obst und Trauben. Bad Kreuznach 1901: Harrach. 29 S. -- 121°

Katalog für die Ausstellung kirchlicher Geräthe Schleswig-Holsteins im Thaulow-Museum. Kiel, Juni 1902. (Vorr.: Dr. G[ustav] Brandt.) Kiel 1902: L. Handorff. (IV, 49 S.) 8° [02. 9841

Katalog zur Ausstellung der Geschichte der Medizin in Kunst und Kunsthandwerk. Zur Eröffnung d. Kaiserin Friedrich-Hauses, 1. März 1906. (Vorr.: Eugen Holländer.) Stuttgart: F. Enke 1906. (202 S.) 8° [06. 3036

19. Internat. kunsthist. Kongress in München v. 16. bis 20. Sept. 1909. Katalog der Ausstellung zur Geschichte der Miniaturmalerei im Fürstensaale d. Kgl. Hof- u. Staatsbibliothek. München 1909: M. Müller. 31 S. 8°

Katalog der Ausstellung für Gewerbe, Industrie und Landwirtschaft in Grossenhain vom 24. Juni bis 20. Juli 1897. Hrsg. vom Pressausschuss. *(Grossenhain 1897: H. Starke.)* (VI, 78 S.) 8° [F. u. Ant.] [01. 738

Katalog der Ausstellung von älteren Glasmalereien aus hiesigem Privatbesitz. Künstlergut Zürich, Mai 1877. 33 S. 8. Zürich, Orell Füssli & Co. 1877 —. 50

— der graphischen Ausstellg. d. J. 1895. Eröffng. am 18. Octbr. 1895. Hrsg. v. d. Gesellschaft f. vervielfältig. Kunst. 8. (86 S. m. Abb.) Wien 895. Gesellschaft f. vervielfältig. Kunst. n.n. — 60

Katalog d. Graphisch. Ausstell. d. Württ. Buch- u. Druckgewerbe 1889. Stuttgart 1889

—— der Ausstellung d. Königr. Grossbritannien u. Irland der internationalen Ausstellung f. Musik- u. Theaterwesen, Wien 1892. Hrsg. v. der Ausstellungscommission. gr. 8. (VI, 47 S.) Wien 892. (Lpz., Literar. Anstalt Aug. Schulze.) — 60

Katalog der 1. grossen allgemeinen Ausstellung von Fahrrädern u. Fahrrad-Utensilien in Deutschland ... 1889 im Krystallpalast zu Leipzig. Leipzig 1889. gr. 8.

— der Ausstellung v. Handschriften, Druckwerken, Bildern u. Tonwerken zur Faustsage u. Faustdichtung, veranstaltet vom Freien Deutschen Hochstift. 28. Aug.—10. Novbr. 1893. gr. 8. (VIII, 127 S.) Frankfurt a/M. 893. (Gebr. Knauer.) 1. 50; m. 20 Taf. n. 4. —; Liebhaber-Ausg. m. Taf. n. 6. —

Katalog der Ausstellung von Handschriften aus dem islamischen Kulturkreis im Fürstensaal der K. Hof- u. Staatsbibliothek. München: [Hof- u. Staatsbibl.] 1910. 37 S. 8°

— der heraldischen Ausstellung zu Berlin 1882. Bearb. von Ad. M. Hildebrandt. 2. Aufl. gr. 8. (VII, 215 S.) Berlin 882. C. Heymann's Verl. 1. 50

Katalog der heraldischen Ausstellung zu Mitau 1903 Mitau ('03). XVI, 246 S.

Catalog. K' der Heraldischen Ausstellung auf dem Schneggen in Zürich. 6.–8. November 1897. [Mit Illustrationen und 1 Tafel.] 8. [Zürich] 1897.

Katalog der Ausstellung literarischer und technischer Hilfsmittel für das deutsche Turnen auf dem 11. Deutschen Turnfest in Frankfurt a. M. 1908, Beil.: Facsimile e. Originalbriefes v. Friedrich Ludwig Jahn an d. Turngemeinde zu Stettin 12. 5. 1848, Frankfurt a. M. 1908, 78 S., Kl.-8°.

82. Versammlung deutscher Naturforscher u. Aerzte. **Katalog** der Ausstellung von wissenschaftlichen Hilfsmitteln des Unterrichts und der Forschung mit e. Abhandlung d. Prof. Dr. Lassar-Cohn ... Königsberg Pr.: Haasenstein & Vogler (1910). 72 S. 4°

Deutsche Lehrerversammlung Hamburg 1896. **Katalog** der Historischen Ausstellung von Bilderbüchern und Illustrierten Jugendschriften in der Kunsthalle. (Vorr.: Fr. v. Borstel.) *Hamburg: Dr. d. Hamburger Fremdenbl. (1896).* (95 S.) 1 Bd 8. [96. 4663

— der historischen Ausstellung von Wiener Buchdruck-Erzeugnissen 1482—1882. 8. (VIII, 133 S.) Wien 882. (Frick.) n. 2. —

[F.] Ausstellung Kiel 1896. **Katalog** der Historischen Ausstellung aus d. Geschichte d. Herzogtümer Schleswig-Holstein 1815—1865 ... 7. Aufl. *Kiel: A. F. Jensen 1896.* (55 S.) 1 Bd 8. [96. 3812

Katalog der historischen Ausstellung der Stadt Nürnberg auf der Jubiläums-Landes-Ausstellung Nürnberg 1906. Nürnberg: Selbstverl. d. Stadtmagistrats 1906. (459 S.) 8°

— der historischen Ausstellung der Stadt Nürnberg auf der Jubiläums-Landes-Ausstellung Nürnberg 1906. (460 S. m. Abb.) 8. Nürnberg, J. L. Schrag. n.n. 2. 50

Katalog der historischen Ausstellung der Stadt Wien 1883. Aus Anlass der zweiten Säcularfeier der Befreiung Wien's von den Türken vom Gemeinderathe der Reichshaupt- und Residenzstadt Wien veranstaltet. 1.—3. Aufl. 8. (XVIII, 409 S.) Wien 883, (Lechner's Sortiment.) *

Katalog der ersten Ausstellung deutscher Holzschnitte. (47 S) Leipzig (1898)

Katalog zur Ausstellung von Jagd- und Luxushunden anläßlich der am 6., 7. u. 8. Sept. 1903 stattfindenden III. kärnt. Landestierschau. Klgft., Leon, 1903. 22 S.

Katalog der japanischen Ausstellung. Wien 1873

—— der internationalen elektrischen Ausstellung in Wien 1883. 2. revid. und vielfach ergänzte Aufl. 8. (III, 370 S. mit 1 color. Orientirungs-Plane.) Wien 883, (Lechner's Sortiment.) **
Französ. Ausg. (III, 367 S.) **

—— der 3. internationalen Ausstellung von Hunden aller Racen am 19., 20., 21. und 22. Mai 1887 auf dem Rennplatze [kleine Bult] vor Hannover, veranstaltet von dem Verein zur Veredelung der Hunderacen für Deutschland. 8. (106 S.) Hannover 887, (Schmorl und v. Seefeld.) cart. in Leinw. * — 70

Catalog. K' der Ersten Internationalen Ausstellung von Hunden aller Rassen des Verbandes kynologischer Vereine in Basel, veranstaltet vom Verein Basler Hundesport, verbunden mit der Intern' Sonderausstellung des Schweiz. Vorstehhund-Club für Vorstehhunde aller Rassen ... in Basel am 31. März und 1. April 1906. IV + 80 S. 8. Basel, F. Gassmann. fr. 1. —

— der internationalen Ausstellung von Kraft- u. Arbeitsmaschinen für das Kleingewerbe, sowie Maschinen u. Geräthe für die Molkerei u. Landwirthschaft, abgeh. zu Altona vom 18. Aug. bis 17. Octbr. 1881. gr. 8. (XXIV, 80 S.) Altona 881. (Schlüter.) n.n. 1. 50

— der internationalen Ausstellung von Maschinen der Müllerei, Bäckerei und Landwirtschaft. Nürnberg 1876

——— der unter dem Protectorate Sr. k. und k. Hoh. des durchlauchtigsten Hrn. Erzherzogs Carl Ludwig vom niederösterreichischen Gewerbevereine veranstalteten internationalen Ausstellung von Motoren und Werkzeugsmaschinen für das Kleingewerbe, Wien 1884. Hrsg. von der Ausstellungs-Commission. 1. und 2. erweit. und revid. Aufl. 8. (XLV, 175 S. mit eingedr. Holzschn.) Wien 884, (Seidel und Sohn.) *

— der internationalen photographischen Ausstellung im k. k. österr. Museum für Kunst u. Industrie 1881. 2. Aufl. mit einer Uebersicht der wichtigeren photograph. Verfahren u. den Mittheilungen der Aussteller. gr. 8. (XII, 38 S.) Wien 881. Verl. der Photograph. Correspondenz. — 45

— der internationalen Ausstellung f. Volksernährung, Armeeverpflegung, Rettungswesen u. Verkehrsmittel in Verbindung m. einer Sportausstellung ꝛc. vom 20. Apr. bis 1. Juli 1894, Wien-Rotunde, veranstaltet v. dem Verein zur Verbreitg. landwirthschaftl. Kenntnisse. 8. (XV, 172 u. 12 S.) Wien 894. (Spielhagen & Schurich.) n.n. 1. —; geb. n.n. 1. 60

5. Internat. Zahnärztl. Kongreß. Berlin 1909. 23. bis 28. Aug. Katalog der Internationalen Ausstellung für Zahnheilkunde im Reichstagsgebäude. Berlin: Centralstelle f. Hygiene (1909). 137 S. 8°

Katalog d. Ausstellung f. Kartoffel-Verwertung zu Berlin ... 1903 .. Berl. 1903. 134 S.

Katalog der Ausstellung zum X. archäologischen Kongress in Riga 1896. M. 34 Lichtdrucktaf. *Riga: W. F. Häcker 1896.* (LXXXV, 255 S., 34 Bl., 34 Taf.) 1 Bd 4.(8.) [98. 4470 Go

Katalog d. Ausstellg. z. X. archäologischen Kongress in Riga 1896. Lex.-8. (LXXXV, 255 S. m. 34 Lichtdr.-Taf. u. 34 Bl. Erklärgn.) Riga 896. (N. Kymmel's Sort. — A. Stieda). n. 6. —; erh. Pr. n. 8. —

IX. internationaler Congress gegen den Alkoholismus zu Bremen am 12. bis 19. April 1903.... Katalog der Ausstellung. IV + 64 S. 8. (Bremen, Diercksen & Wichlein.)

Katalog der Ausstellung des internationalen geographischen Kongresses in Bern 1891. Mit 3 Plänen. Gr. in-8°. XVI, IV, 96; 68 u. VIII, 66 S. Bern (Schmid, Francke & Co.). 1891. 2 50

—— der Ausstellung von Kraft- und Arbeits-Maschinen für das Kleingewerbe in Nürnberg 1885. Hrsg. vom Rektorat der Baugewerkschule Nürnberg. 8. (XVIII, 126 S. mit Illustr.) Nürnberg 885, (H. Schrag.) ** — 75

Katalog der Ausstellung von Kraft- und Arbeits-Maschinen für das Kleingewerbe in Nürnberg 1885. 2. Aufl. Nürnberg 1885

[Katalog der Ausstellung der Firma] Fried. Krupp, A. G., [auf der] Weltausstellung Lüttich 1905. Essen-Ruhr, 1905. 49 S. mit Abb.

— der Ausstellung für Küche und Tafel in Frankfurt 1878. Frankfurt a. M. 1878

— der Ausstellung älterer englischer Kunst in der königl. Akademie der Künste (zu Berlin) vom 26. I. bis 23. II. 1908 täglich von 10—6 Uhr. (72 S. m. Abbildgn. u. 1 Plan.) kl. 8. Berlin (908). (Union, Zweigniederlassung.) Kart. nn 1. —

— d. Ausstellg. v. Kunst u. Altertum in Elsass-Lothr. auf d. Industrie- u. Gewerbe-Ausstellung Strassburg 1895. Orangerie-Gebäude 1. Juli — 15. Octbr. 1895. gr. 8. (160 S.) Strassburg 895. J. H. E. Heitz. n. 2. —

— der Ausstellung f. christliche Kunst, Düsseldorf 1909, unter dem Protektorat Sr. kaiserl. u. königl. Hoh. des Kronprinzen des Deutschen Reiches u. v. Preussen vom 15. V. bis 3. X. (XII, 116 S. m. 1 Taf. u. 1 eingedr. Plan u. 64 S. Abb.) kl. 8. Düsseldorf 909. L. Schwann. 1. 50

45. Generalversammlung der Katholiken Deutschlands 1898. Katalog der Ausstellung für christliche Kunst. [Nebst] Nachtrag. *Krefeld: Dr. v. J. B. Klein 1898.* 2 Bde 8.
Katalog ... (16 S.) Nachtr. (22 S.) [98. 9804

— der Ausstellung deutscher Kunst aus der Zeit von 1775—1875. Gemälde. Königl. Nationalgalerie, Berlin. Januar bis Mai 1906. (Umschlag: Deutsche Jahrhundert-Ausstellg.) (232 S.) kl. 8. München (906). Verlagsanstalt F. Bruckmann. n. 1. 20

— dasselbe. Zeichnungen, Aquarelle, Pastelle, Oelstudien, Miniaturen u. Möbel. (160 S.) kl. 8. Ebd. (906). n. 1. 20

— der 1. Ausstellung für Kunst im Handwerk, München 1901. qu. gr. 8. (94 u. 48 S. m. Abbildgn.) München (901.) (L. Burger.) n. 2. —

Katalog der kunstgeschichtlichen Ausstellung zu Erfurt. Sept. 1903. (Vorr.: Dr. O[skar] Doering, Provinzialkonservator von Sachsen.) *Magdeburg: E. Baensch jun. (1903).* (88 S., 54 Taf.) 8° [J.] [03. 14008

— der kunstgeschichtlichen Ausstellung zu Erfurt Septbr. 1903. 4. Aufl. (XX, 88 S. m. 54 Taf.) kl. 8. Magdeburg (903). E. Baensch jun. Geb. 1. —

Katalog der ersten kunstgewerblichen Ausstellung im Landhause von Klgft. Klgft., Bertschinger, 1903. 44 S. (Verf.: Johann Gornik.)

Kunsthistorische Ausstellung Düsseldorf 1904. **Katalog**. Düsseldorf: Ausstellungsleitung (1904). XXII, 214 S. 8°

Kunsthistorische Ausstellung, Düsseldorf 1904. Katalog. (Vorr.: Paul Clemen.) 2. Aufl., ausgegeb. im Aug. 1904. *Düsseldorf: Ausstellungsleitung; Schmitz & Olbertz in Komm. (1904).* (XXXI, 234 S.) 8°

Katalog [der] Ausstellung vlämischer Künstler im Kaiser-Wilhelmmuseum Krefeld. (Gent): J. de Praetere 1898. (XXXI S., 1 Bl.) 8°

— der 3. Ausstellung des deutschen Künstlerbundes Weimar 1906. (60 S. u. 32 S. Abb.) kl. 8. Weimar 906. (L. Thelemann.) Kart. n.n. 1.—

— der Ausstellung im Künstlerhause, Wien 1894. Münchener „Secession", „Freie Vereinigung Düsseldorfer Künstler". Austellung v. Werken inländ. Künstler. 12. (72 u. 21 S. m. Abbildgn.) Wien 894. (Leipzig, Literar. Anstalt A. Schulze.) n. 1. 40

— d. Ausstellg. in Wien, Künstlerhaus, Lothringerstrasse 9. 1896. schmal 12. (48 S. m. 1 Taf.) Wien 896. (Leipzig, Literar. Anstalt, A. Schulze.) n. — 60

— dasselbe. 1897. schmal 8. (23 S.) Ebd. 897. n. — 60

— der Ausstellung der Darmstädter Künstlerkolonie vom 15. VII. bis 10. X. 1904. (104 S. m. 7 Plänen u. 20 Taf.) kl. 8. Darmstadt 904. (A. Bergsträsser.) n.n. 1.—

— dasselbe. Gemälde u. Skulpturen. 2. Aufl. (262 u. 10 S. u. 94 S. Abbildgn.) kl. 8. Ebd. (906). n. 2. 40

— der Ausstellung mod. Kunstwerke aus Privatbesitz. veranstaltet vom sächsisch. Kunstverein zu Dresden. (Oktbr. bis Mitte Novbr. 1907.) II. Ausg. (32 S.) kl. 8. Dresden 907. C. Heinrich. — 35

KATALOG der Ausstellung der Kupferstiche und Holzschnitte von Albrecht Dürer aus der H. A. Cornill-d'Orville'schen Sammlung zu Frankfurt am Main, veranstaltet vom Freien Deutschen Hochstifte Mai—Juni 1889. (Mit 1 Tafel.) Frankfurt a. M. (1889.) Druck von Gebrüder Knauer.

Umschlagtitel: Dürer. Ausstellung der Kupferstiche und Holzschnitte von Albrecht Dürer aus der H. A. Cornill-d'Orville'schen Sammlung zu Frankfurt am Main, veranstaltet vom Freien Deutschen Hochstifte Mai—Juni 1889. Frankfurt a. M. (1889.) Druck von Gebrüder Knauer. 8°.

Katalog der Landwirthschaftlichen Ausstellung für 1862. Klgft., v. Kleinmayr, (1862). 43 S.

— der landwirthschaftlichen Ausstellung in Celle vom 29. Mai bis 2. Juni 1870. Der 1. hannover. Markt zum Verkaufe von land- und hauswirthschaftl. Maschinen, Instrumenten, Werkzeugen, Geräthen, Apparaten, Producten, Fabrikaten ꝛc. veranstaltet von der königl. Landwirthschafts-Gesellschaft der Provinz Hannover. Im Auftrage des Ausstellungs-Comités hrsg. von Aug. Schulze. gr. 8. (49 S.) Celle 870, Schulze'sche Buchh.

Katalog der land- und forstwirthschaftlichen Ausstellung veranstaltet von der k. k. Landwirthschafts-Gesellschaft in Wien bei ihrer 50jähr. Jubelfeier im Mai 1857. gr. 8. (193 S.) Wien 857, (Gerold's Sohn.) **

Die Landwirtschaftskammer für die Rheinprovinz auf der Wanderausstellung der Deutschen Landwirtschaftsgesellschaft zu Düsseldorf in den Tagen vom 6.–11. Juni 1907. **Katalog** ihrer Ausstellung mit wissenschaftl. Erläuterungen. Bonn: Landwirtschaftskammer 1907. 63 S. 8°
(Veröffentlichungen d. Landwirtschaftskammer f. d. Rheinprovinz. 1907, No. 1.)
A 12. 9838

— der Ausstellung zum 3. deutschen Lehrertag in Sagobiel's Etablissement grosse Drehbahn vom 17. bis 20. Mai 1880. 8. (III, 51 S.) Hamburg 880. Schönwandt in Comm. n.n. — 50

— zu der Ausstellung zur deutschen Lehrerversammlung in Königsberg i. Pr. vom 23.—26. V. 1904 in der Festhalle im Tiergarten. Geöffnet vom 20. V. bis 5. VI. (100 S.) kl. 8. Königsberg 904. (Gräfe & Unzer, Buchh.) n. — 40

Deutsche Lehrerversammlung in Königsberg i. Pr. 1904. Katalog zu der Ausstellung in der Festhalle im Tiergarten. Königsberg i. Pr. 1904: R. Leupold. (100, 24, IV S.) 8°
[illegible]

Katalog der Ausstellung v. Lehrmitteln u. Lehrbüchern f. österreich. Handelslehranstalten auf d. 9. internation. Kongress f. kaufmänn. Bildungswesen in Wien, Wien 1.—16. IX. 1910 in den Räumen der Wiener Handels-Akademie, Wien I., Akademiestr. Nr. 12. (52 S.) gr. 8. Wien 910. C. Fromme. — 40

— der Ausstellung neuerer Lehr- u. Anschauungsmittel f. den Unterricht an Mittelschulen, k. k. österreichisches Museum f. Kunst u. Industrie in Wien vom 5.—26. IV. 1903. 2., erweit. Aufl. (XV, 164 S. m. 1 Plan.) gr. 8. Wien (903). C. Fromme. n. 1.—

Katalog zur Ausstellung von Lehrmitteln im Königlichen Zeughaus veranstaltet vom Lehrmittel-Museum in Dresden 1884. Dresden 1884

Deutsche Unterrichtsausstellung in Chicago 1893. **Katalog** der Ausstellung für das höhere Mädchenschulwesen und das gesamte Volksschulwesen. — (Chicago 1893: Stern.) 10 S. 8°

— der Ausstellung Dresdner Maler u. Zeichner 1800—1850. Veranstaltet vom sächs. Kunstverein zu Dresden. Mitte April bis Ende Mai 1908 Brühlsche Terrasse. (56 S.) kl. 8. Dresden (908). (C. Heinrich.) — 80

Katalog der Ausstellung von landwirthschaftlichen Maschinen, Acker- und Hausgeräthen, sowie einigen Producten während der Säcular-Feier der Königl. Landwirthschafts-Gesellschaft zu Celle am 2., 3. und 4. Juni 1864. gr. 8. (48 S.) Celle 864, (Schulze'sche Buchh.) *.

Kaiser Franz Josef-Museum f. Kunst u. Gewerbe in Troppau. ⟨Schles. Landesmuseum.⟩ **Katalog** der Ausstellung von Miniaturen. 23. Mai bis 15. Juni 1905. (Vorr.: Edmund Wilh. Braun.) Troppau ('05). XII, 73 S.

Katalog der Ausstellung für Moor-, Haide- u. Wiesenkultur in der Provinz Westfalen auf d. Schützenhofe zu Münster v. 27. Sept. bis 10. Okt. 1900. *Münster i. W. [1900]: 'Der Westfale.'* (61, 4 S.) 8° [illegible]

— der neuphilologischen Ausstellung des 9. allgem. deutschen Neuphilologentages. Pfingsten 1900. Leipzig. gr. 8. (X, 151 S. m. 1 Bildnis. Leipzig 900. Dr. Seele & Co. n. 2.—

— der orientalisch-keramischen Ausstellung im Orientalischen Museum 1884. Lex.-8. (XLIII, 150 S. mit zahlreichen eingedr. Illustr. und 1 Lichtdr.-Taf.).] Wien 884, (Leipzig, A. Lorentz.) **

Katalog. Erste Ostpreussische Ausstellung für Volkswohlfahrt und Gesundheitspflege in Insterburg, 22. Juni – 6. Juli 1902. (Vorr.: Ernst v. Leyden). [Nebst] Nachtrag. Insterburg (1902): A. Bittner. 8°

Katalog der permanenten Ausstellung des Kreismagazins von Oberbayern für Lehrmittel u Schuleinrichtungsgegenstände mit Nachtr. 1. 2. München 1888. 93. 1900

Stadtbibliothek zu Frankfurt a. M. Katalog der permanenten Ausstellung. (Vorr.: [Friedrich Klemens] Ebrard.) Frankfurt a. M. 1894: Gebr. Fey. (36 S.) 8°

Katalog d. 4. Ausstellg. d. Sudd. Photogr.-Ver. Stuttgart 1899. (53 S) München 1899

— der photographischen Ausstellung verbunden m. der XXXV. Wanderversammlung des deutschen Photographen-Vereines in Breslau im Schles. Museum f. Kunstgewerbe u. Altertümer. Geöffnet vom 27. VIII. bis 23. IX. 1906. Mit 16 Kunstbeilagen in Autotypie, Heliogravüre, Lichtdruck u. Bromsilberdruck. (46 S.) 8. Weimar 906. Verlag der deutschen Photographen-Zeitg. n. — 50

— der photographischen Ausstellung der 36.—39. Wanderversammlung des deutschen Photographen-Vereins. kl. 8. Weimar, Verlag der deutschen Photographen-Zeitung. à — 50

36. Vom 29. VIII. bis 10. IX. 1907 zu Bremen. Mit 14 Kunstbeilagen in Autotypie, Ozobromdruck, Heliogravüre, Lichtdruck u. Bromsilberdruck. (43 S.) 907.
37. Posen 1908 im Kaiser-Friedrich-Museum, geöffnet vom 24. VIII. bis 13. IX. 1908. Mit 22 Kunstbeilagen in Autotypie, Lichtdr., Heliograv., Mattalbumin, Bromsilberdr., Pigmentdr. (40 u. II S.) 908.
38. Vom 23. bis 27. VIII. 1909 zu Weimar. Mit 23 Kunstbeilagen in Autotypie, Dreifarbendr., Lichtdr., Heliograv. u. Handdrucken auf verschiedenen neueren Papieren. (58 S.) 909.
39. Vom 5.—9. IX. 1910 zu Elberfeld. Mit 20 Kunstbeilagen in Autotypie, Dreifarbendr., Lichtdr., Heliograv. u. Handdrucken auf verschiedenen neueren Papieren. (35 S.) 910.

— d. Ausstellg, künstler. Placate im kgl. Kupferstichkabinet zu Dresden v. 1. April—30. Juni 1896. 8. (51 S.) Dresden 896. (Warnatz & Lehmann.) n. 30. —

— der Ausstellung v. europäischem Porzellan (m. Ausschluss v. Alt-Wiener Porzellan) im Kaiser Franz Josef-Museum f. Kunst u. Gewerbe in Troppau (schlesisches Landesmuseum). 1. II. bis 1. III. 1906. (XI, 130 S. m. 8 Taf.) 8. Troppau (906). (O. Gollmann.) n.n. 1. —

— der retrospectiven Ausstellung polnischer Kunst 1764—1886, hrsg. von Joh. v. Boloz Antoniewicz. 8. (212 S. m. 75 Illustr.) Lemberg 894. (Piekarska 5, Tadeusz Pini.) n. 2. 50

Katalog der Rigaschen culturhistorischen Ausstellung veranstaltet von der Gesellschaft für Geschichte und Alterthumskunde der Ostseeprovinzen Russlands. Mit 10 Lichtdrucktafeln. Riga. 1883. 8°

Berliner typogr. Gesellschaft. **Katalog** der Ausstellung farbig illustrierter Schul- und Volksbücher im Papierhause, Dessauer Straße 2. Vom 14. Okt. bis 15. Nov. 1907. (Berlin: Gebr. Feyl) 1907. (56 S.) 8° [07. 16377

Catalog. K' für die Schweizerische und internationale photogr. Ausstellung im kantonalen Gewerbemuseum Bern vom 31. Oktober bis 15. November 1903. ... Veranstaltet von der Photographischen Gesellschaft Bern. [Illustriert.] 78 S. 8. Bern, Stalder & Sieber, 1903.

VII. Schweizerische Ausstellung für Landwirtschaft, Forstwirtschaft und Gartenbau in Frauenfeld (vom 18. bis 27. September) 1903. Katalog = VIIe Exposition Suisse d'Agriculture, de Sylviculture et d'Horticulture à Frauenfeld. Catalogue. [Illustriert.] IV + 192 + LXXX S. 8. Frauenfeld, Huber & Co. (fr. 1. —)

— der 1. schweizerischen Ausstellung der kunstgewerblichen u. technisch-gewerblichen Fachschulen, Kurse u. Lehrwerkstätten 1892 in Basel. Hrsg. im Auftrag d. schweiz. Industriedepartements v. d. allgem. Ausstellungskomm. Deutsche Ausg. 8. (140 S. m. 1 Plan u. 1 Bl. Text.) Basel 892, (Schwabe). * — 40; franz. Ausg. (145 S.) * — 40

Katalog der Ausstellung für Spiritus-Industrie zu Berlin vom 8.—16. Februar 1902. Berlin 1902

— d. Ausstellg. kgl. sächsischer Staatsverwaltungen auf d. sächsisch-thüring. Industrie- u. Gewerbeausstellung Leipzig 1897. 8. (362 S. m. Grundrissen.) Leipzig 897. A. Felix. Kart. n.n. 1. 50

— der 1886er südamerikanischen Ausstellung in Berlin, veranstaltet vom Centralverein für Handelsgeographie und Förderung deutscher Interessen im Auslande in der Berliner Waarenbörse vom 15. Septbr. bis 30. Novbr. gr. 8. (248 S.) Berlin 886, (Walther und Apolant.) **

Katalog der Ausstellung orientalischer Teppiche im k. k. österr. Handels-Museum ... 1891 ... Wien, Verlag des k. k. österr. Handels-Museums 1891. 285 + II S., 1 Bl. m. 126 Abb.; 1 Plan in Lithogr. 4°.

— der Ausstellung orientalischer Teppiche im k. k. österr. Handels-Museum. 1891. Lex.-8. (306 S. m. Holzschn. u. 1 Karte in Lichtdr.) Wien 891, Verl. d. k. k. österr. Handels-Museums. * 4 —

— der theatergeschichtlichen Ausstellung der Stadt Wien der internationalen Ausstellung f. Musik- u. Theaterwesen, Wien 1892; Abtheilg. f. Drama u. Theater. gr. 8. (XIII, 281 S. m. 2 Bildern.) Wien 892. (Leipzig, Literar. Anstalt A. Schulze.) n. — 80

— dasselbe. Ausstellung d. Königr. Grossbritannien u. Irland. Hrsg. v. der Ausstellungscommission. gr. 8. (VI, 47 S.) Ebd. 892. n. — 60

— dasselbe der polnischen Abtheilung. Red. v. Alfr. Nossig. gr. 8. (IX, 84 S.) Ebd. 892. n. — 60

— dasselbe der Abtheilung Russland. Direction der kaiserl. Hoftheater in Petersburg u. Moskau. Hrsg. v. der Ausstellungscommission. gr. 8. (IV, 84 S.) Ebd. 892. n. — 60

— dasselbe. Ausstellung d. Königr. Spanien. Hrsg. v. der Ausstellungscommission. gr. 8. (95 S.) Ebd. 892. n. — 60

Gutenberg-Feier in Mainz 1900. **Katalog** der typographischen Ausstellung 23. Juni bis 22. Juli. *Mainz 1900: H. Prickarts.* (87 S.) 8° [00. 7911

Katalog der Ausstellung für Unfallschutz und -Verhütung, Sanitäts- und Rettungswesen Frankfurt a. M. 1901. (216 S) Frankfurt 1901

— der Ausstellung von Unterrichtsgegenständen im Kaisertume Österreich. Wien 1862

Katalog der Ausstellung der Republik Uruguay. Wien (1873?)

Katalog der vom Mannheimer Altertumsverein anlässlich seines 50-jährigen Jubiläums im Trabantensaale des Grossherzogl. Schlosses veranstalteten Ausstellung von Werken der Kleinporträtkunst und kunstgewerblichen Erzeugnissen aus der Zeit von 1700–1850. (Vorr.: Kurt Freyer.) Mannheim: Altertumsverein 1909. XXXI, 149 S. 8° [09. 11476 B

Katalog der zur hundertjährigen Jubelfeier der k. k. kärntnerischen Landwirthschafts-Gesellschaft veranstalteten Ausstellung. Klgft., v. Kleinmayr, 1865. 67 S.

Katalog der zur Sitzung der Pommerschen Ärztevereine am 13. und 14. Juni 1903 vom Greifswalder medicinischen Vereine in der Kgl. Universität veranstalteten Ausstellung wissenschaftlicher Lehrmittel. *Greifswald (1903): F. W. Kunike.* (37 S.) 8° [04. 1144 B

—— der m. der Beethoven-Feier zu Bonn am 11.—15. Mai 1890 verbundenen Ausstellung v. Handschriften, Briefen, Bildnissen, Reliquien Ludwig van Beethoven's, sowie sonst. auf ihn u. seine Familie bezügl. Erinnergn. gr. 8. (75 u. Nachtrag 4 S.) Bonn 890, (Röhrscheid u. Ebbecke). * 1 20

—— der mit der land- und forstwirthschaftlichen Ausstellung vereinigten Ausstellung der Gegenstände des Haushaltes des Land- und Forstwirthes. gr. 8. (47 S.) Wien 857, (Gerold's Sohn.)

— der XXIX. Ausstellung der Vereinigung bildender Künstler Österreichs, Secession, Wien. März, April, Mai 1907. (36 S. m. 1 Plan u. 18 Taf.) 16,5×15 cm. Wien, (H. Heller & Co.). 1.—

Katalog der Ausstellung für vergleichende Völkerkunde der westlichen Südsee, besonders der Deutschen Schutzgebiete (April-Mai 1887.) Mit Erläuterungen von Otto Finsch. (Anlage zu Heft 2. Bd. 10 der Deutschen Geographischen Blätter.) (Geographische Gesellschaft in Bremen.) (Bremen 1887.) 26 S. 8°.

Katalog zur Ausstellung für Volksgesundheitspflege und Volkswohlfahrt am 11.–21. Juni auf Bellevue. *(Stettin 1903: R. Graßmann.)* (19 S.) 8° [3.]

Katalog der Ausstellung von Waffen und Militär-Kostümen. T. 1. 2. *Straßburg 1903: (G. Fischbach).* 2 Bde 8°
[Umschlagt.:] Ausstellung 20. Sept. – 20. Oct. 1903. Waffen, Militair-Uniformen-Kunde im alten Schloß. Gesellsch. d. Kunstfreunde in Straßburg. [04. 8934

Katalog zur Ausstellung von Waren, Maschinen etc. der Bäckerei, Konditorei und Kochkunst in Stuttgart 1882. Stuttgart 1882

Deutscher Weinbau-Congress Colmar i. Els., 22.-30. September 1900.
Katalog der Ausstellung von Weinbaugeräthen und Kellereigegenständen sowie von Trauben und Obst. Verzeichnis der Weine der Kostprobe. Colmar 1900: Jung. 44 S. -- Bibliothèque Nationale et Universitaire de Strasbourg*

Katalog der Ausstellung portugiesischer Weine in Berlin, veranstaltet vom Centralverein für Handelsgeographie u. Förderung deutscher Interessen im Auslande, Berlin, u. der Centralkommission der Ausstellung portugiesischer Weine in Berlin, Lissabon. (October-December 1888.) 8°

Katalog der Ausstellung der Werke von Theodor Grosse in der K. National-Galerie. Berlin 1892. 8°.

Katalog der Ausstellung von Werken der niederländischen Kunst des 17. Jahrhunderts. 4. Auflage. Berlin 1890. 8°.
Ausstellung der Kunstgeschichtlichen Gesellschaft.

Katalog f. die Ausstellung d. Werke älterer Meister. 1. Hälfte. 8. (111 S.) München 876. (Th. Ackermann.) n. — 80
Vgl. Kuhn.

KATALOG der Ausstellung von Werken Alfred Rethels, veranstaltet vom Freien Deutschen Hochstift zu Frankfurt a. M. Juni 1888. Mit 1 Holzschnitt. (Herausgegeben von P. PALTMANN.) Frankfurt a. M. (1888.) Druck von Gebrüder Knauer. 8°

Katalog der Ausstellung der Werke von Ludwig Richter, Theodor Mintrop, A. u. J. Elsasser und H. Funk in der Königl. National-Galerie. Berlin 1878. 8°.

— der Ausstellung v. Werken Jul. Schnorrs v. Carolsfeld, veranstaltet vom Freien deutschen Hochstifte in Frankfurt am Main. Juli u. Aug. 1894. gr. 8. (XV, 112 S. m. Abbildgn. u. 1 Taf.) Frankfurt a/M. 894. (Gebr. Knauer) n. 2. 50

KATALOG der Ausstellung von Werken Morits von Schwinds, veranstaltet vom Freien Deutschen Hochstifte zu Frankfurt a. M. Mai 1887. Mit einer Radierung und zwölf Holzschnitten. ib. —. 8°.

— der Ausstellung stenografischer Werke zu Ehren der XIX. Generalversammlung des Gesammtvereins Gabelsberger'scher Stenografenvereine des Königreichs Sachsen zu Oschatz am 27. Juni 1880. 16. (8 S.) Oschatz 880. Göthel. n. — 20

— der wissenschaftlichen Ausstellung der 59. Versammlung deutscher Naturforscher u. Aerzte. Unter Mitwirkg. der Gruppenvorstände hrsg. v. Osc. Lassar. gr. 8. (VIII, 198 S. m. 1 lith. Plan.) Berlin 886. Hirschwald. n. 1. —

—— zur wissenschaftlichen Ausstellung der 60. Versammlung deutscher Naturforscher und Aerzte zu Wiesbaden. gr. 8. (IX, 224 S. mit 1 Plan.) Wiesbaden 887, Bergmann. * 1 —

Heidelberg, Versammlung (62.) deutscher Naturforscher und Aerzte, Katalog zur wissenschaftlichen Ausstellung der — von C. Leimbach. Heidelberg 1889.

—— einer Ausstellung von Zeichnungen alter Meister im Kupferstichkabinet. Jan.—April 1881. Hrsg. von der Generalverwaltung der königl. Museen zu Berlin. 8. (28 S.) Berlin 881, Weidmann'sche Buchh. **

Katalog der 5. Ausstellung des Bienenwirthschaftlichen Centralvereins für Deutschland abgehalten zu Kiel vom 21. bis 25. September 1893. Kiel. 1893. 8°

Katalog der Ausstell.-Gegenstände in der Kreis-Industrie-Ausstell. zu Hall 1868. 4° Hall (1868)

Katalog einer Auswahl deutscher Werke. Weihnachten 1907. Herausgegeben von der C. Hinrichs'schen Buchhandlung in Leipzig.

— der deutschen Bau-Ausstellung, Dresden 1900. 2. Aufl. Ausg. am 18. VIII. 1900. 8. (578 S. m. 1 farb. Taf.) Dresden-Blasewitz (900). (Leipzig, Gilbers.) Geb. in Leinw. n. 1. —

Frankfurter Architekten- u. Ingen.-Ver. Erste Baukunst-Ausstellung im ehemaligen Thurn- und Taxisschen Palais, Bundes-Palais. Vom 10. bis z. 31. Mai 1907. Katalog [nebst] Nachtrag. (Meiningen 1907: Junghanss & Koritzer.) (120, 3 S.) 8° [Umschlagt.] [07. 7987

—— der im germanischen Museum befindlichen Bautheile und Baumaterialien aus älterer Zeit. Mit Abbild. (auf 20 Stnt.). Lex.-8. (38 S.) Nürnberg 868. (Leipzig, Brockhaus' Sortiment und Antiquarium.) *

Katalog der Herzoglich Anhaltischen Behörden-Bibliothek zu Dessau. Dessau 1896: C. Dünnhaupt. (VII, 798, 237 S.) 8°

—— beschreibender, der Ausstellung von Müllerei-Fahrstühlen in Chemnitz vom 22. März bis 1. April 1887. 8. (26 S. mit 3 Taf.) Leipzig 887, Mor. Schäfer. * — 25

— beschreibender, der Erzeugnisse des Königreichs Württemberg auf der Pariser Ausstellung von 1867. Stuttgart 1867

— beschreibender, der Württembergischen Erzeugnisse in der allgemeinen Deutschen Industrie-Ausstellung zu München. Herausg. von der Verwaltung des Württembergischen Musterlagers in Stuttgart. Stuttgart 854. (Metzler.) gr. 8. (136 S.) n. 12 ngr.

Katalog, beschreibender, der Gemäldesammlung d. herzogl. sachsen-altenburgischen Museums (Lindenau-Stiftung). 8. (VIII, 161 S.) Altenburg (898). (Schnuphase.) Geb. in Leinw. n. 1. 50

Katalog, Beschreibender, des k. k. historischen Museums der österreichischen Eisenbahnen. Verfasst im Auftrage des k. k. Eisenbahnministeriums. (Mit 1 Plan und 7 Abbildungen.) 8. Wien 1902.

— beschreibender, der ethnographischen Sammlung Ludwig Biró's aus Deutsch-Neu-Guinea (Astrolabe-Bai), s.: Sammlungen, ethnogr. des ung. National-museums. III.

— beschreibender, der königl. Staats-Sammlung vaterländischer Kunst- u. Alterthums-Denkmale. 1. Abth. gr. 8. Stuttgart 1886. Metzler's Verl. n. 2. 80
Die Reihengräber-Funde, bearb. v. Ludw. Mayer. Mit 20 (eingedr. zinkogr.) Abbildgn. (XVI, 118 S.)

Katalog und Beschreibung der Sammlungen im Museum des Missionshauses zu Basel. Gr. in-8⁰, 158 S. Basel, Missionsbuchhandlung. 1888.

Stadtbibliothek Frankfurt a. M. Katalog der neueren Bestände. Bd 1–4. Frankfurt a. M.: Knauer 1908–11. 8°
1. I. Enzyklopädien. Sammelwerke. Gesammelte u. vermischte Schriften einzelner Verf. Zeitungswesen. Wissenschaftskunde. Universitäten. Gelehrte Gesellschaften. Bibliothekswesen. II. Rechtswissenschaft. III. Staatswissenschaft. 1908. 2. IV. Kriegswissenschaft. V. Geographie u. Geschichte. 1909. 3. VI. Philosophie. VII. Pädagogik. VIII. Künste. IX. Theologie. X. Sprachwissenschaft u. Literatur. XI. Naturwissenschaften. XII. Medizin. XIII. Buchwesen. 1909. 4. Titel- u. Sachreg. 1911. (11. 5748

— d. neueren Bestände d. Stadtbibliothek Frankfurt am Main. 1.—3. Bd. gr. 8. Frankfurt a/M., Gebr. Knauer. nn à 2.—; geb. nn 2.50
1. I. Enzyklopädien. Sammelwerke. Gesammelte u. vermischte Schriften einzelner Verfasser. Zeitungswesen. Wissenschaftskunde. Universitäten. Gelehrte Gesellschaften. Bibliothekswesen. — II. Rechtswissenschaft. III. Staatswissenschaft. (XX, 368 S.) 908.
2. IV. Kriegswissenschaft. V. Geographie u. Geschichte. (XXI, 470 S.) 909.
3. Philosophie. VII. Pädagogik. VIII. Künste. IX. Theologie. X. Sprachwissenschaft u. Literatur. XI. Naturwissenschaften. XII. Medizin. XIII. Buchwesen. (XVIII, 539 S.) 909.

Katalog von Bethel College: Nos 1–19, 1893/94–1911/12
Annual catalog of the college. First catalog published in German; thereafter in English and German. Organ of Die Allgemeine Conferenz der Mennoniten von Nord-Amerika. First catalog published by August Wiebusch & Sohn Printing Co., St. Louis, Mo. Octavo, each issue 16–40 pages; illustrated.
Newton, KS

Katalog der Bezirks-Gewerbe-Ausstellung Biberach 1900. (108 S) Biberach 1900

Katalog der Bezirks-Gewerbeausstellung Freudenstadt. 1879. Freudenstadt 1879

Katalog d. Bezirks-Gewerbe-Ausstellung in Geislingen 1898. (67 S) Geislingen 1898

Katalog der Bezirks-Gewerbeausstellung Mergentheim 1865. (36 S) Stuttgart 1896

Katalog der Bezirks-Gewerbeausstellung Ravensburg 1896. Ravensburg 1896

Katalog der Bezirksschulbibliothek in Aarau 1884. In-8⁰, 32 S. Aarau, Sauerländer.

Katalog der Bezirkstierschau im Schlossgarten zu Münster i. W. am 14. Juli 1898 veranst. vom Landwirtsch. Hauptverein f. d. Reg.Bez. Münster u. d. Landwirtsch. Kreisverein Münster. *Münster i. W.: Westfale [1898].* (24 S.) 8° [F.] (01. 8 tt 6

Katalog bibliotheca juridica 1897 gratis.
Wien: Perles 1896.

Aachen, Technische Hochschule, Nachtrag III zum Katalog der Bibliothek der —. Aachen 1900. 8°.

Katalog der Bibliothek des Töchterinstituts und Lehrerinnenseminars Aarau (Frühling 1881). In-8⁰, 32 S. Aarau, H. R. Sauerländer.

Katalog der Bibliothek des Töchterinstituts u. Lehrerinnen-Seminars Aarau. II. Nachtrag. Juli 1888. In-8⁰, 46 S. Aarau, ebendas.

Catalog. K' der Bibliothek des Töchterinstituts und Lehrerinnen-seminars Aarau. Nachtrag 3 vom Neujahr 1907. [Bearb. von Rektor Jacob Suter.] II + 95 S. 8. Aarau, A. Villiger-Amsler, 1907.

Katalog (und Reglement) der Bibliothek des Kaufmännischen Vereins Aarau. (1902 Oktober 9.) 30 S. 8. Aarau, Buchdr. Aargauer Nachrichten, 1903.

— der Bibliothek der königl. Akademie der Künste zu Berlin. Hrsg. v. der königl. Akademie der Künste. Bearb. v. E. Dobbert u. W. Grohmann. gr. 8. (XXXI, 576 S.) Berlin 893. A. Asher & Co. n.n. 10. —

—— der Bibliothek der k. k. Akademie der bildenden Künste. gr. 8. (XXII, 503 S.) Wien 876, (Gerold's Sohn.)

— d. Bibliothek d. kgl. Akademie der bild. Künste zu Dresden. Zusammengest. v. Gust. Pauli. gr. 8. (XV, 297 S.) Dresden 897. (v. Zahn & Jaensch.) n.n. 8. —

—— der Bibliothek der Kaiserl. Leopoldinisch-Carolinischen deutschen Akademie der Naturforscher. 2. u. 3. Lfg. gr. 8. Halle. (Lpz., W. Engelmann.) [2. Lfg. (S. I—X; 175—416.) 889. * 2 50; 3. Lfg. (S. XI—XXXII; 417—732.) 891. * 4 —.] * 6 50
1. Lfg. Ebd. 1887. * 2 50.

— der Bibliothek der kaiserl. Leopoldinisch-Carolinischen deutschen Akademie der Naturforscher, bearb. v. Osc. Grulich. 3.—5. Lfg. gr. 8. (1. Bd. XI—XXXII u. S. 417—732 u. 2. Bd. I—XXVII u. S. 1—419.) Halle 893. 894. (Leipzig, W. Engelmann.) n. 11.— (1—5.: n. 16. —)
3. u. 4. Lfg. à n. 4. —. — 5. Lfg. n. 3. —.

— d. Bibliothek d. kaiserl. Leopoldin.-Carolin. deutschen Akademie der Naturforscher, bearbeitet v. Osc. Grulich. 6.—8. Lfg. (Bd. II, 3—5), gr. 8. (XXIX—XLVII u. S. 422—1026.) Halle 895—897. (Leipzig, W. Engelmann.) à n. 4. —; f. Mitglieder n. 2. — (1.—8.: n. 27. —)

— der Bibliothek der kaiserl. Leopoldinisch-Carolinischen deutschen Akademie der Naturforscher, bearb. v. Osc. Grulich. 9. Lfg. (Bd. II, 6.) gr. 8. (L u. S. 1027—1435.) Halle 898. (Leipzig, W. Engelmann.) n. 5. —; f. Mitglieder n.n.n. 2. 50; (1—9 n. 32. —)

— der Bibliothek der kaiserl. Leopoldinisch-Carolinischen deutsch. Akademie d. Naturforscher. 10. Lfg. (III. Bd. 1. Lfg.) (VIII, 253 S.) Lex.-8. Halle 905. (Leipzig, W. Engelmann.) n. 5. —; f. Mitglieder n.n.n. 2. 50 (1—10.: 37. —; f. Mitglieder n.n.n. 18. 50)

Katalog der allgemeinen Bibliothek der Grossherzoglich Hessischen Polytechnischen Schule zu Darmstadt. 1876. VI, 159 S. 8⁰

Katalog der Alten Bibliothek der Ostpreussischen Landschaft. Königsberg i. Pr. 1907. 4⁰

KATALOG zur Bibliothek der Altertums-Gesellschaft zu Insterburg. Insterburg 1893. Druck von C. R. Wilhelmi. 8°.

Katalog zur Bibliothek der Altertums-Gesellschaft zu Insterburg. *Insterburg 1903: A. Bittner.* (68 S.) 8°

— Hydrographisches Amt der Kaiserl. Marine, Katalog der Bibliothek des —. [Autographirt.] [Berlin 1882.] Fol.

Katalog der Bibliothek des Statistischen Amts der Stadt Berlin. Berlin 1901: W. & S. Löwenthal. (XXI, 663 S.) 8°

—— der Bibliothek des Architekten-Vereins zu Berlin. Lex.-8. (XI, 380 S.) Berlin 887, (Ernst und Korn.) ** 6 —

Katalog der Bibliothek des Architekten-Vereins zu Berlin. [Nebst] Nachtr. Nr 1–11. Berlin: Architekten-Ver. 1887–1904. 4°(8°)
Nachtr. 1. 1888. 2. 1889. 3. 1890. 4. 1891. 5. 1892. 6. 1893. 7. 1894. 8. 1896. 9. 1897. 10. 1900. 11. 1904.

Katalog der Bibliothek des Archis der Stadt Dortmund. Dortmund 1909: Ruhfus. 67 S. 8°

— der Bibliothek der allgemeinen deutschen Ausstellung f. Unfallverhütung Berlin 1889. 12. (III, 51 S.) Berlin 889. Pasch. n. 1. —

Katalog der Bibliothek der Ornithologischen Gesellschaft Basel. Januar 1903. IV + 158. 8. Basel, Basler Druck- und Verlags-Anstalt, 1903.

Catalog. K' der Bibliothek der Ornithologischen Gesellschaft Basel. Mai 1910. IV+14 S. 8. Basel, G. Bauer-Brandenberger, 1910.

Katalog der Bibliothek der Sektion Basel des S. A. C. 3. Aufl. In-8°. 70 S. Basel, Buchdruckerei Birkhäuser & Dubi. 1898.

Anhang VIII zum Katalog der Bibliothek des Kaufmännischen Vereins Basel. Beilage zum Jahresbericht pro 1900/1901. [4 S.] 8. [Basel, Schweizer. Verlags-Druckerei.]

Katalog der Bibliothek für Beamte und Arbeiter der Schachtanlage Grimberg der Zeche Monopol bei Kamen (Gelsenkirchener Bergwerks-Aktien-Gesellschaft). Elberfeld, 1906. 95 S.

Katalog der Bibliothek für Beamte und Arbeiter der Zechen Preußen I, Preußen II, Gneisenau und Scharnhorst der Harpener Bergbau-Aktien-Gesellschaft Dortmund. Elberfeld, 1905. 319 S.

Katalog der Bibliothek für Beamte und Arbeiter der Zeche ver. Stein und Hardenberg bei Dortmund (Gelsenkirchener Bergwerks-Aktiengesellschaft). Elberfeld, 1907. 102 S.

Katalog der Bibliothek der vereinigten Königlichen Bergakademie und Bergschule zu Clausthal. *Saarbrücken: Gebr. Hofer 1898.* (XI, 346 S.) 1 Bd 4.(8.) [98. 9383 Go

Katalog der Bibliothek der Kgl. Bergwerksdirektion zu Saarbrücken. Nebst Nachtrag 1 u. 2 (bis 31. Juli 1906). St. Johann-Saarbrücken, 1898—1906. 896 S.

Katalog der Bibliothek der technischen Bildungsanstalt zu Dresden. 1843. XIII, 154 S. [Nebst] Nachtrag bis Ostern 1845. S. 155—179 [u.] Nachtrag von Ostern 1843 bis Ostern 1851. (1851.)

—— der Bibliothek des Börsenvereins der deutschen Buchhändler. gr. 8. (VIII, 161 S.) Leipzig 869, (Expedition des Börsenblattes.)

—— dass. — 1. Nachtrag, die Zugänge aus der Zeit vom 1. Juli 1868 bis zum 31. März 1870 enth. gr. 8. (92 S.) Ebendas. 870.

Katalog der Bibliothek des Börsenvereins der deutschen Buchhändler. Bd [1.] 2. *Leipzig: Börsenver. 1885–1902.* 2 Bde 8°
1. (Vorr.: F. Herm. Meyer.) 1885.
2. Zuwachs 1885–1901. Mit e. Gesammtreg. über beide Bde. (Vorr.: Konrad Burger.) 1902.
— Verzeichniss d. Sammlungen d. Börsenvereins d. deutschen Buchhändler. 1. 3. [03. 4733

KATALOG der Bibliothek der Section Breslau des Deutschen und Österreichischen Alpenvereins. Breslau 1891. (Buch- und Steindruckerei Adolf Stenzel.) 8°.

KATALOG der Bibliothek der Section Breslau des Deutschen und Österreichischen Alpenvereins. Breslau 1899. (Druck von Adolf Stenzel, vorm. Brehmer & Minuth.) 8°.

KATALOG der Bibliothek der Sektion Breslau des Deutschen und Österreichischen Alpenvereins. Breslau 1906. (o. Dr.) 8°.

—— der Bibliothek des Buchhandlungs-Gehilfen-Vereins zu Leipzig. gr. 8. (XVI, 223 S.) Leipzig 887, Buchhandlungs-Gehilfen-Verein. ** 1 —

Königl. Preussisches Statistisches Bureau, Katalog der Bibliothek des —. 2. Bände. Berlin 1874, 79.

—— der Bibliothek d. königl. Sächs. statistischen Bureaus. Hrsg. v. der Direktion. Lex.-8. (XVI, 633 S.) Dresd. 890, (v. Zahn u. Juensch). * 12 50

—— der Bibliothek des kgl. statistischen Bureaus zu Berlin. 1. Abthl. Nach Wissenschaften geordnet. gr. 4. (XII, 632; LXXI S. Register.) Berlin 874, Verlag des k. statist. Bureaus. *

—— der Bibliothek des königl. statistischen Bureaus zu Berlin. 2. Abthl. Nach Staaten geordnet. Lex.-8. (XXXII, 981 S.) Berlin 879, Verlag des statist. Bureaus. *
1. Abthl. Ebendas. 1874. *M. 10.

Katalog d. Bibliothek d. kön. statist. Büreaus in Berlin (bearb. v. Lippert). Berlin bis 879. Bd. I. II.

Katalog der Bibliothek des statistischen Bureaus in Gotha. Gotha 1882

Katalog d. Bibliothek d. statist. Bureaus der k. Hauptstadt Prag. (340 S.) Prag 1898.

Katalog der Bibliothek der Herzoglichen Technischen Hochschule Carolo–Wilhelmina zu Braunschweig. Abt. 1. [Nebst] Nachtr. 1–2-; Abt. 3. 5. [Mehr nicht ersch.] Braunschweig 1880–1907: Vieweg. 8° [Nachtr. autogr.]

Katalog der Bibliothek der Herzoglichen Technischen Hochschule Carolo-Wilhelmina zu Braunschweig. Abth. 1. Mathematik. Physik. Chemie. Mineralogie. Botanik. Zoologie. Berg- u. Hüttenwesen. Land- u. Forstwirthschaft. Technologie. Mechanik u. Maschinenwesen. Bau- u. Ingenieurwesen. Bildende Künste. 1880. 319 S. 8°

— der Bibliothek der herzogl. technischen Hochschule Carolo-Wilhelmina zu Braunschweig. 1. Abth. gr. 8. (VIII, 319 S.) Braunschweig 880. (Schulbuchh.) n.n. 2. 50

Katalog der Bibliothek der Herzoglichen Technischen Hochschule Carolo-Wilhelmina zu Braunschweig. Abt. 3. 5. 1907. 8⁰
3. Maschinenwesen einschl. der mechanischen Technologie, Elektrotechnik, sowie der Heizungs-, Lüftungs-, Wasserversorgungs- u. Gasinstallationstechnik. 81 S.
5. Mathematik, Geodäsie, Astronomie u. Mechanik. 75 S.

Catalog. K' der Bibliothek [der] Muster- und Modellsammlung Chur. 1906. IV + 20 S. 8. Chur, Manatschal Ebner & Cie., 1906.

Katalog der Bibliothek der Loge „Constantia zur Zuversicht" im Or.·. Konstanz. Konstanz 1892: Stadler. 23 S. 8⁰ 358 a.

Germania Männerchor. Catalog der deutsch-amerikanischen Bibliothek. Chicago: Germania Männerchor, 1894. UC

— der deutschen Bibliothek auf der Weltausstellung St. Louis. World-Exposition. German Library. 1904. (54 S.) Lex.-8. Leipzig (904). F. Volckmar. — 75

— der Bibliothek der königl. Forstakademie Eberswalde. gr. 8. (X, 726 S.) Eberswalde 885. (Berlin, J. Springer.) n. 2. —

Katalog der Bibliothek der Königlichen Forstakademie Eberswalde. [Nebst] Nachtr. *(Neu Ruppin) 1885–99: (E. Buchbinder).* 2 Bde 8⁰

Katalog der Bibliothek der Königlichen Forstakademie Eberswalde 1885. - Berlin 1885. X, 726 S. - Nachtr. ebd. 1900. 410 S.

Katalog der eidgenössischen Bibliothek mit I. Nachtrag. Bern 1861. 64

Katalog der Eidgenössischen Bibliothek = Catalogue de la Bibliothèque fédérale. 1. Supplement, 1899—1903. IV + 167 S. 8. Bern, Lack Aeschlimann & Jost, 1903.

Katalog der Bibliothek der Großherzoglichen Forstakademie Eisenach. - Eisenach 1909. 211 S.

Katalog der Königlichen Bibliothek zu Erfurt. 1. *Erfurt 1903: Ruebsam & Söhne.* 8⁰ [ii. 15784]

— der Bibliothek der Export-Akademie des k. k. österr. Handelsmuseums in Wien. I. Titelverzeichnis (Autorenkatalog). (333 S.) gr. 8. Wien 909. K. k. österreich. Handelsmuseum. 2. 40

Katalog der Bibliothek der □ Ferdinand zur Glückseligkeit zu Magdeburg. A. Maurerische Schriften. [Nebst] Nachtr. Magdeburg 1878 bis [1884]: C. Friese. 8⁰
Verz. 22 S. 1878; ⁰Nachtr. 5 S. [1884.] 3.

— der Bibliothek des k. k. Finanz-Ministeriums. Lex.-8. (XII, 721 S.) Wien 898. Hof- u. Staatsdruckerei. n. 12. —

— der Bibliothek des k. k. Finanzministeriums. II. Bd. (XIV, 446 S.) Lex. 8. Wien 909. (Hof- u. Staatsdruckerei.) 12. —
Bd. I. Ebd. 898. 12.—

KATALOG ÜBER DIE BIBLIOTHEK der Gesellschaft Flora. Dresden s. a. Gedruckt bei Ernst Blochmann. 8⁰.

„Flora", Königl. Sächs. Gesellschaft für Botanik u(nd) Gartenbau zu Dresden. — KATALOG DER BIBLIOTHEK. Ausgegeben im Dezember 1903. (Dresden-A.) Otto Kühn & Co. Buchdruckerei. 8⁰. VERZEICHNIS DER BIBLIOTHEK. Ausgegeben im April 1909. (Dresden. Druck von C. Heinrich.) 8⁰.

Katalog der forstakademischen Bibliothek zu Hann. - Münden. - Hann. Münden 1885. 570 S.

Katalog der forstakademischen Bibliothek zu Neustadt-Eberswalde. Neustadt-Eberswalde, Berlin 1872. IV, 317 S. - Nachtr. ebd. 1879

Katalog der Forstlichen Bibliothek der Großherzoglich Badischen Technischen Hochschule Karlsruhe. Nach dem Stande vom 15. Febr. 1887. - Karlsruhe 1887. - 47 u. 16 S. (Hdschr.)

Catalog. K' der Bibliothek des Kaufmännischen Vereins Frauenfeld. Bestand August 1910. 8 S. 8. [Frauenfeld, Huber & Co.]

Katalog der Bibliothek zur Frauenfrage des Vereins „Frauenwohl" Berlin ... Hrsg. v. d. Bibliotheks-Kommission d. Ver. „Frauenwohl-Berlin" ... (Vorr.: I. Westphal, Maria Lischnewska, Luise Guttmann.) — Berlin: G. Bernstein 1897. 32 S. 8⁰

— — Hrsg. v. d. Bibliotheks-Ausschuss d. Vereins „Frauenwohl". — Berlin 1907: (Schneider). 76 S. 8⁰

— der Bibliothek der königl. sächsischen Bergakademie Freiberg. 1. Thl.: Alphabetischer Katalog. Lex.-8. (VI, 765 S.) Freiberg 879, (Engelhardt'sche Buchh.) * *

KATALOG DER BIBLIOTHEK DER KÖNIGLICHEN SÄCHSISCHEN BERGAKADEMIE FREIBERG. Nachtrag. Freiberg, 1893.

Catalog. K' der Freien städtischen Bibliothek Basel. 8. Basel, Friedrich Reinhardt.
K'.... 1905. 415 S. 1904. [fr. 1.—]
Nachtrag zum K' der fr' st' Bibl' Basel. Oktober 1906. 40 S. 1906. [fr. —. 20]
K'.... Januar 1911. IV + 420 S. 1911. [fr. 1. —]

Königl. medizinisch-chirurg. Friedrich-Wilhelms-Institut, Katalog der Bibliothek des —. Erster Nachtrag zu demselben für den Zeitraum vom Juli 1857 bis Mai 1877. Berlin 1857, 77. (8951—55)

— der Bibliothek des Gabelsberger Stenografen-Vereins zu Barmen. Aufgestellt nach dem Stande der Bibliothek vom 15. Febr. 1883. 8. (51 S.) Barmen 883, Klein. *

Katalog der Bibliothek des Gabelsberger-Stenographen-Vereins zu Leipzig. Nebst den Bestimmungen über Benutzung derselben. Aufgenommen den 30. Juli 1860. Leipzig 860. Hartmann in Comm. gr. 8. (IV, 8 S.) 1½ ngr.

— — (Neue Aufl.) Ebend. 863. 8. (20 S.) n. 2½ ngr.

Katalog der Bibliothek der Gehe-Stiftung zu Dresden. [1. Aufl.] 3 Bde u. 2 Erg.-H. Dresden, 1888—1905.

Bd I. Volkswirtschaft. 1888. 415 S.
Bd II. Staatslehre. Staats- und Völkerrecht. Verwaltung. 1892. 571 S. mit 1 Abb.
Bd III. Geographie und Kolonialpolitik. 1894. 95 S.
Erg.-H. 1. Zeitschriften, Sammel- und Fortsetzungswerke. 1901. 51 S. mit 2 Abb.
Erg.-H. 2. Die Lesezimmer der Gehe-Stiftung. 1905. 26 S.

Dasselbe. 2. Aufl. Bd I, 1—2 u. III. Ebd., 1899—1902.

Bd I, Abt. 1. Nationalökonomie und Finanzwissenschaft. 1900. 224 S. mit 1 Abb.
Bd I, Abt. 2. Land- und Forstwirtschaft, Bergbau und Industrie. 1902. 423 S. mit 1 Abb.
Bd III. Geographie und Kolonialpolitik. 1899. 184 S.

Katalog der Bibliothek der Gehe-Stiftung zu Dresden. Abthl. D: Volkswirthschaft. gr. 8. (XXX, 415 S.) Dresden 888, v. Zahn und Jaensch. cart. * 4 —

—— der Bibliothek der Gehe-Stiftung zu Dresden. II.: Staatslehre. Staats- u. Völkerrecht. Verwaltung. gr. 8. (XXIV, 571 S. m. 1 Lichtdr.-Taf.) Dresd. 892, v. Zahn u. Jaensch. geb. * 6 —
[I.] Ebd. 1888. * 4 —.

— der Bibliothek der Gehe-Stiftung zu Dresden. 1. Bd. 2. Aufl. 1. Unterabth. Nationalökonomie u. Finanzwissenschaft. gr. 8. (XL, 224 S. m. 1 Bildnis.) Dresden 900. v. Zahn & Jaensch. Geb. in Leinw. n. 3.—
Vergl.: Bibliothek d. Gehe-Stiftung.

— der Bibliothek der Gehe-Stiftung zu Dresden. 1. Bd. 2. Aufl. II. Unterabth.: Land- u. Forstwirthschaft, Bergbau u. Industrie. (IV, 423 S. m. 1 Taf.) gr. 8. Dresden 902. v. Zahn & Jaensch. Geb. in Leinw. n. 3.—

Katalog der Bibliothek der Kieler Gelehrtenschule, hrgg. v. Ernst Berch. Kiel. 1874. 8°
1. Nachtrag zum Katalog der Bibliothek der Kieler Gelehrtenschule (1875–1882), hrgg. v. Carl Friedrich Müller. Kiel. 1882. 8°

Katalog der Bibliothek der Königlichen Generaldirektion der Sächsischen Staatseisenbahnen. Nebst Nachtrag 1, bis 31. Dezember 1906. Dresden, 1895—1906. 372 S.

—— der Bibliothek des königl. preussischen Generalstabes. gr. 4. (XVI, 481 S.) Berlin 878, (Mittler und Sohn.) *

— der Bibliothek des königl. preussischen grossen Generalstabes. 1. u. 2. Nachtrag. 4. (XII, 112 u. X, 114 S.) Berlin 884. 893. (E. S. Mittler & Sohn.) à n. 2. 50 (kplt. m. 1. u. 2. Nachtrag: n. 18.—)

Katalog der Bibliothek des Georgenaeums in Calw. 1871. Stuttgart 1871

Katalog der Bibliothek des Königlichen Gerichtshofes für kirchliche Angelegenheiten. (Angefertigt im Nov. 1875.) [Metallogr.]

— [Desgl.] Angefertigt 1877. [Metallogr.]

— [Desgl.] 1880. [Metallogr.]

KATALOG der Bibliothek des Düsseldorfer BLOOS. Düsseldorf 1901. (Druck von Geschichtsvereins. Aufgestellt von GEORG Hub. Hoch.) 8°.

KATALOG der Bibliothek der Berliner Dermatologischen Gesellschaft. Berlin 1898. Berlin. (Buchdruckerei Schmitz & Bukofzer.) 8°.

KATALOG der Bibliothek der Berliner laryngologischen Gesellschaft. Berlin 1904. (Druck von L. Schumacher.) 8°.

KATALOG DER BIBLIOTHEK der Berliner medicinischen Gesellschaft. April 1884. Berlin 1884. Gedruckt bei L. Schumacher. 8°.

Katalog der Bibliothek der Berliner medicinischen Gesellschaft. (Vorr.: C[arl] A[nton] Ewald.) Berlin 1900: L. Schumacher. (VIII, 180 S.) 8°
[06. 6800

Deutsche Chemische Gesellschaft: Katalog der Bibliothek. Nr 1—12 u. 16 ff. Berlin 1879—1900 ff.

Katalog der Bibliothek der Deutschen geologischen Gesellschaft. (Bestand am 1. April 1887.) Berlin. 1887. 166 S.

Dasselbe. Bestand vom Anfang des Jahres 1906. Ebd., 1906. 122 S.

— der Bibliothek der deutschen morgenländischen Gesellschaft. I. u. II. gr. 8. Leipzig 880. 81. Brockhaus' Sort. in Comm. n. 9. —
1. Druckschriften u. Aehnliches. (VI, 215 S.) n. 6. —
2. Handschriften, Inschriften, Münzen, Verschiedenes. (VI, 84 S.) n. 3. —

— der Bibliothek der deutschen morgenländischen Gesellschaft. 1. Bd. Drucke. 2. Aufl. Bearb. von R. Pischel, A. Fischer, G. Jacob. gr. 8. (XVIII, 726 S.) Leipzig 900. (F. A. Brockhaus.) n. 10. —

KATALOG der Bibliothek der Deutschen otologischen Gesellschaft. Berlin 1907. Druck von L. Schumacher. 8°.

— der Bibliothek d. Gesellschaft f. Erdkunde zu Berlin. Versuch e. Systematik der geograph. Literatur. Im Auftrage des Vorstandes bearb. von Paul Dinse. (XXVII, 925 S.) gr. 8. Berlin 903. E. S. Mittler & Sohn. n. 12. —

Katalog der Bibliothek der Geographischen Gesellschaft in Hamburg. Hamburg 1893. 54 S. 8°.

— d. Bibliothek d. geographischen Gesellschaft in München. gr. 8. (VII, 102 S.) München 896. (Th. Ackermann.) n.n. 1. —

Katalog der Bibliothek der Hamburgischen Gesellschaft zur Beförderung der Künste und nützlichen Gewerbe (Patriotische Gesellschaft). Hamburg. 1901. 8°
—— 1. Nachtrag. ebd. 1907. 8°

— der Bibliothek der Gesellschaft für bildende Kunst u. vaterländische Alterthümer zu Emden. gr. 8. (240 S.) Emden 877. Haynel. 1. 50

KATALOG der Bibliothek der Naturforschenden Gesellschaft in Danzig.
Heft 1. A. Mathematik. — B. Astronomie. Danzig 1904. Kommissionsverlag von Engelmann in Leipzig. 8°.
Heft 2. C. Meteorologie. — D. Physik. ib. 1908. —

Katalog der Bibliothek der naturforschenden Gesellschaft in Zürich. 3. Aufl. Zürich, auf Kosten der Gesellschaft gedruckt. In-8°, 438 S. 1885.

Katalog der Bibliothek der Naturhistorischen Gesellschaft von Colmar i. Els. 3. Ausg. Colmar 1910: Decker. 324 S. 8°
[Nebent.:] Catalogue de la Bibliothèque de la Société d'histoire naturelle de Colmar.
[11. 4370

KATALOG DER BIBLIOTHEK der Gesellschaft für Natur- und Heilkunde in Dresden. Dresden. 1877. Druck von E. Blochmann und Sohn. 8°.

KATALOG der Bibliothek der physiologischen Gesellschaft zu Berlin. Berlin 1878. 8°.

Katalog der Bibliothek der Polytechnischen Gesellschaft in Berlin. Geschlossen im Juni 1895. *Berlin: Dr. r. W. Greve 1895.* (VIII, 180 S.) 1 Bd 8.

KATALOG DER BIBLIOTHEK der Wetterauischen Gesellschaft für die gesammte Naturkunde zu Hanau. Aufgestellt von HEINR. EISENACH und CARL KIRN. Hanau. 1888. Druck von J. G. Kittsteiner. 8°.

KATALOG der Bibliothek der Wetterauischen Gesellschaft für die gesammte Naturkunde zu Hanau. Nachtrag 1. Hanau 1902. Druck der Waisenhaus-Buchdruckerei. 8°.

Katalog der Bibliothek der Kärntner Gewerbehalle. Klgft., Leon, 1910. 38 S.

Katalog der Bibliothek des Königlichen Gewerbe-Instituts zu Berlin. 1866. VII, 371 S. 8°

I. Nachtrag zum **Katalog** der Bibliothek der Königlichen Gewerbe-Akademie zu Berlin. 1867. VII, 28 S. 8°

Katalog der Bibliothek [des] Gewerbe-Museum zu Basel. II + 261 S. 8. Basel, Kreis, 1903. fr. —.50

Catalog. Nachtrag Nr. 1 zum K' der Bibliothek [des] Kant. Gewerbemuseum in Aarau: Vorbilder-Sammlung, Fachwerke u. Zeitschriften kunstgewerblichen und gewerblich-technischen Inhalts. Juli 1908. II + IV + 107 S. 8. Reinach, S. Tenger.

Gewerbemuseum, nordböhm. Katalog der Bibliothek. 1. Reichenberg 1908

Katalog der Bibliothek des pfälzischen Gewerbemuseums zu Kaiserslautern. (126 S) Kaiserslautern 1904

Katalog der Bibliothek des Gewerbemuseums in Winterthur für 1875-86 und 1890. Winterthur 1886-90

Allgem. Gewerbe-Verein zu Danzig. **Katalog** der Bibliothek. 1903. (Mit Nachtr. bis Ende 1904.) Danzig (1903–04): M. Dannemann. (47 S.) 8° [F.]

Katalog der Bibliothek des niederösterr. Gewerb-Vereines. Erstes Supplementheft, aufgenommen am Schlusse des Jahres 1855. Wien, 1856, Druck von Karl Gerolds Sohn. (38 S. 8.)

— der Bibliothek des Gewerbevereins zu Nürnberg. Nürnberg 1868

Katalog der Bibliothek 1897. Greifswald 1897 s. **Oertzen,** Otto Ferdinand [Vf.]

Katalog der Bibliothek der Fried. Krupp'schen Gußstahlfabrik zu Essen. *Essen 1896: F. Krupp.* (XVI, 455 S.) 8°

Katalog der [Technischen] Bibliothek der Gußstahlfabrik Fried. Krupp A.-G. zu Essen-Ruhr, (die Bestände bis 1895 umfassend). Nebst Nachtrag 1 u. 2 (1896–1905). 3 Bde. Essen-Ruhr, 1896–1906. 929 S.

Katalog der Bibliothek des K. Gymnasiums zu Kiel. Hrgg. v. Carl Friedrich **Müller.** Kiel. 1900. 8°.

[Ungenannt.] Katalog der Bibliothek des Königlichen Gymnasiums zu Lissa. 78 S. 8. Lissa, Progr. 1859

[F.] **Katalog** der Bibliothek des Königl. Gymnasiums zu Lissa. (Umschl.-Tit.: Katalog d. Lehrerbibl.) Lissa, Druck v. A. Schmädicke, 1891; 96 S. 8° Lissa i. P., k. G, OP 1891 (163)

Katalog der Bibliothek des Gewerbevereins Hall. Hall 1887

Katalog der Bibliothek der vereinigten Berliner Johannis-Logen Hamburger Systems Hammonia zur Treue und Friedrich Ludwig Schroeder. Berlin [1899]: Denter & Nicolas. 20 S. 8° 430.

Katalog der Bibliothek der Handelskammer zu Bremen. Nach d. Stande am 1. April 1903. *Bremen 1903: H. M. Hauschild.* (VII, 187 S.) 4°(8°)

Katalog der Bibliothek der Handelskammer für den Kreis Essen: Bestand am 31. Dezember 1909. Essen-Ruhr, 1910. 179 S. einseitig bedruckt.

Katalog der Bibliothek der Handels- und Gewerbekammer in Budapest 1902. (891 S) Budapest 1902

— der Bibliothek der Handels- und Gewerbekammer für das Erzherzogtum Österreich u. d. E. (535 S) Wien 1898

Katalog der Bibliothek d. Handels- u Gewerbekammer in Reichenberg 1895. (408 S) Reichenberg 1896

Katalog d. Bibliothek d. Handels- u Gewerbekammer zu Reutlg. Reutlingen 1867

— der Bibliothek der Handels- u. Gewerbekammer zu Zittau nach dem Stande v. 15. III. 1901. (VIII, 108 S.) gr. 8. Zittau 906. Handels- u. Gewerbekammer. (Nur direkt.) n. 1.—

Katalog der Bibliothek der Handelskammer zu Halle a. S. Bestand am 1. April 1900. *Halle a. S. 1900: C. A. Kaemmerer & Co.* (VII, 157 S.) 8°

Katalog der Bibliothek der Handelskammer zu Halle a. S. [1. Ausg.] Bestand am 1. April 1900. Halle a. S., 1900. 157 S.
Dasselbe. [2. Ausg.] Ebd., 1908. 301 S.

—— der Bibliothek der Handelskammer zu Leipzig. Lex.-8. (XXIV, 504 S.) Leipzig 886, (Hinrichs'sche Buchh.) * 10 —

—— der Bibliothek der Handelskammer zu Leipzig. II.: Zuwachs vom 1. Juli 1884 bis zum 30. Juni 1888. Lex.-8. (XVI, 335 S.) Lpz. 889, (Hinrichs' Verlag). * 7 —
[I.] (Ebd.) 1886. * 10 —.

— d. Bibliothek d. Handelskammer zu Leipzig. III. Zuwachs v. 1. Juli 1888 b. z. 31. Decbr. 1893. gr. 8. (XVI, 384 S.) Leipzig 895. (J. C. Hinrichs' Verlag.) n. 8.—

Katalog d. Bibliothek d. Handelskammer zu Leipzig. IV. Zuwachs v. 1. I. 1894 bis z. 31. XII. 1897. gr. 8. (XVI, 333 S.) Leipzig 898. (J. C. Hinrichs' Verlag.) n. 7. — (I.—IV.: ermäss. Pr. n. 22. —)

— der Bibliothek der Handelskammer zu Leipzig. V. Zuwachs vom 1. I. 1898 bis zum 31. XII. 1901. gr. 8. (XVI, 347 S.) Leipzig 902. (J. C. Hinrichs' Verl.) n. 7. —; (I—V, ermässigter Preis n. 28. —)

— der Bibliothek der Handelskammer zu Leipzig. VI u. VII. Lex. 8. Leipzig, Handelskammer. à nnn 1. —
VI. Zuwachs v. 1. I. 1902 bis 31. XII. 1905. (XVI, 344 S.) 906.
VII. Zuwachs v. 1. I. 1906 bis 31. XII. 1909. (XVI, 416 S.) 910.

Katalog der Bibliothek der Handelskammer zu Solingen. Bestand am 1. 6. 1900. Solingen, 1900. 105 S.

Katalog der Bibliothek des Harzklubs, Zweigverein Magdeburg. (Vorr.: Dr. E[rnst] Neubauer, Stadtbibliothekar.) Magdeburg 1909. 29 S. 8° (10. 3630

Catalog. K' der Bibliothek des historisch-antiquarischen Vereins Heiden. II + 32 S. 8. Heiden, R. Weber, 1901.

Katalog der Bibliothek des Herrenhauses. [4. Ausg.] Berlin, 1892. 882 S.

Dasselbe. [5. Ausg.] 3 Bde. Ebd., 1907. 1672 S.

Katalog der Bibliothek des Herrenhauses. Bd 1. 2 [nebst] Reg. Berlin 1907: J. Sittenfeld. 3 Bde 8° (08. 8795

Katalog d. hinterlass. Bibliothek v. Ulr. Fr. Kopp, } s. Index.

Königliche Polytechnische Schule: Katalog der Bibliothek. Aachen 1872
Nachtrags-Katalog 1. 3. 4. der Bibliothek der Königlichen Technischen Hochschule zu Aachen. Aachen 1879—1904

Katalog der Bibliothek der Königlichen Technischen Hochschule zu Berlin. 1885. X, 882 S. [Nebst] Nachtrag I. 1888. X, 194 S.; Nachtrag II. 1890. X, 154 S. 4°

Katalog der Bibliothek der Königlichen Technischen Hochschule zu Berlin. *Berlin 1900: Denter & Nicolas.* (X, 1218 S.) 4°(8°) (00. 9431

Katalog der Bibliothek der Königlichen Technischen Hochschule zu Berlin. 1900. X, 1218 S. [Nebst] I. Nachtrag. 1907. XI, 383 S. 4°

Katalog der Bibliothek der K. K. (Nachtr.:... Deutschen) Technischen Hochschule zu Brünn. [Nebst] Nachtr. Brünn 1893–1911: Burkart. 4°(8°) (11. 13367

Katalog der Bibliothek der Großh. Technischen Hochschule in Darmstadt. 2. Aufl. Darmstadt 1902: J. C. Herbert. (IX, 956 S.) 4°(8°) (03. 13610 3

— der Bibliothek der königl. technischen Hochschule zu Hannover. Lex.-8. (VII, 746 S.) Hannover 893. (Schmorl & v. Seefeld Nachf.) n.n. 6. —

Katalog der Bibliothek der Königlichen Technischen Hochschule zu Hannover. 1893. VII, 746 S. [Nebst] Nachtrag von 1893 bis 1904. 1904. VII, 252 S. 4°

Katalog der Bibliothek der Königlichen Technischen Hochschule zu München. Stand Ende Dez. 1880. Zahl der Nummern: 5786, der Bände: 16000. 1881. XV, 501 S. [Nebst] Nachtrag 1. Vom 1. Jan. 1881 bis 1. Juni 1892. 1892. XI, 275 S.; Nachtrag 2. Vom 1. Juni 1892 bis 1. Aug. 1902. (Vorr.: Hermann Brunn.) 1903. XIV, 362 S. 8°

Katalog der Bibliothek der Königlichen Technischen Hochschule in Stuttgart. (Vorr.: E[mil] Koller.) VII, 618 S. 4°
Stuttgart: Metzler 1902.

Katalog der Bibliothek der Königlichen Tierärztlichen Hochschule zu Hannover. *Hannover: H. Hildebrandt 1904.* (236 S.) 8° (04. 9140

Katalog der Bibliothek der k. k. technischen Hochschulen in Prag. Reichend bis Ende 1893. Prag. 1898. Aus der Statthalterei-Buchdruckerei. [In Comm. Calve]. Lex.-8°. IX, 698 S. fl. 4.—

— der Bibliothek der landwirtschaftlichen Akademie Hohenheim. Stuttgart 1882

Katalog der Bibliothek d. K. Württ. Landwirtschaftl. Hochschule Hohenheim. (346 S) Plieningen 1905

Katalog der Bibliothek d. K. Württ. Landwirtschaftlichen Hochschule Hohenheim. Angefertigt nach d. Stande vom 1. Nov. 1905. [Nebst] Nachtrag. Plieningen 1905–09: Find. 8°
Nachtrag. (Abgeschlossen am 4. Febr. 1909.) 1909. (10. 13079

Katalog der Bibliothek des Kgl. Lyceum Hosianum in Braunsberg. 2. Aufl. Braunsberg 1905: Erml. Zeitungs- u. Verlagsdr. (272 S.) 8° (06. 6191

Catalog. K' der Bibliothek [des] Lesezirkel Hottingen, Zürich. 1904. VIII + 153 S. 8. Zürich, J. Frank, 1904. [geb. fr. 1.—]

Katalog der Bibliothek des Industrie- und Gewerbemuseums in St. Gallen. St. Gallen 1882

[5.] Katalog der Bibliothek des Altonaer Industrie-Vereins u. Verz. d. Vorbildersammlg. d. Kunst- u. Gewerbehalle d. Altonaer Industrie-Ver. 1898. *Altona: Dr. v. H. W. Kober & C. (1898).* (55 S.) 1 Bd 8. (99 645

Katalog der Bibliothek des Kärntner Industrie- u. Gewerbe-Vereines. Klgft., Leon, 1906. 52 S.

— der Bibliothek des österreichischen Ingenieur- u. Architekten-Vereines in Wien. (XV, 418 S.) gr. 8. Wien 900. (Spielhagen & Schurich.) n. 2. —

— der Bibliothek des kaiserl. deutschen archaeologischen Instituts in Rom v. Aug. Mau. I. u. II. Bd. gr. 8. Rom, Loescher & Co. à n.n. 4. —
I. Allgemeines u. Vermischtes. Die Altertümer nach ihrem Ort. (X, 431 S.) 900.
II. Die Altertümer nach Classen. Die Altertümer nach ihrem Inhalt. Epigraphik. Numismatik. Antiquitäten. Christliche Altertümer. Register. (XV, 615 S.) 902.

Katalog der Bibliothek der k. k. polytechnischen Institutes in Wien. (Von Ant. Martin.) Lex.-8. (IV und 666 S.) Wien 850, (Seidel.) *

Katalog der Bibliothek der Zweiten Kammer der Hessischen Landstände nach dem Stand am 1. Jan. 1903. [Nebst] Nachtr. 1. Darmstadt 1903—1907. 8°.

Catalog. K' der Bibliothek der Aargauischen Kantonsschule [in Aarau]. Frühjahr 1905. IV + 220 S. 8. Aarau, H. R. Sauerländer & Co.

[Jahresbericht der Aarg' Kant'. Schuljahr 1904/1905. ... Beilage...]

[Catalog. K' der] Bibliothek der aargauischen Kantonsschule. Nachtrag [1], Frühjahr 1905 bis Fr' 1908. 17 S. 8. [Aarau, H. R. Sauerländer & Co., 1908.]

Katalog der Bibliothek der Loge C[arl] Z[um] a[ufgehenden] L[icht] im Or. Frankfurt am Main. 1849. [Frankfurt a. M. 1849.] 47 S. 8° [Umschlagtit.] 358 a.

— der Bibliothek u. Karten-Sammlung des königl. sächsischen Generalstabes. [Abgeschlossen März 1878.] gr. 8. (XX, 284 S.) Dresden 878. Höckner in Comm. n. 4. —

—— der Bibliothek und Karten-Sammlung des königl. sächs. Generalstabes. Lex.-8. (XII, 245 S.) Dresden 886, (Höckner, Sep.-Conto.) ** 1 80

— der Bibliothek u. Karten-Sammlung des königl. sächs. Generalstabes. gr. 4. (XII, 342 S.) Dresden 900. (C. Höckner.) n.n. 3. —

Königl. Allgemeine Kriegsschule, Nachtrag zum Kataloge der Bibliothek und Kartensammlung. Berlin 1853—75.

Katalog der Bibliothek der Kaufmannschaft zu Lübeck 1896. Lübeck 1800: Ch. Coleman. (XII, 578 S.) 8° [F.] [i.6. 4355

Katalog der Bibliothek des Infanterie-Regiments Keith ⟨1. Oberschles.⟩ No 22. Abgeschl. am 1. März 1901. (Gleiwitz 1901: R. Schönwolff.) (166 S.) 8° [F.] [o8. 5454 2

Catalog. Erstes Supplement zu dem im Jahre 1876 erschienenen Kat' der Bibliothek des evang. Kirchenrates des Kantons Thurgau (in Frauenfeld). Hrg. 1906. 23 S. 8. Frauenfeld, Huber & Co.

KATALOG der Bibliothek des Deutschen Kolonialvereins zu Berlin. Gedruckt bei Julius Sittenfeld. 8°. Berlin 1887.

Katalog der Bibliothek des Wissenschaftlich-humanitären Komitės Charlottenburg, Berlinerstrasse 104. (Charlottenburg [um 1905]: Fänger & Heimann.) (15 S.) 8° [Kopft.] [o7. 10276

Katalog der Bibliothek der Korporation der Berliner Buchhändler. Berlin: Korporation d. Berliner Buchh. 1903. (74 S.) 8° [o4. 7480

Katalog der Bibliothek der Korporation der Kaufmannschaft von Berlin. Bestand vom 1. Aug. 1903. (Vorr.: Dr. B[erthold] Reiche). *Berlin: G. Reimer in Komm. 1903.* (XXVIII, 691 S.) 8° [o3. 15338

Katalog der Bibliothek der Korporation der Kaufmannschaft von Berlin. 2. Aufl. Bestand vom 1. Aug. 1909. (Vorr.: Dr. B[erthold] Reiche.) Berlin: G. Reimer in Komm. 1909. XXII, 979 S. 8°

—— der Bibliothek S. M. Kriegsmarine. Abgeschlossen August 1871. Lex.-8. (XIV, 296 S.) Pola 871, (Schmidt.) *

—— der Bibliothek des Kunstgewerbe-Museums zu Berlin. 1. Abthl.: Bücher. 1. Heft. gr. 8. (64 S.) Berlin 884, Weidmann'sche Buchh. *

Katalog der Bibliothek des städt. Kunstgewerbemuseums zu Leipzig mit Schlagwörterbuch. 2 Tle Leipzig 1908

— d. Bibliothek d. kgl. Kunstgewerbe-Schule zu Dresden. Kat. I—XIV m. Nachtr. I. u. alphabet. Sach-Verz. u. Katalog-Einthlg. Lex.-8. Dresden, W. Hoffmann. 23. 50

I. Figuren, flach u. plastisch. Abgeschl. Ende Jan. 1896. (IV, 71 S.) 896. n. 1. 50
II. Thiere, Pflanzen, Landschaften, flach u. plastisch. (IV, 48 S.) 896. n. 1. 50
III. Baukunst. Abgeschl. Mitte Aug. 1896. (IV, 70 S.) 896. 1. 50
IV. Bildhauerei. Abgeschl. Anfang Septbr. 1896. (IV, 44 S.) 896. 1. 50
V. Malerei u. Decorations-Malerei. Abgeschl. Ende März 1896. (IV, 60 S.) 896. 1. 50
VI. Arbeiten in Thon, Glas, Edelstein. Abgeschl. Mitte Jan. 1897. (IV, 56 S.) 897. 1. 50
VII. Arbeiten in Metall. Abgeschl. Mitte Juli 1896. (IV, 83 S.) 896. 1. 50
VIII. Arbeiten in Holz, Elfenbein etc. Abgeschl. Ende Decbr. 1895. (IV, 74 S.) 897. n. 1. 50
IX. Textil-Arbeiten. Abgeschl. Ende Mai 1896. (IV, 63 S.) 896. 1. 50
X. Druckausstattg. u. graph. Künste. Lederarbeiten. Abgeschl. Mitte Mai 1896. (IV, 54 S.) 896. 1. 50
XI. Hilfswissenschaften. (Politische, Cultur- u. Literatur-Geschichte, Mythologie, Trachten- u. Wappenkunde.) Abgeschl. Mitte Novbr. 1896. (IV, 60 S.) 896. 1. 50
XII. Geschichte u. Theorie v. Kunst u. Gewerbe. Abgeschl. Mitte Octbr. 1896. (IV, 79 S.) 896. 1. 50
XIII. Bildungswesen f. Kunst u. Gewerbe. (Schulen, Sammlgn., Ausstellgn., Vereine, Inngn.) Abgeschl. Mitte Decbr. 1896. (IV, 67 S.) 896. 1. 50
XIV. Zeichen-Unterricht, Stilisiren, Farbenlehre, Geometrie etc. Abgeschl. Mitte Juni 1896. (IV, 91 S.) 896. 1. 50
Nachtrag I (f. 1896). Abgeschl. Anfang Febr. 1897. (39 S.) 897. 1. 50
Alphabet. Sach-Verzeichniss u. Katalog-Eintheilung. (14 S.) 897. 1. —

—— der Bibliothek der königl. geologischen Landesanstalt und Bergakademie zu Berlin. Lex.-8. (XVII, 661 S.) Berlin 876, (Ernst und Korn.) geb. *

— der Bibliothek der königl. geologischen Landesanstalt u. Bergakademie zu Berlin. 2., durch einen Nachtrag bis Ende 1879 verm. Ausg. Lex.-8. (XVII, 661 u. Nachtrag III, 49 S.) Berlin 880. Ernst & Korn. cart. n. 6. —; Nachtrag ap. cart. n. 2. 50

—— der Bibliothek der Königl. geologischen Landesanstalt und Bergakademie zu Berlin. [II.] Nachtrag 1875—1886. gr. Lex.-8. (IV, 136 S.) Berlin 887, Ernst und Korn. ** 3 —
Hauptkatalog mit [I.] Nachtrag. Ebendas. 1880. *ℳ 6.—. — I. Nachtrag allein *ℳ 2.50.

Katalog der Bibliothek der Königl. Geologischen Landesanstalt und Bergakademie zu Berlin. Nachtrag 1886—1893. (1894). [Autographiert.] 105, XV S. 4°

Katalog der Bibliothek der Königlich Preussischen Geologischen Landesanstalt und Bergakademie zu Berlin. Hrsg. von d. Kgl. Geolog. Landesanstalt u. Bergakademie. Bd 1. Berlin 1901. 8°.
Bd 1: Zeit- u. Gesellschafts-Schriften. Mathematik u. Astronomie. Naturwissenschaften. [N. e.] (Vorw. [von] Osc. Eberdt.) 1904

Dasselbe. Bd 1: Zeit- und Gesellschafts-Schriften. Mathematik und Astronomie. Naturwissenschaften. Berlin, 1904. 613 S.

—— der Bibliothek der Hannoverschen Landwirthschafts-Gesellschaft. Nebst einem Vorwort über die Einrichtung landwirthschaftl. Bibliotheken. gr. 8. (XVI, 155 S.) Hannover 882, Schmorl und v. Seefeld. *

Katalog der Bibliothek der Landwirtschaftskammer für die Provinz Ostpreußen. Hrsg. im Sommer 1910. Königsberg i. Pr. 1910: Ostpr. Dr. 138 S. 4°(8°) [10. 15338 10

Katalog der Bibliothek des Königsberger Lehrerinnen-Vereins. 1901. Königsberg i. Pr. 1901: E. Rautenberg. 14 S. 8°

Katalog der Bibliothek der allgemeinen städtischen Lehrerkonferenz zu Kiel. Kiel. 1895. 8°

Katalog der Bibliothek der Allgemeinen Städtischen Lehrerkonferenz zu Kiel. Kiel 1910: Jensen. IV, 143 S. 8°

Katalog der Bibliothek des k. k. 27. Linien-Infanterie-Regiments Leopold II., König der Belgier. Zusammengestellt im Frühjahre 1873 vom Bibliothek-Verwalter L. Beckh-Widmannstetter, k. k. Oberlieut. im Reg. 8. Graz 1873.

Catalog. K' der Bibliothek für kirchl. Liebestätigkeit in Bern. Abgeschlossen auf 31. August 1905. 34 S. 8. Bern, N. Dürrenmatt-Egger, 1905.
Beilage zu [Jahrg. 1905,] Nr. 4 der Mitteilungen der schweiz. Kommission für kirchliche Liebestätigkeit.
Mit Nachtrag I. *u.* II. zum K' ...; *in* Mitteilungen ... 1906, N° 1, S. 12–16, *u.* 1907, N° 1, S. 9–12.

Catalog. K' der Bibliothek des Kaufm[ännischen] Vereins Liestal. 6 S. 8. [Liestal, Gebr. Lüdin, 1904.]

Katalog der Bibliothek der Loge Zum Preussischen Adler [in Insterburg]. Insterburg 1909: Bittner. 56 S. 8°
Vorgedr. d. Bestimmungen betr. d. Benutzung d. Bibliothek. 140.

Katalog der Bibliothek der Loge zur Freundschaft und Beständigkeit in Basel. Von Heinr. Boos. 1892. [Nebentit.]
s. Boos, H.: Neue Beiträge z. Bibliographie d. Frmrei. 1892.

Katalog der Bibliothek der Loge zur Hoffnung in Bern. Bern 1864: Jent & Reinert. 14 S. 8° [Umschlagtit.] 358 a.

Katalog der Bibliothek der Loge „Zur goldenen Krone" i. Or. Stendal. Angefertigt i. J. 1890. [Nebst] Nachtrag. Schwerin 1891: Herberger. Stendal 1897: Fuhrmann. 8°
Verz. 22 S. 1891; Nachtr. 19 S. 1897.
Verz. in 23; Nachtr. in 358.

Katalog der Bibliothek der Loge zur Weltkugel in Lübeck. [Lübeck] 1876: [Schmidt & Erdtmann]. 31 S. 8° 193.

Katalog der Bibliothek der Loge zu den drei Zirkeln in Stettin. Stettin 1886: Hessenland. 57 S. 8°. 358a.

Katalog der Bibliothek der fünf vereinigten Logen in Hamburg. Hamburg. Druck von Nobiling. 1876. 8. 2 Bl. 33 S.
Von Dr. Joseph Piza angefertigt, in bibliographischer Hinsicht ohne Werth. 1218 Nummern. Ein besser redigirter Nachtrag von 268 Nummern erschien 1881

Catalog. K' der Bibliothek des Kaufmännischen Vereins Luzern. Hrg. im August 1902. II + 74 S. 8. Luzern, Buchdr. «Gutenberg» ⟨Räber⟩, 1902. (fr. —.30)

Catalog. K' der Bibliothek des Kaufmännischen Vereins Luzern. Hrg. im Oktober 1908. 114 S. 8. Luzern, J. Burkhardt, 1908.

Katalog der Bibliothek des Magistrats zu Berlin. Berlin 1902. Gebr. Grunert. (XX, 756 S.) 8°

Katalog der Bibliothek des Magistrats zu Berlin. 1902. [Nebst] Nachtr. 1 ff. Berlin 1902 ff. 8°.
Nachtr. 1, 1906; 2, 1907; 3, 1908.

[F.] Katalog der Bibliothek des Magistrats zu Charlottenburg. *Charlottenburg: Dr. v. A. Gertz 1897.* (2 Bl., 63 S.) 1 Bd 8. [97. 1273

— — der Bibliothek des k. k. technischen und administrativen Militär-Comité. 1870. 1. Ergänzung. (Zuwachs vom Jahre 1870 und 1871.) 1872. 2. Ergänzung (Zuwachs vom Jahre 1872.) 1873. (4 Bde.) 8. Wien 1870–1873.

— — (Neuauflage) 1884. (Beigeb.: Ergänzungen bis 1889.) (4 Bde.) 8. Wien 1884–1889.

Berlin. Königl. Ministerium der geistlichen, Unterrichts- und Medicinal-Angelegenheiten: Katalog der Bibliothek. Berlin 1881

Katalog d. Bibliothek d. königl. Ministeriums f. die landwirtschaftlichen Angelegenheiten. Berl. 1877. 363 S. 4°.

— der Bibliothek des königl. Ministeriums der öffentlichen Arbeiten. Lex.-8. (VIII, 259 S.) Berlin 882. C. Heymann's Verl. cart. n. 8. —

Katalog der Bibliothek des Königl. Ministeriums der öffentlichen Arbeiten. *Berlin: J. Springer 1897.* (XIV S., 1 Bl., 666 S.) 1 Bd 8. [97. 4377

— der Bibliothek des königl. Ministeriums d. öffentlichen Arbeiten. 1. Nachtrag (1897—98). gr. 8. (XII u. S. 667—802.) Berlin 899. J. Springer. Kart. n.n. 3. —

— dasselbe. 2. Nachtrag (1899—1901). Mit e. den Hauptkatalog u. beide Nachträge umfass. alphabet. Inhalts-Verzeichnis. gr. 8. (XII u. S. 803—1082.) Ebd. 902. Kart. n.n. 4. —
Hauptwerk Ebd. 897. Geb. n.n. 10. —.

Katalog der Bibliothek des königl. Ministeriums der öffentlichen Arbeiten. Berlin: J. Springer 1907. (XVI, 955 S.) 8° [07. 10808

Berlin. Königliches Ministerium für Handel und Gewerbe: Katalog der Bibliothek. Berlin 1885

Berlin. Königliches Handels-Ministerium: Katalog der Bibliothek des Königlichen Ministeriums für Handel, Gewerbe und öffentliche Arbeiten. Berlin 1878

— der Bibliothek des kgl. preuss. Ministeriums des Innern. 1. Bd. (XXXIII, 678 S.) Lex.-8. Berlin 904. R. v. Decker. Geb. in Leinw. n. 12. —

— der Bibliothek d. königl. preussischen Ministeriums des Innern. 2. u. 3. Bd. gr. 8. Berlin, R. v. Decker. Geb. in Leinw. 26, —
2. Register. (308 S.) 906. Geb. 10. —
3. Kartenband. (497 S.) 909. Geb. 16. —
Bd. 1. Ebd. 904. Geb. 12.—.

Katalog der Bibliothek des Mitteleuropäischen Motorwagen-Vereins. Abgeschlossen im Okt. 1903. (Berlin: Verein 1903.) (7 S.) 4°
= Zeitschrift d. Mitteleurop. Motorwagen-Vereins. Jg. 1903. [Beil.] [03. 4384

— d. Bibliothek d. Baron Brukenthal'schen Museums in Hermannstadt. Hrsg. im Auftr. d. Curatoriums. 1. u. 2. Hft. gr. 8. (320 S.) Hermannstadt 896. 98. (W. Krafft.) à n.n. 2. —

— der Bibliothek d. Baron Brukenthal'schen Museums in Hermannstadt. Hrsg. im Auftrage des Curatoriums. 3. Hft. gr. 8. (S. 321—480.) Hermannstadt 900. (W. Krafft.) n.n. 1. 70
Hft. 1 u. 2 Ebd. 896. 898. à n.n. 2.—.

Katalog der Bibliothek im v. Lindenau'schen Museum. 12. (III, 85 u. XII S.) Altenburg (881). (Schnuphase.) n. 1. —

Katalog der Bibliothek des K. K. Österreichischen Museums für Kunst und Industrie. Wien 1865. 69. 83

—— der Bibliothek des k. k. österreichischen Museums für Kunst und Industrie. Ausg. im Decbr. 1883. gr. 8. (XVI, 581 S.) Wien 883, (Gerold und Comp.) **

Katalog der Bibliothek des k. k. österr. Museums für Kunst und Industrie. Gruppe I. C. Zeitschriften. 8°. (XXIII, 50 S.) Wien: Selbstvlg. 1902.

Katalog der Bibliothek der Museums-Gesellschaft. Aufgest. nach d. Bestand v. 15. Nov. 1895. [Nebst] Nachtr. Aufgest. nach d. Bestand v. 15. Nov. 1898. *Marburg 1896–99: (J. Hamel).* 2 Bde 8°

Katalog der Bibliothek der Musikschule in Zürich. In-16°, 11 S. Zürich, Druck von Orell Füssli & Cie. 1880.

Katalog der Bibliothek der Naturforscher-Gesellschaft bei der Universität Jurjew ⟨Dorpat⟩, red. von d. Bibliothek-Kommission. T. 1. 2. Jurjew ⟨Dorpat⟩: Naturforscher-Gesellsch. 1908–10. 8°
1. Period. Editionen. 1908. 2. Bücher u. Atlasse. 1910. [11. 9970 B

Katalog der Bibliothek des Naturforscher-Vereins zu Riga. 1. Riga 1908: Häcker. 8° 455. [09. 8368 B

—— der Bibliothek des Königlich-Hannoverschen Ober-Appellations-Gerichts zu Celle. (Von F. A. v. Amsberg.) gr. 8. (XXIV und 659 S.) Hannover 862. (Celle, Schulze'sche Buchh.) *

Katalog der Bibliothek des Königl. Oberbergamts zu Clausthal. *Saarbrücken: Gebr. Hofer 1898.* (XI, 278 S.) 1 Bd 4.(8.) [98. 4473 Go

Katalog der Bibliothek des Königlichen Oberbergamtes zu Dortmund. *Dortmund: Dr. v. Bellmann & Middendorf 1896.* (X, 528 S.) 1 Bd 8. [96. 3391

— d. Bibliothek d. kgl. Oberlandesgerichts i. Frankfurt a/M. gr. 8. (VII, 149 S.) Frankfurt a/M. 895. C. Koenitzer's Buchh. n. 3. —

— der Bibliothek des kgl. Oberlandesgerichts in Frankfurt am Main. Neuausg. (VII, 214 S.) Lex.-8. Frankfurt a/M. 905. C. Koenitzer. n. 2.50; geb. n. 3. —

Katalog der Bibliothek des Königlichen Oberlandesgerichts in Frankfurt am Main. Neuausg. Frankfurt a.M.: Reitz & Koehler 1905. (VII, 214 S.) 8° [F.] [05. 4085

—— der Bibliothek des gemeinschaftlichen thüringischen Oberlandesgerichts zu Jena. 8. (X, 494 S.) Jena 885, (Pohle.) ** 4 50

— d. Bibliothek d. gemeinschaftl. thüring. Oberlandesgerichts zu Jena. Nachtrag. 8. (XIV u. S. 431—673.) Jena 895. Selbstverlag d. Oberlandesgerichts. n.n. 2. —
(Hauptwerk u. Nachtrag: n.n. 6. 50)

Katalog der Bibliothek des gemeinschaftlichen thüringischen Oberlandesgerichts zu Jena. 2. Nachtrag. (XV—XX u. S. 603—924.) 8. Jena '05, Selbstverlag des Oberlandesgerichts. 3. —

— der Bibliothek des königl. Oberverwaltungsgerichts. gr. 8. (X, 307 S.) Berlin 894. C. Heymanns Verl. n. 4. —

Katalog der Bibliothek des königl. preussischen Oberverwaltungsgerichts. 2. Ausg. (XXIV, 636 S.) Lex.-8. Berlin '07, C. Heymann. 10. —

Bibliothek der Thurgauischen Offiziersgesellschaft. Katalog aufgestellt im Februar 1901. 43 S. 8. Frauenfeld, Huber & Co., 1901.

Catalog. K' der Bibliothek der Lese-Gesellschaft Olten vom Jahre 1904. 48 S. 8. Olten, Buchdr. des «Oltner Tagblatt», 1904.

—— der Bibliothek des kaiserl. Patentamts. [Nach dem Bestande vom Dezbr. 1879.] hoch 4. (VI, 150 S.) Ebendas. 880. **

— d. Bibliothek d. kaiserl. Patentamtes. gr. 8. (VIII, 750 S.) Berlin 896. (W. H. Kühl.)
Geb. in Halbleinw. n. 8. 70

[F.] Katalog der Bibliothek des Kaiserlichen Patentamtes. *Berlin: B. Paul 1896.* (VIII, 750 S.) 1 Bd 8. [96. 6133

Katalog der Bibliothek des kaiserl. Patentamtes. (Neue Ausg.) gr. 8. (VIII, 1005 S.) Berlin 1900, W. H. Kühl. Kart. 20. 75.

Katalog der Bibliothek des Kaiserlichen Patentamtes. *Berlin 1900: B. Paul.* (VIII, 1005 S.) 8° [F.] [01. 1767

Katalog der Bibliothek des kaiserl. Patentamts. 1. Nachtr. gr. 8. (VIII, 75 S.) Berlin '01, W. H. Kühl. 2. 70.

— der Bibliothek des kaiserl. Patentamtes. 2.—5. Nachtrag. Lex.-8. Berlin (W. H. Kühl). n. 20. 15
2. (VIII u. S. 77—190.) 902. n.n. 3. 20
3. (VIII u. S. 191—329.) 903. n. 4. 75
4. (VIII u. S. 331—523.) 904. n. 5. 50
5. (VIII u. S. 525—793.) (906.) n. 6. 70
Hauptwerk u. 1. Nachtr. Ebd. 900. 901. n. 23. 70.

— der Bibliothek d. kaiserl Patentamtes. 6.—8. Nachtrag. gr. 8. Berlin (W. H. Kühl). 24. 30
6. (VIII u. S. 795—1134.) 906. 7. —
7. (VIII u. S. 1135—1522.) 907. 7. 80
8. (VIII u. S. 1523—1962.) 909. 9. 50
Hauptwerk u. 1.—5. Nachtr. n 42.85

Katalog der Bibliothek des Kais. Patentamtes. Nachtrag 5-9. Berlin 1905-10

Katalog der Bibliothek des Pestalozzianums. Supplement 7. 1900. (Mit Anhang: Verzeichnis der in der Bibliothek gesammelten ausländischen pädagogischen Zeitschriften.) 16 S. 8. [Zürich, Emil Rüegg, 1901.]

Katalog der Bibliothek des Pestalozzianums. Supplement 8. 1901. 12 S. 8. [Zürich, Emil Rüegg, 1902.]

Katalog der Bibliothek des Pestalozzianums. Supplement 9. 1902. 12 S. 8. [Zürich, Emil Rüegg, 1903.]

Catalog. K' der Bibliothek des Pestalozzianums. Supplement 10. 1903. 16 S. 8. [Zürich, Emil Rüegg, 1904.]

Catalog. K' der Bibliothek des Pestalozzianums. Supplement 11. 1904. 16 S. 8. [Zürich, Emil Rüegg, 1905.]

Catalog. K' der Bibliothek des Pestalozzianums. Supplement 12. 1905. 30 S. 8. [Zürich, Emil Rüegg, 1906.]

Katalog der Bibliothek des Berliner Philatelisten-Klub, E. V. Berlin: Berl. Philatelisten-Klub 1908. (64 S.) 8° [08. 3953

Katalog der Bibliothek des Vorschußvereins Pillkallen e. G. m. u. H. Pillkallen 1903: E. Morgenroth. (20 S.) 8° [Ti. u. Ant.]

Katalog der Bibliothek der Handelskammer Plauen. Nach dem Stande vom 1. März 1905 neu bearb. Plauen i. V., 1905. 104 S.

Katalog der Bibliothek des Eidgenössischen Polytechnikums in Zürich. 6. Aufl. Zürich, 1896. 806 S.

Katalog der Bibliothek des Königlich Sächsischen Polytechnikums Dresden. (Vorr.: K[arl] Kuschel.) 1876. XII, 612 S. 8⁰

Katalog der Bibliothek des Königlichen Polytechnikums in Stuttgart (Nachtr.: Polytechnikums Stuttgart). 1879. 430 S. [Nebst] Nachtrag 1. 1879—1884. 1885. IV, 188 S.; Nachtrag 2. 1884—89. 1889. VII, 187 S. 8⁰

Katalog der Bibliothek des Provinzialausschusses für Innere Mission in der Prov. Sachsen [Nebst] Nachtr. Magdeburg: Prov.-Aussch. f. Inn. Miss. 1901–12. 8⁰

Katalog der Bibliothek der hochw. hochl. Provinzial-Loge von Niedersachsen zu Hamburg. 1857. [Hamburg 1857]: Kümpel. 23 S. 8⁰ [Umschlagtit.] 3.

Katalog der Bibliothek des Provinzialvereins für innere Mission in Pommern. [Hauptwerk.] Stettin 1895: Pommersche Reichspost. 8° [95. 13893 9

Katalog der Bibliothek der Provinzialverwaltung von Schlesien zu Breslau. *Breslau 1900: Grass, Barth & Co.* (VI, 176 S.) 8° [01. 885

Catalog. K' der Bibliothek des Gundoldinger Quartiervereins, nebst Reglement über die Benützung desselben. Basel, im März 1903. II + 57 S. 8. Basel, Birkhäuser & Dubi, 1903.

—— der Raczyńskischen Bibliothek in Posen. Bearb. von M. E. Sosnowski und L. Kurtzmann. 4 Bde. 8. (X, 984; XV, 953; XI, 667; 277 S.) Posen 885, (Jolowicz.) geb. in 3 Bde. **

Katalog d. Bibliothek d. Handels- u Gewerbekammer Ravensburg. Ravensburg 1884

Berlin. Reichsamt des Innern: Katalog der Bibliothek. Berlin 1882

—— der Bibliothek des Reichsgerichts. Bearb. von K. Schulz. Lex.-8. (LXV, 1087 S.) Leipzig 882, (Breitkopf und Härtel.) *

—— der Bibliothek d. Reichs-Gerichts. Bearb. v. K. Schulz. 2. Bd. Lex.-8. (XXXII, 1359 S.) Lpz. 890, (Breitkopf u. Härtel). [1. Bd.] (Ebd.) 1882. * 15 —. * 20 —

—— der Bibliothek des Reichs-Justizamts. Lex.-8. (XLVII, 761 S.) Berlin 887, (Puttkammer und Mühlbrecht.) * 12 —

Katalog der Bibliothek des Reichs-Justizamts. 2. Ausgabe. [Bearb. v. Dr. Rudolf Kaiser.] *Berlin: Dr. v. B. Paul 1897.* (LXV S., 1308 Sp. u. S.) 1 Bd 8. [97. 8587

— der Bibliothek d. Reichs-Justizamts. 2. Ausg. gr. 8. (LXV S., 1208 Sp. u. S. 1209—1308.) Berlin 898. Puttkammer & Mühlbrecht.) n. 16. —

— d. Bibliothek d. Reichs-Justizamts. 3. Ausg. (CXI, 2277 S.) Lex. 8. Berlin 909. Puttkammer & Mühlbrecht. 25.—; geb. in Leinw. 30. —

Katalog der Bibliothek des Reichstages. (Bearb.: Eduard Blömeke; 3–5 Hrsg.: [Johannes] Müller.) Bd 1–5. Berlin: Dr. v. Trowitzsch & Sohn 1890–99.

— d. Bibliothek d. Reichstages. 1.—3. Bd. gr. 8. (XXIV, 704; XLIV, 1023 u. XXXV, 1126 S.) Berlin 890. 96. (A. Asher & Co.) Geb. in Leinw. n.n. 40. —

— dasselbe. 4. Bd. Nachträge z. 1.—3. Bde. gr. 8. (VI, 1121 S.) Ebd. 897. Geb. in Leinw. n.n. 16. —

— der Bibliothek des Reichstages. 5. Bd. I. Titelregister. II. Sachregister. gr. 8. (VI, 895 S.) Berlin 899. (A. Asher & Co.) Geb. in Leinw. n.n. 18. —; (kplt. n.n. 74. —)

Katalog der Bibliothek des Reichstages. Zugangsverzeichniss 1 ff. Berlin 1898 ff. 8⁰.
Zugangsverz. 1: Januar 1898. 1898.
2: Mit Register zu 1 u. 2. April 1900. 1900.
3: Mit Register zu 1—3. Mai 1901. 1901.
4: Mit Titel- u. Sachreg. zu 1—4. Nov. 1903. 1903.
5: Oktober 1905. 1905
Reg. zu d. Zugangsverzeichn. 1—5. 1907.

Katalog der Bibliothek des Reichstages. Monatl. Zugangsverzeichniss. Jg 1 ff. Berlin 1904 ff. 8⁰.
1, April—Dec. 1904. 2, 1905, 1906.

Katalog der Bibliothek des Reichstages. Vierteljährl. Zugangsverzeichnis. Jg 1, 1906. Berlin 1907. 8⁰.

—— der Bibliothek des deutschen Reichstages. 1. Abthl. gr. 8. (IV, 299 S.) Berlin 877, (Puttkammer und Mühlbrecht.) cart. *

—— der Bibliothek des Deutschen Reichstags. gr. 8. (LVI, 1482 S.) Berlin 882, (Puttkammer und Mühlbrecht.) geb. **

Bibliothek der Israelitischen Religionsschule zu Frankfurt a. M. Katalog. Frankfurt a. M. 1909: Slobotzky. 69, 201 S. 8⁰ A 12. 5951

Catalog. K' der Bibliothek und Kartographischen Sammlung der Ostschweiz. Geograph.-Commerc. Gesellschaft in St. Gallen. 1905. II + 55 S. 8. [St. Gallen, Honegger.] fr. —. 50

Katalog der Bibliothek, sowie der ... Sammlung von Kupferstichen und Handzeichnungen des Museums August Riedinger in Augsburg u. anderer Beiträge ... Versteigerg zu München ... unter Leitg des ... Hugo Helbing ... *(München: Dr. v. Knorr & Hirth 1895.)* (3 Bl., 89 S.) 1 Bd 8. [96. 3760

Katalog über Bibliothek, naturwissenschaftl. Sammlung und übrige allgemeine Lehrmittel der Sekundarschule Wädensweil. 53 Stn. 8. Wädensweil, Ruegg. 1875.

—— der Bibliothek des königl. sächs. Sanitätsofficiercorps. gr. 8. (VII, 138 S.) Dresden 877, Weiske. *

—— der Bibliothek des königl. sächs. Sanitätsofficiercorps. Erster Nachtrag. 8. (29 S.) Dresden 884, Weiske. * Hauptwerk. Ebendas. 1877. *ℳ 1,50.

Supplement zum Katalog der Bibliothek [der] Sektion St. Gallen [des] S[chweizer] A[lpen-]C[lub]. Ausgabe von 1901. II + 7 S. 8. St. Gallen, Zollikofer, 1901.

Katalog der Bibliothek der St. Johannis-Loge „zum Füllhorn" in Lübeck. [Lübeck] 1873: [Bock]. 27 S. 8°. 358a.

Katalog der Bibliothek der ger. und vollk. St. J. ☐ zur Pyramide im Or. Plauen i. J. d. W. L. 1834—1887. Plauen i. V. [1887]: Leonhardt & Westen. 27 S. 8⁰ [Umschlagtit.] 3.

Katalog der Bibliothek der ger. u. vollk. St. Johannis-Loge zu den drei Rosen im Walde i. O. z. Sorau. 1845. [Sorau 1845.] 7 S. 8⁰ [Kopftit.] 3.

Katalog der Bibliothek des Unteroffizier-Vereins Schaffhausen vom 1. Januar 1902. 7 S. 8. [Schaffhausen, H. Meier & Cie.]

Katalog der Bibliothek der Kreisschulinspektion Schmalkalden II. *(Schmalkalden [1903?].)* (4 Bl.) 4° [Kopft. F.] [03. 8684 4

Katalog der Bibliothek der Königlichen polytechnischen Schule und der Königlichen Baugewerkenschule zu Dresden. 1864. Getr. Pag. 8⁰

[Sondert. 1—11.] Katalog der Bibliothek der Königlichen polytechnischen Schule zu Dresden. Abth. 1—11.

—— der Bibliothek der königl. polytechnischen Schule zu Hannover. gr. 8. (XVI, 483 S.) Hannover 868, (Schmorl und v. Seefeld.) *

Katalog der Bibliothek der Königlichen polytechnischen Schule zu Hannover. 1868. XV, 483 S. [Nebst] Nachtrag von 1868 bis 1877. 1877. IX, 208 S. 8⁰

Katalog der Bibliothek der Polytechnischen Schule in Stuttgart. 1865. IV, 139 S. 8⁰

Katalog der Bibliothek der Polytechnischen Schule in Stuttgart. 1871. 237 S. 8⁰

Katalog der Bibliothek der Königlichen Polytechnischen Schule zu Stuttgart. 1865. 71. 79 und Nachtrag 1 und 2 für 1879-89. Stuttgart 1865-89

Katalog der Bibliothek der Königlichen Rheinisch-Westphälischen Polytechnischen Schule zu Aachen. Als Ms. gedr. 1872. 238 S. 8⁰

Königliche Polytechnische Schule: Katalog der Bibliothek. Aachen 1872
Nachtrags-Katalog 1. 3. 4. der Bibliothek der Königlichen Technischen Hochschule zu Aachen. Aachen 1879—1904

—— der Bibliothek der deutschen Seewarte zu Hamburg. gr. 8. (X, 619 S.) Hamb. 890, (Friederichsen u. Comp.) geb. * 10 —

— der Bibliothek der deutschen Seewarte zu Hamburg. 1. u. 2. Nachtrag. gr. 8. Hamburg (L. Friederichsen & Co.) Kart. n.n. 4. 50
1. (VI, 92 S.) 894. n. 2.—. — 2. (VI, 142 S.) 899. n.n. 2.50.

Katalog der Bibliothek der deutschen Seewarte zu Hamburg. 3.—6. Nachtrag. gr. 8. Hamburg (L. Friederichsen & Co.) n.n. 5. 50
3. (VIII, 64 S.) 901. 1.50. — 4. (VI, 62 S.) 903. 1.50.
5. (VI, 36 S.) 904. 1.—. — 6. (VI, 53 S.) 905. 1.50.

— der Bibliothek der deutschen Seewarte zu Hamburg. (Kaiserl. Marine, Deutsche Seewarte.) 7. u. 8. Nachtrag. gr. 8. Hamburg (L. Friederichsen & Co.) nn 3. 50
7. 1905 u. 1906. (VI, 86 S.) 907. nn 2. —
8. 1907 u. 1908. (VI, 78 S.) 909. nn 2. –; erm. Pr. nn 1. 50
Hauptwerk m. 1.—6. Nachtr. Ebd. 20.—.

Norddeutsche Seewarte, Katalog der Bibliothek der —, nebst Anfängen der Katalogisirung der Bibliothek der Deutschen Seewarte. Fol.

—— der Bibliothek der deutschen Shakespeare-Gesellschaft zu Weimar. gr. 8. (37 S.) Weimar 876, (Huschke.) *

KATALOG der Bibliothek der Deutschen Shakespeare-Gesellschaft. Druck von R. Wagner Sohn. 8°. Weimar. 1909.

Katalog der Bibliothek der ger. und vollk. St. Johannes-Loge Sokrates im Or. Pressburg. Systemat. zsgest. nach dem Bestande vom 1. Febr. 5898. (Ms. f. Brr.) Pressburg: Selbstverl. d. Loge 1898. 32 S. 8⁰
[L. 21 (1898) S. 48.]

Katalog der socialwissenschaftlichen Bibliothek an der Centralstelle des Volksvereins für das katholische Deutschland in M.Gladbach. 3. verm. Ausg. 1896. *(Berlin 1896: Germania.)* (47 S.) 8° [F.] [04. 16781 2

Katalog der socialwissenschaftlichen Bibliothek an der Centralstelle des Volksvereins für das katholische Deutschland in M.Gladbach. 4. verm. Ausg. [Nebst] Nachtr. *(M.Gladbach: Centralstelle) 1899–1901.* 2 Bde 8° [F.] [08. 8766 5

Katalog der sozialwissenschaftlichen Bibliothek an der Zentralstelle des Volksvereins für das katholische Deutschland in M. Gladbach. 5. verm. Aufl. (Bestand d. Bibliothek am 1. Mai 1904.) *M. Gladbach: Zentralstelle d. Volksv. f. d. kath. Deutschland 1904.* (127, III S.) 8° [F. u. Ant.] [04. 18815 5

Katalog der Ständischen Bibliothek in Stuttgart. (Vorr.: Alb[ert] Eugen Adam.) Stuttgart 1907: C. Grüninger. (XXVI, 866 S.) 8° [07. 9879

Katalog der Ständischen Bibliothek in Stuttgart. [Nebst] Zuwachsverzeichnis. Stuttgart 1907. 1908. 8°.

Catalog. K' der Bibliothek des Allg. Schweiz. Stenographenvereins (in Zürich), umfassend die seit 1896 eingegangenen Bände. ⟨Weiterführung des Hauptkataloges von 1890 und dessen Nachtrag von 1896.⟩ 6. Ausg. Nach dem Stande ... vom 1. September 1903. IV + 44 S. 8. Wetzikon bei Zürich, ⟨H. Bebie⟩, 1903.

— der Bibliothek der königl. sächsischen Forstakademie Tharandt. Lex.-8. (XVI, 755 S.) Tharandt 900. (Akadem. Buchh.) n.n. 10. —

— der Bibliothek der kgl. sächsischen Forstakademie Tharandt. Nachtrag I, enth. den Zuwachs in den J. 1900—1904. (88 S.) Lex.-8. Tharandt 905. (Akadem. Buchh.) n.n. 1. —.
Hauptwerk Ebd. 900. n.n. 10.—.

Katalog der theologischen Bibliothek des aargauischen reformierten Ministeriums. Neu hrg. 1902. IV + 225 S. 8. Aarau, H. R. Sauerländer & Co., 1902.

Katalog d. Bibliothek d. königl. Thierarznei-Schule zu Berlin. Berl. 1881. 112 S.

Katalog der Bibliothek des Berliner Tonkünstlervereins (Freie Musikal. Vereinigung). *Berlin (1900): M. Hoffschläger.* (20 S.) 8°
— Jahres-Bericht d. Berl. Tonkünstlervereins. 56, Anhang.

Touristen-Klub f. d. Mark Brandenburg. Katalog der Bibliothek. Berlin 1903: (C. Marschner). (25 S.) 8° [Umschlagt.]

Katalog der Bibliothek nebst einer Uebersicht der Sammlungen. K. k. heraldische Gesellschaft „Adler". 8. Wien 1890.

Catalog. K' der Bibliothek der Sektion Uto des S. A. C., mit Sachregister. 52 S. 8. Zürich, A. Tschopp, 1909.

Katalog der Bibliothek des Verbandes alter Korpsstudenten Ostern 1909. Marburg a. L. 1909. 8°

Katalog der Bibliothek des Altmärkischen Vereins für vaterländische Geschichte zu Salzwedel. Salzwedel 1904: A. Menzel. (214, 44 S.) 8°

Katalog der Bibliothek des Vereins der Aerzte Kärntens. Klgft., Leon, 1874. 45 S.

Katalog der Bibliothek des Vereins zur Beförderung des Gartenbaues in den Königlich Preussischen Staaten ... Nebst e. Anh. enth. d. Verz. d. Obstnachbildgn. VI. Aufl. *Berlin: Dr. r. W. Büxenstein 1897.* (139 S.) 1 Bd 8.

KATALOG DER BIBLIOTHEK des entomologischen Vereins zu Stettin. Stettin 1865. Druck von R. Grassmann. 8°.

Katalog der Bibliothek des Vereins für Erdkunde zu Leipzig. Hrsg. im Auftr. d. Vorstandes v. derzeit. Bibliothekar d. Ver. Dr. Rudolf Reinhard. Leipzig 1905: C. G. Naumann. (VIII, 531 S.) 8°
= Mitteilungen d. Vereins f. Erdkunde zu Leipzig. 1903, II. 2.

— d. Bibliothek d. Vereins z. Ermunterg. d. Gewerbsgeistes in Böhmen. Prag 1864

— der Bibliothek des evangelischen Vereins in Hannover. Im Auftrage des Vereins zusammengestellt (v. Strecker.) gr. 8. (VIII, 187 S.) Hannover 898. Pastor O. Strecker. n. — 60

Katalog der Bibliothek des Vereins der Freunde der Naturgeschichte in Mecklenburg. (Aufgestellt in d. Rostocker Univ.-Bibl.) (Hrsg.: Dr. G[ustav] Kohfeldt.) *Güstrow: Dr. d. Ratsbuchdr. 1896.* (2 Bl., 178 S.) 1 Bd 8.

KATALOG DER BIBLIOTHEK des Vereins für Geschichte und Alterthümer der Herzogthümer Bremen und Verden und des Landes Hadeln. Stade, 1873. Druck von W. Heimberg. 8°.

KATALOG der Bibliothek des Vereins für Geschichte und Altertumskunde Westfalens (Abteilung Münster). 1. Teil: Verzeichnis der Druckschriften, bearbeitet von A. BÖMER. Münster 1898. Druck der Regensbergschen Buchdruckerei. 8°.

— d. Bibliothek d. Vereins f. d. Geschichte Berlins. Bearb. v. Hugo Gulard. gr. 8. (XXIII, 285 S.) Berlin 896. (E. S. Mittler & Sohn.) n. 4. —

— der Bibliothek des Vereins f. Geschichte d. Bodensees u. seiner Umgebung. 2. Aufl., bearb. von Eug. Schobinger, s. a. Schriften des Vereins für Geschichte des Bodensees.

Katalog der Bibliothek des Vereins für Geschichte des Bodensees und seiner Umgebung in Friedrichshafen. 2. Auflage. Bearbeitet von EUGEN SCHOBINGER. Friedrichshafen am Bodensee 1902. (o. Dr.) 8°.

Katalog der Bibliothek des Vereins für jüdische Geschichte und Literatur zu Königsberg i. Pr. Königsberg i. Pr. 1910: Kahan. 70 S. 8°

KATALOG DER BIBLIOTHEK des Vereins für öffentliche Gesundheitspflege im Herzogthum Braunschweig. Braunschweig 1882. Druck von Joh. Heinr. Meyer. 8°.

— der Bibliothek des histor. Vereins f. Dortmund u. die Grafsch. Mark. Bearb. v. Frdr. Houpt. (III, 163 S.) 8. Dortmund 908. (F. W. Ruhfus.) 1. 60

KATALOG DER BIBLIOTHEK des historischen Vereins für Niedersachsen. Hannover. 1866. Druck von Ph. C. Göhmann. 8°.

Katalog der Bibliothek des Kaufmännischen Vereins zu Königsberg i. Pr. Königsberg i. Pr. 1910: Kemsies. 76 S. 8°

Katalog der Bibliothek des Vereins Berliner Künstler. [Neu-]Bearb. von W[ilh.] Grohmann unter Mitw. von W[ilhelm] Bröker. Berlin 1902: F. Lenz & Co. (IX, 252 S.) 8°

KATALOG der Bibliothek des Mathematischen Vereins zu Berlin. (Berlin) 1876. Druck von Otto Dreyer. 8°.

KATALOG der Bibliothek des Mathematischen Vereins zu Berlin. (Berlin) 1882. —

Katalog der Bibliothek des militärwissenschaftlichen Vereins in Wien. 1877. Ergänzung vom Jahre 1877 bis Ende 1880. Supplements-Kataloge (lithogr.) über jene Werke der wissenschaftlichen Abtheilung, welche in der Zeit vom 1. Jänner 1881 bis 30. September 1888 zugewachsen sind. (4 Bde.) 8. u. Fol. Wien 1877—1888.

Katalog der Bibliothek des Naturforschenden Vereines in Brünn. (Abgeschlossen im September 1874.) Alphabetisches Verzeichnis. Sach.-Register. Brünn 1875. 161, 62 S. 8°

Katalog der Bibliothek des Naturforschenden Vereines in Brünn. I. Supplement-Heft. (Abgeschlossen im März 1880.) Alphabetisches Verzeichniss. Sach.-Register. Brünn 1880. 81, 35 S. 8°

— der Bibliothek des naturhistorischen Vereins der preuss. Rheinlande, Westfalens u. des Reg.-Bez. Osnabrück, s. a. Verhandlungen des naturhist. Vereins.

KATALOG der Bibliothek des naturhistorischen Vereins der preussischen Rheinlande, Westfalens und des Reg.-Bez. Osnabrück. Nachtrag, abgeschlossen im November 1903. Bonn 1904. In Kommission bei Friedrich Cohen. 8°.

Wiesbaden, Verein für Naturkunde im Herzogthum Nassau, Katalog der Bibliothek des —, mit 5 Nachträgen. Wiesbaden 1882—92.

Wiesbaden, Verein für Naturkunde im Herzogthum Nassau, Katalog der Bibliothek des —. 6. Nachtrag. Wiesbaden 1895.

Katalog der Bibliothek des N[aturwiss.] M[edicinischen] V[ereins] zu Marburg]. *(Marburg [1901]: J. Hamel.)* (11 S.) 8° [Kopft.]

KATALOG der Bibliothek des naturwissenschaftlichen Vereins für Neuvorpommern und Rügen in Greifswald. Greifswald (1886). Druck von F. W. Kunike. 8°.

KATALOG der Bibliothek des Niederrheinischen Vereins für öffentliche Gesundheitspflege. Neu zusammengestellt von DE BOOR (Bonn). Vom 1. Januar 1891 ist die Bibliothek in Köln. Köln 1891. Kölner Verlags-Anstalt und Druckerei, A.-G. 8°.

Katalog der Bibliothek des polytechnischen Vereines für Bayern. München 1861

—— der Bibliothek des stenographischen Vereins zu Berlin. 8. (33 S.) Berlin 863, (Mittler und Sohn.) *

Katalog der Bibliothek des Wissenschaftlich-theologischen Vereins in Breslau. Breslau (1908): Förster. 12 S. 8°

Katalog der vereinigten Bibliothek für Natur- und Erdkunde (zu Halle). Im Auftr. d. Bibliotheks-Commiss. hrsg. von d. Bibliothekaren. Halle: E. Karras (1898–)1904. (VII, 393 S.) 8° [illegible]

Enthält die Bibliotheken der Naturforschenden Gesellschaft zu Halle, des Naturwissenschaftlichen Vereins für Sachsen und Thüringen in Halle und des Vereins für Erdkunde zu Halle.

Katalog der Bibliothek der Vereinigung Gabelsberger Stenografen zu Elberfeld. 1. Ausg. nach dem Stande der Bibliothek vom 1. Jan. 1884. 8. (VIII, 104 S.) Elberfeld 884. (Leipzig, Robolsky.) **

Catalog. K' der Bibliothek (der Schweizerischen Vereinigung zur Förderung des internationalen Arbeiterschutzes), nebst Autoren- und Sachregister. Abgeschlossen auf 31. Dezember 1906 = Catalogue de la bibliothèque (de l'Association suisse pour l'avancement de la protection internationale des ouvriers), suivi d'une liste des auteurs et des matières. Arrêté au 31 Décembre 1906. 15 S. 8. Bern, Neukomm & Zimmermann, [1907].

Schweizerische Vereinigung zur F' des int' Arb'. Heft 17 = Association suisse pour l'av' de la pr' des ouvriers. Fascicule 17.

—— der Bibliothek der k. k. Reichshaupt- und Residenzstadt Wien. (Nach dem Stande vom 31. Dezbr. 1864.) gr. 8. (XVI und 216 S.) Wien 865, (Gerold's Sohn.) *

Katalog der Bibliothek der k. k. Reichshaupt- und Residenzstadt Wien. (Nach dem Stande vom 31. December 1864.) 4. Nachtrag. (Nach dem Stande von Ende Oktober 1867.)
8. Wien 1865, 1868.

Katalog der Bibliothek des Kaufmännischen Vereins Wohlen. 1901. 8 S. 8. Wohlen, Kasimir Meyer.

Katalog der Bibliothek des Zentral-Gewerbevereins für Rheinland etc. in Düsseldorf. No. 1 mit Nachtrag. Düsseldorf

Katalog der Bibliothek der Zentralstelle für Niedersächsische Familiengeschichte e. V. Sitz Hamburg. o. O. u. J. 8°

— der Bibliothek der Königlichen Zentralstelle für Gewerbe und Handel. Ausgaben 1857, 1860, 1866 m. Nachtrag b. 1869, 1848-73 m. Nachtrag b. 1889. Stuttgart 1857-89

Catalog. K' der Bibliothek der Kgl. Zentralstelle für Gewerbe und Handel in Stuttgart. IV + 840 S. 8. Stuttgart, A. Bonz' Erben. 1901. [geb. M. 2. —]

— der Bibliothek der kgl. Zentralstelle f. Gewerbe u. Handel in Stuttgart. gr. 8. (III, 840 S.) Stuttgart 901. (H. Lindemann.) Geb. n. 3.40

Katalog der Bibliothek der K. Zentralstelle für Gewerbe und Handel in Stuttgart. Nachtrag 1901-07. (272 S) Stuttgart 1907

Katalog d. Bibliothek d. königl. württemberg. Centralstelle f. die Landwirtschaft. Stuttg. 1868. 470 S.
— Nachtrag bis 1. Juli 1889. Sst. 1889. 304 S.

— d. Bibl. d. K.Württ. Zentralst. f. d. Landwirtsch. Nachtr. 2 (265 S) Ludwigsburg 1906

KATALOG DER BIBLIOTHEK des Centralvereins homöopathischer Aerzte Deutschlands. Ausgegeben im December 1869. Inhalt: I. Statuten für die Bibliothek. — II. Homöopathische Werke (a. Zeitschriften, b. selbstständige Werke). — III. Nichthomöopathische Werke. IV. Diversa. Leipzig, Druck von Hüthel & Legler. 8°.

Katalog der Bibliothek des Kaufmännischen Vereins Zofingen. 11 S. 8. Zofingen, Joh. Fehlmann, 1903.

Katalog der Bibliothek der Museumsgesellschaft Zürich. 8. Aufl. XII + 715 S. 8. Zürich, Zürcher & Furrer, 1902. ([geb.] fr. 5. —)

1. Ergänzung zum Katalog der Bibliothek der Museumsgesellschaft Zürich ⟨8. Aufl., 1902.⟩ Enthaltend die Erwerbungen bis 1. März 1903. IV + 75 S. 8. Zürich, Zürcher & Furrer, 1903.

2. Ergänzung zum K' der Bibliothek der Museumsgesellschaft Zürich ⟨8. Aufl., 1902.⟩ Enthaltend die Erwerbungen vom 1. März 1903 bis zum 1. März 1904. IV + 68 S. 8. Zürich, Zürcher & Furrer, 1904.

3. Ergänzung zum K' der Bibliothek der Museumsgesellschaft Zürich. ⟨8. Aufl., 1902.⟩ Enthaltend die Erwerbungen vom 1. März 1904 bis zum 1. März 1905. IV + 62 S. 8. Zürich, Zürcher & Furrer, 1905.

4. Ergänzung zum K' der Bibliothek der Museumsgesellschaft Zürich ⟨8. Aufl., 1902.⟩ Enthaltend die Erwerbungen vom 1. März 1905 bis zum 1. März 1906. IV + 54 S. 8. Zürich, Zürcher & Furrer, 1906.

5. Ergänzung zum K' der Bibliothek der Museumsgesellschaft Zürich ⟨8. Aufl. 1902.⟩ Enthaltend die Erwerbungen vom 1. März 1906 bis zum 1. März 1907. IV + 55 S. 8. Zürich, Zürcher & Furrer, 1907.

6. Ergänzung zum K' der Bibliothek der Museumsgesellschaft Zürich ⟨8. Aufl. 1902.⟩ Enthaltend die Erwerbungen vom 1. März 1907 bis zum 1. März 1908. II + IV + 67 S. 8. Zürich, Zürcher & Furrer, 1908.

7. u. 8. Ergänzung zum K' der Bibliothek der Museumsgesellschaft Zürich ⟨8. Aufl. 1902.⟩ Enthaltend die Erwerbungen vom 1. März 1908 bis zum 1. M' 1909 u. vom 1. M' 1909 bis zum 1. M' 1910. II + II + 59 u. II + II + 61 S. 8. Zürich, Zürcher & Furrer, 1909 u. 1910.

Catalog. K' der Bibliothek des Kaufmännischen Vereins Zürich. Hrg. im Februar 1909. 89 S. 8. Zürich, Juchli & Beck, 1909.

Katalog der Bibliothek-Abtheilung des k. und k. Kriegs-Archivs. Bd. 1. 2. [nebst] Autoren-Verzeichnis [u.] Nachtrags-Coupons. Wien: K. k. Reichs-Kriegsministerium 1896–98. 7 Bde. 4° (8°)
1, 1. 2. 2, 1–3. 1896. Autoren-Verzeichnis. 1896. Nachtrags-Coupons. 1898.

Katalog der Bibliothek-Abtheilung des k. und k. Kriegs-Archivs. I. Bd. 1. Th. Kriegswissenschaften und Heerwesen im Allgemeinen: Heeresorganisation; Heeres-Ergänzung und Verwaltung; Personalvorschriften; Truppenausbildung; Dienst und Exercieren; Kriegskunst; Waffenwesen und Artillerie. 2. Th. Kriegs- und allgemeine Baukunst; Technologie und Verkehrswesen; Militär-Train und Pferdewesen; Terrainkunde; Seewesen; Mathematik; Naturwissenschaften; Sanitätswesen: Geographie, Statistik, Volkswirtschaft; Reisen. — II. Bd. 1. Th. Kriegsgeschichte; Heeres- und Truppengeschichte; Militär-Schemata. 2. Th. Allgemeine und Staatengeschichte. 3. Th. Biographien, Mémoires und Correspondenzen; Staats- und Rechtswissenschaft: Culturgeschichte und Religionswesen: Philosophie, Unterrichtswesen; Sprachwissenschaft, Literatur und Kunst: Encyklopädie; Bibliothekswissenschaft, Bücherkunde und Archivwesen. —

— von Bibliotheken für Fortbildungsschüler. 1. Heft. Hrsg. vom Lehrerkollegium der 4. Fortbildungsschule zu Leipzig. (Schriften des deutschen Vereins für das Fortbildungsschulwesen.) (III, 71 S.) 8. Wittenberg 904. R. Herrosé. n. 1. —

Catalog. K' religiöser Bilder [von] Franz Hanfstaengl, Kunstverlag, München. [Illustriert.] XII + 116 S. 8. (München, E. Mühlthaler, [1904/05].)

Catalog. K' der Schweizerischen Blinden-Leihbibliothek in Zürich. 1904. IV + 20 S. 8. Zürich, F. Lohbauer, 1904.

Katalog der Blumen-, Gemüse- und Früchte-Ausstellung des Gartenbau-Vereins für Schleswig, Holstein u. Lauenburg am 18., 19. u. 20. Juli 1858. Kiel. 1858. 8°

Katalog über die IX. Blumen-, Pflanzen-, Obst- und Gemüse-Ausstellung des m. schles. Obst-, Wein- und Gartenbau-Vereines am 18., 19. und 20. Mai 1856. Brünn 1856. Druck von Karl Winiker. (16 S. 8.)

—— der deutschen Brauerei-Ausstellung in Hannover 1884. 8. (48 S.) Hannover 884, (Schmorl und v. Seefeld.) **

Katalog d. Brauerei-Maschinen-Ausstellung u. d. VIII. Deutschen Gersten u. Hopfen-Ausstellung nebst Abteilung f. Brauweizen zu Berlin 1902. ... Berl. 1902. 195 S.

—— über alle bekannten seit 1840 bis Janr. 1864 ausgegebenen Briefmarken die zu den beigefügten Preisen durch das Literarische Museum in Leipzig bezogen werden können. 16. (25 S.) Leipzig 864, Literarisches Museum. *

—— über alle bekannten seit 1840 bis Mai 1864 ausgegebenen Briefmarken die zu den beigefügten Preisen durch Chr. Mann jr. in Leipzig bezogen werden können. 1.—3. Aufl. 16. (29 S.) Leipzig 864, (Luppe.) *

—— aller bekannten seit 1840 bis Mitte 1865 emittirten Briefmarken. Unter Mitwirkung von W. T. Clausius, Joseph und W. T. Israel hrsg. von Gust. Bauschke. 2. Abdr. 8. (X und 141 S.) Leipzig 865, Literarisches Museum. *

—— aller bekannten seit 1840 bis 1868 emittirten Briefmarken. Hrsg. unter freundl. Mitwirkung der bedeutendsten Sammlerautoritäten Deutschlands. 9. Aufl. 16. (IV und 112 S.) Ebendas. 868. *

—— über die seit 1840 bis Juli 1863 ausgegebenen Briefmarken aller Länder mit beigedruckten Verkaufspreisen. Hrsg. von Zschiesche und Köder in Leipzig. 12. (80 S.) Leipzig 863, (Fries.) *

—— über die seit 1840 bis Ende März 1864 ausgegebenen Briefmarken aller Länder mit beigedruckten Verkaufspreisen. Hrsg. von Zschiesche und Köder in Leipzig. 3. Aufl. 12. (80 S.) Leipzig 864, (Fries.) *

—— sämtlicher bis 1888 ausgegebenen Briefmarken. 8. (IV, 100 S.) Naumburg 888. Leipzig, Expedition des Briefmarken-Album. — 75

Katalog des K. B. 2. Feld-Art.-Reg. vakant Brodeßer. Würzburg 1876. 62 S.
— — Nachtrag. 1882. 14 S.

Katalog der historischen Bronze-Ausstellung im österreichischen Museum für Kunst und Industrie. Wien 1883

—— der im germanischen Museum befindlichen Bronzeepitaphien d. 15.—18. Jahrh. Lex.-8. (50 S. m. Abbildgn.) Nürnb. 891, Verlag d. german. Nationalmuseums. * — 80

Catalog. K' der Stadtbibliothek Brugg. 8.
Angelegt auf 31. Dezember 1900. [Mit Vignetten.] II + 155 S. Brugg, Buchdr. Effingerhof, 1901.
1. Nachtrag zum Hauptkatalog. ‹Januar 1901 – Dezember 1905.› 22 S. Brugg, Buchdr. Brugger Zeitungsverein A.-G., 1906.

— für die Sonder-Ausstellung: Künstlerische Buchausstattung alter u. neuer Zeit, gleichzeitig gewerbl. Monats-Ausstellg. f. Buchbinderei u. verwandte Lederarbeiten des Central-Gewerbe-Vereins f. Rheinland, Westfalen u. benachbarte Bezirke in Düsseldorf. (16 S.) kl. 8. Düsseldorf 905. (Schmitz & Olbertz.) n. — 40

— dasselbe. 2. Aufl. (26 S.) kl. 8. Ebd. 905. n. — 50

Mährisches Gewerbe-Mus. in Brünn. Katalog der Buch-Ausstellung ... (Hrsg.: Julius Leisching, Dir. des Mähr. Gewerbemus.) *Brünn: Mähr. Gewerbe-Mus. 1898.* (1 Bl., IV S., 1 Bl., 278 S.) 1 Bd 8. 98. 8374

Schlesische Buchdruck-Ausstellung. Katalog. Breslau 15. Juli–31. August 1900. *(Breslau): Schles. Museum f. Kunstgewerbe u. Altertümer (1900).* (53 S.) 8° [Umschlagt.] [oo. 7911 2

—— d. im germanischen Museum vorhandenen interessanten Bucheinbände u. Teile v. solchen. Lex.-8. (102 S. m. Abbildgn. u. 5 Taf.) Nürnb. 889. (Lpz., Brockhaus.) * 3 50

Katalog der in d Bibl u im Archiv befindlichen Bücher d Dten Gesell v P-ien. Phila. 1879.

—— im Preise ermässigter Bücher aus allen Wissenschaften. Mit Angabe der früheren Ladenpreise und der gegenwärtigen Verkaufspreise. 1. Jahrg. 1855. gr. 8. (47 S.) Leipzig 856. (Berlin, Wedel.) **

—— dass. — 2. Jahrg. (Enthaltend die im J. 1856 im Preise ermässigten Bücher.) gr. 8. (87 S.) Berlin 856(57.) Wedel. **

1903–1908. Georg-Müller Verlag München. *Katalog* der in den ersten fünf Jahren des Bestehens erschienenen Bücher. Mit literar. Selbstcharakteristiken . . . Mit den Bildnissen d. Autoren u. vielen anderen Ill. München. Leipzig: (Georg Müller) 1908.

— d. in d. letzten 30 Jahren in Deutschland erschien. Bücher u. Schriften üb. Bier, Bierbrauerei, Gerste, Hopfen, Malz ꝛc. gr. 8. (23 S.) Nürnberg 896. J. Ph. Raw. n. — 40

— d. in d. letzten 30 Jahren in Deutschland erschienenen Bücher u. Schriften üb. Hunderassen, Hundedressur, Hundekrankheiten ꝛc. gr. 8. (16 S.) Ebd. 896. n. — 40

— der in den J. 1820—1891 in deutscher Sprache erschienenen Bücher über Fischerei, Fischzucht, Fischrecht ꝛc. Festschrift zur Allgemeinen Fischerei-Ausstellg. in Nürnberg. gr. 8. (29 S.) Nürnberg 892. J. Ph. Raw. n. — 55

Catalog. K' der Fremdsprachigen Bücher in der Bibliothek der Juristischen Fakultät der Kaiserlichen Universität zu Kyoto. II + VIII + 23* S. + 846 Sp. + S. 847—953. 8. Kyoto, Druck von Tokyo Tsukiji Kappan Seizosho, 1903.

KATALOG der Bücher, Handschriften, Karten und Pläne des Vereins für Geschichte und Alterthumskunde Westfalens. Abtheilung Münster. Münster 1861. Druck von Friedr. Regensberg. 8°.

Catalog. K' der Bücher und Kartenwerke der Schweizerischen Telegraphen-Direktion. [1. Ausgabe.] August 1905. 48 S. 8. Bern, Lierow & Cie., 1905.

Katalog der Bücher und Manuscripte des Historischen Vereins für Geschichte und Alterthumskunde von Oberfranken in Bayreuth. (In 2 Hälften.) *Bayreuth: Dr. v. L. Ellwanger 1896—98.* 2 Bde 8.
1. 1896. (1 Bl., 112 S.) 2. 1898. (1 Bl., 113—213 S.) [98. 6030

— selt. Bücher u. Handschriften. — Manuscrits et livres rares et précieux. (50 S. m. Abb. u. 2 Taf.) Lex. 8. Berlin 907. P. Gottschalk. 2.—; in engl. Sprache 2. —

Katalog seltener und kostbarer Bücher und Handschriften nebst einigen Kunst-Einbänden, Aquarellen und Sportblättern. Vorräthig auf d. antiquar. Lager v. Gilhofer & Ranschburg ... in Wien ... *Wien (1898).* (1 Bl., 90 S.) 1 Bd 8. [98. 6846 Go

Katalog seltener und kostbarer Bücher aus dem antiquarischen Lager von T. O. Weigel in Leipzig. gr. 8. (III und 136 S.) Leipzig 856, T. O. Weigel.

Detroit Pub Lib. Katalog d Bücher in dter Sprache. Detroit, 1904.

Katalog der in den Jahren 1844 und 1845 verbotenen Bücher, s. Index.

Katalog der im Archive des k. und k. militär-geographischen Institutes vorhandenen Bücher. Abgeschlossen mit Ende 1898. Beigebunden: Nachtrag bis Ende 1899, 1900, 1901.
8. Wien 1899—1901.

Katalog der Bücher, welche die Loge C[arl] Z.·. a[ufgehenden] Lichte von der altschott. Loge C[arl] z.·. a[ufgehenden] Sonne in Frankfurt am Main als Geschenk erhalten hat. o. O. 1849. 28 S. 8⁰ [Umschlagtit.] 25.

Bücherei der Farbenfabriken vorm. Fr. Bayer & Cie, Leverkusen. Katalog. *Elberfeld: Baedeker 1902.* (VIII, 218 S.) 8° [F.] [04. 1440

— der Bücherei des Instituts f. Gärungsgewerbe. Berlin 1908. (Abgeschlossen am 1. X.) (VIII, 204 S.) gr. 8. Berlin (N. 65, Seestr.) (908). Institut f. Gärungsgewerbe. 1. 50

Katalog der Bücherei des Magistrats zu Charlottenburg. Bestand v. 20. Jan. 1904. Charlottenburg 1904: A. Gertz. (IX, 304 S.) 8° [F.] [06. 6347

Katalog der Bücherei der Kaiserl. Ober-Postdirektion in Königsberg ‹Pr.› Bromberg 1899: O. Grunwald. (169 S.) 8⁰

— der Bücherei des Reichs-Postamts. 2 Bde. u. Nachtr. zu Bd. I. Lex.-8. Berlin (J. Springer). n. 27. —
1. Bücher. (XX, 909 S.) 899. Geb. in Leinw. n.n. 16. —
I. Nachtrag. (XIV, 194 S.) 904. n.n. 5. —
2. Karten. (VIII, 178 S.) 902. Geb. in Leinw. n.n. 6. —

Katalog der Städtischen Bücherei in der Rötgerstraße zu Magdeburg. Bearb. von Stadtbibliothekar Dr. [Ernst] Neubauer. [1.] Magdeburg 1901: R. Zacharias. 8° [F.]

Katalog der Städtischen Bücherei in Sudenburg-Magdeburg. Bearb. von Stadtbibliothekar Dr. [Ernst] Neubauer. 1. Magdeburg 1905: R. Zacharias. 8° [F.]

Katalog der Städtischen Bücherei in Wilhelmstadt-Magdeburg. Bearb. von Stadtbibliothekar Dr. [Ernst] Neubauer. 1. Magdeburg 1904: R. Zacharias. 8° [F.]

Katalog der Städtischen Bücherhalle zu Essen-Ruhr. 2. Ausg. Abgeschlossen 1. März 1907. Essen-Ruhr 1907: Fredebeul & Koenen. (236 S.) 8° [07. 14677

Katalog der Städtischen Bücher- und Lesehalle zu Hagen i. W. [Nebst] Verzeichnis d. aufliegenden Zeitungen und Zeitschriften [&] Nachtrag. Hagen [1908-] 10: (Quitmann). 8⁰
Katalog [&] Verzeichnis. [1908.] Nachtrag 1910.

Katalog der Bücherkammer des deutschen Vereins f. Versicherungs-Wissenschaft, in systematisch-alphabet. Ordng. bearb. v. A. Rüdiger. (III, 96 S.) gr. 8. Berlin (N. 30, Neue Winterfeldtstr. 45), Selbstverlag. 1902. 1. 80.

—— des Bücherlagers von T. O. Weigel: Theologie. — Philologie. — Miscellanea. gr. 8. (IV und 631 S.) Leipzig 851(52,) T. O. Weigel.

—— des Bücherlagers von T. O. Weigel. 1. Suppl. gr. 8. (158 S.) Leipzig 858, T. O. Weigel, *

Katalog der gemeinschaftlichen maurerischen Büchersammlung der Freimaurer-Logen Friedrich zum weissen Pferde, zum schwarzen Bär und zur Ceder in Hannover. Hannover 1880. 8. IV. 138 S.
Die Loge z. weissen Pferde gab 1855 das Verzeichniss ihrer Bibliothek selbständig und allein im Drucke heraus, nachdem aber die 3 Logen in Hannover ihre Bibliotheken in eine Sammlung vereinigten, erschien 1860 (8. VIII 135. 35 S.) ein auf das Kloss'sche System basirter Katalog, aufgestellt von Adolf Guthe, wovon der hier vorliegende von Otto Kalbe bearbeitete Katalog die zweite ergänzte Ausgabe ist. Enthält ca. 2000 Nummern. — Latomia XX. S. 161. Bauhütte 1880. S. 255.

Katalog der gemeinschaftlichen maurerischen Büchersammlung der Freimaurer-Logen Friedrich zum weissen Pferde, zum schwarzen Bär und zur Ceder in Hannover. [Zsgest. von Otto Kalbe.] [Nebst] Nachtr. u. Inhaltsverzeichniss. Hannover 1880—1895: [Schrader]. 8⁰
Verz. IV, 138 S. 1880; Nachtr. u. Inhaltsverzeichn. XXXVIII S. 1895.
Tt. 44. 215.

— der Bücher- u. Kartensammlung des verstorbenen K. B. Generals der Inf. u. Generalquartiermeisters von Naglovich. Abt. 1. 2. München 1836.

Katalog der Bücher- und Karten-Sammlung des Reichs-Postamts. Berlin. Band I Bücher. 1883. Band II Karten. 1884.

Katalog der Bücher- und Manuskriptensammlung der ökonomischen und gemeinnützigen Gesellschaft des Kantons Bern. Zum Gebrauche ihrer Mitglieder. Nach Fächern geordnet. 1903. VI + 150 S. 8. Bern, Ott & Bolliger, 1903.

Katalog der maurerischen Büchersammlung der Freimaurerlogen Friedrich z. weißen Pferde, s. Guthe, Adolf

Katalog der Büchersammlungen des Auswärtigen Amtes. (Vorr.: Dr. A[lfred] Zimmermann.) Bd 1. 2. *Oldenburg 1893—94: Schulze.* 2 Bde 4°(8°)
1. A—K. 1893. 2. L—Z. 1894. [94. 7181

Katalog der mit Ende 1881 vorhandenen Bücherwerke des k. k. militär-geograph. Instituts-Archivs. Für den eigenen Gebrauch der Instituts-Abtheilungen zusammengestellt. 1884. Mit Nachträgen über die in den Jahren 1884—1894 dem Archive des milit.-geograph. Institutes zugekommenen Bücherwerke. (6 Bde.)
8. Wien 1884—1895.

Katalog der deutschen Buchgewerbe-Ausstellung Paris 1900. Hrsg. vom Deutschen Buchgewerbe-Verein zu Leipzig (u. bearb. von dessen Geschäftsführer Arthur Woernlein). (*Leipzig 1900: Breitkopf & Härtel.*) (151 S.) 8°

Kgl. Museen, Berlin. Kunstgewerbe-Museum. **Katalog** der Sonder-ausstellung Orientalische Buchkunst. Hs. u. Miniaturen aus d. Ländern d. Islam u. aus Ost-Turkistan. Febr.-März 1910. 2. Aufl. (Berlin 1910: Holten.) 62 S. 8°

—— der Sammlung Buchner in Bamberg. Hrsg. von H. E. v. Berlepsch u. Fr. Weysser. Mit 92 Illustr. nach Federzeichngn. u. Orig.-Aufnahmen, sowie 9 Taf. in Heliograv. Ausgef. v. E. Albert u. Comp. Imp.-4. (VII, VII, 100 S.) Bamb. 891, Buchner's Verlag. * 15 —

Catalog. K' der Stadt-Bibliothek Burgdorf 1908. II + 256 S. 8. Burgdorf, E. Baumgartner, 1908.

— der Charitas-Bibliothek zu Freiburg im Breisgau (Eigentum des Charitasverbandes). Nach deren Bestand vom 1. X. 1904. (56 S.) gr. 8. Freiburg i/B 904. Geschäftsstelle des Charitasverbandes f. das kath. Deutschland. n.n. — 50

— d. Charitas-Bibliothek zu Freiburg im Breisgau (Eigentum des Charitasverbandes). Nach deren Bestand v. 1. I. 1909. (126 S.) Lex. 8. Freiburg i/B. 909. Charitas-Verlag. 1. —

Katalog der im germanischen Museum befindlichen vorgeschichtlichen Denkmäler (Rosenberg'sche Sammlung). Mit Abbildungen. Nürnberg. 1886. 8°

—— der im germanischen Museum befindlichen vorgeschichtlichen Denkmäler [Rosenberg'sche Sammlung]. Lex.-8. (124 S. m. 23 S. Abbildgn.) Nürnb. 887. (Lpz., Brockhaus.) 2 50

—— für das katholische Deutschland. 6—11. Jahrg. à Jahrg. 4 Hefte. 24. (à Heft 1 Bog.) Soest 854—59, Nasse's Verlagsbuchh. à Jahrg. *

Katalog für das katholische Deutschland. 11. Jahrg. 4 Hefte (à 16 S.). Soest 860. Nasse. 24. n. 8 ngr.

Katalog der Dienst-Reglemente und sonstigen officiellen Publikationen für die schweizerische Armee. — Catalogue des Règlements de service et autres publications officielles pour l'Armée suisse. 1901. 15 S. 8. [Bern,] C St[ur]z[enegger], XII. 1900.

— d. Donizetti-Ausstellung (Ausstellung d. f. d. Centenarfeier in Bergamo best. österr. Objekte), Saal IX d. k. k. österr. Museums f. Kunst u. Industrie in d. Zeit v. 15. bis 25. V. 1897. 8. (46 S.) Wien 897. (Leipzig, Literar. Anstalt, A. Schulze.) n. 1. 20

Katalog ausgeschiedener Doubletten der letztes Jahr für das Schweizer. Landes-Museum in Zürich en bloc erworbenen Alterthümer-Sammlung des verstorbenen Malers Steimer in Baden bei Zürich. — Abtheilung 1: Rüstungstheile..., Armbrüste etc. Abtheilung 2: Arbeiten in Steinzeug.... Möbel etc. — Versteigerung zu Zürich im Auftrage des Landes-Museums ... den 7. September 1901 ... unter Leitung ... der Firma J. M. Heberle (H. Lempertz' Söhne) in Köln. [Mit 1 Tafel.] IV + 15 S. 4. Köln, M. DuMont Schauberg. 1901.

— der Druckschriften üb. die Stadt Breslau. Hrsg. v. der Verwaltung der Stadtbibliothek. (XV, 509 S.) Lex.-8. Breslau 903. E. Morgenstern, Verl. n. 10. —

— der im germanischen Museum befindlichen kirchl. Einrichtungsgegenstände und Geräthschaften [Originale]. Mit (lith.) Abbildgn. hoch 4. (20 S. m. 26 Steintaf.) Nürnberg 871. (Leipzig, Brockhaus' Sort.) n 1. 80

Stadt-Bücherei Elberfeld. Katalog. 1. Ausg. (Vorw.: [Emil] Jaeschke.) Elberfeld 1902: (Baedeker). (XI, 383 S.) 8°

Stadtbücherei Elberfeld. **Katalog**. 1. Ausg. 2. Aufl. (Vorr.: Dr. Emil Jaeschke.) *Elberfeld 1903: (Baedeker).* (XI, 383 S.) 8° [5.]

Katalog der Stadtbücherei Elberfeld. Ausg. 1 nebst Nachtrag 1 u. 2 und Verzeichnis der wichtigsten Neuerwerbungen des Jahres 1906. Elberfeld, 1903—1907. 886 S.

—— der von dem k. k. Privilegien-Archive im J. 1885 registrirten Ertheilungen, Uebertragungen, Erlöschungen und Annullirungen von Erfindungs-Privilegien, sowie der zu ihrer Aufrechthaltung eingezahlten Taxannuitäten. gr. 8. (821 S.) Ebendas. 886. *

—— der von dem k. k. Privilegien-Archive registrirten Erfindungs-Privilegien. Für die J. 1886 und 1887. gr. 8. (888; 864 S.) Ebendas. 887,88. à Jahrg. *

—— der v. dem k. k. Privilegien-Archive registrirten Erfindungs-Privilegien. Für die J. 1888—1891. gr. 8. (918; 1070; 1124; 1200 S.) Wien 889—92, (Hof- u. Staatsdruckerei). à Jahrg. 6 —
Vgl.: Patent-Blatt, illustr. oesterreichisch-ungarisches.

Katalog der v. dem k. k. Privilegien-Archiv registrirten Erfindungs-Privilegien. Für d. J. 1890, 1891, 1892 u. 1893. gr. 8. (1124, 1200, 1257 u. 1381 S.) Wien 891—894. (Hof- u. Staatsdruckerei.) à n. 6. —

Katalog d. v. d. k. k. Privilegien-Archive registr. Erfindungs-Privilegien. F. d. J. 1894, 1895, 1896 u. 1897. gr. 8. (1632, 1314, 1361 u. 1429 S.) Wien 895—898. (Hof- u. Staatsdruckerei.) à n. 6. —

— der v. dem k. k. Privilegien-Archive registrirten Erfindungs-Privilegien. Für die J. 1898 u. 1899. gr. 8. (1501 u. 1203 S.) Ebd. 899. à n. 6. —

Katalog der von dem kaiserl. königl. Privilegien-Archive registrirten Erfindungs-Privilegien. Für das Jahr 1900. Wien. 1901. Hof- und Staatsdruckerei. Gr.-8°. 859 S. K 6.—

Katalog der v. dem k. k. Privilegien-Archive registrirten Erfindungs-Privilegien. Für d. J. 1901. (637 S.) gr. 8. Wien, Hof- u. Staatsdruckerei. 1902. 5. —

— der v. dem k. k. Privilegien-Archive registrierten Erfindungs-Privilegien. Für d. J. 1905. (Hrsg. vom k. k. Handelsministerium.) 12 Hefte. (1. Heft. 10 S.) Lex.-8. Wien, Hof- & Staatsdruckerei. 1906.

—— frühester Erzeugnisse der Druckerkunst der T. O. Weigel'schen Sammlung. Zeugdrucke, Metallschnitte, Holzschnitte etc. Catalogue de premières productions de l'art d'imprimer. gr. 8. (IX, 274 S. mit 12 Abbild., wovon 4 in Holzschn. und 8 in Kpfrst. in gr. 8., gr. 4. und qu. Fol.) Leipzig 872, T. O. Weigel.
Aus: Die Anfänge der Buchdruckerkunst von T. O. Weigel und Dr. A. Zestermann, besonders abgedruckt.

Katalog der Erzeugnisse der Firmen Siemens u. Halske und Siemens-Schuckertwerke im Deutschen Museum zu München. (Berlin 1906.) 227 S.

Katalog der Erzherzog Carl-Ausstellung zur Jahrhundertfeier der Schlacht bei Aspern Wien 1909. April—Juni. Wien 1909. Adolf Holzhausen. XX + 514 S.; 35 Taf. 8°

Hennef, Katalog der Fabrik landwirthschaftlicher Maschinen. Hennef a. d. Sieg 1888

Katalog der Fachausstellung für Buchbinderei. Leipzig 1894

Katalog für die Fachausstellung des deutschen Fleischergewerbes, seiner Erzeugnisse, Hilfsmittel u. Bedarfs-Gegenstände. Vom 4. bis 15. Aug. 1906 aus Anlaß d. 29. Deutschen Fleischer-Verbandstages zu Königsberg i. Pr.... Königsberg i. Pr.: Haasenstein & Vogler 1906. (52 S.) 8° [06. 1115 10

— der Fach-Ausstellung aus Anlass der Jubiläumsfeier des 350 jährigen Bestehens der Leipziger Buchbinder-Innung, s.: Kofel, Heinr., Chronik der Buchbinder-Innung zu Leipzig.

Katalog der Fach-Ausstellung von Kraft- und Arbeitsmaschinen für das Kleingewerbe und der Ausstellung von Erzeugnissen Erfurter Gewerbtreibender. Erfurt (1878)

Katalog über die Fach-Ausstellung im mittleren Pavillon der Schrannenhalle, vom 28. Aug. bis 2. Septbr. 1883. Munchen. Hrsg. vom Lokalcomité. Kl. 8°. Cart.
72 S. (incl. S. 39 ff. Anzeigen).

Katalog f. d. Fach-Ausstellung bei Gelegenheit des VII. Verbandstages des Bundes Deutscher Buchbinder-Innungen, abgehalten am 15.—22. Aug. 1886 im mittleren Schrannenpavillon zu München. Hrsg. von der Buchinder-Innung in Munchen. 8°. Ppb. *)
80 S. Mit roth u. schwarz gedr. Umschl. (Druck von Huttler & Cie.). — Text von Jos. Deschler gedr. Mit Illustr.-Abbildgn.

—— der Fachbibliothek des Landesvereins für innere Mission der evangelisch-lutherischen Kirche im Königr. Sachsen. Ostern 1886. Bearb. von L. Seibel. gr. 8. (XII, 128 S.) Dresden 886. (Leipzig, Buchh. des Vereinshauses.) * 1 —

—— der Fachbibliothek und des Lesezimmers der internationalen Ausstellung von Arbeiten aus edlen Metallen und Legirungen in Nürnberg 1885. 8. (50 S.) Nürnberg 885, Verlagsanstalt des bayr. Gewerbemuseums. — 60

[F.] Katalog der Fachbibliothek des Provinzial-Ausschusses für Innere Mission in der Provinz Brandenburg. *Berlin: Geschäftsstelle d. Prov.-Aussch. f. Inn. Miss. 1895.* (VII, 120 S.) 1 Bd 8. [97. 2551

— d. Fachbibliothek d. Prov.-Ausschusses f. Innere Mission in d. Prov. Brandenburg. gr. 8. (VIII, 120 S.) Berlin 896. (G. Nauck.) n.n. — 75

—— der deutschen Fächerausstellung in Karlsruhe. Katalog alter u. neuer Fächer, Fächertheile u. Fächermaterial, Nippsachen, Geräthe d. Frauentisches u. sonst. Alterthümer. Verf. v. Karl Koelitz. 8. (208 S.) Karlsruhe 891, (Bielefelds's Hofbuchh.) ** 1 —

Schweiz. permanente Schulausstellung in Bern. Nr. 6: Katalog der Fachschriften. Hygieine, Philosophie, Psychologie und Logik, Pädagogik. [Mit Porträt.] 27 S. 8. Bern, Stämpfli & Cie., 1901.

Georgs-Marien-Bergwerks- und Hütten-Verein Osnabrück: Katalog über Feld-, Forst- und Förderbahnen mit allem Zubehör. Osnabrück (1905?)

Katalog der Kunstsammlung Eug. Felix in Leipzig. (Versteiger.) (228 S 35 T) 4° Köln 1886

— der fürstlich Dietrichstein'schen Fideicommiss-Bibliothek im Schlosse Nikolsburg. Zusammengestellt v. Rud. Pindter. 1. Heft. (202 S.) Lex.-8. Brünn (903). (Nikolsburg, J. Nafe.) n. 6. 60

Katalog der v. Tümpling'schen Fideicommiß-Bibliothek auf dem Thalstein bei Jena. Gotha 1897: Engelhard-Reyher. (280 S.) 2° [04. 4017

—— zur allgemeinen Fischerei-Ausstellung in Nürnberg v. 27. Aug. bis 7. Septbr. 1892. Hrsg. vom Fischereiverein zu Nürnberg. 8. (33 S.) Ebd. 892. — 30

—— zur oberpfälzischen Fischerei-Ausstellung in Regensburg vom 19.—24. Mai 1883. Festschrift. Hrsg. vom oberpfälz. Kreisfischereivereine. gr. 8. (120 S.) Regensburg 883, (Bauhof.) *

Katalog der Fischereiausstellung des Central-Fischereivereins für die Provinz Schleswig-Holstein. Altona 24. bis 29. Mai 1905. Berlin 1905: Haasenstein & Vogler. (20 S.) 8° [Umschlagt. F.] [05. 9844 3

Der Katalog des Bischofs (Johann VI.) Flugi vom Jahre 1645. Mit Urkunden neu hrg. von Joh[ann] Georg Mayer, Professor, und Fritz Jecklin, Stadtarchivar. (Festgabe des bischöflichen Archivs und der Historisch-antiquarischen Gesellschaft Graubündens zur Jahresversammlung der Schweiz. geschichtsforschenden Gesellschaft am 11. und 12. September 1901 in Chur.) VIII + 143 S. 8. Chur, Sprecher & Valer, 1901.
S. 1—87 Neudruck von: Catalogvs.... Embs, bey Bartholome Schnell, 1645.

Katalog des Antiken-Kabinets W Forst in Köln (von JM Heberle) 4° Köln 1899

Katalog [der] Stadtbibliothek Frankfurt am Main. Frankfurt a. M. 1908—1914.

Hamburgische Zirkel-Correspondenz: Medaillenwerk. **Katalog** der europäischen Freimaurer-Medaillen. Ein Führer für Logen, Sammler und Bibliotheken. General-Inhaltsverzeichnis zu Bd 1—6 des Medaillenwerkes. Hrsg. von der Hamburgischen Zirkel-Correspondenz. Hamburg [1904]: Rademacher. 60, XLVII S. 8°
Recens: HL. 88 (1904—1905) S. 25 (R. Taute). 23. 25.

—— der Frühlings-Ausstellung des Gartenbau-Vereins für Hamburg, Altona und Umgegend vom 14. bis 18. April 1880. 8. (37 S.) Hamburg 880, Nestler und Melle. *

— der ausgewählten u. reichhaltigen Galerie alter Meister aus dem Nachlasse des Rechtsanwalt Hrn. Dr. Heinrich Franz Angelo Antoine-Feill zu Hamburg. Gemälde v. hervorrag. Meistern der deutschen, italien. u. niederländ. Schulen des XV—XVIII. Jahrh. Versteigerung zu Köln, Montag den 11. V. 1903, nachmittags 3½ Uhr auf Anstehen des Testaments-Vollstrecker Herren Rechtsanwalt Dr. O. Wachsmuth u. Rechtsanwalt Dr. Kleinschmidt bei J. M. Heberle (M. Lempertz' Söhne), Breitestrasse 125 bis 127. (18 S. m. 7 Lichtdr.-Taf.) gr. 8. Köln (903). J. M. Heberle. n. 3. —

— der Galerie moderner Gemälde aus dem Nachlasse des Hrn. John Harry Perlbach zu Hamburg. Versteigerung zu Hamburg den 4. XII. 1899, Vormittags 10 Uhr im Parterre-Lokale Stadthausbrücke 11/13 (Knacke's Millionbau) auf Anstehen des Erbschaftsamtes zu Hamburg unter Leitg. v. Heinr. Lempertz jun., Inhaber der Firma J. M. Heberle (H. Lempertz' Söhne) in Köln durch den Auctionator E. v. Würzen. hoch 4. (III, 20 S. m. 11 Lichtdr.-Taf.) Köln 899. J. M. Heberle. 5. —

Katalog der modernen Galerie in Wien. Hrsg. im Auftr. des K. k. Minist. f. Kultus u. Unterricht. 2., verm. Aufl. [Nebst] Nachtr. Wien 1904: (Jasper). 8° [11. 16483 7

Katalog des K. Regiments Garde du Corps. München 1820. 139 S.

Katalog der Garnison-Bücherei zu Allenstein (aufgest. im April/Mai 1910.) (Allenstein 1910.) XXIII, 700 S. 4°(2°) [Hektogr., Kopft.] [11. 1084 10

Katalog der Grossen Allgemeinen Gartenbau-Ausstellung v. 28. Apr. — 9. Mai 1897 im Treptower Park zu Berlin z. Feier d. 75j. Jubil. d. Vereins z. Beförderg d. Gartenbaues in d. Preuss. Staaten ... *Berlin: R. Mosse (1897).* (XXXII, 82, 46 S., 1 Pl.) 1 Bd 8. [98. 570

[J. u. Ant.] **Katalog** der grossen allgemeinen Gartenbauausstellung für Rheinland und Westfalen in Düsseldorf Ostern 1896 '(v. 4. bis incl. 8. Apr.)' veranst. v. d. Gärtner-Ver. 'Flora' ... *Düsseldorf: 'Deutschnat. Zeitg' (1896).* (26, XX S.) 1 Bd 8. [98. 573

Schweiz. Gasapparaten-Fabrik Solothurn. (Katalog über Gasapparate) zu Koch- und Heizzwecken. — Fabrique suisse d'appareils à gaz, Soleure. (Catalogue des) appareils à gaz pour Cuisine et Chauffage. 1901. [Illustriert.] VII + XXIII S. 4. (Solothurn, Gassmann, Sohn.)

Katalog der Abteilung E Geflügel der Provinzial-Tierschau in Kiel in den Tagen vom 25. bis 27. Juni 1886. (Kiel. 1886.) 8°.

— der VI. deutschen nationalen Geflügel-Ausstellung vom 24. bis 27. II. 1899 im „Kaufhaus Stadtbahn" zu Berlin, an der Stadtbahn 48/44, veranstaltet v. dem Verein der Geflügelfreunde „Cypria" zu Berlin u. dem Klub deutscher u. österr.-ungar. Geflügelzüchter. gr. 8. (IV, 149 S.) Berlin 899. W. Issleib. n. 1.—

Katalog zur II. kärntn. Geflügel-, Bienen- u. Kaninchen-Ausstellung in Klgft. Klgft., v. Kleinmayr, 1895. 25 S.

Katalog zu der vom I. kärntn. Geflügelzucht-Verein in Klgft. . . . veranstalteten I. Geflügel- u. Vogel-Ausstellung. Klgft., v. Kleinmayr, 1893. 20 S.

Katalog über die im Mai 1873 in der Duisburger Industrie-Ausstellung ausgestellten Gegenstände. Duisburg 1873.

KATALOG der im Wilhelmsturm ausgestellten Gegenstände des historischen Vereins zu Dillenburg. Aufgestellt von dem Conservator P. PRESBER. Dillenburg 1890. (Druck von E. Weidenbach.) 8°.

—— der aus Niederländisch Ost-Indien zur internationalen Fischerei-Ausstellung zu Berlin 1880 eingesandten Gegenstände. 8. (42 S.) Berlin 880, (Stuhr'sche Buchh.) **

KATALOG ETHNOLOGISCHER GEGENSTÄNDE aus dem Tschuktschenlande und dem südöstlichen Alaska. Gesammelt von den Gebrüdern ARTHUR und AUREL KRAUSE in den Jahren 1881/82. Anlage zu Heft 4, Band V. der Deutschen geographischen Blätter. Bremen 1882. Carl Schünemann's Buchdruckerei. 8°.

Katalog der seitens der Firmen Siemens & Halske A.-G., Berlin, und Siemens-Schuckertwerke G. m. b. H., Berlin, dem 'Deutschen Museum von Meisterwerken der Naturwissenschaft und Technik' zu München gestifteten Gegenstände, darstellend die f. d. Entwicklung d. Elektrotechnik wichtigen Erzeugnisse ihrer Werke. Dortmund (1906): C. L. Krüger. (227 S.) 4°(8°) [06. 15459 S

Katalog von alten u. modernen Gemälden, Oelstudien, Aquarellen, Zeichnungen, Kupferstichen, Radirungen, Alterthümern etc. aus dem Nachlasse von *E. Neureuther*, Maler u. Professor, *Diethelm-Meyer*, Maler, u. Anderen. Versteigerung am 15. Apr. sq. 1886. . . . . unter Leitung des Hrn. *Carl Maurer* . . . . München. Gr. 8°. Cart.
2 Bll. u. 43 S. Enth. 905 Nrn.

— ausgewählter u. hervorragender Gemälde u. Aquarelle erster neuerer Meister aus dem Nachlasse des Rechtsanwalt Hrn. Dr. Heinrich Franz Angelo Antoine-Feill zu Hamburg. Gemälde u. Aquarelle ersten Ranges v. hervorrag. Meistern der deutsch., französ., italien u. belg. Schulen des XIX. Jahrh. Versteigerung zu Köln, den 11. V. 1903, nachmittags 6 Uhr in directem Anschluss an die Versteigerung der Galerie alter Meister aus demselben Nachlasse bei J. M. Heberle (H. Lempertz Söhne), Breitestrasse 125—127. (16 S. m. 8 Lichtdr.-Taf.) gr. 4. Köln (903). J. M. Heberle. n. 3. —

—— der im germanischen Museum befindlichen Gemälde. gr. 8. (46 S.) Nürnberg 882. (Leipzig, Brockhaus' Sortiment und Antiqu.) *

Katalog der im germanischen Museum befindlichen Gemälde. (Mit einer Vorrede von A. Essenwein.) Nürnberg. 1885. 4°

— der im germanischen Museum befindlichen Gemälde. Lex.-8. (68 S.) Nürnberg 886. (Leipzig, F. A. Brockhaus.) n.n. 1. —

— der, im germanischen Museum befindl. Gemälde. 3. Aufl. Lex.-8. (88 S. m. 10 Taf.) Nürnberg 893. J. L. Schrag. n. 2. —

Katalog der Gemälde alter Meister aus dem Wiener Privatbesitze, ausgestellt im Kaiserlich Königlichen Österreichischen Museum. 1873. (60 S) Wien (1873)

Katalog, 2ter, der Gemälde-Gallerie des Hrn. E. Rothpletz, zum alten Thurm in Aarau. 18 Stn. 8. Aarau, Druck v. H. R. Sauerländer. 1873.

Katalog von Gemälden älterer und neuerer Meister, dabei d. berühmte Altköln. Altarbild aus d. Bes. d. Freiherrl. v. Huene'schen Familie sowie v. eingerahmten Kupferstichen aus d. Nachl. d. verst. Herrn Justizrath St. Sitt zu Köln, etc. Versteigerung zu Köln ... 1898 ... *Köln: M. Dumont-Schauberg 1898.* (2 Bl., 46 S., 3 Taf.) 1 Bd 4. [98. 3813 Bo

Katalog von Gemälden, Oelstudien, Aquarellen, Zeichnungen, Kupferstichen, Radirungen etc. aus d. Nachlasse von Karl Ebert, Landschaftsmaler etc. (geb. zu Stuttgart 18. März 1821, † 1. März 1885). Versteig. zu München ..... 5. Mai sq. 1885, unter Leitung des ..... Carl Maurer .... München, Knorr & Hirth. Gr. 8°
3 Bll., 32 S. Enth. 970 Nrn.

Katalog von Gemälden, Oelstudien, Aquarellen, Zeichnungen, Kupferstichen, Radirungen etc. aus dem Nachlasse von *Emil Kirchner*, Architektur- u. Landschaftsmaler, Ehrenmitgl. d. Acad. d. bildenden Künste etc. (geb. am 12. Mai 1813, † am 4. Juni 1885). Versteigerung . . . . 13. Apr. sq. unter Leitung des Herrn *Carl Maurer* . . . . München 1886. Gr. 8°. Cart.
3 Bll. u. 40 S. Enth. 640 Nrn.

Katalog von vortrefflichen Gemälden älterer Meister (A. d. Umschl.: Gemälde älterer Meister) der deutschen, niederländischen, französischen ... Schulen des XV.—XVIII. Jhs. Sammlgn: Friedr. Rud. v. Berthold ... Versteigerg zu Köln ... bei J. M. Heberle ... *Köln: Dr. v. M. Dumont Schauberg 1898.* (2 Bl., 29 S., 3 Taf.) 1 Bd 4. [98. 12442

Katalog von vortrefflichen Gemälden neuerer Meister nebst e. Anh. älterer Gemälde sowie gerahmter Kupferstiche, Prachtwerke etc. Nachlässe: Rentner Th. Koch † zu Köln, Dr. Med. Tscheppe † zu Constanz a. B., Pfarrer Schumacher † zu Köln etc. Versteigerung zu Köln d. 21. Dec. 1898 ... Köln: Dr. v. M. Du Mont Schauberg 1898. (2 Bl., 26 S.) 4°

Katalog v. vortrefflichen Gemälden vorwiegend aus d. Nachlasse der Frau Baronin v. Blomberg, verw. Mrs. Mortimer, geb. Picton u. aus anderen bekannten Nachlässen. I. Gemälde alter Meister. II. Gemälde neuerer u. moderner Meister. Versteigerung zu Köln, den 23, 24. u. 25. XI. 1903 bei J. M. Heberle (H. Lempertz' Söhne), Breitestr. 125—127. (IV, 43 S. m. 7 Lichtdr.-Taf.) gr. 4. Köln 903. J. M. Heberle. 3. —

Katalog der K. Gemälde-Galerie in Augsburg. Amtl. 2. Ausg. München 1905: Knorr & Hirth. IV, 124 S. 8°

Katalog der ausgewählten und reichhaltigen Gemälde-Galerie des Rentiers Herrn Alexis Schönlank zu Berlin. (Umschlagt.: Galerie Schönlank Berlin ...) Hervorragende Gemälde älterer Schulen, darunter v. ersten Meistern d. niederländ., deutschen, ital. u. vlämischen Schulen d. XV. bis XVIII Jh. Versteigerg zu Köln d. 28. u. 29. April 1896, ... durch d. Kgl. Notar Herrn Justizr. A. Schaefer II zu Köln ... *Köln: M. Dumont Schauberg 1896.* (4 Bl., 90 S., 74 Taf.) 1 Bd 2. (4.) [98. 1831

— d. ausgew. u. reichhalt. Gemälde-Galerie d. Rentiers Hrn. Alexis Schönlank zu Berlin. Hervorrag. Gemälde ält. Schulen, darunter v. ersten Meistern d. niederländ., deutschen, italien. u. vlam. Schulen des XV. bis XVIII. Jahrh. Versteigerg. zu Köln d. 28. u. 29. Apr. 1896 unt. d. Leitg. d. Hrn. Heinr. Lempertz jr. i. F. J. M. Heberle (H. Lempertz' Söhne) zu Köln. Fol. (VIII, 90 S. m. 74 Lichtdr.-Taf.) Köln 896. J. M. Heberle. n. 20. —

Katalog der Graf Czernin'schen Gemälde-Gallerie in Wien. Wien (1903): Kainz & Liebhart. 33 S. 8° [11. 16478 7

— der Gemäldegalerie des Allerhöchsten Kaiserhauses. Alte Meister. (2. Aufl. Von Aug. Schaeffer u. Gust. Glück.) (V, 413 S. m. 200 Abb.) 8. Wien 907. A. Holzhausen. — Leipzig, K. W. Hiersemann. Geb. in Leinw. nn 10. —

Katalog der Gemälde-Gallerie im K. Schlosse zu Ansbach. Amtl. Ausg. München 1902: Knorr & Hirth. 20 S. 8°

— der Gemälde-Galerie im k. Schlosse zu Schleissheim. Amtliche Ausg. (XVI, 293 S.) kl. 8. München 905. (J. Lindauer.) n.n. 1. 50

Katalog der Gemälde-Galerie im K. Schlosse zu Würzburg. Amtl. Ausg. München 1902: Knorr & Hirth. 17 S. 8° [11. 15730 7

— der Gemälde-Galerie, II. Abth., des Privatgelehrten Hrn. Hans Weidenbusch zu Wiesbaden. Versteigerung zu Köln, Montag den 5. VI. 1899, Nachmittags 3 Uhr durch J. M. Heberle (H. Lempertz' Söhne). gr. 4. (VIII, 45 S. m. 18 Taf.) Köln 899. J. M. Heberle. n. 5. —

Katalog der Gemälde-Sammlung des seligen Herrn Valentin Andreas von Adamovics, königl. baierischen Hofrathes, bestehend aus ausgezeichneten Original-Oel-Gemälden, welche zum Verkaufe im Ganzen oder in einzelnen Stücken angeboten werden. Wien, 1856. Druck von Karl Gerolds Sohn. (43 S. 8.)

Katalog der ausgewählten Gemälde-Sammlung des Rentners Hrn. Fritz Franz Ittenbach zu Lechenich, früher Gymnich ... Versteigerg zu Köln ... *Köln: Dr. v. M. Dumont-Schauberg 1898.* (2 Bl., 25 S., 8 Taf.) 1 Bd 4. [93. 10404 lio

— der ausgewählten u. reichhaltigen Gemälde-Sammlung aus dem Nachlasse des Rentners Hrn. August Géronne zu Köln. I. Gemälde hervorrag. alter Meister. II. Gemälde erster moderner Meister. Versteigerung zu Köln, Montag den 23. u. Dienstag den 24. XI. 1903, Nachmittags 3½ Uhr bei J. M. Heberle (H. Lempertz' Söhne), Breitestrasse 125—127. (IV, 11 S. m. 7 Lichtdr-Taf.) gr. 4. Köln 903. J. M. Heberle. 3. —

— der ausgewählten u. reichhaltigen Gemälde-Sammlung d. Rentners Herrn Edward Habich zu Cassel. Gemälde ersten Ranges v. hervorrag. Meistern der holländ., fläm., deutschen, italien. u. engl. Schulen d. XV. bis XVIII. Jahrh. gr. 4. (XV, 64 S. m. 34 Phototyp., 4 Photograv. u. 1 Radirg.) Köln 892. (J. M. Heberle.) 12. —

— d. ausgew. u. reichhalt. Gemälde-Sammlung d. am 7. II. 1898 zu Köln verstorb. Herrn Rentners Heinrich Lempertz sen., bis z. J. 1873 Inhaber d. Firma J. M. Heberle. Vorzügl. Gemälde aller Schulen d. XIV.—XIX. Jahrh., dabei e. Reihe sehr interessanter Portraits. Versteigerg. zu Köln Montag d. 17. u. Dienstag d. 18. X. 1898 erbtheilungshalber durch d. kgl. Notar Herrn Krings zu Köln unt. d. Leitg. v. Heinr. Lempertz jr. i. Fa. J. M. Heberle (H. Lempertz' Söhne) in dessen Geschäftslocale Breitestr. 125—127. gr. 4. (III, 55 S. m. 7 Taf.) Ebd. 898. 3. —

— der ausgezeichneten Gemälde-Sammlung des Hrn. Professor Dr. Hermann Wedewer zu Wiesbaden. Hervorragende Gemälde v. vorzügl. älteren Meistern aller Schulen XV.—XVIII. Jahrh. u. von vortreffl. Meistern des XIX. Jahrh. bis zur neuesten Zeit. — Anh. v. kostbaren Teppichen u. einigen Antiquitäten. Versteigerung zu Köln a. Rh. den 1.—3. V. 1899 durch J. M. Heberle (H. Lempertz' Söhne). gr. 4. (IV, 114 S. m. 14 Taf.) Köln 899. J. M. Heberle. n. 4. —

— der Chlumetzky'schen Gemäldesammlung in Prag. gr. 8. (126 S.) Prag 863, (Credner.) *

Katalog der Gemälde-Sammlung des Museums Chr Hammer in Stockholm. Teil 2 und 3. 4° Köln 1894. 95

— der Gemälde- u. Handzeichnungen-Sammlung sowie einiger Hauptstiche Albrecht Dürers aus d. Besitze d. Hrn. Verlegers Albert Langen, München. Auktion in München in den Oberlichtsälen Theatinerstr. 15, Montag den 5. VI. 1899 vormittags 10 Uhr, nachmittags 3 Uhr. gr. 4. (V, 71 S. m. Abbildgn.) München 899. A. Langen. n. 10. —; Luxusausg., auf Velinp., m. 12 Lichtdr.-Taf. n. 30. —

— der Gemälde-Sammlung aus dem Nachlasse der Ehren-Stiftsdame Emilie v. Waldenburg, Potsdam. Bilder, Aquarelle u. Handzeichngn. neuerer Meister. — Kupferstiche. Versteigerung zu Berlin, Französische Strasse Nr. 24, I. Etage den 19. u. 20. Novbr. 1894, 10 Uhr Vormittags durch J. M. Heberle (H. Lempertz' Söhne) aus Köln a/Rh. Fol. (53 S. m. 12 Taf. in Phototyp.) Köln 894. J. M. Heberle. 5. —

— der Gemälde-Sammlung der kgl. älteren Pinakothek in München. Mit e. histor. Einleitg. von Frz. v. Reber. Illustr. amtl. Ausg. 8. (XXVIII, 297 S. m. 50 Lichtdr.-Taf.) München 885. Verlagsanstalt f. Kunst u. Wissenschaft. geb. n. 10. —

— der Gemälde-Sammlung der kgl. älteren Pinakothek in München. Vollständige amtl. Ausg. Mit e. histor. Einleitg. von Frz. v. Reber. (Grosse) illustrirte Ausg. 8. (XXVII, 297 S. m. 120 Lichtdr.-Taf.) München 887. Verlagsanstalt f. Kunst u. Wissenschaft. geb. n. 20. —

s.: Catalogue of the paintings in the old Pinakothek Munich.

— der Gemälde-Sammlung der kgl. älteren Pinakothek in München. Mit e. histor. Einleitg. v. Frz. v. Reber. Ausg. m. 200 Abbildgn. (Vollständige amtl. Ausg.) (XXV, 314 S.) 8. München 904. Verlagsanstalt F. Bruckmann. Geb. in Leinw. n. 6. —

Katalog der Gemälde-Sammlung d. kgl. älteren Pinakothek in München. Mit e. histor. Einleitg. v. Frz. v. Reber. Vollständige amtl. Ausg. Ausg. m. 200 Abb. (XXIV, 308 S.) 8. München 908. F. Bruckmann. 5.25; geb. 6. —

Katalog der Gemälde-Sammlung der Königl. Neuen Pinakothek in Munchen. 1901. Vollst. amtl. Ausg. Mit 127 Abb. (München 1901: Bruckmann.) VI S., 63 Taf., 189 S. 8° [11. 16476 7

Katalog der Gemälde-Sammlung der Königl. Neuen Pinakothek in München. 1902. Vollständ. amtl. Ausg. (München 1902: A. Bruckmann.) (219 S.) 8° [06. 8666 10

— der reichhaltigen Gemälde-Sammlung alter Meister d. Realitätenbesitzers Herrn Heinrich Theodor Hoech zu München. Gemälde theilweise ersten Ranges v. hervorrag. Meistern der holländ., vläm., deutschen, italien., span., französ. u. engl. Schulen d. XV. bis XIX. Jahrh. Versteigerung zu München den 19. Septbr. 1892 u. folg. Tage. Imp.-4. (XV, 141 S. m. 77 Illustr., zumeist auf Taf.) München 892. (Köln, J. M. Heberle.) n.n. 20. —

— der israelitischen Gemeindebibliothek zu Hannover. Hrsg. i. A. der Bibliotheksverwaltg. v. M. Zuckermann. gr. 8. (X, 123 S.) Hannover 901. (M. Berliner.) n. 1.50; geb. n. 1.75

Katalog über die Gemüse-, Kartoffel- und Obstausstellung in Graz 1880. Graz

Gen.-Inspektion des Ing.- u. Pion.-Korps u. d. Festungen.
Katalog. Berlin 1888. 297 S.
— — Nachtrag 1—3. 1891—1900.

Großer Generalstab.
Katalog. Berlin 1878. 481 S. 4°
— — Erster u. zweiter Nachtrag, 1884 u. 1893. 4°

Kurf. Hess. Generalstab.
Katalog. Kassel 1835. 117 S.

Sächsischer Generalstab.
Katalog. Dresden 1878. 284 S.
— — Dass. 1886. 4°
— — Nachtrag 1. 1891. 56 S. 4°
Katalog. Neue Aufl. 1900. 342 S. 4°
— — Nachtrag 1—3. 1904—1912. 4°

Katalog des K. B. Genie-Regiments. München 1848. 106 S.
— — 1. Nachtrag. (Handschriftl.) Ingolstadt 1849. 40 S.

Catalog. K' zur Abteilung Allgemeine Geschichte und G' der einzelnen Staaten ⟨excl. Schweiz⟩ der Appenzellischen Kantonsbibliothek in Trogen (*Umschlag:* Appenzellische Kant'. Katalog II: Geschichte ⟨excl. Schweiz⟩). II + 61 S. 8. Trogen, O. Kübler, 1908.

Katalog der von Prof. Dr. A. Remelé beim internationalen Geologen-Congress zu Berlin 1885 ausgestellten Geschiebesammlung. Berlin 1885. 8.

*** Katalog der astronomischen Gesellschaft. 1. Abth., Cataloge f. 1875. Berichtigungen. Für die astronom. Gesellschaft besonders abgedr. aus dem von der kgl. preuss. Akademie der Wissenschaften hrsg. Fehlerverzeichniss zu den Sterncatalogen des 18. u. 19. Jahrh. (S. 343—376.) Lex. 8. Berlin 908. (Leipzig, W. Engelmann.) 1. —**
* Titel lautet in Wirklichkeit: Catalog.

— dasselbe. I. Abtlg. Katalog der Sterne bis zur 9. Grösse zwischen 80° nördl. u. 2° südl. Deklination. 2. Stück. 31,5×24 cm. Leipzig 910. (W. Engelmann). 9. —
Katalog v. 3461 Sternen zwischen 69° 40' u. 75° 20' nördlicher Deklination 1855 (Zone + 70° bis + 75°) f. das Äquinoktium 1905. Nach gemeinsam m. J. Hölling u. m. K. Hessen ausgeführten Zonen-Beobachtgn. am Pistor u. Martinsschen Meridiankreise der kgl. Sternwarte zu Berlin in den J. 1905—1908. Von L. Courvoisier. Hrsg. v. der astronom. Gesellschaft. (20 u. 96 S.)

— der astronomischen Gesellschaft. II. Abtlg. Katalog der Sterne bis zur 9. Grösse zwischen 2° u. 23° südl. Deklination f. das Aequinoktium 1900. 1. u. 2. Stück. 4. Leipzig, (W. Engelmann). n. 31. —
1. Becker, E., Katalog v. 8264 Sternen zwischen 1°42' u. 6°10' südlicher Deklination 1855 f. das Aequinoktium 1900, nebst einmalig bestimmten Oertern v. weiteren 107 Sternen nach Zonen-Beobachtgn. v. J. Halm, W. Zwink, W. F. Wislicenus, E. Becker, B. Wanach u. a. am Repsoldschen Meridiankreise d. kaiserl. Universitäts-Sternwarte zu Strassburg in den J. 1888—1893, 1895 u. 1903—1905. (82 u. 191 S.) 906. 16. —
2. Ball, L. de, Katalog v. 8468 Sternen zwischen 5°50' u. 10°10' südlicher Deklination 1855 f. das Aequinoktium 1900 nach Zonen-Beobachtungen am Repsoldschen Meridiankreise der von Kuffnerschen Sternwarte zu Wien-Ottakring in den J. 1892—1902. Hrsg. v. der astronom. Gesellschaft. (13, 171 S.) 904. n. 15. —

— dasselbe. II. Abtlg. Katalog der Sterne bis zur 9. Grösse zwischen 2° u. 23° südl. Deklination f. das Aequinoktium 1900. 4. Stück. 31,5×24 cm. Ebd. 15. —
Catalogue of 8824 stars between 13° 50' and 18° 10' of south declination 1855 for the equinox 1900 from observations with the Pistor and Martins transit circle at the United States naval observatory Washington D. C. N. S. A. during the years 1894 to 1905. By A. N. Skinner. Published by the Astronom. Gesellschaft. (23 u. 180 S.) 908.

Katalog der im germanischen Museum befindlichen Gewebe und Stickereien, Nadelarbeiten und Spitzen aus älterer Zeit ... Nürnberg, im Verlag der literarisch-artistischen Anstalt des germanischen Museums 1869.
38 S. m. 1 Holzschn., 20 Taf. in Lithogr. 4°.

Katalog der **Gewebesammlung** des Germanischen Nationalmuseums.
Tl. 1: Gewebe und Wirkereien. Zeugdrucke. Verf. v. Theodor Hampe. Mit Abb. Nürnberg. 1896. 4°.
Tl. 2: Stickereien, Spitzen und Posamentierarbeiten. Verf. v. Hans Stegmann. Mit 3 Abb. im Text u. 17 Taf. ebd. 1901. 4°.

Katalog f. d. allgem. dtsch. Gew.- u Industr.-Ausst. z. Wittenbg. M. Nachtr. II. 12° Wittenberg 1869

Katalog der zweiten allgemeinen Schweizerischen Gewerbe- u. Industrie-Ausstellung in Bern. 1848. Bern 1848. 8°

Katalog der 2. allgem. thüring. Gewerbe-Ausstellung zu Weimar 1861. Weimar (1861)

Katalog der Berliner Gewerbe-Ausstellung. 1849. 2. Aufl. Berlin (1849)

Katalog der Gewerbeausstellung in Calw 1872. Stuttgart 1872

Katalog über die Gewerbeausstellung in Donaueschingen. Donaueschingen 1874

Katalog der Gewerbe- und Industrie-Ausstellung der Stadt Bautzen im J. 1870. Hrsg. vom literar. Comité. 8. (48 S.) Bautzen 870, (Weller.) **

Katalog der Gewerbeausstellung in Kiel im Jahre 1858. Kiel. 1858. 8°
—— im Jahre 1880. ebd. (1880.) 8°

—— der nieder-oesterreichischen Gewerbe-Ausstellung. Wien 880. 8. (XXXVII, 222 S.) Wien 880, (Hartleben's Verlag.)

Katalog z. Oberbadischen Gew.-Ausstellung i. Freiburg i. Br. 1871. Freiburg i. B. 1871

Katalog der sächsischen Gewerbeausstellung zu Dresden. 1845. Dresden 1845

Katalog zu der Gewerbeausstellung in St. Georgen 1884. Villingen 1884

— der Gewerbe-Ausstellung des oberen Württembergischen Schwarzwaldes zu Rottweil a. N. 1861. Herausg. vom Ausstellungs-Comité. Rottweil 861. Degginger in Comm. 4. (VIII, 104 S.) n. 7 ngr.

Katalog d. Gew.-Ausstell. im königl. Zeughause zu Berlin 1844. 4. A Berlin (1844)

[Katalog.] Wien 1907? (Gewerbeförderungsdienst des k. k. Handelsministeriums)

Katalog des Gewerbemuseums, Kunst- und Altertums-Museum der Stadt Ulm. (Ulm.) 1904. 8°.

—— der im germanischen Museum befindlichen Glasgemälde aus älterer Zeit. gr. 8. (54 S. mit Abbild. und 14 Taf.) Ebendas. 884. *

Katalog der im germanischen Museum befindlichen Glasgemälde aus älterer Zeit. 2. Aufl. Mit Abb. Nürnberg: German. Mus. 1898. (70 S.) 4°
= Anzeiger d. germanischen Nationalmuseums. 1898, Beilage.

Katalog des Osnabrücker Gleis-Museums. Osnabrück (1910)

Katalog der Militärbibliothek Gleiwitz. (Gleiwitz [1908]: Neumann.) 46 S. 8°

Katalog der permanenten Ausstellung „Globus", internationale Musterhalle für Industrie und Handel, J Dreyer, Berlin. Berlin 1890

— der Sammlung Franz Greb, München. Keramik, Gold- u. Silberarbeiten, Arbeiten in Eisen, Bronze, Zinn etc., Skulpturen in Holz u. Stein, Möbel, Waffen, Jagdutensilien, Geweihe, Pfeifen, Textilien, Ölgemälde etc. des XIV.—XIX. Jahrh. Auktion in München in der Galerie Helbing, Wagmüllerstrasse 15, Dienstag, den 30. VI. 1908 u. folgende Tage, vormittags 10 Uhr u. nachmittags 3 Uhr. (IV, 100 S. m. Abbildgn., 33 Taf. u. 1 Bildnis.) 36×28 cm. München (908). H. Helbing. 6.—; Ausg. B. (100 S. m. Abbildgn. u. 6 Taf.) 2.—

— — K. Gren.-Garde-Reg. (Handschriftl.) 1823. 157 S.

Bezirksschule Grenchen. Katalog. 4.
Schuljahr 1900-1901. II + 10 S. Grenchen, A. Niederhäuser, 1901.
Schuljahr 1901-1902. 12 S. Grenchen, Guldimann & von Gunten. 1902.

Bezirksschule Grenchen. Katalog. Schuljahr 1902-1903. 11 S. 4. Grenchen, A. Niederhäuser, 1903.

Infanterie-Leib-Regiment Großherzogin <3. Großh. Hessisches> Nr. 117. Katalog. Worms 1859. 66 S.

— der Gruppe 16. für kunstgewerbliche Altertümer. Württembergische Landesgewerbe-Ausstellung 1881. Stuttgart 1881

—— Nr. 10. Gruppe X der Mustersammlung des bayr. Gewerbemuseums zu Nürnberg. Arbeiten aus Metall mit den Rohprodukten und Werkzeugen. 8. (V, 272 S. mit eingedr. Fig. und Ornamenten.) Nürnberg 880, Korn'sche Buchh. **

Catalog. K' der Gutenberg-Stube im Historischen Museum Bern. [Illustriert.] IV + 24 S. 8. Bern, Büchler & Co., 1907.

Catalog. K' der Gutenberg-Stube im Historischen Museum Bern. 1. Nachtrag. [Illustriert.] IV + 28 S. 8. Bern, Büchler & Co., 1909.

Katalog der Bistritzer Gymnasial-Bibliothek in alphabetischem Auszuge. *Kronstadt* 1858. Druck v. *J. Gött*. 36 S. 8°. 6 kr.

Catalog. K' zur [Albrecht von] Haller-Ausstellung am 11., 12. und 13. December 1877 im grossen Saale der Stadtbibliothek in Bern. 4. Bern 1877.

Katalog zur Haller-Ausstellung ... 1902 in der Stadtbibliothek von Bern, zu Gunsten des Haller-Denkmals. 8. Bern, K. J. Wyss, 1902. (*je* fr. —.50)
[Ausg. 1:] ...-Ausstellung 1.—20. Mai 1902.... 40 S. — [Mit] Nachtrag S. 41—45.
[Ausg. 2:] ...-Ausstellung 1. Mai bis 1. Juni 1902.... 45 S.
[Ausg. 3:] ...-Ausstellung 1. Mai bis 8. Juni 1902.... 45 S.

Katalog der Hammilton-Ausstellung im Künstlerhause in Wien. 1888. 8°.

Kais. Universitäts- u. Landesbibliothek. Katalog der im Lesesaale aufgestellten Handbibliothek. Strassburg 1895: J. H. E. Heitz. (32 S.) 4°

K. Universitäts-Bibliothek München. Katalog der Handbibliothek des Ausleihe-Zimmers. November 1896. Erlangen. (1896.) 8°.

K. Universitäts-Bibliothek München. Katalog der Handbibliothek des Ausleihe-Zimmers. 2. Ausg. November 1898. Erlangen: K. b. Hof- u. Univ.-Buchdr. v. Junge (1898). (VII, 112 S.) 8°

K. Univ.-Bibliothek München. Katalog der Handbibliothek des Ausleihe-Zimmers. 3. Ausg. Jan. 1902. *Erlangen: F. Junge.* (VII, 136 S.) 8° [02. 11] 2

Bibliothek des Reichstages. Katalog der Handbibliothek. Dec. 1894. *Berlin (1894): J. Sittenfeld.* (IV, 78 S.) 8°

Bibliothek des Reichstages. Katalog der Handbibliothek. 2. Ausg. Dec. 1895. *Berlin: (Dr. v. J. Sittenfeld 1895.)* (IV, 123 S.) 1 Bd 8. [96. 18]

Bibliothek des Reichstages. Katalog der Handbibliothek. 3. Ausg. Jan. 1902. Berlin 1902: (E. Lezius & Co.) (IV, 188 S.) 8°

Katalog der Handbibliothek der K. Universitäts-Bibliothek Würzburg. Als Ms. gedr. *Würzburg: Stürtz 1896.* (76 S.) 1 Bd 8. [97. 6113 II]

Katalog der Handbibliothek der K. Universitäts-Bibliothek Würzburg. 2. Aufl. Würzburg, 1905. 130 S.

— der Handbibliotheken des Katalogzimmers u. Lesesaales der k. k. Universitäts-Bibliothek in Wien. Hrsg. im Auftrage des k. k. Ministeriums f. Kultus u. Unterricht unter der Leitung v. Wilh. Haas. (IV, 384 S.) gr. 8. Wien 904. (Gerold & Co.) n.n. 4.—; in 6 Heften n.n. 4.40
1. Katalogzimmer. (62 S.) n.n. —80. — 2. Lesesaal. I. Enzyklopädie. Biographie. Philosophie. Pädagogik. Sprachwissenschaften. (S. 63—181.) n.n. 1.20. — 3. Lesesaal. II. Historische Hilfswissenschaften u. Archäologie. Geschichte. Erd-, Länder- u. Völkerkunde. Kunstwissenschaft. Kriegswissenschaft. (S. 183—228.) n.n. —60. — 4. Lesesaal. III. Religionswissenschaft. Rechts- u. Staatswissenschaften (S. 229—286.) n.n. — 60. — 5. Lesesaal. IV. Mathematik. Naturwissenschaften. Oekonomie. Technologie. Handel u. Industrie. (S. 287—333.) n.n.— 60. — 6. Lesesaal. V. Heilkunde. (S. 335—381.) n.n. — 60.

— dasselbe. I. Nachtrag (zu Heft II—VI). (16 S.) gr. 8. Ebd. (905). n.n. — 50

— der Handbibliotheken des Katalogzimmers u. des Lesesaales der k. k. Universitäts-Bibliothek in Wien. Hrsg. im Auftrage des k. k. Ministeriums f. Kultus u. Unterricht unter der Leitg. v. Wilh. Haas. 2. Ausg. (IV, 447 S.) gr. 8. Wien 908. (Gerold & Co.) nn 4.50
Hieraus einzeln, 6 Hefte:
1. Katalogzimmer. (78 S.) nn 1.—
2. Lesesaal. I. Enzyklopädie. Biographie. Philosophie. Pädagogik. Sprachwissenschftn. (S. 79—214.) nn 1.20
3. Lesesaal. II. Histor. Hilfswissenschaften u. Archäologie. Geschichte. Erd-, Länder- u. Völkerkunde. Kunstwissenschaft. Kriegswissenschaft. (S. 215—266.) nn — 60
4. Lesesaal. VII. Religionswissensch. Rechts- u. Staatswissenschaften. (S. 267—331.) nn — 60
5. Lesesaal. IV. Mathematik. Naturwissenschaften. Okonomie. Technologie. Handel u. Industrie. (S. 333—389.) nn — 60
6. Lesesaal. V. Heilkunde. (S. 391—444.) nn — 60

— dasselbe. 2. Ausg. 1. Nachtrag (zu Heft II—VI). (40 S.) gr. 8. Ebd. (910). nn 1.—; zu jedem Heft einzeln nn — 20

— des Handelsmuseums zu Lübeck 1889. Nebst Nachträgen (Verwaltungsbericht) 1-7. 1890-95. Lübeck 1889-95

— der Handschriften der königl. Bibliothek zu Bamberg. Bearb. v. Frdr. Leitschuh u. Hans Fischer. 6.—10. Lfg. Lex.-8. Bamberg, C. C. Buchner's Verl. n. 21. 60

6. I. Bd. 1. Abth. 3. Lfg. Theolog. Handschriften. (Kirchenväter und ältere Theologen. Bis zum Ende des XIII. Jahrh.) (VII u. S. 339—554.) 903. n. 6. —
7. I. Bd. 1. Abth. 4. Lfg. Theologische Handschriften. (Theologische Schriftsteller vom XIV. Jahrh. an.) (X u. S. 555—846.) 904. n. 6. —
8. I. Bd. 1. Abth. 5. Lfg. (Canonistische Handschriften.) (VIII, III u. S. 847—978.) 906. n. 4 —
9. I. Bd. 2. Abth. 4. Lfg. (Philologische, astronomisch-mathematische Handschriften, Varia m. Orientalia.) (IV, II u. S. 465—510.) 906. n. 2. —
10. I. Bd. 2. Abth. 5. Lfg. (Juristische Handschriften.) (III, IV u. S. 511—595.) 906. n. 3. 60

Lfg. 1—5 u. d. T.: Leitschuh, F., Katalog der Handschriften. Ebd. 895—899. n. 20. 40.

— der Handschriften der kgl. Bibliothek zu Bamberg. 11. Lfg. Lex. 8. Bamberg, C. C. Buchner's Verl. 8. —

11. I. Bd. 3. Abtlg. (Schluss.) (Nachträge u. Indices.) Bearb. v. Hans Fischer. (XII, 200 S.) 908.
Lfg. 1—10. Ebd. 895—908. 42.—.

— der Handschriften d. königl. öffentl. Bibliothek zu Dresden. Im Auftrage der Generaldirektion der königl. Sammlgn. f. Kunst u. Wissenschaft im Anschluss an die v. Franz Schnorr v. Carolsfeld 1882 u. 1883 hrsg. Bände bearb. v. Ludw. Schmidt. 3. Bd. (Enth. die Abteilgn. N—R, a—d.) (VII, 538 S.) gr. 8. Leipzig 906. B. G. Teubner. 15. —

— der dtschn. Handschriften der k. k. öff. u. Universitätsbibliothek zu Prag. Hrsg. m. Unterstützg. des k. k. Ministeriums f. Kultus u. Unterricht u. der Gesellschaft zur Förderg. deutscher Wissenschaft, Kunst u. Literatur in Böhmen. I. Tl. Die Handschriften bis etwa z. J. 1550. (155 S.) Lex. 8. Prag 909. J. G. Calve. 4. —

Katalog der Handschriften zur Schweizergeschichte der Stadtbibliothek Bern. (Vorr.: E[mil] Bloesch.) *Bern: Buchdr. K. J. Wyss 1895.* (v, 847 S.) 1 Bd 8. [96. 1041

Katalog der lateinischen und deutschen Handschriften der Universitäts-Bibliothek zu Leipzig. Bd 3. Leipzig: O. Harrassowitz 1905. 8°
— Katalog d. Handschriften d. Univ.-Bibliothek zu Leipzig. 6, Bd 3. [05.15060

Katalog der Orientalischen Handschriften der Stadtbibliothek zu Hamburg, mit Ausschluß d. Hebräischen. T. 1. Hamburg: O. Meissner 1908. 4°(8°)
— Katalog d. Handschriften d. Stadtbibliothek zu Hamburg. Bd 3. [08. 15095

Katalog der Handschriften der Danziger Stadtbibliothek (Bd 1: Katalog der die Stadt Danzig betreffenden Handschriften ...; Verf.: A[ugust] Bertling). Bearb. von Prof. Dr. Otto Günther, Stadtbibliothekar. T. (1)-4. Danzig: Saunier in Komm. (1: Dr. von Schroth) 1892–1911. 8°
(1.) 1892. 2. 1903. 3. 1909. 4. Günther: Die musikal. Handschriften. 1911.
(Katalog der Danziger Stadtbibliothek. Bd 1–4.) [11. 10716

— der Handschriften der Stadtbibliothek zu Hamburg. III. Bd. 1. Tl. Lex. 8. Hamburg 908. O. Meissner's Verl. 12. —

Orientalische Schriften m. Ausschluss der hebräischen. 1. Tl. Die arab., pers, türk., malaiischen, kopt., syr., äthiop. Handschriften. Beschrieben v. Carl Brockelmann. (XXI, 246 S.)

—— der Handschriften der Universitäts-Bibliothek in Heidelberg. 1. Bd.: Die altdeutschen Handschriften, verzeichnet und beschrieben von Karl Bartsch. Imp.-4. (VI, 224 S.) Heidelberg 887, Koester. ** 20 —

— der Handschriften der Universitäts-Bibliothek in Heidelberg. II. Bd. Imp. 4. Heidelberg, G. Koester. n. 16. —

Die deutschen Pfälzer Handschriften des XVI. u. XVII. Jahrh. Mit e. Anh.: Die Handschriften der Batt'schen Bibliothek. Verzeichnet u. beschrieben. Von Jak. Wille. (XII, 190 S.) 903.

— der Handschriften der Universitäts-Bibliothek zu Leipzig. I. gr. 8. Leipzig 901. O. Harrassowitz. n. 32. —

Katalog der Sanskrit-Handschriften der Universitäts-Bibliothek zu Leipzig. Von Thdr. Aufrecht. (VI, 493 S.)

— d. Handschriften der Universitäts-Bibliothek zu Leipzig. III. Lex.-8. Leipzig 898. O. Harrassowitz. n. 5. —

Katalog d. griech. Handschriften d. Universitäts-Bibliothek zu Leipzig. Von V. Gardthausen. (XX, 92 S.)
Abth. I u. II sind noch nicht erschienen.

— der Handschriften der Universitäts-Bibliothek zu Leipzig. II. u. VI. Lex.-8. Leipzig, O. Harrassowitz. n. 60. —

II. Katalog der islamischen, christlich-orientalischen, jüdischen u. samaritanischen Handschriften der Universitäts-Bibliothek zu Leipzig. Von K. Vollers. Mit e. Beitrag v. J. Leipoldt. (XIII, 509 S.) 906. n. 40. —
VI. Katalog der lateinischen u. deutschen Handschriften der Universitäts-Bibliothek zu Leipzig. Von R. Helssig. 3. Bd.: Die jurist. Handschriften. (XLIII, 371 S.) 905. n. 20. —

IV ist noch nicht erschienen.

— Kaiserl. Admiralität, Katalog der Hauptbibliothek der —. Berlin 1875. Fol.
— — Nachträge zum Katalog der Haupt-Bibliothek der —. 1875—82 Berlin. Fol.

Kiel, Marine-Akademie, Katalog der Haupt-Bibliothek der Kaiserlichen Marine-Akademie und Schule. Kiel 1890.

Marine-Akademie und Schule, Nachträge zum Katalog der Hauptbibliothek der —, enthaltend die vom 1. Mai 1890 bis 31. Mai 1898 in Zugang gekommenen Bücher. Kiel 1894—98.

Kiel, Marine-Akademie, Nachtrag VI u. VII zum Katalog der Hauptbibliothek der Kais. — und Schule. Kiel 1899, 1900. 8°.

Katalog der Haupt-Bibliothek der Kaiserlichen Marine-Akademie und Schule. Kiel 1907: L. Handorff. (VIII, 884 S.) 8° [07. 17218

Katalog der Haupt-Bibliothek der Kgl. Regierung zu Königsberg i. Pr. *Königsberg i. Pr. 1900: E. Rautenberg.* (VIII, 230 S.) 4°(8°)

Nachtrag V–XI zum Katalog der Hauptbibliothek des Reichs-Marine-Amtes, Berlin, vom Mai 1891 bis Juli 1898 (hektographirt.) Berlin 1896–98.

Berlin, Reichs-Marine-Amt, Nachtrag XIII zum Katalog der Hauptbibliothek. Hektographirt. Berlin 1900. 4°. zu

Lesehalle in Bremen. Katalog der Hauptstelle. 2. Gesamtausg. Geschlossen Ende 1909. Bremen: Lesehalle 1910. XI, 530, 128 S. 8° [10. 11781

— der Hauptstelle der Lesehalle in Bremen. 2. Gesamtausg. Geschlossen Ende 1909. (XI, 530; II u. 128 S.) gr. 8. Bremen 910. (G. Winter's Buchh.) nnn 1. —

Catalog. K' der Hausbibliothek der Buchdruckerei H. Keller, Luzern. [Umschlag illustriert.] 48 S. 8. (1905.)

Katalog des k. und k. Heeres-Museums. I. und II. Th. (In 1 Bd.) 8. Wien 1895.

Katalog des k. u. k. Heeresmuseums. 4. Aufl. 8°. (XVI. 485 S.) † K 3.--
Wien: Seidel 1903.

— der Sammlung Jos Heilbronner in München. (43 S 11 T) 4° München 1897

Katalog des Hoppe'schen Herbariums. S. 25–52 – Salzburg, OG., Progr. 1872.

Katalog der Herrenhaus-Bibliothek. Abgeschlossen am 1. Januar 1879. Berlin 1879.

Katalog der Hochbau-Sammlung in der Kgl. Sächs. Technischen Hochschule zu Dresden. I. Obergeschoss. Saal Nr. 45. Bestand am 1. Nov. 1896. 14 S. 8°

— der grossherzoglichen badischen Hof- u. Landesbibliothek in Carlsruhe. 1—10. Bd. gr. 8. Carlsruhe 876—78. Groos. n. 6. 50
1. Encyclopaedie. Allgemeine Bibliographie. Sprache u. Schrift. Philosophie. Pädagogik. (117 S.) Einzelpr. n. 1. —
2. Religionswissenschaft. (S. 119—242.) Einzelpr. n. 1. —
3. Geschichte. Hülfswissenschaften der Geschichte. Geographie. Reisebeschreibungen. (S. 243—506.) Einzelpr. n. 1. 50
4. Orientalische u. slavische Philologie. Orient u. Aegypten. Slavische u. litauische Völkerschaften. — Classische Philologie. Griechen u. Lateiner der mittleren u. neuen Zeit. (S. 507—595.) Einzelpr. n. — 80
5. u. 6. Deutsche u. nordgermanische Literatur. Germanische u. keltische Alterthümer. — Englische, französische, italienische, spanische u. portugiesische Litteratur. Welsche, gaelische, irische-bretonische-provenzalische Litteratur. (S. 596—706.) Einzelpr. n. 1. —
7. Kunst u. Technik, Oekonomie, Handel, Gewerbe, Verkehrsmittel, Krieg. (S. 707—839.) Einzelpr. n. 1. —
8. Rechts- u. Staatswissenschaft, Nationaloekonomie. (S. 841—1031.) Einzelpr. n. 1. 50
9. u. 10. Medicin, Naturwissenschaften u. Mathematik. Varia. (S. 1033—1264.) Einzelpr. n. 1. 50

— der grossherzogl. badischen Hof- u. Landes-Bibliothek in Karlsruhe. [3. Abth.] 11. u. 12. Bd. gr. 8. Karlsruhe 886. Groos. n. 2. 50 (1—12.: n. 9.—)
11. Zugänge zu Bd. I—X. [Bis 30. Septbr. 1885.] (VIII u. S. 1265—1516.) n. 2. —
12. Bibliothek der Familie v. Klüber. (VI u. S. 1517—1575.) n. — 50

— der grossherzogl. Hof- u. Landesbibliothek in Karlsruhe. XIII—XVII. gr. 8. Karlsruhe, Groos. à n. — 50 (I—XVII.: n. 11. 50
XIII. Zugangsverzeichniss 1. Octbr. 1885 — 31. Decbr. 1886. (S. 1577—1623.) 887.
XIV. Zugangsverzeichniss 1887. (S. 1625—1655.) 888.
XV. Zugangsverzeichniss 1888. (S. 1655—1685.) 889.
XVI. Kartensammlung. Mit Benutzg. v. Vorarbeiten v. H. Eichfeld und v. Stern-Gwiazdowski von F. Lamey. (IV u. S. 1687—1770.) 889.
XVII. Zugangsverzeichniss 1889. (S. 1771—1818.) 890.

— der grossherzogl. Hof- u. Landesbibliothek in Karlsruhe. XVIII—XXI. gr. 8. Karlsruhe, Ch. Th. Groos. à n. — 50 (I—XXI.: n. 13. 50)
XVIII. Zugangsverzeichniss 1890. (S. 1819—1919.) 891.
XIX. Zugangsverzeichniss 1891. Enth. ausser dem regelmäss. Zuwachs die letztwill. Schenkg. e. Büchersammlg. zur Litteratur d. röm. Rechts v. Max Gerstlacher. (S. 1921—1986.) 892.
XX. Zugangsverzeichniss 1892. Enth. ausser dem regelmäss. Zuwachs e. Schenkg. aus dem Nachlass v. Jos. Mainzer. (S. 1987—2040.) 893.
XXI. Zugangsverzeichniss 1893. Enthält ausser dem regelmäss. Zuwachs e. Schenkg. des Hrn. Hofbuchh. Max Müller. (S. 2041—2087.) 894.

— d. grossherzogl. Hof- u. Landesbibliothek in Karlsruhe. XXII—XXV. gr. 8. Karlsruhe 895—898. Heidelberg, Ch. Th. Grooss. à n. — 50 (I.—XXV.: n. 18. 30)
XXII. Zugangsverzeichnis. 1894. (S. 2091—2141.)
XXIII. Dasselbe. 1895. (S. 2143—2205.)
XXIV. Dasselbe. 1896. (S. 2207—2261.)
XXV. Dasselbe. 1897. (S. 2263—2318.)

— der grossherzogl. Hof- u. Landesbibliothek in Karlsruhe. XXVI—XXX. gr. 8. Heidelberg [Ch. Th. Groos]. C. Winter's Univ.-Buchh. à n. — 50
XXVI. Zugangsverzeichniss 1898. (S. 2319—2376.) 899.
XXVII. Das bürgerl. Gesetzbuch m. seinen reichs- u. landesrechtl. Ergänzgn. 1. I. 1900. (IV u. S. 2377—2436.) 900.
XXVIII. Zugangsverzeichniss 1899. (S. 2437—2514.) 900.
XXIX. Zugangsverzeichniss. (S. 2515—2602.) 901.
XXX. Zugangsverzeichniss. (S. 2603—2665.) 902.

Katalog der grossherzogl. Hof- u. Landesbibliothek in Karlsruhe. 31.—33. gr. 8. Heidelberg, C. Winter, Verl. à n.n. — 50
31. Zugangsverzeichnis 1902. (S. 2665—2714.) 903.
32. Zugangsverzeichnis 1903. (S. 2715—2768.) 904.
33. Zugangsverzeichnis 1904. (II u. S. 2769—2854.) 905.

— der grossherzogl. Hof- u. Landesbibliothek in Karlsruhe. 34.—38. Zugangsverzeichnis. gr. 8. Karlsruhe, F. Gutsch. à nn — 50
34. 35. 1905 u. 1906. (II u. S. 2855—3044.) Heidelberg 906. 07.
36. 1907. (II u. S. 3045—3125.) Heidelberg 908.
37. (Neue Reihe 1.) 1908. (IV, 84 S.) Heidelberg 909.
38. (Neue Reihe 2.) 1909. (IV, 93 S.) 910.

— dasselbe. IV. Abtlg. Fachübersichten 1886—1907. Erdkde. Karten. (VIII, 51 S.) gr. 8. Ebd. 910. nn — 50

— dasselbe. IV. Abtlg. Fachübersichten 1886—1907. Geschichte u. ihre Hilfswissenschaften. (VIII, 102 S.) gr. 8. Ebd. 910. nn — 50

— der Holbein-Ausstellung z. Dresden. 15. August bis 15. Octbr. 1871. 9. (VI, 53 S. m. eingedr. Holzschnitt.) Dresden 871. v. Zahn in Comm. n.n. 1. 25

— der im germanischen Museum vorhandenen z. Abdrucke bestimmten geschnitt. Holzstöcke v. XV.—XVIII. Jahrh. M. Abdrücken v. solchen. 2 Tle. gr. 8. Nürnberg (J. L. Schrag). à n. 3. 50
1. XV. u. XVI. Jahrh. (140 S.) 892.
2. XVII. u. XVIII. Jahrh. (156 S.) 894.

— dasselbe. Atlas. gr. Fol. (12 Taf.) Ebd. 896. n. 13. 50 (Hauptwerk m. Atlas: n. 20. 50)

Katalog zur deutschen Hopfenausstellung in Tettnang 1875. Ravensburg 1875

— musikalischer Humoristika. Ein unentbehrl. Leitfaden f. Dirigenten v. Gesang-Vereinen, u. f. die Vorstände aller sonstigen Vereine, in denen der Humor gepflegt wird. gr. 8. (131 S.) Leipzig 888. W. Dietrich. n. — 50

—— musikalischer Humoristika. Ein unentbehrl. Leitfaden für Dirigenten von Gesang-Vereinen und für die Vorstände aller sonstigen Vereine, in denen der Humor gepflegt wird. Ein nützliches Handbuch für jede Gesangvereinsbibliothek. 8. (148 S.) Leipzig 888, W. Dietrich. — 50

Katalog der internationalen Hunde-Ausstellung. Altona 1869. [Altona. (1869.)] 8°

Katalog der II. Internationalen Hundeausstellung... in Basel am 19., 20. und 21. Oktober 1901, veranstaltet vom Verein für Hundesport und Jagd (Sitz in Basel). 88 S. 8. Basel, Buchdr. des Schweiz. Typographenbundes, 1901. fr. 1. —

— d. internat. Hunde-Ausstellung Nürnberg am 27., 28., 29. u. 30. Juni 1896. Veranst. v. fränk. Verein z. Förderg. reiner Hunderassen. Sitz in Nürnberg. gr. 8. (XX, 165 S. m. 18 Abb.) Nürnberg 896. (Raw's Verlag.) n.n. 1. 50

Kantonal bernische Hundeschau ... 28. April 1901 ... auf dem Galgenfeld bei Ostermundigen; [Veranstalter:] Kynologischer Verein «Berna», Sektion der S. K. G. Katalog. IV + 40 S. 8. Bern, Jent & Co. fr. —. 60

Catalog. K' für die Schweiz. Hunde-Schau, veranstaltet vom Kynologischen Verein «Berna», Sektion der S. K. G.... den 12. Juni 1910 in der Städtischen Reitschule, Bern. [Mit Vignetten.] IV + 132 S. 8. (Bern, Gustav Grunau.) fr. 1. —

14. Internat. Kongress f. Hygiene u. Demographie. **Katalog** der Hygiene-Ausstellung, Berlin 1907, v. 23. Sept. bis 12. Okt. 1907 im Reichstagsgebäude. (Vorr.: Dr. W[ilhelm] Hoffmann, Stabsarzt.) Berlin: A. Hirschwald (1907). (200 S.) 8° [07. 14333

Katalog der Berliner Hygiene-Ausstellung im Jahre 1882. Berlin, 1882.

Katalog zu der internationalen Jagdhunde-Ausstellung, sowie aller auf den Hund u. die Jagd bezüglichen Gegenstände zu Düsseldorf, veranstaltet vom „Verein zur Förderg. reiner Hunderassen Düsseldorf" vom 27. bis incl. 30. Apr. 1894, nebst gleichzeit. Beschreibg. der Rassekennzeichen der Jagdhunde. gr. 8. (109 S. m. Abbildgn.) Düsseldorf 894. (Schrobsdorff.) n. 1. —

Katalog zu der Internationalen Jagdhunde-Ausstellung sowie aller auf d. Hund u. d. Jagd bezügl. Gegenstände zu Düsseldorf veranst. v. 'Ver. z. Förderg reiner Hunderassen Düsseldorf' v. 27. bis incl. 30. Apr. 1894 nebst Gleichzeit. Beschreibg d. Rassekennzeichen d. Jagdhunde ... *Düsseldorf: 'Deutsch-nat. Zeitg' (1894).* (109 S.) 1 Bd 8. [98. 574

Katalog der 4. Jahresausstellung der Gesellschaft Hamburgischer Kunstfreunde. (58 S) Hamburg 1898

— der graphischen Jahres-Ausstellung in Wien 1886. Jahrbuch der graph. Künste, red. v. O. Berggruen. (Gewöhnliche Ausg.) Lex.-8. (VIII, 104 S.) Wien 886. Gesellschaft f. vervielfältigende Kunst. n.n. 1. —; Pracht-Ausg. mit 46 Beilagen ausser dem Text (in Kpfrst., Radirg., Holzschn., Heliogravüre, Hochätzg., Chromotypie u. Chromolith.) (VIII, 107 S.) geb. n.n. 12. —

Katalog der Jahres-Ausstellung Düsseldorfer Künstler in den Räumen der Schulte'schen Ausstellung. Mit zahlr. v. den Künstlern selbst auf Stein gezeichn. Illustr. März 1892. gr. 4. (40 S.) Düsseldorf, (A. Schneider). n. 2.—

— dasselbe der II. Jahres-Ausstellung. Mit zahlr. v. den Künstlern selbst auf Stein gezeichn. Illustr. Im März 1893. gr. 4. (32 S.) Düsseldorf, (J. Baedeker). n. 1. 75

— dasselbe der III. Jahres-Ausstellung. Mit zahlr. v. den Künstlern selbst auf Stein gezeichn. Illustr. Im März 1894. gr. 4. (32 S.) Ebd. 894. n. 1. 75

Katalog der IV. Jahres-Ausstellung, Säcular-Austellung 1900 der Schlesw.-Holst. Kunstgenossenschaft in Flensburg vom 20. April bis 11. Mai im Saale des Arbeiterbundes. Flensburg. (1900.) 8°

— d. XXIII. Jahres-Ausstellung in Wien 1895. Künstlerhaus, Lothringerstr. 9. gr. 16. (120 S.) Wien 895, (Leipzig, Literar. Anstalt, A. Schulze.) n. — 60

— dasselbe. XXIV. Jahres-Ausstellung 1896. 12. (104 S.) Ebd. 896. n. — 80

— dasselbe. XXV. Jahres-Ausstellg. 1897. 24. (151 S. u. Bl. m. Abb.) Ebd. 897. n. 1. 80

— der XXVI. Jahres-Ausstellung 1899 in Wien, Künstlerhaus, I Karlsplatz 5. 12. (101 S.) Wien 899. (Leipzig, Liter. Anstalt A. Schulze.) n. 1. 60

— dasselbe. XXVII. 1900. 12. (78 S.) Ebd. 900. n.n. 1. 80

— Illustr., der Abtheilung d. bildenden Künste d. Budapester Allgem. Landesaussteil. 1885. 8. (161 S.) Budapest, Gebr. Révai. 1 fl.

Katalog, illustr., der intern. Ausst. der graph. Künste in Wien. 1883. 4° Wien 1883

— illustrirter, der internationalen Ausstellung v. Maschinen u. Bedarfsartikeln f. Mahl-, Oel- u. Schneidemühlen, sowie Teigwarenfabrikation in Augsburg 1886. Hrsg. vom Verband deutscher Müller. 8. (56 S. m. eingedr. Holzschn.) Leipzig 886. M. Schäfer. n. — 50

— illustrirter, der Ausstellung kirchlicher Kunstgegenstände vom frühen Mittelalter bis zur Gegenwart im k. k. Oesterreich. Museum f. Kunst u. Industrie. gr. 8. (VII, 126 S. m. eingedr. Illustr. u. 9 Taf.) Wien 887. Gerold's Sohn. n. 2. —

Kunsthistorische Ausstellung Düsseldorf 1902. Illustrirter **Katalog**. Abgeschlossen am 15. April 1902. Düsseldorf (1902): Bagel. 105 S. 8° [11. 13913 7

— illustrirter, der kunsthistorischen Ausstellung Düsseldorf 1902. Abgeschlossen am 15. IV. 1902. gr. 8. (195 u. 93 S.) Düsseldorf 902. (Schmitz & Olbertz.) n.n. 2. 50

Kunsthistorische Ausstellung Düsseldorf 1902. Illustrirter **Katalog**. 2. Aufl., abgeschl. am 1. Aug. 1902. *Düsseldorf (1902): A. Bagel.* (234 S.) 8° [03. 87

Zur Feier d. silb. Hochzeit d. allerhöchsten Kaiserpaares. Ausstellung von Werken alter Kunst aus d. Privatbesitz d. Mitglieder d. Kaiser Friedrich-Museums-Vereins ... 1906 im ehemal. gräfl. Redern'schen Palais unter d. Linden 1. Illustrierter **Katalog**. (Berlin 1906: H. S. Hermann.) (115 S., 54 Taf.) 4°(8°) [07. 1480

Katalog, Illustrirter, empfehlenswerther Bücher. 7 Bogen. Miniatur-Format gratis
Wien: Hartleben 1896.

Illustr. Katalog. 2 hochbedeut. Gemäldesammlungen alter Meister aus hohem u. altem Besitze, welche unter Direction von Rath Dr. *Carl Förster* in München .... am 8. Juni sq. 1885 in den Centralsälen in München öffentl. versteig. werden. München 1885. Gr. 8°. Cart.
47 S., enth. aus. 197 Nrn. Mit 4 Photo-Lithogr. (nach Rembrandt, Dürer, Jan Steen, Meindert Hobbema).

—— illustrirter, Berliner renommirter Geschäftshäuser (nebst Novellengabe). 1.—5. Jahrg. gr. 8. (100; 100; 100; 88; 80 S.) Berlin 884, Maurer-Greiner. à Jahrg. *

—— illustrirter, renommirter Geschäftshäuser. Nebst Verzeichnis empfehlenswerter literar. Festgeschenke. 6.—9. Jahrg. Lex.-8. (à Jahrg. ca. 100 S.) Berlin 885—88, Maurer-Greiner. à Jahrg. 1 50

Illustrierter **Katalog** der Gewerbe-Ausstellung in Fulda. 2. bis 31. Juli 1904 hrsg. v. geschäftsführenden Ausschuß. *Fulda (1904): Actiendr.* (78 S.) 8° [04. 20000 4

Illustrirter **Katalog** von Heiligen-Statuen, Krippen, Altären, Kreuzweg-Stationen, Beichtstühlen, Communionbänken, Kanzeln etc. aus der kirchl. Kunstanstalt von Froc-Robert in Paris. Mit 300 Abbild. in-4°, 60 S. Einsiedeln, Gebr. C. & N. Benziger. 1893. 2 50

—— illustrierter, d. Münchener Jahresausstellung v. Kunstwerken aller Nationen im königl. Glaspalaste 1889. 1.—3. Aufl. gr. 8. (V, 147 u. Nachtr. 8 S.) Münch. 889, Verlagsanst. f. Kunst u. Wissensch. ** 2 60; Ausg. ohne Illustr. 1.—4. Aufl. 12. (XVI, 114 S.) ** 1 30
—— desgl. — 1890. gr. 8. (IV, 64 S. m. 144 S. Abbildgn.) Münch. 890, Hanfstaengl. cart. * 2 60
—— desgl. — Offizielle Ausg. 1.—3. Aufl. 12. (VIII, 148 S. m. 1 Plan.) Ebd. 890. cart. * 1 35
—— desgl. — 1891. Ausg. am 1. Juli. gr. 8. (IV, 149 u. Abbildgn. 96 S.) Münch. 891, Verlagsanstalt f. Kunst u. Wissenschaft. ** 1 60
—— desgl. — Offizielle Ausg. vom 1. Juli 1891. 12. (VIII, 151 S.) Ebd. 891. ** 1 30

— dasselbe. 1893. Ausg. am 15. Juli. 8. (VI, 134 S. u. 158 S. Illustr.) München 893. Frz. Hanfstaengl. n.n. 2. 60

— dasselbe. Offizieller Katalog. Provisorische Ausg. vom 1. Juli 1893. 8. (V, 126 S.) Ebd. 893. n. 1. 35

— dasselbe. 1894. Ausg. am 10. Juni. 8. (XII, 84 u. 114 S.) Ebd. 894. n.n. 2. —

— illustr., d. Münchener Jahresausstellung v. Kunstwerken aller Nationen im kgl. Glaspalaste 1895. Ausg. am 20. Juni. 8. (VIII, 69 S. m. 80 Bildertaf.) München 895. F. Hanfstaengl. n.n. 2. —

—— illustrirter, der Londoner Industrie-Ausstellung von 1862. 1. Bd. 10 Lfgn. und 2. Bd. 8 Lfgn. gr. 4. (264 S., IV und 187 S. mit eingedr. Holzschn.) Leipzig 862—64, Brockhaus. à Lfg. * 20 Ngr. *
geb. mit Goldschn. *
Ermässigter Preis 1. Bd. * 3 Thlr. 10 Ngr.; geb. *
2. Bd. * 2 Thlr. 20 Ngr.; geb. *

—— illustrirter, der Pariser Industrie-Ausstellung von 1867. 15 Lfgn. hoch 4. (VII und 352 S. mit eingedr. Holzschn.) Leipzig 867,68, Brockhaus. à Lfg. * 20 Ngr. *
geb. mit Goldschn. *

Katalog, illustrirter, der Jubiläums-Ausstellung der kgl. Akademie der Künste im Landes-Ausstellungsgebäude zu Berlin vom Mai bis Octbr. 1886. gr. 8. (XXIV, 210 S. mit 2 Plänen vom Ausstellungsgebäude und vom Ausstellungspark.) Berlin 886, (Berliner Verlags-Comtoir.) *
Nachtrag. (36 S.) *

—— dass. — gr. 8. (XXIV, 352 S. mit ca. 200 Illustr. in Facs.-Reproduktionen nach Photographien der ausgestellten Werke, sowie nach Orig.-Zeichnungen der Künstler.) Ebendas. 886. *
Nachtrag. (36 S.) *
Beide Ausgaben sind vergriffen.

— illustrirter, der v. der Stadt Baden-Baden veranstalteten Jubiläums-Ausstellg. v. Kunstwerken aus Privatbesitz im ehemaligen, jetzt der Stadt Baden gehörigen Palais Hamilton. 8. (166 S.) Baden-Baden 902. (F. Spies.) n. 1. 70

Illustrirter Katalog der internationalen Jubiläums-Kunst-Ausstellung im Künstlerhause zu Wien. 1888. 8°.

— illustr., der akademischen Kunst-Ausstellung zu Dresden 1894. gr. 16. (VIII, 70 S. m. Abbildgn. 48 S.) Dresden 894. C. C. Meinhold & Söhne. n.n. — 75

— illustrirter, der grossen Berliner Kunst-Ausstellung 1893, 14. Mai bis 17. Septbr. im Landes-Ausstellungsgebäude am Lehrter Bahnhof. gr. 8. (134 S. m. 1 Plan u. 222 S Abbildgn.) Berlin 893. R. Schuster. n. 2. —

—— illustrirter, der internationalen Kunstausstellung im königl. Glaspalaste in München 1883. 1.—3. Aufl. gr. 8. (VIII, 238 S. mit eingedr. Lichtdr. und 1 lithogr. Plan.) München, Verlagsanstalt für Kunst und Wissenschaft. *
—— dass. — 4. Aufl. gr. 8. (VIII, 294 S. mit eingedr. Lichtdr. und 1 lithogr. Plan.) Ebendas. 883. *

—— illustrirter, der III. internationalen Kunst-Ausstellung [Münchener Jubiläums-Ausstellung] im königl. Glaspalaste zu München 1888. 8. (XXIV, 220 S.) München 888, Verlagsanstalt für Kunst und Wissenschaft. *

—— dass. — 2. Aufl. 8. (XXIV, 206 S.) Ebendas. 888. *

—— illustrierter, d. VI. internationalen Kunst-Ausstellung 1892 im kgl. Glaspalaste 1. Juni—Ende Oktbr. 1. provisor. Aufl. 8. (II, 137 S. m. 1 Plan; IV, 96 S. Abbildgn.) Münch. 892, (Verlagsanstalt f. Kunst u. Wissenschaft). ** 2 60

—— offizieller (derselben Ausstellung). 1. provisor. Aufl. 8. (II, 137 S. m. 1 Plan.) (Ebd.) 892. ** 1 30

Catalog. Illustrierter K' der II. Internationalen Kunst-Ausstellung in Interlaken vom 15. Juli bis 15. Sept. 1910... = Catalogue illustré de la IIme Exposition internationale de Beaux-Arts à Interlaken du 15 juillet au 15 septembre 1910.... [Mit 8 Tafeln.] 21 S. 8. Bümpliz-Bern, Benteli A.-G., (1910). fr. —. 50

—— illustrirter, der ersten internationalen Kunst-Ausstellung im Künstlerhause, I., Giselastrasse 10. gr. 8. (XVII, 267 S. mit eingedr. Photozinkogr.) Wien 882, v. Waldheim. *

— illustr., der III. internationalen Kunst-Ausstellung im Künstlerhause, I., Lothringerstr. 9. gr. 8. (XXXVI, 162 u. 16 S. m. 84 Taf. u. 1 Grundriss.) Wien 894. (Leipzig, Literar. Anstalt A. Schulze.) n. 2. 80; ohne Taf. 3. Aufl. (XXXVI, 176 S.) n. 1. 50

—— illustrierter, der Kunstausstellung v. Werken Nürnberger Künstler d. neueren Zeit, veranstaltet v. der Gesellschaft Künstlerklause vom 1. Juni bis 1. Oktbr. 1891 im Ausstellungsgebäude d. bayer. Gewerbemuseums am Marienthorgarten Nürnberg. gr. 8. (X, 83 S.) Nürnb. 891, J. L. Schrag. * 1 35

— illustrierter, der Litteratur auf dem Gebiete der Geflügelzucht, Taubenzucht, Ornithologie, Kaninchenzucht, Hundesport etc. Hrsg. v. Ed. Trapp. gr. 8. (69 S. m. 18 Abbildgn.) Dresden (900). H. Schultze. — 80

Katalog, illustrirter, über landwirthschaftliche Maschinen und Geräthe aus der Fabrik von Georg Hubasy, nebst einem Anhange, enthaltend: ein vollständ. Preisverzeichniss über alle in der Fabrik gefertigten Maschinen, Geräthschaften etc. gr. 8. (70 S. mit vielen in den Text gedr. Holzschn.) Wien 860, Gerold's Sohn. Thlr.

—— illustrirter, von landwirthschaftlichen Maschinen aus der Fabrik von R. Garret und Sohn zu Leiston Works bei Sarmundham, Suffolk. Gegründet im J. 1788. gr. 4. (III und 73 S. mit eingedr. Holzschn.) Hannover 856. (Berlin Besser's Verlag.) **

— illustrirter, des schlesischen Museums der bildenden Künste zu Breslau. Mit 60 Lichtdr. nach den Originalen. Umschlagzeichng. v. A. Münzer. 8. (IX, 284 S.) Breslau (898). C. T. Wiskott. Kart. n. 10. —
Von Semrau ausgeführte Umarbeitung der von R. Kahl verf. 1. Aufl.

Schlesisches Museum der bildenden Künste zu Breslau. Illustrirter Katalog. Mit 60 Lichtdr. nach d. Originalen. Umschlagzeichn. von A. Münzer. (Vorr.: Julius Janitsch.) *Breslau: C. T. Wiskott [1899].* (VII, VI, 284 S.) 8°

—— illustrirter, der Ornamentstich-Sammlung des k. k. österreich. Museums für Kunst und Industrie. Ausgegeben am Tage der Eröffnung des neuen Museumbaues 4. Novbr. 1871. Lex.-8. (XX, 240 S.) Wien 872, Gerold's Sohn. *

Katalog, illustr., d. Kunstverlages Otto Schmidt in Wien, VI, 1, Münzwardeingasse 11. gr. 8. (II, 118 S.) Wien 895. O. Schmidt. 5. —

— dasselbe. Nachtrag. Ober-Italien. gr. 8. (81 S.) Ebd. 896. n. 1. 80

Illustrirter Katalog der ersten Internationalen Special-Ausstellung der Graphischen Künste in Wien 1883. 4°.

—— illustrirter, der ersten internationalen Special-Ausstellung der graphischen Künste in Wien. Lex.-8. (XXXV, 185 S. mit 53 Taf. in Holzschn., Kpfrst., Stahlst., Radirung, Stylogr., Lithogr., Heliogr., Hochätzung, Lichtdr., Photolithogr. in Farben und Pantogr.) Wien 884, Gesellschaft für vervielfältigende Kunst. geb. **

— illustrirter, der internationalen Special-Ausstellung der graphischen Künste im Künstlerhause in der Nacht vom 16. auf den 17. Febr. 1884. 1. und 2. verm. Aufl. gr. 8. (35 S.) Wien 884, (Lechner's Sortiment.) *

— illustrirter, der Pariser Weltausstellung von 1878. Unter Mitwirkung zahlreicher Berichterstatter hrsg. von W. H. Uhland. 17 Lfgn. oder 2 Thle. gr. 4. Leipzig 878—80, Brockhaus. à Lfg. * ℳ 2., * ℳ 34; geb. in 1 Bd. *

Inhalt:
Thl. 1. Kunstindustrie. (XVI, 224 S.)
» 2. Maschinentechnik. (IV, 170 S.)

— der Aargauischen Industrie- und Gewerbe-Ausstellung in Aarau. 1. Aug.—26. Septbr. 1880. gr. 8. (71 S.) Aarau 880, Sauerländer's Verlagsh.

— der allgemeinen deutschen Industrie-Ausstellung zu München im J. 1854. 1. und 2. Aufl. Lex.-8. (VIII und 372 S.) München 854, (Literarisch-artistische Anstalt. — Kaiser.) **

Katalog der allgemeinen Industrieausstellung für das Gesamtgebiet des Hauswesens in Kassel 1870. Kassel (1870)

Katalog der Industrie-Ausstellung in Augsburg 1852. 2. Aufl. Augsburg (1852)

Katalog der Industrie- und Gewerbe-Ausstellung des Amtes Konolfingen in Münsingen 1882. In-8⁰, 32 S. Bern, E. W. Krebs. 1882. — 30

— für d. Industrie-Ausst. v. Oberbayern zu Münch. 1851.

Katalog zur schwäbischen Industrie-Ausstellung zu Ulm 1871. Stuttgart 1871

Katalog der Schwarzwälder Industrieausstellung in Villingen 1876. Villingen 1876

Katalog der dritten schweizerischen Industrie-Ausstellung in Bern 1857. Bern 1857

Katalog der Industrie-Ausstellung zu Solothurn 1855. Solothurn 1855

Katalog der Industrie-Ausstellung zu Willisau 1855. Willisau 1855

Katalog über die Industrieprodukte, Pläne und Abbildungen, allgemeinen Lehrmittel, Blatt- und Gips-Vorlagen für den Zeichen-Unterricht im Musterlager der Kgl. württembergischen Zentralstelle für Gewerbe und Handel. Stuttgart 1867

2. Infanterie-Regiment.
Katalog. München 1847. 128 S.

0. Infanterie-Regiment.
Katalog. Würzburg 1880. 74 S.

10. Infanterie-Regiment.
Katalog. Ingolstadt 1888. 119 S.
— — Dass. 1899. 147 S.

11. Infanterie-Regiment.
Katalog. Regensburg 1884. 114 S.

13. Infanterie-Regiment.
Katalog. (Autogr.) Ingolstadt 1878. 131 S.
— — Dass. 1888. 170 S.

— der deutschen Ingenieur-Ausstellung auf der Columbischen Weltausstellung in Chicago. 12. (X, 240 S. m. Fig. u. 1 Plan.) Berlin 893. J. Springer. n.n. 1. —

Katalog der Innen-Ausstattung des von Wespien'schen Patrizierhauses zu Aachen. (8 T m Text) 4° Köln 1901

Katalog [der] Inspektion des Ingenieur-Korps und der Festungen 1894 mit 1. Nachtrag 1906. München 1894–1906. 106 u. 44 S.

Katalog der Hohenheimer Instituts-Bibliothek. 1846. Stuttgart 1846

Catalog. K' der Instruktoren-Bibliothek Basel. Basel, Mai 1905. ([Hrg. durch Oberst Dr. Hermann Isler,] Oberinstruktor der Sanitätstruppe.) II + 20 S. 8. [Basel, Buchdr. Bertschi.]

— der Jubiläums-Ausstellung f. Kunst- u. Kunstgewerbe Karlsruhe 1906. (78 S. u. 56 S. Abbildgn m. Titelbild u. 2 Plänen.) kl. 8. Karlsruhe 906. (A Bielefeld.) n. 1. —

— der Jubiläums-Ausstellung des Württ. Kunstgewerbevereins 1889. Stuttgart 1889

Katalog der Rigaer Jubiläums-Ausstellung f. Industrie u. Gewerbe 1901. Unter dem Ehrenpräsidium Sr. Hohen Exc. des Hrn. Finanzministers Staatssecretär S. J. Witte. 8. (LV, 320 S. m. 1 farb. Plan.) Riga 901. (N. Kymmel's Sort.) n.n. 2. 50

— der Jubiläums-Gewerbe-Ausstellung Wien 1888. Hrsg. von der Ausstellungs-Commission des niederösterreich. Gewerbe-Vereins. 1. und 2. Aufl. 8. (VII, 374 S. mit 1 Orientirungs-Plan.) Wien 888, (Hölder.) **

— dass. — 1. und 2. Anhang. 8. (Ebendas.) 888. **

Inhalt:
Anhang 1. Die Entwicklung der Stadt Wien in den J. 1848 bis 1888. Dargestellt in der Jubiläums-Gewerbe-Ausstellung. Wien 1888. Nach amtl. Quellen verf. über Auftrag des Gemeinderathes der k. k. Reichshaupt- und Residenzstadt Wien. (VIII, 157 S. mit 1 Grundriss und 1 Bild.) ** 55 Pf.
» 2. Ausstellung der österreichischen Eisenbahnen unter Rücksichtnahme auf die Entwicklung derselben in den J. 1848 bis 1888. (111 S. mit 1 Grundriss, 27 Tab. und 11 Karten, Plänen und graph. Taf.) ** ℳ 1.40

Berlin, Pfingsten 1906. Katalog zur Jugendschriften-Ausstellung auf der Generalversammlung des 'Kath. Lehrer-Verbandes des Deutschen Reiches'. Aufgest. von d. Jugendschriften-Komm. d. 'Kath. Lehrer-Verb. Brandenburg-Pommern'. (Berlin: B. Poetschki in Comm. 1906.) (32 S.) 8° [06. 13680

— der Sammlung F. Kalister, Triest. Ölgemälde sowie einige Aquarelle hervorragendster moderner Meister. Auktion in München in der Galerie Helbing, Wagmüllerstrasse 15, Dienstag, den 7. IV. 1908, vormittags 10 Uhr. — Ölgemälde hervorrag. moderner Meister aus verschiedenem, teils adeligem Besitze. Auktion in München in der Galerie Helbing, Wagmüllerstrasse 15, Dienstag, den 7. IV. 1908, nachmittags 3 Uhr. (V, 42 S. m. 32 Taf. u. 15 S. m. 12 Taf.) Lex. 8. Ebd. (908). 1.50; Luxusausg. 3. —

— zu der anlässlich des 100. Todestages v. der Gräfe & Unzer'schen Buchhandlung veranstalteten Kant-Ausstellung. (40 S.) gr. 8. Königsberg 904. Gräfe & Unzer, Buchh. n. 1. —

Katalog der Aargauischen Kantonsbibliothek. Alph. Katalog. Bd 1–8. Aarau 1857–1911: Albrecht (5 ff.: Keller). 8°
1–3 bezeichnet als Th. 1: Alph. Katalog.
1. A–G. 1857. 2. H–Q. 1860. 3. R–Z. 1864.
[4.] Suppl.Bd. 1868.
5–8: Forts. enth. d. Zuwachs von 1868–1907.
5. A–F. 1907. 6. G–M. 1908. 7. N–S. 1909. 8. T–Z u. Nachtr. A–Z 1906–10. 1911. [11. 5055

Katalog der Aargauischen Kantonsbibliothek. 12. Nachtrag zum Alphabetischen Katalog. II + 18 S. 8. Aarau, G. Keller, 1902.

Catalog. K' der Aargauischen Kantonsbibliothek. Alphabetischer Katalog. Fortsetzung, enthaltend den Zuwachs von 1868–1907. Band 5: A—F. IV + II + 704 S. 8. Aarau, G. Keller, 1907. [fr. 3. —]

Catalog. K' der Aargauischen Kantonsbibliothek. Alphabetischer Katalog. Fortsetzung, enthaltend den Zuwachs von 1868—1908. Band 6: G—M. IV + 784 S. 8. Aarau, G. Keller, 1908. [fr. 3. —]

Catalog. K' der Aargauischen Kantonsbibliothek. Alphabetischer Katalog. Fortsetzung, enthaltend den Zuwachs von 1868—1909. Band 7: N—S. IV + 615 S. 8. Aarau, G. Keller, 1909. [fr. 3. —]

Katalog der basellandschaftl. Kantonsbibliothek — *Kopftitel:* in Liestal —. 2. Supplement. 1899 und 1900. 35 S. 8. Liestal, Gebrüder Lüdin, 1901.

Catalog. K' der basell. Kantonsbibliothek. 3. Supplement. 1901—1903. *Kopftitel:* Basellandschaftliche Kantonsb'in Liestal. 40 S. 8. Liestal, L. Brodbeck, 1904.

Katalog der Kantons-Bibliothek von Graubünden. Raetica: Supplement 1. VIII + 348 S. 8. Chur, Hermann Fiebig, 1901.

Katalog der Thurgauischen Kantonsbibliothek. 3. Supplement, enthaltend die Erwerbungen während der Jahre 1897—1901. IV + 120 S. 8. Frauenfeld, Huber & Co., 1902.

Catalog. K' der Thurgauischen Kantonsbibliothek. Supplement 4, enthaltend die Erwerbungen während der Jahre 1902—1906. IV + 159 S. 8. Frauenfeld, Huber & Co., 1907.

Katalog der Kgl. Kanzlei-Bibliothek in Bayreuth. [Nebst] Forts. *Bayreuth 1868–98.* 2 Bde 8°
Forts. die 1869 bis 1898 zugegang. Bücher enth. 1898

Katalog des Musikalienverlages W. Karczag & K. Wallner. Wien: (Karczag & Wallner [1910]). 52 S. 8°

— — Kürassier-Reg. Prinz Karl. 1844. 164 S.
— — Dass. 1859. 288 S.

Katalog des K. B. 3. Linien-Inf.-Reg. Prinz Karl. Augsburg 1828. 107 S.
— — Dass. 1841. 120 S.

— — 1. Schweres Reiter-Reg. Prinz Karl von Bayern. 1886. 187 S.

Katalog des K. B. 4. Inf.-Reg. König Karl von Württemberg. Metz 1876. 136 S.
— — 1. Nachtrag. 1884. 47 S.

Katalog zu den im k. k. Kriegs-Archiv befindlichen gestochenen Karten. (2 Bde.) 8. Wien 1824—1825

Katalog der in dem kaiserl.-königl. Kriegs-Archive befindlichen gestochenen Karten und Pläne. – Supplement. (2 Bde.) 8° Wien 1859 u. 1870.

Katalog der im Archive des k. und k. militär-geographischen Institutes vorhandenen Karten. Abgeschlossen mit Ende 1899. Beigeb.: Nachtrag für 1900. 1901. 8. Wien 1900—1901.

—— der von Sr. Maj. dem König Friedrich August von Sachsen nachgelassenen Kartensammlung. Ein Denkmal des Verstorbenen. (Hrsg. von J. Petzholdt.) gr. 8. (XII und 113 S.) Dresden 860, Schönfeld's Buchh. *
Feine Ausg. *

Katalog der im germanischen Museum befindlichen Kartenspiele und Spielkarten. gr. 8. (35 S. mit Abbild. und 10 Taf.) Nürnberg 886. (Leipzig, Brockhaus' Sortiment und Antiqu. *
Vgl.: Lehrs, Max, Katalog der im german. Museum befindl. deutschen Kupferstiche des XV. Jahrhunderts.

Katalog sämtlicher in dem Archive des k. k. militär-geographischen Institutes mit Ende 1883 vorhandenen Kartenwerke. Zusammengestellt für den Gebrauch der Instituts-Abtheilungen. I. Bd. Österreich-Ungarn und das Occupationsgebiet. — II. Bd. Belgien, Bulgarien, Dänemark, Deutschland, Frankreich, Griechenland, Grossbritannien und Italien. — III. Bd. Liechtenstein, Luxemburg, Montenegro, Niederlande-Holland, Portugal, Rumänien, Russland, Schweden-Norwegen, Schweiz, Serbien, Spanien, Türkei. — Europa, Asien, Afrika, Amerika, Australien und Polarländer. — IV. Bd. Atlanten, Weltkarten, Seekarten. — Nachtrag über die im Jahre 1884, 1885, 1886, 1887, 1888, 1889 und 1890, 1891 und 1892, 1893 und 1894 zugekommenen Kartenwerke. (12 Bde.) (Lithographiert.)
Fol. Wien 1885—1895

[F.] Katalog der Ottilie von Ahlefeldtschen Kirchenbibliothek in Itzehoe. *Itzehoe: Dr. v. G. J. Pfingsten* 1838. (23 S.) 1 Bd 8.

Katalog des evangel. Kirchengesang-Vereins für Deutschland. T. 1. 2. Darmstadt 1893–98: Bekker (2: Leipzig: Breitkopf & Härtel). 8°
1. 2. unveränd. Aufl. 1893. 2. 1898. (10. 9726

Katalog der Kirchen-Ministerial-Bibliothek zu Celle. Celle 1901: Schweiger & Pick. (VIII, 649, 133 S.) 8° (07. 1096

—— der katholischen Kirchenstellen und der sämmtlichen Geistlichkeit des Bisthums Rottenburg im J. 1869. gr. 8. (VI, 432 S.) Tübingen 869, Riecker. *

— der katholischen Kirchenstellen u. der sämmtlichen Geistlichkeit des Bisthums Rottenburg im Jahre 1876. gr. 8. (528 S. m. 1 lith. u. color. Karte in Fol.) Stuttgart 876. (Tübingen, Fues.) n.n. 4. —

— dasselbe im Jahre 1879. gr. 8. (91 S.) Ebend. 879. n.n. 1. —

—— der katholischen Kirchenstellen und der sämmtlichen Geistlichkeit des Bisthums Rottenburg im J. 1882 und 1884. gr. 8. (à Jahrg. 83 S.) Rottenburg 883,85, (Bader.) à Jahrg. *

—— der katholischen Kirchenstellen und der sämmtlichen Geistlichkeit des Bist. Rottenburg im J. 1886. gr. 8. (83 S.) Rottenburg a. N. 886, (Bader.) *

—— der katholischen Kirchenstellen u. der gesamten Geistlichkeit des Bist. Rottenburg im J. 1889 u. 1891. gr. 8. Rottenb., (Bader). [1889. (539 S. m. 1 Karte.) 889. * 6 —; 1891. (84 S.) 891. * 1 20.] * 7 20

— der katholischen Kirchenstellen u. der sämtlichen Geistlichkeit d. Bist. Rottenburg im J. 1893. gr. 8. (84 S.) Rottenburg 893. (W. Bader.) n. 1. 20

Zum 14. März 1903. Katalog der Klopstock-Ausstellung der Stadtbibliothek zu Hamburg. (Vorr.: R[obert] Münzel.) *Hamburg 1903: Lütcke & Wulff.* (15 S.) 8° (4°)

— der 5. Kochkunst-Ausstellung d. deutschen Gastwirths-Verbandes. Berlin 1891, 5.—8 Febr. gr. 8. (48 S.) Berlin 891. Mosse. — 75

Katalog der Kollektion eines Frankfurter Sammlers bestehend in Höchster Porzellanfiguren und -Gefässen, Gobelins, Arbeiten in Edelmetall, Bronzen etc. (18 S 8 T) 4° München 1899

Katalog der forstlichen Collectiv-Ausstellung Krains im Auftrage der k. k. Weltausstellungs-Landescommission in Laibach, veranstaltet von Ludwig Dimitz. - Laibach 1873. 36 S.

Katalog der Kollektiv-Ausstellung der Fürsten zu Schwarzenberg. Wien 1873

[Katalog der] Kollektiv-Ausstellung des Rheinisch-Westfälischen Kohlen-Syndikats zu Essen-Ruhr [auf der] Welt-Ausstellung Lüttich 1905. Essen-Ruhr, 1905. 140 S. mit 1 Plan.

Katalog der Siegerländer Kollektiv-Ausstellung an der Industrie-, Gewerbe- und Kunstausstellung zu Düsseldorf 1902. Siegen, 1902. 108 S. mit Abb. und 1 Karte.

Katalog der Kollektivausstellung des Vereins für die bergbaulichen Interessen im Oberbergamtsbezirk Dortmund auf der Industrie- und Gewerbe-Ausstellung für Rheinland-Westfalen und benachbarte Bezirke in Düsseldorf 1902. Berlin, 1902. 191 S. mit 16 Taf., 2 Plänen und 1 Lageplan der Ausstellung.

Katalog der Kollektiv-Ausstellung des Vereins für die Interessen der Rheinischen Braunkohlen-Industrie zu Köln an der Düsseldorfer Ausstellung 1902. Köln, 1902. 46 S. mit 6 Abb. und 2 Taf.

Katalog zur Kolonial-Ausstellung, Danzig, Friedrich Wilhelm-Schützenhaus, 29. Mai bis 7. Juni 1904. *Danzig (1904): A. W. Kafemann.* (28 S.) 8° [F.] [04. 1:903 10

Katalog für die Kolonial-Ausstellung, veranst. von d. Deutschen Kolonial-Ges., Abt. Königsberg i. Pr., im Ausstellungssaale d. Tiergarten [!] zu Königsberg i. Pr. (Königsberg [1902]: R. Leupold.) (24 S.)8°

Katalog der Commerz-Bibliothek in Hamburg 1841. gr. 4. Hamburg 842. (Perthes-Besser u. Mauke.) n. 2²/₃ ₰

—— der Commerz-Bibliothek in Hamburg. 1. und 2. Fortsetzung. 1811 und 1847. gr. 4. (IV und 83, IV und 103 S.) Hamburg 847, (Perthes-Besser und Mauke.) à Heft * 15 Ngr. *

Das Hauptwerk erschien 1841 ebendas. und kostet * 2 Thlr. 20 Ngr.

— der Commerz-Bibliothek in Hamburg. 4. Fortsetzung. 1853. Hamburg. (Perthes-Besser u. Mauke.) gr. 4. (VI, 90 Sp.) n. 8 ngr

Commerz-Bibliothek, Katalog der —. Ausgabe 1841, mit den Fortsetzungen 1—5, 1864.
Hamburg [1864].

—— der Commerz-Bibliothek in Hamburg. Lex.-8. (LXXXIV S. und 1304 Sp.) Hamburg 864, (Mauke Söhne.) geb. *

Katalog der Commerz-Bibliothek in Hamburg. Hamburg 1864.
1. Fortsetzung 1864—1867. 1868.
2. „ 1868—1871. 1873.
3. „ 1872—1878. 1879.
4. „ 1879—1885. 1886.
5. „ 1885—1890 1890.
6. „ 1890—1895. 1896.
7. „ 1895—1900. 1900.

Hamburg. Bureau der Handelskammer, Katalog der Kommerz-Bibliothek in Hamburg 6. Fortsetzung 1890–95. Hamburg 1896.

Katalog der Commerz-Bibliothek in Hamburg. Forts 9. Hamburg 1910.

— d. Compositionen v. Edvard Grieg. 8. (43 S. m. Bildn.) Leipzig 898. C. F. Peters n. — 50

Katalog steuerfreier Kompositionen. Nebst e. Auszug d. gesetzl. Bestimmungen über das Recht d. öffentl. Aufführung von Werken d. Tonkunst... Hrsg. v. Präsidium d. Allg. Deutschen Musiker-Verbandes. Berlin: Selbstverl. 1904. (80 S.) 8° [05. 13894

— steuerfreier Kompositionen. Nebst e. Auszug der gesetzl. Bestimmgn. über das Recht der öffentl. Aufführg. v. Werken der Tonkunst, sowie prakt. Winken f. Veranstalter v. Musikaufführgn. Hrsg. vom Präsidium des allgemeinen deutschen Musiker-Verbandes. (65 S.) gr. 8. Berlin (N., Chausseestr. 123) 904. Allgemeiner deutscher Musiker-Verband. n. — 70

— — K. B. Inf.-Reg. König. 1848. 186 S.

Katalog des K. 1. Linien-Inf.-Reg. <König>. München 1832. 148 S.

— d. Freiherrl. v. Lipperheide'schen Sammlg. f. Kostümwissenschaft. M. Abb. 3. Abth. Büchersammlg. 1. Bd. 1.—7. Lfg. Lex.-8. (336 S.) Berlin 898. F. Lipperheide. à Lfg. n. 1. —

— der Freiherrl. v. Lipperheide'schen Sammlung f. Kostümwissenschaft. Mit Abbildgn. 3. Abth. Büchersammlg. 1. Bd. 8.—14. (Schluss-)Lfg. Lex.-8. (XXI u. S. 337—645.) Berlin 899—901. F. Lipperheide. à n. 1. —

— dasselbe. 15.—18. Lfg. Lex.-8. (2. Bd. S. 1—192.) Ebd. 900. 902. à n. 1. —

— der Freiherrl. v. Lipperheide'schen Kostümbibliothek. Mit Abbildgn. 19.—32. (Schluss-)Lfg. (2. Bd. XII u. S. 193—840.) Lex.-8. Berlin 903—905. F. Lipperheide. à n. 1. —

Katalog der bedeutenden Kostüm- u. Antiquitäten-Sammlung aus dem Besitze des Kgl. Prof. u. Historienmal. Hn. Josef Flüggen in München. Auktion in München ... d. 12. bis ... 14. Juni 1899.
München: Dr. v. Knorr & Hirth 1899. (1 Bl., 57 S.) 4°

Katalog d. Kreis-Gewerbe-Ausstell. zu Reutlingen 1866. (36 S) Reutlingen 1866

Katalog der Kreis-Muster-Modelle-Sammlung und des technologischen Kabinets in Würzburg. Herausgegeben von W Hess. Würzburg 1869

Katalog für das Kriegs- und Friedensmuseum in Luzern. 8. [1902.]
Abteilung 1: Waffenhalle. II + 27 S. Luzern, Genossenschafts-Buchdr. [fr. —. 30]
Abteilung 15: Heeres-Organisation und Hilfsdienste. 19 S. [fr. —. 10.] — *ohne Titelblatt.*
Abteilung 16: Marine. II + 23 S. Luzern, Genossenschafts-Buchdr. [fr. —. 30]

Catalog. K' für das Internationale Kriegs- und Friedensmuseum in Luzern. [Umschlag illustriert.] 86 S. 8. Luzern, Genossenschafts-Buchdr., 1905. (fr. —. 50)

— über christliche Kunst. Kupferstiche, Kupferätzgn., farb. Reproduktionen, Steindrucke, Photographien. (64 S. m. Abb.) gr. 8. Magdeburg (907). Ev. Buchhandlg. — 75

Kunstgewerbe-Museum Flensburg. Katalog der Ausstellung „Die Kunst auf dem Papier". Vom 27. Februar bis 27. März. (Flensburg.) [um 1904.] 8°

Catalog. K' der Kunst-Abteilung [im] Museum der Stadt Solothurn. Hrg. von der Kunst-Kommission = Musée de la Ville de Soleure. Catalogue de la section des Beaux-Arts. Publié par la commission des B' A' = Museum of the City of Solothurn. Catalogue of the Section of the Fine Arts. Published by the Commission of the F' A'. 5. Aufl. [Mit 1 Plan.] II + 86 S. 8. Solothurn, E. Gigandet, 1906. fr. —. 60

Katalog 1—4 des *Kunstantiquariats* von *Hugo Helbing* in München. 1887. 8°. (1 vol.) Hsrsb.
1 u. 4: Portraits. 1621 u. 557 Nrn. 2: Städteansichten. 900 Nrn. 3: Kupferstiche, Radirungen, Lithogr., Boisserée-Gallerie, Bücher, Aquarelle u. Handzeichnungen. 574 Nrn.

Deutsche Gesellschaft f. Kunst u. Wissensch. in Bromberg. Abt. f. bild. Kunst Katalog der Kunstausstellung April 1905. (Vorr.: Georg Minde-Pouet.) (Bromberg 1905: Gruenauer.) (28 S.) 8° [05. 589.

Deutsche Gesellschaft für Kunst und Wissenschaft in Bromberg. Abteilung für Kunst. Katalog der Kunstausstellung Mai–Juni 1910. Mit e. Geleitwort von Georg Minde-Pouet. (Bromberg 1910: Gruenauer.) 23 S. 8°

Katalog d. Kunstausstellung d. Akademie d. Künste. gr. 8. Münch. Fleischmann. 814.

Katalog der Kunstausstellung der Königlich Bayerischen Akademie der bildenden Künste. München 1826. 8°.

Katalog der Kunstausstellung in der Akademie zu Prag: 1821—1827. 8°.

Katalog zur 2. allgemeinen deutschen und historischen Kunst-Ausstellung im neuen Museum Wallraf-Richartz 1861. 2. Auflage. Köln. 8°.

Katalog der Kunst-Ausstellung in Altona 1869. Altona. (1869.) 8°

Katalog der deutschen Kunstausstellung der 'Berliner Secession'. (Mit Taf.) 2. Aufl. *Berlin: B. & P. Cassirer 1899.* (50 S.) 8° [illegible]

— der 1.—3. Kunstausstellung der „Berliner Secession", Kantstr. 12. 12. Berlin, P. Cassirer. Kart. à n.n. 1. 50
1. (50 u. 44 S. m. Abbildgn. u. 1 Grundriss.) 899.
2. 2. Aufl. (55 u. 48 S. m. Abbildgn.) 900.
3. (66 u. 48 S. m. Abbildgn.) 901.

Katalog der Deutsch-nationalen Kunst-Ausstellung Düsseldorf 1902 im neuerbauten dauernden Kunstausstellungsgebäude. Veranst. von d. Düsseldorfer Künstlerschaft. *Düsseldorf: Kunstausstellung; Schmitz & Olbertz in Komm. (1902).* (143, 48 S.) 8°

Katalog der Kunstausstellung im Gebäude der k. k. Akademie der vereinigten bildenden Künste zu Wien. 1813, 1816, 1820, 1822, 1826. 8°.

Katalog der Kunst-Ausstellung der Gesellschaft patriot. Kunstfreunde im Jahre 1854. 8. (18 S.) Prag. Druck der k. k. Hofbuchdruckerei von Gottlieb Haase Söhne. 1854.

Katalog der Kunst-Ausstellung der Gesellschaft patriotischer Kunstfreunde im Jahre 1855.

Katalog der Kunstausstellung der Gesellschaft patriotischer Kunstfreunde im Jahre 1857. Prag, 1857. Dr. der k. k. Hofbuchdr. von Gottl. Haase Söhne. (18. S. 8.)

— der Kunst-Ausstellung auf der Gewerbe-Ausstellung Allenstein 1910. (49 S. m. 12 Taf. u. 1 Plan.) 8. Allenstein 910. K. Danehl. — 50

— der grossen Berliner Kunst-Ausstellung 1894. 2. Aufl. 12. (IX, 142 S. m. Illustr. 248 S.) Ebd. 894. 2. —; ohne Illustr. n. 1. —

Katalog d. grossen Berliner Kunst-Ausstellung 1897. (Text.) 12. (XXVI, 127 S. m. 1 Grundriss, 1 Plan u. Künstlerbildnissen.) Ebd. 897. n. 1. 40; geb. n. 2. 70; m. Illustr.-Anh. (XXVI, 127 u. 203 S.) n. 2. 70; geb. n. 4. —

— dasselbe. 1898. 2. Aufl. (Text.) 12. (XII, 105 S. m. 1 Grundriss u. 1 Plan.) Ebd. 898. n. 1. 40; geb. n. 2. 70; m. Illustr.-Anh. (XII, 105 u. 179 S.) n. 2. 70; geb. n. 4. —

— der grossen Berliner Kunst-Ausstellung 1899. 12. (XII, 125 S. m. 1 Grundriss u. 1 Plan.) Berlin 899. R. Schuster. n.n. 1. —; m. Illustr.-Anh. (XII, 125 u. 180 S.) n.n. 2. —; geb. n.n. 3. —

Katalog der grossen Berliner Kunst-Austellung 1900. 12. (XII, 140 S. m. 2 Plänen.) Berlin, Union. n. 1. —; illustr. Ausg. (XII, 140 u. 180 S. m. 2 Plänen.) n.n. 2. —

— dasselbe. 1901. (Vom 4. V. bis 29. IX. im Landes-Ausstell.-Gebäude am Lehrter Bahnhof.) 8. (XIII, 162 u. 48 S. u. S. 177—181 m. 4 [3 eingedr.] Plänen.) Stuttgart 901. Union. n.n. 1. —; m. Abbildgn. (XIII, 162, 48 u. 181 S. m. 4 [3 eingedr.] Plänen.) n.n. 2. —; geb. in Leinw. n.n. 3. —

— dasselbe. 1902. (Vom 3. V. bis 28. IX. im Landes-Ausstell.-Gebäude am Lehrter Bahnhof.) 8. (XIII, 141 S. m. 2 eingedr. Plänen.) Ebd. 902. n.n. 1. —; m. Abb. (XIII, 144 u. 176 S. m. 2 eingedr. Plänen.) n.n. 2. —; geb. in Leinw. n.n. 3. —

— der grossen Berliner Kunstausstellung 1910. (144 S. m. Abbildgn. u. 1 eingedr. Plan.) kl. 8. Berlin (910). F. Bruckmann. nn 1.30; illustr. Ausg. 144 S. m. Abb. u. 1 eingedr. Plan u. 160 S. Abb.) nn 2. 60

— der ersten großen Kunst-Ausstellung Wiesbaden 1909. (83 S. m. 1 eingedr. Plan u. 44 S. Abb.) kl. 8. Wiesbaden (909). (A. Venn.) nn 1. 50

— der historischen Kunst-Ausstellung 1877. (Hrsg. von der k. k. Akademie der bild. Künste.) 1.—3. Aufl. 8. (IX, 383 S. mit 3 Plänen.) Wien 877, (Gerold's Sohn.) *

— d. internat. Kunst-Ausstellung Berlin 1896. Zur Feier d. 200jähr. Bestehens d. kgl. Akademie d. Künste. 4. Aufl. 12. (XXXVIII, 244 S.) Berlin 896. R. Schuster. n. 1. 40; geb. n. 2. 60; illustr. Ausg. (XXXVIII, 244 u. 211 S.) n. 2. 70; geb. n. 4. —

Katalog der internationalen Kunstausstellung Düsseldorf 1904 im städtischen Kunstpalast. Veranst. von d. Verein z. Veranstaltung von Kunstausstellungen. 1. Mai bis 23. Okt. Düsseldorf: Kunstausstellung (1904). 16, 155 S. 8° [illegible] 7

— der internationalen Kunstausstellung Düsseldorf 1904 im städtischen Kunstpalast. Veranstaltet v. dem Verein zur Veranstaltg. v. Kunstausstellgn. 1. V. bis 23. X. (156 S. u. 148 S. Abbildgn.) 8. Düsseldorf (904). (Schmitz & Olberts.) n. 2. 80; erhöht. Preis n. 3. 20

—— zur ersten internationalen Kunstausstellung im königl. Glaspalaste zu München. 8. (110 S. mit 1 Stnt. in qu. gr. 4.) München 869, Manz. *

Katalog der Internationalen Kunst-Ausstellung zu München 1879. 8°. Cart.
64 S. (incl. Frontisp. m. Bordüre) m. 1917 Nrn. Einige Bll. haben Zierleisten. — Dabei LXXI S. Annoncen u. Reklamen m. vielen Holzschnitt-Abbildgn.
— Dasselbe. 5. Aufl. Mit Nachtrag u. Plan. 8°. 80 S. m. 2433 Nrn., nebst XXX S. Annoncen. Cart.

— der internationalen Kunst-Ausstellung, veranstaltet vom Verein Berliner Künstler anlässlich seines 50jähr. Bestehens. 1841—1891. 2. Aufl. gr. 8. (IV, 229 u. 187 S. m. eingedr. Zinkogr.) Ebd. 891. n. 3. —

Katalog der Internationalen Kunstausstellung, veranstaltet vom „Verein Berliner Künstler" anlässlich seines fünfzigjährigen Bestehens. 1841—1891. 4. Auflage. Berlin 1891. 8°.

— der Kunst- u. Kunstindustrie-Ausstellung alter u. neuer deutscher Meister, sowie d. deutschen Kunstschulen im Glaspalaste zu München 1876. 8. (XIII, 220 S. m. 1 chromolith. Plane in qu. Fol.) München 876. (A. Ackermann. — Th. Ackermann. — J. A. Finsterlin.) n. 1. 60

— d. 5. nationalen Kunst-Ausstellung d. Schweiz. Veranst. durch d. schweizer. Bundesrat in d. Kunsthalle z. Basel v. 11. IX.—23. X. gr. 8. (44 S. m. 1 Grundriss u. 47 Taf. Abb.) Bern 898. (K. J. Wyss.) n. 2. —

Katalog der nordfriesischen Kunst-Ausstellung im Bahnhofshôtel zu Husum. Husum. [1903.] 8°

Katalog der nordfriesischen Kunst-Ausstellung zu Wyk anläßlich des 200j. Stadt-Jubiläums. 1. Juli — 1. Sept. 1906. Wyk auf Föhr. (1906.) 8°

Nordwestdeutsche Kunst-Ausstellung, Oldenburg 1905. Katalog. Oldenburg (1905): G. Stalling. (27, 46 S.) 8° [Ꝼ.] [05. 1305] 7

— officieller. der sächsischen Kunstausstellung Dresden 1906. Veranstaltet v. dem sächs. Kunstverein. (40 S. u. 15 S. Abbildgn.) kl. 8. Dresden 906. C. Heinrich. n. 1. —

2. Aufl. u. d. T.:

— der sächsischen Kunstausstellung Dresden 1906. Veranstaltet v. dem sächs. Kunstverein. 2. Aufl. (40 S. u. 31 S. Abbildgn.) kl. 8. Ebd. 906. n. 1. —

Katalog. Schleswig'sche Kunstausstellung zu Flensburg. 15. Juni—15. August 1901. (Flensburg. 1901.) 8° :

— der Kunstausstellung des Verbandes der Kunstfreunde in den Ländern am Rhein in Strassburg 1909 im alten Schloss 23. V. — 15. IX. 1909. (39 S. u. 23 S. Abbildgn.) 8. Strassburg (909). (Schlesier & Schweikhardt.) — 50

— d. I. Kunst-Ausstellung d. Vereinigg. bildender Künstler Österreichs. schmal gr. Lex.-8. (II, 42 S. m. Abb.) Wien 898. (Leipzig, Literar. Anstalt, A. Schulze.) n. 1. —

— d. II. Kunst-Ausstellung d. Vereinigung bild. Künstler Oesterreichs. (Secession.) qu. gr. 16. (86 S.) Ebd. 898. n. 1. 20

— der III. Kunst-Ausstellung der Vereinigung bildender Künstler Oesterreichs. 16. (22 S. m. 1 Grundriss.) Wien 899. (Leipzig, Literar. Anstalt, A. Schulze.) n. — 80

— dasselbe. IV. Kunst-Ausstellg. schmal gr. 8. (33 S. m. Abbildgn.) Ebd. 899. n. 1. 25

— dasselbe. V. Ausstellung. Secession. qu. 4. (55 S. m. 1 Plan.) Ebd. (899). n. 1. 20

Katalog für die vereinigten Kunst-Ausstellungen in Altona, Kiel, Rendsburg, Schleswig, Flensburg im Jahre 1867. Altona. (1867.) 8°

— der im germanischen Museum befindlichen Kunstdrechslerarbeiten d. 16.—18. Jahrh. aus Elfenbein u. Holz. Lex.-8. (28 S. m. Abbildgn. u. 2 Taf.) Nürnb. 891, Verlag d. german. Nationalmuseums. * 1 40

— der in der Diele des Hauses Langen Markt 43 befindlichen Kunstgegenstände. (25 u. Nachtrag 2 S.) kl. 8. Danzig 902. A. W. Kafemann. n. — 50

Katalog d. ersten schlesischen Kunstgewerbe-Ausstellung zu Breslau 1878. (122 S) Breslau 1878

Katalog der Kunstindustrie-Ausstellung in Klgft. 1871. Klgft., Leon, 1871. Quart. 32 S. — 2. Aufl. 1871. 32 S.

Katalog des Zofinger Künstlerbuches. 37 Sп. 8. Zofingen Ringier'sche Buchdruckerei. 1876.

Katalog von Kunstsachen und Antiquitäten der Sammlung Alfr. Hauschild in Dresden. 4° Köln 1898

— ausgewählter Kunstsachen, Einrichtungs- u. Ausstattungs-Gegenstände aus den Sammlungen des Herrn Architekten H. Brunswig † zu Wismar, sowie kleinerer Beiträge. Töpfereien, Fayencen, Porzellane, Glas; Arbeiten in Elfenbein u. Email; Arbeiten in Metall, Waffen; röm. etc. Alterthümer; Miniaturen, Kupferstiche u. Aquarelle, textile Arbeiten; Arbeiten in Holz, Möbel u. Einrichtungs-Gegenstände. Versteigerung zu Köln den 7. bis 9. VI. durch J. M. Heberle (H. Lempertz' Söhne). gr. 4. (IV, 61 S. m. 4 Taf.) Ebd. 899. 3. —

— ausgew. hervorrag. Kunstsachen u. Antiquitäten aus d. Sammlg. d. Herrn Heinrich Wencke, Hamburg. Deutsche Krug-Töpferei. Majoliken-Fayence. Porzellane. Glasmalereien. Emaillen. Arbeiten in Edelmetall. Arbeiten in Bronze u. Messing. Waffen. Arbeiten in Eisen u. Zinn. Arbeiten in Stein, Kreidemasse, Lack etc. Arbeiten in Buchsbaum. Teppiche u. Stoffe. Möbel u. Möbeltheile. Gemälde. Bücher. Versteigerung zu Köln den 27. u. 28. X. 1898, Vormittags 9½ Uhr u. Nachmittags 3 Uhr durch J. M. Heberle (H. Lempertz' Söhne) im Auctionslocale Breitestrasse 125—127. Imp.-4. (V, 80 S. m. Abb. u. 35 Taf.) Köln 898. (J. M. Heberle.) n. 12. —

— ausgewählter und hervorragender Kunstsachen, Waffen, Mobilien, Einrichtungs-Gegenstände u. Gemälde etc. aus dem Nachlasse Sr. Durchl. d. Herzogs v. Osuna u. Infantado auf Schloss Beauraing bei Dinant [Belgien]. Rüstungen und Rüsttheile, Hellebarden, Schwerter u. Degen, Gewehre, Pistolen, Armbrüste etc. Majoliken, Fayencen, Porzellane, Arbeiten in edlem Metall, Arbeiten in Bronze. Möbel u. Einrichtungsgegenstände, Gemälde, Kupferstiche etc. etc. Versteigerung zu Köln den 24. Novbr. bis incl. den 2. Decbr. 1890 durch J. M. Heberle [H. Lempertz' Söhne]. gr. 4. (VII, 126 S. m. 15 Taf. in Phototypie.) Köln 890. (Heberle.) n. 5. —

Katalog der hinterlassenen Kunst-Sammlung des zu Köln verstorbenen H. Rentners Theodor Koch ... Versteigerg zu Köln ... *Köln: M. Du Mont Schauberg 1898.* (2 Bl., 45 S.) 1 Bd 8.

Katalog der Kunst-Sammlung des ... zu Köln verstorbenen ... Rentners Heinrich Lempertz Sen. ... Versteigerg zu Köln ... unt. d. Leitg v. Heinr. Lempertz Jr ... *Köln: Dr. c. M. Dumont-Schauberg 1898.* (2 Bl., 60 S., 3 Taf.) 1 Bd 4. [98. 11851

— d. Kunst-Sammlung aus d. Nachlasse d. Consul Carl Becker zu Frankfurt a/M. u. Gelnhausen (früh. Amsterdam). Keramik, Arbeiten in Glas, Elfenbein u. Emaille, Arbeiten in edlem Metall, Arbeiten in Bronze u. Eisen, Pergamentmanuscripte, Miniaturen, Erzeugnisse d. Textil-Industrie, Arbeiten in Stein, Holz, Möbel u. Einrichtungs-Gegenstände. Versteigerung zu Köln d. 23. u. 24. V. 1898 durch J. M. Heberle (H. Lempertz' Söhne). Fol. (VI, 63 S. m. Abb. u. 20 Lichtdr.-Taf.) Ebd. 898. n. 10. —

Catalog. K' der Öffentlichen Kunstsamlung in Basel. (2. Aufl.) [Mit Vignetten, 24 Tafeln und 1 Plan.] XVI + 160 S. 8. Basel, Emil Birkhäuser, 1908. (fr. 1. —)

— der reichhaltigen nachgelassenen archäolog. Kunstsammlung des Hrn. Franz Merkens in Cöln, als Ton-Lampen, Terrakotten, Tongefässe, Gläser, Arbeiten aus Gold, Silber, Bronze, Bein u. Gagat, fränk. u. prähistor. Altertümer, nebst Gegenständen aus verschiedenen Kunstepochen, unter anderem 3 reich geschnitzte Zimmertäfelgn. Versteigerung zu Cöln, Montag den 20., Dienstag den 21. u. Donnerstag den 23. XI. 1905 von morgens 10 Uhr u. nachmittags 3 Uhr an bei Math. Lempertz, Buchhandlung u. Antiquariat, Inhaber: Peter Hanstein, in dessen Cölner Auktionslokal Domhof Nr. 8 durch den kgl. Notar Byns. (III, 30 S. m. Abbildgn. u. 10 Taf.) Fol. Bonn 905. M. Lemqertz. n. 5. —

— der reichhaltigen nachgelassenen Kunst-Sammlung des Hrn. Geh. Regierungsrat a. D. Wilh. Möller zu Lüneburg. Arbeiten in Thon, Töpfereien, Fayence, europ. u. oriental. Porzellane; Arbeiten in Glas, Elfenbein u. Email; Arbeiten in Gold, Silber, Bronze, Eisen u. Zinn; Arbeiten in Perlmutter, Schildpatt, Lack etc.; Miniature, Kupferstiche u. Gemälde; Waffen; Arbeiten in Holz; textile Arbeiten, Stickereien, Spitzen etc.; complete Sammlg. v. Kammerherrnschlüsseln; geschnittene Steine, Siegelstampfen, Petschafte u. Siegel; Archivalia u. Heraldica etc. etc. Versteigerung zu Köln, Montag den 18. bis Samstag den 23. V. 1903 bei J. M. Heberle (H. Lempertz Söhne), Breitestr. 125—127. (IV, 110 S. m. 6 Lichtdr.-Taf.) gr. 4. Köln 903. J. M. Heberle. n. 2. —

Katalog der reichhaltigen, nachgelass. Kunst-Sammlung des Hrn. Karl Thewalt in Köln, Bürgermeister a. D. Kunsttöpferei, Krüge, Glas, Elfenbein, Buchs, Kehlheimer Stein, Marmor, Alabaster, Gold u. Silber, Niello u. Emaille, Bronze, Kupfer, Plaketten, Zinn, Eisen, Uhren u. astronom. Instrumente, Geräte, Waffen, Leder, Textilarbeiten, Porzellane, Möbel, Gemälde, Medaillen u. Münzen, röm. Altertümer, Stiche, Bücher u. Kataloge. Versteigerung zu Köln, Mittwoch den 4. bis Samstag, den 14. XI. 1903 im Saale der Bürgergesellschaft, Eingang Röhrergasse 21, i. A. v. Math. Lempertz' Buchhandlg. & Antiquariat in Bonn u. Köln durch den königl. Notar Seidenfaden. (VIII, 156 S. m. Abbildgn. u. 30 Lichtdr.-Taf.) Fol. Bonn (903). M. Lempertz. n. 15. —; geb. in Leinw. n. 17. —; ohne Taf. n. 2. —

— der reichhaltigen Kunst-Sammlung des Hrn. Geh. Regierungsrats v. Niessewand, kgl. Landrats zu Mülheim a. Rh. Gemälde alter u. moderner Meister, Miniaturen, Möbel, Figuren u. kleinere Arbeiten aus Holz, Buchs, Elfenbein, Kokosnuss, Perlmutter, Horn, Marmor, Glas, Porzellane, Fayencen, Steinzeug, Arbeiten aus gebranntem Ton, Silber, Bronze, Kupfer, Zinn u. Eisen, Waffen, Textilsachen, Varia, röm. u. kelt. Altertümer. Versteigerung zu Köln, Mittwoch den 7. bis Freitag den 9. XI. 1906 im Saale der Bürgergesellschaft, Eingang Röhrergasse 21 unter Leitg. v. Pet. Hanstein. (VII, 38 S. m. Abbildgn. u. 15 Taf.) Fol. Köln 906. Bonn, M. Lempertz. n. 5. —

— der reichhaltigen Kunst-Sammlung der Herren C. u. P. N. Vincent in Konstanz am Bodensee. Glasgemälde, Porzellane, Fayencen, Majoliken; Arbeiten in Metall, Elfenbein, Wachs, Holz etc.; Möbel, Einrichtungs-Gegenstände, Geweihe, Münzen u. Medaillen, Bücher etc. gr. 4. (XXIII, 133 u. Preisverzeichniss 11 S. m. 28 Taf. in Licht- u. 2 in Farbendr.) Köln 891. (J. M. Heberle.) n. 5. —

— d. Kunst- u. Waffen-Sammlung d. verstorb. Friedrich Rudolph v. Berthold, Ritter d. kgl. sächs. Albrechts-Ordens zu Dresden. I. Abth.: Antiquitäten, Arbeiten in Edelmetall u. Eisen; Schmuckgegenstände, Geschmeide, kleinere Zierstücke etc.; Arbeiten in Holz u. Stein, Adelsdiplome. II. Abth.: D. Waffen-Sammlg. Rüstgn. u. Rüstzeug; Stangen- u. Klingenwaffen aller Art, dabei viele goth. u. zum Prunk; hervorrag. Armbrüste u. Feuerwaffen m. d. dazu gehör. Luntenstöcken, Pulverhörnern, Pulvermaassen etc. etc. Versteigerg. zu Köln Mittwoch den 25. u. Donnerstag den 26. V. 1898 durch J. M. Heberle (H. Lempertz' Söhne). gr. 4. (VII, 68 S. m. 24 Lichtdr.-Taf.) Köln 898. (J. M. Heberle.) n.n. 8. —

Katalog der Kunst-Sammlungen des im J. 1881 in Mailand † Herrn Cavaliere *Carlo Morbio* .... Versteigerung .... 10. Septbr. sq. 1883 .... unter Leitung von *J. M. Heberle* (H. Lempertz' Söhne) aus Köln. München 1883. Imp.-8°. Cart.
XI—122 S. m. 1051 Nrn. Redig. von J. Naue.

Katalog von Kupferstichen, Holzschnitten etc. aus dem Nachlasse des k. Prof. *Eugen Napoleon Neureuther* (geb. 1806, † 24. März 1882 zu München), welche .... 23. Juli 1883 sq. .... im Auctionslokale der *Montmorillon*'schen Kunsthandlung .... (Jos. Maillinger) .... versteigert werden. München 1883. 8°. Cart.
1 Bl., 38 S. mit 919 Nrn.

—— von Kupferstichen, Radirungen, Lithographien, Photographien, Pracht- und illustr. Werken etc., welche in der Kunsthandlung von Herm. Vogel in Leipzig, Goethestr. Nr. 2, vorräthig oder durch dieselbe zu beziehen sind. hoch 4. (XIV, 131 S.) Leipzig 881, H. Vogel.

Kupferstichauction LVIII v. Amsler & Ruthardt. Katalog wertvoller und seltener Kupferstiche, Radirgn, Holzschnitte alter u. neuer Meister, z. Th. Dubletten der Kgl. Museen, darunter sehr reiche Werke v. Berghem, Dürer ... z. Schlusse die ... Exlibris-Sammlg d. ... Bibliothekar Bättig in Luzern ... *(Berlin: Amsler & Ruthardt 1899.)* (2 Bl., 167 S., 1 Taf.) 1 Bd 8.

Katalog der Kupferstich-Sammlung aus dem Nachlasse des Herrn Prof. I[gnaz] E[manuel] Wessely nebst anderen Beiträgen. Schabkunstblätter, Farbendrucke, Kupferstiche u. Radiergn alter u. neuer Meister ... *(Leipzig: C. G. Boerner 1897.)* (1 Bl., 122 S.) 1 Bd 8.
— Kunst-Auction, Leipziger, v. C. G. Boerner. [No] 01. {97. 6381}

— der Kunstsammlungen Rud Kuppelmayr. III. Abteilung. 4° München 1897

Garnison-Bibliothek Landau.
Katalog. Landau 1869. 29 S.

—— der I. allgemeinen Kärntner Landesausstellung in Klagenfurt 1885. 8. (V, 142 S. mit 4 Karten und 1 Panorama.) Klagenfurt 885, (v. Kleinmayr.) **

Katalog der Budapester allgemeinen Landesausstellung 1885. Budapest 1885

— der Landesausstellung in Graz 1880. Graz 1880

—— der hessischen Landesausstellung kunstgewerblicher Alterthümer im Orangerieschlosse zu Kassel. Geöffnet vom 15. Juni bis Mitte Septbr. 8. (136 S.) Kassel 881, Kay. **

— der schweiz. Landesausst. Zürich 1883. Spez.-Kat. d. Gruppe 30: Schule. Zürich

— der schweiz. Landesausst. in Zürich 1883. Gruppe 31: Hygiene. St. Gallen 1883

Katalog der schweizerischen Landesausstellung Zürich 1883. 2. Aufl. Zürich 1883

Katalog der Tiroler Landes-Ausstellung Innsbruck 1893. (160 S) Innsbruck 1893

— d. herzogl. Landesbibliothek in Altenburg. Auf Grund d. geschrieb. Bibliotheks-Kataloge f. d. Druck bearb. v. Chr. Fr. Schrwald. 2 Abthlgn. in 3 Bdn. gr. 8. (IV, 692; 594 u. IV, 249 S.) Altenburg 872. 73. (Schnuphase.) n.n. 6. —

— der herzogl. Landesbibliothek in Altenburg. Auf Grund der geschriebenen Bibliotheks-Kataloge für den Druck bearb. von Chr. Fr. Sehrwald. 1. Abth. in 2 Bdn. u. 2. Abth. [Systematisches Repertorium]. gr. 8. (IV, 692; 594 u. IV, 249 S.) Altenburg 873. (Schnuphase.) n. 5. —

Fürstl. Landesbibliothek zu Detmold. Katalog der Zugänge der Jahre 1869–1895. (2 ff.: Zugänge der Fürstlichen Landesbibliothek zu Detmold.) (Hrsg.: Dr. Ernst Anemüller.) Detmold 1896: Meyer. 8° (os. 1317

— d. fürstl. Landesbibliothek zu Detmold. Zugänge d. J. 1869—1895. (Hrsg. v. Ernst Anemüller.) gr. 8. (XV, 244 S.) Detmold 896. (Hinrichs.) n. 1. 40

Katalog der Königlichen Landesbibliothek zu Düsseldorf. [Nebst] Nachtr.-Katalog Nr. 1—5. Düsseldorf 1843—1892. 8°.
Nachtr.-Katalog 3. Jacob Hermens'sche Sammlung 1874.

Katalog d. Landesbibliothek in Glarus. In-8°, 175 S. Glarus. Druck von Fr. Schmid. 1879.

Glarus. — Katalog der Landesbibliothek in Glarus. 2. Nachtrag. In-8°. 52 S. Glarus, Buchdr. Glarus. 1891.

Katalog der Landesbibliothek in Glarus. III. Nachtrag. In-8°. 55 S. Glarus. 1897.

Katalog der Landesbibliothek in Glarus. IV + IV + 348 S. 8. Näfels, Buchdr. «Glarner Volksblatt», 1903.

Katalog der Schleswig-Holsteinischen Landesbibliothek. Hrsg. von Prof. Dr. R(udolf) v. Fischer-Benzon, Landesbibliothekar. [1.] Hauptwerk. Schleswig: J. Bergas 1898. 8°
[Früherer T.:] Katalog d. Prov.-Bibliothek f. Schlesw.-Holstein. 1896–98. (o7. 13438

— der schleswig-holsteinischen Landesbibliothek. 1. Nachtrag f. 1898—1906, bearb. von R. v. Fischer-Benzon. (LI u. S. 1033—2004.) Lex. 8. Schleswig 907. (J. Bergas Verl.) 4. —
Hauptwerk. Ebd. 4.—.

— der schweizerisch. Landesbibliothek in Bern. Alphabetisches Verzeichnis der bis 1900 erschienenen Druckschriften. — Catalogue de la bibliothèque nationale suisse à Berne. Abtlg. A.: Geschichte, Geographie u. Landeskunde. 2 Bde. (XVI, 841 u. 910 S.) gr. 8. Bern 910. A. Francke. 8. —
Der Titel lautet in Wirklichkeit: Catalog.

Katalog der Württemb. Landesgewerbe-Ausstellung 1881. 3. Aufl. Stuttgart 1881

Katalog der schleswig-holsteinischen Landes-Industrieausstellung zu Flensburg vom 13. bis 31. Juli 1878. Flensburg 1878. 8°

— d. Landes-Schulausstell. d. Kgr. Württemb. im Jahre 1899. (287 S 2 K) Stuttgart 1899

Katalog der III. Kärntner Landes-Tierschau zu Klgft. 1903. Klgft., v. Kleinmayr, 1903. 112 S. (Verf.: L. Washietl. — Der I. u. II. v.: Schütz, Cosmas.)

Katalog über die im königl. bayrischen Haupt-Conservatorium der Armee befindlichen Landkarten und Pläne. 8. München 1832.
— — 1. Supplement. 8. München 1833.
— — Supplement-Band. 8. München 1848.

Katalog über die im K. B. Haupt-Konservatorium der Armee (seit 1895 Armee-Bibliothek) befindlichen Landkarten, Pläne u. Kriegskarten. München 1832. 754 S.
— — Supplementbd. 1833, 1848, 1872.

Katalog von Landschafts- u. Städtebildern (von) Photographien von Beer. Klagenfurt (u. Wien), Bertschinger, (Gerold), (1883)—.

Catalog. K' der Volks-Bibliothek Langnau. II + 48 S. 8. Langnau, Ritschard-Wyss & Cie., 1907.

Lavater-Ausstellung zum Gedächtnis von Johann Caspar Lavater ⟨1741–1801⟩ veranst. von d. Stadtbibliothek Zürich 5.–19. Mai 1901. Katalog. 2. Aufl. *Zürich 1901: Berichthaus.* (39 S., 4 ill. Postkarten.) 8°
(ol. 6262

Catalog. K' für techn. Lehranstalten, Gewerbeschulen, Mittelschulen; Verlagswerke für Zeichenlehrer, Künstler, Architecten. [Hrg. vom] Art. Institut Orell Füssli (Verlag,) Zürich. Fr. Nr. 25. 1905. [Illustriert.] 24 S. 8.

Katalog der Lehrer-Bibliothek. Achtzehnter Nachtr. (Forts. d. P-Beil. 1873 ff.) Barmen, Buchdr. v. W. Wandt, *1891;* S. 23 24; 4°
Barmen-Wupperfeld, R, P 1891 (468)

Katalog der Lehrer-Bibliothek des Bezirks Brugg. Nov. 1887. In-8, 18 S. Brugg, Fisch Wild & Cie.

Katalog der Buckauer Lehrer-Bibliothek. Magdeburg [um 1905] : Zacharias. 44 S. 8°
[Seit 1908 mit d. Stadtbibliothek in Magdeburg vereinigt.]

Katalog der Lehrerbibliothek der Vereinigten städt. Gymnasien zu Brandenburg a. d. Havel 1907. (Hrsg.: Prof. Carl Stockmann.) Brandenburg a. H. 1907: A. Alterthum. (VIII, 391 S.) 8° [F.] (o8. 5435

Katalog der Lehrerbibliothek des Königlichen Gymnasiums zu Clausthal. Clausthal 1901.

Katalog der Lehrerbibliothek des Gymnasiums zu Elberfeld. II. E. Deutsche Sprache und Literatur. F. Neuere Sprachen. G. Geschichte. H. Geographie. J. Mathematik. K. Naturwissenschaften. L. Turnen. Leibesübungen. Bewegungsspiele. Turnspiele. M. Encyclopädieen. Zeitschriften allgemeinen Inhalts. Vermischtes. 8 (1 Bl., 151 S).
Progr. G. *Elberfeld* 1896
Nicht im Tauschverkehr.

Katalog der Lehrer-Bibliothek des K. Gymnasiums zu Erfurt. Erfurt, Druck v. Fr. Bartholomaeus, 1889; 26 Bl. 8°
Erfurt, k. G, OP 1889 (219)

Katalog der Lehrer-Bibliothek des königl. Gymnasiums zu Erfurt. Zweite Abt. (Forts. d. P-Beil. 1889.) Erfurt, Druck v. F. Bartholomaeus, 1891; 10 Bl. 8°
Erfurt, k. G, OP 1891 (219 statt 226)

Katalog der Lehrer-Bibliothek des königl. Gymnasiums zu Erfurt. Abt. 3. {Forts. d. P-Beil. 1889. 91.] Erfurt, Druck v. F. Bartholomaeus, 1895; 27 Bl. 8.
Erfurt, k. G, OP 1895 (235)

Katalog der Lehrer-Bibliothek des königl. Gymnasiums zu Erfurt. IV. '(Schluss-)' Abt. [Schluss d. P-Beil. 1889. 91. 95.] Erfurt, Druck v. F. Bartholomäus, 1896; 11 Bl. 8.
Erfurt, k. G, OP 1896 (236)

Katalog der Lehrerbibliothek des Großh. Gymnasiums zu Freiburg i. Br. Abgeschlossen am 1. August 1894. 8 (2 Bl., 276 S.). Progr. Großh. G. *Freiburg i. Br.* 1894.
Nicht im Tauschverkehr.

Katalog der Lehrerbibliothek d. Großh. Gymnas. zu Rastatt, s. Breunig, Hermann

Königin-Luise-Schule zu Erfurt. **Katalog** der Lehrer-Bibliothek. Bestand am 1. Februar 1910. (Erfurt 1910: Ohlenroth.) 68 S. 8°
Erfurt, Königin-Luise-S, st. HM OP 1910 [82] [S 10. 216

Katalog der Lehrer-Bibliothek des städtischen Progymnasiums zu Weissenfels. I. Tl. Weissenfels. Buchdr. v. L. Kell, 1891; 1 Bl., 33 S. 8°
Weissenfels, PG, OP 1891 (249) • •

Katalog der Lehrer-Bibliothek des Realgymnasiums zu Karlsruhe. Abgeschlossen am 1. Juli 1895. Karlsruhe, Buchdr. v. Malsch & Vogel, 1895; 2 Bl., 73 S. 8.
Karlsruhe, RG, MP 1895 (635)

Baden L. ROG.: Katalog der Lehrerbibl. 98. 99. 92. v. ? — 18. 40. 59. (Beil.) **Progr.**

Realprogymnasium in Segeberg. Katalog der Lehrerbibliothek. Durchgesehen v. Aemilius Pintschovius. Beilage zum Oster-Programm 1888. Segeberg. 1888. 8°

Katalog der Lehrerbibliothek des k. k. I. Staatsgymnasiums in Czernowitz. P) Pädagogik. S. 22—28. 8.
Progr. K. k. I. Staatsgymn. *Czernowitz* 1902.

Katalog der Lehrerbibliothek des k. k. Staats-Obergymnasiums in Czernowitz. A) Deutsche Sprache. (Umschlagtitel: . . . Lehrerbibliothek. A) Deutsche Sprache.) 8 (S. 3—28). **Progr.** K. k. Ober-G. *Czernowitz* 1897.

Katalog der Lehrerbibliothek der k. k. Staats-Realschule im VI. Bezirke in Wien nach dem Stande vom 1. Jänner 1900. Erster Theil. (Umschlagtitel: . . . bibliothek nach dem Stande . . .) 8 (S. 3—32).
K. k. Staats Rsch. im VI. Bezirke (vormals Gumpendorfer Communal-Oberrsch.) *Wien* 1900.
Progr.

Katalog der städtischen Lehrer-Bibliothek in Magdeburg. Magdeburg 1909: Zacharias. VIII, 169 S. 8°

— üb. die gebräuchlichsten u. bewährtesten Lehr- u. Anschauungsmittel. 1. Tl. Hrsg. v. Frz. Heinr. Klodt. gr. 8. (195 u. 112 S. m. Abbildgn.) Frankfurt a/M. 893. Deutsche Lehrmittel-Anstalt, F. H. Klodt. n. — 60

— üb. d. gebräuchlichsten u. bewährtesten Lehr- u. Anschauungsmittel. Hrsg. v. Frz. Heinr. Klodt. 4 Tle. gr. 8. (195, 110, 40 u. 186 S.) Nebst Schreibunterlage u. Kalender f. 1897. Fol. Frankfurt a/M. 896. Deutsche Lehranstalt. Kart. 2. —

— üb. Lehr- u. Lernmittel. Zu beziehen durch die Deutsche Lehrmittel-Anstalt in Frankfurt a/M. 8. (64, 59, 80 u. 128 S. m. Abbildgn.) Frankfurt a/M. 889. Deutsche Lehrmittel-Anstalt (F. H. Klodt). geb. n.n. — 75

Katalog d. Lehrmittel d. Forstlehranstalt Weisswasser in Böhmen. Turnau 1886. 538 S. 4°.

Kataloge des Pestalozzianums in Zürich. 3: (Katalog der) Abteilung für gewerbliches Fortbildungsschulwesen: Lehr- und Veranschaulichungsmittel für gewerbliche und allgemeine Fortbildung und Knabenhandarbeiten. (Zusammengestellt... von... F[riedrich] Graberg und J[ohann] H[einrich] Büchi.) Erweiterte Neuaufl. des Kataloges der «Lehrmittel für Zeichen- und gewerblichen Unterricht» vom Jahre 1896. [Mit 1 Porträt.] IV + II + 58 S. 8. Zürich (III), Emil Rüegg, 1901. fr. —. 50]

— der Lehrmittel-Ausstellung zur XIX. Hauptversammlung d. Vereins deutscher Zeichenlehrer, Kassel, Pfingsten 1892. Bearb. v. M. Brunnemann, hrsg. v. der Commission der Lehrmittel-Ausstellg. gr. 8. (19 S.) Kassel 892. (M. Brunnemann & Co.) — 50

Katalog zur Lehrmittel-Ausstellung, Jugendschriften-Ausstellung u. bayerischen Bücherei f. die XII. Hauptversammlung des bayerischen Volksschullehrer-Vereins in Würzburg vom 6. bis zum 12. Aug. 1893. gr. 8. (44; VIII. 42 u. VI, 39 S.) Würzburg 893. (Stahel.) n. — 40

— der Lehr- u. Lernmittel-Ausstellung zu Magdeburg vom 16. Septbr. bis 15. Octbr. 1876 veranstaltet auf Veranlassg. des Magdeburger Lehrervereins. gr. 8. (58 S.) Magdeburg 876. Creutz in Comm. n.n. — 25

Katalog des Lehrseminars und Progymnasiums [des] Dr. Martin Luther College. 2v. Milwaukee, 1905–1906, 1906–1907.

Katalog der großen öffentlichen Leihbibliothek von Armbruster's Witwe und Friedrich Gerold in Wien. Supplement Nr. 7. Januar bis Dezember. 1854. 8. (56 S) Wien. Druck von Karl Gerold und Sohn. 1854.

Katalog der großen öffentlichen Leihbibliothek von Armbrusters Witwe und Friedrich Gerold in Wien. Stadt, Singerstraße Nr. 878, im ersten Stocke rechts. Supplement Nr. 8. 1855. Januar bis Dezember. Wien, 1855. Druck von Karl Gerolds Sohn. (50 S. 8.)

Katalog der Leihbibliothek von H. W. Kallenbach in Lemberg. Lemberg, 1857. Gedr. bei Kornel Piller. (26 S. 8.)

Katalog der katholischen Leihbibliothek in Klgft. Klgft., St. Hermagoras-Druck., 1890. 24 S.

Katalog der öffentlichen Leihbibliothek des Vincenz Fink, Buch-, Kunst- und Musikalienhändler in Linz. Linz, 1855. Druck von J. Wimmer. (216 S. 8.)

Katalog der öffentlichen Leihbibliothek des Joh. Mich. Zötl zu Freistadt. Linz, Jos. Wimmer 1852. 8.

Katalog der Sammlung G. A. Leinhaas, München Skulpturen in Holz u. Stein, Altarschreine, Möbel, Arbeiten in Stein u. Marmor etc., Gemälde alter Meister, hauptsächl. d. Gotik u. Frührenaissance, ferner Bauernmöbel u. Bauerngerät, Arbeiten in Majolika, Bronze, Messing, Eisen, Zinn, Wandteppiche etc. Auktion in München in der Galerie Helbing, Wagmüllerstrasse 15, Dienstag, den 26. V. 1908 vormittags 10 Uhr, nachmittags 3 Uhr. (III, 28 S. m. Abb. u. 12 Taf.) 36×27,5 cm. München (908). H. Helbing. 3. —

— Leipziger, der im deutschen Buchhandel im letzten u. theilweise in frühern Jahren im Preise herabgesetzten Bücher, zugleich ein Repertorium des Börsenblattes für den deutschen Buchhandel (von Herm. Hässel). 1. Jahrg. gr. 8. (IV u. 184 S.) Leipzig 852, Voß. n. 2/3 ℔

— Leipziger, der im deutschen Buchhandel im letzten und theilweise in frühern Jahren im Preise herabgesetzten Bücher, zugleich ein Repertorium des Börsenblattes für den deutschen Buchhandel. 2—4. Jahrg. Leipzig 853—55. Voß. Lex.-8. (158; 109; 93 S.) Jeder Jahrg. n. 16 ngr.

—— Leipziger, der im deutschen Buchhandel im Preise herabgesetzten Bücher, zugleich ein Repertorium des Börsenblattes für den deutschen Buchhandel. 5. Bd. Die J. 1856—1861 umfassend. gr. 8. (163 S.) Leipzig 862, Voss. *

—— dass. — 6. Bd. Die J. 1862 und 1863 nebst Ergänzungen zu den früheren Bdn. umfassend. Nebst einer wissenschaftl. Uebersicht. Bearb. von Gust. Herre. gr. 8. (XXXVIII und 132 S.) Ebendas. 864. *
1.—4. Bd. Ebendas. 1852—56. Herabgesetzter Preis à Bd. * 10 Ngr.

— der Lese-Bibliothek von Joh. Urb. Kern in Breslau. Mit kurzen biograph. u. literar. Notizen bei den hauptsächlichsten Autoren. 3. umgearb. Aufl. Breslau 855. Kern. 4. (IV, 144 S.) 12 ngr.

Supplement zum Katalog der Allg. Lesegesellschaft [in Basel] vom September 1895 bis September 1903. II + 88 S. 8. [Basel, Emil Birkhäuser, 1903.] [fr. 1. 50]

Catalog. Supplement zum K' der Allg. Lesegesellschaft [in Basel] vom September 1895 bis September 1906. II + 140 S. 8. [Basel, Emil Birkhäuser, 1906.] [fr. 2. —]

— der Lesehalle in Bremen. Ostern 1903. (XIV, 416 S.) 8. Bremen 903. (F. Leuwer.) n. 1. 40

Katalog des mathematischen Lesezimmers der Universität Göttingen. Bearb. v. K. Hiemenz. Mit e. Vorwort v. F. Klein. (VII, 224 S.) 8. Leipzig 907. (B. G. Teubner.) 4.—; erm. Pr. 1. —

Katalog des 1. Linien-Inf.-Leib-Reg. (Handschriftl.) München 1865. 60 S.

— — Linien-Inf.-Leib-Reg. 1834. 128 S.

Katalog über Litteratur und Ausstellungsgegenstände der Hygiene in der Landesausstellung zu Zürich 1883. St. Gallen 1883

—— der geographischen, geschichtlichen und militärischen Literatur des Grhzgths. Baden. Mit Nachtrag bis 1865. Mannheim 1869. 4. Lithogr.

—— der geschichtlichen, geographischen und militärischen Litteratur des Großherzogth. Baden. Ein Handbuch für Historiker, Geographen und Militär. 4. (II und 57 lithogr. S.) Freiburg im Br. 858, (Wagner'sche Buchh.) *

Katalog der pädagogischen Literatur und deren Hilfswissenschaften. Reichhaltige Auswahl der anerkannt besten Werke über Erziehung und Unterricht älterer, neuer und neuester Zeit. 8. (76 S.) Wien: Sallmayer 1889

Katalog der Veterinärwissenschaftlichen Litteratur, s.: Schoetz.

— der auf Hamburger Bibliotheken vorhandenen Litteratur aus der reinen u. angewandten Mathematik u. Physik. Hrsg. v. der mathemat. Gesellschaft in Hamburg anlässlich ihres 200jähr. Jubelfestes. 1. Nachtrag. gr. 8. (88 S.) Hamburg 894. (Verlagsanstalt u. Druckerei.) Geb. n. 2. —
(Hauptkatalog u. 1. Nachtrag: n. 6. —)
s. Festschrift, hrsg. v. d. mathematischen Gesellschaft in Hamburg, 3. Thl.

KATALOG der auf Hamburger Bibliotheken vorhandenen Lit(t)eratur aus der reinen und angewandten Mathematik und Physik. Herausgegeben von der Mathematischen Gesellschaft in Hamburg anlässlich ihres 200jährigen Jubelfestes. Nachtrag 1. Hamburg 1894. Commissionsverlag der Verlagsanstalt und Druckerei A.-G. (vormals J. F. Richter). 8°.
Nachtrag 2. ib. 1906. Commissionsverlag der Druckerei von Schröder & Jeve.

— über die Lokal-Ausstellung Hermannstädter Gewerbetreibender, veranstaltet vom Bürger- u. Gewerbeverein in Hermannstadt im Ausstellungs- u. Gesellschaftshaus, 15. VIII. bis 20. IX. 1903. (55 S.) 8. Hermannstadt 903. (W. Krafft.) n.n. — 10

Katalog der Lokalindustrie-Ausst. in München. Oktbr. 1844.

Katalog der Lokalindustrie-Ausstellung in München. 1858. München 1858

Katalog über die Lokal-Industrie-Ausstellung zu Würzburg 1851. Würzburg (1851)

— K. B. 1. Inf.-Reg. König Ludwig.
1860. 340 S.
-- Nachtrag 1891. (Autograph.) 36 Bl. 4°

Katalog des K. B. 1. Art.-Reg. Prinz Luitpold. München 1843. 166 S.
— — Dass. 1851. 244 S.

Catalog. K' der Kantonsbibliothek Luzern. Band 1: A. Literaturgeschichte ...; B. Schöne Litteratur und Kunst.... II + IV + 271 S. 8. Luzern, H. Keller, 1903.

Catalog. K' der Kantonsbibliothek Luzern. Band 2: D. Philosophie...; E1. Mathematik, Astronomie etc. ...; E2 Physik und Chemie...; E3. Naturgeschichte...; K. Pädagogik...; L. Gewerbekunde... II + II + 434 S. 8. Luzern, Bächler-Sidler, 1909.

Katalog der Magistratsbibliothek der Stadt Magdeburg. [Bearb. von Dr. Ernst Neubauer.] Magdeburg 1901: R. Zacharias. (87 S.) 8° [J.] [illegible]

— der Künstler-Vereinigung Mappe, Dresden, in der Kunst-Ausstellung Emil Richter, Prager Strasse 13. (8 S.) kl. 8. Dresden (907). (C. Heinrich.) — 30

Katalog der Markensammlung des Reichspostmuseums. Bearbeitet von C Lindenberg. Berlin 1888

— der gewerblichen Maschinen-Ausstellung zu Strassburg 1891. Strassburg 1891

— einer Mercator-Ausstellung i. Lesesaale d. Kölner Stadtbibliothek Portalsgasse 1. gr. 8. (10 S.) Köln 894. (M. Du Mont-Schauberg.) n. — 40

Katalog der Rheinischen Metallwaaren- und Maschinen-Fabrik Düsseldorf (Ausstellung Düsseldorf 1902). Mit Abb. Düsseldorf 1902. 72 S.

Katalog CA Milani, Frankfurt a. M. Kunst- und Antiquitäten-Sammlung. (148 S mit Text) Frankfurt a. M. 1883

Katalog der Militär-Bibliothek des Kantons Aargau. 1888. In-8°, 142 S. Aarau, ebendas.

Katalog der Militär-Bibliothek des Kantons Aargau. 1901. VIII + 243 S. 8. Aarau, H. R. Sauerländer & Co., 1901.
(Der gegenwärtige Katalog tritt an die Stelle desjenigen von 1888 und seiner 2 Supplemente.)

Catalog. 1. Supplement zum Kat' der aarg. Militärbibliothek. 8 Bl. 8. [Aarau, H. R. Sauerländer & Co., 1906.]

Katalog der Militär-Bibliothek zu Altona. *Altona 1901: H. W. Kobner & Co.* (VII, 197 S.) 8° [J.] [illegible]

Catalog. K' der Militärbibliothek in Basel. Hrg. (in neuer Aufl.) im Auftrag der Offiziersgesellschaft Baselstadt von der Verwaltung der Öffentlichen Bibliothek der Universität Basel. XII + 271 S. 8. Basel, Universitätsbuchdr. Friedrich Reinhardt, (*Aufdruck:* [Komm.] Helbing & Lichtenhahn), 1907. [fr. 4. —]

Katalog der Militär-Bibliothek zu Breslau. [Hauptwerk.] Breslau 1904: W. G. Korn. 8° [F.] [08. 4394

Catalog. K' der Militär-Bibliothek der IV. Division (in Luzern), 1. Januar 1906. 180 S. 8. Luzern, H. Keller, 1906.

Katalog der Eidgenössischen Militärbibliothek. 1. Nachtrag 1894-1900 — Catalogue de la Bibliothèque militaire fédérale. 1er supplément 1894-1900. XII + 330 S. 8. Bern, Neukomm & Zimmermann, 1901.

Catalog. K' der Eidgenössischen Militärbibliothek. 2. Nachtrag 1901–1906 = Catalogue de la Bibliothèque militaire fédérale. 2e supplément 1901–1906. XII + 342 S. 8. (Bern, Büchler & Co., [1906].)

Katalog der der Armee-Bibliothek testamentarisch überwiesenen Militär-Bibliothek weiland S. K. H. des Feldmarschalls Prinzen Karl von Bayern. (Handschriftl.) München 1875. 954 S. 4°

Catalog. K' der Militär-Bibliothek des Kantons Zürich. Ergänzt bis Ende 1902. IV + 128 S. 8. Zürich, Schulthess & Co., 1903.

— der mittelalterlichen Miniaturen des Germanischen Nationalmuseums v. E W Bredt. (150 S 16 T) Nürnberg 1903

K. K. Hofbibliothek. Katalog der Miniaturen-ausstellung. 2. Aufl. Wien: Selbstverl. 1901. (X, 62 S.) 8°

— d. Missionsbibliothek d. ev.-luther. Missionshauses zu Leipzig. 8. (II, 85 S.) Leipzig 893. Verlag d. evang.-luther. Mission. n. — 60

Katalog der Missionsbibliothek des Allgem. Evang.-prot. Missionsvereins in Strassburg i. E. Heidelberg (1902): Evang. Verl. 20 S. 8°
Aus: Zeitschr. f. Missionskunde u. Religionswissenschaft. H. 4 u. 5. [11. 16933

Deutsche Mathematiker-Vereinigung. Katalog mathematischer und mathematisch-physikalischer Modelle, Apparate und Instrumente. Unter Mitw. zahlr. Fachgenossen hrsg. im Auftr. d. Vorstandes d. Vereinigung von Walther Dyck, Prof., München. [Nebst] Nachtrag. München 1892–93: C. Wolf & Sohn. 2 Bde 8° [07. 8382

— mathematischer u. mathematisch-physikalischer Modelle, Apparate u. Instrumente. Unter Mitwirkg. zahlreicher Fachgenossen hrsg. im Auftrage d. Vorstandes der Deutschen Mathematiker-Vereinigg. v. Walth. Dyck. gr. 8. (XVI, 430 S. m. Fig.) München 892. Selbstverlag der deutschen Mathematiker-Vereinigg. (Prof. W. Dyck.) n. 14. —

— mathematischer u. mathemat.-physikal. Modelle, Apparate u. Instrumente. Unt. Mitwirkg. zahlr. Fachgenossen hrsg. i. Auftr. d. Vorstandes d. deutschen Mathematiker-Vereinigg. v. Walth. Dyck. Nachtrag. gr. 8. (X, 135 S. m. Abb.) München 893. Deutsche Mathematiker-Vereinigg. (Prof. W. Dyck). n. 4. — (Hauptwerk u. Nachtrag: n. 18. —)

— der deutschen Molkerei-Ausstellung zu Berlin vom 20. bis 25. März 1879 in den Gebäuden der ehemaligen königlichen Eisengiesserei. gr. 8. (LXVI, 168 S.) Berlin 879. (Güstrow, Opitz & Co.) n. 1. —

— d. 3. deutschen Molkerei-Ausstellung in Lübeck auf d. Ausstellungs-Platze d. deutsch-nord. Handels- u. Industrie-Ausstellg. vom 6. bis 11. Septbr. 1895. gr. 8. (XX, 128 S.) Berlin 895. (Bremen, M. Heinsius Nachf.) n. — 60

[A. u. F.] Katalog der Dritten Deutschen Molkerei-Ausstellung in Lübeck auf d. Ausstellgs-Platze d. Deutsch-Nord. Handels- u. Industrie-Ausstellg v. 6. bis 11. Sept. 1895. *(Lübeck): R. Mosse 1895.* (XX, 128 S.) 1 Bd 8. [98. 10085

Katalog d. 1. österreichischen Molkerei-Ausstellung zu Wien 1872. Wien 1872. (36) 79 S.
(M. statist. Indledning om Ø.s Mejerivæsen).

Katalog der Schleswig-Holsteinischen Molkerei-Ausstellung zu Kiel, vom 14. bis 16. März 1884 in Wriedt's Etablissement. Kiel. 1884. 8°

Katalog, monatlicher, für das kathol. Deutschland. 1—4. Jahrg. 1849—1852 à 12 Hfte. 8. (à ½—1 Bog.) Soest, Nasse. 1849: n. ⅙ ℛ︎ 1850—1852 à n. 4 ngl

—— monatlicher, für das katholische Deutschland. 3—5. Jahrg. 1851—1853. à 12 Hefte. (à 1 Bog.) 8. Soest 853, Nasse'sche Buchh. à Jahrg. *
(1. und 2.) Jahrg. 1849 und 1850. Ebendas. à Jahrg. * 4 Ngr.

Katalog z. Moorkultur-Ausstellung zu Berlin ... vom 16.—19. Febr. 1887 veranstaltet v. Verein z. Förderung d. Moorkultur im Deutschen Reiche. Berl. 1887. 72 S.

— d. Mozart-Museums im Geburts- u. Wohnzimmer Mozart's zu Salzburg, Getreidegasse Nr. 9, III. Stock. Zusammengest. u. hrsg. in 1. Aufl. im Juni 1882 v. J. Horner, vers. m. erläut. histor. Noten u. in 2., verm. Aufl. in Druck gelegt durch Joh. Ev. Engl. gr. 8. (XV, 31 S.) Salzburg 898. (H. Korber.) n. — 80

Katalog der orientalischen Münzen. (Vorr.: Heinrich Nützel.) Bd 1. *Berlin: W. Spemann 1898.* 4.
(Königl. Museen zu Berlin.) [98. 4181

— d. orientalischen Münzen in d. kgl. Museen z. Berlin. 1. Bd. M. 7 Taf. D. Münzen d. östl. Chalifen. Lex.-8. (XVIII, 428 autogr. S.) Berlin 898. W. Spemann. n. 25. —

— der orientalischen Münzen in den königl. Museen zu Berlin. 2. Bd. Mit 6 Taf. Die Münzen der muslim. Dynastien Spaniens u. des westl. Nordafrika. (Von Heinr. Nützel.) hoch 4. (XIII. 302 autogr. S.) Berlin 902. (G. Reimer.) n. 20. —
Bd. I jetzt Ebd. 898. n. 25. —.

Katalog der Münzen- und Medaillen-Stempel-Sammlung d. K. k. Hauptmünzamtes in Wien. Bd 1–4. Wien 1901–06: K. k. Hof- u. Staatsdr. 4°(8°)
1. 1901. 2. 1902. 3. 1904. 4. 1906. [09. 2344

— der Münzen- u. Medaillen-Stempel-Sammlung des k. k. Hauptmünzamtes in Wien. 1. u. 2. Bd. Fol. Wien (Hof- u. Staatsdruckerei). à n. 5. —
1. (VIII, 228 S. m. 23 Taf.) 901.
2. (IV u. S. 225—618 m. 8 Taf.) 902.

— der Münzen- u. Medaillen-Stempel-Sammlung des k. k. Hauptmünzamtes in Wien. 3. Bd. (IV u. S. 619—1141 m. 6 Taf.) Lex.-8. Wien 905. (Hof- u. Staatsdruckerei.) n. 5. —

— der Münzen- u. Medaillen-Stempel-Sammlung des k. k. Hauptmünzamtes in Wien. 4. Bd. (V u. S. 1143—1428 m. 6 Taf.) Lex. 8. Wien 906. (Hof- u. Staatsdruckerei.) 5. —

—— des grossen Freiherrl. v. Wambolt'schen Münzkabinets in Heidelberg 1. Bd., u. 2. Bd.: Thaler, Goldmünzen u. Medaillen. gr. 4. (97¼ B.) Heidelberg 833, A. Osswald. Vgl. Catalog.

Katalog der Bezirksschul-Bibliothek Muri. Nachtrag 1. 1901. 46 S. 8.
Beilage zu: Schlussbericht der Bezirksschule in Muri für das Jahr 1900—1901.... Muri, A. Schibli-Keller, 1901.

— des historischen Museums in Basel. Nr. 1 u. 2. gr. 8. Basel, Histor. Museum.(Birkhäuser)
1. Arbeiten in Gold u. Silber. (VII, 66 S.) 895.
2. Katalog der Basler Münzen u. Medaillen der im histor. Museum zu Basel deponierten Ewig'schen Sammlung. Von Alfr. Geigy. Mit 44 Taf. in Lichtdr. v. H. Speiser. (XVII, 171 S.) 899.

Historisches Museum Basel, Katalog No. 3. Glasgemälde. 1901. ([Bearb. von] Dr. Paul Ganz.) VIII + 84 S. 8. (Basel, Emil Birkhäuser, 1901.)

Katalog des historischen Museums der k. k. Haupt- und Residenzstadt Wien. Wien 1887. — 2. Waffensammlung.

KATALOG DES MUSEUMS DER STADT MAINZ. Mainz s. a. Druck von Johann Wirth. 8°.

— des musikhistorischen Museums v. Paul de Wit, Leipzig. Mit zahlreichen Abbildgn. nach photograph. Orig.-Aufnahmen. (208 S.) gr. 8. Leipzig 904. P. de Wit. n.n. 2. —; geb. 2. 50

— des Kaiserl. Königl. österr. Museums für Kunst und Industrie. I. II. Wien 1864

— des Museums der Reichs-Post- und Telegraphen-Verwaltung. Berlin 1880. gr. 8. (RPA.)

— des königl. rheinischen Museums vaterländischer Alterthümer bei der Universität Bonn. gr. 8. (VIII, 99 S.) Bonn 876, Cohen und Sohn.

Katalog der Museums-Bibliothek in St. Gallen. II. Supplement. 1874. 15 Stn. 8. St. Gallen, Druck d. Zollikofer'schen Buchdr.

Katalog der Museums-Bibliothek in St. Gallen. Systemat. geordnet. VIII. 144 S. gr. 8. St. Gallen, Druck der Zollikofer'schen Offizin. 1876.

Katalog der Museums-Bibliothek in St. Gallen. 1. Supplement. 1877. 12 S. 8. St. Gallen, Druck von Zollikofer.

Katalog der Museumsbibliothek in St. Gallen. Systematisch geordnet und mit Inhaltsangaben u. Registern versehen. In-8⁰, 120 S. St. Gallen, Zollikofer. 1893.

Katalog der Musikalien-Leihanstalt von Anton Raunecker (E. Liegel) in Klgft. Klgft., St. Hermagoras-Druck., 1881. 39 S.

Catalog [**Katalog**] der Schweizerischen Musikbibliothek. Hrsg. von d. Verwaltung d. Öffentl. Bibliothek d. Univ. Basel. (Vorr.: Dr. C[arl] Chr[istoph] Bernoulli, Oberbibliothekar.) 1. Basel 1906: E. Birkhäuser. 8°

KATALOG DER ERSTEN MUSTER-GEFLÜGEL-AUSSTELLUNG des Verbandes der ornithologischen Vereine Pommerns und Mecklenburgs und zugleich der vierten Ausstellung des Ornithologischen Vereins zu Stettin ... den 11. bis ... den 13. April 1885, ... Stettin. Druck von H. G. Effenbart's Erben. 8°.

Katalog der techn. Mustersammlung d. Grossh. Gewerbevereins. Bearb. v. G Wagner. Darmstadt 1889

Katalog Muzeum Narodowego Polskiego w Rappers-wylu. IV et 180 pp. in-8. Zurich (Fr. Schulthess). 1872. 2. —

— des künstlerischen Nachlasses u. der Kunst- u. Antiquitäten-Sammlung v. Hans Makart, hrsg. v. dem Vormunde der Kinder Makart's A. Streit. gr. 4. (X, 95 S. m. eingedr. Illustr. u. Taf.) Wien 885. v. Waldheim. n. 10. —

— d. künstler. Nachlasses von Professor Josef Mathias v. Trenkwald. gr. 8. (16 S.) Wien 898. (Leipzig, Literar. Anstalt, A. Schulze.) — 80

Catalog und Nachrichten von der ehemal. aus lauter Handschriften bestandenen Bibliothek zu Fulda von N. K (Nicol. Kindlinger.) Frankf. 813. 8. 6 gr.

— der Sammlung Jul. Naue, München. Keramik, figürl. Terrakotten, Marmorbildwerke, Bronze- u. Edelmetallarbeiten der vorgeschichtl. Zeit u. des klass. Altertums inkl. spätröm. u. Völkerwanderungszeit. Auktion in München in der Galerie Helbing, Wagmüllerstrasse 15. Dienstag, den 19. V. 1908, vormittags 10 Uhr u. nachmittags 3 Uhr. (IV, 35 S. m. 11 Lichtdr.-Taf.) 36×27 cm. Ebd. (908). 2. —

Nachtrag zu dem 1893 erschienenen Neuen ***Kataloge*** *des Gymnasial-Museums zu Wittstock.* [Nachtr. z. P-Beil. 1893.] *Wittstock, Druck v. O. Wessoly, 1894;* 1—8 S. 4.
Wittstock, k. G. OP 1894

Katalog, Neuer, für das Historische Museum u. die Monumentenhalle des Rudolfinums in Klgft. Klgft., (Bertschinger), 1894. 83 S. — 1897. 83 S. (Verf.: Karl Freih. v. Hauser. —)

— neuer, f. das historische Museum u. die Monumentenhalle des Rudolfinums in Klagenfurt. Hrsg. vom Geschichtsverein f. d. J. 1894. 12. (83 S.) Klagenfurt 894. (A. Raunecker.) n.n. — 60

70. Versammlung deutscher Naturforscher u. Aerzte zu Düsseldorf 1898. Katalog der Neuheiten-Ausstellung. *Düsseldorf 1898: A. Bagel.* (VIII, 19 S.) 8°

76. Versamml. deutscher Naturforscher u. Aerzte zu Breslau 1904. Katalog der Neuheiten-Ausstellung und der Ausstellung der deutschen Gesellschaft zur Bekämpfung des Kurpfuschertums. Hrsg. vom Ausstellungs-Ausschuß. Berlin (1904): A. Scherl. (28 S.) 8° 2

Nachtrag zum Katalog der Aargauischen Obergerichts-Bibliothek, enthaltend die Anschaffungen und Geschenke seit 1894. II + 24 S. 8. Aarau, H. R. Sauerländer & Co., 1903.

Katalog f. die . . . allgemeine deutsche Obstausstellung . . . bei Gelegenheit d. 16. Versammlung deutscher Pomologen u. Obstzüchter . . . in Stettin. Stettin 1902. 75 S. 4°.

Katalog der Kantons-Bibliothek Obwalden in Sarnen. Solothurn 1898: Union IV, 206 S. 8°

Offizieller **Katalog** der Norwegischen Abtheilung der Ausstellung Kiel 1890. *Kiel: Dr. v. A. F. Jensen 1896.* (16 S.) 1 Bd 8.

Katalog, Offizieller, der ersten Acetylen-Fachausstellung zu Berlin 1898 Berlin (1898)

— officieller, der 59. Ausstellung der kgl. Akademie der Künste im Landes-Ausstellungsgebäude zu Berlin vom 31. Juli bis Octbr. 1887. Mit 2 Plänen vom Ausstellungsgebäude u. Ausstellungspark. gr. 8. (XX, 93 S.) Berlin 887. Dominik. n.n. 1. —; m. ca. 200 Illustr. in Fcsm.-Reproductionen (XX, 252 S.) n.n. 2. —

Offizieller **Katalog** für die Allgemeine deutsche geodätisch-kulturtechnische Ausstellung im Königsberger Tiergarten vom 8. bis 25. Juli 1906. Aus Veranlassung der in Königsberg Pr. tagenden 25. Hauptversamml. d. Deutschen Geometervereins. Königsberg i. Pr.: Haasenstein & Vogler 1906. (94 S.) 8° [06. 1088. 10

—— officieller, für die allgemeine deutsche Ausstellung auf dem Gebiete der Hygiene, Gesundheitspflege und Gesundheitstechnik und des Rettungswesens. Berlin 882. 8. (XXXI, 284 S. mit lithogr. Plan.) Berlin 882. (Kassel, Fischer.) *

—— officieller, für die allgemeine deutsche Ausstellung auf dem Gebiete der Hygiene und des Rettungswesens. Berlin 1882/83. 8. (XLIV, 291 S. mit 1 lithogr. Plan.) Berlin 883, Th. Fischer. — Springer. *

—— dass. — Berlin 1882/83. Neue vollständig umgearb. Ausg. 8. (LX, 303 S. mit 1 lithogr. Plan.) [Ebendas. 883.] Leipzig, G. Thieme.

— offic., d. allgem. Ausstellg. f. Bäckerei, Conditorei, Nahrungsmittel u. Volksernährg., sow. verw. Gewerbe. Zu Ehren d. hier tag. Nord-West-Verbandes selbstst. Bäckermeister v. 11.—26. Mai 1895 zu Braunschweig in d. Aegydienhalle u. Anbauten. gr. 8. (64 S. m. 1 Plan.) Berlin 895. R. Mosse. n. — 50

—— offizieller, der allgemeinen baugewerblichen Ausstellung, Braunschweig 1881. Im Auftrage der Finanz-Commission bearb. von Steph. Meyer. 8. (88 S. mit 1 lithogr. Plan.) Braunschweig 881, J. H. Meyer. *

— officieller, der allgemeinen Ausstellung f. die gesammte Hygiene, Nahrungsmittel- u. Getränke-Industrie, verbunden m. e. Ausstellung für Sport- u. Fremdenverkehr vom 10. VIII. bis Anfang Septbr. 1901. Karlsbad 1901. 8. (48 S.) Karlsbad (H. Feller.) n. — 40

— officieller, der 1. allgemeinen Ausstellung f. die gesammte Licht-Industrie, Wien. Unter dem hohen Protectorate Sr. k. u. k. Hoh. des Hrn. Erzherzogs Ferdinand Karl. 3. Aufl. Novbr. 1900. Gartenbau-Säle. schmal gr. 8. (46 S.) Wien (L. Weiss.) n. — 50

Offizieller Katalog d. allg. Ausstellung f. Nahrungsmittel, Volksernährung, Armee- u. Marine-Verpflegung zu Berlin v. 9. 10.—9. 11. 97. Berlin 1897.

— offizieller, der allgemeinen photographischen Ausstellung Berlin 1906. Veranstaltet vom „Verein zur Förderg. der Photographie in Berlin, E. V." in Verbindg. m. e. Ausstellg. der Bildhauer-Vereinigg. des Vereins Berliner Künstler u. der Allgemeinen deutschen Kunstgenossenschaft im Abgeordnetenhaus Juli bis Oktbr. Mit 82 Illustr. u. 4 Plänen. (XVI, 155 S. u. 82 S. Abbildgn.) kl. 8. Berlin (906). G. Schmidt. n.n. — 75

Katalog, offizieller, zur Ausstellung für Elektrotechnik und Kunstgewerbe Stuttgart 1896. (176 S) Stuttgart 1896

— offizieller, der Ausstellung der neuesten Erfindungen, Olmütz 1907. (IV, 71 S. m. 1 Bildnis u. 1 farb. Plan.) 21×11,5 cm. Olmütz (907). (F. Grosse.) nnn 1. —

Offizieller Katalog der Ausstellung von Geräten und Bedarfsgegenständen für Weinbau, Weinbehandlung und Kellerwirtschaft ... 1907 sowie von naturreinen badischen Weinen ... in Mannheim. Mannheim 1907: Mannheimer Vereinsdr. V, 60, 50 S. -- 121*

— offizieller, der I. Ausstellung der deutschen Gesellschaft f. christliche Kunst im königl. Kunstausstellungsgebäude am Königsplatz. München 1895. (93 S. m. Abbildgn.) kl. 8. München (895). Gesellschaft für christl. Kunst. n. — 70

Vom 16. bis 30. Aug. im 'Wintergarten'. Offizieller **Katalog** der Ausstellung für Gesundheits- und Wohlfahrtspflege, Unterrichts- u. Erziehungswesen, Wohnungswesen, Ernährung u. Sport. Halle a. S. 1900. *(Halle a. S. 1900: F. Rode.)* (29 S.) 8° [00. 8982 3

Offizieller **Katalog** der Ausstellung von Handwerkserzeugnissen, Werkstattmaschinen, Klein-Motoren, ... u. dergl. nebst Sonder- u. Nebenausstellungen veranst. von d. Handwerkskammer zu Danzig v. 5. bis 19. Juni 1904 zu Danzig ... hrsg. von Max Koppe u. S. Behrens. (Danzig 1904: Schwital & Rohrbeck.) (48 S.) 8°

Offizieller **Katalog** der Ausstellung für Hotel- und Restaurationswesen, Hygiene, Volksernährung, verbunden mit Kochkunst, Fleischerei, Bäckerei, Konditorei usw. in Bonn vom 16. Okt. bis 30. Okt. 1907, veranst. vom Bonner Wirte-Verein. Bonn (1907: Hauptmann). (47 S.) 8° [Umschlagt. F.] [08. 1696 5

[F. u. Ant.] ... Officieller **Katalog** der Ausstellung für das Hôtel- und Wirtschafts-Wesen Landau '(Rheinpfalz)' 7. bis 15. Juli 1895. *Berlin-Frankfurt a. M.: R. Mosse (1895).* (48, 48 S.) 1 Bd 8. [96. 4438

— offizieller, der internationalen Ausstellung v. Amateur-Photographien in der Kunsthalle zu Hamburg 1. Oktbr. bis 20. Novbr. 1893. 1. u. 2. Aufl. gr. 8. (XII, 88 u. XII, 92 S. m. Abbildgn.) Hamburg 893. (O. Meissner's Sort.) à n. 1. —

— offiz., der internat. Ausstellung v. Amateur-Photographien in d. Kunsthalle zu Hamburg 1.—31. Oktbr. 1893. gr. 8. (XII, 92 S. m. 20 Illustr.) Berlin 893. R. Mosse. n. 1. —

—— officieller, der internationalen Ausstellung von Arbeiten aus edlen Metallen und Legirungen in Nürnberg 1885. Hrsg. vom Bayr. Gewerbemuseum in Nürnberg. 8. (VIII, 139 S.) Nürnberg, Verlagsanstalt des Bayr. Gewerbemuseums. ** 1 25

—— dass. — 2. und 3. Aufl. 8. (VIII, 141 S.) Ebendas. 885. ** 1 —

— Officieller, der Jnternationalen Elektrotechnischen Ausstellung in Frankfurt a. M. Bearb. von A. Askenasy. Frankfurt a. M. 1891

Katalog, offizieller, der internat. Ausstellung für Feuerschutz u. Feuerrettungswesen Berlin 1901. 8. (208 S.) Berlin, Klimoff & Co.

—— officieller, der internationalen Ausstellung von Maschinen, Producten und Specialitäten der Müllerei, Bäckerei und Landwirthschaft. Leipzig im Mai und Juni 1869. gr. 16. (40 S.) Leipzig 869, M. Schäfer. *

— offic., d. internat. Ausstellg. f. Nahrungsmittel u. Volksernährg. m. Massenspeisg. u. Armeeverpflegg. verb. m. Industrie-, Gewerbe- u. Sport-Ausstellg. zu Dresden auf dem Ausstellungsplatze vis-à-vis d. neuen Bürger-Hospitale Blumen-Strasse vom 25. Aug. bis 16. Septbr. 1894, gr. 8. (104 S. m. 1 Plan.) Berlin 894. R. Mosse. n. — 60

— offizieller, der internationalen photographischen Ausstellung Dresden 1909. Ausg. 1. V. 1909. (XVIII, 318 S. u. 39 S. Abbildgn. m. 4 Plänen.) 8. Dresden (909). W. Baensch. 1.50

— officieller, der Ausstellung f. Kochkunst, Bäckerei, Conditorei u. verw. Gewerbe, sow. f. Volksernährg. u. Armeeverpflegg. Frankfurt a/M. in d. Landwirthschaftl. Halle v. 25. Octbr. bis 3. Novbr. 1894. gr. 8. (72 S.) Berlin 894. R. Mosse. n. — 50

— offizieller, der Ausstellung f. deutsche Kochkunst u. verwandte Gewerbe, Dresden 1909, vom 9. bis 14. I. Mit Anh., enth. Inserate, Bereitungsvorschriften u. e. Küchenkalender. (48 S. m. 2 Taf. u. 1 eingedr. Plan.) 8. Dresden, W. Baensch. — 40

Ausstellung für Krankenpflege zu Berlin vom 20. Mai bis 18. Juni 1899 in der Philharmonie. Officieller Katalog. Berlin (1899): R. Mosse. (192, 52 S.) 8°

Offizieller Katalog der Ausstellung von Meisterwerken der Renaissance aus Privatbesitz veranst. v. Ver. bildender Künstler Münchens 'Secession' E. V. v. 3. Juni bis 30. Sept. 1901. 1. Aufl. München: 'Secession' (1901). (101, 19 S.) 8° [07. 11618 10

Offizieller Katalog der Ausstellung der Provinz Schleswig-Holstein, verbunden mit Sonderausstellungen und einer Internationalen Ausstellung für Schiffahrt und Fischerei vom 13. Mai—30. September 1896. Kiel [o. J.]

— offizieller, der X. Ausstellung der Münchener Sezession: Der deutsche Künstlerbund (in Verbindung m. e. Ausstellung erlesener Erzeugnisse der Kunst im Handwerk) im königl. Kunstausstellungsgebäude am Königsplatz, gegenüber der Glyptothek. 1. Aufl., ausg. am 31. V. 1904. (45 S. m. 2 eingedr. Plänen.) kl. 8. München, Verlagsanstalt F. Bruckmann. Kart. n.n. 1.30; illustr. Ausg. (45 u. 64 S.) n.n. 2.60

Offizieller Katalog für die Ausstellung von Verkehrsmitteln jeder Art in Königsberg i. Pr. v. 26. April bis 10. Mai 1903. *(Königsberg i. Pr.: Hausenstein & Vogler 1903.)* (68 S.) 8° [F.] [03. 10990 10

Officieller Katalog der Ausstellung für Volksernährung, Massenverpflegung, Sanitätswesen, Verkehr und Sport zu Kiel vom 4. bis 19. August 1894 im Ausstellungspark Waldwiese. Kiel. 1894. 8°

Offizieller Katalog der Ausstellung von Werken Deutscher Landschafter des 19. Jahrhunderts, 1905 im Landes-Ausstellungsgebäude. Stuttgart, Berlin, Leipzig: Union (1905). (102, 6 S.) 8° [05. 10730

— offic., d. Ausstellg. v. Wohnungs-Einrichtungen u. damit verw. Gewerbe. Berlin, 13. Aug. bis Mitte Octbr. 1892. gr. 8. (72 S. m. 1 Plan.) Berlin 892. R. Mosse. n. — 50

Catalog. Offizieller K' für die Internationale Feuerwehr-Ausstellung in St. Gallen. St. Gallen 1910 s. Führer. Offizieller F' (mit Katalog) für die Int' F'-Ausstellung....

—— offizieller, der internationalen Fischerei-Ausstellung zu Berlin 1880. gr. 8. (X. 248 S.) Berlin 880, Mosse. **

... Officieller Katalog und Führer der Internationalen Ausstellung für Amateur-Photographie im neuen Deutschen Reichstagsgebäude, Berlin, Sept. u. Okt. 1896. (Vorr.: Gustav Fritsch.) *Berlin: R. Mosse (1896).* (112, 40 S., 1 Taf.) 1 Bd 8. [97. 3105

Offizieller Katalog für die Grosse Gartenbau-Ausstellung im Königsberger Tiergarten v. 20. Sept. bis incl. 1. Okt. 1902. (Königsberg i. Pr.: Haasenstein & Vogler 1902.) (52, 15 S.) 8°

— officieller, d. grossen allgem. Gartenbau-Ausstellung v. 28. IV.—9. V. 1897 im Treptower Park zu Berlin z. Feier d. 75jähr. Jubiläums d. Vereins z. Beförderg. d. Gartenbaues in d. Preuss. Staaten. gr. 8. (XXXII, 80 S. m. Plan u. 2 Grundrissen.) Berlin 897. R. Mosse. n.n. — 50

— offizieller, der III. internationalen Gartenbau-Ausstellung Dresden, Mai 1907, im städt. Ausstellungs-Palaste zu Dresden, Eingang Lennéstrasse u. Stübelallee. (XXIX, 116 S. m. 1 Plan.) 21×12,5 cm. Dresden, C. Heinrich. — 70

—— officieller, der allgemeinen Gewerbe-Ausstellung der Prov. Hannover für das J. 1878, mit geschichtlich statist. Einleitungen. Mit 1 (chromolithogr.) Plane (Imp.-Fol.) der Ausstellungs-Localitäten. 3. Aufl. 8. (XXVI, 348 S.) Hannover 878, (Schmorl und v. Seefeld.)

Offizieller Katalog [der] Basler Gewerbe-Ausstellung 1901. Erste Ausgabe ⟨vom 14. Mai 1901⟩. [Illustriert.] II + 164 S. 8. Basel, Kreis, 1901. (fr. 1. —)

Vorwort: *S. 3—19:* Historischer Rückblick ([von] T[raugott] G[eering]). *S. 20—28:* Die gewerbliche Kunst der Gegenwart ([von] R[ichard] V[isscher] v[an] G[aasbeek]).

Offizieller Katalog [der] Basler Gewerbe-Ausstellung 1901. Definitive Ausgabe ⟨vom 11. Juni 1901⟩. [Illustriert.] II + 200 S. 8. Basel, Kreis, 1901. (fr. 1. —)

Vorwort: — — V[isscher] v[an] G[aasbeek]).

Katalog, offizieller, zur Berliner Gewerbe-Ausstellung 1879, bearb. v. J H Maurer. (245 S 1 Pl) Berlin 1879

—— offizieller, der Hamburgischen Gewerbe- und Industrie-Ausstellung im J. 1889. gr. 8. (XXVII, 161 S.) Hamb. 889, Persiehl. * 1 —

Katalog, offiz., d. Hamburg. Gew.- u Industrie-Ausstellung 1889. 4. A. Hamburg 1889

Gewerbe- und Industrie-Ausstellung im Jahre 1889. Offizieller Katalog der —. 14. Auflage. Hamburg.

—— officieller, für die niederschlesische Gewerbe-Ausstellung zu Liegnitz. Eröffnet am 20. Juni 1880. Hrsg. vom geschäftsführenden Ausschuss. 1. und 2. Aufl. 8. (III, 112 S. mit 1 lithogr. Plan.) Liegnitz 880, Krumbhaar. *

Offizieller Katalog der Nord-Ostdeutschen Gewerbe-Ausstellung in Königsberg i. Pr. Unter d. Protektorat Sr. K. Hoheit d. Prinzen Heinrich von Preußen. Mai—Sept. 1895. *Königsberg: Selbstverl. d. Ausstellungs-Komitees (1895).* (209, 88 S.) 8°

—— offizieller, der oberrheinischen Gewerbeausstellung in Freiburg i. Br. 8. (LXXVII, 231 S. mit 2 Plänen.) Freiburg i. Br. 887, (Stoll und Bader.) ** 1 —

Katalog, Officieller, der Gewerbe-Ausstellung für Rheinland, Westfalen und benachbarte Bezirke in Verbindung mit einer Allgemeinen Deutschen Kunst-Ausstellung in Düsseldorf 1880. 3. Aufl. Düsseldorf 1880

Offizieller Katalog der Thüringer Gewerbe- und Industrie-Ausstellung zu Erfurt 1894. 1. Aufl. [Berlin:] R. Mosse (1894). XXXIV, 192, 125 S.) 8°

— offizieller, d. Thüringer Gewerbe- u. Industrie-Ausstellung zu Erfurt 1894. Zusammengest. im Auftr. d. Press-Ausschusses v. I. Schriftführer desselben Emil Röse. gr. 8. (XXXVI, 192 u. XV, 135 S. m. 1 Plan.) Ebd. 894. n. 1. —

[Ant. u. F.] Officieller Katalog der Deutsch-Nordischen Handels- und Industrie-Ausstellung zu Lübeck v. 21. Juni bis 30. Sept. 1895. (Vorr. v. Dr F. Bruns.) *[Berlin]: R. Mosse (1895).* (190 S., 1 Pl.) 1 Bd 8. [96. 4040

Offizieller Katalog für die Große Allgemeine Hunde-, Jagd- und Sport-Ausstellung... im Tiergarten in Königsberg i. Pr. vom 14. Aug. bis Mitte Sept. 1904. Königsberg i. Pr.: Hausenstein & Vogler (1904). (52 S.) 8° [F.] [05. 3310 10

— offizieller, der 1. internationalen Jagd-Ausstellung Wien 1910. Hrsg. v. der Ausstellungs-Kommission. (296 S. m. eingedr. Grundrissen u. 1 farb. Plan.) 8. Wien 910. (W. Frick.) nn — 60

— offizieller, der Münchener Jahres-Ausstellung der Münchener Künstlergenossenschaft 1899 im kgl. Glaspalast. Provisorische Ausg. vom 1. VI. 1899. 12. (168 S. m. 1 Grundriss.) München, Verlagsanstalt F. Bruckmann. n. 1.30; m. Illustr. (168 u. 64 S.) n.n. 2.60

— dasselbe. 1900. 3. Ausg. vom 20. VII. 1900. 12. (191 u. 126 S. m. Abbildgn.) München 900. (F. Hanfstaengl.) n. 2.40

— dasselbe. Provisorische Ausg. vom 1. VI. 1902. 12. (198 S. m. eingedr. Plänen.) München (902). (Verlagsanstalt F. Bruckmann.) n.n. 1.30; illustr. Ausg. (198 u. 128 S.) n.n. 2.60

— dasselbe. 2. Ausg. vom 18. VI. 1902. 12. (205 S.) m. eingedr. Plänen.) Ebd. (902). n.n. 1.30; illustr. Ausg. (208 u. 128 S.) n.n. 2.60

— offizieller, der Münchener Jahres-Ausstellung 1903 im kgl. Glaspalast. (Münchener Künstlergenossenschaft.) Ausg. vom 25. VI. 1903. (190 S. m. eingedr. Plänen u. 127 S. Abbildgn.) 12. München 903. (F. Hanfstaengl.) n.n. 2.60

— dasselbe, 1904. Provisorische Ausg. vom 1. VI. 1904. (184 S. m. 1 eingedr. Plan.) kl. 8. München (Verlagsanstalt F. Bruckmann.) n.n. 1.30; illustr. Ausg. (184 u. 64 S.) n.n. 2.60

— offizieller, der Münchener Jahres-Ausstellung 1910 (Münchener Künstlergenossenschaft) im kgl. Glaspalast. 1. VI. bis Ende Oktbr. Provisorische Ausg. vom 1. VI. 1910. (IX, 145 S. m. 1 Bildnis u. 1 Plan u. 64 S. Abb.) kl. 8. München, (F. Bruckmann). nn 2.60

— offic., d. Münchener Jahres-Ausstellung v. Kunstwerken aller Nationen im kgl. Glaspalaste 1896. Veranst. v. d. Münchener Künstler-Genossenschaft. Ausg. a. 5. Juli 1896. 8. (X, 96 S. m. Abb.) Ebd. 896. n.n. 2.—

— offizieller illustrierter, der grossen internationalen Kunstausstellung Karlsruhe i. B. 8.—10. IV. 1905. (71 S.) 8. Karlsruhe (905). (G. Braun'sche Hofbuchdr.) n. —50

Katalog, offizieller illustrierter, der Deutsch-Nationalen Kunstgewerbe-Ausstellung zu München 1888. 2. Auflage. München 1888

— offiz., d. sächsisch-thüring. Industrie- u. Gewerbe-Ausstellung zu Leipzig 1897. Im Auftr. d. geschäftsführ. Ausschusses bearb. v. Johs. Kleinpaul. 8. (XL, 297 S. m. 2 Plänen.) Leipzig 897. (F. E. Fischer.) Geb. n.n. 1.—

— officieller, der Jubiläums-Ausstellung etc. Mit 2 Plänen vom Ausstellungsgebäude u. v. Ausstellungspark. gr. 8. (XXIV, 210 S.) Berlin: Berl. Verlags-Comptoir 1886. Nachtrag (36 S.) n. — 10

Fischerei-Ver. f. d. Prov. Brandenburg ... Offizieller Katalog. Jubiläums-Ausstellung zur Feier des 25jährigen Bestehens des Vereins. 1903. (Hrsg.: Dr. L. Brühl.) *Berlin: R. Mosse (1903).* (XXXII, 208 S.) 8° [F.]

— offiz., d. Jubiläums-Ausstellung Wien 1898. Hrsg. v. d. Ausstellungs-Commission. gr. 8. (III, 528 S. m. 1 Plan.) Wien 898. (Leipzig, Literar. Anstalt, A. Schulze.) n. 2.—

Bayerische Jubiläums-Landes-Industrie-, Gewerbe- und Kunst-Ausstellung. Nürnberg 1906. Offizieller Katalog. Hrsg. von d. Ausstellungsleitung. Bearb. v. Literar. Bureau d. Ausstellungsleitung. 2. Aufl. Nürnberg: Hartung & Rüttinger (1906). (376, XVI, 160 S.) 8°
[Umschlagt.:] Bayer. Jub.-Landes-Industrie-, Gewerbe- u. Kunst-Ausstellung, Nürnberg 1906. Haupt-Katalog. 10

Katalog, offizieller, der Jubiläums-Schulausstellung in Stuttgart 1889. Herausg. von der Kommission für gewerbliche Fortbildungs-Schulen. (184 S) Stuttgart 1889

Katalog, offizieller, durch d. gastwirtsgewerbl. Kochkunst- u. heimische Industrie-Ausstellung Limbach, Sa., vom 4.—14. VI. 1910. (59 S. m. eingedr. Bildnissen.) 8. Limbach (910). (O. Kleinschmidt) —80

Katalog, offizieller, der Kraft- und Arbeitsmaschinen-Ausstellung für das Deutsche Reich. München 1888. 2. Auflage. München 1888

Katalog, offizieller, der II. Kraft- und Arbeitsmaschinen-Ausstellung München 1898. (251 S) München 1898

— offizieller, der deutschen Kunstausstellung Baden-Baden 1910 (Lichtentaler-Allee 8a) 20. III. bis Ende Oktbr. (XI, 52 u. 8 S. m. 1 Taf. u. 40 S. Abbildgn.) kl. 8. Baden-Baden (910). C. Wild. nn 1.—

Offizieller Katalog der deutsch-nationalen Kunst-Ausstellung verbunden mit e. Aquarell-Ausstellung Düsseldorf 1907 im städt. Kunstpalast. Veranstaltet von d. Verein z. Veranstaltung von Kunst-Ausstellungen E. V. 11. Mai bis 29. Sept. Düsseldorf: Schwann (1907). 210, XXXVIII S. 8° 7

— offizieller, der deutsch-nationalen Kunst-Ausstellung verbunden m. e. Aquarell-Ausstellung Düsseldorf 1907 im städtischen Kunstpalast. Veranstaltet v. dem Verein zur Veranstaltg. v. Kunst-Ausstellgn. e. V. 11. V. bis 29. IX. (210 S. m. 1 Bildnis.) kl. 8. Düsseldorf (907). L. Schwann. 1.—; illustr. Ausg. (210 S. m. 1 Bildnis u. 136 S. Abb.) 2.—

— offizieller, der grossen Kunstausstellung 1908. Ausg. 1. V. 1908. 1. Aufl. (XXXI, 190 S. m. 3 Plänen.) kl. 8. Dresden, W. Baensch. Kart. 1.—; illustr. Ausg. (XXXI, 190 S. m. 3 Plänen u. 64 S. Abbildgn.) 1.50

— offizieller, der grossen Berliner Kunst-Ausstellung 1903—1906. 8. Stuttgart, Union à n.n. 1.—; m. Abbildgn. à n.n. 2.—; geb. in Leinw. à n.n. 3.—
1903. (XIII, 137 S. m. 2 eingedr. Plänen.) n.n. 1.—; m. Abb. (XIII, 137 u. 180 S. m. 2 eingedr. Plänen.) n.n. 2.—; geb. n.n. 3.—
1904. (XXIX, 157 S. m. 1 eingedr. Plan.) n.n. 1.—; m. Abb. (XXIX, 157 u. 179 S. m. 1 eingedr. Plan.) n.n. 2.—; geb. n.n. 3.—
1905. (X, 157 S. m. 1 eingedr. Plan.) n.n. 1.—; m. Abb. (X, 157 u. 179 S. m. 1 eingedr. Plan.) n.n. 2.—; geb. n.n. 3.—
1906. (X, 198 u. 78 S. m. 1 eingedr. Plan.) n.n. 1.—; m. Abb. (X, 198, 81 u. 180 S. m. 1 eingedr. Plan.) n.n. 2.—; geb. n.n. 3.—

Offizieller Katalog der Großen Kunstausstellung Dresden 1904. 2. Aufl. Ausgegeben 11. Mai 1904. *Dresden: A. Arnold & Gröschel (1904).* (144, 47 S.) 8°

Offizieller Katalog der Grossen Kunstausstellung Dresden 1904. 3. Aufl. Ausgegeben 10. Juni 1904. Dresden: Arnold & Gröschel (1904). 144 S. 8° 7

— offizieller, der großen Kunstausstellung des Vereins zur Veranstaltung v. Kunstausstellungen e. V. Düsseldorf 1909, städt. Kunstpalast, 15. V. bis 3. X. (XI, 70 S. m. 1 Taf. u. 1 Plan u. 75 S. Abb.) kl. 8. Düsseldorf (909). A. Bagel. nn 1.50

— offiz., d. internat. Kunst-Ausstellung Dresden 1897. II. Aufl., ausg. am 4. V. 1897. 12. (96 S. m. 1 Grundriss u. 64 Abb.) Dresden-Blasewitz 897. A. Arnold. Kart. 1.70

Offizieller Katalog der Internationalen Kunstausstellung Dresden 1901. 2. Aufl. Ausgegeben am 18. Mai 1901. Dresden-Blasewitz: Arnold (1901). 255 S. 8° 7

—— officieller, der III. internationalen Kunst-Ausstellung [Münchener Jubiläums-Ausstellung] im königl. Glaspalaste 1888. (XXX, 82 S.); 2. Aufl. 8. (XXXII, 83 S.) Ebendas. 888. **

— offizieller, der VI. internationalen Kunstausstellung 1892 im kgl. Glaspalaste 1. Juni—Ende Oktbr. 1. provisor. Aufl. 8. (II, 137 S. m. 1 Plan.) Ebd. 892. n.n. 1.80

— offiz., d. VII. internation. Kunstausstellung im kgl. Glaspalaste zu München 1897. Veranst. von d. „Münchener Künstlergenossenschaft" im Vereine m. d. „Münchener Secession". 1. Juni—Ende Oktbr. 12. (198 S.) München 897. R. Mosse. Kart. n.n. 1.—; m. Illustr. (200 u. 78 S.) n.n. 2.—

— dasselbe. 2. Aufl. Ausg. am 20. VI. 1897. Mit Illustr. 12. (230 S. m. 5 Abb. u. Illustr. 128 S.) Ebd. 897. n.n. 2.—

Offizieller Katalog der VIII. Internationalen Kunstausstellung im Kgl. Glaspalast zu München 1901. Veranstaltet von der «Münchener Künstlergenossenschaft» im Verein mit der «Münchener Secession». 1. Juni — Ende Oktober. 3. Aufl., ausgegeben am 12. Juli 1901. ([Mit 1 Plan, 1 Porträt-Tafel, 126 Abbildungen und] Inseraten-Anhang.) VI + 195 + *Abbild.* 126 + *Anhang* 46 S. 8. München, Rudolf Mosse.

— offizieller, der IX. internationalen Kunstausstellung im kgl. Glaspalast zu München 1905. Veranstaltet v. der „Münchener Künstlergenossenschaft" im Verein mit der „Münchener Sezession". 1. VI.—Ende Oktbr. 1. Aufl., ausg. am 1. VI. 1905. (XX, 177 S. m. 1 Plan.) kl. 8. München. (Leipzig, R. Mosse.) n.n. 1. —; illustr. Ausg. (XX, 177 u. 64 S. m. 1 Plan.) n.n. 2. —

— offizieller, der X. internationalen Kunstausstellung im kgl. Glaspalast zu München 1909, veranlasst v. der „Münchener Künstlergenossenschaft" im Verein m. der „Münchener Secession". 1. VI. bis Ende Oktbr. 2. Ausg. vom 1. VII. 1909. (XXX, 360 S. m. 1 Bildnis u. 1 Grundriss u. 183 S. Abbildgn.) kl. 8. München (909). (F. Hanfstaengl.) nn 2. 60

— offizieller, der internationalen Kunst-Ausstellung des Vereins bildender Künstler Münchens (A. V.) „Secession" 1893 an der Prinzregentenstrasse. Ausg. am 15. Juli 1893. 12. (62 S. m. Abbildgn.) München 893. A. Bruckmann's Verl. Geb. n.n. 2. 60

— dasselbe, „Secession" 1894. 1. provisor. Aufl. 12. (62 S.) München 894. Verlagsanstalt f. Kunst u. Wissenschaft. Kart. n.n. 1. 30; m. 46 Abbildgn. n.n. 2. 60

— offizieller, d. internat. Kunst-Ausstellung d. Vereins bild. Künstler Münchens (A. V.) „Secession" 1895. An der Prinzregentenstrasse. 12. (59 S. m. 1 Grundriss.) München 895. Verlagsanstalt f. Kunst u. Wissenschaft. Kart. n.n. 1. 30; illustr. Ausg. n.n. 2. 60

— dasselbe. 3. Aufl. gr. 8. (XXXVI, 66 S. m. farb. Plan.) Ebd. 895. n.n. 1.—

— dasselbe. „Secession" 1896. 12. (64 S. m. 1 Grundriss.) Ebd. 896. Kart. n.n. 1.30; illustr. Ausg. n.n. 2.60

— dasselbe. 1898 im kgl. Kunstausstellungsgebäude am Königsplatz gegenüber d. Glyptothek. Ausg. am 30. IV. 1898. 12. (64 S. m. 2 Grundrissen.) Ebd. 898. Kart. n.n. 1. 30; m. Illustr. (64 u. 48 S.) n.n. 2. 60

— officieller, der internationalen Kunst-Ausstellung des Vereins bildender Künstler Münchens (A. V.) „Secession" 1899 im kgl. Kunstausstellungsgebäude am Königsplatz gegenüber der Glyptothek. Ausg. am 3. VI. 1899. 12. (61 S. m. 2 Grundrissen.) München, Verlagsanstalt F. Bruckmann. Kart. n.n. 1. 30; m. Illustr. (61 u. 48 S.) n.n. 2. 60

— dasselbe. 1900. Ausg. am 6. VI. 1900. 12. (48 S. m. 2 Grundrissen.) Ebd. Kart. n.n. 1. 30; m. Abbildgn. (48 u. 48 S.) n.n. 2. 60

— dasselbe 1902. 1. u. 2. Aufl., ausg. Anfang bzw. Ende Juni. 12. (56 S. m. eingedr. Plänen.) Ebd. 902. Geb. n.n. 1. 30; illustr. Ausg. (56 u. 64 S.) n.n. 2. 60

Katalog, offizieller, der internationalen Kunst-Ausstellung des Vereins bildender Künstler Münchens (E. V.) „Secession" 1903 im kgl. Kunstausstellungsgebäude am Königsplatz gegenüber der Glyptothek. 1. Aufl., ausg. 30. V. (56 S. m. eingedr. Plänen.) 12. München, Verlagsanstalt F. Bruckmann. Geb. n.n. 1.30; illustr. Ausg. (56 u. 64 S.) n.n. 2. 60

— dasselbe 1906 im kgl. Kunstausstellungsgebäude am Königsplatz gegenüber der Glyptothek. 2. Aufl., ausg. am 28. VI. (62 S. m. 2 eingedr. Plänen.) kl. 8. Ebd. 906. Kart. n.n. 1. 30; illustr. Ausg. (62 S. m. 2 eingedr. Plänen u. 80 S. Abbildgn.) Kart. n.n. 2.60

Bayerische Jubiläums-Landes-Industrie-, Gewerbe- u. Kunst-Ausstellung. Nürnberg 1906. Kunst-Ausstellung. Offizieller Katalog. Mit 48 Ill. u. e. Pl. d. Kunsthalle. Bearb. v. Lit. Bureau. Nürnberg: Hartung & Rüttinger 1906. 119 S. 8° [II. 13718 7

Offizieller Katalog der Sächsischen Kunst-Ausstellung Dresden 1903. Veranstaltet von d. Dresdner Kunst-Genossenschaft. 4. Aufl. Dresden 1903: Heinrich. 40 S. 8° [II. 13931 7

Katalog, Officieller, der sächsischen Kunstausstellung Dresden 1906, s. Katalog der sächs. Kunstausstellung Dresden 1906.

— offizieller, der 3. deutschen Kunstgewerbe-Ausstellung Dresden 1906. Ausg. Mitte Mai 1906. (XVIII, 146 S. m. 4 Plänen.) 8. Dresden (906). W. Baensch. In Leinw. kart. n. 1.—

Offizieller Katalog der Dritten Deutschen Kunstgewerbe-Ausstellung Dresden 1906. Ausgegeben Anfang Juni 1906. 2. Aufl. Illustr. Ausg. Dresden: Baensch (1906). XXI, 218 S. 8° [II. 13919 7

— dasselbe. 2. Aufl. Ausg. Anfang Juni 1906. Illustrierte Ausg. (XXI, 210 u. 68 S. Abbildgn. m. 4 Plänen.) 8. Ebd. n. 1. 50

—— officieller, der deutschnationalen Kunstgewerbe-Ausstellung zu München, 1888. Hrsg. vom Directorium der Ausstellung. gr. 8. (160 S. mit chromolithogr. Plan.) München 888, (Verlag der akadem. Monatshefte.) **

—— dass. — 2. Aufl. gr. 8. (203 S. mit Illustr.-Anhang.) Ebendas. 888. [* M 2.—.]

— offizieller, der Kunstgewerbe-Ausstellung der bayerischen Jubiläums-Landes-Industrie-, Gewerbe- u. Kunst-Ausstellung Nürnberg 1906. Hrsg. v. der Ausstellungsleitg. (26 S. m. 1 Plan.) 8. Nürnberg, Vertriebsstelle der offiziellen Drucksachen der bayer. Jubiläums-Landes-Ausstellg. n. — 40

—— officieller, der Kunst-Gewerbe-Ausstellung zu Leipzig 1879. 1. und 2. Aufl. 8. (IV, 116 S. mit 1 lithogr. Grundriss.) Leipzig 879, (Oehmigke's Verlag.) **

— offizieller, d. Kunst-Halle d. sächsisch-thüring. Industrie- u. Gewerbe-Ausstellg. Leipzig 1897. 12. (61 S. m. 66 Abb. u. 1 Taf.) Leipzig 897. (F. E. Fischer.) Geb. n.n. 1. —

Katalog, officieller, der vierten schweizerischen Landesausstellung Zürich 1883. Redact.: Gruppen-Einleitungen: J. Hardmeyer-Jenny. Katalog: H. Paur. 8. (CXLIII, 349 S.) Zürich 883, (Orell, Füssli und Comp.) *

Katalog, Officieller, der 4. schweizerischen Landesausstellung Zürich 1883. 3. Aufl. Zürich (1883?)

—— officieller der Mecklenburgischen Landes-Gewerbe u. Industrie-Ausstellung 1892 in Rostock. Mit Situationsplan. gr. 8. (144; 64 S.) Rostock 892, (Werther). * 1 —

— offiz., d. bayerischen Landes-Industrie-, Gewerbe- u. Kunst-Ausstellung in Nürnberg 1896. Hrsg. v. bayer. Gewerbemuseum in Nürnberg. 8. (444 S. m. Abb., Grundrissen u. 1 Bildn.) Nürnberg 896. J. L. Schrag. n.n. 1. —

— dasselbe. II. Abth. Bildende Kunst. 2. Aufl. 8. (32 S.) Ebd. 896. n.n.n. — 25; 3. Aufl. 12. (94 S. m. Illustr. u. 1 Plan.) n.n. — 75

— offizieller, f. die Lehrmittelausstellung bei der X. allg. sächs. Lehrerversammlung zu Zwickau, 1894, zugleich krit. Wegweiser durch das Gebiet der Anschauungs- u. Lehrmittel. Hrsg. vom Ausstellungs-Ausschuss. 12. (112 S.) Leipzig 894. E. Wunderlich. — 50

Offizieller Katalog der 1. internationalen Motorboot-Ausstellung Kiel 1907 vom 16.—30. Juni (Kieler Woche). Berlin. (1907.) 8°

— officieller, für die internationale Motorwagen-Ausstellung Berlin 1899. Im Auftr. d. Ausstellungs-Comités hrsg. qu. 12. (149 S. m. Abbildgn.) Berlin, Deutscher Verlag. — 75

Officieller Katalog für die Internationale Motorwagen-Ausstellung Berlin 1899. 3. Aufl. Berlin: Deutscher Verl. 1899. (28 S., 102 Bl.) quer-8°

— offizieller, des Museums f. Arbeiterwohlfahrts-Einrichtungen in München u. des k. Oberbergamtes auf der bayerischen Jubiläums-Landes-Industrie-, Gewerbe- u. Kunstausstellung Nürnberg 1906. Ausstellung des Bayer. Staates, K. Staatsministerium, des K. Hauses u. des Aeussern. (48 S. m. 1 Plan.) 8. Nürnberg (Vertriebsstelle der offiziellen Drucksachen der bayer. Jubiläums-Landes-Ausstellg.) n. — 30

Katalog, officieller, der allgem. deutschen Patent- und Musterschutz-Ausstellung zu Frankfurt a. M. 1881. gr. 8°. *426 S.* mit eingedr. Holzschn. u. 1 lith. Plan. Frankfurt a. M., Keller. 1881. M. 2.—

Katalog, offic., d. 2. Posener Provinzial-Gewerbe-Ausstellung 1895. M. e. Führer durch d. Stadt Posen u. e. histor. Ueberblick üb. d. gewerbl. Verhältnisse d. Provinz. Hrsg. durch d. Red.-Ausschuss d. Ausstellungs-Comités. gr. 8. (144 S.) Berlin 895. R. Mosse. n. 1. —; in poln. Sprache (148 S.) n. 1. —

[F.] Officieller **Katalog** der zweiten Posener Provinzial-Gewerbe-Ausstellung 1895. M. e. Führer durch d. Stadt Posen u. e. histor. Ueberblick üb. d. gewerbl. Verhältnisse d. Prov. Hrsg. durch d. Red.-Ausschuss d. Ausstellgs-Comm. *(Berlin): R. Mosse (1895).* (1 Bl., 144, 104 S., 1 Pl.) 1 Bd 8. [96. 4441]

Officieller **Catalog** für die Sammel-Ausstellung der Deutschen Nahrungsmittel-Industrie auf der Weltausstellung in Paris 1900. Frankfurt a. M. 1900: A. Osterrieth. (123 S.) 8°

Katalog, offizieller, der Schul-Ausstellung zu Ehren der allgemeinen deutschen Lehrerversammlung (deutscher Lehrertag) zu Stuttgart, Pfingsten 1894. 12. (VIII, 96 S.) Stuttgart 894. (J. B. Metzler's Sort.) Kart. — 30

—— offizieller, der ersten deutschen Sport-Ausstellung. Berlin. (Deutsch, englisch und französisch.) gr. 8. (133 S.) Berlin 882, G. v. Glasenapp. geb. **

— offizieller, der Verwaltungsabteilung der Sonder-Ausstellung der Stadt Nürnberg auf der bayerischen Jubiläums-Landes-Industrie-, Gewerbe- u. Kunst-Ausstellung. Nürnberg 1906. (99 S. m. Abbildgn. u. 1 Plan.) 8. Nürnberg, J. L. Schrag. n. — 60

Katalog der Offiziersbibliothek des Dragoner-Regiments Nr. 13. Metz: Gebr. Lang 1901. (24 S.) 8° [F.] [08. 7309]

— ogólny książek polskich drukowanych od roku 1830 do 1850, czyli za lat dwadzieścia jeden. Z oznaczeniem formatu, miejsca i roku wyjścia, nakładcy, ceny pierwotnéj, oraz z dodaniem podziału naukowego książek niniejszym spisem objętych. Zebrał i wydał W. R. gr. 8. (330 S.) Leipzig 852, Brockhaus in Comm. baar n. 1 1/3 ℳ

—— der Originale u. Galvanos v. Schmidt u. Günther in Leipzig. gr. 4. (29 S. m. 4 Taf.) Lpz. 890, Schmidt u. Günther. ** 1 —

— v. Orig.-Holzschnitten u. Zinkographien a. d. Verlage v. Greiner & Pfeiffer in Stuttgart. Fol. (124 S. m. 262 Abb.) Stuttgart 895. Greiner & Pfeiffer. — 75

— der Orig.-Radierungs-Ausstellung im Kunstgewerbe-Museum Düsseldorf, veranstaltet v. der Hof-Kunst- u. Gemälde-Handlung Bismeyer & Kraus, Düsseldorf. 26. XI. 1899 bis Anfang Febr. 1900. gr. 8. (60 S. m. Abbildgn.) Düsseldorf 899. Bismeyer & Kraus. n. 1. —

Katalog der im germanischen Museum befindlichen Originalskulpturen . . . Nürnberg, Verlag des germanischen Museums 1890.
92 S., 1 Bl. m. 20 Holzschn., 16 Taf. in Holzschn. 4°.

Katalog von *Original-Zeichnungen*, Aquarellen, Oelskizzen, Oelbildchen, Holzschnitten, Radierungen, Kupferstichen u. Lithographien aus den Kunstnachlässen: *Frdr. Dürck* (Hof- u. Porträtmaler etc., geb. 1809 zu Leipzig, † 25. October 1884 zu München) und *Johannes Leeb* (Bildhauer, geb. 1790 zu Memmingen, † 1863 zu München), dann von *Original-Kupfer- u. Stahlplatten* verschied. hervorragender Künstler. Versteigerung zu München, d. 7. Novbr. ff. 1887 . . . . durch das Kunstantiquariat von *Hugo Helbing.* (München, Bruckmann'sche Buchdr.) 8°. Cart
58 S. m. 1084 Nrn.

—— der Ornamentstich-Sammlung d. Kunstgewerbe-Museums zu Leipzig, s. Kunstgewerbe-Museum.

— der Ornamentstich-Sammlung des Kunstgewerbe-Museums zu Leipzig. Im Auftrage des Verwaltungsrates hrsg. von E. v. Ubisch. Lex.-8. (IV, 144 S. m. 11 Taf.) Ebd. 889. n. 6. —

— der Ornamentstich-Sammlung des Kunstgewerbe-Museums der königl. Museen zu Berlin. (Von P. Jessen.) Lex.-8. (VIII, 480 S. m. 200 Abbildgn.) Leipzig 894. E. A. Seemann. Geb. in Leinw. n. 7. 50

— der Ornamentstich-Sammlung des K. K. Österreichischen Museums für Kunst und Industrie. 1865 und 71. Wien 1865. 71

Katalog der Ortsbibliothek zu Eydtkuhnen. No 1. Eydtkuhnen 1907: F. Freßdorf. 8° [F.] [07. 11619]

—— der Ostermess-Ausstellung des Börsen-Vereins der deutschen Buchhändler. 4. (CLV, 584 S. mit eingedr. Holzschn. und Kunstbeilagen, in den älteren und modernen Vervielfältigungsarten.) Leipzig 884, (Geschäftsstelle des Börsenvereins der deutschen Buchhändler.) geb. * *
Inhalt:
Neue Erwerbungen zur Sammlung von Heinrich Klemm, von ihm ausgestellt. — Ausstellungs-Katalog. — Beilagen der Verlagsbuchhandlungen, Kunstanstalten, Druckereien und sonstiger mit dem Buchhandel verbundener Geschäftszweige.

—— oesterreichischer. Verzeichniss aller vom Jänner bis Juni und vom Juli bis Decbr. 1885 in Oesterreich erschienenen Bücher, Zeitschriften, Kunstsachen, Landkarten und Musikalien. [In 2 Semester-Heften.] 8. (99; 126 S.) Wien 885, Verein der österreichischen Buchhändler. à Heft *

—— dass. — 1886—1888. à Jahrg. 2 Hefte. 8. Ebendas. [1886. (156; 171 S.); 1887. (159; 187 S.); 1888. (177; 177 S.)] à Heft *
Erscheint seit 1860. Die Jahrgänge bis 1872 sind vergriffen.

Katalog, Oesterreichischer. Verzeichniß aller vom Juli bis December 1888 in Oesterreich erschienenen Bücher, Zeitschriften, Kunstsachen, Landkarten und Musikalien. In fünf Abtheilungen: I. Deutsche Abtheilung. II. Slavische Abtheilung. III. Italienische Abtheilung. IV. Kunstsachen. V. Musikalien. 8. (177 S.) —.50
Wien: Verein d.österr.Buchhändler 1889.

— der Musikbibliothek Peters. I Abth. Theoretische Werke II. Abth Praktische Werke. Lex.-8. (VIII, 168 u. IV, 160 S.) Leipzig 894. C F. Peters. n. 18. —; geb. n. 20. —

— der Musikbibliothek Peters. Neu bearb. v. Rud. Schwartz. I. Bd. Bücher u. Schriften. (VIII, 227 S.) Lex.-8. Leipzig 910. C. F. Peters. 15. —

Katalog von Petrefakten-Sammlungen nach Bronns Lethaea geognostica. Heidelberg. 1841.

Katalog der in d. hiesigen Schlossgarten u. d. dazu gehörigen botan. Anlagen enthalt. Pflanzen, f. Freunde d. Pflanzenkunde. gr. 8. (3½ B.) Darmstadt 832, (Heyer, Vrlsh.)

70. Versammlung deutscher Naturforscher u. Aerzte zu Düsseldorf 1898. **Katalog** der Ausstellung: Die Photographie im Dienste der Wissenschaften. *Düsseldorf 1898: A. Bagel.* (61, 5 S.) 8° [00. 1436]

— üb. Physik u. Chemie. Hrsg. v. A. Müller-Fröbelhaus, internat. Lehrmittel-Institut in Dresden. Mit Bilder-Atlas. gr. 8. (215 u. 56 S) Dresden 896. A. Müller, Fröbelhaus. n. 2. —

— des Polytechnikums zu Riga. Riga 1872. 8⁰. Nachtrag hiezu. Riga 1875. 8⁰.

— des Schweizer'schen Polytechnikums. Vide unter Verzeichniss.

— polytechnischer. Eine Auswahl v. empfehlenswerten Büchern aus allen Gebieten der techn. u. Kunst-Litteratur. 5. verm. u. verb. Aufl. 12. (112 S.) München (902). L. Fritsch. — 75

Katalog, polytechnischer. Eine Auswahl v. empfehlenswerten Büchern aus allen Gebieten der techn. u. Kunst-Literatur. 9. Aufl. 1906—1907. (128 S.) kl. 8. München (906). L. Fritsch. n. — 40

— polytechnischer. Eine Auswahl aus allen Gebieten der techn. u. Kunst-Literatur. 13. Aufl. 1910—1911. (144 S.) kl. 8. München (910). L. Fritsch. — 40

—— pomologischer, der Reichs-Obst-Ausstellung, welche der k. k. österreich. Pomologen-Verein zur Feier des 40jähr. Regierungs-Jubiläums Sr. Majestät des Kaisers Franz Josef I. vom 2. bis 14. Octbr. 1888 unter dem Protectorate Sr. k. und k. Hoheit des durchlauchtigsten Hrn. Erzherzogs Karl Ludwig veranstaltet. Redig. vom Obmanne d. k. k. österreich. Pomologen-Vereins Heinr. Graf Attems. gr. 4. (V, 366 S.) Wien 888, (Frick.) * *

Katalog der historischen Portrait-Ausstellung im Künstlerhause. (1680—1840.) 2. Aufl. 8. Wien 1880.

— der Portrait-Sammlung der k. u. k. General-Intendanz d. k. k. Hoftheater. Zugleich e. biograph. Hilfsbuch auf dem Gebiete v. Theater u. Musik. 1.—3. Abth. gr. 8. (IV, 672 u. 26 S.) Wien 892. 894. (A. W. Künast.) à n. 3. —

— der Portraitsammlung der historischen Landeshalle f. Schleswig-Holstein m. kurzen Biographien. Gruppenbilder. (X, 250 S.) gr. 8. Kiel 903. Histor. Landeshalle f. Schleswig-Holstein. n. 1. 40

Katalog des Postmuseums im Kaiserl. General-Postamte. Berlin 1878. . . . [illegible]

'Ornis', Verein f. Geflügel- u. Singvögel-Zucht zu Münster i. W. **Katalog** mit eingedruckter Prämiirung der 3. grossen, allgemeinen Geflügel-Ausstellung auf d. Westf. Zoolog. Garten zu Münster i. W. 1902. *Münster i. W. (1902): 'Der Westfale.'* (46 S.) 8° [Umschlagt.]

Katalog zur Prinzhofer-Ausstellung in St. Veit a. d. Glan. St. Veit, Schlick, (1908). 11 S.

—— der von dem k. k. Privilegien-Archive registrirten, ertheilten, verlängerten, übertragenen und außer Kraft getretenen ausschließenden Privilegien. Jahrg. 1868—1874. 8. Wien, k. k. Hof- und Staatsdruckerei. à Jahrg. *

Katalog der v. dem k. k. Privilegien-Archive im Jahre 1875 registrirt., ertheilt., verlängerten, übertragenen und ausser Kraft getretenen ausschliessenden Privilegien. gr. 8. (548 S.) Wien 876. k. k. Hof- und Staatsdr. n. 6. —

— dasselbe. Jänner—April 1876. 4 Hfte. gr. 8. (57, 61, 59 u. 68 S.) Ebend. 876. à n. 1. —

— der von dem k. k. Privilegien-Archive registrirten ertheilten, verlängerten, übertragenen u. ausser Kraft getretenen ausschliessenden Privilegien. Mai—Decbr. 1876. 8 Hfte. gr. 8. (65, 60, 64, 68, 99, 70, 62 u. 66 S.) Wien, k. k. Hof- u. Staatsdruckerei. à n. 1. —

— dasselbe. 1877. Jänner—März. 3 Hfte. gr. 8. (53, 68 u. 40 S.) Ebend. à n. 1. —

—— der von dem k. k. Privilegien-Archive in den J. 1879—1883 registrirten, ertheilten, verlängerten, übertragenen und ausser Kraft gesetzten ausschliessenden Privilegien. gr. 8. (497; 622; 682; 719; 795 S.) Wien 880—84, Hof- und Staatsdruckerei. à Jahrg. *

—— der von dem k. k. Privilegien-Archive im J. 1884 registrirten, ertheilten, verlängerten, übertragenen und ausser Kraft gesetzten ausschliessenden Privilegien. gr. 8. (805 S.) Wien 885, Hof- und Staatsdruckerei. *

Katalog der Propst Carstens-Bibliothek, Abteilung der Königlichen Seminarbibliothek in Tondern. Flensburg. 1903. 8°

— der Provinzial-Bibliothek zu Hannover. Neue Ausg. (IX, 765 S.) Lex.8. Hannover 908. Th. Schulze. Kart. 5. —

Katalog der Provinzial-Bibliothek für Schleswig-Holstein (nunmehr: Schleswig-Holsteinische Landesbibliothek. Hrsgg. von Rudolf von Fischer-Benzon). Schleswig. 1896–98. (J. Bergas). (XXXVI, 1031 S. 8°)

Katalog der Provinzial-Gewerbe-Ausstellung f. Rheinland u. Westphalen in Düsseldorf. Eröffnet am 15. Juli 1852. 5. Aufl. Düsseldorf. 8°

Katalog der schleswig-holsteinischen Provinzial-Thierschau nebst Austellung landwirthschaftlicher Maschinen und Geräthe in Kiel, am 25., 26. und 27. Juni 1886, veranstaltet vom schleswig-holsteinischen landwirthschaftlichen General-Verein. Hierzu 1 Uebersichtsplan des Thierschauplatzes etc. Kiel. 1886. 8°

Provisorischer Katalog für das Kriegs- und Friedensmuseum in Luzern. II + 44 S. 8. Luzern, Genossenschafts-Buchdr., [1902]. [fr. —. 30]

Provisorischer Katalog der I. Internationalen Kunstausstellung im Kgl. Glaspalaste in München 1869. München, o. J. (1869). 8°. 2 Bll. u. 88 S. Cart.

— — provisorischer, der plastischen und der Gemälde-Sammlung im königl. Museum der bildenden Künste zu Stuttgart. 8. (96 S.) Stuttgart 877, (Metzler'sche Buchh.) **

KATALOG DES PRUSSIA-MUSEUMS im Nordflügel des Königlichen Schlosses zu Königsberg i. Pr.

Teil I. Steinzeit-, Bronzezeit-, Pfahlbau-Funde, aufgestellt in Zimmer Nr. I. Mit 68 Abbildungen. Königsberg 1893. Ostpreussische Zeitungs- und Verlags-Druckerei. 8°.

Teil II. Die Funde aus der Zeit der heidnischen Gräberfelder (von Christi Geburt bis zur Einführung des Christentums), aufgestellt in den Zimmern II und III. Mit einem Anhang, enthaltend den Katalog der ethnographischen Sammlung in Zimmer IV. Mit 126 Abbildungen. ib. 1897. Selbstverlag der Altertumsgesellschaft Prussia.

Teil III. Die Sammlungen der geschichtlichen Zeit, aufgestellt in den Zimmern V, VI, VII und VIII. Mit 26 Abbildungen. ib. 1894. Ostpreussische Zeitungs- und Verlags-Druckerei.

KATALOG DES PRUSSIA-MUSEUMS zu Königsberg i. Pr.

Teil IV. Abteilung für Völkerkunde. ib. 1907. Selbstverlag der Altertumsgesellschaft Prussia.

Katalog des Prussia-Museums zu Königsberg i. Pr. T. 1–4. Königsberg: Altertumsgesellsch. Prussia 1893–1907. 4 Bde 8°

1. Steinzeit-, Bronzezeit-, Pfahlbau-Funde. Mit 68 Abb. 1893.
2. Die Funde aus d. Zeit d. heidn. Gräberfelder (von Christi Geburt bis z. Einführung d. Christentums). Mit e. Anh., enth. d. Katalog d. ethnograph. Sammlung. Mit 126 Abb. (Verf.: A[dalbert] Bezzenberger.) 1897.
3. Die Sammlungen d. geschichtl. Zeit. Mit 26 Abb. (Verf.: Mary Ehrenberg u. Hermann Ehrenberg.) 1894.
4. Abteilung f. Völkerkunde. (Verf.: F[erdinand] Bork.) 1907. (08. 7310 10

— d. Prussia-Museums i. Nordflügel d. kgl. Schlosses zu Königsberg i/Pr. 3 Tle. gr. 8. Königsberg (F. Beyer). n. 1. 40

I. Steinzeit-, Bronzezeit-, Pfahlbau-Funde, aufgest. i. Zimmer Nr. 1. (52 S. m. 68 Abb.) 893. n. — 60
II. Funde aus d. Zeit d. heidn. Gräberfelder. — Ethnograph. Sammlg. (48 S. m. 126 Abb.) 897. n. — 40
III. Die Sammlgn. d. geschichtl. Zeit, aufgest. in d. Zimmern V, VI, VII u. VIII. (64 S. m. 26 Abb.) 894. n. — 40

Katalog des Prussia-Museums zu Königsberg i. Pr. [Überarb. Neudr.] T. 1. Königsberg: Altertumsgesellsch. Prussia 1906. 8° (08. 6800 10

Katalog Nr. 8 der Publikationen des Eidg. topographischen Bureaus mit Preisverzeichnis und Übersichtsblättern. Catalogue N° 8 des publications du Bureau topographique fédéral avec indication des prix et tableaux d'assemblage. [Mit 1 Tafel.] II + 100 S. 8. Bern, [Stämpfli & Cie.,] Januar 1901.

Katalog Nr. 9 der Publikationen des Eidg. topographischen Bureaus mit Preisverzeichnis und Übersichtsblättern. — Catalogue N° 9 des publications du Bureau topographique fédéral, avec indication des prix et tableaux d'assemblage. [Mit 1 Tafel.] II + 111 S. 8. Bern — Berne, [Stämpfli & Cie.,] März — Mars 1902.

Katalog Nr. 10 der Publikationen der Schweiz. Landestopographie mit Preisverzeichnis und Übersichtsblättern = Catalogue N° 10 des publications du Service topographique fédéral avec indication des prix et tableaux d'assemblage. [Mit Figuren und 1 Tafel.] II + 103 S. 8. Bern = Berne, [Staempfli & Cie.,] August = Août 1903.

Catalog. K' Nr. 11 der Publikationen der Schweiz. Landestopographie mit Preisverzeichnis und Übersichtsblättern = Catalogue N° 11 des publications du Service topographique fédéral avec indication des prix et tableaux d'assemblage. [Mit Figuren und 4 Tafeln.] II + 36 S. 8. Bern = Berne, [Staempfli & Cie.,] Juli = Juillet 1905.

Catalog. K' Nr. 12 der Publikationen der Schweiz. Landestopographie mit Preisverzeichnis und Übersichtsblättern = Catalogue N° 12 des publications du Service topographique fédéral avec indication des prix et tableaux d'assemblage. [Mit Figuren und 4 Tafeln.] II + 32 S. 8. Bern = Berne, [Staempfli & Cie.,] Juli = Juillet 1906.

Catalog. K' Nr. 13 der Publikationen der Schweiz. Landestopographie mit Preisverzeichnis und Übersichtsblättern = Catalogue N° 13 des publications du Service topographique fédéral avec indication des prix et tableaux d'assemblage. [Mit Figuren und 4 Tafeln.] II + 35 S. 8. Bern = Berne, [Staempfli & Cie.,] Januar = Janvier 1908.

Catalog. K' Nr. 14 der Publikationen der Schweiz. Landestopographie mit Preisverzeichnis und Übersichtsblättern = Catalogue N° 14 des publications du Service topographique fédéral avec indication des prix et tableaux d'assemblage. [Mit Figuren und 3 Tafeln.] II + 33 S. 8. Bern = Berne, [Staempfli & Cie.,] Oktober = Octobre 1908.

Catalog. K' ... der Publikationen der Schweiz. Landestopographie ... = Catalogue ... des publications du Service topographique fédéral .... [Mit Figuren.] 8. Bern = Berne, [Stæmpfli & Cie.]

K' Nr. 14 [bis] ... mit Preisverzeichnis und [8] Übersichtsblättern = C' N° 14 [bis] ... avec indication des prix et [8] tableaux d'assemblage. II + 38 S. Ende Dezember = fin Décembre 1908.

K' Nr. 15 ... u. Nr. 16 ... mit den allgemeinen Verkaufsbedingungen und 8 Übersichtsblättern = C' N° 15 ... *et* N° 16 ... avec les conditions de vente générales et 8 tableaux d'assemblage. *je* II + 37 S. August = Août 1909 u. April = Avril 1910.

Katalog zur *Rafael-Ausstellung*, im Auftrage der Münchener Künstler-Genossenschaft im Mittelsaale des kgl. Kunstausstellungs-Gebäudes am Königsplatze in München veranstaltet von *Adolf Gutbier*, k. sächs. Hofkunsthändler in Dresden. O. O. 1883. Gr. 8°. Orig.-Cart.
VI S., 2 Bll., 32 S. Enth. 605 Nrn.

Katalog der Raths-Bibliothek der Stadt Halle a. S. Halle a. S. 1899: Gebauer & Schwetschke. 90 S. 8°

Katalog der Rathsbibliothek zu Thorn. Thorn 1896: S. Buszczynski. (V, 104 S.) 8°

Katalog der Redaktionsbibliothek der Kölnischen Zeitung (M. Dumont Schauberg). 3. Aufl. Köln, 1910. 492 S.

Der Katalog der Kaiserlich Deutschen Reichsdruckerei in Berlin. Weltausstellung zu St. Louis 1904. (Berlin: Reichsdr. 1904.) (25 S.) 8° [F.] [Umschlagt.:] Die Kais. Deutsche Reichsdruckerei auf d. Weltausstellung zu St. Louis. (05. 10933

Reichs-Marine-Amt, Katalog, enthaltend die bei den Karten-Depots der Kaiserlichen Werften zu Kiel bezw. Wilhelmshaven vorräthigen Seekarten und nautischen Bücher etc. Berlin 1891.

Bxve 14. Reichs-Marine-Amt. **Katalog** enth. die auf den Kaiserlichen Werften vorrätigen Seekarten und nautischen Bücher. Berlin 1908: (E. S. Mittler & Sohn). (XXIV, 328 S.) 8° [08. 3934 8

— des ethnographischen Reichsmuseums. 1., 2., 4. u. 5. Bd. Lex. 8. Leiden, Buchh. u. Druckerei vorm. E. J. Brill. nn 24. —
Fischer, H. W., die Inseln rings um Sumatra. (XL, 246 S. m. Abbild. u. 11 [4 farb., 1 Doppel-] Taf.) 909. (Bd. 4.) nn 5. —
Juynboll, H. H., Borneo. I. Abtlg. (XXXIII, 353 S. m. Abb. u. 14 [2 farb.] Taf.) 909. (Bd. 1.) nn 7. —
— dasselbe. II. Abtlg. (XVI, 428 S. m. Abbildgn. u. 10 [1 farb.] Taf.) 910. (Bd. 2.) nn 7. —
— Javanische Altertümer. (XXIII, 265 S. m. Abbildgn. u. 15 Taf.) 909. (Bd. 5.) nn 5. —

— des Reichs-Postmuseums. Berlin 1882. 1883. 8. . . . . (RPA.)

— des Reichs-Postmuseums. Im Auftrage des Reichs-Postamts bearb. von H. Theinert. Berlin 1889. gr. 8.

— d. Reichs-Postmuseums. (Neue Ausg. 1897.) gr. 8. (XVI, 575 S. m. Abb.) Berlin 897. J. Springer. n.n. 4. —

Catalog. K' der Schweiz. Reiseliteratur und der Publikationen zur Förderung des Reiseverkehrs in der Schweiz, mit Angabe der Bezugsquellen, Preise etc. zusammengestellt vom Vorort des Verbandes schweizerischer Verkehrsvereine. Schema-Entwurf. II + 12 S. 8. Basel, Emil Birkhäuser, 1907.

Katalog der Richter-Ausstellung. 1886. Frankfurt a. M. 8°.

Katalog der Roßbach-Ausstellung in der Aula des Kgl. Lehrerseminars zu Weißenfels aus Anlass der hundertfünfzigsten Wiederkehr des Schlachttages ⟨5. Nov. 1757⟩ veranst. v. Verein f. Natur- u. Altertumskunde zu Weißenfels. Weißenfels a. S.: Verein 1907. (31 S.) 8° [F.] [08. 1853

Katalog der Abtheilung Russland d. internationalen Ausstellung f. Musik- u. Theaterwesen, Wien 1892. Direction der kaiserl. Hoftheater in Petersburg u. Moskau. Hrsg. v. der Ausstellungscommission. gr. 8. (IV, 84 S.) Wien 892. (Lpz., Literar. Anstalt Aug. Schulze.) — 60

— der Rüstungen u. Waffen-Sammlung des Hrn. Karl Junckerstorff in Düsseldorf nebst Möbeln, Bildern u. Antiquitäten aus demselben Besitz. Versteigerung zu Cöln, Montag, den 1. V. 1905 bei Math. Lempertz, Buchhandlg. u. Antiquariat. (III, 16 S. m. 17 Taf.) gr. 4. Cöln 905. Bonn, M. Lempertz. n. 6. —

Katalog der Sammlung kunstgewerblicher Altertümer des Herrn E Habich zu Kassel. (9 T mit Text) 4° Kassel 1901

Katalog einer bedeutenden . . . Sammlung griechischer Vasen, Terrakotten, Marmorwerke, Bronzen und Gläser. Auktion in München ... d. 1. Mai 1899 ... unt. Leitung d. Kunsthändlers Hugo Helbing ... München: Dr. v. Knorr & Hirth 1899. (3 Bl., 25 S., 4 Taf.) 4°

Katalog der an der Lehrkanzel für Betriebslehre der k. k. Hochschule für Boden-Cultur in Wien befindlichen Sammlung von Original-Bauplänen typischer, landwirthschaftlicher Gebäude beim Kleingrundbesitze in Oesterreich und von Publicationen über landwirthschaftliches Bauwesen. Gr.-8. (32 S.) Wien: Frick 1898. * —.30

— der Sammlung u. Bibliothek der verstorb. Herren Goldschmied R. Vasters u. Kunstmaler J. Lange zu Aachen. Gemälde alter Meister: Berchem, van Bloemen, Brueghel, David, Dou, de Heem, v. d. Helst, Hobbema, Mabuse, Maes, Rubens, Ruisdael, Saftleeven, Tizian, Steen, Weenix. Aquarelle, Radiergn., Kupferstiche. Antiquitäten aller Art: Fayencen, Porzellane, Halbedelsteine, Kupfer, Eisen, Bronze, Silber, Bergkristall, Elfenbein, Email, Gold, Einrichtungsgegenstände, Möbel etc. Moderne Goldschmiede-Arbeiten, Modelle, Photographien. Reichhaltige kunstwissenschaftl. Bibliothek. Versteigerung: Dienstag, den 26. bis Freitag, den 29. X., von täglich 3 Uhr Nachmittags an durch Ant. Creutzer vorm. M. Lempertz, Aachen. (61 S. m. 8 Taf.) Lex. 8. Aachen (909). A. Creutzer. 1. —

[F.] **Katalog** der gräfl. W. Douglas'schen Sammlung alter Glasgemälde auf Schloss Langenstein. Versteigerg zu Köln ... durch J. M. Heberle '(H. Lempertz Söhne)' ... *Köln: M. DuMont Schauberg 1897.* (2 Bl., IV, 38 S., 10 Taf.) 1 Bd 4. [98. 2676

— d. gräfl. W. Douglas'schen Sammlung alter Glasgemälde auf Schloß Langenstein. Versteigerg. zu Köln d. 25. XI. 1897, vormittags 9½ Uhr, durch J. M. Heberle (H. Lempertz' Söhne). gr. 4. (IV, 38 S. m. 10 Lichtdr.) Köln 897. J. M. Heberle. n. 6. —

— der ehemal. Bock'schen Sammlung von Webereien u Stickereien des Mittelalters u der Renaissance im K. K. österr. Museum f. Kunst u Industrie. 1865. (64 S) Wien 1865

— der ethnographischen Sammlung im Museum des Missionshauses zu Basel. Nebst Anhang: Verzeichnis der Portr. der ausgesandten Missionare und Prediger. 8. (68 S.) Basel 883, Missionsbuchhandlung. *

— e. Sammlg. v. japanischen Farbenholzschnitten zum Teil aus dem Besitz des Herrn Ernst Kropp, München. Auktion in München in d. Galerie Helbing, Wagmüllerstrasse 15, Donnerstag, den 24. XI. 1910 vormittags 10 Uhr. (15 S. m. 32 Taf.) Lex. 8. München (910). H. Helbing. 2. —

— der Sammlung v. Gemälden älterer Meister sowie v. Möbeln, Arbeiten aus Holz, Kupfer, Zinn, Eisen, Porzellan u. Fayence, aus d. Besitze des Herrn Paul Giersberg in Wesel. Versteigerung in Köln, Dienstag den 16. IV. 1907 von morgens 10 Uhr u. nachmittags 3 Uhr an unter Leitg. v. Peter Hanstein, Inhaber der Firma Math. Lempertz' Buchhandlg. u. Antiquariat in Köln u. Bonn in dessen Kölner Auktionslokale Domhof Nr. 8. (33 S. m. 29 Taf.) Lex. 8. Köln 907. M. Lempertz. 5. —

— d. geognostisch u. d. zoolog. Sammlung d. naturhistor. Vereins zu Passau, s. Bericht XV.

Katalog über eine geographisch-mineralogische Sammlung der Wetterauer Hauptgebirgsgruppe. Handschrift. Ca. 1840.

— d. Sammlung nutzbarer Gesteine u. Mineralien d. Königr. Bayern auf d. bayer. Landes-Industrie-, Gewerbe- u. Kunst-Ausstellung zu Nürnberg 1896, aufgest. v. mineralog. Laboratorium u. d. geolog. Sammlg. d. kgl. techn. Hochschule zu München. gr. 8. (IV, 68 S.) München 896. (Nürnberg, J. L. Schrag.) n. —60

Katalog der gewerbehygienischen Sammlung im eidgenössischen Polytechnikum in Zürich. Einsiedeln 1894

— zu der im Auftrage des königl. Staatsministeriums der Finanzen von Geo. Lang in Bayreuth hergestellten forst-entomologischen Sammlg. der Ausstellg. der Staatsforstverwaltung. (88 S.) 8. Bayreuth 906. (Nürnberg, Vertriebsstelle der offiziellen Drucksachen der bayer. Jubiläums-Landes-Ausstellg.) n. — 50

Katalog einer ganz hervorragenden und höchst interessanten Sammlung griechischer Vasen, Terrakotten, Marmorwerke und Bronzen, sowie diverser Gegenstände aus späterer Zeit, aus d. Nachlasse des in Würzburg verst. Professors Herrn P. M. ... *München: Dr. v. Knorr & Hirth 1897.* (2 Bl., 38 S., 5 Taf.) 1 Bd 8. [97. 6383 B.

Katalog einer kleinen, aber höchst interessanten Sammlung von Porzellan-Gefässen, ferner Silber- und Einrichtungs-Gegenständen aus dem Besitze des Herrn Otto Frh. von Blome in München ... *München: Dr. v. Knorr & Hirth 1898.* (3 Bl., 29 S., 5 Taf.) 1 Bd 4. [98. 3444 H.

Katalog der Sammlung von Kupferstichen etc. des Luigi Angiolini zu Mailand und andere wertvolle Beiträge. 4° Stuttgart 1895

Katalog der Freiherrl. v. Lipperheide'schen Sammlung f. Kostümwissenschaft, s. Katalog der ... Lipperheide'schen Kostümbibliothek.

Katalog über eine mineralogisch-geographische Sammlung des Odenwaldes. Handschrift. Ca. 1840.

Katalog der mittelalterlichen Sammlung zu Basel. Kl. in-8°, 128 S. Basel, Druck von E. Birkhäuser. 1888. 1 —

Katalog der mittelalterlichen Sammlung zu Basel. Basel 1890

Katalog der Sammlung Hessischer Münzen u. Medaillen des verstorb. Hn. Wilhelm Kornemann ... *Cassel: Dr. v. L. Doll 1899.* (1 Bl., 60 S.) 1 Bd 8. [99 2234 4

Katalog der pharmaceutischen, pharmacognostischen u. chemischen Sammlung aus der Brasilianischen Flora zur National-Ausstellung in Rio de Janeiro 1866. Wien 1868. 8°

Katalog einer reichhaltigen Sammlung von Werken mit Bezug auf Geschichte, Theorie und Praxis der Schiffsbaukunst incl. Schiffs-Maschinenwesen, Mechanik usw. Berlin 1889

(Katalog von) Franz E. v. Rosthorn's Sammlung von Rüstungen, ... Bildern in Klgft. Klgft., v. Kleinmayr, (1866). 25 S.

Staatliche Sammlung ärztlicher Lehrmittel. Katalog. 1. Ausg. Juni 1904. (Vorr.: Robert Kutner.) Berlin (1904): Norddeutsche Buchdr. XXI, 91 S. 8°

Katalog einer werthvollen Sammlung von Autographen und Historischen Documenten zum Theil aus d. Nachlasse e. hervorragenden Sammlers. Versteigerg zu Wien ... 1898 ... *Wien: Gilhofer & Ranschburg 1898.* (2 Bl., 72 S.) 1 Bd 8. [98. 8936

Catalog. K' der ethnologischen Sammlungen aus Centralasien, zurückgebracht von Heinrich Moser. [Illustriert.]
Ausg. A. 4. Bern 1886.
Ausg. B. 8. Neuenburg 1887.

— der Sammlungen alter u. moderner Kunstsachen aus dem Nachlasse des Hrn. John Harry Perlbach zu Hamburg. Miniaturen. — Ausgew. Sammlg. von Dosen. — Arbeiten in Elfenbein. — Arbeiten in Email. — Arbeiten in Gold. — Arbeiten in Silber. — Arbeiten in Bronze. — Arbeiten in Thon u. Steingut. — Fayencen, Porzellane. — Arbeiten in Glas. — Arbeiten in Stein, Zinkguss etc. Versteigerg. zu Hamburg, Dienstag den 5. XII. bis Sonntag den 9. XII. 1899 im Parterre-Lokale v. Knacke's Millionbau, Stadthausbrücke 11—13. Auf Anstehen des Erbschafts-Amtes zu Hamburg unter Leitg. v. Heinr. Lempertz jr., i. Fa. J. M. Heberle (H. Lempertz' Söhne), durch den Auctionator E. v. Würzen. hoch 4. (VI, 104 S. m. 5 Lichtdr.-Taf.) Köln 899. J. M. Heberle. 3. —

— der Sammlungen alter u. moderner Kunstsachen, Pretiosen, Möbel u. Einrichtungs-Gegenstände aus dem Nachlasse der Ehren-Stiftsdame Emilie v. Waldenburg zu Potsdam. Porzellane. — Arbeiten in Glas. — Arbeiten in Elfenbein u. Email. — Dosen, Nécessaires u. Flacons. — Fächer. — Juwelen, Pretiosen, Uhren u. Bijoux. — Arbeiten in Silber. — Arbeiten in Bronze. — Miniaturen. — Möbel u. Einrichtungs-Gegenstände. — Bücher, Autographen etc. etc. Versteigerung zu Berlin, Französische Strasse 24, I. Etage den 22. Novbr. 1894 u. die folg. Tage durch J. M. Heberle (H. Lempertz' Söhne) aus Köln a. Rh. Fol. (91 S. m. 6 Taf. in Phototyp.) Köln 894. J. M. Heberle. 3. —

Katalog mehrerer Sammlungen v. Handzeichnungen und Aquarellen alter und neuerer Meister, darunter viele vorzügl. Blätter. M. 4 Ill. Versteigerung zu Leipzig Dienstag d. 27. Juni 1899 ... (Leipzig: Dr. v. W. Drugulin 1899.) (2 Bl., 85 S., 4 Taf.) 8°
= Kunst-Auction, Leipziger, v. C. G. Boerner [No] 64.

Katalog mehrerer Sammlungen von Kupferstichen, darunter diejenige des Hrn. *Dmitry Gusskoff* in Moskau, u. einer kleinen Sammlung von Blättern alter Meister, welche im J. 1640 begründet wurde. Versteig. zu Leipzig, d. 24. Febr. sq. 1887. (XXIV. Kunst-Auct. v. *Alex. Danz.*) Gr. 8°. Beibd.*) Hrsb.
2 Bll. u. 55 S. Enth. 561 Nrn. Mit 4 schönen Facsim.-Taf. in Hlzschn. und Lichtdr. (zus. 14 Darstellgn.). — Interess. Collection!

Katalog der Sammlungen des Museums Fehmarnscher Altertümer. (Burg a./F. 1904.) 8°

Katalog der Sammlungen von Musterwerken der Industrie und Kunst des Instituts Minutoli zu Liegnitz. Berlin 1872-73

Katalog der Sammlungen des Pestalozzianums. Supplement 3. 1900. 19 S. 8. [Zürich, Emil Rüegg, 1901.]

Katalog der Sammlungen des Pestalozzianums. Supplement 4. 1901. 20 S. 8. [Zürich, Emil Rüegg, 1902.]

Katalog der Sammlungen des Pestalozzianums. Supplement 5. 1902. 16 S. 8. [Zürich, Emil Rüegg, 1903.]

Catalog. K' der Sammlungen des Pestalozzianums. Supplement 6. 1903. 23 S. 8. [Zürich, Emil Rüegg, 1904.]

Catalog. K' der Sammlungen des Pestalozzianums. Supplement 7. 1904. 18 S. 8. [Zürich, Emil Rüegg, 1905.]

Catalog. K' der Sammlungen des Pestalozzianums. Supplement 8. 1905. 38 S. 8. [Zürich, Emil Rüegg, 1906.] —

Catalog. K' der Sammlungen des Pestalozzianums. Supplement 9. 1906. 18 S. 8. [Zürich, Emil Rüegg, 1907.]

Kunstauction v. S. Kende in Wien. Katalog der reichhaltigen Sammlungen weil. Sr. Exc. des Herrn Grafen Ludwig Paar, k. u. k. öst.-ung. Botschafters beim Vatican etc. ... M. 13 Lichtdrucktaf. u. 24 Textill. Versteigerg zu Wien ... am 20. Febr. 1896 ... (Vorr.: S. Kende.) · *Wien: S. Kende 1896.* ([Umschlagt.:] Collection Graf Paar. Katalog ... Catalogue des riches collections de feu Son Excellence Mr. l'ambass. le Comte Louis de Paar ...) (IV S., 1 Bl., 129 S., 13 Taf.) 1 Bd 8. [96. 879

— der Sammlungen des historisch-antiquarischen Vereins in Schaffhausen. 1. Abth. Druckschriften u. Manuscripte. gr. 8. (90 S.) Schaffhausen 887. Historisch-antiquar. Verein. 1. 50

— über die Sammlungen der Königl. württembergischen Zentralstelle für Gewerbe und Handel. I. Musterlager von Industrieprodukten. 2. Auflage. Stuttgart 1872

— der Sammlungen der Königlich Württembergischen Zentralstelle für Gewerbe und Handel. II: Kunstbibliothek. 2. Auflage. Stuttgart 1876

Katalog über die Sammlungen der Königlichen Württembergischen Zentralstelle für Gewerbe und Handel. III: Lehrmittel. 2. Auflage. Stuttgart 1875

Katalog der St. Ulrichs-Bibliothek zu Sangerhausen. (Vorr.: [Friedr.] Höhndorf u. Friedr. Schmidt, Lehrer zu Sangerhausen.) *Sangerhausen (1897): L. Arendt.* (76 S.) 8°

— d. Schack-Galerie in München i. Besitz d. deutschen Kaisers, Königs v. Preussen. (M. e. Vorwort v. Paul Seidel u. e. kunstgeschichtl. Einleitg. v. Rich. Muther.) 12. (XI, 109 S. m. 56 autotyp. Abb.) München 895. G. Hirth. n. — 50; geb. in Leinw. n. 1. —

— der Ausstellung Johann Gottfried Schadow der königl. Akademie der Künste v. 27. I.—7. III. (59 S. u. 56 S. Abbildgn.) gr. 8. Berlin (909). B. Cassirer. Kart. 3. —

—— der Schatzkammer von Maria Loretto am Hradschin zu Prag. 16. (47 S.) Prag 884, Neugebauer. *

— d. Schatzkammer v. Maria Loretto am Hradschin zu Prag. 2. Aufl. M. e. Ansicht d. Loretto-Kirche. gr. 16. (48 S.) Prag 898. G. Neugebauer. n. — 50

Katalog der Schau von Jagdhunden verbunden mit Hundemarkt zu Münster i. W. ... am 6. Juli 1897 ... (*Münster i. W.: Dr. d. Akt. Ges. 'Der Westfale' 1897.*) (64 S., 2 Bl.) 1 Bd 8.

Katalog der [Friedrich v.] Schiller-Ausstellung in den Räumen des k. k. österr. Museums für Kunst und Industrie veranst. v. Schiller-Gedenkfeierkomitee. Wien: Selbstverl. d. Ausstellungskomitees 1905. (103 S.) 8° [Umschlagt.:] Schiller-Ausstellung, Wien. 1905.

Katalog der berühmten Schmidt-Sammlung des verstorbenen Herrn Max Mützell sowie der von ihm hinterlassenen ungewöhnlich reichen Werke von G. Edelinck, F. Kobell, Ant. Waterloo und anderer Meister des 17.—18. Jahrhunderts. Berlin 1888. 8°.

— der seit dem 17. Jahrhunderte bis auf die neueste Zeit unter falscher Firma erschienenen Schriften (von E. O. Weller). 8. (50 S.) Leipzig 849, Weller. 1/3 ℛ — 2. verm. u. verb. Aufl. 8. (60 S.) Ebd. 850. 6 ℊℊ

— z. Schulausstellung im St. Petersschulhause an d. Blumenstraße gelegentl. d. XIII. Hauptversammlung d. bayer. Volksschullehrer-Vereins in München. 4.—6. Aug. 1896. gr. 8. (XI, 244 S.) München 896, M. Kellerer. n.n. 1. —

Katalog der schweiz. Schulausstellung in Zürich. In-8°, II u. 110 S. Zürich, Druck von Orell Füssli & Cie. 1880.

— der schweizerischen Schulausstellung in Zürich. Zürich 1884

Baugewerkschule zu Stuttgart. Katalog d. Schulbibliothek. (162 S) Stuttgart 1897

Katalog der Schul-Bibliothek des Städtischen Gymnasiums in Bern. 68 S. 8. Bern, Neukomm & Zimmermann, 1902.

Catalog. K' der Schulbibliothek des Städtischen Gymnasiums in Bern. Erster Nachtrag. Oktober 1904. 16 S. 8. [Bern,] Neukomm & Zimmermann.

Katalog der städtischen Schulbibliothek zu Magdeburg. Neujahr 1893 [Nebst] Nachtrag, Michaelis 1901. Magdeburg (1893–1901): Pormetter. 8° [09. 7371

— des Kaiserlichen Königlichen Schulbücher-Verlages in Wien. Wien 1873

Katalog der Deutschen Presbyterischen Theologischen Schule des Nordwestens: 1892/--/ Dubuque, IA

Catalog. K' der Schüler-Bibliothek [der] Bezirksschulen Aarau. II + 56 S. 8. Aarau, H. R. Sauerländer & Co., 1901.

Catalog. K' der Schüler-Bibliothek [der] Bezirksschulen Aarau. 31 S. 8. Aarau, H. R. Sauerländer & Co., 1907

†Katalog der Schülerbibliothek. Realgymnasium Grunewald. 80 S., 1 Bl. 8. Progr. Realgymn. *Grunewald* bei *Berlin* (1909).

[Umschlagt.:] Katalog der Schüler-Bibliothek des Königl. Joachimsthalschen Gymnasiums. Vom 1. Apr. 1896. Tl 1. Berlin, Druck v. M. Oldenbourg, 1896; 64 S. 8. Berlin, k. Joachimsthalsches G, P 1896 (57)

Katalog der Schüler-Bibliothek des Königlichen Gymnasiums zu Küstrin. (Küstrin) 1908: Nigmann. 248 S. 8° Küstrin, k. G OP 1908 (93) [S 08. 219

Katalog der Schülerbibliothek des Königlichen Gymnasiums in Schneidemühl. 1897. Schneidemühl, Druck v. G. Eichstädt, *1897*; 19 S. 8. Schneidemühl, k. G, OP 1897 (171)

Catalog. K' der Schüler-Bibliothek der Bündnerischen Kantonsschule [in Chur]. Beilage zum Programm der K' 1909/10. XVI + 67 S. 8. Chur, Bischofberger & Hotzenköcherle, 1910.

Catalog. K' der Schüler-Bibliothek [der] Thurgauische[n] Kantonsschule [in Frauenfeld]. Aufgenommen im Januar 1904. 26 S. 8. Frauenfeld, Huber & Co., 1904.

Katalog der Schüler-Bibliothek. Lübben, 1891 s. Werner, Oskar [Verf.]

Katalog der Schüler-Bibliothek des Königlichen Pädagogiums zu Putbus. *Putbus 1900: A. Dose.* (37 S.) 8° Putbus, k. Pd, P 1900 (150)**

Katalog der Schülerbibliothek für Prima und Obersekunda des Königlichen Wilhelms-Gymnasiums zu Königsberg i. Pr. *Königsberg i. Pr. 1903: Hartung.* (32 S.) 8° Königsberg i. Pr., k. Wilhelms-G, P 1903 (7)**

Katalog der Schüler-Bibliothek des Real- und Reformgymnasiums zu Karlsruhe. Nach dem Stand vom 1. Mai 1897. 8 (25 S.).
Progr. Rg. (mit Kl. VI eines sogen. Reform-Gymn.) *Karlsruhe* 1897.. Nicht im Tauschverkehr.

Katalog der Schüler-Bibliothek des Stadtgymnasiums zu Stettin. 8 (36 S.). Progr. Stadtg. Stettin 1892 (zu 142). Nicht im Tauschverkehr.

Katalog der Schüler-Bibliothek der Großen Stadtschule zu Wismar. Neujahr 1903. 27 S. 8. Progr. Große Stadtschule — Gymn. u. Realschule — Wismar 1903.

Katalog der Schülerbibliothek des kön. Wilhelms-Gymnasiums zu Krotoschin. 57 S. 8° – Krotoschin, Progr. 1872.

— für die Schüler-Bibliotheken österreichischer Gymnasien mit deutscher Unterrichtssprache. Hrsg. vom Vereine „Mittelschule" in Wien. 8. (VIII, 112 S.) Wien 881. Hölder in Comm. n. 1. 50

(Castendyck, *Wilhelm*, Flamme, *Julius*, Lohmeyer, *Eduard*, Elsas, *Friedrich*, Seelbach, *Ludwig*): Katalog der Schüler-Bibliotheken des Städtischen Realgymnasiums zu Elberfeld. Nach Altersstufen und Wissenschaften geordnet. 8 (64 S.). Progr. Rg. *Elberfeld* 1897

Berliner Lehrer-Verein. Katalog des Deutschen Schulmuseums... Abt. 1. *Berlin: Verl. d. Deutschen Schulmuseums 1896.* 8. [96. 4666

Katalog des Schulmuseums der Königlichen Haupt- und Residenzstadt Hannover. Hannover 1903: W. Riemschneider. (VI, 74 S.) 8° [03. 9510

Katalog des Städtischen Schulmuseums in Berlin. 2. Ausg. Abt. 1. Berlin 1902: W. & S. Loewenthal. 8° [Z.] [02. 7083

Katalog des städtischen Schulmuseums zu Breslau. 1. 3. Ausgabe. (60 S) (Veröffentlichungen des Schulmuseums 1) Breslau 1902

Katalog des Städtischen Schulmuseums zu Breslau. Abt. 1. 5. Ausg. Breslau: Städt. Schulmuseum 1907. 8° [07. 8983

Katalog der Schweine-Ausstellung in Kiel am 4. – 7. Oktober 1895. Vernastaltet vom Schleswig-Holsteinischen Landwirthschaftl. Generalverein. Kiel. 1895. 8°

Katalog der Schwestern vom hl. Kreuze. Institut Ingenbohl, Kt. Schwyz. 1901. [Mit 1 Ansicht.] 191 S. 8. Ingenbohl, Buchdr. der Erziehungsanstalt ‚Paradies'.

Catalog. K' der Schwestern vom hl. Kreuze. Institut Ingenbohl, Kt. Schwyz. [Mit 1 Vignette und 1 Ansicht.] 8. Ingenbohl, Buchdr. der Erziehungsanstalt «Paradies».
1902. 200 S. — 1903. 238 S. — 1904. 245 S. — 1905. [Mit 1 Porträt-Tafel.] 206 S. — 1906. [Mit 1 P'-T'.] 216 S. — 1907. [Mit 1 P'-T'.] 220 S.

Catalog. K' der Schwestern vom heil. Kreuze. Institut Ingenbohl, Kt. Schwyz. 1908 u. 1909. [Mit je 1 Vignette und 1 Porträt-Tafel.] 225 u. 239 S. 8. Ingenbohl, Buchdr. der Erziehungsanstalt «Paradies».

Catalog. K' der Schwestern vom heil. Kreuze, Institut Ingenbohl, Kt. Schwyz. 1910. [Mit 1 Vignette und 1 Porträt-Tafel.] 241 S. 8. Ingenbohl, Buchdr. der Erziehungsanstalt «Paradies.»

Katalog über die im k. k. Seekarten-Depot zu Pola befindlichen Seekarten und nautischen Bücher. Neu aufgenommen im Laufe des Jahres 1867. 4. Wien 1867.

Katalog der Königlichen Seminar-Bibliothek zu Tondern. Tondern. 1891. 8°

[Umschlagt.:] [Z.] (A.) Seydel's Katalog der Turn-, Sport- u. Spiel-Litteratur. *(Berlin: A. Seydel [1896].)* (96 S., 1 Bl.) 1 Bd 8. [97. 4605

Katalog Seyffer, Stuttgart. Antiquitäten-Sammlung. (56 S 6 T) Stuttgart 1890

— der neuen Secession Berlin. Ausstellung von Werken der zeichn. Künste. (37 u. 2 S. m. Abbildgn.) kl. 8. Charlottenburg 910. M. Macht. 1. —

— der Silhouetten-Ausstellung im Kunstsalon Heller, Wien, 1. Bezirk, Bauernmarkt 3. (36 S. m. Abbildgn.) 11×11 cm. Wien (908). H. Heller & Co. — 50

Berliner Gewerbe-Ausstellung v. 1896. Katalog für die Sonder-Ausstellung der Stadtgemeinde Berlin. Hrsg. v. Magistrat zu Berlin. *Berlin: R. Mosse 1896.* (80 S.) 1 Bd 8. [97. 7034

—— der siebenten Sonder-Ausstellung des Kunstgewerbe-Museums zu Berlin, 27. Novbr. 1883—1. Febr. 1884. Asiatische Sammlung [ethnograph. und kunstgewerbl. Gegenstände] des Hrn. Dr. Emil Riebeck. 8. (22 S. mit 1 Karte in Lichtdr.) Berlin 883, Weidmann'sche Buchh.

—— der achten Sonder-Ausstellung des Kunstgewerbe-Museums zu Berlin, 11. März — 6. April 1884: Künstlerischer Nachlass des Prof. Joh. Klein [† 1883] und Entwürfe älterer und neuerer Glasmalereien. 8. (12 S.) Ebendas. 884. * *
Frühere Kataloge s. Kunstgewerbe-Museum zu Berlin.

— der Sonderausstellung des Kupferstichkabinetts des Städelschen Kunstinstituts in Frankfurt a. Main: Die Schabkunst in England. Juli, Aug. u. Septbr. 1909. (Von Rud. Schrey.) (48 S.) 14,5×14,5 cm. Frankfurt a/M. (909). Städelsches Kunst-Institut. — 40

— der Sonder-Ausstellung v. Werken v. Paul Groeber, Hans v. Loesch, Walther Max Sachsse, Heino Otto in Emil Richter's Kunst-Salon, Prager Strasse. (9 S.) kl. 8. Dresden (907). (C. Heinrich.) — 30

— der, des Sortimenterbundes. (Von Severinus.) (6 S.) gr. 8. Königsberg (903). Akadem. Buchh. n.n. — 20

Katalog der Special-Ausstellung v. Gobelins u. verwandten Gegenständen in den Monaten Jan. bis April d. J. 1890. Mit Einleitg. gr. 8. (51 S.) Wien 890, Verlag d. k. k. österr. Museums f. Kunst u. Industrie. * — 40

—— zur ersten Specialausstellung von Heizungs- und Ventilations-Anlagen Cassel 1877. 2. Aufl. gr. 8. (XVI, 225 S. mit eingedr. Holzschn. und Stnt.) Cassel 878, (Freyschmidt.) *

— der ersten internat. Spezialausstellung d. graph. Künste in Wien 1883. 4° Wien 1883

Katalog der internationalen Spezialausstellung für Leder, Lederwaren und Eichenkultur. Berlin 1877

Katalog der Special-Ausstellung v. farb. Kupferstichen 31. Jänner bis 18. April 1892 im k. k. österreich. Museum f. Kunst u. Industrie. Mit e. Einleitg. gr. 8. (84 S.) Wien 892, Gerold's Sohn. * 1 20; Nachträge (15 S.) * — 40

Katalog für die Spezial-Ausstellung der Masse, Gewichte u Münzen des Königreichs Württemberg. Stuttgart 1867

— einer Special-Ausstellung der Schabkunst 14. Octbr. 1894 bis 28. Febr. 1895. Mit e. Einleitg. u. 6 Heliogravuren. Hrsg. vom k. k. österreich. Museum f. Kunst u. Industrie. gr. 8. (128 S. m. Ornamenten.) Wien 894. (C. Gerold's Sohn.) n.n. 1. —

Catalog. K' der Staatsbibliothek des Kantons St. Gallen. 5. vollständige vom Grossen Rate angeordnete Ausg. 283 S. 8. Rorschach, J. M. Cavelti-Hubatka, 1910. [fr. 2. —]

— d. Revaler Stadtarchivs, hrsg. v. Ghard. v. Hansen. gr. 8. (X, 398 S.) Reval 896. (F. Kluge. — F. Wassermann.) n.n. 5. —

Katalog der Stadtbibliothek zu Barmen. Barmen 1894: D. B. Wiemann. (XIII, 248 S.) 8°

Berlin. Stadtbibliothek: Katalog. Berlin
Bd 1. Abt. 1. Geschichte. Hälfte 1. 1906
Bd 2. Abt. 1. Geschichte. Hälfte 2. 1906
Bd 3. Abt. 2. Erdkunde. 1906
Bd 4. Abt. 3. Literaturgeschichte und Dichtung. Hälfte 1. 1907
Bd 5. Abt. 3. Literaturgeschichte und Dichtung. Hälfte 2. 1907
Bd 6. Abt. 4. Kunst. 1907
Abt. 5. Rechtswissenschaft. 1907
Abt. 6. Staatswissenschaft. 1907
Abt. 7. Volkswirtschaft und Sozialwissenschaft. 1907
Bd 7. Bibliothek des Lesesaals. 1907
Bd 8. Abt. 8. Philosophie.
Abt. 9. Mathematik.
Abt. 10. Naturwissenschaften und Medizin.
Abt. 11. Technik, Gewerbe und Jndustrie.
Abt. 12. Handel und Verkehr.
Abt. 13. Land- und Forstwirtschaft, Gartenbau, Berg-, Hütten- und Salinenwesen. 1910
Bd 9. Nachträge zu Abt. 3: Literaturgeschichte und Dichtung. 1912
Bd 10. Abt. 14. Buch- und Bibliothekwesen, Zeitungen, Zeitschriften, Allgemeine Wissenschaftskunde und Geschichte der Wissenschaften, Allgemeine Schriften. 1912
Bd 11. Abt. 15. Pädagogik.
Abt. 16. Theologie.
Abt. 17. Militärwissenschaft. 1913
Bd 12. Nachträge zu Abt. 1: Geschichte 1913
Bd 13. Nachträge zu Abt. 4: Kunst, 5: Rechtswissenschaft, 6: Staatswissenschaften, 7: Volkswirtschaft und Sozialwissenschaft. 1915
Bd 14. Nachträge zu Abt. 8 Philosophie, 9 Mathematik, 10 Naturwissenschaften und Medizin, 11 Technik, Gewerbe und Jndustrie, 12 Handel und Verkehr. 13 Land- und Forstwirtschaft, Gartenbau, Berg-, Hütten- und Salinenwesen. 1916
Bd 15. Bibliothek des Lesesaals. 2. verm. Aufl. 1917
Bd 16. Nachträge zu Abt. 2: Erdkunde. 1919
Bd. 17. Nachträge zu Abt. 3: Literaturgeschichte und Dichtung 1913 bis 1925. 1926
Zeitschriften und Zeitungen des Lesesaals. 1907

Katalog der Berliner Stadtbibliothek. Bd 1, Abt. 1. (Vorr.: A[rend] Buchholtz.) Berlin 1906: O. v. Holten. 4°(8°) [04. 7987

— der Berliner Stadtbibliothek. 1.—8. Bd. Lex. 8. Berlin, (W. Weber). à nnn 1. 50
1. Abteilung I: Geschichte. 1. Hälfte. (XVI, 419 S.) 906.
2. Dasselbe. 2. Hälfte. (XII, 415 S.) 906.
3. Abteilung II: Erdkunde. (XV, 398 S.) 906.
4. Abteilung III: Literaturgeschichte u. Dichtung. 1. Hälfte. (VIII, 447 S.) 907.
5. Dasselbe. 2. Hälfte. (VII, 610 S.) 907.
6. Abteilung IV: Kunst. Abteilung V: Rechtswissenschaft. Abteilung VI: Staatswissenschaften. Abteilg. VII: Volkswirtschaft u. Sozialwissenschaft. (XII, 411 S.) 907.
7. Bibliothek des Lesesaals. (X, 192 S.) 907.
8. Abtlg. VIII: Philosophie. Abtlg. IX: Mathematik. Abtlg. X: Naturwissenschaften u. Medizin. Abtlg. XI: Technik, Gewerbe u. Industrie. Abtlg. XII: Handel u. Verkehr. Abtlg. XIII: Land- u. Forstwirtschaft, Gartenbau, Berg-, Hütten- u. Salinenwesen. (XI, 356 S.) 910.

Katalog der Danziger Stadtbibliothek, verfertigt u. hrsg. im Auftr. d. städt. Behörden. Bd 1. T. 1. *Danzig 1892: A. Schroth.* 8° [04. 692

—— der Danziger Stadtbibliothek, verfertigt u. hrsg. im Auftrage der städtischen Behörden. 1. Bd. 1. Thl. Die Danzig betr. Handschriften. gr. 8. (X, 850 S.) Danzig 892, (Bertling). * 5 —

— der Danziger Stadtbibliothek, verfertigt u. hrsg. im Auftrage der städt. Behörden. II. Tl. gr. 8. Danzig (L. Saunier.) n. 6. —
Katalog der Handschriften. 2. Tl. Handschriften zur Geschichte Danzigs (Nachträge). — Handschriften zur Geschichte von Ost- u. Westpreussen. — Handschriften zur Geschichte Polens. — Sonstige Handschriften histor. Inhalts. — Ortmannsche Handschriften. — Uphagensche Handschriften. Bearb. von Stadtbibl. Otto Günther. (VII, 588 S.) 903.

— der Danziger Stadtbibliothek, verfertigt u. hrsg. im Auftr. der städt. Behörden. III. Bd. gr. 8. Danzig 909. L. Saunier. 10. —
III. Katalog der Handschriften d. Danziger Stadtbibliothek. 3. Tl. Jurist. Handschriften. — Theolog. Handschriften. - Philosoph. Handschriften. — Naturwissenschaftl. u. mathemat. Handschriften. — Handschriften üb. Technologie, Kriegswesen, Landwirtschaft, Handels- u. Staatswissenschaften. — Medizin. Handschriften. — Handschriften zur Philologie, Literatur- u. Gelehrtengesch. — Nachträge zu den in Tl. 1 u. 2 beschriebenen Handschriftengruppen. Bearb. v. Otto Günther. (VII, 424 S.) Bd. I u. II. 892—903. 12. —

Katalog der Stadt-Bibliothek zu Dortmund. Dortmund 1905: W. Crüwell. (VII, 331 S.) 8° [F.] [06. 478

— d. Stadtbibliothek zu Elbing. 2 Bde. (Bearb. v. L. Neubaur.) gr. 8. (VIII, 573 u. IX, 619 S.) Elbing 893. 94. Selbstverlag d. Magistrats.

— der grössern Stadtbibliothek in Zofingen. Erster Nachtrag: Dezember 1875. III. und 51 Stn. 8. Zofingen. Ringier'sche Buchdruckerei.

Katalog der grösseren Stadtbibliothek in Zofingen. 3. Nachtrag: Dec. 1879. In-8°, 40 S. Zofingen, Ringier'sche Buchdruckerei.

Katalog der grösseren Stadtbibliothek in Zofingen. 4. Nachtrag: April 1882. In-8°, 30 S. Zofingen, Ringier'sche Buchdruckerei. — 40

Catalog. K' der grösseren Stadtbibliothek in Zofingen. Nachtrag 13—15 .... 8. Zofingen ....
Nachtrag 13: September 1901. 44 S. Z', Ringier'sche Buchdr.
Nachtrag 14: Dezember 1903. IV + 38 S. Z', Francke, Ringier & Cie. A.-G.
Nachtrag 15: September 1905. IV + 24 S. Z', Fr', R' & Cie. A.-G.

— der Stadt-Bibliothek zu Hannover. Im Auftrage der städt. Verwaltung hrsg. v. O. Jürgens. gr. 8. (XXVIII, 783 S.) Hannover 901. Th. Schulze. n. 2. —

— d. Stadt-Bibliothek zu Hannover. 1.—3. Nachtrag. Im Auftr. d. städt. Verwaltg. hrsg. v. O. Jürgens. 8. Hannover (E. Geibel). 3. 80
1. (IV, 78 S.) 903. — 80. — 2. (IV, 241 S.) 906. 1. 50. — 3. (II, 88 S.) 907. 1. —

Katalog der Stadt-Bibliothek, Homburg v. d. H. 1. 2. [Nebst] Statut f. d. Benutzung ... ⟨Mai 1903⟩. Homburg v. d. H. 1905: Schudt. 8° [11. 4526 4

— der Stadtbibliothek, Homburg v. d. H. 2 Bde. (III, III, 1168 S.) 8. Homburg 905. (F. Supp.) n. 2. 80

— d. Stadtbibliothek in Koeln, s. Veröffentlichungen d. Stadtbibliothek in Koeln.

Katalog der Stadtbibliothek in Köln. Abt. Rh: Geschichte und Landeskunde der Rheinprovinz. Bd 1 u. 2. Köln, 1894—1907.
Bd 1. Bearb. von F. Ritter. 1894. 237 S.
Bd 2. Bearb. von J. Gotzen. 1907. 309 S.

— der Stadtbibliothek in Nürnberg. 1. Abthl.: Schwarz-Amberger'sche Norica-Sammlung. gr. 8. (VIII, 162 S.) Nürnberg 876, (v. Ebner'sche Buchh.) **

—— der Stadtbibliothek in Nürnberg. 1. Abthl.: Schwarz-Amberger'sche Norica-Sammlung. 8. (VIII, 162 S.) Nürnberg 885, (H. Schrag.) *

Katalog d. Nürnberger Stadtbibliothek. Hrsg. im Auftrage d. Stadtmagistrats. 1. Bd. I. Abtlg.: Geschichte. 1. Tl. (VIII, 599 S.) gr. 8. Nürnberg 909. (J. L. Schrag.) 5. —

Katalog der Nürnberger Stadtbibliothek. Hrsg. im Auftr. d. Stadtmagistrats. Bd 1, Abt. 1. Nürnberg 1909: Sebald. 8° (10. 897

Katalog der Winterthurer Stadtbibliothek, III. Bd. Hrsg. von Dr. Geilfus u. Bibliothekar Hafner. In-8°, 640 S. Winterthur. 1878.

Nachtrag, IV., zum schönwissenschaftlichen Katalog der Stadtbibliothek Winterthur. Enthält die Erwerbungen von 1890—1892. In-8°. 15 S. Winterthur, M. Kieschke. 1893.

Catalog. ... Nachtrag zum (*8 u. 9:* schönwissenschaftlichen) Kat' der Stadtbibliothek Winterthur. 8. Winterthur, Geschwister Ziegler.

8. Nachtrag zum sch' K'.... Enthält die Erwerbungen vom 15. Oktober 1899 bis 15. Okt' 1902. 12 S. 1902.
9. Nachtrag zum sch' K'.... Enth' die Erw' vom 15. Oktober 1902 bis 15. November 1904. 12 S. 1904.
10. Nachtrag zum K'.... Enth' die Erw' auf dem Gebiete der Belletristik vom 15. November 1904 bis 15. Nov' 1906. 13 S. 1906.

— des Exportmusterlagers Stuttgart für 1884 in fünf Sprachen. (Deutsch, englisch, französisch, italienisch und spanisch.) Stuttgart 1884

— der Rathausbibliothek Stuttgart. 1874. 79 und 1893. Stuttgart 1874-93

S y s t e m a t i s c h e r Katalog der Bibliothek der K. k. Technischen Hochschule in Wien. H. 1. Wien 1901: Holzhausen. 4° (8°)

Systematischer Katalog der Bibliothek der k. k. technischen Hochschule in Wien. I. Allgemeine Gruppe. II. Literarisch-bibliographische Gruppe. 1. Heft. Wien. 1901. Gerold & Co. Gr.-8°. 86 S. K —.80

Systematischer Katalog der Bibliothek der k. k. technischen Hochschule in Wien. 2. Heft. III. Mathematische Wissenschaften. Wien. 1901. Gerold & Co. Gr.-8°. 113 S. K —.60

Systematischer Katalog der Bibliothek der k. k. technischen Hochschule in Wien. 3. Heft. IV. Geodesie und Astronomie. Wien. 1901. Gerold & Co. Gr.-8°. 75 S. * K —.70 n

— systematischer, der Bibliothek d. k. k. technischen Hochschule in Wien. 4., 5., 7. u. 8. Hft. Lex.-8. Wien (Gerold & Co.)

4. V. 1. Naturwissenschaften im Allgemein. — V. 2. Physikalisch-chem. Wissenschaften. (1. Hälfte.) a) Physik. — b) Meteorologie u. Erdmagnetismus. — c) Elektricitätslehre u. Elektrotechnik. (IV, 135 S.) 901. n.n. 1.—
5. V. 2. Physikalisch-chemische Wissenschaften. (2. Hälfte.) d) Chemie. (IV, 55 S.) 901. n.n. — 60
7. VII. 1. Technische Wissenschaften im allgemeinen. — VII. 2. Technologie (chemische u. mechanische) (IV, 163 S.) 902. n.n. 1. 20
8. VIII. Bildende Künste u. Kunstgewerbe. IX. 1. Bauwesen im Allgemeinen. (Einschl. Baumechanik u. Baumaterialienkunde.) IX. 2. Hochbaukunde u. Architektur. (IV, 137 S.) 902. n.n. 1.—

— systematischer, der Bibliothek der k. k. technischen Hochschule in Wien. 6. u. 9.—11. Heft. Lex.-8. Wien (Gerold & Co.) n.n. 4. 80

6. VI. Beschreibende Naturwissenschaften. (Mit Einschluss der Anthropologie, der vergleich. u. menschl. Anatomie, Physiologie, Entwicklungsgeschichte u. Abstammungslehre.) (IV, 182 S.) 904. n.n. 1. 40
9. X. Bau- u. Ingenieurwissenschaften. (IV, 121 S.) 903. n.n. — 90
10. XI. Mechanik. Maschinenkunde. XII. Kriegs- u. Seewesen. — Flugtechnik. — XIII. Berg- u. Hüttenwesen. (119 S.) 903. n.n. — 90
11. XIV. Land- u. Forstwirtschaft. XV. Handelswissenschaften. (Einschliesslich Verkehrswesen, Versicherungswesen.) XVI. Juridisch-politische Wissenschaften. (Inbegr. Patentwesen.) (V, 227 S.) 905. n.n. 1. 00

Katalog, systematischer, der Bibliothek der k. k. techn. Hochschule in Wien. 12.—14. Heft. Lex. 8. Wien (Gerold & Co.). nn 3. 35

12. XVII. Medizin. Wissenschaften. (Einschl. Pharmazie, Hygiene u. Rettungswesen.) XVIII. Pädagogik (Unterrichtswesen). Philosophie. Religionswissenschaft. (V, 163 S.) 905. nn 1. 20
13. XIX. Sprachwissenschaft u. Literatur. Theater u. Musik. (IV, 70 S.) 906. nn — 65
14. XX. Geographisch-histor. Wissenschaften. (Einschl. Topographie u. Biographie.) — XXI. Ausstellungswesen. (IV, 213 S.) 907. nn 1. 50

— dasselbe. Nachtrag I zu Heft 1—6 (Gruppe I—VI). Lex. 8. Ebd. 910. nn 1. 20

— dasselbe. Schematische Übersicht u. Sachregister. (IV, 42 S.) Lex. 8. Ebd. 907. nn — 50

— dasselbe. Verzeichnis d. lauf. period. Publikationen. (IV, 66 S.) Lex. 8. Ebd. 909. nn — 70

Touristen-Klub für d. Mark Brandenburg. Systematischer **Katalog** der Bibliothek. *Berlin: Touristen-Klub 1897.* (IV, 21 S.) 1 Bd 8. (97. 8061

S y s t e m a t i s c h e r **Katalog** der Bücher und periodischen Schriften der Gesellschaft der Harmonie in Kiel bis zum 31. December 1856. Kiel. 1857. Mit Nachtrag 1–6. Kiel. 1860–83. 8°

Großherzogl. Hessische Militär-Bibliothek.
Systematischer Katalog.
Darmstadt 1860. 258 S.

— systematischer, der Stadtbibliothek v. Budapest. Red. v. Ervin Szabó, s.: Veröffentlichungen d. Stadtbibliothek v. Budapest. N. 2.

— systematischer. 3. Heft. Gemeindesozialismus. Anh.: Arbeitsverhältnisse in städt. Betrieben. (VII S., 210 Sp. u. 13 S.) Lex.-8. Budapest, F. Kilian's Nachf. 1910. 1. 70.

Veröffentlichungen der Stadtbibliothek v. Budapest. (Mit ungar., französ. und deutschem Titel.) Nr. 4.

Katalog der im Lesezimmer der Allgemeinen Deutschen Patent- und Musterschutz-Ausstellung aufliegenden Tagesliteratur und Fachschriften. Frankfurt a. M. 1881

— technischer, enthaltend die Literatur der letzten 6 Jahre (1877 bis 1882) aus d. Gesammtgebiete des Bau-Ingenieurwesens, mit Einschluss des Kunstgewerbes, in deutscher, franz. u. englischer Sprache. Nebst einem Nachtrage, enth. d. Erscheinungen auf d. Gebiete der Elektrotechnik v. J. 1883. gr. 8. (328 S.) Wien, Gerold & Comp. 2 fl. netto baar. 1884.

Bibliothek der Hamburgischen Gesellschaft zur Beförderung der Künste und nützlichen Gewerbe ⟨Patriotische Gesellschaft⟩. Katalog des mathematischen, naturwissenschaftlichen und technischen Teiles. Hrgg. v. Architekten- u. Ingenieur-Verein zu Hamburg. Hamburg. 1905. 8°

Catalog. K' der Tell-Ausstellung zur Jahrhundertfeier von Schillers «Wilhelm Tell» 8.—29. Mai (*2. *Aufl.*: 8. Mai — 19. Juni) 1904 im Kunstgewerbemuseum ⟨Schweiz. Landesmuseum⟩ Zürich. [Mit Vignette.] 8. Zürich, Berichthaus, [1904]. [fr. 1. —]

[1. Aufl.] VIII + 83 S.
2. revidierte und mit einem Nachtrag versehene Aufl. VIII + 100 S.

— der Tell-Ausstellung zur Jahrhundertfeier von Schillers „Wilhelm Tell" 8. V.—19. VI. 1904 im Kunstgewerbemuseum (schweiz. Landesmuseum) Zürich. 2. rev. u. m. e. Nachtrag verseh. Aufl. (VIII, 100 S.) 8. Zürich (Gemeindestr. 4) (904). (Lesezirkel Hottingen.) n. 1. —

Katalog, Thematischer- der von Thulemeier'schen Musikalien-Sammlung in der Bibliothek des Joachimsthal'schen Gymnasiums zu Berlin. (Beilage zu den Monatsheften für Musikgeschichte 1898/1899.) Leipzig 1899.

Catalog. K' zur Abteilung Theologie und Kirchengeschichte der Appenzellischen Kantonsbibliothek in Trogen (*Umschlag: Appenzellische Kantonsbibliothek. Realkatalog I: Th' und K'). [Alphabetisch geordnet.] II + 81 S. 8. Trogen, U. Kübler, 1905.

(Catalog. K') ... der Stadtbibliothek Thun s. Reglement, Hauptkatalog und Nachtrag 7 ... der St' Thun....

Katalog der landwirthschaftlichen Thier-Ausstellung für den Westen Schleswig-Holsteins in Heide am 24. und 25. Juli 1889. Wesselburen. (1889.) 8°

Katalog der in Paris von Oesterreich im Jahre 1856 ausgestellten Thiere, Producte und Ackergeräthe. Wien, 1856. Aus der k. k. Hof- u. Staatsdruckerei. (39 S. 8.)

Katalog der Thierschau nebst Ausstellung landw. Maschinen und Geräthe am Montag den 13. Juli 1896 zu Hadersleben. Veranstaltet von dem landwirthschaftl. Verein für das nödliche Schleswig. Hadersleben. (1896.) 4°

Katalog der Tierschau und des Zuchtviehmarktes des Vereins zur Hebung der Rindviehzucht zu St. Mauritz ⟨Schwarte⟩ am 25. April 1900. *Münster i. W. [1900]: 'Der Westfale'.* (11 S.) 8° [F.]

Schweizerischer Kunstverein. Katalog der Turnus-Ausstellung ... 1901. *je* 22 S. 8. Zürich, Typ. Neue Zürcher Zeitung. *je* fr. —.30

... in Zürich. Vom 7. bis 28. April 1901. [Veranstaltet von der] Zürcher Kunstgesellschaft....

... in Biel. Vom 5. bis 19. Juni 1901. [Veranstaltet vom] Kunstverein Biel....

... in Bern. Vom 28. Juli bis 19. Aug. 1901. [Veranstaltet von der] Kunstgesellschaft Bern....

— der Sammlung William Unger. Ausstellung vom 8.—14. XI. 1908, k. k. Dorotheum in Wien, Hochsaal II. Stock, Versteigerg. am 16.—18. XI. 1908 ebendort. (V, 83 S. m. Abb. u. 6 Taf.) 24×28,5 cm. Wien 908. A. Holzhausen. Kart. 30. —

Katalog der Universitäts-Ausstellung in der deutschen Unterrichts-Ausstellung in Chicago 1893. Berlin 1893

— der kaiserlichen Universitäts- u. Landesbibliothek in Strassburg. Arabische Literatur (von Jul. Euting). gr. 4. (VII, 111 S.) Strassburg 877. Trübner. n. 7. 50

—— der kaiserlichen Universitäts- und Landesbibliothek in Strassburg. Orientalische Handschriften. 1. Thl.:

Katalog der hebräischen, arabischen, persischen und türkischen Handschriften, bearb. von S. Landauer. gr. 4. (IV, 75 S.) Strassburg 881, Trübner. **

— d. kaiserl. Universitäts- u. Landesbibliothek in Strassburg. Elsass-lothring. Handschriften u. Handzeichngn., bearb. v. K. A. Barack. gr. 8. (VII, 227 S.) Strassburg 895. J. H. E. Heitz. n. 5. —

— d. kaiserl. Universitäts- u. Landesbibliothek Strassburg. Katalog d. elsass-lothring. Abteilg. Bearb. v. Ernst Marckwald u. Ludw. Wilhelm 1.—3. Lfg. Aus den Mitteln der Mühl'schen Familienstiftg. (XIV, III, V u. 502 S. m. 1 Bildnis.) Lex. 8. Strassburg 908—10. Kaiserl. Universitäts- u. Landesbibl. nn 7.—

— der Universitäts-Jubiläums-Ausstellung Leipzig 1909. (XVII, 187 S. m. 32 Taf.) 8. Leipzig 909. F. Eckardt. nn 1. —

— für die Unterrichtsausstellung (im Staatsgebäude) der bayerischen Jubiläums-Landes-Industrie-, Gewerbe- u. Kunstausstellung Nürnberg 1906. (XIV, 169 S. m. 15 Taf. u. 1 Plan.) Lex.-8. München 906. (Nürnberg, Vertriebsstelle der offiziellen Drucksachen der bayer. Jubiläums-Landes-Ausstellg.) n. — 75

Katalog urzędowy drugiej Poznańskiéj Prowincyonalnéj Wystawy przemysłowej 1895. Z przewodnikiem po mieście Poznaniu ... Wyd. przez Wydział redakc. komit. wystawowego. *[Berlin]: R. Mosse (1895).* [Offic. Katalog d. 2. Posener Prov.-Gewerbe-Ausstellg. M. e. Führer durch d. Stadt Posen ...] (1 Bl., 148, 104 S., 1 Pl.) 1 Bd 8.

—— der von dem k. k. Privilegien-Archive registrirten Veränderungen in dem Stande der Erfindungs-Privilegien. [Zusammengestellt und hrsg. vom k. k. Handelsministerium.] 1888. Mai und Juni. gr. 4. (37; 35 S.). Ebendas. 888. à *

Katalog, Der, von dem k. k. Privilegienarchive im Monate September 1888 registrirten Veränderungen in dem Stande der Erfindungs-Privilegien. (Zusammengestellt und herausgeg. vom k. k. Handelsministerium.) 4. (30 S.) —.45 Wien: Hof-u.Staatsdruckerei 1889.

Katalog, Der, von dem k. k. Privilegienarchive im Monate October u. November 1888 registrirten Veränderungen in dem Stande der Erfindungs-Privilegien. (Zusammengestellt und herausg. vom k. k. Handelsministerium.) 4. (45 u. 40 S.) Geh. Ebda.1889. à —.45

Katalog der von dem k. k. Privilegien-Archive im Monate Jänner 1889 registrirten Veränderungen in dem Stande der Erfindungs-Privilegien. Zusammengestellt und herausgegeben vom k. k. Handelsministerium. 4. (45 S.) Ebda.1889.

Katalog der von dem k. k. Privilegien-Archive im Monate Februar 1889 registrirten Veränderungen in dem Stande der Erfindungs-Privilegien. (Zusammengestellt und herausgegeben vom k. k. Handelsministerium.) 4. (42 S.) Ebda.1889.

Katalog der von dem k. k. Privilegien-Archive im Monate März 1889 registrirten Veränderungen in dem Stande der Erfindungs-Privilegien. Zusammengestellt und herausgegeben vom k. k. Handelsministerium. 4. (43 S.) Ebda.1889. —.45

Katalog der von dem k. k. Privilegien-Archive im Monate April 1889 registrirten Veränderungen in dem Stande der Erfindungs-Privilegien. (Zusammengestellt und herausgegeben vom k. k. Handelsministerium.) 4. (42 S.) Ebda.1889. —.45

Katalog der von dem k. k. Privilegien-Archive im Monate Mai 1889 registrirten Veränderungen in dem Stande der Erfindungs-Privilegien. (Zusammengestellt und herausgegeben vom k. k. Handels-Ministerium.) 4. (43 S.) Ebda.1889. —.45

Katalog der von dem k. k. Privilegien-Archive im Monate Juni, Juli und August 1889 registrirten Veränderungen in dem Stande der Erfindungs-Privilegien. (Zusammengestellt und herausgegeben vom k. k. Handels-Ministerium.) 4. (Juni 40 S., Juli 33 S., August 44 S.) Ebda. 1890.

Katalog der aus dem k. k. Privilegien-Archive im Monate October 1889 registrirten Veränderungen in dem Stande der Erfindungs-Privilegien. (Zusammengestellt und herausgegeben vom k. k. Handelsministerium.) 4. (49 S.) Ebda. 1890.

Katalog der von dem k. k. Privilegien-Archive im Monate November 1889 registrirten Veränderungen in dem Stande der Erfindungs-Privilegien. (Zusammengestellt und herausgegeben vom k. k. Handelsministerium.) 4. (46 S.) Ebda. 1890.

Katalog der von dem k. k. Privilegien-Archive im Monate December 1889 registrirten Veränderungen in dem Stande der Erfindungs-Privilegien. (Zusammengestellt und herausgegeben vom k. k. Handelsministerium.) 4. (47 S.) Ebda. 1890.

Katalog der von dem k. k. Privilegien-Archive im Monate Januar 1890 registrirten Veränderungen in dem Stande der Erfindungs-Privilegien. (Zusammengestellt und herausgegeben vom k. k. Handelsministerium.) 4. (42 S.) Ebda. 1890.

Katalog der von dem k. k. Privilegien-Archive im Monate Februar 1890 registrirten Veränderungen in dem Stande der Erfindungs-Privilegien. (Zusammengestellt und herausgegeben vom k. k. Handels-Ministerium.) 4. (46 S.) Ebda. 1890. —.45

Katalog der von dem k. k. Privilegien-Archive im Monate März 1890 registrirten Veränderungen in dem Stande der Erfindungs-Privilegien. (Zusammengestellt und herausgegeben vom k. k. Handels-Ministerium.) 4. (43 S.) Ebda. 1890. —.45

Katalog der von dem k. k. Privilegien-Archive im Monate April 1890 registrirten Veränderungen in dem Stande der Erfindungs-Privilegien. (Zusammengestellt und herausgegeben vom k. k. Handelsministerium.) 4. (50 S.) —.45
Wien: Hof-u. Staatsdruckerei 1890.

Katalog der von dem k. k. Privilegien-Archive im Monate Mai registrirten Veränderungen in dem Stande der Erfindungs-Privilegien. (Zusammengestellt und herausgegeben vom k. k. Handels-Ministerium.) 4. (48 S.) —.45
Ebda. 1890.

Katalog der von dem k. k. Privilegien-Archive im Monate Juni 1890 registrirten Veränderungen in dem Stande der Erfindungs-Privilegien. (Zusammengestellt und herausgegeben vom k. k. Handels-Ministerium.) 4. (41 S.)
Ebda. 1890. —.45

Katalog der von dem k. k. Privilegien-Archive im Monate Juli 1890 registrirten Veränderungen in dem Stande der Erfindungs-Privilegien. (Zusammengestellt und herausgegeben vom k. k. Handels-Ministerium.) 4. (34 S.)
Ebda. 1890. —.45

Katalog der von dem k. k. Privilegium-Archive im Monate September 1890 registrirten Veränderungen in dem Stande der Erfindungs-Privilegien. (Zusammengestellt und herausgegeben vom k. k. Handels-Ministerium.) 4. (36 S.) Ebda. 1891. —.45

Katalog der von dem k. k. Privilegien-Archive im Monate October 1890 registrirten Veränderungen in dem Stande der Erfindungs-Privilegien. (Zusammengestellt und herausgegeben vom k. k. Hand.-Min.) 4. (51 S.) —.45
Wien: Hof-u. Staatsdruckerei 1891.

Katalog der von dem k. k. Privilegien-Archive im Monate Novbr. 1890 registrirten Veränderungen in dem Stande der Erfindungs-Privilegien. (Zusammengestellt und herausgegeben vom k. k. Hand.-Min.) 4. (57 S.) —.45
Ebda. 1891.

Katalog der von dem k. k. Privilegien-Archive im Monate Decbr. 1890 registrirten Veränderungen in dem Stande der Erfindungs-Privilegien. (Zusammengestellt und herausgegeben vom k. k. Hand.-Min.) 4. (50 S.) —.45
Ebda. 1891.

Katalog der von dem k. k. Privilegien-Archive im Monate Januar 1891 registrirten Veränderungen in dem Stande der Erfindungs-Privilegien. (Zusammengestellt und herausgegeben vom k. k. Handels-Ministerium.) 4. (40 S.) Ebda. 1891. —.45

Katalog der von dem k. k. Privilegien-Archive im Monate Februar 1891 registrirten Veränderungen in dem Stande der Erfindungs-Privilegien. (Zusammengestellt und herausgegeben vom k. k. Handels-Ministerium.) 4. (38 S.) Ebda. 1891. —.45

Katalog der von dem k. k. Privilegien-Archive im Monate März 1891 registrirten Veränderungen in dem Stande der Erfindungs-Privilegien. 4. (42 S.) Ebda. 1891.

Katalog der von dem k. k. Privilegien-Archive im Monate April 1891 registrirten Veränderungen in dem Stande der Erfindungs-Privilegien. (Zusammengestellt und herausgegeben vom k. k. Handels-Ministerium.) 4. (41 S.) Ebda.1891. —.45

Katalog der von dem k. k. Privilegien-Archive im Monate Mai 1891 registrirten Veränderungen in dem Stande der Erfindungs-Privilegien. (Zusammengestellt und herausgegeben vom k. k. Handels-Ministerium.) 4. (41 S.) Ebda.1891. —.45

Katalog der von dem k. k. Privilegien-Archive im Monate Juni 1891 registrirten Veränderungen in dem Stande der Erfindungs-Privilegien. (Zusammengestellt im k. k. Handels-Ministerium.) 4. (44 S.) Ebda.1891. —.45

Katalog der von dem k. k. Privilegien-Archive im Monate Juli 1891 registrirten Veränderungen in dem Stande der Erfindungs-Privilegien. (Zusammengestellt und herausgegeben vom k. k. Handels-Ministerium.) 4. (44 S.) Ebda.1891. —.45

Katalog der von dem k. k. Privilegien-Archiv im Monate August 1891 registrirten Veränderungen in dem Stande der Erfindungs-Privilegien. 4. (35 S.) Ebda.1892. —.45

Katalog der von dem k. k. Privilegien-Archiv im Monate September 1891 registrirten Veränderungen in dem Stande der Erfindungs-Privilegien. (Zusammengestellt und herausgegeben vom k. k. Handels-Ministerium.) 4. (43 S.) Ebda.1892. —.45

Katalog der von dem k. k. Privilegien-Archiv im Monate October 1891 registrirten Veränderungen in dem Stande der Erfindungs-Privilegien. (Zusammengestellt und herausgegeben vom k. k Handels-Ministerium.) 4. (44 S.) Ebda.1892. —.45

Katalog der von dem k. k. Privilegien-Archiv im Monate November 1891 registrirten Veränderungen in dem Stande der Erfindungs-Privilegien. (Zusammengestellt und herausgegeben vom k. k Handels-Ministerium.) 4. (45 S.) Ebda.1892. —.45

Katalog der von dem k. k. Privilegien-Archiv im Monate December 1891 registrirten Veränderungen in dem Stande der Erfindungs-Privilegien. (Zusammengestellt und herausgegeben vom k. k Handels-Ministerium.) 4. (50 S.) Ebda.1892. —.45

Katalog der von dem k. k. Privilegien-Archiv im Monate Januar 1892 registrirten Veränderungen in dem Stande der Erfindungs-Privilegien. (Zusammengestellt und herausgegeben vom k. k Handels-Ministerium.) 4. (41 S.) —.45
Wien: Hof-u.Staatsdruckerei 1892.

Katalog der von dem k. k. Privilegien-Archiv im Monate Februar 1892 registrirten Veränderungen in dem Stande der Erfindungs-Privilegien. (Zusammengestellt und herausgegeben vom k. k. Handels-Ministerium.) 4. (50 S.) Ebda.1892. —.45

Katalog der von dem k. k. Privilegien-Archiv im Monate März 1892 registrirten Veränderungen in dem Stande der Erfindungs-Privilegien. (Zusammengestellt und herausgegeben vom k. k Handels-Ministerium.) 4. (50 S.) Ebda.1892. —.45

Katalog der von dem k. k. Privilegien-Archiv im Monate April 1892 registrirten Veränderungen in dem Stande der Erfindungs-Privilegien. (Zusammengestellt und herausgegeben vom k. k. Handels-Ministerium.) 4. (40 S.) Ebda.1892. —.45

Katalog der von dem k. k. Privilegien-Archive im Monate Mai 1892 registrirten Veränderungen in dem Stande der Erfindungs-Privilegien. (Zusammengestellt und herausgegeben vom k. k. Handels-Ministerium.) 4. (53 S.) Ebda.1892. —.45

Katalog der von dem k. k. Privilegien-Archive im Monate Juni 1892 registrirten Veränderungen in dem Stande der Erfindungs-Privilegien. 4. (31 S.) Ebda.1892. —.45

Katalog der von dem k. k. Privilegien-Archive im Monate August 1892 registrirten Veränderungen in dem Stande der Erfindungs-Privilegien. (Zusammengestellt und herausgegeben vom k. k. Handels-Ministerium.) 4. (43 S.) Ebda.1892. —.45

Katalog der von dem k. k. Privilegien-Archive im Monate September 1892 registrirten Veränderungen in dem Stande der Erfindungs-Privilegien. (Zusammengestellt und herausgegeben vom k. k. Handels-Ministerium.) 4. (39 S.) Wien: Hof-u.Staatsdruck.1893.

Katalog der von dem k. k. Privilegien-Archive im Monate October 1892 registrirten Veränderungen in dem Stande der Erfindungs-Privilegien. 4. (18 S.) Ebda.1893. —.45

Katalog der von dem k. k. Privilegien-Archive im Monate November 1892 registrirten Veränderungen in dem Stande der Erfindungs-Privilegien. (Zusammengestellt und herausgegeben vom k. k. Handels-Ministerium.) Kl.-4. (59 S.) Ebda. 1893. —.45

Katalog der von dem k. k. Privilegien-Archive im Monate December 1892 registrirten Veränderungen in dem Stande der Erfindungs-Privilegien. 4. (49 S.) Ebda. 1893. —.45

Katalog der von dem k. k. Privilegien-Archive im Monate Januar 1893 registrirten Veränderungen in dem Stande der Erfindungs-Privilegien. (Zusammengestellt u. herausgeg. vom k. k. Handels-Ministerium.) 4. (45 S.) Wien: Hof-u. Staatsdruck. 1893. —.45

Katalog der von dem k. k. Privilegien-Archive im Monate Februar 1893 registrirten Veränderungen in dem Stande der Erfindungs-Privilegien. (Zusammengestellt u. herausgeg. vom k. k. Handels-Ministerium.) 4. (44 S.) Ebda. 1893. —.45

Katalog der von dem k. k. Privilegien-Archive im Monate März 1893 registrirten Veränderungen in dem Stande der Erfindungs-Privilegien. (Zusammengestellt u. herausgeg. vom k. k. Handels-Ministerium.) 4. (58 S.) Ebda. 1893.

Katalog der von dem k. k. Privilegien-Archive im Monate April 1893 registrirten Veränderungen in dem Stande der Erfindungs-Privilegien. 4. (50 S.) Wien: Hof-u. Staatsdruckerei 1893.

Katalog der von dem k. k. Privilegien-Archive im Monate Mai 1893 registrirten Veränderungen in dem Stande der Erfindungs-Privilegien. (Zusammengestellt und herausgegeben v. k. k. Hand.-Min.) 4. (53 S.) —.45 Ebda. 1893.

Katalog, Der, von dem k. k. Privilegium-Archive im Monate Juni 1893 registrirten Veränderungen in dem Stande der Erfindungs-Privilegien.) Zusammengestellt und herausgegeben vom k. k. Handelsministerium.) 4. (54 S.) Ebda. 1893. —.45

Katalog, Der, von dem k. k. Privilegium-Archive im Monate September 1893 registrirten Veränderungen in dem Stande der Erfindungs-Privilegien. (Zusammengestellt und herausgegeben vom k. k. Handelsministerium.) 4. (49 S.) Ebda. 1894. —.45

Katalog der von dem k. k. Privilegien-Archive im Monate November 1893 registrirten Veränderungen in dem Stande der Erfindungs-Privilegien. 4. (57 S.) Ebda. 1894. —.45

Katalog der von dem k. k. Privilegien-Archive im Monate December 1893 registrirten Veränderungen in dem Stande der Erfindungs-Privilegien. (Zusammengestellt und herausgegeben vom k. k. Handelsministerium.) 4. (53 S.) —.45
Wien: Hof-u. Staatsdruckerei 1894.

— dasselbe, der in den Monaten Januar, Februar, März, April, Mai, Juni u. Juli 1894 registrirten Veränderungen in dem Stande der Erfindungsprivilegien. gr. 4. (49, 64, 71, 74, 62, 53 u. 54 S.) Ebd. 894. à n. —90

— d. v. d. k. k. Privilegien-Archive i. d. Monaten Aug., Septbr., Octbr., Novbr. u. Decbr. 1894 registr. Veränderungen i. d. Stande d. Erfindungsprivilegien. (Zusammengest. u. hrsg. v. k. k. Handelsministerium.) gr. 4. (59, 52, 68, 60 u. 58 S.) Ebd. 895. à n. —90

— dasselbe. Jahrg. 1895. 12 Hfte. gr. 4. (55, 60, 65, 62, 63, 58, 63, 53, 67, 63, 67 u. 61 S.) Ebd. 895. 96. à n. —90

— dasselbe. Jahrg. 1896. Jänner—Apr. gr. 8. (38, 30, 37 u. 45 S.) Ebd. 896. à n. —90

— dasselbe. (Verlautbart im Amtsblatte d. k. Wiener Zeitg.) Mai—Octbr. 1896. gr. 8. (48, 38, 38, 35, 44 u. 45 S.) Ebd. 896. à n. —90

— dasselbe. Novbr. u. Decbr. 1896. gr. 8. (40 u. 48 S.) Ebd. 897. à n. —90

— dasselbe. 1897 u. 1898. à 12 Hfte. (à 2—3 Bog.) gr. 8. Ebd. à Jahrg. n. 9. 60

Katalog der von dem kaiserl. königl. Privilegien-Archive registrirten Veränderungen im Stande der Erfindungs-Privilegien. (Verlautbart im Amtsblatte der k. Wiener Zeitung.) 1899. Wien. 1899. Hof- und Staatsdruckerei. Lex.-8°. erscheint in 12 Nrn. compl. fl 4.80

Katalog der von dem kaiserl. königl. Privilegien-Archive registrirten Veränderungen im Stande der Erfindungs-Privilegien. (Verlautbart im Amtsblatte der k. Wiener Zeitung vom 18. bis 25. Februar 1900.) Wien. 1900. Hof- und Staatsdruckerei. Lex.-8°. erscheint in 12 Nrn. compl. K 9.60

(F) Katalog der von dem kaiserl. königl. Privilegien-Archive registrirten Veränderungen im Stande der Erfindungs-Privilegien. Wien 1901. Hof- und Staatsdruckerei. Gr.-8°. erscheint in 12 Nrn. compl. K 9.60

— der v. dem k. k. Privilegienarchive registrierten Veränderungen im Stande der Erfindungsprivilegien. Für die J. 1902—1905. (Hrsg. vom k. k. Handelsministerium.) (481, 375, 305 u. 249 S.) gr. 8. Wien (Hof- u. Staatsdruckerei). à n. 5.—

— dasselbe. Für d. J. 1906. (Hrsg. vom k. k. Handelsministerium.) (Nr. 1. 8 S.) gr. 8. Ebd. 906. n. 5.—

— der v. dem k. k. Privilegienarchive registrierten Verändergn. im Stande der Erfindungsprivilegien. Für d. J. 1906—1909. (Hrsg. v. k. k. Handelsministerium.) (205 S.) gr. 8. Wien 907—10. (Hof- u. Staatsdruckerei.) 11. —
1906. (206 S.) 907. 3.—. — 1907. (167 S.) 3.—.
1908. (137 S.) 909. 3.—. — 1909. (103 S.) 2.—.

Katalog zur II. Verbands-Ausstellung der Heerdbuchgesellschaften für das Vogelsberger Rind, Juli 1900 in Marburg. *Marburg 1900: J. A. Koch.* (46 S.) 8° [F.] 00. 7685 4

Catalog. K' der Verbandsbibliothek [des] Verband schweizer. Konsumvereine. Teil 1: Literatur des Genossenschaftswesens. Hrg. vom Sekretariat des Verbands schweizerischer Konsumvereine. II + 40 S. 8. Basel, G. Krebs, 1905.

Katalog der bürgerl. Vergolder, Maler, Lackirer und Wagenmaler der k. k. Haupt- und Residenzstadt Wien. 1857. Bei A. Pichlers Witwe und Sohn. (10 S. 8.)

Katalog von Verlags- und Preisänderungen, Rest-, Partie- und Gelegenheits-Artikeln im deutschen und ausländischen Buch- und Kunsthandel mit Einschluss einer Anzahl vergriffener, aus dem Handel zurückgezogener, nicht im Buchhandel erschienener, anonym oder pseudonym erschienener sowie verbotener Schriften u. Drucksachen hrgg. v. F. Dietrich. Bd. 1—6. Gautzsch b. Leipzig. 1908—20. 4°
1: Nach dem Stande vom Jahre 1908. 1908.
2: —— 1909. 1909.
3: —— 1910. 1910.
4: Jg. 1910—11. 1911.
5: Jg. 1912—13. 1913.
6: Jg. 1913—14. 1914.
7: Jg. 1914—19. 1920.

— v. Verlags- u. Preisänderungen, Rest-, Partie- u. Gelegenheits-Artikeln im deutschen u. ausländ. Buchhandel nach d. Stande v. J. 1910 m. vielen Nachträgen aus früheren Jahren, nebst Verzeichnis v. Firmenänderungen. Hrsg. v. F. Dietrich. 1.—90. Lfg. Lex. 8. Gautzsch b/Leipzig, Fel. Dietrich. à Lfg. 1.50
1—22. (I. Bd.) (328 S.) 908.
23—57. (II. Bd.) (558 S.) 909.
58—90. (III. Bd. 1.—33. Lfg.) (528 S.) 910.

Katalog der Herder'schen Verlagshandlung zu Freiburg im Breisgau. 1801—1895. M. 1 Sachreg. *(Freiburg i. B.: Buchdr. d. Herder'schen Verlagshdlg 1896.)* (2 Bl., 255 S.) 1 Bd 8.

Internat. ständ. Verband d. Schiffahrts-Congresse. Katalog der Veröffentlichungen, die Schiffahrts-Congresse betr. Brüssel 1904: Buchdr. d. öffentl. Arbeiten. (288 S.) 8° 108. 3796

Katalog der Veröffentlichungen die Schiffahrtskongresse betreffend. Nebst Ergänzung 1: Veröffentlichungen des Mailänder Kongresses 1905. Brüssel, 1904—1906. 334 S.

KATALOG DER DRITTEN ALLGEMEINEN VOGEL- UND GEFLÜGEL-AUSSTELLUNG des Ornithologischen Vereins in Stettin am 19., 20. und 21. März 1881 ... Stettin, 1881. Druck von F. Hessenland. 8°.

Katalog der Vogelsammlung aus der Provinz Hannover. *Hannover: W. Riemschneider 1897.* (24 S.) 1 Bd 8. 98. 3815 Go

Katalog der systematischen Vogelsammlung des Provinzial-Museums in Hannover. *Hannover: W. Riemschneider 1897.* (2 Bl., 106 S.) 1 Bd 8. 98. 3816 Go

Katalog der Volksbibliothek zu Gronau. *Gronau i. W. 1903: J. Schierink.* (124 S.) 8° [F.]

Katalog der Volks-Bibliothek I. 1904. *Königsberg i. Pr. 1904: Hartung.* (94 S.) 8° [F.] 04. 6176 10

Catalog. K' der Oberaarganischen Volksbibliothek [in Langenthal] vom Jahr 1900. Nachtrag 1. Zuwachs pro 1901/1902. 13 S. 8. Langenthal, G. Dysli, 1902. fr. —. 10

Katalog der Volksbibliothek zu Schwelm (gegr. 1872). 5. Ausg. 1909 [Nebst] Nachtr. 1. Schwelm (1909: Voswinkel). 8°

— für Volksbibliotheken. Ein Verzeichniß v. Büchern, welche sich zu Aufnahme in Volksbibliotheken eignen. Hrsg. vom Ministerium d. Cultus u. öffentl. Unterrichts. gr. 8. (VIII, 92 S.) Leipzig 882. (Roßberg.) n.n. — 60

K' der Vorbildersammlung und der Bibliothek [im] Gewerbemuseum der Stadt Zürich. Neue ⟨3.⟩ Ausgabe. 252 S. 8. Zürich, Berichthaus, 1904. fr. 1.50

Katalog der Vorbilder-Sammlung und Bibliothek [im] Gewerbemuseum Winterthur. 1901. IV + 159 S. 8. Winterthur, Buchdr. Winterthur vorm. G. Binkert, 1901.

Museum, kunstgewerbliches, der Handels- und Gewerbe-Kammer in Prag. Katalog der Vorbildersammlung von F A Borovsky. Prag 1897

Katalog des Deutschen Wallace Kollegium: 1864/65 1915/16?
Annual catalog of the College. The catalog of 1864/65 included in the Catalogue of Baldwin University, 1864/65. Name of College varies: German Wallace College and Nast Theological Seminary.
Berea, OH

— der Gemäldegalerie G A Wallis in Florenz (von J M Heberle) 4° Köln 1895

Katalog der Sammlung A Walter in Neapel. Ölgemälde. (von H Helbing.) 4° München 1896

Katalog [der Sammlung:] Europäische Wanderbilder. Historisch-geographische Einzeldarstellungen beliebter Reiseziele.... Jedes Bändchen reich illustriert. Preis pro Nummer 50 Centimes. Verlag: Art. Institut Orell Füssli, Zürich. [Illustriert. — Juli 1901.] 24 S. 8.

Catalog. K' [der Sammlung:] Europäische Wanderbilder.... Verlag: Art. Institut Orell Füssli, Zürich. [Illustriert.] 24 S. 8. [1905.]

Katalog d. Weide-Fettvieh-Ausstellung in Husum . . . 1894. Husum. 63 S. P.

(Catalog. K' der) Weihnachts-Ausstellung (einheimischer Handwerker im) Gewerbemuseum Aarau. Eröffnung 14. Dezember 1904. ([Mit] Geschäftsanzeiger der Handwerker und Gewerbetreibenden von A' und Umgebung.) [Illustriert.] II + XII + *Geschäftsanzeiger* 61 S. 8. Aarau, H. R. Sauerländer & Co.

Kantonal-bernische Kunstgewerbe-Genossenschaft. Katalog der Weihnachts-Ausstellung für das Kunstgewerbe [1902] im kant. Gewerbe-Museum Bern und im Verkaufslokal der ... Genossenschaft, Bern.... [Illustriert.] IV + 16 S. 8. Bern, Büchler & Co.

— der Weihnachts-Ausstellung im Künstlerhaus, Wien, I., Karlsplatz 5. 12. (41 S.) Wien 899. (Leipzig, Liter. Anstalt A. Schulze.) n. — 40

Jubel-Congress des deutschen Weinbau-Vereins zu Trier. Katalog der bei der Wein-Kostprobe am 20. September 1898 ausgestellten Weine und Schaumweine. Trier 1898: Lintz. 12 Bl. -- 121*

Katalog des K. B. Linien-Inf.-Reg. Weinrich. Aschaffenburg 1836. 95 S.

Katalog d. Pariser Weltausst. I: Kunstind. II: Maschinentechnik. 2 Bde Leipzig 1878

— ausgewählter Werke der ausländischen Literatur, s. a. Brockhaus' Katalog.

—— ausgewählter Werke der ausländischen Literatur. 1890—1892 Lex.-8. (228; 228; 252 S. m. Illustr.) Lpz. 890, Brockhaus' Sort. à * — 40

Katalog über die im K. B. Haupt-Konservatorium der Armee (seit 1895 Armee-Bibliothek) befindlichen gedruckten Werke. München 1827. 396 S.
— — Dass. 1834.
— — Supplement 1—4: 1844, 1855, 1867, 1877.

— empfehlenswerter Werke d. ausländischen Litteratur, Englisch — Französisch — Italienisch, nebst e. Verzeichnis d. gelesensten Zeitschriften d. Auslandes. XV. Jahrg. 1898. gr. 8. (152 S. m. Abb.) Leipzig, A. Twietmeyer. — 30

Katalog empfehlensw. Werke d. ausländ. Litteratur. Englisch — Französisch — Italienisch — Spanisch. Nebst e. Verzeichnis der gelesensten Zeitschriften des Auslandes. XVI.—XIX. Jahrg. 1899—1902. gr. 8. (à 160 S. m. Abbildgn.) Leipzig, A. Twietmeyer. — 40

Katalog empfehlenswerter Werke d. ausländischen Literatur. Englisch — Französisch — Italienisch — Spanisch. Nebst e. Verzeichnis der gelesensten Zeitschriften d. Auslandes. XXIII. Jahrg. 1906. (160 S. m. Abbildgn.) gr. 8. Leipzig. A. Twietmeyer. n. — 40

— empfehlenswerter Werke der ausländischen Literatur, Englisch—Französisch—Italienisch—Spanisch, nebst e. Verzeichnis der gelesensten Zeitschriften des Auslandes. 27. Jahrg. 1911. (168 S.) gr. 8. Leipzig, A. Twietmeyer. p — 40

Katalog der in der Wiener K. K. Hof- und Staatsdruckerei gedruckten philologischen Werke und Broschüren. (Wien) 1858.

— von kartographischen Werken: Atlanten, Karten, Plänen etc. und Veranschaulichungsmittel für den Unterricht in der astronomischen Geographie. Zum Gebrauch für Buchhändler und Bibliothekare, sowie für alle diejenigen, welche beim Studium, Unterricht etc. kartograph. Werke bedürfen. gr. 8. (VIII, XXXVI, 283 S.) Neuwied 877, Heuser'sche Verlagsh. cart. *

— von Werken v. Joh. Walter Kurau, Frhr. v. Schlippenbach, Professor Belsen, Petras Kalpokas, Fred Voelckerling. (8 S. m. 4 Taf.) 8. Dresden (907). (C. Heinrich.) — 50

Catalog. K' Landwirtschaftlicher Werke (und Broschüren). Ausgestellt auf der Kantonalen Landwirtschaftlichen Ausstellung in St. Gallen 1907 (*Umschlag:* Zusammengestellt) von der Fehr'schen Buchhandlung, St. G'. [Mit Vignette.] 39 S. 8. St. Gallen, Zollikofer & Cie., 1907.

— von Werken der socialen Litteratur, alphabetisch nach Gruppen geordnet. Hrsg. vom kath.-polit. Preßverein, Brixen. 8. (16 S.) Brixen 898. Buchh. des kath.-polit. Preßvereins. n.n. — 20

Katalog der Maurerischen Werke, welche sich in der Bibliothek der Loge zum Oelzweig in Bremen befinden. Bremen 1845: Heyse. 20 S. 8⁰ 358 a.

Katalog der Maurerischen Werke in der Bibliothek der Loge Zum Oelzweig in Bremen. Bremen 1898: Mack. 56 S. 8⁰ 358 a.

Katalog der militärischen Werke aus dem Verlage der k. k. Hof- und Staatsdruckerei in Wien. Wien 1904. 53 S.

— militärischer Werke der k. u. k. Hofbuchhandlung v. L. W. Seidel & Sohn, Wien I., Graben 13, Depot der k. u. k. Generalstabskarten. 8. (166 S.) Wien 903. L. W. Seidel & Sohn. — 60

— militärischer Werke der k. u. k. Hofbuchhandlung v. L. W. Seidel & Sohn, Wien I., Graben 13, Depot der k. u. k. Generalstabskarten. (168 S.) 8. Wien 904. L. W. Seidel & Sohn. n. — 60

Seidel u. Sohn. Katalog militärischer Werke. 1906. Wien 1906.

— militärischer Werke. Ausg. v. L. W. Seidel & Sohn, k. u. k. Hofbuchhändler, Wien. 1911. (192 S.) kl. 8. Wien (910). L. W. Seidel & Sohn. — 60

—— IX. und X., naturwissenschaftlicher Werke aus dem antiquarischen Lager von T. O. Weigel. gr. 8. Leipzig 858, T. O. Weigel. [IX. (80 S.) ** 8 Ngr., X. (180 S.) ** 6 Ngr.] **
Vgl.: Catalog.

KATALOG der im Schillerhause zu Leipzig-Gohlis vorhandenen, auf die Schiller-Literatur bezüglichen Werke des Dichters selbst und der betreffenden Erläuterungsschriften, wie auch der den Schillerkultus berührenden literarischen Erzeugnisse überhaupt. Vom Jahre 1781 bis 1907. Nebst Anhang: Verzeichnis der im Schillerhause zu Leipzig-Gohlis verwahrten merkwürdigen Gegenstände zur Erinnerung an Schiller und Verehrer Schillers. Im Auftrag des Schillervereins zu Leipzig zusammengestellt von OTTO SCHWERDFEGER. Leipzig 1908. Kommissionsverlag von Oskar Leiner. 8°.

Katalog von Werken über den Zeichenunterricht nach den verschiedenen Zweigen desselben für Schul- und Selbstunterricht. Zum Gebrauch für Buchhändler, Zeichenlehrer und alle diejenigen, welche dem Zeichnen ein Interesse zuwenden. gr. 8. (XXV, 136 S.) Neuwied 876, Heuser'sche Verlagsh. *
—— dass. — Supplement. gr. 8. (XII, 37 S.) Ebendas. 876.

Katalog der Zweigstelle Westen, Nordstrasse 300, [der] Lesehalle in Bremen. Dez. 1907. Bremen 1907. 8°.

—— der Westinghouse-Bremse. Hrsg. v. der Westinghouse-Eisenbahn-Bremsen-Gesellschaft. gr. 4. (86 S. m. Abbildgn. u. Taf.) Hannov. 892, Schmorl u. v. Seefeld Nachf. geb. in Leinw. ** 5 —

— d. Westinghouse-Schnellbremse. Hrsg. v. d. Westinghouse Eisenbahn-Bremsen-Gesellschaft. gr. 4. (IV, 89 S. m. Abb. u. 14 Taf.) Hannover 897. Schmorl & v. Seefeld Nachf. Geb. in Leinw. n.n. 5. —

— des Exportmusterlagers Wien. Wien 1890

K. K. Oesterreich. Museum für Kunst und Industrie. Katalog der Wiener-Congress-Ausstellung 1896. *Wien: Verl. d. K. K. Oesterreich. Museums 1896.* (2 Bl., 238 S., 1 Taf.) 1 Bd 8. [96. 3196

— d. Wiener-Congress-Ausstellung 1896. Hrsg. v. k. k. österreich. Museum für Kunst u. Industrie. gr. 8. (IV, 288 S. m. 1 Titelbild.) Wien 896. (Leipzig, Literar. Anstalt, A. Schulze.) n. 2. 40

Katalog der Wilhelm-Auguste Viktoria-Bücherei der Stadt Dortmund. Dortmund 1910: Ruhfus. XXI, 920 S. 8° [11. 6374

Katalog des Eisenwerks Wülfel bei Hannover über Transmissionen. Wülfel, 1893.

—— der Zeitungen und Handschriften-Ausstellung des typographischen Fortbildungs-Vereins in Prag 1877. (In czech., deutscher und französ. Sprache.) gr. 8. (VII, 120 S.) Prag 877, (Grégr und Dattel.) *

—— des Schweizerischen Zentralarchivs für Gemeinnützigkeit. 8. (V, 88 S.) Zür. 887, [Herzog] Leemann. * — 80

—— dass. — Supplement. (Januar 1888 bis Oktbr. 1891.) 8. (18 S.) Ebd. 891. * — 40

— des schweizerischen Zentralarchivs f. Gemeinnützigkeit. II. Suppl. (Novbr. 1891—April 1897.) gr. 8. (82 S.) Zürich (897). (Gebr. Leemann & Co.) n. — 50

Katalog der Centralbibliothek des Evangelischen Bundes. Ausgeg. am 1. Jan. 1900. *Naumburg 1900: Lippert & Co.* (IV, 75 S.) 8° [F.] [oo. 3613 3

Katalog der Centralbibliothek des Evangelischen Bundes. [Nebst] Nachtrag. Leipzig: Buchhandl. d. Ev. Bundes (Nachtr.: R. Hahn) 1903–05. 2 Bde 8° [F.]
Katalog. Ausgegeben am 1. Aug. 1903. 1903. Nachtr. Ausgegeben Ende Dez. 1905. 1905. [07. 9900 4

Catalog. K' der Eidg. Zentralbibliothek, der Bibliotheken einzelner Departemente und Abteilungen. 2. Supplement, 1903–1908 = Catalogue de la Bibliothèque fédérale centrale, des bibliothèques de divers Départements et bureaux de l'administration. IV + 172 S. 8. Lausanne, Imprimeries Réunies ⟨S. A.⟩, 1908.

Katalog der Zentral-Bibliothek der Generaldirektion der k. b. Staatseisenbahnen. München, 1902. 104 S.

— der neuphilologischen Zentralbibliothek. 2. Aufl. (X, 103 S.) gr. 8. Leipzig 908. Dr. Seele & Co. nn 1. 30

— der pädagogischen Centralbibliothek (Comenius-Stiftung) in Leipzig. 1. Bd. 2. Aufl. gr. 8. (VII, 144 S.) Leipzig 892. (E. Gräfe.) n.n. 1. 25

— d. pädagogischen Centralbibliothek (Comenius-Stiftung) zu Leipzig. 2. Bd. 2. Aufl. gr. 8. (VIII u. S. 145—328.) Leipzig 897. (E. Gräfe.) n.n. 1. 50 (1. u. 2.: n.n. 2. 75)

— dasselbe. 3. Bd. Mathematik. 2. Aufl. gr. 8. (S. 329—375.) Ebd. 901. n. — 45

— der pädagogischen Centralbibliothek (Comenius-Stiftung) zu Leipzig. 1. Bd. 1. Abtlg. 3. Aufl. gr. 8. (III, 100 S.) Leipzig 902. (E. Gräfe.) n.n. — 75

— der pädagogischen Centralbibliothek (Comenius-Stiftung) zu Leipzig. I. Bd. 2. Abteilg. 3. Aufl. (S. 101—212.) gr. 8. Leipzig 903. (E. Gräfe.) n.n. — 75

— dasselbe. III. Bd. 2. Abtlg. (IV, 132 S.) gr. 8. Ebd. 906. n.n. — 70

— der pädagogischen Centralbibliothek (Comenius-Stiftung) zu Leipzig. II. Bd., 2. u. 3. Abtlg. gr. 8. Leipzig, (E. Gräfe). à nn — 70
2. Weltgeschichte. 3. Aufl. (IV, 115 S.) 908.
3. Naturwissenschaften. 3. Aufl. (XVI, 96 S.) 909.

— dasselbe. IV. Bd. 5. Abt. (VIII, 89 S. m. 1 Bildnis.) gr. 8. Ebd. 907. — 50

— der Zentralbibliothek der K. Württ. Verkehrsanstalten (350 S) und Nachtrag I. 1902-09. (96 S) Stuttgart 1902. 09

—— f. Zither-Musik. Ein Wegweiser durch das Gebiet d. Zither-Literatur. In 20 Klassen geordnet. 4. verb. u. verm. Aufl. 8. (188 S.) Lpz. 890, Grude. * 1 —

— für Zither-Musik. Ein Wegweiser durch das Gebiet der Zither-Literatur. In 20 Classen geordnet. 4., verm. Aufl. 8. (III, 176 S.) Leipzig 890. E. Grude. n. 1. —

Catalog der Stadtbibliothek Zürich, 6 Bde., Zürich 1864 u. 1896/97. (Bd. 5 u. 6 enthalten den Zuwachs von 1864 bis 1896 bezw. 1897!)

— der kgl. Studienanstalt Zweibrücken. Zweibrücken 1871. 8°

Mannheimer Altertumsverein. — KATALOGE.
Neue Folge. Bd. I. Verzeichnis der in der Sammlung des Mannheimer Altertumsvereins befindlichen Pfälzischen und Badischen Münzen und Medaillen, aufgestellt von SEUBERT. Mit 6 Lichtdrucktafeln. Mannheim 1900. Im Selbstverlag des Altertumsvereins. 8°.

— der Sammlungen des Mannheimer Altertumsvereins. Neue Folge. 1. Bd. gr. 8. Mannheim 900. Altertumsverein. n.n. 3. —
Verzeichnis der in der Sammlung des Mannheimer Alterthumsvereins befindlichen pfälz. u. bad. Münzen u. Medaillen. Von Seubert. Mit 6 Lichtdr.-Taf. (214 S.)

(Kataloge der Ausstellungen des Kunstvereines für Kärnten.) Klgft., v. Kleinmayr, 1907—.

Kataloge der Bibliotheken der Kaiserl. Admiralität, Berlin. I. Haupt-Bibliothek. II. Bücherkatalog der Bibliothek des Hydrographischen Amts. Berlin 1887.

Kataloge der von der Königl. Akademie der bildenden Künste in Dresden alljährlich veranstalteten Kunst-Ausstellungen 1870, 1871. 1872, 1875, 1876, 1877, 1879, 1880, 1881, 1882, 1884, 1885, 1888. 13 Bde. Dresden. 8°.

Kataloge des steiermärk. Landesarchives, s.a. Publikationen aus dem steiermärkischen Landesarchive.

Kataloge des steiermärkischen Landesarchives. I. Joanneumsarchiv. 1. Handschriften. Katalog der Handschriften. Für das Archiv bearbeitet von J. v. Zahn, für die Herausgabe von Anton Mell. (Publicationen aus dem steiermärkischen Landesarchive. Abtheilung A. Kataloge.) Graz und Leipzig. 1898. Moser's Buchh. Gr.-8°. X, 241 S. fl. 2.50

(F) Kataloge des steiermärkischen Landesarchives. I. Joanneumsarchiv. 2. Allgemeine Actenreihe. c. Politische Bewegung des Jahres 1848. Katalog der Proclamationen, Maueranschläge und anderer Stimmen für Graz und einzelne Orte auf dem Lande. Bearbeitet von J. v. Zahn. (Publicationen aus dem steiermärkischen Landesarchive. Abtheilung A Kataloge.) Graz und Leipzig. 1898. Moser's Buchh. 8°. 37 S. fl. —.30

(F) Kataloge des Steiermärkischen Landesarchives. I. Joanneumsarchiv. 2. Allgemeine Actenreihe d. Joannea. Katalog der Joannea. Für das Archiv bearbeitet von E. Kümmel, für die Herausgabe von Anton Kapper. (Publicationen aus dem Steiermärkischen Landesarchive. Abtheilung A. Kataloge. Graz und Leipzig. 1899. Moser's Buchh. 8°. 33 S. fl. —.30

(F) Kataloge des Steiermärkischen Landesarchives. I. Joanneumsarchiv. 3. Privatarchive. Katalog des Marktarchives Aussee. Für das Archiv bearbeitet von A. Mell und J. v. Zahn, für die Herausgabe von Anton Mell. (Publicationen aus dem Steiermärkischen Landesarchive. Abtheilung A. Kataloge.) Graz und Leipzig. 1899. Moser's Buchh. 8°. 10 S. mit 1 Stammtafel. fl. —.30

Kataloge des Steiermärkischen Landesarchives. 1, 1. 1,2a, c, d, 1, 3. 2, 5a/1. [Mehr nicht ersch.] Graz & Leipzig: Moser 1898–1900. 8°
1, 2a. Katalog d. Lehenbücher u. Acten. Bearb. von M. v. Felicetti u. Theodor Unger, f. d. Herausg. von Anton Kapper. 1898.
2, 1. Katalog d. landschaftl. Urkunden. Bearb. von Arnold v. Luschin, f. d. Herausg. von A. Kapper. 1899. 2. 5a/1. Katalog d. Gültschätzungen. Bearb. von J. v. Zahn. 1900.
(Publicationen aus d. Steiermärk. Landesarchive. Abth. A: Kataloge.)

Kataloge d. bayerischen Nationalmuseums in München. Bd. I, II, V. 1. gr. 8. München, Rieger. n. 8. —
I. Katalog der Bücher-Sammlung. Von J. A. Mayer. (XIV, 163 S.) 887. n. 2. —
II. Katalog der Abbildungen u. Handzeichnungen zur Kultur- und Kunstgeschichte Bayerns. Von J. A. Mayer. (VII, 184 S.) 887. n. 2. —
V. 1. Allgemeine kulturgeschichtliche Sammlungen. Das Mittelalter. I. Romanische Alterthümer. Von H. Graf. (VI, 95 S. m. 15 Lichtdr.-Taf.) 890. n. 4. —

Kataloge des bayer. Nationalmuseums in München. III. u. VI. Bd. München 896. M. Rieger. n. 8. 60
(I—V, 1. u. VI.: n. 26. 60)
III. Katalog d. Abbildgn. u. Handzeichngn. zur allgem. Kultur- u. Kunstgeschichte. Von Jos. Aloys Mayer. gr. 8. (VII, 86 S.) n. — 60
VI. Allgemeine kulturgeschichtl. Sammlgn. Das Mittelalter. II. Gothische Alterthümer d. Baukunst u. Bildnerei. Von Hugo Graf unter Mitwirkg. von Geo. Hager u. Jos. Al. Mayer. M. 349 Abb. in Lichtdr. auf 29 Taf. 4. (VII, 98 S.) Kart. n. 8. —

Kataloge d. bayerischen Nationalmuseums, 4. Bd. gr. 4. München 892. M. Rieger. Kart. n. 10. —
(I, II, IV u. V, 1.: n. 18. —)
Allgemeine kulturgeschichtliche Sammlungen. Die vorgeschichtl., römischen u. merovīng. Alterthümer. Von Gg. Hager u. J. A. Mayer. Mit üb. 350 Abbildgn. in Photolith. u. Lichtdr. auf 27 Taf. (IX, 372 S.)

Kataloge d. bayerischen National-Museums in München. VII.—XI. Bd. München (Prinz-Regentenstr. 3), Bayer. Nationalmuseum. 87. 80
Denkmale u. Erinnerungen des Hauses Wittelsbach im bayer. Nationalmuseum. Hrsg. v. d. kgl. Direktion des bayer. Nationalmuseums. (VIII, 288 S. m. 79 Abb. u. 42 Taf.) 30,5×23 cm. 909. (Bd. XI.) Geb. in Leinw. 35. —
Hofmann, Frdr. H., das europäische Porzellan d. bayer. Nationalmuseums. Mit 72 Taf., 100 Textabb. u. 5 Markentaf. (VI, X, 252 S.) 31×23 cm. 908. (Bd. X.) Geb. in Leinw. 24. —
Schinnerer, Johs., Katalog der Glasgemälde d. bayer. National-Museums. (VII, 96 S. m. 40 Taf.) 32,5×25 cm. 908. (Bd. IX.) Kart. 20. —
Schmid, W. M., Altertümer d. bürgerl. u. Strafrechts, insbes. Folter- u. Strafwerkzeuge. (Allgemeine kulturgeschichtl. Sammlungen.) Mit 88 Abb. im Text. (58 S.) Lex. 8. (Bd. VII.) 2. —
Voll, Karl, Heinz Braune u. Hans Buchheit, Katalog d. Gemälde d. bayer. Nationalmuseums. Mit 85 Abb. auf 75 Taf. (XXI, 304 S.) 8. 908. (Bd. VIII.) Geb. in Leinw. 6.80
Bd. I—VI. (München, Rieger.) 887—906. 26. 60

— d. germanischen Nationalmuseums in Nürnberg. 30,5×23 cm. Nürnberg (J. L. Schrag).
Die Werke plastischer Kunst. Von Walt. Josephi. (X, 39 S. m. 160 Abb. u. 64 Taf.) 910. Geb. in Leinw. nn 30. —; f. Mitglieder u. Tauschvereine d. German. Museums. 25. —

Filzfabrik Adlershof, A.-G.: Kataloge und Prospekte. 1907 ff. Adlershof bei Berlin

Die Kataloge des Egerer Stadtarchivs. Angelegt von Dr. Karl Siegl. Eger. 1900. [In Comm. Kobrtsch & Gschihay.] Lex.-8°. VII, 383 S. K 6.—

— des römisch-germanischen Central-Museums. Nr. 1. 8. Mainz 910. L. Wilckens. 1. 20
Verzeichnis d. Abgüsse u. wichtigeren Photographien m. Germanen-Darstellungen. Von K. Schumacher. 2. verm. Aufl. (84 S. m. 50 Abb.)
1. Aufl. (56 S. m. 33 Abb.) 909. nn — 50

Katanchich, P., de columna miliar. romana ad Ezzecum reperta. 4. Zagrab. (Liebeskind, Lps.) 794. Rthlr.

— fructus auctumnales in jugis parnass. Panonii, max. part. lect. Latia et Illyrica chele decori 8. ibid. 794.

— de Istro, ejusq. Adcolis Commentatio etc. 4. Budae, Typ. 798.

— — idem lib. Pest, Eggenberger. 799.

— Specimen philologiae et geographiae Pannoniorum in quo de origine linguae et literaturae Croatorum etc. disseritur. 4. Zagrabiae. (Liebeskind, Lps.) 797.

— — idem l. Budae, (Eggenberger, Pest.) 795.

Katancsich, Prof. P. M., Commentarius in Caji Plinii Sec. Panoniam. 8maj. Ofen 829. (Leipz., Kummer). 12 K

Katann Oskar: Friedrich August Müller als Epiker. H. 1909 PN 2694 Diss. Wien, Univ.

Katasch, H. Über Ostitistuberkulose des Calcaneus und ihre Behandlung. Mit 2 Tabellen. In-8°. 35 S. Bern. These. 1896.

Kataster d. im Königr. Preußen vorhand. eingetrag. Genossenschaften. Bearb. v. d. preuß. Centralgenossenschafts-Kasse. Imp.-Fol. (XII, 649 S.) Berlin 898, C. Heymann's Verl. Kart. n. 45. —

Kataster der im Königreich Preussen vorhandenen eingetragenen Genossenschaften. Unterlagen zur Genossenschaftsstatistik. Bearb. von d. Preuss. Central-Genoss.-Kasse. [Nebst] Nachtrag 1 u. Register. *Berlin: C. Heymann 1898.* 2° [J.] [00. 3081

— d. mittl. u. kleinen Grundbesitzes im grossherzogl. Domanium v. Mecklenburg-Schwerin m. Einschl. des mittl. u. kleinen Grundbesitz in d. Domänen d. grossherzogl. Haushalts. Hrsg. vom grossherzogl. statist. Bureau zu Schwerin. gr. 4. (IV, 404 S.) Wismar 896. Hinstorff's Verl. Geb. n. 10. —

[Katasteranweisungen. No] I. m. V. *Berlin: Gedr. in d. Reichsdr. 1896.* 8. 96. 6460

Kataster-Vermessung des Kantons Solothurn. Bericht und Antrag des Regierungsrathes, Gesetzesvorschlag, Gesetz v. 21. Mai 1863.

Aus der Preussischen Kataster-Verwaltung. Verfügungen u. Revisionsbemerkgn des Kgl. Preuss. Finanzministeriums u. anderer Ministerien über d. Fortschreibungsvermessgn, d. Kataster-Neumessgn, d. Uebernahme der Ergebnisse der Kataster-Neumessgn z. Grundbuch, d. Uebernahme der Ergebnisse v. Teilgs- u. Zusammenlegungssachen z. Grundsteuerkataster u. s. w. M. Genehm. d. Kgl. Preuss. Finanzministeriums hrsg. v. M. Gräbke ... *Münster i. W.: Selbstverl. 1899.* (VIII, 158 S., 1 Bl.) 1 Bd 8. 99. 6157 0

Katastral-Plan der k. k. Reichshaupt- und Residenzstadt Wien im Masse 1 : 5000. Angefertigt im Auftrage von Julius Frankl, gezeichnet von Ed. Prochaska. 22 Blätter. Imp.-Gr.-Fol. Photolith. Steif gef. und geh. Ausgabe in Farbendruck 40.—, in Schwarzdruck Wien: Lechner 1893. 32. —
Einzelne Blätter in Farbendruck: Nr. 4, 5, 8, 9, 10, 13, 14, 15, 20 à 4.—; Nr. 19, 21 à 3.—; Nr. 1, 2, 7, 12 à 2.70; Nr. 16, 18 à 2.—; Nr. 4. 17, 24 à 1.40. In Schwarzdruck um 20% biliger.

Katastrophe, s.a. Catastrophe.

Katastrophe, die, in Bayern. Nach authent. Quellen im Zusammenhange dargest. von ? Leipzig, Oskar Kufs, 1886. Imp.-8°. Blau Hsrsb.

2 Bll. u. 95 S. Mit blau gedr. Orig.-Umschl. — Inh.: 1. König Ludwig bis z. J. 1874. 2. Der einsame König. (1874—86.) 3. Der kranke König. 4. Einsetzung d. Regentschaft. 5. Der Prinzregent Luitpold. 6. Die Regentschaftskommission in Hohenschwangau. 7. Die Bevölkerung. 8. Von Schwanstein nach Berg. 9. Der 1. Pfingstfeiertag. 10. Pfingstmontag in München. 11. Der Abschied von Schloss Berg. 12. Die Sektion d. Königsleiche. 13. König Ludwig II. auf dem Paradebette. 14. Der neue König. 15. Die Königin-Mutter Maria. 16. Beileidsbezeugungen. 17. Doctor (Bernhard) v. Gudden (geb. d. 7. Juni 1824 zu Kleve, † 13. Juni 1885 an der Seite d. Königs). 18. Der Landtag. 19. Die Beisetzung.

— die, in Bayern. Ludwig II., König v. Bayern. Sein Leben u. Ende u. die bayer. Thronfolge. Nach authent. Quellen bearb. Mit 8 Vollbildern. 8. (48 S.) Leipzig 886. Milde. n. — 60

Katastrophe, Die Berliner,

und ihre Ergebnisse für Deutschland. Frankfurt a. M. 1848. V: *Beyschlag, Willibald.* (wa)

Katastrophe, die, des im westlichen Böhmen am 25. Mai 1872 erfolgten Wolkenbruches vom forstlichen Standpunkte beleuchtet. Hrsg. vom böhm. Forstvereine. gr. 8. (60 S. mit 1 chromolithogr. Karte in gr. 4.) Prag 873, (André'sche Buchh.) *

Katastrophe, die, in Brüx. 19. u. 20. VII. 1895 u. 7. VIII. 1896. 12 Naturaufnahmen (in Lichtdr.) v. Carl Pietzner. qu. 12. Teplitz 897, A. Becker. In Leinw.-Mappe n. 2. —

(Anon.) Deutschlands Katastrophe. D. i. Nothwendiger Verfall der christlichen Religion und bürgerlichen Ordnung in Deutschland durch das Werk: „Stunden der Andacht." Christianopel 1825. 8°. (2 Mk., Hfrz., Heinr. Süssenguth, Berlin, 1910.)

Katastrophe, Deutschlands,

Das ist: Notwendiger Verfall der christlichen Religion und bürgerlichen Ordnung in Deutschland durch das Werk »Die Stunden der Andacht«. Regensburg 1825. V: *Wolf, Lorenz.* (Gla 1/2, 278)

Die Eckernförder Katastrophe. o. O. u. J. (1849.) 1 Bl. 4° geb. in Fol.

Katastrophe, die Hugstetter. Verhandlung gegen Oberbahninspector Ambros und Genossen vor der Strafkammer in Freiburg vom 9. bis 18. April 1883. Stenograph. Bericht. gr. 8. (814 S.) Mannheim 883, (Bensheimer's Verlag.)

Katastrophe (Die) von Rosenfeld vor der Strafkammer zu Frankfurt a. M. 8°. Braunschweig, Bracke, s. a. (1874).

Katastrophe, die, von Rosenfeld vor der Strafkammer zu Frankfurt a. M. hoch 4. (16 S. mit 1 lithogr. Karte.) Frankfurt a. M. 875. (Braunschweig, Bracke jun.)

— die, in Zug. Lichtdruck nach e. Photographie. Quer in-4°. Luzern, C. F. Prell's Buchhandlung. 1887. 1 —

Katastrophe, die, in Zug am 5. Juli 1887. Am Tage nach der Katastrophe von einem Augenzeugen dargestellt. Gr. in-8°, 12 S., mit 2 lithogr. Ansichten quer in-4° u. 1 Karte. Zürich, Orell Füssli & Cie. 1887. 1 —

Katastrophe in Zug 5. — 7. Juli 1887. (Versinken der Häuser.) Totalansicht mit einem Situationsplan. Nach der Natur gezeichnet u. lithogr. v. *Hofer & Burger.* 1 Bl. 25 1/2 : 40 cm. Zürich, Hofer & Burger. 1887. — 80

Katayama, Katsuzo: Untersuchung über die Hemmung der Hämolyse durch menschliches Serum. Würzburg 1909: Meixner. 32 S. 8°

Würzburg, Med. Diss. v. 31. Juli 1909, Ref. v. Leube

[Geb. Juni 82 Saitama; Wohnort: Würzburg; Staatsangeh.: Japan; Vorbildung: Gymn. Saitama Reife März 99; Studium: Tokio 8, Würzburg 3 S.; Rig. 22. Juni 09.] [U 09. 4121

Kate, Countess, s. Series for the young.

Kate, J. J. L. ten, Predigten, s. Zeugnisse des Evangeliums.

Kate, J. J. L. ten, die Schöpfung. Gedicht. Deutsch von J. Koppelmann. 8. (VII, 161 S.) Bremen 881, Müller's Verlagsh. *M 2,40.; geb. **

Kate, J. J. L. ten, die Schöpfung. Ein Gedicht. Aus dem Holländ. ins Deutsche übertragen durch B. Zimmermann. 8. (V, 153 S.) Hamburg 890. Verlagsanstalt u. Druckerei, A.-G. n. 3. —; geb. n. 4. 20

KATECHESE, Christliche, über die Ehelosigkeit der katholischen Geistlichkeit. Germanien (Stuttgart, Löflund) 1803.
Weller, fing. Dr. I. p. 199.

— große, e. Dorfpfarrers für d. Landvolk (v. C. Menne). 19 Bde. gr. 8. Augsb. 796—810. Doll. 20 ℛ (11r—16r Bd. A. u. d. T.: leichtfaßl. Predigten e. Dorfpfarrers für d. Landvolk ꝛc. u. Predigten über d. ganze christl. Moral. 6 Bde. 17r—19r Bd. A. u. d. T.: Liturgie d. kathol. Kirche ꝛc. 3 Bde.)

— Regist. üb. die 10 Bde. gr. 8. Ebend. 805.

— — desselben Werks, 11r-16r Bd., od. die Moral 1r-6r mit Regist. gr. 8. Ebend. 806-809.

— — desselben Werks. 17r-19r Bd. od. d. Liturgie. 1r-3r. mit Register. gr. 8. Ebend. 810.

Katechesen, kathol., über d. Gebet überhaupt u. d. Vater Unser insbesondere. 1r Thl. 8. Leipz. 797. Barth. 14 K (A. u. d. Tit.: Volksbelehrung in katechet. Form.)

Katechesis (Catechesis) Racoviensis s. liber Socinianor. primarius, cum recensione et refutatione G. L. Oederi. 8. maj. Norimb. Monath et K. 739.

Katechet, der praktische, in Kirche und Schule. Eine Sammlung vollständig ausgearbeiteter Katechesen nach dem kathol. Katechismus. Von den Gnadenmitteln. 9 Lfgn. gr. 8. (638 S.) Würzburg 879, Staudinger'sche Buchh. *
—— dass. — Sittenlehre. 13 Lfgn. gr. 8. (III, 68, 812 S.) Ebendas. 875—79. 1.—8. Lfg. à * 70 Pf.; 9.—13. Lfg. *M 3. *
—— dass. — Glaubenslehre. 10 Lfgn. gr. 8. (697 S.) Ebendas. 876—78. 1.—7. Lfg. à * 70 Pf.; 8.—10. Lfg. *M 1,80. *

Katechet, der, und Prediger, s. Prediger.

Katechetik f. Volksschullehrer. Hrsg. v. Albr. Wachler. gr. 8. (15 3/4 B.) Breslau 843, Hirt's Verl. —

Katechisation üb. die 10 Gebote, s. Trautretter.

Katechisationen

— christliche, s. J. W. Trautvetter.

— öffentliche, über d. Heidelberger Katechismus. 8. Leipz 793. Linke. 8 K

Katechisationen über d. moralischen Theile des hannöverschen Katechismus. 4 Stcke. 8. Frankfurt a. M. 795—800. Diez. 3 ... 8 K

— über religiöse u. moral. Wahrheiten, Sprüchwörter, Denksprüche u. Bibelstellen, (v. J. G. Trepte). 8. Leipz. 800. N. A. 824. (W. Nauck). 10 K

— über religiöse und moral. Wahrheit., Sprichw. rc. 8. Lpz. Sommer. 804.

Katechisationen, üb. religiöse u. moralische Wahrheiten, Sprüchwörter, Denksprüche u. Bibelstellen. Nebst e. kurzen Anweis. z. zweckmäßigen Schulunterrichte. 8. Leipzig 825, Sommer.

Katechisirkunst, d., ein Handbuch f. Anfänger rc. 2 Thle. gr. 8. Kothe, Ane. (auch Fleischer in Lpz.) 803.

Katechisirkunst, die, e. Handbuch für Anfänger u. Ungeübte in derselben, (v. J. C. F. Baumgarten). 2 Thle. gr. 8. Cöthen 803—6. N. A. 2 Thle. 8. Ebd. 822—26. Aue. (Cnobloch in Leipz.) 12 K

Katéchisme de Geneve. Brunsv. Pluchart. 815. brochée

Katechismen Luthers, die beiden, und die augsburgische Confession zum Gebrauch für Schule und Haus mit erläuternden Anmerkungen und einem kurzen, zumeist geschichtl. Unterrichte hrsg. von Rob. Otto Gilbert. 8. (XXIII und 204 S.) Leipzig 857, Teubner. *

Katechismen des österreichischen Privatrechts. 4 Thle. in 1 Bde. 12. Wien, Manz. geb. * 6 —

Inhalt:

Thl. 1. Katechismus des österreichischen Eherechts, dann Familien-, Vormundschafts- und Curatelsrechts. (XXI, 109 S.) 884.
„ 2. Katechismus des österreichischen Erbrechts, dann Verlassenschafts-Abhandlungsrechts. (XX, 158 S.) 884.
„ 3. Katechismus des österreichischen Sachenrechts [Besitz, Eigenthum, Dienstbarkeit, Pfandrecht] und Grundbuchsrechts. (XXIV, 165 S.) 885.
„ 4. Katechismus des österreichischen Vertragsrechts und Schadenersatzrechts. (XXXVIII, 330 S.) 856.

SüddeutscheKatechismen. *Gütersloh: C. Bertelsmann 1904.* (XIV, 847 S.) 8°
— Quellen z. Geschichte d. Katechismus-Unterrichts. Bd 1.
— Quellen z. Geschichte d. kirchl. Unterrichts in d. evang. Kirche Deutschlands zwischen 1530 u. 1600. T. 1, Bd 1.

Katechismen-Bibliothek üb. d. gemeinwichtigsten kgl. bayer. Gesetze u. Verordnungen. Für Staatsbürger aller Klassen. 2 Bdchn. kl. 16. Augsburg, Schlosser.

Bdchn. 1. Bayerischer Verfassungs-Katechismus. (8 B.) 832. 3 Gr.
„ 2. Katechismus üb. d. kgl. bayer. Heimaths-, Ansässigmachungs-, Verehlichungs- u. Gewerbs-Gesetz u. d. dazu gehör. ält. u. neuern Verordn. u. Instructionen. ... 833. 8 Gr.

Katechismus, s.a. Catechismus.

—— s. Kreuz-Catechismus.

— oder Religionslehre u. s. w. s. Trauer.

Katechismus oder Christkatholische Lehre. Pest 1850.

— alter ächter, s. Freymaurer rc. 8. Freyb. Craz u. G.

Katechismus der römischen Alterthümer. Aus dem Engl. mit Zusätzen. Mit 1 Kupf. Leipzig 822. 8.

Katechismus zur Amtsleiterprüfung und Behelf für leitende ärarische und nicht ärarische Post- und Telegraphenbeamte mit einem Anhange betreffend die Angelegenheiten der nichtärarischen Aemter. Eine Sammlung der wichtigsten Vorschriften, betreffend den administrativen und ökonomischen, Kasse- und Rechnungs-, Post-, Telegraphen- und Telephondienst, in Form von 761 Fragen und Antworten, unter Citierung der bezüglichen Verordnungen und Erlässe. 2. durchgesehene und ergänzte Auflage, herausgegeben von Michael Boryslawski. Wien. 1900. Perles. Gr.-8°. 243 S. K 3.80

KATECHISMUS für Anfänger. Von der im Jahre 1858 zu Gran versammelten Provinzial-Synode für die Schule und Kirche angenommener Katechismus. Ofen 1861: St. Stephans-Verein. Universitäts-Buchdruckerei. 52 S. - 180 mm

KATECHISMUS für Anfänger der Graner Erzdiözese. Wien 1860: Schulbücherverlag. 52 S. - 8°

Katechismus für Anfänger für die graner Erzdiöcese. 8. (52 S.) Wien 860, Schulbücherverlag. geb.

— der Architektur für d. elegante Welt u. unsere Schulen, zur Beförder. richtiger Begriffe von d. Baukunst u. d. Säulenordnung. Nach dem Engl. Mit 2 Kupf. 8. Leipz. 819. Baumgärtner. 12 K

—— ausführlicher christlicher, der orthodox-katholischen orientalischen Kirche, in der Orig.-Sprache geprüft und genehmigt von der heiligsten dirigirenden Synode, und hrsg. zum Unterricht in den Schulen wie auch zum Gebrauch aller orthodoxen Christen, auf Allerhöchsten Befehl Sr. Kaiserl. Majestät. Aus dem Russ. ins Deutsche übers. nach der Ausg. von 1839. Lex.-8. (VI, 148 S.) St. Petersburg 887, (Eggers und Comp.) * 2 —

—— ausführl. evangel., f. evangel. Konfirmanden aus allen Ständen; nach Anleit. d. kl. Katechismus v. D. Luther, nebst einigen Merkwürdigkeiten aus d. Lebensgeschichte d. Kirchen-Reformatoren. 8. (11 B.) Breslau 833, Graß, Barth u. Comp.

Katechismus über das Aeußere, die Pflege, die Gänge, das Beschlagen, die Erkennung u. Behandlung der Krankheiten, die Zucht u. die Stämme des Pferdes f. Männer, welche auf, bei, mit, neben u. unter Pferden leben. 12. (10 B. u. 7 Stnt.) Straubing 846, Schorner.

— über das Aeußere, die Pflege, die Gänge, das Beschlagen, die Erkennung u. Behandlung der Krankheiten, die Zucht u. d. Stämme d. Pferdes rc. Mit 7 lith. Bildern. 12. (238 S.) Straubing 847, Schorner. 1/3 ß

— über das Aeußere, die Pflege, die Gänge, das Beschlagen, die Erkennung und Behandlung der Krankheiten, die Zucht und die Stämme des Pferdes für Männer, welche auf, bei, mit, neben u. unter Pferden leben. Neue Ausg. Mit 7 lith. Bildern (in qu. 4.). Straubing 853. Schorner. 12. (237 S.) 4 ngr.

— der Baumaterialien. 1—3. Thl. 8. Wien 879. 80. Spielhagen & Schurich. n. 10. 80

1. Die natürlichen Bausteine. Für Baugewerkschulen, Steinbruchbesitzer, Steinmetze, Architekten, Baumeister, Ingenieure u. Gebildete jeden Standes bearb. von Hans Hauenschild. Mit 5 (eingedr.) Holzschn. u. 2 lith. Taf. (IV, 208 S.) n. 2. 70; geb. n. 3. 20

2. Die Mörtelsubstanzen. Für Kalk-, Gyps- u. Cement-Techniker, Architekten, Ingenieure, Bauinteressenten u. Baugewerkschulen nach eigenen Erfahrungen u. Versuchen auf Grundlage einer neuen Mörteltheorie bearb. von Hans Hauenschild. Mit 13 (eingedr.) Holzschn. u. 6 (lith.) Taf. (VI, 248 S.) n. 3. 60; geb. n. 4. 10

8. Katechismus der Ziegelfabrikation unter besonderer Berücksichtigung der Prüfungsmethoden für die gebrannten Fabrikate für Architekten, Baumeister, Ingenieure rc. bearb. von Wilh. Olschewsky. Mit 1 (eingedr.) Holzschn. u. 7 (lith.) Taf. (in 4.). (XIV, 333 S.) n. 4. 50

Katechismus d. Baumzucht. Zunächst f. Landleute, aber auch f. d. Bürger u. Baumgärtner z. gebrauchen. 8. Leipzig, 1795. (Cnobloch.) (— 6) — 3

— der Baumzucht. 8. Lpz. Böhme. 795.

Katechismus v. d. Beicht- Kommunion d. Kinder rc. 8. Augsburg 802. M. Rieger. 5 ℛ

Katechismus nach dem Beschlusse des Konzils von Trient ... hrsg., s. Katechismus, Römischer.

—— der, Bibelsprüche und Schul-Gesangbuch. Zusammengestellt von Lehrern der Realschule zu Altona. 8. (66 S.) Altona 878, Schlüter's Verlag. cart. *

—— der, Bibelsprüche und Schul-Gesangbuch. Zusammengestellt von Lehrern des Realgymnasiums zu Altona. 3. Aufl. 8. (75 S.) Altona 888, Schlüter. cart. ** — 60

—— der, Bibelsprüche u. Schulgesangbuch. Zusammengestellt v. Lehrern d. Realgymnasiums zu Altona. 4. Aufl. 8. (84 S.) Altona 892, Schlüter. cart. ** — 60

— der, Bibelsprüche u. Schul-Gesangbuch. Zusammengestellt v. Lehrern des Realgymnasiums zu Altona. 6. Aufl. (95 S.) kl. 8. Altona 904. Schlüter. Geb. n.n. — 75

— biblischer, oder christlicher Religionsunterricht in Frag- u. Antwort rc. 8. Andernach 803. Lassaulx. 1½ ℛ

Katechismus, biblischer, auf Grund des Lutherischen und des Heidelbergers. 8. (96 S.) Bern 871. (Zürich, Meyer.) *

— biblischer, von den vornehmsten Historien Alt und N. Testaments v. Pauli. 8. Halle. 726.

— s. a. Pr. L. Pauli.

— biblischer, für d. kathol. Jugend rc. von Weidenhofer. 8. Bamb. 792. (Frankf. a. M., Wesché). 8 ℛ

— biblischer, für Volksschulen, (v. Fr. A. Junker). 8. Halle 787. 18e A. 828. Waisenhaus B. 2 ℛ

—— bibl., f. Volksschulen, s. Junker, Fr. A.

— d. Botanik, als Anleit. zum Selbststudium dieser Wissenschaft u. als chemisches Wörterbuch zu gebrauchen, (v. H. G. L. Reichenbach). 1e Abtheil. mit 609 erläuternden Figuren. 8. Leipz. 820. Baumgärtner. schwarz 1 ℛℓ ill. 2 ℛℓ 2e, fast um das Doppelte verm. Aufl. gr. 8. Leipz. 825. Baumgärtner. 1 ℛℓ 12 ℛ ill. 2 ℛℓ 2s Bdchn. A. u. d. T.: Anleit. zur Naturgeschichte d. Pflanzenreichs, für d. ersten Anfänger. Mit 3 Kpft. gr. 8. Ebd. 824. 1 ℛℓ 12 ℛ ill. 1 ℛℓ 18 ℛ 3s Bdchn. Systematik. Mit 25 ill. Kpft. z. Erläut. des Linné'schen Systems (v. H. G. L. Reichenbach). gr. 8. Leipz. 826. Baumgärtner. Mit schwarzen Kpf. 1 ℛℓ 18 ℛ ill. 2 ℛℓ 6 ℛ

— dess. 3s Bdchn. Systematik. Mit 5 illum. Kpfrt. z. Erläut. d. Linnéischen Systems (v. H. G. L. Reichenbach.) gr. 8. Leipz. 826. Baumgärtner. 2 Rthlr. 6 gr. Mit schwarzen Kpfrn.

—— des Braumeisters oder leichtfaßl. Anleitung, die Meisterprüfung der Bierbrauerei nach den Anforderungen der neuesten gesetzl. Bestimmungen bestehen zu können. 8. (VII und 43 S.) München 865, Lentner'sche Universitäts-Buchh.

KATECHISMUS DES BUNDES DER LANDWIRTE. Sein Wesen, Wirken, seine Ziele und die bisherigen Erfolge, dargestellt in Form von Fragen und Antworten. Ein Hilfs- und Nachschlagebuch für unsere Freunde. Berlin 1901. Herausgeber und Verleger: Verkaufsstelle des Bundes der Landwirte. 8°.

Katechismus für den bayerischen Bürger und Landmann über das Hypothekengesetz vom 1. Juni 1822. Kempten 1822

— d. Chemie, für diejenigen, welche einige Kenntniß dieser Wissenschaft erlangen wollen, v. A. Thieme. 8. Leipz. 820. Baumgärtner. 12 ℛ 2e A. Mit 1 Kpf. (v. C. G. Ch. Hartlaub.) 8. Ebd. 827. 21 ℛ

Katechismus der Chemie. 3., gänzl. umgearb., d. gegenwärt. Standpunkt d. Wissenschaft entsprech., verm. Aufl. v. L. E. Jonas. — A. u. d. T.: Lehrbuch d. Chemie, in katechet. Form method.-systemat. abgefaßt v. Jonas. gr. 8. (33½ B.) Leipzig 840, Baumgärtners Buchh.

— chirurgischer, für angehende Wundärzte rc. 8. Leipz. 777. Schneider. 1 ℛ

—— eines denkenden Christen d. 19. Jahrhunderts. 8. (6 B.) Leipzig 845, Literar. Museum.

— christkatholischer, enthält, was ein Kind auswendig zu lernen hat, wie es das Gelernte verstehen u. auf sich anzuwenden habe, (v. M. Rumpler). 8. Ulm 800. Wohler. 10 ℛ

Katechismus, christkathol., f. d. unt. Klassen, s. Auer, Heinr.

—— christlicher, f. d. Jugend. 3. Aufl. 16. (3 B.) München 842, Fleischmann.

Katechismus, christlicher, der evangelischen Kirche, eine Vereinigung d. Heidelbergischen u. des kleinen Katechismus Lutheri. (Vom evangel. Pastor Hermann in Odenkirchen.) gr. 12. Duisburg 842. Schmachtenberg. n. ⅙ ℛℓ

—— christlicher, für die unirte evangelisch-protestant. Kirche, zunächst d. evangel.-protestant. Kirche d. Großhrzgth. Baden gewidmet v. e. Badischen Geistlichen. 1. Aufl. (5¼ B.) 832. 6 Gr., 2. A. (5 B.) 8. Bern 835, Dalp.

— für Dienstboten, s. Dienstboten-Katechismus.

Katechismus Lutheri, Dresdner, 8. n. 12. Dresden. 750. Hilscher.

(—) Katholische Uebersetzung des Duisburger Katechismus über die Unterscheidungslehren ohne alle fremdartige Beimischung für Alle, welche ihr Heil suchen. Aus dem Dekanate Kempen. (857.) — 2. verb. Aufl. Regensburg 858. Pustet. 8. (48 S.) 5 ngr.

—— der duisburger u. das allgem. Landrecht, od. Abhandlung, worin gezeigt wird, daß der duisburger Synodal-Katechismus in Beschlag gelegt werden mußte u. daß die zu seiner Haltung erschienene Schrift „Licht u. Recht" das Nämliche verdient rc. 12. (1 B.) Duisburg 844. (Crefeld, Funcke'sche Bh.)*

Katechismus der Düngerlehre. Hrsg. v. Generalverband ländl. Genossenschaften f. Deutschland. 2., neubearb. u. verm. Aufl. *Neuwied: Raiffeisen-Dr. (1903).* (IV, 68 S.) 8° [F.]
— Raiffeisen-Bibliothek. Bd 7. 104. 0650 5

— für Eheleute oder die Kunst, wie sich Ehegatten den Frieden sichern, und Liebe, Achtung u. Treue gegenseitig stets erhalten können. Dargebracht allen Eheleuten, allen Heirathscandidaten u. Candidatinnen von Alcibiades. Leipzig 857. Wengler. 32. (79 S.) 5 ngr.

—— des österreichischen Eherechts, dann Familien-, Vormundschafts- und Curatelsrechts. 8. (VI, 109 S.) Wien 884, Manz'sche Hofverlagsb. cart. *

—— des österreichischen Erbrechts, dann Verlassenschafts-Abhandlungsrechts. 8. (XX, 158 S. mit 1 Stammtaf.) Ebendas. 884. cart. *

— der Erdbeschreibung, eine faßliche Anleitung zur Kenntniß der Erde u. ihrer Völker. Nach der 20sten Ausg. aus d. Engl. übers. v. E. F. Michaelis. 8. Leipzig, Baumgärtner. 820.

—— der Erdbeschreibung, e. faßl. Anleit. zu d. Kenntniß d. Erde, Völker u. Staaten. 2., ganz umgearb. Aufl. v. Karl Friedr. Muhlert. gr. 12. (8½ B.) Leipzig 839, Baumgärtners Bh.

— d. erklärte, Lutheri. 8. Berl. 790. Realschulbuchhandl. 3 gr.

— mit einer katholischen Erklärung v. J. G. Herder. 8. Jena, Göpfert. 803.

— der durch die heil. Schrift erläuterte rc., zum Gebrauch d. kurtrierschen Lande eingerichtet. 8. Coblenz, Huber. (Hadam. neue Gel. Buchh.) 785.

— der durch die heil. Schrift erläuterte rc., zum Gebrauch d. kurtrierschen Lande eingerichtet. 8. Coblenz 783. 2e Aufl. 822. Hergt. 5 gr.

— d. durch d. heil. Schrift erläuterte. z. Gebrauch d. kurtriersch. Lande. 2te Aufl. 8. Coblenz 822. (Gelehrt. Buchh.)

—— erster protestantischer, e. Versuch, dem wichtigsten seit 300 Jahren unbeachtet gebliebenen Bedürfnisse d. protestant. Kirche abzuhelfen. Mit einigen Bemerkn. üb. d. neuen Badischen Katechismus. 8. (2½ B.) Speyer 830, [Neidhard.]

—— evangelischer. Hrsg. von dem evangel. Kirchenverein des Westens. 4., revid. Aufl. 12. (92 S.) St. Louis 854(57). (Philadelphia, Schäfer und Koradi.) *

—— evangelischer. Hrsg. von der rhein. Provinzial-Synode. 8. (80 S.) Elberfeld 860, Lucas. geb. *

—— evangelischer. 8. (70 S.) Basel 874, Spittler. * — 50

—— evangelischer. 8. (71 S.) Basel 889, [Spittler.] Jaeger u. Kober. geb. * — 50

[F.] Evangelischer Katechismus. Hrsg. v. d. rhein. Provinzial-Synode. Elberfeld: S. Lucas [1898]. (120 S.) 1 Bd 8.

Katechismus, evangelischer. (Von Fr. Evertsbusch.) 12. 6. Aufl. (72 S.) Lennep 898. R. Schmitz. Kart. n. — 50

Katechismus, evangelischer. 8. Aufl. (72 S.) 8. Lennep 909. R. Schmitz. Geb. — 50

—— evangelischer, m. ein. Anhange von Liedern. 8. (9 B.) Leipzig 843, Karl Tauchnitz. *

—— evangelischer, für Kirche, Schule und Haus. 4. neu durchges. Aufl. 8. (94 S.) Basel 881, [Bahnmaier's Verlag.] Detloff's Buchh. cart. *

Katechismus, evangel., f. Stadt- und Landschulen. 8. Wien, Geistinger. Rthlr.

— evangelisch-Lutherischer, in Tabell. f. die schlesischen Landschulen. 8. Glogau, Günther. 784.

— evangelisch-protestantischer. Karlsruhe 853. Groos. gr. 8. (IV, 76 S.) 3 ngr.

—— evangelisch-reformirter, für Kirche, Schule und Haus. 8. (59 S.) Straßburg 875, (Bomhoff.) *

— evangelisch-reformirter, f. Kirche, Schule u. Haus. 3. Aufl. 12. (IV, 59 S.) Straßburg 894. C. A. Bomhoff. Geb. n. — 60

— des . . . Examens in . . . 8. Ansbach, Gassert. 806.

— d. jurist. Examens in Berlin. 8. Ansp. 806. Gassert. 9 gr.

—— der Executionsnovelle. 12. (X, 35 S.) Wien 887, Manz'sche Hof-Verlags- und Universitäts-Buchh. * — 60

— nach d. stufenmäßigen Fähigkeit der Jugend rc. 8. Salzb., Duyle. 6 gr.

— für Färber u. Zeugdrucker. Zum Gebrauch u. Nutzen für Lehrlinge u. Gesellen, (v. K. W. Fiedler). 2 Thle. 8. Minden u. (Götting.) 826. Dieterich. 2 rthl 6 gr. (2r Thl. die angewandte Wissenschaft, oder d. prakt. Thl.)

—— für Färber u. Zeugdrucker. Zum Gebr. u. Nutzen f. Lehrlinge u. Gesellen. 1. Thl. Die Vorbereitungs-Wissenschaften. 2. Thl. Die angewandte Wissenschaft. Neue, wohlf. Aufl. 8. (50 B.) Cassel 833, Krieger.

Katechismus vom Finanzwesen. 8°. Wien, Tendler.

—— in Fragen und Antworten zum Unterrichte für die k. b. Infanterie. Gesammelt aus den k. b. Dienstvorschriften und andern militär. Werken. 32. (IV und 124 S.) Augsburg 862, Rieger'sche Buchh. *

KATECHISMUS mit Fragen und Antworten zu dem Unterrichte der Landjugend. Ofen 1781: Druck. Univ. 68 S. - 170 mm
- Dass. Ofen-Tyrnau 1787: Kgl. Univ.-Schriften. 68 S. - 170 mm
- Dass. Ofen 1797: Kgl. Univ.-Schriften. 68 S. - 170 mm

KATECHISMUS mit Fragen und Antworten zu dem Unterrichte der Landjugend im Raaber Bisthume. Raab 1782: Streibig. 79 S. - 160 mm

Katechismus für Freimaurer. Aus dem Altenglichen mit Anmerkungen (von J. Ch. F. Gerlach). 3 Hefte. Freiberg, Gerlach. (1804.) 8° 1. Grad 24 S. 2. Gr. 16 S. 3. Gr. 20 S.

Katechismus. 2. Aufl. 3 Hefte. Freiberg, Craz & Gerlach. (ca. 1870.) 8. 1. Grad 16 S. 2. Gr. 8 S. 3. Gr. 14 S.

— zum allgemeinen Gebrauche in den Kirchen und Schulen des Mainzer Bisthums. 12. Mainz 834. Wirth. ¼ rthl

— z. Gebrauch der Jugend in Nord-Carolina. 8. Lpz. Crusius. 787.

— zum Gebrauch für alle Kirchen d. französ. Reichs, aus d. Französ. v. A. F. Marr. 8. Leipz. 807. Gr. Fleischer. 16 gr.

— Derselbe, aus d. Französ. Münst. ... Theissing. 6 gr.

— zum Gebrauche d. sämmtl. Kirchen d. christl. Reiches. Aus d. Französ. 8. Wien 803. Geistinger. (Gerold). 16 gr. Hbg. Pr. 6 gr.

— z. Gebrauch der sämmtl. Kirchen, aus d. Franz. 8. Wien, Geistinger. (Lpz. Kummer in Commiss.) 807.

—— über d. Geist d. christl. Religion, z. Gebr. f. alle Christen ohne Unterschied d. kirchl. Bekenntnisses. 8. (2 B.) Chemnitz 831, Kretschmar.

— für die evangelischen Gemeinden des Kantons St. Gallen. St. Gallen 853. Huber u. Co. 12. (1 Bl., 100 S.) n. 4 ngr.

— — (Auszug daraus, die Fragstücke enthaltend.) Ebend. 853. 16. (36 S.) n. 2 ngr.

—— für die evangelischen Gemeinden des Kantons St. Gallen. 4. Aufl. 12. (110 S.) St. Gallen 869, Huber und Comp. * — 40

—— dass. — Die Fragestücke allein. 16. (36 S.) Ebendas. 869. * — 20

Katechismus für die evangelischen Gemeinden des Kant. St. Gallen. 5. Aufl. 8°, 108 S. St. Gallen, Huber. 1878.

Katechismus für die evangelischen Gemeinden des Kantons St. Gallen. 6. Aufl. In-12°, 108 S. St. Gallen, Huber & Cie. 1887. cart. — 45

— f. d. evang.-unierten Gemeinden des Großherzogt. Hessen. Leitfaden f. d. Religionsunterricht. 8. (94 S.) Ebd. 894. Geb. n.n. — 80

—— für unirte evangelische Gemeinden oder der Heidelberger Katechismus und der kleine Katechismus Luthers verbunden und mit Bibelsprüchen versehen. Zum Gebrauch für Kirchen und Schulen. 8. (IV und 195 S.) Büdingen 861. (Frankfurt a. M., Völcker.) geb. *

—— des Gemeinderechts mit Erläuterungen, od. popul. Darstell. d. Gesetze üb. d. Verfass. u. Verwalt. d. Gemeinden, dann üb. d. Rechte d. Gemeindebürger u. die Erwerb. d. Bürgerrechts im Großhrzgth. Baden, nebst d. bis 1837 nachgefolgten Vollzugsverordnungen u. Generalrescripten. 2. Aufl. gr. 12. (23 B.) Freiburg 838, Wagner'sche Buchh. *

—— des Gemeinderechts m. Erläuterungen, od. populäre Darstellung der Gesetze üb. die Verfassung u. Verwaltung der Gemeinden, dann über die Rechte der Gemeindebürger u. die Erwerbung des Bürgerrechts im Großherzogth. Baden, nebst den bis 1842 nachgefolgten Vollzugsverordnungen u. Generalrescripten. 3., verb. Aufl., bearb. v. W. Hengst. 12. (37⅛ B.) Freiburg 844, Wagner'sche Buchh.

— geographischer, z. öffentlichen u. Privatgebrauch. 8. Pirna 804. Friese. 12 gr. (Ist mit d. Beschreibung aller Länder rc. [v. B. Hausknecht] gleichen Inhalts.)

— der Geometrie, enthaltend die Grundbegriffe dieser nützlichen Wissenschaft, zum Gebrauch für d. Jugend. Aus d. Engl. übers. v. A. Thieme. 8. Leipz. 820. Baumgärtner. 12 gr.

—— geometr., f. Gewerbsleute u. Handwerker, mit besond. Beziehung auf d. Berechnungen d. Flächen u. Körper. Von H. v. L. M. 2 Stnt. gr. 8. (6½ B.) Stuttgart 831, (Scheible.)

—— der bibl. Geschichte d. alten Testaments. Ein Handb. f. Katecheten u. Lehrer, so wie auch f. Eltern, Hausväter u. Erwachsene, die sich u. Andere in d. heil. Geschichte erbauen u. belehren wollen. Bearb. u. zusammengetr. v. e. kathol. Elementarlehrer. 8. (22⅛ B.) Aachen 832, Mayer.

— der Geschichte des alten Griechenlandes, zur Uebersicht der Hauptbegebenheiten u. Denkwürdigkeiten desselben für die Jugend. Aus dem Engl. nach d. 7ten Aufl. v. C. F. Michaelis. 8. Ebend. 820.

— d. neuern Gesch., z. vorläufigen Uebersicht d. merkwürd. Weltbegebenheiten v. d. Geburt Jesu an bis auf d. gegenwärt. Zeit. Aus d. Engl., nach d. 6ten Ausg. v. C. F. Michaelis III. 8. Leipz. 820. Baumgärtner. 12 gr.

— der römischen Geschichte, vom Ursprung d. römischen Reichs an bis zu seinem Untergange; in chronolog. Ordnung, als Einleit. zu d. ausführl. Geschichte d. römischen Nation. Aus d. Engl. v. C. F. Michaelis III. 8. Leipz. 820. Baumgärtner. 12 gr.

— für Gesellen u. Meister. 12. Kreuzn., (Kehr). 12 gr.

KATECHISMUS. – über Kaiser Josephs II. Gesetz von Verbrechen und derselben Bestrafung. Gassler, Wien 1787. 1 vol. 125 S.

— d. Königl. Baierisch. Gesetze u. Verordnn. zum Gebrauch f. Civil- u. Militairbeamte, Geistliche rc. 1s—14s Hft. gr. 8. Kempt. 818—26. Dannheimer. 3 Rthlr 3 gr.

— d. Königl. Baierisch. Gesetze u. Verordnn. z. Gebr. f. Civil- u. Militärbeamte, Geistliche rc. 1s—14s H. gr. 8. Kempten 820—26, Dannheimer.

— der chursächs. Gesetze. 8. Lpz. Böhme. 799.

— d. Kursächs. Gesetze. 8. Leipz. 799. (Knobloch). 16 gr.

— preuß. Gesetze f. Bürger und Landleute. 8. Lauban. (Siegert, Liegnitz.) 796.

— — derselbe. 8. Ursp. Gassert. 796.

—— über d. Gesetze d. Verfassung u. Verwaltung d. Gemeinden, dann d. Rechte d. Gemeindebürger u. d. Erwerbung d. Bürgerrechts im Großhrzgth. Baden, u. üb. die in d. Regierungsblättern nachgefolgten Vollzugsverordn. u. Erläuterungen, so wie üb. e. provisor. Gesetz v. 4. Dec. 1833. 16. (12 B.) Freiburg 834, Wagner.

— d. Gesundheit, oder goldne Regeln zur Erhaltung u. Verlängerung des Lebens. Aus d. Engl. 8. Leipz., Baumgärtner. 8 gr.

Katechismus über die von den Protestanten angefochtenen kath. Glaubenslehren. Mit besonderer Berücksichtigung des Katechismus der Kreissynode Duisburg. Herausgeg. von den Pfarrern der Stadt Köln. Das. 1846.
Recens. Kathol. Vierteljahrsschr. f. Wiss. u. Kunst. 1847, Heft 1, S. 176—7.

— der Goldmacher. 8. Berl. 778. Maurers B. 4 gr.

Katechismus der drei Grade nach dem System der Loge Wahrheit und Einigkeit zu den 3 gekrönten Säulen in Prag. Handschrift ca. 1800. 4. 6 Bl.

— der große, Nr. 1. 8, Augsburg, Wolf. 798.

— d. große, Nr. 2. 8. Wien, Freyburg. (Wiebel in Constanz.) 805.

— Lutheri, der sogenannte große Dresdner, zergliedert u. erläut. 4 Thle. gr. 8. Delitzsch 784. Hilscher. 1 Rthlr 4 gr.

Katechismus, Der grosse, mit Fragen, u. Antworten. Klgft., Kleinmayer, 1790. 300 S. (Deutsch u. sloven.)

— der große, mit Fragen u. Antworten, sammt d. vollständ. Einleit. in die Kenntniß d. Gründe d. Religion u. den beweisenden Stellen, zum Gebrauch d. Schulen. 8. Freyburg 829. Wagner. 6 K

— derselbe im Ausz. 8. Freyburg 826. Wagner. 2 K

— der große, in Frag u. Antw., sammt d. vollständ. Einleitung in die Kenntniß der Religionsgründe. 8. Augsb. Wolf. 815.

— der große, in Fragen u. Antworten sammt der vollständ. Einleitung in die Kenntniß der Religionsgründe und den beweisenden Schriftstellen. Neueste von M. Pichler verm. Aufl. 8. Augsburg, Wolff. 820.

— der große in Fragen u. Antworten, sammt vollständ. Einleitung in die Kenntniß d. Religionsgründe mit den beweisenden Schriftstellen zum allgem. Gebrauch eingerichtet. 5e Aufl., durchgesehen u. verbess. von M. Pichler. 8. Augsburg 840. Wolff 1/3 ₰

— der große, in Fragen und Antworten, sammt vollständiger Einleitung in die Kenntniß der Religions-Gründe mit den beweisenden Schriftstellen, zum allgem. Gebrauche eingerichtet. Nr. 2. 6. Aufl., genau durchgesehen u. verbessert von Marquard Pichler. 8. Augsburg 842, Wolffische Buchh. 1/2 ₰

—— der große, in Fragen u. Antworten, sammt vollständiger Einleitung in die Kenntniß der Religions-Gründe m. den beweisenden Schrift-Stellen, zum allgem. Gebrauch eingerichtet. Durchgesehen u. verb. v. Marquard Pichler. 7. Aufl. No. 2. 8. (17 B.) Augsburg 845, Wolffische Bh. (München, Finsterlin.)

KATECHISMUS. Der große Katechismus mit Fragen und Antworten zu dem öffentlichen und Privatunterrichte der Jugend in den kais. königl. Staaten. Preßburg. 1778: Druck. Patzko. (6) 130 S. - 180 mm

KATECHISMUS. Der grosse Katechismus mit Fragen und Antworten zu dem öffentlichen und Privatunterricht der Jugend in den k. k. Staaten. Mit einem Anhang der neuen Gesänge. Preßburg-Kaschau: Druck. Landerer. 1779. 6, 130 S. - 170 mm
- Dass. Preßburg-Kaschau 1785: Landerer. 130 S. - 180 mm

KATECHISMUS. Der große Katechismus mit Fragen und Antworten zu den öffentlichen und Privat-Unterrichte der Jugend im Königreich Ungarn. Ofen 1811. Gedr. mit kön. Universitäts-Schriften. 139 S. - 170 mm
- Dass. Ofen 1815: Druck. Univ. 139 S. - 170 mm
- Dass. Ofen 1818: Druck. Univ. 139 S. - 170 mm
- Dass. Ofen 1820: Druck. Univ. 139 S. - 170 mm
- Dass. Klausenburg 1846: Mit lyceischen Schriften. 100 S. - 8°
- Dass. Ofen 1847: Druck. Univ. 139 S. - 170 mm
- Dass. Ofen 1850: Druck. Univ. 139 S. - 170 mm
- Dass. Ofen 1860: Druck. Univ. 139 S. - 170 mm

KATECHISMUS. Der große Katechismus mit Fragen und Antworten zu dem öffentlichen und Privatunterrichte, im Königreiche Ungarn (und in den damit verbundenen Staaten). Ofen 1780: Königl. Universitätsschriften. 4, 116 S. - 170 mm
- Dass. Ofen 1781: Druck. Univ. 116 S. - 170 mm
- Dass. Ofen-Tyrnau 1782: Druck. Univ. 120 S. - 180 mm
- Dass. Ofen-Tyrnau 1789: Druck. Univ. 130 S. - 180 mm
- Dass. Ofen-Tyrnau 1798: Druck. Univ. 123 S. - 180 mm
- Dass. Ofen 1811: Druck. Univ. 123 S. - 180 mm
- Dass. Ofen 1815: Druck. Univ. 139 S. - 180 mm
- Dass. Ofen 1818: Druck. Univ. 136 S. - 180 mm
- Dass. Ofen 1820: Druck. Univ. 126 S. - 180 mm
- Dass. Ofen 1845: Druck. Univ. 126 S. - 180 mm
- Dass. Klausenburg 1846: Lyceische Schriften. 100 S. - 8°
- Dass. Ofen 1846: Druck. Univ. 126 S. - 180 mm
- Dass. Ofen 1850: Druck. Univ. 126 S. - 180 mm

— d. große, Lutheri m. H. Arnolds Vorrede. 8. Königsb. 734.

— — derselbe. 4. Ebend. 734.

Katechismus, großer, des heil. Petrus Canisius umgearb. von J. W. 8. (IV, 198 S.) Wien 874, (Kirsch.) * — 80

—— großer, mit Fragen u. Antworten, sammt d. vollständ. Einleit. in d. Kenntniß d. Gründe d. Religion u. d. beweis. Stellen, zum Gebr. d. Schulen. 8. ... Freiburg 829, Wagner.

—— ders. im Auszuge. 8. ... Ebds. 829.

—— ders. kleiner. 8. ... Ebds. 829.

KATECHISMUS. Grosser Katechismus mit Fragen und Antworten zum Unterrichte der Jugend. Ofen 1857. 126, 2 S. - 8°
- Dass. Klausenburg 1846. 126, 1 S. - 8°
- Dass. Ofen 1860. 126, 1 S. - 8°

— großer katholischer, mit e. Abrisse der Religionsgeschichte f. sämtliche Bistümer Bayerns. Ausg. m. neuester Orthographie. (XVI, 240 S.) 8. Regensburg 904. F. Pustet. n. — 55; geb. in Leinw. n. — 75

Katechismus, Großer, der katholischen Religion. Mit Approbation des österreichischen Gesammt Episkopates vom 9. April 1894. Salzburg 1896. Actiengesellschaft der Zaunrith'schen Buchdruckerei in Salzburg.

Katechismus, Großer, der katholischen Religion. 8. (V, 239 S.) In Lnwd. geb. —.50
Klagenfurt: A.Raunecker 1897.

Katechismus, Grosser, der katholischen Religion. Klgft., St. Josefs-Druck., 1897. 247 S.

Katechismus, Großer, der katholischen Religion. Unveränderter Abdruck des vom Gesammtepiskopate Oesterreichs herausgegebenen und unterm 9. April 1894 approbirten Schulkatechismus für die Leitmeritzer Diöcese. Warnsdorf 1897. Druck und Verlag der Buchdruckerei Ambr. Opitz. Warnsdorf und Wien. (Min.-Erl. v. 6. Oct. 1897, Z. 24505.) Geb. in Leinwandrücken —.40
V,221 S.

Katechismus, Großer, der katholischen Religion. Mit Approbation des österreichischen Gesammt-Episkopates vom 9. April 1894. Brixen 1898. Druck und Verlag von A. Weger's Buchhandlung. (Innerhalb der Diöcese Brixen.) In Leinwandrücken —.40

Katechismus, Großer, der katholischen Religion. Mit Approbation des österreichischen Gesammt-Episkopates vom 9. April 1894 (innerhalb der Diöcese Linz). Linz 1898. Verlag des bischöflichen Ordinariates. In Commission bei der Verlags-Buchhandlung des katholischen Preßvereines in Linz-Urfahr.

— dasselbe. Ausg. f. den deutschen Antheil d. Diöcese Trient. 8. (V, 240 S.) Meran 898. C. Jandl. Kart. n.n. — 80

Katechismus, Großer, der katholischen Religion. Mit Approbation des österreichischen Gesammt-Episkopates vom 9. April 1894 (innerhalb der Erzdiöcese Wien). Wien. K. k. Schulbücher-Verlag. 1898.

— großer, der katholischen Religion. Ausg. f. die Diöcese Brixen. 8. (V, 238 S.) Brixen 899. A. Weger. Kart. n.n. — 80

— dasselbe m. einem Abrisse der Religionsgeschichte f. das Erzbist. Freiburg. (Ausg. 1900.) schmal gr. 8. (XVI, 248 S.) Freiburg i/B. 900. Herder. Kart. n.n. — 70

Grosser Katechismus der katholischen Religion. Mit Approbation des österreichischen Gesamtepiskopats vom 9. April 1894. Klagenfurt 1902. St. Josef-Vereinsbuchdruckerei. Preis 80 h.

— großer Schleswig-Holsteinischer, worin zugleich der kleinere enthalten ist. 12. Kiel, Academ. Buchhandl.

— großer Schleswig-Holsteinischer, worin zugleich d. kleinere enthalten ist. 12. Kiel ... (Hesse).

— großer, der heil. Schrift u. Kirche, v. Goßler, s. Universal-Handbuch.

Katechismus, grosser, für die katholischen Volksschulen. Wien 1873

— — Ausgabe in Fragen und Antworten. Wien 1872

— der größere römisch-kathol., nach Canisius Einrichtung, (von Jos. Huber). 8. Dresd. 777. Walther. 5 gr.

Katechismus, nach Swedenborgischen Grundsätzen, (von J. W. Langsdorf). 8. Tübing. 825.

— d. deutschen Grundverfassung, e. Volksbuch, 1r Thl. 8. 793. (Gotha, Ettinger). 8 gr.

— d. güldene, s. Steinbarth.

— d. Hanauische, verb. u. verm. v. Jh. Chph. Stockhausen. 8. Hanau 777. ...

— nach Grubers Handbuch, welcher z. Erläuter. d. Schmid'schen Diöcesankatechismus f. d. ersten Klassen d. Elementar-Schüler dienen mag. 3., mit e. Beichtunterr. verm. Aufl. 12. (1 B.) Kempten 838. Kösel.

— nach Gruber's Handbuch, welcher zur Erläuterung des Schmid'schen Diözesankatechismus für die ersten Klassen d. Elementarschüler dienen mag. 4. Aufl. ... 5. mit e. Beichtunterrichte verm. Aufl. gr. 18. Kempten 841, Kösel. 6 kr.

— nach Grubers Handbuch, welcher zur Erläuterung des Schmid'schen Diöcesankatechismus für die ersten Klassen der Elementar-Schüler dienen mag. 12. mit e. Beichtunterrichte verm. Aufl. 12. (36 S.) Kempten 850, Kösel. 6 Pf. — 13. Aufl. 18. (36 S.) Ebd. 850. 1 ngr.

— nach Grubers Handbuch, welcher zur Erläuterung des Schmid'schen Diöcesankatechismus für die ersten Klassen der Elementar-Schüler dienen mag. 15. Aufl. mit e. Beichtunterrichte. Kempten 853. Kösel. 18. (36 S.) 1 ngr.

— oder Handbüchlein zum Ueberblick des evangel. Religionsunterrichts in 60 Lektionen. 12. (71 S.) Straßburg 856, Wwe. Berger-Levrault und Sohn. *

— d. Handels, oder Einleit. in d. Handlungswissenschaft. Aus d. Engl. von Chr. Fr. Michaelis III. 12. Leipz. 819. Baumgärtner. 12 gr.

— des im Großherz. Baden geltenden Handels- u. Wechselrechts. Als Anhang zum Handbuche des bad. bürgerl. Rechtes. gr. 8. Mannheim 846, Löffler. 1/6 ℛ

Katechismus des im Großherzogthum Baden geltenden Handels- und Wechselrechts. Als Anhang zum Handbuch des bad. bürgerl. Rechts. gr. 8. (31 S.) Mannheim 847, Löffler.

— für Handlungslehrlinge, enthaltend d. ersten Elementarunterricht in der Handlungswissenschaft. 8. Berl. 822. Gädike. 12 gr.

— Hannöverischer, d. christl. Lehre für d. Braunschw.-Lüneburg. Lande. 8. Lüneb. 793. Stern. 1 gr.

Katechismus, in 6 Hauptstücken nach Brenz u. Luther, Sammlg. v. Bibelsprüchen u. Gesangbuchliedern z. Auswendiglernen, in d. Duala-Sprache, Kamerun. 2., verb. u. erweit. Aufl. 12. (84 S.) Basel 897. Missionsbuchh. Geb. n. 1. —

— für christliche Hebammen insonderheit auf dem Lande. Eine Anleitung aus Gottes Wort zur gesegneten Abwartung ihres schweren Berufes. 8. (74 S.) Berlin 857, W. Schultze.

— der Heidelberger, s. Heidelberger-Katechismus.

— Heidelberger, s. Pauli.

— der Heidelberger, oder Unterricht in d. christl. Lehre f. d. reformirten Kirchen, mit beigefügten, revidirten Bibelstellen neu herausgegeben, (v. J. Pt. Kindler). 8. Sulzb. 826. v. Seidel. 2 gr.

— Heidelberger, oder kurzer Unterr. in d. christl. Lehre, für d. angehende Jugend in churfürstl. Pfalzschulen. Nebst d. bibl. Spruchbüchlein, nach Ordnung d. ABC eingerichtet; Th. Duncius, Katechismus-Sprüchen für d. kl. Kinder rc. 12. Neuwied. 831. Lichtfers u. Faust. 3 gr. Dasselbe ohne das Spruchbüchlein. Ebd. 2 gr.

— Heidelberger, oder kurzer Unterricht christl. Lehre, für die angehende Jugend in Churfürstl. Pfalzschulen. Nebst d. biblischen Spruchbüchlein, nach Ordnung des ABC eingerichtet; Th. Duncius, Katechismus-Sprüchen für die kleinen Kinder rc. 12. Neuwied ... Neuer Abdruck 841. Lichtfers. 1/8 ℛ

— ders. ohne das Spruchbüchlein rc. Ebd. 1/12 ℛ Vgl. Katechismus für die Pfalz-Schulen rc.

Katechismus, der Heidelberger, od. kurzer Unterricht christl. Lehre f. die angeh. Jugend in den reformirten Schulen. Gabe d. evangel. Vereins f. die Pfalz. 12. (82 S.) Speyer u. Iggelheim 851. Kaiserslautern, Evang. Verein, Schriftenniederlage. n. — 15

— der heidelberger, neuer Abdruck aus d. symbol. Büchern d. reform. Kirche. 2., durch Zugabe vieler Bibelstellen verm. Aufl. 8. (3½ B.) Sulzbach 839, v. Seidel'sche Buchh.

— der heidelberger. Neuer Abdruck, mit Bibelsprüchen, zum Gebrauch beim Confirmanden-Unterricht, hrsg. von A. Fournier. gr. 12. (55 S.) Berlin 848, J. A. Wohlgemuth. **

— der Heidelberger. Neuer Abdr., mit Bibelsprüchen, zum Gebrauch beim Confirmanden-Unterricht, herausg. von A. Fournier. 2., unveränd. Aufl. Berlin 856. Wohlgemuth. 8. (55 S.) n. 5 ngr.

— Heidelberger, Ausgabe von 1563 nebst allen darin citirten, hier ausgedruckten Bibelstellen. Herausg. von C. W. Krummacher. Duisburg (855.) Ewich. 8. (XII, 110 S.) n. 4 ngr.

Katechismus, heidelberger. Ausgabe von 1563 nebst allen darin citirten, hier ausgedr. Bibelstellen. Hrsg. von E. W. Krummacher. 3. Aufl. 8. (VIII und 92 S.) Duisburg 859, Ewich. geb. Thlr. *

— Heidelberger, Ausg. von 1563 nebst allen darin citirten, hier ausgedr. Bibelstellen. Hrsg. von E. W. Krummacher. 4. Aufl. 8. (X und 86 S.) Duisburg 862, Ewich. geb. *
Vgl.Krummacher,E.W.

— der Heidelberger. Im Auszuge mit ausgedruckten Schriftstellen herausg. von J. van Buiren. 2. Aufl. Leer 859. Bock. 8. (60 S.) n. 5 ngr.
Vgl.Buiren,J.van.

— der Heidelberger. Zum Gebrauche für Elementarschulen und den Confirmandenunterricht im Fürstenthum Lippe. Lemgo 859. Meyer. 8. (82 S.) n. 5 ngr.

— der heidelberger, oder Unterrichtsweise in der christlichen Religion, wie dieselbe in den deutsch-reformirten Kirchen und Schulen in den Vereinigten Staaten und Europa gelehrt wird. — Die Constitution der deutsch-reform. Kirche in den Vereinigten Staaten. 16. (127 S.) Chambersburg, Pa. 861. (Philadelphia, Schäfer und Koradi.) geb. *

— der Heidelberger. Mit einem Anhang: Haustafel, Hausgebete u. Geschichte des Katechismus u. seiner Verfasser. Zur 300jährigen Gedächtnißfeier im Auftrag der Reformirten Synode in Bayern herausg. von Karl Otto Thelemann. Erlangen 863. Bläsing. 8. (VIII, 127 S.) n. 8 ngr.

— Heidelberger. Hrsg. von der Synode Moers. 8. (IV und 68 S.) Moers 866, Spaarmann. geb. *

— Heidelberger. Hrsg. von der Synode Moers. 3. Aufl. 1872, und 4. Aufl. 8. (63 S.) Moers 875, Spaarmann. geb. * — 40

Heidelberger Katechismus. Herausgegeben von der Synode Moers. Vierte Aufl. 8. Moers 1876.

— Heidelberger. Hrsg. von der Synode Moers. 5. Aufl. 8. (63 S.) Moers 879, Spaarmann. geb. *

— Heidelberger. Hrsg. von der Synode Moers. 6. Aufl. 8. (63 S.) Moers 882, Spaarmann. geb. *

— Heidelberger. Hrsg. von der Synode Moers. 7. und 8. Aufl. 8. (63 S.) Moers 885,88, Spaarmann. geb. * — 40

[F.] Heidelberger Katechismus hrsg. v. d. Synode Moers. 11. Aufl. *Moers: J. W. Spaarmann 1897.* (66 S., 1 Bl.) 1 Bd 8. [98. 8807 I...

— Heidelberger, hrsg. v. der Synode Moers. 12. Aufl. 8. (68 S.) Mörs 900. J. W. Spaarmann. Geb. n. — 40

— Heidelberger, hrsg. v. der Synode Moers. 13. Aufl. (68 S.) 8. Moers 904, J. W. Spaarmann. Geb. n. — 40

— der Heidelberger. Ein Lehr- u. Lernbuch für die Schule u. für den Confirmanden-Unterricht bearb. von Willib. Mohn. Neuwied 869. Heuser. 8. (VI, 180 S.) geb. n. 7 ngr.

Der Heidelberger Katechismus für d. Schule u. d. Privatunterr. bearb. von W[ilibald] Mohn, Pfarrer zu Dierdorf. 9. verb. Aufl. *Neuwied & Leipzig: L. Heuser [1903].* (71 S.) 8° [F.] [04. 10370

— der Heidelberger. Mit ausgedruckten Bibelsprüchen und Liederversen zum Gebrauche für drei Unterrichtsstufen. 8. (V, 93 S.) Weener 870. (Leer, Securius.) cart. *

— der Heidelbergische. 11. Aufl. 8. (22 S.) Gütersloh 881, Bertelsmann. *

— der Heidelberger. 16. Aufl. 12. (22 S.) Gütersloh 892. C. Bertelsmann. n. — 10

— der Heidelbergische. 15. Aufl. 8. (22 S.) Gütersloh 892, Bertelsmann. * — 10

— der Heidelberger. 17. Aufl. 8. (22 S.) Gütersloh 897. C. Bertelsmann. n. — 10

Katechismus, Der Heidelberger, von Kasp. Olevianus und Zachar. Ursinus. 2. Auflage. Druck und Verlag von Wilhelm Köhler. Wien 1893. (Min.-Erl. v. 4. März 1897, Z. 4408) —.20

Der Heidelberger Katechismus. Für Schul- u. Katechumenen-Unterr. bearb. von G. Stockmann u. B. van der Laan. 4. Aufl. Hrsg. von G. H. Stockmann, Pastor zu Borssum. *Emden & Borkum: W. Haynel 1903.* (VIII, 149 S.) 8° [F.] [04. 1883 7

Der Heidelberger Katechismus für den Schul- u. Konfirmandenunterricht bearb. von A[dam] Heilmann, Pastor. Nebst 8 Anh.: ... Göttingen: Vandenhoeck & Ruprecht 1905. (X, 169 S.) 8° [F.] [04. 2900 7

— der Heidelberger, nebst den betreffenden Beweisstellen der heiligen Schrift. (Vom Pastor A. Hermann.) 8. Duisburg 841, Schmachtenberg. n. $4^{1}/_{2}$ ngr — 2. verb. Aufl. gr. 12. Ebend. 843. 3 ngr

— der heidelberger, nebst den wichtigsten biblischen Beweisstellen. Im Auftrage der Kreis-Synode Tecklenburg zum Gebrauche für Kirche, Schule und Haus. 2., durchgeseh. Aufl. 8. (40 S.) Gütersloh 861, Bertelsmann.

[F.] Der Heidelberger Katechismus nebst d. wichtigsten bibl. Beweisstellen, bibl. Beispielen, Lesestücken u. Kirchenliedern. Im Auftr. d. Kreis-Synode Siegen hrsg. v. Theodor Müller, weil. Pfarrer zu Oberfischbach ... 8. Aufl. *Siegen: H. Montanus [1897?].* (VIII, 64 S.) 1 Bd 8. [97. 6113

— der heidelberger, mit Bibelsprüchen. Zum bess. Verständnisse f. d. Katechumenen zergliedert u. hrsg. v. Herm. v. Roques. 1. u. 2. Aufl. (à 5 B.) 838, 39., 3. A. gr. 12. (6 B.) Marburg 840, Elwert'sche Univ.-Buchh. à

— d. heidelberger, mit Bibelsprüchen. Zum bessern Verständnisse für d. Katechumenen zerglied. u. hrsg. v. Herm. v. Roques. 4. Aufl. 844 u. 5., verb. Aufl. gr. 12. (à 6 B.) Marburg 846, Elwert'sche Universit.-Buchh. à

— der heidelberger, mit Bibelsprüchen. Zum bessern Verständnisse für die Katechumenen zergliedert und hrsg. von Herm. von Roques. 7., verb. Aufl. gr. 12. (IV und 128 S.) Marburg 855, Elwert'sche Universitäts-Buchh.

Der Heidelberger **Katechismus** mit Bibelsprüchen. Zum besseren Verständnisse ... zergliedert u. hrsg. von Dr. Hermann v. Roques. Neu hrsg. von Franz v. Roques. 13. Aufl. Kassel: E. Hühn 1907. (127 S.) 8° [F.] 1233 4

— der Heidelberger, m. Bibelstellen, u. eingerichtet f. drei Unterrichtsstufen. Im Gebr. in d. Gemeinden d. Grafsch. Bentheim u. in Ostfriesl. 7. verb. Aufl. 24. (91 S.) Lingen 888, Veldmann. cart. ** — 25

— Heidelberger, vollständig erklärt; oder religiöser Unterricht für das Volk. Zum Gebrauch angehender Prediger, Katecheten, Schullehrer, u. zur Erbauung christl. Haushaltungen in den Ruhetagen, (v. F. X. Held). 8. Manh. 810. Schwan u. G. 2 ₰ 2e wohlf. Ausg. 8. Ebd. 814. 1 ₰ 8 K

— der Heidelberger, in seiner ursprünglichen Gestalt, herausg. nebst der Geschichte seines Textes im Jahre 1563 von Albr. Wolters. Bonn 864. Marcus. 16. (XI, 196 S.) n. 16 ngr

Der Heidelberger **Katechismus** u. vier verwandte Katechismen ⟨Leo Jud's u. Micron's kleine Katechismen, sowie d. zwei Vorarbeiten Ursins⟩ mit e. hist.-theol. Einl. hrsg. von Lic. A[ugust] Lang, Dompred. Leipzig: A. Deichert Nachf. 1907. (CIV, 218 S.) 8°
— **Quellenschriften** z. Geschichte d. Protestantismus. H. 3. 1364 9

— Lutheri, Heidelberger, s. Pauli.

— der Heidelberger od. Pfälzer, nebst histor. Nachrichten darüber. 8. ... Neuwied 830, Hofbuchhandlung.

— ders., mit d. Auszuge v. 1563 genau übereinstimmend ꝛc., z. Schulgebr. gr. 12. (3⅓ B.) Neuwied 830, Hofbuchhandl. Besond. abgedruckt aus der „Sammlung symbol. Bücher ꝛc. Von J. J. Meß," 2. Thl.

— der heidelberger od. pfälzer, nach d. Ausg. v. 1563 revid. Mit wörtl. abgedr. Schriftstellen vers. u. z. Schulgebr. eingerichtet v. J. J. Meß. 4., durch d. Fragstücke u. Antworten, womit die Kinder bei Aufnahme zum heil. Abendmahl ihr öffentl. Glaubensbekenntniß ablegen, (nach der churfälz. Kirchenordn. v. 1684) verm. Aufl. 16. (7⅛ B. u. Titvign.) Neuwied 840. (Bonn, Weber.)

— der heidelberger (od. pfälzer). Nach d. Ausgabe v. 1563 revidirt, mit wörtl. abgedruckten Schriftstellen versehen u. z. Schulgebr. eingerichtet v. J. J. Meß. 5. Aufl. 12. (5 B.) Neuwied 844, van d. Beeck.

— der heidelberger (oder pfälzer.) Nach der Ausg. von 1563 revidirt, mit wörtlich abgedr. Schriftstellen versehen und zum Schulgebrauch eingerichtet von J. J. Meß. Mit einem Anhang, enthaltend die Fragstücke und Antworten, womit die Kinder bei Aufnahme zum heil. Abendmahl ihr öffentl. Glaubensbekenntniß ablegen. (Nach der churpfälz. Kirchen-Ordnung von 1684.) 7. Aufl. 12. (119 S.) Neuwied 854, van der Beeck. Thlr.

— der heidelberger (oder pfälzer). Nach der Ausg. von 1563 revidirt, mit wörtlich abgedr. Schriftstellen versehen und zum Schulgebrauch eingerichtet von J. J. Meß. Mit einem Anhang, enthaltend die Fragstücke und Antworten, womit die Kinder bei Aufnahme zum heil. Abendmahl ihr öffentl. Glaubensbekenntniß ablegen. 8., verb. Aufl. Hrsg. von C. Maaß. 24. (119 S.) Neuwied 858, van der Beeck.

— der Heidelberger (oder Pfälzer). Nach der Ausg. von 1563 revidirt, mit wörtlich abgedr. Schriftstellen versehen und zum Schulgebrauch eingerichtet von J. J. Meß. Mit einem Anh. 9., verb. Aufl. Hrsg. von C. Maaß. 12. (119 S.) Neuwied 862, van der Beeck.

— Lutheri, Heidelberger reformirt., erkl. von de Bauma und Reiser. 8. Quedlinburg. 755.

— der Heidelberger, versehen mit biblischen Sprüchen, Geschichten u. Lehrabschnitten, sowie auch mit Kirchenliedern, bearb. von Geistlichen u. Lehrern. Hrsg. im Auftrage der Gladbach-Grevenbroicher Lehrerwitwen-Kasse u. der Pastoral-Konferenz zu M. Gladbach. Im Anhang: Die für den Schulunterricht bestimmten 20 Kirchenlieder, die Biographien ihrer Verfasser, nebst 40 Psalmen u. einem Abriß der Kirchengeschichte. 2. Aufl. 8. (104 S.) M. Gladbach 881. (Boltze.) geb. n. — 70

— dass. — Im Anhang: Die für den Schulunterricht bestimmten 20 Kirchenlieder, die Biographieen ihrer Verfasser, nebst 20 Psalmen und einem Abriß der Kirchengeschichte. 3. Aufl. 8. (104 S.) Ebendas. 883. geb. *

Katechismus, Der Heidelbergische,
s.a. Katechismus, Der Heidelberger.

— der Heidelbergische, mit 600 Beweisstellen u. Kernsprüchen. Zum Gebrauche für die Schule u. Unterweisung. 5. Aufl. 8. (96 S.) Bern 852, Blom. 4 ngr

Katechismus, der heidelbergische, mit 600 Beweisstellen und Kernsprüchen. Zum Gebrauche für die Schule und Unterweisung. 5. Aufl. 8. (96 S.) Bern 854, Blom. *

— der heidelbergische, mit 600 Beweisstellen und Kernsprüchen. Zum Gebrauche für die Schule und Unterweisung. 6. Aufl. 8. (96 S.) Bern 858, Blom. *

Katechismus Heidelbergský. Herausgegeben von Hermann v. Tardy. 5. Auflage. Pardubitz 1890. F. Hoblík.

— über das ganze k. bayer. Heimaths-, Ansässigmachungs-, Verehelichungs- u. Gewerbs-Gesetz u. die dazu gehörigen ältern u. neuern Verordnungen u. Instruktionen ꝛc. 32. Augsburg 833. Schlosser. $^1/_{12}$ ₰

— der, des Heiraths-Candidaten, oder: Wie gelange ich zu einer Frau? Rathschläge und Winke, bündig und verständl. zusammengestellt von einem erfahrenen Weltmanne. gr. 8. (64 S.) Leipzig 871, Minde. 1 —

— der Hellsehe-Kunst. Wegweiser, die Mysterien dieser Kunst kennen zu lernen, nebst Anweisung dieselbe auszuüben und auch Anderen beizubringen. Für das intelligente Publicum, insbesondere für Damen mitgetheilt von E. E. G. P....è. gr. 16. (39 S.) Wien 870, Wenedikt. Verklebt. — 75

— d. hessische, m. e. erläuternden Zusammenstellung v. biblischen Geschichten, Bibelsprüchen, Psalmen u. Kirchenliedern. Nach Maßgabe d. allgem. Bestimmgn. v. 15. X. 1872 f. d. Schul- u. Konfirmandenunterricht hrsg. vom hess. Volksschullehrerverein. 4. umgearb. Aufl. (75 S.) kl. 8. Cassel 909. Hess. Schulbuchh. Kart. — 50

— historischer, oder gründl. Glaubens- u. Sittenlehre. 2 Thle. Mit Kpf. 8. Wien 756. Gerold. 16 K

— historischer, f. Bürgerschulen. Zum Besten d. verwund. Krieger von 1813 u. 14. (v. .. Baum u. .. Stolzenau). 8. Berl. 815. Maurers B. 18 K

— der Höflichkeit u. feinen Lebensart. In Unterredungen u. allgem. Regeln für d. Jugend, v. Chr. Fr. Michaelis III. 8. Leipz. 819. 2e A. 820. Baumgärtner. 8 K

— des Hopfenbaues. od. kurzgefaßter Unterr. üb. d. Anbau u. d. Pflege d. Hopfens. Zum Gebr. in d. Sonntagsschulen d. Königr. Baiern. (Von Götz.) 8. (5¼ B.) München 825, (Fleischmann.)

Katechismus d. Hopfenbaues ... [Münch.] 1825. 83 S.

—— des neunzehnten Jahrhunderts und das Evangelium der Versöhnung aller biblischen Confessionen, von einem christlichen Geistlichen. 8. (145 S.) Pest 862, Osterlamm. *

Katechismus, d. i. kurzer Inhalt d. christl. Lehre, wie sie in der Kirche fragweise am nützlichsten abgehandelt werden kann. (Von C. F. Chr. Oertel.) N. A. 8. Ansb. 811.

Der *Katechismus der Juden*, od. die Vorschriften des Schulchan aruch verglichen mit denen des *Talmud*. Nebst e. ausführl. Referat über den vor d. kgl. Landgericht zu Münster verhandelten Strafprozess in Sachen des Schulchan aruch. Berlin, M. Schulze, 1884. 8°. Cart.
45 S., nebst 3 S. Schulze'scher antisemit. Verlag.

— für d. christkatholische Jugend, in kurzen u. leichtfaßl. Fragen u. Antworten. 3e verm. Aufl. Mit Genehmigung d. bischöfl. General-Vikariats in Augsburg. 8. Eichstädt 820. (Leipz., Barth). 3 K

— f. die christl. reformirte Jugend. 8. Bern 822. Jenni. 5 K

Katechismus (Confirmandenbüchlein) f. d. Jugend evangel. Gemeinden. 4—7. Aufl. 8. (à 5 B.) Mannheim 842—46, Friedr. Götz. à Thlr. *

—— für die Jugend evangelischer Gemeinden. 8. Aufl. 1848. und 9. Aufl. 8. (80 S.) Mannheim 850, Götz. *
Wurde auch unter dem Umschlagstitel: Confirmandenbüchlein für die Jugend evangel. Gemeinden ausgegeben.

— für die größere Jugend. 8. Landsh. 799. 4e A. 820. Weber in Münch. 2 K

— für die größere kathol. Jugend. 4te Aufl. 8. Landshut, Weber. 820.

—— für die katholische Jugend des Bisthums Basel. kl. 8. (139 S.) Luzern 886, Gebr. Räber. geb. * — 40

—— casseler, v. 1539. Hrsg. v. Fr. Hassencamp. gr. 8. (3½ B.) Marburg 846, Elwert'sche Univers.-Buchh.
Auch u. d. Umschlags-Tit.: D. kurtze Katechismus unnd erklerung d. XII stücken Christl. Glaubens, Des Vater unsers unnd d. Zehen gebotten. MDXXXIX.

— katechisirter oder zergliederter Auszug d. großen. 8. Grätz, Ferstl. 788.

—— für denkende Katholiken. Bearb. von einem Vernunft-Gläubigen. 16. (64 S.) Wiesbaden 874, Limbarth. — 25

—— katholischer, nach Anleit. d. Hrn. J. Ign. v. Felbiger neu bearb. u. verm. v. H. Kühn. 1. u. 2. Klasse. (4 B. gr. 12. u. 1 B. 8.) Frankfurt a. M. 828, Andreä.

—— dess. 3. Klasse. Neu bearb. u. verm. v. H. Kühn. gr. 12. (11½ B.) Ebds. 829.

—— katholischer, oder Lehrbegriff, nebst einem kurzen Abrisse der Religionsgeschichte vom Anbeginn der Welt bis auf unsere Zeit. Für die Jugend sowohl als für Erwachsene. 2., verm. und verb. Aufl. 8. (XVI und 207 S.) Regensburg 848, Pustet.

—— katholischer. Hrsg. von der Versammlung des allerheil. Erlösers. 3. Aufl. 24. (180 S.) Baltimore 855. (Philadelphia, Schäfer und Koradi.) *

KATECHISMUS: Katholischer Katechismus. (Lehrbegriff für Erwachsene). 2. Aufl. Pest 1858: St. Stephans-Verein. 208 S.

KATECHISMUS. Katholischer Katechismus (für mittlere Jugend). Nr. 2. 4. Aufl. Pest 1863: St. Stephans-Verein 144 S.

KATECHISMUS. Katholischer Katechismus (für Kinder). Nr. 3. 5. Aufl. Pest 1864: St. Stephans-Verein. 96 S.

— dasselbe m. e. Abrisse der Religionsgeschichte zum Gebrauche in den Volksschulen Bayerns. Für das Bistum Würzburg vorgeschrieben von dem hochwürdigsten Hrn. Bischof Dr. Ferd. v. Schlör. (Ster.-Ausg.) (189 S.) kl. 8. Würzburg (905). V. Bauch. Geb. n.n. — 45

— katholischer, f. die Diöcese Basel. Neubearb. u. verordnet v. Leonhard. 8. (80 u. 188 S.) Luzern 893. Gebr. Räber & Co. Geb. n. — 60

Katechismus, katholischer, f. die Diöcese Basel. Neu bearb. und verordnet von *Leonhard*. Ausg. 1895. In-8°. 30 u. 138 S. Luzern, Räber & Co. 1895. Halbleinw. — 60

Catechismus. Katholischer K' für die Diöcese Basel. Neubearbeitet und verordnet von Leonhard, Bischof.... Luzern 1902 *s*. [Haas,] Leonhard.

Ein kath. Katechismus u. protest. Beichtwerden, oder: „Etwas Licht" zu einer Beleuchtung des kath. Katechismus der Diöcese Würzburg. Eine freimüthige Antwort aus der Diöcese Würzburg. Würzburg, Stahel, 1862, 8°, VI, 46 S., 60 Pf.

Katholischer Katechismus für die Diöcese Breslau und den Delegaturbezirk. Amtl. hrsg. von d. Fürstbischöfl. Ordinariate zu Breslau. *Breslau: Selbstverl. [1902].* (XXIV, 126, 30 S.) 8° [F.] [03. 6304

— katholischer, f. d. Diöcese Breslau u. den Delegaturbezirk. Amtlich hrsg. v. dem fürstbischöfl. Ordinariate zu Breslau. 8. (XXIV, 126 u. 80 S.) Breslau (902). (G. P. Aderholz). Geb. in Halbldr. n.n. — 50

— dasselbe, f. die Diöcese Fulda. 12. (XVI, 130 u. 34 S.) Fulda 893. Fuldaer Actien-Druckerei. n.n. — 30; kart. n.n. — 40

[F.] Katholischer Katechismus für die Diöcese Fulda ... *Fulda: Fuldaer Aktiendr. 1898.* (XXVIII, 142, 34 S.) 1 Bd 8. [98. 11135 M4

Katholischer Katechismus für die Grafschaft Glatz. Hrsg. v. Fürstbischöfl. Vikariat- u. Dekanat-Amte. *Habelschwerdt: Franke [1903].* (XXIV, 126, 32 S.) 8° [F.] [04. 1861

Katholischer Katechismus für die Grafschaft Glatz. Hrsg. vom Fürsterzbischöfl. Vikariat- u. Dekanat-Amte. [Neue Ausg.] Habelschwerdt: Franke [1905]. (XXIV, 126, 32 S.) 8° [F.] [06. 11091 2

KATECHISMUS. Katholischer Katechismus für die erste Klasse der Kinder. Nachgedruckt im Jahre 1838. o. O. 1838. o. Dr. 32 S. - 170 mm

KATECHISMUS. Katholischer Katechismus für die zweite Klasse der Kinder. Nachgedruckt im Jahre 1838. o. O. 1838. o. Dr. 95 S. - 170 mm

— dasselbe, f. das Erzbist. Köln. 8. (XXIV, 134 u. 34 S.) Aachen 894. R. Barth, Verl. n.n. — 20; geb. in Leinw. n.n. — 35

— dasselbe f. das Erzbistum Köln. 15. Aufl. 8. (XXIV, 134 u. 34 S.) Düsseldorf 902. L. Schwann. Geb. in Leinw. n.n. — 85

Katholischer Katechismus für das Erzbistum Köln. 20. Aufl. Düsseldorf: L. Schwann 1904. (XXIV, 134, 34 S.) 8° [F.] 105. 138 5

— dasselbe f. das Erzbist. Köln. 25. Aufl. (XXIV, 134 u. 34 S.) 8. Düsseldorf 906. L. Schwann. Geb. n.n. — 45

— katholischer, f. das Erzbist. Köln. 33. Aufl. (XXIV, 134 u. 34 S.) 8. Düsseldorf 910. L. Schwann. Geb. nn — 45

— dasselbe für die Diöcese Limburg. Mit e. Abrisse der Religionsgeschichte. 8. Aufl. (XVIII, 124 u. 34 S.) 12. Limburg 902. A. Hötte. Geb. in Leinw. n.n. — 60

— dasselbe f. die Diözese Limburg. Mit e. Abrisse der Religionsgeschichte. 13. Aufl. (XVIII, 124 u. 34 S.) 8. Limburg 910. A. Hötte. Geb. nn — 60

— dasselbe f. das Bist. Mainz. Mit e. Abrisse der Religionsgeschichte. 8. (220 S.) Mainz 899. F. Kirchheim. n. — 40; geb. in Leinw. — 60

— katholischer, f. das Bist. Osnabrück u. d. nord. Missionen Deutschlands. (Neue Ausg.) 8. (XXIV, 134 u. 34 S.) Osnabrück 898. F. Schöningh. Geb. in Leinw. n.n. — 40

—— katholischer, für das Bistum Paderborn. Mit einem Abrisse der Religionsgeschichte. 28. Aufl. 8. (240 S.) Paderborn 888, Junfermann'sche Buchh. * — 55

—— katholischer, f. d. Bist. Paderborn. Mit einem Abrisse d. Religionsgesch. 33. Aufl. 8. (240 S.) Paderb. 892, Junfermann. geb. * — 60

— dasselbe. Mit e. Abrisse der Religionsgeschichte. 34. Aufl. 8. (240 S.) Ebd. 893. n. — 55; geb. n. — 75

— dasselbe, f. das Bist. Paderborn. (Nebst Anh.: Kurzer Abriß der Kirchengeschichte. Ausg. 1894. 8. (XVI, 152 S.) Paderborn, Junfermann. Geb. n.n. — 45

—— katholischer, f. Schule u. häusliche Belehrung. 8. (10; X, 91; 48 S. m. 1 Abbildg.) Würzb. 892. (Bresl., Aderholz.) cart. * 1 20

—— katholischer, für die Schulen von Nordamerika. Ein Auszug des „katholischen Katechismus oder Lehrbegriffs" vom Verf. desselben. Nebst dem kurzen Abrisse der Religionsgeschichte. Nr. 2. Ster.-Ausg. 8. (140 S.) Cincinnati, O. 858. (Philadelphia, Schäfer und Koradi.) geb. *

—— katholischer, für Stadt- und Landschulen. Ein Auszug des „katholischen Katechismus oder Lehrbegriffs" vom Verf. desselben. 8. (144 S.) Regensburg 848, Pustet.

—— dass. — Nebst dem kurzen Abrisse der Religionsgeschichte. Nr. 2. 5., verb. Aufl. gr. 8. (144 S.) Regensburg 850, Pustet. *

—— katholischer, für die Diözese Trier. Mit bischöfl. Approbation. 8. (XVI, 12, 34 S.) Trier 888, Paulinusdruckerei. * 22 Pf.; geb. ** — 40

— (großer) katholischer, f. die Diöcese Trier. (Neue Ausg.) 12. (XXIV, 134 u. 34 S.) Trier 894. Paulinus-Druckerei. n. — 30; geb. in Halbldr. n.n. — 45

— katholischer, f. d. apostol. Vikariat im Königr. Sachsen. 8. (XXIV, 134 u. 34 S.) Dresden 898. P. Schmidt. Geb. in Leinw. n.n. — 40

—— für junge Kinder. Eine Einleitung zu dem kleinen Katechismus. 16. (32 S.) Philadelphia 864, (Schäfer und Koradi.)

—— für die Kinderstube von einer Mutter. 8. (26 S.) Erfurt 854, Villaret.

—— der evangelisch-lutherischen Kirche, mit beweisenden Bibelsprüchen und kurzen Erklärungen (von C. A. Berkholz.) 8. (64 S.) Riga 850, Götschel.

—— für die evangelisch-protestantische Kirche. [Bisheriger neuer bad. Katechismus vom J. 1856.] Nach der Verordnung vom 6. Juli 1877. 8. (52 S.) Darmstadt 883, Würtz'sche Buchh. geb. **

— f. d. evang.-protestant. Kirche. (Bisher. neuer bad. Katechismus v. J. 1856.) Nach d. Verordng. v. 6. Juli 1877. 8. Aufl. 8. (52 S.) Darmstadt 890. J. Waitz. Geb. n.n. — 50

—— für d. evangel.-protestant. Kirche d. Großhrzgth. Baden. 8. (7 B.) Pforzheim 830. (Karlsruhe, Groos.)

—— für die evangelisch-protestantische Kirche im Großherzogth. Baden. 8. (68 S.) Carlsruhe 856(59), (Groos.) geb. **

— für die evangelisch-protestantische Kirche im Großherzogthum Baden. Karlsruhe 860. Groos. 8. (67 S.) 3 ngr.

—— für die evangelisch-protestantische Kirche im Großherzogt. Baden. 8. (64 S.) Lahr 883, Schauenburg. * geb.

— f. d. evangelisch-protestantische Kirche in Baden. (Ueberarbeitung d. oberkirchenrätl. Entwurfs.) (81 S. m. Abb.) 8. Heidelberg 909. (Ev. Verl.) — 20

—— für die evangelisch-unirte Kirche nach dem kleinen Katechismus Dr. Luthers und dem heidelberger Katechismus bearb. zum Gebrauche in Schule und Haus. Ein Entwurf den Gliedern der evangelischen Kirche zur Prüfung vorgelegt. 12. (34 S.) Wiesbaden 853, Kreidel und Niedner. *

—— für die evangelisch-unirte Kirche nach dem kleinen Katechismus Dr. Luthers und dem Heidelberger Katechismus bearb. zum Gebrauch in Schule und Haus. 2., theilweise umgearb. und mit Bibelsprüchen und bibl. Lesestücken verseh. Aufl. 8. (67 S.) Wiesbaden 867, Feller und Gecks. geb. *

—— für die evangelisch-unierte Kirche, nach dem kleinen Katechismus Dr. Luthers und dem Heidelberger Katechismus bearb. zum Gebrauche in Schule und Haus. 3. Aufl. 8. (50 S.) Wiesbaden 885, Feller und Gecks. cart. * — 30

—— der Kirche der Zukunft zum Gebrauch in der Gegenwart für Jung und Alt. Vom Verf. des Evangeliums der Natur. 8. (VIII und 116 S.) Frankfurt a. M. 855, (Gebhard und Körber.) *

— für sämmtl. Kirchen u. Schulen d. französ. Reichs; aus d. Französ. 8. Amsterd. 807. (Brockhaus in Leipz.) 10 ₰

— der römisch-katholischen Kirchenlehre in ihrer Uebereinstimmung mit der heiligen Schrift. Mit 16 Stahlst. nach Originalzeichnungen v. G. Merkel. 4 Lfgn. gr. 4. (VIII u. 122 S.) Leipzig 847, Reichenbach. (Subscr.-Pr. à n. 1/3 ₰) n. 1 1/3 ₰ — 2. Aufl. gr. 4. (VIII u. 122 S. mit 16 Stahlst.) Ebd. 850. n. 1/2 ₰

—— der christl. Kirchenreformationsgeschichte. Nach deren frühesten Ursachen, Anfange u. Fortgange bis z. Bestehen e. evangel.-protestant. Kirche f. deren zahlreiche Schulen auf alle künft. Jahre brauchbar u. nützl. zusammengest. v. e. evangel. Prediger. 8. (3 B.) Freyberg 831, Engelhardt.

— der kleine, s. a. Luther, Mart.

—— der kleine, angenommen von d. geistl. Synode zu Westminster unter Mitwirk. von Abgeordneten der schott. Kirche. 16. (2¼ B.) Berlin 846, J. A. Wohlgemuth, Verl.

—— der kleine, m. der Auslegung Dr. Martin Luthers. 12. (14 S.) Brem. 889, Morgenbesser. * — 10

— der kleine, m. d. Auslegung Dr. Mart. Luthers. 4. Aufl. 6. bis 7. Taus. 12. (14 S.) Bremen 897. J. Morgenbesser. n. — 10

— d. kleine, m. der Auslegung Martin Luthers. 6. Aufl. 11. u. 12. Taus. (15 S.) kl. 8. Bremen 907. J. Morgenbesser. — 10

—— der kleine darmstädtische, Dr. M. Luthers. Nebst beigefügten Fragstücken. (Mit Holzschn.) 16. (10 B.) Marburg 838, Elwert'sche Univ.-Buchh. *

—— der kleine Darmstädtische, Dr. Martin Luther's. Nebst beigefügten Fragestücken, für diejenigen sonderlich, welche christl. Gebrauche nach confirmirt werden, und hierauf zum erstenmal das heil. Abendmahl gebrauchen. 12. verb. Aufl. 16. (96 S.) Marburg 877, Elwert'sche Verlagsh. cart. **

— der kleine, nach d. alten Exemplar Dr. M. Luthers. 8. Nürnb. ... Endter. 2 gr

Katechismus (Der kleine) für die liebe Finanzjugend. Geschrieben für jedes Experimental-Land unterm Monde, wo Plusmacher und aufgeschossene Finanzpilze noch mit der Stange im Nebel herumfahren. 8°. Regensburg, Reitmayr, 1833.

Der kleine Katechismus mit Fragen und Antworten. A kis katekizmus kérdésekkel és feleletekkel a kis gyermekek oktatására a császári és királyi tartományokban. (Klausenburg) 1790: Hochmeister Druck. 29 S. - 170 mm

Der kleine Katechismus mit Fragen und Antworten, für die kleinen Kinder im Königreich Ungarn und in den damit verbundenen Staaten. Ofen 1847. 20 S. - 170 mm

Der kleine Katechismus mit Fragen und Antworten für die kleinsten Kinder. Ofen 1779: Kön. Univ.-Schriften. 16 S. - 170 mm
- Dass. Ofen 1780: Kön. Univ.-Schriften. 16 S. - 170 mm
- Dass. Ofen 1783: Kön. Univ.-Schriften. 16 S. - 170 mm
- Dass. Hermannstadt o. J.: J. M. Hochmeister. 24 S. - kl. 8°
- Dass. Hermannstadt o. J.: J. M. Hochmeister. Deutsch u. ungarisch. 36 S. - 12°

Katechismus, Der kleine, mit Fragen u. Antworten für die kleinsten Kinder. Klgft.. Leon, 1806. 53 S. (Deutsch u. sloven.)

Katechismus, der kleine — mit Fragen und Antworten für die kleinsten Kinder. 8 (30 S.) Wien Gedruckt bei Leopold Grund. 1854 Gebunden in Papier 3 kr. C M. Vlg.d.Schulbücher-Verschleiß-Administration.

— der kleine Heidelberger. Mit beigedruckten Schriftsprüchen u. mit Erweiterungen aus dem großen Katechismus zum Gebrauch beim Confirmandenunterricht herausg. von Adf. Krummacher. Berlin 859. Wiegandt & Grieben. 8. (64 S.) n. 5 ngr

—— der kleine hessische, das ist die 5 Hauptstücke christl. Lehre in Frage und Antwort gestellet. 8. (22 S.) Göttingen 867, Vandenhoeck und Ruprecht's Verlag. *

— der kl. kathol., z. Gebrauch d. deutschen Schulen in Baiern. 32. Sulzb. 800. v. Seidel. 1 gr

—— der kleine, f. d. Kinder, zum Buchstabiren mit abgesetzten Silben. 8. ... Kempten 829, Kösel.

—— der kleine, der Kirche von Schottland. 2. Aufl. 16. (74 S.) Berlin 858, J. A. Wohlgemuth. *

—— der kleine, Lutheri. 12. (16 S.) Barmen 882, Klein. *

—— der kleine, D. Martin Luthers. Nebst einer Zugabe, das Verzeichnis der 180 Bibelsprüche und der bibl. Geschichten zum Katechismus nach Saalborn, sowie ein Betbüchlein enthaltend. Zum Gebrauch für Lehrer und Schüler. (Schilbescher Katechismus.) 3. Aufl. 8. (40 S.) Gütersloh 888, Bertelsmann. cart. * — 25

—— der kleine, Luthers. Nebst einer Zugabe, das Verzeichnis der 180 Bibelsprüche u. der biblischen Geschichten zum Katechismus nach Saalborn, sowie ein Betbüchlein enthaltend. Zum Gebrauch f. Lehrer u. Schüler. (Schilbescher Katechismus.) 6. Aufl. 8. (32 S.) Güterol. 890, Bertelsmann. cart. * — 20

— dasselbe. Nebst e. Zugabe, d. Verzeichnis d. 180 Bibelsprüche u. d. bibl. Geschichten z. Katechismus nach Saalborn, sow. e. Betbüchlein enth. Zum Gebr. f. Lehrer u. Schüler. 9. Aufl. 8. (32 S.) Gütersloh 897. C. Bertelsmann. Kart. n. — 20

— der kleine, Dr. Martin Luther's. 12. (16 S.) Berlin 889. Trowitzsch & Sohn. n. — 10

—— der kleine, Dr. Martin Luthers. [Von der Eisenacher Kirchen-Conferenz rev. Text.] 16. (24 S.) Koblenz 891, Buchh. d. evangel. Stifts. geb. — 20; dass. m. Spruchbuch (24; 26 S.) geb. * — 30

— d. kleine, Dr. Mart. Luthers. (Von d. Eisenacher Kirchen-Conferenz revid. Text.) 12. (24 S.) Coblenz 896. Buchh. d. evang. Stifts. Geb. — 20; m. Spruchsammlg. u. d. 30 Kirchenliedern zus. geb. n. — 40

— dasselbe (in d. v. d. Eisenacher Kirchenconferenz angenommenen u. herausgegeb. Text). Nebst pass. Bibelsprüchen. 5. Aufl. 16. (38 S.) Klagenfurt 895. J. Heyn. n. — 06

— dasselbe. Nebst pass. Bibelsprüchen. 8. Aufl. (88 S.) 16. Klagenfurt (909). J. Heyn. — 08

— dasselbe. kl. 4. (32 S.) Hamburg 896. Evang. Buchh. n. — 20

— d. kleine, Dr. Martin Luthers (in dem v. d. Eisenacher Kirchenconferenz angenommenen u. hrsg. Text). 2. Aufl. 8. (15 S.) Eisleben (901). E. Winkler. n. — 10

— der kleine, Martin Luthers (in dem v. der Eisenacher Kirchenkonferenz angenommenen u. hrsg. Texte). 7. Aufl. (15 S.) 8. Eisleben (910). E. Winkler. — 10

—— der kleine, Dr. Martin Luther's nebst einem Anh. (von Past. A. Heimerich). 3. Aufl. 16. (64 S. mit eingedr. Holzschn.) Leipzig 874, Mentzel. * — 20

— dasselbe, nebst e. Anh. 28. Aufl. In Übereinstimmg. m. d. durch d. Eisenacher Kirchenkonferenz festgest. Textform. gr. 16. (64 S. m. Holzschn.) Segeberg 895 J. F. Meier. — 15; geb. — 30

— d. kleine, Lutheri mit kurz. Anl. 12. Münster, Coppenrath. 773.

—— der kleine, Dr. Martin Luthers, samt e. kurzen Anleitg. zu e. besseren Verstande desselben. In gewisse Fragen u. Antworten gestellt v. den gesamten evangel. Predigern zu Herford. Zusammengestellt Anno 1690. Nach Beschlüssen der westf. Provinzialsynode m. Bibelsprüchen vermehrt u. m. e. Anh. üb. die Unterscheidungslehren versehen (v. Thdr. Braun u. Thdr. Schmalenbach). 12. (216 S.) Ebd. 892. * — 40
geb. * — 70

Vgl.: Luther, M., Katechismus.

— dasselbe, nebst Bibelsprüchen. Zusammengestellt im Auftrage der Schulkommission in Kiel. 2. Aufl. 12. (24 S.) Kiel 887. Homann. n.n. — 20; geb. n.n. — 80

—— der kleine, Dr. Martin Luthers, nebst Bibelsprüchen, Kirchenliedern und Choralmelodien. Der religiöse Memorierstoff für die evangel. Schulen des Königr. Sachsen. Im Auftrage des königl. Ministeriums des Kultus und öffentl. Unterrichts hrsg. Bekanntmachung vom 19. Septbr. 1877, bez. vom 8. Juli 1882. Ausg. für Lehrer. 1. Aufl. (48 S.) 1877. * 40 Pf.; 2.—4. erweit. Aufl. 8. (88 S.) Dresden 882—84, Huhle. * 60 Pf.; cart. *

—— dass. — Ausg. für Schüler. 36.—59. Aufl. 8. (64 S.) Ebendas. 880—84. * 25 Pf.; cart. *

— der kleine, Dr. Martin Luthers, nebst Bibelsprüchen, Kirchenliedern u. Choralmelodien. Der religiöse Memorirstoff für die evangelischen Schulen des Königreichs Sachsen. Im Auftrage des königlichen Ministeriums des Kultus u. öffentlichen Unterrichts hrsg. Bekanntmachung vom 19. Septbr. 1877, bez. vom 8. Juli 1882. Ausg. für Lehrer. 3., erweit. Aufl. 8. (88 S.) Dresden 881. Huhle. n. — 60; Ausg. für Schüler. 36. Aufl. (64 S.) cart. n. — 30

— der kleine, Dr. Martin Luthers, nebst Bibelsprüchen, Kirchenliedern u. Choralmelodien. Der religiöse Memorierstoff f. die evangel. Schulen d. Königr. Sachsen. Ausg. f. Lehrer. 4. Aufl. 8. (88 S.) Dresden 884—86. Huhle. n. — 60; geb. n. — 70; Ausg. f. Schüler. 67. Aufl. (64 S.) n. — 25; Einbd. n.n. — 5

—— der kleine, Dr. Martin Luther's, nebst Bibelsprüchen, Kirchenliedern und Choralmelodien. Der religiöse Memorierstoff für die evangel. Schulen des Königr. Sachsen. Im Auftrage des königl. Ministeriums des Kultus und öffentl. Unterrichts hrsg. Bekanntmachung vom 19. Septbr. 1877, bez. vom 8. Juli 1882, sowie Verordnung vom 15. Febr., 20. März 1884 und 23. Juni 1886. Ausg. für Schüler. 70.—86. Aufl. 8. (64 S.) Dresden 887,88, Huhle. cart. ** — 30
—— dass. — Ausg. für Lehrer. 5. durchges. und erweit. Aufl. (102 S.) 1887; 6. durchges. und erweit. Aufl. 8. (98 S.) Ebendas. 888. * 70 Pf.; cart. * — 80

—— der kleine, Dr. Martin Luthers, nebst Bibelsprüchen, Kirchenliedern u. Choralmelodien. Der religiöse Memorierstoff f. die evangel. Schulen d. Königr. Sachsen. Im Auftrage d. königl. Ministeriums d. Kultus u. öffentl. Unterrichts hrsg. Bekanntmachung vom 19. Septbr. 1877, bez. v. 8. Juli 1882, sowie Verordng. v. 15. Febr., 20. März 1884 u. 23. Juni 1886. Ausg. f. Schüler. 111. Aufl. 8. (64 S.) Dresd. 892, Huhle. cart. * — 30

— dasselbe, nebst Bibelsprüchen, Kirchenliedern u. Choralmelodien. Für d. evang. Schulen d. Königr. Sachsen. Im Auftrage d. kgl. Ministeriums d. Kultus u. öffentl. Unterrichts hrsg. Bekanntmachg. v. 19. IX. 1877. Ausg. f. Lehrer. Mit Spruchferklärgn. 9., durchges. Aufl. 8. (100 S.) Dresden 898. A. Huhle. Kart. n. — 80

— der kleine, Dr. Martin Luthers, nebst Bibelsprüchen, Kirchenliedern u. Choralmelodien. Für die evangel. Schulen des Königr. Sachsen. Im Auftrage des königl. Ministeriums des Kultus u. öffentl. Unterrichts hrsg. Bekanntmachung vom 19. IX. 1877. Ausg. f. Lehrer. Mit Spruchferklärgn. 12. durchges. Aufl. (100 S.) kl. 8. Dresden 905. A. Huhle. Kart. n. — 80

— dasselbe, sow. Bibelsprüche u. Kirchenlieder f. d. evang. Religionsunterr. 3. Aufl. gr. 8. (56 S.) Remscheid 895. H. Krumm. Kart. n. — 35

— dasselbe, sowie Bibelsprüche u. Kirchenlieder f. d. evangelischen Religionsunterricht. 5. Aufl. 8. (61 S.) Remscheid 899. H. Krumm. Geb. n. — 35

— dasselbe, sowie Bibelsprüche u. Kirchenlieder f. den evangelischen Religionsunterricht. 9. Aufl. 8. (64 S.) Remscheid (905). H. Krumm. Geb. n. — 35

— dasselbe, sowie Bibelsprüche u. Kirchenlieder f. d. evang. Religionsunterricht. 11. Aufl. (64 S.) 8. Remscheid (907). H. Krumm. Kart. — 45

—— der kleine, Lutheri nebst dem großen u. kleinen Einmaleins, so wie einer nöthigen Tabelle z. Gebrauch beim Rechnen. 8. (1 1/6 B.) Grünberg 845, Weiß.

—— der kleine, Lutheri nebst dem großen und kleinen Einmaleins, so wie einer nöthigen Tabelle zum Gebrauch beim Rechnen und einer Addir-, Subtrahir-, Multiplicir- und Dividir-Tabelle. 2., verb. Aufl. 8. (20 S.) Grünberg 847, Weiß. **

—— der kleine, Lutheri, nebst dem großen und kleinen Einmaleins, so wie einer nöthigen Tabelle zum Gebrauch beim Rechnen rc. 3., verb. Aufl. 8. (20 S.) Grünberg 853, Weiß. **

— Lutheri, d. kleine, neu erklärt u. s. w. v. F. A. Selle. 8. Hamburg. 751.

— Lutheri, d. kleine, neu erklärt in Rücksicht auf den alten Bergischen. 8. Düsseld. 794. 2e verb. Aufl. 799. Dänzer. (Barth in Leipz.) 8 gr.

— dasselbe, durch kurze u. einfält. Fragen u. Antworten z. allgem. Gebrauch in d. mecklenburg. Kirchen f. d. Jugend u. Einfältigen schriftmäß. erklärt. 12. (227 S.) Schwerin (896). Bärensprung'sche Hofbuchdr. n. — 18;
geb. n. — 45

—— der kleine, Dr. M. Luthers aus d. heil. Schrift erläut. (v. H. A. Daniel). 8. (10 1/2 B.) Halle 840, Buchh d. Waisenh. *

— dasselbe, nebst den mit * bezeichneten hess. Fragestücken. (24 S.) kl. 8. Darmstadt (908). (J. Waitz.) — 08

—— Lutheri, der kleine, als Grundlage e. ausführl. Unterweis. im Christenthum. 3., verb. Aufl. 8. (8 1/2 B.) Barmen u. Schwelm 838, Falkenberg'sche Vrlsbuchh.

—— der kleine, Luther's und der heidelberger Katechismus mit einem gemeinsamen Spruchbuch zu beiden. Zum Gebrauch für Kirchen und Schulen hrsg. vom evangel. Consistorium zu Hanau. 8. (X und 206 S.) Hanau 855, (König.) **

— dasselbe u. der religiöse Memorierstoff f. d. evangelischen Schulen des Königr. Sachsen. Ausg. für die höhere Bürgerschule zu Plauen. 8. (62 S.) Plauen (899). R. Neupert jr. Kart n.n. — 35

—— der kleine, Dr. Martin Luthers nebst der Ordnung des Heils und der Lebenspflichten und dem Inhalt der biblischen Geschichte. 8. (138 S.) Stettin 885, Hessenland. ** — 30

— Lutheri, d. kleine, f. d. Schulen z. Landau und Sartori. 8. Mannh. Löffler. 768.

—— der kleine, Dr. Martin Luthers nebst Spruchbuch. Hrsg. vom Predigerverein Hildburghausen-Themar. 1.—6. Aufl. 8. (38 S.) Hildburghausen 885,88, Gadow und Sohn. * — 20

— dasselbe, nebst Spruchbuch. Hrsg. v. Predigerverein Hildburghausen-Themar. 8. Aufl. 8. (38 S.) Hildburghausen 898. F. W. Gadow & Sohn. n. — 20

—— der kleine, Dr. Martin Luthers mit den dazu gehörigen Sprüchen der heil. Schrift, in deutscher und wendischer Sprache. 4. Aufl. 8. (63 S.) Cottbus 885, Heine. cart. ** — 30

— dasselbe, [die fünf Hauptstücke] in dem v. der Eisenacher Kirchenconferenz angenommenen u. hrsg. Text. Lex.-8. (16 S.) Stuttgart 885. Grüninger. n. — 20

—— der kleine, Dr. Martin Luthers in Verbindung mit Bibel, Gesangbuch und Religionsgeschichte. 2. Aufl. Mit besonderer Rücksicht auf die vom hohen königl. sächs. Ministerium des Cultus und öffentl. Unterrichts für die evangel. Volksschulen Sachsens vorgeschriebenen 150 Bibelsprüche und 22 Kirchenlieder. Im Anhang Dr. Luther's Morgen-, Abend- und Tischgebete sowie ein Verzeichniß der vorgeschrieb. Bibelsprüche, Kirchenlieder und Choralmelodien. 8. (VI, 104 S.) Plauen 878, Neupert. cart. *

—— Luthers, der kleine, wie derselbe in den protestant. Kirchen u. Schulen Bayerns eingeführt ist zum Aufbeten in den Kinderlehren bearb. 8. (3 B.) Schweinfurt 843, Wetzstein. *

—— der kleine Lutherische, nebst einer Auswahl von 150 Kernsprüchen zur Erläuterung desselben, der in der Schule zu lernenden geistl. Lieder nach dem Text des Elberfelder Gesangbuchs und einer Auswahl Gebete für die Jugend. 8. (V, 91 S.) Kreuznach 869, Voigtländer. geb. * — 40

— d. kl. österreichische. 8. Frburg ... Herder. ½ K

— der kleine, d. christkathol. Religion, für die untersten Klassen in d. Volksschulen Baierns. 16. Münch. ... (Thomann in Landshut). 1 K

Katechismus, kleiner. 8. Frburg 829. Wagner. 6 K

— kleiner, der Bierbrauerey, oder erster Unterr. für den Bürger und jeden Anfänger im Brauwesen. Mit einigen Zusätzen v. F. F. Hermbstädt. 12. Ebend. 817.

— kleiner christkatholischer, f. die untern Klassen d. Schuljugend, nach Anleitung d. Mainzer Diözesan-Katechismus. 12. Mainz 835. Wirth. 1/8 ₰

—— kleiner evangelischer. Hrsg. von dem Evangel. Kirchenverein des Westens. 8. (62 S.) St. Louis, Mo. (Philadelphia, Schäfer und Koradi.) cart. *

—— kleiner, oder kurzgefaßte Form der Lehre nach dem heidelberger Katechismus. 16. (30 S.) Elberfeld 849. (Iserlohn, Bädeker.) **

—— kleiner, oder kurzgefaßte Form der Lehre nach dem heidelberger Katechismus. 3. Aufl. 16. (30 S.) Elberfeld 855. (Leipzig, H. Fritzsche.)

— kleiner, in Fragen und Antworten für die katholischen Volksschulen. Wien 1873

— kleiner, zum Gebrauch der kathol. Jugend. 8. Dresden 775. Walther. 2 K

— kleiner, z. Gebrauch der deutschen Schulen. 16. Landsh. 790. Storno. 1 K

— kleiner, u. einige der wichtigsten Gegenstände unserer heiligen Religion. 8. Augsburg 795. M. Rieger. 1/8 ₰

Kleiner Katechismus des christlich-katholischen Glaubens. Lemberg 1887. Verlag des Stauropigianischen Institutes. Geheftet —.10

—— kleiner katholischer. Ein kurzer Auszug des „kathol. Katechismus oder Lehrbegriffs" vom Verf. desselben. Zunächst für solche Landschulen, welche nur während des Sommer- oder Winter-Semesters besucht werden. 8. (89 S.) Regensburg 848, Pustet.

—— kleiner katholischer. Ein kurzer Auszug des „kathol. Katechismus oder Lehrbegriffs" vom Verf. desselben. Für die untern Volks- oder Elementarschulen. 12. (XV, 56 S.) Hildesheim 886, Borgmeyer. geb. ** — 25

Kleiner katholischer **Katechismus** für die Diöcese Breslau und den Delegaturbezirk. Amtl. hrsg. von d. Fürstbischöfl. Ordinariate zu Breslau. *Breslau: Selbstverl. [1902].* (XXVIII, 52 S.) 8° [F.]

— kleiner, katholischer, f. die Diöcese Breslau u. den Delegaturbezirk. Amtlich hrsg. v. dem fürstbischöfl. Ordinariate z. Breslau. gr. 16. (XXVIII, 52 S. m. Titelbild.) Breslau 902. (G. P. Aderholz). Geb. in Halbldr. n.n. — 30

— kl. kathol., nach Pt. Canisius. 16. Münch. ... (Krüll in Landshut). 1 K 2e Aufl. 12. Luzern 816. Anich. 2 K

—— kleiner kathol., in Fragen u. Antworten, worin die nothwendigsten christl. Wahrheiten enthalten sind. gr. 18. (36 S.) Regensburg 842, Manz.
Aus: Katholisches Missionsbüchlein rc., besond. abgedruckt.

Kleiner katholischer **Katechismus** für die Grafschaft Glatz. Hrsg. v. Fürsterzbischöfl. Vikariat- u. Dekanat-Amte. Habelschwerdt: Franke [1904]. (XXVI, 52 S.) 8° [F.]

KATECHISMUS. Kleiner Katechismus für katholische Kinder. Budapest 1883: St. Stephans-Verein. Buchdruckerei der »Athenaeum« Akt.-Ges. 112 S. - 180 mm
- Dass. Budapest 1895.
- Dass. Budapest 1898.

—— kleiner katholischer, für die mittleren Klassen der kathol. Elementarschulen der Vereinigten Staaten Nord-Amerika's. Ster.-Ausg. gr. 16. (95 S.) St. Louis, Mo. 859(62). (Philadelphia, Schäfer und Koradi.) *

— kleiner katholischer, f. d. Erzbist. Köln, gr. 16, (XXVIII, 59 S. m. Titelbild.) Aachen 895. Düsseldorf, L. Schwann. n.n. — 10; geb. n.n. — 20

— dasselbe f. d. Erzbist. Köln. 15. Aufl. gr. 16. (XXVIII, 59 S. m. Titelbild.) Düsseldorf 902. L. Schwann. Geb. n.n. — 20

Kleiner katholischer **Katechismus** für das Erzbistum Köln. 19. Aufl. *Düsseldorf: L. Schwann 1904.* (XXII, 42 S.) 8° [F.] (04. 6886

— dasselbe f. das Erzbist. Köln. 24. Aufl. (XXII, 42 S. m. Titelbild.) 8. Düsseldorf 907. L. Schwann. Geb. n.n. — 30

— kleiner katholischer, f. das Erzbist. Köln. 30. Aufl. (XXII, 42 S. m. Titelbild.) 8. Düsseldorf 909. L. Schwann. Geb. nn — 30

— dasselbe f. die Diöcese Limburg. 8. Aufl. (XXIII, 56 S. m. Titelbild.) kl. 8. Limburg 905. A. Hötte. Geb. n. — 30

— dasselbe f. die Diözese Limburg. 10. Aufl. (XXII, 56 S. m. Titelbild.) kl. 8. Limburg 909. A. Hötte. Geb. — 30

Kleiner katholischer Katechismus für das Bistum Osnabrück und die Nordischen Missionen Deutschlands. Osnabrück: F. Schöningh [1898]. (XXVI, 54 S.) 8°

— kleiner katholischer, f. die Diözese Trier. 12. (XVIII, 54 S.) Ebd. 889. * — 10; geb. * — 15

— kleiner katholischer, von der Unfehlbarkeit. Ein Büchlein zur Unterweisung von einem Vereine kathol. Geistlichen. 6. unveränd. Aufl. 8. (14 S.) Leipzig 872, Mayer. * — 20

— kleiner katholischer, f. d. apostol. Vikariat im Königr. Sachsen. 12. (XXVIII, 59 S. m. Titelbild.) Ebd. 898. Geb. n.n. — 20

— kleiner, f. Kinder. gr. 8. Landshut, Weber.

— kleiner, besonders f. Kinder, die das erste Mal zur Kommunion gehen, (v. St. Königsberger). 18. Landsh. 817. Thomann. 1 K

— kleiner, für Kinder, in Fragen u. Antworten, mit abgesetzten Sylben 2c., nebst e. Anh. v. Gebeten. 16. Landsh. 802. Storno. 2 K bei (Thomann). 1 K

KATECHISMUS. Kleiner Katechismus für katholische Kinder. Herausgegeben durch den St.-Stephans-Verein. Budapest 1878: Atheneum. 112 S. - 163 mm
- Dass. Budapest 1865.
- Dass. Budapest 1867.

— kleiner, für die 1. Klasse katholischer Werktagsschulen. Ein Auszug aus dem Katechismus für das Bistum Würzburg. 16. (80 S.) Würzburg 885, Wörl. cart. ** — 25

— kleiner, d. Lehre vom Büchernachdruck. Nieswurz für alle Geschäftsfreunde d. Nachdrucker 2c. (v. W. Körte). gr. 8. Halberst. 818. Vogler in Potsdam. 4 K.

— klein., der Leidenschaft ungeh. Philolog. u. Moralist. gewidmet. 8. Stendal, Franzen und G. 802.

— kleiner, d. Liebe, f. Mädchen u. Junggesellen. 8. Wien 789. Hochenleitner. 3 K

KATECHISMUS, Kleiner, für Liebende. Zu Frühlingsanfang zu lernen. Weimar, den 22. März 1807. 12°. Karl (In Leipzig: Bibl. d. Börsenvereins d. deutsch. Buchh.) Bertuch und seiner Frau gewidmet.

Katechismus, kleiner, Luthers, nebst Fragestücken u. einigen Gebeten, auch e. nützl. Tabelle, einigen aufgelösten Brüchen u. e. großen Einmaleins zum Gebrauche beim Rechnen. 16. (31 S.) Leipzig (901). J. Klinkhardt. n. — 10

Katechismus, kleiner, über die Nothwendigkeit und Möglichkeit einer radikalen Reform des Irrenwesens. (Vom Verf. der „Gheeler Frage.") 8. (38 S.) London 864, Thimm. **

— kleiner, über die Nothwendigkeit und Möglichkeit einer radikalen Reform des Irren-Wesens. [Vom Verf. der „Gheeler Frage".] Wortgetreuer Abdr. einer 1864 in London erschienenen Schrift. gr. 8. (II, 19 S.) Wien 879, (Seidel und Sohn.) *

[J.] Kleiner Katechismus für das Bistum Paderborn ... *Paderborn: Junfermann 1895.* (XVI, 48 S.) 1 Bd 8. [94. 185

— kleiner politischer m. Reimen u. Sprüchen. 8. (3 B.) Jena 846, Mauke.

— kleiner, der christkathol. Religion für d. untersten Klassen in d. Schulen des Bisthums Regensburg. 12. Ebd. 839. n. 1/2 K

— kleiner, der katholischen Religion. Kurzer Auszug aus dem für sämmtl. Bisthümer Bayerns eingeführten „großen katholischen Katechismus" zum Gebrauche im Bisth. Augsburg. 8. (48 S.) Augsburg 858, Schmid'sche Sortimentsbuchh. ** geb. **.

Kleiner Katechismus der katholischen Religion. Mit Approbation des österreichischen Gesammt-Episkopates vom 9. April 1894. Salzburg 1896. Actiengesellschaft der Zaunrith'schen Buchdruckerei in Salzburg. (Min.-Erl. v. 16. April 1897, Z. 9466) —.15

Katechismus, Kleiner, der katholischen Religion. Klgft., St. Josefs-Druck., 1897. 76 S.

— dasselbe. 8. (IV, 68 S.) St. Pölten 897. J. Gregora. Kart. n.n. — 25

— dasselbe. Unveränd. Abdr. d. vom Gesammtepiskopate Österreichs hrsg. Schulkatechismus. Für die Leitmeritzer Diöcese. gr. 8. (IV, 67 S.) Warnsdorf 897. A. Opitz. Kart. n. — 25

Katechismus, Kleiner, der katholischen Religion. 8. (IV, 72 S.) Cart. —.15
Graz: Moser 1898.

Katechismus, Kleiner, der katholischen Religion. Mit Approbation des österreichischen Gesammt-Episkopates vom 9. April 1894 (innerhalb der Diöcese Linz). Linz 1898. Verlag des bischöflichen Ordinariates. In Commission bei der Verlags-Buchhandlung des katholischen Preßvereines in Linz-Urfahr.

— Kleiner, der katholischen Religion. Ausgabe für den deutschen Antheil der Diöcese Triest. 8. IV, 72 S.) Gebunden in Leinwand-Rücken —.15
Meran: Jandl 1898.

Kleiner Katechismus der katholischen Religion. Mit Approbation des österreichischen Gesammt-Episcopates vom 9. April 1894. Verlag von Johann Gregora, Buchhändler in St. Pölten. 1898. (Min.-Erl. v. 19. Juli 1897, Z. 17875.) In Leinwandrücken geb. —.15

Katechismus, Kleiner, der katholischen Religion. Mit Approbation des österreichischen Gesammt-Episkopates vom 9. April 1894. (Innerhalb der Erzdiöcese Wien für zulässig erklärt.) Wien, k. k. Schulbücher-Verlag. 1898.

— kleiner, der katholischen Religion. 8. (IV, 76 S.) Brixen 899. A. Weger. Kart. n.n. — 30

— kleiner, der katholischen Religion. (IV, 72 S.) 8. Klagenfurt 902. Buch- u. Kunsth. des St. Josef-Vereines. Kart. n.n. — 26

Katechismus, kleiner, der katholischen Religion für das Bisthum Basel. In-18⁰. 68 S. Luzern, Gebrüder Räber & Cie. 1893. geb. — 25

Catechismus. Kleiner K' der katholischen Religion für das Bistum Basel. Luzern 1905 s. ([Haas,] Leonhard).

—— kleiner, der katholischen Religion für die Beichtkinder des Bisthums Basel. kl. 8. Ebendas. 887. geb. * — 30

—— kleiner, der katholischen Religion für das Erzbist. Freiburg. 12. (56 S.) Freiburg i. Br. 882, Herder'sche Verlagsh. **

Katechismus, kleiner, der katholischen Religion für das Erzbistum Freiburg. Ausg. 1888. 12. (56 S.) Freiburg i. Br., Herder'sche Verlagsh. ** 10 Pf.; geb. ** — 15

— kleiner, der katholischen Religion f. das Erzbist. Freiburg. 12. (56 S.) Freiburg i/Br. 889. Herder. n.n. — 10; geb. n.n. — 15

— dasselbe, f. das Erzbist. Freiburg. Neue Ausg. 12. (56 S.) Freiburg i/B. 890. Herder. n.n. — 10; geb. n.n. — 15

— dasselbe f. das Erzbist. Freiburg. (Ausg. 1898). 12. (56 S.) Freiburg i/B. 899. Herder. n.n. — 10; kart. n.n. — 15

Katechismus, kleiner, der katholischen Religion für das Erzbist. Freiburg. (Neudr.) (56 S.) kl. 8. Freiburg i/B. (905). Herder. n. — 12; kart. n. — 20

— kleiner, d. katholischen Religion f. d. Erzbist. Freiburg. (Ausg. 1906.) (56 S.) kl. 8. Freiburg i/B., Herder. — 12; kart — 20; geb. — 22

— dasselbe f. das Bist. Mainz. 12. (75 S.) Mainz 899. F. Kirchheim. n. — 15; geb. n. — 20

—— kleiner, der katholischen Religion für das Bisthum Paderborn. 16. (62 S.) Paderborn 861, Junfermann'sche Buchh.

— dasselbe, f. das Bist. Paderborn. 16. (62 S.) Paderborn 887. Junfermann. cart. n. — 27

— dasselbe f. das Bist. Würzburg. (80 S. m. Titelbild.) 16. Würzburg (905). B. Bauch. Geb. n.n. — 25

Kleiner röm.-kath. elementarer Katechismus für kath. Kinder. Budapest 1906: Szent István-Társulat (St. Stefans-Verein). 136 S.
- Dass. 1907.
- Dass. 1908.
- Dass. 1909.

— kleiner, f. das Bist. Rottenburg. Aufl. v. 1885. 8. (68 S.) Freiburg i/Br. 886. Herder. n. — 12; Einbd. n.n. — 7

—— kleiner, für evangelische Schulen. gr. 16. (24 S.) Wien 863, Draudt.

—— kleiner, über das Schulwesen für das katholische Volk. Von einem kathol. Pfarrer. 16. (44 S.) Regensburg 869, Pustet. — 10

Kleiner serbischer Katechismus zum Unterrichts-Gebrauche an Schulen mit serbischer Unterrichtssprache. Auf die neue serbische Orthographie umgestellte, aber sonst unveränderte Ausgabe. Wien 1895. K. k. Schulbücher-Verlag. (Min. Erl. v. 14. Mai 1895, Z. 10947.) Broschirt — .10

—— kleiner, d. Sünden d. Päpste u. Mönche, mit Antworten v. e. Priester u. Domherrn d. römisch-span. Kirche; nebst Vorwort u. Zugabe. 16. (6¼ B.) Leipzig 831, Literar. Museum.

Kleiner Katechismus für Volks- und Elementarschulen. Für die Graner Erzdiöcese. Wien 1860: K. K. Schulbücherverlag. 96 S. - 8⁰
- Dass. m. d. Zusatztitel: Von der im Jahre 1858 zu Gran versammelten Provinzial-Synode für die Schule und Kirche angenommener Katechismus. Ofen 1861: Verlag d. St. Stephans-Vereins. Universitäts-Buchdruckerei. 96 S. - 180 mm
- Dass. 1897.
- Dass. 21. Aufl. Budapest 1906: St. Stephansverein. 56 S.

—— kleiner, in Wort und Bild. Erste und zweite Lehrstufe. Von J. B. N. 8. (48 S. mit eingedr. Holzschn.) Budapest 877, (Tettey und Comp.) *

—— der Augsburg. Confession. Zum Schulgebr. (Von J. C. Conrad.) 8. (2¼ B.) Leipzig 832, Cnobloch.

—— confessioneller, der evangelisch-unirten Kirche Deutschlands, zusammengefügt aus dem heidelberger und dem kleinen lutherischen. 12. (XIII und 30 S.) Heidelberg 852, Bangel und Schmitt.

—— des kleinen Krieges. Aus den Ewald'schen „Belehrungen über den Krieg" zusammengestellt von C. v. St. 12. (58 S.) Kaiserslautern 859, Meuth. *

— für den deutschen Kriegs- u. Wehrmann, s. Arndt, E. M.

— für d. deutschen Kriegs- u. Wehrmänner. 8. Cassel u. Marb. Krieger. (in Comm.) 814.

— curlöser christkathol., a. d. Büchern M. Luthers gez. 12. 760.

[J. u. Ant.] Kurzer Römisch-katholischer Katechismus. Nach d. poln. Katechismus des Weihbischofs Dr. E[duard] Likowski f. d. Erzdiöc. Gnesen u. Posen bearb. '(2., verb. Aufl.)' ... *Posen: Dr. u. Comm. d. 'Kuryer Pozn.' 1895.* (101 S., 1 Bl.) 1 Bd 8. [94. 1839

— kurzer, f. deutsche Soldaten, s. Arndt, E. M.

— kurzer, f. den deutschen Wehrmann u. Soldaten. Mit e. Anh. deutscher Wehrmanns- u. Soldatenlieder nach bekannten Melodien. gr. 16. (32 S.) Villingen 848, Förderer. 3 ngr

— kürzerer, der christkathol. Religionslehre für die Volksschulen. (von J. P. Roider). 8. München 811. 2e Aufl. 812. 3e Aufl. 813. 4e Aufl. 815. 5e Aufl. 818. 8e Aufl. 822. Giel. (Barth in Leipz.) 2 K

— kurzgefaßter, f. Kranke u. Sterbende, (von C. Menne). gr. 8. Augsb. 798. 2e Aufl. 806. Doll. 4 K

KATECHISMUS, Kurzgefaßter, für ledige Manns- und Weibspersonen, die sich zu verehelichen gedenken. Mit Titelkupfer. Augsburg 1799. 8⁰. IV, 128 S.
Verfasser ist Ed. Menne.

— kurzgefaßter, f. ledige Manns- u. Weibspersonen rc., (von C. Menne). 8. Augsb. 799. J. A. Rieger. 7 K

— d. Landwirthschaft. 1r Thl. enthält: Fr. Heusinger, d. Feldwirthschaft od. d. Ackerbau u. d. Wiesen- u. Rasenpflege. gr. 8. Leipz. 827, Baumgärtner.

—— der Landwirthschaft, 2. Thl., s. Heusinger, Friedr.

Katechismus, der lebendige, der sich im Gedächtniß wie Uhrenwerk bewegen u. im Herzen wie Glockenton anschlagen soll, od. an was mahnet uns der Glockenschlag? Für kathol. Schulkinder bearb. v. e. kathol. Pfarrer der Diözese Augsburg. gr. 16. (30 S.) Kempten 874. Feuerlein. n. — 20

— der lebendige, der sich im Gedächtniß wie Uhrenwerk bewegen u. im Herzen wie Glockenton anschlagen soll; oder: An was mahnet uns der Glockenschlag? Für katholische Schulkinder bearb. von einem katholischen Pfarrer der Diöcese Augsburg. 2. Aufl. 16. (36 S.) Lindau 878. Stettner. — 15

— oder biblisches Lehrbuch, z. Unterricht f. die Jugend. 8. Offenb. 776. Brede. 6 ggr

Katechismus d. christkathol. Lehre, zum Gebrauch d. Stadt- u. Landschulen, von J. H. Marx. 8. Münster, Aschendorf. 809.

— d. christl. Lehre, s. Marheineke.

— d. christl. Lehre, (v. K. G. Sonntag). Herausg. v. d. Livländ. Oberconsistorium. 8. Riga 816. 2e A. 817.

—— der christlichen Lehre. Zum Gebr. in d. evangel. Kirchen u. Schulen d. Königr. Hannover. 14. Aufl. (M. stehend. Schriften.) 8. Lüneburg 837, (Herold u. Wahlstab.) **

—— der christlichen Lehre. Zum Gebrauch in den evangel. Kirchen und Schulen des Königr. Hannover. Neue, nach Vorschrift des königl. Consistorii veranstaltete Ausg. 8. (176 S. mit 1 Holzschn.) Stade 856, Pockwitz. geb. *

— der christlichen Lehre. Zum Gebrauch in den evangelischen Kirchen und Schulen des Königreichs Hannover. Neue, nach Vorschrift des königl. Consistorii veranstaltete Ausg. Stade 862. Pockwitz. 8. (176 S. u. 1 Holzschn.) n. 5 ngr.

—— der christlichen Lehre. Zum Gebrauch in den evangel. Kirchen und Schulen der Grafschaft Schaumburg, Königl. Preuß. Antheils. 8. (192 S.) Rinteln 885, Bösendahl. ** — 40

—— der christl. Lehre nach d. Bekenntnisse d. evangel. Kirche f. d. Hrzgth. Anhalt-Bernburg, s. Habicht.

— d. christl. Lehre nach dem Bekenntnisse d. evangel. Kirche für d. Herzogth. Anhalt-Bernburg. (Vom Superint. ... Habicht). 8. Bernb. ... 2e A. Ebd. 830. (Halle, Schwetschke u. S.) 4 ggr

— der christl. Lehre nach dem Bekenntnisse der evangel. Kirche für das Herzogth. Anhalt-Deßau. 2e Aufl. 8. Deßau 832. (Ackermann.) 1/12 Thlr — 3e Aufl. 8. Ebd. 834. Hofbuchdruckerei. (Heybruch.) 1/12 Thlr

—— der christlichen Lehre, mit Bezieh. auf d. beiden symbol. Katechismen d. evangel. Kirche. 3. Aufl. 8. (6½ B.) Unterbarmen 841. (Barmen, Langewiesche.) *

—— der christlichen Lehre mit Beziehung auf die beiden symbolischen Katechismen der evangelischen Kirche. 9. Aufl. 1870. * 80 Pf., und 10. Aufl. 16. (103 S.) Barmen 874, Wiemann. * — 60

—— der christlichen Lehre mit Beziehung auf die beiden symbolischen Katechismen der evangelischen Kirche. 12. Aufl. 8. (120 S.) Barmen 885, (Wiemann.) — 75

KATECHISMUS DER CHRISTLICHEN LEHRE, zum Gebrauche der evangelischen Jugend in dem Elsass und deutschen Lothringen. Strassburg. 1837. Gedruckt bei G. L. Schuler. 8°.**)
Dasselbe. ib. 1848. In der Schulbuchhandlung von Friedrich Carl Heitz.
Dasselbe. ib. 1872. J. H. Eduard Heitz.
Dasselbe. ib. 1882. —

KATECHISMUS DER CHRISTLICHEN LEHRE, zum Gebrauche der evangelischen Jugend für Elsass-Lothringen. Strassburg, 1887. J. H. Ed. Heitz (Heitz und Mündel). 8°.

— d. christl. Lehre, zum Gebrauche protestant. Kirchen u. Schulen. 8. Wien 808. Geistinger. 8 ggr

— d. christl. Lehre, zum Gebrauch in den evangel. Schulen u. Kirchen. 8. Unna 808. Hesselmann. 8 ggr

— d. christl. Lehre in Grundsätzen d. Denkens u. Handelns, zum Auswendiglernen für Kinder von 7 bis 14 Jahren, s. K. F. Hoffmann.

— — der christl. Lehre in Grundsätzen d. Denkens u. Handelns, zum Auswendiglernen für Kinder von sieben bis vierzehn Jahren, in zwey Lehrgängen und funfzig Wochenlektionen geordnet. (v. K. F. Hoffmann.) 7te mit Anmerkungen verseh. Ausg. 8. Hirschberg, Thomas'sche Buchh. 817.

— d. christl. Lehre, in Grundsätzen d. Denkens u. Handelns, z. Auswendiglernen f. Kinder v. 7—14 Jahren. 9te, mit Anmerkk. vermeh. Ausg. 8. Hirschberg 826, Thomas.

— d. Christlichen Lehre, nicht nach Kants Grundsätz. 8. Marburg Krieger. 794.

— d. christl. Lehre, f. d. Jugend evangel. Gemeinden, s. K. H. Sack.

— der christl. Lehre, für die Jugend evangel. Gemeinden, (von K. H. Sack.) 8. Bonn, Weber. 820.

Katechismus, der, d. christl. Lehre f. d. evangel.-protestant. Kirche d. Großhrzgth. Baden. (Pforzheim 1830.) Vervollständ. u. erweit. nach seinen eigenen Grundlagen, d. Katechismen v. Hebel u. F. W. Hitzig, sowie nach seiner zu Heilbronn erschien., modifizirten Ueberarbeitung; unter sorgfält. Vergleich. u. Benutz. d. beiden Katechismen Luthers, d. doppelten Ausg. d. Heidelb. Katechismus, u. d. Katechismusarbeiten v. Spener, Seiler, Förster ꝛc. — A. u. d. T.: Versuch e. allgem. evangel.-christl. Katechismus. Von d. Verf. d. „Grundlage zu e. allg. evang.-christl. Liturgie." gr. 8. (16¼ B.) Heidelberg 83[illegible], Reichard.

—— der christlichen Lehre f. d. evangel.-protestant. Kirche im Großhrzgth. Baden. 8. (6 B.) Karlsruhe 836, Groos.

—— der christlichen Lehre für die evangelisch-protestantische Kirche im Großherzogth. Hessen. Neueste durchgeseh. Aufl. 8. (96 S.) Oppenheim 875, Kern. * 30 Pf.; cart. — 40

— der christlichen Lehre für die evangelisch-protestantische Kirche im Großherzogthum Hessen. Neueste (200.) durchgeseh. Aufl. 8. (96 S.) Oppenheim 882. Kern. geb. n. — 44

Katechismus der christlichen Lehre f. d. evangelisch-protestantische Kirche im Großherzogt. Hessen. Neueste Aufl. 8. (96 S.) Oppenheim 884. Kern. geb. n. — 45

—— der christlichen Lehre f. die evangelisch-protestantische Kirche im Großherzogt. Hessen. Neueste (7.) durchgeseh. Aufl. 8. (96 S.) Mainz 889, Kern. geb. * — 45

—— dass. — Neue Bearbeitung nach der offiziellen „Anleitg. z. Erteilg. d. evangel. Religions-Unterr. auf Grund d. Lehrplans f. d. Volksschulen d. Großherzogt. Hessen". 8. (IV, 135 S.) Ebd. 889. geb. ** — 50

—— der christlichen Lehre für die evangelisch-protestantische Kirche im Oberamt Meisenheim, im Fürstenth. Birkenfeld und im Großherzogth. Hessen. Neue, sorgfältig durchgeseh. Aufl. 8. (96 S.) Meisenheim 867, Krull. geb. *

—— der christlichen Lehre für die evangelisch-protestantische Kirche, insbesond. in Rheinhessen. gr. 8. (72 S.) Mainz 866, Kunze's Nachf. geb. *

— der christlichen Lehre f. die evangelisch-protestant. Kirche, insbesondere in Rheinhessen. 2. m. einigen Sprüchen verm. Aufl. 8. (72 S.) Mainz 873. Kunze's Nachf. geb. n. — 35

—— der christlichen Lehre für die evangelisch-protestantische Kirche, insbesondere in Rheinhessen. 3. und 4. Aufl. 8. (72 S.) [Mainz 879.] Wiesbaden, Kunze's Nachf. geb. *

—— der christlichen Lehre f. die evangelisch-protestantische Kirche insbesondere in Rheinhessen u. den umliegenden Distrikten. 8., m. den v. großherzogl. Ministerium d. Innern in Darmstadt üb. den evangel. Religionsunterricht gegebenen Bestimmgn. genau übereinstimm. Aufl. 8. (74 S.) Wiesb. 889, Kunze's Nachf. — 30; geb. ** — 35

— d. christlichen Lehre f. d. evang.-protestant. Kirche, insbesond. in Rheinhessen u. d. umlieg. Distrikten. (Von Frdr. Lauer.) 10. u. 11., m. d. v. großherzogl. Ministerium d. Innern in Darmstadt üb. d. evang. Religionsunterricht gegeb. Bestimmgn. genau übereinstimm. Aufl. gr. 8. (76 S.) Wiesbaden 893. 95. C. G. Kunze's Nachf. Geb. n.n. — 35

— der christlichen Lehre im Sinne der evangelischen Union entworfen von einem Geistlichen des Herzogthums Anhalt-Bernburg. Bernburg 856. Schmelzer in Comm. 8. (VIII, 96 S.) n. 6 ngr

Katechismus, das ist die Lehre vom christlichen Glauben und Leben, zum Gebrauch beim Confirmanden-Unterricht. 7. Aufl. In-8⁰, 48 S. Aarau, Christen. 1883. — 35

—— der katholischen christl. Lehre. Hrsg. v. E. G. zu B. gr. 12. (4²/₃ B.) Aachen 840, Cremersche Buchh.

— leichtfaßlicher katholischer, hrsg. v. Verband kathol. Anstalten Deutschlands f. Geistesschwache. (52 S.) kl. 8. Freiburg i/B. (907). Caritas-Verl. Geb. nn — 35; u. durchsch. nn — 45

— d. Licht- oder Sehlehre, f. junge deutsche Künstler, nach d. Engl. von C. A. Nilson. 8. Leipz. 823. Baumgärtner. 8 gr

Katechismus [der Loge zu den drei Schwertern u. Asträa zur grünenden Raute in Dresden] für Brr Freimaurer-Lehrlinge. Bischofswerda o. J.: May. 7 S. 8⁰ 303.

Katechismus der zur Grossen Loge der 3 Weltkugeln [in Berlin] gehörigen Logen. [Zwischentit.]
in: Sammlung von Katechismen. 1815 S. 157 bis 180.

— Lutheri, Lübeckischer, von J. A. Cramer II. gr. 8. Lübeck 774. (Weidmann in Leipz.) 16 gr

— Lutheri, s. Luther.

— — desselben, von Parisius, s. Parisius.

— Lutheri, mit Glasers Vorrede. 8. Bauz. Deluzer. 760.

—— Dr. Martin Luther's, nebst einem Anhange von Gebeten und 170 Bibelsprüchen nach der Ordnung des Katechismus. 25. Aufl. 16. (64 S. mit Holzschn.) Segeberg 887, Meier. — 15 geb. — 30

— d., Lutheri, erklärt. 8. Lübben. 755.

— Luther's, mit einer kathol. Erklär. v. J. G. Herder. 8. Nurnberg, Stein. 802.

— Lutheri, von Herder, s. Herder.

— für das Großherzogth. Luxenburg. 12. Luxenburg ... (Michaelis.) geb. n. ¼ rß

KATECHISMUS für ledige Manns- und Weibspersonen. Augsburg 1797. 8⁰.
Bibl. Günther III. no. 6599.

Katechismus für die Maschinisten-Schule des Gewerblichen Centralvereins der Provinz Ostpreußen. Als Ms. gedr. *Königsberg i. Pr. 1903: G. Kemsies.* (64 S.) 8° [illegible] 10

— d. gesellschaftlichen Menschen; aus d. Französ. 8. Frkf. 776. Hermann. 8 gr

—— der bischöflichen Methodisten-Kirche. 3 Ntn. gr. 16. (171 S.) Cincinnati 856(60). (Philadelphia, Schäfer und Koradi.) geb. *

—— militärischer, als Hilfsmittel bei der theoretischen Instruktion, sowie zur Selbstbelehrung für Unteroffiziere und einjährige Freiwillige. 16. (XI, 496 S. mit 2 Stnt. in 4.) Dresden 868, Höckner. * 2 40

— der Mineralogie. 1r Thl. Oryktognosie. Mit 8 Steindr. 8. Leipz. 824. Baumgärtner. 18 gr 2r Thl. Besond. Oryktognosie. Auch u. dem T.: Katechet. Lehrbuch d. Mineralogie f. Lehranstalten u. zum Selbstunterricht, (von J. H. Gli. Gössel). 8. Leipz. 826. Baumgärtner. 1 rß 6 gr

KATECHISMUS. Der mittlere Katechismus mit Fragen und Antworten zum Gebrauche der Jugend im Königreiche Ungarn und in den damit verbundenen Staaten. Ofen 1806 Gedr. in der Universitäts-Buchdruckerey. 80 S. - 180 mm
- Dass. Ofen 1813: Druck. Univ. 80 S. - 180 mm
- Dass. Ofen 1817: Druck. Univ. 80 S. - 180 mm
- Dass. Ofen 1818: Druck. Univ. 76 S. - 180 mm
- Dass. Ofen 1820: Druck. Univ. 76 S. - 160 mm
- Dass. Ofen 1829: Druck. Univ. 80 S. - 180 mm
- Dass. Ofen 1835: Druck. Univ. 80 S. - 180 mm
- Dass. Ofen 1839: Druck. Univ. 80 S. - 190 mm
- Dass. Ofen 1841: Druck. Univ. 80 S. - 180 mm
- Dass. Ofen 1847: Druck. Univ. 80 S. - 180 mm
- Dass. Ofen 1848: Druck. Univ. 80 S. - 190 mm
- Dass. Ofen 1850: Druck. Univ. 80 S. - 180 mm
- Dass. Ofen 1857: Druck. Univ. 80 S. - 180 mm
- Dass. Ofen 1864: Druck. Univ. 80 S. - 180 mm

KATECHISMUS. Mittlerer Katechismus mit einem Abrisse der Religionsgeschichte. Von der im Jahre 1858 zu Gran versammelten Provinzial-Synode für die Schule und Kirche angenommener Katechismus. Ofen 1861: St. Stephans-Verein. Universitäts-Buchdrukkerei. (2) 283 (3) S. - 180 mm

Katechismus, Mittlerer — mit Fragen und Antworten. Zum Unterrichte der Jugend. 8. (80 S.) Ofen. Druck und Verlag der k. k. ungarischen Universitäts-Buchdruckerei. 1854.

Katechismus, mittlerer — mit Fragen und Antworten. Zum Unterrichte der Jugend. Ofen, 1856. Druck und Verlag der k. k. Pesther Universitäts-Buchdruckerei (80 S. 8.)

Mittlerer Katechismus für katholische Kinder mit einem Abrisse der Religionsgeschichte. Budapest 1878. Herausgegeben durch den St.-Stephans-Verein. Druck des Atheneum. 228, 4 S. - 174 mm

— mittlerer, der katholischen Religion. Auszug aus dem für sämmtl. Bisthümer Bayerns eingeführten „großen katholischen Katechismus" zum Gebrauche im Bisth. Augsburg. 8. (IV und 152 S. mit Anhang 60 S.) Augsburg 858, Schmid'sche Sortimentsbuchh. ** 8⅓ Ngr.; geb. **

Mittlerer Katechismus der katholischen Religion. Mit Approbation des österreichischen Gesammt-Episkopates vom 9. April 1894. Salzburg 1896. Actiengesellschaft der Zaunrith'schen Buchdruckerei in Salzburg. (Min.-Erl. v. 16. April 1897, Z. 9166) —.32

Katechismus, Mittlerer, der katholischen Religion. Klgft., St. Josefs-Druck., 1897. 209 S.

— dasselbe. 2. unveränd. Ster.-Aufl. (V, 203 S.) 8. Klagenfurt 901. Buch- u. Kunsth. des St. Josef-Vereines. Kart. n.n. — 54

Mittlerer Katechismus der katholischen Religion. Mit Approbation des österreichischen Gesamtepiskopats vom 9. April 1894. Klagenfurt 1902. St. Josef-Vereinsbuchdruckerei. Preis 64 h.

— mittlerer, d. katholischen Religion. (Illustr. Ausg.) Zum Privatgebrauche in d. Familie. 2., illustrativ verb. Aufl. (V, 203 S.) 8. Klagenfurt 909. Buch- u. Kunsthandlg. d. St. Josef-Vereines. Geb. — 80 u. 1. —

Katechismus, Mittlerer, der katholischen Religion. Unveränderter Abdruck des vom Gesammtepiskopate Oesterreichs herausgegebenen und unterm 9. April 1894 approbirten Schulkatechismus für die Leitmeritzer Diöcese. Warnsdorf 1897. Druck und Verlag der Buchdruckerei Ambr. Opitz. Warnsdorf und Wien. (Min.-Erl. v. 6. Oct. 1897, Z. 24505.) Gebunden in Leinwandrücken —.32

— mittlerer, d. katholischen Religion. Unveränd. Abdr. d. v. Gesammtepiskopate Österreichs hrsg. Schulkatechismus. 8. (V, 190 S.) Kart. n. — 55
Warnsdorf: Opitz 1898.

Katechismus, Mittlerer, der katholischen Religion. Mit Approbation des österreichischen Gesammt-Episkopates vom 9. April 1894. Brixen 1898. Verlag der Buchhandlung des katholisch-politischen Preßvereines.

— mittlerer, der katholischen Religion. Inhaltlich unveränd., nach der neuen Rechtschreibg. hergestellter Abdr. (V, 202 S.) kl. 8. Brixen 904. Preßvereins-Buchh. Kart. n.n. — 64

Katechismus, Mittlerer, der katholischen Religion. Mit Approbation des österreichischen Gesammt-Episkopates vom 9. April 1894. Linz 1898. Verlag des bischöflichen Ordinariates. In Commission bei der Verlags-Buchhandlung des katholischen Preßvereines in Linz-Urfahr.

Katechismus, Mittlerer, der katholischen Religion. Mit Approbation des österreichischen Gesammt-Episkopates vom 9. April 1894. (Innerhalb der Diöcese St. Pölten für zulässig erklärt.) 1898. Verlag von Johann Gregora, Buchhändler in St. Pölten.

Katechismus, Mittlerer, der katholischen Religion. Mit Approbation des österreichischen Gesammt-Episkopates vom 9. April 1894 (innerhalb der Lavanter Diöcese). Wien. K. k. Schulbücher-Verlag. 1898.

Katechismus, mittlerer, der katholischen Religion für das Erzbist. Freiburg. 8. (VIII, 120 S.) Freiburg i. Br. 884, Herder'sche Buchh. ** 25 Pf.; geb. **

— mittlerer, der katholischen Religion f. das Erzbist. Freiburg. 8. (VIII, 120 S.) Freiburg i/Br. 888. Herder. n.n. — 25

— mittlerer, der katholischen Religion f. das Erzbist. Freiburg. Neue Ausg. 8. (120 S.) Ebd. 890. ** — 25; geb. ** — 35

— mittlerer, der katholischen Religion f. das Erzbist. Freiburg. 8. (VIII, 120 S.) Freiburg i/B. 899. Herder. n.n. — 25; kart. n.n. — 35

— dasselbe für das Erzbist. Freiburg. (Neudr.) (VIII, 120 S.) kl. 8. Freiburg i/B. 905. Herder. n.n. — 30; kart. n.n. — 40

— dasselbe f. das Erzbist. Freiburg. Ausg. 1906. (VIII, 120 S.) 8. Freiburg i/B., Herder. nn — 30; kart. nn — 40; geb. nn — 48

KATECHISMUS: Mittlerer Katechismus für Volks- und Elementar-Schulen. Für die Graner Erzdiöcese. Wien 1860: K. K. Schulbücher-Verlag. - 8°

— d. Moral, od. kurzer Inbegriff d. Grundwahrheiten der Sittenlehre, f. Schule u. Haus. 8. Leipz. 825. Baumgärtner. 9 gr

— der christl. Moral ꝛc., (v. X. F. Chr. Thormeyer). gr. 8. Leipz. 800. (Cnobloch). 16 gr

— ein, der Moral u. Politik f. das deutsche Volk. 1. u. 2. unveränd. Aufl. gr. 8. (VI, 436 S.) Leipzig 891. C. L. Hirschfeld. n. 3. 60; geb. 4. 80

— der Musik, oder kurze u. faßl. Erläut. der wichtigsten, die Tonkunst betreffenden Begriffe u. Grundsätze. Aus dem Engl. von Chr. Fr. Michaelis 111. 8. Leipz. 810. 9e Aufl. 824. Baumgärtner. 12 gr

— der Musik, oder kurze u. faßl. Erläuter. der wichtigsten, die Tonkunst betreffenden Begriffe und Grundsätze. A. d. Engl. v. C. F. Michaelis. Leipzig, Baumgärtner. 819. -

— d. Musik. Nebst einer allgem. Einleit. in d. Kunst, d. Pianoforte zu spielen. Aus d. Engl. v. C. F. Michaelis. 9te verb. u. sehr verm. Ausg. 8. Leipz. 824. Baumgärtner.

— musikal., nebst einem Anhange f. kleinere Singinstitute eingerichtet. 2e Ausg. 8. Halberst. 821. 3e A. 822. Brüggemann. 6 ℊℊ

– musikalischer, nebst einem Anhange für kleinere Singinstitute eingerichtet. 3e verm. Aufl. 8. (Leipzig 822. Weinedel.) ¼ ℛ

—— musikalischer, von K. A. v. K(lein). 8. (18 S.) Bingen 848, Halenza's Buchh.

— für Mütter, als ein Leitfaden zum ersten häusl. Unterricht der Kinder üb. leicht faßliche u. nützliche Gegenstände. Nach d. Engl. der 29ten Aufl. übers. v. Chr. Fr. Michaelis III. 8. Leipz. 820. Baumgärtner. 6 ℊℊ

— der Naturgeschichte, u. zwar über das Thierreich. Aus d. Engl. nach d. 3ten Aufl. von Chr. Fr. Michaelis III. Mit 4 Kpf. 8. Leipz. 820. Baumgärtner. 12 ℊℊ

— d. Naturlehre, f. die, welche Gottes Güte rc. kennen lernen wollen, (v. Frz. X. Niedermayr). 8. Münch. 791. Strobel. 6 ℊℊ

— der Naturlehre, f. die Jugend. 8. Quedlinb. 793. Ernst. 6 ℊℊ Hbg. Pr. 4 ℊℊ

— von Neapel, od. katechet. Unterricht im Christenthum; aus dem Französ. 2 Thle. 8. Wien 787, 88. Hörling. 1 ℛ 16 ℊℊ

— der neue, hrsg. v. Hamm (1893) verglichen m. dem Hanauer Katechismus, genannt: „Der lautere Lehrbrunn Israels", v. Mitgliedern der „Ev.-luth. Missionsgesellschaft". gr. 8. (33 S.) Straßburg 894. (J. Noiriel.) n. — 40

Katechismus, der neue französische, in 48 Artikeln. Enth.: die Pflichten d. Bürgers gegen d. Vaterland, die d. Diener, d. Herren, d. Ehegatten, d. Kinder rc. Ein allen Staatsbürgern unumgängl. nöthiges Werk, worin zugleich d. Rechte d. Menschen erklärt sind. (In Versen.) gr. 12. (½ B.) Zweibrücken 833, Ritter. Thlr.

—— ders. in franz. u. deutscher Sprache. gr. 12. (1 B.) Ebds. 834.

—— der neue, d. christl. Lehre f. d. Evangel.-Protest. Kirche d. Großhrzgth. Baden. Mit Modificationen, wie d. General-Synode sie ihm geben dürfte. Der Ev. Pr. Geistlichkeit Badens, ins Besond. d. künft. Mitgliedern d. General-Synode z. Prüfung u. Beherzigung vorgelegt. 8. (7½ B.) Heilbronn 832, Drechsler. Thlr.

—— der neue, für die Volksschule mit Rücksicht auf den neu erscheinenden allgemeinen Katechismus von Rom im Entwurfe, zum Zwecke des Zustandekommens eines Katechismus, wie er in unserer Zeit noth thut, allen Theologen, Katecheten und Schulmännern Deutschlands zur Recension vorgelegt von einem Pfarrer der Diöcese Rottenburg. gr. 8. (99 S.) Kempten 874, Kösel'sche Buchh. 1 —

— üb. den neuen kathol., bei Gelegenheit e. Mainzischen Preisaufgabe, (v. B. M. Werkmeister). gr. 8. Frankf. a. M. 790. Varrentrapp. 9 ℊℊ

Neuer französisch-militärischer dekretirter Katechismus ... über die Kriegsübung. Leipzig 1794. 8°.

— neuer franz.-militär., decretirt, a. d. Franz. mit K. gr 8. Lpz. Baumgärtner. 794. illum.

— neuer, der christlichen Lehre, nach Anleit. d. Hannöverschen, (v. J. P. L. Snell). 8. Gieß. 793. 2e A. 797. 11e A. 820. 12e Originalausg.... Heyer. 5 ℊℊ

— neuer, f. erfahrene u. angehende Lumpen, in 74 Fragen u. Antworten, (v. ... v. Heyden). 8. (Wien) 784.

Katechismus, neuer militär., mit einer Anweis. zum Exerciren. 8. Straßb. 790. König. 4 ℊℊ

— d. Obst-Baumzucht f. Landleute. 8. Leipzig, Böhme. 798.

— über die Offenbarung St. Johannis. 1—3. Abdr. Basel. 865—70. Spittler. 8. (31 S.) n. 2 ngr.

— über die Offenbarung St. Johannis. 5. unveränd. Abdr. m. einigen Zusätzen am Schluß. gr. 16. (32 S.) Basel 872. Spittler. n. — 20

—— über die Offenbarung St. Johannis. 6. Aufl. 8. (32 S.) Basel 875, Spittler. *

[J.] Katechismus für den Offizier-Burschen. E. Lehrb. in Fragen u. Antw. Hrsg. v. Fröbel-Oberlin-Ver. zu Berlin. *Berlin: Fröbel-Oberlin-Ver. 1897.* (46 S., 1 Bl.) 1 Bd 8. [97. 180]

Oekonomischer *Katechismus* v. der Federviehzucht. Z. Belehrung d. Schulmädchen ... Jena 1791. 100 S.

— ökonom., v. d. Federviehzucht, (v. Jh. Chr. Burckardt). 8. Jena 791. (Pennings in Neiße; a. Ettinger in Gotha). 5 ℊℊ

—— des 3. Ordens von der Buße des heil. Vaters Franziskus. Eine Erklärung der heil. Ordensregel nach der am 30. Mai 1883 hrsg. Constitution Leo XIII. in Fragen und Antworten. 16. (64 S.) Innsbruck 885, F. Rauch. * — 20

— d. 3. Ordens v. d. Buße d. hl. Vaters Franziskus. E. Erklärg. d. hl. Ordensregel nach d. am 30. V. 1883 hrsg. Constitution Leo XIII. in Fragen u. Antworten. Neueste, verb. Aufl. Hrsg. v. d. Red. d. St. Francisci-Glöcklein. 16. (72 S.) Innsbruck 898. F. Rauch. n. — 20

— d. 3. Ordens v. der Buße d. hl. Vaters Franziskus. Eine Erklärg. d. hl. Ordensregel nach d. am 30. V. 1883 hrsg. Konstitution Leo XIII. in Fragen u. Antworten. Neueste verb. u. verm. Aufl. Hrsg. v. d. Redaktion d. St. Franziszi-Glöcklein. (56 S.) 16. Innsbruck 910. F. Rauch. n — 17

Katechismus der Ordensgelübde. Zum Privatgebr. f. Krankenpflege-Genossenschaften zsgest. *Dülmen: A. Laumann (1902).* (62 S.) 8° [J.] [03. 4714]

— der Ordensgelübde. Zum Privatgebrauch f. Krankenpflege-Genossenschaften zusammengestellt. (62 S.) 16. Dülmen (903). A. Laumann. Geb. in Leinw. n. — 85

— d. Ordensgelübde. Zum Privatgebrauch f. Krankenpflege-Genossenschaften zusammengestellt. 2. Aufl. (62 S.) 16. Dülmen (909). A. Laumann. Geb. in Leinw. — 35

— in tabellar. Ordnung für evangel. Christen, besonders für d. Schuljugend. gr. 8. Bresl. 824. Gosohorsky. 6 ℊℊ

— osteologischer, f. Anfänger d. Wundarzneikunst. 8. Augsb. 775. Lotter. 4 ℊℊ

— der Perspektive, als nothwendige Zugabe zu dem Katechismus der Zeichnung u. Malerei, mit 4 erläuternden Kpft. Aus dem Engl. von Chr. Fr. Michaelis III. 8. Leipz. 820. Baumgärtner. 8 ℊℊ

Katechismus der militärischen Pflichten. Von v. E., Major a. D. *Berlin: Militär-Verlagsanst. 1900.* (43 S.) 8° [F.] [01. 1769

— d. Pflichten, welche christl. Unterthanen gegen ihre v. Gott eingesetzte Fürsten u. Obrigkeiten zu beobachten schuldig sind. gr. 12. Leipz. 827. Baumgärtner. 6 gr

Politischer Katechismus oder Gedanken und Aussprüche berühmter und freimüthiger Männer über Recht und Unrecht, Wahrheit und Lüge, Freiheit und Zwang. Vaterlandsliebe, Verfassungswerth, absolute und constitutionelle Monarchie und andere der Menschheit wichtige Gegenstände. Quedlinburg, Basse 1831. 178 S. 8.

—— politischer. gr. 16. (28 S.) Hamburg 847, Hoffmann und Campe.

Politischer Katechismus. Hechingen, Egersdorff 1849. 16 S. 8.

—— politischer f. Deutschland. Eine alphabet. Zusammenstellung aller den Angehörigen deutscher Staaten nach d. Verfassung u. Gesetzgebung ihrer Länder sowie nach d. Bundesgesetzgebung zustehenden Rechte in Bezug auf Freiheit d. Person, des Eigenthums u. s. w. Unt. Mitwirk. prakt. Juristen hrsg. v. K. Biedermann. 1. Preußen. Bearb. v. Ferd. Marquard. 16. (13 B.) Leipzig 846, Mayer. *

—— des constitutionellen Oesterreichers, politischer. Vom Verf. der Schriften: „Guter Rath für Oesterreich" rc. Ausgegeben den 27. März. 8. (16 S.) Wien 848, Tendler und Comp. **

—— politischer, für Preußen, Anhang, s. Forderung.

Politischer Katechismus für das deutsche Volk, herausgegeben von Eduard Zimmermann. Heft 1–6. Naumburg, Ed. Zimmermann 1844. 8.

—— politischer, f. d. deutsche Volk. Hrsg. v. Ed. Zimmermann. 1846. 12 Hfte. Naumburg, Zimmermann. * 1 Thlr. Einzelne Hefte *

— politischer, f. das freie deutsche Volk. Von e. Freunde d. Volkes. 1—3. Hft. 8. 1. Das deutsche Parlament. — Monarchie u. Republik. (46 S.) 2. Preßfreiheit. Religionsfreiheit. Vereinigungsrecht. Volksbewaffnung. Gleichheit vor dem Gesetz. Gerichtsverfahren. Volksthümliche Verwaltung. Unterrichtswesen. (44 S.) 3. Die Pflichten d. deutschen Bürgers; Achtung vor dem Gesetz. Gemeinsinn. Gewissenhaftigkeit bei den Wahlen. Politische Bildung. — Noch Etwas über die Republik. (43 S.) Braunschweig 848, Westermann. (à 3 ngr) 9 ngr

— prakt., für Dienstboten, Handwerker u. Tagelöhner, (v. C. Menne). 8. Augsb. 802. Rieger. 10 gr

— prakt., für Eh.leute, (v. C. Menne). 8. Augsb. 799. J. A. Rieger. 13 gr

— prakt., für Eltern, (v. C. Menne). 8. Augsb. 800. J. A. Rieger. 12 gr

— prakt., z. Sittenlehre f. das Landvolk, (v. Chr. Edw. Wendler). 8. Leipz. 799. N. Aufl. 811. (Hinrichs). 16 gr

— prakt., von d. Stande der heil. Ehe, (v. W. Chr. Stemler). 8. (Berl.) 780. Lange. 3 gr 2e Aufl. oder vollständ. Katechismus rc. 8. Dessau u. Leipz. 781. (Fr. Fleischer in Leipz.) 18 gr Ders. im Auszuge. 8. Nürnb. 782. 2e A. 788. 3e A. 798. Stiebe r. 20 gr (Nachdruck.)

Catechismus. Kat' der Reaktionäre im Kanton Bern. 8. *o. O.* [1844].

— rechtlicher. 8. Altd. 760. (Monath u. K. in Nürnb.) 8 gr

Katechismus der deutschen Reichsverfassung, nebst Auszügen aus den Verfassungsurkunden der Königreiche Preussen, Bayern, Sachsen, Württemberg u. des Grossherzogth. Baden. Nach dem neuesten Stande der Gesetzgebg. bearb. v. e. württemberg. Staatsbeamten. 12. (VII, 103 S.) Stuttgart 1900, Stähle & Friedel. Kart. 1. —

— der christl.-kathol. Religion in 3 Abtheil., nebst einem Anhange. 8. Landshut, Krüll. 816.

— d. christkathol. Religion in 3 Abtheil., nebst einem Anhange. 8. München 824. (Landshut, Krüll.)

—— der christkathol. Religion in 3 Abthln., nebst e. Anh. 8. (5 B.) München 830. (Landshut, Thomann.)

—— der christkatholischen Religion f. d. Bisthum Augsburg. (Von Chrstph. v. Schmid.) 8. (11 B.) München 836. (Regensburg, Manz.)

—— der, d. christkatholischen Religion f. d. Bisthum Augsburg ausführl. erklärt v. (Chr. v. Schmid.) Ein Handbuch f. Seelsorger, Lehrer u. Aeltern. 5 Thle. 8. Augsburg, Rieger'sche Buchh.

A. u. d. Ttln.:

Bdchn. 1—3. Die Hauptstücke von dem Glauben, von der Hoffnung, von der Liebe. (26½ B.) 844. 23¾ Ngr.

" 4. Das Hauptstück von dem öffentl. Gottesdienste, von der Verkündigung des göttl. Wortes u. den heil. Sakramenten. (14½ B.) 844. 12½ Ngr.

" 5. Das Hauptstück von der christl. Gerechtigkeit. (12½ B.) 845. 8¾ Ngr.

— der christkathol. Religion für den Jugend- u. Volksunterricht im Bisthume Regensburg. 8. Sulzbach 839. v. Seidel. n. 1/12 rf

— der christkathol. Religion f. d. Jugend- u. Volks-Unterricht im Bisth. Regensb. 8. Sulzbach 846, v. Seidel. n. 1¼ ngr

Katechismus d. christkathol. Religion f. d. Schulen in Kempten. 8. Kempten 826, Kösel. Rthlr.

—— der christkathol. Religion f. d. Schulen in Kempten. 8. ... Kempten 852, Kösel.

—— der christkatholischen Religion in Versen und Liedern. Nach den fünf Hauptstücken des Diözesan-Katechismus für das Bisthum Augsburg geordnet und eingerichtet und mit moral. Betrachtungen und Anwendungen versehen. Gesammelt und zusammengestellt von einem kathol. Pfarrer für seine Pfarr-Schulen. 12. (VI und 61 S.) Kempten 851, Kösel'sche Buchh.

— der christkathol. Religion für d. Volksschulen Baierns. gr. 8. Münch. 828. (Landsh., Thomann). 3 gr

—— der christkathol. Religion f. d. Volksschulen Bayerns. 8. (7¼ B.) München 830. (Landshut, Thomann.)

— der christl. Religion rc. s. Schollmeyer, J. G.

— der christl. Religion, f. das Landvolk, (v. J. G. Schlosser). 8. Leipz. 776. Weygand. 6 gr

—— der katholischen Religion. Hrsg. auf Befehl und mit Gutheißung des hochw. Dr. Karl Jos. v. Hefele, Bischof von Rottenburg. 12. (IV, 140 S.) Freiburg i. Br. 888, Herder'sche Verlagsh. * 30 Pf.; geb. ** — 40

— der katholischen Religion. Hrsg. auf Befehl u. m. Gutheißung des hochwürdigsten Herrn Bischofs Karl Jos. v. Hefele. (IV, 140 S.) 8. Freiburg i/B. 902. Herder. — 80; Kartonnage n.n. — 10

— — der katholischen Religion nach P. Canisius. gr. 16. (VIII und 136 S.) Würzburg 856, Kellner. *

— dasselbe für den Jugend- u. Volks-Unterricht im Bist. Passau, vorgeschrieben von dem hochwürdigsten Hrn. Bischof Joseph Franz. (Neue Aufl.) (184 S.) 8. Regensburg 903. F. Pustet. n.n. — 35; kart. n.n. — 50

— — der katholischen Religion für die unteren Klassen der Volksschule. Im Auftrage des Erziehungsrathes des Kantons Schwyz bearb. nach Deharbe. gr. 16. (56 S. mit eingedr. Holzschn.) Einsiedeln 879, Gebr. Benziger. cart. **

—— der kathol. Religion für d. Bisthum Mainz. Für die kleinere Jugend. 12. (2 B.) Mainz 843. [Wirth, Sohn.] *

—— der kathol. Religion für d. Bisthum Mainz. Besond. Ausg. f. Katecheten m. ausgedruckten Citaten. gr. 12. (20⅛ B.) Mainz 844. [Wirth, Sohn.] * –

—— der kath. Religion f. d. Bisthum Mainz. 12. (11⅞ B.) Mainz 845. [Wirth, Sohn.] *

—— der katholischen Religion für Volksschulen. Von einem Geistlichen der Erzdiözese Köln (Herm. Stoveken.) gr. 12. (VIII und 162 S.) Köln 849, Du Mont-Schauberg'sche Buchh.

—— der katholischen Religion für die Volksschulen im Bisth. Augsburg. 8. (IV und 196 S.) Augsburg 862, Schmid's Verlag. *

—— der katholischen Religion für die Volksschulen im Bistum Augsburg. 12. und 13. Aufl. 8. (IV, 196 S.) Augsburg 886,88, Schmid's Verlag. ** 26 Pf.; geb. ** — 38

—— der katholischen Religion f. die Volksschulen im Bist. Augsburg. 14. u. 15. Aufl. 8. (IV, 196 S.) Augsb. 890,92, Schmid's Verlag. ** — 26; geb. ** — 38

— der katholischen Religion f. die Volksschulen im Bist. Augsburg. 16. Aufl. 8. (IV, 196 S.) Augsburg 894. B. Schmid's Verl. n.n. — 26; geb. n.n. — 38

Katechismus d. katholischen Religion f. d. Volksschulen im Bist. Augsburg. Auf hohe oberhirtl. Anordng. 17. Aufl. 8. (IV, 196 S.) Augsburg 896. B. Schmid's Verl. n.n. — 26; geb. n.n. — 38

— der katholischen Religion f. die Volksschulen im Bistum Augsburg. 20. Aufl. 8. (IV, 196 S.) Augsburg 901. B. Schmid's Verl. n.n. — 26; geb. n.n. — 38

— dasselbe für Volksschulen im Bist. Augsburg. 22. u. 23. (der neuen Bearbeitung 1. u. 2.) Aufl. (Je III, 192 S. m. Abbildgn.) 8. Augsburg 904. B. Schmid's Verl. n.n. — 36; geb. in Leinw. n. — 50

— d. katholischen Religion f. d. Volksschulen im Bist. Augsburg. 26. (der neuen Bearbeitg. 5.) Aufl. (III, 192 S. m. Abb.) 8. Augsburg 908. B. Schmid. nn — 36; geb. nn — 50

— der katholischen Religion f. Volksschulen u. f. die untern Classen höh. Lehranstalten. Von e. Geistlichen der Erzdiözese Köln (Herm. Stoveken). gr. 12. (VIII u. 162 S.) Köln 849, Du Mont-Schauberg. 6 ngr

— der mosaischen Religion. 8. Berl. Maurer'sche Buchh. 814.

— — der römisch-katholischen Religion. gr. 12. (IV und 189 S.) Luxemburg 852. (Frankfurt a. M., Lizius.) *

Katechismus der römisch-katholischen Religion zunächst für das apostolische Vikariat Luxemburg. Neue verkürzte u. vereinfachte Ausg. Luxemburg 862. Brück. 8. (186 S.) 6 ngr

— — Neue Ausg. Ebend. 862. 16. (84 S.) 3 ngr

— d. christl. kathol. Religionslehre f. Volksschulen. 8te Aufl. 8. München 822, Giel.

— der evangelisch-christlichen Religionslehre. 8. (80 S.) Neuwied 893. Heuser's Verl. n. — 25

— der moral. Religionslehre rc. 8. Leipz. 798. Junius. 5 gr

Katechismus beim allgemeinen Religionsunterricht oder Religionslehrbuch für nicht konfessionelle Schulen. 8. (IV und 35 S.) Zerbst 849, Kummer'sche Buchh. Thlr. *

Katechismus für den [alt-]katholischen Religionsunterricht. 2. verb. Ausg. 12. (95 S.) Heidelberg 885, Weiß' Verlag. * — 40

Katechismus (Republikanischer), oder Grundsätze der Philosophie, der Moral und der republikanischen Politik. 8°. Frankenthal, Jahr 7.

— republikanischer, od. Grundsätze d. Philosophie, d. Moral u. der republikanischen Politik. 16. Manh.... Löffler. 2 gr

—— republikanischer, fortgesetzt von Jul. Wulff. gr. 8. (4 S.) Düsseldorf 849, (Kampmann.)

Katechismus (Republikanischer) für das deutsche Volk: Von den überflüssigen Fürsten. fol. Berlin 1848.

—— der römische, s. Catechismus romanus.

— d. römische. 2 Thle. 8. Augsb. Wolf. 771.

— der römische, herausgeg. auf Befehl der Kirchenversamml. zu Trient u. des Papstes Pius V., übers. von J. Felner. 2 Bde. in 4 Thln. gr. 8. Mainz 821. N. Aufl. 828. Müller. 2 rth

— d. römische, herausgeg. auf Befehl d. Kirchenrathes v. Trient u. d. röm. Pabstes Pius V. Uebers. v. Ign. Felner. 2 Bde. in 4 Thln. gr. 8. Mainz 822. Müller.

— — der Römische, hrsg. auf Befehl d. Kirchenrathes v. Trient u. d. röm. Pabstes Pius V. Uebers. v. Ign. Felner. 2 Bde. od. 4 Thle. Neue (2.) Aufl. gr. 8. (49⅞ B.) Mainz 828, [Kirchheim, Schott u. Thielmann.]

—— der römische, hrsg. auf Befehl d. Kirchenversamml. zu Trient u. d. Papstes Pius V. Uebers. v. Ign. Felner. 3. Aufl. nach d. manut. Ausg. verbess., mit d. Schriftstellen d. approb. Bibelübersetz. v. Allioli u. e. geschichtl. Einleit. vers. v. Frick. gr. 8. (31 B.) Mainz 841, Kirchheim, Schott u. Thielmann.

—— der römische. Hrsg. auf Befehl der Kirchenversammlung zu Trient und des Papstes Pius V. Uebers. von Ign. Felner. 4. Aufl. Nach der manutischen Ausg. verb. und mit einer geschichtlichen Einleitung versehen von Frick. gr. 12. (XII und 611 S.) Mainz 848, [Kirchheim.]

— der römische. Nach dem Beschlusse des Conciliums von Trident auf Befehl des Papstes Pius V. herausgeg. Uebersetzt u. mit einer Einleitung begleitet von Friedr. Wilh. Bodemann. Der kathol. Bekenntnißschriften 2. Abthl. gr. 8. Hannover 844, Hahn'sche Hofbuchh. n. 1¼ ᵣₜ

— der römische, nach dem Beschlusse des Konzils von Trient, f. die Pfarrer auf Befehl des Papstes Pius V. hrsg. Unter Zugrundelegg. der Ausg. des Textes u. der Uebersetzg. v. Smets bezw. Adf. Buse: 4. verb. Aufl. (Lateinisch u. Deutsch.) 2 Bde. (XXI S., 286 Doppels. u. S. 287 u. V S., 217 Doppels. u. S. 218.) gr. 8. Regensburg 905. F. Pustet. n. 4. 80; geb. in Halbldr. n. 7. 80

— Römischer, nach dem Beschlusse des Conciliums zu Trient und auf Befehl des Pabstes Pius V. herausg. Aus d. Latein. übersetzt (von F. X. Rechenmacher). 1e u. 2e Lfrg. gr. 8. Passau 838. Winkler. ⅔ ᵣₜ — ders. (compl.) gr. 8. Ebd. 839. n. 1 ᵣₜ

— römischer. Nach dem Beschlusse des Conciliums von Trient und auf Befehl des Pabstes Pius V. herausgegeben. Neue (Titel-)Ausg. (Aus d. Latein. übers. von F. X. Rechenmacher.) Passau (839.) 853. Pleuger. gr. 8. (2 Bl., 679 S.) 18 ngr.

Katechismus [Römischer]

—— nach dem Beschlusse des Concils von Trient für die Pfarrer auf Befehl des Papstes Pius V. und Clemens XIII. hrsg. Uebersetzt nach der zu Rom 1855 veröffentl. Ausg. Mit Sachregister. Ster.-Ausg. gr. 8. (IV, 468 S.) Regensburg 872, Manz. 2 70

—— dass. — Deutsch und lateinisch. A. u. d. T.: Catechismus ex decreto concilii Tridentini ad parochos. gr. 8. (VIII, 477 Bl.) Ebendas. 872. 4 80

— römischer, z. allgem. Gebrauch. 4 Thle. 8. Wien 763. Kruchten. 2 ᵣₜ 12 gr

— römischer, z. Gebrauch d. Kinder, welche zur ersten heil. Kommunion unterrichtet werden. 8. Köln 830. Matthieux. Druckp. das Dutzend 1 ᵣₜ 22 gr

— Römischer, zum Gebrauche d. Kinder, welche zur ersten heil. Kommunion unterrichtet werden. Aachen 836. Cremer. ⅛ ᵣₜ

— Römischer, zum Gebrauche der Kinder, welche zur ersten heil. Kommunion unterrichtet werden. 8. (119 S.) Aachen 848, Hensen & Co. n. ⅙ ᵣₜ

—— römischer, zum Gebrauche der Kinder, welche zur ersten heil. Kommunion unterrichtet werden. 8. (119 S.) Aachen 850, Hensen und Comp. *

—— der römisch-katholische, nach d. bekannten fünf Hauptstücken der Christenlehre, kurz u. gut erkläret in ein. vollständigen Jahrg. v. Kanzel-Vorträgen auf alle Sonn- u. Festtage des Kirchenjahres, gemeinnützig f. d. öffentl. Kirchen- u. Schulen-, wie auch z. häusl. erbauenden Unterr. von Ant. Furthner. Neue, wohlf. Ausg. 8. (49¼ B.) Straubing 842, Schorner. -

—— römisch-katholischer. Besonders für den häusl. Unterricht. 8. (XII, 99 S.) Freiburg i. Br. 876, Herder'sche Verlagsh. * 80 Pf.; cart. *

— römisch-kathol., in kurzen Fragen u. Antworten. N. Aufl. 12. Landsh. 817. Storno. 2 gr

— römisch-kathol., zum Gebrauch d. Schles. Schulen f. die zweite Klasse d. Kinder, v. B. Strauch. 8. Sagan 765, 67, 76.

— Derselbe, f. die dritte Klasse d. Kinder, v. B. Strauch. 8. Sagan 766. 2e Aufl. 776.

Katechismus (Rother) für das Deutsche Volk. 8°. New York u. Boston, Druck von W. Derby. s. a.

—— für das Bistum Rottenburg. Hrsg. auf Befehl und mit Gutheißung des hochw. Bischofs Karl Joseph. 8. (IV, 140 S.) Freiburg i. Br. 887, Herder'sche Verlagsh. * 30 Pf.; geb. ** — 40

— f. das Bist. Rottenburg. gr. 8. (IV, 140 S.) Freiburg i/Br. 889. Herder. n. — 26

—— f. das Bist. Rottenburg. Hrsg. auf Befehl u. m. Gutheißg. d. hochwürdigsten Bischofs Karl Joseph. Neue Aufl. 12. (IV, 140 S.) Freib. i. Br. 891, Herder. * — 30; geb. ** — 40
Innerhalb d. Bist. Rottenburg Preis * — 26; geb. ** — 36.

— für das Bist. Rottenburg. Hrsg. auf Befehl u. m. Gutheißg des hochwürdigsten Bischofs Karl Joseph. 8. (IV, 140 S.) Freiburg i/B. 893. Herder. n.n. — 26; geb. n.n. — 36

— f. das Bist. Rottenburg. Hrsg. auf Befehl u. m. Gutheißg. des hochwürdigsten Bischofs Karl Joseph. 8. (IV, 140 S.) Freiburg i/B. 898. Herder. n.n. — 26; Kartonnage n.n.n. — 10

— für das Bist. Rottenburg. Hrsg. auf Befehl u. m. Gutheißg. des hochwürdigsten Bischofs Karl Joseph. (IV, 140 S.) 8. Freiburg i/B. 903. Herder. n. — 26; Kartonnage n.n.n. — 10

— f. d. Bist. Rottenburg. Hrsg. auf Befehl u. m. Gutheißg. des hochwürdigsten Bischofs Karl Joseph. Ausg. 1906. (IV, 140 S.) 8. Freiburg i/B., Herder. nn — 26; Einbd. nnn — 10

Katechismus für das Bistum Rottenburg. Hrsg. auf Befehl des Bischofs. Freiburg i. B.: Herder 1907.

—— des österreichischen Sachenrechts [Besitz, Eigenthum, Dienstbarkeit, Pfandrecht] und Grundbuchsrechts. 12. (XXIV, 165 S.) Wien 885, Manz'sche Hof-Verlags- und Universitäts-Buchh. * 1 50
Vgl.: Katechismen des österreich. Privatrechts.

—— der Scheidelehren der evang. u. röm.-kathol. Kirche. Für die Unterweis. d. evang. Jugend nach Dr. Luthers Hauptstücken geordn. u. verfaßt 12. (1½ B.) Bielefeld 844. (Helmich.) *

Katechismus d. heil. Schrift, od. Unterweis. z. Seligkeit in göttl. Antworten auf menschl. Fragen. 8. (8½ B.) Straßburg 810, Schmidt u. Grucker. Thlr. *

— schriftmäßiger, f. die jetzigen Zeiten; aus d. Predigten u. andern Werken d. Dr. Al. Merz, unter seiner eigenen Anleit. u. Aufsicht zusammengetragen. 8. Augsb. 792. Styr. N. Ausg. 2 Thle. gr. 12. Straßb. 818. (Müller in Mainz). 1 ᵣₜ 8 gr

— für diejenigen evangelischen Schulen im Fürstenthum Lippe, in welchen nicht der Heidelberger oder der Lutherische Katechismus in Uebung steht. Lemgo 859. Meyer. 8. (52 S.) n. 4 ngr.

— f. evangelische Schulen. Eine Gegenüberstellg. der wichtigsten Fragen der verschiedenen Katechismen, nebst 120 Bibelsprüchen, zur Behandlg. vorgeschrieben durch den v. dem Hrn. Minister der geistl. etc. Angelegenheiten in Gemeinschaft m. dem evangel. Oberkirchenrat genehmigten Lehrplan f. den evangel. Religionsunterricht in den Schulen der Rheinprovinz. Hrsg. v. e prakt. Schulmann. 8. (II, 47 S.) Barmen 894. D. B. Wiemann. n.n. — 80

— d. Schulgesetze. Eine kurze Darstellg. der wichtigsten reichsgesetzl. Bestimmgn. üb. die Volks- u. Bürgerschule. Den Eltern schulpflicht. Kinder gewidmet v. Verein „Freie Schule“. (48 S.) 8. Wien 909. (Mor. Stern.) — 35

—— der Seelenlehre, Religion der Menschlichkeit und der Moral, nebst einem Anhange, der die Ansichten der vorzüglichsten Vorkämpfer der Religion unserer Zeit im Auszuge enthält. Programm zu der am 20. Oktbr. 1850 erfolgenden Eröffnungsfeier der Halle der freien christl. Gemeinde in Schweinfurt. gr. 8. (IV und 108 S. mit 1 Stahlst.) Schweinfurt 850. (Leipzig, Matthes.) *

Katechismus der Sittenlehre, durchgängig mit Erläuterungen, Beispielen, Beweisen u. Denksprüchen erläutert, f. Bürger- u. Landschulen. Neue Ausg. 8. Leipz. Hinrichs. 811. Rthlr.

— der Sittenlehre, f. das Landvolk, (von Jh. G. Schlosser). 8. Frankf. a. M. 771. 2e A. 773. Eichenberg. (Gastl in Brünn). 4 K N. Aufl., f. J. G. Schlosser.

— d. Sittenlehre f. d. Landvolk. 8. Frankf. Eichenberg. (Gastl. in Brünn.) 776.

Katechismus für Soldaten. Als Leitfaden für Offiziere bei dem Unterricht des gemeinen Mannes. Von einem sächs. Offizier. Leipzig 1809. 124 S.

— f. Soldaten. 8. Leipz. 809. Andrä. 10 K

— f. Soldaten. 8. Lpz. Bauer. 809.

— russ. Soldaten. Ein Beitrag zur nähern Charakteristik derselben. 8. Wien 813. Gräffer u. S. 2 K

— (kleiner katholischer) in deutscher Sprache, mit hebräischen Lettern, zum Gebrauche der Proselyten aus dem Judenthume. 8. Augsb. 802. Doll. (Krüll in Landsh.) 4 K

—— Spruchsammlung und Confirmationsbüchlein für evangelisch-lutherische Schulen. 8. (46 S.) Philadelphia 870. (Schäfer und Koradi.) geb. * 1 —

— d. deutschen Staatsgrundverfassung. 1r Thl. 8. Gotha, Ettinger. 793.

—— der Staatsverfassung Oesterreichs. Preisschrift, hrsg. vom deutschen Vereine zur Verbreitung gemeinnütz. Kenntnisse in Prag. gr. 8. (48 S.) Prag 870, (Satow.) [Kosmack und Neugebauer.] * — 50

Katechismus der Staatsverfassung Oesterreichs. Hrsg. vom Deutschen Vereine zur Verbreitung gemeinnütz. Kenntnisse in Prag. 2.—6. Aufl. 1871—74; 7. vollständig umgearb. Aufl. gr. 8. (38 S.) Prag 876, Deutscher Verein. *

— der Staatsverfassung Oesterreichs. Hrsg. vom deutschen Vereine zur Verbreitg. gemeinnütz. Kenntnisse in Prag. 8. vollständig umgearb. Aufl. (51 S) gr. 8. Prag 904. (J. G. Calve.) n.n. — 60

—— der österreichischen Staatsverfassung. 8. (102 S.) Wien 874, Manz. * 1 60

—— der österreichischen Staatsverfassung. 2. Aufl. gr. 16. (IV, 100 S.) Wien 878, Manz'sche Hofbuchh. *

—— der österreichischen Staatsverfassung. 3. nach dem neuesten Stande der Gesetzgebung bearb. Aufl. 8. (IV, 106 S.) Wien 883, Manz'sche Hofverlagsh. cart. *

—— der österreichischen Staatsverfassung. 5. nach dem neuesten Stande der Gesetzgebung bearb. Aufl. 12. (VI, 106 S.) Ebendas. 887. cart. * 1 20

—— der österreichischen Staatsverfassung. 6., nach dem neuesten Stande der Gesetzgebg. bearb. Aufl. gr. 16. (VI, 106 S.) Wien 892, Manz. cart. * 1 20

(F) Katechismus der österreichischen Staatsverfassung. 7., nach dem neuesten Stand der Gesetzgebung bearbeitete Auflage. Wien. 1900. Manz. 8°. VI, 133 S. Cart. K 1.50

— der österreichischen Staatsverfassung. 8., nach d. neuesten Stande d. Gesetzgebg. bearb. Aufl. (VI, 164 S.) kl. 8. Wien 910. Manz. Geb. in Halbleinw. 1. 70

—— für Stadtverordnete d. Preuß. Städte. Von K. Streckfuß. Wohlf. Ausg. gr. 8. ($12\frac{1}{2}$ B.) Berlin 832, Trautwein.

—— der Steuermannskunst. 8. (72 S.) Bremen 854, [Heyse's Verlag.]

Subhadra Bhikschu's Buddhistischer Katechismus vor dem Forum der Vernunft und Moral von einem anderen Bhikschu ... *Rheinbach b/ Bonn: Liter. Bureau 1897.* (42 S., 1 Bl.) 1 Bd 8. [97. 1126

— der anscheinenden Todesfälle od. Pulslosigkeiten. 8. Berl. 787. Maurers B. 6 K

— Türkischer, der muhamedanischen Religion, nach d. Arab. Original von Ziegler mit erklär. Zusätzen. 8. Leipz. 792. Heinsius. 12 K

— oder kurzer Unterricht christlicher Lehre. Zum Gebrauche für die Unterweisungen im Kanton Bern. Herausg. im Auftrage des Synodalausschusses. Bern 858. Wüterich-Gaudard. 8. (IV, 85 S.) n. 5 ngr.

— oder kurzer Unterricht christlicher Lehre. Neu revidirt zum Gebrauche für die Unterweisungen im Kanton Bern. Bern 859. Blom. 8. (42 S.) 3 ngr.

Katechismus, oder kurzer Unterricht christlicher Lehre. Neu revid. zum Gebrauche für die Unterweisungen im Kanton Bern. 3. verb. Aufl. Bern 869. Fiala. gr. 16. (31 S.) cart. n. 3 ngr.; mit bibl. Beweisstellen (65 S.) cart. n. 4 ngr.

— oder: Kurzer Unterricht christlicher Lehre, für die angehende Jugend in Churfürstl. Pfalz-Schulen. Ohne die Agenda u. anders zum Druck verfertigt. (Mit 3 Anhängen.) 12. Neuwied 831. Lichtfers. 1/8 ß — Neuer Abdruck. 12. Ebd. 836. 1/12 ß Vgl. Katechismus, Heidelberger etc.

— ders., wie er in Kirchen u. Schulen d. Churfürstl. Pfalz u. andern reformirten Orten getrieben wird. 8. Crefeld, Funcke. pr. Dutzend $9\frac{1}{2}$ K

—— oder kurzer Unterricht christlicher Lehre, wie derselbe in den Kirchen und Schulen reformierten evangel. Bekenntnisses angenommen ist. Bearb. für den Kanton Schaffhausen. 8. (IV, 128 S.) Schaffhausen 887, (Schoch.) geb. * — 80

Katechismus oder kurzer Unterricht christlicher Lehre, wie derselbe in den Kirchen und Schulen reformirten evangel. Bekenntnisses angenommen ist. Bearbeitet für den Kanton Schaffhausen. Neue Aufl. 1891. In-8°. 135 S. Schaffhausen, Comm.-Verlag von Carl Schoch. Gebd. — 90

— das ist: Unterricht in der christl. Lehre; zum Gebrauch in den Kirchen u. Schulen der Stadt St. Gallen. 4e verm. Aufl. gr. 8. St. Gallen ... Scheitlin u. Zollikofer. 1/3 ₰

— d. i. Unterricht in der christlichen Lehre; zum Gebrauch in den Kirchen u. Schulen der Stadt St. Gallen. 7. Aufl. gr. 8. (VIII u. 56 S.) St. Gallen 852, Scheitlin & Zollikofer. n. 1/3 ₰

Katechismus, d. i. Unterricht in der christl. Lehre in Fragen u. Antworten. 8. Lissa 840. Günter. 1/12 ₰

Katechismus d. i.: Unterricht in der christlichen Lehre in Fragen und Antworten. 4. Aufl. 8. (IV und 64 S.) Lissa [Breslau] 863, Günther's Verlag.

—— oder Unterricht in den himmlischen Lehren des neuen Jerusalems für Kinder, beleuchtet und belegt durch Schriftstellen. Entworfen unter der Leitung der General-Conferenz der neuen Kirche in Großbritannien und Irland. 2., verm. Aufl. Aus der zu London 1837 gedr. engl. Urschrift übers. von Joh. Friedr. Imman. Tafel. gr. 8. (32 S.) Tübingen 856, Verlags-Expedition. *

—— od. Unterricht in d. Lehren d. Neuen Kirche f. Kinder. Entworfen u. d. Leitung d. General-Conferenz d. Neuen Kirche in Großbritannien u. Irland. Aus d. zu London 1828 gedruckten engl. Urschrift übers. v. J. F. Imm. Tafel. 8. (1 B.) Tübingen 830, (Zu-Guttenberg.) 1½ Gr., weiß Pap. 2 Gr., Schrbp.

—— oder Unterricht in den Lehren der Neuen Kirche für Kinder. Angefertigt unter der Leitung der General-Convention der Neuen Kirche in Amerika. Aus der zu Boston 1858 abgedr. Urschrift übers., mit einigen Zusätzen versehen und hrsg. von Arthur O. Brickman. 16. (22 S.) Baltimore 860. (Philadelphia, Schäfer und Koradi.) *

—— das ist: Unterricht in d. wahren christl. Religion. Für d. Jugend d. Canton Zürich. 12. (3½ B.) Zürich 832, Schulthess.

—— üb. die Unterscheidungslehren der Katholiken u. Protestanten. Von kathol. Pfarrgeistlichen Crefelds. Veranlaßt durch den Katechismus der Duisburger Kreis-Synode. 8. (3 B.) Crefeld 844, Funcke'sche Buchh. *

—— der Unterscheidungslehren der evangelischen und römisch-katholischen Kirche oder anathematische Anatomie des Papstgethüms. Von einem Laien. 1. Aufl. (X und 158 S.) 1849. 7 Ngr. und 2., verm. und verb. Aufl. 8. (XX und 356 S.) Schaffhausen 852, (Schalch.)

—— üb. die Unterscheidungslehren der evangel.-protestant. u. röm.-kathol. Kirche, nebst den betreff. Beweisstellen d. heil. Schrift. Hrsg. durch mehr. Geistliche der Kreis-Synode Duisburg. 12. (1½ B.) Duisburg 84., Schmachtenberg. *
Vgl.: Catechismus.

—— über die Unterscheidungslehren der evangelisch-protestantischen und der römisch-katholischen Kirche, nebst den betreffenden Beweisstellen der heil. Schrift. Hrsg. durch mehrere Geistliche der Kreis-Synode Duisburg. 3., verm. und verb. Aufl. 8. (42 S.) Duisburg 856, (Ewich.) *

—— über die Unterscheidungslehren der evangelisch-protestantischen und der römisch-katholischen Kirche, nebst den betreffenden Beweisstellen der heil. Schrift. 4. Aufl. 1870, und 5. Aufl. 8. (40 S.) Duisburg 874, Ewich. — 30

Katechismus über die Unterscheidungslehren der evangelisch-protestantischen und der römisch-katholischen Kirche nebst d. betreff. Beweisstellen d. Heil. Schrift. Hrsg. durch mehrere Geistliche d. Kreis-Synode Duisburg. 8. Aufl. *Duisburg: J. Ewich 1899.* (48 S.) 8° [S.] — 5

Katechismus, oder kurze u. einfache Unterweisung aus der heiligen Schrift, in Fragen u. Antworten. Zum Gebrauch in Schulen. 3., amerikanische Ausg. 16. (56 S.) Elkhart, Ind. 872. (Philadelphia, Schäfer & Koradi.) — 60

Katechismus, Veliký, katolického náboženství. Schválen na valné schůzi biskupů rakouských ve Vídni dne 9 dubna 1894. Wien. K. k. Schulbücher-Verlag. 1898. Geb. —.40

—— der verbess. kleine, Dr. M. Luthers. 12. (3½ B.) Frankfurt a. M. 839, Brönner.

— der vertheidigte, Lutheri. 8. Wismar 778. Bödner. 4 K

—— des österreichischen Vertragsrechts und Schadenersatzrechts. 12. (XXXVIII, 330 S.) Ebendas. 886. cart. * 1 80
Vgl.: Katechismen des österreich. Privatrechts.

— dasselbe f. die Volks-Schulen im Bistum Regensburg. (Neue Ausg.) 8. (XII, 146 S.) Regensburg, F. Pustet. n.n. — 20; kart. n. — 30

—— der Volkswirthschaftslehre. Ein Handbüchlein des Wissenswürdigsten aus dem Gebiete des Wirthschafts- und Verkehrswesens. Hrsg. vom Deutschen Verein zur Verbreitung gemeinnütz. Kenntnisse in Prag. gr. 8. (IV, 98 S.) Prag 878, Deutscher Verein. cart.

— vollständ., der christkathol. Religion. Herausg. für die deutschen Schulen, um der Jugend einen deutlichen u. gründl. Religionsunterricht beizubringen. Nebst einer Zugabe v. Cph. Schmid. 8. Ravensburg ... Gradmann u. Knapp. 1/12 ₰

— vollständiger, d. christkathol. Religion. 8. Landshut, Krüll. 814.

— vollständ., d. christkathol. Religion Herausgeg. f. d. deutschen Schulen im Königr. Baiern. 8. München 824. (Landshut, Krüll.)

—— vollständiger, d. christkathol. Religion. Hrsg. f. d. deutschen Schulen im Königr. Bayern, um d. Jugend deutl. u. gründl. Religionskenntnisse beyzubringen. 8. (3½ B.) München 830. (Landshut, Thomann.)

Katechismus, vollständ., vom Stande d. heiligen Ehe. 8. Dessau. (Hilscher in Dresden.) 781. Rthlr.

—— deutscher Wehrmänner. Mit einer kurzen Geschichte des Heerwesens aller Zeiten in polit. Hinsicht. Für jeden freien Deutschen, besond. für alle Militärs jeden Ranges rc. in Deutschland, hrsg. von dem Verf. des polit. Volkskatechismus. Zugleich als 3. Heft des polit. Volkskatechismus. 16. (10 S.) München 848, (Henzel.) *
Vgl.: Volks-Katechismus.

— der Zeichnung u. Malerei. Aus d. Engl. v. C. F. Michaelis III. 8. Leipz. 870. Baumgärtner. 12 K

—— der Zeichnung u. Malerei; e. Anweis. in d. Theorie d. zeichn. Künste, dem Verfahren u. d. Hülfsmitteln bei d. Ausführ., f. d. Schul- u. Selbstunterr. 2., ganz umgearb. u. verm. Aufl. gr. 12. (7⅔ B.) Leipzig 835, Baumgärtners Bh.

—— über die wichtigsten Zeitfragen für die reifere Jugend und das Volk. 1. Aufl. 1848. und 2., verb. Aufl. (28 S.) Augsburg 849, Kollmann'sche Buchh.

— zergliederter, Lutheri. 8. [illegible] Schulbuchh.; (auch Littfaß). 2 K

— zergliederter, Lutheri, worin die Glaubenslehre u. Lebenspflichten vorgetragen werden. 8. Lauban 767. Wirthgen. 10 K

—— der Zukunfts-Religion. Hrsg. von P. v. F. 16. (28 S.) Breslau 873, Goerlich. * — 40

Katechismusbüchlein, allerneuestes kathol. rc. 8. Frkf. a. M. 791. Gebhard u. K. 14 K

Katechismus-Büchlein, Altkatholisches, für d. Jahr 1874 oder bittere Wahrheiten für die Schwarzgeister im Bisthum Basel. 20 S. 8. Solothurn, J. Gassmann Sohn.

Katechismuslehren, von d. Nothankerschen Schulmeister rc. 16 Bdchn. 8. Berl. 791. Schöne. 12 K

Kathechismus Lektionen: 1910–1921

Lutheran quarterly. Title varies: Lektionen. Organ of Independent (Missouri Synod). Octavo, each issue 16 pages. Edited by Adolf T. Hauser. Buffalo, NY

Katechismus-Licht, oder der kleine Katechismus Dr. Mart. Luther's in seiner eigentl. Lichtgestalt vor Augen gestellt. Als Grundriß u. Vorleuchte zu einer recht deutl. u. erbaul. Katechismus-Erklärung. Mit einer Auswahl neuer Katechismus-Lieder. Nürnberg 866. Raw'sche Buchh. gr. 8. (56 S.) n. 3 ngr.

Katechismuspredigten, nebst etlichen Passionspredigten. 2 Thle. (n. d. N. T., Klevesahl Kat.-Pr.) gr. 8. Bern, Typ. Soc. 794.

Katechismuspredigten, od. Erläuterungen d. einzel. Theile d. Katechismus in 22 Predigten. Neuer, theilweise veränd. Abdruck. gr. 8. (14 B.) Nürnberg 831, Raw.

Katechismus- od. Kinder-Predigten, das ist erbaul. Ausleg. d. Hauptstücke d. christl. Glaubens nach d. Ordn. d. luther. Katechismus. Zuerst im J. 1540 auf Befehl d. Churfürsten v. Brandenburg, Joachim II., unmittelbar nach dess. Uebertritt z. evangel. Religion in Berlin gedr. u. in seinen Ländern verbreitet, jetzt bei d. 300jähr. Feier dieses Festes von neuem hrsg. Mit Vorw. v. Otto v. Gerlach. 8. (14 B.) Berlin 839, Eichler.

Katechismusreden. J. Manuscript für Freimaurer. (Von Br. Otw. Marbach.) 8. (VIII und 404 S.) Leipzig 856, Wienbrack. *

Katechismus-Segen, christl., od.: Wie betet Luther üb. d. Katechismus? Ein Handbüchl. bei d. Katechismuslehre u. Hausandacht. 8. (3⅛ B.) Dresden 841, Naumann. *

Katechismussprüche nach d. Vorschlägen d. Religionslehrer-Konferenz zu Neumünster vom 4. Novbr. 1893 f. höh. Schulen Schleswig-Holsteins. 12. (8 S.) Schleswig 896. J. Bergas. — 10

Katechismussprüche nach den Vorschlägen der Religionslehrer-Konferenz zu Neumünster vom 4. XI. 1898 f. höh. Schulen Schleswig-Holsteins. Katechismus u. Lieder f. die unteren Gymnasial- u. Real-Klassen. (20 S.) kl. 8. Schleswig 906. J. Bergas Verl. n. — 15

Katechismusstreit, der, im Königr. Hannover. Ein Wort der Wahrheit in Liebe. gr. 8. (20 S.) Stade 862, Schaumburg. *

Katechismusstücke, vier, in Gebetsform nach Friedrich Spee. [Nebst e. gemeinsamen Meßandacht f. Schulkinder.] 2. veränd. Aufl. 16. (52 S.) Saulgau 892, Kitz. — 20

Katechismus-Uebung, christl., nach Grundlage d. kl. Katechismus Lutheri. (Von P. W. Pesarovius u. G. E. C. Leonhardi.) Mit Zusätzen. gr. 8. Dresd. 822. (Leipz., Tauchnitz). 4 K

Katechismus-Unterricht, sechswöchentl., d. Irrlehrern dieser Zeit ertheilt von d. Redaction d. Evangel. Kirchen-Zeitung. Lith. Fol. (Leipzig 831, Kollmann.) 12 Gr., Chines. Pap.

Die Evangelischen **Katechismusversuche** vor Luthers Enchiridion. Hrsg., eingeleitet u. zusammenfassend dargest. von Ferdinand Cohrs, Pastor. Bd 1–5. Berlin: A. Hofmann & Co. 1900–07. 5 Bde 8°
1. Die ev. Katechismusversuche aus d. J. 1522–26. 1900.
2. ... aus d. J. 1527–28. 1900. 3. ... aus d. J. 1528–29. 1901.
4. Undatierbare Katechismusversuche u. zusammenfassende Darstellung. 1902.
5. Register. 1907.
— **Monumenta** Germaniae Paedagogica. Bd 20–23. 39. 108. 833

Katechismus-Wörterbuch, od. alphabet. Erklärung d. kl. Katechismus Lutheri, von T. C. W. 8. Jena 791. (Hennings in Neisse; a. Ettinger in Gotha). 8 K

Katéchizm krótko zebrany i ułożony z rozkazu Klemensa VIII. Papieża, przez Kardynała Roberta Bellarmina. Na polski język przetłómaczony i w propagandzie wydany. W. Rzymie 1844. 12. (2 B.) Berlin 844. (Behr's Buchh.)

— pośredni do wykładania nauki chrześciańskiej z rozkazu Piusa IX, Papieża ułożony i xiążkę do nabożeństwa obejmujący najpotrzebniejsze rady, rozmyślania, modlitwy i pieśni dzieciom i rodzicom polskim pod opieką niepokalanie poczętej boga rodzicy dziewicy ofiaruje Xiądz *** Berlin 855. Behr. 18. (XII, 312 S. und: Katechizm mniejszy czyli nauka chrześciańska krótko zebrana i ułożona z rozkazu Klemensa VIII Papieża przez Rb. Bellarmina etc. Nowe wydanie etc. 36 S.) 1 ag.

Katechizm, mały, poczatkowy religii katolickiéj przez ks. L. U. Lissa 854. Gunther. 12. (75 S.) n. 2 ngr.

Katedra na Wawelu. Poemat w trzech pieśniach przez E. W. Lex. 8. (34 S.) Posen 846. Lissa, Gunther. ⅓ ag.

Katekismu [illegible]

Katekismus a katolik nisadi. Kalat'a Beleedi ba Loba o nyol'a Viktariat'apostolik nya Kamerun. (In Duala- u. deutsch. Sprache.) (XI, 160 S. m. Abb.) kl. 8. Salzburg 908. St. Petrus Claver-Sodalität. Geb. 4. —

Veliki katekizam za pučke škole. Wien 1895. K. k. Schulbücher-Verlag. (Min.-Erl. v. 14. Mai 1895, Z. 10625.) In Halbleinwand geb. —.25

Mali katekizem za ljudske sole (Kleiner Katechismus für Volksschulen). Revidirte Ausgabe. Wiener k. k. Schulbücherverlag. —.08.

Katekizem, Političen, za Slovence, s. Einspieler, Andreas

Sredujl katekizem za ljudske šole (Mittlerer Katechismus). Revidirter Text. Wiener k. k. Schulbücherverlag. —.28. 1889.

Veliki katekizem za ljudske šole (Großer Katechismus). Revidirter Text. Wiener k. k. Schulbücherverlag. —.50. 1889.

Trumpi Rymo-Kataliku **Katekizmai**. Aiszkei iszguldyti dil pamokymo vaikų prie pirmosios Spavėdnės ir Sv. Komunijos. 1. dalis. Tilżėje 1904: O. v. Mauderode. 8°
[Kurzer röm.-kath. Katechismus. Klar ausgelegt z. Belehrung d. Kinder bei d. ersten Beichte u. d. heil. Kommunion. 1. T.] 05. 4086 10

Katel-Bloch, Frau **Rosalie,** von Wilna (Russland): Aus der Berner Universitäts-Augenklinik. (Direktor: Prof. Dr. A. Siegrist): Die Beziehungen des Hornhautastigmatismus zur Myopie an Hand des Materiales der Berner Universitäts-Augenklinik. Stuttgart 1906. 29 S. 8°. [16. V. 06.]
Bern. Med. Diss. 1906/1907.

Katel-Bloch, Frau Rosalie. Die Beziehungen des Hornhautastigmatismus zur Myopie an Hand des Materiales der Berner Universitäts-Augenklinik. Diss. Med. Bern. [Sep.-Abdr. aus: Klinische Monatsblätter für Augenheilkunde. Jahrg. 44, Beilageheft.] ***Kopftitel:*** **Aus der Berner Universitäts-Augenklinik. 〈Direktor: Prof. Dr. A[ugust] Siegrist〉. 29 S. 8. Stuttgart, Hoffmannsche Buchdr., 1906.**

Kätelhön, Ernst, a. Marburg: Zur Siedlungskunde des oberen Lahngebiets. Marburg 1907: J. A. Koch. (81 S., 1 Karte.) 8°
Marburg, Phil. Fak., Ref. Fischer, Diss. v. 2. Okt. 1907
[Geb. 5. April 83 Hofgeismar, Reg.-Bez. Cassel; Wohnort: Marburg; Staatsangeh.: Preußen; Vorbildung: Gymn. Marburg Reife O. 01; Studium: Marburg 10 S.; Rig. 24. Febr. 06.]

[Ant. u. Russ.] P. Katenin. Russische politische Strömungen. P. **Katenin.** Očerki russkich političeskich tečenij. Socialdemokraty, Socialisty-revoljucionery, Osvoboždency, Anarchisty. S prilož. polnych partijnych programm. Berlin: F. Gottheiner 1906. (IV, 101 S.) 8° 06. 7988

Katenin, P., russische politische Strömungen. Sozialdemokraten, Sozialrevolutionäre, Osswoboschdenie-Partei, Anarchisten. Die vollständ. Parteiprogramme enth. (In russ. Sprache.) (V, 101 S.) 8. Berlin 906. Charlottenburg, F. Gottheiner. n. 2. —

Kater, der angolische, od. die Königin v. Golkonde, von Ad. Müllner, s. Spiele f. die Bühne. 1ste Lief.

Kater, der gestiefelte, s. Märchen.

Kater, der gestiefelte, Kindermährchen in 3 Akten, von Peter Lebrecht (Ludwig Tiek). 8. Berlin, (Sommer in Lpz.) 797.

Kater, der gestiefelte, e. Kinder-Märchen mit 18 Bildern. Nach d. Franz. v. H. Kletke. 8. ($1\frac{1}{2}$ B.) Berlin 839, Winckelmann u. Söhne.

Kater, der gestiefelte, oder durch List zu Ehren. Scherzhaftes Mährchen für Kinder, mit 6 ill. und 6 schwarzen Bildern in Holzschn. 8. (17 S.) Leipzig 854, Baumgärtners Buchh. Thlr.

Kater, der gestiefelte, oder durch List zu Ehren. Scherzhaftes Mährchen für Kinder mit 6 color. u. 7 schwarzen Bildern (in Holzschn.). Leipzig 854. Baumgärtner. 8. (17 S.) $7\frac{1}{2}$ ngr.

Kater, der gestiefelte. gr. 4. (6 S. mit 6 Chromolithogr.) Eßlingen 872, Schreiber. 1 —
—— dass. — 8. (16 color. Stnt.) Weißenburg i. E. 873, Wentzel. — 30
—— dass. — Ein Märchen für artige Kinder. Mit 6 bunten (chromolithogr.) Bildern. 4. (4 S.) Leipzig 870, Loewe. cart. — 75

Kater, der gestiefelte. 8. (6 S. m. 4 farb. Bildern.) Berlin 893. Friedrichs & Co. — 10

— dasselbe. 12. (12 S. m. z. Tl. farb. Abbildgn.) Stuttgart 893. W. Nitzschke. — 40

Kater, d. gestiefelte. 4. (12 S. m. z. Tl. farb. Bild.) Leipzig 895. Wezel & Naumann. 1. —

Kater, der gestiefelte. kl. 4. (12 S. m. z. Tl. farb. Abb.) Stuttgart (901). G. Weise. n. — 10

—— der gestiefelte, nebst e. Samml. anzieh. f. d. Jugend bearb. Mährchen. 16. ($4\frac{1}{2}$ B. u. 14 col. Taf.) Aachen 835, Hensen u. Comp.

Kater Murr. Eine lust. Katzengeschichte v. Onkel Franz, m. bunten Bildern v. Onkel Haase. (32 S.) 31,5×26 cm. Berlin (908). Globus Verlag. Kart. 1. 50; auf Pappe 3. —

Kater Murr's Jugendstreiche. (Von Louis Poland.) 8. ($4\frac{1}{2}$ B.) Berlin 843, Plahn'sche Buchh. *

Kater, Der schwarze, eine Bagatelle. Dresden 1805. V: *Nöller, Jonath. Ludw. Lebr.* (EE)

Kater, d. schwarze, eine Bagatelle. 8. Dresd. Arnold. 805. Rthlr.

Kater, Bertus [app. Arzt aus Groningen '(Holland)']: Beitrag zur puerperalen metastatischen Ophthalmie ... Groningen, M. de Waal, 1897; 4 Bl., 43 S. 8.
Freiburg i. B., Med. Fak., Inaug.-Diss. v. 1897

Kater, Hnr., u. Dionys. Lardner, gemeinfaßliches Lehrbuch der Mechanik. Für Baumeister, Fabrikenbesitzer, Maschinenbauer, sowie für Gewerbschulen, Bauhandwerker u. Dilettanten überhaupt. Aus d. Engl. Mit 16 Taf. Abbildd. gr. 8. Quedlinburg 835. Basse. $1\frac{1}{2}$ ß

— dass. eine andere Uebersetzung, s. D. Lardner.

Kater, Theodor Gustav Adolf, a. Paderborn in Westfalen: Johann Ludwig Vives und seine Stellung zu Aristoteles. Erlangen 1908: E. Th. Jacob. (81 S.) 8°
Erlangen, Phil. Fak., Ref. Roemer, Diss. v. 18. April 1908
[Geb. 9. Okt. 84 Paderborn; Wohnort: Paderborn; Staatsangeh.: Preußen; Vorbildung: Gymn. Bremen Reife O. 05; Studium: Bonn 2, Erlangen 4 S.; Rig. 24. Febr. 08.]

Katerbau, das öffentliche Gesundheitswesen im Reg.-Bez. Arnsberg während der J. 1883, 1884 u. 1885. 2. Verwaltungsbericht. gr. 8. (VI, 304 S.) Arnsberg 888. Becker. n. 4. —

Katerbau, Paul [pr. Arzt aus Jüterbogk]: '(Aus d. n. medicin. Klinik d. Kgl. Charité.)' Beitrag zur Ätiologie des Diabetes mellitus ... Berlin, Buchdr. v. G. Schade, 1895; 32 S., 1 Bl. 8.
Berlin, Med. Fak., Inaug.-Diss. v. 8. März 1895

Guilielmus Ernestus Leonhardus Katerbau [Wilhelm Ernst Leonhard Katerbau]: Taeniarum specierum in universum, et methodorum variarum, quibus haec species, quae hominem incolit expellatur Enumeratio, annexa singularis morbi historia, foeminae taenia laborantis. Vratislaviae (1819:) Kupfer. 32 S. 8°

Breslau, Med. Diss. v. 17. Febr. 1819

Katerbummel v. Max u. Moritz durch den Münchener Glaspalast 1892. gr. 8. (36 S. m. Abbildgn.) Münch., (Franz' Sort.). Lukaschik. 1 —

Katerkamp, Theodor

— Anleit. zur Selbstprüfung, f. Weltgeistliche. Nach d. französ. Miroir du Clergé. 2 Bde. 8. Münst. 806. Aschendorff. 1 Rthl. 8 gGr.

Katerkamp, Theod., Anleitung z. Selbstprüfung f. Weltgeistliche. N. d. Franz. Miroir du Clergé. 2 Thle. Neue Ausg. 8. (45½ B.) Münster 836, Aschendorff'sche Buchh.

Katerkamp, Theod., Anleitung z. Selbstprüfung f. Weltgeistliche. Nach d. franz. Miroir du Clergé. 3. Aufl., neu durchges. u. verb. v. Geo. Kellermann. gr. 8. (32 B.) Münster 845, Aschendorff'sche Buchh.

Katerkamp, Theod., Denkwürdigkeiten aus d. Leben d. Fürstinn Amalia von Gallitzin, gebornen Gräfinn v. Schmettau. Mit besond. Rücksicht auf ihre nächsten Verbindungen: Hemsterhuys, Fürstenberg, Overberg u. Stolberg. Mit d. Bildn. d. Fürstinn, Fürstenbergs u. Overbergs. gr. 8. (20½ B. u. 1 Vign.) Munster 828, Theissing.
1 Thlr. 12 Gr., fein Druckp. 1 Thlr. 16 Gr., Velinp.

—— Denkwürdigkeiten aus d. Leben d. Fürstinn Amalia v. Gallitzin geb. Gräfinn v. Schmettau. Mit besond. Rücksicht auf ihre nächsten Verbindn.: Hemsterhuys, Fürstenberg, Overberg u. Stolberg. Neue Ausg. gr. 8. (20½ B., d. Bildn. d. Fürstin A. v. G., Fürstenbergs u. Overbergs, u. Titvign.) Münster 839, Theissingsche Buchh.

Katerkamp, Theod., Geschichte der Religion bis zur Stiftung einer allgemeinen Kirche. Zur Einleitung in die Kirchengeschichte. Münster. Theissing, 1819, 8°, XIV, 144 S.

Auch u. d. T.: Universalhistorische Darstellung des Lebens nach der irdischen u. überirdischen Beziehung des Menschen. Recens. (Wiener) Jahrbb. der Litt. Bd. 26 (1824), S. 1 ff.

—— über d. christl. Leben u. d. Geist d. gottesdienstl. Versammlungen. gr. 8. (3 B.) Münster 830, Theissing.
Aus dess. „Kirchengesch.," 4. Abthl., besond. abgedruckt.

Katerkamp, Theod., Über den Primat des Apostels Petrus u. seiner Nachfolger. Zur Widerlegung der 3. Beilage im 3. Hefte des Sophronizon. Münster, Theissing, 1820, 8°, 120 S., 1,25 Mk.

— Ueber den Primat des Apostel Petrus u. seiner Nachfolger. Zur Widerlegung der 3ten Beylage im 3ten Heft des Sophronizon. 8. Ebend. 820.
Auch unter dem Titel:
Fr. L. Graf v. Stollberg historische Glaubwürdigkeit im Gegensatz mit d. Hrn. Dr. Paulus kritischen Beurtheilung seiner Geschichte.

—— Sermo synodalis in ecclesia cath. monast. die 31. martii 1829 habitus. gr. 8. (1 B.) Monasterii, Theissing.

– Sermo synodalis in ecclesia cathed. monast die 1. Martii 1834 habitus: de zelo sacerdotali. .. Münster ... Theissing. 1/12 Rthl.

Katerkamp, Theod., des ersten Zeitalters d. Kirchengeschichte 4. u. 5. Abthl. gr. 8. Münster, Theissing.
3 Thlr. 8 Gr., Schrbp. Thlr.
Abthl. 4. Uebergang aus d. ältesten Zeit in d. Mittelalter. Nebst e. Anh. üb. d. christl. Leben u. d. Geist d. gottesdienstl. Versammlungen. (41 B.) 830. 1 Thlr. 20 Gr., Schrbp. 2 Thlr. 4 Gr.
„ 5. Das Mittelalter bis z. Ende d. zweiten Kreuzzuges. (30¼ B. u. d. Bildn. d. Verf. in Stahlst.) 834. 1 Thlr. 12 Gr., Schrbp 1 Thlr. 20 Gr.
1—3. Abthl. Ebendas. 1823, 25, 27. 4 Thlr. 16 Gr., Schrbp. 5 Thlr. 16 Gr.

Katerowsky, Dr. W., Nekrologium der Stadt Saaz von 1500—1887. Ein Beitrag zur Geschichte der Stadt Saaz. 8. (53 S.) In Comm. Saaz: Ippoldt 1889. —.30

Katerthesen, Die, und ihre poetische Begründung vom Heidelberger Weltweisen. Leipzig 1876. 2. Aufl. 1877. V: *Waltz, Gustav.* (ZP) (Erman & Horn, Bibliogr. d. dtsch. Universitäten. 1. Leipz. u. Berl. 1904.)

Kater-Thesen, die, und ihre poetische Begründung von dem Heidelberger Weltweisen. 1. Aufl. gr. 16. (46 S.) 1876. 75 Pf.; 2. durchgeseh. und verm. Aufl., illustrirt von A. Oberländer. gr. 8. (64 S. mit eingedr. Holzschn.) Leipzig 877, Münter.

—— dass. — Illustrirt von A. Oberländer. 3. durchgeseh. und verm. Aufl. 8. (63 S. mit eingedr. Holzschn.) München 878, Bassermann'sche Verlagsh. ℳ 1,50.; cart.

Katesby, Juliette, aus dem Engl. 8. Münster, Theissing. 787. –

Kath, Emil A., Gertraut. (137 S.) 8. Linz (904). O.-ö. Buchdruckerei- u. Verlagsgesellschaft. n. 2. 40; geb. n. 3. —

Pilzbuch. Enthaltend d. wichtigsten eßbaren Pilze mit Berücks. derjenigen giftigen, die e. Verwechselung mit d. ersteren leicht zulassen. Von Erich **Kath**. Mit 14 Taf. Abb. von Joh. Fink in München. Langensalza: F. G. L. Greßler 1905. (16 S.) 8° [J.] (06. 1919

Kath, H: Der Magnetisirungs-Apparat der Firma Siemens & Halske Aktien-Gesellschaft. Berlin 1898

Kath, Hubert [aus Stargard in Pomm.]: Zur Phasenänderung des Lichtes bei der Reflexion an Metallen ... Berlin, Druck v. E. Ebering, *1897*; 38 S., 1 Bl. 8.
Berlin, Phil. Fak., Inaug.-Diss. v. 17. März 1897

Katha Sarit Sagara. — Die Mährchensammlung des Sri Somadeva Bhatta aus Kaschmir. 16—55 Buch. Sanskrit und Deutsch, herausg. von Herm. Brockhaus. gr. 8. Leipzig 839. Brockhaus; Paris, Brockhaus u. Avenarius. n. 8 ℳ

Katha Sarit Sagara.– Die Mährchensammlung des Somadeva Bhatta aus Kaschmir. Aus dem Sanskrit ins Deutsche übersetzt von Hermann Brockhaus. Theil I. II. [= Sammlung orientalischer Mährchen, Erzählungen und Fabeln. Herausgegeben von Hermann Brockhaus. Theil I. II.] Leipzig 1843.

– Kathâ Sarit Sâgara. Die Märchensammlung des Somadeva. Buch 6—18. Herausgegeben von Hermann Brockhaus. [= AKM. Band II. No. 5. Band IV. No. 5.] Leipzig 1862. 1866.

Kâṭhakam. Die Saṃhitâ der Kaṭha-Çâkhâ, hrsg von Leop. Schroeder. 1. Buch. gr. 8. (XIV, 285 S.) Leipzig 900. (F. A. Brockhaus Sort.) n. 12. —

Kâthakam. Die Samhitâ der Katha-Çâkhâ. Hrsg. von Leop. v. Schroeder. 2. u. 3. Buch. Gedruckt auf Kosten der deutschen morgenländ. Gesellschaft. Lex. 8. Leipzig, F. A. Brockhaus' Sort. 22. —
2. (III, 193 S.) 909. 10. — — 3. (IV, 219 S.) 910. 12. —
1. Buch Ebd. 900. 12. —

Kathan, Ottmar [Assistenzarzt am städt. Krankenhause zu Augsburg]: Zur Casuistik der Pleuritis .... München, K. Hof- u. Univ.-Buchdr. v. Dr. C. Wolf & Sohn, 1885; 26 S. 8°.
München. Med. Fak., Inaug.-Diss. v. 1885.

Kathan, Ottmar, zur Kasuistik der Pleuritis. Diss. München 1885, A. Buchholz. 8°. 26 S.

Kathan, Rob., „Der schönste Platz". Alpine Komödie in 1 Aufz. 16. (32 S.) München 897. J. Lindauer. — 30

Katharina [Sachliches Ordnungswort]

Katharina, oder die vornehme Bäuerin; prof. Lstspl. 8. Tübing. 794. b. Cotta. 10 gr.

Katharina v. Alexandrien. Legende, s. Varnhagen, Herm.

Katharina, die heil., f. d. Jugend bearb. Mit Ttlkpfr. gr. 12. (1½ B) Coblenz 833, Hergt.

Katharina von Alexandrien, die heilige. 16. (51 S.) Mainz 879, Kirchheim.

Katharina, Königin von Würtemberg, s. Schillings-Bücher.

Catharina. Kath. Königin von Wurtemberg. (Mit einem Anhang.) 8. Hamburg (Umschlag: Basel) ... (1859).
Schillings-Bücher des Rauhen Hauses. № 65.

Katharina von Medici, s. Reichel, Max.

Katharina Pawlowna, Königin von Württemberg, s. Merkle, J.

Katharina Pawlowna, Königin von Würtemberg, Darstellungen aus d. Geschichte ihres Geistes u. Lebens. 8. Cannstadt. (Stuttgart, Sattler.) 821.

Katharina II., Kaiserin v. Russland, s. Bilbassoff, B. v. —

Katharina II., Kaiserin von Rußland, s. Gallerie aller merkwürd. Menschen, 13s Bdchn.

Katharina II., Kaiserin von Russland. Mit Silhouetten-Portrait (in Umrahmung). O. O. u. J. (Ende XVIII. Jh.). 12°. 62 S. Privatdruck. (3 Mk. Kössling, Lpz., c. 1875.) Rar!

— Darstellung aus d. Geschichte ihrer Regierung, Anekdoten rc. 8. Altona 797. Hammerich. 20 gr.

— Leben. 8. Augsb. 797. A. Rieger. 4 gr.

— Leben. 8. Wien. 797. Rehm. 16 gr.

Katharina II., Kaiserin von Rußland. Mit Titel-Portrait (en medaillon). Chemnitz, W. Starke, 1823. 8°. 78 S.

Katharina II. von Russland. (Zur Naturgeschichte des Absolutismus. Gekrönte Häupter.) Berlin, Backe.
Verboten v. Kr.-G. Böhmisch-Leipa, 23. V. 1901. §§ 64, 516.

Katharina II., Kaiserin v. Rußland. Skizzen u. Erzählgn. aus deren Regierungszeit. (96 S.) 8. Neuweißensee (905). E. Bartels. 2. —

— dargestellt in ihren Werken. gr. 8. Berl. 793. (Rücker). 1 Rthl. 12 gr.

Katharina II., geheime Lebens- u. Regierungsgeschichte. Mit d. Portrait Peter III., Katharinen II., Orlows rc. 2 Bde. gr. 8. Leipz. 793. (W. Rauck). 1 Rthl. 8 gr.

Katharina II. und ihr Liebesleben. Mit zahlr. Illustr. Berlin 1900. 8°. (Eleg. br. Kr. 2,40.) (1 Kr. 20 H. Victor Eytelhuber, Wien, 1904.)

Katharina II. u. ihr Liebesleben. schmal 8. (167 S. m. Abbildgn.) Berlin (902). C. Messer & Co. 2. —

— u. ihr Liebesleben. (166 S. m. Abbildgn.) schmal 8. Berlin (905). Norddeutsche Verlags-Anstalt L. Hohenstein & Co. n. 2. —

— v. d. Richterstuhl der Menschheit. 8. Lpz. Schmidt. 797.

— Kaiserin von Rußland u. Selbstherrscherin aller Reußen; ein biographisches Charaktergemälde. 8. Halle 797. Hendel. 12 gr.

Katharina [Verfasser]

Katharina v. Gebsweiler, Lebensbeschreibung der ersten Schwestern des Klosters der Dominikanerinnen zu Unterlinden, s. Reliquien aus dem Mittelalter.

Katharina von Genua, der heiligen, Büchlein vom Fegfeuer. 32. (64 Seit.) Augsburg 842. (Regensburg, Manz.)

Katharina von Genua, Abhandlung über das Fegfeuer. Deutsch bearb. von Pet. Lechner. Regensburg 859. Manz. 32. (47 S.) 1½ ngr.

Katharina von Genua, Leben und Schriften, s. Sammlung der vorzüglichsten mystischen Schriften.

Katharina Paulowna, Großfürstin, s.: Briefwechsel.

Katharina II., Kaiserin von Rußland, s. Aufsätze, betr. d. Geschichte Rußlands.

— der Betrüger, s. Lustspiele, drei; auch Betrüger.

Katharina II., Kaiserin von Russland: Der Betrüger, ein Lustspiel. Aus d. Russ. übers. Petersburg: 1786.
Abgedr. in: Katharina II., Kaiserin v. Russland: Drey Lustspiele. 1788 S. 1—88.
cf. Z. 5 (1876) S. 61 (E. Besetzny).
Kl. 3365. Verspottung Cagliostros.
[Hdb. d. Frmrei. 1 (1900) S. 147.]

Catharina II. und Zimmermann, Joh[ann] Georg. Der Briefwechsel zwischen der Kaiserin Kath' II. von Russland und Joh. G' Z' (1785—1792). Hrg. (aus Zimmermanns Nachlass unter den Handschriften der Königlichen Bibliothek zu Hannover, [mit] Einleitung,) von Dr. Eduard Bodemann.... XXVI + 159 S. 8. Hannover und Leipzig, Hahn, 1906. [M. 4. —]

— Correspondance av. le Chev. Zimmermann, p. Markart, gr. 8. Bremen, Müller.

Katharina II., der Kaiserin, Erinnerungen, neu hrsg. v. G. Kunke, s. d. Memoirenbibliothek.

KATHARINA II. — Erinnerungen der Kaiserin Katharina II. Von ihr selbst geschrieben. Nach Alex. v. Herzens Ausgabe neu herausgegeben von G. Kuntze. Mit Porträts usw. Stuttgart, Lutz 1907. (= Memoiren-Bibliothek, 2. Serie, 13. Bd.)

Erinnerungen der Zarin Katharina II. Von ihr selbst geschrieben. 8. Auflage. Stuttgart, Robert Lutz (c. 1908). 8⁰. (Br. Mk. 6—, gebd. Mk. 7—, Hfrzbd. Mk. 8—.)

— s. Erzählungen u. Gespräche.

— s. Familienzwist.

— Instruct. pour la Commiss. chargée de dresser le projet d'un nouveau code de loix. 8. Riga, (Hartknoch, Lpz.) 771.

Katharina II., († d. 17. Nov. 1796.) Instruction z. Verfert. e. neuen Gesetzbuchs. gr. 8. Riga 769. (Hartknoch in Leipz.) 12 gr. Die Beilage hierzu, (v. L. A. Schlözer) apart. gr. 8. Ebd. 4 gr.

— Instructions pour travailler à la rédaction d'un nouv. code de loix. 8. Laus. Pott. 768.

— Correspondenz mit Voltairen. 8. Berl. Sander. 791.

Drey Lustspiele wider Schwärmerey und Aberglauben. 1. Der Betrüger. 2. Der Verblendete. 3. Der sibirische Schaman. Von I[hrer] K[aiserl.] M[ajestät] d[er] K[aiserin] a[ller] R[ussen] Katharina II.]. Berlin u. Stettin: Nicolai 1788. XVI, 347 S., 1 Kpfr. 8⁰
Kl. 3366. Diese 3 Lustspiele erschienen nach Quérard: La France littéraire 2 (1828) S. 82 im J. 1787 in französischer Übers. 281.

Katharine II., Kaiserin von Rußland, s. Mährchen, die, von Zarewitsch.

Memoiren der Kaiserin Katharina II. Von ihr selbst geschrieben. Nebst einer Vorrede von A. Herzen. Autorisierte deutsche Uebersetzung von Herzen. Hannover. Carl Rümpler, 1859. 8⁰. XIV, 322 S. (10 Mk. F. Waldau, Fürstenwalde, 1908.)

Sehr gesuchte erste Ausgabe der berühmten Geheimmemoiren Katharinas, die vom Kaiserl. Hause ängstlich bewahrt wurden und die nur durch Vermittlung von Mitarbeitern Herzens in d. Nähe des Thrones in dessen Hände gekommen sein können. Keine Stimme hat die Echtheit dieser Denkwürdigkeiten angezweifelt, keine hat angeben können, wie er in ihren Besitz gekommen ist.

Französ. Ausgabe: Mémoires de l'impératrice Catherine II, écrits par elle-même, et précédés d'une préface p. A. Herzen. Londres 1859. 8⁰. XVI et 352 pp. Selten! (25 Mk., schönes Expl., Adolf Weigel, 1907.) — 2e éd., rev. et augm. Ibid., Trübner, 1859. 8⁰. XVI et 370 pp.

— — 2. Ausgabe. Ebd. 1863. Gr. 8⁰. XIV, 322 S. (12 Mk. Adolf Weigel, 1907; 6 Mk. S. Calvary & Co., c. 1900.)

Englische Ausgabe: Memoirs of the empress Catherine II. written by herself. With a preface by A. Herzen. New-York 1859. 8⁰. (3 Mk. Scheible, vor 1885.)

Katharina II., Kaiserin, Memoiren. Von ihr selbst geschrieben. Nebst einer Vorrede von A. Herzen. Autorisirte deutsche Uebersetzung. 2. (Titel-)Ausg. Hannover 863. C. Rümpler. gr. 8. (XV, 322 S.) 1 Thlr. 15 ngr.

Memoiren Katharina II., Kaiserin von Russland, ihre Liebesabenteuer .... Berlin, Reinhold Schlingmann, 1864. Kl. 8⁰. (1 Rthl.) (3 Mk. 50 Pfg. Adolf Weigel, 1908.

Nicht die von Herzen publizierten Memoiren. Vergriffen! — Zuerst gedr. ebd. 1854. 12⁰. Mit color. Umschl. (1 Rthlr. Scheible.)

— Dasselbe. Ebd. 1868. Kl. 8⁰.

Katharina II., Kaiserin v. Rußland, der sibirische Schamann, s. Lustspiele, drei.

Katharina II., Kaiserin von Russland: Der Schaman von Sibirien. Schauspiel. Petersburg: 1786.
Abgedr. in: Katharina II, Kaiserin v. Russland: Drey Lustspiele. 1788 S. 209—347.
cf. Z. 5 (1875) S. 61 (E. Besetzny).
Kl. 3365b. Verspottung Cagliostros.
[Hdb. d. Frmrei. 1 (1900) S. 147.]

— der Verblendete, s. Lustspiele, drei; auch d. Verblendete.

Katharina II., Kaiserin von Russland: Der Verblendete. Ein Lustspiel aus d. Russ. übers. Petersburg: 1786.
Abgedr. in: Katharina II, Kaiserin v. Russland. Drey Lustspiele. 1788 S. 89—208.
cf. Z. 5 (1875) S. 61 (E. Besetzny).
Kl. 3366. Verspottung Cagliostros.
[Hdb. d. Frmrei. 1 (1900) S. 147.]

— Verordnn. z. Verwaltung des Gouvernements d. Russ. Reichs. 2 Thle. Aus dem Russ. (v. Chr. Gli. Arndt). 4. St. Petersb. 777—80. (Leipz., Hartknoch; Lausanne, Pott). 2 Thlr 8 gr.

Katharina von Siena, d. heil., ein kl. Gespräch über die höchste Vollkommenheit. (Aus d. 14ten Jahrh.) Aus d. Italien. übers. v. Fr. L. Gr. v. Stolberg. 8. Münst. 808. Aschendorf. 2 gr.

Katharina v. Siena, der heil., Weg zur christlichen Tugend, s.: Perlen katholischer Ascetik.

Katharinas Verbannung od. „Ich will dich nicht verlassen noch versäumen", s.: Sonnenstrahlen u. Regentropfen f. die Jugend. 2. Bd.

Katharinenbuch, d. sogen., v. J. 1577. Im Auftr. u. auf Kosten d. freiburg. Schulherrenkammer z. 1. Male hrsg. v. Frz. Heinemann. M. histor.-krit. Einleitg., e. Glossar u. 6 artist. Beigaben. gr. 8. (11, XCIV, 187 S.) Freiburg (Schweiz) 896. Universitäts-Buchhandlung. n. 7. 50

Katharinenlied. Zum 25. Novbr. D. hl. Katharina Begräbniß durch Engelhand auf d. Berge Sinai. 16. (3 S.) Augsburg 896. Literar. Institut v. Dr. M. Huttler. — 08

Kathariner, L., s.: Taschenbuch der Berliner Beamten-Vereinigung.

Kathariner, Ludwig [Dr. phil. aus Fulda]: Anatomie und Mechanismus der Zunge der Vermilinguier ... (Aus: Jenaische Zeitschr. f. Naturw., Bd. XXIX, N. F. XXII. — M. 1 Taf.) Jena, G. Fischer, 1894; 28 S. 8.
Würzburg, Med. Fak., Inaug.-Diss. v. 1894

Kathariner, L., über die Entwicklung v. Gyrodactylus elegans v. Nrdm., s.: Jahrbücher, zoologische. VII. Suppl.-Bd.

Kathariner, Ludwig [aus Fulda (Dr., Assist. am zool.-zoot. Inst. zu Würzburg)]: Die Gattung Gyrodactylus v. Nrdm. ... (Aus: Arb. aus d. zool.-zoot. Inst. Würzburg, Bd. x. — M. 3 Taf.) Wiesbaden, C. W. Kreidel, 1894; 2 Bl., 127—164 S. 8. Würzburg, Phil. Fak., Inaug.-Diss. v. 1894

Käthchen. Eine Erzählung für heranwachsende Mädchen v. Juliane, Verf. von „Stadthaus u. Landhaus". Illustriert v. Paul Dührssen. gr. 8. (III, 188 S. m. eingedr. Holzschn. u. Holzschntaf.) Hamburg 881. Grädener. geb. 4.—

Käthchen, Gräfin. Eine Erzählung nach dem Engl. der Verf. des „Erben von Redclyffe." 16. (242 S.) Stuttgart 867, J. F. Steinkopf. cart.

Das | Käthchen von Heilbronn | oder | Die Tochter des Kaisers. | Eine wahre vaterländische Geschichte aus dem dreizehnten Jahrhundert. | Neu bearbeitet. | Reutlingen. | Druck und Verlag von Rob. Bardtenschlager.
o. J., 72 S., 166 × 107, U.-Fig.: Käthchen vor dem Vehmgericht, 83 × 84.
LBS d. D. oct K 3481.

Käthchen v. Heilbronn, oder d. Feuerprobe; e. Ritter-Schspl. (v. Hnr. v. Kleist). gr. 8. Berl. 810. Reimer. 1 ₰

—— das, von Heilbronn oder die Tochter des Kaisers. Eine wahre vaterländ. Geschichte aus dem 13. Jahrh. Neu bearb. 8. (72 S.) Stuttgart 867, Fischhaber.

Käthchen von Heilbronn, das. Nach Heinr. v. Kleist dem Volke erzählt von G. und B. Dom. 8. (64 S.) Urfahr-Linz 878, Kraußlich.

Käthchen von Heilbronn. Grosses histor. Schauspiel in 5 Akten. Nach H. Kleist für die schweizer. Volksbühne bearbeitet. 8°. 88 S. Aarau, H. R. Sauerländer & Co. 1899. 1 —

Käthchen, Das, von Heilbronn und das heimliche Gericht. Schauspiel in 4 Aufzügen. Frei nach Heinrich Ritter von Kleist für Kindertheater bearbeitet. Wien [1910]. V: *Neidl, Julius.* (EB)

Käthchen von Hubenstein, oder der Strohhut, eine Familiengeschichte, von E. Boude. 8. Leipzig, Lauffer. 820.

— die **Puppen-Schneiderin.** Anleitung für kleine artige Mädchen zur Anfertigung der Puppen-Garderobe. Hierzu eine Mappe mit 3 (lith. u.) color. Schnittbogen (in Fol.). 1. u. 2. Aufl. Berlin 869. Cronbach. gr. 16. (64 S.) n. 18 ngr.

Käthchen, die Puppen-Schneiderin. Anleitung zur Selbstanfertigung aller Puppengarderobe-Gegenstände. [1. Thl.] 1.—3. Aufl. Hierzu 1 Mappe (in qu. 4.) mit 3 color. Schnittbogen (in qu. Fol.). 16. (64 S.) Berlin 869—72, Cronbach. * 1 80
—— dass. Puppengarderobe-Gegenstände sowie Weihnachtsarbeiten für kleine Mädchen. 2. Thl. Mit vielen Abbild. im Texte (in Holzschn.), sowie 1 Mappe (in qu. 4.) mit 3 color. Schnittbogen (in qu. Fol.). 16. (78 S.) Ebendas. 873. * 1 80

Käthchen, Frau, s.: Backpulver-Backbuch, deutsches.

Kathe, Johannes, appr. Arzt a. Dessau: Das ätherische Öl im Knoblauch, ein neues, angeblich antituberkulöses Specifikum. Halle a. S. 1905: Heynemann. (64 S.) 8°
Halle, Med. Fak., Ref. Fränkel, Diss. v. 13. Mai 1905
[Geb. 22. Dez. 80 Stolberg a. H.; Wohnort: Dessau; Staatsangeh.: Preußen; Vorbildung: Gymn. Dessau Reife O. 00; Studium: Heidelberg 2, Halle 8 S.; Coll. 10. Mai 05; Approb. 1. Mai 05.]

Katheder und Kanzel oder: Was hat der praktische Kirchendienst von dem evangelisch-theolog. Unterricht auf der Universität zu erwarten? Beantwortet von einem prakt. Geistlichen. gr. 8. (34 S.) Neuwied 864, Heuser's Verlag. *

Katheder, Das theologische, und die Kirche ... Berlin 1830. V: *Stier, Rud.* (Bachmann, Hengstenberg. Gütersloh 1876—92. II, 48.)

Katheder, das theolog., u. d. Kirche, od. d. Rationalismus u. d. Agenden. gr. 8. (2 B.) Berlin 830, Oehmigke.
Aus d. „Evangel. Kirchenzeitung" abgedruckt.

Katheder-Beleuchtung ... Göttingen [Gera] 1794. V: *Rebmann, Georg Friedrich.* (WR)

Katheder beleuchtung, von J. Pfefferkorn. gr. 8. Gera, Heinsius. 794.

Gegen den Katheder-Sozialismus! H. 1. Berlin: Heymann 1909. 8° [09. 12163]

Kathedrale, die, in St. Gallen. Text u. Oberleitg. v. Adf. Fäh. Hrsg. v. Mor. Kreutzmann. Photograph. aufgenommen v. C. Umiker. Lichtdr. d. Société anonyme des arts graphiques, Genf. Fol. (31 Lichtdr.-Taf. m. 20 S. illustr. Text.) Zürich 897. M. Kreutzmann. In Mappe n. 36.—

Kathedrale, die, in St. Gallen. Text u. Oberleitg. v. Adf. Fäh. Hrsg. v. Mor. Kreutzmann. 3. Aufl. Fol. (31 Lichtdr.-Taf.) Zürich (899). M. Kreutzmann. In Mappe n. 36.—

— dasselbe. 2. Tl., u. die Stifts-Bibliothek. Meisterwerke des Rokoko-Stils (1756—1763). Text u. Oberleitg. v. Ad. Fäh. Hrsg. v. Mor. Kreutzmann. gr. Fol. (34 Lichtdr.-Taf.) Nebst Text: Die Baugeschichte der Stiftsbibliothek zu St. Gallen v. Ad. Fäh. 8. (32 S.) Ebd. (900). In Mappe n. 32.—

Katheininger, Alois, fünf Herz Jesu-Predigten. (40 S.) 8. Graz 904. Styria. n. — 60

— des Kranken Hilfe, Gebet u. Betrachtung. Ein Büchlein für die lieben Kranken. (IV, 107 S. m. Titelbild.) kl. 8. Ebd. 905. n. — 80; geb. in Leinw. n. 1. 20

— Maria, die Mutter vom guten Rate. Andachtsbuch f. alle Verehrer Mariens. (96 S. m. 1 Farbdr.) 16. Ebd. 905. n. — 40; geb. n. — 70

— St. Ulrichs-Büchlein. (80 S. m. Titelbild.) 16. Ebd. 903. n. — 40

Kathen, Theodor, a. Bremen: Aus der Psychiatrischen und Nervenklinik zu Kiel. Über hysterische Psychosen im Kindesalter. Kiel 1905: H. Fiencke. (36 S.) 8°
Kiel, Med. Fak., Ref. Siemerling, Diss. v. 19. April 1906
[Geb. 26. März 79 Bremen; Wohnort: Hamburg; Staatsangeh.: Preußen; Vorbildung: Gymn. Quedlinburg Reife M. 99; Studium: Berlin 6, Kiel 4 S.; Coll. 3. Aug. 05; Approb. 20. März 06.]

Kaether, Armin (Adolph. Reinhard) (geb. Bartenstein in Ostpr. 23. 9. 1815). De venae portarum inflammatione. Berolini (1840). (20 S.) 8°
Berlin, Med. Diss. v. 3. Okt. 1840

Kaether, Bruno [aus Aachen]: Ueber Schwefelkohlenstoffvergiftungen .... Berlin, Buchdr. v. Gustav Schade (Otto Francke) (1886); 30 + 2 S. 8°.
Berlin, Med. Fak., Inaug.-Diss. v. 14. Aug. 1886.

Kaether, Bruno, über Schwefelkohlenstoffvergiftung. Diss. Berlin 1886, Mayer & Müller. 8°. 30 S.

Käthe's Leiden und Freuden. Jugendschrift für junge Mädchen im Alter von 12—14 Jahren. Aus dem Engl. von P. Steinthal. 8. (158 S. mit 4 Farbendr.-Bild. nach Aquarellen von L. v. Kramer.) Stuttgart 888, Süddeutsches Verlags-Institut. geb. *

Katheterfabrik Reform Cannstatt G. m. b. H: Jll. Katalog. T. 2. Cannstatt-Stuttgart 1908

KATHINKA, unglückliche Fürstentochter von *—l—. Nebst der Biografie meiner fürstlichen Mutter. 2 Bdchn. Berlin (Erfurt, Hennings) 1805. 12°.
Liederliches Opus, voll abenteuerl. Hof- u. Klostergeschichten. — I: Tit. u. 272 S. II: Tit. u. 252 S., nebst 4 Bll. (Henning'sche) Verlagsbücher, worunter Erotica.

Kathleen, s. Dürr's Collection of standard American and British Authors.

Kaethler, Klara, Gedichte. 8. (VI, 110 S.) Dresden 901. E. Pierson. n. 1. 50; geb. n. 2. 50

v. Kathlor, (G. W. Chr.,) üb. d. zweckmäß. Anwendung d. Haus- u. Flußbäder. gr. 8 Wien 822, Schaumburg.

Katholicisme, (le,) et le protestantisme, considerées sous le point de vue politique. gr. 8. Strassb. ... Heitz. 18 Gr.

Katholicismus, s. Katholizismus.

Katholik, Der, eine religiöse Zeitschrift ... hsg. v. G. Scheiblein. Strassburg 1821—32. MH: *Räss, Andreas & Franz Leopold Bruno Liebermann.* (Ky)

— d., eine relig. Zeitschrift z. Belehrung u. Warnung; herausg. (von A. Räß) u. G. Scheiblein (u. F. L. B. Liebermann). 1r — 12r Jahrg. 1821 — 32. gr. 8. Straßb. (Mainz, Müller). (1r u. 2r Jahrg. 6 ℛ 16 Gr. 3r — 5r Jahrg., à 4 ℛ 12 Gr. 6r — 10r Jahrg., à 4 ℛ 22 Gr. 11r — 12r Jahrg., à 5 ℛ) 54 ℛ 14 Gr.

— zu Obig. Beilagen; herausg. v. G. Scheiblein (u. F. L. B. Liebermann). 1r und 2r Supplem.-Bd. zum Jahrg. 1822 u. 25. gr. 8. Straßb. 823. (Mainz, Müller). 3 ℛ 8 Gr.

Katholik, der, e. relig. Zeitschr. z. Belehr. u. Warnung. Hrsg. v. (N.) Weis. 8—15. Jahrg. 1828—35. à 4 Bde. od. 12 Hfte. gr. 8. Speyer. (Mainz, Kirchheim, Schott u. Thielmann.) à J.
1—5. Jahrg. 1821—25., hrsg. v. G. Scheiblein. — 6. u. 7. J. 1826, 27., hrsg. v. Fr. L. Br. Liebermann u. (N.) Weis. à J. 5 Thlr. — Supplemente, 1. u. 2. Bd. 3 Thlr. 8 Gr. Straßburg u. Speyer. (Mainz, Kirchheim, Schott u. Thielmann.)
Bei mindestens 6 Jahrgn. auf einmal genommen, hrbgs. Pr. à J. 2 Thlr. 8 Gr.

Katholik, der, eine religiöse Zeitschrift zur Belehrung u. Warnung. Herausg. von Dr. Weis. 13r—20r Jahrg. 1833—40. gr. 8. Speyer 833—40. (Mainz, Kirchheim, Schott u. Thielmann.) (à J. n. 6 ℛ) n. 40 ℛ

— der, eine religiöse Zeitschrift zur Belehrung und Warnung. Herausgeg. von Dr. Weis. 21. Jahrg. 1841. 12 Hfte. gr. 8. Speyer 841. (Mainz, Kirchheim, Schott u. Thielm.) n. 5 ℛ

— ders. 22.—24. Jahrg. 1842—1844. Herausgeg. von Dr. Dieringer. à 12 Hfte. gr. 8. Ebend. à n. 5 ℛ

Katholik, der, eine religiöse Zeitschrift rc. 25. u. 26. J. 1845 u. 1846. Redig. von Frz. Sausen. à 156 Numm. Mit der Beilage: Neueste Nachrichten aus den kathol. Missionen à 52 Numm. gr. 4. Speyer 845, 46. (Mainz, Kirchheim, Schott u. Thielmann.) à n. 5 ℛ

— der, eine religiöse Zeitschrift zur Belehrung u. Warnung. Red. v. Frz. Sausen. 27 u. 28. Jahrg. 1847 u. 1848. — Red. v. Casp. Riffel u. Frz. Sausen. 29. Jahrg. 1849. à 21 Hfte. od. 156 Nrn. gr. 4. (½ Bog.) Mit den Beilagen: Neueste Nachrichten aus d. kathol. Missionen. 52 Nrn. gr. 4. (½ B.) u. Literaturblatt. — Red. v. J. B. Heinrich u. Ch. Moufang. 30—32. Jahrg. 1850—1852. à 24 Hfte. gr. 8. (à 48 S.) Mainz, Kirchheim & Schott. 1847—1850 à n. 5 ℛ; 1851 u. 1852 à n. 3⅔ ℛ

— der, eine religiöse Zeitschrift zur Belehrung und Warnung. Redig. von Frz. Sausen. 28—30. Jahrg. 1848—50. à Jahrg. 24 Hefte oder 156 Nrn. (à ½ Bog.) Mit den Beilagen: Neueste Nachrichten aus den kathol. Missionen. à Jahrg. 52 Nrn. (à ½ Bog.) und Literaturbl. gr. 4. Mainz, [Kirchheim.] à Jahrg. *
Der 28. und 29. Jahrg. wurde von Franz Sausen und der 30. Jahrg. von J. B. Heinrich und Ch. Moufang redigirt.

— dass. — 31. und 32. Jahrg. 1851 und 1852. à 24 Hefte. (à 48 S.) gr. 8. Ebds. à Jahrg. *

Katholik, der, eine religiöse Zeitschrift zur Belehrung und Warnung. Redig. von J. B. Heinrich u. Ch. Moufang. 33—38. Jahrg. 1853—58. à 24 Hefte (à 3 Bgn.). Mainz Kirchheim. gr. 8. Jeder Jahrg. n. 3 ℛ. 20 ngr.

Katholik, der. Zeitschrift für katholische Wissenschaft und kirchliches Leben. Red. von J. B. Heinrich u. Ch. Moufang. 39—44. Jahrg. Neue Folge. 1—6. Jahrg. 1859—64. à 12 Hefte (à 8 Bgn.). Mainz, Kirchheim. gr. 8. Jeder Jahrg. n. 4 ℛ 20 ngr.

Katholik, der. Zeitschrift für kathol. Wissenschaft u. kirchl. Leben. Redig. von J. B. Heinrich u. Ch. Moufang. 45—47. Jahrg. (Neue Folge.) 7—12. Jahrg. 1865—70. à Jahrg. 12 Hefte (à ca. 128 S.) Mainz, Kirchheim. gr. 8. Jeder Jahrg. n. 4 ℛ 20 ngr.

— der. Zeitschrift für kathol. Wissenschaft und kirchl. Leben. Redig. von J. B. Heinrich und Ch. Moufang. 48.—54. Jahrg. Neue Folge. 10.—16. Jahrg. 1868—1874. à Jahrg. 12 Hefte. (à Heft 128 S.) Mainz, Kirchheim. à Jahrg. *

— der. Zeitschrift für kathol. Wissenschaft und kirchl. Leben. Redig. von J. B. Heinrich und Ch. Moufang. 55.—59. Jahrg. Neue Folge. 17.—21. Jahrg. 1875—1879. à Jahrg. 12 Hefte. gr. 8. (à Heft 112 S.) Mainz, Kirchheim. à Jahrg. *

— Zeitschrift für kathol. Wissenschaft u. kirchl. Leben. Red. v. J. B. Heinrich u. Ch. Moufang. 57—62. Jahrg. Neue Folge. 19—24. Jahrgang. 1877—1882. à 12 Hfte. gr. 8. (à Hft. ca. 112 S.) Mainz, Kirchheim. à Jahrg. n. 15. —

— der. Zeitschrift f. kathol. Wissenschaft u. kirchl. Leben. Red. v. J. B. Heinrich u. Ch. Moufang. 63—66. Jahrg. Neue Folge 25—28. Jahrg. 1883—1886. à 12 Hfte. gr. 8. (à Hft. ca. 112 S.) Mainz, Kirchheim. à Jahrg. n. 15. —

— der. Zeitschrift f. kathol. Wissenschaft u. kirchl. Leben. Red. v. J. B. Heinrich u. Ch. Moufang. 67.—69. Jahrg. Neue Folge 29. — 31. Jahrg. 1887 — 1889. à 12 Hfte. gr. 8. (à Hft. ca. 112 S.) Mainz, Kirchheim. à Jahrg. n. 15. —

— dasselbe. General-Register vom J. 1821—1889. Zugleich e. Beitrag zur Bibliographie der kathol. Wissenschaft u. zur Geschichte d. kirchl. Lebens im 19. Jahrh. Von Johs. Stillbauer. gr. 8. (VII, 256 S.) Ebd. 892. n. 7. —

— dasselbe, hrsg. v. J. B. Heinrich, Ch. Moufang u. J. M. Raich. 70. Jahrg. 3. Folge, 1. Jahrg. 1890. 12 Hfte. gr. 8. (1. Hft. 96 S.) Ebd. n. 12. –

— der. Zeitschrift f kathol. Wissenschaft u. kirchl. Leben. Unter ständ. Mitwirkg. v. Alph. Bellesheim, Frz. Hülskamp u. Joh. Janssen, sowie der Professoren d. bischöfl. Seminars in Mainz u. d. bischöfl. Lyceums in Eichstätt hrsg. v. Joh. Bapt Heinrich u. Joh. Mich. Raich. 71. Jahrg. 3. Folge 3. u. 4. Bd. Jahrg. 1891. 12 Hfte. (à Hft. ca. 96 S.) gr. 8. Mainz, F. Kirchheim. n. 12.

Katholik, der. Zeitschrift f. kathol. Wissenschaft u. kirchl. Leben. Unter ständ. Mitwirkg. v. Alph. Bellesheim, Frz. Hülskamp u. Joh. Janssen, sowie der Professoren d. bischöfl. Seminars in Mainz u. d. bischöfl. Lyceums in Eichstätt hrsg. v. Joh. Mich. Raich. 72.—74. Jahrg. 3. Folge. 5.–10. Bd. Jahrg. 1892—1894. à 12 Hfte. (à Hft. ca. 96 S.) Mainz, F. Kirchheim. à Jahrg. n. 12. —

Katholik, der. Zeitschrift f. kathol. Wissenschaft u. kirchl. Leben. Unt. Mitwirkg. d. Professoren d. bischöfl. Seminars in Mainz u. d. bischöfl. Lyceums in Eichstätt hrsg. v. Joh. Mich. Raich. 75.—79. Jahrg. 3. Folge. 11.—20. Bd. Jahrg. 1895—1898. à 12 Hfte. (à ca. 6 Bog.) gr. 8. Mainz, F. Kirchheim. à Jahrg. n. 12. —

Katholik, der. Zeitschrift f. kathol. Wissenschaft u. kirchlich. Leben. Hrsg. v. Joh. Mich. Raich. 80.—82. Jahrg. 1900—1902. à 12 Hfte. gr. 8. (à ca. 96 S.) Mainz, F. Kirchheim. à Jahrg. n. 12. —
Vergriffen.

Katholik, der. Zeitschrift f. kathol. Wissenschaft u. kirchl. Leben. Hrsg. v. Joh. Mich. Raich. 83—86. Jahrg. 1903 bis 1906. à 10 Hefte. (3. Folge. 27—34. Bd.) (IV, 576; IV, 576; IV, 400; IV, 400; IV, 400; IV, 400; IV, 400 u. IV, 400 S.) gr. 8. Mainz, Kirchheim & Co. à Jbrg. n. 12. —

Katholik, der. Zeitschrift f. kathol. Wissenschaft u. kirchl. Leben. Hrsg. v. Joh. Mich. Raich u. vom 5. Heft an v. Jos. Becker u. Jos. Selbst. 87. Jahrg. 1907. 10 Hefte. (3. Folge. 35. u. 36. Bd. IV, 400 u. IV, 432 S.) gr. 8. Mainz, Kirchheim & Co. 12. —

— dasselbe. Hrsg. v. Jos. Becker u. Jos. Selbst. 88.—90. Jahrg. 1908—1910. 4. Folge. I.—VI. Bd. à Jahrg. 12 Hefte. (IV, 480; IV, 488; IV, 480; IV, 488; IV, 480 u. IV, 488 S.) gr. 8. Ebd. à Jahrg. 12. —

Der KATHOLIK. Gegründet vom Grafen Georg Apponyi. Preßburg 1871-1874. Fortsetzung: Das Recht. Schriftleiter: Karl Otocska. Pressburg 1874-1879.

Katholik, der. Organ zum Kampfe gegen die jesuit. Neuerung in der Kirche, unter Redact. von Michelis. Jahrg. 1872. 52 Nrn. (à ½ Bog.) gr. 4. Königsberg, Braun und Weber. * 4 —

Katholik, der. Religiöses Intelligenz- und Sonntagsblatt zur Bekämpfung des Jesuitismus und Versöhnung der christl. Kirchen. Redig. von Grunert im Auftrage des Königsberger Katholikenvereins und unter Mitwirkung von Michelis, Wollmann u. A. 2. und 3. Jahrg. 1873 und 1874. à Jahrg. 52 Nrn. (à ½ Bog.) gr. 4. Königsberg, Braun und Weber. à Jahrg. *

— Sonntagsblatt f. die christkathol. Gemeinden. Hrsg. v. Grunert. 4. u. 5. Jahrg. 1875 u. 1876 à 52 Nrn. (½—¾ B.) gr. 4. Ebend. à Jahrg. n. 6. —
Forts.unt.d.T.:Der Friedensbote.

Katholik, der. Schweizerisches Organ für kirchlichen Fortschritt. Hrsgbr.: Hirschwälder, Woker und Haßler. 1. und 2. Jahrg. 1878 und 1879. à Jahrg. 52 Nrn. (Bog.) 4. Bern, Jent und Reinert. à Jahrg.

Katholik, der. Schweizer. Organ für kirchl. Fortschritt. Hrsgbr.: Hirschwälder, Woker und Haßler. 3. Jahrg. 1880. 52 Nrn. (Bog.) gr. 4. Bern, Jent und Reinert. *

Katholik, der. Schweizerisches Organ für kirchlichen Fortschritt. Red.: Pfr. Fischer. IV. Jahrgang, 1881. 52 Nrn. in-4°. Bern, Jent & Reinert. Pro Semester für die Schweiz 2 —

— dasselbe. 5. Jahrg. 1882. 52 Nrn. (B.) gr. 4. Ebend. n 4. —

Katholik, der. Schweizerisches Organ f. kirchl. Fortschritt. Red.: X. Fischer. 6—8. Jahrg. 1883—1885. à 52 Nrn. (B.) gr. 4. Bern, Jent & Reinert. à Jahrg. n. 4. —

Katholik, der. Schweizerisches Organ f. kirchl. Fortschritt. Red.: J. Steinmann. 9.—12. Jahrg. 1886—1889. à 52 Nrn. (B.) gr. 4. Bern, Jent & Reinert. à Jahrg. n. 4. —

Der Katholik. Schweizer. Organ für kirchlichen Fortschritt. 13. Jahrg. 1890. (52 N°.) Red. von *J. Steinmann*. N° 1. In-4°. 8 S. Bern, Jent & Reinert. Jährlich 4 —. Fürs Ausland 5 —

Katholik, der. Schweizerisches Organ f. kirchl. Fortschritt. Red.: J. Steinmann. 14.–17. Jahrg. 1891—1894. à 52 Nrn. (Bog.) 4. Bern, (Jent & Co.). à Jahrg. n. 4. —

— der. Schweiz. Organ f. kirchl. Fortschritt. Red.: J. Steinmann. 18.–21. Jahrg. 1895–1898. à 52 Nrn. (Bog.) 4. Bern (Jent & Co.). à Jahrg. postfrei 4. 80 (f. d. Schweiz 3 Frcs.)

Katholik, der, in seiner Andacht. Ein vollständ. Gebetbüchlein mit den gebräuchlichsten latein. Kirchengebeten und Gesangen. Von einem Priester der Diözese Straßburg. 21. (275 S. mit lithogr. Titelbilde.) Einsiedeln 877, Gebr. Benziger.

Der Katholik in seiner Andacht. Vollst. Gebetbuchlein f. Kath. Christen. Mit d. gebräuchlichsten latein. Kirchen-Gebeten u. Gesängen. Von e. Priester d. Diöcese Straßburg. 12. Aufl. *Einsiedeln, Köln: Benziger & Co.* (316 S.) 8° [F.] 03.10554

Katholik, der betende, ein vollständ. Gebetbuch, aus den besten kathol. Andachtsbüchern zusammengestellt von Mich. Sintzel. 5. Aufl. gr. 8. (704 S. mit 1 Stahlst. und 12 eingedr. Holzst. und gest. Tit.) Regensburg 848, Pustet.

— der betende. Ein vollständ. Gebetbuch. Nebst den gebräuchlichsten Kirchen-Liedern, Litaneien etc. Hrsg. v. mehren kathol. Geistlichen. 8. (X u. 311 S.) Verlag d. oberschwäb. Vereins zur Verbreitung guter kathol. Bücher. 848. Stuttgart, Dittmarsch & Co. Ausg m. 1 Stahlst., in Leder geb. m. Goldschn. n. 27 ngr; mittelfeine Ausg. mit 2 Stahlst. ½ rf; in Leder geb. m. Goldschn. n. 1⅓ rf; Prachtausg. m. 4 Stahlst. ¾ rf; in Marequin geb. m. Goldschn. n. 1 rf 26 ngr

Katholik, der, im Geist u. in der Wahrheit betende. 8. München 795. Landsh. 813. Krüll. 5 ß

Katholik, der im Geist u. in d. Wahrheit betende. 8. Landsh. Krüll. 814.

Katholik, Der betende und singende. 2. Aufl. Roggenburg 1783. V: *Sturmlerner, Friedrich.* (MGT)

Katholik, der betende, im Tempel des Herrn. Ein Gebet- und Andachtsbuch für Gebildete aller Stände. gr. 16. (238 S. und 1 Stahlst.) Rorschach 847, Koch.

Katholik, der betende, im Tempel des Herrn. Ein Andachtsbuch für alle Stände. 3., verm. Aufl. 16. (VII und 280 S. mit 3 Stnt.) Luzern 856, Kaiser'sche Buchh. *

—— der betende, im Tempel des Herrn. Ein Gebet- und Andachtsbuch für Gebildete aller Stände. 3. Aufl. 16. (XVI und 288 S. mit 1 Stahlst.) Rorschach 865, Koch.

—— der betende, im Tempel des Herrn. Ein Gebet- und Andachtsbuch für gebildete Christen. 32. (442 S.) Spaichingen 872. Tuttlingen, Kling. geb. mit Goldschn.

—— dass. — s. Eckartshausen, v.

—— der deutsche. Organ f. d. deutschen-kathol. Christen. 1. Hft. gr. 8. (1½ B.) Elberfeld 845, Bädeker.

Katholik, Der entlarvte, zur ferneren Beruhigung des wahren Katholiken. Mannheim 1781. V: *Sambuga, Joseph Anton.* (Ky) (MGT)

— derentlarvte, zur Beruhigung des wahren Katholiken, (v. J. A. Sambuga). 8. Manh. 781. Löffler. 5 gr.

— d. entlarvte, ohne Vernunft, ohne Bibel ꝛc. 8. Mannheim, Löffler. 781.

Katholik, Der erleuchtete, im Kampf gegen Irrthum und Unglaube oder Beantwortung der gewöhnlichen Einwürfe gegen die Religion. Nach dem Französischen des Abbé de Ségur. Einsiedeln 1856. V: *Hänggi, Peter.* (BSchwLk V, 10 e)

Freie Katholik: 1849 › New York, NY

Der Freie Katholik: 1870‹ -- New York, NY
Monthly. Edited by J. Freygang, and published by a Christlicher Verein.

Der Freie Deutsche Katholik: 1848‹
Organ of Amerikanische-Protestantische Gesellschaft. Edited & published by Winkelmann & Reubelt.
New York, NY

— der, am Grabe seiner Lieben. Oder: Die Gebete der kathol. Kirche bei Aussegnung u. Einsegnung der Verstorbenen u. bei den Gottesdiensten für dieselben. Aus dem röm. Rituale, dem Regensburger Diözesan-Rituale, dem röm. Missale u. Breviere übers. u. hrsg. v. einem Pfarrer der Diözese Regensburg. Nebst einem Anh. 24. (176 S.) Amberg 879. Habbel. n. — 50

Katholik, Der gute, durch Bibel und Vernunft mit Muth bewafnet . . . Durlach 1780. V: *Thiele, Johann Georg Philipp.* (MGT) »Frankfurt a. M. 1781« (Ky)

— d. gute, durch Bibel und Vernunft ꝛc. 8. Frankf. Gebhardt und K. 781.

— der gute, im protestantischen Lande. Ein Führer durch die Fremde. Jeden Monat durchzulesen. 16. (16 S.) Paderborn 886. Bonifacius-Druckerei. n. — 4

Katholik: Der Katholik für Haus und Familie
v. Der Katholik in der Schweiz.

— der junge, im Gebete. Andachtsbüchlein f. die kathol. Jugend 24. (238 S. m. 1 Chromolith.) Einsiedeln 886. Benziger. — 25; geb. m. Goldschn. n. — 64

Katholik, der, in seiner Kirche, s. Wiser.

—— der, in protestantischem Lande. Bilder aus der deutschen Diaspora, naturgetreu gezeichnet von einem Missionspriester. 12. (48 S.) Paderborn 881, Bonifacius-Druckerei.

— e. liberaler, des 18. Jahrh. üb. katholische Fragen. Rede des Bonner Professors Eulogius Schneider (1789) üb. die Rückständigkeit des Katholizismus auf d. Gebiete der schönen Litteratur, nebst ausgew. Gedichten desselben Verf., hrsg. v. A. Gloste. gr. 8. (47 S.) Leipzig 903. M. Sängewald. n. — 80

—— liebe deine Kirche! Gebetbüchlein für kathol. Christen, welche bei Vor- und Nachmittags-Andachten im Geiste der Kirche beten wollen. 32. (456 S. mit 1 Stahlst.) Regensburg 870, Pustet.

Katholik, liebe deine Kirche! Gebetbüchlein f. kathol. Christen, welche bei Vor- u. Nachmittags-Andachten im Geiste der Kirche beten wollen. 24. (456 S. m. 1 Titelbild.) Regensb. 890, Pustet. — 80
geb. * 1 30 bis * 2 30

Norddeutscher Katholik: 1892 -1895‹
Roman Catholic weekly. Circulation: 1895, 3800. Edited by the Rev. F. Hundt, & published by Padberg Bros., 1852 - 95.
Detroit, MI

— u. Presse od. Praktische Preß-Förderung. Von J. G. d., z. Theil veränd. Aufl. (12.—17. Taus.) gr. 16. (32 S.) Warnsdorf (902). A. Opitz. n. — 12

—— der, und der Protestant! Ein Wort d. Friedens. 16. (1 B.) Wetzlar 839. [Frankfurt a. M., S. Baer.]

Katholik und Protestant. Ein Wort des Friedens . . . Frankf. a. M. 1850. V: *Solms-Lich, Ferdinand Prinz von.* (ZU)

Katholik und Protestant. Ein Wort des Friedens von einem Laien für Laien. Frankfurt a. M. 859. Völcker. gr. 8. (16 S.) n. 4 ngr.

Katholik: Der Katholik in der Schweiz
② Der Katholik für Haus und Familie (6. 5. 1858) ⑤ 1852—8. 11. 1860 (?) ⑥ 8° ⑦ Wochenblatt ⑧ Schwyz: A. Eberle (bis 1854). Schloß Buonas (politische Gemeinde Risch. Zg): Lehrlingsanstalt des hl. Joseph (ab 1855) ⑩ Jos. Anton Bruhin, katholischer Geistlicher, zuerst Gersau, dann Schloß Buonas, † New York ⑪ Jos. Anton Bruhin ⑫ religiöses Blatt, das aber auch Notizen über kirchenpolitische Zustände bringt ⑬ Iten, Albert: Tugium Sacrum, p. 478 ⑭ Lu: Z (ab 2. Jahrgang bis November 1860).

Schweizer Katholik: Der Schweizer Katholik
① Organ des schweizerischen Katholiken-Vereins (1900—1903). Organ des Schweizerischen Katholischen Volksvereins und der ihm angegliederten Verbände und Institutionen (seit Nr. 49. 1904). Schweizerische Pius-Annalen ④ Sonntag ⑤ Weihnachten 1900—17. 12. 1920 ⑥ 4° (1900—1903); 2° (1904—1920) ⑦ Wochenblatt; alle 14 Tage (seit Nr. 37. 1914) ⑧ Solothurn: Buch- und Kunstdr. Union ⑪ Pfr. B. Kocher (1900—30. 1. 1903), Pfr. F. Schwendimann (6. 2. 1903—1906), Franz von Ernst (7. 7. 1906—1913), Dr. A. Hättenschwiller (1914—1920) ⑭ So: Z; Be: L.

Katholik, Der undeutsche, oder historischer Bericht von Nachlässigkeit der Römisch-Catholischen ... Verbesserung der deutschen Sprache und Presse ... Jena 1731. V: *Litzel, Georg.* (Rüdiger, Neuest. Zuwachs Liegnitz 1782—93, IV, 153.)

Katholik, Der — als Verehrer der Heiligen, ihrer Bilder und Reliquien. Eine Predigt, gehalten auf dem St. Gebhardsberge am 27. August 1854. 8. (16 S.) Bregenz. Druck und Verlag von J. N. Teutsch.

— d. verkannte, s. Gother.

—— der wahre. Ein vollständ. Gebet- und Unterrichtungsbuch, verfasset von einem Priester der Gesellschaft Jesu. 2. Aufl. 16. (VIII und 440 S. mit 1 Stahlst.) Münster 850, Aschendorff'sche Buchh.

—— der wahre. Ein vollständ. Gebet- und Unterrichtsbuch, verfasset von einem Priester der Gesellschaft Jesu. 3. Aufl. (VIII und 440 S.) 1854. und 4. Aufl. 16. (VIII und 408 S. mit 1 Stahlst.) Münster 856, Aschendorff'sche Buchh.

— — 6. Aufl. Ebend. 857. 8. (VI, 538 S., 1 Stahlst. u. lith. Titel.) 15 ngr.; Velinp. 20 ngr.

—— der wahre. Ein vollständ. Gebet- und Unterrichtsbuch, verf. von einem Priester der Gesellschaft Jesu. 9. Aufl. 16. (VIII und 408 S. mit 1 Stahlst.) Münster 866, Aschendorff'sche Buchh.

—— der wahre. Ein vollständ. Gebet- und Unterrichtsbuch. 32. (VIII, 504 S. mit 1 Stahlst. und Chromolithogr.) Münster 874, Aschendorff'sche Buchh. *

— der wohlunterrichtete, od. Beiträge zur Unterweisg. in den Lehren der kathol. Religion. 8. (71 S.) Münster 886. Theissing. n. — 40

— der wohlunterrichtete, od. Beiträge zur Unterweisg. in den Lehren der kathol. Religion. 2., erweit. u. dem neuen Münsterschen Katechismus mehr angepaßte Aufl. 8. (84 S.) Münster i/W. 892. Theissing. n — 40

Katholik, der, u. die Civilehe. Worte der Belehrg. u. Mahng. an das kathol. Volk. Von e. Priester der Diöcese Regensburg. 8. (14 S.) Amberg 875. Habbel. pro 100 Expl. n. 2. 50

Catholiken. Die K' des Aargaus und der Radicalismus. (Schaffhausen) 1843 s. [Hurter, Friedrich].

Katholiken, die, des Aargaus u. der Radicalismus. (Vermehrter Auszug aus d. Schrift: „Befeindung der kathol. Kirche &c. v. Fr. Hurter.") gr. 8. (18¾ B.) Schaffhausen 843, Hurter'sche Buchh.

Katholiken, die, in Baden, und die Juden in Wien. Eine Berufung an das deutsche Rechtsgefühl. 8. (40 S.) Freiburg im Br. 867, Herder'sche Verlagsh.
Aus: Badischer Beobachter, besonders abgedruckt.

Katholiken Deutschlands, organisirt euch! Ein Neujahrsgruß. 2. Aufl. gr. 8. (16 S.) Frankfurt a. M. 868, Hamacher. *

Katholiken heraus! Ein Mahnwort in ernster Stunde an die Katholiken Österreichs. Hrsg. vom Verein „Volksaufklärg.", Gesellschaft zur Verbreitg. guter Schriften. (85 S.) 8. Wien 905. („Austria" F. Doll.) n. — 80

Katholiken, die, auf d. Jurtenberge, Gespräch üb. die Religion. gr. 8. Augsb. 799. Doll. 16 K

Katholiken, laßt euch nicht in die Irre führen! Ein kurzes Wort zur Belehrung u. Aufklärung über das unfehlbare Lehramt der Kirche. Soest, Nasse, 1870, 8°, 20 S., 15 Pf. — Zweite Aufl.: Paderborn, Schöningh, 1871, 8°, 20 S., 15 Pf.

Catholiken. K' St. Gallens, haltet treu zusammen! Ernster Mahnruf auf den ersten Maisonntag an das katholische St. Gallervolk. 8. *o. O.* (Gedruckt im Wahljahre 1847 [April].)

(F) **Unsere Katholiken.** 2. Aufl. [Sammlung zeitgemässer Broschüren. Nr. 22.] 8°. (30 S.) K — 20
Graz: Styria 1902.

Katholiken, unsere. Falsche Ansichten gewisser Katholiken über Staat, Wissenschaft, Religion, Clerus u. Schule. Widerlegt v. e. kathol. Oesterreicher. 8. Aufl. 12. (30 S.) Graz 902. Styria. — 20

— dasselbe, s. u. Sammlung zeitgemäßer Broschüren.

Katholiken, Die, als Verehrer der Heiligen, ihrer Reliquien und Bilder vor dem Richterstuhl der Vernunft und des Christenthums. Trier 1845. V: *Schmitz, Johann Hnr.* (Gla I, 714. 983)

—— die, als Verehrer der Heiligen, ihrer Reliquien u. Bilder vor dem Richterstuhl der Vernunft u. d. Christenthums. Von ein. kathol. Geistlichen der Diözese Trier. 8. (1½ B.) Trier 845, Lintz'sche Buchh.

Katholiken, die, u. der Verfassungs-Eid in Bayern. gr. 8. (IV, 47 S.) Freiburg i/Br. 879. Herder. — 75

Katholiken! Was hat man aus Eurer Religion gemacht. 16. (16 S.) Bonn 874 Neusser. — 15

Katholikenfrage, die, in Holstein. Verhandlungen der Itzehoer Ständeversammlung im J. 1863 nebst Aktenstücken dazu und Beleuchtung derselben. Lex.-8. (XLII und 89 S.) Altona 863, (Uflacker.) *

Katholikenkongreß, der schweizerische, in Solothurn vom 18. Herbstmonat 1871. [Nach stenograph. Aufzeichnung auf Veranstaltung des Aktions-Komite's von Solothurn und unter Aufsicht und Leitung des Aktuariates der Versammlung hrsg.] gr. 8. (68 S.) Bern 872, Fiala.

Katholikentag, der 1. bayerische, zu München am 23. Septbr 1889. Hrsg. im Auftrage d. Central-Comités. gr. 8. (76 S.) Münch. 889, Literar. Institut, Huttler. * — 40

Katholikentag, der Kölner. Auszug aus den Reden u. Verhandlgn. der 50. General-Versammlg. der Katholiken Deutschlands, des Arbeitertages u. der General-Versammlg. des Volksvereins f. das kathol. Deutschland zu Köln, nebst e. Einleitg., enth.: Die Entstehg. u. religiöse Bedeutg. der General-Versammlgn. der Katholiken Deutschlands. (Umschlag: „Vom Kölner Katholikentag".) (136 S. m. 23 Portr. u. 15 Abbildgn.) 8. Köln (903.) H. Theissing. n. — 30

Der KATHOLIKENTAG in Pressburg am 29. Juni 1894. Herausgegeben von dem ständigen Executiv-Comitée, welches auch die Bestellungen entgegennimmt. Pressburg 1894: C. F. Wigand. 80 S. - 230 mm

Katholikentag. Der erste Schweizerische K' in Luzern, 27., 28. und 29. September 1903. Offizieller Bericht, erstattet vom Lokalkomitee. 119 S. 4. Luzern, Räber & Cie., 1903. [fr. —.80]

Katholikentag. Der II. Schweiz. K' in Freiburg, 22. bis 25. September 1906. Offizieller Bericht, erstattet durch die Centralstelle des Schweizer. Kath. Volksvereins in Luzern. IV + 382 S. 8. Stans, Hans von Matt & Cie, 1907. [fr. 5. —]

— der III. schweizerische, in Zug 21.—24. VIII. 1909. Offizieller Festbericht, erstattet durch die Zentralstelle des schweiz. kath. Volksvereins in Luzern. (352 S.) gr. 8. Ebd. 909. 2.80

Katholikentag, der, v. Ulm. Authentische Ausg. nach dem stenogr. Bericht m. 6 Portr. in Autotypie. Bearb. v. Konr. Kümmel, Schriftführer d. Ausschusses. 8. (100 S.) Stuttgart 891. Verlag d. Deutschen Volksblatt, A.-G. n. — 20

Katholikentag, 2., v. Ulm. Vorgeschichte u. Verhandlgn. der allgem. Versammlg. der Katholiken Württembergs zu Ulm am 8. u. 9. XII. 1901. Einzige authent. Ausg. Sämtl. Reden nach stenograph. Wiedergabe im Wortlaut. Die angenommenen Resolutionen. Mit d. Beilage auf Kunstdruck-Pap.: 14 Porträts des Präsidenten, der Vizepräsidenten u. sämtl. Redner. Im Auftrag des Ausschusses bearb. v. Msgr. Kümmel. gr. 8. (128 S.) Stuttgart (901). Deutsches Volksblatt. n. — 30

— XIX. zürcherischer, 15. X. 1905. Reden in der Tonhalle-Versammlg. u. Bericht üb. die Sektions-Versammlgn. (60 S.) kl. 8. Zürich 906. Baeßler, Drexler & Co. n. — 20

Katholiken-Versammlung, die, d. Ober- u. Unter-Eichsfeldes u. der Prov. Sachsen zu Heiligenstadt am 12. u. 13. Novbr. 1889. Nach Zeitungsberichten u. stenograph. Aufzeichngn. 8. (64 S.) Heiligenstadt 889. Cordier. — 15

Katholiken-Versammlung, die, zu Regensburg am 8. Decbr. 1870. Eine kurze Schilderung der Feierlichkeiten dieses Tages, nebst Abdr. der Predigt des Herrn Dompred. Zach, der bei der Nachmittags-Versammlung gehaltenen Reden und die beiden Proteste. gr. 8. (46 S.) Regensburg 871, Pustet.

Katholikon

— ou Dictionnaire universel de la langue française. Katholikon, oder franzöf.-deutsch. Universalwörterbuch d. französ. Sprache, (von Jh. Jos. Schmidler). 9 Thle. A — Z. gr. 4. Hamb. 771 — 79. Herold. 27 ℛ︁

Katholikon. Für alle unter jeder Form das Eine. Aarau 1824. V: *Keller, Georg Victor.* (Ky) (MGT)

Katholikon. Für Alle unter jeder Form das Eine, (v. G. Vikt. Keller). 2 Thle. gr. 12. Aarau 824. 2e Aufl. 827. 3e A. 832. Sauerländer. 1 ℛ︁ weiß Druckp. 1 ℛ︁ 8 gr

Katholikon. Für Alle unt. jeder Form d. Eine. (Von G. V. Keller.) 3., verb. Aufl. gr. 8. (26 B.) Aarau 832, [Sauerländer, Brlsh.] 1 Thlr., fein Pap.

Katholikon. Eine Sammlung getreuer Bildnisse ausgezeichneter Katholiken. I. Gregor XVI. nebst Facsimile. Nach dem Originalgemälde im Besitze des Dr. Alertz lithogr. von A. Wildsteldel. ½ gr. Fol. Aachen 839. Kaatzer. (Leipzig, Frobberger:) ½ ℛ︁ — II—IV. Pfarrer, Ritter ꝛc. Dr. A. B. Binterim. — Priester Fr. Henricus Goßler. — Martin von Dunin, Erzbischof von Posen u. Gnesen, ½ gr. Fol. Ebd. 839. (à ½ ℛ︁) 1½ ℛ︁

Katholikon. Archiv f. die Bestrebungen der evangel.-kathol., d. i. allgem. christl. Kirche. Hrsg. von Joh. de Marle. Jahrg. 1847. Jan. — Octbr. 10 Hfte. 4. Mit: Ich u. mein Haus, wir wollen dem Herrn dienen. Hrsg. v. J. de Marle. Schkeuditz, de Marle's Selbstverlag. n. 3 ℛ︁

— dass. Jahrg. 1848. 1. Semester. [3. Bd.] 4. (IV u. 148 S.) Leipzig, T. O. Weigel in Comm. 12 gr

Katholikus, Theobald (Pseud.),
s. Sprenke, Meinrad (wirkl. Name).

„Katholisch" oder der Adelstitel unserer hl. Kirche. Paderborn, Bonif.-Druckerei. 1871. kl. 8°. 10 Pf. (Bonif.-Brosch. Jahrg. 2. Heft 10.)

Katholisch ist gut leben. Ein Büchlein zunächst f. fromme Katholiken. 3., verm. Aufl. 16. (1½ B.) Köln 846. (Neuß, Hüsgen.) *

— ist gut sterben! Kathol. Volkslied m. Notendruck. Nebst d. Hirten-Gebete des Bischofs W. Arnoldi u. Betrachtung des heil. Leidens unsers Herrn Jesu Christi. 3., verm. Aufl. 32. (24 S.) Bonn 845, Wittmann.

— ist gut sterben! Ein kathol. Volkslied, welches die Vorzüge uns. heil. Religion schön klar u. wahr vor Augen stellt. Mit 30 religiös. Bildern geziert. 16. Einsiedeln 816, Gebr. Benziger. Mit Goldschn. 3 gr

— ist mein Ruhm u. Heil! Od.: Außer der kathol. Kirche ist kein Heil. Eine Samml. neuer kathol. Volkslieder mit d. Bekenntnisse des röm.-kathol. Glaubens. 12. (4½ B. u. 2 Bign.) Coblenz 846. (Hölscher.) *

Katholisch od. liberal? E. Episode aus d. Leben eines liberalen Katholiken v. Verf. d. Broschüre: Uns. liebe Frau v. Lourdes od. Wer hat Recht? (Joh. Ackerl.) 2. Aufl. 8. (VIII, 96 S.) Linz 891. Verl. d. kathol. Preßvereines. n. — 85

Katholisch od. nicht? Offenes Sendschreiben an Herrn Jos. Langen in Bonn. Von e. frühern Schüler. gr. 8. (IV, 66 S.) Aachen 871. Jacobi & Co. n. — 60

Katholisch u. Ultramontan. Zur Orientirung. Von einem entschiedenen Katholiken u. eifrigen Patrioten. Juli 1868. München, kgl. Hofbuchdr. von Dr. C. Wolf & Sohn. Gr. 8°. Cart. 81 S., 1 Bl. Err.

— und Ultramontan. Zur Orientirung. Von einem entschiedenen Katholiken und eifrigen Patrioten. Juli 1868. 1. und 2. Aufl. gr. 8. (83 S.) München 869, (L. Finsterlin.) *

Katholisches, oder: Der kgl. preuß. Konsistorialrat Prof. Dr. Böhmer nach seiner Schrift: „Die Lehrunterschiede der kath. u. evang. Kirchen" [Darstellung u. Beurteilung. Bd. 1. Breslau 1857. gr. 8°], von einem Theologen Schlesiens. Breslau, Max u. Ko., 1858. 8. 1 Mk.

Darauf replizierte Böhmer mit d. Broschüre: „Der unerleuchtete Eifer für d. kath. Kirche ꝛc.", das. 1858, 8°. Über d. beiden Schriften Böhmers u. deren Widerlegung s. Kath. Leipzig 1858, S. 265—6.

Katholisches f. Jedermann. 1—10. u. 12—14. Bdchn. 8. Ravensburg. F. Alber. n. 10. 50
Famulus, J. Th., O. Ss. R., Legende o. Geschichte? Die geschichtl. Glaubwürdigkeit der Evangelien-Erzählgn. Aus dem Holl. (95 S.) (905.) (9. Bdchn.) n. 1. —
Kirchberger, Alfr., wo ist das wahre Christentum? (67 S.) (905.) (14. Bdchn.) n. — 80
— Christus: „Der Weise v. Nazareth?" (75 S.) (905.) (13. Bdchn.) n. — 80
— Katholisch? — Protestantisch? Wo ist die Wahrheit? Eine Unterredg. aus dem J. 190*. (82 S.) 905. (7. Bdchn.) n. — 80
— der Unglaube u. die Vernunft. (84 S.) (905.) (12. Bdchn.) n. — 80
Meyenberg, A., Sicherheit u. Weitherzigkeit katholischer Gottes- u. Weltanschauung. Rede, geh. am deutschen Katholikentag in Regensburg 1904. (II, 22 S.) (904.) (6. Bdchn.) n. — 15
Roh, Petr., S. J., Vorträge, geh. in der Eberhardskirche zu Stuttgart im April 1868. (Nach Stenogramm.) Mit e. Lebensbilde des berühmten Predigers. 1. Hälfte. (126 S. m. Bildnis.) 904. (3. Bdchn.) n. 1. 35
— dasselbe. 2. Folge. Praktisches Christentum. (125 S.) (905. (8. Bdchn.) n. 1. 35
— dasselbe. 3. Folge. (Schluß.) (172 S.) (905.) (10. Bdchn.) n. 1. 80
Säkularisation, die, in Bayern. Ein Erinnerungsblatt an den 25. II. 1903. Von Dütsç. (76 S.) 903. (2 Bdchn.) n. — 80
Wer hat recht? Eine Antwort v. Anti-Heinl. (88 S.) 904. (5. Bdchn.) n. — 2?
Wunder, das u. das Christentum. Ein populär-apologet. Vortrag v. J. H. 2. [Titel-]Ausg. (59 S.) [894] 903. (1. Bdchn.) n. — 60
Zahm, Joh. A., die Verdienste der kathol. Kirche um die Naturwissenschaften. Aus dem Engl. (32 S.) 904. (4. Bdchn.) n. — 35
Das 11. Bdchn. bildet: Wettstein, A., vor dem Brautexamen. Jetzt Ebd. 898. n. 1. —.

Katholicismus, alter u. neuer, od. Philosophie, Religion u. Gesellschaft. Aus den Papieren ein. Priesters. 8. (15½ B.) Zürich 846. [Leipzig, Verlagsbureau.] Thlr.

Katholizismus, der evangelische. Beitrag zur Begründ. der Wahrheit: daß nur die reine Lehre des Evangeliums sich zu ein. allgem. Religion u. Kirche eigne. gr. 12. (20¼ B.) Aarau 844, Sauerländer's Vrlgsh.

Katholicismus, der, unter der Fackel der Enthüllungen über die wirkl. Todesart Jesu. Nebst einer Einleitung: Die Enthüllungen und ihre Gegenschriften. 8. (51 S.) Leipzig 850, Kollmann.

—— der moderne, und seine Machinationen. Specielle Beleuchtung der kathol. Glaubenssätze, der Lehre vom Abendmahl, von der Beichte, vom Fegfeuer, vom Ablaß, von der Anbetung der Heiligen, von der Wirksamkeit der Büßungen, von den guten Werken, von der Unauflöslichkeit der Ehe, von der Unfehlbarkeit, vom Ordens- und Klosterwesen, u. s. w. und des kathol. Cultus vom Standpunkte der Lehre Jesus des Essäers. Fortsetzung der Schrift: der Katholicismus unter der Fackel der Enthüllungen. 8. (62 S.) Leipzig 850, Kollmann.

Katholizismus, d., als Prinzip d. Rückschritts v. Ultramontanus, s.: Flugschriften des Neuen Frankf. Verlags. I.

—— und Protestantismus. Ein Wort zur Abwehr und Verständigung, veranlaßt durch neuere Vorgänge von einem evangelischen Geistlichen im Großherzogth. Hessen. gr. 8. (24 S.) Darmstadt 868, Würtz'sche Buchh. ** — 40

Katholizismus u. Protestantismus als sittliche Erzieher der Jugend, s.: Volksaufklärung. Nr. 84.

—— Protestantismus und Concil. Aufruf zur Wiedervereinigung der Protestanten mit der kathol. Kirche. Von Maria Petrus von Alcantara. gr. 8. (III, 134 S.) Saarlouis 870, Hausen. 1 50

Katholicismus, Protestantismus und eine deutsche Nationalkirche. Den Katholiken und Protestanten Deutschlands gewidmet ... Leipzig 1861. V: *Spiegel, Bernhard.* (zu)

Katholicismus, Protestantismus und eine deutsche Nationalkirche. Den Katholiken und Protestanten Deutschlands gewidmet von B. v. H. 8. (III und 80 S.) Leipzig 861, Baumgärtner's Verlagsbuchh. Thlr.

—— der, u. Protestantismus in Oesterreich. gr. 8. (10 B.) Leipzig 846. [Carl Engelmann jun.]

Katholicismus und Romanismus im Gegensatze zu einander, dargestellt von einem evangelischen Geistlichen. Dresden und Leipzig. Arnoldi 1827. VI 58 S. 8.

— der römische, in Deutschland in seiner Selbstauflösung begriffen oder die kathol. Kirchenreform in Deutschland. Nebst einem Anhange: Lästerungen Preußens in officiellen Erlassen des Pabstes, „des Statthalters Christi auf Erden." 8. Wesel 845, Bagel. 4 ngl

Katholicismus, der römische, beleuchtet in Vorträgen f. den Hamburger u. Bremer Protestantenverein, geh. im Winter 1882/83. gr. 8. Hamburg 883. Seippel. n. 2. —
Luther u. das Papstthum. Von Ernst Lüdemann. (18 S.)
Der römisch-katholische Glaube. Von J. R. Hanne. (S. 19—53.)
Das Mönchthum als katholisches Lebensideal. Von J. Cropp. (S. 55—73.)
Die katholische Propaganda u. ihre Erfolge. Von Otto Schoost. (S. 75—119.)
Die Jesuiten im Spiegel ihrer Geschichte u. Moral. Von L. Klapp. (S. 121—148.)
Encyklika u. Syllabus. Von F. Rode. (S. 149—171.)

—— der römische, in Deutschland in seiner Selbstauflösung begriffen od. die kathol. Kirchenreform in Deutschland. Nebst e. Anh.: Lästerungen Preußens in officiellen Erlassen des Papstes, „des Statthalters Christi auf Erden." 8. (3½ B.) Wesel 845, Bagel.

Katholicismus, Der, am Scheidewege. Wien 1900. V: *Graevell, Harald.* (EB)

Der Katholizismus am Scheidewege. Wien. 1900. Schalk. Gr.-8°. 23 S. fl. —.30

Katholizismus, der, am Scheidewege. (2. [Umschlag-] Aufl.) gr. 8. (23 S.) Wien 900. F. Schalk. n. — 50

Katholicismus, der, und der moderne Staat. Andeutungen zur richtigern Würdigung ihres gegenseit. Verhältnisses, namentl. in Deutschland und Italien. gr. 8. (123 S.) Berlin 873, G. Reimer. * 1 50

— **u. Ultramontanismus.** Deutschlands Söhnen zu Nutz u. Lehr gewidmet v. Germanus. (24 S.) 8. Leipzig (Georgiring 16) 906. Rud. Krieger. n. — 30

Katholicismus, über, Vernunft, Religion u. vernünft. Christenthum, (v. W. F. Schäffer). 2 Thle. 8. Berl. 788, 89. Nicolai. 1 rth 4 gl

Katholy, Philipp: Anleitung zur Gründung ländlicher Spar- und Darlehnskassen. Landau 1895.

Kathrein, J. E., der Sieg des Oberinntaler Landsturmes an der Pontlazbrücke bei Prutz u. dessen Bedeutung im Zusammenhange m. den Kriegsereignissen in Tirol im J. 1703. Zur 2. Säkularfeier am 1. VII. 1903. Mit Abbildgn. nach photogr. Aufnahmen v. Fritz Gratl. (63 S.) gr. 8. Innsbruck 903. Vereins-Buchh. u. Buchdr. n. — 50

Kathrein, Rud., die Devisen-, Effekten-, Zinseszinsen- und Waaren-Rechnungen. gr. 8. (IV, 232 S.) Wien 875, Hölder.

KATHREIN, Rudolf
Das neue Coursblatt der Wiener Effectenbörse. Zusammengestellt von Prof. Rudolf Kathrein. Wien. 1900. Hölder. Gr.-8°. 43 S. K —.64

KATHREIN, Rudolf
Das neue Coursblatt der Wiener Effectenbörse. Ausgabe Ende April. Zusammengestellt von Prof. Rudolf Kathrein. 2., vollständig umgearbeitete Ausgabe. Wien. 1900. Hölder. Gr.-8°. 40 S. K —.60

Kathrein, Rud., Lehrbuch der kaufmännischen Arithmetik. 3 Thle. 2. umgearb. Aufl. gr. 8. Wien, Hölder. [1. Thl. (VI, 189 S.) 881. *M 3.; 2. Thl. (VI, 141 S.) 882. *M 2,40.; 3. Thl. (V, 161 S.) 883. *M 3,20.] *

Kathrein, Rud., Lehrbuch der kaufmännischen Arithmetik. 1. Thl. 3., umgearb. Aufl. gr. 8. (II, 168 S.) Wien 886. Hölder. n 2. 80

Kathrein, Rud., Lehrbuch der kaufmännischen Arithmetik. 1. u. 2. Thl. gr. 8. Wien, Hölder. n. 5. 20
1. 4. Aufl. (170 S.) 889. n. 2. 80. — 2. 3. Aufl. (VI, 152 S.) 887. n. 2. 40.

Kathrein, Rud., Lehrbuch der kaufmännischen Arithmetik. 2. u. 3. Thl. gr. 8. Wien, A. Hölder. n. 5. 84
2. 4., neu bearb. Aufl. (IV, 171 S.) 892. n. 2. 64
3. 3., neu bearb. Aufl. (V, 173 S.) 890. n. 3. 20

Kathrein, Rud., Lehrbuch d. kaufmänn. Arithmetik. 2 Thle. gr. 8. Wien 895. A. Hölder. Geb. in Leinw. n. 6. 18
1. 6., verm. Aufl. (180 S.) n. 3. 30
2. 5. Aufl. (IV, 160 S.) n. 2. 88

(F) Lehrbuch der kaufmännischen Arithmetik von Prof. Rudolf Kathrein. 3. Theil. I. Devisenrechnung nach auswärtigen Usancen. — II. Arbitrage. — III. Börsengeschäfte. — IV. Waren-Calculationen. — V. Wiederholungs-Aufgaben. 4. neubearbeitete Auflage. Wien. 1898. Hölder. Gr.-8°. 135 S. fl. 1.10, geb. fl. 1.36

Kathrein, Rudf., Lehrbuch des kaufmännischen Rechnens. 1.—3. Thl. gr. 8. Wien, Hölder. [1. und 2. Thl. (VI, 164; IV, 151 S.) 874. à *M 2,40.; 3. Thl. (IV, 232 S.) 875. *M 3,60.] *

— **Leitfaden d. kaufmännischen Rechnens f. kaufmännische Fortbildungsschulen. 2 Thle. gr. 8. Ebd. 891. Kart.** n.n. 2. —
1. (VI, 152 S.) n.n. 1. 20. — 2. (III, 68 S.) n.n. — 80.

— **dasselbe f. zweiclassige Handelsschulen. gr. 8. (IV, 300 S.) Ebd. 891. Kart.** n.n. 2. 60

Leitfaden des kaufmännischen Rechnens für zweiclassige Handelsschulen. Von Reg.-Rath Prof. Rudolf Kathrein. 2. Auflage. 4. verbesserter Abdruck. Mit Erlass des hohen k. k. Ministeriums für Cultus und Unterricht vom 29. October 1898, Z. 23.381, zum Unterrichtsgebrauche an zweiclassigen Handelsschulen mit deutscher Unterrichtssprache allgemein zugelassen. Wien. 1899. Hölder. Gr.-8°. 308 S. Geb. fl. 1.40

Kathrein R.: Die neuesten Usancen im internationalen Wechselhandel. 92. Wien H.-A. 84. Progr.

—— **die Wechselrechnung.** [Suppl. zum 3. Thl. des Lehrbuches über kaufmänn. Arithmetik.] gr. 8. (106 S.) Ebendas. 880. *

Kathreiner's, Franz, Nachfolger G. m. b. H., Kolonialwaren- und Landesprodukte en gros, Kaffee- und Tee-Import, Kaffee-Röstereien: Festschrift. Berlin 1909

Katić, Danilo Lj., a. Stalać (Serbien): Beitrag zur Kenntnis der Bildung des roten Farbstoffs (Anthocyan) in vegetativen Organen der Phanerogamen. Halle a. S. 1905: C. A. Kaemmerer & Co. (83 S.) 8°
Halle, Phil. Fak., Ref. Klebs, Diss. v. 20. Juli 1905
[Geb. 3. (15.) Aug. 73 Stalać i. Serbien; Wohnort: Halle; Staatsangeh.: Serbien; Vorbildung: Gymn. Kruševac Reife M. 92; Studium: Belgrad 8, Bonn 1, Halle 3 S.; Rig. 30. Juni 05.]

Малий катихизис для православних дітий в народних школах на Буковині. Wien 1904. K. k. Schulbücherverlag. Preis, broschiert 30 h.

Katie Stewart. Eine einfache Geschichte, f. Conversations- und Reisebibliothek.

To der Horst kein frevelhafter Tadler öffentlicher Anstalten und Ordnungen, kein Majestätsverbrecher, kein Verletzer der amtlichen Verschwiegenheit, kein Pasquillant. Ein Wort an den Herrn Doctor Baldamus, als Verfasser der Abfertigung to der Horst's v. Philipp **Katlna.** Schleswig. 1825. 8°.

Katluhn, Ernst *Richard* [aus Insterburg]: Das Ferratin und seine Anwendung bei Chlorose ... Greifswald, Druck v. J. Abel, 1894; 37 S. 8.
Greifswald, Med. Fak., Inaug.-Diss. v. 10. März 1894

Kato, Haruhico (in d. Vita: Haruchio) [aus Japan]: Die Wohnungs- und Luxussteuern als Gemeinde-Abgabe m. bes. Rücks. auf d. preuss. Gemeinden ... Halle a. S., Hofbuchdr. v. C. A. Kaemmerer & C., 1895; VI, 89 S., 2 Bl. 8.
Halle, Phil. Fak., Inaug.-Diss. v. [3. Sept.] 1895

Katô, Hiroyuki, der Kampf ums Recht des Stärkeren u. seine Entwickelung. gr. 8. (III, 154 S.) Berlin 894. R. Friedländer & Sohn. n. 3. —

Kato, Kan, a. Japan: Ueber den Glykogengehalt der Frösche und über die quantitative Zusammensetzung der Froschleber. Greifswald 1908: H. Adler. (36 S.) 8°
Greifswald, Med. Fak., Ref. Bleibtreu, Diss. v. 8. Juli 1908
[Geb. 17. Jan. 79 Echizen (Japan); Wohnort: Greifswald; Staatsangeh.: Japan; Vorbildung: Gymn. Echizen Reife O. 98; Studium: Akad. Kanazawa, Japan 8 S.; Rig. 22. März 08.]

Kato, Terumaro [aus Tokio in Japan]: **Versuche am Grosshirn des Frosches** .... Berlin, Buchdr. v. Gustav Schade (Otto Francke) (1886); 27 + 2 S. 8°.
Berlin, Med. Fak., Inaug.-Diss. v. 8. Apr. 1886.

Kato, Terumaro, **Versuche am Grosshirn des Frosches. Diss. Berlin 1886, Mayer & Müller. 8°. 27 S.**

Kato, Tokidsiro [aus Tokio in Japan]: Das Panaritium und seine Bedeutung für die Gebrauchsfähigkeit der Hand. ... Erlangen, Druck d. Univ.-Buchdr. v. E. Th. Jacob, 1889; 41 S. 8°
Erlangen, Med. Fak., Inaug.-Diss. v. 5. März 1889

Kato, Tokiya, appr. Arzt: Aus der chir. Klinik zu Marburg. Die Ausschaltung des durch Brucheinklemmung mechanisch gelähmten Darms mittelst Entero-Entero-Anastomose. Marburg a. L. 1910: Bauer. 21 S. 8°
Marburg, Med. Diss. v. 29. Aug. 1910, Ref. Friedrich
[Geb. 9. Sept. 84 Tokio; Wohnort: Tokio; Staatsangeh.: Japan; Vorbildung: Mittelsch. Aichi; Studium: Nagoya Med. Hochsch. 10, Freiburg i. B. 1, Marburg 6 S.; Rig. 18. Juli 10.] [U 11. 3414

Katolik prawdziwy czyli zbiór modlitwwybranych z różnych nabożnych ksiażek dla pobożnych katolików przez Antoniego Gąsiorowskiego. 16. (132 S. und 2 Stnt.) Thorn 847, Lambeck. *

Katona, Béla: Die Ziele und Mittel der Freimaurerei. s. Fekete, Ignaz

Katona, Jos., Bánk-Bán. Drama in 5 Akten. Aus dem Ungar. metrisch übers. von Adf. Dux. 8. (XX und 176 S.) Leipzig 858, Brockhaus. *

Katona, Jos., Bankbanus. Histor. Trauersp. in 4 Acten. Aus d. Ung. übers. u. f. d. deutschen Bühnen bearb. v. Jos. Breiner. 12. (107 S.) Raab 896. (Wien, G. Szelinski.) n. — 80

Katona, Mich. v., Beytrag. z. Erkenntniß d. Brustkrankheiten mittelst d. Stethoscops u. d. Plessimeters u. mehr. physikal. Kennzeichen. N. d. neuesten Quellen bearb. 8. (5½ B.) Wien 837, [Tendler u. Schaefer.]

Katona, Mihály von: Bemerkenswerthe ärztliche Nachricht über die in Wien zu errichtende Anstalt für die stärkenden, aromatischen, kampferhaltigen, weingeistigen, ätherisch-öligten, harzigten, schwefligten, dann für die erweichenden und schmerzstillenden Dampfbäder sammt der Anweisung zum Gebrauche derselben. 31 S., gbd.

Wien: Schrämbl 1834

Katona, Stephan

— Trenkii Bilanx pondere vacua. Ofen 790.... 3 ‹K

— dissertatio critica in Alexis Horangi Commentarium. 8 maj. Ofen 790. (Eggenberger in Pesth). 4 ‹K

Katona, Steph., Ad amicum Augustanae Confessionis amici catholici de pacificatione Viennensi et Lincensi epistolae tres. Buda 1790, 8°.

— epitome chronologica rerum Hungar. III Prts. 8 maj. Ofen 796. (Eggenberger in Pesth). 4 ‹ß 8 ‹K

— Examen vetutissimi M. Moraviae situs. 8. maj. ibid. 786.

— historia crit. primor. ducum Hungariae. 8. maj. Pest. Eggenberger. 778.

— historica critica regum Hungariae. Tom. I. — XL. et Tom. XLII. 8 maj. Ofen 779 — 817. Typograph. Societ.

Katona, Steph., historia critica Hungariae. XXXVII Vo. 8. maj. Budae. (Eggenberger, Pest.) 779-806.
Tom. I-VII. stirpes arpadianae. 779-82. Rthlr.
Tom. VIII-XIX. stirpes mixtae. XII Vol. 788 93.
Tom. XX-XXXVII. stirpes austriacae. XVIII Vol. 791-806.

Katona, (Steph.,) Historica Critica Regum Hungariae stirpis Austriacae. Tom. XIX. XX. XXI. et XXIII. ord. XXXVIII — XL. et XLII. gr. 8. Ofen 809 — 17. Universitäts-Buchdr.

— historiae M. Eccles. Colocens. II Tom. c. mappa. 8. maj. ibid. 802.

— historia pragmatica Hungariae. II Part. 8. maj. ibid. 782.

— Vetus Moravia, rursus ad suos limites red. Ofen 789. (Eggenberger in Pesth). 4 ‹K

— Responsio ad Epistolam commonitoriam M. A. P. Bienicensis. ibid. 785.

— amicum responsum ad hypercriticon J. Szklenar. 8 maj. Ofen... (Eggenberger in Pesth). 2 ‹K

Katona, Stephanus, Synopsis chronologica historiae ad sublevandam memoriam historiophilorum. Pars I. ab orbe cond. ad Christum n. cum elementis chronologiae. Tyrnau, 1771, 8°.

Katona, Steph., synopsis chronologica historiarum imperatorum. III Prts. 8 maj. Ofen 775. Typograph. Societ. 12 ‹K

Katona, Steph., Vindiciae Cleri Hungariae contra Suppl. libell. S. Nagy. Budae. (Eggenberger in Pest.) 790.

Katonda alitubèra. Episode aus den Missionsreisen des Bischofs Heinrich Streicher, apostol. Vikars v. Nord-Nyanza. (31 S. m. Abb.) kl. 8. Salzburg 909. St. Petrus Claver-Sodalität. — 10

Jo. Katrarii Hermodotus et Musocles dialogi ed. A. Elter. 1898. 54 S. 4°. 2.–

Kats, Hanns Otto, Lieder aus der Einsamkeit. 8. (VIII, 133 S. m. Bildnis.) München 902. A. Schupp. n. 2. —; geb. n. 3. —

— Sonnenaufgang. Ein Gespräch über die Friedens-Conferenz im Haag. gr. 8. (16 S.) Ebd. (899). n. — 30

Katsch, s.: Wichern-Feiern, die.

Katsch, Adph., Emilie. Eine Erzählung. 8. (XI und 791 S.) Leipzig 867, Grunow. cart. *

Katsch, Adf., Gute Nacht! Lieder eines Neunzigjährigen in Freud u. Leid. gr. 8. (VII, 63 S.) Straßburg 902. L. Beust. n. 1. 80

Katsch, Adph., Pereat tristitia! Feuchtfröhl. Lieder. gr. 16. (212 S.) Straßburg 898. F. Bull. n. 1. 50

Katsch, Adph., unter dem Storchnest. Roman. 2. (Titel-)Ausg. 3 Bde. 8. (228; 255; 308 S.) Leipzig (866)70, Grunow.

Katsch, Ad., unter dem Storchnest. 2. Aufl. 3 Bde. 8. Leipzig 873. Gera, Griesbach's Verlag.

Katsch, Adph., Vitibuck. Ein Roman. 3 Bde. 1. Aufl. 1865. 3 Thlr. 15 Ngr. und 2. (Titel-)Aufl. 8. (IX und 788 S.) Leipzig 868, Grunow.

—— auf der Wacht am Rhein zu Kehl. Zeitgedichte aus dem J. 1870. gr. 8. (VIII, 120 S.) Karlsruhe 874, Bielefeld's Hofbuchh. *

Katsch, Adph., König Winter. Ein Märchen. 12. (X, 150 S.) Leipzig 881. Barth. cart. n. 2. 50

Katsch, Adph., König Winter. Ein Märchen. 2. Aufl. (VIII, 212 S. m. Titelbild.) 8. Straßburg 906. L. Beust. n. 3. —; geb. in Leinw. n. 4. —

Katsch, Ferdinand

Katsch, F., ein Blick in die wissenschaftl. Begründung der Homöopathie. Drei Vorträge, geh. zu Stuttgart. gr. 8. (VII, 101 S.) Stuttgart 879. Edwin Hahn. n. 1. 50

Katsch, F., offener Brief an Hrn. Prof. Dr. Liebreich in Berlin. 8. (8 S.) Berlin 881. (Stuttgart, Zahn und Seeger.)

Offener Brief an die Meisterconferenz der ehrw. Loge zum Morgenstern in Hof. [Unterz.:] F[erd.] Katsch. [Döbeln 1884: Thallwitz.] 4 S. 2° [Kopftit.]
Betr. Streitigkeiten zwischen Findel u. Katsch.
65. 140.

Die Entstehung und der wahre Endzweck der Freimaurerei. Auf Grund der Originalquellen dargest. von Ferd. Katsch. Berlin: Mittler & S. 1897. XI, 699 S. 8⁰

Recens: ML. 25 (1896–1897) S. 160 (O. Henckel); Al. 23 (1897) S. 31—32; Bh. 40 (1897) S. 104 (C. Gotthold); Bbl. 11 (1897) S. 200—202 (A. W. Sellin); FZ. 51 (1897) S. 144 (K. Pilz); L. 20 (1897) S. 48; SL. 17 (1897) S. 68; MCG. 6 (1897) S. 204—211 (W. Begemann); OF. 22 (1898) S. 7—8; R. 24 (1897) S. 55—56 (W. Kunis), abgedr. in: HL. 30 (1897) S. 2563; Z. 27 (1897) S. 43; BZC. 26 (1897) S. 184—192 (O. Kuntzemüller), 248—261, 289—306, 336—347, 375 bis 392, 412—430 (F. Sonnenkalb); Zeitschr. f. Kulturgesch. 8 (1900) S. 75—79 (J. Plew).

cf. DrL. 26 (1896—1897) S. 2394; Bk. 16 (1897) No 53 (M. Corens); HL. 30 (1897) S. 2510 bis 2516, 2522 (J. Moltmann); S. 4 (1897) S. 37—42 (J. G. Findel); JNV. 1900 S. 32 bis 56; 1901 S. 7—32; 1902 S. 97—123 (T. G. G. Valette); MCG. 10 (1901) S. 61—62 (L. Keller).

Verf. leitet die Frmrei von den alten Rosenkreuzern ab u. will nachweisen, dass das „Humanitätsprinzip" zu Unrecht in die Frmrei geraten u. dass deren geschichtl. Grundlage auf rein christlichen Grundsätzen beruhe.

—— die Homöopathie. Ein Vortrag über das Wesen der homöopathischen Heilmethode, nebst einigen Worten der Belehrung über die homöopath. Diät und einem Berichte über die homöopath. Heilanstalt zu Köthen. gr. 8. (VI, 102 S.) Köthen 875, Schettler'sche Buchh.

Katsch, F., die Homöopathie. Ein Vortrag üb. das Wesen der homöopath. Heilmethode nebst einigen Worten der Belehrg. üb. die homöopath. Diät u. e. Berichte üb. die homöopath. Heilanstalt zu Cöthen. gr. 8. (IV, 60 S.) Cöthen 875. (Leipzig, Schwabe.) n. 1. 50

Katsch, Ferdinand: Für und wider eine deutsche National-Großloge, s. Werlitz, Egon.

Katsch, Jul(ius) Ferdinandus: De noma. Halis Saxonum (1855): Gebauer-Schwetschke. 40 S. 8⁰
Halle-Wittenberg, Med. Diss. v. 15. Aug. 1855
Geb. Potsdam 6. 7. 1828. V.

Katsch, [Ferdinand]: Die Presse und der Essener Kongress für innere Mission. Von Red. –. Hamburg: Rauhes Haus 1908. 23 S. 8⁰
Aus: Die Innere Mission im evang. Deutschland. Jan.- u. Febr.- H. 1908.

Katsch,(J.)F., medizinische Quellenstudien. Entwickelungsgang d. Aehnlichkeitsaxioms von Empedokles bis auf Hahnemann. gr. 8. (133 S.) Stuttgart 891. Metzler's Verl. n. 3. —

Katsch, F., jugendliches Verbrechertum. E. Beitrag z. Lösg. d. soz. Frage im Anschl. an d. kürzl. erfolgte Ermordg. d. Justizrat Levy, Berlin. gr. 8. (64 S.) Forbach 896. W. Albrecht. n. — 50

Wilhelm der Große und seine Lieblingsschöpfung Babelsberg. Von Ferdinand **Katsch**. Potsdam: R. Müller 1904. (56 S.) 8°(4°) [F.] [03. 15054]

Katsch, Ferdy. Mancherlei. Gedichte. 12. (IV, 110 S.) Baden-Baden 890, (Spies). * 1 50

Katsch, Gerh., Charles Darwin, s.: Hillger's, Herm., illustr. Volksbücher.

Katsch, Herm., die Kollegin. Schauspiel in 4 Akten. gr. 8. (V, 163 S.) Berlin 901. Stuttgart, W. Spemann. n. 2.40

Die Siegesfeier. Hist. Komödie in 4 Akten von Hermann **Katsch**. *Berlin: O. Elsner 1903.* (192 S.) 8° [F.]

Katschalowsky, Alexander, aus Ekaterinoslaw (Russland): Ueber die Synthese des 2,2'-Dioxyflavonols und der Flavindogenide. Bern 1905. 64 S. 8⁰. [18. V. 05.]
Bern. Phil. Diss. 1905/1906.

Katschalowsky, Alexander. Ueber die Synthese des 2, 2' Dioxyflavonols und der Flavindogenide. Diss. Phil. Bern. 63 S. 8. Bern, W. Wälchli, 1905.

Katscher, Alexander

Katscher, A., deutsches Chiffrier-Wörterbuch f. den geheimen Verkehr m. dem In- u. Auslande. 8. (XI, 298 S.) Leipzig 889. C. A. Koch. geb. n. 7. 50

Katscher, Alex., deutsches Chiffrier-Wörterbuch f. den geheimen Verkehr m. dem In- u. Auslande. 2. (Titel-) Aufl. 8. (306 S.) Leipzig 892. C. A. Koch. n. 6. —; geb. n. 7. 50

Katscher, Berta, fremdartige Geschichten. Der Wirklichkeit frei nacherzählt. (III, 245 S.) 8. Dresden 903. E. Pierson. n. 2. —; geb. n. 3. —

(B) **Katscher**, Berta, fremdartige Geschichten. 903. Jetzt: Berlin, Verlag Berlin-Wien.

Katscher, Bertha, Herzensschläge, s. a. Schulze's Zehnpfennigbücher.

Katscher, Bertha: Herzensschläge. Humoreske von Bertha Katscher. In vereinf. deutscher Stenogr. ‹System Stolze-Schrey›. Berlin: F. Schulze [1899]. 16 S. 8⁰ [Text lith.]
= Zehnpfennigbücher, Schulzes. No. 10.

— u. Leop. **Katscher**, Kinderschutz u. Kinderarbeit in England, s. a. Sammlung gemeinnütziger Vorträge.

Katscher, B., u. L. **Katscher**, Kinderschutz u. Kinderarbeit in England. Neuere kleine Beiträge. (S. 153—171.) Prag '07, J. G. Calve. —. 30.
Sammlung gemeinnütziger Vorträge Nr. 350/51.

Katscher, Berta u. Leopold, Kinderschutz und Kinderarbeit in England. Neuere kleine Beiträge. 8⁰. Prag, J. G. Calve, 1908. (Sammlung gemeinnütziger Vorträge, Nr. 350/351.)

Katscher, B., die Kunst Mensch zu sein, s. Hardy, E. J.

Katscher, B., Hermann Vámbery's Leben u. Reiseabenteuer. Der Jugend erzählt. Mit e. Deckelbilde in Farben u. 10 ganzseit. Textbildern. 12. (VIII, 188 S.) Teschen 892. K. Prochaska. Kart. n. 1. 60

Katscher, Berta u. Leopold, Zwei Muster-Arbeitgeber. 8⁰. Gautsch bei Leipzig, Fel. Dietrich, 1908. (Kultur u. Fortschritt, 199.)

— — Zwei Muster-Arbeitgeber, s. a. Kultur u. Fortschritt.

Katscher, Bertha, Soldatenkinder. E. Erzählg. f. d. reif. Jugend. M. 3 feinen Farbdr.-Bild. v. E. Klein. gr. 8. (112 S.) Stuttgart 897. Süddeutsches Verlags-Institut. Geb. in Leinw. n. 2.—; erm. Pr. n. 1.60

Die Studentin. Orig.-Erzählung von Berta Katscher. *Berlin: A. Weichert [1900].* (48 S.) 8° [R.]
— Welt, Alle. Bd 14. [02. 1176

— die Stychovs. Zeit-Roman aus dem Leben. (199 S.) 8. Berlin (S.W. 11. Luckenwalderstr. 16) (904). E. Hahn. n. 3.—; geb. n. 4.—

Katscher, Berta (Bearb.), s. W i l l i a m s o n , Charles Norris: Fahrendes Volk.

— s.: Zehnpfennig-Bibliothek Nr. 3—5, 7 u. 10.

Katscher, Joachim

Katscher, J. (Hrsg.), s. A b e n d m a h l , Das, des Herrn, von Leonardo da Vinci.

Katscher, J., die Flucht nach Egypten. Eine Legende für die Jugend. Nach dem Böhm. bearb. und mit Zusätzen verm. 16. (26 S.) Glatz 869, (Hirschberg's Buchh.) **

Katscher, J., kleine Heiligen-Legende. 1.—3. verm. Aufl. 16. (24 S.) Breslau 876, Görlich's Verlag. *

Katscher, J., kleine Heiligenlegende. 4., verm. Aufl. 16. (31 S.) Breslau 881. Goerlich. n. — 10

Katscher, J., kleine Heiligenlegende. 6. verm. Aufl. 16. (31 S.) Breslau 887, Goerlich. *

Katscher, J., kleine Heiligenlegende. 8. Aufl. 16. (31 S.) Breslau 890. Goerlich. n. — 10

Katscher, J., kleine Heiligenlegende. 9.—12. Aufl. 16. (31 S.) Breslau 891—894. F. Goerlich. n. — 10

Katscher, J., kleine Heiligenlegende. 18. Aufl. gr. 16. (31 S.) Breslau 8?6. F. Goerlich. n. — 10

Katscher, J., kleine Heiligenlegende. 21. Aufl. gr. 16. (31 S.) Breslau 901. F. Goerlich. n. — 10

Katscher, J., kleine Heiligenlegende. Ster.-Aufl. (29 S.) gr. 16. Breslau (903). F. Goerlich. n n. — 10

Kleine Heiligenlegende. Hrsg. von J[oachim] **Katscher**. Ster.Aufl. Breslau: F. Goerlich [1907]. (32 S.) 8° [F.] [07. 11333

Katscher, J., kleine Heiligenlegende. Ster.-Aufl. (32 S.) kl. 8. Breslau (910). F. Goerlich. nn — 10

—— Palästina's merkwürdige Orte. Für die Jugend zusammengestellt. 16. (39 S.) Glatz 869, (Hirschberg's Buchh. — Platz.) **

—— Sammlung von Kirchen- und Schulliedern für katholische Volksschulen. Nebst den Responsorien. 1. und 2. verm. Aufl. 16. (47 S.) Ebendas. 876. *

Katscher, Leopold [Übers.]
s. Andersen, Hans Christian: Ausgewählte Werke. 1880.

— einträgl. Arbeiterfreundlichkeit, s. Fortschritt, sozialer. 57. 58.

— Einträgliche Arbeiterfreundlichkeit. Zeitgemässe Mahnrufe. Unter Mitwirkung von Budgett Meakin, A. C. Pigou und „Julianus". 8°. Leipzig, F. Dietrich, 1905. (Socialer Fortschritt, Heft 57—58.)

Katscher, Leop., der Arbeitsfriede, s.: K u l t u r u. F o r t s c h r i t t. (Gilman, N. P.) 181.

— Die Ausbildung der linken Hand. Eine bedeutsame erziehliche u. gesundheitl. Frage. (15 S.) 8. Leipzig (910). H. Loehle. — 25

Katscher, Leop., B i l d e r aus dem chinesischen Leben. Mit besond. Rücksicht auf Sitten u. Gebräuche. [Mit autoris. Zugrundelegung eines Theiles des in John Henry Gray's „China: a history of the laws, manners, and customs of the people" niedergelegten Materiales.] gr. 8. (XVI, 367 S.) Leipzig 881. C. F. Winter. n. 6. —

— Bilder aus dem englischen Leben. Studien u. Skizzen. 8. (VIII, 342 S.) Leipzig 881. Friedrich. n. 6. —

Katscher, Leop., Bilder aus dem englischen Leben. Studien u. Skizzen. 2. Aufl. 8. (VIII, 342 S.) Leipzig 883. Friedrich. n. 3. —

Katscher, Leopold: Charakterbilder aus dem neunzehnten Jahrhundert. Biographisch-kritische Essais. — Berlin: Dümmler 1884. 330 S. 8°

Katscher, Leop., aus China, } s. Universal-Bibliothek Nr.
—— aus England, } 2256; Nr. 2020 und 2189.

Katscher L, Erwerbs- und Wirtschaftsgenossenschaften in Deutschland und Osterreich. (30 S) (Sozialer Fortschritt 38 39) Leipzig 1905

— Westermarck's Forschungen üb. die Naturgeschichte der Ehe, s. a. K u l t u r u. F o r t s c h r i t t.

Katscher L, Westermarcks Forschungen üb. d. Naturgeschichte der Ehe. (11 S) (Kultur und Fortschritt 240) Gautzsch 1909

Katscher, Leop. Frieden! Frieden! Frieden! Zeitgemäße Bemerkgn. u. Hinweise. gr. 8. (78 S.) Dresd. 890, Pierson. * 1 50

Katscher, Leop., Friedensstimmen. Eine Anthologie. Eingeleitet v. Konr. Ferd. Meyer u. Berta v. Suttner. 8. (399 S.) Leipzig 894. E. Wartig's Verl. Geb. in Leinw. m. Goldschn. n. 6.—

Katscher, Leop., Friedensstimmen. Eine Anthologie. Eingeleitet v. Konr. Ferd. Meyer u. Berta v. Suttner. (Neue [Titel-]Ausg.) 8. (399 S.) Eßlingen (894) 898. W. Langguth. Geb. in Leinw. m. Goldschn. 3.—

— Die Gartenstadtbewegung, Industriegartenstädte, s. a. K u l t u r u. F o r t s c h r i t t.

Katscher L, die Gartenstadtbewegung, Industriegartenstädte. (16 S) (Kultur und Fortschritt 105) Leipzig 1907

Weibliche Geheimbündelei von Leop. **Katscher.** Siena [Italien] und Berlin: Eichenberg 1905. 40 S. 8°
cf. DrL. 37 (1906—1907) S. 102 (A. Denecke). Handelt auch von der Adoptionsmrei. 358.

Katscher, L., Geheimgesellsch., siehe Heckethorn.

Soziale und andere interessante Gemeinwesen. Unbefangen geschildert von Leopold **Katscher**. Dresden: E. Pierson (1906). (XVI, 277 S.) 8° [F.] [06. 11937

(B) — Gemeinwesen. 906. Jetzt: Berlin, Verl. Berlin-Wien.

— Das heutige britische Gewerkvereinswesen, s.a. Fortschritt, sozialer.

Katscher, Leop., Das heutige britische Gewerkvereinswesen. (Leipzig 1907.) 8°. (Sozialer Fortschritt. Nr 96.)

— die Gewinnbeteiligung, s.a. Fortschritt, sozialer. Nr. 28. 29.

— Die Gewinnbeteiligung. Mit besond. Berücksichtigung Deutschlands. 8°. Leipzig, F. Dietrich, 1904. (Socialer Fortschritt, Heft 28/29.)

— Japan. Interessantes aus dem Mikadoreich. (141 S.) 8. Berlin (904). Verlag Continent. Kart. n. 1. 50

— s. Ingram, J. K.: Geschichte der Sklaverei.

Katscher, Leop., Abbe's „Carl Zeiss-Stiftung" in Jena, s.a. Fortschritt, sozialer, Nr. 34.

Katscher, Leop., Abbe's „Carl Zeiss-Stiftun" in Jena. 8°. Leipzig, F. Dietrich, 1905. (Socialer Fortschritt, Heft 34.)

Katscher, L., Käuferorganisation u. Konsumentenmoral, s.a. Kultur u. Fortschritt, 252.

— Käuferorganisation und Konsumentenmoral. 8°. Gautzsch bei Leipzig, Fel. Dietrich, 1909. (Kultur und Fortschritt, 252.)

Katscher, Leopold: Kinderschutz u. Kinderarbeit in England, s. Katscher, Berta.

Berliner Klubs von Spectator [d. i. Leopold **Katscher**]. 4. Aufl. Berlin & Leipzig: H. Seemann Nachf. [1900]. (73 S.) 8° [F.]
= **Großstadt-Dokumente**. Bd 25. [08. 14935

— Hermann Rollett's Leben u. Werke. Festschrift der Stadt Baden zu seinem 75. Geburtstag. gr. 8. (47 S. m. Bildnis.) Wien 894. M. Perles. n. — 80

— mit, nicht gegen einander! Zeitgemässe u. wicht. Hinweise f. Arbeitgeber u. Arbeitnehmer. Unter Mitwirkg. hervorrag. Fachmänner (Gilman, Cheysson, Ely, Bradlaugh, Cookson) hrsg. (134 S.) gr. 8. Dresden 905. Albanus. n. 1. 50

Karscher, Leopold: Zwei Muster-Arbeitgeber, s. Katscher, Berta.

— Nebelland u. Themsestrand. Studien u. Schildergn. aus der Heimat John Bull's. 8. (VI, 473 S.) Stuttgart 886. Göschen. n. 6. —

— das Postwesen einst u. jetzt, s.a. Hillger's illustr. Volksbücher.

Das Postwesen einst und jetzt von Leopold **Katscher**. Mit 23 Ill. Berlin, Leipzig: H. Hillger [1906]. (94 S.) 8° [F.]
— **Volksbücher**, Hillgers illustrierte. Bd 62. [07. 16113

— Das Problem e. allgemeinen Mutterschaftsversicherung, s.a. Sammlung gemeinnütziger Vorträge.

— Das Problem einer allgemeinen Mutterschaftsversicherung. 8°. Prag, J. G. Calve, 1906. (Sammlung gemeinnütziger Vorträge, Nr. 339.)

— Rechts-, Links- u. Doppelhändigkeit, s.a. Sammlung gemeinnütziger Vorträge.

(F) **Katscher,** L., Rechts-, Links- und Doppelhändigkeit. [Sammlung gemeinnütziger Vorträge. Nr. 383—384.] 8°. K —.40
Prag: Calve 1910.

— russisches Revolutions-Tagebuch 1905. Ein Werdegang in Telegrammen. Eingeleitet u. hrsg. (VIII, 246 S.) gr. 8. Leipzig 906. Renger. n. 2. —

— schuldlos verurteilt! Anregungen, Betrachtgn., Erzählgn. Unter Mitwirkg. v. Fritz Friedmann, Jacobi, Heinr. Jaques, Paul Lindau, Ghelf. Meyer, Max u. Mor. Neuda, Raemisch, Graf Tolstoy u. m. A. hrsg. v. K. 8. (VIII, 280 S.) Leipzig 895. A. Janssen n. 4. —

— die Siedlungsgenossenschaft als Lösung der Arbeiterfrage, s.a. Fortschritt, sozialer. Nr. 51.

Katscher, Leopold, Die Siedelungsgenossenschaft als Lösung der Arbeiterfrage. 8°. Leipzig, Fel. Dietrich, 1905. (Socialer Fortschritt, Heft 51.)

— die sogen. „Sozial-Museen", s.a. Fortschritt, sozialer. 14.

Katscher L, d. sog. Sozialmuseen. (16 S) (Soz. Fortschr. 14) Leipzig 1904

— Sozialsekretäre u. Fabrikpfleger, s.a. Fortschritt, sozialer.

Katscher L, Sozialsekretäre und Fabrikpfleger. (16 S) (Sozialer Fortschritt 91) Leipzig 1906

— Sozialsekretäre u. Fabrikpfleger. Unter Mitwirkung von Budgett Meakin, Maud Nathan u. Geo. Hahn hrsg. 8°. Leipzig, Fel. Dietrich, 1907. (Socialer Fortschritt, Nr. 91.)

— Bertha v. Suttner, die „Schwärmerin" f. Güte. Mit Porträts, Illustr. u. e. Auswahl v. Gedankenperlen. (III, 132 S.) 8. Dresden 903. E. Pierson. n. — 50; geb. n. 1. —

(B) — Bertha v. Suttner. 903. Jetzt: Berlin, Verlag Berlin-Wien.

Katscher, Leopold (Bearb.), s. Taine, Hippolyte: Die Entstehung des modernen Frankreich.

— die Teilung d. Geschäftsgewinns zwischen Unternehmern u. Angestellten, s.: Gilman, Nicholas Paine.

— was in d. Luft liegt. Zeitgemäßes. gr. 8. (III, 239 S.) Leipzig 899. Freund & Wittig. n. 4. —

— Was in der Luft liegt. gr. 8°. Leipzig, Freund u. Wittig, 1899.
Enth.: Sozial-Utopisches: Cabets Kommunisten-Colonie Icaria. — Belamy's grosse Arbeitskaserne. — Owen's Staat auf Aktien. — Lane's Ansiedelung Neu-Australien. — Hertzka's Freilandproject.)

— Der Weltpostverein, s.a. Kultur u. Fortschritt.

— der Weltpostverein. (14 S) (Kultur und Fortschritt 243) Gautzsch 1909

— wie es in der Welt zugeht. Ein Zeit-Tagebuch m. Lebensausschnitten, Glossen, Streiflichtern u. interessanten Lese-Früchten. I. (71 S.) 8. Leipzig 905. F. Dietrich. Kart. n. 1. —

— japanische Wirtschafts- u. Sozialpolitik, s.a. Fortschritt, sozialer. Nr. 8.

Katscher, Leopold, Japanische Wirtschafts- und Sozialpolitik. gr. 8°. Leipzig, Dietrich, 1904. (Sozialer Fortschritt, Nr. 8.)

— Moderne Wunder der Technik, s.a. Kultur u. Fortschritt.

Katscher L, moderne Wunder der Technik. (48 S) (Kultur und Fortschritt 216/18) Gautzsch 1909

— s.: Zehnpfennig-Bibliothek Nr. 4 u. 6.

Katschl, J. L., die zunehmende Appendizitis u. Maya-Yoghurt als Prophylaktikum. (8 S.) 8. Leipzig 906. B. Konegen. n. 1. —
Sonderabdruck aus: „Reichs-Medizinal-Anzeiger".

Katschinka, Ant., Lehr- u. Lesebuch f. Schüler an gewerbl. Vorbereitungs- u. Fortbildungsschulen, s.: Holczabek, Joh. W.

— deutsches Lesebuch, s.: Holczabek, Joh. W.

Katschinka, Ant., erstes Lesebuch f. gewerbl. Vorbereitungsschulen, s.: Holczabek, Joh.

Katschinka, Anton (Red.), s. Volksschule, Die.

Katschinsky, Max [aus Pless, Ober-Schlesien]: Beiträge zur Lehre vom Schielen und der Schieloperation .... Berlin, Buchdr. v. Gustav Schade (Otto Francke) (1886); 32 S. 8°.
Berlin, Med. Fak., Inaug.-Diss. v. 1. März 1886.

Katschinsky, Max, Beiträge zur Lehre vom Schielen und der Schieloperation. Diss. Berlin 1886, Mayer & Müller. 8°. 32 S.

Katschner, Sim., Geistes-Übungen, s.: Schlör, Alois.

Katschner, Sim., Katechetik. Anleitg. z. Ertheilg. des kathol. Religionsunterr. an Volksschulen. Für Geistliche u. Lehrer, sow. deren Bildungsanst. gr. 8. (VIII, 220 S.) Graz 899. U. Moser. Geb. in Leinw. n. 2.40

Katschner, Sim., Katechetik. Anleitg. zur Erteilg. des kathol. Religionsunterrichtes an Volks- u. Bürgerschulen, f. Lehrer- u. Lehrerinnen-Bildungsanstalten. 3. Aufl. (XII, 279 S.) 8. Graz 908. U. Moser. Geb. 5. —

— Lehrbuch der Katechetik. Geschichte u. Theorie. 2., vielfach erweit. Aufl. (XIV, 508 S.) 8. Ebd. 908. 6. —

— s.: Schlör, Alois, der Kleriker in der Einsamkeit.

— s.: Schlör, Alois, rette deine Seele.

(F) Vertheilung des biblischen Lehrstoffes und Grundsätze der Katechese. Von Dr. Simon Katschner. Graz. 1901. Styria. 8°. 32 S. K —.30

Katschthaler, Eduard, die Denkmale des politischen Bez. Melk, s.: Tietze, Hans.

Katschthaler, Eduard, O. S. B., Melk. (VII, 418 S. m. 1 Taf.) 8. Wien 905. (A. Hölder.) n.n. 5.20
Sonderabdruck aus: „Topographie v. Niederösterreich".

Katschthaler Eduard: Ueber Bernhard Pez und dessen Briefnachlaß. Diss. Wien, Univ.
D: Selbstverlag.
1889 PN 591

Katschthaler, Joh. B., Begriff, Nutzen und Methode der Dogmengeschichte. gr. 8. (61 S.) Innsbruck 882. (Salzburg, Mittermüller.)
Aus: Zeitschrift für katholische Theologie, besonders abgedruckt.

— de ss. eucharistia. gr. 8. (252 S.) Regensburg 883. Verlags-Anstalt. n. 2.40

Katschthaler, Joa., de ss. eucharistia. Edit. II. gr. 8. (V, 252 S.) Salzburg 886, Mittermüller. *

Katschthaler, Johs., kurze Geschichte der Kirchenmusik. [Aus: „Kirchenmusikal. Vierteljahrsschr."] gr. 8. (III, 416 S.) Regensburg 893. A. Coppenrath's Verl. n. 5. —

Katschthaler, Joa., de gratia sanctificante. [Aus: „Theologia dogmatica specialis".] Ed. II. gr. 8. (77 S.) Regensburg 880. Manz n. — 80

—— de gratia sanctificante. Edit. III. gr. 8. (77 S.) Ebendas. 886. *

— Predigten u. kurze Ansprachen. I—VII. gr. 8. Salzburg, M. Mittermüller. n. 10.80
I. (72 S.) 892. n. — 90. — II. (100 S.) 893. n. 1.20. — III. (121 S.) 893. n. 1.50. — IV. (99 S.) 893. n. 1.20. — V. Ist Christus wahrer Gott? (155 S.) 893. n. 2. —. — VI. Die Göttlichkeit des Christenthums. (146 S.) 894. n. 2. — — VII. Die guten Werke — die Himmelsleiter. (160 S.) 894. n. 2. —

Katschthaler, Johs., Predigten u. kurze Ansprachen. VIII—X. gr. 8. Salzburg, M. Mittermüller. n. 5.60 (I—X. n. 16.40)
VIII. D. Auferstehg. d. Todten. (111 S.) 895. n. 1.40
IX. D. lieben Heiligen u. Wir. (181 S.) 896. n. 2.20
X. Jesus, unser Erlöser. (III, 143 S.) 896. n. 2. —

Katschthaler, Johs., Sonntags-Predigten. 1. Bd. gr. 8. (III, 284 S. m. Bildnis.) Linz-Urfahr 899. Verlag des kathol. Preßvereines. n. 2.40

Katschthaler, Johs., Sonntags-Predigten. 2. Bd. (III, 215 S.) Lex. 8. Linz 908. Preß-Verein. 2.50; geb. nn 3.90
Bd. 1. Ebd. 899. 2.40; geb. nn 3.80

— theologia dogmatica catholica specialis. Liber I—III. gr. 8. Regensburg 877—80. Manz. à n. 8. —
I. De regni divini per Deum institutione, seu theologia sensu stricto, complectens doctrinam de Deo uno et trino nec non de Deo creatore. (XVI, 527 S.)
II. De regni divini peccato perturbati restitutione per Christum, seu christologia, complectens doctrinam de peccato originali, de incarnatione et redemptione. (IV, 443 S.)
III. De regni divini restaurati gubernatione per gratiam. Pars 1. De gratia. (IV, 448 S.)

— theologia dogmatica catholica specialis, Liber III. De regni divini restaurati gubernatione per gratiam. Pars 2. De sacramentis. gr. 8. (VII, 976 S.) Ebend. 884. n. 15. — (1—III, 2.: n. 39. —)

—— theologia dogmatica catholica specialis. Liber IV: De regni divini consummatione seu eschatologia. gr. 8. (IV, 646 S.) Regensburg 888, Verlags-Anstalt. *
Liber I—III. Ebendas. 1876—84. *ℳ 39.—.

Katschthaler, Joh., zwei Thesen für das allgemeine Concil von G. C. Mayer beleuchtet. 1. Abthl.: Die numerische Wesenseinheit der drei göttlichen Personen. gr. 8. (VII, 92 S.) Regensburg 868, Manz. *

—— dass. — von G. C. Mayer, weil. Prof. der Dogmatik zu Bamberg beleuchtet. 2. Abthl.: Ein Lebensprincip im Menschen, zur Beleuchtung der 2. These Dr. Mayer's: „Zwei Lebensprincipe im Menschen". gr. 8. (XII, 327 S.) Ebendas. 870. *

—— marianische Vorträge. gr. 8. (47 S.) Salzburg 885, Mittermüller. *

Katschthaler, Karl: Kurze Anleitung über Rebveredlung, Vortreiben von veredelten Reben im Glashause und deren weitere Behandlung für den Gebrauch der Hauerschaft im Amtsgebiete des k.k. Weinbau-Inspektors für die politischen Bezirke Floridsdorf, Korneuburg, Gänserndorf, Ober-Hollabrunn und Mistelbach. Mistelbach: Hornung 1910. 17 S. -- UB Brünn*

Katschthaler, Karl, Die Bekämpfung der Reblaus durch Schwefelkohlenstoff. Bericht über eine vom k. k. Ackerbauministerium subventionirte Studienreise. Gr.-8. (30 S.) * —.40 Wien: Frick 1894.

--- Ders.: Schlüssel zur Lösung der Rebenhybridenfrage für Kalkböden in Österreich. Wien: Hitschmann; Gerold in Comm. 1910. 42 S. (Archiv für Land- und Forstwirtschaft. 48.) -- UB Brünn*

Katser, S., der Curort Bad Hall in Ober-Oesterreich mit seinen jod-, brom- u. natronhaltigen Quellen. Mit einer (lith.) Situationskarte für Hall u. Umgebung. gr. 8. (IV, 32 S.) Wien 882. Perles. n. 1. 60

Katsurada, Fujiro, aus Daishoji, Japan: Zur Lehre von den sogenannten Dermoidcysten oder Embryonen des Eierstocks. *Jena: G. Fischer 1901.* (40 S.) 8°
Freiburg i. B., Med. Diss. v. 1901

Katt, Frida, Affäre Bodasse, s. u. Kürschner's Bücherschatz.

Affäre Bodasse. Von Frida **Katt**. Mit Ill. von O. Theuer. Berlin, Leipzig: Hillger [1910]. 95 S. 8°
(Kürschners Bücherschatz. Nr 705.) [10. 7405

Katt, Friedr., Beiträge zur Geschichte des 30jährigen Krieges. I. Die bayerisch-französ. Verhandlungen von der Zusammenkunft in Einsiedeln bis zur Ulmer Capitulation [1639—1647]. Inaugural-Dissertation. gr. 8. (102 S.) Göttingen 875, (Vandenhoeck und Ruprecht's Verlag.)

Kattauer, Franz, Tod den Wanzen! Oder die sichersten Mittel diese allgemein verhaßten Insecten auf die leichteste Art vollständ. zu vertilgen, nebst einem Anhange, wie man die Korn- und Rüsselkäfer, Schwaben, Motten, Ameisen, Blatt- und Kopfläuse, Flöhe, endlich die lästigen Stubenfliegen; und aus dem Geschlechte der Säugethiere, die Iltise, Wiesel, dann Mäuse und Ratten auf die leichteste Art vertreiben und vertilgen kann. 8. (VIII und 63 S. mit 2 Abbild.) Neutitschein 860, Enders.

Katte, v., Das fehlerhafte Pferd, an welchem einige 50 Fehler bemerkbar gezeichnet sind, in Aquarellmanier koloriert, nebst einem Erklärungsblatt m. Angabe d. verschied. Fehler. gr. Fol. Magdeburg 21. Donald. M. 6.—

Katte, Theorie des Handels, s. Gellert, R.

von Katte, A.: Reise in Abyssinien im Jahre 1836. Mit einer Karte. Stuttgart u. Tübingen 1838. XII, 180 S.
= Reisen und Länderbeschreibungen der älteren und neuesten Zeit. Lfg. 15 8°.

Katte, Balt. Friedr. von (Bremer Adel), De matrimonio per substitutum contrahendo. Diss. jur. Präs. Joh. Joachim Schoepffer. Rostock (Joh. Weppling) Sept. 1709. 44 S. (6.50) 17525
Gew.: Barthold Clemenz v. Kuhla.

Katte, Bolko von: Der § 240 des Strafgesetzbuches. *Berlin 1898: G. Schade.* (55 S.) 8°
Erlangen, Jur. Diss. v. 16. Okt. 1897

— Joachim Heinrich (Bremer Adel), De sententia provisionali, quoad alimenta et expensas litis. Diss. acad. Präs. Friedrich Gottlieb Struve. Jena (Krebs) 9. I. 1714. 36 S. (6.50) 17526
Gew.: Marquard Katte (Niendieck, Heuhoff, Portzem; Vater). — Widm. v.: Präs., Nicolaus Pragemann, C. H. v. Issendorff, Dietrich Johann v. Düring.

— Johann Dehtloff von (Bremer Adel), De conventionibus usurariis. Disp. jur. Präs. Samuel Stryk. Halle (Joh. Montag) April 1709. 52 S. (6.50) 17527
Widm. v.: Präs., E. H. Knorre, Justus Henning Böhmer, Joh. Eman. Greiff (Zerbst/Anh.; dtsch.), Burghard Johann Uffelmann (Hamburg; dtsch.), Joh. Andreas Hagen (Magdeburg).

Katte, Max, die virilen Homosexuellen. (S. 87—106.) 8. Leipzig (905). M. Spohr. n. — 80
Sonderabdruck aus: „Jahrb. f. sex. Zwischenstufen".

Das Kattegat. Hrsg. vom Hydrogr. Amt der Admiralität. 1 : 300 000. (No. 62.) 1 Bl. K.

Kattegat, s. u. Seekarten.

Kattein, Albert: Der morphologische Werth des Centralcylinders der Wurzel. M. 2 Taf. *Cassel 1897: Gebr. Gotthelft.* (26 S. mit Taf.) 8° ¶ (Aus: Botanisches Centralblatt, Bd 72.)
Kiel, Phil. Diss. v. [1. Nov.] 1897

Kattein, Paul *Arthur* [app. Arzt aus Gaarden]: Aus d. Laboratorium d. pharmakognost. Sammlung in Kiel. Ueber die Wirkung des Brucin auf den Kreislauf ... Kiel, Druck v. C. Böckel, 1891; 29 S., 1 Bl. 8.
Kiel, Med. Fak., Inaug.-Diss. v. [21. Okt.] 1891

Kattein, Paul, üb. die Wirkung d. Brucin auf den Kreislauf Diss. gr. 8. (29 S.) Kiel 891. (Gnevkow & Gellhorn.) n. — 80

Die Anwendung der jetzt gebräuchlichen Lichtheil-Apparate bei den einzelnen Krankheiten. Eine kurzgefaßte Anleitung z. Lichtbehandlung von Dr. Hermann **Kattenbracker**, prakt. Arzt. (2. Aufl.) Berlin: Archiv f. Lichttherapie 1902. (32 S.) 8° [05. 4186

Kattenbracker, Hermann [aus Herford in Westf.]: '(Aus d. Kgl. Univ.-Frauenklinik.)' Die geburtshülfliche Bedeutung des Hydrocephalus congenitus ... Berlin, Buchdr. v. A. Winser, *1895;* 29 S., 1 Bl. 8.
Berlin, Med. Fak., Inaug.-Diss. v. 9. Aug. 1895

Kattenbracker, Herm., d. Lichtheilverfahren, begründet durch physiologische Thatsachen u. prakt. Erfahrg. Allgemeinverständl. dargestellt. gr. 8. (VII, 195 S. m. Abbildgn.) Berlin 899. W. R. Berndt. Geb. in Leinw. 2. 50

Programm Sr. Kgl. Hoheit dem Grossherzoge ... Ernst Ludwig ... zum 25. Aug. gewidmet von Rector und Senat der Landesuniversität. — Inhalt: Beiträge zur Geschichte des altkirchlichen Taufsymbols v. D. Ferdinand **Kattenbusch,** o. Prof. d. Theol. ... Giessen, C. v. Münchow, Univ.-Buch- u. Steindr., 1892; 55 S. 4.

Kattenbusch, Ferd. Beiträge zur Geschichte d. altkirchlichen Taufsymbols. Progr. gr. 4. (55 S.) Giessen 892, (Ricker). * 1 40

Kattenbusch, Ferd., Ehren u. Ehre. Eine ethisch-soziolog. Untersuchg. (60 S.) 8. Gießen 909. A. Töpelmann. 1.25

Kattenbusch, Ferd., über religiösen Glauben im Sinne des Christenthums. Academische Festrede, gehalten am Stiftungsfeste der Universität Gießen 1. Juli 1887. gr. 8. (32 S.) Gießen 887, Ricker'sche Buchh. *

Kattenbusch, Ferdinand: Die Kirchen und Sekten des Christentums in der Gegenwart. Von Prof. D. Ferdiand Kattenbusch-Halle. Tübingen: Mohr 1909. 96 S. 8°
(Religionsgeschichtliche Volksbücher f. d. deutsche christl. Gegenwart. Reihe 4, H. 11/12.)

— Lehrbuch der vergleichenden Confessionskunde. 1. Lfg. gr. 8. (VIII u. S. 1—192) Freiburg i/Br. 890. J. C. B. Mohr. n 3.60

— Lehrbuch der vergleichenden Confessionskunde. 2. u. 3. Lfg. gr. 8. (1. Bd. Prolegomena u. 1. Thl. Die orthodoxe anatol. Kirche. XXV u. S. 193—555. Freiburg i/B. 891. 892. J. C. B. Mohr. n. 8.40 (1. Bd. kplt.: n. 12.—; geb. n.n. 14.50

Kattenbusch, Ferd., Luthers Lehre vom unfreien Willen und von der Prädestination nach ihren Entstehungsgründen untersucht. gr. 8. (95 S) Göttingen 875, Deuerlich'sche Buchh.

Kattenbusch, Ferd., Luthers Lehre vom unfreien Willen u. v. der Prädestination nach ihren Entstehungsgründen untersucht. Diss. (Anastatischer Neudr. der theolog. Habilitationsschrift vom J. 1875.) (95 S.) 8. Göttingen 905. Deuerlich. n. 1.60

Das sittliche Recht des Krieges von D. Ferdinand Kattenbusch, Prof Gießen: A. Töpelmann 1906. (43 S.) 8° [F.]
Erw. aus: Christl. Welt. 1906, No 22–24.

Kattenbusch, Ferd., Luthers Stellung zu den oecumenischen Symbolen. Festschrift der großherzogl. hess. Ludewigs-Universität zur Feier des 400jähr. Geburtstages Martin Luthers 10. Novbr. 1883. 4. (61 S.) Gießen 883, Ricker.

— s.: Studien u. Kritiken, theologische.

— das apostolische Symbol. Seine Entstehg., sein geschichtl. Sinn, seine ursprüngl. Stellg. im Kultus u. in der Theologie der Kirche. Ein Beitrag zur Symbolik u. Dogmengeschichte. 1. Bd. Die Grundgestalt des Taufsymbols. gr. 8. (XIV, 410 S.) Leipzig 894 J. C. Hinrichs' Verl. n. 14.—

Kattenbusch, Ferd., d. apostolische Symbol. Seine Entstehg., s. geschichtl. Sinn, s. ursprüngl. Stellg. im Kultus u. in d. Theologie d. Kirche. E. Beitrag zur Symbolik u. Dogmengeschichte. 2. Bd. Verbreitg. u. Bedeutg. d. Taufsymbols. 1. Hälfte. gr. 8. (S. 1—352.) Leipzig 897. J. C. Hinrichs' Verl. n. 11.— (I. u. II. 1.: n. 25.—)

Kattenbusch, Ferd., das apostolische Symbol. Seine Entstehg., sein geschichtl. Sinn, seine ursprüngl. Stellg. im Kultus u. in der Theologie der Kirche. Ein Beitrag zur Symbolik u. Dogmengeschichte. 2. Bd. Verbreitung u. Bedeutg. des Taufsymbols. 2. Hälfte. gr. 8. (VIII u. S. 353—1061.) Leipzig 900. J. C. Hinrichs' Verl. n. 23.— (2. Bd. n. 34.—; kplt. n. 48.—)

Kattenbusch, Ferd., der christliche Unsterblichkeitsglaube. Vortrag, gehalten in Darmstadt am 24. Novbr. 1880. gr. 8. (31 S.) Darmstadt 881. Würtz. n.— 80

Von Schleiermacher zu Ritschl. Zur Orientirung über d. gegenwärt. Stand d. Dogmatik. Von Prof. D. Ferdinand Kattenbusch (Giessen). Giessen: J. Ricker 1892. (86 S.) 8° [F.]
= Vorträge d. theolog. Konferenz zu Giessen. Folge 7.

— von Schleiermacher zu Ritschl. Zur Orientierg. üb. die Dogmatik des 19. Jahrh. 3. vielfach veränd. Aufl. Mit e. Nachtrag üb. die neueste Entwicklg. (VIII, 80 S.) gr. 8. Ebd. 903. n. 1.75

—— Zur Würdigung d. Apostolikums, s. Hefte zur Christl. Welt.

Kattenhofen, s.: Preussen. Messtischblätter.

Kattenhorn, Die Burg, und Umgegend am unteren Bodensee. Schaffhausen [1869]. V: *Im Thurm, Joh. Hnr.* (Cat. d. Stadtbibl. Zürich. Zürich 1864—97.)

Kattenhorn, L. D., über freiwillige Erstreckung d. Gerichtsbarkeit. gr. 8. (2¾ B.) Lüneburg 838, Herold u. Wahlstab.

—— über Intercessionen d. Frauen nach röm. Rechten. gr. 8. (11 B.) Gießen 840, Heyer's Verl.

Kattenstedt, Otto, Reiterlieder. (68 S.) 8. Strassburg 910. J. Singer. 1.50

John Reitenbach. 1816–1902. Ein Gedenkblatt. Der General-Versammlung d. Ostpr. Ver. d. freisinn. Volkspartei, 12. Jan. 1902, zugeeignet vom Verl. u. d. Redakt. d. 'Ostdeutschen Volkszeitung'. (Verf.: G[ottfr.] L[udw.] Kattentidt.) *Insterburg: O. Mahnke 1902.* (13 S.) 8° [F.]
Aus: Ostd. Volkszeitung. 1902, No 7.

Struensee. Schausp. in 4 Aufz. von Dr. G[ottfr.] L[udw.] Kattentidt. *Insterburg: E. Herbst [1900].* (72 S.) 8° [F.]

Kattentidt, G. L., Struensee. Schauspiel in 4 Aufzügen. 12. (72 S.) Insterburg (900). F. Roddewig. n. 1.—

— u. Frdr. Scharffetter, aus des Reiches Ostmark. Ein ost- u. westpreuß. Dichterbuch. 8. (168 S. m. 1 Bildnis.) Ebd. 902. n. 2.—; geb. n. 3.—

Aus des Reiches Ostmark. Ein ost- u. westpreuss. Dichterbuch. Hrsg. von G[ottfr.] L[udw.] Kattentidt u. Friedrich Scharffetter. *Insterburg: E. Herbst [1902].* (168 S.) 8° [F.]

Katter, Erich, Referendar in Barth: Das Zurückbehaltungsrecht nach gemeinem Rechte und nach dem Rechte des bürgerlichen Gesetzbuchs. *Greifswald 1900: J. Abel.* (48 S.) 8°
Greifswald, Jur. Diss. v. 1900

Katter, Friedr., Index entomologicus. Pars 1, qua continentur nomina entomologorum Europae [exceptis Galliae coleopterologis], societatum actorumque entomologicorum. 12. (IV, 116 S.) Putbus 881. (Stettin, Katter.)

Katter, F., Entomologischer Kalender für Deutschland, Österreich und die Schweiz auf d. J. 1876. Quedlinburg 1876. 8.

Katter, F., Lehrbuch der Zoologie. 1. Tl. Kurs. I und II. gr. 8. (182 S. mit 244 Abbild.) Breslau 886, F. Hirt. * geb. *

Katter, F., Lehrbuch der Zoologie. 2. Tl., Kurs III—V. Mit 317 Abbildgn. gr. 8. (S. 185—424.) Breslau 889. F. Hirt. n. 2.—; geb. n. 2.25 (1. u. 2.: n. 3.60; geb. n. 3.95)

Katter, *Friedrich* [Prof. Dr.]: Das mathematische Lehrpensum der Unter-Sekunda. 1. Tl. Putbus, Druck v. A. Dose, 1897; 1 Bl., 44 S. 8.
Putbus, k. Pd, OP 1897 (145)

Katter, F[riedrich], Prof. Dr.: Das mathematische Lehrpensum der Unter-Sekunda. T. 2. *Putbus 1899: A. Dose.* (S. 45—64.) 8° Forts. d. P-Beil. 1897.
Putbus, k Pd, OP 1899 (148)

Katter, *Friedrich* Lernstoff für den ersten englischen Urterricht in der Tertia des Gymnasiums. 8 (48 S.).
Progr. Kgl. Pädagog. *Putbus* 1891 (136).

Katter, Friedr. Monographie der europäischen Arten der Gattung Meloë mit besonderer Berücksichtigung der Biologie dieser Insekten. 32 S. II. Teil: Beschreibung der Arten. S. 35—61. 8.
Progr. *Putbus* 1883. 1885.

— Monographie der europäischen Arten der Gattung Meloë, m. besond. Berücksicht. der Biologie dieser Insekten. 2 Thle. 8. (60 S.) Putbus 883 u. 885. (Leipzig, K. F. Koehler's Antiqu.) n. 2. —

Katter, F., s.: Nachrichten, entomologische.

Psychologische Räthsel. Wunderlichkeiten in Poesie u. Prosa gesammelt von F. K. v. Bünzow [d. i. Friedrich **Katter**]. Putbus: A. Dose [1901]. (96 S.) 8° [F.] [07. 8197 9

Katter, Friedrich: Über die Resultante zweier algebraischen Gleichungen. 1875. 4°. Diss. Rostock.

Katter, Lina, s. a. Lina, Schwester.

[F.] Margarethe. Aus den Erlebnissen einer Gemeinde-Diakonisse. Der Wirklichkeit nacherzählt v. Schwester Lina [**Katter**] ... *Berlin: In Comm. b. Th. Fröhlich; (Dr. v. W. Büxenstein) 1896.* (20 S.) 1 Bd 8. [96. 11310

Katterfeld, Dr. Die Annotationes des Gilles Boileau de Buillon zu Avilas Commentaren über den schmalkaldischen Krieg. 8. Strassburg 1879.

Katterfeld, Alfr., Roger Ascham. Sein Leben und seine Werke, mit besond. Berücksicht. seiner Berichte über Deutschland aus den J. 1550—1553. gr. 8. (XI, 369 S.) Strassburg 879, Trübner.

Katterfeld, Anna Der dritte Ruf, ein deutscher Glaubens- und Schicksalsweg. Harfe-Verlag, Bad Blankenburg. 320 S.

Katterfeld, Herm. Ehrenf. (Er. Geo.), über die Asalehre u. ihre Anwendung besonders bei deutschen Heldengedichten aus d. vorchristlichen Zeit. 8. Rudolst. 819. (Wienbrack in Leipz.) 6 K

Katterfeldt, Jul., die Musik als Förderungsmittel der religiösen Erbauung. Eine Würdig. des Standpunktes der kirchl. Musik u. einiger damit verwandten Fächer in den Herzogthümern Schleswig u. Holstein. gr. 8. (1⅛ B.) Schleswig 845. (Kiel, Universit.-Buchh.) *

Kattersberg, M. D., Visiten und Gesellschaftsspiegel gottsel. Matronen. 8. Frankf. Idaer. 752.

KATTFUSZ, Joh. Heinr., Choregraphie oder vollständige und leicht faßliche Anweisung zu den verschiedenen Arten der heut zu Tage beliebtesten gesellschaftlichen Tänze für Tanzliebhaber, Vortänzer und Tanzmeister. 2 Theile. Leipzig, bey Heinrich Gräff (Th. 2: bey A. Wienbrack.) 1800 -2. Kl. 8°. (1⅚ Rthl.) (6 Mk., Hfz., Th. Bertling, Danzig, 1887.) (Bibl. Lipperheide no. 3088:)

Auch mit d. Tit.: Taschenbuch für Freunde und Freundinnen des Tanzes.

I Choregraphie 1800: Haupttit., XIV S., 8 Bll., 208 S.; 3 Taf. (bez. I—III) in Kpfst. II (1802): Tit., 1 Bl., 238+4 S.; 11 Taf. (bez. I—VI, 5 unbez.) in Kpfst.

Kattfuß, Jh. Hnr., Choregraphie, oder Anweisung der beliebten Tänze, f. Tanzliebhaber. 2 Bde. Mit Kpf. 12. Leipz. 800—803. (Wienbrack). 1 ℛ (A. u. d. T.: Taschenbuch f. Freunde u. Freundinnen d. Tanzes.)

Kattmann, Aug., deutsche Volkspredigten und Vorträge ꝛc. gehalten vor freien oder deutsch-kathol. Gemeinden unter Mitwirkung mehrer bekannter Prediger hrsg. 1. Lfg. gr. 8. (27 S.) Frankfurt a. M. 849, Meidinger. *

Kattmann, Wilhelm [cand. med. aus Burgsteinfurt (Westfalen)]: Ueber Erosionen und Ectropium am Muttermunde .... Wurzburg, Druck d. Bonitas-Bauer'schen Buchdr., 1887; 30 S. 8°
Würzburg, Med. Fak., Inaug.-Diss. v. 1887

Kattner, Edwart, deutsche Abrechnung mit den Polen. 2 Hefte. Bromberg 862. (Thorn, Lambeck.) gr. 8. (133 S.) Jedes Heft n. 6 *ngr.*

—— Preußens Beruf im Osten. gr. 8. (III, 219 S.) Berlin 869, Heidemann und Comp. *

Kattner, Edw., Bildung und Sittlichkeit unter dem Einfluß der Orthodoxie in Preußen. gr. 8. (55 S.) Leipzig 868, (Fritsch.) *

— neun Kapitel über die Orts-Namen in Westpreußen und Posen. Bromberg 861. (Levit.) 8. (2 Bl., 70 S.) n. 10 *ngr.*

Kattner, Emma: Zur Ärztinnenfrage. Warum verlangen wir weibliche Frauen-Ärzte? — Tübingen: Fues 1891. 29 S. 8°

Kattner, Emma, der Jugend Führer zum edlen Menschenthum, s.: Reichenbach, A.

— In d. Tod gejagt. Vor d. Selbstmord, s.a. Weichert's Wochen-Bibliothek.

[F.] In den Tod gejagt! Vor dem Selbstmord. Zwei ernste Erzählgn v. E. **Kattner.** M. 3 Vollbild. *Berlin: A. Weichert [1898].* (96 S., 3 Taf.) 1 Bd 8.
= Wochen-Bibliothek, Weichert's. Bd 34. [99. 486

Kattner, Emma, Märchen und Erzählungen für Mädchen, s. Wurm, Vict.

Kattner, Emma: Mußte es sein?, s.a. Weichert's Wochen-Bibliothek.

[F.] Musste es sein? Roman v. E[mma] **Kattner.** M. 3 Vollb. *Berlin: A. Weichert [1897].* (95 S., 3 Taf.) 1 Bd 8.
= Wochen-Bibliothek, Weichert's. Bd 22. [97. 5459

— Plauderstunden, Erzählungen u. Märchen für Mädchen von 7 bis 10 Jahren. Mit 4 Farbendr.-Bildern. 8. (III, 216 S.) Leipzig 881. C. Zieger. cart. n. 2. —

Kattner, Emma, Plauderstunden. Erzählungen u. Märchen f. Kinder von 7—10 Jahren. Mit 5 Farbendr.-Bildern v. W. Hoffmann. 2. Aufl. gr. 8. (III, 210 S.) Berlin 891. H. J. Meidinger. Geb. in Leinw. n. 3. —

– Ungelöste Rätsel (Geopfert. d. Zaubertrank), s.a. Weichert's Wochen-Bibliothek.

[F.] Ungelöste Rätsel. Zwei Novellen v. E. **Kattner** ... M. 3 Vollbild. *Berlin: A. Weichert [1898].* (96 S., 3 Taf.) 1 Bd 8.
= Wochen-Bibliothek, Weichert's. Bd 35. [99. 487

— d. Tochter d. Arbeiters. Orig.-Schausp. in 5 Acten. gr. 8. (41 S.) Berlin (892). M. Böhm. 2. —

Kattner, H., Abriß der brandenburgisch-preußischen Geschichte von den ältesten Zeiten bis 1860. Nebst einem dazu gehörigen (lith.) Ruhmes-Gedenkblatt. Berlin 860. (v. Trautmann.) 4. (8 S.) 1½ *ngr.*

Kattner, Heinr. Jul., Darstellung d. Rechts-Verhältnisse d. im aktiven Dienst befindl., mit Inaktivitäts-Gehalt, Wartegeld od. Pension aus d. aktiven Dienst geschied., u. d. beurlaubten Landwehr-Offiziere d. preuß. Heeres, nebst zwei Anhn. 8. (10½ B.) Schweidnitz 836, (Heege.) *

Kattner, H. J., Militair-Gesetz-Codex für das preuß. Heer, s. Militair-Gesetz-Codex.

Kattner, Heinr. Jul., Militair-Gesetz-Codex f. d. preuß. Heer. 16. (24 B.) Trier 845. (Lintz'sche Buchh.) *

Kattner, Heinr. Jul.: Militair-Gesetz-Codex für das Preußische Heer. Trier u. Saarlouis 1845.
— 2. Aufl.: K[attner], H. J.: Militair-Gesetz-Codex für das Preußische Heer. Frankfurt a. O. 2 Bde
Bd [1.] 1854.
„ 2. Ergänzungen. Zsgest. durch Voß. 1860.

Kattner, H(einr.) J(ul.), Taschen-Grammatik der französischen Sprache. 16. (179 S.) Berlin 851, Springer. *

Kattner, H. J., Taschen-Grammatik der französischen Sprache. Frankfurt a. O. 853. Koscky u. Co. 32. (XII, 111, 68 S.) 7½ ngr

Kattner, Otto (geb. Gräferei in Schles. 19. 2. 1821): De chlorosi. Berolini (1844). (25 S.) 8°
Berlin, Med. Diss. v. 2. Sept. 1844

Kattowitz [Schlagwort]

— s. a.: **Beuthen. — Kreiskarten.**

— s. a.: **Oppeln, Reg.-Bez.**

Kattowitz, s.: **Industriekarten.**

Kattowitz-Breslau, s.: **Automobilkarten.** Automobil-Tourenkarte.

Kattowitz-Glatz, s.: **Automobilkarten.** Automobil-Tourenkarte.

Kattowitz, Kreis. **Mueller**, Karte des Kreises Kattowitz im Reg.-Bez. Oppeln. 1 : 20,000. 2 Blatt je 106×68 cm. Farbdr. Kattowitz (898). C. Siwinna. n. 10. —; auf Leinw. m. Stäben n. 12. —

— **Mueller**, Kreiskarte von Kattowitz O.-S. 1 : 100,000. 22×32 cm. Farbdr. Ebd. (903). n. — 60

Kattowitz. **Pharus-Plan** Kattowitz. 1 : 14,000. 39×50,5 cm. Farbdr. Kattowitz (909). Phönix-Verlag. — 60

Kattowitz, Kreis. Soochowski, E., Karte des Kreises Kattowitz. Für den heimatl. Unterricht entworfen u. gezeichnet. 1 : 25,000. 2 Blatt à 80,5×61,5 cm. Farbdr. Glogau (902). C. Flemming. n. 10. —; auf Leinw. m. Stäben n.n. 13. —

Kattowitz [Verfasser]

Kattowitz, Gustav v., Der klimatische Wintercurort Arco in Süd-Tirol. Zweite ergänzte Aufl. 8°. (VIII, 107 S.) Arco, Emmert. fl. —.90.
1887.

Kattowitz, Dr. Gust. v., Curort Ischl in Oesterreich. Salzkammergut. 2. Aufl. 8. (52 S. m. 1 Karte) geh. 60 kr.
Linz: Ebenhöch 1881.

Kattrein, Ludw., mit Gott f. Ehre, Fürst u. Vaterland! Ein Jahrhundert deutscher Truppengeschichte, dargestellt an derjenigen des großh. hess. Kontingents 1806—1906. Mit 16 Illustr. u. 1 Übersichtskarte. (VIII, 296 S.) gr. 8. Darmstadt 907. H. L. Schlapp. 6. —; geb. 7. —

Der Militär-Postdirektor. Ein Handbuch f. solche, die es werden wollen oder bereits sind. Auf Grund d. neuesten Bestimmungen zsgest. von Louis Kattrein, Postdir. Oldenburg i. Gr.: G. Stalling (1907). (60 S.) 8° [ℳ.] [07. 7989

Kattwinkel, Paul, a. Wermelskirchen (Rheinprovinz): Über die Einwirkung von Ammoniumpersulfat und anderer Oxydationsmittel auf die Tolunitrile. [Berlin] (1905: G. Schade.) (61 S.) 8°
Berlin, Phil. Fak., Ref. Gabriel, Landolt, Diss. v. 12. Aug. 1905
[Geb. 2. Juni 76 Wermelskirchen in der Rheinprovinz: Heimatsort: Wermelskirchen; Staatsangeh.: Preußen; Vorbildung: Realgymn. Barmen Reife O. 96; Studium: Charlottenburg T.H. 6, Berlin 12 S.; Rig. 24. Juli 05.]

Kattwinkel, Wilhelm [cand. med. aus Kierspe]: Über congenitale Brustmuskeldefekte ... Erlangen, Druck d. Univ.-Buchdr. v. E. Th. Jacob, 1892; 24 S. 8.
Erlangen, Med. Fak., Inaug.-Diss. v. 23. Juli 1892

Kattwinkel, Wilh., approb. Arzt, aus Wermelskirchen: Klinische Erfahrungen mit Jequiritol und Jequiritolserum. *Bonn 1902: C. Georgi.* (34 S.) 8°
Bonn, Med. Diss. v. 24. Mai 1902

Kattwinkel, Wilhelm, Dr., Assist. am med.-klinischen Inst.. Aus d. kgl. med.-klinischen Institut d. Universität München. Über Acquirierte kombinierte Strangsklerosen. *München 1902: C. Wolf & Sohn.* (66 S.) 4°(8°) ¶(Erscheint mit sämtl. Taf. im Deutschen Archiv f. klin. Med.)
München, Med. Hab.-Schr. v. 1902

Katull, s. Catull.

Katull's Gedichte. Im Versmaße der Urschrift übers. von Karl Uschner. 16. (XII und 180 S.) Berlin 867, Schroeder's Verlag.

Katull's ausgewählte Gedichte, s. Sammlung Griechischer und Römischer Classiker.

Katunkleidchen, das, s. Theater, kleines.

Katz

— **die moderne Heilkunde im Lichte der Naturwissenschaften u. im Vergleich zur Naturheilkunde.** Orig.-Wiedergabe des am 28. Apr. in Neu-Ulm geh. Vortrages. [Aus: „Gesundheitsrat".] 12. (16 S.) Stuttgart 893. Verlag u. Exped. d. „Gesundheitsrat". n. — 10

Katz, ..., (Kirchenrath) Rede vor Eröffnung d. 2ten Landtages am 27. März 1822 gehalten. gr. 8. Heidelb. 822. Groos. 3 K

Katz, A: Sprou-Tafeln. D. R.-P. 52725. Ein neues Bau- und Isoliermaterial zu Zwischendecken, leichten Wänden usw. Waiblingen (1891)

Katz, Adolf, approb. Arzt aus Pforzheim: Ueber einen **Fall** von Luxatio centralis capitis femoris mit Darmruptur. *Tübingen 1902: H. Laupp Jr.* (11 S.) 8° ¶(Aus: Beiträge zur klinischen Chirurgie, Bd 33, H. 2.)
Freiburg i. B., Med. Diss. v. 1902

Katz, Adolf: Zur Lehre vom Vorkaufsrecht nach dem Bürgerl. Gesetzbuch für das deutsche Reich. *Erlangen 1898: F. Junge.* (85 S.) 8°
Erlangen, Jur. Diss. v. 5. Febr. 1898

Katz, Adf., z. Lehre v. Vorkaufsrecht nach dem bürgerl. Gesetzbuch f. d. deutsche Reich. Diss. gr. 8. (85 S.) Erlangen 898. (Leipzig, Buchhdlg. G. Fock.) n. 1. 50

Katz, Alb., biographische Charakterbilder aus der jüdischen Geschichte u. Sage. (VII, 215 S.) 8. Berlin (905). Verlag f. moderne Literatur. n. 2.50; geb. in Leinw. n. 3.50

Der Chassidismus. Von Albert Katz. *Berlin: M. Poppelauer 1904.* (34 S.) 8° [F.] [04. 4690

Katz, Alb., Christen u. Juden als Förderer der hebräischen Sprache u. Literatur. (29 S.) 8. Berlin 907. M. Poppelauer. — 50

Katz, Albert, Kammergerichtsrefer.: Unzulässige Eintragungen in das Handelsregister, insbesondere in bezug auf die Kommanditgesellschaft. Berlin: Sittenfeld 1910. 30 S. 8°
Göttingen, Jur. Diss. v. 18. März 1910, Ref. Ehrenberg
[Geb. 7. März 87 Berlin; Wohnort: Berlin; Staatsangeh.: Preußen; Vorbildung: Wilhelms-Gymn. Berlin Reife O. 05; Studium: Freiburg i. B. 1, Berlin 5 S.; Rig. 14. Febr. 10.] [U 10. 1342

— Jossele. Aus dem polnisch-jüd. Jargon nach e. Erzählg. v. Jak. Dienesohn frei bearb. (190 S.) 8. Leipzig 910. G. Engel. 2.50; geb. in Leinw. 3. —

Katz, Alb., der Jude und das Land seiner Väter. (In hebr. Sprache.) gr. 8. (38 S.) Fürstenwalde 883, (Geelhaar.)

Katz, Alb., die Juden in China. gr. 8. (31 S.) Berlin 900. A. Katz. n. — 50

Katz, Alb., die Juden im Kaukasus. gr. 8. (27 S.) Berlin 894. H. Schildberger. n. — 50

— der wahre Talmudjude. Die wichtigsten Grundsätze d. talmud. Schriftthums üb. das sittl. Leben d. Menschen, übers. u. in 70 Capiteln systematisch geordnet. 1.—3. Aufl. 8. (XV, 165 S.) Berlin 893. E. Apolant. n. 2. —; geb. n. 2.50

Katz, Alb., aus alter u. neuer Zeit (aus d. Leben d. Juden in Polen), s.: Universal-Bibliothek, jüdische.

Katz, Alex [app. Arzt aus Mollenfelde]: Zwei Fälle von amyotrophischer Lateralsclerose ... Göttingen, Druck d. Dieterich'schen Univ.-Buchdr., 1893; 23 S. 8.
Göttingen, Med. Fak., Inaug.-Diss. v. [28. Juni] 1893

Katz, Alex, Fälle v. amyotrophischer Lateralsclerose. Diss. gr. 8. (24 S.) Göttingen 893. (Vandenhoeck & Ruprecht.) n. — 60

Katz, Alexander, Die unredliche Konkurrenz. 8°. Berlin 1892.

Katz, Arth., u. **Ferd. Winkler**, die multiple Fettgewebsnecrose. Klinische u. experimentelle Studien. Mit e. Vorwort v. Leop. Oser. gr. 8. (IV, 139 S. m. 15 Abbildgn.) Berlin 899. S. Karger. n. 4.50

Katz, Arthur, Rechtskandidat in Berlin: Die Voraussetzungen des kaufmännischen Zurückbehaltungsrechts nach H. G. B. § 369. (45 S.) 8°
Heidelberg, Jur. Fak., Ref. Schroeder, Diss. v. 1908
[Geb. 2. Juni 87 Antonienhütte; Wohnort: Berlin; Staatsangeh.: Preußen; Vorbildung: Gymn. Gnesen Reife O. 05; Studium: Berlin 8 S.; Rig. 20. Mai 08.]

[Hebr.] Le-qōrōt haj-jehūdim be-Russia Polen we Liṭa... mêêt Ben-Ṣijjōn Kaṣ [**Katz**]. *Berlin: 659: H. Itzkowski.* [Russ.] Lekorot gaiegudien... Soč. B. Kaca. *Berlin 1899: G. Itzkowski.* (64 S.) 8°
[Zur Geschichte d. Juden in Russland, Polen, Littauen.] [00. 10167

Katz, Bruno Alexander-
s. Alexander-Katz. A 12.6772

KATZ, B. A.
See Centralblatt für Nahrungs- und Genussmittel-Chemie.

Katz, B. Alexander-: Die amtliche Controle d. Lebensmittel m. spec. Berücks. d. Margarine m. e. Entwurf eines Ergänzungsgesetzes betreffend den Verkehr mit Margarine. Leipz. 1895. 16 S. P.

Katz, Charlotte, von Kischinoff: Die Amputationen der Extremitäten in der Berner chirurg. Klinik von Herrn Prof. Dr. Kocher in bezug auf die Häufigkeit und die Methode der Stumpfbildung. Bern 1908. 36 S. 8°. [22. VII. 08].
Bern, Med. Diss. 1908/09.

Katz, D., Arithmetik u. Algebra, s. Bibliothek Schüler-Versetzung.

Arithmetik und Algebra für Quartaner ... Ober-Sekundaner. Leicht lernbare Gesetze mit Musterbeispielen ... bearb. von D. **Katz**. Berlin-Schöneberg: Mentor-Verl. [1905]. (00 S.) 8° [F.]
= Schüler-Versetzung, Bibliothek. Bdch. 10.

— Lateinisch, s. Bibliothek Schüler-Versetzung.

Lateinisch für Unter-Tertianer ... u. Abiturienten. Leicht lernbare Regeln mit Musterbeispielen ... Für d. Schüler aller höh. Schulen bearb. von D. **Katz**. Berlin-Schöneberg: Mentor-Verl. [1905]. (XII, 120 S.) 8° [F.]
— Schüler-Versetzung, Bibliothek. Bdch. 12. [06. 3040

Katz, David, a. Kassel: Experimentelle Beiträge zur Psychologie des Vergleichs im Gebiete des Zeitsinns. Leipzig: J. A. Barth 1906. (79 S.) 8°
Göttingen, Phil. Fak., Ref. Müller, Diss. v. 13. Aug. 1906
[Geb. 1. Okt. 84 Cassel; Wohnort: Göttingen; Staatsangeh.: Preußen; Vorbildung: Realgymn. Cassel Reife O. 02; Studium: Göttingen 3, Berlin 1, Göttingen 4 S.; Rig. 23. Febr. 06.]

Katz Eberhard: Cyrus, des Perserkönigs Abstammung, Kriege und Tod nach den gewöhnlichsten überlieferten Sagen. 41. St. Paul 95.
Progr.

Katz, Eberh., Cyrus d. Perserkönigs Abstammung, Kriege u. Tod n. d. gewöhnl. überlief. Sagen. gr. 8. (44 S.) Klagenfurt 895. (F. v. Kleinmayr.) n. 1. —

Katz Eb.: Annalium Laureshamensium editio emendata secundum codicem St. Paulensem XXV. c/32 = C. A. (61.) St. Paul 89. Progr.

Katz Eberhard: Der Gang der Erwerbung Kärntens durch die Habsburger und die sagenhaften Heereszüge der Margaretha Maultasche. (31). 27. St. Paul 97. 98.
Progr.

St. Paul: Zur Geschichte des Gymnasiums v. Eb. Katz. (22) 1886.
Progr.

Katz Eberhard: Herbarts Regierung, Unterricht und Zucht nach dem Inhalte reproduciert. Darauf bezüglich Lohn und Strafe. Internate. 22. St. Paul 96.
Progr.

Katz, Edwin, die strafrechtlichen Bestimmungen d. Handelsgesetzbuches betr. die Ordnungsstrafen, die Mäklervergehen, die Delikte d. Aktienrechts u. das Seestrafrecht. Mit Kommentar in Anmerkgn. gr. 8. (XI, 165 S.) Berlin 885. Guttentag. n. 3.50

Katz, Edwin, die strafrechtlichen Bestimmungen des Handelsgesetzbuchs u. das Seehandelsstrafrecht. Mit Kommentar u. Anmerkgn. 2. völlig neu bearb. Aufl. gr. 8. (VIII, 122 S.) Berlin 902. J. Guttentag. n. 3. —

Katz, Edwin, Gesetz zum Schutz der Waarenbezeichnungen u. unlauterer Wettbewerb, s. a. Veröffentlichungen des Berliner Anwalt-Vereins.

Katz, E., Gesetz zum Schutz der Warenbezeichnungen u. unlauteren Wettbewerb. 8°. Berlin 1894.

Katz, Edwin, ein Grundriss des kanonischen Strafrechts. gr. 8. (X, 211 S.) Berlin 881. Guttentag. n. 5. —

Katz, Edwin (Alexander) (geb. Görlitz 24. 12. 1856): Die materielle Wirkung der Litiskontestation bei dinglichen Rechten und bei Forderungen. Berlin (1878). (90 S.) 8°
Berlin, Jur. Diss. v. 21. Dez. 1878

Katz, Edwin (Alex.), die materielle Wirkung der Litiscontestation bei dinglichen Rechten u. bei Forderungen. Inaugural-Dissertation. gr. 8. (90 S.) Berlin 878. (Breslau, Koebner.) n. 2. —

Katz, Elsa, vegetarisches Kochbuch f. Gesunde u. Kranke nach den Prinzipien v. Dr. Katz. (X, 120 S.) 8. Stuttgart 903. (Glaser & Sulz.) Geb. in Leinw. n. 2. —

Katz, Elsa, vegetarisches Koch-Buch f. Gesunde u. Kranke nach den Prinzipien v. Katz. 2. verm. Aufl. v. Meta Katz. (XV, 173 S.) 8. Stuttgart 907. Glaser & Sulz. Geb. 2. —

Katz, Emil, sicherster Schutz des Briefgeheimnisses od. leichtfaßl. Anwendg. zu e. unbedingt sichern, f. Fremde absolut unlesbaren Geheimschrift, durch welche Liebende u. Freunde, Geschäftsleute u. Politiker in e. Weise durch Briefe od. Telegramme m. einander verkehren können, welche Unbefugte in keiner Weise zu entziffern vermögen. 8. (80 S.) Berlin (901). A. Weichert. — 50

Katz, Ernst [aus Basel]: Über das ætherische Öl der Pappelknospen. Basel 1899. 33 S. 8°.
Basel. Phil. Diss. 1899/1900.

Katz, Ernst Wilh., freie Gedanken in Silben-Schranken. (40 S.) 8. Mannheim 909. Dr. H. Haas. — 50; geb. in Leinw. 1.

Land und Freiheit. Von Dr. Eugen **Katz**. Berlin-Schöneberg: 'Hilfe' 1907. 47 S. 8°
Aus: Patria, Jahrbuch d. 'Hilfe' f. 1908. [11. 5746]

Katz, Eugen: **Landarbeiter und Landwirtschaft in Oberhessen.** *Stuttgart 1904: Union.* (XII, 184 S.) 8° ¶(= Münchener volkswirtsch. Studien, Stück 64.)
München, Staatswirtsch. Diss. v. 1903

Landarbeiter und Landwirtschaft in Oberhessen von Eugen **Katz**, Dr. d. Staatsw. *Stuttgart & Berlin: J. G. Cotta'Nachf. 1904.* (XIV, 184 S.) 8°
= Studien, Münchener Volkswirtschaftliche. St. 64. [04. 6718]

Katz, F. Über einige Meta-Derivate der Naphthalinreihe. Mit 2 Tabellen. In-8°. 28 S. Basel. These. 1896.

Katz, Friedrich Heinrich, aus Singapore (Straits Settlements): Beiträge zur Elektrochemie der Thiosulfate. *Gießen 1903: Heppeler & Meyer.* (30 S.) 8°
Gießen, Phil. Diss. v. 1903

Katz, Geo., Schatten. (144 S.) kl. 8. Leipzig 908. Verlag f. Literatur, Kunst u. Musik. 1.50; geb. n 2. 50

Katz, Georg Alfons [app. Arzt aus Pleschen]: Über das Verhalten der Complicationen bei Pneumonia crouposa nach dem Auftreten der Influenza ... Leipzig, G. Fock, 1893; 34 S. 8.
Leipzig, Med. Fak., Inaug.-Diss. v. 31. Juli 1893

Katz, Georg Julius: V e r s c h i e b u n g der Absorptionsstreifen in verschiedenen Lösungsmitteln.
Erlangen 1898: F. Junge. 29 S. mit Taf. u. Tab. 8°
Erlangen, Phil. Diss. v. [30. Juni] 1892

KATZ, Gustav (Duderstadt): Über polypoese Myxoid-Kystome.- Duderstadt: Wagner 1891. 19 S., 3 Taf.
4.3.1891 - Chr 1890/91,20; Jv 1890/91,231
Diss. Ingolst.-Landsh.-München.

Katz, Heinrich, approb. Arzt aus Schwersenz: Ein **Fall** von totaler einseitiger Thrombose der Vena renalis bei Lues congenita mit eigenartigen Veränderungen der funktionell überanstrengten anderen Niere. *Würzburg 1903:* *F. X. Seubert.* (20 S.) 8°
Würzburg, Med. Diss. v. 1903

Katz, Heinr., Uebergangs-Bestimmungen zu d. Civilprocess-Gesetzen. I. Tabellar. Uebersicht d. Uebergangs-Bestimmgn. z. Civilprocessordng. u. Jurisdictionsnorm. II. Tabellar. Uebersicht d. Uebergangs-Bestimmgn. z. Executionsordng. III. Tabellar. Uebersicht d. Bestimmgn. z. Geschäftsordng. 2. Aufl. gr. Fol. (3 Bl.) Wien 898. C. Konegen. n. 2. —

Katz, Heinr., Uebergangs-Bestimmungen zu d. neuen Civilprocess-Gesetzen. 2. Aufl. gr. Fol. (3 Bl.) Wien 898. [C. Konegen.] Manz. n. 2.—; erh. Pr. n. 2.40

Katz, Dr. Heinrich, Das Urtheil im neuen österreichischen Civilprocesse. Systematische Darstellung des Processinstitutes des Urtheiles mit besonderer Bedachtnahme auf die Bedürfnisse der Praxis. Gr. 8. (XI, 128 S.) 1.40
Wien: Konegen 1896.

Katz, Hermann: Das neue deutsche T h e a t e r in Prag. Ein Gedenkblatt zur Eröffnung. Mit zwei Bildern und einem Plan. 12°. 62 S. Prag: A. Haase 1887.

Katz, Jakob

Katz, für's Auge. Populäre Winke zur Erhaltung der Sehkraft. 1.—8. Aufl. gr. 8. (144 S. mit 21 in den Text gedr. Holzschn.) Berlin 886, [Th. Hofmann.] Steinitz' Verlag. *

Katz, für's Auge. Populäre Winke zur Erhaltg. der Sehkraft. Mit 21 Holzschn. 4. Aufl. gr. 8. (144 S.) Berlin 889. Steinitz' Verl. n. 1. 50

— 200 Augenspenden in Wort u. Bild. gr. 8. (VII, 248 S.) Berlin 890. (Schorer.) n. 2. —

Katz, [Jak.] 200 Augenspenden in Wort u. Bild. 2. unveränd. (Titel-) Aufl. gr. 8. (VII, 250 S.) Berl. 892, H. Steinitz Verlag. * 2 —
Ausg. f. Ärzte. 2. unveränd. Aufl. (XII, 306 S.) * 3 —
1. Aufl. erschien 1890 im Comm.-Verlage v. Schorer.

—— Über die Kurzsichtigkeit. Offene Worte an e. Berliner Zeitg. gr. 8. (34 S. m. Fig.) Berl. 891, G. Nauck. * 1 —

Katz, die Kurzsichtigkeit nach Ursache, Wesen und Gefahren, mit besond. Rücksicht auf Auge und Schule allgemein verständlich dargestellt. gr. 8. (IV, 40 S.) Berlin 882, Horrwitz.

—— die Kursichtigkeit nach Ursache, Wesen und Gefahren mit besond. Rücksicht auf Auge und Schule, sowie der graue Staar nach Form und Heilbarkeit, allgemein verständlich dargestellt. gr. 8. (IV, 64 S.) Ebendas. 883.

Katz, der Augen Pflege in Haus u. Familie. Gemeinnützige Winke zur Erhaltg. der Sehkraft. gr. 8. (300 S. m. 33 Fig.) Berlin 893. (H. Steinitz' Verl.) n. 3. —

Katz, der Augen Pflege in Haus u. Familie. Gemeinnützige Winke zur Erhaltg. der Sehkraft. 3. Aufl. gr. 8. (300 S.) Berlin 899. H. Steinitz. n. 3. —

Katz, [J.], die Ursachen der Erblindung. Ein Trotz- und Trostwort, allgemein verständlich dargestellt. 1.—4. Aufl. gr. 8. (IV, 84 S.) Berlin 878, Czihatzky.

—— Wie erhält man seine Sehkraft? Oder die Krankheiten und Fehler des Auges allgemein verständlich dargestellt. 1.—3. Aufl. gr. 8. (VI, 121 S. mit 29 in den Text gedr. Holzschn.-Abbild.) Berlin 876, Grieben. *M.* 2.; geb.

— wie erhält man seine Sehkraft? Oder die Krankheiten u. Fehler des Auges, allgemein verständlich dargestellt. 4. Aufl. gr. 8. (VIII, 127 S. m. 29 Abbildgn.) Leipzig 899. Th. Grieben. n. 2.—

Katz, Ignaz, aus Bamberg: **Verschollenheit** und Todeserklärung nach dem bürgerlichen Gesetzbuche. *München 1899: M. Ernst.* (59 S.) 8°
Erlangen, Jur. Diss. v. 21. Dez. 1898

Katz, Jul. (Hrsg.), s. A n s p r a c h e n Sr. Königl. Hoh. des Großherzogs Friedrich v. Baden . . .

Katz, Julius [aus Hoetensleben '(Prov. Sachsen)']: Die mineralischen Bestandtheile des Muskelfleisches ... (Aus: Arch. f. d. ges. Physiol., Bd. 63.) Bonn, E. Strauss, 1896; Bl., 85 S. 8.
Leipzig, Phil. Fak., Inaug.-Diss. v. [16. Apr.] 1806

Katz, Julius [aus Grünberg '(Schles.)']: Einfluss der Harzburger Cordo-Quelle auf den Stoffwechsel im menschlichen Körper ... Berlin, Druck v. H. Sternberg, 1894; 33 S., 1 Bl. 8.
Berlin, Med. Fak., Inaug.-Diss. v. 27. Apr. 1804

Katz, Jul., die eventuelle Errichtung v. Lungenheilstätten in Deutsch-Südwestafrika, s. a. Verhandlungen der deutschen Kolonial-Gesellschaft. VII, 8.

Die eventuelle Errichtung von Lungenheilstätten in Deutsch-Südwestafrika. Vortrag von Dr. Julius **Katz.** *(Berlin: D. Reimer 1903.)* (126 S.) 8° = Abteilung Berlin-Charlottenburg d. Deutschen Kolonial-Gesellschaft. Verhandlungen. 1902/03, H. 3. [03. 6317

Katz, Julius [approb. Arzt aus Gutstadt O.-Pr.]: Ein Fall von Sarkom des Uterus .... Kiel, Druck v. Schmidt & Klaunig, 1887; 19 + 1 S. + 1 Bl. 8°.
Kiel, Med. Fak., Inaug.-Diss. v. 12. Jul. 1887.

Katz, Jul., ein Fall von Sarkom des Uterus. Inaugural-Dissertation. gr. 8. (19 S.) Kiel 887, (Lipsius und Tischer.) *

Katz, Jul., in memoriam. Eine Sammlg. v. Kundgebgn. anläßlich des Ablebens Sr. kgl. Hoh. des Großherzogs Friedrich v. Baden. Mit Allerhöchster Genehmigg. hrsg. (175 S. m. 1 Bildnis.) 8. Karlsruhe 908. G. Braun'sche Hofbuchdr. 2.—

Katz, Jul., Reichsgesetz betr. d. Verkehr m. Nahrungsmitteln, Genußmitteln u. Gebrauchsgegenständen vom 14. Mai 1879. M. Erläutergn. hrsg. 8. (70 u. VI S.) Berlin 895. M. Zuelzer & Co. Kart. 2.—

Katz, Karl [aus Pforzheim]: Über das Zusammenvorkommen von Neuritis optica und Myelitis acuta ... (Aus: v. Graefe's Arch. f. Ophthalmol., Bd XLII Abth. 1.) Leipzig, W. Engelmann, 1896: 41 S. 8.
Heidelberg, Med. Fak., Inaug.-Diss. v. [29. Juli] 1895

Katz, L. Microphotographischer Atlas der normalen u. patholog. Anatomie d. Ohres. 1. u. 2. Thl. gr. 8. Berl. 892, A. Hirschwald. [I. Thl. 10 Blatt. 891. * 12 —; II. Thl. 12 Blatt. * 16 —.] In 2 Leinw.-Mappen * 28 —

Katz, L., stereoscop. Atlas d. menschl. Ohres nach durchsicht. macroscop. Präparaten. gr. 8. (10 Taf. m. 1 Bl. Text.) Berlin 895. A. Hirschwald. In Leinw.-Mappe in 4. n. 20.—

Katz, Leo, die Erkrankungen d. Zungenmandel, s.: Abhandlungen, Würzburger, aus dem Gesamtgebiet. der prakt. Medizin.

Die Krankheiten der Nasenscheidewand und ihre Behandlung. Von Dr. Leo **Katz,** Kaiserslautern. Mit 8 Taf. u. 34 Abb. Würzburg: C. Kabitzsch 1908. (IX, 170 S.) 4°(8°) [08. 3029

Katz, Leo: Über L i p u r i e . Würzburg 1897: Becker. 28 S. 8°. Würzburg, med. Diss. v. 1897

Katz, Leop. Pflichten d. Bar Mizwa. Eine Handreiche f. den israelit. Confirmanden. 8. (27 S.) Ratibor 891, Simmich. * — 50

Katz, Leop., die Pflichten des Bar Mizwa. Eine Handreiche f. den israelit. Konfirmanden in katechet. Form. 2. Aufl. 8. (43 S.) Frankfurt a/M. 902. J. Kauffmann. Kart. n. — 80

Katz, Leopold, Referendar in Gießen: Die rechtliche Stellung der Israeliten nach dem Staatskirchenrecht des Großherzogtums Hessen. Gießen: A. Töpelmann 1906. (61 S.) 8° ¶ (Erscheint vollst. ebenda.)
Gießen, Jur. Fak., Ref. Schmidt u. v. Calker, Diss. v. 4 Juli 1906
[Geb. 2. Dez. 78 Großen-Buseck; Wohnort: Großen-Buseck; Staatsangeh.: Hessen; Vorbildung: Gymn. Gießen Reife O. 01; Studium: Gießen 3, Berlin 1, Gießen 4 S.; Rig. 16. Okt. 05.]

Die rechtliche Stellung der Israeliten nach dem Staatskirchenrecht des Grossherzogtums Hessen. Von Dr. jur. Leopold **Katz,** Ref. Giessen: Töpelmann 1906. VIII, 95 S. 8°
[Ein T. ersch. als Inaug.-Diss. Giessen 1906.] [11. 2816 8

KATZ, Leopold (Jesberg): Ueber die Wirkung der Mucilaginosa auf motorische und sensible Nerven.- München: Ernst 1895. 43 S., 1 Taf.
14.3.1895 - Chr 1894/95,22; Jv 1894/95,203
Diss. Ingolst.-Landsh.-Münch.

Katz, Louis (geb. Loslau in Schles. 1. 1. 1848): Ueber Vergiftungen durch Schwefelsäure. Berlin (1872). (32 S.) 8°
Berlin, Med. Diss. v. 21. März 1872

Katz, Ludwig, Referendar: Der internationale Prisenhof. Leipzig: Wigand 1910. VI, 49 S. 8°
Leipzig, Jur. Diss. v. 17. März 1910
[Geb. 18. Mai 85 Zittau; Wohnort: Dresden; Staatsangeh.: Sachsen; Vorbildung: Kreuz-Gymn. Dresden Reife O. 05; Studium: Leipzig 2, München 1, Berlin 1, Leipzig 2 S.; Rig. 1. Juli 08.] [U 10. 2755

Katz, Ludwig, Kammergerichtsreferendar: Verhältnis der in den §§ 2365 bis 2367 enthaltenen Vorschriften zu den allgemeinen Vorschriften zugunsten derjenigen, welche Rechte von einem Nichtberechtigten ableiten. Berlin 1906: Liebheit & Thiesen. (33 S.) 8°
Heidelberg, Jur. Fak., Ref. Endemann, Diss. v. 20. Juli 1906
[Geb. 11. Mai 83 Berlin; Wohnort: Berlin; Staatsangeh.: Preußen; Vorbildung: Collège royal français Berlin Reife O. 02; Studium; Tübingen 2, Berlin 5 S.; Rig. 2. März 06.]

Katz, M., Lehrsätze und Aufgaben für einfache Buchhaltung in gewerblichen und kaufmännischen Betrieben. 4. Aufl. 8. (IV, 34 S.) Kaiserslautern 888, Crusius. *

Katz, M., Lehrsätze und Aufgaben für gewerbliche Buchhaltung. 1. und 2. Aufl. gr. 8. (20 S.) Kaiserslautern 882,84, A. Gotthold's Verlagsh. * 30 Pf.; cart.

Katz, Manus, offener Brief an den Recensenten-Anonymus „Schewet", Hrn. Landrabb. Dr. Kroner in Stadtlengsfeld. gr. 8. (18 S.) Berlin 882. Itzleib. n. — 50

Katz, Mart., s.: Maimonides, commentarius in Mišnam ad tractatum Sabbat.

Katz, Dr. med. Moritz, Englisch-deutsches medicinisches Wörterbuch. 8. (142 S.) In Lwd. geb. 1.80
Wien: Deuticke 1891.

Katz, N. H., über Charakterbildung. 8. (14 S.) Minden 880. (Augustin.) n. — 40

Katz, Otto [aus Melsungen (Hessen-Nassau)]: Die Augenheilkunde des Galenus. Erster (theoretischer) Teil: Über Anatomie und Physiologie des Sehorgans. . . . Berlin, Buchdr. v. Gustav Schade (Otto Francke) (1890); 2 Bl. + 124 S. + 1 Bl. 8°
Berlin, Med. Fak., Inaug.-Diss. v. 31. März 1890 .

Katz, Rich., s. Alexander-Katz, Rich.

Der Anschluss des Deutschen Reichs an die Internationale Union für gewerblichen Rechtsschutz. In Einzeldarstellungen von Dr. RICHARD ALEXANDER KATZ, Dr. RICHARD LAU, Dr. ALBERT OSTERRIETH, Dr. MARTIN WASSERMANN. Berlin 1901. Carl Heymanns Verlag. 8°.

Katz, Rich., Wilhelm Kreis, s.: **Charakterbilder, architektonische.**

Katz, Rich., Werke klassischer Kunst. Zum Studium der bild. Künste der Griechen u. Römer hrsg. 200 Taf. m. ca. 1000 Abb. in Farben-, Stein- u. Lichtdr. samt Text. 3 Bde. 34×25 cm. Stuttgart, C. Ebner. Geb. in Leinw. à 25. —
1. (70 Taf. u. 22 S. Text m. Abbildgn. u. 4 Taf.) (908).
2. (66 Taf. u. 12 S. Text m. Abbildgn. u. 6 Taf.) (909).
3. (72 Taf. u. 16 S. Text m. Abbildgn. u. 16 Taf. 910.

Katz, Rudolf: Über die Behandlung der Kompressionslähmung des Rückenmarks mit Extension. *Breslau 1898: Grass, Barth & C.* (31 S.) 8°
Würzburg, Med. Diss. v. 1898

Katz, S., Feierklänge. Gedichte, Wechselgespräche, Sing- u. Festspiele f. Israels Jugend zu Chanuka u. Purim, nebst e. Anh. ernster u. humorist. Gedichte aus dem jüd. Leben. (104 S) gr. 8. Gelsenkirchen (903) R. Klestadt. (Nur direkt.) n. 1. 60; geb. n. 2. 60

Katz, S., Hanna u. ihre Söhne. Dramatisches Chanuka-Festspiel in 1 Aufzug. gr. 8. (15 S.) Gelsenkirchen (902). Walter Klestadt. (Nur direkt). 1.—

Katz, S., statistische Uebersicht der hannoverschen Actien-Gesellschaften nebst Erläuterungen. Tab. in Imp.-Fol. Hannover 876, Meyer.

Katz, Siegmund, approb. Tierarzt aus Herborn: Die Atmung bei verändertem intra- und extrapulmonalem Drucke. [Mit drei Tafeln im Text.] München 1909. 19 S. 8°. [12. XI. 08.]
Bern. Vet.-med. Diss. 1908/09

Katz, Theodor, a. Kaiserslautern: Das Sarkom der unteren Abschnitte der Gebärmutter. Würzburg 1906: F. Staudenraus. (59 S.) 8°
Würzburg, Med. Fak., Ref. Hofmeier, Diss. v. 1. Dez. 1907
[Geb. 16. Jan. 82 Kaiserslautern; Wohnort: Würzburg; Staatsangeh.: Bayern; Vorbildung: Gymn. Kaiserslautern Reife Juli 01; Studium: München 1, Würzburg 9 S.; Coll. 5. Dez. 06; Approb. 1. Dez. 06.]

Katz, W. B., Anleitung zur Behandlung der amtlich festgestellten Regeln für die deutsche Rechtschreibung nach den Anforderungen des Normallehrplans mit Beispielen aus dem Lesebuche für die kathol. Volksschulen Württembergs. Ein Hilfsmittel für die Hand des Lehrers und zur Selbstbelehrung bearb. 8. (V, 79 S.) Biberach 872, Dorn'sche Buchh. *

Katz, W. H. u. C. G. Leibnitz, Predigten am Feste d. Erinnerung an die vor 100 Jahren geschehene Einweihung d. evangel.-lutherischen Stadtkirche in Manheim. 8. Manh. 809. Löffler. 8 K

Katz, Willy, in Berlin: Die Elephantiasis der weiblichen Genitalien. Berlin 1907: W. Axt. (32 S.) 8°
Leipzig, Med. Fak., Ref. Zweifel, Diss. v. 29. Okt. 1907
[Geb. 13. Nov. 81 Berlin; Wohnort: Berlin; Staatsangeh.: Preußen; Vorbildung: Sophien-Gymn. Berlin Reife M. 01; Studium: Berlin 9, Leipzig 2 S.; Coll. 29. Nov. 07; Approb. 21. Juni 07.]

Katz, Willy, appr. Arzt, dz. Einj.-Freiw. im Inf.-Reg. 47, a. Brieg, Bez. Breslau: Aus dem Kgl. hygienischen Institut zu Posen. Pathologisch-anatomische Abteilung Medizinalrat Prof. Dr. Busse. Der Zusammenhang von Pankreas- und Fettnekrose mit Cholelithiasis. Greifswald 1906: H. Adler. (44, III S.) 8°
Greifswald, Med. Fak., Ref. Busse, Grawitz, Diss. v. 8. Mai 1906
[Geb. 17. Dez. 78 Brieg; Wohnort: Posen; Staatsangeh.: Preußen; Vorbildung: Erzherzog Rainer-Gymn. Wien Reife Juli 98; Studium: Wien 8, Berlin 3 S.; Coll. 8. Mai 06; Approb. 26. Okt. 05.]

Katzbalgereien einiger Wochenblattisten und Zeitungsschreiber . . . O. O. [1774]. V: *Ernst* [?]. (Arch. f. Litt. VIII, 207.)

Kätzchen, Das, ein Schäferspiel in einem Aufzuge . . . 1746. Leipz. V: *Scholze, J. S.* (VLBS II, 66)

Kätzchen, d. drei. (Ausgestanzt.) qu. 4. (16 m. z. Tl. farb. Bild.) Nürnberg 895. Th. Stroefer. — 75

Kätzchen, mein gutes, u. andere Schätzchen. Leporello-Album. qu. 4. (6 farb. Taf. m. eingedr. Text, auf Pappe.) Berlin 898. Friedrichs & Co. Kart. n. — 50

Kätzchen, spielendes. Mal-Buch. (8 S. m. z. Tl. farb. Abbildgn. ohne Text.) qu. 16. Hannover (904). A. Molling & Co. n. — 10

— unser. 8. (12 S. m. farb. Abbildgn.) Stuttgart 892. F. Loewe. n. — 40

— unser. 12. (8 S. m. z. Tl. farb. Bildern.) Ebd. 898. — 15

— unsere. 8. (12 S. m. z. Tl. farb. Abb.) Konstanz 898. C. Hirsch. — 30

Kätzchengeschichte, eine, ihren Neffen Karl, Otto, Paul u. ihrer kleinen Nichte Anna gewidmet v. Tante Amanda. 16. (3 B. u. 6. ill. Bild.) Berlin 846, Winckelmann u. Söhne. -

Katze, meiner, wirkliche Erscheinung nach ihrem Tode rc. 8. (Berl.) 806. (Curths).

Katze, meiner, wirkliche Erscheinung nach ihrem Tode rc. 8. Berl. Schmidt. 805.

Katze und Hund oder Erlebnisse von Miezchen und Kapitän. Eine wahre Geschichte. Aus dem Engl. von L. A. F. Mit 4 (lith.) Bildern. Dresden 861. Kuntze. 16. (108 S.) 10 ngr.

Katze, d., läßt d. Mausen nicht; Forts. d. Bauerguts. Posse in 1 A. v. F. W. v. Schütz. 8. Altona, Bechtold. 801. -

Katze, die verwandelte. Komisch-phantast. Ballet in 3 Acten (4 Bildern) von Fr. Zoll und Carl Telle. Musik von J. Hollmesberger jun. 8. (22 S. mit erklär. Text.) Wien, Klinast. **

KATZELBERGER, Franz: Expositio Wycleffi et Hussii doctrinarum, earumque relatio ad systemata reformatorium saeculi 16. — (1875) 86 S. 4° (Maschinschr.)
Diss. Wien, Univ.

Katzemich, Josef ⟨geb. am 19 Nov. 1857 in Lengsdorf bei Bonn⟩: Ueber Quecksilberformamid bei der Behandlung der Lues . . . Bonn, Univ.-Buchdr. v. C. Georgi 1884. 27 S. 8.
Bonn, Med. Fak., Diss. v. 28 Juni 1884

Katzen. Eine Mappe m. 20 Katzenbildern. Lex.-8. Berlin-Steglitz (903). Neue Photograph. Gesellschaft. 8. —; einzelne Blatt — 50

Katzen. 3 Liebesspiele v. Marie Madeleine. 2. Tauf. (Zeichnerischer Schmuck v. Käte Ohmann.) (131 S.) kl. 8. Berlin (910). Verlag Continent. Geb. in Leinw. 4. —

Katzen, f. Liebhaber der, e. skizzirte Darstellung d. Naturgesch. ders. 8. Frst. Jäger. 802.

Katzenberger's, Dr., (des Neffen) neue Badereise. 2 Bde. Leipzig 858. Wengler. 16. (XXVIII, 167; VI, 173 S.) n. 20 ngr

Katzenberger's, [des Neffen,] neue Badereise. 2 Bde. (Supplemente zu Jean Paul. 2. und 3. Bd.) 16. (XXXIV und 340 S.) Leipzig 858, Wengler. *

Katzenberger, das illustrirte Hühnerauge. Ein Lehr-, Trost- und Heilbüchlein für das hinkende Jahrhundert. (Supplemente zu Jean Paul. 1. Bd.) 16. (XIV und 96 S. mit 18 eingedr. Holzschn.) Leipzig 858, Wengler. *

Nekrologe auf die K. Lycealprofessoren Dr. Andreas Haupt und Dr. Valentin Loch. — Von Dr. Katzenberger, L.-R. — 1893, Bamberg, ebenda. — S. 18 24.
1894 und 1895 erschien kein Programm.
Progr. Bamberg, K. Lyceum

Katzenberger, Franz Josef, s.a. Katzenberger, Leonhard Jakob.

— Hebammenkatechismus. 8. Münster, Perrenon. 777.

Katzenberger, Frz. Jos., katechet. Unterricht bey schweren und widernatürlichen Geburten. 8. Münster, Coppenrath 779.

Katzenberger, Fridol., wirre Blätter aus meiner Jugendzeit. Gedichte. 16. (VIII, 144 S.) Pforzheim 880, [Kraus Wwe. Nachf.] Delffs. *

Katzenberger, Fridolin. Wirre Blätter. Gedichte. 2. Aufl. 16. (VIII, 290 S.) Hof 890, Grau u. Comp. * 2 —

Katzenberger, H. [appr. Arzt]: Die Überernährung bei Phthise (nebst Versuchen an Gesunden).... Erlangen, Druck v. Junge & Sohn, 1886; 27 S. 8°.
Erlangen, Med. Fak., Inaug.-Diss. v. 1886.

Katzenberger, H., die Ueberernährung bei Phthise (nebst Versuchen an Gesunden). Diss. Erlangen 1886, Th. Blaesing. 8°. 27 S.

Katzenberger, Kilian, s.a. Kazenberger, Kilian.

Katzenberger, Kilian, Auszug, die Stadt Gottes, s. d'Agreda.

— Auszug, die Stadt Gottes beschrieben v. Maria d'Agreda. 8. Ebend. 774.

Katzenberger, Kil., das Buch des Lebens. 8. Augsburg, J. Wolff. 733.

— columna et firmamentum veritatis catholicae, seu fides et ecclesia catholica contra suos adversarios, praecipue Gentiles, Judaeos, Mahometanos, Graecos, Lutheranos, Calvinistas et Jansenistas defensa. 8. Augsb. 756. J. Wolf. 16 xr

— Seraphisches Herz. 8. Ingolstadt, Krüll. 729.

— der Himmel auf Erden. 8. Ebend. 748.

— Himmelslicht, oder Leben und Regeln der heiligen Clara. 8. Augsb. J. Wolff. 743.

— dreyfacher Himmelsweg u. s. w. 12. Ebend. 745.

— liber vitae, seu compendiosa expositio in Regulam S. Francisci. 8. Augsb. 761. J. Wolf. 6 xr

— Nachr. v. d. Kloster-Jungfrauen des Ordens S. Francisci. 8. Ebendas. 753.

— Supplementum ad Sargar Conferentias, II partes. 8. ibid. 737.

— Tertiarien-Glorie, d. i.: Begriff der Tertiarien betreff. Bücher. 8. Augsb. 773. J. Wolf. 6 xr

— Unterricht d. Wissenschaft d. Seelenheil zu erlangen. 8. Ebend. 749.

Katzenberger, Leonhard Jakob, s.a. Katzenberger, Franz Josef.

— Hebammenkatechismus. 8. Münst. 778. Perrenon. 6 xr

Katzenberger, Lhrd. Jak., katechet. Unterricht bei schweren u. widernatürl. Geburten. 8. Münst. 779. Coppenrath. 16 xr

Katzenberger, Mart., ein Fürstenkind. Trauerrede auf den Hintritt Sr. Maj. Maximilian II., Königs von Bayern, gehalten in der Stadtpfarrkirche zu St. Martin in Bamberg am 31. März 1864. 3. Aufl. gr. 8. (12 S.) Bamberg 864, Buchner'sche Buchh. *

Die Grundgesetze des logischen Denkens. Von Dr. Martin Katzenberger, P. d. Phil. — 1866.
Ebend. — S. 3—32.
Progr. Bamberg

Katzenberger, Mart., das apriorische und ideale Moment in der Wissenschaft. Zur Orientirung über Philosophie und exakte Forschung. Ein philosoph. Programm. 4. (47 S.) Bamberg 874, Buchner'sche Buchh. *

Katzenberger, (J.) Mart., Religion u. Kunst. Oder: „Welche Erhebung gewann durch die christl. Religion die Idee der Schönheit u. damit die moderne Kunst?" Gekrönte philosoph. Preisschrift. gr. 8. (212 S.) Würzburg 849, Stahel'sche Buchhandlg. — 2. unveränd. Ausg. gr. 8. (VIII u. 212 S.) Bamberg 851, Buchner. n. 24 ngr

— der zweifache Tempelbau. Festrede, gehalten am 28. Aug. 1860 bei der feierlichen Consekration der neuerbauten katholischen Kirche zu St. Augustin in Coburg. Ebend. 860. gr. 8. (26 S.) 6 ngr

Katzenberger, Mart., Wissenschaft vom logischen Denken. 1. Thl. A. u. d. T.: Die Grundfragen der Logik. gr. 8. (XV und 294 S.) Leipzig 858, A. Schäfer. *

— die Wissenschaft auf dem Throne. Rede, gehalten bei der kirchlichen Trauerfeier für Se. königl. Maj. Maximilian II. von Bayern in der Studienkirche zu Bamberg am 13. April 1864. (Abdr. aus dem „Bamberger Pastoralblatt.") Ebend. 864. gr. 8. (10 S.) n. $2\frac{1}{2}$ ngr

Katzenellenbogen, Abraham, aus Wilna (Russl.): Über das Para-Tolylpyridazin und einige Derivate. *Berlin (1900): G. Schade.* (49 S.) 8°
Berlin, Phil. Diss. v. 30. Mai 1900

Katzenellenbogen, Abraham, Dr. phil. a. Wilna (Rußland): Über die Wirkung von Staubfiltern bei Ventilationsanlagen. Straßburg 1908: M. DuMont Schauberg. (45 S.) 8°
Straßburg, Med. Fak., Ref. Forster, Diss. v. 16. Juli 1908
[Geb. 20. Nov. 74 Wilna; Wohnort: Wilna; Staatsangeh.: Rußland; Vorbildung: Gymn. Wilna; Studium: Freiburg i. B. 3, Straßburg 6 S.; Rig. 25. Juni 08.]

Katzenellenbogen, Edwin Wladislaw, a. Stanislau: Die zentrale und periphere Sehschärfe des hell- und dunkeladaptierten Auges. Mit 6 Fig. im Text. Leipzig: W. Engelmann 1907. (24 S.) 8° ¶ (Aus: Psychologische Studien Bd 3 H. 2 u. 3.)
Leipzig, Phil. Fak., Ref. Wundt-Des Coudres, Diss. v. 2. Aug. 1907
[Geb. 22. Mai 82 Stanislau (Galizien); Wohnort: Lemberg; Staatsangeh.: Österreich; Vorbildung: K. k. Franz-Joseph-Gymn. Lemberg Reife M. 00; Studium: Lemberg 1, Leipzig 6 S.; Rig. 4. Juni 07.]

Katzenellenbogen, H., Beiträge zur Statistik des Magencarcinoms. Inaugural-Dissertation. gr. 8. (30 S.) Jena 878, (Neuenhahn.)

Katzenellenbogen, Ida: Ophthalmoblennorrhoea neonatorum. Emmendingen: Dölter 1909. 19 S. 8°
Freiburg i. B., Med. Diss. v. 1909, Ref. Krönig
[Geb. 1. Mai 81 Wilna; Wohnort: Freiburg i. B.; Staatsangeh.: Rußland Vorbildung: Gymn. Kowno Reife O. 99; Studium: Freiburg i. B. 7, Berlin 3 S.; Rig. 22. Jan. 09.] [U 09. 944

Katzenellenbogen, Marjam. aus Wilna (Russland): Aus dem physiologischen Institut der Universität Zürich. Der Einfluss der Diffusibilität und der Lipoidlöslichkeit auf die Geschwindigkeit der Darmresorption. [Altenburg] 1906. 16 S. 8°. S.-A. aus „Pflügers Archiv f. d. ges. Physiologie Bd. 114. H. 9/10." [24. X. 06.]
Zürich. Med. Diss. 1906/1907.

Katzenellenbogen, S. [aus Alexoten (Russland)]: Fisteln und Defecte der männlichen Harnröhre .... Königsberg i. Pr., gedr. bei E. Erlatis, 1886; 72 S. 8°.
Würzburg, Med. Fak., Inaug.-Diss. v. 1886.

Katzenellenbogen, S., Fisteln und Defecte der männlichen Harnröbre. Diss. Würzburg 1886, Stahelsche Univ.-Buchh. 8°. 72 S.

Katzenelnbogen [Schlagwort]

Katzenelnbogen, s.: Preussen. Messtischblätter.

Katzenelsohn. Nisson [aus Bobruisk in Russland]: Ueber den Einfluss der Temperatur auf die Elasticität der Metalle .... Berlin, Buchdr. v. Gustav Schade (Otto Francke) (1887); 71 + 1 S. u. 1 Taf. 8°.
Berlin, Phil. Fak., Inaug.-Diss. v. 9. Aug. 1887.

Katzenelsohn, Nisson, über den Einfluss der Temperatur auf die Elasticität der Metalle. Inaugural-Dissertation. gr. 8. (71 S. mit 1 Taf.) Berlin 887, (Mayer und Müller.) *

Katzenelson, Meier [aus Bobruisk '(Russl.)']: Über den Mechanismus der Fracturen des Beckenringes und der Verletzungen der Harnorgane ... Berlin, C. Vogts Buchdr., *1895*; 37 S., 1 Bl. 8.
Berlin, Med. Fak., Inaug.-Diss. v. 22. März 1895

Katzenelson-Lury, S[arah], Bobruisk (Russland): Aus dem Kinderspital Zürich. Über die Verwendbarkeit einer chemischen Verbindung von Tannin mit Pflanzeneiweiss des „Glutannols" sive „Turicins" bei Kinder-Gastroenteritis. Zürich 1905. 32 S. 8°. [21. VIII. 05.]
Zürich. Med. Diss. 1904/1905.

Katzenelson-Lury, Frau S[arah]. «Über die Verwendbarkeit einer chemischen Verbindung von Tannin mit Pflanzeneiweiss-, des «Glutannols» sive «Turicins», bei Kinder-Gastroenteritis». Diss. Med. Univ. Zürich. 32 S. 8. Zürich, Aktien-Buchdr., 1905.

Katzen-Geschichten, lustige. Ausgestanzt. qu. 4. (16 S. m. z. Tl. farb. Illustr.) München 892. Nürnberg, Th. Stroefer. n. — 75

Katzen-Gesellschaft, die. qu. gr. 16. (8 S. m. z. Tl. farb. Abb.) Konstanz 895. C. Hirsch. n. — 10

Katzenjammer, der. Ein populär-wissenschaftl. Vortrag, geh. v. Dr. Haringius [G. Kopal], Schüler d. Dr. Eisenbart. 3. Aufl. 8. (30 S.) Erfurt 885. Bartholomäus. — 60

Katzenjammer, Der, heilbar! Eine frohe Botschaft von T. Bern 1843. V: *Vogel, Gustav Adolph.* (Erman & Horn, Bibliogr. d. dtsch. Universitäten. 1. Leipz. u. Berl. 1904.)

Katzenjammer, der, heilbar! eine frohe Botschaft von T. Erste Aufl. gr. 12. (2½ B.) Bern 843, Jenni, Sohn. -

Katzenleid u. Freud. 8. (16 S. m. Illustr. u. 6 bewegl. Buntbildchen.) Stuttg. 892, Loewe. cart. — 50

Katzen-Musik, Die. Ein Quodlibet. Personen: Karle, Fritze. Breslau o. J. [1848]. V: *Fritz, Gustav.* (Kat. d. Druckschr. üb. Breslau. Breslau 1903. S. 59.)

Katzenmusik, die, und die Vorkämpfer studentischer Ehre. Ein offenes Wort an die Berliner Studentenschaft von E. C. S. (12 S.) Berlin 875, Th. Thiele.

KATZEN-MUSIK, Wiener (Chariwari [!]). Verantwortlicher Kapellmeister: Sigm. Engländer u. Orchester-Director: Willi Beck. Jahrg. 1848. Illustrirt. Wien. 4°.
Karajan's Bibl. II. no. 5283.

Wohlgebornes Katzen-Musik Corps! Wenn Sie Jemanden, der Ihnen nicht gefällt — Der 81. Bezirks-Clubb. Druck von C. Lindow. 1 Bl. Fol.
Flugblatt. Berlin, 27. Mai 1848.

Katzen-Raphael, der. 12 Blätter Katzengruppen nach Gfried. Mind radirt v. L. Bellon, E. Eichens, F. Hegi, A. Hüffener, R. Reyher u. A. Schrödter. Nebst e. kurzen Lebensskizze Mind's u. der Novellette: „Der Katzen-Raphael" v. Frz. Frhrn. Gaudy. 2. Ausg. gr. 4. (IV, 28 S. m. 12 Kpfrst.) Berlin 876. Schroeder. geb. n. 9. —

Katzenschläger, Michael: Generalkarte v. Croatien u. Slavonien. 1:504.000. 2 Blatt. Ausg. 1886. Kupferst. u. color. Imp.-Fol. Wien, Artaria & Co. 1886.

Katzenschläger, M., Generalkarte von Kroatien und Slavonien. 1:504.000. Neubearbeitung mit der polit. Eintheilg. v. Jahre 1886. Chromolith. Imp.-Fol. Wien, Artaria & Co. fl. 2.—. 1887.

Katzenschläger, M., General-Karte von Croatien und Slavonien. Massstab 1 : 504.000. 2 Blätter zusammengesetzt, Gesammtgrösse: 106 × 70 *cm*, Ausgabe 1889. Gefalzt 2.— Auf Leinen in Deckel 3.75
Wien: Artaria.

Katzenschläger, M., Generalkarte von Kroatien und Slawonien. 1 : 500.000. 112 × 65 *cm*. Gefalzt in Umschlag K 4.—
Wien: Artaria 1906.

Katzenschläger, M., Generalkarte von Kroatien und Slawonien. 1 : 500,000 gefalzt K 4
Wien: Artaria 1907.

Katzenschläger, M., Generalkarte von Kroazien und Slavonien. 1:500,000 gefalzt in Mappe K 4.—
Wien: Artaria 1909.

Katzensee [Schlagwort]

Katzensee, s.: Wald.

Katzensprung, Frl. v. Fröhlichsheim, von Frankfurt a. M. nach München im Herbste 1820. Leipzig 1821. V: *Fischer, Christian August.* (EE)

Katzenstein, Adolf, Referendar: Die den Erben als solchen treffenden Verbindlichkeiten. Ein Beitrag z. Auslegung d. § 1967 BGB. Borna-Leipzig 1909: Noske. VIII, 100 S. 8°
Heidelberg, Jur. Diss. v. 10. Dez. 1909, Ref. Heinsheimer
[Geb. 10. März 86 Bielefeld; Wohnort: Neuwied; Staatsangeh.: Preußen; Vorbildung: Gymn. Bielefeld Reife M. 05; Studium: München 2, Berlin 1, Freiburg i. B. 1, Münster 2 S.; Rig. 12. Nov. 09.] [U 10. 1904

Katzenstein, Alfred, a. Steinheim i. Westfalen: Über den Fascienapparat an der Vorderseite des Kniegelenkes und seine praktische Bedeutung. Göttingen 1905: Dieterich. (43 S.) 8°
Göttingen, Med. Fak., Ref. Merkel, Diss. v. 20. Sept. 1905
[Geb. 8. Jan. 80 Steinheim; Wohnort: Steinheim; Staatsangeh.: Preußen; Vorbildung: Gymn. Paderborn Reife O. 00; Studium: Freiburg i. B. 1, Göttingen 3, München 2, Berlin 1, Göttingen 2 S.; Coll. 16. Febr. 05.]

Katzenstein, Alfred [app. Arzt aus Hamburg]: Aus d. Kgl. Chir. Klinik zu Kiel. Zur Tenotomie bei Fingercontracturen ... Kiel, Druck v. P. Peters, 1895; 19 S. 8.
Kiel, Med. Fak., Inaug.-Diss. v. [9. Juli] 1895

Katzenstein, Hermann: Die Entwicklung der Schädelform bei der congenitalen partiellen Exencephalie. (Hernia cerebri vera.) Aus dem pathologischen Institute der Universität Halle. (Hierzu 1 Tafel.) Halle a. S. 1881: Plötz. 34 S., 1 Taf. 8°
Halle-Wittenberg, Med. Diss. v. 15. Juli 1881
Geb. Borgentreich (Westf.) 7. 6. 1859. V.

Katzenstein, Jac. (Fritz Rhöner), der lachende Jurist (homo juridicus ridens). Ein Scherzbuch. Allen Freunden frohfreien Humors zur Erbaug. gewidmet. 2. Aufl. (VIII, 74 S.) 8. Dresden (908). E. Pierson. 1.—; geb. n 2. —

Katzenstein, Jos., Dilatation u. Hypertrophie des Herzens. Differential-diagnost. Studie. (106 u. III S.) gr. 8. München 903. E. Reinhardt. n. 2. 50

Katzenstein, Julius, Medizinalprakt.: Zur Frage der Ganglioneurome im Anschluss an einen Fall von Ganglio-Glioneurom des Grosshirns. Würzburg 1910: Staudenraus. 78 S. 8°
Würzburg, Med. Diss. v. 1. Dez. 1910, Ref. Schmincke
[Geb. 16. April 86 Aschenhausen; Wohnort: Würzburg; Staatsangeh.: Sachsen-Weimar; Vorbildung: Reformgymn. Frankfurt a. M. Reife O. 04; Studium: Würzburg 10 S.; Coll. 10. Mai 10; Approb. 4. Mai 10.] [U 11. 4578

KATZENSTEIN, Leopold: Über myotrophische Lateralsklerose. Nebst 2 Fällen.- München: Wolf 1902.
55 S.
30.5.1902 - Chr 1901/02,26; Jv 1901/02,274
Diss. Ingolst.-Landsh.-Mchn.

Katzenstein, Leo., Wiesbaden u. seine Heilfaktoren. Preisgekrönte Schrift. 1. Preis der Stadt Wiesbaden. (V, 168 S. m. 10 Taf.) gr. 8. Wiesbaden 908. (Moritz & Münzel.) 1. —

Katzenstein, Louis: Das G e l d -, Bank- u. Börsenw e s e n . Leipzig, 1907. 57 S.

Die dreissigjährige Geschäftsthätigkeit der Reichsbank. Vortrag geh. 1906 in Berlin von Dr. Louis **Katzenstein**. Berlin: L. Simion Nf. 1906. (63 S.) 8°
= Zeitfragen, Volkswirtschaftliche. H. 223/24. [07. 1100 3

Friedrich List. Z. Erinnerg an s. 50jähr. Todestag v. Louis **Katzenstein**, Dr. phil. *Berlin: L. Simion 1896.* (44 S.) 8.
= Zeitfragen, Volkswirthschaftliche. H. 139. (Jg. 18. H. 3.) [97. 1791

Katzenstein L., Friedrich List. 2. Aufl. (Zeitfragen, Volksw. 139) Berlin 1896

Katzenstein, Louis [aus Baltimore]: Die Lohnfrage unter dem englischen Submissionswesen ... (Enth. nur e. Theil d. eingereichten Arb.) Berlin, Buchdr. v. G. Schade, *1896;* 30 S., 1 Bl. 8.
Berlin, Phil. Fak., Inaug.-Diss. v. 13. Juni 1896

Die Trusts in den Vereinigten Staaten. Vortrag von Louis **Katzenstein**. *Berlin: L. Simion 1900.* (31 S.) 8°
= Zeitfragen, Volkswirtschaftliche. 176. [01. 1416 3

Katzenstein, Louis, Die Trusts in den Vereinigten Staaten. Vortrag. gr. 8°. Berlin, L. Simion, 1901. (Volkswirtschaftl. Zeitfragen, Heft 176.)

Katzenstein, Ludwig [aus Eschwege]: Ein Fall von letaler Meningitis nach Enucleatio bulbi .... Göttingen, Druck d. Univ.-Buchdr. v. E. A. Huth, 1885; 23 S. 8°.
Göttingen, Med. Fak., Inaug.-Diss. v. 1886.

Katzenstein, Ludw., e. Fall v. letaler Meningitis nach Enucleatio bulbi. gr. 8. (23 S.) Göttingen 886. (Vandenhoeck & Ruprecht.) n. — 60

Katzenstein, Ludwig, a. Eschwege, Referendar am kgl. Amtsgericht zu Wanfried: Die Wechselbürgschaft. Borna-Leipzig 1906: R. Noske. (IX, 35 S.) 8°
Erlangen, Jur. Fak., Ref. Sehling, Diss. v. 5. Okt. 1906
[Geb. 6. Nov. 83 Eschwege; Wohnort: Wanfried; Staatsangeh.: Preußen; Vorbildung: Gymn. Heiligenstadt Reife O. 02; Studium: München 1, Berlin 3, Göttingen 3 S.; Rig. 28. Juni 06.]

Katzenstein, M., Deklamationsbuch. 1. Thl. für Kinder von 6—10 Jahren. 8. (IV, 75 S.) Hamburg 870, Rudolphi. [Altona, Verlags-Bureau.]

—— Gedichtsammlung zu Deklamations-Uebungen für die reifere Jugend. gr. 8. (XII, 252 S.) Hamburg 874, O. Meißner.

Katzenstein, Martin, a. Eschwege, Referendar am Kgl. Landgericht zu Cassel: Die Aktiengesellschaft als Inhaberin eigener Aktien. Borna-Leipzig 1908: R. Noske. (VIII, 36 S.) 8°
Erlangen, Jur. Fak., Ref. Sehling, Diss. v. 16. Juli 1908
[Geb. 8. März 85 Eschwege (Hessen-Nassau); Wohnort: Cassel; Staatsangeh.: Preußen; Vorbildung: König-Albert-Gymn. Leipzig Reife O. 03; Studium: Freiburg i. B. 1, München 2, Berlin 1, Göttingen 2 S.; Rig. 5. Juni 08.]

Katzenstein, Moritz [app. Arzt aus Diemerode]: Ein histiologischer Beitrag zur Lehre von der traumatischen Entstehung der Gelenkkörper ... Würzburg, Becker's Univ.-Buchdr., 1891; 29 S. 8.
Würzburg, Med. Fak., Inaug.-Diss. v. 1891

KATZENSTEIN, Moritz: Ueber sekundäre Veränderungen der Organe bei Rachendiphtherie.- München: Lehmann 1895. 47 S.,1 Taf.
14.3.1895 - Chr 1894/95,22; Jv 1894/95,203
Diss. Ingolst.-Landsh.-Mchn.

Katzenstein, M., üb. sekundäre Verändergn. d. Organe bei Rachendiphtherie, s. a. Abhandlungen, Münchener medicin.

Katzenstein, Philipp: De pleurae et pulmonum in tuberculosi m u t a t i o n i b u s . Berolini 1847. 28 S. 8°
Berlin, Med. Diss. v. 2. Febr. 1847

Katzenstein, Richard [aus Eschwege]: Ueber einige Chlorphosphine aromatischer Kohlenwasserstoffe . . . Rostock, Univ.-Buchdr. v. Adler's Erben, 1892; 32 S., 1 Bl. 8.
Rostock, Phil. Fak., Inaug.-Diss. v. [16. Juni] 1892

Katzenstein, Rich., Gesetz, betr. das Verwaltungsstrafverfahren bei Zuwiderhandlungen gegen die Zollgesetze u. die sonstigen Vorschriften üb. indirekte Reichs- u. Landesabgaben, sowie die Bestimmgn. üb. die Schlacht- u. die Wildpretsteuer, s. Guttentag's Sammlung preußischer Gesetze.

Katzenstein, Rich., Gesetz, betreffend das Verwaltungsstrafverfahren bei Zuwiderhandlungen gegen die Zollgesetze u. d. sonstigen Vorschriften üb. indirekte Reichs- u. Landesabgaben sowie d. Bestimm. üb d. Schlacht- u. d. Wildpretsteuer. Vom 26. Juli 1897. M. Einl., Komment. u. Sachreg. Berlin 1907. 8°.
(Guttentag'sche Sammlung Preuss. Gesetze. Nr 40.)

Katzenstein, Richard, Referendar: **Die Straflosigkeit der actio libera in causa.** *Berlin 1901: G. Reimer.* (273 S.) 8°
Berlin, Jur. Diss. v. 2. Mai 1901

Katzenstein, Richard: Die Straflosigkeit der actio libera in causa. Berlin: J. Guttentag 1901. (XVI, 273 S.) 8°
= Abhandlungen d. kriminalist. Seminars an d. Univ. Berlin. N. F. Bd. 1, H. 1.

Die Todesstrafe in einem neuen Reichsstrafgesetzbuch. Von Richard Katzenstein, Dr. jur. *Berlin: R. L. Prager 1902.* (34 S.) 8° [04. ...

Katzenstein, Salli, appr. Arzt a. Mainz: **Aus der Heidelberger chirurgischen Klinik des Geh. Rat Prof. Dr. Czerny, Exc. Erfolge der seit dem Jahre 1898 bis 1904 in der chirurgischen Klinik zu Heidelberg nach Winkelmann ausgeführten Hydrocelenoperationen.** Heidelberg 1906: J. Hörning. (60 S.) 8°
Heidelberg, Med. Fak., Ref. Czerny, Diss. v. 6. Febr. 1906
[Geb. 12. Mai 79 Rotenburg a. d. Fulda; Wohnort: Mainz; Staatsangeh.: Preußen; Vorbildung: Gymn. Rinteln Extraneus Reife M. 01; Studium: Würzburg 3, Heidelberg 9 S.; Coll. 6. Febr. 06; Approb. 11. Juli 05.]

Katzenstein, Siegfried, aus Rotenburg a. d. Fulda: **'Kauf bricht nicht Miethe'. Ein Beitrag zur Lehre d. Miethrechtes nach d. Bürgerl. Gesetzbuche f. d. Deutsche Reich. ⟨Nebst kurzer geschichtl. Einleitung.⟩** *Würzburg 1899: Becker.* (83 S.) 8°
Erlangen, Jur. Diss. v. 2. Dez. 1898

Katzenstein, Simon, der Anarchismus u. die Arbeiterbewegg. (16 S.) 8. Berlin 908. Buchh. Vorwärts. — 20

Heimarbeit und Genossenschaftswesen. Vortrag, anläßl. d. Heimarbeit-Ausstellung zu Berlin 1906 geh. von Simon **Katzenstein.** Berlin: Genossenschafts-Pionier 1906. (24 S.) 8° [J.]
— **Agitations-Bibliothek,** Genossenschaftliche. No 1. [06. ...

Moderne Jugendbewegung und Alkoholfrage. Von Simon **Katzenstein.** ⟨1.–5. Taus.⟩ Ausg. A. Berlin: Deutscher Arbeiter-Abstinenten-Bund [1907]. (17 S.) 8° [J.]
— **Arbeiter-Abstinenten-Bund,** Deutscher. No 14. [07. 13431

Wofür kämpfen wir? Von Simon **Katzenstein.** Nach e. Festrede z. Winterfest d. Ortsgruppe Berlin des D. A.-A.-B. ⟨1. Aufl.⟩ Berlin: Deutscher Arbeiter-Abstinenten-Bund [1905]. (15 S.) 8° [J.]
— **Arbeiter-Abstinenten-Bund.** Deutscher. No 8. [05. 13315

KATZENSTEIN, Willy: Die Deutsche Zuckerindustrie und Zuckerbesteuerung in ihrer geschichtlichen Entwicklung dargestellt.- Berlin: Haude & Spener 1897. VIII,218 S.
23.7.1896 - Chr 1896/97,17; Jv 1896/97,227 (Prom.-Datum: 1897)
Diss. Ingolst.-Landsh.-Mchn.

Katzen-Studien. 2 Serien. gr. 8. (à 10 Photograv.) München (898). Verein. Kunstanstalten. In Mappe à 10. —

Katzer Ant. Anfangsgründe des technischen Zirkelzeichnens für den 1. Jahrg. der Unter-Realschulen. Prag, G. Haase Söhne 1852. 8.

Katzer, C., Toaste, Ansprachen, Deklamationen u. Lieder f. kathol. Gesellenvereine, s.: Schmitz, Mor.

Katzer, Ernest, d. Divan. Wahrheitsgetreue Sittenbilder aus Ost u. Süd. 8. (108 S.) Wien 895. (L. Weiß.) n. 1. —

Katzer, Ernst, die kirchenpolitischen Aufgaben des lutherischen Protestantismus m. besond. Beziehung auf die sächsische evang.-luther. Landeskirche. Vortrag, geh. vor der sächs. kirchl. Konferenz zu Chemnitz. gr. 8. (28 S.) Leipzig 900. Dieterich. n. — 40

Katzer, E., die Bedeutung der „Gemeinschaft" in der Theologie A. Ritschl's. gr. 4. (38 S.) Bautzen 889. (Leipzig, Zangenberg & Himly.) n. 1. 20

[J.] Kants Bedeutung für den Protestantismus. Von Dr. **Katzer,** Pastor . . . zu Löbau in Sachsen. *Leipzig: J. C. B. Mohr 1897.* (50 S.) 1 Bd 8.
= **Hefte** z. 'Christlichen Welt'. No 30. [97. 6114

Katzer, Ernst, die Bildung des Charakters in der Volksschule. 8. (53 S.) Leipzig 871, (Klinkhardt.) *

—— „Christus muß wachsen", die Loosung des evangelischen Predigt-Amts. Antrittspredigt über Evang. Joh. 3, 30 und 31, den 4. Advents-Sonntag 1886 in der Hauptkirche zu Löbau i. S. gehalten. gr. 8. (10 S.) Löbau 886, (Oliva.) **

—— Festpredigt zur Feier d. Sedantages 1890, geh. in der Hauptkirche zu Löbau. 8. (8 S.) Löbau i. S. 890, (Oliva). ** — 15

Katzer, Ernst, Fest-Predigt z. Jubelfeier d. wiedererstand. deutschen Kaiserreiches am 18. Jan. 1896, geh. in d. Hauptkirche zu Löbau i/S. gr. 8. (8 S.) Löbau 896. (E. Oliva.) n. — 20

—— die Frage über die Trennung der Schule von der Kirche nach den Principien beurtheilt. gr. 8. (VIII, 125 S.) Pirna 872, Verlags-Contor. *

—— der Geistliche und die moderne Gesellschaft. gr. 8. (32 S.) Leipzig 887, Grunow.
Aus: Evangel.-lutherisches Gemeindeblatt, besonders abgedruckt.

—— drei Hammerschläge an die Thür der deutsch-protestantischen Kirche am Reformationsfeste. Reformationsfest-Predigt, gehalten den 31. October 1887. gr. 8. (11 S.) Pirna, Glöckner. *

Katzer, Ernst, s.: Kirchen, die evangelischen, u. der Staat.

— das evangelisch-luther. Kirchenwesen d. sächs. Oberlausitz. gr. 8. (X, 528 S.) Leipzig 896. G. Wigand. n. 9. —

—— der religiöse Laienliberalismus der Gegenwart. Eine Schutzschrift für die wahre Freiheit. 8. (56 S.) Dresden 874, Burdach.

Katzer, Ernst, Luther u. Kant. Ein Beitrag zur inneren Entwicklungsgeschichte des deutschen Protestantismus. (IV, 128 S.) gr. 8. Gießen 910. A. Töpelmann. 2. 80

Katzer, Predigt üb. Ev. Joh. 12, 35 u. 36, geh. am II. Bußtage (den 22. Novbr.) 1893. 8. (12 S.) Löbau 893. (E. Oliva.) n.n. — 20

— Predigt zum Gedächtnis Sr. Maj. des hochseligen Königs Albert v. Sachsen, geh. den 29. VI. 1902 in der Hauptkirche zu Löbau i. Sa. gr. 8. (6 S.) Löbau (902). J. G. Walde. n.n. — 15

Das Problem der Lehrfreiheit und seine Lösung nach Kant. Von Dr. phil. Ernst **Katzer,** Pastor zu Löbau i. S. *Tübingen & Leipzig: J. C. B. Mohr 1903.* (VII, 53 S.) 8° [03. 10333 4

Kayer, Ernst, die Reformbestrebungen der Lehrerschaft auf dem Gebiete d. Religionsunterrichts, nach ihrem Prinzip beurteilt. (47 S.) 8. Leipzig (910). G. Wigand.
S.-A.aus:Neues sächs.Kirchenblatt.

— Salus ecclesiae suprema lex! Beiträge zur Reform des evang.-luther. Kirchenwesens in der sächs. Oberlausitz. gr. 8. (VIII, 162 S.) Leipzig 899. Dieterich. n. 2.—

— Die Thesen der sächsischen Lehrerversammlg. üb. die Reform d. Religionsunterrichts. (40 S.) 8. Ebd. 908. — 40
Sonderabdruck aus: „Neues sächs. Kirchenbl."

— ein Vorschlag zur Güte zu Gunsten des oberlausitzer evangelisch-lutherischen Kirchenwesens. 8. (13 S.) Löbau (901). (J. G. Walde.) — 20

— was ist es um die kirchlichen Rechte der oberlausitzer vierstädtischen Ratskollegien? gr. 4. (2 S.) Ebd. 901. — 05

— wie nehmen Christen Abschied von einander? Abschieds-Predigt, über Ev. Joh. 16, 9 den 3. Advents-Sonntag 1886 in der Stadtkirche zu Pirna geh. gr. 8. (9 S.) Pirna 886 Glöckner. — 25

Katzer F.: Die Blütenbiologie in der Mittelschule. 22. Brünn St. R. 97. Progr.

Katzer, Fr. Der Kampf der Gegenwart; ein dramatischer Versuch in 5 Akten. Milwaukee, 1873.

Das Amazonas-Devon und seine Beziehungen zu den anderen Devongebieten der Erde. Von Dr. Friedrich Katzer. *Prag: Kgl. böhm. Ges. d. Wiss. 1897.* (50 S., 1 Taf.) 8.
= Věstník Král. Č. Společnosti Náuk. Třída math.-přírodovědecká. 1897. [No] 40. [97. 8441]

Katzer, Frdr., das Amazonas-Devon u. s. Beziehgn. zu d. and. Devongebieten d. Erde. [Aus: „Sitzungsber. d. k. böhm. Gesellsch. d. Wiss."] gr. 8. (50 S. m. 1 Karte.) Prag 897. (F. Řivnáč.) n. 1.—

Katzer, Frdr., Beitrag zur Geologie v. Ceará (Brasilien). Mit 20 Textfig. u. 1 (farb.) geolog. Kartenskizze. (III, 36 S.) 4. Wien 905. (A. Hölder.) n. 4.—
Sonderabdruck aus: „Denkschr. d. k. Akad. d. Wiss."

Beitrag zur Kenntniss des älteren Palaeozoicums im Amazonasgebiete. Von Dr. Friedrich Katzer. *Prag: Kgl. böhm. Ges. d. Wiss. 1896.* (26 S., 3 Taf.) 8.
= Věstník Král. Č. Společnosti Náuk. Třída math.-přírodovědecká. 1896. [No] 29. [97. 8401]

Katzer, Frdr., Beitrag zur Kenntniss d. ält. Palaeozoicums im Amazonasgebiete. [Aus: „Sitzungsber. d. böhm. Gesellsch. d. Wiss."] gr. 8. (26 S. m. 3 Taf.) Prag 896. (F. Řivnáč.) n. 1.—

— Beiträge zur Palaeontologie d. ält. Palaeozoicums in Mittelböhmen. [Aus: „Sitzungsber. d. k. böhm. Gesellsch. d. Wiss."] gr. 8. (17 S. m. 2 Taf.) Ebd. 895. n. — 90

Katzer, Frdr., die Braunkohlenablagerung v. Ugljevik bei Bjelina in Nordostbosnien. (42 S. m. 1 farb. Karte.) 8. Wien 907. (Leipzig, M. Weg.) 2.—
Sonderabdruck aus: „Berg- u. hüttenmänn. Jahrb."

Katzer, Frdr., d. Eisenerzgebiet v. Vareš in Bosnien. Mit 1 (farb.) geolog. Karte u. 22 Bildern im Texte. gr. 8. (94 S.) Wien 900. (Freiberg, Craz & Gerlach.) n. 2.—
Sonderabdruck a.: „Berg- u. hüttenmänn. Jahrb. d. Bergakad."

— Die Eisenerzlagerstätten Bosniens u. der Herzegowina. (V, 343 S. m. 52 Abbildgn. u. 1 Übersichtskarte.) gr. 8. Ebd. 910. 6.—
Ergänzter Sonderdr. aus: „Berg- u. hüttenmänn. Jahrb."

— Die Fahlerz- u. Quecksilbererzlagerstätten Bosniens u. der Herzegovina. (IV, 122 S. m. 25 Abb. u. 1 Taf.) 8. Ebd. 907. 3.50
Sonderabdruck aus: „Berg- u. hüttenmänn. Jahrb."

— geologischer Führer durch Bosnien u. die Hercegovina. Hrsg. anlässlich des IX. internationalen Geologencongresses v. der Landesregierg. in Sarajevo. Mit 8 Kartenbeilagen u. zahlreichen Abbildgn. im Text. (III, 280 S.) gr. 8. Sarajevo 903. (Leipzig, M. Weg.) n. 5.—

Katzer, Friedr. Geologie v. Böhmen. Mit 1068 Abbildgn. im Texte, m. 3 Karten-Beilagen, 1 geolog. Karte in Farbendr. 1:720,000, 44×53,5 cm. u. 4 Porträts. 3 Abthlgn. gr. 8. Prag, Taussig. [1. Abthl. (S. 1—320.) 889. * 7 20; 2. Abthl. (S. 321—672.) 890. * 4 80; 3. Abthl. (XXII, S. 673—1606.) 892. * 12 —.] * 24 —
Geolog. Karte allein * 4 80

Katzer, Frdr., Geologie v. Böhmen. Der geognost. Aufbau u. die geolog. Entwickelg. d. Landes. Mit besond. Berücksicht. der Erzvorkommen u. der verwendbaren Minerale u. Gesteine. Mit 1068 Abbildgn. im Texte, 4 Porträts, 3 Karten-Beilagen u. 1 geolog. Karte in Farbendr., 1:720,000. 44×53,5 cm. 3. Abth. gr. 8. (XXII u. S. 673—1606.) Prag 892. I. Taussig's Buchh. n. 12.—; Karte allein n. 4. 80 (kplt.: n. 24. —)

— Geologie v. Böhmen. Der geognost. Aufbau u. die geolog. Entwickelg. des Landes m. besond. Berücksicht. des Erzvorkommens u. der verwendbaren Minerale u. Gesteine. Mit 1068 Abbildgn. im Texte (Landschaftsbildern, Profilen, Petrefacten), Karten-Beilagen, Porträts u. e. grossen geolog. Karte in Farbendr. 2. [Titel-]Ausg. gr. 8. (XXII, 1606 S.) Prag [892.] 902. I. Taussig. n. 24.—; geb. in Halbfrz. n.n. 26.—; auch in 16 Lfgn. à n. 1.50

Ueber die Grenze zwischen Cambrium und Silur in Mittelböhmen. Von Dr. Friedrich Katzer. (Mit 2 Figuren im Texte.) Separatabdruck aus den Sitzungsberichten der kön. böhm. Gesellschaft der Wissenschaften in Prag. 1900. Prag. 1900. [In Comm. Řivnáč.] Gr.-8°. 18 S. K —.26

— Grundzüge der Geologie des unteren Amazonasgebietes (des Staates Pará in Brasilien). Mit 1 geolog. Karte in Farbendr., 4 Bildnissen u. zahlreichen Abbildgn. im Text, darunter 16 Versteinerungstaf. (III, 298 S.) Lex.-8. Leipzig 903. M. Weg. n. 14.—

— Karst u. Karsthydrographie, s. Zur Kunde der Balkanhalbinsel. 8. Heft.

Katzer, Friedrich: Karst und Karsthydrographie. Mit 28 Abb. Sarajevo: Kajon 1909. III. 94 S. 8°
(Zur Kunde d. Balkanhalbinsel. H. 8.)

Phytopalaeontologische Notizen. Von Dr. Friedrich Katzer (in Pará, Brasilien). *Prag: Böhm. Ges. d. Wiss. 1896.* (7 S.) 8°
= Sitzungsberichte d. k. böhm. Gesellsch. d. Wiss. Math.-naturw. Cl. 1896, 9. [96. 1939]

Katzer, Friedr., das ältere Palaeozoicum in Mittelböhmen. Die Nothwendigkeit einer Neueintheilung desselben. gr. 8. (42 S. mit 1 Karte und 1 autogr. Taf.: Profile.) Prag 888, Calve'sche Hof- und Universitäts-Buchh. *

— die Schwefelkies- u. Kupferkieslagerstätten Bosniens u. der Hercegovina. Mit e. einleit. Ueberblick der wichtigsten Schwefelkiesvorkommen u. der Bedeutg. der Kiesproduktion Europas. (V, 88 S. m. 11 Abbildgn. u. 1 Taf.) 8. Wien 905. (Freiberg, Craz & Gerlach.) n. 2.—
Sonderabdruck aus: „Berg- u. hüttenmänn. Jahrb."

—— Spongienschichten im mittelböhmischen Devon (Hercyn). Lex.-8. (11 S. mit 1 Taf.) Wien 1888, (Tempsky.) *
Aus: Sitzungsberichte der k. Akademie der Wissenschaften, besonders abgedruckt.

— geschichtlicher Ueberblick der geologischen Erforschung Bosniens u. der Hercegovina. Zum 25. Gedenkjahr der ersten vollständ. geolog. Uebersichtsaufnahme dieser Länder verf. (46 S. m. 6 Bildnissen.) 8. Sarajevo 904. (Leipzig, M. Weg.) n.n. 1.—
Sonderabdruck aus: „Bosn. Post".

Zur Verbreitung der Trias in Bosnien. Von Dr. Friedrich Katzer. Separatabdruck aus den Sitzungsberichten der königl. böhm. Gesellschaft der Wissenschaften in Prag. 1901. Prag. 1901. Verlag der königl. böhmischen Gesellschaft der Wissenschaften. In Comm. Řivnáč. Gr.-8°. 15 S. K —.24

— Vorbericht üb. e. Monographie d. fossilen Flora v. Rossitz in Mähren. [Aus: „Sitzungsber. d. k. böhm. Gesellsch. d. Wiss."] gr. 8. (26 S.) Ebd. 895. n. —40

Das Wasser des unteren Amazonas. Von Dr. Friedrich Katzer. *Prag: Kgl. böhm. Ges. d. Wiss. 1897.* (38 S.) 8.
= Věstník Král. Č. Společnosti Náuk. Třída math.-přírodovědecká. 1897. [No] 17. [97. 8493]

Kurzgefasste Historische Nachricht, von dem Anfange und Fortgange der ietzt lebenden Wendischen Gesellschaft in Leipzig. Herausgegeben an dem Halbhundertjärigen Jubelfeste ihrer Stiftung, von einem Mitgliede J. C. A. K(ATZER). Leipzig 1766. Gedruckt bey Johann Gabriel Büschel. 4°.

Katzer, Jos. Der Streit zwischen Kaiser Friedrich III. und seinem Bruder Albrecht VI. 25 S. 8. Progr. *Mähr. Ostrau* 1885.

Katzer, Jos., systemat. Uebersicht d. officin. Pflanzen, welche in d. österreich. Pharmacopoe enth. sind. Inaug.-Dissert. gr. 8. (6 B.) Wien 840, (Beck's Univ.-Buchh.) *

Katzer, Karl

Katzer K. die Doppik oder doppelte Buchführung und ihre Anwendung in der forstlichen Verrechnung. (36 S.) Prag 1904

Katzer, Karl, Leitfaden der Buchführung f. Forstverwaltungen. gr. 8. (VI, 132 S.) Wien 892. W. Frick. n. 3.

Katzer, Otto [pr. Arzt aus Sagan (Schlesien)]: Ein Fall von Elephantiasis Arabum. . . . Würzburg, k. Universitätsdr. v. H. Stürtz, 1889; 26 S. + 1 Bl. 8°
Würzburg, Med. Fak., Inaug.-Diss. v. 1889

(Katzerowsky, Wenzel) Abiturienten des Saazer Gymnasiums vom Schuljahre 1853 bis inclusive 1872. (Umschlagtitel: . . . bis zum Schlusse des Schuljahres 1872.) 8 (S. 17—26).
Progr. Staats-Ober-G. *Saaz* 1890.

Katzerowsky, W., die meteorologischen Aufzeichnungen d. Leitmeritzer Rathsverwandten Ant. Gfr. Schmidt aus den J. 1500 bis 1761. Ein Beitrag zur Meteorologie Böhmens. gr. 8. (29 S.) Leitmeritz 887. (Prag, Dominicus.) n. — 60

Katzerowsky, W., die meteorologischen Aufzeichnungen der Leitmeritzer Stadtschreiber aus den J. 1564 bis 1607. Ein Beitrag zur Meteorologie Böhmens. gr. 8. (29 S.) Leitmeritz 886. (Prag, Dominicus.) n. — 60

Katzerowsky, *Wenzel* Meteorologische Nachrichten aus den Archiven der Stadt Leitmeritz. Gesammelt von W. K. 8 (S. 3—32).
Progr. K. k. Staats-Ober-G. *Leitmeritz in Böhm.* 1895

Katzerowsky, *Wenzel*: Meteorologische Nachrichten aus den Archiven der Stadt Leitmeritz. 8 (S. 3—32).
Progr. K. k. Staats-Ober-G. *Leitmeritz in Böhm.* 1896

Katzerowsky, W.: Nekrologium der Stadt Saaz von 1500—1887. Ein Beitrag zur Geschichte der Stadt Saaz. — Saaz: Selbstverl. Ippoldt in Komm. 1888. 53 S.

Katzerowsky, *Wenzel* Übersicht der Maxima und Minima der Temperatur von Schüttenitz und Leitmeritz vom Jahre 1788—1886. 8 (IX S.). Maxima und Minima des Luftdruckes von Schüttenitz und Leitmeritz. 8 (S. 29—33).
Progr. Staats-Ober-G. *Leitmeritz* 1887. 1890.

Katzfey, Jakob

Katzfey, J. Eine rein geometr. Abhandlung der Curven zweiter Ordnung, als Leitfaden zunächst für d. künftigjährigen Unterricht. 10 S.
Münstereifel, Progr. 1826

Katzfey, Jac. Andeutungen zur Verständigung über das Verhältniß der Philosophie zur Theologie. 8 S. . . .
Münstereifel, Progr. 1849

Katzfey, J. Beleuchtung der Disciplinargesetze des Gymn. zu M. 10 S.
Progr. Münstereiffel 1829

Katzfey, Jac. Ueber die Beseitigung der Schultafel beim mathematischen Unterricht. 11 S.
Münstereifel, Progr. 1857

Katzfey, Jak., Geschichte der Stadt Münstereifel und der nachbarlichen Ortschaften. 2 Thle. Mit einer Abbildung des Grundplans der Stiftskirche zu Münstereifel. gr. 8. Köln, J. G. Schmitz Vrlgsh. [I. (IV und 412 S. mit 1 Stnt. in gr. Fol.) 854. * 1 Thlr. 10 Ngr., 2. (III und 284 S.) 855. * 1 Thlr.] *

—— Grundzüge zu einer rein geometrischen Behandlung der Kurven zweiter Ordnung, als Vervollständigung der Abhandlung vom J. 1826. 12 S. . . . .
Münstereiffel, Progr. 1833

Katzfey, Jac., Lehrbuch d. Mathematik für Gymnasien. Lex.-8. (11½ B. u. 2 Stnt.) Köln 842, J. G. Schmitz. *

Katzfey, J., Leitfaden zur Naturbeschreibung. Nach dem Grundrisse von Dr. Burmeister bearb. 12. (23 S.) Köln 864, J. G. Schmitz'sche Buchh. cart. *

Katzfey, Jac. Leitfaden zur philosophischen Propädeutik. 27 S. 8 .
Münstereifel, Progr. 1842

—— De lineis secundi gradus disput. III. (Mit 1 Taf.) 8 S.
Münstereiffel, Progr. 1840

Katzfey, Jak., Naturlehre für höhere Lehranstalten u. zum Privatgebrauche für gebildete Nichtstudirende. 1s Bdchn. Experimentalphysik gr. 8. Köln 836. J. G. Schmitz. 5/12 ß — 2s Bdchn. Mathematische Naturlehre. gr. 8. Ebd. 836. 5/12 ß — 2e Ausg. 2 Bdchn. Mit 2 Steintaf. gr. 8. Ebd. 839. 1/2 ß

—— Naturlehre f. höhere Lehranstalten u. zum Privatgebr. für gebildete Nichtstudirende. 1. u. 2. Bdchn. Experimentalphysik, verm. u. verb. Ausg. gr. 8. (11⅞ B. u. 2 Taf. Abbild.) Cöln 846, J. G. Schmitz. *

Katzfey: Prospect d. Geschichte von Münstereifel u. der Nachbarschaft. 7 S. – Münstereifel, Progr. 1852.

Katzfey, Was sagt ein echter Deutscher dazu? Frage eines Anonymus in Nr. 89 der Beilage zur Kölnischen Zeitung, beantwortet vom Gymn.-Direktor K., in Münstereifel. Zugleich ein Wort über die Fragen der Zeit. Köln, J. G. Schmitz, 1848. 15 S. 8°.

Katzipori .
Goed. II, 468.
Der Erste Theyl | Katzipori | Dariñ newe Mugken, sel | tzame Grillen, vnerhörte Tau | ben, visierliche Zotten verfaßt vñ begriffen | seind . . .
1883, Tübingen, 8°.
Hrsg. von Franz Lichtenstein. S. 59—194. Stuttgarter Lit. Verein Nr. 163.
o. J.,* Berlin und Stuttgart, W. Spemann, 8°.
Hrsg. von Felix Bobertag, Vierhundert Schwänke des 16. Jahrh., S. 292—307. In Kürschners Deutscher National-Litteratur, Bd. 24. Nach dem Druck von 1558, 10 Schwänke.

Käzlein, das verführte, s. Bilderbücher, münchener.

Katzler, Max v., spanische Epigramme. Satyren und Letrillas, dem Don Josef Iglesias de la Casa nachgebildet. 12. (XIV und 72 S.) Danzig 862, Doubberck. *

Kaetzler, M. Jeremias (Hirschb./Schles.) u. (Respond.) **Jo. Sigismund Eckhard** (Schweidnitz / Schles.), De palmariis voluntatis aegrae medelis. Diss. philos. Lpz. (Breitkopf) 28. IX. 1725. 30 Seiten. (4.50) 17349

Katzler, Johann Friedrich, Johann Friedrich // Katzlers /// Der Stadt Braunschweig // Bürger=Meisters, und // Syndici, // Teutsche // und // Lateinische // Gedichte. // Braunschweig // Verlegt durch Friedrich Wilhelm Meyer. // 1725. - 4 Blatt (nicht paginiert) Titelblatt und Vorrede. - 256 S. (Glückwünschungs=Gedichte, Hochzeit=Gedichte, Trauer=Gedichte und Vermischte Gedichte), ferner 59 S. (Epigrammata und Disticha) und noch 2 Blatt (nicht paginiert) Register.

Katzmair, Jörg, Burgermeisters der Stadt Munchen, Denkschrift uber die Unruhen daselbst in den Jahren 1397—1403. (Hrsg. von *J. A. Schmeller.*) (Munchen 1833.) 8°. 54 S. Cart.
Ausschnitt a. d. Abhandl. d. k. b. Akad. d. Wissensch. VIII

Katzmann, Abraham, a. Rostow a. D. (Rußland): Die Zangengeburten an der Freiburger Universitäts-Frauenklinik vom 1. Oktober 1904 bis 1. Oktober 1906. Freiburg i. B. 1907: U. Hochreuther. (37 S.) 8°
Freiburg i. B., Med. Fak., Ref. Krönig, Diss. v. 1907
[Geb. 28. Sept. 83 Rostow a. Don; Wohnort: Freiburg i. B.; Staatsangeh.: Rußland; Vorbildung: Gymn. Rostow a. Don Reife Juni 01; Studium: Charkow 1, Berlin 3, Wien 1, Heidelberg 2, Zurich 1, Freiburg i. B. 2 S.; Rig. 1. März 07.]

Katzmann, Julius, Medizinalprakt.: Ueber ein neues Antipyretikum und Antineuralgikum. München 1910: Wolf. 46 S. 8°
München, Med. Diss. v. 29. Nov. 1910, Ref. v. Bauer
[Geb. 26. Sept. 84 Gotha; Wohnort: Gotha; Staatsangeh.: Sachsen-Koburg-Gotha; Vorbildung: Gymn. Gotha Reife O. 04; Studium: Würzburg 5, München 1, Berlin 1, München 3 S.; Coll. 29. Nov. 10; Approb. 31. Okt. 10.]
[U 11. 3000

Katzner, Johann Friedrich August,
s. Kazner, Johann Friedrich August

Katzpöck von Katzenstein / zum Thurnstein / auf Oberhausen, Joh. Bened., Disputat. de denegatione servitiorum feudalium. Von Versagung der Ritter- oder Lehen-Dienste. Präs. Heinrich Hildebrand. Altdorf (Heinrich Meyer) 19. V. 1700. 48 S. (6.50) 17528

— — Dasselbe. Altdorf (Jod. Wilh. Kohles) 1719. 48 S. (6.50) 17529

Katzschmann, s.: Clavier u. Clavierspiel, das.

Katzschner, Heinrich Max, Referendar: Die Schadensersatzpflicht bei Einsturz eines Gebäudes oder eines anderen mit einem Grundstücke verbundenen Werkes oder bei Ablösung von Teilen des Gebäudes oder des Werkes nach §§ 830—838 BGB. Borna-Leipzig 1909: Noske. IX, 88 S. 8°
Leipzig, Jur. Diss. v. 10. Jan. 1910
[Geb. 12. März 83 Aue, Ev. geb.; Wohnort: Aue; Staatsangeh.: Sachsen; Vorbildung: Gymn. Schneeberg Reife O. 03; Studium: Leipzig 6, Freiburg i. B. 1 S.; Rig. 11. Juli 09.]
[U 10. 2750

Katzwinkel, A., s.: Rang- u. Wohnungsliste f. sämtliche Kommandobehörden usw. XV. Armeekorps.

Kau, Heinrich: Das Hallische Elementarwerk, ein systematisches Unterrichtswerk aus dem Zeitalter der Aufklärung. Seine Geschichte, seine Quelle und sein Verhältnis zum Philanthropismus. Leipzig 1904: E. Eisele, Bonn. (VII, 98 S.) 8°
Leipzig, Phil. Fak., Ref. Volkelt u. Heinze, Diss. v. 3. Okt. 1904
[Geb. 15. März 74 Ueckendorf-Watteuscheid; Staatsangeh.: Preußen; Vorbildung: Gymn. Dortmund Reife O. 94; Studium: Münster 5, Berlin 1, Leipzig 1, Bonn 1, Paris 1 S.; Rig. 6./8. Juli 04.]

Kaub, s.: Caub.

Kauba, C., initia systematis conjugationis graecae. 8maj. Pragae, Widtmann. 817.

Käubler, Ernst Florian, Kadmos. Lehrgang für den Unterricht im Lesen, Schön- u. Richtigschreiben in den drei ersten Schuljahren. Langensalza 858. Schulbuchhandlung. 8. (1 Bl., 54 S.) 6 ngr.

Kaeubler, Johs., das Forst- u. Feldstrafgesetz u. das Gesetz, das Verfahren in Forst- u. Feldrügesachen betr., s. a. Reinhold's jurist. Handbibliothek.

KAEUBLER, Johannes: Das Forst- und Feldstrafgesetz vom 30. April 1873 und 24. April 1894 und die das Verfahren in Forst- und Feldrügesachen betreffenden Gesetze und Verordnungen. - Leipzig 1895. IV, 75 S. - (Meinholds Jurist. Handbibliothek Bd. 51)

Kaeubler, Johs., vergleichendes Repetitorium des bisherigen Gemeinen u. des neuen deutschen Reichs-Civilprozeßrechts, unter besonderer Berücksichtigung der Reichs-Civilprozeßordnung vom 30. Januar 1877 u. der mit derselben in Verbindung stehenden Gesetze. gr. 16. (VIII, 308 S.) Schwerin 878. Stiller in Comm. n. 2. 40

Kaeubler, Johs., das königl. sächsische Standesamt, s.: Handbibliothek, Leipziger juristische.

— Was ist strafbarer Wucher? Für das Volk nach dem deutschen Wucher-Gesetze gemeinverständlich beantwortet u. an Beispielen erläutert. 8. (88 S.) Leipzig 881. Scholtze. n. — 60

Kaeubler, Konrad Johannes

Kaeubler, C. J., das königl. sächs. Gesetz üb. die Fürsorgeerziehg. vom 1. II. 1909, unter Berücksicht. der Landtagsverhandlgn. erläutert, nebst Ausführungsverordng. vom 6. V. 1909, Anleitg. f. die Verwaltungsbehörden vom 10. VI. 1909, Verordng. des Justizministeriums üb. die Fürsorgeerziehg. vom 23. VI. 1909 u. allen Formularen hrsg. (185 S.) kl. 8. Dresden (909). C. Heinrich.
Geb. in Leinw. 4. —

Kaeubler, C. J., d. kgl. sächs. Gesetze betr. d. Wahlen f. d. Landtag u. zwar d. Gesetz, d. Wahlen f. d. 2. Kammer d. Ständeversammlg. betr., v. 28. März 1896, nebst Ausführungsverordnung v. 10. Oktbr. 1896 u. d. Gesetz, d. Wahlen f. d. Landtag betr., v. 3. Dezbr. 1868, hrsg. v. K. 8. (III, 166 S.) Leipzig 897. Roßberg. Kart. n. 2. —
= Handausgabe Kgl. Sächsischer Gesetze. Bd 111.

Kaucher, Fr., de fisco Romanorum. 4. (Heidelbergae, Croos in comm.) 819.

Kaucher, F., Diss. de fisco Romanorum. Heidelb. 820. 4. 8 gr.

— — Programma: de Actione rescissoria ad §. 5. I. de actionibus. 4. (ibid.) 820.

Kaucic, Fridolin: Georg Freiherr von Vega. Wien 1886.

Kaučič, Fridolin: Georg Freiherr von Vega. 2. verbesserte und illustrierte Auflage. 8° Wien 1904.

Kaudela, Ernst: Über Titrationen mit Kaliumpermanganat in alkalischer Lösung. – 1909.
Diss. Wien, TH

Kauder, Chrétien: Buch, das gut, enthaltend den Katechismus. Die kaiserliche wie auch köngliche Buchdruckerei hat es gedruckt in der kaiserlichen Stadt Wien in Oesterreich. 1866. Im Auftrag der Wiener Leopoldinen-Stiftungs-Direction, bewerkstelligt durch deren Mitglied Comthur Georg Schwarz etc.- 146 S. 8°

Kauder, Chrétien: Un livre de prières en langage mic-mac. Vienne. – 39 S. 16°

Reisebilder aus Persien, Turkestan und der Türkei. Von E. Kauder. Mit 136 Ill. u. 2 Orientirungskarten. *Breslau: S. Schottlaender 1900.* (III, 359 S.) 4°(8°) [G.] [oo. 4157

KAUDER, ERNST. Producte der Einwirkung von Fünffach-Chlorphosphor auf Succinylverbindungen und Weinsäure. Leipzig, 1885.

Kauder, M., Die industriellen Kartelle. Vortrag, geh. im Deutschen kaufmännischen Verein zu Prag am 29. Nov. 1892. 8°. Prag 1893.

Kauder, Max, Referendar: Die Einwirkung des ehelichen Güterrechts auf den Konkurs der Ehefrau nach dem BGB. (Rostock 1905: C. Hinstorff.) (65 S.) 8°
Breslau, Jur. Fak., Ref. Fischer, Diss. v. 23. Juni 1905
[Geb. 11. Juni 73 Berlin; Heimatsort: Berlin; Staatsangeh.: Preußen; Vorbildung: Friedrichs-Gymn. u. Lessing-Gymn. Berlin Reife O. 93; Studium: Berlin 6 S.; Rig. 18. Mai 05.]

Memoire des Hrn. Kauderbach, Chursächsischen Ministers im Haag an die General Staaten vom 29. Sept. 1756. (2 Bl.; aus dem „Reichs Post-Reuter" 1756. Nro. 163.) 4.

Kauderbach

– **Friedr. Gottlob Heinrich** (Hoyerswerda/Laus.), **De graviditate extrauterina.** Diss. med. Jena (Schreiber & Co.) 5. V. 1820. 28 S. (6.—) 17533
Gew.: Christoph Erdmann Sturm, Johann Gottfried Boensch (Kamenz).

Kauderbach, Immanuel Heinrich

Kauderbach, Imm. Hnr., († d. 17. Dec. 1776.) biblia in metallis, d. i. ausgesonderte Sprüche heil. Schrift in bibl. Ordnung, dabei sich Gelegenheit findet, Bergenzende Betrachtungen anzustellen. 5 Sammll. 8. Dresd. 751—54. 1 Rthl.

— zwölf in Geusing gehall. Quartalstage. gr. 8. Ebend. 718.

Kauders, Alb. (K. Auders), Walther v. d. Vogelweide. Romant. Oper in 3 Acten. 8. (55 S.) Wien 896. (A. W. Künast.) — 60

Kauders, Marie, erstes israelitisches Kochbuch für böhmische Küche. Enthaltend: 568 auf mehr als 40jähr. Erfahrung gegründete Orig.-Küchenrecepte. Nebst Observanzen für den jüd. Haushalt und einem Register der in der Kochkunst im Allgemeinen, in diesem Kochbuche insbesondere vorkommenden wichtigsten Ausdrücke und Erklärungen der Namen mancher Speisen. 8. (XIII, 181 S. mit Holzschn.-Portr. der Verf.) Prag 886, Brandeis. *ℳ 1.40.; geb. **

Kauders, Wwe. Marie, Kochbuch der ersten isr. Kochschule, verbunden m. Restauration u. Hochzeitsunternehmung. 8. (184 u. VIII S. m. Bildnis.) Prag 891. (J. W. Pascheles.) n. 2. —

— vollständiges israelitisches Kochbuch m. Berücksicht. der Osterküche. 2., bedeutend verm. u. verb. Aufl. 8. (XVIII, 296 S. m. Holzschn.-Portr. der Verf.) Prag 890. J. B. Brandeis. n. 1. 60; kart. n.n. 1. 80; geb. n.n. 2. —

Kauders, Marie, vollst. israel. Kochbuch m. Berücksicht. d. französ., engl., ungar. u. böhm. Küche, sow. d. Osterküche. Enth.: 800 auf mehr als 60jähr. Erfahrg. gegründ. Orig.-Küchenrecepte. Nebst Observanzen f. d. jüd. Haushalt, e. Küchen-Kalender u. e. Register der in der Kochkunst im allgem., in diesem Kochbuche insbes. vorkomm. wichtigsten Ausdrücke u. Erklärungen d. Namen mancher Speisen. 3., bedeut. verm. u. verb. Aufl. 8. (XIX, 306 S. m. Bildn.) Prag 898. J. B. Brandeis. n. 1. 60

Kauders, Wwe. Marie, vollständ. israelit. Kochbuch m. Berücksicht. der österreich., ungar., deutschen, französ. u. engl. Küche, sowie der Osterküche. Enth.: 1000 auf mehr als 60 jähr. Erfahrg. gegründete Orig.-Küchenrecepte. Nebst Observanzen f. den jüd. Haushalt, e. Küchen-Kalender u. e. Register der in der Kochkunst im allgemeinen, in diesem Kochbuche insbesondere vorkomm. wichtigsten Ausdrücke u. Erklärgn. der Namen mancher Speisen. 4. bedeutend verm. u. verb. Aufl. (XIX, 366 S. m. Bildnis.) 8. Prag 903. J. B. Brandeis. n. 1. 80; kart. n. 2. —; geb. in Leinw. n. 2. 25

Kauders, Vict., stenographisches Lesebuch (System Faulmann). Stenographische Vollschrift. gr. 8. (37 S.) Wien 893. (Bermann & Altmann.) n.n. 1. —

Kauders, Vict., Stenograph. Lesebuch (System Faulmann). Stenograph. Vollschrift. gr. 8. (37 S.) Wien 897. (Bermann & Altmann.) n. — 50

Kaudewitz, Fr. [cand. med. aus Clarencranst in Schlesien]: Ueber den Einfluss des Pilocarpinum muriaticum und des Atropinum sulfuricum auf die Magenverdauung. . . . München, Jos. Ant. Finsterlin, 1880; 27 S. 8°
Erlangen, Med. Fak., Inaug.-Diss. v. 18. Jan. 1880

Kauenhowen, Willy [app. Arzt aus Insterburg]: Aus d. Laboratorium d. pharmakognost. Sammlung in Kiel. Beitrag zur Kenntnis der Wirkung des Sparteïn... Kiel, Druck v. A. F. Jensen, 1892; 20 S., 2 Bl. 8.
Kiel, Med. Fak., Inaug.-Diss. v. [7. März] 1892

Kauer, Anton

— und Bizio Giovanni, Dr.: Analyse eines Gasgemenges, das aus dem Brunnen im Campo St. Paolo zu Venedig entweicht. S. 44. II. 96 . . . . vgr.
Separatabdruck

— Analyse der in Wien gebrauchlichen Leuchtgase. S. 44. II. 57 . . . . vgr.
Separatabdruck

— Analyse der Lippiker Thermen in Slawonien. S. 47. II. 101 . . . . vgr.
Separatabdruck

Kauer Anton, Dr.: Chemische Analysen einiger Mineralwasser: I. Chemische Analyse des Haller Jodwassers. II. Chemische Analyse des Rohitscher Gemeindesauerbrunnens, genannt „der Wiesensauerling". III. Chemische Analyse der Ferdinandsquelle bei Rohitsch im südlichen Steiermark. IV. Chemische Analyse eines Bitterwassers aus der Stadt Laa in Österreich. S. 37. 27 . . . . 50.—
Separatabdruck

Kauer, Ant., chemische Analysen einiger Mineralwässer. Ausgeführt im Jahre 1858—1859 im Laboratorium des Herrn Dr. J. Redtenbacher an der Wiener Universität. (Aus den Sitzungsber. der k. Akad. der Wissensch.) Wien 859. Gerold in Comm. gr. 8. (32 S.) n. 5 ngr.

Kauer Dr. A.: Über Aequivalenz einer gleichmäßig veränderlichen Kraft mit der constanten Mittelkraft. 15. Wien R. VI. 86. Progr.

Kauer, A., Elemente der Chemie gemäss den neueren Ansichten für Real-Gymnasien u. Unter-Realschulen. Wien 869. Beck'sche Univ.-Buchh. gr. 8. (IX, 251 S. mit 1 chromolith. Taf.) n. 1 ₰ 2 ngr.

—— dass. — für Real-Gymnasien und Unter-Realschulen. 2. Aufl. (230 S. mit 27 eingedr. Holzschn. und 1 Taf. in Farbendr.) 1872; 3. Aufl. (VIII, 200 S. mit 37 eingedr. Holzschn.) 1874. *ℳ 3,20.; 4. und 5. verb. Aufl. gr. 8. (VIII, 212 S. mit 41 eingedr. Holzschn.) Ebendas. 876,78. *

Kauer, Ant., Elemente der Chemie [gemäss den neueren Ansichten] für die unteren Classen der Mittelschulen. 5. Aufl. gr. 8. (165 S. mit 17 eingedr. Holzschn.) Wien 878, Hölder. *

Kauer, Ant., Elemente der Chemie [gemäss den neueren Ansichten] für die unteren Classen der Mittelschulen. 6. Aufl. (186 S. mit 22 Holzschn.) 1880; 7. Aufl. gr. 8. (III, 182 S. mit 23 Holzschn.) Wien 884, Hölder. geb. *

Kauer, Ant., Elemente der Chemie [gemäss den neueren Ansichten] für die unteren Classen der Mittelschulen. 8. Aufl. gr. 8. (III, 182 S. mit 23 Holzschn.) Wien 887, Hölder. * geb. *

Kauer, Ant., Elemente d. Chemie (gemäss d. neueren Ansichten) f. d. unteren Classen d. Mittelschulen. 9., verb. Aufl. Neu bearb. v. Ant. Kauer u. Carl Hoch. gr. 8. (134 S. m. 14 Holzschn.) Wien 895. A. Hölder. Geb. n. 1. 90

—— Elemente der Mineral-Chemie. Für Realgymnasien. 4. Aufl. (122 S. mit 30 eingedr. Holzschn.) 1876. *ℳ 1,60.; 2. Ausg. gr. 8. (87 S. mit 9 eingedr. Holzschn.) Ebendas. 878. *

-Elementi di chimica per le classi inferiori delle scuole medie. Prima versione italiana sulla settima edizione tedesca di E. Girardi. Wien, 1884. 8vo.

—— elementi di chimica per le classi inferiori delle scuole medie. Prima versione italiana sulla. 7. ed. tedesca di Ernesto Girardi. Con 22 incisioni originali in legno intercalate nel testo. gr. 8. (III, 182 S.) Ebendas. 885. *

Kauer, Dr. Anton, Fisica per gli Istituti magistrali. Versione sulla nona edizione tedesca del Attilio Stefani. I. Parte. Wien 1910. Schulbücherverlag. Geb. K 2.65

Kauer, Ant., photometrische Hilfstafeln. gr. 8. (4 S.) Wien 899. A. Hölder. n. — 50

— Lehrbuch der Naturlehre für Lehrer u. Lehrerinnen-Bildungsanstalten. 1—3. Thl. gr. 8. Ebend. 879. n. 4. 86
1. Uebereinstimmung u. Verschiedenheit der Körper. Wärmelehre. Magnetismus. Elektricität. Mit 111 in den Text gedr. Holzschn. (160 S.) n. 1. 50
2. Chemie. Mit 27 in den Text gedr. Holzschn. (154 S.) n. 1. 44
3. Mechanik. Akustik. Optik. Mit 154 in den Text gedr. Holzschn. u. einer Spectraltaf. in Farbendr. (180 S.) n. 1. 92

—— Lehrbuch der Physik und Chemie für Bürgerschulen und die Oberklassen der erweiterten Volksschule nach method. Grundsätzen zusammengestellt. 3 Thle. gr. 8. Ebendas. *
Inhalt:
Thl. 1. Molekularerscheinungen. Wärmelehre. Magnetismus. Elektricität. 1. Aufl. 1871. *ℳ 1,40., und 2. Aufl. (149 S. mit 110 eingedr. Holzschn.) 874. *ℳ 1,70.
" 2. Optik. Akustik. Anh. über strahlende Wärme, Mechanik. (VI, 167 S. mit 141 eingedr. Holzschn. und 1 Taf. in Farbendr.) 872. (*ℳ 1,60.) *ℳ 1,90.
" 3. Chemie. 2. Abdr. (166 S. mit 41 in den Text gedr. Holzschn.) 873. *ℳ 1,80.

— Lehrbuch der Physik u. Chemie für Bürgerschulen u. die Oberklassen der erweiterten Volksschule nach methodischen Grundsätzen zusammengestellt. 2. Aufl. 2. u. 3. Thl. gr. 8. Ebend. 877. 78. n. 4. 20
2. Optik. Akustik. Anh. über strahlende Wärme. Mechanik. Mit 154 in den Text gedr. Holzschn. u. 1 Farbentaf. (VI, 183 S.) n. 2. 20
3. Chemie. Mit 41 in den Text gedr. Holzschn. (166 S.) n. 2. —

— Naturlehre für Ackerbauschulen. Im Auftrage des hohen k. k. Ackerbau-Ministeriums verf. gr. 8. (164 S. m. eingedr. Holzschn.) Ebend. 877. n. 2. —

—— Naturlehre für Lehrer- und Lehrerinnen-Bildungs-Anstalten. 3 Thle. 2. verb. Aufl. gr. 8. Ebendas. *
Inhalt:
Thl. 1. Uebereinstimmung und Verschiedenheit der Körper. Wärmelehre. Magnetismus. Elektricität. (166 S. mit 109 in den Text gedr. Holzschn.) 881. *ℳ 1,50.
" 2. Chemie. (164 S. mit 26 in den Text gedr. Holzschn.) 881. *ℳ 1,44.
" 3. Mechanik. Akustik. Optik. (180 S. mit 154 in den Text gedr. Holzschn. und 1 Spectraltaf. in Farbendr.) 882. *ℳ 1,92.

Kauer, Ant., Naturlehre für Lehrer- und Lehrerinnen-Bildungsanstalten. 1. und 2. Thl. gr. 8. Ebendas. [*ℳ 2.94.] * 2 72
Inhalt:
Thl. 1. Übereinstimmung und Verschiedenheit der Körper. Wärmelehre. Magnetismus. Elektricität. 3. Aufl. (III, 179 S. mit 114 in den Text gedr. Holzschn.) 885. *ℳ 1.50. — 4. Aufl. u. d. T.: Wärmelehre. Magnetismus. Elektricität. (III, 143 S. mit 117 in den Text gedr. Holzschn.) 887. *ℳ 1.28.
" 2. Chemie. 3. Aufl. (164 S. mit 27 in den Text gedr. Holzschn.) 886. *ℳ 1.44.
3. Thl. Mechanik, Akustik, Optik. Ebendas. 1882. *ℳ 1.92.

Kauer, Ant. Naturlehre f. Lehrer- u. Lehrerinnen-Bildungs-Anstalten. 3 Thle. gr. 8. Wien, Hölder. * 4 60; geb. ** 5 60
1. Wärmelehre. Magnetismus. Elektricität. Mit 117 in den Text gedr. Holzschn. 5. unveränd. Aufl. (III, 143 S.) 890. * 1 28; geb ** 1 48.
2. Chemie. Mit 26 eingedr. Holzschn. 4. verb. Aufl. (160 S.) 889. * 1 40; geb. ** 1 80.
3. Mechanik. Akustik. Optik. 3. unveränd. Aufl. Mit 154 in den Text gedr. Holzschn. u. 1 Spektraltaf. in Farbendr. (180 S.) 890. * 1 92; geb. ** 2 32.

Kauer, Ant., Naturlehre f. Lehrer- u. Lehrerinnen-Bildungs-Anstalten. 3 Tle. gr. 8. Wien, A. Hölder. n. 4. 72; geb. n. 5. 92
1. Übereinstimmung u. Verschiedenheit der Körper. Wärmelehre. Magnetismus. Elektricität. 6., verb. Aufl. (160 S. m. 123 Holzschn.) 893. n. 1. 40; geb. n. 1. 80
2. Chemie. 5., verb. Aufl. (172 S. m. 25 Holzschn.) 893. n. 1. 40; geb. n. 1. 80
3. Mechanik. Akustik. Optik. 4., veränd. Aufl. Mit 154 in den Text gedr. Holzschn. u. 1 Spektraltaf. in Farbendr. (180 S.) 894. n. 1. 92; geb. n.n. 2. 32

— dasselbe. 3. Thl.: Mechanik. Akustik. Optik. 5., umgearb. Aufl. Mit 183 in den Text gedr. Holzschn. u. 1 Spectraltaf. in Farbendr. gr. 8. (188 S.) Wien 897. A. Hölder. Geb. n. 2. 40

Kauer, Dr. Anton, Naturlehre für Lehrer- und Lehrerinnen-Bildungs-Anstalten. I. Theil: Uebereinstimmung und Verschiedenheit der Körper. Wärmelehre. Magnetismus-Elektricität. 8. verbesserte Auflage. Mit 143 in den Text gedruckten Holzschnitten. Gr.-8. (164 S.) In Lnwd. geb. —.90
Wien: Hölder 1898.

— Naturlehre f. Lehrer- u. Lehrerinnen-Bildungs-Anstalten. III. Thl.: Mechanik. Akustik. Optik. 6. im wesentlichen unveränd. Aufl. Mit 183 in den Text gedr. Holzschnitt. u. 1 Spectraltaf. in Farbendr. gr. 8. (188 S.) Ebd. 901. Geb. in Leinw. n. 2. 60

Kauer, Ant., Naturlehre f. Lehrer- u. Lehrerinnen-Bildungs-Anstalten. I. u. II. Tl. gr. 8. Wien, A. Hölder. Geb. in Leinw. à n. 1. 75
I. Uebereinstimmung u. Verschiedenheiten der Körper. Wärmelehre. Magnetismus. Elektrizität. 9., verb. Aufl. (173 S. m. 153 Holzschn.) 903.
II. Chemie. 8., verb. Aufl. (185 S. m. 32 Abbildgn.) 936.

Kauer, Dr. Anton, Naturlehre für Lehrer- und Lehrerinnenbildungsanstalten. III. Teil: Mechanik, Akustik, Optik. 7., verbesserte Auflage. Mit 191 in den Text gedruckten Holzschnitten und einer Spektraltafel in Farbendruck. Wien 1907. Alfred Hölder. Geb. K 2.—, geb. K 2.50.

Kauer, Ant., Naturlehre f. Lehrer- u. Lehrerinnenbildungsanstalten. I. Tl.: Übereinstimmung u. Verschiedenheit der Körper. Wärmelehre. Magnetismus. Elektrizität. 10., verb. Aufl. (172 S. m. 175 Holzschn.) 8. Wien 909. A. Hölder. Geb. 1. 75

Kauer, Fanny, Leitfaden f. den praktischen Unterricht in der Damenschneiderei. 8. (15 S. m. 1 Steintaf.) Bamberg 882. (Hübscher.) n. 1. 50

Kauer, P. Johann (S. J.), De immunitate ecclesiastica ex jure canonico, et civili. Diss. jur. Präs. R. P. Paul Usleber (S. J.) Heidelberg (Johann Mayer) 7. IX. 1716. 36 S. (6.80) 17534

Kauer, L.

— u. A. Sulzbacher, praktische Anweisung zur Erteilung d. Rechenunterrichts in der Volksschule. Ein Handbuch f. Lehrer u. Seminaristen. gr. 8. (VIII, 196 S.) Neuwied 891. Heuser's Verl. Geb. n.n. 2. 20

— — Aufgaben aus der Kranken-, Unfall-, Invaliditäts- u. Altersversicherung, nebst kurzen Erläutergn. Für Volks-, Mittel- u. Fortbildungsschulen. 8. (16 S.) Ebd. 891. n. - 10

— u. A. Sulzbacher, Rechen-Aufgaben a. d. Invaliden-, Kranken- u. Unfallversicherung f. Volks-, Mittel- u. Fortbildungsschulen. Nach dem Gesetze v. 19. VII. 1899 neu bearb. unter Mitwirkg. v. O. Pfundt u. P. Reinemann. 8. (8 S.) Neuwied 900. Heuser's Verl. n. — 10

Kauer, L., Rechenbuch f. 1- bis 3klassige Volksschulen, s.: Terlinden.

Kauer, L., u. A. Sulzbacher, Rechenbuch f. mehrklassige Volksschulen, Vorschulen, höh. Mädchenschulen u. Mittelschulen. 6 Hfte. 8. Neuwied 890. Heuser's Verl. n. 2. —
1. 2. (32 u. 40 S.) à n. — 25. — 3. 6. (72 u. 80 S.) à n. — 40. — 4. 5. (à 56 S.) à n. — 35.

— — Rechenbuch f. mehrklass. Volksschulen, Vorschulen, höhere Mädchenschulen u. Mittelschulen. 6 Hfte. 8. Ebd. n. 2. 5
1. 2. Aufl. (32 S.) 891. n. — 25. — 2. 4. Aufl. (40 S.) 894. n. — 25. — 3. 5. Aufl. (76 S.) 893. n. — 40. — 4. 4. Aufl. (56 S.) 892. n. — 35. — 5. 4. Aufl. (64 S.) 892. n. — 40. 6. 3. Aufl. (80 S.) 893. n. — 40.

— — dasselbe. Antworten. 8. (40 S.) Ebd. 890. n. — 40

— — Rechenbuch f. mehrklassige Volksschulen, Vorschulen, höhere Mädchenschulen u. Mittelschulen. In 6 Hftn. Neu bearb. unter Mitwirkg. v. O. Pfundt u. P. Reinemann. 8. Ebd. (900). Kart. n. 2. 80
1. Der Zahlenkreis v. 1 bis 10 u. v. 1 bis 20. (48 S. m. Fig.) n. — 40
2. Der Zahlenkreis v. 1 bis 100. Rechnen m. den Zehnerzahlen, Zu- u. Abzählen der Grundzahlen. Einmaleins, Einsineins. Einsdurcheins. (56 S.) n. — 45
3. Der Zahlenkreis bis 1000. Rechnen m. einfach benannten Zahlen. Der Zahlenkreis bis zur Million u. Vorbereitg. der Bruchrechng. (83 S.) n. — 45
4. Rechnen m. zweifach benannten Zahlen. Vorbereitg. der Bruchrechng. (2. Kreis.) Vermischte Aufgaben. Schlußrechnung. (58 S.) n. — 45
5. Das Rechnen m. allgem. u. Dezimalbrüchen. Bürgerliches Rechnen. (I. Kursus.) Aufgaben aus der Weltkunde u. der Raumlehre. (64 S.) n. — 50
6. Die bürgerl. Rechnungsarten. Sachrechnen. Algebraische Aufgaben. Raumrechnung. Quadrat- u. Kubikwurzel. (82 S.) n. — 50

Kauer, L., und A. Sulzbacher, Rechenfibel. 8. (40 S.) Neuwied 888, Heuser's Verlag. * — 25

— — Rechenfibel. 3. Aufl. 8. (40 S.) Ebd. 892. * — 25

— — Rechenfibel. Neu bearb. unter Mitwirkg. v. O. Pfundt u. P. Reinemann. I. Der Zahlenkreis von 1 bis 10. II. Der Zahlenkreis von 1 bis 20. III. Der Zahlenkreis von 1 bis 100. 8. (64 S. m. Fig.) Ebd. 900. Kart. n. — 45

— — Sammlung angewandter Aufgaben für das Kopfrechnen. 8. (V, 128 S.) Ebendas. 888. geb. * 1 50

Kauer, L., u. A. Sulzbacher, Sammlung angewandter Aufgaben f. das Kopfrechnen. 2. veränd. u. verb. Aufl. (V, 127 S.) 8. Neuwied 904. L. Heuser Wwe. & Co. Geb. in Leinw. n. 1. 50

Kauer Robert: De priscis atque obsoletis formis nominum apud Plautum.
1892 PN 755 Diss. Wien. Univ.

Kauer, Rob., lateinisches Lese- u. Übungsbuch, s.: Steiner, Jos., u. Aug. Scheindler.

— Lateinische Schulgrammatik, s.: Scheindler, Aug.

Kauer, Robert: Studien zu Pacianus. 47 S. 8.
Progr. K. k. Staats-Gymn. im XIII. Bezirke Wien 1902.

Kauermann, Fr., beachte d. Individualität d. Kinder!, s.a. Lehrer-Prüfungs- u. Informations-Arbeiten.

Kauermann, Fr., Beachte die Individualität der Kinder. »Lehrer-Prüfungs- u. Informations-Arbeiten.« (32 S.) Minden 1901. A. Hufeland.

Kauert, Albert. (geb. Obermebach im Rheinl. 6. 6. 1842): De cinerea restium medullae spinalis posteriorum degeneratione. Berolini (1864). (30 S.) 8°
Berlin, Med. Diss. v. 9. Aug. 1864

Kauert, Emil, Medizinalprakt. a. Lüdenscheid i. W.: Über Retroflexio uteri puerperalis. Freiburg ⟨Baden⟩ 1906: E. Kuttruff. (50 S.) 8°
Freiburg i. B., Med. Fak., Ref. Krönig, Diss. v. 3. Febr. 1906
[Geb. 13. Aug. 82 Lüdenscheid; Wohnort: Wiesbaden; Staatsangeh.: Preußen; Vorbildung: Gymn. Düsseldorf Reife O. 01; Studium: Freiburg i. B. 3, Tübingen 2, Freiburg i. B. 1, Bonn 2, Freiburg i. B. 2 S.; Coll. 12. Jan. 06.]

Kauert, Max [aus Lüdenscheid]: Ein Fall von Leukaemia acuta ... Lüdenscheid, Druck v. W. Crone jr. 1897; 45 S., 1 Bl. 8.
Erlangen, Med. Fak., Inaug.-Diss. v. 21. Juli 1896

Kauert, Walter, Medizinalpraktikant: Der vor- und frühzeitige Blasensprung. Ätiologie, Therapie u. Prophylaxe mit klin. Untersuchungen über 400 Fälle aus d. Univ.-Frauenklinik Freiburg i. B. Freiburg i. B.: Ragoczy 1908. 42 S. 8°
Freiburg i. B., Med. Diss. v. 1908, Ref. Krönig
[Geb. 20. Juli 81 Lüdenscheid; Wohnort: Freiburg i. B.; Staatsangeh.: Preußen; Vorbildung: Gymn. Düsseldorf Reife O. 02; Studium: Bonn 1, Berlin 2, Freiburg i. B. 7 S.; Coll. 17. Juli 08.] [U 09. 945

Kauertz, Gottfr., Rentier Mudicke's Geburtstag, s.a. Esser's, J., Sammlung leicht aufführbarer Theaterstücke.

Rentier Mudicke's Geburtstag. Humorist. Lebensbild in 1 Akt von Gottfried **Kauertz**. Paderborn: J. Esser [1908]. (32 S.) 8° [F.]
— Sammlung, J. Esser's, leicht aufführbarer Theaterstücke. H. 90. [08. 8998

Kauertz, Gfr., d. Köhler aus Valencia, od.: Gelübde u. Schwur, s. Esser's, J., Sammlung leicht aufführb. Theaterstücke.

Kauertz, Gfr., der Köhler aus Valencia od. Gelübde u. Schwur Ritter-Schauspiel m. Gesang in 9 Akten. Frei nach der Erzählg.: „Der Köhler aus Valencia". 8. (94 S.) Paderborn 894. J. Esser. n. 1. —

Kriegsgefangen oder Die von Hohenberg. Schauspiel aus d. Zeit d. Freiheitskriege in 5 Akten von Dr. [Gottfried] **Kauertz**. Paderborn: B. Kleine [1904]. (72 S.) 8° [F.]
— Theater, Kleines. II. 340.

Kauf und Lauf
Kauf und Verkauf
v. Berner Volkszeitung (II).

Anonym. „Der Kauf und Verkauf, wie auch Pacht und Verpachtung der Landgüter, nach ökonomisch-juristischer allgemeinen Grundsätzen, zum Besten der Unkundigen und Liebhaber in zwey Theilen entworfen; erster Theil: von Kauf und Verkauf; zweyter Theil: von Pacht und Verpacht der Landgüter", Dresden 1789 (Walther).

Kauf und Verkauf, Der, wie auch Pacht und Verpachtung der Landgüter. Dresden 1789. V: *Kersten, Franz Heinrich Maximilian* [?]. (Ky)

Kauf, L., Wasserbau, s.: **Schulze**, F. W. Otto.

Kaufbeuren, s.: Deutschland. Karte. (Abt. Bayern.)

Kaufbeuren, s.: Deutschland. **Uebersichtskarte.**

Kaufbeuern. Im Jahr 1821. Vom K. Steuer-Kataster. 1 : 2,500. 1 Bl.

Kaufbriefe, über, u. deren Einrichtung. 8. Hamb., (Herold J.) 6 gl.

Käufer, Chr. Gottlieb

Käufer, Chr. Gli., († d. 18. Aug. 1830.) Abriß d. Oberlausitz. Geschichte. 3 Thle. 8. Görlitz 803. (Anton in Halle). 2 ₰ 6 gl.

Käufer, Ch. G. Kurzer Abriss der Geschichte von Mengelsdorf. 8. Görlitz 1800.

— Grundlage z. Unterricht in der Oberlausitz u. s. w. 8. Görlitz, (Schops in Zittau.)

— Verzeichniß merkwürd. Brände in d. Landstädtchen d. Oberlausitz. 8. Bautzen 799.

Käufer, G. B., Anweisung zur Destillation auf warmem und auf kaltem Wege. Eine vollständ. Theorie der Liqueur-Bereitung nebst 500 Recepten zu 209 der beliebtesten deutschen, französ. und andern Liqueuren. 8., umgearb. und reich verm. Aufl. gr. 16. (V und 121 S.) Leipzig 860, Arnoldische Buchh. *

Käufer, G. B., Anweisung zur Destillation auf warmem und auf kaltem Wege. Eine vollständ. Theorie der Liqueur-Bereitung nebst 500 Recepten zu 292 der beliebtesten deutschen, französ. und andern Liqueuren. 9., umgearb. und reich verm. Aufl. 8. (V und 121 S.) Leipzig 862, Arnoldische Buchh. *

Kaeufer, *Heinrich* Josef [aus Neuwied]: Beiträge zur gerichtsärztlichen Bedeutung der Nabelschnur ... Bonn, Druck v. E. Heydorn, *1893*; 30 S. 8.
Bonn, Med. Fak., Inaug.-Diss. v. [2. Aug.] 1893

Kaeufer, Pauline, höfische Epik des Mittelalters Parzival u. Armer Heinrich. Für Schule u. Haus hrsg. (159 S.) 8. Münster 910. Aschendorff. Geb. 1. 10

Kaeufer, Pauline: Der Freiherr vom und zum Stein. Kaisergeburtstagsrede. Neuwied 1907: Heuser. (S. 3—9.) 4° [F.]
Neuwied, st. HM u st. Lehrerinnen-Bildungs-A P 1907 [187]

Kauferregeln, herausgegeben vom Deutschen Werkbund. (50 S.) Leipzig (1909)

Kaufet die Zeit aus, denn die Tage sind böse. Eph. 5, 16. Ein Wort für unsere Zeit. gr. 8. (20 S.) Basel 865, (Bahnmaier's Verlag.)

Kaufet nur bei Christen! Von e. Arier. 8. (32 S.) Prag 896. J. B. Brandeis. n. — 35

Kauff, H[einrich]: Die **Erkenntnislehre** des heiligen Augustin und ihr Verhältnis zur Platonischen Philosophie. T. 1: Gewissheit und Wahrheit. *Leipzig 1899: B. G. Teubner.* (20 S.) 4°
M.Gladbach, G, P 1899 (407)

Kauff, J., die gerade Schrift bei gerader Körperhaltung. Anleitung, in kürzester Zeit zur deutlichsten u. gewandtesten, der natürl Haltg. d. Körpers, sowie den Anfordergn. unserer Zeit ganz entsprechenden Handschrift zu gelangen. Zur sichern Selbsterlerng., sowie zum Gebrauche in Schulen von Fachmännern eingerichtet. 2 Tle. kl. 4. (IV, 33 S., wovon 16 lith., u. III, 46 S., wovon 18 lith.) Malmedy 889. (Köln, Rimbach & Licht.) n. 2. 40

Kauff, Joh. Huldr., Wellhausen, Thurgau. Disputatio inauguralis chirurgicomedica de haemorrhagia vulnerum
Basel, med. Diss. 1743.

Kauffartheischifffahrts-Akte, die, für die Vereinigten Königreiche Großbritannien u. Irland, s. **Merchant Shipping Act, the.**

Käuffelin, Gf., († d. 31. März 1777.), s. Geheimniß, d., d. Zeiten rc.

KÄUFFELIN, JOHS. MATTH., Cogitationes de eloquentia heroica. Kiliae. 1731. 4. P. [Resp. Joh. Bened. Bredefeld].

Kaeuffelin, Matthias Nicolaus (Kiel), De testamento judici per procuratorem ad acta exhibito. Diss. jur. Präs. Johann Wilhelm Gadendam. Kiel (Bartsch) 1. IX. 1770. 23 S. (5.50) 17350

Kauffer, Ed., Buch religiöser Lyrik, s. Buch religiöser Lyrik.

Kauffer, Ed., Buch religiöser Lyrik. Ein Album neuerer deutscher Dichter. 2. Aufl. 853. — 3. Aufl. Leipzig 857. Thomas. 16. (VIII, 368 S.) 1 ₰. 25 ngr.

—— s. Buch der Refrainlieder. — Buch der Sonette. —

Kauffer, Ed., Onkel Eulenspiegel. Lehrreiche Geschichten für die Kinderwelt. gr. 4. (24 S. und 25 ill. eingedr. Holzschn. von Adr. Brandt.) Leipzig 851, Payne.

—— der treuesten Frau, s. Wahrheit und Dichtung.

Kauffer, Ed., Gedichte. 16. (VIII u. 160 S.) Leipzig 849, Thomas. ⅔ ₰; in Engl. Einb. mit Goldschn. 1 ₰

—— Gedichte. 2. Aufl. 16. (VIII und 192 S.) Leipzig 861, Purfürst. geb. *

Kauffer, Ed., Gottesminne. Gedichte. 8. (176 S.) Leipzig 874. Klinkhardt. n. 2. 40; geb. m. Goldschn. n. 3. 60

—— am heimischen Herd. Volksthümliche Erzählungen. Novellen und Charakterbilder. 2 Bde. 8. (VI und 490 S.) Leipzig (881)62, Hübner.

—— Jesus-Hymnen, s. Jesus-Hymnen.

— Jesus-Hymnen. Sammlung altkirchlicher lateinischer Gesänge. Herausg. u. mit freier deutscher Uebersetzung begleitet. Leipzig 854. Roßberg. 16. (1 Bl., 65 S.) 12 ngr

—— der Kunstverein, s. Kunstverein.

—— Medaillon-Almanach, s. Medaillon-Almanach.

Kauffer, Ed., Jean Paul als Dichter u. Prediger. Blüten u. Perlen aus seinen Werken. Reudnitz 867. Förster. 16. (XV, 243 S.) n. 1 ₰; geb. n. 1 ₰ 10 ngr; In Lederbd. n. 1 ₰ 20 ngr

Kauffer, Ed., Jean Paul als Dichter u. Prediger. Blüten u. Perlen aus seinen Werken. 2. (Titel-)Ausg. 12. (XIII, 248 S.) Weimar (1867) 880. Weißbach. n. 3. —

—— Jean Paul als Großmeister deutschen Humors. Blüten und Perlen aus seinen Werken. gr. 16. (XV, 238 S.) Reudnitz 869, Förster. *
geb. mit Goldschn. *
geb. in Leder mit Goldschn. *

Kauffer, Ed., Jean Paul als Großmeister deutschen Humors. gr. 16. Reudnitz 869. Weimar, Weißbach. *

Kauffer, Ed., Jean Paul als Großmeister deutschen Humors. Blüten u. Perlen aus seinen Werken. 2. (Titel-) Ausg. 12. (XIII, 238 S.) Weimar (1869) 880. Weißbach. n. 3. —

—— und J. Schanz, die schönsten deutschen Sagen, Volksmärchen und Legenden, s. Schanz.

Kauffer, Ed., s. W a s unsre deutschen Dichter sangen.

Kauffer, Osw., Musica sacra. Vortrag, in der Diözesanversammlg. zu Oschatz am 18. Oktbr. 1893 geh. gr. 8. (38 S.) Leipzig 894. H. G. Wallmann. n. — 40

Käuffer, Chr. Gottlieb, s. K ä u f e r , Chr. Gottlieb.

Käuffer, Eberhard Friedrich (Öttingen), De certioratione per relationem ad aliud. Disp. jur. Präs. Heinrich Hildebrand. Altdorf (Heinrich Meyer) 15. III. 1702. 50 S. (6.80) 17351

Käuffer, Friedr. Wilh., üb. d. Appellationen geg. d. gerichtl. Verfahren in Civilrechtssachen, nebst einigen and. jurist.-pract. Aufsätzen, nach k. sächs. Rechte. gr. 8. (12 B.) Zwickau 840. [Leipzig, O. A. Schulz.] Thlr. *

Käuffer, Fr. Wlh., über die Appellationen gegen das gerichtliche Verfahren in Civilrechtssachen, nebst einigen anderen juristisch-praktischen Aufsätzen, nach Königl. Sächs. Rechte. gr. 8. Zwickau 840. Laurentius. n 1 1/3 ₰

Kaeuffer, Fritz, appr. Arzt aus Düren i. Rh.: Aus d. Universitäts-Frauenklinik zu Kiel. Ueber Laparotomie bei freier intraperitonealer Blutung infolge von frühgeborstener Tubenschwangerschaft. *Kiel 1901: H. Fiencke.* (52 S.) 8°
Kiel, Med. Diss. v. [4. Nov.] 1901

Antrag auf Errichtung eines Blattes als eines Zentral-Organes für den Sächsischen Logenbund. [Dat.:] Dresden den 18. Juni 1875. [Unterz.:] Hugo **Käuffer.** 1 Bl. 4°. [Kopftit.] 21.

Käuffer, Johann Ernst Rudolf

Käuffer, Joh. Ernst Rud., „an ihren Früchten sollt ihr sie erkennen!" Predigt am 8. Sonnt. n. Trin. 1845 zu Dresden gehalt. gr. 8. (1 B.) Dresden 845. [Korische Buchh.]

Käuffer, J. E. R., Antrittspredigt am 5. März 1830. gr. 8. Dresd. 830. Walther. 2 K

—— das Christenthum. Ein Leitfaden für den Religionsunterricht höherer Volksschulen, wie für den Confirmanden-Unterricht; nebst den Hauptstücken des Lutherschen Katechismus und einer Tabelle über die Hauptunterscheidungslehren der christl. Kirche. 4. Aufl. des Leitfadens für den Confirmanden-Unterricht. gr. 8. (32 S.) Dresden 848. Stuttgart, Hoffmann'sche Vrlgsh.

Käuffer, Joh. Ernst Rud., das Christenthum. Ein Leitfaden für den Religionsunterricht höherer Volksschulen, wie für den Confirmanden-Unterricht; nebst den Hauptstücken des Luther'schen Katechismus und einer Tabelle über die Hauptunterscheidungslehren der christl. Kirche (in qu. 4.) 5. Aufl. br. 8. (32 S.) Dresden 853, Kuntze.

Käuffer, J. E. R., „von der rechten Demuth bei Verwaltung d. evangel. Predigtamtes." Antrittspredigt, gehalten am 5. März 1830. gr. 8. (1¼ B.) Dresden 830, Walther.

Kaeuffer, Joh. Ernst Rud., die kindliche Ehrerbietung geschichtlich und moralisch. Vortrag den 11. März 1862 im Saale der Stadtverordneten zu Dresden. Dresden 862. Kuntze. gr. 8. (22 S.) n. 5 ngr

— **Jo. Ernst Rud.**, Epistola ad Ferdinandum Koernerum, AA. LL. M. nuper societatis exeget. sodalem, nunc vicar. eccles. ap. Augustoburgenses. — Examinatur novissima Bretschneideri de loco Rom. V, 12 sententia. Dresden (Gaertner) 24. X. 1834. 12 S. (4.50) 17352
Gratul.: Eduard Gustav Feller, Friedrich Mueller, Gottlob Wilhelm Hager, Christian Friedr. Krause, Carl Moritz Planitz, Eduard Kretzschmar, Carl Gustav Helbig, Carl Heinrich Mehlhorn.

— drei Fragen an den gestirnten Himmel: Wo sind wir? Wer sind wir? und Werden wir sein? Eine Vorlesung. 1—8. Aufl. Ebend. 861. gr. 8. (31 S.) n. 5 ngr

—— zum frommen Gedächtnisse der jüngsterlebten Schreckenstage in Dresden. Kanzelrede im evangel. Hofgottesdienste zu Dresden am Feste der Himmelfahrt Christi den 17. Mai 1849 gehalten. gr. 8. (14 S.) Dresden 849, [Keri und am Ende.] *

— Geschichte von Ost-Asien. Für Freunde der Geschichte der Menschheit dargestellt. 1. Thl. Leipzig 858. Brockhaus. gr. 8. (XXIV, 465 S.) n. 2 ₰. 20 ngr

— Geschichte von Ost-Asien. Für Freunde der Geschichte der Menschheit dargestellt. 2. u. 3. Thl. Leipzig 859, 60. Brockhaus. gr. 8. (VIII, 814 S.; VIII, 727 S.) 2.: n. 4 ₰ 10 ngr; 3.: n. 4 ₰

—— evangelische Grund- und Glaubens-Sätze nebst Ueberblick der Geschichte der christlichen Kirche dargestellt. gr. 8. (VIII und 199 S.) Dresden 857, Meinhold und Söhne.

— Handbuch für den Religionsunterricht höherer Volksschulen, wie f. den Confirmandenunterricht, auch zum Selbstunterrichte f. Gebildete, nebst einer Tabelle über die Hauptunterscheidungslehren der christl. Kirche. gr. 8. (VIII u. 228 S. m. 1 Tab. in qu. gr. 4.) Dresden 849, Walther. Stuttgart, Hoffmann. 3/4 ₰

—— Haus und Schule. Predigt am Sonntage Misericordias Domini 1847 in der evangel. Hofkirche zu Dresden gehalten. gr. 8. (13 S.) Dresden 847, Adler und Dietze. *

—— Jesus Christus unser Vorbild. Für Forschende unter den Verehrern Jesu dargestellt. gr. 8. (9 B.) Dresden 815. [Korische Buchh.] *

Käuffer, Joh. Ernst Rud., „in welchem Sinne allein dürfen wir eine völlige Religionsgemeinschaft unter den Menschen hoffen?" Predigt am Sontage Invocavit 1845 gehalten. gr. 8. (1 B.) Dresden 845. [Korische Buchh.] Thlr. *

—— laßt uns durch unsern Wandel zeigen, daß unser Volk f. eine angemeßnere Verfassung d. evangel. Kirche nicht unmündig sei! Pred. am 1. Adv. 1845 gehalt. gr. 8. (1 B.) Dresden 845. [Korische Buchh.]

Käuffer, Joh. Ernst Rud., christl. Leben. Predigten, in d. ersten fünf Jahren seiner gegenwärt. Berufsthätigkeit gehalten. gr. 8. (15½ B.) Dresden 836, [Walther'sche Vrlsh.] *

Käuffer, Joh. Ernst Rud., das Leben Jesu unsers Herrn. Ein Lehrbuch für den Religionsunterricht höherer Klassen höherer Schulen. gr. 8. (VI und 42 S.) Leipzig 847. [Berlin,] Gebauer'sche Buchh. Thlr. *

Käuffer, Jh. Er. Rud., Leitfaden für den Confirmandenunterricht, nebst Tabelle üb. die kirchl. Hauptunterscheidungslehren. 8. Dresden 833. Walther. 1/8 ₰ — 2e verb. Aufl. 8. Ebd. 835. 1/8 ₰ — 3e verb. Aufl. mit d. Umschlagstitel: Leitfaden für d. letzten Confirmationsunterricht vor d. Confirmation. 8. Ebd 840. 1/8 ₰

—— de biblica ζωῆς αἰωνίου notione. 8maj. (13¼ B.) Dresden 838, [libr. Walther.]

—— „die Pflichten e. Volkes, dess. Väter Gott einst würdigte, ein Licht d. Völker zu seyn," e. Predigt am Erscheinungsfeste 1834; dazu e. Rede bei d. Weihnachtsgabe an arme, gute Kinder. gr. 8. (1¼ B.) Dresden, Walther.

—— Predigt gehalt. am 24. April 1831. gr. 8. (1 B.) Dresden, Walther.

—— Predigt vor der feierlichen Eröffnung des Landtages am 10. Octbr. 1854 in der evangel. Hofkirche zu Dresden gehalten. gr. 8. (15 S.) Dresden 854, Adler und Dietze. *

—— Predigt zur Gedächtnißfeier Sr. königl. Maj. des höchstsel. Königs Friedrich August II. am 2. Septbr. 1854 bei dem evangel. Hofgottesdienste zu Dresden gehalten. gr. 8. (15 S.) Dresden 854, Adler und Dietze. *

—— Predigt gehalt. am 10. Oct. 1830. gr. 8. (1 B.) Dresden, Walther.

—— Predigt vor dem Schlusse des Landtages am 7. Aug. 1855 bei dem evangel. Hofgottesdienste zu Dresden gehalten. gr. 8. (18 S.) Dresden 855, Adler und Dietze. *

—— Predigt gehalt. am Tage d. Eröffnung d. Ständeversamml. in Dresden d. 27. Jan. 1833. gr. 8. (1 B.) Dresden, Walther.

—— Predigt bei Vollendung der 25jährigen Amtswirksamkeit an der evangel. Hofkirche zu Dresden den 4. März 1855 am Sonnt. Reminiscere gehalten. gr. 8. (13 S.) Dresden 855, Adler und Dietze. *

—— zwei Predigten gehalt. d. 10. u. 12. p. Trin. 1832. gr. 8. (1½ B.) Dresden, Walther.

—— „die Rechenschaft, welche der Christ nach Erledigung eines wichtigen Werkes sich giebt." Predigt am Schlusse des Landtages den 23. Aug. 1864 beim evangel. Hofgottesdienste in Dresden gehalten. gr. 8. (15 S.) Dresden 864, am Ende.

—— Reihenfolge der evangel. Hofprediger in Dresden, dargestellt u. mit mehrern, die Geschichte der hies. evangel. Hofkirche betreff. Anmerkungen versehen. Lex.-8. (2¼ B.) Dresden u. Leipzig 842, Arnoldische Buchh.

—— biblische Studien, s. Studien.

— s. Testamentum novum.

—— Ueberblick der Geschichte Ost-Asiens in 6 Vorlesungen. gr. 8. (IV und 123 S.) Leipzig 864, Klinkhardt.

Käuffer, Joh. Ernst Rud., das chinesische Volk vor Abrahams Zeiten, zu gutem Theile als Spiegel für die Völker des 19. Jahrh. dargestellt. gr. 8. (136 S.) Dresden 850, Kuntze's Verlag. *

—— Was darf ein christliches Volk von seiner Landesversammlung erwarten? Predigt vor der feierl. Eröffnung des Landtages am 5. Jan. 1855 zu Dresden gehalten. gr. 8. (13 S.) Dresden 855, Adler und Dietze. *

—— Was giebt uns christliche Fassung bei erschütternden Schickungen im Leben? Predigt am 13. Aug. 1854, als am Sonnt. nach dem Tode des höchsel. Königs Friedrich August II. gehalten zu Dresden. gr. 8. (14 S.) Dresden 854, Adler und Dietze. *

— was ist unsere Hauptpflicht hinsichtlich der religiösen Erziehung der Kinder? Schulpredigt, in der evangel. Hofkirche z. Dresden gehalten. gr. 8. Ebend. 846. n. 1/12 ₰

— welches sind die Lehren, durch die das Christenthum sich über alle andern Religionen der Erde erhebt? Predigt am 3. Advents-Sonntage 1853 bei dem Frühgottesdienste der evangelischen Hofkirche zu Dresden gehalten. Dresden 854. Kori. (3eh.) gr. 8. (12 S.) 3 ngr.

—— Welches wird der würdigste Dank der evangelischen Kirche für die Segnungen des Religionsfriedens sein? Predigt bei der Jubelfeier des augsburger Religionsfriedens am 16. n. Trin., den 23. Septbr. 1855 zu Dresden gehalten. gr. 8. (11 S.) Dresden 855, Höckner.

—— wie haben wir das in unsrer Zeit sehr häufige Herausstellen der einfachsten Religionswahrheiten zu betrachten? Predigt am 18. n. Trin. 1845 gehalten. (Nebst Vorwort.) gr. 8. (1 B.) Dresden 845. [Korische Buchh.]

—— Wodurch hat jeder Einzelne unter uns zum Gedeihen der gesammten christlichen Kirche zu wirken? Predigt am 2. Pfingstfeiertage 1858 gehalten. gr. 8. (14 S.) Dresden 858, am Ende.

—— ein ernstes Wort und eine dringende Bitte an alle Familienhäupter rc. Predigt am Sonntage Mis. Dom. 1852 zu Dresden gehalten. gr. 8. (16 S.) Dresden 852, Kori.

—— worüber hat der Christ in den Wirren der Gegenwart zu halten? Predigt am 11. Sonnt. nach Trinit. 1848 zu Dresden gehalten. Nebst einem offenen Briefe an den Hrn. v. Lindenau, Excell., in Frankfurt. gr. 8. (15 S.) Dresden 848, [Kori und am Ende.] *

Käuffer, K.

Käuffer, Geschichte des königl. bayer. 9. Infanterie-Regiments Wrede. Von seinem Ursprung bis zur Gegenwart. Bearb. im Auftrage des Regiments-Kommandeurs. gr. 8. (VIII, 194 S. mit 3 Portr. und 5 Karten.) Würzburg 888, Hertz. * 3 50

Käuffer, Geschichte d. kgl. bayer. 9. Infanterie-Regts. Wrede. Von s Ursprung bis zur Gegenwart bearb. im Auftrage d. Regiments-Kommandeurs. 2., umgearb. u. verm. Aufl. Mit 3 Bildnissen, 1 histor. Uniform-Taf., 5 Karten u. 3 Skizzen. gr. 8. (VIII, 226 S.) Würzburg 895. Ballhorn & Cramer.
Geb. in Halbleinw. n. 4.—

Energie — Arbeit. Schnelles Arbeiten ist teurer als langsames Arbeiten. — Die Kräftediagramme. D. spezif. Wärme d. Luft '(d. Gase)'. Der Vorgang, wenn Luft in Folge v. Erwärmg sich auf grösseres Volum ausdehnt. 'Energie' im Allgemeinen. Von Ing. Paul Käuffer, ... Mainz. *Mainz: V. v. Zabern 1896.* (1 Bl., 50 S.) 1 Bd 8. [97. 133]

Käuffer, P., ist die Kohäsion der Gase wirklich gleich Null? Ableitg. aus den Experimenten üb. die spezifischen Wärmen derselben. gr. 8. (30 S. mit Fig.) Mainz 887. v. Zabern. n. — 50

Käuffer & Co.: Gesunde Luft in unseren Häusern. Mainz und Berlin. (1891?) Fol.

Kaeuffling, Johann Carl (Bautzen), errores quosdam circa querelam inofficiosi testamenti refutat et simul viro Carl Gottfried Winckler (Leipzig) summos in utr. jure honores Lipsiae ipsis kalend. Jul. 1745 capessenti sociorum qui sub praesidio D. Gottfr. Ludwig Mencken artem disserendi colunt nomine gratul. Lpz. (Langenheim) 1745. 16 S. (5.—) 17353

Kauffman, Junius [aus Stillwater '(Minn. U. S. A.)']: Über Incisionen nach Heinrich von Mondeville ... Berlin, gedr. bei L. Schumacher, 1897; 42 S. 8.
Berlin, Med. Fak., Inaug.-Diss. v. 23. Apr. 1897

Kauffman-Jassoy, E., Viola. Eine Sage. gr. 8. (26 Bl.) Wiesbaden 899. F. Bossong. n. — 80

Kauffmann, die Hygiene des Auges im Privatleben. (21 S.) gr. 8. München 907. Verlag der ärztl. Rundschau. — 60

Kauffmann: Die gesetzliche Stellung der französ. Aktiengesellschaften, ... s. Schneegans.

Kauffmann Av. moderne Landhäuser. (40 T) fol Stuttgart (1900)

Kauffmann, Adolph: Symbola quaedam ad pathologiam morborum cordis. Berolini 1848. 30 S. 8°
Berlin, Med. Diss. v. 2. Okt. 1848

KAUFFMANN, ALBERT. Vom "Wachs des Schellacks." (Bern) Stuttgart, 1887.

Kauffmann, Angelica. Ein Lebensbild, s. Schram. Wilh.
Vgl. Kaufmann(Sachl.OW).

Kauffmann, Angelica, s. Album figuraler Compositionen.

Kauffmann, Angelica, Schäferin. Farbenstich von Th. Burke. 1783. Reproduktion in farbiger Heliogravüre. 33×26 *cm.* Oval auf Chinapapier K 30.—
Wien: Hof-u.Staatsdruck.1910.

Kauffmann, Angelica, Sylvia und Daphne. (Gegenstück zum vorigen.) Farbenstich von P. W. Tomkins. 1787. Reproduktion in farbiger Heliogravüre. Ebenso K 30.—
Wien: Hof-u.Staatsdruck.1910.

Kauffmann, Bernhard: Der börsenmäßige Kauf von Wertpapieren. 1910.

Kauffmann, C. F., Anleitung z. geometr. Constructionen in 16 Vorlegeblättern (in qu. ½ Fol. m. beigedr. Text.) Ein Beitrag z. geometr. Zeichnen an Real- u. Gewerbeschulen. (1 B.) Heilbronn 846, Drechsler'sche Buchh. *

— u. Ch. Schwenk, Aufgaben aus der darstellenden Geometrie. 2 Abthl. gr. 8. Stuttgart, Ebner u. Seubert. [1. (5 B. u. 20 Stnt.) 842. * 22½ Ngr., 2. (9⅞ B. u. 40 Stnt.) 44. * 1 Thlr. 20 Ngr.] *

Kauffmann, E. F., s. Leroy, C. F. A.: Darstell. Geometrie.

Kauffmann, C. F., Curven-Constructionen in 21 (lithogr.) Vorlegeblättern (mit Text). Ein Beitrag zum geometrischen Zeichnen an Real- und Gewerbe-Schulen. qu. Fol. (3 S.) Heilbronn 853, Scheurlen. *

Kauffmann, C. F., Lehrbuch d. ebenen Geometrie, z. Gebr. beim öffentl. u. Selbst-Unterricht. gr. 8. (10 B. u. 4 Stnt., qu. ½ gr. Fol.) Ludwigsburg 836, Nast.

Kauffmann, C. F., Lehrbuch der ebenen Geometrie, zum Gebrauche beim öffentl. und Selbstunterricht. Mit 4 Steintaf. gr. 8. Ludwigsburg 836. Nast. (Leipzig, Herbig.) ¾ ß

— Lehrbuch d. ebenen Geometrie. Zum Gebrauch beim Unterricht in Realschulen u. Gymnasien sowie z. Selbstunterricht. 2., verb. u. verm. Aufl. gr. 8. (13⅜ B. u. 8 Kpfrt.) Stuttgart 846, Becher's Verl.

— Lehrbuch der ebenen Geometrie. Zum Gebrauche beim Unterricht in Realschulen und Gymnasien so wie zum Selbstunterrichte. 3., verb. und verm. Aufl. gr. 8. (VI und 235 S. mit 300 in den Text gedr. Holzschn.) Stuttgart 855(56,) Becher's Verlag.

— Lehrbuch d. Stereometrie. Zum Gebr. beim Unterr. in Realschulen u. Gymnasien, so wie z. Selbstunterr. bearb. gr. 8. (10¼ B. u. 4 Stnt.) Stuttgart 836, Balz'sche Buchh.

— Lehrbuch der Stereometrie. Zum Gebrauche beim Unterricht in Realschulen u. Gymnasien, so wie zum Selbstunterrichte. 2. verb. u. verm. Aufl. M. 4 Kpfrtaf. breit 8. Stuttgart 844, Becher. ¾ ß

— Lehrbuch der Stereometrie. Zum Gebrauche beim Unterricht in Realschulen und Gymnasien sowie zum Selbstunterrichte. 3., umgearb. Aufl. gr. 8. (VI und 179 S. mit 80 in den Text gedr. Holzschn.) Stuttgart 855(56,) Becher's Verlag.

— Stereometrie, s. auch Leroy, C. F. A.

Kaufmann, C. F., das Linearzeichnen rc., s. Lamotte, M. L.

KAUFFMANN, E. F. *Orbis Pictus.* Ein Volksbuch für Jung und Alt, das in allgemein faßlicher Darstellung das Wichtigste der Natur- und Menschenkunde umfaßt ... Von E. F. Kauffmann. Mit einer Einleitung ... von G. H. Schubert. Zwei Theile [in 1 Band]. Mit 1 Titelkupfer [von PHIL. WALTHER] und 506 erläuternden Abbildungen [auf 35 Tafeln und im Text]. Stuttgart P. Balz 1841. VIII, IV, 560 SS. 2 Bl. 342 SS., 1 gef. Tabelle. 8°. Hldr. d. Z. mit Rückenschild. 33.—
Reich illustr. Werk mit Holzschnitten von Pflanzen, Tieren, Menschenrassen, Szenen aus dem Berufsleben u. a. Inhalt: I. Geologie, Meteorologie, Mineralogie, Botanik, Zoologie. II. Der Mensch und seine Einrichtungen, Anschauungen, Berufe, Handwerke etc. Einige Bll. etwas lose und fleckig. 1 Holzschn. mit Tinte leicht ankoloriert. Einbd. leicht benutzt.

— Schweden und Norwegen, s. Wanderer, der, um die Welt, 2e Folge.

Kauffmann, C. F., Theorie und graphische Darstellung der ebenen und sphärischen Epicycloiden sammt deren Anwendung auf Zahn-Räderwerke. Als Anhang zu Leroy's darstellender Geometrie nach der 2. Aufl. des französ. Originals bearb. gr. 4. (III und 46 S. mit 8 Stnt. in gr. 4. und qu. gr. Fol.) Stuttgart 850, Becher's Verlag.

Kauffmann, C. F., Theorie u. graphische Darstellung der ebenen u. sphärischen Epicykloiden sammt deren Anwendung auf Zahnräder-Werke. Als Anh. zu Leroy's darstell. Geometrie nach der 2. Aufl. d. französ. Originals bearb. Neue Ausg. gr. 4. (III, 46 S. m. 8 Steintaf.) Stuttgart 883. A. Koch. n. 2. —

Kauffmann, C. W., und M. Nell, Lehre von den Eisenbahncurven, s. Mäcken's, Carl, technische Handbibliothek.

Kauffmann, C. W., und A. M. Nell, Lehre von den Eisenbahncurven, s. Nell, A. M.

Kauffmann, Emil, Entwicklungsgang der Tonkunst v. der Mitte d. vorigen Jahrhunderts bis zur Gegenwart, in ihren Hauptvertretern dargestellt. gr. 8. (VII, 62 S.) Tübingen 884. Laupp. n. 1. —

Kauffmann, E., Justinus Heinrich Knecht, e. schwäbischer Tonsetzer d. 18. Jahrh. gr. 8. (78 S. m. 1 Silhouette u. 22 S. Musikbeilagen.) Tübingen 892. H. Laupp. n. 2. —

Kauffmann, Eugen [aus Stuttgart]: Ueber die Ursachen der Heilung der Bauchfelltuberculose nach Laparotomie ... Freiburg i. B., Buchdr. H. Epstein, 1895; 38 S., 1 Bl. 8.
Freiburg i. B., Med. Fak., Inaug.-Diss. v. 1895

Das Klavierstimmen und seine technischen Schwierigkeiten Von F. A. Kauffmann in Hermannstadt. Berlin: Deutsche Instrumentenbau-Zeitung 1910. 16 S. 8° [Umschlagt.]

Kauffmann, Fel., s.: Samuel B. Moses, Traktat üb. die Neulichtbeobachtung u. d. Jahresbeginn bei den Karäern.

Kauffmann, Friedrich

Kauffmann, F., s.: Anleitung zur deutschen Landes- u. Volksforschung.

Kauffmann, Friedrich: Balder. Mythus u. Sage, nach ihren dichterischen u. religiösen Elementen untersucht. Strassburg: K. J. Trübner 1902. IX, 308 S. 8°
= Texte u. Untersuchungen z. altgerman. Religionsgesch. Untersuchungen. Bd. 1.

Kauffmann, Friedrich [aus Mergentheim]: Zur Diagnose der schwieligen Myokarditis. Stuttgart, Druck von Beisbarth & Woelffel. 1881. 8. 52 S.

Kauffmann, Frdr., römisch-germanische Forschung. Theodor Mommsen zum Gedächtnis. Rede beim Antritt des Rektorats der Christian-Albrechts-Universität zu Kiel am 5. III. 1904. (22 S.) gr. 8. Kiel 904. (Lipsius & Tischer.) n. — 60

— Geschichte der schwäbischen Mundart im Mittelalter und in der Neuzeit. Mit Textproben und einer Geschichte der Schriftsprache in Schwaben. gr. 8. (XXVIII, 355 S.) Strassburg i/E. 890. Trübner's Verl. n. 8. —

— Goethe. Vortrag, geh. auf der Goethefeier zu Itzehoe am 24. VI. 1899. 8. (22 S.) Itzehoe (899). Th. Brodersen. n. — 60

Kauffmann, Friedr., deutsche Grammatik. Kurzgefasste Laut- und Formenlehre des Gotischen, Alt-, Mittel- und Neuhochdeutschen. Zugleich 8. gänzlich umgearb. Aufl. der Deutschen Grammatik I. von A. F. C. Vilmar. gr. 8. (VIII, 76 S.) Marburg 888, Elwert's Verlag. * 1 50

Kauffmann, Frdr., deutsche Grammatik. Kurzgef. Laut- u. Formenlehre d. Gotischen, Alt-, Mittel- u. Neuhochdeutschen. 2., verm. u. verb. Aufl. gr. 8. (VI, 108 S.) Marburg 895. N. G Elwert's Verl. n. 2. 10

— deutsche Grammatik. Kurzgefasste Laut- u. Formenlehre des Gotischen, Alt-, Mittel- u. Neuhochdeutschen. 3. Aufl. gr. 8. (VIII, 110 S.) Marburg 902. N. G. Elwert's Verl. n.n. 2. 20; geb. n. 2. 70

— deutsche Grammatik. Kurzgefasste Laut- u. Formenlehre des Gothischen, Alt-, Mittel- u. Neuhochdeutschen. 4. Aufl. (VIII, 114 S.) gr. 8. Marburg 906. N. G. Elwert's Verl. n. 2. 25; geb. n. 2. 75

Kauffmann, Frdr., deutsche Grammatik. Kurzgefasste Laut- u. Formenlehre des Gotischen, Alt-, Mittel- u. Neuhochdeutschen. 5. Aufl. (VIII, 119 S.) gr. 8. Marburg 909. N. G. Elwert's Verl. 2.50; geb. 3. 20

Philipp Melanchthon. Rede z. Feier seines 400. Geburtst. geh. an d. Christian-Albrechts-Univ. am 16. Febr. 1897 v. Prof. Friedrich Kauffmann. Kiel, Univ.-Buchh. '(P. Toeche.)', 1897; 17 S., 1 Bl. 8.

— altgermanische Metrik, s.: Sievers, Eduard.

Deutsche metrik nach ihrer geschichtlichen entwicklung v. Friedrich Kauffmann. Neue bearbtg der aus d. nachlass Dr. A[ug.] F[riedr.] C[hristian] Vilmars v. Dr. C. W. M. Grein hrsgegebenen 'Deutschen Verskunst'. *Marburg: N. G. Elwert 1897.* (VIII, 235 S.) 1 Bd 8. 95. 8175

Deutsche Metrik nach ihrer geschichtlichen Entwicklung von Friedrich Kauffmann. Neue bearbeitung der aus d. nachlass Dr. A[ugust] F[riedrich] C[hristian] Vilmars von Dr. C. W. M. Grein herausgegebenen 'Deutschen Verskunst'. 2. Aufl. Marburg: N. G. Elwert 1907. (VIII, 254 S.) 8° 07. 1481 4

— deutsche Mythologie, s. a. Sammlung Göschen.

Kauffmann, Frdr., Deutsche Mythologie. Stuttgart 1890. 8.
Ist: Sammlung Göschen. Bdch. 15.

Kauffmann, Friedrich: Deutsche Mythologie. 2. Aufl. 3. Abdr. Leipzig: G. J. Göschen 1900. 119 S. 8°
(Sammlung Göschen. 15.)

Kauffmann, Friedrich: Schiller. Gedächtnisrede zur Totenfeier. Kiel. 1905. 8°. Univ.-Rede.

Kauffmann, Friedrich: Aus der Schule des Wulfila. Auxenti Dorostorensis Epistula de fide, vita et obitu Wulfilae im Zusammenhang der Dissertatio Maximini contra Ambrosium hrsg. Mit 1 Schreibtaf. in Heliogr. Strassburg: K. J. Trübner 1899. LXV, 135 S. 4°
= Texte u. Untersuchungen z. altgerman. Religionsgesch. Text. Bd. 1.

— s.: Texte u. Untersuchungen zur altgerman. Religionsgeschichte.

— Zur Textgeschichte des Opus imperfectum in Matthaeum. Festschrift der Universität Kiel zur Feier des Geburtsfestes Sr. Maj. des Kaisers u. Königs Wilhelm II. (49 S.) gr. 8. Kiel 909. Lipsius & Tischer. — 60

Kauffmann, Friedrich [Dr]: Der Vokalismus des Schwäbischen in der Mundart von Horb .... Strassburg, Verl. v. Karl J. Trübner, 1887; 1 Bl + 34 S. 8°.
Marburg, Phil. Fak., Hab.-Schr. v. 12. März 1887.

— s.: Zeitschrift f. deutsche Philologie.

Kauffmann, F., Mytholog. Zeugnisse aus röm. Inschriften: Deo Garmangabis. S.-A. s. a. 9 S. —.60

Kauffmann, Fritz, a. London: Der Begriff des Zuhälters im Reichsstrafgesetzbuch. Heidelberg 1906: Heidelb. Verlagsanstalt. (62 S.) 8°
Heidelberg, Jur. Fak., Ref. v. Lilienthal, Diss. v. 20. Juni 1906
[Geb. 19. Aug. 83 London; Wohnort: Heidelberg; Staatsangeh.: Baden; Vorbildung: Gymn. Heidelberg 01; Studium: Heidelberg 3, Berlin 1, Heidelberg 3 S.; Rig. 25. Mai 06.]

Kauffmann, G., Sammlung von leichten französischen Lesestücken, s. Schmid.

Kauffmann, Georg *(geb. Tannhausen bei Waldenburg in Schles. 3. 6. 1862)*: Ueber den β-Naphtolaldehyd und seine Derivate, die β-Naphtolcarbonsäure und das β-Naphtocumarin. Breslau 1882. (37 S.) 8° *[Im Buchhandel 1882 bei Köhler in Breslau.]*
Breslau, Phil. Diss. v. 29. Nov. 1882

KAUFFMANN, GEORG S. J.: Catholischer Lutheraner. / Das ist: / Handgreiflicher Beweiß / Auß / Denen Schrifften / Lutheri, / Daß / Ein Lutheraner den wahren Ca / tholischen Römischen Glauben / annehmen, / und öffentlich profitiren könne / ohne einen Nagel breit von der reinen Lehr Lutheri nicht / abzuweichen / In einem Gespräch zwischen zweyen Lutheranern Bonifacio und Fidein vorgestellet. Pressburg o. J. (1744): Joh. Michael Kochburger, Burger und Schneissel. 160 S. - 153 mm

Kauffmann, Georgius [Silesius]: De Hygini memoria scholiis in Ciceronis Aratum Harleianis servata Pars I. ... (Aus: Breslauer phil. Abh. III. 4) Vratislaviae, apud Guilelmum Koebner (1888); 1 Bl. + 48 + 1 S. + 1 Bl. 8°
Breslau, Phil. Fak., Inaug.-Diss. v. 9. Jun. 1888

Kauffmann, G., de Hygini memoria scholiis in Ciceronis Aratum Harleianis servata, s.a. Abhandlungen, Breslauer philologische.

Kauffmann, Georg Balthasar (Meckesheim/Pfalz), De unione electorali. Von der Churfürsten Verein. Diss. acad. jur. publ. Präs. Christian Wildvogel. Jena (Müller) 16. IV. 1707. 157 S., tlws. dtsch. (11.—) 17535

— **Gottlieb** (Buttstad/Thüring.), De patre ad liberos qui bona habent alendos obligato. Diss. jur. Präs. Jo. Gottfried Bauer. Lpz. (Immanuel Titius) 31. I. 1727. 40 S. (6.50) 17536

— — Dasselbe. 51 S. (6.50) **17537**

Kauffmann, Glob., d. Lösg. d. socialen Frage. gr. 8. (IV, 139 S.) Leipzig 894. (L. Fischer.) n. 1. 50

Kauffmann, Glob., Die Lösung der sozialen Frage. gr. 8°. Leipzig, L. Fischer, 1895.

[F.] Das Bürgerliche Gesetzbuch im Reichstag in erster Lesung. Rede des Abgeordn. [Gustav] **Kauffmann** nebst. e. Einl. üb. Gesch. u. Inh. d. Entwurfs, sowie den sonstigen Reden ... *Berlin: 'Fortschritt' 1896.* (32 S.) 1 Bd 8. (97. 6384

Kauffmann, Gust., das Vereinsrecht. Ein Wort gegen Polizeimaßregeln, nebst Anh., enth. die gelt. Vereinsgesetze von Preußen, Baiern, Sachsen, Württemberg u. Baden, sowie die Bestimmgn. des Entwurfs e. bürgerl. Gesetzbuchs üb. Personenvereine. 8. (96 S.) Berlin 890. Brachvogel & Ranft. n. 1. —

Kauffmann, Hans: Einige Beobachtungen über angeborene Sacraltumoren. Berlin 1883. 29 S. 8°
Berlin, med. Diss. v. 14. Aug. 1883

Kauffmann, Hans [aus Berlin]: Über Eklampsie ... Berlin, Vogt's Buchdr., *1893;* 32 S., 2 Bl. 8.
Berlin, Med. Fak., Inaug.-Diss. v. 14. März 1893

Kauffmann, Herm. v., die Arbeit der Wärme. Rückblick auf Vorträge, gehalten bei den Naturforscherversammlungen zu Nürnberg, Kopenhagen und Achen. gr. 8. (31 S.) Kopenhagen 848, (Reitzel.) **

Kauffmann, Herm. v., Studien d. Mechanik u. Physik. 1. Hft. Die Statik der Linie. gr. 4. ($4^1/_4$ B.) Kopenhagen 846. (Philippsen. Leipzig, Hinrichssche Buchh.) *

—— Studien der Mechanik und Physik. I. Heft. Die Statik der Linie. gr. 4. (30 S.) Kopenhagen 847. (Leipzig, Hinrichssche Buchh.)

Kauffmann H, Zeichenvorlagen nach eigenen Tierstudien autographiert. Heft 1-3 in 1 Bd 4° Hamburg 1879

Kauffmann, Hugo, auft und obi. 20 Federzeichnungen (in Lichtdr.). Mit Gedichten von Peter Auzinger. gr. 4. (20 Bl. Text.) München 886, Bassermann'sche Verlagsh.
geb. mit Goldschn. * 22 50

Kauffmann, Hugo, die Auxochrome. (112 S.) Lex. 8. Stuttgart 907. F. Enke. 3. 60
Sonderabdr. aus: „Sammlg. chem. u. chemisch-techn. Vortr."

Kauffmann, Hugo, in die Berg', 12 (photogr.) Bilder aus den Alpen. Mit Versen v. K. Stieler, F. v. Kobell u. A. Fol. München 894. Verlagsanstalt f. Kunst u. Wissenschaft. In Leinw.-Mappe. 30. —

Kauffmann, Hugo, die Beziehungen zwischen Fluorescenz u. chemischer Konstitution. (102 S. m. 1 Kurve.) Lex.-8. Stuttgart 906. F. Enke. n. 2. 40
S.-A. aus: Sammlg. chem. u. chem.-techn. Vorträge.

Kauffmann, Hugo, Biedermänner und Consorten. Eine zwanglose Gesellschaft in 34 Orig.-Zeichnungen. gr. 4. (25 Bl. in Lichtdr.) München 879, Ad. Ackermann. In Leinw.-Mappe

— Anorganische Chemie. Volkshochschulvorträge. (VI, 179 S. m. 4 Abbildgn.) gr. 8. Ebd. 907. 3.60; geb. in Leinw. 4. 40

—— a Hochzeit in die Berg', s. Stieler, K.

— Hochzeitsleute u. Musikanten. 25 Tusch- u. Feder-Zeichnungen (in Lichtdr.). Mit (25 Bl.) Text: Hochzeit im Gebirg. Gedichte in oberbayer. Mundart v. Karl Stieler. Imp.-4. München 880. A. Ackermann. In Leinw.-Mappe. n. 36. —

— Hugo Kauffmann-Album. 12 Photogr. nach Originalen d. Künstlers. Fol. (1 Bl. Text.) Ebd. 892. In Leinw.-Mappe. n. 30. —; Kabinet-Ausg. 12. —

Kauffmann, Hugo: Zur Kenntniss der Stereoisomerie aliphatischer Dicarbonsäuren ... Stuttgart, Druck v. G. Christmann, 1892, 55 S., 1 Bl. 8°
Heidelberg, Naturwiss.-math. Fak., Inaug.-Diss. v. [7. Nov.] 1892

— lusti' u. ledi'. 12 (photogr.) Bilder aus den Bergen. Mit Versen v. K. Stieler, F. v. Kobell u. A. gr. 8. Ebd. 894. In Leinw.-Mappe. 12. —

Kauffmann, Hugo, üb. Hartmanns lyrik. gr. 8. (95 S.) Danzig 884. (Leipzig, Fock.) n. 1. 50

Kauffmann, Hugo Über Hartmann's Lyrik.
93 S. 8 Progr. St. G. *Danzig* 1885.

— Das Radium u. die Erscheinungen der Radioaktivität, s. a. Wegweiser, naturwissenschaftliche. A. 12.

Kauffmann (Hugo). Das Radium und die Erscheinungen der Radioaktivität. M. 10 Abb. i. T. Stuttgart. (1910.) 92 S.
(Naturwiss. Wegweiser. Hrsg. von **K. Lampert.** Ser. A. Bd 12.)

— in der Sommerfrisch'. Federzeichnungen m. Gedichten in oberbayer. Mundart v. Karl Stieler. 8. (V, 44 S. m. 20 Lichtdr.-Taf.) Stuttgart 883. Bonz & Co. geb. m. Goldschn. n. 8. 50

Kauffmann, Hugo, s. Stieler, Karl, in der Sommerfrisch'.

— Spießbürger u. Vagabunden. Eine zwanglose Gesellschaft in 25 Orig.-Zeichnungen. gr. 4. (Lichtdr. m. 2 Bl. Text.) München 878. A. Ackermann. In Leinw.-Mappe. n. 30. —

Kauffmann, Hugo, Dr., Assist. am Labor. f. allg. Chemie d. Techn. Hochsch. Stuttgart: Über elektrisch konjugierte Valenzen und über Eigenschaften derselben. 1898. 48 S. 8⁰
Stuttgart Te. H., Hab.-Schr. v. 6. 12. 1897

— über den Zusammenhang zwischen Farbe u. Konstitution bei chemischen Verbindungen. (62 S.) Lex.-8. Ebd. 904. n. 1. 20
Sonderabdr. a.: „Sammlg. chem. u. chem.-techn. Vorträge".

Kauffmann, Hulda, Alltagsgeschichten. Zwei Erzählungen für die reifere weibl. Jugend. 1. Aufl. 1866. und 2. Aufl. br. 8. (206 S. mit 4 lithogr. Zeichnungen in Tondr.) Neu-Ruppin 868, Oehmigke. cart.

Kauffmann, Hulda, [Sachtleben], Schein und Sein. Eine Erzählung. 8. (208 S.) Berlin 873, Rauh.

—— in der Welt und in Bethanien. Eine Erzählung. gr. 8. (208 S.) Neu-Ruppin 868, Oehmigke.

—— dass. — 8. (208 S. mit 1 Titelbilde in Stahlst.) Leipzig 874, Oehmigke's Verlag. *M 2.; geb. *

Kauffmann, J., und W. Pressel, der Bau des Hauensteintunnels, s. Pressel, W.

Kauffmann, J.: C a t a l o g No. 14. Resimat sefarim jesanim. Frankfurt a. M. 1889.

Kauffmann, J.: K a t a l o g hebräischen Handschriften. No. VI. X. 2 voll. Frankfurt a. M. 1879. 1883.

Kauffmann, J., u. P. Chr. Elsenhans, unser Kirchenjahr. Ursprung, Bedeutg. u. Feier der christl. Sonn-, Fest- u. Feiertage. (96 S.) 8. Stuttgart 910. Ch. Belser. 1. 50

Werke, Schriften, Aufsätze u. Abhandlungen d. Prof. Dr. M[or.] Steinschneider aus d. Verl. u. Lager von J. **Kauffmann** in Frankfurt a. M. [Nebst] Nachtrag. *Frankfurt a. M.: J. Kauffmann 1899–1903.* 2 Bde 8°
(Katalog 29. 45.)

(Kauffmann, Jean. [Empfehlung des] Sculpteur-Medailleur Jean Kauffmann, Luzern [für] Erstellung von Ex-libris.) Den Freunden der Kunst und der Bücherei gewidmet. [Mit Abbildung.] [10 S.] 8. (Luzern, Typ. «Gutenberg», [1902].)

Kauffmann, Jean, u. Jean Kimmers: Rechenbuch für Oberprimär-, Fortbildungs- und Handwerkerschulen von A. Godart, Lehrer. Elfte Auflage, gänzlich umgearbeitet und erweitert. Esch an der Alzette: Jos. Origer 1893. – 344, 2 S. 8⁰

– Dass. 12.Aufl., gänzl. umgearb. u. erw. Ebd. 1902. 412, 1 S.

KAUFFMANN, Joh., K l a g e n d e s T e u t s c h l a n d ü b e r d i e L a s t e r u n d B o s s h e i t d e r j e t z i g e n Z e i t e n. Ulm 1724. 12⁰. Höchst selten!

— Johann Andreas (Bayreuth), De suavitate morum in negotiis domesticis. Diss. novi circuli secundam in ill. collegio Christian-Ernestino. Präs. Gottlieb Friedrich Hagen. Bayreuth (Jo. Schirmer's Wwe.) Febr. 1738. 12 Bl. (6.20) 17538
Oppon.: Johann Gottlob Meyern, Georg Christoph Brunner. — Namen: Christoph Gottfried Hoelzel, Christian Heinrich Steinheil, Jo. Wilh. Friedrich Klinger, Johann Heinrich Meyrhoefer, Johann Albert Wolff.

Kauffmann, Joannes Vincentius: De encephalomalaxi. Halae (1828): Gebauer. 68 S. 8°
Halle-Wittenberg, Med. Diss., nachgeliefert von dem am 31. Dez. 1827 auf Thesen promovierten Verf.
[Beigedr.:] Dzondi, Carolus Henricus: Pathologiae systematis cellulosi brevis adumbratio. (1828)
Geb. Hamburg [9. 1.] 1804. V.

Kauffmann, J. B., Vorschläge zur Errichtung einer Leichenhalle in Hamburg, als das zuverläss. Mittel zur Verhütung des Lebendig-Begrabenwerdens u. mögl. Wiedererwachens im Grabe. Hamburg 841, Herold. n. 1/6 ß

Kauffmann, Karl, praktische Anleitung zur korrekten Kurven-Absteckung beim Wegbau nach der einfachsten Methode. Für Forstleute u. Ingenieure auf Grund e. 60jähr. Erfahrg. bearb. Mit 2 Taf. u. 1 Tab. zum Abstecken v. Kreisbögen. 12. (III, 47 S.) Würzburg 895. Stahel. Kart. n. 2. —

Kauffmann, Karl, Bibelkunde. Ein Wegweiser in die hl. Schrift alten u. neuen Testaments auf der Grundlage des geschichtl. Entwicklungsganges der Offenbarg. Zum Gebrauch f. Seminare u. höh. Lehranstalten. 2 Tle. gr. 8. Dessau, [Anhalt. Verlagsanstalt.] Weinheim, F. Ackermann. à n. 3. —; Geb. in Leinw. à n. 3. 50
1. Das alte Testament. (181 S.) 900.
2. Das neue Testament. (IV, 227 S.) (901.)

Kauffmann, Karl, Bibelkunde. Ein Wegweiser in die hl. Schrift Alten u. Neuen Testaments. Zum Gebrauch f. Seminare u. höh. Lehranstalten. 1. Tl.: Das Alte Testament. 2. verm. u. verb. Aufl., bearb. v. Johs. Berndt. (VIII, 208 S.) 8. Weinheim 906. F. Ackermann. n. 2. 40; geb. n. 3. —

Kauffmann, Karl, Bibelkunde. Ein Wegweiser in die Hl. Schrift Alten u. Neuen Testaments. Zum Gebrauch f. Seminare u. höh. Lehranstalten. 2. Tl.: Das Neue Testament. 2. durchgeseh. u. verb. Aufl., bearb. v. Johs. Berndt. (VIII, 216 S.) 8. Weinheim 909. F. Ackermann. 2.40; geb. 3. —

Kauffmann, Carl, aus Soldin i. d. Neumark: **Ueber Einwirkung der Anästhetica auf das Protoplasma und dessen biologisch-physiologischen [!] Eigenschaften.** *Erlangen 1899: E. Th. Jacob.* (57 S.) 8°
Erlangen, Phil. Diss. v. 28. Juni 1899

— u. Johs. Berndt, Geschichtsbetrachtungen. Hilfsbuch f. den Geschichtsunterricht insbesondere in Lehrerseminaren u. f. die Fortbildg. des Lehrers. 1. Bd. Aus dem Altertum, dem Mittelalter u. der Reformationszeit bis zum 30 jähr. Kriege. Mit 9 Karten in Farbendr. (XI, 307 S.) gr. 8. Leipzig 903. Dürr'sche Buchh. n. 3. —; geb. n. 3.40

— — u. Walt. Tomuschat, Geschichtsbetrachtungen. Hilfsbuch f. den Geschichtsunterricht insbesondere in Lehrerseminaren u. f. die Fortbildg. des Lehrers. 2. Bd. Vom westfäl. Frieden bis auf unsere Zeit. (VIII, 400 S.) gr. 8. Ebd. 906. n. 4. —; geb. n. 4. 20

Kauffmann, Karl, Johs. **Berndt** u. Walth. **Tomuschat**, Geschichtsbetrachtgn. Hilfsbuch f. den Geschichtsunterricht insbesondere in Lehrerseminaren u. f. die Fortbildg. d. Lehrers. 1. u. 2. Bd. gr. 8. Leipzig [Dürr'sche Buchh.] Berlin, Union, Zweigniederlassg. Geb. in Leinw. 9. 40
1. Aus dem Altertum, dem Mittelalter u. der Reformationszeit bis zum 30jähr. Kriege. 3. verb. Aufl. (XI, 424 S.) 911. Geb. 4. 80
2. Vom westfäl. Frieden bis auf unsere Zeit. 2., verm. u. verb. Aufl. (VIII, 440 S.) 909. 4.20; geb. 4. 80

— die zweite Volksschullehrerprüfung, s.: Friese, Fr.

Kauffmann, Kurt, pract. Arzt: Aus d. Kgl. Universitäts-Augenklinik zu Königsberg i. Pr. Therapie der Episcleritis und Scleritis anterior. *Königsberg i. Pr. 1899: R. Kemmerier.* (23 S.) 8°
Königsberg, Med. Diss. v. 11. Aug. 1899

Kauffmann, Laurentius (geb. am 29 Aug. 1823 in Wenden Westf.): De sectione caesarea nuper in clinico nostro a cl. Kiliano eadem in femina iterum instituta. Acced. animadversiones microscopio factae de ducendis vulnerum in utero cicatricibus ... Bonnae, typ. Krüger 1851. 2 Bl., 32 S., 2 Bl. 8.
Bonn, Med. Fak., Diss. v. 24 Dez. 1851

Kauffmann, Max [app. Arzt aus Tübingen]: Zur Behandlung der Diphtherie ... Tübingen, Druck v. H. Laupp jr, 1894; 23 S. 8.
Tübingen, Med. Fak., Inaug.-Diss. v. 1895

Kauffmann, Max, Dr., Assistent an der Universitäts-Nervenklinik in Halle a. S.: Beiträge zur Pathologie des Stoffwechsels bei der progressiven Paralyse. (Aus d. Universitäts-Nervenklinik in Halle a. S. Direktor: Geh. Med.-Rat Prof. Dr. Anton.) Jena: G. Fischer 1908. (188 S.) 8° ¶ (Erscheint vollst. im gleichen Verlage u. d. T.: „Beiträge zur Pathologie des Stoffwechsels bei Psychosen".)
Halle, Med. Fak., Hab.-Schr. v. 1908

Kauffmann, Max, Beiträge zur Pathologie des Stoffwechsels bei Psychosen. 1.—3. Tl. Lex. 8. Jena, G. Fischer. 19. —
1. Die progressive Paralyse. (Aus der Universitäts-Nervenklinik in Halle a. S. Direktor: Anton.) Mit 9 Kurventaf. im Text. (188 S.) 908. 6. —
2. Die Epilepsie. (Aus der Universitäts-Nervenklinik in Halle a. S. Direktor: Anton.) Mit 6 Kurventaf. im Text. (199 S.) 908. 6. —
3. Funktionelle Psychosen. (Aus der Universitäts-Nervenklinik in Halle a. S. Dir.: Anton.) (V, 238 S. m. Tab.) 910. 7. —

Kauffmann, Max. Fundamente der Erkenntnisstheorie u. Wissenschaftslehre. gr. 8. (52 S.) Lps. 890, W. Engelmann. — 80

Kauffmann, Max: Über den Nachweis des Cholins. Halle a. S. 1909: Kaemmerer. 49 S. 8°
Halle, Phil. Diss. v. 29. Mai 1909, Ref. Volhard
[Geb. 27. Aug. 71 Brugg, Schweiz; Wohnort: Halle a. S.; Staatsangeh.: Württemberg; Vorbildung: Gymn. Stuttgart Reife Juli 91; Studium: Med. Göttingen 2, Berlin 4, Straßburg 1, Heidelberg 1, Würzburg 2, Naturw. Berlin 6, Halle 2 S.; Rig. 28. Apr. 09.] [U 09. 1669

Kauffmann, Max, immanente Philosophie. 1. Buch. Analyse der Metaphysik. gr. 8. (VI, 180 S.) Leipzig 893. W. Engelmann. n. 3. —

Kauffmann, Max: Über Reflektorische Pupillenstarre bei Rückenmarks-Erkrankungen. *Berlin 1898: Th. Jahn.* (44 S.) 8°
Würzburg, Med. Diss. v. 1898

Kauffmann, M. R., s.: Zeitschrift für immanente Philosophie.

Kauffmann, N., Beitrag zur Kenntniss von Pistia texensis Klotsch, s. Mémoires de l'acad. impér. des sciences de St. Pétersbourg. 7. Série. Tome XI, Nr. 2.

Kauffmann, Nicolas: Celsissimo Principi Subisio Insularum Gubernatori. – Offerebat juventus Collegii Societatis Jesu Insulis. O. O. u. J.

Kauffmann, Nicolas: Reverendo admodum Patri R. P. Renaldo Mariæ a Sancto Joseph quondam in Collegio Bononiensi Philosophiæ ac Theologiæ professori, in Seminario missionum Romæ controversiarum prælectori, Sanctæ Sedis Apostolicæ ad potentissimum Sinarum Imperatorem legato, deinde definitori ac procuratori generali, ac tandem totius Ordinis Carmelitarum discalceatorum Congregationis Sancti Eliæ præposito generali ac Sancti Montis Carmeli priori. O. O. u. J. – 3 S. 4°

Kauffmann, Osk., Bangkok, das Venedig des Ostens, s.: Projections-Vorträge. 61. Heft.

Kauffmann, Otto, aus Niedersedlitz i. Sachsen: Zur Kenntnis einiger neuer Thoriumsalze. *Rostock 1899: C. Hinstorff.* (53 S.) 8°
Rostock, Phil. Diss. v. [1. März] 1899

Kauffmann, Otto Eduard

Kauffmann, Otto Ed., Stammbaum der Familie Kauffmann, quellenmässig erforscht u. hrsg., den Vorfahren zum Gedächtnis, — den Zeitgenossen zur Erinnerg., — den Nachkommen zum Vorbilde, nebst e. Vorwort v. Fiedler. (VIII, 205 S. m. 9 [1 farb.] Taf.) Lex. 8. Görlitz 906. (C. A. Starke.) 14. —

Kauffmann, Paul, aus Niedersedlitz: Umwandlung und Löslichkeit von Mischkrystallen aus Ammoniumnitrat und Kaliumnitrat. *Dresden 1903: Lehmann.* (36 S.) 8°
Freiburg i. B., Phil. Diss. v. 1903

Kauffmann, Robert: Die Stellung der Ehefrau im Wechselrecht nach dem gesetzlichen Güterrecht des Bürgerlichen Gesetzbuchs. Stuttgart 1906: A. Bonz' Erben. 61 S. 8°
Heidelberg, Jur. Fak., Ref. Schröder, Diss. v. 3. April 1906

Kauffmann, Th., deutsche Handverkaufs-Taxe für Droguisten, Apotheker und Farbenwaarenhändler nebst einem Anh., enth. die billigsten und besten Bezugsquellen für Chemikalien, Farbewaaren, Glas- und Papp-Fabrikate, Apparate, Pressen etc. sowie einige für den Verkehr mit Apothekerwaaren unentbehrl. Documente auf Veranlassung einer Versammlung von Droguisten der Prov. Brandenburg hrsg. gr. 8. (73 S.) Wurzen 873, Krüger. *M 2.; geb.

Kauffmann, Th., deutsche Handverkaufs-Taxe f. Droguisten, Apotheker u. Farbewaarenhändler, nebst einem Anhang, enth. die billigsten u. besten Bezugsquellen f. Chemikalien, Farbewaaren, Glas- u. Papp-Fabrikate, Apparate, Pressen etc. etc., sowie einige f. den Verkehr m. Apothekerwaaren unentbehrl. Documente, auf Veranlassung einer Versammlung v. Droguisten der Prov. Brandenburg hrsg. 2. (Titel-)Aufl. gr. 8. (V, 78 S.) Meissen 877 Schlimpert. n. 1. 50

Kauffmann, W. (Red.), s. Logenblatt, Schlesisches.

Kauffmann, W. La réforme orthographique en France depuis le XVe siècle jusqu'à nos jours. Breslau, H. T. am Ritterplatz. 1869. 22 S. 4. Progr.

Kauffmann, (Friedr.) Wilhelm: Analecta ad tuberculorum et entozoorum cognitionem. Berolini 1847. 32 S. 8°
Berlin, med. Diss. v. 17. Mai 1847

Kauffmann, Wilhelm

Kaufmann, W., der Rückzug von Danevirke und dessen geheime Geschichte. Vortrag, gehalten im August-Verein zu Kopenhagen. Aus dem Dän. übers. gr. 8. (57 S.) Berlin 865, Mittler und Sohn. *

Kauffmann, Wilhelm [aus Hannover]: Untersuchungen über Angina und Diphtherie ... Berlin, Buchdr. v. G. Schade, *1893*; 29 S., 1 Bl. 8.
Berlin, Med. Fak., Inaug.-Diss. v. 10. März 1893

Kauffmans, Johann Gottfried

Kauffmans, Godefr., Pro statu Ecclesiae catholicae et legitima potestate Rom. Pontificis contra I. Febronium apologeticon theologicum. Köln 1767 u. 1770, 4°.
Über den gelehrten Apologeten G. K. siehe das Broschürchen von Rektor H. Wesselmann: Leben und Schriften des Sigillifer maior der Kölner Kurie Dr. J. Gottfr. Kauffmans. Kempen a. Rh. 1881.

Kauffmanns, Jh. Gf., pro statu ecclesiae catholicae et legitima potestate romani pontificis contra Justum Febronium. 4. Köln 768. Ed. II. 770. Metternich. 1 ℳ 10 𝒦

Kauffungen, Kunz von.
Trauerspiel in fünf Akten. Leipzig 1809.
V: *Apel, Johann August.* (MGT)

Kauffungen, Kunz v. Brunn genannt v., aus Breslau: **Das Domkapitel von Meißen im Mittelalter. Ein Beitrag zur Verfassungs- u. Verwaltungsgeschichte d. deutschen Domkapitel.** *Meißen 1902: C. E. Klinkicht & Sohn.* (VI, 135 S.) 8° ¶ Aus: Mitt. d. Ver. f. Gesch. d. Stadt Meißen, Bd 6, H. 2.
Leipzig, Phil. Diss. v. [21. Aug.] 1902

Kauffunger, Nikolaus
Plenaria Arithmetica oder Rechen-Buch auff Linien und Ziffern, sampt allerhand Vortheilen, Geschwind- und Behändigkeiten, so deut- und verständlich, dass sie auch ein jeder der ziemlichen Verstands, darauss von ihm selbst ohn allen mündlichen Unterricht allein fleissigen Lesen, fassen, erlernen und begreiffen möchte, mit schönen nüzlichen ausserlesenen Exempeln auff allerhand Kauffmans-Handel, jetzo auff vieler Begehren und Nachfrage wiederum vom neuen und zum fünfftenmahl corrigirt, emendiret und verbessert neben angehengter Conferirung und Vergleichung dess Frucht- und Weinmasses etzlicher dieses Fürstenthums Aempter, als auch anderer nommirten Oerter, (wie ingleichem einer schönen Wein- und Zinss-Rechnung, In- und Aufskauff, Allen Weinhändlern und Zäpffern sehr nüz und dienlichen, dergleichen vormahls so artig und schön in Tafeln verfasset, in Druck nie mehr gesehen worden durch *Nicolaum Kauffunger* von Witzenhausen etc. Frft. bey Antoni Humm. 1612.
— Cassell. 8. 1747.

Das **Kaufhaus** in Mannheim. Festschrift z. Einweihung d. umgebauten Hauses. Hrsg. vom Stadtrat. 1. Geschichte d. Kaufhauses von Prof. Dr. Friedrich Walter. 2. Umbau des Kaufhauses von Stadtbaurat Richard Perrey. Mannheim: Stadtgemeinde 1910. 92 S. 4°
(10. 4153

Kaufhauss-Ordnung der Stadt Basel. 1779. fol.

Kauf- u. Handelsherr, der. Ein Handbuch der auf Handel u. Fabriken, demnächst aber auch auf alle sonstigen Verhältnisse des Kaufmanns als Bürger, Haus- u. Grundbesitzer rc. sich beziehenden Gesetze u. Verordnungen. gr. 8. Jetzt Heymann in Berlin. 1 ℳ

Spanien, wie es gegenwärtig ist, in physischer, moralischer, politischer, religiöser statistischer und literarischer Hinsicht aus den Bemerkungen eines Deutschen, während seines Aufenthaltes in Madrid in den Jahren 1790, 1791 und 1792. (Vf.: *Anton Kaufhold.*) 2 Teile. Gotha, 1797. 8°. (4 Mk. 80 Pfg. Wilh. Heims, Lpz., 1911.)

Kaufhold, Ant., s. Spanien wie es gegegenwärtig ist.

Kaufhold, Ernst Chrn., Moldauwelle. Gedichte. 16. (192 S.) Regensburg 899. (Verlagsanstalt vorm. G. J. Manz.)
n. 1.50; geb. in Leinw. m. Goldschn. n. 2.—

Kaufhold, Franz, Referendar: Der Irrtum über persönliche Eigenschaften als Anfechtungsgrund der Ehe. Düsseldorf [1909]: Hoch. VIII, 66 S. 8°
Heidelberg, Jur. Diss. v. 4. Sept. 1909, Ref. Heinsheimer
[Geb. 1. April 84 Düsseldorf; Wohnort: Krefeld; Staatsangeh.: Preußen; Vorbildung: Hohenzollern-Gymn. Düsseldorf Reife O. 05; Studium: Tübingen 1, Berlin 2, Bonn 3 S.; Rig. 22. Juli 09.] [U 10. 1905

Kaufhold, Joseph, Rechtskand. aus Geismar (Prov. Sachs.): **Bedingte Verurteilung** und administrative Begnadigung. *Stuttgart 1902: C. Dieterich.* (54 S.) 8°
Rostock, Jur. Diss. v. [15. Mai] 1902

Kaufhold, Max

Über Hauptschacht-Förderung mit Koepe-Scheibe. Von M. **Kaufhold**, Essen. Kattowitz: Gebr. Böhm 1908. (16 S.) 8°
Aus: Berg- u. Hüttenmännische Rundschau.
— **Sammlung** Berg- u. Hüttenmännischer Abhandlungen. H. 21. (08. 7473

Kaufhold, Max: Der Schulz-Economiser. Kattowitz: Böhm 1909. 11 S. 8°
Aus: Berg- u. Hüttenmännische Rundschau.
(Sammlung berg- u. hüttenmännischer Abhandlungen. H. 38.)

Kaufhold, Otto [app. Arzt aus Cassel]: Über einen Fall von Darmstenose. ... Freiburg i. B., Univ.-Buchdr. v. Chr. Lehmann, 1888; 40 S. 8°
Freiburg i. B., Med. Fak., Inaug.-Diss. v 1888

Kaufholz, Ernst [aus Duderstadt]: Beiträge zur Morphologie der Keimpflanzen. ... Rostock, Univ.-Buchdr. v. Adlers Erben, 1888; 48 S. 8°
Rostock, Phil. Fak., Inaug.-Diss. v. 18. Jan. 1887

Kaufholz, Ernst, aus Stuttgart: **Aus d. pharmakolog. Institut zu Würzburg. Ueber das Verhalten des Leber-Glycogens und Blutzuckers nach Phosphor-Vergiftung.** *Würzburg 1898: Verlagsdruckerei.* (20 S.) 8°
Würzburg, Med. Diss. v. 1898

Kaufholz-Opašić, Berta, Sonnenspuren. Ein Liebesleben in Liedern. (48 S.) 8. Wien (904). Verlagsanstalt neuer Literatur u. Kunst. **n. 1.60**

Kauf-Kontrakt, Der Rothenburger, vom 11./14. Juni 1810. Eisleben, 1811. 31 S.

Kaufler, Felix: Über den Einfluß der eintretenden Radikale auf die Tautometrie des Phloroglucins.
Separatabdruck aus: Sitzungsber. d. Akademie d. Wiss. in Wien. Bd. 109. IIb. S. 767.

Kaufler, F., Elektrochemie geschmolzener Salze, s.: Lorenz, Rich.

— und Pomeranz C.: Zur Kenntnis der aliphatischen Carbylamine und Nitrokorper. S. 110. IIb. 411 . . . . vgr.
Separatabdruck

— Zur Methoxylbestimmung in schwefelhaltigen Substanzen. S. 110. IIb. 965 . . . vgr.
Separatabdruck

Kaufler, Felix: Über aromatische Polycarbylamine.
Separatabdruck aus: Sitzungsber. d. Akad. d. Wiss. in Wien. Bd. 110. IIb. S. 912.

Kaufler, Fel., über die Verschiebung des osmotischen Gleichgewichtes durch Oberflächenkräfte. (11 S. m. 2 Fig.) gr. 8. Wien 902. (A. Hölder.) **n. —80**
Sonderabdruck aus: „Sitzungsber. d. k. Akad. d. Wiss."

Käufler, E. Chr., alphab. Register über d. currenten k. k. Stempelpatente, zum Gebrauch des Privat- u. Geschäftsmannes. 8. Wien 802. 2r A. 803.

Käufler, Jh. Fr., († d. 13. April 1816.), s. Samml. schöner Handlungen.

„Neue Obrigkeitlich approbierte Käufler- (Trödler-) Ordnung de anno 1797", Augsburg (1797). — Vorh.: Bücherei der Industrie- und Handelskammer Leipzig.

Kaufleute, die, von Aachen. 8. Leipz., (Nauck). 9 Kr.

Kaufleute, die, von Aachen. 8. Leipz. Sommer.

Kaufleute, deutsche, im Auslande. Erfahrungen u. Erlebnisse. 1. Bd. 8. Berlin 906. F. Siemenroth. n. 3.—; geb. in Leinw. n. 4.—
Ein deutscher Kaufmann in der Mandschurei während des russisch-japanischen Krieges. Von W. Passek. Hrsg. v. H. Passek. Mit 1 Karte u. 4 Abbildgn. (VIII, 186 S.)

Kaufleute, Junge, in London. Zürich 1896. V: *Bernet, Theophil.* (Cat. d. Stadtbibl. Zürich. Zürich 1864—97.)

Kaufmann [Sachl. Ordnungswort]

„Der Kaufmann", eine belehrende Schrift für Kaufleute, Leipzig o. J. (W. Nauck).

— d., eine belehrende Schrift f. Kaufleute. gr. 8. Leipzig, Sommer.

Kaufmann, Der, eine Wochenschrift ... Breslau 1767. H: *Sinapius, Johann Christian.* (Ky) (MGT)

— der, e. Wochenschrift, (v. J. C. Sinapius). 2 Thle. 8. Bresl. 767. 1 rß

„Der Kaufmann, oder Beyträge zur Aufnahme der Handlung und Seefahrt", 26 Wochenlieferungen einer Zeitschrift mit ungenanntem Herausgeber. Berlin 1770 (G. J. Decker und G. L. Winter). — Vorh.: UB Königsberg — Lc 173 — und Com. Bibl. Hamburg.

— d., od. Beytr. z. Aufn. d. Handl. und Seefahrt. gr. 8. Lpz. Comt. f. Litt. 770.

— — dasselbe. gr. 8. Lpz. Barth. 770.

Kaufmann, Der, oder kompendiöse Bibliothek alles Wissenswürdigen für den denkenden Kaufmann. Gotha u. Halle 1794. V: *André.* (Schedel, Handb. d. Litt. f. Kaufleute. Leipz. 1796. S. 16.)

Kaufmann, der, s. compendiöse Bibliothek.

Kaufmann, der. Zeitschrift für Verbreitung kaufmännischer Kenntnisse unter Handlungsgehülfen und jungen Kaufleuten. Red.: J. Schadeberg. 1. Jahrg. April — Decbr. 1856. 21 Nrn. (à 1 Bgn.) Halle, Hendel. 4. n. 1 rß. 15 ngr.

— — 2. u. 3. Jahrg. 1857 u. 58. à 28 Nrn. (à 1—1½ Bgn. m. Holzschn. im Text.) Ebend. 4. Jeder Jahrg. n. 2 rß

Kaufmann, der. Zeitschrift für Verbreitung kaufmännischer Kenntnisse unter Handlungsgehilfen und jungen Kaufleuten. Red. von Jul. Schadeberg. 4—7. Jahrg. 1859—62. à 52 Nrn. (à 1 Bgn. m. Beilagen.) Halle, Hendel. 4. Jeder Jahrg. 3 rß

—— dass. — 8. Jahrg. 1863. 52 Nrn. (Bog.) Mit Beilagen und Abbild. hoch 4. Ebendas.

—— dass. — 9.—12. Jahrg. 1864—67. à Jahrg. 52 Nrn. (Bog.) Mit Beilagen und Abbild. hoch 4. Grünberg, Levysohn. à Jahrg.

Kaufmann, der. Offizielles Organ der „Hansa", Verein der deutschen Kaufleute u. Geschäftsreisenden. Chefred.: Adph. Braun. 1. Jahrg. 1880. 52 Nrn. (B.) Fol. Berlin, Kühl in Comm. n. 4.—

Kaufmann, Der. Officielles Organ der »Hansa«, Verein der deutschen Kaufleute u. Geschäftsreisenden. Chefredact.: Adph. Braun. Jhg. 1. April—Septbr. 1880. Berlin. Fol.
Nicht mehr erschienen.

Kaufmann, der. Kalender 1906. (79 S. m. Abbildgn.) 8. Leipzig, C. E. Poeschel. n. —50
Erscheint nicht mehr.

Der Kaufmann. Als Ms. gedr. M.Gladbach: Zentralstelle d. Volksvereins f. d. Kath. Deutschland 1909. 240 S. 8°
(Soziale Vorträge. H. 6.)

Kaufmann, der, s. a. Vorträge, soziale.

Kaufmann, Dr. Alfred. [Basel 1903.] V: *Kaufmann, Frdr. & Joh. Dierauer.* (Zuwachsverz. der Bibliotheken in Zürich 1898 ff. 7.)

— d. allgemeine, ein Handbuch f. d. wirklichen Kaufmann, a. d. Engl. des Horsley mit Anmerk. und Zus. 8. Leipzig, Sommer. (Coppenrath, Münster.) 800.

Schedel, Johann Christian (Herausgeber): „Der allgemeine und besondere deutsche Kaufmann, oder gemeinnützige Beyträge zur Kenntnis des Handels überhaupt", Band 1, Gotha 1786 (Ettinger). — Vorh.: Com. Bibl. Hamburg.

Kaufmann's, Angelica, Biographie u. Charaktoristik, s.: Wossely, J. E.

Kaufmann, Angelika, Für Winter-Abende. Kleine Erzählungen für Mädchen von 8—12 Jahren. Nach fremden Quellen bearb. Mit einem Vorwort von Frz. Hoffmann. 8. (III und 140 S. mit 4 ill. Stnt.) Stuttgart 855, Ed. Hallberger.

Kaufmann, Angelika. Ein histor. Roman in 2 Bdn. 8. (585 S.) Frankfurt a. M. 860, Sauerländer's Verlag.

Kaufmann, Angelika. Ein historischer Roman in 2 Bdn. Frankfurt a. M. 860. Sauerländer. 8. (565 S.) 2 rß 15 ngr.

Kaufmann, Angelica. Ein Beitrag zur Kunstgeschichte des 18. Jahrh. Hrsg. zur Aufmunterung der weibl. christl. Jugend bei Studien der bild. Künste, mit Benützung der Beschreibung: Vita di Angelica Kaufmann, pittrice, scritta dal Cav. Giovanni Gherardo de Rossi. 8. (71 S. mit Portr. in Holzschn.) Wien 866, Brandel. *
Vgl. Kauffmann.

Kaufmann, der, u. d. Bettler; e. Schspl. in 1 Aufz. 8. Augsb. 777. v. Jenisch u. St. 2 Kr.

Kaufmann, Der, und der Bettler; ein Schauspiel. Berlin 1777. V: *Eckardt, Frdr. von.* (Ky)

— der, u. d. Bettler; e. Schspl. (v. Fr. v. Eckardt). 8. Berl. 777. Mylius. 2 Kr.

Kaufmann, Der christliche, oder Vorstellung der Pflichten eines christlichen Kauffmanns. Franckfurt 1711. V: *Mell (Mel), Conrad.* (Myl)

— d. christl., Gott u. Mensch. wohlgefällige, od. Ursach. des Geldmangels. 8. Frft. Kunkel. 719.

Kaufmann, der, im Comtoir u. auf Reisen, od. d. kaufmänn. Wissenschaften in gedrängter Kürze abgefaßt u. hrsg. von e. prakt. Kaufmanne. gr. 12. (8⅓ B. u. 1 lith. Tab.) Blaubeuren 810, Mangold.

— der dankbare. Schspl. 8. Berl. 758. ... 4 ℳ

— d. deutsche. e. Wochenschr. 8. Bresl. Buchheister. 803.

Kaufmann, der deutsche. Fachblatt f. Kaufleute. Hauptorgan der kaufmänn. Vereine. Hrsg. v. Rob. Austerlitz. 1. u. 2. Jahrg. Octbr. 1889—Septbr. 1891. à 24 Nrn. (1½ B. m. Illustr.) hoch 4. Prag. (Berlin, Verlag f. Sprach- u. Handelswissenschaft.) à Jahrg. n. 8. —

Kaufmann, der deutsche. Fachblatt f. Kaufleute. Haupt-Organ der kaufmänn. Vereine. Hrsg.: Rob. Austerlitz. Red.: Ferd. Simon. 3.—5. Jahrg. Octbr. 1891—Septbr. 1894. à 24 Nrn. (1½ Bog. m. Illustr.) hoch 4. Berlin, F. Simon. à Jahrg. n. 8. —

Kaufmann, der deutsche. Fachblatt f. Kaufleute. Haupt-Organ der kaufmänn. Vereine. Hrsg.: Rob. Austerlitz. Red.: Ferd. Simon. 6. u. 7. Jahrg. Octbr. 1894—Septbr. 1896. à 24 Nrn. (à ca. 2 Bog. m. Abb.) hoch 4. Berlin (O. 27. An d. Michaelbrücke), Expedition. à Jahrg. n. 8. —

— dasselbe. Organ der kaufmänn. Fortbildungsschulen zu Berlin. Red.: Osk. Ackermann. Chefred. u. Hrsg.: Rob. Austerlitz. 8.—10. Jahrg. Octbr. 1896—Septbr. 1899. à 24 Nrn. (à ca. 2 Bog.) hoch 4. Ebd. à Jahrg. n. 8. —
Kann auch vierteljährlich bezogen werden.

— der deutsche. Fachblatt f. Kaufleute. Organ kaufmänn. Vereine. Mit 6 Beiblättern: Agenten-Zeitg., Firmen-Register, Neuheiten-Liste, Reclame-Anwalt, Schaufenster-Decorateur f. alle Branchen, „Maja", Frauenblatt m. vielen prakt. Prämien. Chefred. u. Hrsg.: Rob. Austerlitz. 11.—14. Jahrg. Oktbr. 1899—Septbr. 1903. à 24 Nrn. hoch 4. (à ca. 16 S.) Berlin (O. 27. An der Michaelbrücke 1), Expedition. Postfrei à Jahrg. n. 8. —

— der deutsche. Fachblatt f. Kaufleute. Organ kaufmänn. Vereine. Officielles Organ des Verbandes der Schaufenster-Dekorateure aller Branchen u. a. Mit 6 Beiblättern. Chefred.: Rob. Austerlitz 15. bis 18. Jahrg. Oktbr. 1903—Septbr. 1907. à 24 Nrn. (15—17: IV, 576; IV, 552 u. IV, 576 S. m. Abb. u. 54, 70 u. 80 Taf.) Lex.-8. Berlin (W. 62, Nettelbeckstr. 16), Rob. Austerlitz. Postfrei à Jhrg. n.n. 8. —

— der deutsche. Erste illustr. Zeitschrift f. geschäftl. Erfolg. Mit 10 Beiblättern. Chefred.: Rob. Austerlitz. 24.—27. Jahrg. Oktbr. 1907—Septbr. 1911. à 24 Nrn. (24.—26. Jahrg. 1536, 1552 u. 1584 S.) Lex. 8. Berlin, Verlag d. Fachblattes „Der deutsche Kaufmann". Postfrei à Jahrg. n. 8. —

— der deutsche. Hrsg. auf Veranlassg. des deutschen Verbandes f. das kaufmänn. Unterrichtswesen unter Mitwirkg. v. Chr. Gruber, A. Kreuzkam, Th. Woltmann. (XII, 704 S. m. 5 farb. Karten u. 16 Taf.) Lex.-8. Leipzig 905. B. G. Teubner. n. 7. —; geb. in Leinw. n. 8. —
Erschien auch in 7 Lfgn. à n. 1. —.

— dasselbe. Abteilungs-Ausg. gr. 8. Ebd. Geb. in Leinw. n. 11. —
Einrichtung u. Betrieb e. Handelsgeschäftes. Warenkunde. Von A. Glahn u. Wieler. (II, S. 101—188 u. 641—696 m. 4 S. Abbildgn.) 905. n. 2. —
Geld- u. Kreditwesen. Frachtwesen u. Spedition. Von Schwencke, H. Barth u. C. Philippi. (II u. S. 337 bis 422.) 905. n. 1. 60
Korrespondenz, kaufmännische Buchführung. Kaufmännisches Rechnen. Von Johannes, E. Meyer, H. Schreyer u. H. Heinemann. (II, u. S. 189—336.) 905. n. 2. 20
Rechtsbestimmungen, die wichtigsten. Post, Telegraphie u. Fernsprechwesen. Versicherungswesen. Steuerlehre. Von A. Scheiff, O. Ballin, W. Schmidt, Sieblist, Emminghaus u. Zimmermann. (II u. S. 421—592.) 905. n. 2. 40
Wirtschaftsgeographie Deutschlands. Wirtschaftsgeschichte Deutschlands. Besondere Einrichtgn. im Dienste des Handels. Von Chr. Gruber, Kreuzkam, Woltmann u. Johannes. (II, S. 1—100 u. 593—610 m. 12 S. Abbildgn. u. 5 farb. Karten.) 905. n. 2. 80

— dasselbe. Einzelausgaben. gr. 8. Ebd. 905.
Barth, Hans, u. Carl Philippi, Frachtwesen u. Spedition. (S. 387—422.) n. — 80
Emminghaus, Versicherungswesen. — Zimmermann, F. W. R., Steuerlehre. (S. 552—592.) n. — 60
Glahn, Aug., Errichtung u. Betrieb e. Handelsgeschäftes. (S. 101—188.) n. 1. 20
Gruber, Chr., Wirtschaftsgeographie Deutschlands. (S. 1—64 m. 4 S. Abbildgn. u. 5 farb. Karten.) n. 1. 20
Johannes, E., besondere Einrichtungen im Dienste des Handels. (S. 593—640.) n. — 80
— kaufmännische Korrespondenz. (S. 189—238.) n. — 80
Kreuzkam u. Woltmann, Wirtschaftsgeschichte Deutschlands. (S. 65—100 m. 8 S. Abbildgn.) n. — 80
Meyer, E., Buchführung. (S. 239—282.) n. — 60
Scheiff, Osk. Ballin u. Walt. Schmidt, die f. den Kaufmann wichtigsten Rechtsbestimmgn. (S. 423—509.) n. 1. 20
Schreyer, Fritz, u. Herm. Heinemann, kaufmännisches Rechnen. (S. 283—336.) n. — 80
Schwencke, E., Geld- u. Kreditwesen u. seine Einrichtungen. (S. 337—386.) n. — 80
Sieblist, Post, Telegraphie u. Fernsprechwesen. (S. 510 bis 551.) n. — 60
Wieler, A., allgemeine Warenkunde. (S. 641—696 m. 4 S. Abbildgn.) n. — 80
Zimmermann, F. W. R., Steuerlehre, s.: Emminghaus.

Der dt. **Kaufmann** im Ausl. Hrsg. vom Deutschnationalen Handlungsgehilfen-Verb. Jg 1 ff. — Hbg.: Hanseatische Verl.-Anst. (1908—1921: Deutschnationaler Handlungsgehilfen-Verb.) 1908 ff. 4° [1914—1919 nicht ersch.]

— der deutsche, im Auslande. Verantwortlich: Max Warming. 1.—3. Jahrg. 1908—1910. à 12 Nrn. 2. u. 3. Jahrg. 549 u. 543 S. m. Abb.) Lex. 8. Hamburg, Buchh. des deutschnationalen Handlungsgehilfen-Verbandes. à Jahrg. 4. 50

Kaufmann u. Dichter. Novelle. 8. (14 B.) Dresden 843. (Leipzig, R. Hartmann.)

Kaufmann, Der englische, oder Grundsätze der Englischen Handlung; a. d. Franz. . . . Leipzig 1764. Ü: *Albrecht, Johann Lueder.* (Ky) (ML)

— d. engl., oder Grundsätze d. engl. Handlung; aus d. Französ. übers. (v. Jh. L. Albrecht). 8. Leipz. 764. Fritsch (Hahn). 1 ℳ

— der erfahrne, oder Regeln für Alt u. Jung, um in allen Verhältnissen des Lebens beliebt, wohlhabend u. glücklich zu werden. 8. Ulm 841, Ebner. ⅝ ℳ

— d. geadelte,. Lstsp. v. Brandes. 8. Lpz. Dyk. 790.

Kaufmann, der gebildete. Handbuch zur Aneigng. derjenigen Kenntnisse, die e. gebildeter Kaufmann besitzen muß. Methode Rustin. Selbst-Unterrichts-Briefe, hrsg. vom Rustinschen Lehrinstitut. Red. v. C. Ilzig. Bearb. v. Gust. Behrendt, Max Baumann, Frz. Bußler u. v. a. 1.—90. Lfg. Lex.-8. (3085 S. u. Formulare 128 S. m. 12 farb. Karten u. 3 Tab.) Potsdam (902). Bonneß & Hachfeld. Subskr.-Pr. à n. — 90; Einzelpr. à n. 1.25

— der gebildete. Handbuch zur Aneigng. derjenigen Kenntnisse, die e. gebildeter Kaufmann besitzen muß. Methode Rustin. Selbst-Unterrichts-Briefe in Verbindg. m. eingeh. Fernunterricht. Hrsg. vom Rustinschen Lehrinstitut f. briefl. Unterricht. Red. v. C. Ilzig. Bearb. v. Gust. Behrendt, Max Baumann u. v. a. 91.—165. Lfg. (2430 u. Formulare 216 S. m. 7 farb. Karten u. 8 Tab.) Lex.-8. Potsdam (903—906.) Bonneß & Hachfeld.
Subskr.-Pr. à n. — 90; Einzelpr. à n. 1. 25

— der gebildete. Handbuch zur Aneigng. derjenigen Kenntnisse, die e. gebildeter Kaufmann besitzen muß. Methode Rustin. Selbst-Unterrichts-Briefe in Verbindg. m. eingeh. Fernunterricht. Hrsg. vom Rustinschen Lehrinstitut f. briefl. Unterricht. Bearb. von Max Baumann, Gust. Behrendt, Bayer u. v. a. 166.—193. Lfg. (903 S. u. 5 Bl. m. 3 farb. Karten.) Lex. 8. Potsdam (907—09). Bonneß & Hachfeld. Subskr.-Pr. à — 90; Einzelpr. à 1. 25

— d. jämmerliche,. Lstsp. v. P. K. 8. Frkft. u. Lpz. Cotta. 792.

— der jämmerliche. Lstspl. in 1 A. v. P. K. 8. Frankf. u. Leipz. 792. (Nauck). 2 𝒦

— der junge, auf Geschäftsreisen. Winke u. Rathschläge, v. e. ält. Reiseonkel niedergeschrieben z. Belehrg. f. alle jüng. Standesgenossen, sowie z. nützl. Studium d. ges. jüng. Kaufmannsstand bestens empfohlen. 8. (16 S.) Stuttgart 894. F. Kirschenfauth. u.n. — 30

— der kleine, Künstler und Professionist, oder neuestes technolog. Bilder-, ABC- u. Lesebuch, von Müller, mit K. Hamb. Vollmer. 811.

Der Kaufmann von Londen, od. Begebenheiten Georg Barnwells. Ein bürgerliches Trauerspiel Aus dem Engl. des Herrn Lillo übersetzet durch H. A. B. Hamburg. 1757. 8o.

Kaufmann, Der, von London, oder Begebenheiten Barnvels. Trauerspiel. Hamburg 1787. V: *Lillo*, *George.* (Ky)

— der, von London, oder Begebenheiten Barnvels. Trspl. (Aus d. Engl. des Lillo). 8. Hamb. 787. (Quedlinb., Ernst). 4 𝒦

— d. Londner; od. Gesch. d. G. Barnwell. Trsp. a. d. Engl. d. Lillo. 8. Lpz. Linke. (Stage in Augsb.) 776.

— der, ein Menschenfreund. Lstspl. 8. Hamb. 757. 4 𝒦

— der österreichische. Das Ganze der Handelswissenschaft in gedrängter Darstellung. 2. verm. Aufl. von L. Rothschild's Taschenbuch f. Kaufleute. Für das Bedürfniß des gesammten Handelsstandes d. oesterreich. Kaiserstaates gänzlich umgearb. durch Ludw. Fort. Leipzig 853. Spamer. 8. (X, 396 S.) n. 1 ℛ. 15 ngr.

Kaufmann, der österreichische. Das Ganze der Handelswissenschaft in gedrängter Darstellung. 2., verm. Aufl. Für das Bedürfniß des gesammten Handelsstandes des österreich. Kaiserstaates gänzlich umgearb. von F. S. Nigris und Ludw. Fort. (5. Aufl. von L. Rothschild's Taschenbuch für Kaufleute.) gr. 8. (X und 440 S.) Leipzig 854(55,) Spamer. *

—— der oesterreichische. Das Ganze der Handelswissenschaft in gedrängter Darstellung. 3., sehr verm. Aufl. Für das Bedürfniß des gesammten Handelsstandes des oesterr. Kaiserstaates, insbesond. für Zöglinge des Handels, durchgesehen und verb. von Jos. Odenthal. (8. Aufl. von L. Rothschild's Taschenbuch für Kaufleute.) 10 Lfgn. gr. 8. (XVI und 591 S.) Leipzig 859. 60, Spamer. à Lfg. * 5 Ngr. *

Kaufmann, der österreichische. Blätter f. Comptoir u. Bureau, zugleich Organ kaufmänn. u. wirthschaftl. Vereine Oesterreichs. Red. u. Hrsg.: Rob. Austerlitz. 1—3. Jahrg. Octbr. 1884—Septbr. 1887. à 24 Nrn. (2 B.) hoch 4. Prag, (Neugebauer). à Jahrg. n.n. 8. —

— der österreichische. Blätter für Comptoir und Bureau, zugleich Organ kaufmänn. u. wirthschaftl. Vereine Oesterreichs. Red. u. Hrsg.: R. Austerlitz. 4. u. 5. Jahrg. Octbr. 1887—Septbr. 1889. à 24 Nrn. (à 2 B.) hoch 4. Prag. (Neugebauer). à Jahrg. n. 8. —

Kaufmann, der österreichische. Fachblatt f. Kaufleute. Haupt-Organ der kaufmänn. Vereine. Officielles Organ d. Vereines der Prager Geschäftsreisenden. Red. u. Hrsg.: Rob. Austerlitz. 6.—9. Jahrg. Oktbr. 1889—Septbr. 1893. à 24 Nrn. (à ca. 1 Bog.) Lex 8. Prag, (G. Neugebauer). à Jahrg. n. 8. —

— d. österreichische. Fachblatt f. Kaufleute. Haupt-Organ d. kaufmänn. Vereine. Offic. Organ d. Vereines der Prager Geschäftsreisenden. Red. u. Hrsg.: Rob. Austerlitz. 11. Jahrg. Octbr. 1894—Septbr. 1895. 24 Nrn. (à ca. 1 Bog.) Lex.-8. Prag (G. Neugebauer). n. 8. —

— dasselbe. 12.—15. Jahrg. Octbr. 1895—Septbr. 1899. à 24 Nrn. (à ca. 2 Bog.) hoch 4. Ebd. à Jahrg. n. 8. —

Kaufmann, der österreichische. Fachblatt f. Kaufleute, m. 6 Beiblättern: Agenten-Zeitung, Firmen-Register, Neuheiten-Liste, Reclame-Anwalt, Schaufenster-Decorateur f. alle Branchen, „Maja", Frauenblatt m. vielen prakt. Prämien. Officielles Organ des ältesten „Vereins d. Prager Geschäftsreisenden", des „Mercur" in Graz u. anderer Vereine. Eigenthümer u. Chef-Red.: Rob. Austerlitz. 16.—19. Jahrg. Octbr. 1899—Septbr. 1903. à 24 Nrn. hoch 4. (à ca. 16 S.) Prag (Elisabethstr. 24), Expedition. Postfrei à Jahrg. n.n. 8. —

— der österreichische. Erstes u. nützlichstes Fachblatt für Kaufleute. Mit 14 Beiblättern. Offizielles Organ des „Verbandes der Schaufenster-Dekorateure aller Branchen", der „Vereinigg. von Reklame-Fachleuten", des Vereins „Mercur" in Graz u. anderer kaufmänn. Vereine. Chef.-Red.: Rob. Austerlitz. Verantwortlich: Arth. Bellmann 20.—23. Jahrg. Oktbr. 1903—Septbr. 1907 à 24 Nrn. (IV, 798; VI, 860; IV, 900 u. IV, 1200 S. m. Abb. u. 80, 90, 120 u. 140 Taf.) Lex.-8. Prag (Elisabethstr. 24), Expedition. Postfrei à Jhrg. n.n. 8. —

— der österreichische. Erste illustr. Zeitschrift f. geschäftl. Erfolg. Mit 14 Beiblättern. Hrsg. u. Chef-Red.: Rob. Austerlitz. 24.—27. Jahrg. Oktbr. 1907—Septbr. 1911. à 24 Nrn. (à ca. 80 u. 12 S.) Lex. 8. Prag (Elisabethstr. 24), Expedition.
Postfrei à Jahrg. nn 8. —

Kaufmann, Der patriotische, bey dem Verfall der Handlung ... Leipz. 1772. V: *Franz*, *Joh. Gg Frdr.* (MI.) (Ky)

— d. patriotische, bei dem Verfalle d. Handlung, welcher in d. Stücken Vorschläge thut, wie d. Verfalle d. Handlung abzuhelfen, (v. Jh. Geo. Fr. Franz). 8. Leipz. 772. (W. Nauck). 8 𝒦

— d. patriotische, b. d. Verfalle d. Handl. 8. Lpz. Sommer. 772.

Kaufmann, Der philosophische. Zürich 1775. V: *Hirzel, Hans Casp.* (JL)

—— der praktische, ein unentbehrl. Handbuch aller Handlungs-Wissenschaften. Unter Mitwirkung v. Männern von Fach hrsg. v. L. Weyl. 12 Lfgn. 8. (III B.) Berlin 843, 44, Lewent. à L. * 15 Ngr. *

—— d. praktische, od. deutliche u. genaue Anweisung, wie man verschied. Waaren, Essenzen gut anzufertigen habe. Hrsg. v. P. gr. 8. (1 B.) Breslau 846. (Verlags-Comptoir.)

— d. prakt. St. Petersburgische, oder Lese- u. Handbuch zum tägl. Gebrauch u. zum Nachschlagen für Einheimische u. Auswärtige. Von D.t..h.ff. (J. W. Detenhoff). gr.8. St. Petersb. 815. (Halle, Schwetschke u. S.) 2 ß

Kaufmann, Der praktische St. Petersb., oder Lese- und Handbuch zum täglichen Gebrauch . . . St. Petersburg 1820. V: *Detenhoff, Johann Wilh.* (MGT) (R-N) »1815« (Ky) (CBH)

Kaufmann, der rechtskundige. Ein prakt. dem rhein. Kaufmannsstande zur Erläuterung des Handelsrechts, so wie als Rathgeber in Prozeß- u. Rechts-Angelegenheiten dien. Handbuch, enthltd. das gesammte in der Rheinprovinz gelt. Handelsrecht ꝛc. Hersg. von einem Justiz-Beamten. Mülheim a. d. R. 866. Bagel. 8. (XVI, 333 S.) 25 ngr

Kaufmann, Der reisende, (Geschäftsreisende), wie er sein soll . . . 4. Aufl. Berlin [1898]. V: *Ahrens, B.* (Berl)

Kaufmann, Der, in der Schreibstube, oder neuer französischer Briefsteller . . . Wien 1823. V: *Ebersberg, Jos. von.* (Ky) (MGT)

Kaufmann, d., in d. Schreibstube, od. neuer französ. Briefsteller f. angehende Handelsleute u. Handelslehrlinge v. J. Ebersber)g. 8. Wien 823. Wimmer.

Kaufmann, Der, von Smyrna, eine Operette [nach dem Französischen des Champfort] in einem Aufzug . . . Mannheim 1771. V: *Schwan, Chn Frdr.* (Ky) (MGT) (GGr)

— der, von Smirna. Operette (von Chr. Fr. Schwan). 8. Manh. 771. Schwan u. G. 3 gr

— d., v. Triest, od. d. Adelsucht d. Handelsstandes, s. Originallustsp. v. C. v. Ayrenhof.

Kaufmann, Der unterrichtende und belehrende, in 3 Theilen, enthaltend die Handlungsterminologie, Wechselgeschäfte . . . Dresden 1793. V: *Illing, Carl Chn.* (Schedel, Handb. d. Litt. f. Kaufleute. Leipz. 1796. S. 13.)

— v. Venedig, u. wie es euch gefällt, von Shakespear. 8. Mannheim, Schwan.

— der, von Venedig, oder Liebe u. Freundschaft. Lstspl. 8. Prag 778. Gerle. 4 gr

Kaufmann, der, von Venedig, von Shakespeare, übersetzt von J. H. Voß. Mit Erläuterungen. gr. 8. Leipzig, Brockhaus. 818.

Anonym: „Der vernünftige Kaufmann, oder theoretische und practische Grundsätze der Handlung in und ausser Deutschland", aus dem Englischen (1. Teil), Hamburg und Leipzig 1755. — Vorh.: Com. Bibl. Hamburg.

— d. vernünft., od. theor. u. prakt. Grunds. d. Handl. in und außer Deutschl. 8. Lpz. Gleditsch. (a. Barth.) 767.

— — dass. 2 Thle. 8. Lpz. Comt. f. Litt. 767.

— der verschwendrische. Schspl. 8. Hamb. 760. Iversen. 2 gr

—— der vorsichtige, oder Anleitung, schriftliche Mittheilungen jeder Art leicht und einfach in einer solchen Form zu machen, welche für Dritte absolut unlesbar ist und jeden Mißbrauch der Correspondenz ebenso, wie jede Verletzung des Briefgeheimnisses ausschließt und unschädlich macht. Unentbehrlich für Geschäftsleute, für Politiker und Liebende, überhaupt für Alle, welche zuweilen vertraut. Mittheilungen in Geheimschrift zu machen haben. gr. 8. (46 S.) Elberfeld 888, Loewenstein's Verlag. * — 75

— der Welt. Internationaler General-Anzeiger f. Handel, Gewerbe u. Industrie. Unter ständ. Mitwirkg. hervorrag. Fachschriftsteller, Juristen u. Professoren hrsg v. N. Philippi u. L. Schön. Verantwortlich: L. Schön. 1. Jahrg. Oktbr.—Dezbr. 1904. 6 Nrn. (à ca. 24 S.) 4. Würzburg, Verlag d. Kaufmann d. Welt. n. — 50

Kaufmann der Welt. Internationaler General-Anzeiger f. Handel, Gewerbe u. Industrie. Unter ständ. Mitwirkg. hervorrag. Handelslehrer, Fachleute, Juristen u. Professoren hrsg. v. N. Philippi u. L. Schön. Verantwortlich: L. Schön. 2. Jahrg. 1905. 24 Nrn. (à ca. 16 S.) 4. Würzburg, Verlag d. Kaufmann d. Welt. n. 2. — Erscheint nicht mehr.

Kaufmann, der, wie er ist u. wie er sein soll. Von R. C. F. gr. 12. (2⅓ B.) Blaubeuren 842, Mangold'sche Buchh. *

Anonym: „Der Kaufmann, wie er sein soll", 2 Teile, Prag 1815 (Enders). 1. Teil auch u. d. T.: „Der Buchhalter", 2. Teil auch u. d. T.: „Theorie des Handels".

Kaufmann, der, wie er seyn sollte; od. Anleitung, ein vollkommener Geschäftsmann zu werden. 3 Thle. gr. 8. Prag, Enders. 815. (à 1 Rthlr. 8 gr.)
Ir Bd. auch unt. d. Titel:
Theorie d. Handels, od. Anleitung in das Ganze d. Handelswissenschaft.
IIr Bd. auch unt. d. Titel:
Der Buchhalter, od. Anleitung zum Selbstunterricht in d. doppelten u. einfachen Buchhaltung.

Kaufmann, der, wie er seyn soll, oder Anleitung ein vollkommener Geschäftsmann zu werden. 2 Bde. gr. 8. Prag, Enders. 819.

Kaufmann [Verfasser]

Kaufmann, über d. indische Brechruhr in prakt.-therapeut. Beziehung. gr. 12. (4 B. u. 3 Holzschn.) Hamm 831, Schulz.

Zur Feyer des Johannisfestes in der Gr. Nat.-Mutterloge zu den drei Weltkugeln in Berlin. Vom Br. [Aug.] Hartung, mit Musik vom Br. **Kaufmann.** Am Johannistage 1805. [Berlin 1805]: Decker. 2 Bl. 8⁰ [Umschlagtit.]
Ohne Noten: „Kühne Völker, reich an Thaten, . . .“ 232.

(Kaufmann.) Die Offiziere. Gegen Colmar Frhrn v. der Goltz. Berlin 1884. 8°.

(Kaufmann.) Die Vorrechte der Offiziere im Staate und in der Gesellschaft. Berlin 1883. 8°.

Kaufmann, wie werde ich meinen Rheumatismus los? 8. (III, 112 S.) Erfurt (901). F. Bartholomäus. n. 2.—

Kaufmann, die Wissenschaft des Weltfriedens im Grundrisse. Versuch einer wissenschaftl. Darlegung der Wege u. Mittel, durch welche der allgemeine beständ. Frieden der Völker u. Staaten herbeigeführt u. erhalten wird. 1. Aufl. n.n. 2½ ngr u. 2. Aufl. mit Zusätzen u. näheren Begründungen. Bonn 866. Habicht. 8. (23 S.) 3 ngr.

Kaufmann's moderne Zehnpfennig-Bibliothek. 1.—3. Bd. 8. Berlin, Verlag v. Kaufmann's Zehnpfennigbibl. n. —10
1. Lydia. Berliner Roman. Von Max Schoenau. (160 S.) 901.
2. Gift! Roman. Von Max Ring. (160 S.) 901.
3. Der Spion. Roman. Von Theo. v. Gersegg. (153 S.) 901.

Kaufmann's moderne Zehnpfennig-Bibliothek. I. Jahrg. 4. u. 7.—12. Bd. II. u. III. Jahrg. à 12 Bde. u. IV. Jahrg. 1. Bd. kl. 8. Neurode, W. W. (E.) Klambt. à Bd. n. —10
Blank, Matthias, auf falscher Fährte. Kriminalroman. (132 S.) 904. (III. Bd. 2.)
— Nummer 1746. Kriminal-Roman. (142 S.) 904. (III. Bd. 4.)
Blankensee, Theo v., der Doppelgänger. Roman. (140 S.) 901. (III. Bd. 1.)
— du sollst nicht töten! Kriminal-Roman. (123 S.) (905.) (III. Bd. 10.)
— die Rätsel e. Nacht. Roman. (128 S.) (905.) (III. Bd. 7.)
— gekreuzte Wege. Berliner Kriminal-Roman. (148 S.) 904. (II. Bd. 11)
Blumenreich, Paul, Vorbestraft. Eine Kriminalgeschichte. (135 S.) 903. (II. Bd. 5.)
Brentano, Fritz, die Liebe d. Liberati. Eine Künstlergeschichte aus dem vor. Jahrhundert. (141 S.) 902. (I. Bd. 9.)
Brun-Barnow, J. v., Frau Marquise. Roman. (160 S.) 904. (II. Bd. 7.)
Christmas, Walt. v., das Recht der Liebe. Roman. Autoris. Uebersetzg. aus dem Dän. v. Bernh. Mann. (144 S.) 903. (I. Bd. 10.)
Felden, Karl, der Hüttendirektor. Roman. (119 S.) (905.) (III. Bd. 9.)
Fischer, Wilh., Erstklassig! Roman. (120 S.) (905.) (III. Bd. 12.)
— der neue Kurs. Roman. (144 S.) (905.) (III. Bd. 11.)
— der Nihilist. Roman. (152 S.) (905.) (III. Bd. 8.)
Hedberg, Frz., zur rechten Zeit! Novelle. Autoris. Uebersetzg. aus dem Schwed. von F. v. Känel. (144 S.) 903. (II. Bd. 2.)
Hochfeldt, Hans, Friedlicher Krieg. Roman. (144 S.) 903. (I. Bd. 12.)
Höllerl, Ad., nur e. Papierstreifen. Detektiv-Roman. (152 S.) 903. (II. Bd. 1.)
Jókai, Maurus, das tote Herz. Ein Märchen. Deutsch von Ludw. Rotter. Einzig autoris. Uebersetzg. (128 S.) Berlin 902. (I. Bd. 8.)
Kerner, Wilh., ein Revolverschuß. Roman. (152 S.) 903. (I. Bd. 11.)
König, Ewald Aug., die Kompagnons. Roman. (136 S.) Berlin 902. (I. Bd. 7.)
Lang-Anton, Helene, Schminke. Theater-Roman. (152 S.) Berlin 902. (I. Bd. 4.)
Linden, A., das Hexenlicht. Roman. (120 S.) 904. (II. Bd. 8.)
Lindner, A. E., Elisabeth Holberg. Roman. (128 S.) 904. (II. Bd. 10.)
Melandrie, A., Luchsauge. Kriminalroman. Autoris. Bearbeitg. v. A. Friedheim. (144 S.) 903. (II. Bd. 6.)
Plambeck, Ernst Otto, Juanita. Eine Hofgeschichte. (150 S.) 904. (III. Bd. 3.)
— um e. Mannes willen. Roman. (148 S.) 904. (II. Bd. 12.)
— die Nebenbuhler. Roman. (134 S.) 904. (III. Bd. 5.)
Sherard, Rob. H., an die falsche Adresse! Kriminal-Roman. (144 S.) (905.) (III. Bd. 6.)
Simson, Eug., Assunta. Venezianische Novelle. (152 S.) 903. (II. Bd. 4.)
— die Zigeunerin! Eine Volkserzählg. (152 S.) 903. (II. Bd. 3.)
Waldeck, Wilh. v., Prozeß Treuberg. Roman. (142 S.) (905.) (IV. Bd. 1.)
Walfeld, Kurt v., die Hofdame. Roman. (148 S.) 904. (II. Bd. 9.)
Die Bde. 5 u. 6 des I. Jahrg. sind vergriffen. — Fortsetzung, s.: Zehnpfennig-Bibliothek, moderne.

Kaufmann, A., Die Althelvetier vor der römischen Herrschaft. Zug 1876. Progr.

Kaufmann, A., die Arbeiten des Zimmermanns, s. u. Keller's, O., Unterrichtshefte f. das gesamte Baugewerbe.

Kaufmann A, die Arbeiten des Zimmermanns. (Keller's Unterrichtshefte für das gesamte Baugewerbe: Baukonstruktion, Heft 3) Gera 1893

Kaufmann, A.: Beiträge zur Kenntniss der Cytheriden. Genf 1886.

Kaufmann, A., das Gebiet des Weißen Flusses und dessen Bewohner. Brixen 861. Weger. 8. (208 S. u. 1 lith. Karte in Fol.) 15 ngr.
(Wurde 1862 wieder unter dem Titel ausgegeben: Schilderungen aus Centralafrika oder Land und Leute im obern Nilgebiete am weißen Flusse.)

Kaufmann, A.: Karte von Eutin und Umgegend. Lübeck 1836. Lithogr. 1 Bl. 4⁰, 21,8/30,8 cm. Aufgez. a. Carton.

Kaufmann, A. (I.), Schilderungen aus Centralafrika oder Land und Leute im obern Nilgebiete am weißen Flusse. 8. (208 S. mit 1 lithogr. und ill. Karte in gr. Fol.) Brixen 862, Weger's Buchh.

Kaufmann, A., neues Schutzmittel das Holz durch Verdichtung und Austrocknung desselben vor Fäulniß und vorzeitigem Verderben zu schützen nebst einer Kritik über die bisher angewandten Mittel. Berlin 863. Lüderitz' Verlag. gr. 8. (VIII, 64 S.) n. 15 ngr.

Kaufmann, A[braham]. Die Folgen der mit Skopolamin-Morphin kombinierten Inhalationsnarkosen bei gynaekologischen Operationen. Diss. Med. Basel. *Kopftitel:* Frauenklinik Basel-Stadt.... 29 S. 8. Basel, Brin & Cie., 1909.

Kaufmann, *Adolf* [Dr.]: Die Entstehung der Stadt Mülhausen und ihre Entwickelung zur Reichsstadt. Mülhausen i. E., Druck d. Buchdr. v. Wenz & Peters, 1894; 2 Bl., 44 S., 1 Bl. 8.
Mulhausen i. E., G. MP 1894 (515)

Kaufmann, Adph., Orgelvorspiele. qu. Fol. (12 S.) Meissen 870, Schlimpert.

Kaufmann, Adolf [aus Wädensweil am Zürichsee]: Studien über jodierte Oxychinolinsulfonsäuren ... Freiburg i. Br., Buchdr. v. G. Mehlhase, 1897; 48 S., 1 Bl., 1 Tab. 8.
Freiburg i. B., Phil. Fak., Inaug.-Diss. v. 1897

Kaufmann, Albert: Beiträge zur Kenntnis der Psoriasis vulgaris. Leipzig 1904: B. Georgi. 48 S. 8⁰
Leipzig, med. Diss. v. 16. März 1901.

Kaufmann, Albert [aus Posen]: Trentalle Sancti Gregorii, eine mittelenglische Legende. In zwei Texten herausgegeben. . . . (Aus: Erlanger Beitr. z. engl. Philol. Hf. 3.) Erlangen, Druck d. Univ.-Buchdr. v. Junge & Sohn, 1889; 2 Bl. + 19 + 1 S. 8⁰
Erlangen, Phil. Fak., Inaug.-Diss. v. 1889

Kaufmann, A. (I.). Trentalle Sancti Gregorii, s. a. Beiträge, Erlanger, zur englischen Philologie. III.

Kaufmann, Albin, Festreden an der Schlachtfeier in Sempach, s. Arnold, Gust.

Kaufmann, Alex., Auszüge aus der Correspondenz des Fürsten Maximilian Karl v. Löwenstein mit dem Markgrafen Ludwig von Baden und dem Prinzen Eugen v. Savoyen. Lex.-8. (22 S.) Wien 867, (Gerold's Sohn.) *
Aus: Archiv für Kunde österreichischer Geschichtsquellen, besonders abgedruckt.

Kaufmann, Alexander [aus New-York]: Beiträge zur Kenntnis der p-Oxy-Chinolin-ana-Sulfonsäure ... Freiburg i. B., Universitätsbuchdr. v. Ch. Lehmann, 1895; 45 S. 8.
Freiburg i. B., Phil. Fak., Inaug.-Diss. v. 1895

Kaufmann, Alex., Caesarius von Heisterbach. Ein Beitrag zur Kulturgeschichte des 12. und 13. Jahrhunderts. gr. 12. (56 S.) Cöln 850, Heberle.

Kaufmann, Alex., Caesarius von Heisterbach. Ein Beitrag zur Culturgeschichte des 12. u. 13. Jahrhunderts. 2., mit einem Bruchstück aus des Caesarius VIII libri miraculorum verm. Aufl. Cöln 862. Heberle. 12. (XII, 212 S.) 22½ ngr.

Kaufmann, Alex., der Gartenbau im Mittelalter u. während der Periode der Renaissance, dargestellt in 5 Vorträgen. gr. 8. (80 S.) Berlin 892. [B. Grundmann.] Neudamm, J. Neumann. n. 1. 50

— **Gedichte.** Mit (6 lith. u. color.) Illustr. von B. Vautier. 16. (XII u. 201 S.) Düsseldorf 852, Arnz & Co. In Engl. Einb. m. Goldschn. 2¼ ₰

Kaufmann, Alex., wunderbare u. denkwürdige Geschichten aus den Werken d. Cäsarius v. Heisterbach, s.: Annalen d. histor. Vereins f. den Niederrhein.

Kaufmann, A., s.: Kulturgeschichte d. Mittelalters.

—— Mainsagen, s. Mainsagen.

Kaufmann, Alex., Mainsagen. Gesammelt und herausg. Mit 1 Titelkpfr. von A. Lucas. Aschaffenburg 853. Pergay. (Krebs.) 16. (XX, 276 S.) 1 ₰.

Kaufmann, Alex., Amara George und G. Fr. Daumer, Mythoterpe, s. **Mythoterpe.**

Kaufmann, Alex. (I.), Nachlese zu den Auszügen aus der Correspondenz des Fürsten Maximilian Karl v. Löwenstein mit dem Markgrafen Ludwig von Baden und dem Prinzen Eugen von Savoyen. Lex.-8. (15 S.) Wien 868, (Gerold's Sohn.) — 30
Aus: Archiv für Kunde österreich. Geschichtsquellen, besonders abgedruckt.

—— Quellenangaben und Bemerkungen zu Karl Simrocks Rheinsagen und Alex. Kaufmanns Mainsagen. 12. (XIV und 251 S.) Köln 862, Heberle.

Kaufmann, Alex. (II.), Unter den Reben. Lieder und erzählende Gedichte. 16. (XII, 261 S.) Berlin 871, Lipperheide. * geb.

Kaufmann, Alex., Thomas v. Chantimpré. (Schriften der Görres-Gesellschaft 1899. I.) gr. 8. (138 S.) Köln 899. (J. P. Bachem.) n. 1. 80

Kaufmann, Alexander. Thomas von Chantimpré. Köln 1899. H: *Cardauns, Hermann.* (Berl)

Kaufmann, Alfred, appr. Arzt a. Morsbach (Bezirk Köln): Zur Behandlung der habituellen Patellar-Luxation. Gießen 1906: O. Kindt. (21 S.) 8°
Gießen, Med. Fak., Ref. Poppert, Diss. v. 12. Mai 1906
[Geb. 1. Juli 81 Netphen; Wohnort: Morsbach; Staatsangeh.: Preußen; Vorbildung: Gymn. Montabaur Reife O. 01; Studium: Bonn 1, Marburg 3, Kiel 1, Berlin 1, Gießen 4 S.; Coll. 5. März 06; Approb. 30. Dez. 05.]

Geschichte der Evangelischen Gemeinde zu Alexandrien. 1856–1898. Von A(lfred) **Kaufmann.** Lahr (Baden) 1898: E. Kaufmann. (80 S.) 8° [c6 13,11

Kaufmann, Alois, Kommunion-Gebete f. Schulkinder. (16 S.) 11,9×7,8 cm. Bozen 909. Buchh. u. Buchdr. der Verlagsanstalt „Tyrolia". — 10

Kaufmann, Amara, s. George-Kaufmann, Amara.

Kaufmann, A. G., Sophie Swetchine, s. Sammlung historischer Bildnisse.

Kaufmann, A. G., Sophie Swetchine. »Sammlung historischer Bildnisse.« (210 S.) Freiburg 1878. Herder.

Kaufmann, Ant., kurzgefaßte Erdbeschreibung von den fünf Welttheilen, — von Deutschland u. Bayern, nebst einer Vaterlandsgeschichte. Bearb. für die Volksschulen Bayerns. 7. u. 8. nach den neuesten staatl. Veränderungen umgearb. Aufl. Straubing 867, 70. Mauter. 12. (72 S.) cart. n. 4 ngr.

Kaufmann, Ant., kurzgefaßte Erdbeschreibung v. den 5 Welttheilen, v. Deutschland u. Bayern, nebst e. Vaterlandsgeschichte. Bearb. f. die Volksschulen Bayerns. 9., nach den neuesten staatl. Verändergn. umgearb. Aufl. gr. 8. (70 S.) Straubing 871. Mauter. n. — 40

Kaufmann, Ant., kurzgefaßte Erdbeschreibung in Fragen und Antworten. Bearb. für die Volksschulen Bayerns. 10.—12. Aufl. 8. (72 S.) Straubing 873—77, Mauter's Buchh. *
— dass. — 13. Aufl. 2 Bdchn. 8. Ebendas. 878. à Bdchn. * 20 Pf. *
Inhalt:
Bdchn. 1. Allgemeine Erdbeschreibung. (24 S.)
" 2. Geographie und Geschichte von Bayern. (40 S.)

— dasselbe. 1. Bdchn., die allgemeine Erdbeschreibung enth. 14., nach den neuesten staatl. Aenderungen umgearb. Aufl. 8. (40 S.) Ebend. 879. n. — 40

Kaufmann, Ant., kurzgefaßte Erdbeschreibung in Fragen und Antworten. Bearb. für die Volksschulen Bayerns. 2 Bdchn. 14. und 15. nach den neuesten staatl. Aenderungen umgearb. Aufl. 8. Straubing, [Mauter.] Manz. à Bdchn. * 20 Pf. *
Inhalt:
Bdchn. 1. Die allgemeine Erdbeschreibung. (24 S.) 881.
" 2. Geographie und Geschichte von Bayern. (40 S.) 882.

Kaufmann, Ant., kurzgefaßte Erdbeschreibung in Fragen und Antworten. Bearb. für die Volksschulen Bayerns. 2 Bdchn. 16. nach den neuesten staatl. Änderungen umgearb. Aufl. 8. Straubing, Volks- und Jugendschriften-Verlag. à Bdchn. * cart. in 1 Bd. *
Inhalt:
Bdchn. 1. Allgemeine Erdbeschreibung. (24 S.) 883.
" 2. Geographie und Geschichte von Bayern. (40 S.) 885.

Kaufmann, Ant., kurzgefaßte Erdbeschreibung in Fragen und Antworten. Bearb. für die Volksschulen Bayerns. 1. und 2. Heft. 19. Aufl. 8. Straubing 888, Hirmer. * — 30
Inhalt:
Heft 1. Allgemeine Erdbeschreibung. (24 S.) * 20 Pf.
" 2. Geographie von Bayern. (16 S.) * 10 Pf.

Kaufmann, Ant., kurzgefaßte Erdbeschreibung in Fragen u. Antworten. Bearb. f. die Volksschulen Bayerns. 1. Hft., die allgemeine Erdbeschreibg. enth. 21., verb. Aufl. 8. (24 S.) Straubing 892. M. Hirmer. n. — 20

Kaufmann, Ant., kurzgefaßte Erdbeschreibung in Fragen u. Antworten. Bearb. f. die Volksschulen Bayerns. 2 Hefte. kl. 8. Straubing, H. Appel. — 30
1. Die allgemeine Erdbeschreibg. enth. 24., verb. Aufl. (24 S.) 900. — 20
2. Geographie v. Bayern. 26., verb. Aufl. (16 S.) 904. — 10

— Grundregeln der deutschen Sprach- u. Rechtschreiblehre mit beigefügten Uebungen zu mündl. u. schriftl. Aufgabe für Volksschulen. 8. Passau 838. Pustets Buchh. (Winkler.) ⅙ ₰

Kaufmann, Ant., Sprachlehr-Büchlein f. deutsche Volksschulen mit Aufgaben für die 1., 2. u. 3. Klasse. In Kürze zusammengefaßt. 8. (IV u. 128 S.) Passau 847, Ambrosi. n. 4 ngl

Kaufmann, Ant, kurzgefaßte Vaterlandsgeschichte in Fragen u. Antworten. Bearbeitet für Schüler des II. u. III. Kursus der Stadt- u. Land-Schulen. gr. 16. Paßau 835. Pustets W. (Winkler.) 1½ gl — 2e verb. Aufl. 12. Ebd. 835. 1/12 rf

Kaufmann, Artur, Gerichtsreferendar in Hannover: Der § 2 des neuen Handelsgesetzbuches vom 10. Mai 1897. Halle a. S. 1906: Wischan u. Burkhardt. (VIII, 63 S.) 8° [F.]
Rostock, Jur. Fak., Ref. Lehmann, Diss. v. 20. Jan. 1907
[Geb. 10. Apr. 83 Bochum in Westf.; Wohnort: Hannover; Staatsangeh.: Preußen; Vorbildung: Gymn. Lyzeum II Hannover Reife O. 02; Studium: München, Leipzig, Berlin, Göttingen; Rig. 2. Nov. 06.]

Kaufmann, Arthur, Gerichtsreferendar: Die Klausel 'rebus sic stantibus'. Heidelberg 1907: K. Rössler. (VI, 96 S.) 8°
Marburg, Jur. Fak., Ref. Leonhard, Diss. v. 2. Jan. 1908
[Geb. 19. Mai 82 Frankfurt a. M.; Wohnort: Frankfurt a. M.; Staatsangeh.: Preußen; Vorbildung: Lessing-Gymn. Frankfurt a. M. Reife O. 00; Studium: Lausanne 1, Leipzig 1, München 2, Berlin 1, Marburg 1 S.; Rig. 29. März 04.]

Kaufmann, August [wiss. Hilfsl.]: Bestimmung der Constanten der Sonnenrefraction aus Heliometerbeobachtungen. Altkirch i. E., Buchdr. E. Masson, 1893; 44 S. 4.
Altkirch, G. MP 1893 (503)

Kaufmann, Beni (geb. Düsseldorf 15. 5. 1817): De cirrhosi vel pimelosi hepatis. Berolini (1842). (30 S.) 8°
Berlin, Med. Diss. v. 12. Aug. 1842

Kaufmann, Bernh., Arbeiterwohlfahrtseinrichtungen. In krit. Beleuchtg. (32 S.) 8. Zürich (904). Buchh. des schweiz. Grütlivereins. n. — 25

Kaufmann, Bernhard. Arbeiterwohlfahrtseinrichtungen. In kritischer Beleuchtung von B' K' (Arbeitersekretär, Winterthur). II + 32 S. 8. Zürich, Buchh. des Schweizerischen Grütlivereins, 1905. [fr. —. 25]

Kaufmann, C., Nürnbergs Denkwürdigkeiten. Ein v. G. P. Buchner sauber lith. Bl. m. 16 Ansichten u. statist. Notizen. Roy.-Fol. Nürnberg 828, Endter.

Kaufmann, G., Fibel. 2. Aufl. gr. 8. (27 S.) Rheydt 847. Düsseldorf, Schaub. n. 2 ngl

Kaufmann, G., Reformationspredigt über Luc. 6, 17—19. gr. 8. (12 S.) Halle 874, Fricke. — 20

Kaufmann, Carl, s. Kaufmann, Karl.

Kaufmann's Chrf., Leben, s.: Düntzer, H.

Kaufmann, Chp. (Hrsg.), s. Allerley gesammelt aus Reden...

Kaufmann, Constantin, s. Kaufmann, Konstantin.

[F.] Aus Heinrich Heine's Ahnensaal. Von Prof. Dr. David **Kaufmann.** *Breslau: S. Schottländer 1896.* (XII, 312 S.) 1 Bd 8. (96. 2041

Kaufmann, David, Die Attributenlehre des Saadja Alfajjumi. [Diss.] Gotha 1875.

Kaufmann, Dav., die Chronik d. Achimaaz v. Oria (850—1054). Ein Beitrag z. Geschichte d. Juden in Süditalien. [Aus: „Monatsschr. f. Gesch. u. Wissensch. d. Judenthums".] gr. 8. (50 S.) Frankfurt a/M. 896. J. Kauffmann. n. 2. —

Dr. Israel Conegliano und seine Verdienste um die Republik Venedig bis nach dem Frieden von Carlowitz von Prof. Dr. David **Kaufmann.** Budapest 1895: (Alkalay, Pressburg). 103, CXXXI S. 8°
(Jahresbericht d. Landes-Rabbinerschule in Budapest. 18.) (11. 1671

— Dr. Israel Conegliano u. s. Verdienste um d Republik Venedig bis n. d. Frieden v. Carlowitz. gr. 8. (IV, 103 u. CXXXI S.) Wien 895. Frankfurt a/M., J. Kauffmann. n 5. —

Kaufmann, D., Franz Delitzsch. Ein Palmblatt aus Juda auf sein frisches Grab. [Aus: „Jüd. Presse".] gr. 8. (22 S.) Berlin 890. Verlag der „Jüdischen Presse" n. — 50

— die Erstürmung Ofens u. ihre Vorgeschichte, n. d. Berichte Isak Schulhofs (1650—1732). (Megillath Ofen) hrsg. u. biograph. eingeleitet v. K. 8. (62 u. 32 S.) Trier 895. S. Mayer. n. 2. 25

Kaufmann, Dav., 7 Festpredigten in den Berliner Gemeindesynagogen. gr. 8. (VII, 92 S.) Berlin 877. Gerschel. 1. 50

Kaufmann, Dav., Paul de Lagarde's jüdische Gelehrsamkeit. Eine Erwiederung. gr. 8. (53 S.) Leipzig 887, O. Schulze. * 1 —

Kaufmann, David [aus Bamberg]: Gemeindebesteuerung und Massenkonsum in den sieben grössten Städten des rechtsrheinischen Bayern ... (Aus: Finanzarch., Jg. XIV.) Stuttgart, Druck d. Union Deutsche Verlagsges., 1897; 2 Bl., 48 S., 1 Bl. 8.
Erlangen, Phil. Fak., Inaug.-Diss. v. 27. Okt. 1896

— Geschichte der Attributenlehre in der jüdischen Religionsphilosophie des Mittelalters von Saadja bis Maimûni. gr. 8. (XVI, 527 S.) Gotha 877. F. A. Perthes. n. 16. —

Kaufmann, Dav., zur Geschichte jüdischer Familien. I. Samson Wertheimer, der Oberhoffactor und Landesrabbiner, [1658—1724] und seine Kinder. gr. 8. (IX, 113 S.) Wien 888, F. Beck. * 4 —

Kaufmann, Dav., zur Geschichte jüdischer Familien. II. R. Jaïr Chajjim Bacharach (1638—1702) u. seine Ahnen. gr. 8. (VIII, 139 S.) Trier 894. S. Mayer. n. 4. —
(I u. II.: n. 8. —)
- Dass. III. Die Familie Gomperz. 1907.

Kaufmann, David (Hrsg.), s. Glückel: Die Memoiren der Glückel von Hameln. 1645–1719.

— u. Max **Freudenthal,** die Familie Gomperz, s. a. Zur Geschichte jüd. Familien. III.

Die Familie Gomperz von Prof. David **Kaufmann** s. A. u. Dr. Max Freudenthal. (Vorr: Rosa Gomperz.) Frankfurt a. M.: J. Kauffmann in Komm. 1907. (XVII, 437 S.) 8°
= **Kaufmann:** Zur Geschichte jüdischer Familien. Bd 3. (07. 1034

— die Haggadah v. Sarajevo, s.: Müller, Dav. Heinr.

— Jehuda Halewi. Versuch einer Charakteristik. gr. 8. (48 S.) Breslau 877. Schletter's Sort. n. 1. —

— Die echten hebräischen Melodieen, s.: Heller, S.

— s.: Memoiren, die, d. Glückel v. Hameln 1645—1719.

— s.: Monatsschrift f. Geschichte u. Wissenschaft d. Judenthums.

Kaufmann, Dav., gesammelte Schriften. 1. u. 2. Bd. Hrsg. v. M. Brann. gr. 8. Frankfurt a/M. (J. Kaufmann). nn 9.50; geb. in Leinw. nn 12. 50
1. (XII, 393 S.) 908. nn 4.50; geb. nn 6. —
2. (XI, 434 S.) 910. nn 5.—; geb. nn 6. 50

Kaufmann, Dav., die Sinne. Beiträge zur Geschichte der Physiologie und Psychologie im Mittelalter aus hebr. und arab. Quellen. gr. 8. (V, 199 S.) Leipzig 884, (Brockhaus' Sortiment und Antiq.) *

— die Spuren Al-Batlajûsis in der jüdischen Religions-Philosophie. Nebst einer Ausgabe der hebr. Übersetzungen seiner bildlichen Kreise. gr. 8. (64 u. 56 S.) Leipzig 880. Brockhaus' Sort. in Comm. n. 5. —

— der Stammbaum des R. Eleasar Fleckeles, e. Ahnenprobe Mor. Hartmanns. [Aus: „Monatsschr. f. Geschichte u. Wissensch. d. Judenth."] gr. 8. (16 S.) Breslau 893. (Trier, S. Mayer.) n. 1. 20

Studien über Salomon Ibn Gabirol. Von Prof. Dr. David **Kaufmann.** *Budapest 1899: A. Alkalay & Sohn, Pressburg.* (123 S.) 8°
Aus: Jahresbericht d. Landes-Rabbinerschule zu Budapest. 1898/99. [... 2084

— Studien über Salomon Ibn Gabirol. Progr. gr. 8. (IV, 124 S.) Budapest 899. (Frankfurt a/M., J. Kauffmann.) n. 2. 50

Kaufmann, Dav., die Theologie des Bachja ibn Pakuda. Lex.-8. (102 S.) Wien 874, (Gerold's Sohn.) 1 70
Aus: Sitzungsberichte der k. Akademie der Wissenschaften, besonders abgedruckt.

— Urkundliches aus dem Leben Samson Wertheimers. gr. 8. (III, 142 S.) Wien 892. (C. Konegen.) n. 3. —

— die letzte Vertreibung der Juden aus Wien u. Niederösterreich, ihre Vorgeschichte [1625—1670] u. ihre Opfer. gr. 8. (III, 228 S.) Wien 889. Konegen. n. 3. 60

— wie heben wir den religiösen Sinn unserer Mädchen u. Frauen? Eine Antwort an Herrn Wilh. v. Gutmann. [Aus: „Oesterr. Wochenschr."] 8. (10 S.) Ebd. 893. n. — 60

— Leopold Zunz u. s. Familie, s.: Brann, M.

Kaufmann E., die Entwicklung der französischen Volkswirtschaft in den letzten Jahrzehnten. (38 S) Tubingen 1910

Kaufmann, E., Badisches Justiz-Taschenbuch. Alphabet. Zusammenstellg. der in das bad. Justizwesen einschlag. Reichs- u. Landesgesetze, Verordngn. u. Erlasse nach dem Stande v. 1. VII. 1899 nebst Anh.: während des Druckes bis Ende August 1899 erschienene Gesetze 2c Mit e. Geleitworte v. Betzinger. 8. (VIII, 172 S.) Heidelberg 899. A. Emmerling & Sohn. Geb. in Leinw. n. 2. —; Nachträge (26 Bl.) (900.) n. — 40

Kaufmann, E. badisches Justiztaschenbuch. Alphabetische Zusammenstellg. der in das bad. Justizwesen einschlag. Reichs- u. Landesgesetze, Verordngn. u. Erlasse nach dem Stande vom 1. X. 1902. 2. Aufl. (VIII, 287 S.) 8. Waldshut 903. H. Zimmermann. Geb. in Leinw. n. 4. —

Kaufmann, E: Mitrailleuse M. 1893. Pilsen (1894)

Kaufmann, Eduard ⟨geb. am 24 März 1860 in Bonn⟩: '(Aus d. pathol. Institut zu Bonn.)' — Ueber Enkatarrhaphie von Epithel. Experimenteller Beitrag zur Lehre von der Entstehung der Geschwülste. Mit 6 Abbildungen ... Bonn, Univ.-Buchdr. v. C. Georgi 1884. 37 S., 1 Bl., 1 Taf. 8.
Bonn, Med. Fak., Diss. v. 6 Aug. 1884

Lehrbuch der speciellen pathologischen Anatomie f. Studir. u. Ärzte v. Prof. Dr. Eduard **Kaufmann,** 1. Assist. am pathol. Inst. ... an d. Univ. Breslau. M. 250 Einzelabb. in 308 Textfig. u. auf 2 Taf., fast sämmtl. nach Originalzeichngn d. Vfs. *Berlin: G. Reimer 1896.* (VI, 970 S., 1 kl. Bl., 2 Taf.) 1 Bd 8. [96. 1196

Kaufmann, Eduard. Lehrbuch der speciellen pathologischen Anatomie für Studirende und Ärzte von Dr. Eduard Kaufmann, o. Professor ... an der Universität Basel. 2. neu bearb. und vermehrte Aufl. Mit 561 Abbildungen und 2 Tafeln, fast sämmtlich nach Originalzeichnungen des Verfassers. VIII + 1154 S. 8. Berlin, Georg Reimer, 1901. [br. M. 18. —, geb. M. 20. —]

Kaufmann, Eduard. Lehrbuch der speziellen pathologischen Anatomie für Studierende und Ärzte von Dr. E' K', o. Professor ... der Universität Basel. 3. neu bearb. und vermehrte Aufl. Mit 628 Abbildungen [und 2 Tafeln], fast sämtlich nach Originalzeichnungen des Verfassers. VIII + 1244 S. 8. Berlin, Georg Reimer, 1904. [M. 20. —, geb. 22. —]

Lehrbuch der speziellen pathologischen Anatomie für Studierende und Ärzte von Dr. Eduard **Kaufmann,** Prof., Göttingen. 4., neu bearb. u. verm. Aufl. Mit 683 Abb. Berlin: G. Reimer 1907. (X, 1363 S.) 8° [07. 10567

Kaufmann, Eduard, Lehrbuch der speziellen pathalog. Anatomie f. Studierende u. Ärzte. 5. neu bearb. u. verm. Aufl. Mit 686 Abb. (fast sämtlich nach Orig.-Zeichngn. des Verf.) (X, 1384 S. m. 2 Taf. u. 2 S. Erklärgn.) Lex. 8. Berlin 909. G. Reimer. 23.—; geb. in Halbfrz. 25. 50

— s.: Neisser, A., stereoscop. medicin. Atlas.

Kaufmann, Eduard [Dr. med. Assist. am K. patholog. Inst. zu Breslau]: Die Sublimatintoxication .... Breslau, Wilhelm Koebner (1888); 1 Bl. + 120 S. + 1 Bl. 8°
Breslau, Med. Fak., Hab.-Schr. v. 31. Jul. 1888

Kaufmann, E., die Sublimatintoxication. Beiträge zur Geschichte, Klinik u. pathol. Anatomie derselben, nebst experimentellen Untersuchgn. zur Theorie ihres Wesens. gr. 8. (III, 120 S.) Breslau 888. Koebner. n. 2. 40

Kaufmann, E., d. Sublimatintoxication. gr. 8. (III, 120 S.) Breslau 888. [Koebner.] Berlin, S. Karger. n. 2. 40

Kaufmann, Ed., Untersuchungen üb. die sogenannte foetale Rachitis [Chondrodystrophia foetalis]. Fol. (IV, 82 S. m. 6 lith. Taf.) Berlin 892. G. Reimer. Kart. n. 20. —

Kaufmann, Ella, die Stellung der Frau im Eisenbahndienst. (22 S.) 8. Leipzig 903. Berlin, Verlag der Frauen-Rundschau. n. — 50

Kaufmann, Ella: Die Stellung der Frau im Eisenbahndienst. 2. Aufl. — Leipzig: Frauen-Rundschau 1903. 22 S. 8°

Kaufmann, Emil [aus Seelscheid]: Aus d. Klinik f. Hautkrankheiten u. Syphilis zu Bonn. Ueber Gonorrhoe bei kleinen Mädchen ... Bonn, Univ.-Buchdr. v. C. Georgi, 1892; 44 S., 1 Bl. 8.
Bonn, Med. Fak., Inaug.-Diss. v. [11. Juli] 1892

Kaufmann, Emil, handelsrechtliche Rechtsprechung 1900—1901. Nach dem System der Gesetze bearb. u. zusammengestellt. gr. 16. (VIII, 153 S.) Hannover 901. Helwing. Geb. in Leinw. n. 2. 50

Kaufmann, Emil, handelsrechtliche Rechtsprechung 1900—1901. Nach dem System der Gesetze bearb. u. zusammengestellt. 2. Bd. gr. 16. (VIII, 242 S.) Hannover 902. Helwing. Geb. in Leinw. n. 3. 50

Kaufmann, Emil, handelsrechtliche Rechtsprechung. Nach dem System der Gesetze bearb. u. zusammengestellt. 1. u. 3.—6. Bd. gr. 16. Hannover, Helwing. Geb. in Leinw. n. 20. 50
1. 1900/1901. 2. verm. Aufl. (VIII, 167 S.) 903. n. 2. 50
3. (Rechtsprechg. d. J. 1902.) (VIII, 399 S.) 903. n. 4. —
4. (Rechtsprechung d. J. 1903.) (VIII, 395 S.) 904. n. 4. —
5. (Rechtsprechung d. J. 1904.) (VIII, 545 S.) 905. n. 5. —
6. (Rechtsprechung u. Literatur des J. 1905.) (VIII, 539 S.) 906. n. 5. —

Kaufmann, Emil, handelsrechtl. Rechtsprechung. Nach dem System d. Gesetze bearb. u. zusammengestellt. 7.—10. Bd. kl. 8. Hannover, Helwing. Geb. in Leinw. 26. 80
7. Rechtsprechung u. Litteratur des J. 1906. (VIII, 624 S.) 907. Geb. 6. —
8. (Rechtsprechung u. Litteratur des J. 1907.) (VIII, 709 S.) 908. Geb. 6. 80
9. (Rechtsprechung u. Litteratur des J. 1908.) (VIII, 721 S.) 909. Geb. 7. —
10. (Rechtsprechung u. Litteratur des J. 1909.) (VIII, 688 S.) 910. Geb. 7. —

— die wesentlichen Unterschiede des alten u des neuen Handelsgesetzbuchs. Mit e. Anh. 2., durch e. Sachregister verm. Aufl. 8. (209 S.) Berlin 901. W. Moeser. Kart. n. 3. —
1. Aufl. (204 S.) 899. 900. Kart. n. 3. —.

Über den Begriff des Organismus in der Staatslehre des 19. Jahrhunderts. Ein Vortrag von Dr. Erich **Kaufmann**, Privatd. Heidelberg: C. Winter 1908. (V, 32 S.) 8° [08. 17382

Die juristischen Fakultäten und das Rechtsstudium. Von Dr. iur. Erich **Kaufmann**, Privatd. Berlin: Guttentag 1910. 32 S. 8° [10. 11907

Auswärtige Gewalt und Kolonialgewalt in den Vereinigten Staaten von Amerika. Eine rechtsvergleich. Studie über d. Grundlagen d. amerikan. u. deutschen Verfassungsrechts von Dr. Erich **Kaufmann**. Leipzig: Duncker & Humblot 1908. (XIII, 244 S.) 8°
= **Abhandlungen**, Staats- u. völkerrechtliche. Bd 7, H. 1. [08. 5215

Kaufmann, Erich, Referendar im Bezirke des Kgl. Kammergerichts: Studien zur Staatslehre des monarchischen Prinzipes ⟨Einleitung; die historischen und philosophischen Grundlagen⟩. Leipzig 1906: O. Brandstetter. (X, 104 S.) 8° ¶(Anfang einer größeren Schrift: 'Der moderne Staat und die Staatsformen. Zugleich ein Beitrag zur Geschichte der Rechtsphilosophie,' deren erster Teil: 'Die Staatslehre des monarchischen Prinzipis' bei J. C. B. Mohr in Tübingen erscheint.
Halle, Jur. Fak., Ref. Loening, Diss. v. 10. März 1906
[Geb. 21. Sept. 80 Demmin, Reg-Bez. Stettin; Wohnort: Berlin; Staatsangeh.: Preußen; Vorbildung: Französisch. Gymn. Berlin Reife M. 98; Studium: Jur. u. phil. Berlin 5, Freiburg i. B. 1, Heidelberg 2 S.; Rig. 5. Juni 05.]

Kaufmann, Ernst, Vergleiche zwischen der Ricinus- und Maulbeer-Seidenzucht mit Hinweis auf deren Producte. Mittheilungen über neue Seidenspinner. Vortrag gehalten am 22. Octbr. 1858 in der öffentl. Versammlung des Acclimatisations-Vereins für die königl. preuss. Staaten. gr. 8. (VIII und 19 S.) Berlin 859, [Wiegandt und Hempel.] *
S.-A. aus: Zeitschr. f. Acclimatisation.

Kaufmann, Ernst: Welchen Einfluss hat eine vom Käufer vorgenommene Verfügung über die Kaufsache auf die aedilizischen Rechtsmittel? Nach gemeinem Recht u. Bürgerl. Gesetzbuch. Kirchhain N.-L. 1901: M. Schmersow. 64 S. 8° Rostock, Jur. Diss. v. [30. Dez.] 1901

Kaufmann, E., s.: Zeitschrift f. Acclimatisation.

— die vortheilhafteste Zucht der Ricinus-Seidenraupe (Bombyx Cynthia) ein Mittel zur Abhülfe des Pauperismus. In neuester Zeit gesammelte Erfahrungen. gr. 8. (34 S. mit einer Abbild. in Holzschn. und in 4.) Berlin 858, [Wiegandt und Hempel.] *
aus: Zeitschrift für Acclimatisation, besonders abgedruckt.

Kaufmann, Eugen, approb. Arzt aus Gailingen (Baden): Über plötzliches **Auftreten** und Einklemmung von Fettbrüchen. *Freiburg i. B. 1904: H. Epstein.* (30 S.) 8°

Kaufmann, Eugen, appr. Arzt a. Aschaffenburg: Die klinische Bedeutung der Sturzgeburt. Freiburg in Baden 1907: E. Kuttruff. (25 S.) 8°
Freiburg i. B., Med. Fak., Ref. Krönig, Diss. v. 1908
[Geb. 15. März 81 Aschaffenburg; Wohnort: Freiburg i. B.; Staatsangeh.: Bayern; Vorbildung: Gymn. Aschaffenburg Reife Juli 00; Studium: München 1, Freiburg i. B. 1, Bonn 3, Tübingen 2, Freiburg i. B. 1, Straßburg 1, Freiburg i. B. 1 S.; Coll. 8. Nov. 07; Approb. 22. März 06.]

Kaufmann, F., Merkbüchlein für Freiübungen. 16. (IV, 78 S.) Cöthen 875, Schulze. — 75

Kaufmann, F., Merkbüchlein für Geräthe-Turnen. (Reck, Freisprung, Bock, Tisch 2c.) 1. Aufl. 1867. u. 2., verm. u. verb. Aufl. Cöthen 868. (Schettler.) 32. (III, 111 S.) n. 5 ngr.

— Merkbüchlein für Geräthe-Turnen. Im Auftrage der Cöthener Vorturnerschaft bearb. 3. Aufl. (III, 116 S.) 1872. * 50 Pf., und 4. verm. und verb. Aufl. 16. (VI, 120 S.) Ebendas. 875. — 60

Kaufmann, F., Merkbüchlein für Geräthe-Turnen. Im Auftrage der Cöthener Vorturnerschaft bearb. 5. verm. und verb. Aufl. 16. (VII, 120 S. mit 2 eingedr. Holzschn.) Köthen 876, Schulze.

Kaufmann, Fr. P., Pilgerchöre. 20 auserwählte Lieder f. gemischten Chor. 1. Heft. (32 S.) 8. Bremen (908). (Buchh. u. Verlag des Traktathauses.) — 50

Kaufmann, Frz., Franz Hettinger, s.: Broschüren, Frankfurter zeitgemäße.

Leopold Kaufmann, Oberbürgermeister von Bonn. ⟨1821–1898.⟩ Ein Zeit- u. Lebensbild von Dr. Franz **Kaufmann**. Mit d. Bildn. L. Kaufmanns. *Köln: J. P. Bachem in Komm.* (VIII, 262 S.) 8° [F.]
= Görres-Gesellschaft z. Pflege d. Wiss. **Vereinsschrift** 1903, 1. 2. [03. 8331

[F.] Andreas Müller. Ein Altmeister d. Düsseldorfer religiösen Malerschule. Von Dr. Franz **Kaufmann**. *Frankfurt a. M.: A. Foesser Nachf. 1895.* (32 S.) 8.
= **Broschüren**, Frankfurter zeitgemässe. N. F. Bd 16. H. 12. [96. 2428

Kaufmann, Franz [Referendar aus Wertheim]: Die Stellung des Privatrechtssubjects zur res extra commercium des corpus juris. Ein Beitrag zur Lehre von der Extracommercialität .... Bonn, Univ.-Buchdr. v. Carl Georgi, 1887: 82 S. + 1 Bl. 8°.
Bonn, Jur. Fak., Inaug.-Diss. v. 6. Aug. 1887.

Kaufmann, Franz, die Stellung des Privatrechtssubjects zur res extra commercium des corpus juris. Ein Beitrag zur Lehre von der Extracommercialität. Diss. Bonn 1887, Emil Strauss. 8°. 82 S.

Kaufmann, Franz Alexander

Kaufmann, F. A., Kommentar u. Institutionen des bürgerlichen Gesetzbuches f. Studium u. Praxis. I. u. II. Bd. Lex.-8. Bonn, Röhrscheid & Ebbecke. n. 14. 50; geb. n. 16. 30
I. Allgemeiner Teil. (XI, 233 S.) 900. n. 6. —; geb. n. 6. 80
II. Allgemeiner Teil der Schuldverhältnisse. (X, 333 S.) 901. n. 8. 50; geb. n. 9. 50

Kaufmann, Franz Josef

Kaufmann, geognostische Beschreibung des Kantons St. Gallen u. seiner Umgebung, s.: Beiträge zur geologischen Karte der Schweiz.

Kaufmann, Franz Joseph. Ueber den Dopplerit von Obbürgen und über das Verhaltniss des Dopplerits zu Torf und mineralischen Kohlen, nebst Bemerkungen über künstliche pechkohlenartige Substanzen. [Mit 1 Figur.] SA. 8. (Wien 1865.)

Kaufmann, Fr[anz] J[oseph]. Ueber Dopplerit, Torf, mineralische Kohlen und künstliche steinkohlenartige Substanzen. Ein Beitrag zur Bildungsgeschichte der fossilen Brennstoffe. Progr. 4. (Lucern 1864.)

Kaufmann. Franz J[oseph]. Ueber Dopplerit, Torf ... und künstliche steinkohlenartige Substanzen .... (SA.) 8. Luzern 1864

Kaufmann, F. J., Gebiete der Kantone Bern, Luzern, Schwyz u. Zug, s.: **Beiträge zur geolog. Karte der Schweiz.**

Kaufmann, Franz Josef: Geologisches über den Kanton Luzern. 1858.

Kaufmann, Franz Josef: Fünf neue Jurassier: Mythen, Buochser- und Stanserhorn, Enzimattberg und Rothspitz. 1875.

Kaufmann, Franz Joseph. Kalkstein- und Schiefergebiete der Kantone Schwyz und Zug und des Bürgenstocks bei Stanz s. Beschreibung. Geologische B' des Kantons St. Gallen .... Bern 1877–1881.

Kaufmann, Fr. Jos. Siehe: „Luzern"

Kaufmann, F. J. Memorial der luzern. Sektion der schweiz. naturforsch. Gesellschaft über Herausgabe einer topographischen Kanton-Karte. — Bericht der topograph. Kommission an den Regierungsrath. Luzern 1861.

Kaufmann, Franz Josef: Der Pilatus, s.a. Beiträge zur geolog. Karte d. Schweiz.

Kaufmann, Franz Joseph. Der Pilatus, geologisch untersucht und beschrieben von F' J' K'.... Mit 1 Karte und 10 Tafeln, enthaltend geologische Durchschnitte, Gebirgsansichten und Petrefakten. [2 Theile.] (Beitr. Geol. Karte Schweiz. Liefg. 5.) 4. Bern 1867.
[Theil 1. Text.] — [Theil 2.] Tafeln und Karte....

Kaufmann, Franz Joseph. Rigi und Molassegebiet der Mittelschweiz, geologisch aufgenommen und beschrieben von F' J' K'.... Mit 6 Tafeln, enthaltend Ansichten, Profile. Spezialkarten und Petrefakten [sowie 1] Beilage: Systematisches Verzeichniss der marinen Arten der helvetischen Stufe der Schweiz und Schwabens, von Dr. Karl Mayer[-Eymar] .... (Beitr. Geol. Karte Schweiz. Liefg. 11.) 4. Bern 1872.

—— geologische Skizze von Luzern und Umgebung. (Aus dem Jahresberichte der Kantonsschule in Luzern.) 4. (12 S. mit Karte.) Luzern 887, (Gebr. Räber.) * 1 50

Kaufmann, F[ranz] J[oseph]. Untersuchungen über die mittel- und ostschweizerische subalpine Molasse. Mit 1 Karte und 17 Profilen [2 Tafeln]. (N. Denkschr. Schweizer. Ges. für Naturwiss. Band 17.) 4. (Zürich 1860.)

Kaufmann, Franz Josef; Untersuchungen über die mittel- u. ostschweizerische subalpine Molasse. (Aus d. Abh. d. Schweiz. Naturf. Gesellsch.) Zürich. 1860. 4°

Kaufmann, Franz Joseph s. Centralgebiet der Schweiz .... Bern 1886–1894.

Kaufmann, Fr. Jos., Centralgebiet der Schweiz, s. **Beiträge** zur geologischen Karte der Schweiz.

Kaufmann, Franz Jos. Oskar. Ueber die Gleichwerthigkeit oder Ungleichwerthigkeit der Atomvalenzen untereinander. Bern, 1881.

Kaufmann, Frz. Sales, Zeugnisse f. die Gottheit Christi, f. das christl. Volk populär dargestellt. (IV, 104 S.) kl. 8. Kempten 904. (J. Kösel.) n. — 80

Kaufmann, Frz. Steph., Vollendung d. Philosophie u. sämmtl. Wissenschaften. 8. Würzb. 806.

(K[aufmann], Fr[ieda], und D[ierauer], J[ohannes].) Erinnerung an Dr. Alfred Kaufmann 1857—1903. Mit einem Portrait [Tafel]. II + 10 S. 8. St. Gallen, Zollikofer, 1903.

(Kaufmann, Frieda, und Dierauer, J[ohannes].) Dr. Alfred Kaufmann. 1857—1903. [Nekrolog.] Separatabdruck aus der Beilage «Nekrologe» zu den Verhandlungen der schweiz. naturf. Gesellschaft. Locarno 1903. X 8. 8. [Zürich, Zürcher & Furrer.]

Kaufmann, Friedrich: Die in Westpreußen beobachteten höhern Pilze, Basidiomyceten und Ascomyceten. Elbing 1907: R. Kühn. (S. 3—26.) 4°
Elbing, st. OR OP 1907 (53)

Kaufmann, F., Reflexionen aus der Geschichte der modernen Naturphilosophie über das leitende Grundprincip in der geistigen Auslegung der Natur. Eichstätt 1851, 4°, 53 S., Lycealprogr.

Kaufmann, Fritz, appr. Arzt: Beiträge zur Kenntnis der retrograden Amnesie. Würzburg 1909: Verlagsdr. 93 S. 8°
Würzburg, Med. Diss. v. 1. April 1909, Ref. Rieger
[Geb. 28. Okt. 80 Landshut; Wohnort: Würzburg; Staatsangeh.: Bayern; Vorbildung: Gymn. Burghausen Reife Juli 00; Studium: München 4, Würzburg 1, Erlangen 1, München 2, Würzburg 2 S.; Coll. 9. Dez. 08; Approb. 9. Juli 07.] [U 09. 4122

Kaufmann, Fritz: Über einen Fall von Wundscharlach. Frankenthal 1899: L. Göhring & Co. 36 S. 8°
Heidelberg, med. Diss. v. [29. Juli] 1898

Kaufmann, Fritz, zustimmungsbedürftige Rechtsgeschäfte nach bürgerlichem Rechte. In Tabellen-Form systematisch dargestellt f. Rechtsanwälte, Grundbuchämter, Notare, Vormundschaftsgerichte, Vormünder u. Studierende. (III, 20 S.) 4. Karlsruhe 904. J. Lang. n. — 85

Kaufmann, Fritz (Darmstadt)
Die Varietäten der Nerven des Plexus brachialis.
Giessen 1864. 36 S. (in Δ mit „Thesen")
Diss. med. 13. April 1864. vorh. 26.7.Δ

Kaufmann, G., die neuere in London gebräuchliche Art der Anwendung des Chloroforms während der Geburt. 12. (24 S.) Hannover 853, Ehlermann. *

v. Kaufmann, G., Katechismus für d. Mannschaft d. königl. dän. Linien-Infanterie. 1r Thl. 8. Hamb., Perthes u. B. 12 gr.

Kaufmann, G., die Legende vom heil. ungenähten Rock in Trier u. das Verbot der 4. Lateransynode. [Verm. u. verb. Sonderdr. aus: „Deutsches Wochenbl."] gr. 8. (34 S.) Berlin 892. H. Walther. n. — 50

—— und E. v. Siebold, Lehrbuch der Hebammen-Kunst, s. Lehrbuch.

Kaufmann, G. J. H., s. Neac, Darstellung.

Kaufmann, Georg (Hrsg.), s. Acten und Urkunden der Universität Frankfurt a.O.

Kaufmann, Geo., s.: Akten u. Urkunden d. Universität Frankfurt a/O.

Kaufmann, [Georg] (I.), Beiträge zur landwirthschaftlichen Oekonomie. gr. 8. (III, 196 S.) Hannover 879, Hahn'sche Buchh. *

Kaufmann, Geo., Vier verschiedene zwischen zweien reformierten Bürgern angestellte Diskursen über den sog. reformierten Heidelberger Catechismum, in welchem alle in demselben enthaltene 129 Fragen abgehandelt u. was in einer jeglichen insonderheit zu merken, auf das deutlichste erkläret wird. Bonn 1738, 8°, 487 S.

Index lectionum quae . . . per m. aest. a. 1891 inde a d. XV m. Apr. . . . habebuntur. — Praefatus est *Georg* **Kaufmann** Zur Entstehung des Städtewesens. I. Monasterii . . . *1891;* 44 S. 4°

Kaufmann, Geo., die fasten der späteren kaiserzeit als ein mittel zur kritik der weströmischen chroniken. gr. 8. (60 S.) Göttingen 874, Dieterich's Verlag. * 1 20
Aus: Philologus, besonders abgedruckt.

Kaufmann, Georg (II.), und G. Maser, geographische Faustzeichnungen als Grundlage für einen methodischen Unterricht in der Geographie. 1. und 2. Heft. qu. 4. Straßburg, Schultz und Comp. Große Ausg. à Heft * 80 Pf. *
Kleine Ausg. ohne Text à Heft * 50 Pf. *
Inhalt:
Heft 1. Deutschland. (23 Stnt. mit 8 S. Text.) 875.
" 2. Die außerdeutschen Länder Europa's und die fremden Erdtheile. 1. und 2. Aufl. (24 Stnt. mit 8 S. Text.) 875,78.

Kaufmann, Geo., (II.), und G. Maser, geographische Faustzeichnungen als Grundlage für einen methodischen Unterricht in der Geographie. 1. und 2. Heft. qu. 4. Straßburg 880,82, Schultz und Comp. à Heft * 80 Pf. *
Inhalt:
Heft 1. Deutschland, Oesterreich, Schweiz. 2. und 3. verb. Aufl. (8 S. mit 24 Stnt.)
" 2. Die Länder Europa's außerdeutschen Sprachgebietes. Die fremden Erdtheile. 3. und 4. Aufl. (4 S. mit 24 Stnt.)

Kaufmann, G., u. G. Maser, geographische Faustzeichnungen als Grundlage für einen methodischen Unterricht in der Geographie. 1. und 2. Heft. qu. 4. Straßburg 887, Straßburger Druckerei und Verlagsanstalt, vorm. Schultz und Comp., Verlag. à Heft * — 80
Inhalt:
Heft 1. Deutschland, Östreich, Schweiz. 4. verb. Aufl. (24 Kartens. mit 8 S. Text.)
" 2. Die Länder Europas außerdeutschen Sprachgebiets. Die fremden Erdteile. 5. Aufl. (24 Kartens. mit 4 S. Text.)

Kaufmann, G., u. G. Maser, geograph. Faustzeichnungen als Grundlage f. e. method. Unterricht in d. Geographie. 2 Hfte. qu. 4. Straßburg 895. Straßburger Druckerei u. Verlagsanstalt. à n. — 80
1. Deutschland, Östreich, Schweiz. 5., verb. Aufl. (24 Kartens. m. 8 S. Text.)
2. D. Länder Europas außerdeutschen Sprachgebiets. D. fremden Erdteile. 6. Aufl. (24 Kartens. m. 4 S. Text.)

Festrede auf den Fürsten Bismarck, geh. von Prof. G[eorg] Kaufmann bei der vom Nationalliberalen Wahlverein in Breslau veranst. Vorfeier d. 77. Geburtstages d. Fürsten Bismarck am 31. März 1892. (*Breslau: Grass, Barth & Co.*) *[1892.]* (12 S.) 8° [Kopft. F.]

Kaufmann, Geo., deutsche Geschichte bis auf Karl den Großen. 2 Bde. gr. 8. Leipzig 880. 81. Duncker & Humblot. n. 15. —; geb. n. 18. 70
1. Die Germanen der Urzeit. (XII, 360 S.) n. 7. 20; geb. n. 9. 20
2. Von dem röm. Weltreiche zu der geistl.-weltl. Universalmonarchie d. Mittelalters. 419—814. (IV, 420 S.) n. 7. 80; geb. n. 9. 50

Kaufmann, Georg: Politische Geschichte Deutschlands im Neunzehnten Jahrhundert. 1. bis 4. Taus. Berlin: G. Bondi 1900. IX, 706 S. 8°
= Jahrhundert, Das Neunzehnte, in Deutschlands Entwicklung. Bd. 4.

Kaufmann, Geo., die Geschichte der deutschen Universitäten. 1. Bd.: Vorgeschichte. gr. 8. (XV, 442 S.) Stuttgart 888, Cotta'sche Buchh. Nachf. * 8 —

— die Geschichte der deutschen Universitäten. 2. Bd.: Entstehg. u. Entwicklg. der deutschen Universitäten b. z. Ausgang d. Mittelalters. gr. 8. (XVIII, 687 S.) Stuttgart 896. J. G. Cotta Nachf. n. 12. — (1. u. 2: n. 20. —)

Kaufmann, Geo., Abermal neuangestelltes Gespräch der zweien kathol. Konvertiten Hiob u. Simson mit Hiskia, einem reformierten Bürger, über ein holländisches Traktätlein des reform. Prädikanten Heinrich Broecker 2c. Cöllen (Köln) 1734, 8°, 471 S.

—— in wie weit darf die Geschichtschreibung subjectiv sein? Eine Untersuchung mit besond. Berücksicht. von B. Erdmannsdörffer „Zur Geschichte und Geschichtschreibung des dreissigjähr. Krieges" in H. v. Sybel's histor. Zeitschrift. 14. Bd. 4. (17 S.) Göttingen 870, Vandenhoeck und Ruprecht's Verlag. * — 60

Kaufmann, Geo., Kaisertum u. Papsttum bis zum Ende d. 13. Jahrh., s.: Weltgeschichte.

Kaufmann, Georg (II.), der Kampf der französischen und deutschen Schulorganisation und seine neueste Phase in Elsaß-Lothringen, s. Zeit- und Streitfragen, deutsche.

Kaufmann G, der Kampf der französischen und deutschen Schulorganisation in Elsass-Lothringen. (Zeit- und Streitfragen, Deutsche 81) Berlin 1877

Die Lehrfreiheit an den deutschen Universitäten im neunzehnten Jahrhundert v. Dr. G[eorg] Kaufmann, Prof. . . . an d. Univ. Breslau. *Leipzig: S. Hirzel 1898.* (48 S.) 1 Bd 8. [98. 5075

—— ein Misverständniss des Tacitus. gr. 8. (29 S.) Strassburg 874, Schultz und Comp. * 1 —

Kaufmann, Georg, Medizinalpraktikant: Zur Nachbehandlung von Laparotomien. Freiburg i. B.: Speyer & Kaerner 1908. 38 S. 8°
Freiburg i. B., Med. Diss. v. 1909, Ref. Krönig
[Geb. 22. Juli 82 Cleveland, Ohio; Wohnort: Dresden; Staatsangeh.: Vereinigte Staaten; Vorbildung: Realgymn. am Zwinger Breslau Reife M. 03; Studium: Berlin 1, Freiburg i. B. 6, München 3 S.; Rig. 15. Jan. 09.]
[U 09. 940

— s.: Studien, Breslauer, zur Geschichte.

Kaufmann, Geo., Tabellen f. Eisenbetonkonstruktionen. Zusammengestellt im Rahmen des Ministerialerlasses vom 16. IV. 1904. (III, 77 S. m. Fig) 8. Berlin 905. W. Ernst & Sohn. Kart n. 2. —

Kaufmann, Geo., Tabellen f. Eisenbetonkonstruktionen. Zusammengestellt im Rahmen des Ministerialerlasses v. 24. V. 1907. 2. bedeutend erweit. u. neubearb. Aufl. (III, 245 S. m. Fig.) 8. Berlin 908. W. Ernst & Sohn. Geb. in Leinw. 4. 50

— s.: Untersuchungen, historische.

Die englische Verfassung in Deutschland. Vortrag geh. in d. 29. Jahresversammlung d. Hansischen Geschichtsvereins ... 1900 zu Göttingen von Georg **Kaufmann**. Nicht im Handel. Leipzig: Duncker & Humblot 1900. (22 S.) 8° [Umschlagt.] [06. 10409

Kaufmann, Georg, Die englische Verfassung in Deutschland. [Leipzig 1901.] 8°.
(Hans. Geschichtsblätter, 28.)

Kaufmann, G., Deutsche Volkswirthschaftslehre für Jedermann. (287 S.) Hannover 1880. Hahn.

Kaufmann, Geo., die Werke des Cajus Sollius Apollinaris Sidonius als ein Quelle für die Geschichte seiner Zeit. Inaugural-Dissertation. Göttingen 864. (Rente's Verl.) gr. 8. (44 S.) n. 10 *ngr.*

Kaufmann, H. F. Neueste Schnellrechnungslehre. (Rechensystem mit Laufmaassen und Finanzsystem zu wachsendem Erbrecht für Reich und Arm). Zürich 1870. 16.

Kaufmann, Hans, a. Posen: [1.] Über einige Derivate des 4-Nitro-2-Kresoläthyäthers und des 4-Nitro-2-Kresolglykoläthers. [2.] Versuche zur Darstellung eines Nitrophenoläthers mit tertiärem Radikal. (Berlin 1906: G. Schade.) (38 S.) 8°
Berlin, Phil. Fak., Ref. Gabriel, Diss. v. 28. Juli 1900
[Geb. 2. Juli 77 Posen; Wohnort: Spandau; Staatsangeh.: Preußen; Vorbildung: Realgymn. Posen Reife O. 97; Studium: Berlin 11 S.; Rig. 12. Juli 06.]

Kaufmann, Hans. Staatlich anerkannte Feiertage im Kanton Solothurn. Separatabdruck aus dem Schweiz. Zentralblatt für Staats- und Gemeinde-Verwaltung, Nr. 9 ⟨Jahrg. 2⟩ vom 24. Juli 1901.... 11 S. 8. Zürich, Orell Füssli.

Kaufmann, Hans. Zur Frage der Aenderung der Repräsentationsbasis für die Wahl des Solothurnischen Kantonsrates. Separat-Abdruck aus dem «Solothurner Tagblatt» Nr. 118, 119 und 120 vom 23., 24. und 26. März 1903. 17 S. 8. Solothurn, Zepfel, 1903.

Kaufmann, Hans. Das Proportionalwahlrecht des Kantons Solothurn. Das Solothurnische Gesetz betreffend das proportionale Wahlverfahren vom 17. März 1895 und der Entwurf einer Proporz-Novelle von 1903. Studien und Beiträge zur Gesetzesrevision. Erweiterter Separat-Abdruck aus dem Schweizer. Zentralblatt für Staats- und Gemeinde-Verwaltung ... Jahrg. 4, 1903/1904. IV + 231 S. 8. Zürich, Art. Institut Orell Füssli, 1903.

Kaufmann, Hans. Beilage zu: Das Proportionalwahlrecht des Kantons Solothurn. Das Solothurnische Gesetz... vom 17. März 1895 und der Entwurf einer Proporz-Novelle von 1903. Studien und Beiträge zur Gesetzesrevision. ⟨Erweiterter Separat-Abdruck aus dem Schweizerischen Zentralblatt für Staats- und Gemeinde-Verwaltung... Jahrg. 4: 1903/1904....⟩ XVIII. Das Schicksal der Novelle im Kantonsrat. ⟨Separat-Abdruck aus Nr. 26 des Zentralblattes vom 16. März 1904.⟩ ([Sowie] Errata und Zusätze.) S. 233—256. ⟨24 S.⟩ 8. ⟨Zürich, Orell Füssli.⟩

Kaufmann, Hans. Tritt infolge Aufhebung eines Gesetzes im Wege der Volks-Initiative das durch jenes aufgehobene frühere Gesetz ipso jure wieder in Kraft? Erörterungen zur Initiativ-Bewegung für Aufhebung des solothurnischen Gesetzes betr. die Gebäude-Brandversicherung und die Feuerpolizei vom 29. Oktober 1899. Separatabdruck aus dem Schweiz. Zentralblatt für Staats- und Gemeinde-Verwaltung, Nr. 3 und 4 ⟨2. Jahrg.⟩ vom 1. und 15. Mai 1901. 30 S. 8. Zürich, Art. Institut Orell Füssli.

Kaufmann, Hans, Kammergerichtsrefer.: Wegen welcher Forderungen findet die Anfechtung außerhalb des Konkursverfahrens nach dem Reichsgesetz vom 21. Juli 1879 statt? Borna-Leipzig 1909: Noske. IX, 27 S. 8°
Rostock, Jur. Diss. v. 31. Dez. 1909, Ref. Wachenfeld
[Geb. 2. Febr. 85 Berlin; Wohnort: Berlin; Staatsangeh.: Preußen; Vorbildung: Gymn. Friedeberg i. N. Reife O. 03; Studium: Berlin 2, Freiburg i. B. 1, Berlin 4 S.; Rig. 29. Okt. 09.] [U 10. 3851

Kaufmann, Harald v. [aus Schweden]: Untersuchungen über den Bakteriengehalt unvergohrener, alkoholfreier Weine und kohlensaurer, alkoholfreier Getränke. Hamburg. 61 S. 8°.
Bern. Phil. Diss. 1897/98.

Kaufmann, Heinrich: Das Abstimmungsverhaltnis in der gemeinsamen Sitzung des Vorstandes und Aufsichtsrates. Hamburg 1906.

Kaufmann, Heinrich: Praktische Anweisung für die Tatigkeit der Aufsichtsratsmitglieder in den Konsumvereinen. Hamburg 1905.

Kaufmann, Heinr., G. E. G. Geschichte des konsumgenossenschaftlichen Grosseinkaufs in Deutschland. Festschrift zum I. ordentl. Genossenschaftstag des Zentralverbandes deutscher Konsumvereine u. zur X. ordentlichen Generalversammlung der Grosseinkaufsgesellschaft deutscher Consumvereine am 12. bis 17. VI. 1904 in Hamburg. Im Auftrage der Grosseinkaufs-Gesellschaft deutscher Consumvereine m. b. H. Hamburg bearb. u. hrsg. (287 S. m. Abbildgn.) gr. 8. Hamburg 904. Verlagsanstalt des Zentralverbandes deutscher Konsumvereine v. H. Kaufmann & Co. Geb. in Leinw. n. 6. —

Kaufmann, Heinr., s.: Jahrbuch des Zentralverbandes deutscher Konsumvereine.

— die Konsumgenossenschaftsbewegung. Vortrag über Ursprung, Entwicklung u. Grundsätze der Konsumgenossenschaftsbewegung unt. besond. Berücksichtigung des heut. Standes des deutschen Konsumvereinswesens, geh. auf dem konstituier. Genossenschaftstage am 17. u. 18. V. 1903 in Dresden. 3. u. 4. Taus. (40 S.) 8. Hamburg 904. Verlagsanstalt des Zentralverbandes deutscher Konsumvereine von H. Kaufmann & Co. n. — 15

Die Lohn- und Arbeitsverhältnisse genossenschaftlicher Angestellter und Arbeiter. Nach einer von d. Sekretär d. Zentralverbandes deutscher Konsumvereine 1905 bei d. Verbandsvereinen aufgenommenen Statistik bearb. v. Verbandssekr. Heinrich **Kaufmann.** Hamburg: H. Kaufmann & Co. 1906. (494 S.) 8° [F.] [06. 6840 9

Kaufmann, Heinr., Die Lohn- u. Arbeitsverhältnisse genossenschaftlicher Angestellter u. Arbeiter. Nach einer von dem Secretär des Zentralverbandes deutscher Konsumvereine im Herbst 1905 bei den Verbandsvereinen aufgenommenen Statistik. 8°. Hamburg, Verlagsanstalt des Zentralverbandes deutscher Konsumvereine, 1906.

Kaufmann, Heinr., Die Revision des Bäcker- und Transportarbeiter-Tarifes. 8°. Hamburg, Heinr. Kaufmann, 1909.

— Die Stärkung der Kapitalkraft der Konsumvereine. 8°. Hamburg, Verl. d. Konsumgenoss. Rundschau, 1906.

Kaufmann, Heinrich, Referendar in Döhlen: Die Verfügungsbeschränkungen des Vorerben nach dem B.G.B. Dresden 1908: E. Meyer. (74 S.) 8° [F.]
Leipzig, Jur. Fak., Diss. v. 15. Mai 1908
[Geb. 12. März 82 Uelzen; Wohnort: Döhlen; Staatsangeh.: Preußen; Vorbildung: Kreuzgymn. Dresden Reife O. 01; Studium: Berlin 4, Freiburg i. B. 1, Leipzig 3 S.; Rig. 19. Febr. 06.]

— der Zentralverband deutscher Konsumvereine im J. 1903. Bericht. Erstattet auf dem 1. ordentl. Genossenschaftstag des Zentralverbandes deutscher Konsumvereine am 13. u. 14. VI. in Hamburg. (43 S.) 8. Ebd. 904. n. — 20

Der **Zentralverband** deutscher Konsumvereine. Berichte d. Vorstandes u. d. Sekretärs über d. Entwicklung d. Zentralverbandes deutscher Konsumvereine. Erstattet zu Händen d. 3. ordentl. Genossenschaftstages d. Zentralverb. ... von Max Radestock u. Heinrich Kaufmann. [1.] Im J. 1905. Hamburg: H. Kaufmann & Co. 1907. 8° [F.] [08. 1897

Kaufmann, Heinrich Wilhelm, prakt. Arzt aus Hannover: **Beiträge** zur Casuistik der Gelenkaffectionen bei Typhus abdominalis. *Leipzig (1900): B. Georgi.* (59 S.) 8°
Leipzig, Med. Diss. v. (2. Okt.) 1900

Kaufmann, Herbert M. Ueber das Trinitrodiäthylhydrochinon und einige seiner Abkömmlinge. (Basel) Wiesbaden, 1891.

Kaufmann, Herman Ezechiel: Die Anwendung des Buches Hiob in der Rabbinischen Agadah. I. Th. Die Tannaitische Interpretation v. Hillel bis Chija nach Schulen geordn. ... Frankfurt a. M., Buchdr. v. M. Slobotzky, 1893; 2 Bl., 43 S. 8.
Giessen, Phil. Fak., Inaug.-Diss. v. 1893

Kaufmann, Herm. Ezechiel, die Anwendung des Buches Hiob in der rabbinischen Agadah. 1. Thl. Die tannait. Interpretation von Hillel bis Chija, nach Schulen geordnet. gr. 8. (43 S.) Frankfurt a/M. 893. J. Kauffmann. n. 1. 20

Kaufmann, H. E., der Geist d. hl. Schrift. 3 synagogale Festreden, geh. am Passah-, jüd. Neujahrsfeste u. am Vorabende d. Versöhnungsfestes. 1. Hft. 8. (28 S.) Wien 897. (Ch. D. Lippe.) n. 1. —

— die Idee der Versöhnung u. d. Weltbürgerthums im Judenthume. Drei gottesdienstliche Vorträge, geh. am Versöhnungs-, Laubhütten- u. Schmini-Azerethfeste im israel. Tempel zu Wien, V. Bez. gr. 8. (15 S.) Wien 890. (Ch. D. Lippe.) n. — 40

Philosophisches in der Kabbala. Vortrag, geh. 1901 von Dr. H[erman] E[zechiel] Kaufmann, Bezirksrabbiner. Preßburg: A. Alkalay & Sohn 1901. (18 S.) 8° [J.] [03. 6030]

Kaufmann, H. E., Die sittl.-religiöse u. soziale Stellung des Weibes im Judenthume. (23 S.) Wien 1891. Lippe.

Kaufmann, Hermann, Oberst a. D.: Die Reunionskammer zu Metz. *Metz 1899: Lothringer Zeitung.* (V, 313 S.) 8°
Strassburg, Phil. Diss. v. 1898

Kaufmann, Herm., die Reunionskammer zu Metz. 4. (V, 313 S.) Metz 900. G. Scriba. n. 5. —
Sonderabdruck aus: „Jahrbuch d. Gesellsch. f. lothr. Gesch. u. Altertumskunde".

— zur Stadt-Erweiterung (v. Metz). gr. 8. (14 S.) Ebd. 899. — 30

Kaufmann, Hugo [Referendar]: Zur Lehre von dem Inhalte einer Geldschuld ... Crefeld, Druck v. H. Mahler, 1894; 55 S. 8.
Bonn, Jur. Fak., Inaug.-Diss. v. [6. Nov.] 1894

Kaufmann, J.: Der Bau des Gotthardtunnels. 1875. 4°.

Kaufmann, I., dominus et subditus s. jura Statuum et ordin. imperii in person. et actiones subditor. 4. Ulm, Wohler. 719.

Kaufmann, I., dominus et vasallus s. medulla omnium jurium feudal., acad. tract. v. d. Stammgütern. 4. Ulm, Wohler. 730. Rthlr.

Kaufmann, J. Entwicklung und systematische Stellung der Tardigraden. 1854.

Führer durch die Burgruine Bolzenstein, Bolzenschloß bei Jannowitz, Riesengebirge. Von J. Kaufmann. Kupferberg: Bauhütte Kupferberg 1910. 10 S. 8°
(Bilder aus d. Kupferberger Bergland. H. 1.) [10. 13673 2]

Kaufmann, J., allgem. Journal f. Industrie, Handel u. Schifffahrt rc., s. Journal.

Kaufmann, J., s.: Predige das Wort!

— s. Zeitung für Handel- u. Fabriks-Industrie.

Kaufmann, J., u. Aug. Rücker, Zionsstimmen. Auserw. Lieder f. gemischten Chor. gr. 8. (160 S.) Bremen 898. Verlag des Tractathauses. 2. —

Zionsstimmen. Auserwählte Lieder f. gemischten Chor. Hrsg. von J. Kaufmann u. Aug. Rücker. 3. Ausg. Bremen: Traktathaus [um 1905]. 160 S. 8° [10. 5811]

Kaufmann, J. B., Beschreib. einer zum Weintrauben-Mosteln bestimmten Maschine, mit 1 Kpft. kl. Fol. Wien 813. Gerold. 6 xr. Pbg. Pr. 4 xr.

Kaufmann, J. H., Gedichte, Briefe u. Blätter. 8. Frkf. a. M., Guilhaumann. 1 fl 8 xr.

Kaufmann, J. H., Gedichte, Briefe und Tageblätter oder sogenannte Blumensträuße meines Lebens. Bremen, Heyse.

— s. Thönis, rhein. Unterhaltungsblatt.

Kaufmann, Jac., Aussteuer für christl. Jungfrauen in Stadt u. Land. 8. (IV, 51 S. m. Ornamenten.) Bozen 895. A. Auer & Co. n. — 50

(F) Der erste Beichtunterricht von Jacob Kaufmann. Mit f. b. Genehmigung. Bozen. 1899. Auer & Co. 8°. 80 S. fl. —.50

Kaufmann, Jakob [prakt. Arzt aus Köln a. Rh.]: Ueber die bösartige allgemeine neurotische Dermatitis .... Köln, Druck v. M. Dumont-Schauberg, 1885; 29 S. 8°.
Strassburg, Med. Fak., Inaug. Diss. v. 1885.

Kaufmann, Jakob, über die bösartige allgemeine neurotische Dermatitis. Diss. Strassburg i. Els. 1885, Trübners Buchh. u. Antiqu. (E. d'Oleire). 8°. 29 S.

Kaufmann, Jak., Kommunionunterricht in vollständ. Katechesen, zuerst f. Erstkommunikanten. Zugleich e. kleiner Beitrag zur Reform der Katechese. (VII, 109 S.) 8. Bozen 909. A. Auer & Co. 1.50

Kaufmann, Johann, s.a. Kaufmann-Hartenstein, Johann.

Kaufmann, Johann

Kaufmann, (J.,) Anfangsgründe d. röm. Privatrechts, systematisch dargestellt. 2 Abthlgen. 8. Wien 814, 15, Geistinger. (Landshut, Krüll.)

Kaufmann, Jh., Anfangsgründe d. röm. Privatrechts, systemat. dargestellt. 2 Abtheil. 8. Wien 815 u. 16. Geistinger. (Gerold). 3 fl Pbg. Pr. à 18 xr 3e Abtheil., vom Obligationsrecht. 8. Ebd. 820—22. Pbg. Pr. 12 xr

Jahresbericht über die Kantonsschule und die Theologie zu Luzern f. das Schuljahr 1876/77. Beilage: Zur Bedeutung und Methodik der klassischen Studien v. Dr. J. Kaufmann. 32 und 52 S. 4. Luzern, Druck von Gebr. Räber. 1877.

— v. Befestigung, Umänderung u. Aufhebung d. Obligationen, vierte Abhdlg. 8 Wien 822. Geistinger. (Landsh., Krüll.)

Kaufmann, J.: Ernst Grossbach. Luzern, Progr. 1878.

Kaufmann, J.: Grundss. d. röm. Rechts v. Obligationen u. Verträgen; e. civilist. Abhandl. *Wien u. Triest*, Geistinger. 820. 8. (12 Gr.)

Kaufmann, J., die Mittelschule im Anschlusse an die Volksschule u. als Unterbau höherer Bildung. Referat, geh. am schweizer. Lehrertag in Luzern Montag den 29. Septbr. 1890. gr. 8. (63 S.) Luzern 891. (Solothurn, Th. Petri.) n. — 60

Kaufmann, J.: Von Obligationen und Contracten u. pactis. 2e Abhandl. *Wien.*, Geistinger. 821. 8. (6 Gr.)

— v. Obligationen aus Contracten u. pactis, zweite Abhdlg. 8. Wien 821, Geistinger. (Landshut, Krüll.)

— v. Obligationen ex delictis et variis causarum figuris, dritte Abhandl. 8. Wien 822, Geistinger. (Landshut, Krüll.)

KAUFMANN, J.: Von Obligationen ex delictis et variis causarum figuris. 3 Abhandl. *Wien*, Geistinger. 827. 8. (6 Gr.)

— v. Obligationen u. Verträgen überhaupt, erste Abhandl. 8. Wien 820, Geistinger. (Landshut. Krüll.)

Kaufmann, J., von Obligationen und Verträgen nach d. Grunds. d. röm. Rechts. gr. 8. Wien, Geistinger. (Leipzig, W. Vogel.) 820.

— röm. Rechtslehre üb. d. Contracte u. pacta, eine civilist. Abhandl. 8. Wien 821, Geistinger. (Landshut, Krüll.)

— die öffentlichen Schulprüfungen. Progr. gr. 8. (44 S.) Solothurn 898. (Th. Petri.) n. — 80

Kaufmann, J. Ueber vergleichende Sprachforschung. Luzern, Kantonssch., 1868. 22 S. 4 u. 1 Tafel. Progr.

Kaufmann, Johannes (geb. am 26 Juni 1849 in Elberfeld): Traité de la langue du poète écossais William Dunbar, précédé d'une esquisse de sa vie et de ses poèmes et d'un choix de ses poésies ... Bonn, Druck v. C. Georgi (1873). VI, 107 S., 1 Bl. 8. ¶ Erschien zugleich selbständig bei Weber in Bonn.
Bonn, Phil. Fak., Diss. v. 23 Jan. 1873

K[aufmann]. J[ohann]. Worte der Erinnerung an die verstorbenen Professoren Johann Moritz Egloff und Urs Josef Schumacher, gesprochen bei ihrer Bestattung (25. März und 8. Juni 1888). [A. Progr.] 4. (Solothurn 1888.)

Kaufmann, Jh. Kóp., s. Briefe e. Ungelehrten über Schultheß Schrift.

Semitische Bestandtheile und Anklänge in unsern indogermanischen Sprachen. — Von Dr. Joh. Mich. Kaufmann, L. P. — 1875. Dillingen, A. Kolb. — S. 3—40.
Progr. Dillingen, K. Lyceum

Kaufmann, Joh. Mich., semitische Bestandtheile u. Anklänge in unsern indogermanischen Sprachen. gr. 4. (40 S.) Dillingen 875. (Manz.) 1. 50

KAUFMANN, Johann Michael (Hindelang): Die Einheit, Katholicität und Apostolicität der Kirche, dogmatisch und historisch nachgewiesen.- Sulzbach: Seidel 1858. VI,262 S.
21.6.1858 - F 44
Diss.Ingolst.-Landsh.-Mchn.

Kaufmann, Joh. Mich., die Einheit, Katholicität und Apostolicität der Kirche, dogmat. u. histor. nachgewiesen. Eine von der theologischen Facultät zu München gekrönte Preisschrift. Sulzbach 858. v. Seidel. 8. (1 Bl., VI, 262 S.) 15 ngr.

Kaufmann, Joh. Nep., Stufengang zum elementaren Freihandzeichnen für deutsche Schulen. Als Leitfaden für die Hand des Lehrers bearb. 8. (108 S.) München 872. Oldenbourg. * 1 20

—— Zeichnungs-Hefte. 1.—5. Heft. qu. 4. (à Heft 10 Bl.) Ebendas. 872. à Heft * 20 Pf. * 1 —

Kaufmann, Jh. Ulr., s. 1) Allerlei aus Reden u. Handschriften rc. Leipz. u. Winterth., 2) Karl Andr. Berghäuser.

Kaufmann, John, und La Harpe, Eugène de. Der Genfersee (*Umschlag:* Genfer See, das Rhônethal) und Chamounix. Mit 56 Illustrationen [wovon 29 Tafeln] von Max Fleischer, Plänen von Genf und Lausanne, Karten vom Genfersee und Chamounix und einem Panorama vom Mont-Blanc. — Städtebilder und Landschaften aus aller Welt. (No. 116. 117.) 8. Linz a. d. Donau [1891].

Kaufmann, John, u. Eugène de la Harpe, Genfer-See u. Chamounix, s. a. Städtebilder u. Landschaften aus aller Welt.

— dasselbe, s.: Towns and landscapes of the whole world.

— dasselbe, s.: Villes et paysages du monde entier.

Kaufmann, Josef [aus Wertheim]: Ueber die Anfänge des Bundes der Adelichen und des Bildersturmes. Beiträge zur Geschichte des niederländischen Aufstandes. ... Bonn, Hauptmann'sche Buchdr. (1889); 1 Bl. + 67 + 1 S. + 1 Bl. 8°
Bonn, Phil. Fak., Inaug.-Diss. v. 27. Jun. 1889

Kaufmann, J., üb. die Anfänge d. Bundes der Adelichen u. d. Bildersturmes. Beiträge zur Geschichte d. niederländ. Aufstandes. Inaug.-Diss. gr. 8. (67 S.) Bonn 889. Behrendt. n. 1. —

— Erläuterungen zu Experimenten über Radioaktivität. (8 S.) gr. 8. Ebd. (906). — 40

Kaufmann, J[os.], Geschichte der Stadt Deutsch Eylau. Danzig 1905. 8°.
(Quellen u. Darstell. z. Gesch. Westpreussens. [Bd] 4.)

Josef Kaufmann. Sturm und Sonnenschein. Lyrik. *Magdeburg: Heinrichshofen [1903].* (III, 96 S.) 8° [J.] [03. 13788 3

Kaufmann, Joseph, Rechtsanwalt in Zürich: Das Züchtigungsrecht der Eltern und Erzieher. Stuttgart 1909. XVI + 237 S. 8°. [28. XII. 09.]
Zürich. Univ. Staatswiss. Diss. 1909 10.

Kaufmann, Jos., das Züchtigungsrecht der Eltern u. Erzieher. (XVI, 245 S.) gr. 8. Stuttgart 910. F. Enke. 6. —

Kaufmann, Jos. Clem., s.: Braun- u. Fleckvieh, d. schweiz.

Kaufmann, Julius [aus Dransfeld]: Die absolute und relative Accommodationsbreite in den verschiedenen Lebensaltern ... Göttingen, Druck d. Dieterich'schen Univ.-Buchdr., 1894; 29 S. 8.
Göttingen, Med. Fak., Inaug.-Diss. v. [28. Febr.] 1894

Kaufmann, Julius [aus Bonn]: Aus d. chirurg. Klinik zu Bonn. Ueber corpora mobilia in den Gelenken ... Bonn, Druck v. J. F. Carthaus, 1893; 35 S. 8.
Bonn, Med. Fak., Inaug.-Diss. v. [4. März] 1893

Kaufmann, Just. Rud. H., († d. 28. Aug. 1831.), s. 1) Lesereien, kleine. 2) Lieder, Fabeln u. Erzählungen.

LIEDER, Fabeln und Erzählungen (von *Justus Rudolph Heinr. Kaufmann*). Cassel 1813.
Anon.-Lex. III. p. 70 (nach Goedeke, Kayser, Meusel, Lübker-Schröder).

Kaufmann, Karl

Kaufmann's österr.-ungar. Adressen-Schema. Enth. über 50.000 Adressen v. Damen d. h. Adels u. d. übrigen Kreise d. Bevölkerung d. österr.-ung. Monarchie. Herausgeg. v. Karl K. 2 Theile. I. Oesterreich. II. Ungarn. gr. 8. (597 S.) Wien, *Moritz Perles. 6 fl. N. b. 1885.

Kaufmann, Carl, Anleitung zur Verlegung u. Behandlung v. Linoleum. Nach prakt. Erfahrgn. bis in die kleinsten Details ausgearb. 12. (28 S.) Würzburg (901). Stahel's Verl. n. — 60

— dasselbe. Nach prakt. Erfahrg. bis in die kleinsten Einzelheiten ausgearb. 2. verb. Aufl. 12. (26 S.) Ebd. 902. n. — 60

Kaufmann, Karl, aus Ölsnitz i. Erzgeb.: Ein Fall von excessiver Speichelsecretion bei der Neuralgie des n. trigeminus. *Leipzig (1904): A. Edelmann.* (28 S.) 8°
Leipzig, Med. Diss. v. (20. Febr. 1904)

Kaufmann, Karl: Über Hysterie beim Manne ...
Strassburg, Buchdr. C. Goeller, 1891, 63 S. 8°
Strassburg, med. Fak., Inaug.-Diss. v. 1891

Kaufmann, Karl, approb. Arzt aus Schmiedehausen b. Stadtsulza: Klinisch-statistische **Zusammenstellung** der perforierenden Verwundungen des Augapfels an der Jenaer Augenklinik. *Jena 1904: Frommann.* (25 S.) 8°
Jena, Med. Diss. v. (15. Juni) 1904

Kaufmann, Carl Maria, die Ausgrabung der Menas-Heiligtümer in der Mareotiswüste. Bericht üb. die v. C. M. Kaufmann u. J. C. E. Falls veranstaltete Ausgrabg. d. Nationalheiligtums der altchristl. Aegypter (I. Periode: Novbr. 1905—Juni 1906). (107 S. m. 54 Abbildgn.) Lex.-8. Kairo 906. F. Diemer Nachf. n. 7.50

Die Ausgrabung der Menas-Heiligtümer in der Mareotiswüste. Bericht über die von C. M. Kaufmann u. J. C. E. Falls veranst. Ausgrabung d. Nationalheiligtums d. altchristl. Aegypter ... von Carl Maria **Kaufmann.** (1)-3. (2. 3: ... Bericht über d. Ausgrabung ... vorgelegt von ... Kaufmann.) Mit Abb. Cairo: Finck & Baylaender 1906–08. 4°(8°)
1. ⟨1. Periode: Nov. 1905–Juni 1906⟩ 1906
2. ⟨Sommercampagne Juni–Nov. 1906.⟩ Mit Plänen. 1907.
3. Abschluss d. Ausgrabungen. (Vort.: Vorläufiger Bericht über d. Abschluss d. Ausgrabungen.) Mit 1 Plan. 1908.

Kaufmann, Carl Maria, Bericht üb. die Ausgrabungen der Menas-Heiligtümer, s.a. Veröffentlichungen der Frankfurter Menasexpedition. 2. 3. Tl.

Handbuch der christlichen Archäologie von Carl Maria **Kaufmann.** Mit 239 Abb. Paderborn: F. Schöningh 1905. (XVIII, 632 S.) 8° [F.]
— Handbibliothek, Wissenschaftliche. Reihe 3, 5. [05. 4055]

—— Die sepulkralen Jenseitsdenkmäler der Antike u. des Urchristentums. Beiträge zur Vita Beata-Vorstellung der römischen Kaiserzeit mit besonderer Berücksichtigung der christlichen Jenseitshoffnungen. Mainz, Kirchheim, 1899, Fol., XIX, 242 S. mit 10 Tafeln in Lichtdruck u. 30 Textbildern, 15 Mk.

Kaufmann, Karl Maria: Die sepulcralen Jenseitsdenkmäler der Antike und des Urchristentums. Beiträge z. Vita-beata-Vorstellung d. röm. Kaiserzeit mit besond. Berücks. d. christl. Jenseitshoffnungen. Mit 10 Taf. u. 30 Abb. im Text. Mainz: F. Kirchheim 1900. XIX, 242 S. 4°
= Forschungen z. monumentalen Theologie u. vergleich. Religionswiss. Bd. 1.

Die Jenseitshoffnungen der Griechen und Römer nach den Sepulcralinschriften. E. Beitr. z. monumentalen Eschatologie. Von Carl Maria **Kaufmann** ... *Freiburg i. B.: Herder 1897.* (VI S., 1 Bl., 85 S.) 1 Bd 8. [97. ...]

— Zur Ikonographie der Menas-Ampullen, s.a. Veröffentlichungen der Frankfurter Menasexpedition. 5. Tl.

Zur Ikonographie der Menas-Ampullen mit besond. Berücks. d. Funde in d. Menasstadt nebst e. einführenden Kapitel über d. neuentdeckten nubischen und aethiopischen Menastexte von Carl Maria **Kaufmann.** Mit über 100 Abb. u. 1 Pl. Cairo: Diemer, Finck & Baylaender 1910. 185 S. 4°(8°)
(Veröffentlichungen d. Frankfurter Menasexpedition. T. 5.) [10. 11714]

— **das Kaisergrab in den vatikanischen Grotten. Erstmalige archaeologisch-histor. Untersuchg. der Gruft Otto's II. Mit 8 Sondertaf. u. 26 Abbildgn. im Text nach Orig.-Aufnahmen. gr. 4. (IX, 64 S.) München 902. Allgemeine Verlags-Gesellschaft. n. 26. —**

Kaufmann, Carl Maria, die Menasstadt u. d. Nationalheiligtum der altchristl. Aegypter in d. westalexandrin. Wüste. Ausgrabgn. der Frankfurter Expedition am Karm Abu Mina 1905—1907. 1. Bd. Mit 613 Abb. auf 70 Taf. in Heliogr. u. 32 Taf. in Lichtdr. sowie zahlr. Textbild. u. Plänen. (X, 142 S.) 36×27,5 cm. Leipzig 910. K. W. Hiersemann. Geb. in Leinw. 150. —

— **Der Menastempel u. die Heiligtümer v. Karm Abu Mina in der (ägyptischen) Mariûtwüste. Ein Führer durch die Ausgrabgn. der Frankfurter Expedition. (88 S. m. Abb., Plänen u. 1 Karte.) 8. Frankfurt a/M. 909. J. Baer & Co. 3. —**

Ein altchristliches Pompeji in der libyschen Wüste. Die Nekropolis der 'grossen Oase'. Archæol. Skizze von Carl Maria **Kaufmann.** Mit zahlr. Abb. u. Pl. *Mainz: F. Kirchheim 1902.* (71 S.) 8° [F.] [02. 333]

— i.: Rundschau, apologetische.

— s.: **San Callisto, M. d.**

Sant Elia. Ein deutsches Heiligtum auf klass. Boden. Erinnerungen an e. archäol. Streife in Etrurien von Carl Maria **Kaufmann.** Mit 8 Abb. *Hamm i. W.: Breer & Thiemann 1900.* (31 S.) 8° [F.]
— **Broschüren,** Frankfurter zeitgemässe. N. F. Bd 20, H. 1. [00. 684]

Kaufmann, Konstantin

(F) **Die Entschädigung der Unterleibsbrüche in der staatlichen Unfallversicherung. Gutachten dem Vorstande der Arbeiter-Unfallversicherungsanstalt für Niederösterreich in Wien erstattet von Dr. C. Kaufmann. Wien. 1900. In Comm. Deuticke. Gr.-8°. 47 S. K 1.20**

— **die Grundzüge der schweizer. Kranken- u. Unfall-Versicherung m. Einschluss der Militär-Versicherung. Nach dem Bundesgesetze vom 5. X. 1899 zusammengestellt. 8. (40 S.) Bern (Marktgasse 59) (900). Polytechn. Anstalt f. Verlag u. Publizität. n. — 50**
Sonderabdruck aus: „Schweiz. Medizinal-Jahr- u. Adressbuch".

Kaufmann, Const., Handbuch der Unfallverletzungen m. Berücksicht. d. deutschen, österreichischen u. schweizerischen Unfallpraxis, f. Aerzte, Versicherungsbeamte u. Juristen bearb. gr. 8. (XVI, 256 S.) Stuttgart 893. F. Enke. n. 6. —

Kaufmann, Const., Handbuch d. Unfallverletzungen m. Berücksicht. der deutschen, österreich. u schweizer. Rechtsprechg. in Unfallversicherungs- u. Haftpflichtsachen. Für Ärzte, Versicherungsbeamte u. Juristen. 2., neu bearb. u. verm. Aufl. gr. 8. (XX, 467 S.) Stuttgart 897. F. Enke. n. 10. —

Kaufmann, C[onstantin]. **Handbuch der Unfallmedizin. Mit Berücksichtigung der Deutschen, Österreichischen, Schweizerischen und Französischen Arbeiter- und der privaten Unfallversicherung. Für den akademischen und praktischen Gebrauch bearb. von Dr. C. K', Dozent an der Universität Zürich. 3., neu bearbeitete Aufl. des Handbuches der Unfallverletzungen. 1. Hälfte: Allgemeiner Teil – Unfallverletzungen. II + XX + 560 S. gr.-8. Stuttgart, Ferdinand Enke, 1907. [M. 14. —]**

— **die Unfallfolgen in Bezug auf die Unfall-Gesetzgebung. [Aus: „Schweizer. Blätter f. Wirtschafts- u. Socialpolitik".] gr. 8. (16 S.) Basel 894. Dr. H. Müller. n. — 40**

Kaufmann, C., Verletzungen und Krankheiten der männlichen Harnröhre und des Penis, s.a. Chirurgie, deutsche.

Kaufmann, C[onstantin]: Verletzungen und Krankheiten der männlichen Harnröhre und des Penis. Mit 114 Holzschn. Stuttgart 1886. XXX, 301 S.
(Deutsche Chirurgie. Lfg 50 a.)

Kaufmann, L., Erläuterungen zu Experimenten über Phosphorescenz. (5 S.) gr. 8. München (906). Münchener Lehrmittelhandlg. W. Plessmann. n. — 30

Kaufmann, Leop., Bilder aus dem Rheinland. Culturgeschichtliche Skizzen. 8. (VII, 267 S.) Köln 884. Bachem. 2. 70; geb. n. 4. —

Kaufmann, Leop., Albrecht Dürer. (Hrsg. v. der Görres-Gesellschaft.) gr. 8. (VIII, 112 S.) Köln 881. Bachem in Comm. n. 1. 80

Kaufmann, L., Albrecht Dürer. 2. verb. Aufl. gr. 8. (XIII, 184 S. mit 1 Heliograv., 5 Lichtdr. und 9 Holzschn.) Freiburg i. Br. 887, Herder'sche Verlagsh. * *M* 6.—.; geb. * 8 —

Kaufmann, Ludwig: Ueber die Einwirkung von unterchloriger Säure auf Olefinphenole und Olefinphenoläther. 1908. 22 S. 8°
München, Dr.-Ing.-Diss. v. 14. 12. 1908

Kaufmann, Ludwig [aus Nürnberg]: [I.] Zur Kenntniss der untersalpetrigen Säure. [II.] Amalgamirtes Aluminium und Wasser als neutrales Reduktionsmittel ... Würzburg, Becker's Univ.-Buchdr., 1896; 71 S., 1 Bl., 1 Taf. 8.
Würzburg, Phil. Fak., Inaug.-Diss. v. 1896

Kaufmann, Ludw., chemisch-pharmazeut. Praxis der Zahnheilkunde. Ein Handbuch der Herstellg., Eigenschaften, Prüfg. u. Verwendg. der zahnärztl. u. technisch angew. Materialien m. besond. Berücksicht. allgem. u. spezieller Untersuchungsmethoden. (XVI, 352 S. m. 37 Abb.) 8. Wien 910. A. Hartleben. 6.—; geb. 6. 80

Kaufmann L, chemisch-pharmazeutische Praxis der Zahnheilkunde. (352 S) (Chemisch-technische Bibliothek 328) Wien 1910

Kaufmann M, gewerbliche Buchführung. Kaiserslautern 1884

Kaufmann, Martin: Über Retropharyngealabscess. *Frankenthal 1898: L. Göhring & C.* (60 S.) 8°
Heidelberg, Med. Diss. v. [17. Juni] 1898

KAUFMANN, Mathäus (Schaan/Liechtenstein): Atrophia infantum.- Monochil: Giesser 1838. 15 S. 11.8.1837 - Urk: F 63
Diss. Ingolst.-Landsh.-Mchn.

Kaufmann, Max

— Heines Charakter u. die moderne Seele. Eine Studie, m. neuen Briefen u. dem bisher verschollenen Jugendgedicht „Deutschland 1815“. 8. (VIII, 110 S.) Zürich 902. A. Müller's Verl. n. 2.—

Kaufmann, Max, Fiat Justitia!, s.: Schmidt-Häßler, W.

Kaufmann, Max, Heinrich Heine u. Hamburg. Eine Studie. (80 S.) 8. Hamburg 909. C. H. A. Kloß. 1. 50

— Heinrich Heine contra Graf Aug. v. Platen u. die Homo-Erotik. (47 S.) 8. Leipzig (907). M. Spohr. 1.—

Kaufmann, Max, Heine u. Platen, s.: Diskussionen, Züricher. Nr. 16/17.

Kaufmann, Max. Leiden d. modernen Werther. Roman. Schmal 8°. 124 S. Zürich, Caesar Schmidt. 1900.

— Leiden des mod. Werther. Roman. 2 Aufl. schmal gr. 8. (VIII, 123 S. m. Bildnis.) Zürich 901. C. Schmidt. n. 2.--

Kaufmann, Max. Licht und Wahrheit über die homo-sexuelle Frage! Ein offenes Wort an Gesetzgeber, Abgeordnete und Volk von M'K' (Zürich). 59 S. 8. Leipzig, Max Spohr, (1906). (M. 1.—)

Kaufmann, M. Heines Liebesleben. (Zum 100 jähr. Geburtstage Heines. 13. XII. 1797—1897. In-8°. 144 S. Zürich, Albert Müllers Verl. 1897

Max **Kaufmann** (Hamburg). Heines **Liebesleben.** (Auf d. Umschl.: Zum 100jähr. Geburtstage Heines.) *Zürich: A. Müller [1899].* (VIII. 135 S.) 8° [[illegible]]

— Heinrich Heines Liebestragödien. Litterar-histor. Studie. gr. 8. (71 S.) Zürich 897. Leipzig, Verlag v. Stern's litterar. Bulletin. n. 1. 10
Kann auch von C. Schmidt in Zürich bezogen werden.

Kaufmann, Max, Heinrich Heine's letzter Liebestraum. 5 Akte. (54 S.) 8. Leipzig 907. M. Spohr. 1.—

Kaufmann, Max [aus Dt. Krone]: Über dio Natur der Corpora oryzoidea .... Würzburg, Köhl & Hecker'sche Buchdr., 1886; 80 S. 8°.
Würzburg, Med. Fak., Inaug.-Diss. v. 1886.

Kaufmann, Max, über die Natur der Corpora oryzoides. Diss. Würzburg 1886, Stahelsche Univ.-Buchh. 8°. 80 S.

Kaufmann, Max, Savoir vivre. Plauderei in 1 Akt. 8. (24 S.) Berlin 892. Alb. Lehmann. n. 1.—

— „Schminke“. Ein Blick hinter die Coulissen. 8. (32 S.) Ebd. 892. * 1 —

— Schminke. Ein Blick hinter die Coulissen. gr. 8. (32 S.) Ebd. 893. – 75

Das Sexualleben des Kaisers Nero. Eine Studie von Max **Kaufmann.** Leipzig: Spohr [1907]. 44 S. 8° [illegible]

Kaufmann, Max, „Spleen!“, s.: Francke, Aug.

Kaufmann. Max Rudolf. aus Basel: Der Kaufmannsstand in der deutschen Literatur. Bern 1908. 89 S. 8°. [4. V. 07.]
Bern. Phil. Diss. 1908/09.

Kaufmann, Max Rudolf. Der Kaufmannsstand in der deutschen Literatur. Diss. Phil. Bern. 89 S. 8. Bern, Gustav Grunau, 1908.

Kaufmann, Maximilian, appr. Arzt: Aus d. Kgl. path. Inst. zu Kiel. Ein Fall von primärem Sarkoin des Magens. Kiel 1909: Fiencke. 22 S. 8°
Kiel, Med. Diss. v. 27. März 1909, Ref. Heller
[Geb. 25. Mai 79 Osnabrück; Wohnort: Geestemünde; Staatsangeh.: Preußen; Vorbildung: Gymn. Konitz Reife O. 98; Studium: Berlin 1, Rostock 3, Leipzig 1, Kiel 7, Berlin 1, Kiel 2 S.; Coll. 2. März 09; Approb. 16. Juni 08.] [U 09. 2271

Kaufmann, Melchior, über d. göttliche Erblehre in den Schriften d. heil. Väter, oder Grundriß d. Patrologie ꝛc. gr. 8. Luzern 832. (Augsburg, M. Rieger; auch Kollmann.) 1 ℛ

Kaufmann, M., d. Rangordnung d. himml. Geister, nach Dionysius dargestellt. 12. Luzern 821. Anich. 8 𝔎

Kaufmann, Melch., über d. gegenseit. Stellung d. Kirche u. d. Staates. Mit besond. Rücksicht auf d. Fragen d. gegenwärt. Zeit. gr. 8. (10 B.) Luzern 839. (Augsburg, Kolkmann'sche Bh.)

— s. Casp. Ulenberg, Trostbuch.

Kaufmann, Mich., Curort Ernsdorf in Oestorreich-Schlosien. 8. (V, 18 S.) Wien 877. Braumüllor. n. — 60

Kaufmann, Michael: Ueber die anaesthesirende Wirkung des Stickstoffoxydulgases. Halle 1874: Lipke. 29 S. 8°
Halle-Wittenberg, Med. Diss. v. 13. Aug. 1874
Geb. Aachen 13. 2. 1848. V.
Verf. erlebte die Diplomerneuerung 1924 als Geheimer Sanitätsrat in Aachen.

Kaufmann, Moissei, a. Jousovka (Rußland): Das Meckelsche Divertikel und der von ihm ausgehende Ileus. Berlin (1908): E. Ebering. (29 S.) 8°
Berlin, Med. Fak., Ref. Hildebrand, Diss. v. 7. Aug. 1908
[Geb. 25. Dez. 77 Jousovka; Wohnort: Jousovka; Staatsangeh.: Rußland; Vorbildung: Gymn. Mariupol Reife M. 01; Studium: Berlin 10 S.; Rig. 5. Aug. 08.]

Kaufmann, Nikolaus

Kaufmann, Nik., Bedeutung der Philosophie in der Gegenwart. Frankfurt a. M., Fösser Nachf., 1889, gr. 8°, 26 S., 50 Pf. (Zeitgem. Brosch. Bd. 10, Heft 3.)

Kaufmann, N., Bedeutung der Philosophie in der Gegenwart. [s. Broschüren, Frankfurter zeitgemäße.

Kaufmann, Nic., Elemente d. aristotel. Ontologie. Mit Berücksicht. d. Weiterbildg. durch d. hl. Thomas v. Aquin u. neuere Aristoteliker. Leitfaden f. d. Unterricht in d. allgem. Metaphysik. gr. 8. (152 S.) Luzern 896. Räber & Co. n. 3. —

[F.] Elemente der Aristotelischen Ontologie. M. Berücks. d. Weiterbildg durch d. hl. Thomas v. Aquin u. neuere Aristoteliker. Leitf. f. d. Unterr. in d. allg. Metaphysik. Vf. v. Nicolaus Kaufmann, Prof. ... in Luzern. *Luzern: Räber & C. 1897.* (152 S.) 1 Bd 8. [97. 3106

Kaufmann, Nik., Festpredigt, geh. an der 500jähr. Jubiläumsfeier der Verehrung d. hl. Blutes in Willisau den 19. Juni 1892. gr. 8. (19 S.) Luzern 892. (Gebr. Räber.) -- 30

Kaufmann, Nikl., (Professor am Lyceum in Luzern). Die teleologische Naturphilosophie des Aristoteles und ihre Bedeutung in der Gegenwart. Abhandlung. (Gymnasial-Programm). In-4°, 54 S. Luzern, Räber. 1883. **1 —**

Kaufmann, Nikol., Die teleologische Naturphilosophie des Aristoteles und ihre Bedeutung in der Gegenwart. Luzern (Räber) 1893, 8°, VI, 126 S., 2. verm. Aufl., 3 Mk.

— die teleologische Naturphilosophie d. Aristoteles u. ihre Bedeutung in der Gegenwart. 2., verm. Aufl. gr. 8. (VI, 127 S.) Paderborn 893. F. Schöningh. n. 3. –

— d. Physiognomik d. Aristoteles. Abhandlg. Mit vergleich. Berücksicht. neuerer physiognom. Studien v. Lavater, Gall, Darwin u. s. w. [Aus: „Festschrift z. Eröffng. d. neuen Kantonsschul-Gebäudes in Luzern."] gr. 4. (31 S.) Ebd. 893. n.n. 1. 50

(Kaufmann, Nicolaus.) † Hochw. Herr Chorherr-Kustos und Theologieprofessor Anton Portmann. (Nekrolog, von Prof. Dr. Nik' K'.) 9 S. 4.
Jahresbericht für die Höhere Lehranstalt zu Luzern für das Schuljahr 1904/1905. Beilagen: I.... Luzern, J. Schill, 1905.

Kaufmann, O., Kochbuch f. Herzleidende. 8. (120 S.) Regensburg 898. München, Aug. Schupp's Verl. n. 2. —

Kaufmann, Oskar, aus Hannover: Beiträge zur Kenntnis des Vanadiums. *(Berlin 1904: A. W. Schade.)* (40 S.) 8°
Berlin, Phil. Diss. v. 9. Juli 1904

Kaufmann, Otto, Aufgaben über die deutsche Sprachlehre zunächst zum Gebrauche in den Unterklassen höh. Lehranstalten. Unter besond. Rücksichtnahme auf Gutmanns u. Marschalls „Grundriß der deutschen Sprachlehre" zusammengestellt. (100 S.) 8. Landsberg 904. (G. Berza.) n. 1. —

Kaufmann, Otto [aus Ottfingen (Westf.)]: Ueber abnorme Bauchfelltaschen und einen Fall von hernia interna paravesicalis incarcerata ... Greifswald, Druck v. J. Abel, 1897; 35 S. 8.
Greifswald, Med. Fak., Inaug.-Diss. v. 20. März 1897

Kaufmann, Otto, a. Nienburg a. S.: Bockspiel Martin Luthers und Martini Luthers Clagred. Eine kritische und literarhistorische Studie. Halle a. S. 1905: C. A. Kaemmerer. (VIII, 50 S.) 8° ¶(Nur ein Teil der Arbeit enthaltend die Kap. 1, 2 und 6; der Rest, Kap. 3, 4 u. 5 erscheint gesondert.)
Halle, Phil. Fak., Ref. Strauch, Diss. v. 19. Dez. 1905
[Geb. 22. Aug. 75 Nienburg a. S.; Wohnort: Bitterfeld: Staatsangeh.: Preußen; Vorbildung: Karls-Gymn. Bernburg Reife O. 95; Studium: Theol. Halle 3, Marburg 3; Phil. Halle 4 S.; Rig. 26. Juli 05.]

Kaufmann, Otto, „Feldblumen". Sogenannte Gelegenheits-Gedichte (Glückwunsch-Verse f. Familienfeste. — Vorträge bei besond. Anlässen im Schulleben u. bei kirchl. Feierlichkeiten. — Patriotische Ansprachen. — Prologe bei öffentl. Vereinsfesten. — Gratulationen od. Mitteilgn. an Freunde, Bekannte u. Vereine bei besond. Gelegenheiten u. dgl.). 8. (IX, 112 S.) Landsberg a/Lech 892. G. Berza 1. 50

Kaufmann, P.

—— die Idee und der praktische Nutzen einer Weltakademie des Völker-Rechts, erörtert und zur Vergleichung gestellt mit dem Amphiktyonen-Verein der Griechen sowie mit der christlichen Staaten-Republik Königs Heinrich des Vierten von Frankreich. Ein Beitrag zur sittl. Organisation der Menschheit. gr. 8. (49 S.) Bonn 855, Habicht.

Kaufmann, P., Rundholztab. f. Bauhölzer, Bohlen, Bretter u. Latten. gr. 8. (68 S.) Potsdam 894. (Gropius.) n. 1. 50

Kaufmann, Paul, dem Andenken Bödikers. Rede bei der Enthüllg. d. Bödiker-Denkmals im Reichs-Versicherungsamt am 30. IX. 1910. (8 S. m. 2 Taf.) gr. 8. Berlin 910. Behrend & Co. p 1. —

Kaufmann, Paul [aus New-York U. S. A.]: Über den Einfluss des Digitoxins auf die Entstehung eitriger Phlegmone. . . . Leipzig, Druck v. J. B. Hirschfeld, 1889; 22 S. 8°
Strassburg, Med. Fak., Inaug.-Diss. v. 1889

Kaufmann, Paul, die Quarantäne-Station El Tor. Beobachtungen während e. 35täg. Aufenthaltes daselbst. gr. 8. (VI, 95 S. m. 6 Textabbildgn. u. 9 Taf.) Berlin 892. A. Hirschwald. n. 5. –

Kaufmann, Paul: Die Geschichte des consonantischen Auslauts im Französischen .... Lahr, Buchdr. v. E. Kaufmann, 1886; 2 + 71 S. 8°.
Freiburg i. B., Phil. Fak., Inaug. Diss. v. 1886.

Kaufmann, Paul, die Geschichte des consonantischen Auslauts im Französischen. Diss. Freiburg i. B. 1886, Fr. Wagnersche Univ.-Buchh. 8°. 71 S.

Kaufmann, Paul, zur Geschichte d. Familien Kaufmann aus Bonn u. v. Pelzer aus Köln. Beiträge zur rhein. Kulturgeschichte. gr. 8. (VII, 118 S. m. eingedr. Wappen.) Bonn 897. P. Hanstein. n. 2. —; illustr. Prachtausg. Lex.-8. (VII, 118 S. m. 14 Lichtdr.-Bildn.) n. 5. —

Kaufmann, Paul: Johann Martin Niederee. Ein rhein. Künstlerbild. Mit 23 A.. Strassburg: Heitz 1908. 95 S. 8°
(Studien z. deutschen Kunstgeschichte. H. 105.)

Kaufmann, Paul, Referendar: Schuldenhaftung bei Veräußerung eines Vermögensganzen nach B.G.B. Hannover 1905: W. Harzig. (109 S.) 8°
Göttingen, Jur. Fak., Ref. Ehrenberg, Diss. v. 19. Apr. 1905
[Geb. 18. Juni 79 Bochum; Wohnort: Hannover; Staatsangeh.: Preußen; Vorbildung: Lyzeum II Hannover Reife O. 98; Studium: Freiburg i. B. 1, Leipzig 2, Berlin 1, Göttingen 1, Berlin 1, Göttingen 1 S.; Rig. 21. Febr. 05.]

Kaufmann, Paul, aus den Tagen des Kölner Kurstaats. Nachträge zur Kaufmann- v. Pelzerschen Familiengeschichte. (86 S. m. eingedr. Wappen.) Lex.-8. Bonn 904. P. Hanstein. 1.50

Kaufmann, Paul: Fünfundzwanzig Jahre Unfall- und Invaliden versicherung. Rede. Berlin [1910]: Hermann. 28 S. 8°

Kaufmann, Peter

Kaufmann (Hrsg.), s. Anzeiger, Niederrheinischer.

—— das dringendste Bedürfniß d. Rheinprovinz, od., Beantwort. d. Frage: wie können mittelst unbedeut. Opfer v. Seiten d. Regierung dem preuß. Rheinlande mehre Millionen gewonnen u. erhalten werden? gr. 8. (5½ B.) Bonn 836, Habicht. *

Kaufmann, P., das Bedürfniß und die Vortheile eines strategischen Vereins für Preußen. gr. 8. (16 S.) Bonn 854, Habicht.

Kaufmann, Peter. Betrachtung über den Menschen. Philadelphia: Zentler, 1823. PPL

Kaufmann, Peter, der strategische Fehler in der Führung der Eisenbahn von Berlin an den Rhein, mit Beleuchtung und Würdigung der Gegengründe des preuß. Generalstabes nebst einer Erörterung über die Landesbefestigung des preuß. Westens mit Beziehung auf die materiellen Interessen. gr. 8. (VI und 26 S. mit 1 Stnt.) Bonn 851, Habicht.

Kaufmann, [Peter]: Ueber die Nothwendigkeit und die Mittel dem ausserordentlichen Nothstande der Winzer am Niederrhein, an der Mosel, Saar, Nahe und Ahr zu begegnen und das ihnen bevorstehende Verderben abzuwenden. Vortrag. Bonn Habicht 1836. 20 S. -- 38°
Weber: 1837.

— Propädeutik zur Cameralistik u. Politik, e. Handbuch d. Encyklopädie, Methodologie u. Literatur d. Cameral- u. Staatswissenschaften ꝛc. gr. 8. Bonn 832. Habicht. 2 ꝑ

Kaufmann, Peter: „Propädeutik zur Kameralistik und Politik, ein Handbuch der Encyklopädie, Methodologie und Litteratur der Kameral- und Staatswissenschaften zum Gebrauch für Verwaltungsbeamte, Kameralbeflissene und Juristen", Bonn 1833 (T. Habicht). — Vorh.: UB Bonn (Signatur Ka 79).

—— Rheinpreußen u. seine staatswirthschaftl. Interessen in d. heutigen Europ. Staaten-Krise, od. vergleich. Betrachtungen üb. d. frühern u. d. gegenwärt. Zustand d. Kgl. Preuß. Rheinlande, mit volkswirthschaftl. Vorschlägen u. statist. Nachweisungen. gr. 8. (13¾ B.) Berlin 831, Dümmler.

— die Staatspflege der Landwirthschaft in Preußen, oder das Preuß. Landes-Oekonomie-Kollegium, sein Beruf u. seine Aufgaben. gr. 8. (38 S.) Coblenz 850. (Bonn, Wittmann.) n. ⅓ ꝑ

Kaufmann, Peter. Der Tempel der Wahrheit. Cincinnati, 1858.

Kaufmann, **Pt., de falsa A. Smithi circa bilanciam mercatoriam theoria. Diss. 8maj. Heidelb. 827. (Winter). 8 ꝑ**

—— Untersuchungen im Gebiete d. polit. Oekonomie, betreff. Adam Smiths u. seiner Schule staatswirthschaftl. Grundsätze. 1. u. 2. Abthl. 1. Hft. gr. 8. Bonn, Marcus. [1. (13 B.) 829, 22 Gr., 2. 1. (3½ B.) 830. 8 Gr.]

—— Würdigung d. Schrift, Preußen u. Frankreich (v. Dav. Hansemann). 1. Aufl. (3¾ B.) 8 Gr., 2., verm. A. (4¾ B.) gr. 8. Bonn 834, Habicht.

— Würdigung der Schrift, Preußen u. Frankreich (v. Hansemann). gr 8. Bonn 834. Habicht. ⅓ ꝑ — 2e verm. Aufl., nebst der Prüfung einer neuen Gegenschrift. gr. 8. Ebd. 834. 5/12 ꝑ

Kaufmann, Ph., s. Burn's Gedichte.

Kaufmann, Phil., Dombaulieder, s. Gaillard, C.

—— Nationalfeste des deutschen Volkes, eine Forderung d. Zeit. gr. 8. (2¼ B.) Bonn 843, Habicht.

Kaufmann, R., Fibel für den vereinigten Anschauungs-, Sprech-, Schreib- u. Leseunterricht. gr. 8. (120 S. m. eingedr. Fig.) Nienburg a/S. 1881. Leipzig 882. Schneider in Comm. n. — 60; geb. n. — 90

Kaufmann, Rafael, appr. Arzt aus Frankfurt a. M.: Über die Aufnahme von Erdalkalien durch Cholerabacillen. *Berlin 1898: Gr. Chasté.* (24 S.) 8°
Heidelberg, Med. Diss. v. [22. Okt.] 1897

Über Quecksilber als Heilmittel. Vortrag geh. im Ortsver. Frankfurt a. M. d. Verbandes Deutscher Handlungsgehilfen Leipzig 1905. Von Dr. med. R[afael] **Kaufmann** in Frankfurt a. M. Leipzig: J. A. Barth 1906. (24 S.) 8°
— **Flugschriften** d. Deutschen Gesellschaft z. Bekämpfung d. Geschlechtskrankheiten. H. 6.

Kaufmann, Richard v. Die öffentlichen Ausgaben der grösseren europäischen Länder nach ihrer Zweckbestimmung. 8. Jena 1893.

Kaufmann, Rich. v., die öffentlichen Ausgaben der grösseren europäischen Länder nach ihrer Zweckbestimmung. 3., umgearb. u. verm. Aufl. gr. 8. (83 S.) Jena 893. G. Fischer. n. 1. 20

Die Eisenbahnpolitik Frankreichs v. Richard v. **Kaufmann.** Bd 1. 2. *Stuttgart: J. G. Cotta 1896.* 2 Bde 8.
1. Allg., geschichtl. Tl. (XXXVIII S., 1 Bl., 488 S.)
2. Spezieller Tl. (XXXII, 831 S., 2 Tab.) [96. 7972

Kaufmann, Rich. v., die Finanzen Frankreichs. gr. 8. (XXII, 882 S.) Leipzig 882. Bibliograph. Institut. n.n. 25. —; geb. n.n. 30. —

Gemälde des XIV–XVI. Jahrhunderts aus d. Sammlung von Richard v. **Kaufmann.** *Berlin: A. Asher & Co. 1901.* (XII S., 67 Taf.) 4° [01. 4590

Kaufmann, Rich. v., s. a. Gemälde d. XIV.—XVI. Jahrh. aus der Sammlung von R. v. K.

Die Kommunalfinanzen. (Grossbritannien, Frankreich, Preussen.) Von Richard v. **Kaufmann.** Bd 1. 2. Leipzig: C. L. Hirschfeld 1906. 2 Bde 8°.
1. Organisation, Aufgaben u. Ausgaben d. Kommunalkörperschaften.
2. Die Deckungsmittel d. Bedarfs.
— **Hand- u. Lehrbuch** d. Staatswissenschaften. Abt. 2, Bd 5. [06. 13400

Kaufmann, Rich., Novellen. Mit Autoris. des Verf. aus dem Dän. übersetzt von W. Reinhardt. 8. (272 S.) Bremen 875, Kühtmann und Comp. * 3 —

Kaufmann, Rich., Novellen. Mit Autoris. des Verf. aus dem Dän. übers. von W. Reinhardt. [Der Einsiedler. Im Hafen.] 2. (Titel-)Aufl. 8. (IV, 272 S.) Norden (1875) 885, Fischer Nachf. * 3 —

—— die Reform der Handels- und Gewerbekammern. Ein zweiter Beitrag zur Frage der Vertretung der wirthschaftlichen Interessen in Deutschland. gr. 8. (69 S.) Berlin 883, Puttkammer und Mühlbrecht. *

— die Vertretung der wirthschaftlichen Interessen in den Staaten Europas, die Reorganisation der Handels- u. Gewerbekammern u. die Bildung eines volkswirthschaftl. Centralorgans in Deutschland. gr. 8. (XII, 536 S.) Berlin 879. Springer. n. 9. —

— die Zucker-Industrie in ihrer wirthschaftlichen u. steuerfiskalischen Bedeutung f. die Staaten Europas. Ein Vortrag zum Verständniss der Zucker-Zoll- u. Steuer-Frage. gr. 8. (VIII, 248 S.) Berlin 878. Guttentag. n. 6. —

Kaufmann, Rob., Feldzug in Afrika, Tonkin und China, nach eigenen Erlebnissen wahrheitsgetreu bearb. 1. und 2. Aufl. gr. 8. (42 S.) Aarau 888, Sauerländer's Verlag. * — 80

Kaufmann, Ruwin: Über proteolytische Fermentwirkungen des menschlichen Darminhalts unter normalen und krankhaften Bedingungen. ⟨Untersuchungen mit Hilfe des Müller-Jochmannschen Verfahrens.⟩ Breslau 1907: Breslauer Genossenschafts-Buchdruckerei. (33 S.) 8°
Breslau, Med. Fak., Ref. v. Strümpell, Diss. v. 27. Juli 1907
[Geb. 31. Juli 81 Mitock in Rumänien; Wohnort: Mitock; Staatsangeb.: Rußland; Vorbildung: Gymn. Kamenetz-Podolsk, Rußland, Reife O. 00; Studium: Kiew 1, Wien 4, Breslau 3, Berlin 1, Breslau 2 S.; Rig. 26. Juli 07.]

Kaufmann, S., über erfolgr. Gebrauch der stark arsenhaltigen Maxquelle in der pfälzischen Kinderheilstätte. (4 S.) Lex. 8. Leipzig 909. B. Konegen. 1. —
Sonderabdr. a.: „Der Kinderarzt".

Kaufmann, Sally [app. Arzt aus Dürkheim a. d. H.]: Ein Beitrag zur Lehre vom Gliom ... Dürkheim a. d. H., Buchdr. v. J. Rheinberger, 1892; 30 S., 1 Bl. 8.
Würzburg, Med. Fak., Inaug.-Diss. v. 1892

Kaufmann, Sally, Referendar: Die Diligenzpflicht des Gläubigers gegenüber dem Bürgen nach heutigem Recht. Zugl. e. Beitr. z. Lehre von d. exceptio doli generalis. Borna-Leipzig 1909: Noske. 52 S. 8°
Erlangen, Jur. Diss. v. 22. April 1909, Ref. Siber
[Geb. 5. März 86 Duisburg; Wohnort: Duisburg; Staatsangeh.: Preußen; Vorbildung: Realgymn. Duisburg Reife O. 04; Studium: Bonn 1, Berlin 3, Münster 2 S.; Rig. 17. Febr. 09.] [U 09. 704

Kettenspruch. Verfasst von Samuel Kaufmann. [Budapest] o. J. 1 Bl. 8°. [Kopftit.]
„Niemals wanken" ... 21.

Kaufmann, Siegfried, Referendar in Cöln a. Rh.: Gewährleistung für Mängel des Rechts und der Sache bei der Pfandbestellung an beweglichen Sachen. Borna-Leipzig 1908: R. Noske. (VIII, 68 S.) 8°
Leipzig, Jur. Fak., Diss. v. 11. April 1908
[Geb. 18. Aug. 84 Merzig a. d. Saar; Wohnort: Cöln; Staatsangeh.: Preußen; Vorbildung: Gymn. Saarlouis Reife O. 03; Studium: München 3, Berlin 1, Bonn 2 S.; Rig. 25. Juli 06.]

Kaufmann, Thdr., le développement de l'idée de Dieu. Précédé de reflexions sur l'art et l'esthétique. Accompagné de 8 gravures (en taille douce) exécutées d'après les cartons de l'auteur. qu. Fol. (22 S.) Düsseldorf 850, Schulz. n. 6 ₰

—— die Entwickelung der Gottesidee. Mit einem Vorworte: Die Kunst und die Aesthetik. qu. Fol. (IV und 18 S. mit 8 nach großen Cartons ausgeführten Kpfrst.) Düsseldorf 850, Schulz. *

—— der Teufel und die Geschichte. Nr. 1 und 2. gr. 8. (136 S.) Düsseldorf 850, Schulz.

Kaufmann, Veit

Kaufmann, V., die Soolquellen zu Dürkheim an der Haardt. gr. 8. (71 S.) Dürkheim 867, Lang. *

Kaufmann, V., die Soolquellen und die Traubenkur zu Dürkheim a. d. Haardt. 2. Aufl. gr. 8. (54 S.) Dürkheim 883, Lang's Buchh. *

Kaufmann, Veit, die Traubenkur in Dürkheim an der Haardt. gr. 8. (III und 57 S.) Mannheim 854, Bensheimer. *

—— die Traubencur in Dürkheim an der Haardt. Nach eigenen Erfahrungen bearb. gr. 8. (40 S.) Berlin 862, A. Hirschwald. *

Kaufmann, Victor [aus Stuttgart]: Über Dimethylacridon '(2,4)' und Dimethylacridin '(2,4)' ... Berlin, Buchdr. v. G. Schade, *1894;* 38 S., 1 Bl. 8.
Berlin, Phil. Fak., Inaug.-Diss. v. 24. Febr. 1894

Kaufmann, W., das neue Choralbuch für die Prov. Hannover. Ein unparteiisches Wort zur richt. Würdigung der Sachlage und zur Verständigung. gr. 8. (8 S.) Hameln 883, Fuendeling.

—— v. Werder und Bartels, Liederborn. Sammlung ein- und mehrstimm. Lieder für den Schulgebrauch. 2. umgearb. Aufl. 8. (72 S.) Ebendas. 883. geb. *

Kaufmann, v. Werder und Bartels, Liederborn. Sammlung ein- und mehrstimm. Lieder für den Schulgebrauch. 3. umgearb. Aufl. 8. (72 S.) Hameln 888, Fuendeling. geb. * — 50

Kaufmann u. Bartels, Liederborn. Sammlung ein- u. mehrstimm. Lieder f. den Schulgebrauch. 5. Aufl. (17.—21. Tauf.) 8. (73 S.) Hameln 899. Th. Fuendeling. Geb. n.n. — 50

Kaufmann, W., Praxis d. Rechenunterrichtes in d. Volksschule, s.: Grimm, O.

Der Wagrische Landwirtschaftliche Verein und seine Mitglieder seit der Gründung zu Lensahn am 20. Juni 1828. Denkschrift zur Erinnerung an die 80j. Jubelfeier im Jahre 1908. (Verf.: (W. Kaufmann).) Eutin. 1909. 8°

Kaufmann, W. H., üb. d. Errichtg. v. Sanitätswachen in d. Stadt Hannover. Vortrag. gr. 8. (15 S.) Hannover 896. C. Meyer. n. — 50

Kaufmann, Walter, approb. Arzt aus Hamburg: Aus d. hygien. Institut d. Universität Kiel. Günstige Beeinflussung einer bestehenden Infektionskrankheit durch eine hinzutretende zweite. *Kiel 1901: Schmidt & Klaunig.* (22 S.) 8°
Kiel, Med. Diss. v. [18. Dez.] 1901

Kaufmann, Walter [aus Berlin]: Ueber die Bewegungen geschlagener Saiten ... *Berlin,* Buchdr. v. Funcke & Naeter, *1894;* 63 S., 5 Taf. 8.
München, Phil. Fak., Inaug.-Diss. v. 1894

Kaufmann, W., über die Konstitution des Elektrons. (8 S.) Lex.-8. Berlin 905. (G. Reimer.) n. — 50
Sonderabdruck aus: „Sitzungsber. d. preuss. Akad. d. Wiss."

Kaufmann, Walt., u. Alfr. **Coehn,** Magnetismus u. Elektrizität, s.: Müller-Pouillet's Lehrbuch der Physik u. Meteorologie. IV, 1, V.

Kaufmann, Wilh., die mitteleuropäischen Eisenbahnen u. das internationale öffentliche Recht. Internationalrechtliche Studien u. Beiträge. gr. 8. (XIV, 289 S.) Leipzig 893. Duncker & Humblot. n. 6. —

Kaufmann, Wilh., staatliches deutsches Internationalprivatrecht u. völkerrechtliches Internationalprivatrecht der Haager Verträge, s.: Festgabe der Berliner jurist. Fakultät f. Otto Gierke.

Die Kommissare der Kasse der egyptischen Staatsschuld und das internationale Recht. Von Dr. Wilhelm Kaufmann, Privatdoc. *Berlin: Puttkammer & Mühlbrecht 1896.* (55 S.) 1 Bd 8. 96. 3397

Kaufmann, Wilh. Das internationale Recht der egyptischen Staatsschuld. gr. 8. (VI, 189 S.) Berl. 891, Puttkammer u. Mühlbrecht. * 3 60; franz. Ausg. gr. 8. (160 S.) * 4 —

Kaufmann, Wilh., die Rechtskraft des internation. Rechtes u. das Verhältniß der Staatsgesetzgebungen u. der Staatsorgane zu demselben. gr. 8. (VIII, 126 S.) Stuttgart 899. F. Enke. n. 4. —

Kaufmann, Wilhelm: Der Rückzug von Danevirke ..., s. Kauffmann, Wilhelm.

Kaufmann, Wilh., eine Sonderfahrt nach dem Orient. gr. 8. (72 S.) Dresden 898. (v. Zahn & Jaensch.) n. 1.—

Kaufmann, Wilh., zur Transvaalbahnfrage. gr. 8. (44 S.) Berlin 901. F. Siemenroth. n. 1.—

Kaufmann, Wilh., Welt-Zuckerindustrie (fiskalische Vorzugsbehandlung, Kartelle) u. internationales u. koloniales Recht. (XVI, 612 S.) gr. 8. Berlin 904. F. Siemenroth. n. 12.—; geb. in Leinw. n.n. 14.—

Kaufmann, Wilh., f. Zuschrift über d. Unterschied.

Kaufmann-Asser, Heinrich Ritter von, Referendar: Die **Verteilung** von Gewinn und Verlust bei der Offenen Handelsgesellschaft nach altem und neuem Handelsgesetzbuch. *Berlin 1904: O. v. Holten.* (50 S.) 8°
Heidelberg, Jur. Diss. v. 1904

Kaufmann-Bayer, Rob., Schweizer Flora. Eine Pflanzenkunde für schweizer. Mittelschulen und verwandte Lehranstalten. 12. (VIII, 203 S. mit 4 Stnt.) Frauenfeld 884, Huber. cart. *

Kaufmann-Bayer, Rob., das bürgerl. Geschäftsrechnen, s.: Fäßler, F.

—— Kalenderbüchlein, enthaltend das Wissenswerteste vom Kalender. Für Schule und Haus bearb. 8. (III, 30 S. mit 1 Stnt.) Ebendas. 883. *

Kaufmann-Bayer, R. (Hrsg.), s. Schüler-Kalender, Schweiz., für die Zöglinge der Mittel- und Kantonsschulen ...

Kaufmann & Cie, Bankiers in Basel. Coupons-Kalender. II + 17 S. 8. Basel, Emil Birkhäuser, (Dezember 1902).

Kaufmann-Hartenstein, Johann, s.a. Kaufmann, Johann.

Kaufmann-Hartenstein, J[ohann]. Die humanitären und gemeinnützigen Bestrebungen im Kanton Solothurn. Hrg. von der Kantonalen gemeinnützigen Gesellschaft. Bearb. von Dr. J. Kaufmann-Hartenstein. [Mit 1 Tafel.] 360 S. 8. Solothurn, Zepfel, 1903.

Kaufmann-Hartenstein, J. Zur Lehrerbildungsfrage. Gr. in-8°. 94 S. Solothurn, Th. Petri, 1889. 1 60
*** Beilage zum „Jahresbericht 1889 der Solothurn. Kantonsschule."

Kaufmann-Hartenstein. Ueber die wichtigsten Resultate der Sprachwissenschaft. Zur Eröffnung des neuen Kantonsschulgebäudes in Solothurn. In-8°, 99 S. und 2 Tafeln. 1882. Velinpapier. Solothurn, in Commission bei Jent & Gassmann. 3 —

Kaufmann's, des, Bücherschatz. (4, 102 S. m. Abbildgn.) gr. 8. Leipzig (908). F. Volckmar. — 20

Kaufmanns, eines patriotischen, Geschichte, 8. Biel, 789. 13 ggl.

Kaufmannsadel, Der, untersucht von einem unpartheyischen Rechtsgelehrten. O. O. 1742. V: *Loen, Johann Michael von.* (ML)

Anonym: „Der Kaufmanns-Adel. Untersucht von einem Rechtsgelehrten", Franckfurt 1742. — Vorh.: Bibl. des German. National-Museums Nürnberg. — Dasselbe, 3. Auflage, ebenda 1745, vorh.: Bibl. des Kammergerichts Berlin — Qd. 2015³ — [Beigedr.:] „Lob der Banckeruttirer: In einem Sendschreiben aus dem Frantzösischen übersetzt", 1745. — Vorh.: Kammergericht Berlin — (In Qd. 2015).

Der **Kaufmanns-Adel**. Untersucht nach der Gewohnheit der heutigen Welt. 3. Aufl. Franckfurt a. M. 1745.
[Beigedr.:]
Lob der Banckeruttirer: in einem Sendschreiben, aus d. Frantz. übers. 1745.

Kaufmannsadel, d., untersucht. gr. 12. Wien, Trattner. 766.

Kaufmanns-Almanach, **Hamburger**, a. d. J. . . . .
1782.
1785.
1808.
1812.
1813.
Hamburg.

Kaufmanns-Almanach, Triester, s.a. Almanach, Kaufmanns-

Kaufmanns-Almanach, Triester, für d. J. 1783. 12. Frankf. a. M., Andreä. 3 K

Kaufmannsbörse, Die neueröffnete. Worin eine ... Connoissance aller zu der Handlung dienende Sachen ... gegeben wird ... Hamburg 1704. V: *Marperger, Paul Jacob.* (EB)

Kaufmannschaft, jetztlebende, in u. außer Deutschl. 1r u. 2r Verf. 8. Lpz. 743-45.

Ueber die (Wiener) Kaufmannsdiener u. Friseurs. Wien, o. J. (c. 1780). 8°.

- Ueber die (Wiener) Kaufmannsdiener und Friseurs. Wien, o. J. (c. 1785). 8°.
Karajan's Bibl. II. no. 5025.

Der (Wiener) Kaufmannsdiener am Sonntag. Wien 1781. 8°.
l. c. no. 4536.

Kaufmannsgericht, das. Hrsg: Wilh. Schack. Schriftleitung: Rich. Döring. 1. Jahrg. Febr. 1905—Jan. 1906. 12 Nrn. (à ca. 8 S.) Lex.-8. Hamburg, Deutschnationaler Handlungsgehilfen-Verband. n. 2.—

— dasselbe. Monatsschrift zur allgemeinen Erörterung v. Rechtsfragen unter besond. Berücksicht. der Tätigkeit der Kaufmannsgerichte. Mit e. Sammlg. v. Urteilen. Hrsg.: Wilh. Schack. Schriftleitung: Rich. Döring. 2. Jahrg. 1906. 12 Nrn. (à ca. 6 S.) Lex.-8 Ebd. n. 2.—

Kaufmannsgericht, das. Monatsschrift zur allgemein. Erörterg. v. Rechtsfragen unt. besond. Berücksicht. d. Tätigkeit d. Kaufmannsgerichte. Mit e. Sammlg. v. Urteilen. Hrsg.: Wilh. Schack. Schriftleitg.: Eug. Clauß. 3. u. 4. Jahrg. Oktbr. 1906—Septbr. 1908. à 12 Nrn. (72 u. 111 S.) Lex. 8. Hamburg, Buchh. des deutschnationalen Handlungsgehilfen-Verbandes. à Jahrg. 2.—

— dasselbe. Schriftleitg.: Vikt. Blobel; geschäftl. Leitg.: Max Warming. 5.—7. Jahrg. Oktbr. 1908—Septbr. 1911. à 12 Nrn. (5. u. 6. Jahrg. VIII, 272 u. VIII, 272 Sp.) Lex. 8. Ebd. à Jahrg. 3.—; geb. 4.—

Kaufmannsgerichte. Arbeitskammern od. Kaufmannskammern, s.a. Schriften des deutschnat. Handlungsgehilfen-Verbandes Hamburg. 43. Bd.

Kaufmannsgerichte. Arbeitskammern oder Kaufmannskammern. Hamburg: Deutschnat. Handlungsgehilfen-Verband 1909. 55 S. 8°
(Schriften des D. H. V. Bd 43.) A 12.1535

Kaufmannsgerichtsgesetz. Vom 6. Juli 1904
s.a. **Gesetz** betr. Kaufmannsgerichte. 110. 15506

Kaufmannsgerichtsgesetz v. 6. VII. 1904, s.a. Gesetzestexte.

Kaufmannsjunge, der im Rechnen wohl unterwiesene, u. perfection. Handelsdiener. 8. Frft. 730.

Kaufmanns-Lexicon. 5 Theile. Fol. Leipzig, Gleditsch. 743.

Kaufmanns-Lied, Geistliches. Basel 1758. V: *Annone, Hieron. d'.* (Cat. d. Stadtbibl. Zürich. Zürich 1864—97.)

Kaufmannstöchter, unsere, od. üb. der. Erzieh., häusl. u. gesellschaftl. Leben rc. v. Verf. des kl. Tablettkrämers (C. Meyer). 2 Thle. m. K. 8. Lpz. Gräff. 807.

Kaufner, Ferd., Anleitung f. Schuhmacher zum Entwerfen v. Mustern nach geometrischem System. Zum Selbstunterricht u. als Hilfsbuch f. den Unterricht in Fachschulen. 2., verm. u. verb. Aufl. m. 24 Taf. u. 33 in den Text gedr. Abbildgn. gr. 8. (70 S.) Wien 892. Spielhagen & Schurich. n. 3. —

Kaufner, Ferdinand (Hrsg.), s. Schuhmacherzeitung, Wiener allgemeine.

Kaufringer's, Heinr., Gedichte. Hrsg. von K. Euling, s. Bibliothek des Litterar. Vereins in Stuttgart. 182.

Kauft Euch Eure Kirschen selbst! Eine wahre Erzählung. 3.—5. Taus. (29 S.) kl. 8. Essen-Ruhr-West (910). Buchh. der Diakonissen-Anstalt „Trautes Heim". — 20

KAUFT! — kauft Arzeneyen gegen die — lange Weile o — a! — o — a! Probatum est. Danzig, 1803. Bey Carl Goldstamm. 8°. Selten!

Tit., 1 Bl. Inh. u. 148 SS. Enth. 33 Nrn. Erzähl. u. Anekdoten, darunter Pikantes, besonders Nr. 3: Diener, Herr Amtmann! S. 4—15; Nr. 12: Die Familie Erletau. S. 29—44; Nr. 16: Warum heurathen Sie nicht? S. 101—114. — S. auch Jeanettens Speculationen.

KAUFT'S allerhand, kauft's lang und kurze Waar. Wien 1781. 8°. (In Wien, Stadtbibl.) Rar!

Kaufung, Heinr., im Wüstensand, s.: Schatzkästlein, literarisches. 9. Bd.

Kaufungen, s. Kunz.

Kaufungen, Konrad von, oder der Fürstenraub aus dem funfzehnten Jahrhundert, 2 Thle. mit Kupf. 8. Berlin, 794. Akademie. 2 Rthl. 10 sgl.

Kaufungen, Konrad von, oder der Fürstenraub. Aus dem 15. Jh. Berlin 1794. 1799. V: *Durach, Johann Baptist* (nicht: *Cramer, Carl Gottlob*). (GGr V, 511)

v. Kaufungen, Konrad, od. der Fürstenraub, (v. J. B. Durach). 2 Thle. 8. Berl. 794. 2e A. 799. (Mäcker).

Kaufungen, Conrad von, od. der Fürstenraub, a. d. 15ten Jahrhund. 2 Thle. 8. Berlin, Akadem. Buchhandlung. 799. (à 1 Rthlr. 4 gr.)

Kauhausen, Peter: De ictero nonnulla. Berolini 1845. 30 S. 8°. Berlin, med. Diss. v. 8. Jan. 1845

Kauhlen, Frz. Wlh., († 1793.) Abhandl. über d. Ruhr. 8. Bonn 787.

Kaukasien [Schlagwort]

Kaukasien, s.: Europa. Baur, C. F. — Petermann, A.

Kaukasisches Hochgebirge. Déchy, Mor. v., Karte des kaukasischen Hochgebirges u. der angrenz. Gebiete v. Cis- u. Transkaukasien. Auf Grundlage der russ. Generalstabskarten u. Messtischblätter sowie nach seinen photograph. Aufnahmen u. Beobachtgn. bearb. 1 : 400,000. [Aus: „D., Kaukasus".] 2 Blatt 53×97 u. 60×86,5 cm. Farbdr. Berlin 906. D. Reimer. n. 15. —

Kaukasisches Hochgebirge. Merzbacher, Gfr., Karte des kaukasischen Hochgebirges vom Elbrus bis zum Passe Godiwzik. Auf Grund d. Aufnahmen d. Generalstabes der kaukas. Armee im Massstabe v. 1 Werst: 1 Zoll u. Höhenangaben in Saschen m. Isohypsen v. 10 Saschen bearb. Entworfen u. gezeichnet v. Zeichnern des topograph. Bureaus des kgl. bayer. Generalstabes unter Direction v. K. Neureuther. [Aus: „M., aus den Hochregionen des Kaukasus".] 1 : 140,000. 3 Blatt à 51×94 cm. Farbdr. Leipzig 901. Duncker & Humblot. In Leinw.-Mappe n. 9. —

Kaukasus [Sachliches Ordnungswort]

Kaukasus, Der. Wien 1854. V: *Czernell.* (EB)

Kaukasus, der, seine Völkerschaften, deren Kämpfe rc., nebst einer Charakteristik Schamil's. Mit 1 (lith.) Karte (in Fol.). Wien 854. Wallishauffer. gr. 8. (1 Bl., 88 S.) n. 16 ngr.

Kaukasus [Schlagwort]

Kaukasus, s.: Hand- u. Reisekarten. 47. 51.

Kaukasus — Neue administrative Eintheilung des —. 3,700,000. G. M. 1869.

Kaukasusländer, s.: Hand- u. Reisekarten. 51. 52.

Kaukauna Postbote : 1886?–1889?
Independent weekly. Circulation: 1889, 820. Edited & published by Schneider & Emmers 1886–89.
Kaukauna, WI

Die Kaukauna Zeitung : Jahrgang 1–3, no. 26, Mar. 23, 1894–Sept. 11, 1896.
Weekly. Date-line: South Kaukauna. Merged with Appleton Volksfreund (Appleton). Edited & published by Charles G. F. Brenner, 1894–96.
Kaukauna, WI

Kauko, Yrjö: Kinetische Untersuchung der Reduktion von Permanganatlösungen durch gasförmigen Wasserstoff. ⟨Autoreduktion.⟩ Leipzig: W. Engelmann 1911. 44 S. 8° ¶ Aus: Zeitschrift f. phys. Chemie. Bd 76.
Karlsruhe, Dr.-Ing.-Diss. v. 21. 12. 1910

Kaukol, Leop., Ansichten über die zweckmässigste Einrichtung der Wittwen- und Waisen-Pensions-Institute aus den neuesten Erfahrungen hergeleitet und angewendet auf die in der österr. Monarchie etc. bestehenden Institute. 8°. Wien 1825.

Kaukol, L. Widerlegung der von Herrn *J. J. Littrow* herausgegebenen Bemerkungen über Witwen-Institute. Wien 1829.

Kaukol, M. J. C.

--, *geistliches Seelen-Kleinod täglicher Andachts-Vbungen.* O. O. u. J. (Bonn, um 1730?). 8°. Gleichzeit. roth. Ldrb. m. Goldpress. u. Goldschn., wohlerhalt. Expl.
Kpftit. u. 185 num. S., ganz in Kupfer gest.

[Kaukol, M. J. C.] Christlicher Seelen-Schatz. Außerlesener Gebetter [Bonn 1729]. 8°. *128 nn. Bll., in Kupfer gestochen. Mit Titel, Wappen, 9 Zwischentiteln u. zahlr. Vign. u. Initialen.* Roter Maroquinbd. d. Zt. mit reicher ornamental-floraler Vergoldung auf Rükken u. Deckeln u. Goldschnitt.
Bonacini 924. Lanckoronska-Oehler I, 80. Rümann 504. Eins der schönsten bibliophilen und kalligraphischen Werke des 18. Jahrhunderts, dem Kurfürsten Clemens August von Köln gewidmet, dessen Kabinettssekretär, Kalligraph u. Kupferstecher Kaukol war.

Kaukusch Karl: De praepositionum usu Herodianeo. H. 1888 PN 505 Diss. Wien, Univ.

Kaul, Adolf, aus Tobelhof ⟨Brandenburg⟩: Über eine besondere Form der Phokomele verbunden mit Hasenscharte und Wolfsrachen nebst Bemerkungen über die Ätiologie dieser Missbildung. *Würzburg 1899: P. Scheiner.* (37 S.) 8°
Würzburg, Med. Diss. v. 1899

Kaul, Aug., Aufgaben zum Geschäftsaufsatz, s.: Rasche, Emil.

KAUL, Eduard: Ein Fall von Chondrosarcom des rechten ligamentum latum.- München: Kastner & Lossen 1896. 20 S.,1 Bl.
13.3.1896 - Chr 1895/96,10; Jv 1895/96,224
Diss. Ingolst.-Landsh.-Mchn.

Kaul, G., Erzählungen u. Lieder, der Jugend u. ihren Freunden dargeboten. 1. Hft. 8. (56 S.) Sprottau 849. (Julien.) n. 2 ngl

Kaul, G., sieben frische Preußenlieder und ein deutsches Lied. Zur Feier des Geburtstages Sr. Maj. König Wilhelms I. Lex.-8. (32 S. mit 1 Holzschnt.) Rofitten 861. (Berlin, Beck.)

—— Versuch einer Rundschau über die Armen-Erziehungs- und Rettungs-Anstalten Europa's, s. Versuch.

Kaul, Georg, Die Kampfgeschichte der Breslauer Holzarbeiter. Festschrift zum 25. Stiftungsfest der Zahlstelle Breslau des deutschen Holzarbeiterverbandes. 8°. Breslau, Seibold, 1909.

25 Jahre Ortskrankenkassen-Verband. Eine Festschrift z. Feier d. 25. Wiederkehr d. Gründung d. 1. Breslauer Ortskrankenkassen-Verbandes. (Bearb. von Georg **Kaul**. Breslau [1909]: Schatzky.) 48 S. 8° [10. 226

Kaul, Gust., Züge aus dem Glaubensleben unserer hohenzollernschen Fürsten u. Fürstinnen. Zur Sammlg. christl. Vaterlandsliebe gesammelt u. dargeboten. 1. Buch. Die hohenzollernschen Kurfürsten u. Kurfürstinnen. 8. (158 S.) Berlin 884. Deutsche evang. Buch- u. Tractatgesellsch. n. 1. 50

Kaul, Hermann, aus Nürnberg: Geologisch-chemische Studien über die Thon- und Lehmvorkommen um Nürnberg. *Kaiserslautern 1900: Ph. Rohr.* (125 S.) 8°
Erlangen, Phil. Diss. v. 20. Juli 1899

Kaul, Herm., die feuerfesten Tone, s.: Bischof, Carl.

Kaul, J., d. listige Füchslein in Bild u. Erzählgn. 12. (IV, 72 S.) Stuttgart 897. Süddeutsche Verlagsbuchh. Kart. n. 1. 20

— Quäle nie e. Tier zum Scherz. E. Mahnwort an d. deutsche Jugend in 130 Erzählgn. gr. 8. (VIII, 151 S. m. 4 Farbdr.) Ebd. 898. Kart. n. 1. 80

Kaul, Joan. Engelbert. (geb. Kleeburg bei Bonn 19. 3. 1810): De tumorum haemorrhoidalium anatomia et causis. Berolini (1840). (32 S.) 8°
Berlin, Med. Diss. v. 14. Apr. 1840

KAUL, Julius (Hohndorf): Statistischer Bericht über die Influenza auf der II. med. Abtheilung des Münchner allgemeinen Krankenhauses l.d.I.- München: Ernst 1891. 32 S.
9.3.1891 - Chr 1890/91,20; Jv 1890/91,231
Diss. Ingolst.-Landsh.-Mchn.

Kaul, (Leop.) Car. (geb. Coblenz 1821): Nonnulla de therapia pneumoniae atque usu plumbi acetici in hoc morbo. Berolini (1845). (29 S.) 8°
Berlin, Med. Diss. v. 23. Okt. 1845

Kaul, Lothar, Referendar a. Danzig: Das fiduziarische Rechtsgeschäft. Jena 1910: Kämpfe. 54 S. 8°
Jena, Jur. Diss. v. 12. Aug. 1910, Ref. Thon
[Geb. 8. Nov. 85 Praust; Wohnort: Zoppot; Staatsangeh.: Preußen; Vorbildung: Gymn. Danzig Reife O. 06; Studium: Jena 4, München 1, Jena 2 S.; Rig. 20. Juni 10.] [U 10. 2247

Kaul, Ludw., Abwanderg. u. Verteilg. der Alamannen. Beiträge zur Geschichte d. Völkerwanderg. Vortrag, geh. im histor. Verein f. Schwaben u. Neuburg, 8. III. 1907. (31 S.) 8. Augsburg 907. Literar. Institut v. Dr. M. Huttler. — 50

Kaul, Max Eman., die Postportofreiheit in bayer. Staatsdienst-, Reichsdienst- u. Militär-Angelegenheiten, sow. d. persönl. Postportofreiheit, nebst e. Zusammenstellg. d. wesentl. Bestimmgn. üb. d. gebührenfreie Beförderg. v. Telegrammen, wie auch gebührenfreie Benützg. d. Telephons u. e. Zusammenstellg. d. zustellgebührenfreien u. zustellgebührenpflichtigen Sendgn. in Bayern. gr. 8. (149 S.) Speyer 898. (Jäger.) n.n. 1. 50

Kaul, Rich., einfache u. doppelte Buchführung. Mit e. Anh.: Amerikanische Buchführg. (94 S.) gr. 8. Dresden 908. W. Reuter. 1. 80

— u. Alfr. **Jorcke,** die Grundlagen des kaufmänn. Wissens. Ein Informations- u. Nachschlagebuch f. d. Durchschnitts-Kaufmann. (III, 78, 94, 128 u. 80 S.) gr. 8. Ebd. 908. Geb. in Leinw. 8. 25

— dasselbe m. Anh.: Lehrbuch der Gabelsbergerschen Stenographie f. Kaufleute v. Rich. Kaul. (III, 78; 94, 128, 80 u. VI, 74 S.) gr. 8. Ebd. 908. Geb. in Leinw. 9. 50

Kaul, Rich., Lehrbuch der Gabelsbergerschen Stenographie für Kaufleute, s.: Reuter's Bibliothek für Gabelsberger Stenographen. 180. Bd.

— Lesebuch der Gabelsbergerschen Stenographie, s.: Reuter's Bibliothek f. Gabelsberger Stenographen. 181. Bd.

— die Stenographie im Dienste des Kaufmanns, s.: Reuter's Bibliothek f. Gabelsberger Stenographen. 165. Bd.

— Der schriftliche Verkehr des Kaufmanns. (80 S.) gr. 8. Dresden 908. W. Reuter. 1.50

Kaul, Robert [pract. Arzt aus Steuberwitz]: Bericht uber die im Jahre 1881 im Julius-Spitale behandelten Scarlatinafalle . . . Wurzburg, Buchdr. „Wurzburger Telegraph“, 1882; 50 S. 8°
Würzburg, Med. Fak., Inaug.-Diss. v. 1882

Kaul, Robert, appr. Arzt: Über Papillome des weichen Gaumens nebst einem Fall eigener Beobachtung. Leipzig 1908 (Grimme & Trömel). (24 S.) 8°
Leipzig, Med. Fak., Ref. Hoffmann, Diss. v. 5. Aug. 1908
[Geb. 25. Dez. 69 Rodenberg; Wohnort: Leipzig; Staatsangeh.: Preußen; Vorbildung: Gymn. Rinteln Reife O. 92; Studium: Straßburg 1, Marburg 3, München 1, Leipzig 4 S.; Coll. 11. Aug. 08; Approb. 3. April 08.]

Kaul, Rudolf, appr. Arzt a. Nienburg a. d. Weser: Ueber einen Fall von sekundärem Ovarialcarcinom. München 1906: C. Wolf & Sohn. (41 S.) 8°
München, Med. Fak., Ref. v. Winckel, Diss. v. 3. Okt. 1906
[Geb. 4. Aug. 79 Nienburg a. d. Weser; Wohnort: Cöln a. Rh.; Staatsangeh.: Preußen; Vorbildung: Gymn. Mülheim a. Rh. Reife O. 01; Studium: Bonn 1, München 4, Kiel 2, München 3 S.; Coll. 3. Okt. 06; Approb. 15. Sept. 06.]

Kaula, der Saamenfluss beschrieben; übersetzt und mit Zusätzen versehen von Eisenmann. 12. (IV und 214 S.) Erlangen 847, Enke's Vrlgsh. *

Kaulbach, A., H. Choralbuch für die evangelische Kirche der Fürstenthümer Waldeck u. Pyrmont. qu. gr. 4. (XII, 86 S.) Arolsen 877. Speyer in Comm. n.n. 5. 50

Kaulbach, A., Hülfsbuch f. Organisten. E. Sammlg. v. leichten u. mehr od. weniger kurzen Vorspielen z. Gebr. beim öffentl. Gottesdienst. Nach d. Tonarten zusammengest. u. hrsg. (Umschlag: Präludienbuch f. d. evang. Kirche d. Fürstenthümer Waldeck u. Pyrmont.) qu. gr. 4. (160 S.) Arolsen 895. (H. L. Schroeter.) n.n. 5. 50

Kaulbach, A., Liedersammlung zunächst f. die Mittel- u. Oberklassen der Volksschule. 8. (98 S.) Arolsen 888. Speyer. n. — 50

Kaulbach, A., Liedersammlung, zunächst f. die Mittel- u. Oberklassen der Volksschule hrsg. 5., unveränd. Aufl. 8. (112 S.) Arolsen 901. (C. Kramer.) n.n. — 35

Kaulbach, A., Liedersammlung f. Volksschulen. 6. verm. Aufl., bearb. v. C. Brand. (144 S.) 8. Arolsen 909. C. Kramer. nn — 45

Kaulbach, C., die evangelische Kirche nach ihrem Glaubensgrund und Liebesleben. Ein Wegweiser für den Schul- und Konfirmanden-Unterricht, sowie eine Mitgabe für Konfirmierte. 2. verm. Aufl. gr. 8. (VIII, 157 S.) Berlin 886, Gaertner's Verlag. * — 80

Die evangelische Kirche nach ihrem Glaubensgrund und Liebesleben. Ein Wegweiser f. d. Schul- u. Konfirmanden-Unterr. sowie e. Mitgabe f. Konfirmierte von C. **Kaulbach**, Pastor in Gnesen. 3. Aufl. *Berlin: R. Gaertner 1999.* (VIII, 128 S.) 8° [J.] [oo. 10268

Kaulbach, C. L.: Der modern-romantische Bärenhäuter. (Burleskes Epos in 8 „Abentheuern“.) München, 1850. Druck von C. R. Schurich. 115 S. Kl. 8°

Kaulbach, C. L., der modern-romantische Bärenhäuter. 2. und 3. Aufl. gr. 16. (115 S.) Kassel 851, Raabé und Comp.

—, vermischte *Gedichte.* München, Joh. Palm's Hofbuchh., 1843. Mit J. Deschler'schen Schriften. 8°. Einige Bll. am Rande fleckig. Ppb. VII–312 S. 1 Bl. Err.

—— Stechpalmen. 1. und 2. Aufl. 16. (III und 101 S.) Kassel 851, Raabé und Comp.

— Uriel der Teufel. Ein satir. Roman in acht Büchern. Mit 2 Titelbildern (in Holzschn.) 2 Bde. 8. (1. Bd. VIII u. 283 S. 2. Bd. VIII u. 308 S.) Stuttgart 851, Rieger. 2 ₰ 18 ngr

—— Walhalla. Episch-dramatische Dichtung. 1. Buch. gr. 8. (13⅞ B.) München 844, Palm's Hofbuchh. *

Kaulbach, Christian: Ueber die Grenzen der Verbandsautonomie bei den privatrechtlichen Verbänden. Aachen: Aachener Verl.- u. Druck.-Gesellsch. 1908. 71 S. 8°
Freiburg i. B., Rechts- u. staatsw. Diss. v. 1908, Ref. Rosin
[Geb. 15. Mai 77 Urbach-Überdorf; Wohnort: Nastätten; Staatsangeh.: Preußen; Vorbildung: Kaiser-Wilhelms-Gymn. Aachen Reife O. 97; Studium: Tübingen 3, Halle 3 S.; Rig. 25. Mai 08.] [U 09. 89]

Kaulbach, Franz, appr. Arzt a. Hammerstein i. Westpr.: Zur Frage der Pseudodiphtheriebazillen. Aus d. bakteriolog. Laboratorium d. Stadt Cöln ⟨Direktor: Dr. Czaplewski⟩. Berlin: R. Trenkel 1908. (40 S.) 8°
Leipzig, Med. Fak., Ref. Hofmann, Diss. v. 25. Juli 1908
[Geb. 17. Jan. 70 Hammerstein (Westpr.); Wohnort: Cöln a. Rh.; Staatsangeh.: Preußen; Vorbildung: Gymn. Gnesen Reife M. 89; Studium: Berlin 4, Greifswald 1, Würzburg 2, Leipzig 6 S.; Coll. 4. Aug. 08; Approb. 18. März 99.]

Kaulbach, Friedrich August von

Kaulbach, F. A. v., Eine Auswahl v. 30 Werken d. Künstlers in Heliogravüre u. Phototypie. Fol. (1 Bl. Text.) München 891. Verlagsanstalt f. Kunst u. Wissenschaft. Geb. in Ldr. m. Goldschn. n. 100. —

Kaulbach, Herm., Bilderbuch. Mit 45 Bildern v. Herm. Kaulbach u. 1 Portr. des Künstlers. Text v. Adelh. Stier. 1.—6. Aufl. (à II, 68 S.) Lex.-8. Stuttgart (906). Union. Geb. n. 3. —

Kaulbach, Herm., Bilderbuch. Mit 45 Bildern v. Herm. Kaulbach u. 1 Portr. des Künstlers. Text v. Adelh. Stier. 21.—30. Tausf. (II, 68 S.) Lex. 8. Stuttgart (909). Union. Geb. 3. —

Kaulbach, H. *Hermann Kaulbach-Album.* 14 Originalzeichnungen (Kinderszenen, Blau- u. Rotdruck). Mit begleitendem [Vers-]Text von Anna Mayer-Bergwald. Stuttgart, G. Weise [ca. 1890]. 30 Bl. Gr.-4°. Illustr. Orlwd. 8.—

Kaulbach, Herm., Hermann Kaulbach-Album. 14 Orig.-Zeichngn. M. begleit. Text v. Anna Mayer-Bergwald. gr. 4. (16 Bl. Text.) Stuttgart 898. G. Weise. Geb. in Leinw. 6. —

Kaulbach-Güll-Bilderbuch, das. Auswahl aus Frdr. Güll's Kinderheimat m. Bildern v. Herm. Kaulbach, hrsg. v. Bez. Lehrerverein München. (64 S. m. Abbild. u. farb. Taf.) 31×23,5 cm. München (910). Verlag d. Jugendblätter. Geb. in Leinw. 4. 50

— **aus dem Kinderleben.** 12 Darstellgn. nach Orig.-Gemälden (in Photogr.). gr. 8. München (900). F. Hanfstaengl. In Leinw.-Mappe 12. —

Kaulbach, Josef, appr. Arzt a. Hannover: Aus dem Pathologischen Institut der Universität Marburg. Ein Fall von multipler Neurofibromatose des peripheren Nervensystems kombiniert mit Fibromen der Nervenwurzeln, Gliomen des Rückenmarks und Sarkomen der Dura mater. Marburg 1906: H. Bauer. (39 S.) 8°
Marburg, Med. Fak., Ref. Aschoff, Diss. v. 30. Mai 1906
[Geb. 28. Jan. 75 Hannover; Wohnort: Hannover; Staatsangeh.: Preußen; Vorbildung: Gymn. Linden Reife O. 94; Studium: Greifswald 3, Göttingen 3, München 4, Marburg 2 S.; Coll. 9. April 06; Approb. 7. Juli 02.]

Kaulbach, Isidore, die weiße Nelke, s.: Lutz' Kriminal- u. Detektiv-Romane. 23.

Kaulbach, J., die weiße Nelke, s.: Sammlung ausgew. Kriminal- u. Detektiv-Romane.

— Schatten, s.: Lutz' Kriminal- u. Detektiv-Romane.

— Im freien Wasser. Roman. (244 S.) 8. Leipzig (909). E. Ungleich. 3.—; geb. 4.—

Kaulbach, Carl „Der Erzguss, mit einer geschichtlichen Einleitung". pg. 3—8. 4°. Friedrich Ernst Thein.
Würzburg, Progr. 1861/62

Kaulbach, Maximilian, Kammergerichts-Ref.: Die **Konstruktion** der Wandelung und der Minderung im Bürgerlichen Gesetzbuch. *Berlin 1903: G. Pöllner.* (51 S.) 8°
Rostock, Jur. Diss. v. [14. Febr.] 1903

Kaulbach, Wilh. v., s. Goethe's Herrmann and Dorothea.

**Kaulbach's, Wilh. v., Goethe-Gallerie. 1. Abthl.: Goethe's Frauengestalten. Nach den Handzeichnungen photogr. von J. Albert. (In 7 Lfgn.) 1—8. Lfg. Imp.-Fol. (9 Blatt.) Frankfurt a. M. 861. [Stuttgart, Bruckmann.] Subscr.-Pr. à Lfg. * 32 Thlr. *
Einzelne Bl. ***

— — Nach den Handzeichnungen photographirt von J. Albert. Facsimile-Ausgabe. (In 7 Liefgn.) Ebend. 861—63. Imp.-Fol. Jede Liefg. (à 3 Bl. m. erläuterndem Text) n. 32 ℛ; einzelne Bl. à n. 14 ℛ

Kaulbach, Wilh. v., Goethe-Galerie. 1. Abthl.: Goethe's Frauengestalten. Nach den Orig.-Zeichnungen photographirt von Fr. Bruckmann's photogr. Anstalt. Fol. (21 Photogr.) München 863, Bruckmann.
Facs.-Ausg., einzelne Blätter * 12 Thlr.; compl. *
Grösse I. einzelne Blätter * 7 Thlr. 15 Ngr.; compl. *
» II. » » * 4 Thlr. 15 Ngr.; compl. *

Kaulbach, Wilh. v., Goethe-Galerie. 1. Abthl.: Goethe's Frauengestalten. Nach den Orig.-Zeichnungen photographirt von Fr. Bruckmann's photogr. Anstalt. Mit erläut. Text von Friedr. Spielhagen. Album-Ausg. br. 8. (21 Photogr. und 84 Blatt Text.) Ebendas. 864. geb. *
geb. in Leder mit Goldschn. *
Grösse IV. einzelne Blätter * 1 Thlr. *
geb. in Leder *
Grösse VI. (Visitenkarten) einzelne Blätter * 10 Ngr.; cart. *
Grösse VII. Min.-Ausg. *

— dass. — Mit erläut. Text von Friedr. Spielhagen. Grösse IV. gr. 4. (22 Photogr. und 44 S. Text.) Ebendas. 867. Einzelne Blätter 1 Thlr.; geb. mit Goldschn. geb. in Leder mit Goldschn.

Kaulbach, Wilh. v., Goethe-Gallerie. Nach Orig.-Cartons. Mit erläut. Text v. Fr. Spielhagen. Neue Ausg. gr. 4. (84 S. m. 21 Lichtdr.) München 883. Verlagsanstalt f. Kunst u. Wissenschaft. geb. m. Goldschn. n. 20.—

Kaulbach, Wilh. v., Goethe-Galerie. Nach Orig.-Kartons v. K. M. erläut. Text v. Fr. Spielhagen. gr. 4. (84 S. m. 21 Heliograv.) München (896). Verlagsanstalt f. Kunst u. Wissenschaft.
Geb. in Leinw. m. Goldschn. n. 20.—

—— dass. — In Kpfr. gest. von Mandel, Raab, Sachs u. A. Mit erläut. Texte von Adf. Stahr. 21 Kpfrst. (In 10 Lfgn.) 1. Lfg. gr. Fol. (8 Kpfrt. und 81 S. Text.) Ebendas. 861. *

Kaulbach, Wilh. v., Goethe-Gallerie. 1. Abth. Goethe's Frauengestalten. Nach Originalzeichnungen in Kpfr. gest. von Mandel, Raab, Sachs, u. A. Mit erläut. Texte von Adf. Stahr. 21 Kpfrst. (In 10 Liefgn.) 1—5. Liefg. Stuttgart 862—64. Bruckmann. gr. Fol. (11 Bl. u. 107 S. Text) n. 22 ℛ; einzelne Bl. à n. 3 ℛ
1. Liefg. (3 Bl.) n. 6 ℛ; 2—5. Liefg. (à 2 Bl.) à n. 4 ℛ

Kaulbach, Wilh. v., Goethe-Galerie. 1. Abth.: Goethe's Frauengestalten. Nach den Orig.-Zeichnungen. In Kpfr. gest. von Mandel, Raab, Sachs u. A. Mit erläut. Texte von Adf. Stahr. 21 Kpfrst. 6—10. Liefg. München 865—67. Bruckmann. gr. Fol. (7 Kpftaf. u. 196 S. Text.) Jede Liefg. 4 ℛ

— **Echter u. Muhr,** Kaffee-Klexbilder. Humoristische Handzeichnungen. Nach den in Besitz der königl. National-Galerie befindl. Originalen in Lichtdr. reproducirt v. W. Frisch. Mit einem Vorwort vom Herausgeber. gr. 4. (40 Bl. m. 1 Bl. Text.) Leipzig 881. Schloemp. In Mappe. 15.—

Catalog einer Sammlung von wertvollen Gemälden alter und moderner Meister, sowie Handzeichnungen. Künstlerischer Nachlass (Kaulbach-Museum zu München) von Wilhelm v. **Kaulbach.** Versteigerung zu München ... München 1903: Knorr & Hirth. 17 S. 8°

Kaulbach-Album, Thierfabeln, Geschichten und Märchen in Bildern. Nach Orig.-Federzeichnungen von Wilh. v. Kaulbach. In Holz geschn. von J. G. Flegel. Text von Jul. Grosse. qu. Fol. (12 Holzschnt. und 34 S. Text.) Stuttgart 861, Bruckmann. geb. * 3 Thlr. und *

Kaulbach-Album. Thierfabeln, Geschichten und Märchen in 12 Bildern. Nach Orig.-Federzeichnungen von Wilh. v. Kaulbach. In Holz geschnitten von J. C. Flegel. Text von Jul. Grosse. qu. Fol. (12 Holzschntaf. und 34 S. Text.) Stuttgart 862, Bruckmann. cart. * 2 Thlr.; geb. *
Hieraus Auswahl in 9 Blättern photogr. einzelne Bl. * 7½ Ngr.; compl. * 2 Thlr.

Prof. W[ilhelm] v. Kaulbach. Klassiker-Galerie. Berlin: Herlet [1909]. 2 Bl., 32 Taf. 4°

— das Mährchen vom Zwergkönig Worzel u. dem Rattenkönig Fitzliratzi. Nach Orig.-Zeichngn. photographirt von G. Schauer. Berlin 869. Nicolai's Verl. qu. 16. (3 Bl. mit 4 S. Text.) In Umschlag. n. 1 ℛ; Ausg. in Fol. u. 3 ℛ 15 ngr

Kaulbach, Wilh., das Narrenhaus, gest. v. H. März, erläut. v. Guido Görres, nebst Ideen üb. Kunst u. Wahnsinn. gr. 8. (6¼ B. u. 2 Steindrücke.) Regensburg 836, Pustet'sche Bh. *
Aus dem: Morgenblatt, besond. abgedruckt.

— s.: Schiller-Galerie.

Kaulbach, Wilh. v., Shakspeare-Album in photographischen Abbildungen. 1—3. Liefg. Berlin (858.) Nicolai'sche Verlhdlg. Fol. n. 7 ℛ. 15 ngr; einzelne Bl. à n. 1 ℛ.
Inhalt: 1. Liefg.: Macbeth. (3 Bl.) n. 2 ℛ. 25 ngr — 2. Liefg.: Der Sturm. (2 Bl.) n. 1 ℛ. 25 ngr — 3. Liefg.: König Johann. (3 Bl.) n. 2 ℛ. 25 ngr

—— Shakspeare-Album in photographischen Abbildungen. 1—3. Lfg. Fol. Berlin 859, Nicolai'sche Verlagsbuchh. *
Einzelne Bl. *

Inhalt:

Lfg. 1. Macbeth. (3 Bl.) * 2 Thlr. 25 Ngr.
» 2. Der Sturm. (2 Bl.) * 1 Thlr. 25 Ngr.
» 3. König Johann. (3 Bl.) * 2 Thlr. 25 Ngr.

—— dass. — (2. Ausg. nach den Orig.-Cartons.) 1—3. Lfg. Fol. (8 Photogr.) Ebendas. 861. *

— Shakespeare-Album in photographischen Abbildungen. (2. Ausg. nach den Orig.-Cartons.) 1—3. Liefg. Berlin 862. Nicolai'sche Verlhdlg. Fol. (8 Bl.) n. 10 ℛ

—— Shakspeare-Album. Nach den Handzeichnungen des Künstlers photogr. von G. Schauer. Fol. (9 Blatt.) Berlin 867, Nicolai's Verlag. *

— Shakspere-Gallerie. 1. Liefg. Macbeth. Berlin 855. Nicolai'sche Verlhdlg. gr. Fol. (3 Bl. in Kpfrst. u. 3 Bl. Text deutsch, engl. u. französ.) n. 12 ℛ.; chines. Pap. n. 15 ℛ.; vor der Schrift n. 24 ℛ.

—— Shakspeare-Galerie. 2. Lfg.: Der Sturm. Imp.-Fol. (2 Kpfrt. mit 2 Bl. Text in deutscher, engl. und französ. Sprache.) Berlin 859, Nicolai'sche Verlagsbuchh. *
Chines. Pap. *
Vor der Schrift *

—— dass. — 3. Lfg.: König Johann. Imp.-Fol. (3 Kpfrt. mit 3 Bl. Text in deutscher, engl. und französ. Sprache.) Ebendas. 859. *
Chines. Pap. *
Vor der Schrift *

1. Lfg. Ebendas. 1855. * 12 Thlr.; chines. Pap. * 15 Thlr.; vor der Schrift * 24 Thlr.

—— Shakspeare-Gallerie. Nach Orig.-Zeichnungen photogr. von G. Schauer. gr. 16. (9 Blatt.) Berlin 867, Nicolai's Verlag. *

—— Stahlstiche zu Schillers Werken in 2 Bdn. Lex.-8. (12 Blatt.) Stuttgart 867, Cotta'sche Buchh. *

—— Todtentanz. Fol. (4 Bl. Photogr.) München 872, Hanfstängl. à Bl. ℳ 24. 96 —

—— kunstgeschichtliche Wandgemälde an der neuen Pinakothek Sr. Maj. des Königs Ludwig I. von Bayern in München. Nach den Kaulbach'schen Orig.-Oelskizzen unmittelbar photographirt von Jos. Albert. Mit erläut. Texte von Ed. Ille. Imp.-Fol. (12 Photogr., Titel mit 1 Photogr. und 2 Blatt Text.) München 863, Piloty und Löhle.
Einzelne Blatt

— — (Kleinere Ausg.) 12 Blätter, worunter das Bildniss Sr. Maj. des Königs Ludwig im Vorsaale der Pinakothek mit (1 Bl.) erläut. Texte von Ed. Ille. Ebend. 864. gr. 4. 9 ℛ

—— Wandgemälde im Treppenhause des neuen Museums zu Berlin. Mit Genehmigung der General-Direction der königl. Museen hrsg. 1—4. Lfg. Imp.-Fol. (à Lfg. 3 Bl. in Kpfrst. und 1 Bl. Text.) Berlin, A. Duncker. *
Ausg. vor der Schrift *

Lfg. 1. Der Fries. 1. und 2. Bruchstück. Gest. von Ed. Eichens. Die Geschichte. Gest. von L. Jakoby. Moses. Gest. von A. Hoffmann. (3 Bl.) 853. * 9 Thlr. 10 Ngr.; vor der Schrift * 14 Thlr.
» 2. Der Fries. 3. und 4. Bruchstück. Gest. von Ed. Eichens. Die Sage. Gest. von L. Jacoby. Solon. Gest. von A. Hoffmann. (3 Bl.) 854. * 9 Thlr. 10 Ngr.; vor der Schrift * 14 Thlr.
» 3. Venus. Gest. von G. Seidel. Homer und die Griechen. Gest. von Ed. Eichens. (2 Bl.) 855. * 14 Thlr. 20 Ngr.; vor der Schrift. * 22 Thlr.
» 4. Der Fries. 5. und 6. Bruchstück. Gest. von Ed. Eichens. Die Malerei. Gest. von P. Habelmann. Die Architectur. Gest. von A. Teichel. (3 Bl.) 856(57.) * 9 Thlr. 10 Ngr.; vor der Schrift * 14 Thlr.

—— Wandgemälde im Treppenhause des neuen Museums zu Berlin. Mit Genehmigung der General-Direction der königl. Museen hrsg. 5. und 6. Lfg. Imp.-Fol. (4 Bl. in Kpfrst.) Berlin 859. 60, A. Duncker. à Lfg. * 14 Thlr. 20 Ngr. *
Ausg. vor der Schrift à Lfg. * 22 Thlr. *

Inhalt:

Lfg. 5. Die Hunnenschlacht. Gest. von L. Jacoby. Die Isis. Gest. von Sachs.
» 6. Die Kupferstecherkunst. Gest. von A. Teichel. Die Kreuzfahrer. Gest. von Ed. Eichens.

1—4. Lfg. Ebendas. 1853—56. * 42 Thlr. 20 Ngr.; Ausg. vor der Schrift * 64 Thlr.

—— Wandgemälde im Treppenhause des Neuen Museums zu Berlin. 1. Lfgs.-Ausg. in 12 Lfgn. Imp.-Fol. (28 Bl.) Berlin 853—71, A. Duncker. * 423 —
Vor der Schrift * 635 —
Vor der Schrift chines. Pap. * 822 —

—— dass. — Photographische Ausg. 1—3. Lfg. Imp.-Fol. (à 4 Blatt.) Ebendas. 861. à Lfg. ** 6 Thlr. 20 Ngr. **

—— Wandgemälde im Treppenhause des neuen Museums zu Berlin. Mit Genehmigung der General-Direction der königl. Museen hrsg. von Alex. Duncker. Photographische Ausg. 4. Lfg. Imp.-Fol. (4 Blatt.) Berlin 864, A. Duncker.
In Mappe. *

1.—3. Lfg. Ebendas. 1861. * 20 Thlr.

Kaulbach, Wilh. v., Wandgemälde im Treppenhause des Neuen Museums zu Berlin. 2. Lfgs.-Ausg. in 10 Lfgn. Imp.-Fol. (28 Bl.) Berlin 872, A. Duncker. * 360 —
Vor der Schrift * 540 —
Vor der Schrift chines. Pap. * 720 —

—— dass. — [Die 6 Hauptbilder.] In Kupfer gest. von G. Eilers, H. Merz, J. L. Raab, A. Schultheiss. Mit erläut. Text hrsg. unter den Auspicien des Meisters. qu. Fol. (6 Bl. mit 12 S. Text.) Ebendas. 870. * 20 25
In Mappe * ℳ 22,50.; geb. mit Goldschn. * 30 —
à Bl. * ℳ 3.; chines. Pap. à * 6 —
Vor der Schrift à Bl. * ℳ 9.; chines. Pap. à * 12 —
Erste Drucke à * 18 —

—— dass. — Photogr.-Ausg. Die 6 Hauptbilder. Fol. Ebendas. à Bl. * ℳ 9. * ℳ 46,50.; in Mappe * 66 —
—— dass. — Imp.-Fol. Ebendas. à Bl. * ℳ 15. * 81 —
—— dass. — Die 22 Zwischenbilder und der Fries. Fol. Ebendas. à Bl. * 4 50
—— dass. — Facsim.-Ausg. der Kupferstiche in Lichtdruck. Fol. (6 Bl.) Ebendas. à Bl. * ℳ 13,50. * 72 —

Kaulbach's, Wilh. v., Wandgemälde im Treppenhause des neuen Museums zu Berlin, in Kpfrst. gest. v. G. Eilers, H. Merz, J. L. Raab, A. Schultheiss. Mit erläut. Text hrsg. unter den Auspicien d. Meisters. Neue Ausg. qu. gr. Fol. (6 Kpfrtaf. m. 7 Bl. Text.) Berlin 880. A. Duncker. 20. 25; in Mappe 22. 50; geb. in Leinw. m. Goldschn. 30. —

Kaulbach's, Wilh. v., Wandgemälde im Treppenhause d. Neuen Museums zu Berlin. 6 Kupferstiche m. erläut. Text. Neue Ausg. qu. Royal-Fol. (12 S.) Berl. 892, A. Duncker. geb. * 20 —

v. Kaulbach, W., Zeichnungen zu Reineke Fuchs, siehe: v. Goethe, J. W., Reineke Fuchs.

—— Zeitalter der Reformation. Erläutert von Frz. Löher. qu. gr. 4. (13 S. mit 1 Photogr. und 1 Stnt. in gr. Fol.) München 863, Bruckmann. *

Kaulbars, Frz., trophische und vasomotorische Störungen peripherer Nervenverletzungen. Inaugural-Dissertation. 8. (29 S.) Jena 874, Neuenhahn. — 60

Kaulbars, Baron N. A., die vorgeschobenen Escadrons der russischen Cavallerie. Aus dem Russ. übers. v. Frhr. v. Tettau. gr. 8. (IV, 76 S. m. 1 Karte.) Hannover 891. Leipzig, Zuckschwerdt & Möschke. n. 2. —

Kaulbars-Demmin, Gedanken-Blüthen und Früchte. Aus den Fluren der Vergangenheit, Gegenwart und Zukunft, in kleinen Dichterbildern rc. 8. (58 S.) Demmin 847. (Berlin, Mecklenburg.) Thlr. *

Kaulen, Ferdinand

Kaulen, F. Poetik Boileau's. Diss. Münster 1882. 128 S.

Kaulen, Ferd., Poetik Boileau's. Ein Beitrag zur Geschichte der französ. Poesie im 17. Jahrh. gr. 8. (V, 128 S.) Hannover 882. (Leipzig, Fock.) n. 2. 40

Kaulen, Franz

Kaulen, Fr., Alleluja! Katholisches Gebetbuch. 16. (XVI, 567 S. mit 1 Stahlst. und chromolithogr. Titelbild.) Freiburg i. Br. 873, Herder'sche Verlagsh. 1 50
Feine Ausg. mit 2 Stahlst. und chromolithogr. Titelbild 2 —
—— dass. — 32. (XVI, 695 S.) Ebendas. 873. 1 50
Feine Ausg. mit 2 Stahlst. und chromolithogr. Titelbild 2 —
—— dass. — Auszug. 16. (VII, 128 S. mit 1 Stahlst.) Ebendas. 875. — 60

Kaulen, Fr., Alleluja! Katholisches Gebetbuch. 2. Aufl. Mit einem Farbentitel. Feine Ausg. Nr. 3 m. 2 Stahlst. 12. (XIV, 557 S.) Freiburg i/Br. 881. Herder. 2. —; gewöhnl. Ausg. Nr. 4 m. 1 Stahlst. 1. 50; feine Ausg. Nr. 5 m. 2 Stahlst. 16. (XV, 592 S.) 1. 80; gewöhnl. Ausg. Nr. 6 m. 1 Stahlst. 16. 1. 20

Kaulen, Frz., Alleluja! Kathol. Gebetbuch. 3. Aufl. 16. (XVI, 533 S. m. Titelbild.) Freiburg i/B. 896. Herder. 1. 30; geb. n. 1. 70; n. 2. 50; n. 2. 75; n. 3. 90 u. n. 5. 60

Kaulen, Frz., Alleluja! Kathol. Gebetbuch. (Auszug.) 2., verm. Aufl. 16. (VIII, 210 S. m. farb. Titelbild.) Freiburg i/B. 899. Herder. n. — 40

Kaulen, Frz., Alleluja! Katholisches Gebetbuch. 3. Aufl. Ausg. Nr. 12. Auszug. (VIII, 210 S. m. farb. Titelbild.) 16. Freiburg i/B. (902). Herder. n. — 40; geb. n. — 65

Kaulen, Frz., Alleluja! Kathol. Gebetbuch. 4. Aufl. Ausg. Nr. 12. Auszug. (VIII, 210 S. m. Titelbild.) 11 ×6,9 cm. Freiburg i/B. (907). Herder. — 40; geb. in Leinw. — 65

[F.] Die ewige Anbetung. Kathol. Andachtsbuch, zumeist aus d. Schriften der Heiligen übs. u. zsgest. v. Prof. Dr. Fr[anz] **Kaulen** in Bonn. Ausg. Nr. V. ... *M. Gladbach & New-York: A. Riffarth (1896).* (XVI, 512 S., 1 Bildert., 1 Taf.) 1 Bd 8. [96. 466]

— dasselbe. Ausg. in grober Schrift. 12. (VIII, 536 S. m. Titelbild.) Ebd. 896. Geb. in Halbldr. n. 1. 60

— die ewige Anbetung. Kathol. Andachtsbuch, zumeist aus d. Schriften d. Heiligen übers. u. zusammengest. 7., verb. Aufl. 16. (XVII, 553 S. m. Farbtitel u. 1 Stahlstich.) M. Gladbach 897. A. Riffarth. Geb. in Leinw. n. 1. 50

Die ewige **Anbetung**. Kathol. Andachtsbuch, zumeist aus d. Schriften der Heiligen übers. u. zsgest. von Prälat Dr. Fr[anz] **Kaulen**, Prof. zu Bonn. 7. verb. Aufl. *M. Gladbach & New-York: A. Riffarth [1898].* (XVII, 554 S.) 8° [F.] [98. 2.61 5]

— kurze Anleitg. z. Erlernen d. hebräischen Sprache, s.: Vosen, C. H.

Kaulen, Frz., Assyrien und Babylonien, s. Bibliothek, illustrierte, der Länder- und Völkerkunde.

Kaulen, Frz., Assyrien und Babylonien nach den neuesten Entdeckungen, s. Vereinsschrift der Görres-Gesellschaft zur Pflege der Wissenschaft im katholischen Deutschland.

—— Assyrien und Babylonien nach den neuesten Entdeckungen. 2. erweit. Aufl. gr. 8. (VIII, 223 S. mit 49 eingedr. Holzschn.-Illustr., 1 Inschrifttaf. und 2 lithogr. Karten.) Ebendas. 882. *ℳ 4.; geb. *

Kaulen, Fr., Assyrien u. Babylonien nach den neuesten Entdeckungen. 3. Aufl. Mit Titelbild, 78 in den Text gedr. Holzschn., 6 Tonbildern, e. Inschrifttaf. u. 2 Karten. gr. 8. (X, 266 S.) Freiburg i/Br. 885. Herder. n. 4. —; geb. n. 6. —

Kaulen, Fr., Assyrien u. Babylonien nach den neuesten Entdeckungen. 4. Aufl. gr. 8. (XII, 286 S. m. Titelbild, 87 Holzschn. im Text, 7 Tonbildern, e. Inschriftentaf. u. 2 Karten.) Freiburg i/B. 891. Herder. n. 4. —; geb. n. 6. —

— Assyrien u. Babylonien nach den neuesten Entdeckgn. 5. Aufl. Mit Titelbild, 97 Illustr., 1 Inschriftentaf. u. 2 Karten. (Illustr. Bibliothek der Länder- u. Völkerkunde.) gr. 8. (XIV, 318 S.) Freiburg i/B. 899. Herder. n. 5. —; geb. in Leinw. n. 7. —

— Brod der Engel. Katholisches Gebetbuch. Ausg. Nr. 10. 24. (VII, 472 S. m. Farbentitel u. 1 Stahlst.) Ebend. 886. 1. —

—— Brod der Engel. Kathol. Gebetbuch. Ausg. Nr. 10. [Neuer Abdr.] 32. (XIII, 472 S. mit Stahlst. und Farbentitel.) Freiburg i. Br. 887, Herder'sche Verlagsh. 1 —

—— Brod der Engel. Katholisches Gebetbuch. 6. unveränd. Aufl. Mit e. Stahlst. u. Farbentitel. Ausg. Nr. X. kl. 32. (XIV, 472 S.) Ebd. 890. 1 —

— Brod der Engel. Katholisches Gebetbuch. 6. unveränd. Aufl. 24. (XIII, 472 S. m. farb. Titel u. 1 Stahlst.) Ebd. 891. 1. —

— Brot d. Engel. Kathol. Gebetbuch. 7. Aufl. 24. (XIII, 472 S. m. farb. Titel u. 1 Stahlst.) Freiburg i/B. 898. Herder. — 80

— Brod der Engel. Katholisches Gebetbuch. 8. Aufl. Mit Stahlst. u. Farbentitel. 24. (XIII, 472 S.) Ebd. (902). — 80

— Brod der Engel. Katholisches Gebetbuch. 9. Aufl. (XIII, 472 S. m. farb. Titel u. 1 Stahlst.) 16. Ebd. (905). n. — 80

— Brot der Engel. Kathol. Gebetbuch. 11. Aufl. (XV, 452 S. m. 1 Farbdr.) 11,2×7,5 cm. Freiburg i/B. (909). Herder. — 80; geb. in Kunstldr. 1. —

— e. Büchlein v. d. göttl. Liebe, s.: Thomas v. Villanova.

Sacram memoriam Regis Serenissimi Divi Friderici Gvilelmi III, Vniversitatis Fridericiae Gvilelmiae Rhenanae conditoris mvnificentissimi, ab eadem Vniversitate d. III m. Avg. a. 1895 ... pie recolendam victorvmqve renvntiationem e litterarvm certaminibvs prodevntivm ... indicit Franciscvs Kavlen ord. theol. cath. h. a. decanvs. — Inest eivsdem Francisci **Kavlen** commentatio de rebvs Iephtae dvcis ex sacra scriptvra recte describendis. Bonnae, form. C. Georgi vniv. typogr., *1895;* 11 S. 4.

[F.] Kurze Einleitung in die Heilige Schrift des Alten und des Neuen Testaments. Von Dr. Franz **Kaulen** ... *Freiburg i. B.: Herder 1897.* (IX, 151 S.) 1 Bd 8.
(Kurzes Bibl. Handbuch z. Gebr. f. Studir. d. Theol. Bdch. 1.) [97. 8590 l.-]

— Einleitung in die heilige Schrift Alten u. Neuen Testaments, s.a.Bibliothek, theologische.

Kaulen, Franz, Einleitung in die hl. Schriften Alten u. Neuen Testamentes. Freiburg, Herder, 1890—1893, gr. 8°, VI u. 627 S., 3. Aufl., 8 Mk.

— Einleitung in d. hl. Schrift Alten u. Neuen Testaments. 1. Thl. 4., verb. Aufl. gr. 8. (VI, 188 S.) Freiburg i/B. 898. Herder. n. 2. 20

— Einleitung in die hl. Schrift Alten u. Neuen Testaments. 2. u. 3. Thl. 4., verb. Aufl. gr. 8. Ebd. 899. n. 6. 50; (kplt. n. 8. 70; geb. in Halbsaffian n.n. 10. 70)
2. (VI, 264 S.) n. 3.20. — 3. (VI, 272 S.) n. 3.30.

— Einleitung in die hl. Schrift Alten u. Neuen Testaments. 3. Tl. 5., verb. Aufl. (VI, 271 S.) gr. 8. Ebd. 905. n. 3. 80

Kaulen, Franc., Librum Jonae prophetae exposuit. Mainz, Kirchheim, 1862, 8°, 145 S., 1,50 Mk.
Doktordissertation. Recens. Litt.-Bl. der Sion, Jahrg. 32, Mai-Nr.; von P. Zingerle, Österr. Vierteljahrsschr., Bd. 3 (1864), S. 153 f.; Litt. Handw. 1865, S. 300—301; Katholik, Jahrg. 1863, Bd. I, S. 112—115.

Kaulen, Franz, Geschichte der Vulgata. Mainz, Kirchheim, 1868, 8°, 502 S., 7 Mk.

—— Geschichte der Vulgata. gr. 8. (VIII, 502 S.) Mainz 869, Kirchheim. 7 —

— kurzes bibl. Handbuch z. Gebr. f. Studirende d. Theologie. 1. Bdchn. A. u. d. T.: Kurze Einleitg. in d. hl. Schrift d. Alten u. d. Neuen Testaments. gr. 8. (IX, 151 S.) Ebd. 897. n. 1. 80; Einbd. in Halbleinw. n.n.n. —30

—Handbuch der Vulgata. Mainz, Kirchheim, 1870, 8°. XII, 280 S., 2,80 Mk.
Eine systematische Darstellung ihres latein. Sprachcharakters, welche zugleich Aufschluß über die sprachl. Berechtigung des Vulgata-Lateins giebt und dabei, wie das Buch auch aus akadem. Vorlesungen hervorging, gerade das prakt. Bedürfnis der meisten Priester und Studierenden ins Auge faßt. Neben der Vulgata wird auch Rücksicht genommen auf die liturg. Bücher der Kirche, in denen d. Sprachgestaltung der Vulgata auf eigentümliche Weise fortlebt. Vgl. Hump, Litt. Handw. 1870, 333; Katholik 1870, Heft 5.

Sprachliches Handbuch zur biblischen Vulgata. Eine systemat. Darstellung ihres lat. Sprachcharakters von Dr. Franz **Kaulen**, Prof., Bonn a. Rh. 2., verb. Aufl. *Freiburg im Br.: Herder 1904.* (XVI, 332 S.) 8° [F.]
[04. 13160

Kaulen, Franc., Linguae Mandshuricae institutiones quas conscripsit, indicibus ornavit chrestomathia et vocabulario auxit. 8maj. (VIII und 152 S.) Ratisbonae 856, Manz. *

— Kirchenlexikon, s.: Wetzer.

Kaulen, Frz., Legende von dem sel. Hermann Joseph. gr. 16. (XII und 160 S.) Mainz 862, Kirchheim. *

—— Legende von dem seligen Hermann Joseph. 2. Aufl. 16. (X, 160 S.) Mainz 880, Kirchheim. *

— Legende von dem seligen Hermann Joseph. 2. Aufl. 16. (X, 160S.) Mainz 881. Kirchheim. n. 1. --

— Rudimenta linguae hebraicae, s.: Vosen, C. H.

— der biblische Schöpfungsbericht (Gen. 1, 1 bis 2, 3), erklärt. 8. (III, 93 S.) Freiburg i B. 902. Herder. n. 1. —

Kaulen, Frz., Die Sprachverwirrung zu Babel. Linguistisch-theologische Untersuchungen über Gen. 11, 1—9. Mainz, Kirchheim, 1861, gr. 8°, VII u. 248 S., 4,50 Mk.

—— s. Vosen, C. H., kurze Anleitung zum Erlernen der hebräischen Sprache.

—— s. Vosen, C. H., Rudimenta linguae hebraicae.

Kaulen, Heinrich (Meppen-Arenberg), De origine partitionis digestorum in digestum vetus infortiatum cum tribus partibus et digestum novum. Comment. in cert. litter. civ. acad. Georg. Aug. ex sent. ill. jurecons. ord. praemio regio ornata. Götting. (Dieterich) 4. VI. 1839. 41 Seiten. (6.20) 17541
Gew.: Johann Heinrich Koch.

Kaulen, Carl (geb. am 30 Jan. 1850 in Nettesheim Kr. Neuss): Ueber die diagnostische Bedeutung der Sputa ... Bonn, Druck d. Carthaus'schen Buchdr. (1873). 42 S., 2 Bl. 8.
Bonn, Med. Fak., Diss. v. 2 Aug. 1873

Kaulen, Wilh., Erinnerung an das V. deutsche Turnfest zu Frankfurt a/M. vom 25. bis 29. Juli 1880. Eine Schilderung des ganzen Festverlaufs m. namentl. Angabe der Sieger. 8. (94 S.) Frankfurt a/M. 880. Jaeger. n. — 75

Kaulen, Wilh., Freud' und Leid im Leben deutscher Künstler. Ihren mündl. Mittheilungen nacherzählt. 3 Hefte. 8. (VI, 398 S.) Frankfurt a. M. 877,78, Winter. à Heft *M* 2. *

—— Geschichte des Alltagslebens. Mit Illustr. (Holzschntaf.) von W. Steinhausen. 8. (VIII, 440 S.) Frankfurt a. M. 880, Sauerländer's Verlag. geb. *

Kaulen, Wilh., närrisches Complimentirbuch. 8. (2¼ B.) Düsseldorf 840, Stahl'sche Buchh.

Kaulen, Wilh., närrisches Complimentirbuch. 2., verm. Aufl. 8. (56 S. mit Illustrationen.) Hamburg 847, Verlags-Comptoir. *

—— die Thierwelt des Alltagslebens. Mit (Holzschn.-)Illustr. von W. Steinhausen. 8. (VIII, 354 S.) Ebendas. 882. geb. *

—— was wir eigentlich wollen, s. Was.

Kaulfers, Karl Franz, appr. Arzt aus Chemnitz: Ueber einen Fall von Lumbo-sakral-kyphotischen [!] Becken. *Leipzig 1901: B. Georgi.* (52 S.) 8°
Leipzig, Med. Diss. v. (19. Nov.) 1901

Kaulfers, Werner, Referendar a. Chemnitz: Zur Lehre von der Haftung für Werkeinsturz nach §§ 836—838 des B.G.B. Borna-Leipzig 1907: R. Noske. (VIII, 63 S.) 8° [F.]
Leipzig, Jur. Fak., Diss. v. 9. Nov. 1907
[Geb. 6. Aug. 80 Chemnitz; Wohnort: Dresden; Staatsangeh.: Sachsen; Vorbildung: Kgl. Gymn. Chemnitz Reife O. 99; Studium: Lausanne 1, Berlin 1, Leipzig 6 S.; Rig. 21. Jan. 03.]

Kaulfuß u. Schönfeld, Geschichte d. Feld-Artillerie-Regiments v. Podbielski [Niederschlesischen] Nr. 5. Auf dienstl. Veranlassg. bearb. gr. 8. (VI, 193 S. m. 3 Karten.) Berlin 890. Mittler & Sohn. n. 4. 25

Kaulfuß, das Nöthigste aus d. Rechnung mit Decimalbrüchen f. Lehrer u. Schüler, so wie f. Jeden, der sich mit d. Decimalrechnung bekannt machen will, aufs Faßlichste dargestellt. 8. (2 B.) Dresden ..., (Gottschalck.)

Kaulfuß, A., das röm. Recht am Hermannsdenkmale. Ein Beitrag z. Verbesserung des Rechtsstudiums in Deutschland. gr. 8. (5 B.) Berlin 842, Springer.

Kaulfuß, Adph., Beitrag zur Kenntniß u. Beurtheilung der diesjähr. polnischen Bewegung im Großherzogth. Posen. gr. 8. (40 S.) Halle 848, Schmidt in Comm. n. 6 ngr

Kaulfuß, Alex.: Praktische Anleitung zu Geschäften der freywilligen Gerichtsbarkeit in den Preußischen Staaten für angehende Geschäftsmänner. Posen 1807.

— 3. Aufl. Erfurt 1823.

Kaulfuss, And.: Prakt. Anleit. zu Geschäften d. freywill. Gerichtsbark. in d. Pr. Staaten. *Posen*, Kühn. (807.) N. A. *Eb.* 819. gr. 8. (1 Thl. 12 Gr.)

Kaulfuß, prakt. Anleit. zu Geschäften d. freiwilligen Gerichtsbarkeit in d. Preuß. Staaten. 3te Aufl. gr. 8. Erfurt 823, Keyser.

Kaulfuss, Andr.: Pract. Anleitung zu den Geschäften d. freiwilligen Gerichtsbarkeit in d. Preuss. Staaten. 3e mit d. Stempelgesetz verm. Aufl. *Erfurt*. (Winkler.) (807.) 823. gr. 8. (1 Thl. 18 Gr.)

Kaulfuss, Christian Friedrich, Rhapsodiae supplementa. Präs. Carl Ferdin. Hommel. Lpz. (Langenheim) 14. XI. 1776. 26 S. (5.50) 17542
Vgl. Kaullfuss.

Kaulfuß, Christian Gottlob

— — Statutorum Budissinensium collationem, cum jure civili et Saxonico communi. Diss. jur. Präs. Christ. Wildvogel. Jena (Müller) April 1715. 112 Seiten, tlws. dtsch. (12.—) 17544

— **Christian Gottlob** (Friedb./Schles.), De eo, quod ipse non habens alteri dare potest, occasione L. 46. ff. de acq. rer. dom. Diss. jur. Präs. D. Jo. Friedrich Hommel. Lpz. (Christian Scholvin) 26. II. 1712. 36 S. (6.50) 17543
Gew.: Gottfried Graeve (Leipzig), Joh. Peter Heinrici (Meschwitz, Jesniz), Caspar Christian Hübsch (Niederkeyna), Georg Christian Wabst.

Kaulfuß, Georg Friedrich

Kaulfuss, (G. Fr.,) Enumeratio filicum, quas in itinere circa terram legit Cl. Adalb. de Chamisso, adjectis in omnia harum plantarum genera, permult. species non satis cognitas vel novas animadversionibus. Cum II tab aen. 8 maj. Lipsiae 824. Cnobloch.

Erfahrungen über das Keimen der Charen nebst andern Beyträgen zur Kenntniß dieser Pflanzengattung mitgetheilt von Georg Friedrich Kaulfuß. Leipzig: Cnobloch 1825. 92 S. 8°

— fauna insectorum, s. A. *Ahrens*.

— d. Wesen d. Farrenkräuter, besonders ihrer Fruchttheile, zugleich mit Rücksicht auf systemat. Anordnung betrachtet u. mit e. Darstell. d. Entwickelung d. Sterió verrulata aus d. Saamen begleitet. 1ste Hälfte. Mit 1 Kupfrt. gr. 4. Leipz. 827, Cnobloch. Rthlr.

Die Geschlechter. Kämpfe zwischen heut u. morgen in 2 Handlungen. Von Hugo Herbert **Kaulfuß**. 1. Der Mann. Ein Willensdrama. 2. Das Weib. Die Tragödie d. Wertes. Berlin-Leipzig: Wigand 1910. 103 S. 8° [11, 4880

Kaulfuß, J. P.: Polens Untergang. Ein charakteristisches Gemälde dieser Adels-Nation. Zur richtigen Beurtheilung der neuesten Revolution und ihrer Folgen herausgegeben. Cölln 1808 bey Peter Hammer (Breslau). 166 S. 8°

Kaulfuss, J. S., die Pteridophyten des nördlichen fränkischen Jura u. der anstossenden Keuperlandschaft. gr. 8. (81 S.) Nürnberg 899. (M. Edelmann.) n. 3. —
Sonderabdruck aus: „Abhandlgn. d. naturhist. Gesellschaft zu Nürnberg".

Kaulfuss, Jo. Sam., de auctoribus veteribus in us. Gymnasior. edendis. 8. (2 B.) Cussalini 831, Hendess. Thlr.

Kaulfuß, J. S., die Erziehung für den Staat. Versuch eines Plans zur Einrichtung des Erziehungswesens im Preuß. Staate. gr. 8. Posen. (Breslau, Holäufer.) 817.

— O filologii etc. Ueber Philologie u. deren Einfluß auf Bild. rc. 8. Bresl. 814.

— s. Fülleborn, encyclopaedia philologica.

— über den Geist d. polnischen Sprache u. Literatur. 8. Halle 804. Schimmelpfennig. 18 K

Kaulfuss, I. S., Iudicium crit. de H. E. G. Pauli, Profess. Jenensis. Comment. philol. etc. in N. Test. 8. maj. ibid. 803.

—— über meine Methode d. alte Literatur zu lehren. Allen Vorgesetzten d. Unterrichtswesens, allen Gymnasiallehrern, u. Eltern in höh. Ständen z. Beherzig. empfohl. 8. (3 B.) Cöslin 830, Hendeß.

Kaulfuß, J. S. Kurze Nachr. v. d. gegenw. Zust. d. Gymn. zu Neu-St. 38 S. Progr. Neu-Stettin 1830

—— kurze Nachricht v. d. jetzigen Zustande d. Kgl. Gymnasiums in Neu-Stettin. gr. 8. (3 B.) Cöslin 830, (Hendeß.)

— Nachricht von d. Töchterschule zu Posen. 8. Posen 813.

—— die Religion d. Herrn in d. Gymnasien. 8. (2¼ B.) Cöslin 830, Hendeß.

Kaulfufs, J. S., Diss. de studiis Graecarum et Romanar. literarum in scholis acrius et rectius exercendis. Züllich 819. 4. (22 S.)

Kaulfuss, (J. S. Ph.,) de peculiaribus aevi nostri vitiis eorumque remediis. 4. Cöslin 826, Hendess.

— warum ist d. deutsche Sprache u. Literatur als Hülfsmittel zur Fortbildung d. französ. Sprache vorzuziehen? gr. 8. Posen 819. (Darnmann). 7 K

Kaulfuß, (J. S.,) Wie muß alte Literatur gelehrt werden, wenn sie einen Platz unter d. Gymnasial-Lehrgegenständen verdienen soll? 8. Cöslin 826, Hendeß.

Kaulfuß, Jh. Chr., s. Schulen d. Augsburg. Confess.

— **Johann Christian,** Meditationes de carcere diuturno poenam criminis temperante. Erfurt (Johann Christoph Hering) 20. VIII. 1742. 67 Seiten. (6.80) 17546

Kaulfuß, Johann Georg, s. Betrachtungen über den Zustand von Polen.

Kaulfuß, Otto, Dr.: Die Grundprobleme der Geschichtsphilosophie mit besonderer Berücksichtigung der Hegelschen Anschauungen. Bromberg 1907: R. Krahl. (32 S.) 8° [F.]
Bromberg, st. R P 1907 (215)

Die Grundprobleme der Geschichtsphilosophie m. besond. Berücks. d. Hegelschen Anschauungen. Von Dr. Otto **Kaulfuß,** Oberl. Bromberg: Mittler 1907. 78 S. 8° (10. 14749

Kaulfuss, Otto, aus Sorau N.-L.: Die Strategie Schwarzenbergs am 13., 14. und 15. Oktober 1813. *Berlin (1902): E. Ebering.* (64 S.) 8°
Berlin, Phil. Diss. v. 6. Aug. 1902

Kaulfuss, Paul Berthold (geb. Nakel 24. 5. 1846): Ueber Geschwülste der männlichen Brustdrüse. Berlin (1872). (35 S.) 8°
Berlin, Med. Diss. v. 11. Mai 1872

Kaulfuss, R. S. (Hrsg.), s. Stern, Der, am Hudson.

Kaulfuss, Roman St., die Slawen in den ältesten Zeiten bis Samo (623). Eine linguist.-geograph.-histor. Untersuchung, nebst e. Anhange: Gedrängte Uebersicht der heutigen Slawen. gr. 8. (7¼ B.) Berlin 842, Schroeder's Verl. Thlr.

Die Inszenierung des deutschen Dramas an der Wende des sechzehnten und siebzehnten Jahrhunderts. Ein Beitrag z. älteren deutschen Bühnengeschichte von Carl Hermann **Kaulfuß-Diesch.** Leipzig: R. Voigtländer 1905. (VIII, 236 S.) 8° [F.]
— Probefahrten. Bd 7.

Kaulich, Ernst

Kaulich: Ueber Arbitragerechnung für Wechsel, Staats- u. Industriepapiere. 22 S. – Prag H., Progr. 1868

Kaulich Dr. E.: Über die Berechnung des Zinsfußes der bei der Hypothekenbank des Königreiches Böhmen aufgenommenen Darlehen. 11. Prag H.-A. 80. Progr.

Kaulich, Ernst, Lehrbuch der kaufmännischen Arithmetik. Zum Gebrauche für Handels-Lehranstalten und für den Selbstunterricht. Lex.-8. (VIII und 512 S.) Prag 860, Credner's Verlags-Conto. Thlr. *

Kaulich, Ernst, Lehrbuch der kaufmännischen Arithmetik. Zum Gebrauch für Handels-Lehranstalten und für den Selbstunterricht. 2., verb. und verm. Aufl. gr. 8. (X, 336 S.) Prag 871, Credner. [Fuchs.] * 6 —

Kaulich, Ernst, Lehrbuch der kaufmännischen Arithmetik. Zum Gebrauche für Handels-Lehranstalten und für den Selbstunterricht. 4. umgearb. und verm. Aufl. gr. 8. (IX, 378 S.) Prag 885, Fuchs. * 6 —

Kaulich: Ueber den Spielplan und den Zinsfuss des Staatslotterieanlehens von J. 1864. 14 S. – Prag H., Progr. 1864

Kaulich, Joh., üb. das Kartenlesen. Ein Beitrag zur Methode d. geograph. Unterrichts. — Über das Kartenzeichnen, insbesondere üb. die Herstellg. v. Umgebungskarten v. Heinr. Petsch. — Wie die Schüler üb. die Pflichten u. Rechte der Staatsbürger zu belehren wären. Von Anna Schwarzer. 3 Vorträge, geh. bei der deutschen Bezirkslehrerconferenz d. Schulbez. Mährisch-Schönberg. 2. (Titel-) Ausg. gr. 8, (29, 7 u. 7 S. m. 1 Fig.) Znaim 893. Fournier & Haberler. n. 1. —

Kaulich, Joh., Landeskunde v. Mähren. (Method. bearb. Texte zu d. v. k. u. k. militär-geograph. Institute in Wien herausgegeb. Schul-Wandkarten u. Handkarten v. K. Schober. Red. v. K. Schober.) M. 8 Holzschn., 1 Karte u. 4 Kartenskizzen. gr. 8. (VII, 117 S.) Wien 898. R. Lechner's Sort.) n. 3. 60

Kaulich, Joh., Lesebuch f. die deutschen Volksschulen in Mähren u. Schlesien. I. Tl.: Fibel v. Anna Tursky. Mit Orig.-Zeichngn. v. Heinr. Jakesch. 2. Aufl. Textlich unveränd., nach der neuen Rechtschreibung hergestellter Abdr. der 1. Aufl. (91 S.) gr. 8. Wien 902. F. Tempsky. Geb. n.n. — 60
-Handkarten v. K. Schober. Red. v K. Schober.) 2. Aufl. Mit 8 Holzschn., 1 Karte u. 4 Kartenskizzen. (VII, 101 S.) gr. 8. Wien (903). R. Lechner's Sort. In Leinw. kart. n. 3. 60

Kaulich, Wilh., über die Freiheit des Menschen. Ein Beitrag zur Moralphilosophie. Prag 866. Lehmann. gr. 8. (IV, 115 S.) n. 20 *ngr.*

— Geschichte der scholastischen Philosophie. 1. Thl. A. u. d. T.: Entwicklung der scholastischen Philosophie von Johannes Scotus Erigena bis Abälard. gr. 8. (VII und 480 S.) Prag 863, Tempsky.

Kaulich, Wilh., contra Glaubensbekenntniss eines modernen Naturforschers. gr. 8. (76 S.) Prag 880. A. Felkl. n. 1. —

— dasselbe. 2., verm. u. verb. Aufl. gr. 8. (136 S.) Ebend. 880. n. 2. —

Kaulich, Wilh., Handbuch der Logik. gr. 8. (IV, 204 S. mit eingedr. Holzschn.) Prag 869, Lehmann. * 3 —

Kaulich, Wilhelm, Handbuch der Psychologie. Graz, Verlag des „Leykam", 1870, gr. 8°, XVI, 335 S., 6 Mk.
Vom Standpunkte des Günther'schen Seelendualismus bearbeitet.

— die Lehren des Hugo und Richard von St. Victor. gr. 4. (34 S.) Prag 864, (Steinhauser.) *
Aus: Abhandlungen der k. böhmischen Gesellschaft der Wissenschaften, besonders abgedruckt.

— über die Möglichkeit, das Ziel und die Grenzen des Wissens. Ein Beitrag zur Erkenntnisstheorie. gr. 4. (48 S.) Prag 868, (Lehmann.) * 1 50
Aus: Abhandlungen der k. böhm. Gesellschaft der Wissenschaften, besonders abgedruckt.
— dass. — 2. verm. Aufl. gr. 8. (IV, 91 S.) Graz 870, Pock. (Verlag Leykam-Josefsthal.) * 2 —

— zur Reform der Gymnasien und Realschulen. Lex.-8. (24 S.) Ebendas. 869. * — 30

— System der Ethik. gr. 8. (XI, 494 S.) Prag 877. Tempsky. n. 8. —

Kaulich, Wilh., System der Metaphysik. gr. 8. (XIV, 470 S.) Prag 874. Tempsky. n. 8. —

Kaulich, Wilh., das speculative System des Joh. Scotus Erigena. gr. 4. (84 S.) Prag 860, (Calve'sche Universitäts-Buchh.) *
Aus: Abhandlungen der k. böhmischen Gesellschaft der Wissenschaften, 5. Folge 11. Bd., besonders abgedruckt.

— ein Wort zur rechten Zeit. Antrittsvorlesung gehalten am 26. Octbr. 1868. 8. (14 S.) Graz 868, Pock. (Verlag Leykam-Josefsthal.) * — 20

Kaulig, Heinrich: De chlorosi. Berolini (1853). (29 S.) 8°
Berlin, Med. Diss. v. 30. Mai 1853.

Kauling, A. [pract. Arzt, geb. in Delft (Holland)]: Beitrag zur practischen Verwerthbarkeit des Naphtalins .... Herzogenbusch, Verl. v. P. Stokvis & Sohn (1887); 47 S. 8°
Freiburg i. B., Med. Fak., Inaug.-Diss. v. 28. Nov. 1887

Kaulisch, Leitsätze zum Vortrage: Die Landarbeiterfrage. 8⁰. Posen 1908.

Kaulisch, Emil. Verwaltungs-Bericht der Stadt Gottleuba f. die J. 1885 bis 1889. Zugleich ein Beitrag zur Heimathsgeschichte der Stadt Gottleuba u. ihrer Umgebg., geographisch u. statistisch beschrieben. Hierzu e. Anh.: Phytophaenologische Beobachtgn. u. Flora v. Gottleuba u. Umgegend, sowie e. Beilage: Siegel u. Wappen der Stadt Gottleuba. Nach amtl. Unterlagen hrsg. gr. 8. (VII, 171 S.) Lpz. 1890, Alb. Berger. ** 3 —

Verfassung und Tätigkeit der Posener Landschaft. Von Generallandschaftsrat [M.] Kaulisch. Posen: Landwirtsch. Centralbl. 1910. 18 S. 8°
(Arbeiten d. Landwirtschaftskammer f. d. Prov. Posen. H. 12.)

Kaulitz, A. C. (Resp.): De commercio animae..., s. Alberti, M. (Praes.)

Kaulitz, Ed. Alphabetisches Verzeichnis der Städte, Flecken, Dörfer und Weiler, welche das Königreich Westphalen bilden, mit Bezeichnung der Gemeinden, Cantone, Districte und Departements, zu welchen sie gehören. 8. Kassel 1808.

Kaulitz, Ed. v., Verzeichniß d. Städte, Flecken rc. in Westphalen, 4. Cassel. Collignon. 808.

— dess. franzöf.: Tableau rc. 4. Ebend. 808.

Der alte Bonner Friedhof und seine berühmtesten Gräber. Von R[osa] Kaulitz-Niedeck [d. i. Rosa Anderson]. Bonn: Radermacher [1910]. 127 S. 8°

Kaulitz-Niedeck, R. (Frau Rosa Anderson, geb. Kaulitz), Goethe u. Jerusalem. (191 S. m. 3 Taf.) 8. Gießen 908. v. Münchow. 3.50; kart. 4.50

— Das Urbild v. Goethes Werther Karl Wilhelm Jerusalem. (30 S. m. 1 Bildnis.) 8. Ebd. 908. —40

von Kaull, Arved: Die preussische Rentengutsgesetzgebung und das Heimstättenrecht ... Heidelberg, Univ.-Buchdr. v. J. Hörning, 1895; 91 S. 8.
Heidelberg, Phil. Fak., Inaug.-Diss. v. [5. März] 1895

Kaull, Hugo [aus Riga]: Untersuchungen über die Schwankungen in der Zusammensetzung der Milch bei gebrochenem Melken. ... Halle a. S., S. Schlesingers Buchdr., 1889; 38 S. + 1 Bl. 8°
Halle, Phil. Fak., Inaug.-Diss. v. [23. Jan.] 1889

Kaull, Hugo, Untersuchungen üb. die Schwankungen in der Zusammensetzung der Milch bei gebrochenem Melken, s. a. Berichte aus dem physiologischen Laboratorium u. der Versuchsanstalt des landwirthschaftlichen Instituts der Universität Halle.

Die geschichtliche Entwicklung der modernen Werttheorien von Dr. Rudolf Kaulla, Privatd. Tübingen: H. Laupp 1906. (VIII, 282 S.) 8°

Kaulla, Rudolf, Dr. jur. et oec. publ.: Die Lehre vom gerechten Preis in der Scholastik. 1904. S. 579—602. 8⁰
¶ Aus: Zeitschrift f. d. gesamte Staatswissenschaft. Jg. 60.
Stuttgart Te. H., Hab.-Schr. v. 10. 1. 1903

Kaulla, Rudolf [Justizref. in Stuttgart]: Die rechtliche Natur der Defraudation öffentlicher Abgaben ... Stuttgart, W. Kohlhammer, 1897; 2 Bl., 58 S. 8.
Tübingen, Jur. Fak., Inaug.-Diss. v. 1897

Kaulla, Rud., die Organisation des Bankwesens im Königr. Württemberg in ihrer geschichtlichen Entwicklung. (VII, 60 S.) gr. 8. Stuttgart 908. F. Enke. 2.—

KAULLA, Rudolf: Der Wertbegriff im römischen Recht.- Tübingen: Laupp 1902. 47 S.- S.-Abdr.aus: Zeitschrift für die gesamte Staatswissenschaft. Jg.58.
26.10.1901 - Chr 1901/02,221 Jv 1901/02,266 (Prom.-Datum: 1902)
Diss. Ingolst.-Landsh.-Mchn.

Kaullfuss, Christian Fried. (Leipzig), An dotalitium si foemina ad secunda vota transeat expiret. Exercit. jur. Präs. D. Frid. Gottlieb Zoller. Lpz. (Breitkopf) 11. IX. 1766. 12 S. (4.50) 17547
Vgl. Kaulfuss.

Kaulvers, Ernst, Seereise nach Süd-Australien am 15. Aug. 1848 von Hamburg aus mit einigen Hundert deutscher Landsleute unternommen, nebst der im J. 1853 stattgefundenen Rückreise. Nach Tagebuch-Niederschriften zusammengestellt so wie mit einigen Nachrichten über Süd-Australien im Allgemeinen und über die Stadt Adelaide insbesondere hrsg. 8. (50 S. mit 1 lithogr. Abbild.: „Die tropische Taufe" in 4.) Bautzen 854, (Schmaler.)

Kaumann, Edwin: Johann Amos Comenius und Jean Jacques Rousseau, ihre verschiedenartige Wertung des kindlichen Lebens. (Eine pädag.-philos. Untersuchung.) Borna-Leipzig 1909: Noske. 50 S. 8°
Erlangen, Phil. Diss. v. 14. Juli 1909, Ref. Hensel
[Geb. 9. Juli 83 Berlin; Wohnort: Fürstenberg a. O.; Staatsangeh.: Preußen; Vorbildung: Gymn. Königsberg i. N. Reife O. 04; Studium: Tubingen 1, Berlin 6 S.; Rig. 22. Juni 09.] [U 09. 335

'Gegen die Umsatzsteuer für die Mühlen' von F. Kaumann. *Cassel: Gotthelft 1900.* (40 S.) 8°
= Zeit- u. Streitfragen. Müllerische. H. 1.

[Kaumann, Ferd. Wilh.]: Ueber die germanische Baukunst des Mittelalters. a) Die Baubrüderschaften und Bauhüten des Mittelalters. b) Die Symbolik ihrer Baukunst. [Görlitz 1847: Heinze & Co.] S. 1—16 1 Taf. 4⁰
Görlitz, Höhere Bürgerschule. P 1846/47.
Tt. 796. 358 a.

Kaumann, Ferdinand Wilhelm: Über die germanische Baukunst des Mittelalters. Görlitz 1853. 4⁰

Kaumann, Fd. Wlh., Handbuch der neuen und neuesten franz. Literatur. 1r Bd. Chrestomathie aus franz. Dichtern des 19. Jahrhunderts, nebst Nachrichten von den Verfassern u. einer Uebersicht der Literaturgeschichte Frankreichs. gr. 8. Leipzig 834. Barth. $1^1/_4$ ₰ — 2r Bd. Chrestomathie aus franz. Prosaikern des 19. Jahrhunderts, nebst Nachrichten von den Verfassern u. einer Uebersicht d. Literaturgeschichte Frankreichs. gr. 8. Ebd. 837. $1^3/_8$ ₰

Kaumann, Ferd. Wilh.: Symbolik der germanischen Baukunst des Mittelalters. Görlitz [1850]: Heinze & Co. 29 S. 4⁰
Görlitz, Höh. Bürgerschule, P. 1850.
Tt. 797.

Kaumann, Symbolik der germanischen Baukunst des Mittelalters. Forts. 1—2. Görlitz 1853 u. 1859.
Progr.

Kaumann, F. W. Versuch einer Geschichte der K. Ritterakademie zu L. I. Abth.: Gesch. der Akad. unter östreichischer Landeshoheit v. 1708—41. Progr. Liegnitz R. 1829

Kaumann, G., wie schlage ich die höhere Seemannslaufbahn in der Handelsmarine ein? (Neue Aufl.) (24 S. m. Abbildgn.) 8. Hamburg 908. (J. Kriebel.) 1. —

Kaumann, Jul., Entwurf e. Laut- u. Flexionslehre d. Münster. Mundart in ihrem gegenwärt. Zustande. Diss. 1. Tl.: Lautlehre. gr. 8. (62 S.) Münster 884. (I. Seiling.) n. 1. 20

Kaumann, [Julius]: [Der Neubau des Gymnasiums und die Feier seiner Einweihung.] S. 13—16. 4. Gymn. *Attendorn* 1908 (442). Progr.

Die volkswirtschaftliche Bedeutung des Rübenzuckers für Deutschland. Von Nik. Kaumanns in Straßburg. Berlin: P. Parey 1904. (23 S.) 8° [5.]

Kaumanns, Nikola, Kaliforniens Reichtum ist seine Landwirtschaft. (24 S.) 8. Straßburg 906. J. Singer. n. — 85; französ. Ausg. n. — 85

Kaumarx, Karl (Hrsg.), s. Mißverständnis, Das große.

Kaumberg, s.: Wiener Ausflugskarten.

Kaumheimer, Ludwig, Medizinalpraktikant: Zur Casuistik der Hirnabscesse nach Bronchiektasien. München 1905: L. Mössl. (43 S.) 8°
München, Med. Fak., Ref. v. Bollinger, Diss. v. 28. Sept. 1906
[Geb. 1. Mai 81 München; Wohnort: München; Staatsangeh.: Bayern; Vorbildung: Ludwigs-Gymn. München Reife Juli 00; Studium: München 5, Freiburg i. B. 1, Berlin 1, München 3 S.; Coll. 28. Sept. 06; Approb. 15. Aug. 06.]

Kaun, Hugo: Der Pietist. Trag. Oper in 1 Aufz. v. Wilhelm Drobegg. Mus. v. –. Leipzig: Breitkopf & Härtel 1895. (24 S.) 8°
= Textbibliothek, Breitkopf & Härtel's. No 342.

Kaundinya, Anandraya. Biographie de H. A' K', ci-devant bramine, actuellement prédicateur de l'Église évangélique allemande... de Mangalore.... Écrite par lui-même. [Avec portrait.] 8. Bâle 1856.

Kaune, W., s.: Volks-Kalender, alt-hannoverscher.

Kaunhowen, Friedrich: Die Gastropoden der Maestrichter Kreide.... Berlin, Buchdr. v. Gustav Schade (Otto Francke) (1887); 38 S. + 1 Bl. 8°.
Berlin, Phil. Fak., Inaug.-Diss. v. 9. Jul. 1887.

Kaunhowen, Friedrich, die Gastropoden der Maestrichter Kreide. Diss. Berlin 1887, Mayer & Müller. 8°. 38 S.

Die Gastropoden der Maestrichter Kreide. Von F[riedrich] Kaunhowen. M. 13 Taf. *Jena: G. Fischer 1897;* (a. d. Umschl.: *1898.*) (132 S., 13 Taf. m. je 1 Erl.-Bl.) 4.
= Abhandlungen, Palaeontologische. N.-F. Bd IV. H. 1. [98. 1811

Kaunhoven, F., d. tief. Untergrund Berlins, s.: Berendt, G.

Kaunitz u. Garampi, oder Briefe über d. Reflexionen in Betreff der rc. d. Fürsten Kaunitz zugestellten Note, (v. Ant. Thadd. Miller). 8. Ulm 790. Stettin. 12 gl.

Kaunitz, Philipp Cobenzl und Spielmann. Ihr Briefwechsel (1779—1792). Herausgegeben von Dr. Hans Schlitter. Wien. 1899. Holzhausen. Gr.-8°. XLVI, 97 S. fl. 2.—

Kaunitz, s. a. Briefwechsel.

Kaunitz, Prince de, Correspondances intimes, s. Brunner, S.

Kaunitz, Graf, Rede, s.: Staatsvoranschlag.

(Kaup v. u. Petersen H.): Der Husumer Hafenbau. Den Ständen Schleswig-Holsteins gewidmet. Husum 1848. 24 S. 3 Kt. P.

Kaup, Antonius, d. Fels Petri! Zum 25. Jahrestage d. Beraubg. d. hl. Stuhles. D. Feinden d. Papsttums z. Lehr', d. Freunden dagegen z. Wehr u. treuem Ausharren unter d. Fahne Christi. 16. (63 S. m. Titelbild.) Münster 895. Alphonsus-Buchh. —15

Kaup, J., s.: Archiv f. soziale Hygiene.

— Betrachtungen über die Bekämpfung der Tuberkulose in einigen Ländern, namentlich in England, Frankreich, den Vereinigten Staaten, Norwegen, Schweden u. Dänemark u. ihre Nutzanwendung f. Deutschland. (Zentralstelle f. Volkswohlfahrt.) (99 S. m. Abbildgn.) gr. 8. Berlin 910. C. Heymann. 1. —
Sonderabdruck aus: „Concordia".

Blei- und Phosphorvergiftungen in den gewerblichen Betrieben Osterreichs. Tatsachen u. Aufgaben d. Gesetzgebung. Bericht, erstattet der internat. Vereinigung f. gesetzl. Arbeiterschutz von Dr. med. Ign. Kaup, Amtsarzt. *Wien: F. Deuticke 1902.* (79 S.), 8°
— Schriften d. Österr. Gesellschaft f. Arbeiterschutz. H. 3. [02. 7?

— Ernährung u. Lebenskraft der ländlichen Bevölkerung. Tatsachen u. Vorschläge, s. a. Schriften der Zentralstelle f. Volkswohlfahrt. 6. Heft.

Ernährung und Lebenskraft der ländlichen Bevölkerung. Tatsachen u. Vorschläge. Von Doz. Dr. I[gnatz] Kaup. Berlin: Heymann 1910. VIII, 576 S. 8°
(Schriften d. Zentralstelle f. Volkswohlfahrt. N. F. 6.) [10. 10164 9

— Die Ernährungsverhältnisse der Volksschulkinder, s. a. Flugschriften der Zentralstelle f. Volkswohlfahrt. 4.

Die Ernährungsverhältnisse der Volksschulkinder. Tatsachen u. Vorschläge. Bearb. von Doz. Dr. med. I[gnaz] Kaup. Berlin: Heymann 1910. 44 S. 8°
(Flugschriften d. Zentralstelle f. Volkswohlfahrt. H. 4.) [10. 14068

Kaup, Joh.: Ernährung u. Lebenskraft d. ländl. Bevölkerung. Berlin 1910. 8°

Kaup, Johannes [app. Arzt aus Brenken (Westf.)]: Aus d. patholog. Institut zu Kiel. Zwei Fälle von Hernia diafragmatica congenita mit Abtrennung eines Lungenteils. ... Kiel, Druck v. L. Handorff, 1891; 23 S. 8°
Kiel, Med. Fak., Inaug.-Diss. v. [16. Febr.] 1891

Kaup, Joha., zwei Fälle v. Hernia diafragmatica congenita m. Abtrennung e. Lungenteils. Diss. gr. 8. (20 S.) Kiel 891. (Gnevkow & v. Gellhorn.) n. — 80

Kaup, Joh. Jac., Abhandlungen üb. die gavialartigen Reptilien, s. Bronn, Heinr. Geo.

Kaup, Johann Jakob: Akten der Urwelt, oder Osteologie der urweltlichen Säugethiere und Amphibien. 1. Heft. Darmstadt 1841. 8°

Kaup, J. J., Beiträge zur naeheren Kenntniss der urweltlichen Saeugethiere. 1. Heft. Mit 9 Photogr. u. 1 Lithogr. — 2. Heft. Mit 7 Lithogr. — 3. Heft. Mit 6 Lithogr. Darmstadt 854—57. Leske. gr. 4. (VIII, 31; 1 Bl., 23; VI, 27 S.) 19 ℛ𝓅.
1.: n. 8 ℛ𝓅. 15 ngr.; 2.: n. 6 ℛ𝓅.; 3.: n. 5 ℛ𝓅.

Kaup, J. J., Beiträge zur näheren Kenntniss der urweltlichen Säugethiere. 3. und 4. Heft. Mit 6 Lithogr. (in qu. Fol.) Imp.-4. Darmstadt 857. 59, Zernin. [3. Heft (VI und 27 S.) 4. (IV und 16 S.) à Heft * * 5 Thlr.] * *
1. und 2. Heft. [Ebendas.] 1854.55. * * 14 Thlr. 17 Ngr.

Kaup, J. J., Beiträge zur näheren Kenntniss der urweltlichen Säugethiere. 5. Heft. Mit 6 Lithogr. Imp.-4. (32 S.) Darmstadt 861, Zernin. *

— — Neue Ausg. (in 5 Heften). Ebend. 861. gr. 4. Jedes Heft n. 5 ℳ

—— dass. — 1. Heft. Neue Ausg. mit 10 Lithogr. Imp.-4. (VIII und 31 S. und 10 Bl. Erklärungen.) Ebendas. 862. *

—— Beschreibung u. Abbildungen des Schedels des Dinotherii Gigantei, s. Klipstein.

—— et Jean-Bapt. Scholl, Catalogue des plâtres des ossements fossiles, qui se trouvent dans le cabinet d'histoire natur. du Grand-Duc de Hesse. gr. in-8. (1 B.) Darmstadt 832, [Heyer, Vrlsh.]

—— dass. 2., verm. u. verb. Ausg. (Deutsch.) gr. 8. (1¼ B.) Darmstadt 834, Diehl.

Kaup, J. J., einige Cerambyciden d. grossherzogl. Sammlung zu Darmstadt. Abgebildet v. Fr. Kerz. (Neuer Abdr.) Lex.-8. (8 S. m. 3 Taf.) Darmstadt 895. (E. Zernin.) n. 2. —

Kaup (J. J.), Description d'ossements fossiles de mammifères inconnus jusqu'à présent, qui se trouvent au Museum grand-ducal de Darmstadt. Avec figur. lithograph. Cah. 1—5. Darmstadt 1832—39. 4.

Kaup, Jean Jaq., Description d'ossements fossiles de Mammifères inconnus jusqu' à-present, qui se trouvent au Muséum grand-ducal de Darmstadt; avec figures lith. Cah. I—III. gr. in-4. Darmstadt, [Heyer, Vrlsh.] [I. (3 B. u. 5 Blätter gr. Fol.) 832. 1 Thlr. 8 Gr., II. (4¼ B. u. 6 Bl. gr. Fol.) 833. 2 Thlr., III. (4¼ B. u. 6 Bl. gr. Fol.) 835. 3 Thlr.]

Kaup, Jh. Jak., Déscription d'ossements fossiles de Mamifères inconnus jusqu'à present, qui se trouvent au Muséum grand-ducal de Darmstadt; avec fig. lithogr. (Atlas v. 6 Bl. à Cah.) Cahier II—IV. gr. in-4. Darmstadt 833—35. Heyer. (Cah. IV. Ebd. Diehl.) (Cah. II. 2 ℳ Cah. III. 3 ℳ Cah. IV. 3⅓ ℳ) 8⅓ ℳ

Kaup, Johann Jacob (Darmstadt)
Skizzierte Entwicklungsgeschichte und natürliches System der europäischen Thierwelt. Thl. I.
Darmstadt u. Leipzig: Leske 1829.
[Lt. Promotionsakten zur Promotion eingereicht.]
Dr. phil. Giessen 25.10.1831. 26 Kriegsverlust.

—— skizzirte Entwickelungs-Geschichte u. natürl. System d. europ. Thierwelt. 1. Thl., welcher d. Vogelsäugthiere u. Vögel, nebst Andeutung d. Entstehung d. letzt. aus Amphibien enthält. 8. ... Darmstadt 829, (Leske.)

—— neue aalähnliche Fische des Hamburger Museums, s. Abhandlungen aus dem Gebiete der Naturwissenschaften.

Kaup, J. J., Grundriss zu einem System der Natur. Nach des Verf. Tode hrsg. von Karl D. A. Röder. gr. 8. (IV, 128 S.) Wiesbaden 877, Bischkopff. *

—— Classification der Säugethiere u. Vögel. gr. 8. (10 B. u. 2 Stnt.) Darmstadt 844, Leske.

—— dass. Nachträge. gr. 8. (1¼ B.) Darmstadt 844, Leske.

Kaup, J. J., Die zwei urweltlichen pferdeartigen Tiere, gefunden im tertiären Sande bei Eppelsheim. [Nova Acta XVII.] Lpzg. 35. Engelmann. M. 1.60

Kaup, J. J. Die zwei urweltlichen pferdeartigen Thiere, welche im tertiären Sande bei Eppelsheim gefunden wurden, bilden eine eigene Unterabtheilung der Gattung Pferd. (Aus d. Ac. Act. Nat. Cur.) Bonn. 1833. 4.

Kaup J. J.: Das Tierreich in seinen Hauptformen ... 3 Bd. Darmst. 1835—36. Fig.

Kaup, Joh. Jak., das Thierreich in seinen Hauptformen systemat. beschrieben. Mit 535 in d. Text eingedr. Abbildn. v. L. Becker u. Ch. Schüler., unt. Mitwirk. v. Wilh. Pfnor. 3 Bde. (od. 18 Hfte.) gr. 8. (83 B.) Darmstadt 835—37, Diehl. (Hanau, König.) 5¼ Thlr., hrbgs. Pr. Thlr.

— **Tropaea Rosenbergii** aus d. Familie Saturnidae. Abgebildet v. Fr. Kerz. (Neuer Abdr.) Lex.-8. (8 S. m. 1 Taf.) Ebd. 895. n. 1. —

— u. Jh. Bapt. Scholl, Verzeichniß der Gypsabgüsse von den ausgezeichn. urweltlichen Thierresten d. Großherzogl. Museum zu Darmstadt. 2e verm. u. verb. Ausg. gr. 8. Darmstadt 834. Diehl. 7 ℳ

Kaup, (J.) allgem. Zoologie nach den neuesten Untersuchungen in ihren Gattungs-Repräsentanten dargestellt. 1s u. 2s Heft. M. Kupf. Roy. 4. Darmst. 827, Leske, à 16 gr. 1 Rthl. 8 gr. illum. à 1 Rthlr.

—— allgem. Zoologie, in ihren Gattungs-Repräsentanten nach d. neuesten Untersuchn. dargest. etc. 3—5. Hft. gr 4. (Jedes m. 6 Stnt. u. ca. 3 B. Text.) Darmstadt 828, Leske. à 14 Gr., ill.
1. u. 2. Hft. Ebendas. 1827. à 14 Gr., ill. 1 Thlr.

Kaup, Marcellus, a. Mücheln: Die Entwicklung der Besteuerung der Glücksspiele durch das Deutsche Reich. Borna-Leipzig 1906: R. Noske. (IX, 105 S.) 8°
Tübingen, Staatsw. Fak., Ref. v. Jolly, Diss. v. 29. Jan. 1906
[Geb. 28. Mai 78 Mücheln; Wohnort: Tübingen; Staatsangeh.: Preußen; Vorbildung: Realgymn. Halle a. S. Reife f. Obersek. 96; Studium: Leipzig Handelshochsch. 4, Tübingen 6 S.; Rig. 6. Juli 05.]

Kaupe, Walther, approb. Arzt aus Bonn: **Ist bei lebenbedrohender Magenblutung infolge von ulcus ventriculi ein operativer Eingriff indicirt und welcher?** *Leipzig 1902: J. B. Hirschfeld.* (22 S.) 8° ¶ Aus: Deutsche Zeitschrift f. Chirurgie, Bd 62.
Bonn, Med. Diss. v. [17. Febr.] 1902

Kaupe, Walth., der Säugling, seine Ernährung u. seine Pflege, s.a. Aus Natur u. Geisteswelt.

Der Säugling, s. Ernährung u. s. Pflege. Von Dr. Walther **Kaupe**, Spezialarzt. Leipzig: B. G. Teubner 1907. (IV, 111 S.) 8° [F.]
— **Natur, Aus, u. Geisteswelt.** Bdch. 154. [07. 9087

Kaupe, Wilhelm [cand. med. aus Dortmund (Westfalen)]: Studien über die Wirkung einiger Desinficientia. . . . Würzburg, Anton Boegler'sche Buchdr., 1889; 27 S. 8°
Würzburg, Med. Fak., Inaug.-Diss. v. 1889

Kaupert, Johann August

Kaupert, J. A. **Athen** mit Umgebung. (Plan von Neu-Athen mit genauer Angabe der zu Tage geförderten Ruinen, Gebäude und Mauern des alten Athen. 1 : 12 500. Berlin 1892. 1 Bl. K. Ff.

Kaupert, J. A., Atlas v. Athen, s.: Curtius, E.

Kaupert, Johann August: Die Befestigungsmauern Alt-Athens nach der themistokleischen Erweiterung derselben. Mit 1 Übersichtskarte. (Auszug aus dem Monatsbericht der Königlichen Akademie der Wissenschaften zu Berlin.) (Berlin. 1879.) 8°

Kaupert, J. A. Karte von Attika. 1 : 100000. Berlin 1900. 10 Bl. u. 1 Ergänzungsblatt c. K. NC. Sch.

Plan des Königlichen Schlosses **Wilhelmshöhe** bei Cassel nebst Umgebung. Bearb. u. gez. v. **Joh. Aug. Kaupert.** 1 : 6000. Berlin. 1874. Kupferstich. 1 Bl. Imp.-Fol., 71.5 50 cm (beschn.). Aufgez. a. Carton.

Kaupert, hypsometrische Tabellen zum Gebrauche bei topographischen Aufnahmen besonders für die Messtischaufnahmen der topograph. Landesvermessung des königl. preuss. grossen Generalstabes. gr. 16. (XIII, 64 S.) Berlin 872, Schropp'sche Landkartenh. cart. ** 1 —

Kaupisch, Ferd., die preussische Städte-Ordnung für die sechs östlichen Provinzen vom 30. Mai 1853 alphabetisch bearb. Ein Hand- und Hülfsbuch für Magistrats- und Verwaltungsbeamte überhaupt, Stadtverordnete etc. Mit einem Abdr. der Städte-Ordnung vom 30. Mai 1853, sowie der Ausführungs-Instruction vom 20. Juni 1853. gr. 12. (108 S.) Nordhausen 854, Büchting.

Kaupisch, Joh. Carl Gotthold (Colditz), Pro ampliando in divortiis decernendis judicum arbitrio. Exercit. I. Präs. Friedrich Platner. Lpz. (Loeper) 3. VIII. 1770. 20 S. (5.—) 17548

— **Jo. Gottfried** (Svidnic. Saxo), De officio hominis erga avarum. Meditatio philosophica. Präs. M. Tobias Ehrenfr. Fritsch (Goldberg). Disput. II. s. posterior. Wittbg. (August Koberstein) 3. XII. 1718. 19 S. (6.20) 17549
Gew. (v. Präs.): Adam Christian Thebes (Hirschberg), Daniel Buchs (Hirschberg), Christ. Fritsch. — Widm. (a. d. Präs.) v.: Martin Hassen.

— **Johann Heinrich Gottfried** (Querfurt), Nonnulla de juribus circa dotalitium viduae praeprimis nobili Saxonicae competentibus, in se continens. Diss. jur. Erfurt (Joh. Christ. Goerling) 13. VII. 1796. 20 S. (4.50) 17550
Gew: Johann Leonhard Christian Kaupisch, Johann Friedrich Schomburgk (Querfurt), Johann Heinrich Christian Clemens (Querfurt), Johann Moritz Schomburgk (Freyburg).

Kaupp, Hermann [app. Arzt aus Freudenstadt]: Beitrag zur Casuistik der spontanen Glaskörper-Blutungen ... Heilbronn a. N., Œhler'sche Buchdr., 1895; 53 S., 1 Bl. 8.
Freiburg i. B., Med. Fak., Inaug.-Diss. v. 1895

Kaupp, Max [app. Arzt aus Alpirsbach]: Ueber Retinitis pigmentosa. ... Heilbronn a. N., Franz Oehler's Buchdr., 1890; 45 + 1 S. 8°
Freiburg i. B., Med. Fak., Inaug.-Diss. v. 1890

Kauppers, Johann Valentin, De natura et praestantia vini Rhenani in medicina. Diss. phys.-med. Präs. Friedrich Hoffmann. Halle (Christoph Andreas Zeitler) 18. V. 1703. 56 S. (7.50) 17551

— **v. Kleimenthal, Joseph Franz,** De jure reformandi novo ex communi hactenus in imperio usitatâ praxi deducto. Diss. posterior. Präs. Johann Caspar Barthel. Würzburg (Johann Jacob Christoph Kleyer) 21. VII. 1744. 8 Bl., 140 S., 4 Bl. (8.50) 17552

Kaura, Joh. B., Bauentwürfe im byzantinischen Style nebst Projecten im dorischen Style. 192 Abbild. und den dazu gehörigen Erläuterungen. gr. Fol. (Mit 70 Kpfr.- und Stnt., 2 Bl. Text mit Titel in Kpfrst.) Leipzig 855, Spamer. **

—— dass. — 3., verm. Aufl. (In 6 Lfgn.) 1. Lfg. Imp.-Fol. (14 Kpfrt. mit 1 Bl. Text und in Kpfr. gest. Titel.) Berlin 856, Th. Grieben. *

Kaura, Joh. B., Bauentwürfe im byzantinischen Style. 3., verm. Aufl. 2—6. Lfg. Imp.-Fol. (58 Kpfrt.) Berlin 857, Th. Grieben. à Lfg. * 2 Thlr. 20 Ngr. *
1. Lfg. Ebendas. 1856. * 2 Thlr. 20 Ngr.

Kausch, A., ein indisches Bethesda. In der Hauptstation der Goßnerschen Kolsmission. (40 S. m. Abbild.) gr. 8. Berlin (908). Buchh. der Goßner'schen Mission. — 25

— Das Herz Indiens. Skizzen aus Benares. (20 S. m. Abbildgn.) 8. Ebd. (907). — 20

Kausch, Agnes, Jugend-Symphonie. Gedichte. (VIII, 232 S.) kl. 8. Leipzig 910. Schulze & Co.
Geb. in Leinw. m. Goldschn. 3. —

Kausch, (J. B.) Eduard

Kausch, J. B. E., Quatenus Hesiodi in Theogonia elocutio ab exemplo Homeri pendeat. Diss. 1876. 46 S. 2.—
— — Fortsetzung. Pr. 1878. 37 S. 4°. 2.—

Kausch, Edu. Quatenus Hesiodi elocutio ab exemplo Homeri pendeat. 37 S. Progr. G. *Elbing* 1878.

Kausch, Ed., quatenus Hesiodi elocutio ab exemplo Homeri pendeat. gr. 4. (37 S.) Berlin 878. (Calvary & Co.) n. 2. —

Kausch, Eduard Verzeichnis der Abiturienten des Elbinger Gymnasiums von 1803 bis 1881 nebst Notizen über ihre späteren Lebensverhältnisse. 37 S. Progr. G. *Elbing* 1884.

Kausch, Gustav, approb. Arzt aus Pasewalk: Casuistische Beiträge zur Lehre vom Diabetes mellitus. *Halle a. S. 1903: C. A. Kaemmerer & Co.* (42 S.) 8°
Halle, Med. Diss. v. 13. Febr. 1903

Kausch, H., u. F. Hahn, 50 (Lichtdr.-)Bilder aus der Goßnerschen Kols-Mission m. erläuterndem Text u. Karte. Zum 50jähr. Jubiläum dargeboten u. hrsg. qu. 4. (III, 110 S.) Friedenau-Berlin 894. Buchh. der Goßner'schen Mission. Geb. in Leinw. n. 4. —

Kausch, H., u. F. Hahn, 50 Bilder a. d. Goßnerschen Kols-Mission m. erläuternd. Text u. Karte. Zum 50jähr. Jubil. 2., verb. Aufl. qu. 4. (III, 110 S.) Friedenau-Berlin 895. Buchh. d. Goßner'schen Mission. Geb. in Leinw. n. 4. —

Kausch, Hans Osk., Wort u. Geist. Theolog. Meditationen üb. ausgew. Stellen des Neuen Testamentes. gr. 8. (VIII, 488 S.) Friedenau-Berlin 901. Buchh. der Gossner'schen Mission. n. 7. 50; geb. n. 9. —

Kausch, J., Nemesis od. Im eigenen Netz gefangen, s.: Heidelmann's, A., Theaterbibliothek.

Kausch, Ritter Jh. Jos., († d. 10. März 1825.) psycholog. Abhandl. über den Einfluß d. Töne u. insbesondere d. Musik auf d. Seele. gr. 8. Bresl. 782. J. F. Korn. 18 K

Kausch, Johann Josef, s. Apologien.

Kausch, Johann Joseph: Ueber die wohlfeilste und dennoch zweckmäßige Ausbildung der Wundärzte zur innerlichen Praxis beym gemeinen Landvolke. 20 S. (S. 37 - 56), gbd.

Erfurt: Keyser 1791
(Beantwortungen der Frage: Wie kann man auf eine leichte...Art den Wundärzten...einen bessern...Unterricht beybringen; welchen die kurfürstlich-mainzische Akademie nützlicher Wissenschaften zu Erfurt den Preis zuerkannt hat. 2)

Kausch, J. Jos., üb. d. Bäder etc. Lpz. Gräff. 806.

— Schlesiens Bardenopfer für d. J. 1786. 24. Bresl. 786. (Mosohorsky). 16 Gr (A. u. d. T.: poet. Blumenlese ꝛc., für 1788 u. für d. J. 1789). 12. Ebd., (J. F. Korn). 1 Thlr 8 Gr

— Blumenlese, s. Blumenlese.

Kausch, Ritter Jh. Jos., Briefe über den Einsiedler Gerund über seine Landesverweisung u. Reisen nach Leipzig. 8. Berl. 798. Maßdorf. 1 Thlr 4 Gr

Kausch, Johann Josef, s. Collin, Heilkräfte d. Wolverlei.

— medic. u. chirurg. Erfahrungen, in Briefen an Girtanner, Hufeland, Loder ꝛc. 8. Leipz. 798. Andrä. 2 Thlr 12 Gr

— medic. und chirurg. Erfahrung in Br. 8. Leipz. Bauer. 798.

Kausch, Johann Josef, s. Falconer, Beobachtt.

— Fragmente d. militär. Staatsarzneykunde. Lpz. Gräff. 806.

— Fragmente d. militär. Staatsarzneikunde. 4. Leipz. 806. (Wienbrack). 6 Gr

Kausch, (Johann) (Joseph) (Hrsg.):

s.: Geist und Kritik der medicinischen und chirurgischen Zeitschriften Deutschlands für Ärzte und Wundärzte. Jg 4, Bd 1. Leipzig: 1801

— Geist u. Kritik d. medicin. u. chirurg. Zeitschriften Deutschlands. 6 Jahrgg. zu 2 Bden, nebst Register. gr. 8. Leipz. 798—803. (Aue in Altona). (Jahrg. à 2 Thlr) 12 Thlr

— Geist und Kritik der medicin. u. chirurg. Zeitschr. Deutschl. 6 Jahrg. z. 2 Bdn. gr. 8. Lpz. Jacobäer. 798-803. (Jhg. à 2 Rthlr.)

— Geist und Kritik der medicinischen und chirurg. Zeitschr. Deutschl. f. 19te Jahrh. 1r bis 6r Band oder Fortsetz. der vorherg. 6 Thle. in 12 Bden. 7r 8r u. 9r Thl. in 6 Bden. gr. 8. Bresl. Hamberger. 803-5. (jed. Thl. z. 2 Bd. 2 Rt. f. 12 gr. od. d. Bd. 1 Rthlr. 6 gr.)

Kausch, Johann Josef, s. Gespräche, ästhetische.

— Hausarzneyen, als: Eier, Milch ꝛc. Leipzig, Gräff. 806.

— Hausarzneien, als Eier, Milch ꝛc. 8. Leipz. 806. (Wienbrack). 6 Gr

Kausch, J. J.: Die Heilquellen der Bukowina. Für Ärzte und Nichtärzte. Breslau: Korn 1802

— d. Heilquellen zu Bukowina, für Aerzte u. Nichtärzte. 8. Bresl. 802. W. G. Korn. 8 Gr

— ist d. Vaccination an d. bisher. Bösartigkeit d. Scharlachfieber Schuld? 8. Leipz. 806. (Wienbrack). 4 Gr

Kausch, Johann Josef, s. Kabale im Civildienst.

Kausch J. J.: Kameralprincipien üb. Rindviehsterben f. Landesregierungen u. angehende Staatswirthe. Berl. 1793. 138 S. 1 Tvl.

— Kameralprincipien über Rindviehsterben. gr. 8. Berl. 793. Rottmann. 14 Gr

— zwey Leichenreden auf fürstl. Personen ꝛc. gr. 8. Bresl. Korn d. ält. 780.

Kausch, Johann Josef, s. M. Mederer. Beantwortung.

— Memorabilien d. Heilkunde, Staatsarzneiwissenschaft u. Thierheilkunst. 3 Bde, mit 3 Kpf. gr. 8. Züllichau 812—19. (Fr. Fleischer in Leipz.) 4 Thlr 12 Gr

Memorabilien der Heilkunde, Staatsarzneiwissenschaft und Thierheilkunst. Hrsg. von J. J. Kausch. Bd 1—3. Mit Kupfern. Zullichau 1813—19.
1. 1813. 2. 1818. 3. 1819.

Kausch, J. J., Üb. d. Milzbrand d. Rindviehes. (Gekr. Pr.) Berl. 05. Herbig. M. 1.—

— über den Milzbrand d. Rindviehs. 8. Berlin, Schade. (Unger.) 805.

Kausch: Über den Milzbrand d. Rindviehes. (Preisschr.). Berl. 1805. 88 S.

Kausch, Johann Josef, s. Müller, ..., Werth d. Schafpockenimpfung.

— Nachrichten, s. Nachrichten.

Nachrichten, Ausführliche, über Böhmen. Vom Verfasser der Nachrichten über Polen *(Joh. Jos. R. v. Kausch)*. Salzburg 1794, in der Mayr'schen Buchhandlung. 8°. XIII, 280 S.
Widmungsgedicht: „Den Manen Josephs des Zweyten." — Viel über Prag. — Anon.-Lex. III. p. 190 (nach Meusel, Weber, Kayser, Goedeke VI, 691).

— erste Fortsetz. (seiner) Nachrr. über Schlesien, Böhmen u. Polen. 8. Bresl. 796. Gehr. 18 Gr

Kausch, [J. J.]: Originalbemerkungen über die beiden in unsern Tagen am meisten im Schwange gehenden Rindviehsterben nebst Bekanntmachung eines kostenlosen... Heilverfahrens im so genannten Milzbrand. Grottkau u. Leipzig 1790. XXVIII, 392 S.

— Originalbemerkk. über d. meisten im Schwange gehenden Rindviehsterben ꝛc. 8. Grottkau 790. (Belitz in Berl.) 18 Gr

— Original-Bemerkungen über das Rindviehsterben. Mit 1 Kpf. Grotk. 790. (Cnobloch, Leipzig.) M. 1.75

Kausch, Johann Josef, s. Roman, der allerneueste.

ROMAN, Der allerneueste, oder die Frau ohne Vorurtheil. (Zahmer Roman in Briefen, von *Joh. Joseph Kausch*.) 2 Bde. Mit Titelvignetten. Breslau, Joh. Friedr. Korn d. Aeltere, 1785—86. 8°.
I: 12 Bl. Vorst. u. 422 S. Dedic. (an die regierende Herzogin v. Kurland u. Semigallien) sowie die Vorr. dat. ***h.* 10. Hornung 1785.
II: 7 Bl. Vorst. u. 463 S. Unter der von Militsch in Schlesien 21. Aug. 1786 dat. Dedic. (an dieselbe Dame) nennt sich *Kausch*.
Anon.-Lex. III. p. 391 (nach Kayser u. Meusel).

— d. Schalachfieber ꝛc. Lpz. Gräff. 806.

— Schicksale; nebst mannigfalt. Abschweifungen u. e. Beilage. 8. Leipz. 797. Voß. 1 Thlr 8 Gr

— über Schußwunden. 4. Leipz. 806. (Wienbrack). 2 gl

— Sendschreiben an Hufeland über seine Bemerkk. über d. Nervenfieber. gr. 8. Altenb. 800. (Lit.-Compt.) 3 gl

Kausch, J. Jos, Sendschr. an Hufeland üb. s. Bemerk. üb. d. Nervenfieber. gr. 8. Altb. Lit. Comt. 800. Rtblr.

— — dasselbe. 8. Altenb. Liter. Comt. 799.

KAUSCH, J. Jos.: Ueb. d. neuen Theorien des Criminalrechts u. d. gerichtl. Medicin, m. Vorschlägen zur Verbess. beider Disciplinen; nebst ein. Anh. üb. d. prakt. Unwerth sämmtl. höhern speculativen Theorien. *Züllich.*, Darnmann. 818. gr. 8. (1 Thl. 12 Gr.)

— freimüth. Unterhaltungen über d. neuesten Vorfälle unsers Zeitalters. 2 Thle. gr. 8. Leipz. 790, 91. Büschel. (Centr.-Cpt.) 2 ß

— Wahrheit u. Freimüthigkeit in schwesterl. Umarmung. gr. 8. Nürnb. 789. Hösch. 1 ß

Kausch, Karl [aus Pasewalk]: Aus d. Ambulatorium f. Nasen-, Rachen- u. Kehlkopfkranke v. Privatdoc. Dr. Seifert in Würzburg. Über Pachydermia laryngis ... M. 2 Zeichngn. Würzburg, J. M. Richter's Buch- u. Kunstdr., 1892; 39 [vielm. 37] S. 8.
Würzburg, Med. Fak., Inaug.-Diss. v. 1892

Kausch, Oscar: Beiträge zur Kenntnis des p-Amidobenzaldehyds ... Dresden, Druck v. W. Ulrich, 1897; 39 S. 8.
Rostock, Phil. Fak., Inaug.-Diss. v. [16. März] 1897

Kausch, Osk., Dukiel da votams e menodams valik vpa, s.: **Tommasi, Maria-Rosa.**

Kausch, Osc., die Herstellung u. Verwendung v. flüssiger Luft. Unter besond. Berücksicht. der Patent-Litteratur zusammengestellt. 8. (129 S. m. 32 Abb.) Weimar 902. C. Steinert. n. 1. 60

Kausch, Osc., die Herstellung, Verwendung u. Aufbewahrg. v. flüssiger Luft. Unter besond. Berücksicht. der Patent-Literatur zusammengestellt. 2. Aufl. (VIII, 224 S. m. 109 Abbildgn.) 8. Weimar 905. H. Steinert. n. 3. 75; geb. n. 4. 60

Kausch, Osc., die **Herstellung**, Verwendung u. Aufbewahrung v. flüssiger Luft. Unter besond. Berücksicht. der Patent-Literatur zusammengestellt. 3. verm. Aufl. (V, 310 S. m. 161 Abbildgn.) 8. Weimar 909. C. Steinert. 4. 60

— Die Kohlensäure, s.a. **Bibliothek** der gesamten Technik.

Die Kohlensäure, ihre Herstellung u. Verwendung. Von O. Kausch. Mit 47 Abb. Hannover: Jänecke 1909. IV, 152 S. 8°
(Bibliothek d. gesamten Technik. Bd 121.) [09. 10998 7

— deutsches **Kolonial-Lexikon**. Allgemeine Übersicht üb. die deutschen Kolonialgebiete, alphabetische Aufführg. der neuen geograph. Namen (der Länder, Völker, Flüsse, Gebirge, Orte), Angabe der Regierungs-, Militär-, Zoll- u. Missionsstationen, Verkehrsanstalten, Handelsniederlassgn. u. Pflanzgn., Erklärg. der Namen u. Zusammenstellg. der wichtigst. Kolonialforscher. Mit e. Anh.: Kolonial-, Post- u. Telegraphen-Tarif. Für Gewerbetreibende, Kaufleute, Verkehrsbeamte u. Freunde deutscher Kolonialpolitik bearb. gr. 8. (VII, 165 S.) Dresden 903. G. Kühtmann. n. 5. —

Kausch, Oskar, Die Namenkunde der Länder und Städte des deutschen Reichs. Leipzig 1889. 8. . . . . (HC.; RPA.)

Kausch, Osc. Die Namenkunde der Länder u. Städte d. Deutschen Reiches. gr. 8. (IV, 220 S.) Lpz. 890, Heitmann. 3 —

— französischer **Packetpost-Briefsteller**. Ein Handbuch zur Unterstützg. f. den französ. Schriftwechsel bei Behandlg. ausländ. Packete. 12. (114 S.) Ebd. 902. In Leinw. kart. n. 1. 50

—— Die Sprachwissenschaft in der Briefmarkenkunde, s.a. **Bibliothek** f. Postwertzeichen-Sammler.

— die **Sprachwissenschaft** in der Briefmarkenkunde. Ein Handbuch f. Sammler jeder Richtg., insbesondere f. Freunde des Briefmarkensammelwesens. 3. durch Nachträge erweit. Aufl. gr. 8. (XI, 248 S.) Leipzig (894). Gebr. Senf. n. 2. 50; ermäss. Preis n.n. 1. 50

Kausch, O., vom **Sudetenzuge** zum Oderstrom. Geschichts- u. verkehrswissenschaftl. Schilderg. d. nördl. Niederschlesien. gr. 8. (VI, 298 S.) Mailand 898. (Dresden [N., Thalstr. 1], Selbstverlag.) 3. 20

— Die **Vorrichtungen** zur Herstellg. v. Ammoniumsulfat aus Ammoniak enthalt. Gasdampfgemischen. (46 S. m. 27 Abb.) 8. Weimar 910. C. Steinert. 1. 60

Kausch, W., s.: **Chirurgie** des Unterleibes.

Kausch, W., s.: **Gedenkband** f. J. v. Mikulicz.

— s.: **Lexikon**, diagnostisch-therapeutisches.

Kausch, Walter: Ueber den Gehalt der Leber und der Galle an Cholestearin unter pathologischen Verhältnissen ... Strassburg i.E., Buchdr. C. Goeller, 1891. 18 S., 1 Bl., 5 Tab. 8°
Strassburg. Med. Fak., Inaug.-Diss. v. 1891

Kausch, Guilelmus: De Sophoclis fabularum apud Suidam reliquiis. Halis Saxonum 1883: Karras. 60 S. 8°
Halle-Wittenberg, Phil. Diss. v. [2. Febr.] 1883
Geb. Pasewalk 7. 1. 1859. V.
Im Buchhandel Halis Sax. (Leipzig: Fock) 1883.

Kausch, [Wilhelm], Dr.: Die gutsherrlich-bäuerlichen Verhältnisse in der Mark Brandenburg bis zur Zeit des dreissigjährigen Krieges. *Dramburg 1900: W. Schade & Co.* (S. 3—37.) 4° [J.]
Dramburg, k. G, P 1900 (143)

Kausche, Kunz, Bock, Blätter zur Erinnerung an die ersten 25 Jahre des Kaufmännischen Turnvereins zu Stettin, 1882 bis 15. 2. 1907, 55 S., 8°.

Kausche, W[olfram], Dr.: Anekdote und Legende im Geschichtsunterricht. Kolberg 1906: C. F. Post. (40 S.) 8°
Kolberg, k. Dom-G u. RG P 1906 (174)

Kausche, W[olfram]: Das Königliche Domgymnasium und Realgymnasium zu Kolberg in den Jahren 1895 bis 1908. Eine Forts. d. Beckerschen Festschr. v. J. 1895 mit e. kurzen Rückblick auf d. frühere Zeit. Kolberg 1908: Post. 89 S. 8°
Kolberg, k. Dom- u. RG, Festschr. z. 50j. Jubil., P 1908** [S 08. 220

Kausche, Wolframus [Brunsvicensis]: Mythologumena Aeschylea.... Halis Saxonum, form. descrips. E. Karras, 1888; 1 Bl. + 32 S. + 1 Bl. 8°
Halle, Phil. Fak., Inaug.-Diss. v. [29. März] 1888

Kausche, Wolframus, mythologumena Aeschylea. Diss. Halle 1888, Lippertsche Buchh. 8°. 32 S.

Kauschinger, G., die Lehre vom Waldschutz und der Forstpolizei. gr. 8. (V und 135 S. mit 4 ill. Stnt.) Aschaffenburg 848, Pergay.

Kauschinger, G., die Lehre vom Waldschutz und der Forstpolizei. 2. verb. Aufl. gr. 8. (VII, 122 S. mit 4 chromolithogr. Taf. Abbild.) Aschaffenburg 872, Krebs. [Berlin, Wiegandt, Hempel und Parey.] * 4 —

Kauschinger's Lehre vom Waldschutz. 3. Aufl., vollständig neu bearb. von Herm. Fürst. gr. 8. (XII, 129 S. mit 4 Farbendr.-Taf.) Berlin 883, Parey. *

Kauschinger's Lehre vom Waldschutz. 4. Aufl., neu bearb. v. H. Fürst. gr. 8. (VIII, 162 S. m. 4 Farbendr.-Taf.) Berlin 889. Parey. geb. n. 4. —

Kauschinger's Lehre v. Waldschutz. 5. Aufl., hrsg. v. Herm. Fürst. gr. 8. (VIII, 172 S. m. 4 farb. Taf.) Berlin 896. P. Parey. Geb. in Leinw. n. 4. —

Kauschinger's Lehre vom Waldschutz. 6. Aufl., hrsg. von Herm. Fürst. (VIII, 184 S. m. 5 [4 farb.] Taf.) gr. 8. Berlin 902. P. Parey. Geb. in Leinw. n. 4. —

Kauschke, Josef

— Abhandl. von den Pflichten d. Schulmeister in Absicht auf Schulen. 8. Sagan 766.

Kauschke, Jos., († ...) tabellar. Abhandl. von d. deutschen Orthographie. Fol. Sagan ...

— Gedanken über d. schles.-kathol. Schulen überhaupt. 8. Leipz. 773.

Kauschnick, Dr. Geschichte des deutschen Adels 1.—4 Bändchen. (Aus:) „Allgem. Histor. Taschenbibliothek für Jedermann.“ 33. Theil. 8. Dresden 1831.

Kauschwitz, s.: Sachsen. Karte.

Kausek, Ant., Hilfstafeln zur Berechnung u. Umwandlung des Flächenmasses. Auf allg. Verlangen der Grundbesitzer zusammengestellt. 4. Aufl. (24 S.) kl. 8. Prag 910. J. Springer. Geb. in Halbleinw. — 70

Kausel, Theod. De Thesei synoecismo. 24 S. **Progr.** *Dillenburg* 1882.

Kausel, T., De Thesei synoecismo. Diss. 1882. 24 S. 4°. 1.—

Kausen, Armin (Hrsg.), s. Auf Höhenpfaden.

A. KAUSEN, Die Beziehungen Napoleons I. zu Düsseldorf. Vortrag, gehalten in der öffentlichen Sitzung des Düsseldorfer Geschichts-Vereins vom 27. Februar 1882. Düsseldorf 1882. Als Manuscript gedruckt. 8°.

Kausen, Armin, im Blütenduft u. Winterschnee. Blätter aus dem Kranze deutscher Festzeiten u. Festbräuche. 8. (428 S. m. Abbildgn.) Heiligenstadt 894. F. W. Cordier. n. 3. 50; geb. n. 5. —

Kausen, Armin, Prinz Ludwig v. Bayern als Redner u. Politiker. gr. 8. (22 S.) München 899. (Herder & Co.) n. — 30
Sonderabdruck aus: „Die Wahrheit“.

Ferd. Bauernfreund (Pseud., wirklich: Armin Kausen): Eine Musterpartei oder die Bauernbündler unter sich. Augsburg 1896. (Polemische Kampschrift gegen den Bauernbund.)

— s.: Rundschau, allgemeine.

Kausen, Armin, s.: Wahrheit, die.

Kausen, Armin, Weihnachts-Grüße. Eine Festgabe f. Jung u. Alt. 8. (VIII, 219 S. m. 1 Titelbilde.) Dülmen 890. Laumann. 2. —; geb. 3. —

— neue Weihnachtsgrüße. Unter Mitwirkung von C. A. Cüppers, J. v. Dirkink, M. v. Ekensteen u. a. hrsg. (319 S.) 8. München (904). Dr. A. Kausen. Geb. in Leinw. n. 3. —

— Centrum bleibt die Parole! Ein Wort an die kathol. Wähler Deutschlands. 12. (51 S.) Münster i/W. 898. A. Russell. — 12

Die Reichswertzuwachssteuer. Besprechung d. Kommissionsbeschlüsse zweiter Lesung von Just.R. Hermann **Kausen**. Nebst Text d. Gesetzentwurfes u. 15 Steuerbeispielen. Köln: Neubner 1910. 155 S. 8°

Kausen, Joseph: Die Radiotelegraphie im Völkerrecht. München: Manz 1909. 95 S. 8° ¶(Ersch. auch als Buch b. Lentner, München 1910.)
Würzburg, Jur. Diss. v. 20. Dez. 1909, Ref. Meurer
[Geb. 7. Dez. 85 Karlsruhe i. B.; Wohnort: München; Staatsangeh.: Baden; Vorbildung: Gymn. München Reife Juli 04; Studium: Bonn 1, München 7 S.; Rig. 3. Nov. 09.] [U 10. 4304

Kausen, Jos., die Radiotelegraphie im Völkerrecht. (95 S.) Lex. 8. München 910. J. J. Lentner. 2. —

Altindisches Zauberritual. Probe e. Uebersetzung d. wichtigsten Theile des **Kauŝika Sūtra** von W[ilhelm] Caland. *Amsterdam: J. Müller 1900.* (XII, 195 S.) 4°(8°)
= **Verhandelingen** d. Kkl. Akademie v. Wetenschappen te Amsterdam. Afd. Letterk. N. R. 3, 2. [os. 674 3

Kausler, Christian (Hrsg.), s. a. Allerley

ALLERLEI (von *C. Kausler*). Tübingen 1786.
Anon.-Lex. I. p. 39 (nach Meusel).

Kausler, Chr., Journal von Würtemberg u. den angrenz. Gegenden. 16, 26 Stck. 8. ... 786.

— s. C. F. D. Schubart, Gedichte aus d. Kerker.

Kausler, Christoph Friedrich

Kausler . . Beschreibung des Oberamtes Neuenburg, und der damit vereinigten vormaligen Oberämter Herrenalb, Liebenzell u. Wildbaad; mit vielen Urkunden, einer Charte u. zwey Steindrucken. gr. 8. Tübingen, Laupp. 820.

Kausler, Christoph Friedrich, s. Bezout: Lehrbuch der Arithmetik.

Kausler, Christoph Friedrich, s. Develey: Anfangsgründe.

— Elemente d. Geometrie. Nach Legendre. M. 2 lithogr. Taf. 8. Ludwigsb. 827, Nast. 16 gr. Schreibp.

Kausler, Christoph Friedrich, s. L. Euler: Algebra.

— d. utaktische Exempelbuch d. Algebra z. Wiederherstellung, d. durch d. merkant. Calcul verdrängten Rechenkunst ic. 8. Mannh. Schwan u. G. 806.

Christoph Friedrich Kausler

Ueber das Höhen-Messen vermittelst des Barometers und Manometers, Stuttgart [1785]: Druckerey der Hohen Karls-Schule. 40 S. 8°

Stuttgart, Hohe Karls-Schule, Phil. Hab.-Schr. v. 1785

Kausler, Christoph Friedrich, s. K u n s t , die rohe und calcinierte Pottasche zu machen.

— Die Kunst rohe und calcinirte Potasche zu verfertigen. Tübingen, 1780. 8vo.

Kausler, Christoph Friedrich, s. L a v e a u x : Unterricht.

Kausler, C. F., d. Lehre v. d. continuirlich. Brüchen, u. ihr. vorzügl. Anwend. auf Arithmetik und Algebra. gr. 8. Stuttg. Löflund. 803.

— die wichtige Lehre v. d. Logarithmen u. ihrem Gebrauch. gr. 8. Tübing. Cotta. 808.

— Rede über d. Nothwendigkeit, junge Leute früher u. besser mit d. Natur bekannt zu machen. Stuttg. 787.

Kausler, akadem. Rede üb. d. Notwendigkeit, junge Leute früher u besser m. d. Natur bekannt zu machen etc. 1787. Von E v Georgii-Georgenau. (15 S) Stuttgart 1891

Kausler, C. F. De insigni fractionum continuarum usu in explorandis numerorum factoribus disquiritur. Stuttgartiae 1821. 4.

v. Kausler, (C. F.,) Versuch einer Methodologie d. Arithmetik, od. einer gründl. Anleit., d. Arithmetik zu lernen u. zu lehren. 8. Ulm 825, Stettin.

Kausler, Ed., Denkmäler altniederländ. Sprache u. Litteratur. Nach ungedr. Quellen hrsg. 1. Bd. (Reimchronik v. Flandern. gr. 8. (48½ B., 1 Titbild. u. 1 Schrifttaf.) Tübingen 840, Fues.

Kausler, Ed., Denkmäler altniederländischer Sprache u. Litteratur. Nach ungedruckten Quellen hrsg. 2. Bd. gr. 8. (44 B.) Tübingen 844, Fues, Verl.
1. Bd. Ebendas. 1840. 5 Thlr.

Kausler, Ed. v., Denkmäler altniederländischer Sprache und Litteratur. 3. Bd. A. u. d. T.: Altniederländische Gedichte vom Schlusse des 13. bis Anfang des 15. Jahrhunderts. 2. Thl. Nach einer niederländ. Handschrift mit Anmerkungen hrsg. gr. 8. (XXX und 586 S.) Leipzig 866, Fues' Verlag.
cplt. herabges. Pr. *
1. und 2. Bd. Tübingen 1840,44. * 9 Thlr. 20 Ngr.

— s. Geschichte d. Kreuzzüge.

Kausler, Ed. von (Hrsg.), s. S t i c k e l , Burkhard: Tagebuch.

— s. v. Tyrus, W., Geschichte d. Kreuzzüge.

Kausler, Eduard Heinrich v. (Hrsg.), s. A s s i s e s , The great, holden in Parnassus by Apoll and his assessours.

Kausler, E. H. von, s. B i b l i o t h e k des litterarischen Vereins in Stuttgart XV, XVII, XXVI, CXXIV.

Kausler, K. H., s. les Livres des Assises.

Kausler, Franz von

— s. A b r i ß , chronolog., d. Geschichte d. europ. Staaten.

Kausler, Frz. v., A t l a s des plus mémorables Batailles, Combats et Siéges des temps anciens, du moyen age et de l'age moderne, en 200 feuilles; etc. — Atlas d. merkwürd. Schlachten, Treffen u. Belagerungen d. alten, mittl. u. neuern Zeit in 200 (lithogr. u. ill.) Bl.; n. d. besten Quellen, unt. Mithülfe d. Abthl. d. topograph. Corps d. Kgl. Würtemberg. General-Quartiermeister-Stabs ausgearbeit. (Mit franz. u. deutsch. Text. gr. 4.) 1—11. Lfg. Roy.-Fol. Freiburg 831—35, Herder. [1. (15 Blätter u. 7¼ B.), 2. (15 Bl. u. 9½ B.), 3. (15 Bl. u. 9 B.) 831., 4. (15 Bl. u. 9½ B.) 832., 5. (14 Bl. u. 9 B.), 6. (15 Bl. u. 9¼ B.) 833. à 7 Thlr. 1 Gr., 7. u. 8. (31 Bl. u. 15¼ B.) 15 Thlr, 9. (15 Bl. u. 8 B.) 834., 10. (15 Bl. u. 9 B.), 11. (15 Bl. u. 9¼ B.) 835. à 7 Thlr. 1 Gr.]

v. Kausler, Fr., A t l a s des plus mémorables Batailles, Combats et Siéges des temps anciens, du moyen age et de l'age moderne, en 213 feuilles. VI — XIV. Livr. — Atlas der merkwürdigsten Schlachten, Treffen u. Belagerungen der alten, mittlern u. neuern Zeit, in 213 Blättern. 6e — 14e Lfrg. (Mit franz. u. deutschem Text.) Roy.-Fol. Freiburg u. Karlsruhe 833 — 37. Herder. (6e, 9e — 11e Lfrg. à 7 rß 1 gl, 7e u. 8e Lfrg. 15 rß, 12e Lfrg. 7⅛ rß, 13e Lfrg. 7⅚ rß, 14e Lfrg. 7 rß) Alle 14 Lfrgg. 99¼ rß

Kausler, Frz. v., A t l a s de plus mémorables Batailles, Combats et Liéges des temps anciens, du moyen age et de l'age moderne, en 200 feuilles; etc. — Atlas d. merkwürd. Schlachten, Treffen u. Belagerungen d. alten, mittl. u. neuern Zeit in 200 (lithogr. u. ill.) Bl.; n. d. besten Quellen, unt. Mithülfe d. Abthl. d. topograph. Corps d. kgl. Würtemberg. General-Quartiermeister-Stabs ausgearbeit. (Mit franz. u. deutsch. Text. gr. 4.) 12—14. Lfg. Roy.-Fol. Freiburg 835—38. [Merseburg, Nulandt'sche Buchh.] [12. (15 Blätter u. 7½ B.) 835. * 7⅛ Thlr., 13. (17 Bl. u. 8½ B.) 837. * 7⅚ Thlr., 14. (15 Bl. u. 8¾ B.) 838. * 7 Thlr.] *
1—11. Lfg. Ebendas. 1831—35. * 78 Thlr. 9 Gr. — Vollständig 14 Lfg. (210 Bl. u. 120 B.) * 99 Thlr. 8 Gr., hrbgs. Pr. * 30 Thlr.

— Vorrede u. alphabet.-histor. Register zum Atlas d. Schlachten. (In deutscher u. franz. Sprache.) gr. 4. Freiburg 837. Herder. ⅓ rß

—— dass. — Vorrede u. alphabet.-histor. Register z. Atlas d. Schlachten. — Préface et table historique et alphabétique de l'Atlas des Batailles. gr. 4. (5½ B. in deutsch. u. französ. Sprache.) Freiburg 837. [Merseburg, Nulandt'sche Buchh.]

v. Kausler, F., Beschreibung der Kriegs-Uebungen des VIII. deutschen Armee-Corps, abgehalten im Septbr. 1840. Verfaßt auf Befehl. Mit 1 Uebersichts-Karte, 6 Planen u. 1 Plan des Revue-Feldes. gr. 8. (Mit 1 Tab.) Ludwigsburg 840, Nast'sche Buchh. (Leipzig, Herbig.) n. $2\frac{1}{12}$ rß — Ohne Atlas n. ¾ rß

Kausler, v Beschreibung der Kriegsübungen des VIII. deutschen Armee-Korps, abgehalten im September 1840. Mit Pl. Ludwigsburg 1840. 178 S.

Kausler, Franz von, s. v. C h a m b r a y , Gesch. d. Feldzugs.

Kausler, Franz von, s. D a r s t e l l u n g d. Feldzugs im J. 1813 in Deutschland.

Kausler, F. v. Darstellung des Feldzugs im Spätjahr 1813 in Deutschland vom Bruch des Waffenstillstandes an bis zum Übergange der französ. Armee über den Rhein, von einem russ. Offizier (D. P. Grf Buturlin). Deutsch bearbeitet. Mit 1 Krt. Stuttgart 1819. 167 S.

Kausler, Franz von, s. Graf M. D u m a s , Darstellung.

Kausler, Franz von, s. v. F a b e r du Faus, Blätter.

Kaussler, F. v., Napoleons Feldzug in Russland 1812, s.: **Faber du Faur, G. de.**

— **Napoleons Grundsätze** rc., s. a. **Napoleon.**

Kausler, F. v. Napoleons Grundsätze, Ansichten und Äußerungen über Kriegskunst, Kriegsgeschichte u. Kriegswesen. T. 1. 2. Leipzig 1827.

—— Napoleons Grundsätze, Ansichten u. Aeußerungen üb. Kriegskunst, Kriegsgeschichte u. Kriegswesen. Aus seinen Werken u. seiner Correspondenz dargest. 2. Thl. gr. 8. ($22\frac{1}{2}$ B.) Leipzig 828, Baumgärtner.
1. Thl. Ebendas. 1827. 2 Thlr.

— **die Kriege von 1792 bis 1815 in Europa und in Aegypten in gedrängter Darstellung, mit besonderer Rücksicht auf die Schlachten Napoleons u. seiner Zeit nach den zuverlässigsten Quellen bearbeitet. 3.—28. (letzte) Liefg. (16.—28. Liefg. mit J. E. Wörl.) Mit 124 Karten u. Planen. gr. 4. Karlsruhe u. Freiburg 840—42, Herder'sche Verlagsh. (à n. $\frac{1}{2}$ ℛ) n. 13 ℛ 28 Liefg. n. 14 ℛ — Vergl. Kriege, die, von 1792 bis 1815 in Europa.**

Kausler, F. v., u. J. E. Woerl. Die Kriege von 1792—1815 in Europa u. Aegypten. Mit Pl. Karlsruhe 1842. 923 S. 4°

—— das Leben d. Prinzen Eugen v. Savoyen, hauptsächl. aus d. militär. Gesichtspunkte, nach d. zuverläss. u. neuesten, z. Theil noch nicht benützten Quellen bearb. Mit Noten versehen v. Grafen v. Bismark. 2 Bde. gr. 8. Freiburg, Herder'sche Buchh. [1. (36 B., 5 Uebersichtskart. u. 10 Schlachtenpläne auf 7 Bl. Imp.-Fol. u. 4 Bl. $\frac{1}{2}$ Imp.-Fol., u. 1 Tab.) 838. * 4 Thlr., 2. ($51\frac{3}{4}$ B., 3 Uebersichtskart. u. 16 Schlachtenpläne, versch. Form., u. $\frac{1}{2}$ B. Tab.) 839. * $5\frac{1}{3}$ Thlr.] *

— **dass. in 20 Lfrgg. 1e Lfrg. Mit 1 Uebersichtskarte u. 1 Schlachtenplane. gr. 8. Ebd. 840. n. $\frac{1}{2}$ ℛ**

v. Kausler, F., das Leben des Prinzen Eugen von Savoyen, hauptsächl. aus dem milit. Gesichtspunkte nach den zuverlässigsten und neuesten, zum Theil noch nicht benutzten Quellen bearbeitet und mit Noten versehen von Grafen von Bismark. 2 Bde. mit 8 Uebersichtskarten u. 26 Schlachten-Pl. gr. 8. Freyburg, jetzt: Wien, Ign. Klang u. d. Pr. nur $3\frac{1}{2}$ ℛ

— **s. Pairhaus, H. J., militärische Stärke und Schwäche von Frankreich.**

— **Theorie des höhern Officiers. M. Planen. gr. 8. Leipzig, Industr. Cpt.**

— Theorie des höhern Offiziers. Mit 17 Plän. gr. 8. Leipz. 821. Baumgärtner. 3 ℛ Hdn. Pr. 2 ℛ

—— synchronist. Uebersicht d. Kriegsgeschichte, der Fortschritte d. Kriegskunst u. d. gleichzeit. Quellen. 3. u. 4. Lfg. gr. Fol. Ulm, Stettin.
Lfg. 3. Von d. Untergange d. weström. Reiches b. z. Anfange d. Kreuzzüge, od. v. J. 476—1094 n. Chr. G. (39 Tab. auf Schrbp.) 829. 4 Thlr. 16 Gr.
" 4. Vom Anfange d. Kreuzzüge b. z. Ende d. 15. Jahrh., od. v. J. 1094—1494. (49 Tab. auf Schrbp.) 830. 6 Thlr.
1. u. 2. Lfg. (48 Tab. Fol.) Ebendas. 1825, 26. 6 Thlr.

— Versuch einer Kriegsgeschichte aller Völker u. Zeiten, nach d. Quellen bearb. 1r u. 2r Bd. gr. 8. — Synchronistische Uebersicht d. Kriegsgeschichte, der Fortschritte d. Kriegskunst u. d. gleichzeit. Quellen. 1r Zeitraum. (48 Tabell.) gr. Fol. — Und: Wörterbuch d. Schlachten, Belagerungen u. Treffen aller Völker. 1r u. 2r Bd. gr. 8. Ulm 825—27, Stettin. 26 Rthlr. 16 gr. Schreibp.
Diese sind auch einzeln zu haben, als:
— Kriegsgeschichte rc. 12 Rthlr. Schreibp.
— synchronistische Uebersicht rc. -
— Wörterbuch rc. 8 Rthlr. 16 gr. Schreibp.

—— Versuch e. Kriegsgeschichte aller Völker u. Zeiten. Nach d. Quellen bearb. 3. u. 4. Bd. gr. 8. Ulm, Stettin.
17 Thlr. 8 Gr., Schrbp.
Bd. 3. Von d. Untergange d. weström. Reiches rc. ($60\frac{1}{4}$ B.) 829. 5 Thlr. 8 Gr., Schrbp. 7 Thlr. 4 Gr.
" 4. Vom Anfange d. Kreuzzüge rc. ($117\frac{1}{2}$ B.) 830. 10 Thlr., Schrbp. 12 Thlr.
1. u. 2. Bd. Ebendas. 1825, 26. 12 Thlr., Schrbp. 15 Thlr.

— **Versuch einer Kriegsgeschichte aller Völker u. Zeiten, nach den Quellen bearb. 1r—4r Bd. (Mit d. Atlas d. alten Welt.) gr. 8. 27 ℛ 8 ℊ Schrbp. 34 ℛ 4 ℊ — Synchronistische Uebersicht d. Kriegsgeschichte, d. Fortschritte d. Kriegskunst u. d. gleichzeit. Quellen. 1e—4e Lief. gr. Fol. 16 ℛ 16 ℊ Und: histor. Wörterbuch d. Schlachten, Belagerungen und Treffen aller Völker. 1r—4r Bd. 20 ℛ Schrbp. 25 ℛ 22 ℊ) gr. 8. Ulm 825—33. Stettin. 64 ℛ Schrbp. 76 ℛ 18 ℊ NB. Bis zur Erscheinung d. 5ten Lieferung wird d. Werk compl. für 48 ℛ u. Schrbp. 57 ℛ 12 ℊ abgelassen.**

—— Versuch e. militär. Recognoszirung d. gesammten Gebietes d. Donau, von ihren Quellen bis zu ihrem Einflusse in d. schwarze Meer. Aus d. Mémorial topographique frei bearb., 1. Bd. gr. 8. ($27\frac{1}{2}$ B., 1 Uebersichtskarte, Imp.-Fol. u. 4 lith. Uebersichts Tab., qu. $\frac{1}{2}$ Fol.) Freiburg 835, Herder'sche Bh.

— **Versuch einer militär. Recognoscirung des gesammten Gebietes der Donau, von ihren Quellen bis zu ihrem Einflusse in das schwarze Meer. 1. (nicht mehr erschienen) Bd., mit 1 Uebersichtskarte. gr. 8. Freyburg, jetzt: Ign. Klang in Wien u. d. Pr. nur 1 ℛ**

Kausler, Frz. v., histor. **Wörterbuch** d. Schlachten, Belagerungen u. Treffen aller Völker u. Zeiten. Nach d. Quellen bearb. 3. u. 4. Bd. gr. 8. Ulm, Stettin.
11 Thlr. 8 Gr., Schrbp. Thlr.
Bd. 3. Von d. Untergange d. weström. Reiches rc. ($34\frac{1}{2}$ B.) 829. 5 Thlr. 8 Gr., Schrbp. 6 Thlr. 4 Gr.
" 4. (2 Abthln.) Vom Anfange d. Kreuzzüge rc. (85 B.) 833. 8 Thlr., Schrbp. 10 Thlr. 18 Gr.
1. u. 2. Bd. Ebendas. 1825, 26. 8 Thlr. 16 Gr., Schrbp. 11 Thlr.

— **Zeitschrift f. Kriegswissenschaft, s. Zeitschrift.**

Kausler, Carl Ludwig Friedr. (Regiofontanus [=Königsbronn]), Disquisitiones quasdam in Spinozam. Diss. philos. Präs. Andreas Heinrich Schott. Tübing. (Hopffer) Sept. 1803. 26 S. mit Widm. v. Präs. (6.—) 17553

Kausler, R., s. Geschichte der Kreuzzüge.

Kausler, R., s. Tyrus, Wilhelm von: Gesch. d. Kreuzzüge . . .

Kausler, Rud., der Begriff d. Wissenschaft. Philosoph. Thesen. 8. ($1\frac{1}{2}$ B.) Stuttgart 811, Krabbe.

— **Theophil Philipp** (Boennigheim/Württemberg), De prudentia legislatoria circa jusjurandum. Diss. jur. Präs. Heinr. Gottfr. Scheidemantel. Stuttgart (typis academ. Carolinae) April 1787. 46 S. mit Widm. v. Präs. (6.50) 17554

Kaußen, Joseph, aus Eilendorf: **Physik und Ethik des Panätius.** *Bonn 1902: S. Foppen.* (49 S.) 8°
Erlangen, Phil. Diss. v. 3. Nov. 1902

Kaussmann, Alfred *Ferdinand Martin* [aus Frankfurt a. O.]: Über Uteruscarcinom bei Gravidität, Geburt und Wochenbett m. e. Casuistik d. Fälle aus d. Kgl. Univ.-Frauen-Klinik zu Berlin v. J. 1886 an ... Berlin, Druck v. E. Ebering, *1897;* 37 S., 1 Bl. 8.
Berlin, Med. Fak., Inaug.-Diss. v. 6. Aug. 1897

Kaut, A., Samml. lehrreicher Lieder u. Sittensprüche für Kinder. 8. Augsb. 799. Kranzfelder. 8 ℊ (Andrä in Leipz.) 6 ℊ

Kaut, A., Samml. lehrreich. Lieder u. Sittenspr. f. Kinder. 8. Augsb. (Bauer, Lpz.) 799.

Kaut, G., Historisches aus der Türkei, im Zusammenhange dargest. bis 1841. gr. 8. (8¼ B.) Offenbach a. M. 841. (Darmstadt, Kern.) *

Kaut, Carl, aus Elberfeld: Aus d. Kgl. Universitätsfrauenklinik zu Bonn. **Myom und Gravidität.** *Bonn 1903: J. Trapp.* (61 S.) 8°
Bonn, Med. Diss. v. 8. Juli 1903

Kaute, J., De modorum usu in Hippocratis scriptis genuinis observationes grammaticae. Diss. 1876. 40 S. 1.20

Kaute, Lothar, aus Lissa i. P.: Über das 1-p-Tolyl-2,3-dimethyl-2,5-thiopyrazol oder Tolyl-Thiopyrin. *Rostock 1903: C. Hinstorff.* (45 S.) 8°
Rostock, Phil. Diss. v. [20. Mai] 1903

[Umschlagt.:] [Ant. u. J.] Gedenkblatt zur Hundertjahres-Feier Kaiser Wilhelm d. Grossen am 22. März 1897. In Prosa u. Poesie. Verleger u. Vf.: Rud. Kaute. *Berlin: Selbstv. (1897).* (4 Bl) 1 Bd 4. [99. 1356

Kaute, Wilhelm (Dülmen/Westf.), Fieber in der Geburt. Diss. med.-chir. Bln. (Gustav Schade [Otto Francke]) 18. X. 1889. 32 S. mit Biogr. (5.—) 17555
Oppon.: Immelmann. Metzge. Papenhausen.

Die **Kautelen** der zweijährigen Dienstzeit. Von B. v. P. Berlin: Zuckschwerdt & Co. [1904]. (32 S.) 8° [J.] [04. 3030

Kautelen für Vormünder. [Leipz. 1786.] V: *Berg, Jacob Frdr. von.* (MGT)

Kauter, Josef, Rechtskand.: Die Rechtsverhältnisse des zurückgetretenen Monarchen. Borna-Leipzig 1909: Noske. VIII, 34 S. 8°
Erlangen, Jur. Diss. v. 11. Dez. 1909, Ref. Rieker
[Geb. 23. April 86 Limburg; Wohnort: Limburg; Staatsangeh.: Preußen; Vorbildung: Gymn. Limburg Reife O. 06; Studium: Würzburg 2, Freiburg i. B. 1, Berlin 1, Marburg 1, Bonn 1, Erlangen 1 S.; Rig. 19. Nov. 09.] [U 10. 712

Kauth, Ant. Ernfels, s. a. Schul- u. Vereinsbühne, christliche.

(F) **Kauth, A.,** Ernfels. Schauspiel aus dem 16. Jahrhundert in 5 Aufzügen. [60. Bd. Christliche Schul- und Vereinsbühne.] 8°. (64 S.) K —.60
Linz: Preßverein 1906.

Kauth, F., Beschreibung der in den Ämtern Dillenburg und Herborn aufsetzenden Erzgänge, des darauf geführten Betriebes usw. nach den Ergebnissen bis zu den Jahren 1864—1865. Wiesbaden, 1867. 59 S. mit 2 Karten.

KAUTH, JOH(ANN) GEORG: Geistliche Buß-Lieder auf die Heiligen Fast-Täge zum Gebrauch der Katholischen Christen-Schaar in Many bei Kreuz-Erhöhung. o. O. 1810. o. Dr. 16 S. - 8°

Kauth, Rud., Handbuch für Schornsteinfeger-Meister, Mitglieder der Feuervisitations-Commissionen und aller Bauhandwerker des Reg.-Bez. Wiesbaden. 8. (IV, 78 S.) Langen-Schwalbach 884. (Leipzig, Siegismund und Volkening.) *

Kautionen, die, der Reichs-Beamten. Gesetz vom 2. Juni 1869. Mit den dazu ergangenen Ausführungs-Bestimmungen und den bezügl. Paragraphen des Gesetzes betr.: Rechtsverhältniss der Reichs-Beamten. 2. vervollständ. Aufl. gr. 8. (40 S.) Berlin 872, Kortkampf. cart. *

Kautny, Theo (Hrsg.), s. Acetylen in Wissenschaft und Industrie.

— Handbuch der autogenen Schweissung. (V, 250 S. m. 82 Fig.) 8. Halle 909. C. Marhold. Geb. in Leinw. 3.60

— s.: Metallbearbeitung, autogene.

Kautsch, Henri, Kunst- u. Kunstgewerbe auf der Weltausstellung in Chicago, s.: **Bericht,** officieller, der k. k. österr. Central-Commission f. die Weltausstellung in Chicago 1893.

Kautsch, Jac., das Bank- u. Börsenwesen. Mit besond. Berücksicht. deutscher u. österreich. Verhältnisse. [Aus „Kaufmänn. Unterrichtsstunden".] gr. 8. (XII, 364 S.) Stuttgart 871. Maier. n. 3. —

— dasselbe. 2. Aufl. gr. 8. (XII, 364 S.) Ebend. 873. n. 6. —

—— allgemeines Börsenbuch nebst Usancen der Berliner, Frankfurter und Wiener Börse. Ein Handbuch für Capitalisten, Financiers und Bankbeamte. gr. 8. (VIII, 296 S.) Ebendas. 874. *

Kautsch. Jac. Handbuch d. Bank- u. Börsenwesens f. Bankbeamte, Kaufleute, Kapitalisten, sowie f. den Selbst-Unterricht. Mit besond. Berücksicht. deutscher u. österreich-ungar. Verhältnisse bearb. 13 Lfgn. gr. 8. (XII, 417 S.) Berl. 890,91, Verlag f. Sprach- u. Handelswissenschaft. à Lfg. — 50; * 6 50; geb. * * 8 —

Kautsch, Jac., Handbuch des Bank- u. Börsenwesens f. Bankbeamte, Kaufleute, Kapitalisten, sowie f. den Selbst-Unterricht. Mit besond. Berücksicht. deutscher, österreichisch-ungar. u. schweiz. Verhältnisse bearb. 2. vollständig neu bearb. Aufl. v. Rob. Carnap. gr. 8. (4, IV, 212 S.) Berlin 901. Verlag f. Sprach- u. Handelswissenschaft. n. 7. —; geb. in Leinw. n. 8. 50

Handbuch des Bank- und Börsenwesens für Bankbeamte, Kaufleute, Kapitalisten, sowie für d. Selbstunterr. Mit besond. Berücks. deutscher, oesterr.-ungar. u. schweizerischer Verhältnisse bearb. von Jacob **Kautsch,** Dir. in Steyr. 2. vollst. neu bearb. Aufl. von Robert Carnap, Bankbeamter. Berlin: S. Simon 1901. (IV, 212 S.) 8° [J.] [03. 10,9

Kautsch, J. Handbuch des Bank- und Börsenwesens. 2. Auflage. Berlin 1901. (1. Auflage: Allgemeines Börsenbuch nebst Usancen der Berliner, Frankfurter und Wiener Börse. Stuttgart 1874.)

Kautsch, **Ign., Apostata Copernicanus etc. Joh. B. Riccioli. 8. Brünn ... Gastl. 18 K Hbg. Pr. 5 K**

— d. Entfernungen u. d. Lage d. vornehmsten Hauptörter unserer Erde von Prag. 8. Prag 793.

— geographia practica, seu meth. facilis ope projectionis sphaerae terraqueae construendi quaevis planisphaerica, mappas geographicas generales et species etc. eclipsium solis et lunae usque ad a. 1800. Mit 8 Kpft. 8. Kalitz in Ungarn 784.

— ad geographiam practicam supplementa II. eclipsium Solis et Lunae ab anno 1800 ad 1860. c. tab. aeneis. 8. Lps. Hartknoch. 800.

— ad geographiam practicam supplementa II. eclipsium solis et lunae ab a. 1800 ad 1860, c. tabb. aeneis. 8. St. Petersb. 800. Acad. B. 9 ß

Kautsch, P. J., ad Geographiam practicam supplementa duo eclipsium solis et lunae primum ab anno 1800 ad 1825 et secundum ab anno 1825 ad 1860. Cum 21 tabb. aen. 8 maj. Petropoli 800. (Leipzig, Voss), ist der Preis nur n. 5/6 ß

— planiometria s. dimensio distantiae et magnitudinis solis et lunae. 8maj. Poson. 790. Mahler. 12 K (Gastl in Brünn). 6 K

— supplement. ad dissertationes, quas planiometriae adjunxit. 8maj. Prag ... (Gastl in Brünn). 14 K Hbg. Pr. 5 K

— Luthori Professio-Fidei Romano-Catholicae etc. 8. Litomislii. (Gastl, Brünn.) 802.

— neuer Wiener Stadt: u. Meilenzeiger, oder Weite d. vornehmsten Hauptstädte von Prag rc. gr. 8. Prag 787. Diesbach. 5 K

Kautsch, Ludw. Ritter v., d. Gesetz v. 18. Febr. 1878 betr. d. Enteignung z. Zwecke d. Herstellg. u. d. Betriebes v. Eisenbahnen, m. Erläutergn. hrsg. gr. 8. (VIII, 124 S.) Wien 895. Manz. n. 2. 40

Kautschke, Georg [aus Görlitz in Schlesien]: Epilepsie bei Fettherz.... Würzburg, J. M. Richter's Buch- u. Kunstdr., 1890; 21 + 1 S. 8° Würzburg, Med. Fak., Inaug.-Diss. v. 1890

Kautschuk - Expedition, Westafrikanische, 1899/1900. Berlin 1900. V: *Schlechter, Rudolph.* (Berl)

Kautschuk-Expedition, westafrikan. (R. Schlechter.) 1899/1900. Mit 13 Taf. u. 14 Abb. im Text. Hrsg. vom kolonial-wirtschaftl. Komitee. gr. 8. (VII, 326 S.) Berlin 900. (E. S. Mittler & Sohn.) Geb. in Leinw. n. 12.—

Kautsky, Joh., Bäume, s.: Wandtafeln f. den naturgeschichtlichen Anschauungsunterricht.

Kautsky sen., Joh., s.: Wandtafeln f. den naturgeschichtlichen Anschauungs-Unterricht.

Kautsky, Karl, die Agrarfrage. Eine Uebersicht üb. die Tendenzen der modernen Landwirtschaft u. Agrarpolitik der Sozialdemokratie. 1. u. 2. Aufl. 1.—3. Tauf. gr. 8. (X VIII, 451 S.) Stuttgart 899. 902. J. H. W. Dietz Nachf. n. 5.—; geb. in Leinw. n. 6. 50

Kautsky, Karl. Der Arbeiterschutz, besonders d. internationale Arbeiterschutz-Gesetzgebung u. d. Achtstundentag. 8. (60 S.) Nürnb. 890, Woerlein u. Comp. — 30

Kautsky, K., Der Arbeiterschutz, besonders die internationale Arbeiterschutzgesetzgebung und der Achtstundentag. [2. Aufl.] Nürnberg, 1890. 60 S.

— Vide: Arbeits-Gesetzgebung (Internat.).

— Bernstein u. das sozialdemokratische Programm. Eine Antikritik. gr. 8. (VIII, 195 S.) n. 2.—
Stuttg.: Dietz 1899.

Kautsky, Karl, der Einfluss der Volksvermehrung auf den Fortschritt der Gesellschaft untersucht. gr. 8. (VIII, 195 S.) Wien 880. Bloch & Hasbach. n. 2.—

Kautsky, Karl, Friedrich Engels. Sein Leben, sein Wirken, seine Schriften. Mit Engels Portr. 2. Aufl. (44 S.) 8. Berlin 908. Buchh. Vorwärts. 1.—

Ethik und materialistische Geschichtsauffassung. Ein Versuch von Karl **Kautsky.** Stuttgart: J. H. W. Dietz Nachf. 1906. (VIII, 144 S.) 8° [J.]

— s.: Geschichte, die, d. Sozialismus in Einzeldarstellgn.

— u. Bruno Schoenlank, Grundsätze u. Forderungen der Sozialdemokratie. Erläuterungen zum Erfurter Programm. 1. u. 2. durchgeseh. Aufl. gr. 8. (64 S.) Berlin 892. Buchhdlg. d. „Vorwärts". n. — 10

Kautsky, K., und **Schönlank,** Bruno, Grundsätze und Forderungen der Socialdemokratie. Erläuterungen zum Erfurter Programm. 3. durchges. Aufl. 8°. Berlin, Vorwärts, 1905.

— u. Bruno Schoenlank, Grundsätze u. Forderungen der Sozialdemokratie. Erläutergn. z. Erfurter Programm. (Neue Ausg.) (63 S.) gr. 8. Ebd. 910. — 50

Kautsky, Karl, Handelspolitik u. Sozialdemokratie. Populäre Darstellung der handelspolit. Streitfragen. 8. (96 S.) Berlin 901. Buchh. Vorwärts. n. 1.—

— Irland. Kultur-histor. Skizze. gr. 8. (39 S.) [Leipzig 880, Koschny.] Heidelberg, Weiss' Verlag.

— Die Klassengegensätze v. 1789. Zum 100jähr. Gedenktag der großen Revolution. 8. (79 S.) Stuttg. 889, Dietz. — 50
Aus: Die neue Zeit, besonders abgedruckt.

Kautsky, Karl, die Klassengegensätze im Zeitalter der französ. Revolution. Neue Ausg. der Klassengegensätze v. 1789. (80 S.) 8. Stuttgart 908. J. H. W. Dietz Nachf. — 75; geb. 1.—

— d. Kommunismus i. Mittelalter u. i. Zeitalter d. Reform., } s.: Geschichte, die, d. Sozialismus in Einzeldarstellgn.
— der platon. u. d. urchristliche Kommunismus, } s.: Geschichte, die, d. Sozialismus in Einzeldarstellgn.

Kautsky, Karl, Consumvereine u. Arbeiterbewegg., s. a. Arbeiter-Bibliothek, Wiener.

Kautsky, Karl, Consumvereine und Arbeiterbewegung. Wiener Arbeiterbibliothek, Heft 1. 8°. Wien 1897.

— Zur Kritik der politischen Ökonomie, s.: Marx, Karl.

— Die überseeische Lebensmittelkonkurrenz. (Sep.-Abdr. aus d. Staatswirthsch. Abhdlg., Ser. 2, Heft 4—5.) 8°. Leipzig 1881.

Kautsky, Karl: Die Lehren des Bergarbeiterstreiks. Stuttgart 1905. 11 S.

— Karl Marx's ökonomische Lehren, } s. a. Bibliothek, internationale.

— Karl Marx's ökonomische Lehren. Gemeinverständlich dargestellt und erläutert. (Internat. Bibliothek, 4—6. Heft.) 8°. Stuttgart, Dietz, 1887.

— Karl Marx' ökonomische Lehren. Gemeinverständlich dargestellt u. erläutert. 4. u. 5., durchgeseh. Aufl. 8. (XVI, 248 S. m. Lichtdr.-Bildnis.) Stuttgart 893. 894. J. H. W. Dietz. n. 1. 50; geb. n. 2.—

Karl Marx' Oekonomische Lehren. Gemeinverständl. dargest. u. erl. von **Karl Kautsky.** 8., durchges. u. verm. Aufl. *Stuttgart: J. H. W. Dietz Nachf. 1903.* (XX, 268 S.) 8° [J.]

Karl Marx's oekonomische Lehren. Gemeinverständl. dargest. u. erl. von Karl **Kautsky.** 13. Aufl. Nach d. 8. Aufl. unveränd. Stuttgart: Dietz 1910. XX, 208 S. 8°

Die historische Leistung von Karl Marx. Zum 25. Todestage d. Meisters hrsg. von Karl **Kautsky**. Mit 1 Portr. Berlin: Vorwärts 1908. (48 S.) 8° [J.]

— Die historische Leistung von Karl **Marx**. Zum 25. Todestage des Meisters hrsg. 1. u. 2. Aufl. 8°. Berlin, Buchh. Vorwärts, 1908.

Kautsky, Karl: Die Lohnarbeiter im Mittelalter s. Geschichte, Die, des Sozialismus in Einzeldarstellungen.

Kautsky, K., — Thomas More und seine Utopie, } s. a. Bibliothek, internationale.

Kautsky, K., Thomas Moore und seine Utopie. Mit einer historischen Einleitung. 8°. Stuttgart, Dietz, 1887—88. (Intern. Bibliothek. Heft 13—16.)

Kautsky, Thomas More u. seine Utopie. Stuttgart 889.

— **Thomas More u. seine Utopie. Mit e. histor. Einleitg. 2., durchgeseh. Aufl. (VIII, 322 S. m. 1 Bildnis.) 8. Stuttgart 907. J. H. W. Dietz Nachf. 2.50; geb. 3. —**

Kautsky, Karl: Thomas More, der große Utopist, s. Geschichte, Die, des Sozialismus in Einzeldarstellungen.

Nationalität und Internationalität. Von K[arl] **Kautsky**. Stuttgart: P. Singer (1908). (36 S.) 8° [Umschlagt. J.]
— Zeit, Die Neue. Erg.Hefte. No 1.

— **der Parlamentarismus, die Volksgesetzgebung u. die Sozialdemokratie. 8. (VIII, 139 S.)** 75
Stuttg.: Dietz 1893.

— **Patriotismus u. Sozialdemokratie.** (24 S.) 8. Leipzig 907. Leipziger Buchdruckerei. — 20

Kautsky, Karl, das Erfurter Programm, s. a. Bibliothek, internationale, 13. Bd.

Kautsky, Karl: Das Erfurter Programm in seinem grundsätzlichen Teil erläutert. — Stuttgart: Dietz 1892. VIII, 262 S. 8°

Kautsky K. das Erfurter Programm in seinem grundsätzlichen Teil. 2. A. Stuttgart 1892

— Das Erfurter Programm, in seinen grundsätzlichen Theilen erläutert. 1. bis 3. Aufl. gr. 8°. Stuttgart, Dietz, 1892.

— **das Erfurter Programm, in seinem grundsätzlichen Theil erläutert.** 3. u. 4. Aufl. 8. (à VIII, 262 S.) Ebd. 899. 902. n. 1.50; geb. 2. —

— Das Erfurter Programm in seinen grundsätzlichen Teilen erläutert. 6. nach der 5. unveränd. Aufl. 8°. Stuttgart, Dietz Nachf., 1905.

[Russ.] Érfurtskaja programma [Das Erfurter Programm] Karla Kautskago [**Kautsky**]. Perevod s německago. (Stuttgart: Diez 1903.) IV, 120 S. 8°

Kautsky, K., Die soziale Revolution. I. Sozialreform u. soziale Revolution. (48 S.) 8. Berlin, Buchh. Vorwärts. 1902. 1. 50.

— Die sociale Revolution. 1. Socialreform und sociale Revolution. 2. Am Tage nach der socialen Revolution. 2. Hefte. 8°. Berlin. Buchhdlg. Vorwärts, 1902.

— **die soziale Revolution. I. Sozialreform u. soziale Revolution. II. Am Tage nach der sozialen Revolution.** (56 u. 48 S.) 8. Berlin 903. Buchh. Vorwärts. n. 1.50

Kautsky, K., Die soziale Revolution: I. Sozialreform und soziale Revolution. — II. Am Tage nach der sozialen Revolution. Berlin, 1904. 104 S.

Die soziale Revolution. Von Karl **Kautsky**. 2. durchges. u. verm. Aufl. Berlin: Vorwärts 1907. (112 S.) 8° [J.]

— **die Sozialdemokratie u. die katholische Kirche.** 8. (32 S.) Ebd. 902. — 75

— Die Socialdemokratie und die **katholische Kirche**. 8°. Berlin, Buchh. Vorwärts. 1908.

Die Sozialdemokratie und die katholische Kirche. Karl **Kautsky**. 2. durchges. Aufl. Berlin: Vorwärts 1906. (31 S.) 8° [J.]

Sozialismus und Kolonialpolitik. Eine Auseinandersetzung. Von Karl **Kautsky**. Berlin: Vorwärts 1907. (80 S.) 8° [J.]

Stammbaum des modernen Sozialismus. (Entworfen v. **Kautsky** u. **Bernstein**.) Ein Blatt mit einem Heft Erläuterungen. Stuttg. 896.

Der Ursprung des Christentums. Eine hist. Untersuchung von Karl **Kautsky**. Stuttgart: J.H.W. Dietz Nachf. 1908. (XVI, 508 S.) 8° [J.]

Vermehrung und Entwicklung in Natur und Gesellschaft. Von Karl **Kautsky**. Stuttgart: Dietz 1910. VIII, 268 S. 8°

— s. : **Vernichtung, die, der Sozialdemokratie.**

Kautsky, Vorläufer d. Sozialismus. I. Von Plato bis zu den Wiedertäufern. Stgt. 894.
— II. Von Thomas More bis zum Vorabend der franz. Revolution. Stgt. 895.

— **Vorläufer des neueren Sozialismus.** 2., durchgeseh. Aufl. 2 Bde. 8. Ebd. 909. à 2.50; geb. à 3. —
1. Kommunistische Bewegungen im Mittelalter. (XVI, 360 S.)
2. Der Kommunismus in der deutschen Reformation. (IV, 332 S.)

Der Weg zur Macht. Polit. Betrachtungen über d. Hineinwachsen in d. Revolution. Von Karl **Kautsky**. Berlin: Vorwärts 1909. 104 S. 8°

— **Der Weg zur Macht.** Politische Betrachtgn. üb. das Hineinwachsen in die Revolution. 2., durchgeseh. Aufl. (112 S.) 8. Berlin 910. Buchh. Vorwärts. 1.50; geb. 2. —
1. Aufl. (104 S.) 909. 1.50.

Kautsky, Minna

Kautsky, M., die Alten und die Neuen. Roman. 2 Bde. 8. (190 und 167 S.) Leipzig 885, Reißner. * 6 —

Kautsky, Minna: Helene. Roman in 3 Büchern. — Stuttgart: Dietz 1894. 379 S. 8°

Kautsky, Minna, Helene. Roman in 3 Büchern. 2. [Titel-] Aufl. 8. (379 S.) Stuttgart [884.] 900. J. H. W. Dietz Nachf. n. 4. —; geb. n. 5. —

Kautsky, M., Herrschen oder Dienen? Roman in 2 Bdn. 8. (400 u. 443 S.) Leipzig 882. Reißner. n. 10. —

— Madame Roland. Historisches Drama in 5 Acten. 8. (91 S.) Wien 878. Rosner. n. 2. —

— Madame Roland. Historisches Drama in 5 Acten. 8. (91 S.) Leipzig 883. Polytechn. Buchh. n. — 80

— Stefan vom Grillenhof, s.: Neue-Welt-Novellen.

Kautsky, Minna, Victoria. Roman. 2 Thle. in 1 Bde. 8. (180 u. 127 S.) Zürich 889. Verlags-Magazin. n. 5. —

— Victoria. Roman in 2 Büchern. 2. [Titel-]Aufl. 8. (180 u. 127 S.) Ebd. [889.] 900. n. 4. —; geb. n. 5. —

Kautter, A s. Ludwigsburg-Marbach-Maulbronn. Zürich ([18]93).

Kautz. Die alten Sprachen und die ästhetische Uebersetzungskunst, nebst Uebersetzungsproben. Arnsberg, G., 1847. 20 S. 4. Progr

Kautz: Symbola philologica. 14 S. – Progr. Arnsberg 1855.

Kautz, Ad. Heinrich, über gechlorte Derivate des Orthoxylols. Diss. Freiburg 1885, Fr. Wagnersche Univ.-Buchh. 8°. 49 S.

Kautz, Emil

Kautz, ländlicher Meliorations- u. Bau-Kredit im Deutschen Reiche, s.: Heiligenstadt.

Kautz, Geo., s.: Archiv f. gewerbl. Rechtspflege.

Die Entscheidungen in Kommunal- und Staatssteuerangelegenheiten. Bearb. von Dr. G(eorg) **Kautz**, Geh. Reg.R. Berlin: J. Guttentag 1905. (XVI, 1206 S.) 8° [J.]
— **Parey**: Die Rechtsgrundsätze d. Kgl. Preuß. Ober-Verwaltungsgerichts. Bd 3. {07. 3801

— die preußischen Gesetze, betr. Diensteinkommen, Ruhegehalt u. Wittwen- u. Waisenversorgung der Volksschullehrer. Für den prakt. Gebrauch erläutert. 8. (VI, 211 S.) Berlin 900. [J. J. Heine.] J. Guttentag. Kart. n. 2. 80

Kautz, Geo., Handbuch f. preußische Verwaltungs-Beamte u. s. w., s.: Illing.

Preussisches Kommunalbeamtenrecht. Darstellung u. Erläuterung d. gesamten, die Rechtsverhältnisse d. Preuss. Kommunalbeamten regelnden gesetzl. u. sonstigen Bestimmungen. Von Dr. jur. Georg **Kautz**, Reg.R. u. F[ranz] Appelius, Landesassessor. *Berlin: J. J. Heine 1900.* (XVI, 364 S.) 8°(4°) [J.] {00. 11354

— u. F. **Appelius**, preuß. Kommunalbeamtenrecht. Darstellung u. Erläuterg. der gesamten, die Rechtsverhältnisse der preuß. Kommunalbeamten regelnden gesetzl. u. sonst. Bestimmgn. 8. (XVI, 364 S.) Berlin 900. [J. J. Heine.] J. Guttentag. Kart. n. 4. 20

Kautz, G., Rechtsbuch, siehe Gebbard.

— die Rechtsgrundsätze d. kgl. preuß. Ober-Verwaltungsgerichts, s.: Kunze, F

— d. Reichs-Gewerbeordng., s.: Illing.

Kautz, Geo. Das preußische System der direkten Steuern. gr. 8. (IV, 68 S.) Berl. 889, C. Heymann. * 1 20

Das Verwaltungszwangsverfahren wegen Beitreibung von Geldbeträgen. Erl. von Dr. jur. Georg **Kautz**, Reg.R. 2. Aufl. *Berlin: C. Heymann 1901.* (XII, 268 S.) 8° [J.]
— **Taschen-Gesetzsammlung**. 29. {01. 10038

Das Verwaltungszwangsverfahren wegen Beitreibung von Geldbeträgen. Erl. von Dr. Georg **Kautz**, Geh. Oberreg.R. 3. Aufl. Berlin: C. Heymann 1907. (XVI, 289 S.) 8° [J.]
— **Taschen-Gesetzsammlung**. No 29. {08. 5630

Kautz, G., s. Zeitschrift f. Polizei- u. Verwaltungs-Beamte.

Kautz, H., s. Augustin, Aurel., Bekenntnisse.

Kautz, Johann Friedrich (Danzig), De re literaria potissimum morali Platonis. Präs. Georg Pasch. Kiel (Barthold Reuther) Juli 1706. 18 S. (6.—) 17556

— — De statura et aetate resurgentium, i. e. In was vor Grösse und Alter die Menschen am jüngsten Tage aufferstehen werden; occasione quorundam Scripturae S. dictorum inprimis Apocal. c. XX, 12. Disp. theol. Präs. D. Heinrich Opitz. März 1707. Kiel (Barthold Reuther) 1712. 32 S. (6.50) 17557

— — Dasselbe. 1731. (6.50) 17558

Kautz, Jul., Entwickelungs-Geschichte der volkswirthschaftlichen Ideen in Ungarn u. deren Einfluss auf das Gemeinwesen. Preisschrift der ungar. Academie der Wissenschaften. Nach dem Ungar., m. e. einleit. Vorw. d. Verf. Deutsch bearb. v. Sigm. Schiller. gr. 8. (XVI, 235 S.) Budapest 876. Grill. n. 5. —

Kautz, Jul., Theorie und Geschichte der National-Oekonomik. Propyläen zum volks- u. staatswirthschaftl. Studium. 1. Thl. A. u. d. T.: Die National-Oekonomik als Wissenschaft. Wien 858. Gerold. gr. 8. (XII, 443 S.) 2 ꝛc. 20 ngr

Kautz, Jul., Theorie und Geschichte der National-Oekonomik. Propyläen zum volks- u. staatswirthschaftlichen Studium. 2. Thl. A. u. d. T.: Die geschichtliche Entwickelung der National-Oekonomik u. ihrer Literatur. 2 Abthlgn. Wien 860. Gerold. gr. 8. (XV, 792 S.) 5 ꝛc

Kautz, Konstantin Franz (Flor. Anton) von

v. Kautz, auch Khautz, Konst. Frz. Flor. Ant., († d. 28. Januar 1797.) vollständ. Aufklärung d. Geschichte des österr. Erzherz. Wappenschildes, in 2 Abhandll. 4. Wien 781. v. Mößle. 2 fl

Kautz, Frz. v., Aufklär. d. Gesch. des österr. Wappenschildes. m. Kpfl. u. K. 4. Wien, Mößle. 785.

— Beobachtt. über d. Wort Oesterreich, gegen Gottscheds Beobachtung. 8. 760. 2e A. 4. Wien 771.

— de cultibus magicis eorumque perpetuo ad ecclesiam et rempublicam habit. libri II. 4. Wien 767. Ed. II. 771. Trattner.

— epistola de ritu ignis in natali S. Joannis Baptistae accensi. 8. Wien 759. Camesina. 4 K

— üb. d. wahre Epoche d. eingeführten Buchdruckerkunst zu Wien, nebst e. Anh. über d. Wort Oesterreich. 4. Wien 784.

— s. Geschichte d. Markgrafsch. Oesterreich.

Kauz, Konstantin Franz v. Pragmatische Geschichte des Markgrafthumes Oesterreich, vom Anfange des Landes bis zum angehenden Herzogthume. (2 Bde.) Wien 1788–1792.

— Versuch e. Geschichte d. österr. Gelehrten. 8. Frankf. u. Leipz. 755. (Fr. Günther in Glogau). 16 K

— über den österr. Erzherzogl. Wappenschild, e. histor.-krit. Abhandl. Mit 2 Kpfr. 4. Wien 778. (Heubner). 14 K

Kautz, Nathanael Friedrich

Kautz, Nath. F., religionis evang. in Polonia fata. 4. Hamb. König. 738.

— — De magna deorum matre disserit atque viro Joanni Erhardo Kappio . . . fasces academicos felices precatur. Lpz. (Georg Saalbach) 23. IV. 1738. 19 S. (5.50) 17560

Kauz, Nath. Fr., († d. 22. Oct. 1775.) Predigten, herausg. von Karl Benj. Lengnich. gr. 8. Leipz. 777 Jacobäer. 12 K

— drei Predigten, bei besondern Gelegenheiten gehalten. 4. Danzig 764.

— **Nathanael Friedr.** (Danzig), Ad protheoriam generalem theses de nomine theologiae. Präs. Albert Meno Verpoortenn. Danzig (Thom. Joh. Schreiber) 4. III. 1733. 14 S. (5.50) 17559
Gew.: Joachim Weickhmann.

Kautz, Rob. (Julius Christian): De cordis vitiis nonnulla. Berolini (1852). (27 S.) 8°
Berlin, Med. Diss. v. 9. Okt. 1852.

Kautz, Walt., u. Fritz Scheffer, d. gesetzl. Bestimmgn. üb. d. Religions-, Vereins- u. Versammlungswesen in Preußen. Textausg. m. Anmerkgn. u. Formularen. 12. (60 S.) Siegen 897. Kogler. Geb. n. — 60

Die Grundlagen der Religionsfreiheit in Preußen nebst den wichtigsten auf d. Religionswesen bezügl. Gesetzen. Zum prakt. Gebr. mit Anm. versehen ... hrsg. von Walter **Kautz**. *Cassel: J.G. Oncken Nachf. 1903.* (XVI, 78 S.) 8° [F.] [04. 994: 4

Kautz, Wilhelm: Ueber die elastischen Eigenschaften der Guttapercha. Göttingen 1908: Kaestner. 80 S. 8°
Göttingen, Phil. Diss. v. 21. Aug. 1908, Ref. Riecke
[Geb. 10. Febr. 83 Schwiederschwende b. Roßla; Wohnort: Dietersdorf; Staatsangeh.: Preußen; Vorbildung: Oberrealsch. d. Franckeschen Stiftungen Halle Reife O. 03; Studium: Jena 5, Göttingen 4 S.; Rig. 8. Juli 08.] [U 09. 1368

† Kautze, Fritz, (Geo. C. L. Schöpfer,) Kunst, das Jägerlatein in 52 Lect. auf sichere Art zu erlernen, od.: Auswahl von fast hundert d. interessantesten, überraschendsten u. launigsten Jägerschnurren u. Jagdabentheuer. 12. (7 B. u. 1 Abbild.) Nordhausen 840, Fürst.

† Kautze, Fritz, (Geo. C. L. Schöpfer.), die Treibjagd zu Holz u. Feld auf alles edle u. unedle Wild der höhern u. niedern Jagd in ihren verschied. Betriebsarten dargestellt. 12. (6 B.) Nordhausen 844, Fürst.

KAUTZE, Fritz: Der Waidmann wie er sein soll. - Nordhausen 1838-1840. 7 Abt. - Abt. 1: Des echten und gerechten Weidmanns wahrhafte Ansprache. 1838. - Abt. 2: Des echten und gerechten Weidmannes neuer und vollkommener Jagdkalender. 1839. - Abt. 3: Weidmanns Zeughaus oder vollständige Lehre von den zur Jagd gehörenden Gewehren und Waffen. 1839. - Abt. 4: Des Weidmanns Naturkunde. 1839. - Abt. 5: Der Hund. 1839. - Abt. 6: Die Jagd. 1839. - Abt. 7: Interessante Beiträge zur Kenntniß des in Deutschland vorkommenden jagdbaren Wildes. 1840

Kauser, Geo., katholisches Gesangbuch aus der Diöcese Rottenburg. br. 8. (VIII und 185 S.) Tübingen 850, Laupp'sche Buchh.

KAUTZKY, Josef
(F) Taschenbuch für Vorturner des deutschen Turnerbundes. Zusammengestellt von Josef Kautzky. Wien. 1900. Amonesta. 8°. 32 S. K —.50

— Turnspiele. Im Anh.: Kampfspiele. Ein Handbuch f. Lehrer u. Schüler. 12. (58 S. m. Fig.) Eger 902. (J. Kobrtsch & Gschihay.) n.n. — 70

— gesammelte Turnübungen vom 2. Bundesfeste des deutschen Turnerbundes in Salzburg (15. u. 16. VIII. 1896). Im Anh.: Uebungen vom 1. Bundesfeste in Reichenberg. gr. 16. (50 S. m. 1 Tab.) Reichenberg 898. (Wien, A. Amonesta.) n. — 75

(F) Gesammelte Turnübungen vom 3. Bundesfeste des deutschen Turnerbundes in Asch. (22., 23. und 24. Heuerts 1899.) Herausgegeben im Auftrage des Bundesrathes des deutschen Turnerbundes von Josef Kautzky. Wien. 1900. Amonesta. Gr.-8°. 68 S. mit 4 Tafeln.

Kautzmann, Otto [app. Arzt aus Eppingen '(Baden)']: Beiträge zur Chirurgie der Gallenblase ... Freiburg i. B., Univ.-Buchdr. v. Ch. Lehmann, 1895; 34 S., 1 Bl. 8.
Freiburg i. B., Med. Fak., Inaug.-Diss. v. 1895

Kautzmann, Philipp

Kautzmann, Ph., K. Pfaff u. T. Schmidt. Lateinische Lese- u. Übungsbücher f. Sexta bis Tertia im Anschluß an d. lat. Schulgrammat. v. Stegmann. 1. u. 2. Tl. gr. 8. Lpz., Teubner. geb. à Tl. 1 60; * 3 20
1. Für Sexta. (IV, 169 S.) 891. geb. * 1 60. — 2. Für Quinta. (IV, 148 S.) 892. geb. * 1 60.

Kautzmann, Ph., K. Pfaff u. T. Schmidt, lateinische Lese- u. Übungsbücher f. Sexta bis Tertia. 1.—3. Tl. gr. 8. Leipzig, B. G. Teubner. Geb. in Leinw. n. 4. 60
1. Für Sexta. 3. Aufl. (VI, 170 S.) 894. n. 1. 60. — 2. Für Quinta. (IV, 148 S.) 892. n. 1. 60. — 3. Für Quarta. (VI, 110 S.) 894. n. 1. 40.

— dasselbe, f. Sexta bis Tertia. 4. Tl.: F. Tertia. gr. 8. (VI, 214 S.) Ebd. 897.

Kautzmann, Ph., K. Pfaff, u. T. **Schmidt,** lateinische Lese- u. Übungsbücher f. Sexta bis Tertia. 1. u. 4. Tl.: gr. 8. Leipzig, B. G. Teubner. Geb. in Leinw. n. 4. 20
1. Für Sexta. (VI, 170 S.) 901. n. 1. 60
4. Für Tertia. 2. Aufl. Mit 1 Karte v. Gallien. (VII, 221 S.) 901. n. 2. 60

Kautzmann, Ph., K. Pfaff u. T. Schmidt, Lateinische Lese- u. Uebungsbücher für Sexta bis Tertia. 4 Tle. 8. Leipzig, B. G. Teubner. Geb. in Leinw. n. 6. 80
1. Für Sexta. 5. Aufl. (VI, 170 S.) 905. n. 1. 60
2. Für Quinta. 4. Aufl. (VI, 178 S.) 903. n. 1. 60
3. Für Quarta. 3. Aufl. (VII, 147 S.) 903. n. 1. 60
4. Für Tertia. 3. Aufl. Mit 1 Karte von Gallien. (VIII, 222 S.) 906. n. 2. —

Kautzmann, Ph., K. Pfaff u. T. Schmidt, lateinische Lese- u. Übungsbücher f. Sexta bis Tertia. 1.—3. Tl. 8. Leipzig, B. G. Teubner. Geb. 5. 20
1. Für Sexta. 6. Aufl. (VI, 170 S.) 909. Geb. 1. 60
2. Für Quinta. 5. Aufl. (VI, 180 S.) 907. Geb. 1. 80
3. Für Quarta. 4. Aufl. (VII, 148 S.) 907. Geb. 1. 80

Kautzmann, Ph., K. Pfaff u. T. Schmidt, latein. Lese- u. Übungsbücher f. Sexta u. Quinta. Vokabularium. gr. 8. (III, 76 S.) Leipzig 898. B. G. Teubner. Kart. n. 1. —

Vokabularium zu den Lateinischen Lese- und Übungsbüchern für Sexta und Quinta. Von Ph[ilipp] **Kautzmann**, Prof., Dr. K[arl] Pfaff u. T[raugott] Schmidt, Prof. zu Heidelberg. 2. Aufl. Leipzig & Berlin: B. G. Teubner 1906. (77 S.) 8° [F.] [06. 1896

Kautzmann-vanOsterzee, S. Fürstin und Frau. Ein Charakter- und Sittengemälde aus der holländischen Geschichte, übersetzt von Mathilde Karstens. Mit einem Vorwort von O. Funcke. In-8°. VI und 302 S. Basel, Felix Schneider, 1883. 3 75

Kautzner, A.: Über Geschichte und Bedeutung alter und neuer Masssysteme und Gradmessungen. Graz 1876.

Kautzner, A., über Geschichte u. Bedeutung alter u. neuer Masssysteme u. Gradmessungen. [Aus: „Mittheilungen des naturw. Vereines f. Steiermark".] gr. 8. (58 S. m. 5 eingedr. Holzschn.) Graz 877. (Leuschner & Lubensky.) n. 1. —

Kautzner, J. C., Wanderungen zu den Gottesäckern in d. Umgebungen d. Stadt Grätz. 8. Grätz 877. Ferstl. 16 K Velinp. 1 ℳ

Kautzsch, Beiträge z. Frage d. Weißtannenwirthschaft. gr. 8. (VI, 95 S.) Leipzig 895. E. Rust. n. 1. 60

Kautzsch, s.: Gesellschaft, kunsthistorische, f. photograph. Publikationen.

Kautzsch, Emil, Abriss d. Geschichte d. alttestamentl. Schrifttums, nebst Zeittafeln z. Geschichte d. Israeliten u. and. Beigaben zur Erklärg. d. alten Testaments. [Aus d. „Beilagen" zu d. v. Verf. hrsg. Übersetzg. d. alten Testaments.] gr. 8. (VI, 220 S.) Freiburg i/B. 897. Tübingen, J. C. B. Mohr. n. 4. —; geb. in Leinw. n.n. 5. —

Kautzsch, Emil, Abriss der hebräischen Laut- u. Formenlehre, s.: Scholz, H.

— s.: Apokryphen u. Pseudepigraphen, die, des Alten Testaments.

— s.: Apokryphen, die, des alten Testaments.

Kautzsch, E[mil], Prof. d. Theol. an d. Univ. Halle-Wittenberg: Die **Aramaismen** im Alten Testament. 1. Lexikalischer Teil. *Halle a. S.: M. Niemeyer 1902.* (IV, 111 S.) 8°
Halle, Osterprogr. für 1901 u. 1902

Die bleibende Bedeutung des Alten Testaments. Ein Konferenzvortrag von D. Emil **Kautzsch**, Prof. zu Halle. *Tübingen & Leipzig: Mohr 1902.* (38 S.) 8°
— **Sammlung** gemeinverständl. Vorträge u. Schriften aus d. Geb. d. Theologie u. Religionsgeschichte. 25. (02. 16133) 2

Die bleibende Bedeutung des Alten Testaments. Von D. Emil **Kautzsch**. 2., durch e. weiteres Vorw. verm. Aufl. Tübingen: Mohr 1903. VIII, 34 S. 8°
(Sammlung gemeinverständl. Vorträge u. Schriften aus d. Geb. d. Theologie u. Religionsgeschichte. 25.) (11. 9219 B

Bibelwissenschaft und Religionsunterricht. 6 Thesen von D. Emil Kautzsch, Prof. *Halle a. S.: E. Strien 1900.* (67 S.) 8° [F.] (00. 13264

Bibelwissenschaft und Religionsunterricht. 6 Thesen von D. Emil **Kautzsch**, Prof. 2., mit e. Votum über neueste Erscheinungen ⟨Stosch, Urquhart, Lepsius u. d. Babel-Bibel-Streit⟩ verm. Aufl. *Halle a. S.: E. Strien 1903.* (96 S.) 8° [F.] (03. 14643 3

— the book of Proverbs, s.: Müller, Aug.

Kautzsch, Emil, Johannes Buxtorf der Aeltere. Rectorats-Rede, geh. am 4. Novbr. 1879 in der Aula des Museums zu Basel. gr. 8. (45 S.) Basel 879. Bahnmaier. n. 1. —

Kautzsch, E. (ord. Professor d. Theologie). Johannes Buxtorf der Aeltere. Rectoratsrede, gehalten am 4. November 1879 in der Aula des Museums zu Basel. In-8°. Basel, C. Detloff. 1879. 1 25

— über die Derivate des Stammes צדק im alttestamentlichen Sprachgebrauch. 4. (59 S.) Tübingen 881. (Fues.) n. 3. —

Kautzsch, E., u. A. **Socin**, die Aechtheit der moabitischen Alterthümer geprüft. Mit 2 (lith.) Taf. (in qu. gr. 4.) gr. 8. (VIII, 191 S.) Strassburg 876. Trübner. n. 4. —

—— und A. Socin, die Genesis, mit äusserer Unterscheidung der Quellenschriften übersetzt. Namentlich zum Gebrauch in akadem. Vorlesungen. gr. 8. (VIII, 120 S.) Freiburg i. Br. 888, Mohr. *

— u. A. Socin, die Genesis, mit äusserer Unterscheidung der Quellenschriften übersetzt. Namentlich zum Gebrauch bei akadem. Vorlesgn. 2., vielfach verb. Aufl. gr. 8. (XV, 122 S.) Freiburg i/B. 891. J. C. B. Mohr. n. 2. —

—— Grammatik des Biblisch-Aramäischen, mit einer krit. Erörterung der aramäischen Wörter im Neuen Testament. gr. 8. (VIII, 181 S.) Leipzig 884, F. C. W. Vogel.

— hebräische Grammatik, s.: Gesenius, Wilh.

Kautzsch, E., s. Liber Genesis sine punctis exscriptus.

Kautzsch, Emil (Friedrich) De veteris testamenti locis a Paulo Apostolo allegatis. Diss. crit. Lpz. (Metzger & Wittig) 1. III. 1869. 113 S. (7.—) 17561

Kautzsch, Aemil. (Frid.), de Veteris Testamenti locis a Paulo apostolo allegatis. gr. 8. (112 S.) Leipzig 869, H. Fritzsche. [A. Krüger.] **

Mitteilung über eine alte Handschrift des Targum Onkelos '(Codex Socini No. 84)' von *Emil* **Kautzsch**, Prof. d. Theol. in Halle. Halle'sches Osterprogr. Halle, M. Niemeyer, 1893; XXI S. 4.

Kautzsch, Emil: Pentateuch, Josua, Richter und Samuelisbücher nach ihren Quellenschriften. (Als Manuskript gedruckt.) o.O. u. J.

— s.: Philotesia.

— die Poesie u. die poetischen Bücher des Alten Testaments. 6 Vorträge. gr. 8. (VII, 109 S.) Tübingen 902. J. C. B. Mohr. n. 2. —

—— Predigt, am Lutherfest 11. Novbr. 1883 gehalten in der Stiftskirche zu Tübingen. gr. 8. (17 S.) Tübingen 883, Heckenhauer'sche Buchh.

Kautzsch, Emil, 3 Predigten geh. im Münster u. in St. Theodor zu Basel. 8. (51 S.) Basel 873. Bahnmaier. — 60

Kautzsch, E., Predigten üb. den 2. Jahrgang der württembergischen Evangelien, s.: Weiß, H.

— s.: Psalmen, die.

— s.: Schrift, die heilige, des alten Testaments.

Kautzsch, Emil: A. Socin †. [SA. aus der Zeitschrift des Deutschen Palaestina-Verins. XXII.] [Leipzig 1899.]

— s.: Studien u. Kritiken, theologische.

— s.: Textbibel des Alten u. Neuen Testaments.

—— Uebungsbuch zu Gesenius-Kautzsch' hebräischer Grammatik. (VII, 160 S.) 1881; 2. verb. Aufl. gr. 8. (VII, 162 S.) Leipzig 884, F. C. W. Vogel.

—— Übungsbuch zu Gesenius-Kautzsch' hebräischer Grammatik. 3. verb. Aufl. gr. 8. (VII, 166 S.) Leipzig 887, F. C. W. Vogel. * 2 25

— Übungsbuch zu Gesenius-Kautzsch' hebräischer Grammatik. 5. nach der 26. Aufl. der Grammatik rev. Aug. gr. 8. (VII, 168 S.) Leipzig 901. F. C. W. Vogel. n. 2. 25; geb. n. 2. 75

Übungsbuch zu Gesenius-Kautzsch' hebräischer Grammatik hrsg. von E[mil] Kautzsch, Prof. 6., nach d. 27. Aufl. d. Grammatik rev. Aufl. Leipzig: Vogel 1908. VI, 168 S. 8° [11. 1156] 11

Kautzsch, Gerhard, a. Halle a. S.: Aus d. Zool. Inst. d. Univ. Marburg. Über die Entwicklung von Agelena labyrinthica Clerck. Marburg 1909: (Lippert, Naumburg a. S.). 62 S. 8° ¶ (Mit Taf. auch in: Zool. Jahrbücher. Abt. f. Anat. Bd 28.)
Marburg, Phil. Diss. v. 30. Nov. 1909, Ref. Korschelt
[Geb. 4. Mai 85 Tübingen; Wohnort: Marburg; Staatsangeh.: Preußen; Vorbildung: Stadtgymn. Halle Reife O. 03; Studium: Med. München 2, Freiburg i. B. 1, Halle 2, Phil. Halle 1, Marburg 7 S.; Rig. 5. Mai 09.] [U 10. 3305

Kautzsch, J[ohannes]: Die Chlorierung von Äthylchlorid und Äthylidenchlorid im ultravioletten Licht. 1907. 27 S. 8° ¶ Ausz. in: Journal f. prakt. Chemie. Bd 188. N. F. Bd 80. 1909.
Darmstadt, Dr.-Ing.-Diss. v. 3. 6. 1907

Das sogenannte Apostolische Glaubensbekenntnis im Lichte geschichtlicher Forschung. Neun Vorträge, v. Dresdener Protestantenverein veranst. u. in s. Auftr. hrsg. von Dr. Karl Kautzsch, Pastor. Leipzig: Barth 1910. V, 200 S. 8° [10. 8511

Kautzsch, Karl, Heidentum u. Christentum in China, s.: Volksschriften, Dresdner. Nr. 10.

Ist die Ostertatsache die bestverbürgte Tatsache der Weltgeschichte? Ein ernstes Bedenken gegen d. herrschende Art d. Osterverkündigung. Von Dr. Karl Kautzsch, Pastor. Leipzig: Barth 1910. 37 S. 8° [10. 8611

— Die kirchliche Lehre v. den Heilstatsachen, e. Abweg vom echten Evangelium Jesu. Vortrag, geh. im Kampf um die Zwickauer Thesen der sächs. Lehrerschaft auf der öffentl. Versammlg d. Dresdner Protestantenvereins am 4. II. 1909 im Volkswohlsaale zu Dresden. (38 S.) 8. Dresden 909. A. Köhler. — 50

Kautzsch, Karl, Hilfsprediger an d. reform. Gemeinde zu Dresden: Das sogenannte Volksbuch von Hiob und der Ursprung von Hiob Cap. 1. 2. 42, 7—17. Ein Beitrag zur Frage nach d. Integrität d. Buches Hiob. *Leipzig 1900: W. Drugulin.* (IX, 90 S.) 8°
Leipzig, Phil. Diss. v. [11. Juni] 1900

Kautzsch, Karl, das sogenannte Volksbuch v. Hiob u. der Ursprung v. Hiob Cap. I. II. XLII, 7—17. Ein Beitrag zur Frage nach der Integrität des Buches Hiob. gr. 8. (V, 88 S.) Tübingen 900. J. C. B. Mohr. n. 2. 40

Kautzsch, Karl Friedrich, aus Leipzig-Go.: Beiträge zur Kenntnis von Butadiën-β-γ-dicarbonsäuren. *Leipzig 1904: Thulacker & Schäffer.* (58 S.) 8°
Leipzig, Phil. Diss. v. 1904

Kautzsch, Kaethe, Versuche in der Betrachtung farbiger Wandbilder m. Kindern. (III, 52 S. u. 21 S. Abbildgn.) gr. 8. Leipzig 903. B. G. Teubner. n. 1. 60

Kautzsch, Martin: Über die Resorption einiger Alkohole von verschiedenem Siedepunkt im Magen. *Halle a. S. 1898: C. A. Kaemmerer & C.* (27 S.) 8°
Halle, Med. Diss. v. 20. Juli 1898

Wappenbüchlein zur Erklärung von einfachen und zusammengesetzten Schilden und Kleinoden deutscher Gebietswappen, hauptsächlich auch solcher auf Münzen, mit Erl., sowie mit 48 Thaler-Abb. Von Otto Friedrich Kautzsch. 2. verb. u. erw. Aufl. *Leipzig: Th. Grieben 1903.* (52 S.) 8° [S.] [03. 981

Kautzsch, Paul: Die Werkstatt und Schule des Bildhauers Hans Backoffen in Mainz. Ein Beitr. z. Geschichte d. Mainzer Plastik von 1500—1530. Halle a. S. 1909: Karras. 112 S. 8°
Halle, Phil. Diss. v. 30. Juni 1909, Ref. Goldschmidt
[Geb. 1. Aug. 82 Tübingen; Wohnort: Halle a. S.; Staatsangeh.: Preußen; Vorbildung: Stadt-Gymn. Halle Reife O. 01; Studium: Halle 4, Berlin 2, Straßburg 1, Darmstadt Techn. Hochsch. 1, Halle 2 S.; Rig. 19 Febr. 09.] [U 09. 1670

Kautzsch, Rud., s.: Beiträge, kunstwissenschaftliche.

— s.: Buchgewerbe, das, u. die Kultur.

Kautzsch, Rudolf (Hrsg.), s. Buchkunst, Die neue.

Kautzsch, Rudolf *Friedrich*: Einleitende Erörterungen zu einer Geschichte der deutschen Handschriftenillustration im spätern Mittelalter ... (Erscheint vollst. in d. Oberrhein. Zeitschr. u. im Centralbl. f. Bibliothekswesen.) Strassburg, Universitätsbuchdr. v. J. H. E. Heitz, 1894; 89 S., 1 Bl. 8.
Leipzig, Phil. Fak., Inaug.-Diss. v. [28. März] 1894

Kautzsch, Rud., einleitende Erörterungen zu e. Geschichte der deutschen Handschriftenillustration im späteren Mittelalter, s. a. Studien zur deutschen Kunstgeschichte.

Fachbildung und künstlerische Erziehung im Buchgewerbe. Vortrag, geh. zu Krefeld 1900 von Dr. Rudolf Kautzsch. Krefeld (1900): J. B. Klein. (22 S.) 8° [08. 8430 5

Kautzsch, Rudolf [Dr. phil.]: Die Holzschnitte der Kölner Bibel von 1479 ... [Erschien vollst. als Heft 7 von: Stud. z. deutsch. Kunstgesch.] Halle a./S., *Strassburg, Univ.-Buchdr. v. J. H. E. Heitz,* 1896; 1 Bl., 35 S. 8.
Halle, Phil. Fak., Hab.-Schr. v. 4. Mai 1896

—Die Holzschnitte der Kölner Bibel von 1479. M. 2 Lichtdrucktaf. *Strassburg: J. H. E. Heitz 1896.* (XV, 80 S., 2 Taf.) 1 Bd 8.
= Studien z. deutschen Kunstgeschichte. H. 7. [96. 5549

Kautzsch, Rudolf. Die Holzschnitte zum Ritter vom Turn ⟨Basel 1493⟩. Mit einer Einleitung von Rudolf Kautzsch. Mit 48 Zinkätzungen. 24 S. + 48 Bl. 8. Strassburg, J. H. Ed. Heitz, 1903 [M. 4.—]
Studien zur Deutschen Kunstgeschichte. Heft 44.

— die deutsche Illustration, s. a. Aus Natur u. Geisteswelt.

Kautzsch, Rudolf. Die deutsche Illustration. Mit 35 Abbildungen im Text. VI + 120 S. 8. Leipzig, Teubner, 1904. (M. 1. —, geb. 1. 25)
Aus Natur und Geisteswelt. Sammlung wissenschaftlich-gemeinverständlicher Darstellungen aus allen Gebieten des Wissens. Bändchen 44.

Rudolf Kautzsch. Die bildende Kunst und das Jenseits. Jena & Leipzig: Diederichs 1905. 64 S. 8° [10. 10409 2

— Die Kunstdenkmäler in Wimpfen am Neckar. (VI, 115 S. m. Abb., 9 Taf. u. 2 Plänen.) 8. Wimpfen 907. (Darmstadt, Wilhelminenstr. 3, Denkmalarchiv.) 1. 20

Die Kunstdenkmäler in Wimpfen am Neckar. Von Rudolf **Kautzsch.** Wimpfen a. N. 1907: L. C. Wittich in Darmstadt. (115 S.) 8° [08. 1180]

Kautzsch, Rud., Diebolt Lauber u. s. Werkstatt in Hagenau. [Aus: „Centralbl. f. Bibliothekswesen".] gr. 8. (89 S. m. 1 Lichtdr.-Taf.) Leipzig 895. O. Harrassowitz. n. 2. —

Kautzsch, *Friedrich* Wilhelm [aus Leipzig]: Zur Obliteration der fötalen Gefässe ... Halle a. S., Druck v. Wischan & Wettengel, 1896; 30 S., 1 Bl. 8.
Halle, Med. Fak., Inaug.-Diss. v. 20. Juli 1896

Kauz, des alt., Meditationen üb. Besenstiele, Stiefelknechte, Schuhbürsten Schlafmützen rc. e. Buch z. Beförder. d. Humanität. m. K. 8. Berl. Nicolai. 800.

Kauz, Konstantin Franz von, s. Kautz, Konstantin Franz von.

Käuze, komische. Humoresken v. Hans Heinr. v. Huckebein. 8. (54 S.) Stolp 891, Hildebrandt. — 40

Kauzmann, J. Fr., das Ganze d. Zuckerfabrikation aus Runkelrüben. Eine leicht faßl., in allen Theilen d. Geschäftes erschöpf., u. mit d. nothwendigsten Erklärn. verbund. Darstellung. gr. 8. (5¾ B.) Nürnberg 839, Fr. Campe'sche Buchh. Thlr.

— s. Worte, auch einige, über Runkelrübenbau und Zuckerfabrikation.

(——) auch einige Worte üb. Runkelrüben-Bau u. Zuckerfabrikation. gr. 8. (1 B.) Nürnberg 838, Fr. Campe'sche Buchh.

Kauzmann Mch. Ehrenr., († d. 16. Juli 1816.) **comment. de novo trepanationis instrumento. Cum tab. aenea. 8.** Erlang. 802. (Heyder). 8 gr.

Kauzmann, Otto, Justizref. aus Geislingen-Stg.: Die **Zulässigkeit** der Klageänderung. *Stuttgart [1899]: Strecker & Schröder.* (53 S.) 8°
Erlangen, Jur. Diss. v. [27. März] 1897

Kauzmann, Theodor: Beiträge für den gerichtlich-chemischen Nachweis des Morphins und Narcotins in thierischen Flüssigkeiten und Geweben. Diss. Dorpat. 95 pp. 1868.

Kavala, s.: Europa. Generalkarte.

Kavalier ..., s.a. Cavalier ...

Der spanische Kavalier. Aus d. Schwed. übers. von B. Warstadt. Hrsg. vom christl. Ver. im nördl. Deutschland. Eisleben: P. Klöppel; Leipzig: G. E. Schulze in Komm. 1902. (276 S.) 8°

KAVALIER, Der unterhaltende, und lustige Rath oder Scherz- und Erheiterungs-Stunden. Ein Scherflein zur Mode-Lektüre und Rezept gegen die Langeweile. Mit Titelkpf. (Rara fec.). Leipzig, in der Joachim'schen Buchhandlung in Commission. O. J. (1815). 8°. XIV—334 S. Selten u. interessant!
U. a.: Beschreibung der Freudenmädchen zu Paris und Petersburg (S. 91—101); die ägyptischen Lustdirnen; Mittel der Neger, die Untreue und üble Aufführung ihrer Weiber zu bestrafen; einige Proben der morgenländ. Dichtkunst des Mittelalters (Prosa-Uebersetzungen arab. u. türkischer Lieder, S. 163—179), Doktor Faust und Ottmair (in Nürnberg). (Bisher unbekannter Beitrag zur Faust-Litt., S. 313—334.)

Kavallerie ..., s.a. Cavallerie ...

Ueber die Kavallerie. Von Ab. S.
Berlin 1829. 168 S.

— u. Artillerie üb. Bord!, verf. von C. v. S. (75 S.) gr. 8. München 906. Ebin & Wittmann. n. 2. —

Kavallerie, die, im Felde, f. Mannschaften. Nach der Felddienst-Ordng. vom 22. III. 1908. (19 S.) 6,9×13,4 cm. Berlin 908. Zuckschwerdt & Co. — 20

Die **Kavallerie** im Felde für Mannschaften. Nach d. Felddienst-Ordnung v. 22. März 1908. 2. Aufl. Berlin: Zuckschwerdt & Co. 1908. (19 S.) 8° [F.] [08. 9308]

Die **Kavallerie** der Jetztzeit; ihre Bedeutung, ihr Gebrauch und Stärkeverhältnis zu den anderen Waffen. Von Mr.
Leipzig 1860. 172 S.

Kavallerie, kriegstüchtige. (II, 87 S.) gr. 8. Berlin 904. Stettin, H. Peters. n. 1. 50

Kavallerie, die, der französischen Nordarmee. (Beiheft 4 zum Militair-Wochenblatt 1871.) 8. Berlin 871, Mittler und Sohn. *

Kavallerie, russische. 2. Aufl. von: Was haben wir von der russ. Kavallerie zu erwarten? gr. 8. (IV, 76 S.) Hannover 887, Helwing's Verlag. *

Ueber die großen Kavallerie-Angriffe in den Schlachten Friedrichs u. Napoleons.
Berlin 1843. 67 S.

Kavallerie-Angriffe, über die großen, in den Schlachten Friedrichs und Napoleons. Ein Beitrag zur Geschichte des Verfalls der Verwendung dieser Waffe. gr. 8. Berlin 843, Heymann. ½ ₰ — 2. erweiterte Aufl. gr. 8. Ebend. 844. ½ ₰

Kavallerie-Division, die, als Schlachtenkörper. Vom Verf.: „Ueber die Bewaffnung, Ausbildung und Verwendung der Reiterei." gr. 8. (III, 85 S.) Berlin 884, F. Luckhardt. *

Kavallerie-Division, die zweite, im Feldzuge 1870—71. (Beiheft 4 zum Militair-Wochenblatt. 1871.) 8. Ebendas. 871. *

Kavallerie-Exerzirreglement, das russische, s.a. Beiheft zum Militär-Wochenblatt.

Kavallerie-Exerzir-Reglement, d. russische. In deutscher Uebersetzg. 2 Thle. M. zahlr. Abb. 12. Berlin 897. R. Eisenschmidt. n. 4. 60
1. Einzel-Ausbildg., Ausbildg. d. Zuges u. Ausbildg. zu Fuß. Vorschriften f. d. Satteln u. f. d. Anspannen d. Kavallerie-Pferden an Geschütze. (VIII, 163 S.) n. 1. 80
2. Ausbildg. d. Eskadron, d. Regts., d. Brigade, Division u. d. Kavallerie-Korps. Reglement f. d. Gefecht zu Fuß d. Kavallerie. Bestimmgn. f. Besichtiggn. u. Ehrenbezenggn. Kavallerie-Signale. (X, 240 S.) n. 2. 80

Kavalleriefrage, die, in Süddeutschland. Material zur Bildung eines selbstständ. Urtheils über diese Frage. Hrsg. von einem süddeutschen Fachmann. gr. 8. (VI, 42 S.) Stuttgart 870, Aue. *

Kavalleriegruppen zum Nachzeichnen u. Illuminiren, ein Weihnachtsgeschenk. kl. 4. Berl. Amelang.

Kavalleriekorps, das österreichische, Holstein u. d. Vordringen der preussischen Hauptkraft gegen Wien, s.: Von Königgrätz bis an die Donau.

Kavallerie-Manöver zu Bruck a. d. Leitha im Herbste 1875. Mit 1 Taf.
Wien 1876. 73 S.

Kavallerie-Manöver, die großen, in der Preußischen Armee. [Herbst 1878.] gr. 8. (72 S. mit 2 lithogr. Plänen.) Berlin 874, Mittler und Sohn. *

Kavalleriemanöver, Die grösseren, in Galizien 1903. Im Auftrage des k. und k. Reichskriegsministeriums und nach den Weisungen des k. und k. Chefs des Generalstabes auf Grund der Manöverrelationen sowie der Meldungen der Schiedsrichter und Berichterstatter bearbeitet beim 11. Korpskommando. (Mit 7 Karten und 6 Beilagen.) 8. Wien 1903.

Das **Kavallerie-Pferd.** Zeitung für Geschichte und Taktik der Kavallerie, Zucht, Pflege und Veredelung des Kriegspferdes etc. (Nr. 1–28.) Mit Abb. Leipzig 1870. 112 S. 4°

Kavallerie-Pioniervorschrift. München 1908.

Kavallerie-Pioniervorschrift (K. P. V.) vom 24. X. 1907. (D. V. E. Nr. 231.) (IX, 202 S. m. Abb.) kl. 8. Berlin 907. E. S. Mittler & Sohn. —90; kart. 1.10

Kavallerie-Übungen aller Art im Gelände. Winke u. Beispiele. Auf Grund des Exerzier-Reglements f. die Kavallerie 1909 u. d. Felddienst-Ordng. 1908. Von e. Stabsoffizier. Mit 1 Karte 1:200,000 u. 1 Übersichtsblatt. (VI, 139 S.) gr. 8. Berlin 910. E. S. Mittler & Sohn. 3.75; geb. 4.75

Kavallerie-Übungen, Besondere, 1904 bei Köfering, s. Kreß von Kressenstein, O. Frh.

Kavallerie-Unteroffizier, der, als Zugführer, Flügel- und schließender Unteroffizier in der Eskadron und das Exerciren des Zuges (die Zugschule). Nach dem königl. preuß. Exerzir-Reglement und anderen Allerhöchsten Bestimmungen. 8. (74 S. mit 4 lithogr. Fig.-Taf.) Berlin 867, Schlesier. *

Kavallerie-Unteroffizier, der, als Zugführer, Flügel- und schließender Unteroffizier in der Eskadron und das Exerziren des Zuges [die Zugschule]. Nach dem königl. preuß. Exercier-Reglement und anderen Allerhöchsten Bestimmungen. gr. 8. (72 S. mit 4 lithogr. Fig.-Taf.) Berlin 873, Schlesier. *

Kavallerist, der, od. Verhalten desselben in u. außer dem Dienste, im Frieden u. im Kriege; zur Selbstbelehrung u. z. Gebrauche in d. Unterhaltungsstunden. Von einem K. Preuß. Kavallerie-Offizier. 12. Berlin 825, Mittler.

Der **Kavallerist** oder Verhalten desselben in u. außer dem Dienste, im Frieden wie im Kriege. Von einem preuß. Kav.-Off. Berlin 1825. 82 S.

Kavallerist, der kleine. Ein Bilderbuch für deutsche Knaben. Mit lustigen Versen. qu. 4. (6 S. Text mit 6 feinen Farbdr.-Bildern.) Stuttgart 887, Loewe. cart.
Ausg. auf Leinw., geb. *

Kavalleristen-Träume. gr. 8. (48 S.) Rathenow 889, Babenzien. * 1 50

Kavalleristen-Träume. (Von E. Burbaum.) Rathenow 1889. 47 S.
(s. a. Burbaum, E.)

Kavalleristisches Gratis-Beilage zur „Militärischen Zeitung.“ (Von Nr. 4 angefangen unter dem Titel: Der Kavallerist. Beilage zur „Militärischen Zeitung.“) Eigenthümer und verantwortl. Redakteur: J. Hirtenfeld. Nr. 1–4. Wien, 1856. Druck von Karl Gerolds Sohn. (S. 1—88. 8.)

Kavalleristisches. Nr. 1—4. Beilage zur „Militärischen Zeitung“ von Jan. bis April 1856. Wien 1856. 87 S. 4°

Kavan, Kitty, die Zuschneidekunst zum Selbstunterricht. Das vollkommenste u. verlässlichste Fachbuch zum Zeichnen Pariser, Wiener, Berliner u. englischer Schnittmuster u. Zuschneiden sämtl. Damentoiletten u. Konfektion. 8. (erweit.) Aufl. Verbessert u. durch neue Schnittmodelle bedeutend erweitert. Verf. u. gezeichnet nach eigener bewährtester Orig.-Zuschneide-Methode. (68 Taf. m. 29 u. VI S. Text m. 2 Abbildgn.) 4. Prag (905). (G. Neugebauer.) Geb. in Leinw. n. 16.—

Kavanagh, B., and Julia, the Pearl Fountain, s. Series for the Young.

Kavanagh, Julia

—— Adèle, s. Collection of british authors.

— Adele, übers. von Kretzschmar, s. Bibliothek, europäische.

Kavanagh, Julia, Beatrice, s. Collection of British authors.

—— Beatrice. Roman in 4 Bdn. Autoris. Ausg. 8. (973 S.) Leipzig 865, [Hartknoch.]

Kavanagh, Julia, Bessie, s. Collection of British Authors.

—— Bessie. Roman in 6 Bdn. Autoris. Ausg. gr. 8. (150; 123; 136; 141; 144; 145 S.) Leipzig 873, Hartknoch.

Kavanagh, Julia, Daisy Burns, s. Collection of british authors. Vol. 263/264.

—— Daisy Burns, s. Ausland, das belletristische. — Bibliothek, europäische. — Britannia.

Kavanagh, Julia
Daisy Burns. Aus dem Engl. von Edmund Zoller. Bd.chen 1 - 6. 7 - 11.
Stuttgart: Frenckh 1853. 8°

—— Dora, s. Collection of British Authors.

—— Dora. Roman in 6 Bdn. Autoris. Ausg. 8. (1026 S.) Leipzig 868, Wiedemann. [Hartknoch.]

Kavanagh, Julia, John Dorrien, s. Collection of British Authors.

—— Johannes Dorrien. Roman. 6 Bde. in 3 Thln. Autoris. Ausg. 8. (298; 316; 356 S.) Leipzig 875, [Hartknoch.] Wartig's Verlag.

—— Forget-me-nots, s. Collection of British Authors.

—— Frauen der Christenheit. Vorbilder der Frömmigkeit und Menschenliebe. Aus dem Engl. übers. von Friedenberg. 8. (X und 560 S. mit 1 lithogr. Titelbilde und 2 Portr. in Stahlst.) Berlin 852, Duncker und Humblot. *

—— Frauen der Christenheit. Vorbilder der Frömmigkeit und Menschenliebe. Aus dem Engl. übers. durch Friedenberg. 8. (X, 560 S. mit 1 lithogr. Titelbilde und 2 Portr. in Stahlst.) Hamburg 868, Agentur des Rauhen Hauses. *

—— Rachel Gray, s. Collection of british authors.

—— dass. — s. Bibliothek, europäische.

—— drei Helden auf drei verschiedenen Wegen. Nach dem Engl. gr. 8. (174 S. mit 4 Stahlst.) Regensburg 871, Manz.

—— sieben Jahre, s. Bibliothek, europäische.

—— Grace Lee, s. Collection of british authors.

—— Grace Lee, s. Bibliothek, europäische.

—— Lili oder der Thurm von Saint Aubin. Roman in 6 Bdn. 8. (149; 137; 153; 134; 145; 187 S.) Leipzig 877, [Hartknoch.] Wartig's Verlag.

—— two Lilies, s. Collection of British Authors.

—— Sybil's second love, s. Collection of British authors.

Kavanagh, Julia, Königin Mab. Roman in 3 Bdn. Autorisirte Ausg. Leipzig 864. Wiedemann. 8. (725 S.) 2 ₰ 12 ngr.

—— Queen Mab, s. Collection of British authors.

Kavanagh, Julia, Madeleine. Eine Dorfgeschichte, wahren Ereignissen nacherzählt. Frei nach dem Engl. 12. (VI und 370 S.) Hamburg 851(52,) Agentur des Rauhen Hauses.

Kavanagh, Julia

Madeleine. Dorfgeschichte, wahren Ereignissen nacherzählt. Frei nach dem Engl. 2. Aufl.
Hamburg: Rauhes Haus 1868. IV.370 S. 8°

— Nathalie, siebe: Collection of British authors, vol. 195. 196.

— Nathalie, siehe: Ausland, das belletristische, 1630—1641. Bochn. — Britannia, 17—19. Bd.

Kavanagh, Julia

Nathalie. Aus dem Engl. von Edmund Zoller. Bd.chen 1 - 6. 7 - 12.
Stuttgart: Franckh 1851. 8°

Kavanagh, B., and Julia, the Pearl Fountain, s. Series for the Young.

—— französische Schriftstellerinnen, s. Bibliothek, europäische.

—— Silvia, s. Collection of British Authors.

—— Silvia. Roman. Autoris. Ausg. 6 Bde. 8. (160; 157; 166; 141; 169; 159 S.) Leipzig 870, Hartknoch.

—— a summer and winter in the two Sicilies, } s. Collection of british authors.

—— Sybille. Roman. 5 Bde. Autoris. Ausg. 8. (971 S.) Leipzig 867, [Hartknoch.]

— french women of letters,
— english women of letters,
— seven years, } s. Collection of British Authors.

Kavčič Jakob, Katolička liturgika za šolski in domači pouk. Marburg 1904. Verlag der St. Cyrill-Druckerei. Geb. K 2. . (Min.-Erl. 17. Februar 1905, Z. 3345.)

Kavčič, Jakob: O značaju in njegovih lastnostnih. S. 17—68. 8.
Progr. K. k. Staats-Gymn. *Marburg* 1902.
Über den Charakter und seine Eigenschaften.

Kavel, ..., das falsche Lutherthum u. die wahre luther. Kirche. 8. Hamburg 836. Perthes, Besser u. Mauke. 1/8 ₰

Kavel, F.: „Reisebericht der lutherischen Auswanderer aus Preussen nach Australien, d. d. 27. Januar 1839", (Hamburg 1839). — Vorh.: Com. Bibl. Hamburg.

Kaven, August von

Kaven, A. v., s. Adenaw, A., die Baracken-Lazarethe.

Fest-Rede bei der Eröffnung der Königlichen rheinisch-westphälischen Polytechnischen Schule zu Aachen am 10. October 1870, vom Dir. Baurath [August] von Kaven. Aachen: J. A. Mayer 1870. 23 S. 8° A*

—— Collectaneen über einige zum Brücken- und Maschinenbau verwendete Materialien, Schmiedeeisen, Stahl und Gußeisen. [Als Mscr. gedr.] gr. 4. (52 Sp. mit 11 eingedr. Holzschn.) Hannover 869, Schmorl und v. Seefeld.

—— über die Construction von Wegebrücken über der Bahn, Brückthoren unter der Bahn und Rampen-Canälen. gr. 4. (74 Sp. mit 5 Zeichnungstaf., lithogr. in qu. Fol.) Ebendas. 869. *
Aus: Zeitschrift des hannoverschen Architecten-Vereins, besonders abgedruckt.

Kaven, A. v., die Rutschungen u. Beschädigungen der Böschungen der Erdbauten bei Eisenbahnen u. Strassen u. die zur Sicherung u. Reparatur angewendeten Mittel. Mit eingeheftetem Atlas von 21 (autogr.) Taf. gr. 4. (VIII, 25 S.) Wiesbaden 883. Bergmann. n. 12. —

— Vorträge über Eisenbahnbau am Polytechnikum zu Aachen. I.: Disposition von Brücken u. prakt. Details. 20 Tafeln q. Fol. (Als Manuscript gedruckt.) Cursus 1874/75. II.: Stützmauern u. Steinbekleidungen. (3. Abdr.) Text 8°. Atlas von 7 Tfln. Skizzen q. Fol. Aachen 1875. III.: Traciren von Eisenbahnen. 30 Tfln. q. Fol. Aachen 1875. IV.: Vorarbeiten zu Eisenbahnen. Aachen 1876. Mit 5 Tfln. q. Fol. V.: Erdarbeiten bei Eisenbahnen. Aachen 1877. 30 Tfln. q. Fol.

VI.: Anleitung zum Projectiren von Eisenbahnen. Mit 3 Tfln. Aachen 1878. 8°. VII.: Baustatistik einer ausgeführten Eisenbahn. Aachen 1880. Text 8°. Atlas von 16 Tfln. q. Fol.

Kaven, A. v., Vorträge üb. Eisenbahnbau am Polytechnikum zu Aachen. I—IV. qu. Fol. Aachen 874. 75. Mayer. n. 30. 90
I. Dispositionen v. Brücken u. pract. Details. Zum Gebrauche bei den Uebgn. im Projectiren v. Eisenbahnen f. die Polytechniker gedr. [2. Abdr.] Mit 20 (lith.) Taf. n. 5. 40
II. Stützmauern u. Steinbekleidungen. Zum Gebrauche bei den Uebgn. im Projectiren v. Eisenbahnen f. die Polytechniker bestimmt. 7 (lith.) Taf. Skizzen. Mit Text. gr. 8. (III, 51 S.) n. 4. —
III. Traciren v. Eisenbahnen. (12 S. m. 30 Steintaf. in qu. Fol. u. qu. gr. Fol.) n. 11. 50
IV. Vorarbeiten zu Eisenbahnen. Mit 5 (lith.) Taf. (in Fol. u. gr. Fol.) (V, 38 S.) n. 10. —

— Vorträge über Eisenbahnbau am Polytechnikum zu Aachen. V. 37 (autogr.) Tafeln Erdarbeiten bei Eisenbahnen. qu. Fol. (15 S. Text.) Aachen 877. Mayer. n. 15. —

— dasselbe. VI. Kurze Anleitung zum Projectiren von Eisenbahnen. Mit 3 (lith.) Fig.-Taf. gr. 8. (X, 151 S.) Ebend. 878. n. 6. —

—— Vorträge über Eisenbahnbau an der königl. technischen Hochschule zu Aachen. VII.: Baustatistik einer ausgeführten Eisenbahn. Mit einem Atlas von 16 (lithogr.) Taf. (in qu. Fol.). gr. 8. (VII, 42 S.) [Aachen 880, Mayer.] Leipzig, Baumgärtner's Buchh.
I.—VI. Ebendas. 1874—78. *ℳ 46.

Kaven, A. v., Vorträge über Strassen- und Eisenbahnbau. 8. Bd.: Anwendung der Theorie der Böschungen auf die Construction von Dämmen und Einschnitten für Strassen und Eisenbahnen und von Erdkörpern überhaupt bei einem vorgeschriebenen Sicherheitsgrade. Mit einer Theorie der Böschungen und zahlreichen pract. Beispielen. gr. 8. (XXV, 253 S. mit 1 Atlas von 26 lithogr. Taf. in qu. Fol. mit 1 Bl. Text.) [Leipzig 885, Baumgärtner's Buchh.] Dresden, Kühtmann. *
1.—7. Bd. Ebendas. 1874—80. * M 54.—.

Kaven, A. v. Vorträge üb. Eisenbahnbau. 1.—3. Bd. Dresd. 891, Kühtmann. * 20 —
I. Disposition v. Brücken u. practische Details. 20 Taf. m. eingeschriebenem Text. Neue unveränd. Ausg. qu. gr. Fol. * 6 —. II. Stützmauern u. Steinbekleidungen. Mit 1 Atlas v. 7 Taf. in qu. gr. Fol. 4. Abdr. gr. 8. (III, 51 S.) * 4 —. — III. Traciren v. Eisenbahnen. 30 Taf. m. eingeschriebenem Text. 2. Abdr. qu. gr. Fol. * 10 —.

Kaven, A. v. Vorträge über Ingenieurwissenschaften an der polyt. Schule zu Hannover. Abth. I u. II 2. m. Atl. Hannover 1862—64.

Kaven, A. v., Vorträge über Ingenieur-Wissenschaften an der polytechnischen Schule zu Hannover. [Als Mscr. gedr.] 2. Abth. Der Eisenbahnbau. 2. Abschnitt. Bahnhöfe bis Traject-Anstalten. Hierzu 21 (lith.) Taf. (in gr. Fol.) [2. Abdr.] Hannover 864. C. Rümpler. Fol. (XXIV, 192 Sp.) n. 3 ₰
Die 1. Abth. ist noch nicht erschienen.

— **Vorträge** über Ingenieur-Wissenschaften an der polytechnischen Schule zu Aachen. 1. Abthl. Einleitung zum Wege- u. Eisenbahnbau u. der Wegebau. Mit 190 (eingedr.) Holzschn. u. 3 Steindr.-Taff. (wovon 1 in Buntdr.) 2. verm. Aufl. [Als Mscr. gedr.] Hannover 870. Rümpler. Lex.-8. (XXII, 576 S.) n. 4 ₰ 20 ngr.

Kaverau, Peter F. Theodor, s. Kawerau, Peter F. Theodor.

Kaviar für's Volk; eine wahre Gesch aus d Gegenw; in hübschen Reimen nacherzählt von M-y-r. Phila, 1882.

(F) **Kaviarkalender** 1905. 19. Jahrg. 8°. (172 S.) K 2.—
Budapest: Gust. Grimm.

(F) **Kaviarkalender.** 20. Jahrg. 1906. 8°. (ill. 107 S.) K 2.—
Ebda.

(F) **Kaviar-Kalender** 1907. 8°. (ill. 175 S.) K 2.—
Ebda.

KAVIAR-Kalender 1908, 1909. Verlag von Guſt. Grimm, Budapeſt. (je 175 S.)
Verb. Königsberg 16. 1. 08.

(F) **Kaviarkalender** 1910. 8°. (ill. 169 S.)
Ebda.

(F) **Kaviarkalender.** 1911. 25. Jahrg. 8°. (ill. 157 S.) K 2.—
Ebda.

Kavizell, Nepom., Roderich d. Furchtbare od. Liebe, Spund u. Cognac, s. d. Fastnachts-Bühne.

KAVIZELL, Nepomuk (ps.), Roderich der Furchtbare, oder Liebe, Spund und Cognac. **Ein närrisches Possenspiel** in einem traurigen Akt. 1873.
Weller, Lex. Ps. p. 295.

Kavulyák, G. Dizionario italiano-ungherese, s. Benkö, C.

KA'VYASAMGRAHA. Erotische und esoterische Lieder. Metrische Uebersetzungen aus indischen u. anderen Sprachen von Joh. Jak. Meyer. Leipzig, Lotus-Verlag, 1903. Gr. 8°. VII, 223 S. (Mk. 4—.) (3 Mk. v. Zahn & Jaensch, 1906; 3 Kr. 60 H. Halm & Goldmann, 1904.)
Blütenlese aus Dandis Dichtungsspiegel, aus Bhartrihari, Civadasas Vetalapantschavinçati, Jatakamala, Saadi, Watwat usw.

Kawachi, Saburo, prakt. Arzt aus Tokio: **Beitrag zur Kenntnis von der alimentären Glykosurie e saccharo.** *Rostock 1902: H. Winterberg.* (112 S.) 8°
Rostock, Med. Diss. v. [10. Aug.] 1902

Kawacynsky. Die Feste Coburg. 8. Coburg 1843.

Kawaczinsky, F. W. v., vermischte Dichtungen. 8. (9¼ B.) Suhl 835, Müller. (Leipzig, Wienbrack.)

Kawalier, A., über das Corianderöl. Lex.-8. (5 S.) Wien 853, (Gerold's Sohn.) Thlr. *
Aus: Sitzungsberichte der k. Akademie der Wissenschaften J. 1852, besonders abgedruckt.

— Über *Pinus sylvestris*. S. 11. 34 . . . . —.50
Separatabdruck

— Über *Thuja occidentalis*. S. 13. 54 . . . . —.30
Separatabdruck

Kawalki, Wilhelm [aus Danzig]: Untersuchungen ueber die Diffusionsfähigkeit einiger Electrolyte in Alkohol. E. Beitr. z. Lehre v. d. Constitution d. Lösgn ... Halle a. S., 1894; 56 S., 1 Bl. 8.
Halle, Phil. Fak., Inaug.-Diss. v. [10. März] 1894

Kawamura, Ken: Bericht über 66 operierte Nabelhernien. München 1910: Kastner & Callwey. 75 S. 8°
München, Med. Diss. v. 22. Nov. 1910, Ref. v. Angerer
[Geb. 16. Dez. 78 Tokio; Wohnort: Tokio; Staatsangeh.: Japan; Vorbildung: Prov.-Mittelsch. Aichi Reife Juni 99; Studium: Aichi Med. Akad. 10, Greifswald 1, München 1 S.; Rig. 22. Nov. 10.] [U 11. 3061

Kawan, S[alomon], aus Genitschesk (Russland): Absprengungen und Knorpellösungen im Kniegelenk. ⟨Aus der chirurgischen Universitäts-Klinik zu Basel. Professor Wilms.⟩ Basel 1909. 26 S. 8°.
Basel. Med. Diss. 1909/10.

Kawasoye, M[asayori], Arzt aus Japan: Über die biochemische Diagnose der Schwangerschaft. Erlangen 1904: E. Th. Jacob. (27 S.) 8°
Erlangen, Med. Fak., Ref. Veit, Diss. v. 23. Juli 1904
[Geb. 18. Sept. 71 Nagasaki; Staatsangeh.: Japan; Vorbildung: Staatliche Mittelschule in Nagasaki Reife 87; Studium: Nagasaki, Halle 1, Erlangen 2 S.; Approb. Sept. 91.]

Kawczyński, Max, Studien zur Literaturgeschichte des 18. Jahrhunderts. Moralische Zeitschriften. I. Einleitung und Verzeichniss der engl., deutschen, französ. und andern moral. Zeitschriften. II. Über den Tatler. gr. 8. (170 S.) Leipzig 880, Matthes. *

Kawczyński, Peter

Kawczynski, P. Polnisch Preussen zur Zeit des ersten schwedisch-polnischen Krieges von 1626—29. 3 Th. (24, 24, . .) 4. Braunsberg 1874—1878

Kawczyński, Peter Polnisch-Preußen zur Zeit des ersten schwedisch-polnischen Krieges. II. Teil: Ereignisse des zweiten Kriegsjahres. 24 S. III. Teil. (Schluß.) 32 S. [Teil I: 1868.]
Progr. *Braunsberg* 1876. 1878.

Kawczynski: Polnisch-Preussen zur Zeit des zweiten schwedisch-polnischen Krieges von 1655—60. Ein Beitrag zur Geschichte der Provinz Preussen. 30 S.—Braunsberg, Progr. 1868

Kawelin, Konstantin (Dimitrijewitsch)

Kawelin, K. (D.), die Bauern-Emancipation u. Hr. v. Samson-Himmelstjerna. Aus dem Russ. übers. von Erwin Bauer. 8. (III, 67 S.) Reval 884. Wassermann. n.n. 2. —

Kawelin's, Konst., u. Iwan Turgenjew's sozial-politischer Briefwechsel m. Alexander Iw. Herzen, hrsg. v. Michail Dragomanow, s. a. Bibliothek russischer Denkwürdigkeiten.

Kawelins, Konstantin, und Iwan Turgenjew's Sozialpolitischer Briefwechsel mit Alexander Iw. Herzen. Mit Beilagen und Erläuterungen hrsg. von Prof. Mich. Dragomanow. Autoris. Uebers. aus dem Russischen von Dr. Boris Minzes. 8°. Stuttgart, Cotta, 1894. (Bibliothek russ. Denkwürdigkeiten, Bd. 4.)

Kawelin, K., der bäuerliche Gemeindebesitz in Russland. Studie. Aus dem Russischen übers. u. hrsg. v. Iwan Tarassoff. gr. 8. (IV, 94 S.) Leipzig 877. Brockhaus. n. 2. —

— Vide: Recke, C.: Die baltische Agrarreform.

Kawenoky, M[owscha Meer]: Aus d. Univ.-Frauenklinik München. Die Mehrlingsgeburten in der Kgl. Universitäts-Frauenklinik München von 1885—1907 inkl. München 1909: Wolf. 46 S. 8°

München, Med. Diss. v. 18. Dez. 1909, Ref. Döderlein

[Geb. 25. Dez. 81 Grodno; Wohnort: Grodno; Staatsangeh.: Rußland; Vorbildung: Gymn. Grodno Reife Juni 01; Studium: Königsberg 2, München 9 S.; Rig. 18. Dez. 09.] [U 10. 3525

Gedichte. Fritz **Kawerau**. Halle a. S.: Wischan & Burkhardt [1906]. (97 S.) 8° [F.] [06. 13000 3

Kawerau, G., die Ausgrabung der Akropolis, s.: Cavvadias, P.

Kawerau, G., Theatergebäude d. Kl. Alterthums. S.-A. 1891. 20 S. m. 8 Taf. u. 7 Abb. 4°. 1.20

Kawerau, Gust., Johann Agricola von Eisleben. Ein Beitrag zur Reformationsgeschichte. gr. 8. (XII, 358 S.) Berlin 881, Hertz. *

Kawerau, Gust., s.: Beiträge zur Reformationsgesch.

Kawerau, G., über Berechtigung und Bedeutung des landesherrlichen Kirchenregiments. Vortrag auf der theolog. Konferenz zu Kiel, am 6. Juli 1887 gehalten. gr. 8. (38 S.) Kiel 887, Homann. *

—— der Briefwechsel des Justus Jonas, s. Geschichtsquellen der Prov. Sachsen und angrenzenden Gebiete.

Kawerau, Gust. De digamia episcoporum. Ein Beitrag zur Lutherforschg. gr. 8. (62 S.) Kiel 889, [Homann.] Eckardt. * 1 20

Kawerau, Gust., der Einfluß der Reformation auf das religiöse u. sittliche Leben in Deutschland, s. a. Ursachen u. Wirkungen der deutschen Reformation.

Kawerau, Gustav: Der Einfluss der Reformation auf das religiöse und sittliche Leben in Deutschland. Vortr., geh. 1899 im Berliner Zweigver. d. Ev. Bundes. Leipzig: C. Braun 1899. (18 S.) 8°

[F.] Hieronymus Emser. E. Lebensbild a. d. Reformationsgesch. Von D. Gustav **Kawerau**. *Halle: Ver. f. Reformationsgesch.; (Commiss. M. Niemeyer) 1898.* (2 Bl., 130 S., 1 Bl.) 1 Bd 8.
— **Schriften** d. Vereins f. Reformationsgeschichte. No 61. [98. 7010 Ha

Kawerau, [Gustav]: Festpredigt zum Konvikts-Jubiläum, gehalten in d. Marienkirche am 6. Okt. 1907. Magdeburg 1908: Baensch jun. S. 58—62. 4°

Magdeburg, Pd z. Kloster U. L. Fr. P 1908 (313) [S 08. 221

Kawerau, Gust., zum Gedächtnis Paul Gerhardts. Rede, bei der Feier des Zweigvereins d. Evangel. Bundes am 18. III. 1907, in der St. Bernhardin-Kirche geh. (14 S.) 8. Breslau (907). W. G. Korn. — 25

— **Gedächtnißrede auf den Fürsten Bismarck, geh. Breslau, den 1. IV. 1899. gr. 8. (16 S.) Breslau 899. (W. G. Korn.) — 20**

Paul Gerhardt. Ein Erinnerungsblatt. Von Gustav **Kawerau**. Halle a. d. S.: Ver. f. Reformationsgesch. 1907. (85 S.) 8° [F.]
— **Schriften** d. Vereins f. Reformationsgeschichte. No 93. [07. 9003 4

— Paul Gerhardt. Ein Erinnerungsblatt. (85 S. m. 1 Bildnis.) gr. 8. Halle 907. Leipzig, R. Haupt. 1. 20

—— Caspar Güttel. Ein Lebensbild aus Luthers Freundeskreise. gr. 8. (VII, 100 S.) Halle 882, Hendel. *
Aus: Zeitschrift des Harz-Vereins für Geschichte und Altertumskunde, besonders abgedruckt.

(**Kawerau**, Gustav:) Schlesisches Haus-Choralbuch. E. Auswahl aus d. Melodieen d. Schles. Melodieenbuches unter Berücks. d. Liederschatzes d. 'Gesangb. f. Evangel. Gemeinden Schlesiens' vierstimmig gesetzt f. häusl. Gebr. (Bearb.: Hermann Kawerau.) Breslau: W. G. Korn 1898. (VIII, 157 S.) 1 Bd. 4.

— s. a. Hauschoralbuch, schlesisches.

— s.: Jubiläumsschrift (des Vereins f. Reformationsgeschichte).

—— Zwei älteste Katechismen d. luth. Reformation, s. Neudrucke deutscher Litteraturwerke d. XVI. u. XVII. Jahrh.

— Luthers Lebensende in neuester ultramontaner Beleuchtung. 1.—4. Aufl. 12. (40 S.) Barmen 890, Klein. * — 40
Erweit. Abdr. aus: „Christl. Welt".
—— dass. — s. Schriften f. das evangelische Deutschland.

— Lehrbuch der Kirchengeschichte, s.: Moeller, Wilh.

— üb. Lehrverpflichtung u. Lehrfreiheit. Erweit. Konferenz-Vortrag. [Aus: „Zeitschr. f. prakt. Theol."] 8. (30 S.) Frankfurt a/M. 896. M. Diesterweg. n. — 40

Luther und seine Gegner. Vortrag geh. zu Würzburg 1903 von D. Gustav **Kawerau**, Prof. in Breslau. *München: J. F. Lehmann 1903.* (20 S.) 8° [F.]
— **Luther-Vorträge**, Würzburger. 6.

— Martin Luther, s.: Köstlin, Jul.

—— s. Passional Christi und Antichristi.

— s.: Predigten, 8, bei der 53. Hauptversammlung des evangel. Vereins der Gustav-Adolf-Stiftung geh.

— s.: Predigten, 9, bei d. Hauptversammlg. d. evang. Vereins d. Gustav-Adolf-Stiftg.

[F.] Predigten auf die Sonn- u. Festtage des Kirchenjahres v. Dr. Gustav **Kawerau**, Prof. d. Theol. ... in Breslau. *Breslau: W. G. Korn 1897.* (X, 491 S.) 1 Bd 8. [98. 2937

— **Predigten auf die Sonn- u. Festtage des Kirchenjahres. Neue Sammlg. gr. 8. (VIII, 473 S.) Breslau 899. W. G. Korn. n. 5. —; geb. n. 6. —**

Kawerau, Gustav: Luthers Rückkehr von der Wartburg nach Wittenberg. Halle: O. Hendel 1902. (68 S.) 8°
= Neujahrsblätter. Hrsg. von d. Hist. Kommission d. Prov. Sachsen. 26.

'Sobald das Geld im Kasten klingt, Die Seele aus dem Fegfeuer springt.' Ein offener Brief an Herrn Domkapitular Joh. Röhm in Passau. Von Gustav **Kawerau**, Prof. Barmen: D. B. Wiemann (1889). (22 S.) 8° [F.]
— **Streitschriften**, Freundschaftliche. No 20.

— **C. H. Spurgeon, e. Prediger v. Gottes Gnaden. 8. (70 S.) Hamburg 892. Schriften-Niederlage d. christl. Vereins junger Männer. n. — 80**

—— Luthers Stellung zur heiligen Schrift, s. Kier, P. O. Bedarf es e. besonderen Inspirationslehre?

— **das Verhalten der römischen u. der evangelischen Kirche zum Staat. Vortrag, geh. bei der 5. Generalversammlg. d. Evang. Bundes in Kassel am Mittwoch den 30. Septbr. 1891. gr. 8. (28 S.) Leipzig 892. Buchh. d. Evangel. Bundes von C. Braun. n. — 25**

— **dasselbe, s.: Flugschriften d. Evangelischen Bundes.**

Die Versuche, Melanchthon zur katholischen Kirche zurückzuführen. Von Gustav Kawerau. *Halle: Ver. f. Reformationsgesch. 1902.* (86 S.) 8° [F.]
— Schriften d. Vereins f. Reformationsgeschichte. No 73.

[F.] Warum fehlte der deutschen evangelischen Kirche des 16. u. 17. Jhs das volle Verständnis für die Missionsgedanken der heiligen Schrift? Vortr. auf d. Schles. Missions-Konfer. Breslau, d. 6. Okt. 1896, geh. v. D. Gustav Kawerau. *Breslau: W. G. Korn 1896.* (30 S.) 1 Bd 8.

— **vom Worte des Lebens. Predigten aus dem akadem. Gottesdienste in Kiel. gr. 8. (76 S.) Kiel 894. H. Eckardt. n. 1. 50**

— **s.: Zeitfragen.**

Kawerau, Herm., Choral-Buch zu den Melodieen für das evangelische Gesangbuch der Provinz Brandenburg, vierstimmig gesetzt. qu. gr. 4. (X, 112 S.) Berlin 888, Wiegandt und Grieben. *

Choral-Buch zu den Melodieen für das Evangelische Gesangbuch der Provinz Brandenburg u. zu d. geistl. Volkslieder-Melodieen z. Anhang dess. Gesangb. vierstimmig gesetzt v. Hermann Kawerau, Kgl. Musikdir. ... 2. umgearb. Aufl. *Berlin: Wiegandt & Grieben 1895.* (X, 110 S., 1 Bl., 23 S.) 1 Bd quer-8.

Choral-Buch zu den Melodieen für das Evangelische Gesangbuch der Provinz Brandenburg und zu den geistlichen Volkslieder-Melodieen zum Anhang desselben Gesangbuches vierstimmig gesetzt von Hermann **Kawerau**, Musikdir. zu Berlin. [Nebst] Anh. *Berlin: Wiegandt & Grieben 1895–1900.* 2 Bde quer-8° [F.]
Choralbuch. 3. Aufl. 1900
Anh. [u. d. T.:] Geistl. Volkslieder-Melodien ... von Kawerau. 1895.

Kawerau, Herm., Choral-Buch zu den Melodien f. das evangelische Gesangbuch der Prov. Brandenburg u. zu den geistl. Volkslieder-Melodieen zum Anh. desselben Gesangbuches, vierstimmig gesetzt. 3. Aufl. qu. gr. 4. (X, 110 u. 23 S.) Berlin 900. Wiegandt & Grieben. n. 4. 80; geb. n. 6. 10

—— **deutsches Liederbuch für höhere Schulen, s. Draheim, H.**

Kawerau, Herm. Die Säcularfeier der Sing-Akademie zu Berlin. Als Nachtrag zu Martin Blumner's Geschichte der Sing-Akademie. Berlin 1891.

Geistliche Volkslieder-Melodien zum Anhang des Evangelischen Gesangbuches für die Provinz Brandenburg, vierstimmig gesetzt von Hermann **Kawerau**, Organist zu Berlin. *Berlin: Wiegandt & Grieben 1895.* (23 S.) quer-8° [F. u. Ant.]
— **Kawerau**: Choralbuch. Anh.

Kawerau, L.: Rede am Reformationsfeste der Mark Brandenburg am 2. November 1866. Berlin. 1867.
Schul-/Univ.-Schrift.

Kawerau, P. M.: Über die verschiedenen Systeme der heutigen Gymnastik und die Kgl. Central-Turnanstalt zu Berlin. S. 354—371. Aus: Zeitschr. f. d. Gymnasialwesen. 1852. 6, 5.

Kawerau, P. M.: Die Spieß'sche Turnweise. S. 934—947. Aus: Zeitschr. f. d. Gymnasialwesen 1852. 6, 12.

Kawerau, Peter F. Theodor

— s. J. A. Friedemann, d. prakt. Schnellrechner.
angewandtes Kopf- u. Zifferrechnen. 2e A. 824. 18 Gr.) 1 Rthl 14 Gr.

— **Preuß. Landes- u. Volkskunde, s. A. E. Preuß.**

— **Leitfaden für den Unterricht im Lesen, nebst vorangeschickter kurzer Lautlehre, zur Belehrung d. Lehrers, mit besond. Rücksicht auf d. Schulen Ost- u. Westpreußens herausg. 8. Danzig 826. (Gerhard). 12 Gr.**

Kawerau, Pet. F. Theod., Leitfaden f. d. Unterr. im Lesen, nebst vorangeschickter kurzer Lautlehre z. Belehr. d. Lehrers. 2., verb. Aufl. 8. (9 B.) Liegnitz 833, Kuhlmey.

Kawerau, P. F. T., Leitfaden für d. Unterricht im Rechnen nach Pestalozzi's Grundsätzen. 1s 2s Bdch n. 8. Bunzlau. (Liegnitz, Kuhlmey in Comm.) 819. (1s Bdchen: Reines Kopf- u. Zifferrechnen mit 4 Tab. 22 Gr. 2s Bdchn: Angewandtes Kopf- u. Zifferrechnen 20 Gr)

Kawerau, Pt. F. Thdr., Zusätze u. Verbesserungen für d. Besitzer d. 1n Bdchens 1e Aufl. d. obigen Rechenbuchs. 8. Ebd. 821. 1½ Gr

— **Leitfaden f. d. Unterr. im Rechnen, nach Pestalozzischen Grundsätzen. 1s u. 2s Bdchn. 2te Aufl. 8. Liegnitz 821 u. 24, Kuhlmey. 1s B. 20 gr. 2s B. 13 gr.**

—— Leitfaden f. d. Unterr. im Rechnen nach Pestalozz. Grundsätzen. 2 Bdchn. 3., verb. Aufl. gr. 8. Liegnitz, Kuhlmey.
Bdchn. 1. Reines Kopf- u. Zifferrechnen, m. 4 Tab. Stndr. (18½ B.) 828. 20 Gr
" 2. Angewandtes Rechnen. (19¼ B.) 833. 18 Gr.

Kawerau, P. F. Th., Leitfaden für d. Unterricht im Rechnen nach Pestalozzischen Grundsätzen. 1. Bdchn. Reines Kopf- u. Zifferrechnen. 4., verb. Aufl. (Neue wohlf. Ausg.) 8. (20½ B. u. 5 Stnt.) Liegnitz 842, Kuhlmey.

—— dass. 2. Bdchn. Angewandtes Rechnen. 3., umgearb., verm. u. verb. Aufl. (Neue wohlf. Ausg.) 8. (19 B.) Ebds. 842. —

—— Wand-Karte v. Ost- u. West-Preussen; z. Schulgebr. Gez. unt. Aufsicht d. Dir. Preuss, v. Seminaristen d. Kgl. Waisenhauses zu Königsberg in Preussen. In Stein gravirt u. gedr. v. C. G. Herwig in Berlin. 4 ill. Bl. Roy.-Fol. (u. 1 B. Text: Namenverzeichniss etc. gr. 8.) Königsberg 832, Gebr. Bornträger.

— Wand-Karte von Ost- und West-Preußen; zum Schulgebrauch entw. u. herausg. 2. verb. Aufl. gr. Fol. (4 lith. u. ill. Bl.) Königsberg 843, Gebr. Bornträger. n. 1⅓ Rß

Lieder aus dem Dunkel von Siegfried **Kawerau**. Berlin: Schildberger 1910. 54 S. 8°

Kawerau, Siegfried: Die Rivalität deutscher und französischer Macht im 10. Jahrhundert. Metz: Scriba 1910. 96 S. 4° (8°) ¶ (Aus: Jahrbuch d. Gesellsch. f. lothring. Gesch. u. Altertumsk. Bd 22.)
Königsberg, Phil. Diss. v. 8. Dez. 1910, Ref. Werminghoff
[Geb. 8. Dez. 86 Berlin; Wohnort: Charlottenburg; Staatsangeh.: Preußen; Vorbildung: Wilhelms-Gymn. Berlin Reife M. 04; Studium: Berlin 1, Breslau 3, Berlin 6 S.; Rig. 6. Juli 10.] [U 11. 2749

Kawerau, Wald., die Jubelfeier der Universität Halle. [Aus: „Magdeburg. Zeitg."] 8. (62 S.) Halle 894. E. Strien. — 75

Kawerau, Wald., Culturbilder aus dem Zeitalter der Aufklärung. 1. und 2. Bd. 8. Halle, Niemeyer. à Bd. *M 6.—. *

Inhalt:
Bd. 1. Aus Magdeburgs Vergangenheit. Beiträge zur Litteratur- und Kulturgeschichte des 18. Jahrh. (X, 325 S.) 886.
» 2. Aus Halles Litteraturleben. (X, 360 S.) 888.

Kawerau, Wald., Magdeburg. Ein deutsches Städtebild. Nebst Führer durch die Stadt u. deren Umgebg. Mit 30 Illustr. u. 1 Stadtplan. 8. (72 S.) Magdeburg 886. Rathke. n. 1. —

— Magdeburg. Ein deutsches Städtebild. Nebst e. Führer durch die Stadt u. deren Umgebung. Mit 30 Illustr. u. 1 Stadtplan. 3. Aufl. 8. (74 S.) Magdeburg 891. A. Rathke. n. 1. —

Kawerau, Wald., Magdeburg. E. Städtebild. Nebst e. Anh.: Alb. Rathke's Führer d. d. Stadt u. i. Umgebg. 4., umgearb. u. erweit. Aufl. 8. (96 S. m. 36 Illustr. u. 1 Stadtplan.) Magdeburg 894. A. Rathke. n. 1. —

Magdeburg. Ein Städtebild von Waldemar Kawerau. Nebst e. Anh.: Führer durch d. Stadt u. ihre Umgebung. Mit 36 Ill. u. 1 Stadplan. 5. umgearb. u. erw. Aufl., hrsg. von E(mil) Spiekermann. *Magdeburg: A. Rathke 1900.* (102 S.) 8° [00. 13063]

— Thomas Murner u. die Kirche d. Mittelalters, s.: Schriften d. Vereins f. Reformationsgeschichte.

Kawerau. Waldemar. Thomas Murner und die deutsche Reformation. 8. Halle. (Kiel, (Quakenbrück ...) 1891.
(Schriften des Vereins für Reformationsgeschichte. Jahrgang 8. Stück 3. Nr 32.)

— Thomas Murner u. die deutsche Reformation,
— die Reformation u. die Ehe,
} **s. a. Schriften d. Vereins für Reformationsgeschichte.**

Kawerau, W., Die Reformation u. d. Ehe. (104 S.) Halle 1892. M. Niemeyer.

— Hans Sachs u. die Reformation, s.: Schriften des Vereins f. Reformationsgeschichte.

— kunstgeschichtliche Skizzen. S. Maria del Fiore. — Parsifal in Baireuth. Die Passion v. Oberammergau. Lutherfest- u. andere Spiele. 8. (VII, 192 S.) Halle a/S. 890. Niemeyer. n. 3. —

Hermann Sudermann. Eine krit. Studie v. Waldemar Kawerau. *Magdeburg & Leipzig: W. Niemann [1897].* (3 Bl., 199 S.) 1 Bd 8. [97. 3?97]

Kawerau, Wald., Hermann Sudermann. Eine krit. Studie. 2. [Titel-]Aufl. gr. 8. (V, 199 S.) Leipzig (897). B. Elischer Nachf. n. 3. —

Hermann Sudermann. Eine krit. Studie von Waldemar **Kawerau**. 2. Aufl. Leipzig: Elischer [1899]. 199 S. 8° A 12. 13612 II

— aus **Magdeburgs** Vergangenheit. Beiträge zur Litteratur- u. Culturgeschichte d. 18. Jahrh. 8. (X, 325 S.) Halle 886. Niemeyer. n. 6. —

— Eberhard Weidensee u. die Reformation in Magdeburg, s.: Neujahrsblätter. Hrsg. v. d. histor. Kommission der Prov. Sachsen.

Kawisch, C., und H. Klemm, vollständiges Lehrbuch der modernen Bekleidungskunst für Damen, sehr leichtfaßl. zum gründl. Selbstunterrichte bearb. Mit 130 lithogr. Schnittzeichnungen der geschmackvollsten Damen-Garderobegegenstände rc. sowie der beliebtesten Kinder-Anzüge; nebst einem eleganten Centimeter-Reductionsschema rc. Lex.-8. (76 S. und 4 Stnt.) Dresden 851(52,) Klemm's Verlag.

Kawisch, C., und H. Klemm jun., vollständiges Lehrbuch der modernen Bekleidungskunst für Damen sehr leichtfaßlich zum gründlichen Selbstunterrichte bearb. 2. (Titel-)Aufl. Mit 132 lith. Schnittzeichngn. rc. Dresden (852) 854. Klemm. Lex.-8. (1 Bl., 76 S. u. 4 lith. Taf. in gr. Fol.) 1 $\mathcal{P}$. 7½ ngr.

—— —— Supplement zur 1. und 2. Aufl. des vollständigen Lehrbuchs der modernen Bekleidungskunst für Damen. Mit 103 Schnittzeichnungen und einem verbesserten Centimeter-Reductionsschema (auf 4 Stnt. in Imp.-Fol.) Lex.-8. (11 S.) Dresden 856, Klemm.

—— —— dass. — 3., bedeutend verm. Aufl. Mit 235 fein lithogr. Schnittzeichnungen rc., nebst einem verbesserten Centimeter-Reductionsschema zum bequemen Nachzeichnen und Zuschneiden. Lex.-8. (IV und 87 S. mit 7 Stnt. in Imp.-Fol.) Ebds. 856.

Kawisch, C., vollständiges Lehrbuch der Bekleidungskunst für Damen zum gründlichen Selbstunterrichte nach leichtfaßlichster Methode. Unter Mitwirkung von H. Klemm jun. herausg. 7. Aufl. mit über 200 Zeichnungen (auf 6 lith. Taf.) u. 1 verb. (lith.) Centimeter-Reductionsschema (in Fol.). Dresden 863. Klemm. gr. 8. (VI, 72 S. u. 1 lith. Taf. in 4.) 1 $\mathcal{P}$ 7½ ngr.

Kawisch, C., und H. Klemm jun., vollständiges Lehrbuch der Bekleidungskunst für Damen zum gründlichen Selbstunterrichte nach leichtfaßlichster Methode. 8. Aufl. gr. 8. (VI, 72 S. mit 1 lithogr. Titelbilde in 4. und über 200 Zeichnungen auf 6 Stnt. in Imp.-Fol. nebst 1 lithogr. verb. Centimeter-Reductionsschema in Imp.-Fol.) Dresden 868, Klemm's Verlag.

Kawka, Paul: Ueber Melanosarcom. Berlin (1883). (32 S.) 8°
Berlin, Med. Diss. v. 3. Nov. 1883.

Kawka, Victor [app. Arzt aus Lippine O./Schles.]: Beiträge zur pathologischen Anatomie der spinalen Kinderlähmung. ... Halle a. S., Hofbuchdr. v. C. A. Kaemmerer & Co., 1889: 41 + 1 S. + 1 Bl. 8°
Halle, Med. Fak., Inaug.-Diss. v. 10. Aug. 1889

Kawolewsky, August: Die ersten Jahre des Städtekrieges gegen den Deutschen Orden bis zum Auszuge des Hochmeisters aus der Marienburg. T. 1.: Die Ausbreitung des Aufstandes und die Ereignisse vor Marienburg. *Tilsit 1903: O. v. Mauderode.* (25 S.) 4° [S.]
Tilsit, k. RG, OP 1903 (19)

Russische Handelskorrespondenz von Dr. Theodor v. **Kawraysky**. Leipzig: Göschen 1907. VIII, 112 S. 8°
(Sammlung Göschen. 315) A 12. 12431 II

Kawraysky, Thdr. v., russische Handelskorrespondenz, s. a. Sammlung Göschen.

Kawraysky, Th. v., russ. Handelskorrespondenz, s. a. Göschen's kaufmänn. Bibliothek. 6. u. 7. Bd.

— dasselbe, f. Anfänger, s.: Beaux, de, Briefsteller f. Kaufleute.

— Pocket-dictionary of the English and Russian languages, s.: Linden, S. W.

Karburg. Kir von, des edlen Herrn, Leben u. Thaten; aus unverfälschten Urkunden nach den glaubhaftesten Zeugnissen ehrbarer Zeitgenossen aufrichtig beschrieben (v. K. G. Cramer), m. K. 2 Thle. 8. Leipz. Benj. Fleischer. 801 — 2.

Kay. Alfred [appr. Arzt aus Wolkenstein]: Ein Beitrag zur Statistik der Zahncaries. ... Kiel, Druck v. Schmidt & Klaunig, 1886: 22 + 2 S. 8°.
Kiel, Med. Fak., Inaug.-Diss. v. 21. März 1886.

Kay, Alfr., ein Beitrag zur Statistik der Zahncaries. Inaugural-Dissertation. gr. 8. (22 S.) Kiel 886, (Lipsius und Tischer.) *

Kay, Charles de, s.: Gemälde, berühmte, d. Welt.

Kay, Francis W., M. Sc., a. Battersea-London: Über einige Polypeptide der β-Aminobuttersäure und des α-Methylisoserins und die Spaltung des α-Methylisoserins in die optischen Komponenten. (Berlin 1908: A. W. Schade.) (34 S.) 8°
Berlin, Phil. Fak., Ref. Fischer, Diss. v. 12. Aug. 1908
[Geb. 21. Aug. 83 Battersea-London; Wohnort: Berlin; Staatsangeh.: England; Vorbildung: Victoria Univ. Manchester Bach. of Sc. 04; Studium: Manchester 4, Berlin 3 S.; Rig. 30. Juli 08.]

Kay, Jh., Vermächtniß e. alten Bienenmeisters, nach 30jähr. Versuchen u. Erfahrr. zur Verbesser. d. Bienenzucht 2c. Aus d. Engl., herausg. (v. Chr. A. Wichmann). gr. 8. Liegnitz 797. Siegert.

Kay, John. Vermächtniss eines alten Bienenmeisters ... a. d. Engl. Liegnitz 1797. Ü: *Wichmann, Chn. Aug.* (Ky) (MGT)

Kay, Paul [app. Arzt aus Wolkenstein]: Aus d. chirurg. Universitätsklinik zu Kiel. Ueber die Venennaht ... Kiel, Druck v. Schmidt & Klaunig, 1894; 22 S., 1 Bl. 8.
Kiel, Med. Fak., Inaug.-Diss. v. [21. Apr.] 1894

Kay, Percy [aus Bradford '(Engl.)']: Ueber die Einwirkung von Carbonsäuren und deren Anhydriden auf Senfoele. Darstellung diacidylirter Anilide ... Heidelberg, Buchdr. v. C. Pfeffer, 1893; 37 S., 1 Bl. 8.
Heidelberg, Naturw.-math. Fak., Inaug.-Diss. v. [3. Okt.] 1893

Kaye, J. G., kleine Clavierschule, ein Hülfsbuch zur leichten Erlernung des Clavierspielens. Ir Heft (Theorie). 4. Sondershausen, Voigt. 820.

— — derselben IIr Heft (Uebungsstücke). 4. Ebend. 820.

Kaye, J. G., kleine Clavier-Schule. Ein Hülfsb. z. leichtern Erlern. d. Clavierspielens. 4., verb. u. sehr verm. Aufl. 2 Hfte. qu. 4. (12½ B.) Ilmenau 831, [Weimar,] Voigt.
1. Hft (Theorie) 12 Gr., 2. Hft. (Uebungsstücke) 8 Gr.

Kaye, Lorin (Frau Eff Kaye u. Lorin Lathrop), zwischen zwei Feuern, s. a. Kürschner's, Jos., Bücherschatz.

Zwischen zwei Feuern. Roman von Lorin **Kaye** (d. i. Eff Kaye u. Lorin Lathrop). Mit Ill. von W. Roegge. *Berlin, Eisenach, Leipzig: H. Hillger [1901].* (128 S.) 8° [F.]
= **Bücherschatz,** Kürschners. No 235. [01. 14187]

Kayeman, H. F. Specimen antiquarium inaugurale, dissertat. exhibens de origine Ephetarum et eorum judiciis apud Athenienses. 8 maj. (3¼ B.) Lovanii 823. (Bonnac, Marcus.)

Kayhausen, G., aus Wittingens Vergangenheit. Geschichtliche Mitteilgn. üb. die Stadt Wittingen u. ihre Umgebg. Gesammelt u. geordnet v. G. K. 8. (65 S. m. 1 Bild.) Gifhorn 898. H. Schulze. n. 1. —

Kleist und die Romantik. Ein Versuch von Ernst **Kayka.** Berlin: A. Duncker 1906. (210 S.) 8°
— **Forschungen** z. neueren Literaturgeschichte. 31. [06. 2303] 8

Kayh, Geo. Rud. v., Reden b. Gelegenh. 8. Zerbst. 758.

Kayna, s.: Preussen. **Messtischblätter.**

v. Kaysarow, Andr., († d. 26. Mai 1813.) Versuch e. Slavischen Mythologie. Mit 6 Kpf. 8. Götting. 804. Dieterich. 16 K

Kaysecker, Johann August (Lichtenstein/Schoenburg), De deceptione suiipsius. Disp. publ. Präs. M. Scipion Carl Jo. Casp. Rumpff. Lpz. (Christoph Friedrich Rumpff) 29. IV. 1717. 12 Bl. (6.—) 17564
Gew.: M. Adolph Friedrich Schilling, M. Caspar Feist, M. Johann Georg Schultz.

Kaysel, F., vernothwendigt sich eine Umarbeitung des Mecklenburgischen Landes-Katechismus? gr. 8. (135 S.) Wismar 880. Hinstorff's Verl. n. 1. 50

Kaysel, Otto. Anakreon. Nachdichtungen. 12. (96 S.) Ludwigslust 890, Hinstorff. * 2 20; geb. * 3 —

Kaysel, Paul, Referendar a. Ludwigslust: Die Gesetzgebung der Kulturstaaten zur Unterdrückung des afrikanischen Sklavenhandels. Breslau: Schletter 1905. (108 S.) 8° ¶[Nur 12 Expl. abgeliefert.]
Rostock, Jur. Fak., Ref. Wachenfeld, Diss. v. 10. Mai 1905
[Geb. 6. Juli 79 Ludwigslust; Wohnort Schwerin i. M.; Staatsangeh.: Mecklenburg-Schw.; Vorbildung: Realgymn. Ludwigslust Reife O. 96, Erg.-Prüf. Gymn. Parchim M. 97; Studium: Berlin 4, Genf 1, Rostock 2 S.; Rig. 4. Nov. 04.]

Die Gesetzgebung der Kulturstaaten zur Unterdrückung des afrikanischen Sklavenhandels. Von Dr. jur. Paul **Kaysel.** Breslau: Schletter 1905. (108 S.) 8°
= **Abhandlungen,** Strafrechtliche. H. 64. [05. 11726]

Kayser

— s. a. **Kaiser, Keiser, Keyser.**

Kayser Alexander, s. Alexander.

Kayser u. Pabst, reddite Caesari, quae sunt Caesaris. 8. Frft. Hermann. 782.

Kayser, „Unsre Fürsorge f. die Geisteskranken". Vortrag, auf der am 18. VII. zu Marienberg tag. Diöcesanversammlg. geh. (24 S.) 8. Rodewisch (904). Untergöltzsch, Pfarrer Kayser. n. — 40

Kayser, ..., Journal für Geschichte, Statistik u. Staatswissenschaft. 2 Bde à Bd. 3 Stücke. gr. 8. Münster 806. (Theissing). 3 ℛ Hbg. Pr. 1 ℛ

Kayser, über den Kaiserschnitt, nebst Bemerkgn. zur anatom. u. techn. Begründg. d. queren Fundalschnittes. (52 S.) Lex.-8. Berlin 904. A. Hirschwald. n. 1. 20
Sonderabdruck aus: „Charité-Annalen".

Kayser, Hyperides Leichenrede (Recens. editionem M. Comparetti du texte de l'oraison funèbre d'Hyperide). S.-A. 1868. 27 S. —.90

Kayser, Wandtafeln für den baugewerblichen Unterricht. 1. Lfg. Imp.-Fol. (5 color. Taf.) Mit autogr. Text. gr. 4. (10 S.) Leipzig 883, [Knapp.] Spohr. *
Nicht weiter erschienen.

Kayser, [A.], Geschichtsquellen über den Ablaßprediger Tetzel kritisch beleuchtet. gr. 8. (20 S.) Annaberg 877, Rudolph und Dieterici. *

Kayser, A., s. Jh. Ph. Osterrag, Auswahl.

Kayser, Adf. Erlebnisse e. rheinischen Dragoners im Feldzuge 1870/71. 8. (V, 216 S.) Münch. 889, Beck. * 2 —; cart. * 2 50

Kayser, A., Erlebnisse e. rheinischen Dragoners im Feldzuge 1870/71. 8. (V, 216 S.) München 890. Beck. n. 2. —; cart. n. 2. 50

Kayser, Adf., Erlebnisse e. rhein. Dragoners im Feldzuge 1870/71. 2. Aufl. 8. (VII, 276 S.) München 896. C. H. Beck. n. 2. 25; kart. n. 2. 80

Kayser, Adf., Hans u. Gretchen. Charakterbild in 1 Akt. 8. (16 S.) Leipzig 877. Wölfert. n. — 25

Kayser, Agnes: Bilder aus Wesels Vergangenheit, Festspiel zur 50. Jubelfeier d. Weseler Bürger-Schützen-Vereins. Wesel, 1898, 16 S.

Kayser, Albert [aus Cottbus]: Über die Reduktion des Naphtalsäureanhydrids und die Oxydation des Aconaphtens. . . . Leipzig-Reudnitz, Druck v. Max Hoffmann, 1890; 32 S. + 1 Bl. 8°
Leipzig, Phil. Fak., Inaug.-Diss. v. 4. Juli 1890

Kayser, Albrecht Christoph

— d. Abstellung des Büchernachdrucks, als ein nothwend. Gegenstand betrachtet. 8. Regensb. 790.

Kayser, Albrecht Christoph, s. Adolphs Briefe.

— Almanach u. Taschenbuch für romant. Lectüre, mit Nachbildungen merkwürd. Naturscenen. 12. Heilbr. 798.

–, s. Auszüge zur Kenntn. v. Baiern.

— Beschreibung von Regensburg. 8. Regensb. 798. Montag u. W. 8 gr

–, s. v. Bray, Hollands Staatsverfassung.

–, s. Brissot, Reise.

–, s. Charlottens Ankunft.

— die Ehen und die älterliche Gewalt; ein Entwurf (von *Albrecht Christoph Kayser*). O. O. 1779.
Anon.-Lex. IV. p. 216 (nach Adelung u. Meusel).

–, s. Erzähll., Lebensbeschreibb. u. Skizzen.

–, s. Gemälde von Malta.

Kayser, A. C. kleine Geschichten und Aufsätze vermischten Inhalts, 2 Theile, 8. Regensburg, 786. Montag. 25 sgl.

— kleine Geschichte u. Aufsätze vermischten Inhalts. 2 Bde. 8. Regensb. 786, 87. Montag u. W. 20 gr

— an d. botan. Gesellschaft in Regensburg, s. v. Bray.

–, s. Honorine, Clarins.

–, Leben Duval's.

— Leben Valentins Jamerai Düval ꝛc. ein Beytrag zur Geschichte des 30jährigen Krieges. 2 Thle. 8. Ebend. 788.

Kayser, A. Ch. Leben des Herrn Johann Jakob Wolff von u. zu Todtenwart. Ein Beitrag zur Geschichte des 30jährigen Krieges. 8. Regensburg 1789.

Kayser, A. Chr. Leben Joh. Jac. Wolf's von Todtenwart der Stadt Regensburg Syndici; zur Gesch. des 30jähr. Krieges. (322.) 8. Regensburg 1789.

— Leben d. J. J. Wolff v. Todtenwart, ein Beitrag zur Geschichte d. 30jähr. Krieges. 8. Regensb. 789. Montag u. W. 1 rℓ

— Lectüre für Stunden der Muße, 5 Theile, mit Kupf. 8. Bayreuth, (Hof) 793. 94. (Grau) 3 Rthl. 10 sgl.

— Lectüre für Stunden d. Muse. 5 Bdchen, mit Kpf. 8. Bayr. 793—95. (Grau in Hof). (à 16 gr) 3 rℓ 8 gr

–, s. Liebe, Treue u. Delikatesse im Streit.

Kayser, Albrecht Christoph: Ueber die Manipulation bey der Einrichtung einer Bibliothek ... nebst einem alphabetischen Kataloge aller von Johann Jakob Moser einzeln herausgekommener Werke – mit Ausschluss seiner theologischen – und einem Realregister über die in diesem Kataloge nahmhaft gemachten Schriften. – Bayreuth: Verl. d. Zeitungsdr. 1790. 123 S.

Kayser, Albr. Cph., († d. 25. März 1811.) über d. Manipulation bei Einrichtung e. Bibliothek u. Abfassung d. Bücherverzeichnisse ꝛc. gr. 8. Bayr. 791. (Grau in Hof). 8 gr

–, s. Miselet, über Empfindsamkeit.

–, s. Museum, französ.

–, s. Nachricht von Paul I.

–, s. Regensburg von d. französ. Truppen bedroht.

Regensburg von den französischen Truppen 1796 u. 1800 feindlich bedroht und endlich in Besitz genommen. (Kriegstagebuch v. A. Ch. Kayser.) o. O. 1802. 218 S.

–, s. Rivernois, J. J. Barthelmy.

–, s. Rochon Reise.

–, s. Schriftstellerei, üb. belletrist.

— Briefe d. Seneca, s. Seneca.

–, s. Skizzen u. kleine Geschichten.

SKIZZEN und kleine Geschichten. Von dem Verfasser der (so!) Adolfs gesammleten Briefe (von *Albr. Chp. Kayser*, 1756—1811). Mit Titelvignetten (von J. W. Meil). Leipzig, in der Weygandschen Buchhandlung (1780). Kl. 8°. (15 Mk., fleckig, Bernh. Liebisch, 1911:)
Enth. u. a. einen Beitrag z. Goethebibliographie, sowie ein 10 Seiten langes Urteil über Clavigo.
S. 172—198: Wilhelminens Schicksal (freie Erzählung).
Anon.-Lex. IV. p. 90 nennt d. Jahrzahl (nach Adelung, Kayser, Meusel).

Kayser, Alfred: Ueber Hämatocelen der Tunica vaginalis propria des Hodens. Berlin (1882). (31 S.) 8°
Berlin, Med. Diss. v. 8. Juli 1882.

Kayser, Arminius Rudolphus: De rhachitide. Halis (1866): Heynemann. 30 S. 8°
Halle-Wittenberg, Med. Diss. v. 17. Apr. 1866
Geb. Zeitz 18. 2. 1843. V.

Kayser, Aug., das vorexilische Buch der Urgeschichte Israels und seine Erweiterungen. Ein Beitrag zur Pentateuch-Kritik. gr. 8. (VI, 198 S.) Strassburg 874, Schmidt.

Kayser, August, Referendar: Das Sammelvermögen. Münster i. W. 1909: Althoff. 71 S. 8°
Erlangen, Jur. Diss. v. 4. Okt. 1909, Ref. Siber
[Geb. 18. Mai 82 Süddinker; Wohnort: Charlottenburg; Staatsangeh.: Preußen; Vorbildung: Gymn. Meppen Reife O. 03; Studium: Münster 4, Heidelberg 1, Jena 1 S.; Rig. 16. Jan. 09.] [U 10. 713

Kayser, Aug., die Theologie des Alten Testaments, in ihrer geschichtl. Entwicklung dargestellt. Nach des Verf. Tode hrsg. mit einem Vorwort von Ed. Reuss. gr. 8. (XII, 264 S.) Strassburg 886, Schmidt's Universitäts-Buchh. *

Kayser's, Aug., Theologie d. Alten Testaments. 2. Aufl., auf Grund der v. Ed. Reuss besorgten 1. Ausg. neu bearb. v. Karl Marti. gr. 8. (X, 319 S.) Strassburg 894. F. Bull. n. 4. —

Kayser's, Aug., Theologie d. Alten Testaments, 3. Aufl., s.: Marti, Karl, Geschichte d. israelit. Religion.

Kayser, Aug., Theologie des Alten Testaments, 4. Aufl., s.: Marti, Karl, Geschichte der israelit. Religion.

Kayser's, Aug., Theologie des Alten Testaments, 5. Aufl., s.: Marti, Karl, Geschichte der israelitischen Religion.

Kayser, *Bernhard* [Cand. med. aus Bremen]: Aus d. Klinik d. Hrn Geheimr. Gerhardt. Ueber die Beziehungen von Fett und Kohlenhydraten zum Eiweissumsatz des Menschen ... Berlin, gedr. bei L. Schumacher, 1893; 35 S., 2 Bl. 8.
Berlin, Med. Fak., Inaug.-Diss. v. 2. Mai 1893

Kayser, Bruno v., die Gewerbsmäßigkeit im Glücksspiel. Eine Rechtsstudie zu § 284 Reichsstrafgesetzbuchs. gr. 8. (IV, 44 S.) Berlin 900. R. Hoffmann. n. 1. —

[F.] **von Kayser**, Bruno [Kammergerichtsref. aus Wannsee]: Jagd und Jagdrecht in Rom ... Göttingen, Druck d. Univ.-Buchdr. v. W. F. Kästner, 1894; 44 S. 8.
Göttingen, Jur. Fak., Inaug.-Diss. v. [7. Jan.] 1895

— unterm südlichen Kreuz. Zu Wasser u. zu Lande von Rio de Janeiro bis Feuerland. 1899—1900. Reiseskizzen. gr. 8. (V, 74 S. m. 1 Karte.) Braunschweig 902. G. Westermann. n. 1. 50

Kayser, C., die Canones Jacob's von Edessa, übers. und erläut., zum Theil auch zuerst im Grundtext veröffentlicht. gr. 8. (III, 185, 31 S.) Leipzig 886, Hinrichs'sche Buchh. *

Kayser, C., zur Patentfrage, s. Patentfrage, die.

Kayser, C., Tabellen üb. Reichs- u preußische Stempel- resp. Erbschaftssteuer, s.: Berkhoff, J.

Kayser, C. C. R., Ansichten der Reformation in ihrem Zusammenhange mit der christlichen Kultur und der Feyer ihres 3ten Jubiläums. gr. 8. Ansbach, Gassert. 817.

— die Feyer des 30. Julius im Jahre 1817. gr. 8. Ebend. 817.

— charakterist. Ideen aus den jetzigen Reformationsvorschlägen in der protestant. Kirche mit besonderer Rücksicht auf die Pflaumischen Versuche rc. 8. Ebend. 817.

— de sacerdotio christianis nostrae familiae doctoribus recte, an perperam vindicato, recitatio in synodo Onoldina habita Nonis Septembribus MDCCCXV. 8maj. Solisbaci, Seidel. 821.

Kayser, C. H. A., Handbuch d. Mechanik, mit Bezug auf ihre Anwend. u. mit besond. Rücksicht auf ihre Darstell. ohne Anwend. d. höhern Analysis bearb. gr. 8. (65 B. u. 13 Stnt.) Carlsruhe 840, 42, Braun'sche Hofbuchh. *

Kayser, C. H. A., Handbuch d. Mechanik, m. Bezug auf ihre Anwendung u. m. besond. Rücksicht auf ihre Darstellung ohne Anwendung der höheren Analysis bearbeitet. gr. 8. (65¼ B. u. 13 Stnt.) Karlsruhe 844, Braun'sche Hofbuchh. *

—— Handbuch d. Statik, mit Bezug auf ihre Anwend. u. mit besond. Rücksicht auf ihre Darstell. ohne Anwend. d. höhern Analysis bearb. gr. 8. (53½ B. u. 11 Stnt.) Carlsruhe 836, Braun'sche Hofbuchh.

Kayser, Carl, s. Kayser, Karl.

Kayser, Charles: Das Schönschreibe-System in zehn Schreibheften zum Gebrauch in Elementarschulen.
Luxemburg. Pet. Brück 1868.

Kayser, Charles: Theorie der deutschen und französischen Schriftzüge. Eine methodische Anleitung zum Schönschreibunterrichte, zunächst für Elementarlehrer bearbeitet.
Luxemburg: J. P. Müller 1862. – 26 S. 4°

Kayser, Charles: Vorlegeblätter zum Schönschreiben. Erste und zweite Sammlung. Luxemburg o. J.

Kayser, Chr. Gbrd., († d. 2. Juni 1778.), s. 1) Theodor, oder d. Kunst zu predigen. 2) Dr. Watt, kl. katechet. Schriften. 3) Ed. Young, d. Nacht.

SPIEGEL, Andreas (d. i. *Christian Gottlob Kayser*, privatisirender Buchhändler in Leipzig), Neuester Anekdoten-Schmaus, allopathisch u. homöopathisch zugerichtet; gespickt mit Witzeleien u. Impromptus, u. in 369 Schüsseln aufgetischt. Als Zugabe ein Ragout aus aufgefundenen Intelligenzblättern, merkwürdigen Todesanzeigen, Mitteln das menschliche Leben weit über 100 Jahre zu bringen, die Kunst, sich von Gicht, Podagra u. Hypochondrie gründlich zu heilen. Zum Dessert: Bitte einer jungen Frau am Tage nach ihrer Hochzeit, u. Bitte einer Jungfrau um einen Mann. Altes u. Neues. Zusammengetragen und zu meinem eigenen Besten hrsg. von —. Leipzig, Kayser, 1830. 16°. 10 Bogen.
Wagenseil, Unterhaltungsbuch etc. Bd. II. Nrnb. 1837. 8°. p. 210 (ohne Quellen-Ang.); A. G. Schmidt, Gallerie etc.

— — Bildet auch: Leipziger Spaßvögel, 4.—12. Ausflug.

Kayser, Christian Gottlob, s. Bouquets.

Kayser, (Chr. Gottlob,) deutsche Bücherkunde od. alphabet. Verzeichniß der v. 1750 bis Ende 1823 erschienenen Bücher, welche in Deutschland u. in den durch Sprache u. Literatur damit verwandten Ländern, gedruckt worden sind. Nebst Angabe der Druckorte, der Verleger u. Preise. Mit einer Vorr. üb. d. Geschichte d. literar. Waarenkunde v. F. A. Ebert. 2 Thle. Mit Anhang. gr. 8. Leipz. 826, Gleditsch. 9 Rthlr. 8 gr. Schreibp.

— d. Anhang apart, od. alphabet. Verzeichniß d. Romane u. Schauspiele, welche v. 1750 bis Ende 1823 in Deutschland erschienen sind. gr. 4. Eb. 827. 1 Rthlr. 8 gr. Velinp.

Kayser, Christn. Gtlo., allgem. Bücher-Lexikon, s. Heinsius, Wilh., allgem. Bücher-Lex.

— allgem. Bücherlexicon od. alphabet. Verzeichniß aller v. 1700 bis 1821 erschienenen Bücher, welche in Deutschland rc. gedruckt worden sind. Nebst Angabe d. Druckorte, Verleger u. Preise. 6r od. 2r Suppl. Bd. zu Heinsius Bücher-Lex. die Jahre 1816 bis 1821 enth. gr. 4. Leipz. 822, Gleditsch. 5 Rthlr. 8 gr. Schreibp. Rthlr.

—— Index locupletissimus librorum, qui inde ab anno MDCCL usque ad annum MDCCCXXXII in Germania et in terris confinibus prodierunt. — Vollständ. Bücher-Lexicon, enthalt. alle v. 1750 bis z. Ende d. Jahres 1832 in Deutschland u. in d. angrenzenden Ländern, gedruckten Bücher. In alphabet. Folge, mit e. vollständ. Uebersicht aller Autoren, der anonymen sowohl als der pseudonymen, u. e. genauen Angabe der Kupfer und Karten, der Auflagen u. Ausgaben, der Formate, der Druckorte, der Jahrzahlen, der Verleger u. der Preise. 6 Thle. Schmal gr. 4. Leipzig, Schumann. [1. (64½ B.), 2. (59 B.) 834., 3. (77½ B.) 835., 4. (72¾ B.) 834., 5. (61¼ B.) 835., 6. (80¾ B.) 836.]
26 Thlr. 16 Gr., Schrbp. 33 Thlr. 8 Gr., Vlnp.
Daraus apart:
Romane. (19¾ B.) 836. 1 Thlr. 8 Gr.
Schauspiele. (15 B.) 836. 1 Thlr. 8 Gr.

Kayser, Chr. Glo., Index locupletissimus librorum qui inde ab a. MDCCL usque ad annum MDCCCXXXII in Germania et in terris confinibus prodierunt. — Vollständ. Bücher-Lexicon, enthaltend alle von 1750 bis zu Ende des Jahres 1832 in Deutschland u. in den angrenzenden Ländern gedruckten Bücher. In alphabet. Folge, mit e. vollständ. Uebersicht aller Autoren, der anonymen sowohl als der pseudonymen, u. einer genauen Angabe der Kupfer u. Karten, der Formate, der Druckorte, der Jahrzahlen, der Verleger u. Preise. 6 Thle. (Mit 2 Anhängen: Romane u. Schauspiele, u. einer Nachlese: Nachträge, Berichtigungen rc. enthalt.) kl. Fol. Leipzig 834—36. L. Schumann. n. 26⅔ ß, Schrbp. 33⅓ ß, Velp. n. 40 ß

Kayser, Chrstn. Gtlo., Index locupletissimus librorum etc. — Vollständ. Bücher-Lexikon, enth. alle von 1750 bis zu Ende d. Jahres 1832 in Deutschland u. in den angrenz. Ländern gedruckten Bücher. — Sachregister (z. 1—6. Thle.) 2 Hälften. Schmal gr. 4. (65 B.) Leipzig 837, 38, L. Schumann. * 4⅓ Thlr., Schrbp. *

Dessen, Bücher-Lex. 6 Thle. Ebendas. 1834—36. * 26 Thlr. 16 Gr., Schrbp. * 33 Thlr. 8 Gr., Velp. * 40 Thlr.

Kayser, Chr. Glo., Novus Index locupletissimus librorum qui inde ab anno MDCCCXXXIII usque ad annum MDCCCXL in Germania et in Terris confinibus prodierunt. Neues vollständiges Bücherlexikon. 1. Supplement, (des Ganzen 7. 8. Bd.) enthaltend die Erscheinungen der Jahre 1833 bis incl. 1840, so wie Berichtigungen der ersten Bände. gr. 4. Leipzig 841, 42, Schumann. T. O. Weigel. n. 10 ß

Kayser, Chrn. Glob., Index locupletissimus librorum qui inde ab a. MDCCL usque ad annum MDCCCXLVI in Germania et in terris confinibus prodierunt. Vollständiges Bücher-Lexicon enth. alle von 1750 bis zu Ende des Jahres 1846 in Deutschland u. in den angrenzenden Ländern gedruckten Bücher. IX u. X. Thl. Die Erscheinungen von 1841 bis Ende 1846, sowie Nachträge u. Berichtigungen früher erschienener Werke enthaltend. — A. u. d. T.: Novus index locupletissimus librorum qui inde ab anno MDCCCXLI usque ad annum MDCCCXLVI in Germania etc. prodierunt. — Neues Bücherlexikon enth. alle von 1841 bis Ende 1846 gedruckten Bücher rc. nebst Nachträgen rc. 3 u. 4. Thl. In 8 Lfgn. gr. 4. (IX. Bd. VIII u. 543 S. X. Bd. 2 Tit. u. 571 S.) Leipzig 848, T. O. Weigel. (1—6. Lfg. à n. 1 ß 6 ngr Schrbp. à n. 1⅓ ß Velinp. à n. 1 ß 26 ngr 7 u. 8. Lfg. n. 3 ß Schrbp. n. 3⅓ ß Velinp. n. 4⅔ ß) IX u. X. Thl. n. 10 ß 18 ngr Schrbpap. n. 11 ß 24 ngr Velinpap. n. 16 ß 12 ngr

Kayser, Chrn. Glo., Index locupletissimus librorum qui inde ab anno MDCCL usque ad annum MDCCCLII in Germania et in terris confinibus prodierunt. — Vollständiges Bücher-Lexicon enthltd. alle von 1750 bis Ende des Jahres 1852 in Deutschland und in den angrenzenden Ländern gedruckten Bücher. 11. u. 12. Thl. Die Erscheinungen von 1847 bis Ende 1852, sowie Nachträge und Berichtigungen früher erschienener Werke enthaltend. Bearbeitet von E. A. Zuchold. A. u. d. T.: Novus index locupletissimus librorum qui inde ab anno MDCCCXLVII ad annum MDCCCLII in Germania et in terris confinibus prodierunt. — Neues Bücher-Lexicon, enthltd. alle von 1847 bis Ende 1852 gedruckten Bücher rc., nebst Nachträgen u. Berichtigungen früherer Erscheinungen. Bearb. u. herausg. von E. A. Zuchold. 5. 6. Thl. Leipzig 853, 54. T. O. Weigel. 4. (2 Bl., 595; 600 S.) n. 11 ß 10; Schreibp. n. 12 ß 20 ngr

Kayser, Chrn. Glob., Index locupletissimus librorum qui inde ab anno MDCCL usque ad annum MDCCCLVIII in Germania et in terris confinibus prodierunt. — Vollständiges Bücher-Lexicon enthaltend alle von 1750 bis zu Ende des Jahres 1858 in Deutschland u. in den angrenzenden Ländern gedruckten Bücher. 13. u. 14. Thl., die von 1853 bis Ende 1858 erschienenen Werke, so wie Nachträge u. Berichtigungen enthaltend. Bearb. von Gust. Wilh. Wuttig. A. u. d. T.: Novus index locupletissimus librorum qui inde ab a. MDCCCLIII usque ad a. MDCCCLVIII in Germania et in terris confinibus prodierunt. — Neues Bücher-Lexikon enthaltend alle von 1853 bis Ende 1858 gedruckte Bücher rc., nebst Nachträgen u. Berichtigungen zu den vorhergehenden Bänden dieses Bücher-Lexikons. 7. u. 8. Thl. Bearb. u. herausg. von Gust. Wilh. Wuttig. Leipzig 860. T. O. Weigel. gr. 4. (2 Bl., 575 S.; 3 Bl., 588 S.) n. 11 ß 10 ngr

Kayser, Chrn. Glob., Index locupletissimus librorum qui inde ab anno MDCCL usque ad annum MDCCCLXIV in Germania et in terris confinibus prodierunt. — Vollständiges Bücher-Lexicon, enthltd. alle von 1750 bis Ende des J. 1864 in Deutschland u. in den angrenzenden Ländern gedruckte Bücher. XV. u. XVI. Bd. oder IX. u. X. Suppl.-Bd., die von 1859 bis Ende 1864 erschienenen Werke, sowie Nachträge u. Berichtigungen zu den früheren Theilen enthltd. Bearb. von Gust. Wilh. Wuttig. Leipzig 866. T. O. Weigel. gr. 4. [XV. Bd. (567 S.) n. 5 ß 18 ngr; XVI. Bd. (592 S.) n. 5 ß 22 ngr] n. 11 ß 10 ngr

Kayser's, Christ. Glob., vollständiges Bücher-Lexikon enth. die von 1750 bis Ende des J. 1870 in Deutschland und in den angrenzenden Ländern gedruckten Bücher. 17. und 18. Thl. oder 11. und 12. Suppl., die von 1865 bis Ende 1870 erschienenen Werke, sowie Nachträge und Berichtigungen zu den früheren Theilen enth. Bearb. von Gust. Wilh. Wuttig. 17. Thl. 1. Lfg. hoch 4. (S. 1—296.) Leipzig 871, Weigel. *

—— dass. — Bearb. von Rich. Haupt. 17. Thl. 2. Lfg. hoch 4. (S. 297—644.) Ebendas. 871. *

—— dass. — Bearb. von Rich. Haupt. 18. Thl. 3 Lfgn. hoch 4. (703 S.) Ebendas. 872.73. *

Kayser's, Chrn. Glob., Index locupletissimus librorum, qui inde ab anno 1750 usque ad annum 1876 in Germania et in terris confinibus prodierunt. — Vollständiges Bücher-Lexicon, enth. die von 1750 bis Ende des J. 1876 in Deutschland und in den angrenz. Ländern gedruckten Bücher. 19. und 20. Thl. oder 13. und 14. Suppl., die von 1871 bis Ende 1876 erschienenen Werke, sowie Nachträge und Berichtigungen zu den früheren Theilen enth. Bearb. von Rich. Haupt. 19. Thl. hoch 4. (767 S.) Leipzig 877. T. O. Weigel. *
Ausg. auf Schreibpap. *

—— dass. — 20. Thl. 2 Lfgn. hoch 4. Ebendas. [1. Lfg. (S. 1—400.) 877; 2. Lfg. (S. 401—792.) 878.
à Lfg. * ℳ 15.
Ausg. auf Schreibpap. à Lfg. * ℳ 18.

Kayser's, Chrn. Glob., Index locupletissimus librorum, qui inde ab anno 1750 usque ad annum 1882 in Germania et in terris confinibus prodierunt. — Vollständiges Bücher-Lexicon, enthaltend alle von 1750 bis zu Ende des J. 1882 in Deutschland und den angrenzenden Ländern gedruckten Bücher. 21. und 22. Thl. oder 15. und 16. Suppl., die von 1877 bis Ende 1882 erschienenen Werke, sowie Nachträge und Berichtigungen zu den früheren Theilen enthaltend. Bearb. von Rich. Haupt. 21. und 22. Thl. à 4 Lfgn. hoch 4 (893; 954 S.) Leipzig 883. T. O. Weigel.
à Lfg. * ℳ 9,35.; compl. *
Ausg. auf Schreibpap. à Lfg. * ℳ 11.; compl. *

Kayser's, Chr. Glob., vollständiges Bücher-Lexikon, enthaltend die von 1750 bis Ende des J. 1886 im deutschen Buchhandel erschienenen Bücher. Der ganzen Reihe 23. und 24. Bd. oder 9. Suppl.-Bd., in 2 Hälften à 4 Lfgn. Enthaltend die vom J. 1883 bis Ende des J. 1886 erschienenen Werke, sowie Nachträge und Berichtigungen zu den früheren Theilen. Bearb. von Rich. Haupt. hoch 4. (654; 701 S.) Leipzig 887, T. O. Weigel Nachf.
1.—7. Lfg. à * ℳ 6.—; 8. Lfg. * ℳ 8.—. *

Kayser's, Chr. Glob., vollständiges Bücher-Lexikon, enth. die vom J. 1750 bis Ende d. J. 1890 im deutschen Buchhandel erschienenen Bücher u. Landkarten. Der ganzen Reihe 25. u. 26. Bd. od. 10. Suppl.-Bd., 1. u. 2. Hälfte. 1887—1890. Mit Nachträgen u. Berichtiggn. zu den früheren Bdn. Bearb. v. Osk. Wetzel. hoch 4. (792 u. 867 S.) Leipzig 891, Chr. Herm. Tauchnitz, früher T. O. Weigel Nachf. n. 66.—;
in Halbfrz. geb. n. 74.—

Kayser's, Chrn. Glob., vollst. Bücher-Lexicon, enth. d. v. J. 1750 b. Ende d. J. 1894 im deutschen Buchhandel erschien. Bücher. D. ganzen Reihe 27. u. 28. Bd., od. 11. Suppl.-Bd., 1. u. 2. Hälfte. 1891—1894. M. e. Anh.: Karten u. Pläne, sow. Nachträge u. Berichtiggn. zu d. früh. Bdn. Bearb. v. Osk. Wetzel. hoch 4. (993 u. 1066 S.) Leipzig 895—896. Chr. H. Tauchnitz. n. 78.—; in Halbfrz. geb. n. 84.—
Erschien auch in 8 Lfgn.

— dasselbe. Sach- u. Schlagwortregister z. 27. u. 28. Bde. 1891—1894, bearb. v. Alb. Dressel u. Aug. Hilbert. hoch 4. (369 S.) Ebd. 896. n. 20.—; in Halbfrz. geb. n. 22.—

Kayser's, Chrn., Glob., vollständiges Bücher-Lexikon, enth. die vom J. 1750 bis Ende des J. 1898 im deutschen Buchhandel erschienenen Bücher u. Landkarten. 29. u. 30. Bd., oder des 12. Suppl.-Bds. 1. u. 2. Hälfte. 1895—1898. Mit Nachträgen u. Berichtiggn. zu den früheren Bdn. Bearb. v. H. Dullo u. H. Conrad. hoch 4. (1058 u. 1162 S.) Leipzig 899. 900. Ch. H. Tauchnitz. n. 83. 20; geb. n. 89. 20
Erschien auch in 10 Lfgn.

— dasselbe. Sach- u. Schlagwortregister zum 29. u. 30. Bde. 1895—1898, bearb. v. Rich. Schmidt u. Alfr. Dultz. hoch 4. (IV, 405 S.) Ebd. 900. n. 22. 50; geb. in Halbfrz. n. 24. 50

Christian Gottlob Kayser's Vollständiges Bücher-Lexikon, enthaltend die vom Jahre 1750 bis Ende des Jahres 1902 im deutschen Buchhandel erschienenen Bücher und Landkarten. Band 31 u. 32 oder des XIII. Supplementbandes 1. u. 2. Hälfte. 18991–902. Mit ...Nachträgen und Berichtigungen zu den früheren Bänden. Bearb. von Heinrich Conrad. 4. Leipzig, Tauchnitz, 1903 u. 1904. [geb. zus. M. 91. 40]
Band 31 ...: Mit Nachträgen.... A—K. II + 1156 S.
Band 32: Mit einem Anhange: Karten und Pläne, sowie Nachträgen.... L—Z. II + 1200 S.

Christian Gottlob Kayser's vollständiges Bücher-Lexikon. Sach- und Schlagwortregister zum 31. und 32. Bande 1899—1902, bearb. von Heinrich Conrad. IV + 424 S. 4. Leipzig, Tauchnitz, 1904. [M. 23. 70, geb. 25. 70]

Christian Gottlob Kayser's Vollständiges Bücher-Lexikon, enthaltend die vom Jahre 1750 bis Ende des Jahres 1906 im deutschen Buchhandel erschienenen Bücher und Landkarten. Band 33 u. 34 oder des XIV. Supplementbandes 1. u. 2. Hälfte. 1903—1906. Mit ... Nachträgen und Berichtigungen zu den früheren Bänden. Bearb. von Heinrich Conrad. 4. Leipzig, Chr. Herm. Tauchnitz, 1907 u. 1908.
Band 33.... Mit Nachträgen.... A—K. II + 1236 S. 1907. [geb. M. 49. 35]
Band 34.... Mit einem Anhange: Karten und Pläne, sowie Nachträgen.... L—Z. II + 1278 S. 1908 [geb. M. 51.—]

Christian Gottlob Kayser's vollständiges Bücher-Lexikon. Sach- und Schlagwortregister zum 33. und 34. Bande 1903—1906, bearb. von Heinrich Conrad. IV + 522 S. 4. Leipzig, Chr. Herm. Tauchnitz, 1908. [geb. M. 31. 60]

—— deutsche Liedertafel, s. Liedertafel.

KAYSER, Christ. Gottlob. — Deutsche Liedertafel. In Verbindung mit Mehreren hrsg. von —. 2 Thle. Leipzig 1828. Kayser und Schumann. 8⁰. I: IV u. 337 S. II: 365 S. (In Berlin, Magistratsbibl.)

(——) Leipziger Spaßvögel, s. Spaßvögel.

Kayser, Christian Gottlob: Leipziger Spaßvögel, 4.–12. Ausflug, s. Kayser: Neuester Anekdoten-Schmaus.

(——) Unser Vater 2c., s. Unser Vater.

Kayser, Christian Gottlob: Unser Vater, s.a. Vater.

Kayser, Conrad, s. Kayser, Konrad.

Kayser, Curt, s. Kayser, Kurt.

Kayser, E., Abhandlungen. I. Construction u. Theorie e. Marine-Distanzmessers. Mit 3 lith. Fig.-Taff. (in qu. gr. 4.) II. Untersuchung des Mondes hinsichts seiner ellipsoidischen Gestalt. [Aus den Schriften der naturforsch. Ges.] Danzig 869. (Anhuth.) hoch. 4. (39 S.) n. 20 ngr.

Kayser, E., Analyse der Beugungserscheinungen, welche durch einen Spalt entstehen, s. Schriften der naturforschenden Gesellschaft in Danzig.

Kayser, E., Beobachtungen der magnetischen Deklination in Danzig und Bemerkungen dazu. Danzig 1864.

Kayser, E., Beobachtungen über Refraction des Seehorizontes u. Leuchtthurmes von Hela angestellt auf dem Observatorium der naturforschenden Gesellschaft zu Danzig. Mit 2 (lith.) Taf. Lex.-8. (50 S.) (Danzig 878. Anhuth.) 2.—

Kayser, E., Ueber Bestimmung der Fehler des Spiegelsextanten und seine Erweiterung zum Messen aller Winkel. (Sep.-Abdr.) Danzig 1892.

Kayser, E., Construction und Theorie eines Marine-Distanzmessers. Mit 3 lithogr. Figurentafeln. (Separat-Abdr. aus den Schriften der Naturf. Ges. in Danzig. Neue Folge. Bd. II, Heft 2.) Danzig 1869.

Kayser, E., telegraphische Längenbestimmung zwischen Danzig und Königsberg, s. Schriften der naturforschenden Gesellschaft in Danzig.

Kayser, E., Das Niveau in neuer und erweiterter Anwendung für astronomische und geodätische Zwecke. Danzig 1873.

Kayser, E., Refractions-Tafeln f. Kreis-, Faden u. Positions-Micrometer, anwendbar in Polhöhen von 32⁰—90⁰. [Aus „Schriften der naturforsch. Ges. zu Danzig] Lex.-8. (73 S.) Danzig 871. (Anhuth.) n. 1. 60

Kayser, E., das Schiesspulver und die Schiessbaumwolle. Eine Parallele. gr. 8. (138 S.) Berlin 847, Förstner'sche Buchh.

Kayser, E., die evangelische Stadtmission, s. Zimmer's Handbibliothek der praktischen Theologie.

Kayser, E., Die ev. Stadtmission. M. e. Anl. über d. Berl. Stadtmission von A. Stöcker. »Zimmer's Handbibliothek.« (63 S.) Gotha 1890. F. A. Perthes.

— akustische Studien am Klavier. 1. Abth. Mit 1 (lith.) Taf. [Aus: „Schriften d. naturf. Ges. in Danzig.] Lex.-8. (17 S.) Ebend. 875. n. — 60

— Wolkenhöhenmessungen. [Aus: „Schriften d. naturforsch. Gesellsch. in Danzig".] gr. 8. (68 S. m. 5 Taf.) Danzig 895. (Leipzig, W. Engelmann.) n. 2.—

Kayser, E. G., die Jahrmärkte u. Kleinmessen was sie waren, u. was sie jetzt sind, so wie ihr Einfluß auf Handel u. Gewerbe u. auf die Sittlichkeit des Volks. gr. 8. (1 B.) Leonberg 843. (Stuttgart, Rommelsbacher.)

Kayser, Eberhard: Ueber die neutralen Kohlenwasserstoffe des Imprägnieröls. 1909. 70 S., 1 Taf. 8⁰
München, Dr.-Ing.-Diss. v. 4. 8. 1909

Kayser, Edmond, d. Hefe. Morphologie u. Physiologie. Prakt. Bedeutg. d. Hefereinzucht. Autor. deutsche Ausg. v. E. P. Meinecke. gr. 8. (VII, 105 S. m. Abb.) München 898. R. Oldenbourg. n. 3.—

Kayser, Eduard: Beiträge zur Kenntnis der Pyrazol-Carbonsäuren. *Jena 1898: G. Neuenhahn.* (29 S.) 8°
Jena, Phil. Diss. v. [3. März] 1898

Kayser, (Gust.) Ed., Beschreibung d. Mineraliensamml. d. Hrn. Medicinalrath Bergemann zu Berlin. 1. u. 2. Abthl. M. 3 Kpfrt. (gr. 4.) gr. 8. (32 B.) Berlin 834, (Nauck.)

—(Gustav) Eduard (Soldin/Neumark), De cyclo quodam legum duodecim, secundum quas crystalli generum feldspathi familiae singulariorum geminatim conjunctae inveniuntur. Diss. philos. Bln. (Nauck) 12. VII. 1834. 36 S. mit Biogr. (M.: E. J. Sorg) u. 1 Tfl. Abb. (Theod. Glaßbrenner gest.) (6.50) 17566
Oppon.: Friedrich August Quenstedt, Friedrich Vater, Heinrich Lhardy. — Gew.: C. S. Weiss, C. W. Bergemann.

Kayser, Eman., s.: Abhandlungen, paläontologische.

Abriß der Geologischen Verhältnisse Kurhessens. Von Dr. E[manuel] **Kayser**, Prof., Marburg. Mit 1 geol. Karte. Marburg: N. G. Elwert 1904. (26 S.) 8° [F.]
Aus: Hessler: Hessische Landes- u. Volkskunde. Bd 1. [03. 3000] 4

Die Fauna des Dalmanitensandsteins von Kleinlinden bei Giessen. M. 5 Lichtdr.-Taf. Von E[manuel] **Kayser**. *Marburg: N. G. Elwert 1896.* (42 S., 5 Taf. m. je 1 Erl.-Bl.) 8.
= Schriften d. Gesellschaft z. Beförderung d. ges. Naturwiss. zu Marburg. Bd 13. Abth. 1. [96. 7750]

Kayser, Eman., die Fauna der ältesten Devon-Ablagerungen des Harzes, s. Abhandlungen zur geologischen Specialkarte von Preussen und den Thüringischen Staaten.

Kayser, Eman. Die Fauna d. Hauptquarzits u. der Zorger Schiefer d. Unterharzes, s. Abhandlungen d. k. preuss. geolog. Landesanstalt.

Kayser, (Friedr. Heinr.) Eman. (geb. Königsberg i. Pr. 26. 3. 1845): Ueber die Contact-Metamorphose der körnigen Diabase im Harze. Berlin (1870). (31 S.) 8° * Vollst. ersch. in Zeitschrift d. Deutschen geolog. Gesellsch. Bd 22 1870.
Berlin, Phil. Diss. v. 31. Jan. 1870

Kayser, Eman., ueber die Contact-Metamorphose der körnigen Diabase im Harze. Inaugural-Dissertation. gr. 8. (31 S.) Berlin 870, (Calvary und Comp.) *

Kayser, Emanuel: Lehrbuch der Geologie. Für Studirende und zum Selbstunterricht bearbeitet. In zwei Theilen. Th. 1. Lehrbuch der allgemeinen Geologie. Mit 364 Textfiguren. 1893. Th. 2. Lehrbuch der stratigraphischen oder historischen Geologie (Formationskunde). Mit 70 Textfiguren und 73 Versteinerungstafeln. 1891. Stuttgart 1891 u 1893. 2 Bde. X. 488; VIII. 387 S. 8°.

— Lehrbuch der Geologie f. Studirende u. zum Selbstunterricht. 2 Thle. gr. 8. Stuttgart, F. Enke. n. 29. —
1. Allgemeine Geologie. (X, 488 S. m. 364 Textfig.) 893. n. 15. —
2. Lehrbuch der geologischen Formationskunde. (VIII, 386 S. m. 70 Textfig. u. 73 Versteinerungstaf.) 891. n. 14. —

— Lehrbuch der Geologie. (In 2 Tln.) 1. Tl.: Allgem. Geologie. 2. Aufl. (XII, 725 S. m. 488 Abb.) Lex.-8. Stuttgart 905. F. Enke. 18. 40; geb. in Leinw. 20. —
2. Tl. Ebd. 902. n. 16. —; geb. n. 17. 20.

Kayser, Eman., Lehrbuch der Geologie. (In 2 Tln.) 2. Tl. Geologische Formationskunde. Mit 134 Textfig. u. 85 Versteinerungstaf. 2. Aufl. gr. 8. (XII, 625 S.) Stuttgart 902. F. Enke. n. 16. —; geb. in Leinw. n. 17. 20

Kayser, Eman., Lehrbuch der Geologie. 2 Tle. Lex. 8. Stuttgart, F. Enke. 40.60; geb in Leinw. n 43. 40
1. Allgemeine Geologie. 3. Aufl. (XII, 825 S. m. 598 Fig.) 909. 22.—; geb. 23. 40
2. Geologische Formationskunde. 3. Aufl. Mit 150 Textfig. u. 90 Versteinerungstaf. (X, 741 S.) 906. 18.60; geb. n 20. —

Ueber eine Molluskenfauna vom Grey Hook auf Spitzbergen. Von E[manuel] **Kayser**. Mit 2 Taf. *Stockholm 1901: P. A. Norstedt & Söner.* (22 S.) 8°
= Handlingar, Svenska Vetenskaps-Akademiens. Bihang. Bd 27, Afd. 4, No 2. [03. 1113] 9

Kayser, Emanuel: Weinbau und Winzer im Rheingau. Ein Beitrag zu den Agrarverhältnissen des Rheingaues. Wiesbaden 1906: K. Schwab. (136 S., 1 Karte.) 8°
Heidelberg, Phil. Fak., Ref. Rathgen, Diss. v. 13. Sept. 1906
[Geb. 18. Sept. 82 Mailand; Wohnort: Wiesbaden; Staatsangeh.: Preußen; Vorbildung: Realgymn. Wiesbaden Reife O. 02; Studium: München 5, Heidelberg 2 S.; Rig. 22. Dez. 05.]

— Weinbau u. Winzer im Rheingau. Ein Beitrag zu d. Agrarverhältnissen des Rheingaues. (VIII, 135 S. m. 1 farb. Taf.) gr. 8. Wiesbaden 906. (H. Staadt.) 2. —

Kayser, Ernst, a. Göttingen: Über Derivate des p-Anisidins und des p-Diamidodiphenylmethans. Göttingen 1906: L. Hofer. (53 S.) 8°
Göttingen, Phil. Fak., Ref. Wallach, Diss. v. 17. März 1906
[Geb. 17. Febr. 81 Hildesheim; Wohnort: Göttingen; Staatsangeh.: Preußen; Vorbildung: Gymn. Göttingen; Reife O. 00; Studium: Göttingen 2, Heidelberg 1, Göttingen 6 S.; Rig. 31. Jan. 06.]

Kayser, Ernst Gbelf., ein Strauß vergilbter Blumen. Aus den Nachlaßpapieren d. zu Bautzen verstorbenen K. Gesammelt u. hrsg. v. Kayser. (64 S.) kl. 8. Pirna (909). C. Diller & Sohn. 1. —

Kayser, Erwin Ableitung einiger Reihen zum Gebrauch für den Unterricht in der Prima eines Gymnasiums. 24 S. u. 1 Taf. G. *Erfurt* 1881.
Progr.

Kayser, *Erwin* [stellv. Dir. Prof. Dr.]: *Der Abschied des Direktors Gottlieb Leuchtenberger.* Erfurt, Druck v. F. Bartholomäus, 1892; 17—18 S. 4.
Erfurt, K. G, OP 1892 (231)

Kayser, Erwin: Ein Beitrag zur Funktions-Rechnung. 15 S. – Progr. Erfurt 1858.

Kayser: E in Beitrag zur Trigonometrie. 21 S.– Erfurt, Progr. 1863.

Kayser, Erwin: Einige Eigenschaften der Parabel. 8 (6 S., 1 Taf.).
Festschrift z. Einweihung des neuen Gebäudes Kgl. G. *Erfurt* 1896.
Nicht im Tauschverkehr
Progr.

Kayser, Erwin, üb. Nitrosulfophenole u. Abkömmlinge. gr. 8. (36 S.) Pirna 883. (Göttingen, Vandenhoeck & Ruprecht.) n. — 80

Kayser, Eugen., Hermeneuticae sacrae canones praecipui. Konstanz, 1784, 8°.

Kayser, Eugen., Oblatio munda sive sacrificium missae a propheta praedictum. Konstanz, 1775, 4°.

Kayser, F.

—— das Leben des englischen Staatsmannes und Sklavenfreundes William Wilberforce, s. Lebensbilder aus der Geschichte der inneren Mission.

Kayser, F., David Nasmith, s.: Lebensbilder aus der Geschichte der inneren Mission.

Zur Prostitutionsfrage. Vier Briefe an die Athener an der Limmat .... (von *Ferd. Kayser*). Zürich 1880.
Anon.-Lex. V. p. 350 (nach dem bibliogr. Bulletin d. Schweiz. Bern 1901 ff.).

Kayser, Fd. Wlh., s. Aul. Fl. Persius, 6 Satyren.

Kayser, Fr., s. Kaysser.

Kayser, Frz., die Ausbeutung d. Arbeiterstandes durch die Juden. 12. (58 S.) Münster 894. A. Russell. — 15

Kayser, Frz., die Ausbeutung d. Bauernstandes durch die Juden. 12. (51 S.) Münster 894. A. Russell. — 1[illegible]

— die Ausbeutung d. Handwerkerstandes durch die Juden. 12. (59 S.) Ebd. 894. — 1[illegible]

— die Ausbeutung d. Kaufmannstandes durch die Juden. 12. (56 S.) Ebd. 894. — 1[illegible]

Kayser, Frz., d. Ausbeutung d. christl. Konfessionen u. polit. Parteien durch d. Juden. 8. (41 S.) Münster 895. A. Russell. — 75

Kayser, Franz Christian Theophil (Regensburg), De testamenti factione ex jure Ratisbonensi. Diss. jur. Präs. D. Christian Heinr. Breuning. Lpz. (Wwe. Langenheim) 3. X. 1766. 47 S. (7.50) 17565
Ab S. 12 dtsch. Urkundenanhang.

Kayser, Frdr., Ägypten einst u. jetzt. Mit 85 in den Text gedr. Holzschn., 15 Vollbildern, 1 (chromolith.) Karte u. e. Titelbild in Farbendr. gr. 8. (XII, 237 S.) Freiburg i/Br. 884. Herder. n. 5.—; geb. n. 7.—

Kayser, Friedr. Ägypten einst u. jetzt. 2. erweit. u. völlig durchgearb. Aufl. gr. 8. (XII, 301 S. m. 118 Textillustr., 1 farb. Titelbild, 17 Tonbildern u. 1 Karte.) Freib. i. Br. 889, Herder. * 5 — geb. * 7 —

Kayser, Friedrich. u. Ernst M[aximilian] *Roloff:* Ägypten einst und jetzt. 3. völlig neu bearb. Aufl. Mit Titelbild in Farbendr., 189 Abb. u. 1 Kte. Freiburg i. Br. 1908. 8° *[1. Aufl. 1884.]*
(Ill. Bibliothek d. Länder- u. Völkerkunde.)

Kayser, Frdr., u. Ernst M. Roloff, Ägypten einst u. jetzt, s. Bibliothek, illustrierte, der Länder- u. Völkerkunde.

Kayser, Frdr., der vielverläumdete Papst Alexander VI. Eine quellenmäßige Untersuchung. gr. 8. (22 S.) Regensburg 878. Manz. — 60

Kayser, Friedrich: Ueber das gleichzeitige Auftreten von acutem Gelenkrheumatismus und Abdominaltyphus. Greifswald 1909: Adler. 28 S. 8°
Greifswald, Med. Diss. v. 23. Okt. 1909, Ref. Strübing
[Geb. 30. Juni 81 Höxter; Wohnort: Greifswald; Staatsangeh.: Preußen; Vorbildung: Gymn. Greifswald Reife M. 02; Studium: Greifswald 3, Freiburg i. B. 1, Greifswald 7 S.; Coll. 15. Juli 08; Approb. 15. Okt. 09.] [U 10. 1576

Kayser, Frid., de Crantore Academico. Dissert. 8maj. (4½ B.) Heidelbergae 841, J. C. B. Mohr.

Kayser, F., De Crantore Academico. Diss. 1841. VI, 64 S.

—— Fest- und Gelegenheits-Reden für das Militair. gr. 8. (30 S.) Würzburg 868, Stahel'sche Buchh.

KAYSER, Friedrich (Trier): Ueber Kropftod.- Düsseldorf: Schaab 1895. 22 S.
28.2.1895 - Chr 1894/95,21; Jv 1894/95,203
Diss. Ingolst.-Landsh.-Mchn.

—— über das Leben und die Schriften des heiligen Nicetius, Erzbischofs von Trier. gr. 8. (24 S.) Trier 872, Lintz'sche Buchh. *

—— eine Nilfahrt, s. Vereinsschrift der Görres-Gesellschaft.

Kayser, Friedrich (Hrsg.), s. Reformationsalmanach auf das Jahr 1819.

Kayser, Friedr., über die Schriften des heiligen Aloysius von Gonzaga. gr. 8. (26 S.) Nürnberg 873, Recknagel. *

Kayser, Friedrich, Rechtspraktikant in Regensburg: Staatsamt und Staatsdienst nach dem bürgerlichen Gesetzbuch. *Regensburg 1899: M. Wasner.* (66 S.) 8°
Erlangen, Jur. Diss. v. 14. Juni 1898

Kayser, Fritz *Franz Otto* [aus Waltershausen '(S.-C.-Gotha)']: Ueber recidivirende Oculomotoriuslähmung. '(Migraine ophthalmoplégique.)' ... Berlin. Buchdr. v. G. Schade, *1892;* 29 S., 1 Bl. 8.
Berlin Med. Fak., Inaug.-Diss. v. 16. März 1892

Kayser, Fritz, appr. Tierarzt a. Buch am Ahorn: Aus dem pharmakol. Institut d. Universität Gießen. Über Resorption des Jodoformöls. Gießen 1906: v. Münchow. (24 S.) 8°
Gießen, Med. Fak., Ref. Geppert, Diss. v. 6. Aug. 1906
[Geb. 19. Mai 81 Bischofsheim; Wohnort: Buch am Ahorn; Staatsangeh.: Baden; Vorbildung: Karlsgymn. Stuttgart Reife Juli 01; Studium: Gießen 8 S.; Rig. 28. Juli 06.]

Kayser, Georg [aus Kaiserswaldau]: Beiträge zur Kenntniss der Entwickelungsgeschichte der Samen m. bes. Berücks. d. histogenet. Aufbaues d. Samenschalen ... (Aus: Pringsheim's Jahrb. f. wiss. Bot., Bd. XXV Heft 1.) Berlin. Gebr. Borntraeger, 1893; 74 S., 4 Taf. 8.
Rostock. Phil. Fak., Inaug.-Diss. v. [1. Mai] 1893

Kayser, Geo. Hnr., († d. 29. Jan. 1819.) Heinrich Allwill zu seinen Kindern über die Erde, d. Menschen u. die Geschichte. Ein Festgeschenk f. Kinder edler Eltern. Mit 1 ill. Karte u. 10 ill. Abbildd. 8. Augsb. 827. Bäumer. 1 ß schwarz 20 K

Kayser. Georg Heinrich, s. Annalen d. Literatur u. Kunst in den Kurpfälzbaier. Staaten.

– s. Annalen d. österr. u. baier. Literatur.

— Augsburg in seiner ehemal. u. gegenwärt. Lage. gr. 8. Augsb. 818. Kranzfelder. 8 K

— üb. die wissenschaftl. Bildung z. Rechtsgelehrten. 8. Regensb. 803. Kunst-Buchhandl. 5 K

– s. Blumen, Historische.

— Elementargeographie v. Baiern. 8. Münch. 809. Lentner. 6 K

Kayser, G. H., Frankreich vor u. nach dem Pariser Frieden vom 30. März 1814. 8. Erlang. Palm. 815.

— Frankreich vor u. nach dem Pariser Frieden vom 30. Mai 1814. I) Geschichte seines Anwachses, seiner innern Verfassung u. auswärt. Verhältnisse. II) Statistisch-polit. Andeutungen. 8. Erlang. 815. Palm. 20 K

— der Genius v. Baiern, s. G. v. Aretin.

— die Geographie der Alten mit der der neuern Zeit in Vergleichung gebracht. Als Vorbereitungsbuch für Schulen zur allgemeinen Weltgeschichte. 8. Augsburg, Rieger. 816.

— die allgemeine Geschichte in kurzem u. faßl. Umrisse, f. Schulen. 8. Augsb. 814. Rieger. 8 K

– s. Geschichte u. Geographie d. russ. Reichs.

— die Geschichte d. Menschheit ausführlich dargestellt. 2 Bde. m. Kpf. u. Charte. 8. Ebend. 815.

— die Geschichten d. deutschen Volks im kurzen Grundrisse gezeichnet, ein Taschenbuch für Gebildete auf 1819, mit dem Bildnisse Carls V. 8. München, Fleischmann. 819.

— Geschichtstafeln zum Gebrauche d. Gymnasialanstalt. 1s u. 2s Hft. 2te Aufl. Fol. Münch. Fleischmann. 813 u. 814.

— Handbuch d. Statistik d. Königreichs Baiern. 1r Bd. gr. 8. Erlang. 814. Palm. 2 Rthl.

— Lehrbuch d. Länder- u. Staatenkunde auf e. einfachere Methode gebaut. 1. 1. 8. München 810. Fleischmann. 12 gr.

— s. Leipzig, Über.

— geschichtliche Mannigfaltigkeiten. Ein unterhaltendes Lesebuch für alle Freunde der Geschichte. 8. Ebendas. 820.

— üb. den Nachdruck, an d. Regierung Baierns. 8. Regensb. 804. Keyser. 3 gr.

— Schicksale der evangel. Lehre in Augsburg von ihrer Ausbreit. bis zu ihrer Begründung ꝛc. 8. Augsb. ... Bäumer. 2 gr.

Kayser, G. H., die Schönheiten Augsburgs u. deren Umgebungen in 49 bildlichen Vorstellungen u. Beschreibungen. 4. Augsburg, v. Jenisch u. St. 819.

— die Schönheiten Augsburgs u. deren Umgebungen in 50 bildl. Vorstellungen u. Beschreibungen. 4. Augsb. 819. v. Jenisch u. Stage. 3 Rthl. 16 gr.

— Europas Staaten in ihrem Ursprunge u. ihrem Entwickelungsfortgange bis 1816, geschichtlich dargestellt in 30 Tabellen und durch viele Karten erläutert. Querfol. Augsburg, Bäumer.

— Scenen aus der Geschichte der Deutschen u. Betrachtungen üb. den Entwickelungsgang d. Germanen. Mit 1 Kpf. 8. Augsb. 819. v. Jenisch u. St. 1 Rthl. 16 gr.

— Umriß d. Geographie u. Statistik von Baiern. Zum Gebrauch in d. Lehranstalten dieses Königreichs. 8. Erlang. 811. Palm. 16 gr. Zusätze hierzu. 8. Ebd. 812. 1 gr.

— Umriß der Menschengeschichte auf 3 Tafeln, zum Gebrauch für höhere Bürgerschulen oder niedere Gymnas. Classen. gr. Fol. München, Fleischmann. 816.

Kayser, G. H., Geographische Unterhaltungen. 9 Bde. Mit Kupf. 8. Augsburg. Bäumer. 814 — 819. Rthlr.)

Einzeln unter folgenden Titeln:

1r Bd. in 3 Abtheilungen enthält den Menschen.
2r — in 2 — — — die Erde.
3r — die Länder des Erdballs überhaupt mit einem Nachtrag Europa als Staatenbund ꝛc.
4r Bd. enthält Frankreich.
5r — — Großbrittanien.
6r — — Spanien und Portugal.
7r — — Italien.
8r — — die Niederlande.
9r — — die Lande der deutschen Sprache, die Slavischen und Nordischen Lande und die Türkey, als Schlußband der geogr. Unterhalt.

Kayser, geograph. Unterhaltungen. 3 Bde. m. K. u. Charte. 8. Augsb. Walch. 815.

— die Weihe zum höhern Leben der Wissenschaft und des Berufs, in Reden an deutsche Jünglinge bey dem Austritt aus der Gymnasiallaufbahn. 8. Ebend. 820.

Kayser, Geo. Hnr., d. Weltgeschichte für Alle, welche ihr Studium als Bildungsmittel zur edleren Menschheit betrachten. 10 Bde. Mit Kpf. u. Karten. 8. Nürnb. u. Augsb. 813—19. Bäumer. 20 Rthl.

— Weltgeschichte f. alle, welche ihr Studium als Bildungsmittel z. edlen Menschheit betrachten. 1r—3r Bd. mit K. u. Chart. 8. Augsb. Bürglen. (Nürnb. Riegel u. W. in Comm.) 813—15.

— die Weltgeschichte, für Alle, welche ihr Studium als Bildungsmittel zur edlern Menschheit betrachten. 4r — 10r Bd. Mit Kupfern und Charten. 8. Ebend. 816 — 819.
(alle 10 Bde. kosten 20 Rthlr.)

— wie feyern wir Luthern und die Reformation am Stiftungsfeste der letztern am würdigsten? 8. Augsburg, Bäumer. 817.

— Zeittafeln der denkwürdigsten geschichtlichen Ereignisse, mit gedrängten eingeschalteten Erläuterungen. Augsb. 819. 8. 1 rthl. 12 gr.

— Zeittafeln d. denkwürd. geschichtl. Ereignisse, mit Erläuterungen. gr. 8. Augsb. 819. v. Jenisch u. St. 1 Rthl. 12 gr.

Kayser, Gottfried, Referendar in Leipzig: Die Haftung des Grundstückszubehörs für die Hypothekengläubiger und die persönlichen Gläubiger des Grundstückseigentümers, die ihre Befriedigung aus dem Grundstück suchen, nach geltendem materiellen Recht. Borna-Leipzig 1907: R. Noske. (x, 66 S.) 8° [J.]
Leipzig, Jur. Fak., Diss. v. 2. Nov. 1907
[Geb. 29. April 80 Dresden; Wohnort: Leipzig; Staatsangeh.: Sachsen: Vorbildung: Gymn. Chemnitz Reife O. 99; Studium: Leipzig 2, Berlin 1, Leipzig 4 S.; Rig. 2. Juli 03.]

Kayser, Gottlieb Philipp Christian,
s.a. Kaiser, Gottlieb Philipp Christian.

Kayser, Gottlieb Philipp Christian

Kayser, G. P. C., Antrittspredigt zu Erlangen. gr. 8. Erlangen, Palmsche Verl. Handl. 817.

— Entwurf eines Systems d. Pastoraltheologie. 8. Erlangen, Palmsche Verlagsbuchh. 816.

— Entwurf eines Systems der geistlichen Rhetorik nach ihrem ganzen Umfange. gr. 8. Ebend. 817.

— Th. Ph. Chr., Fabulae ex P. Ovidii Nason. Metamorphoseon libri XV, in usum adolesc. etc. e recens. P. Burmann. 8. Hof, Grau. 810.

— Grundriß e. Systems d. neutestamentlichen Hermeneutik. gr. 8. Ebend. 817.

— Ideen zu ein. System d. allgem. reinen u. angewandten Kalliästhetik, nebst e. kurzen Revis. d. Literatur. 8. Nürnb. Campe. 813.

Kayser, Th. Ph. Chrn., Monogrammata theologiae christianae dogmaticae. 8maj. Erlangen, Palmsche Verlags-Buchhdl. 820.

— einige Predigten, mit Rücksicht auf die Ereignisse der Zeit und an Festtagen des Jahres 1817 und 1818 gehalten. gr. 8. Ebend. 818.

— geistl. Reden zur Feyer des Namensfestes Sr. Maj. des Königs Max Josephs am 12. October 1818 gr. 8. Ebend. 818.

— neues Repertorium mannigfaltiger Hauptsätze zu relig.-moral. Reden üb. Sonn- u. Festtags-Evangelien d. ganz. Jahres. 3 Thle. gr. 8. Lpz. Sommer. 806–809. (1r 18 gr. 2r 14 gr. 3r 15 gr.) 1 23

— Sendschreiben an d. Bibelgesellschaft zu Nürnberg, auch etwas f. die sich bildenden Bibelgesellschaften in Deutschland. 8. Nürnb. Campe. 816.

Kayser, auch Etwas zur Beherzigung für die sich bildenden Bibelgesellschaften in Deutschland. 8. Nürnberg, Campe. 816.

— sechstausend u. ein u. sechzig Themata üb. die Sonn- u. Festtagsevangelien d. ganz. Jahres. 3 Bde. Neue unveränderte Ausgabe. gr. 8. Leipz. Sommer. 812.

— sechstausend und ein und sechzig Themata über die Sonn- und Festtags-Evangelien des ganzen Jahres. Aus Ammons, Bahrdts, Bayers u. mehrerer andrer Kanzelredner Werken sorgfältig gesammelt, und als Repertorium für gebildete Religionslehrer herausgegeben. 3 Bde. gr. 8. Leipzig, Sommer. 817.

Kayser, G. P. C., die biblische Theologie, od. Judaismus u. Christianismus nach d. grammatisch-historisch. Interpretationsmethode, u. nach d. freymüthigen Stellung in die kritisch-vergleichende Universalgeschichte d. Religionen, u. in die Universal-Religion. In 2 Bden. (1r od. theoret. Thl. 1 Rthlr. 4 gr. IIr 1ste Abthl. 20 gr.) gr. 8. Erlang. Palm. 813 u. 14.

— der bibl. Theologie. 2ten Theils 2r Abschnitt. Moral. gr. 8. Erlangen, Palm. 821.
Auch unter dem Titel:
Biblische Moral.

— G. P. C., erst. Unterr. in d. Geschmackslehre. 8. Anspach. Gaffert. 804.

Kayser, Gustav, a. Cöln a. Rh.: Kondensationsprodukte des Malonsäureesters und des Methylcyklohexanoncarbonesters. Hildesheim 1906: A. Lax. (60 S.) 8°
Göttingen, Phil. Fak., Ref. Wallach, Diss. v. 18. Juni 1906
[Geb. 18. Juli 78 Cöln; Wohnort: Göttingen; Staatsangeh.: Preußen; Vorbildung: Gymn. an Marzellen Cöln Reife O. 98; Studium: Bonn 4, Freiburg i. B. 1, Berlin 1, Göttingen 10 S.; Rig. Mai 06.]

Kayser, Gustav (geb. am 4 Juni 1844 in Trarbach): Ueber acute Periostitis ... Bonn, gedr. bei J. F. Carthaus (1868). 35 S., 1 Bl. 8.
Bonn, Med. Fak., Diss. v. 31 Juli 1868

Kayser, Gustav Adolf (Hermannstadt)
Chemische Untersuchung des Jalappenharzes.
[In: Annalen der Chemie u. Pharmacie, Bd 51 (1844) 81.]
Dr. phil. Giessen 2.5.1844.

Kayser, Gustav Eduard, s. Kayser, Eduard.

Kayser, H., und L. Schmerbach, Handwörterbuch für den histor. und doctrinellen Religionsunterricht, s. Handwörterbuch.

Kayser. Shakespeare's König Lear. Delitzsch, H. B., 1872. 14 S. 4. Progr.

Kayser, H. (Übers.), s. Moliere: Misanthrope.

Kayser, Hans, Referendar in Berlin: Der Zeitpunkt, welcher der Wertbestimmung in §§ 290 und 849 des B.G.B. zugrunde zu legen ist. Borna-Leipzig 1905: R. Noske. (31 S.) 8° [J.]
Leipzig, Jur. Fak., Diss. v. 5. Juni 1905
[Geb. 7. Apr. 79 Berlin; Wohnort: Berlin; Staatsangeh.: Preußen; Vorbildung: Viktoriagymn. Potsdam Reife M. 97; Studium: Berlin, Göttingen; Rig. 4. März 05.]

Kayser, Harry, approb. Arzt aus Schwerin i. M.: **Über Hypertrophie und Dilatation des Herzens im Kindesalter.** *Halle a. S. 1904: C. A. Kaemmerer & Co.* (35 S.) 8°
Halle, Med. Diss. v. 6. Aug. 1904

Bericht über eine technische Studienreise nach den Vereinigten Staaten von Nord-Amerika. Ausgeführt in d. Zeit vom 14. Sept. bis 20. Nov. 1903 von Heinrich **Kayser**, Stadtbauinsp. Als Ms. gedr. Charlottenburg 1905: Gertz. 118 S. 4°(8°) [10. 7370

Kayser, H., üb. d. Bogenspectren d. Elemente der Platingruppe. [Aus: „Abhandlgn. d. k. preuss. Akad. d. Wiss.“] gr. 4. (44 S.) Berlin 897. (G. Reimer.) n. 2. 50

Die Bogenspectren von Yttrium und Ytterbium. Von Dr. H[einr.] **Kayser**, Prof., Bonn. *Berlin: Kgl. Akad. d. Wiss.; G. Reimer in Comm. 1903.* (18 S.) 4°
Aus: Abhandlungen d. kgl. preuß. Akad. d. Wiss. v. J. 1903, Anh. [04. 1106

— u. C. **Runge**, die Dispersion der Luft. [Aus. „Abhandlgn. d. k. preuss. Akad. d. Wiss. zu Berlin“. gr. 4. (32 S.) Berlin 893. (G. Reimer.) n. 1. 50

Kayser, Heinr.: Über den Einfluss der Intensität des Schalles auf seine Fortpflanzungsgeschwindigkeit. Leipzig 1879. 23 S. 8°. Berlin, Phil. Diss. v. 13. März 1879

— die Elektronentheorie. Rede, geh. in der Aula der Universität Bonn zur Geburtstagsfeier Sr. Maj. des Kaisers am 27. I. 1903. (32 S.) gr. 8. Bonn 903. L. Röhrscheid. n. — 80

Kayser, Heinrich, approb. Arzt aus Kaiserslautern i. d. Rheinpfalz: Die **Flora** der Strassburger Wasserleitung. *Kaiserslautern 1900: H. Kayser.* (58 S.) 8°
Strassburg, Med. Diss. v. 1900

Kayser, H., Handbuch der Spectroscopie. 1. u. 2. Bd. gr. 8. (XXIV, 781 S. m. Fig. u. XI, 696 S. m. 57 Fig. u. 4 Taf.) Leipzig 900. 902. S. Hirzel. à n. 40. —; geb. à n. 44. —

Kayser, H., Handbuch der Spectroscopie. 3. Bd. (VIII, 604 S. m. 94 Fig. u. 3 Taf.) Lex.-8. Leipzig 905. S. Hirzel. n. 38. —; geb. n. 42. —
Bd. 1 u. 2. Ebd. 900. 902. n. 80. —; geb. n. 88. —.

Kayser, (Heinr.), Handb. der Spectroscopie. 4. u. 5. Bd. Lex. 8. Leipzig, S. Hirzel. 120.—; geb. 128. —
4. (XIX, 1248 S. m. 137 Fig. u. 1 Taf.) 908. 72.—; geb. 78. —
5. (VI, 853 S. m. 3 Fig. u. 2 Taf.) 910. 48.—; geb. 52. —
1.—3. Bd. Ebd. 900—905. 118.—; geb. 130. —

Kayser, Heinr., Hilfsbüchlein f. Desinfektoren. Mit besond. Berücksicht. der Typhusbekämpfg. u. des Straßburger Verfahrens der Formalin-Desinfektion in amtl. Auftrag verf. (28 S.) kl. 8. Straßburg 907. L. Beust. Kart. — 80

Kayser, H., Lehrbuch der Physik f. Studierende. gr. 8. (X, 464 S. m. 334 in den Text gedr. Holzschn.) Stuttgart 890. Enke. n. 10. —

Kayser, H., Lehrbuch der Physik f. Studierende. 2. verb. Aufl. gr. 8. (X, 564 S. m. 334 Abbildgn.) Stuttgart 894. F. Enke. n. 11. —

Lehrbuch der Physik für Studierende von H[einrich] Kayser. 3. verb. Aufl. Mit 336 Abb. *Stuttgart: F. Enke 1900.* (X, 584 S.) 8° [00. 11398 3

— Lehrbuch d. Physik f. Studierende. 4. verb. Aufl. (X, 525 S. m. 344 Abb.) Lex. 8. Stuttgart 908. F. Enke. 10.—; geb. in Leinw. n 11. 40

Kayser, Heinr., Lehrbuch der Spektralanalyse. gr. 8. (XI, 358 S. mit 87 in den Text gedr. Holzschn. und lithogr. Taf.) Berlin 883, Springer.

Kayser und von Grossheim. Skizze zu einem Gebäude für die bildenden Künste zu Berlin nach Dispositionen des Direktors Prof. A. v. Werner. 6 architektonische Zeichnungen. Berlin 1889. Fol.

— u. C. **Runge**, über die Spectren der Elemente. 1.—3. Abschn. [Aus: „Abhandlgn. d. k. preuss. Akad. d. Wiss. zu Berlin".] gr. 4. Berlin, (G. Reimer). cart. n. 13. 50
1. (93 S. m. 7 Taf.) 888. n. 6. —. — 2. (45 S. m. 2 Taf.) 889. n. 4. —. — 3. (66 S. m. 1 Taf.) 890. n. 3. 50.

— — üb. die Spectren der Elemente. 4.—7. Abschn. [Aus: „Abhandlgn. d. k. preuss. Akad. d. Wiss."] gr. 4. Ebd. Kart. n. 13. 80 (1—7.: n. 27. 30)
4. (72 S. m. 2 Taf.) 891. n. 4. 80. — 5. (39 S. m. 1 Taf.) 892. n. 5. —. — 6. (28 S. m. 1 Taf.) 892. n. 2. —. — 7. (30 S. m. 1 Taf.) 893. n. 2. —.

Kayser, Heinrich Texte zu neusprachlichen Extemporalien für Obertertia im Anschluſs an die Lektüre. [Französische Extemporalien. Englische Extemporalien.] 4 (S. 3—13).
Progr. Rprg. *Delitzsch* 1887 (250).

Kayser, Heinrich [pr. Arzt aus Meschede (Westfalen)]: Untersuchungen über die Bedeutung der Samenblasen. ... Berlin, Buchdr. v. Gustav Schade (Otto Francke) (1889): 37 + 1 S. + 1 Bl. 8°
Berlin, Med. Fak., Inaug.-Diss. v. 15. Okt. 1889

Kayser, H., s.: Verhandlungsbericht der mittelrheinischen Gesellschaft f. Geburtshülfe u. Gynäkologie.

Kayser u. v. Groszheim, s.: Villa, die deutsche.

— s.: Zeitschrift f. wissenschaftliche Photographie, Photophysik u. Photochemie.

Kayser, Hermann (Red.), s. Kanarien-Zeitung, Deutsche.

Kayser, Herm., Musterblätter moderner Schmiedearbeiten m. Einzelheiten. Nach Entwürfen hervorrag. Architekten ausgeführt in der Werkstatt v. H. K. 1. Sammlg. Fol. (32 Bl.) Leipzig 894. E. A. Seemann. In Mappe. n. 6. —

Kayser, Herm., zur Syntax Molière's. gr. 8. (50 S.) Kiel 885, Lipsius und Tischer. Diss. *

Kayser. J. [aus Kreuznach, approb. Arzt]: Zur Anwendung der Elektricität in der Psychiatrie. Göttingen, Druck der Gebrüder Hofer, 1877. 8. 34 S.

Kayser, J., Bemerkungen zu Livius lib. XXI u. XXII. Pr. 1860. 19 S. 4°.

Kayser, J., der preußische Grundbuchrichter. gr. 8. (VII, 167 S.) Münster 874, Brunn's Verlag. *

Kayser J. C.: Gründliche Nachricht v. brandigen Weitzen ... Nebst e. Anh. v. Ursprung u. Vertreibung d. Korn-Würmer. Bernburg 1768. 48 S. P.

Kayser, J. C., Deutschlands Schmetterlinge mit Berücksichtigung der sämmtlichen Europäischen Arten. Mit 152 kolor. Taff. Leipzig 1852—59. 8.
[Dieselben Kupfer in C. F. Vogel, Schmetterlingscabinet.]
—, — Neue Ausgabe. Ebda 1881. gr. 8.

Kayser, J. C., Deutschlands Schmetterlinge, mit Berücksichtigung sämmtl. europ. Arten. 1—20. Lfg. gr. Lex.-8. (S. 1—256 mit 85 ill. und 1 schw. Kpfrt. und 1 Bl. Erklärung.) Leipzig 853—56, Abel. à Lfg. * 10 Ngr. *

Kayser, J. C., Deutschland's Schmetterlinge mit Berücksicht. sämmtl. europ. Arten. 21—38. (Schluss-)Lfg. gr. Lex.-8. (VIII und S. 257—608 mit 67 ill. Kpfrt.) Leipzig 857—59, Abel. à Lfg. * 10 Ngr. *
1—20. Lfg. Ebendas. 1853—56. * 6 Thlr. 20 Ngr.

Kayser, J. C., DeutschlandsSchmetterlinge. **Mit Berücksicht. sämmtl. europ. Arten. (Neue Ausg.) 38 Lfgn. gr. 8. (VIII, 608 S. mit 152 color. Kpfrt.) Leipzig 881, Abel. à Lfg. * M 1. ***
Text allein *

Kayser Sohn, J. P: Musterbuch über versilberte Tafelgeräte usw. Krefeld 1907. Fol.

Kayser, J. Peter

Kayser. Histor. Schauplatz der Stadt Heydelberg, nebst Erzählung, was sich im 30jähr. Kriege in der Pfalz begeben. (500) 8. Frankfurt 1733.

Kayser, J. P. Histor. Schauplatz der Stadt Heidelberg, ders. Situation, Ursprung, Wachsthum u. Verstörungen von Anfang bis auf 1694. (544) 8. M. Pl. Frankfurt 1733.

Kayser, Jacob [app. Arzt aus Darmstadt]: Aus d. patholog. Institut zu Giessen. Ueber die Beziehungen der Thymus zum plötzlichen Tod ... Giessen, grossh. Hof- u. Univ.-Dr. C. v. Münchow, 1895; 47 S. 8.
Giessen, Med. Fak., Inaug.-Diss. v. 1895

Kayser, Jean Joseph: Anleitung für den Schreib-Unterricht in Verbindung mit den im Verlage von Joseph Beffort erschienenen Musterschreibheften. Für die Hand des Lehrers bearbeitet. Luxemburg: Jos. Beffort 1891. – 64 S. 8°

Kayser, Jean Joseph, u. Jean Mackel: Aufgabensammlung für das schriftliche Rechnen im ersten und zweiten Schuljahre. Ein Übungs- und Widerholungsbuch für die Hand des Schülers bearbeitet. I. Heft der Zahlenraum von 1–10. Luxemburg: Jos. Beffort 1885. – 55 S. 8°

Kayser, Jean Joseph, u. Jean Mackel: Aufgaben-Sammlung .... bearbeitet. 2. Heft. 2. Schuljahr, Zahlenraum von 1–50. Luxemburg: Jos. Beffort 1885. – 58 S. 8°

Kayser, Jean Joseph:Fibel für den französischen Lese- und Schreibunterricht zum Gebrauche der Anfänger. Erstes Heft. Luxemburg: Gebr. Heintzé 1864. 8°

– Dass. Vierte Auflage. Luxemburg: Ludw. Schamburger 1875. 8°

– Dass. Sechste unveränderte Auflage. Genehmigt von der Königlich-Grossherzoglichen Unterrichts-Commission. Luxemburg: Jos. Beffort 1895. – 44 S. 8°

Kayser, Jean Joseph: Fibel .... Anfänger. Zweites Heft. Luxemburg: Gebr. Heintzé. 8°

– Dass. Vierte Auflage. Luxemburg: L. Schamburger 1875. 46 S. 8°

– Dass. Fünfte unveränderte Auflage. Genehmigt ..... Unterrichts-Commission. Luxemburg: Jos. Beffort 1895. 46 S. 8°

Kayser, Jean Joseph, Jean Mackel u. Pierre Wolff: Musterschreibhefte. Luxemburg: Jos. Beffort 1884.

Kayser, Jean Joseph, u. Jean Mackel: Rechenbuch für das erste Schuljahr mit methodischen Bemerkungen über den Gang des Unterrichts. Für die Hand des Lehrers. Das Rechnen im Zahlenraum von 1–5 und 5–10. Luxemburg: Joseph Beffort 1884. – 48 S. 8°

Kayser, Jean Joseph, u. Jean Mackel: Rechenfibel für die Unterklassen der Primärschulen. Ein Übungs- und Wiederholungsbuch für die Hand des Schülers. Aufgaben im Zahlenkreis von 1–10. Luxemburg: Jos. Beffort 1884. – 56 S. 8°

Kayser, Johann

– ABRISS DER FALSCHEN KIRCHE, entworffen, und Zum Grund der wahren Absonderung von allen falschen Kirchen und Secten dargelegt von Johann Kaisern. – o.O. 1711. 252 S.
– – Büdingen (?): Regelin 1712.

– DIE WAHRE ABSONDERUNG Von allem Falschen Kirchen und Secten, beschrieben, und so wol denen, die sich absondern, als auch, Von welchen die Absonderung geschiehet, Zur nöthigen Prüfung fürgelegt von Johann Kaysern. – o.O. 1716. 328 S.
– – Büdingen: Regelin 1716.

Kayser, Joh., Anthologia hymnorum latinorum. Fasc. I. hymnos a IV. usque ad IX. saec. cont. In usum scholarum. gr. 8. (XII und 80 S.) Paderborn 865, Junfermann'sche Buchh. *

Kayser, Ioannes (geb. am 1 Okt. 1826 in Geseke Westf.): De argumentis quibus Deum esse probatur ... Bonnae, form. F. P. Lechneri 1851. 2 Bl., 84 S., 1 Bl. 8.
Bonn, Phil. Fak., Diss. v. 1 März 1851

—— über den sogenannten Barnabas-Brief. Eine patrist. Abhandlung. gr. 8. (VIII und 150 S.) Paderborn 866, Junfermann'sche Buchh. *

[–] KURZER BEGRIFF DER CHRISTLICHEN LEHRE: oder beyde Berg-Predigten des HErrn in Eine Rede zusammengefasset. [Von Joh. Kayser]. – o.O.u.J. [um 1746]. 16 ungez. S.

[–] ERSTE BEYLAG ZUM TEUTSCHEN WEGWEISER, oder unmaßgeblicher Vorschlag, Wie Derselbe zur Bekehrung der Heyden zu gebrauchen: entworfen Durch Thimotheum Philadelphum [d.i. Joh. Kayser]. – o.O. 1735. 16 S.

[–] ZWEITE BEYLAG ZUM TEUTSCHEN WEGWEISER: oder die Freyheit Bücher zuschreiben und drucken zulassen, erwiesen, Durch Timotheum Philadelphum [d.i. Joh. Kayser]. – o.O. 1736. 16 S.

[–] ERSTE BEYLAG ZUM GEISTLICHEN WEEGWEISER DES INNERN LEBENS, oder abgetrungene Erläuterung der falschen Inspirations Kräften; gestellet durch Thimotheum Philadelphum [d.i. Joh. Kayser]. – o.O. 1742. 39 S.

[–] ZWEITE BEYLAG ZUM GEISTLICHEN WEEGWEISER DES INNERN LEBENS, oder Erklärung, Wie die heutige Inspirirte besessen; zur nöthigen Prüfung und Warnung dargelegt von Timotheo Philadelpho [d.i. Joh. Kayser]. – o.O. 1746. 56 S.

Kayser, Johannes, approb. Arzt aus Nonnenweier b. Lahr (Baden): **Aus d. pathol. Institute zu Rostock (bakteriol. Abt.). Beitrag zur Differentialdiagnose zwischen den echten Tuberkelbacillen und den beiden säurefesten Bacillen, Grasbacillus Timothee-Görbersdorf und Butterbacillus Rabinowitsch.** *Rostock 1903: C. Boldt.* (59 S.) 8°
Rostock, Med. Diss. v. [1. Juni] 1902

Kayser, Joh. (I.), Beiträge zur Geschichte und Erklärung der Kirchenhymnen. Mit besond. Rücksicht auf das röm. Brevier. 3. Heft. gr. 8. (III, S. 311—435.) Paderborn 869, Junfermann'sche Buchh. * 1 75
1. und 2. Heft. Ebendas. 1866,68. *ℳ 8,50.

Kayser, Joh., Beiträge zur Geschichte u. Erklärung der ältesten Kirchenhymnen. Mit besonderer Rücksicht auf das römische Brevier. 2., umgearb. u. verm. Aufl. gr. 8. (XIV, 477 S.) Paderborn 881. F. Schöningh. n. 5. 40

Kayser, Joh., Beiträge zur Geschichte und Erklärung der alten Kirchenhymnen. 2. Bd., worin die Sequenzen der röm. Missale besonders berücksichtigt sind. gr. 8. (XIII, 330 S.) Paderborn 886, F. Schöningh. *
[1. Bd.] Ebendas. 1881. *ℳ 5.40.

Kayser, J., Beiträge zur Geschichte Westfalens, s. Seibertz, J. S.

[–] DOCTRINA CHRISTIANA, quatuor hominis status videlicet Peccati, Gratiae, Gloriae, atque Integritatis, per quaestiones & responsa exponens opera Timothei Philadelphi [d.i. Joh. Kayser]. Editio altera. – o.O. u.J. [17..]. 174, 16 ungez. S.
[–] [–, deutsch] Die Christliche Lehre, welche die vier Stände des Menschen erläutert [von Joh. Kayser]. – o.O. u.J. [17..]. 272, 16 ungez. S.
[–] [–, deutsch] Die Christliche Lehre, welche die vier Stände des Menschen, nämlich der Sünde, Gnade, Herrlichkeit und Unschuld durch Fragen und Antworten erläutert: verfertiget von Timotheo Philadelpho [d.i. Joh. Kayser]. – o.O. u.J. [um 1746]. 272 S.

EVANGELION HARMONICON. Das ist, die Evangelische Harmonie der vier Evangelien, Matthäi, Marci, Lucä und Johannes nach der natürlichen Ordnung der Zeiten, Oertern und Geschichten gestellet und erwiesen durch Thimotheum Philadelphum [d.i. Johann Kayser]. – o.O. 1739. 108 S.

[–] GRUNDRISS DER WAHREN SICHTBAREN KIRCHE, entworffen, und so wol denen, Welche von dem verfallenen Kirchen-Weßen sich absondern, als auch Die daßelbe zuverbessern suchen, Zur nöthigen Prüfung und Aufmunterung dargelegt von Timotheo Philadelpho [d.i. Joh. Kayser]. – Frankfurt & Leipzig: Vor dem neuen Kirchen-Jahr [17..] 725 S.

—— die Soester Patrocli Kirche und Nicolai Kapelle mit ihren restaurirten mittelalterl. Wandmalereien. 8. (56 S.) Soest 863, Nasse's Verlag. *

Kayser, Joh. (II.), Physik des Meeres. Für gebildete Leser dargestellt. gr. 8. (VI, 359 S. mit 39 in den Text gedr. Fig. in Holzschn. und 1 lithogr. Karte.) Paderborn 873, Schöningh. * 4 80

Kayser, Ioannes, Dresdensis: De veterum arte poetica quaestiones selectae. Bornae 1906: R. Noske. (98 S.) 8°
Leipzig, Phil. Fak., Ref. Marx, Lipsius, Diss. v. 24. April 1906
[Geb. 14. Jan. 83 Dresden; Wohnort: Dresden; Staatsangeh.: Sachsen; Vorbildung: Kgl. Gymn. Dresden-N. Reife O. 02; Studium: Leipzig 7 S.; Rig. 15. Jan. 06.]

—— aus der Schatzkammer des Domes zu Minden. Ein Beitrag zur Geschichte der mittelalterl. Kunst. 1. und 2. Heft. gr. 4. (S. 1—68 mit 2 Steint.) Paderborn 867, Junfermann'sche Buchh. [1. Heft * 10 Ngr., 2. Heft * 8 Ngr.] *

[–] VON DEM STANDE UND DEN PFLICHTEN EINES FÜRSTEN, Nach den göttlichen Zeugnissen und Exempeln der heiligen Schrift. – o.O. 1706. 262 S. *(laut zeitgenössischem Eintrag im Buche von Kayser verfaßt).*

—— der heilige Sturmi, der erste Glaubensbote des Paderborner Landes. gr. 8. (32 S.) Paderborn 866, Junfermann'sche Buchh. *
Aus: Zeitschrift des Vereins für Geschichte und Alterthumskunde Westfalens, besonders abgedruckt.

Kayser, Johs., Überblick d. Geschichte d. Erziehg. u. d. Unterrichts, s.: Kehrein.

—— vier Vorträge, im wissenschaftlichen Vereine zu Paderborn gehalten. 8. (VII und 128 S. mit 4 in den Text gedr. Fig. in Holzschn.) Paderborn 865, Junfermann'sche Buchh. *

—— vier andere Vorträge im wissenschaftlichen Vereine zu Paderborn gehalten. 8. (VII und 127 S. mit 2 in den Text gedr. Fig. und 1 Karte in Holzschn.) Paderborn 866, Junfermann'sche Buchh. *

Kayser, Jh. Andr., († d. 9. Juni 1779.) Beweis, daß Dr. Bahrdt d. Sprüche d. N. T., so von d. Gottheit Christi u. d. heil. Geistes handeln, in seinen neuesten Offenbarungen falsch übersetzt habe. 8. Frankf. u. Leipz. 775.

— d. gerettete Eden von den falschen Erklärungen Dr. K. Fr. Bahrdt's. 8. Frankf. a. M. 772. Andreä. 4 gl.

— neue Zugabe zu seinem geretteten Eden, u. kurze Abfertigung des Sendschreibens an den treuen Hirten zu Massenheim, nach d. Revision abgedruckt. 8. Frankf. 775.

— s. Menoza, e. asiat. Prinz ec. Der 1e—3e Theil ist aus d. Dän. d. Erich Pontoppidan übersetzt; d. 4e—6e Theil soll von Kayser seyn.

Kayser, Johann Daniel

Kayser, Jh. Dn., Ideen über d. Laster d. Selbstbefleckung u. Vorschläge, wie demselben Einhalt zu thun. ... 2e A. 8. Hamb. 802. 3e A. 8. Naumb. 809. (Leipz., Wienbrack). 6 gl. Hbg. Pr. 4 gl. 4e A. 809. 5e verb. Aufl. 8. Naumb. 819. 7e Aufl. 828. Wild. 8 gl.

Kayser, J. D., Ideen über das Laster der Selbstbefleck. und Vorschl., wie dems. Einhalt. z. thun. gr.8. Naumb. Wild. 809.

Kayser. D. J. D., die Onanie, oder das Laster der Selbstbefleckung, Vorschläge, wie demselben Einhalt zu thun, und die dadurch verlornen Kräfte wieder zu ersetzen sind. 5te verb. Aufl. 8. Naumburg, Wild. (Leipzig, Cnobloch.) 819.-

Kayser, die Onanie, od. üb. d. Laster d. Selbstbefleckung. 6te Aufl. 8. Naumb. 826, Wild.

Kayser, (Joh. Dan.), die Onanie, od.: Ueber d. Laster d. Selbstbefleckung. 7. Aufl. 8. (4 B.) Naumburg 828, Wild.

Kayser, Johann Eberhard von

v. Kayser, Jh. Ebhrd., († d. 9. Juli 1795.) erste u. zweite Linie d. Naturkunde des Ackerbaues, in e. kurzen Bauernphysik. 2 Bde. gr.8. Fulda (Würzb.) 770, 71. Stahel. 1 rth 8 gl.

Kayser, Johann Friedrich

[Fuerstenerius, Caesarinus [d. i. Kayser. Joh. Friedr.]: Abhandlung von des Kaysers Jurisdiction. o. O. 1747.]

Kayser, Jo. Friedr. [Präs.] u. Eberh. Georg Wittich [Auct. et Resp.]
Dissertatio juris gentium et publici de tuendo aequilibrio Europae.
Giessae 30. Sept. 1723: Jo. Müller. (4), 64 S. 4°
publico eruditorum examini

Kayser, Jo. Friedr. [Präs.] u. Jak. Chrn. Klipstein (Darmstadt) [Resp.]
De autonomia judaeorum, commentatio academica.
Gissae 17. Dez. 1739: Müller. (10), 140, (2) S. 4°
pro exercitio et excitanda industria commilitonum.

Kayser, Johann Friedrich [Praes.], s. Buff, Friedrich Christoph: De causis fiscalibus in judicio disceptandis.

Kayser, Joh. Friedr. [Präs.] u. Jo. Jul. Palm (Hamburg) [Auct. et Resp.]
Dissertatio inauguralis juridica de caussis feudalibus in judicio disceptandis.
Gissae 16. Mai 1751: Jo. Jak. Braun. (8), 92 S. 4°
pro facultate summos in utroque jure honores rite capessendi.

Kayser, Jo. Friedr. [Präs.] u. Friedr. Chrph. Buff (Steinbach) [Resp.]
Dissertatio juridica de caussis fiscalibus in judicio disceptandis, Von Fiscalischen Processen.
Gissae Sept. 1748: Joh. Müller. (6), 48 (2) S. 4°

Kayser, Jo. Friedr. [Präs.] u. Wilh. Elias Schmoll genannt Eysenwerth (Darmstadt) [Auct. et Resp.]
Dissertatio juridica de communione incidente.
Gissae 17. Aug. 1719: Joh. Müller. (4), 28 S. 4°
publico opponentium examini

Kayser, Jo. Friedr. [Präs.] u. Joh. Chrph. Seiff (Frankf. a.M.) [Auct. et Resp.]
Dissertatio inauguralis juridica de divortio totali seu quoad vinculum, lege evangelii licito.
Giessae Nov. 1740: Eb. Henr. Lammers. (4), 124 S. 4°
pro summis in utroque jure honoribus et privilegiis doctoralibus majorum more publice consequendis.

Kayser, Jo. Friedr. [Präs.] u. Jo. Michael Baumgärtner (Francus Orientalis) [Auct. et Resp.]
Dissertatio inauguralis juridica, de efficacia jurisjurandi in actibus invalidis et illicitis.
Giessae März 1736: Eb. Henr. Lammers. 60 S. 4°
pro summis in utroque jure honoribuset privilegiis doctoralibus majorum more rite obtinendis.

Kayser, Johann Friedrich [Praes.], s. Englert, Johann Wilhelm: De juramento Judaeorum.

Kayser, Jo. Friedr. [Präs.] u. Karl Friedr. Schoepff (Svevofurtho-Francus) [Auct. et Resp.]
Dissertatio juris feudalis, de feudis Fuldensibus in Franconia.
Giessae 7. Okt. 1734: Joh. Müller. 28 S. 4°
publico opponentium examini

Kayser, Joh. Friedr. [Präs.] u. Joh. Ludw. Fabricius (Cleeberg)
De feudis Fuldensibus, eorundemque origine, natura et diversitate, disputatio prima.
Giessae März 1730: Joh. Müller. (4), 24 S. 4°

Kayser, Joh. Friedr. [Präs.] u. Georg Arnold Fabricius (Cleeberg)
De feudis Fuldensibus, eorundemque origine, natura et diversitate, disputatio secunda.
Giessae 28. Juni 1730: Joh. Müller. (2) S. u. S. 25-48 und (1) S. 4°

Kayser, Joh. Friedr. [Präs.] u. Georg Heinr. Wilh. Storch
De feudis Fuldensibus eorundemque origine, natura et diversitate, disputatio tertia.
Gissae 17. Mai 1747: Joh. Müller. (4), 48, (4) S. 4°

Kayser, Johann Friedrich [Präs.] u. Henr. Christian Senckenberg [Auctor et Resp.]
Dissertatio juris publici de forma systematis Germaniae monarchico-democratica, ex principiis politicis et ejus statu interno asserta.
Giessae [24.] Dez. 1724: vidua J.R. Vulpii. 32 S. 4°
placidae eruditorum disquisitioni

KAYSER, J. Fr.: Fundamenta doctrinae de divortiis opposita diss. *Viteb.* sub tit.: Sana de jure — — doctrina. *Hal.* 720. 4.

— — Fundamenta doctrinae de divortiis opposita dissertationi Wittenbergensi sub titulo sana de jure principis evangelici circa divortia doctrina superiore anno vulgatae. Ed. II. Halle (Johann Grunert) 1730. 48 S. (6.80) 17574

— — Dasselbe. Ed. III. Halle (Johann Friedrich Grunert) 1737. 48 S. (6.80) 17575

— — Abgenöthigter Gegen=Beweiß, daß die Ehescheidungen in dem natürlichen und geoffenbarten göttlichen Recht nicht gäntzlich verboten, sondern aus vielen Ursachen erlaubet seyn, folglich auch von einer Christlichen Obrigkeit wohl können und in gewissen Fällen müssen verstattet werden, wider Hrn. J. M. Langen, S. Theol. D. & Insp. Primisl. [Prenzlau] sogenannten Gründlichen Beweiß, daß die divortia oder Ehescheidung jure naturae verboten seyn, und nur erst nach dem Sünden Fall im kläglichen statu legali ihren Platz bekommen haben, zu Beobachtung seiner Inaugural-Disputation ans Licht gestellet. Halle (Joh. Friedrich Grunert) o. J. [1716]. 28 Seiten. (7.—) 17573

KAYSER, J. F., Abgenöthigter Gegen-Beweiss, dass die Ehe-Scheidungen in dem natürlichen und göttlichen Recht nicht gäntzlich verboten, sondern aus vielen Ursachen erlaubet seyn. Halle (1717). 4°. 28 S. (2 Mk. 50 Pfg. Osw. Weigel, Lpz., 1908.)

Kayser, Joh. Friedr., kurzgefasste Gesanglehre, enth. die Anfangsgründe d. Musik, die Grundregeln d. Gesanges u. Uebungen f. d. Stimme, nach d. Gesanglehre d. Conservatoriums d. Musik in Paris, von Bernardo, Mengozzi, Cherubini, Garat, Gossec, Méhul etc. qu. 4. (4 1/4 B.) Lüneburg 835, Herold u. Wahlstab.

Kayser, Johann Friedrich [Präs.] u. Peter Steitz (Frankfurt a.M.) [Autor et Resp.]
Hassia a subjectione Ducum ab antiquo libera, dissertatio juris publici.
Giessae 15. Okt. 1737: Müller. (6), 72 S. 4°

Kayser, Johann Friedrich [Praes.], s. Heunisch, Johann Friedrich: De judiciis pacis in Imperio Rom. Germanico.

Kayser, Jo. Friedr. [Präs.] u. Jo. Friedr. Heunisch (Schweinfurt) [Resp.]
Dissertatio inauguralis juridica de judiciis pacis in Imperio Rom. Germanico, von den teutschen Friedens- und Bundts-Gerichten.
Giessae März 1747: Eb. Henr. Lammers. 54 S. 4°
pro facultate impetrandi summos in utroque jure honores et privilegia doctoralia.
und in: Weiz, F.A.: Vollständ. Ausz. Leipzig 1773. V, 61-64.

Kayser, Jo. Friedr. [Präs.] u. Jo. Wilh. Englert (Schweinfurt) [Auct. et Resp]
Dissertatio inauguralis juridica de juramento Judaeorum, von Juden-Eyd.
Giessae 12. Dez. 1747: E.H. Lammers. 34 S. 4°
pro facultate summos in utroque jure honores et privilegia doctoralia rite et legitime consequendi.

Kayser, Jo. Friedr. [Präs.] u. Christoph Lemcke (Domiziensis Mecklenburgicus) [Auct. et Resp.]
Dissertatio inauguralis juridica de diverso Imperii et dominii jure.
Giessae März 1729: Joh. Reinh. Vulpius. 68 S. 4°
pro licentia summos in utroque jure obtinendi honores et privilegia doctoralia.

— — De jure principis evangelici circa divortia. Diss. jur. Präs. Just. Henning Böhmer. Halle (Johann Gruner) 21. IX. 1715. 70 S. (7.—) 17568

— — Dasselbe. 74 S. (7.—) 17569

— — Dasselbe. Halle (Grunert). 70 S. (7.—) 17570

— — Dasselbe. Ed. II. Halle (Johann Gruner). 1720. 70 S. (6.80) 17571

— — Dasselbe. Halle (Grunert) 1737. 70 Seiten. (7.—) 17572

Kayser, Johann Friedrich [Praes.], s. Kortholt, Franz Justus: De aequali statuum imperii origine et progressu.

Kayser, Joh. Friedr. [Präs.] u. Jak. Friedr. Stockmajer (Stuttgart) [Resp.]
Dissertatio inauguralis juridica de legato testatore.
Giessae April 1740: Eb. Henr. Lammers. 48 S. 4°
pro summis in utroque jure honoribus et privilegiis doctoralibus majorum more rite et solenniter consequendis.

—— dreistimmige Lieder z. Gebr. beim Gesangunterr. in d. Schulen. Mit e. kurzgefassten Anleit. f. d. ersten Unterricht. Allen Lehrern u. Erziehern d. Jugend gewidmet. qu. ½ 4. (6¼ B.) Lüneburg 835, Herold u. Wahlstab.

—— allgem. Liederbuch f. d. Jugend, od. Auswahl d. vorzüglichsten zwei- u. dreistimm. Gesänge f. Schule u. Haus. Mit Berücksichtig. der darin vorkomm. Feierlichkeiten. — Die Musik corrig., geprüft u. empfohlen v. J. J. Behrens. (Mit Vorw. v. M. F. Schmalz.) Schmal gr. 4. (4¼ B.) Hamburg 837, Herold'sche Buchh.

Kayser, J. F., Mozart-Album, s. Mozart-Album.

Kayser, Joh. F., Mozart-Album. Festgabe zu Mozart's 100jährigem Geburts-Tage am 27. Jan. 1856. Allen Verehrern des großen Meisters gewidmet. Mit (4) Lithogr. u. Musikbeilagen. Hamburg 856. Trupp in Comm. gr. 4. (3 Bl., 136, 52 S.) n. 2 a℘. 15 ngr.; Velinp. n. 3 a℘.

— — Disquisitio de obligatione et valore statuti intuitu forensium. Occasione ordinationis ecclesiasticae, quae Darmstadii prodiit anno 1723. Giessen (Eberh. Heinr. Lammers) 1746. 20 S. (5.50) 17577

— — Oratio gratulatoria, de auspicatissimo regimine sereniss. principis ac domini Ludovici, Hassiae landgravii, principis Hersfeldiae, comitis in Cattimeliboco . . ., qua respublica naviculae comparatur, eaquae comparatione de officio boni principis, per omnia civitatis munia, agitur. Giessen (Eb. H. Lammers) 23. VI. 1740. 24 S. (5.50) 17576

Kayser, Joh. Friedr. [Präs.] u. Franz Justus Kortholt (Giessen) [Resp.]
Dissertatio juris publici de aequali statuum imperii origine et progressu.
Giessae 28. Aug. 1732: Eberh. Henr. Lammers. 40 S. 4°

Kayser, Joh. Friedr. [Präs.] u. Franz Justus Kortholt (Giessen) [Resp.]
Dissertatio juris publici de aequali statuum imperii origine et progressu, germanis: Rechtliche und historische Untersuchung der Meynungen von gleichem Ursprung der Stände des R. Reichs. [Diss. v. 28. Aug. 1732]. 2. ed.
Giessae-Hass. 1746. 80 S. 4°

Kayser, Jo. Friedr. [Präs.] u. Wilh. Adolph Miltenberger (Siegen) [Resp.]
Origines Benedictionis sacerdotalis.
Giasae 10. Feb. 1735: Joh. Müller. (2), 22 S. 4°
pro lusione academica

Kayser, Johann Friedrich [Praes.], s. Palm, Jo. Julius: De causis fiscalibus ...

Kayser, Jo. Friedr. [Präs.] u. Jo. Ludw. Seiffart (Alsfeld) [Resp.]
Disputatio inauguralis juridica de poena regradationis tam ecclesiasticae quam civilis.
Giessae 3. Juni 1728: Joh. Reinh. Vulpius. 64 S. 4°
pro summis in utroque jure honoribus et privilegiis doctoralibus majorum more rite obtinendis.

Kayser, Johann Friedrich
Commentatio iuridica de poena regradationis tam ecclesiasticae quam civilis.
Gissae 1755: Braun. 72 S. 4°

Kayser, Joh. Friedr. [Präs.] u. Erasmus Karl Schlosser (Frankf. a.M.) [Auctor et Resp.]
Dissertatio inauguralis juridica, de praescriptione pacti retrovendendo.
Giessae 15. Mai 1724: vidua J.R. Vulpii. (8), 32 S. 4°
pro summis in utroque jure honoribus ... impetrandis

Modrevius, Const. [d. i. Kayser, Joh. Friedr.]: De conturbata ratione successionis ab intestato apud Germanos, inprimis quoad principatus et alia feuda imperii, brevis expositio. Qua simul praetensiones Hispaniarum regis in terras Austriacas convelluntur. Nauceji 1741.

— s. Sänger, der.

Kayser, Johann Friedrich [Praes.], s. Schlosser, Erasmus Karl: De praescriptione pacti de retrovendendo.

Kayser, Johann Friedrich [Praes.], s. Schmol, Wilhelm Elias, gen. Eysenwerth: De communione incidente.

Kayser, Johann Friedrich [Praes.], s. Schoepff, Karl Friedrich: De feudis Fuldensibus in Franconia.

Kayser, Johann Friedrich [Praes.], s. Seiff, Johann Christoph: De divortio totali.

Kayser, Johann Friedrich [Praes.], s. Steitz, Peter: Hassia subjectione ducum ab antiquo libera.

Kayser, Johann Friedrich [Praes.], s. Stockmajer, Jakob Friedrich: De legato testatore.

— **Joh. Friederich** (Giess.), Themata quaedam selectiora, ex jurisprudentia universali. Präs. Immanuel Weber. Giessen (Henning Müller) 6. IX. 1703. 24 S. (6.50) 17567
Gew.: Philipp Ludwig v. u. zu Hees, Jo. Jacob Luedecke, Joh. Gottlieb Jacobs. — Widm. v. Präs.

Kayser, Johann Friedrich (Hrsg.), s. Zeitung für Gesangvereine und Liedertafeln.

Kayser, Johann Gottfried

— **Joh. Gottfr.** (Magdeburg). De decisione casuum secundum analogiam. Diss. jur. Präs. D. Daniel Nettelbladt. Halle (Johann Christian Hilliger) 1. V. 1751. 48 S. (6.80) 17578
Widm. v.: Präs., Philipp Jacob Heisler, Christ. Luc. Werner (Marburg), H. I. C. Brückner (Erfurt).

— — Dasselbe. Halle (Hendel) 1763. (6.80) 17579

— — Dasselbe. Ed. III. Halle (Hendel) o. J. 38 S. mit Widm. v. Präs. (6.50) 17580

Kayser, Joan. Car. (geb. Halle a. S. 25. 1. 1817): De vitiis valvularum cordis. Berolini (1842). (31 S.) 8°
Berlin, Med. Diss. v. 12. Aug. 1842

Kayser, Johann Kaspar

Kayser, Jh. Ksp., u. J. P. Henrici, kurzgefaßtes zur Regula de Tri u. Praktika, doch vollständ. u. wohlgegründet eingerichtetes Rechenbuch für d. Jugend. 8. Frankf. a. M. ... 13e Aufl. 809. 14e A. 817. Brönner. 6 ⅓

Kayser, J. Casp., kurzgef. Rechenbuch z. Reg. de tri u. Practica. 8. Frft. Brönner. 810

Kayser, J. C., und J. P. Henrici, kurzgefaßtes zur Regula Detri und Practica, doch vollständig und wohlgegründet eingerichtetes Rechenbuch für die Jugend. 14te Aufl. 8. Frankfurt a. M., Brönner. 817.

Kayser, Johannes, s. Kayser, Johann.

Kayser, Jul., Delphi. Vorträge im geographischen Verein zu Darmstadt gehalten mit erläuternden Noten. gr. 8. (V und 172 S.) Darmstadt 855, Dietzsch. *-

Kayser, Jul., griechisches Lehr-, Uebungs- u. Lesebuch. gr. 8. (26 B.) Darmstadt 842, Kern.

—— griechisches Lehr-, Uebungs- und Lesebuch. 2. (Titel-)Ausg. gr. 8. (IV, 316 und Wörterverzeichniss 96 S.) Darmstadt 855, Kern.

—— griechische Wörter und Wortfamilien zur Förderung des Auswendiglernens zusammengestellt. gr. 8. (VI und 92 S.) Darmstadt 856, Dietzsch. *

Kayser, K., Mutter Jolberg, s.a. Für Feste u. Freunde der inneren Mission.

Kayser, K., Mutter Jolberg. Zur Erinnerg. an die Gründerin des ersten deutschen Mutterhauses f. Kinderpflege in Nonnenweier. (16 S. m. Abbildgn.) 8. Hamburg (906). (Agentur des Rauhen Hauses.) n. — 15

Kayser, C., Sonntagserholungen. Vortrag am 18.--20. Mai 1892. gr. 8. (15 S.) Karlsruhe 892. Evangel. Schriftenverein. n. — 20

Kayser, K., Theorie der deutschen und französischen Schriftzüge. Eine methodische Anleitung zum Schönschreibunterrichte, zunächst für Elementarlehrer bearb. Luxemburg 862. (Schamburger.) qu. 4. (26 S. u. 4 lith. Taf.) 7½ ngr

Kayser, K. F. E.

— der Reitbaum. Das System der Hilfen für ein vollkommen gehorsames Pferd darstellend. Mit 1 lithogr. Tafel. (Aus der „Wirkung d. Hilfen" apart abgedr.) 8. Wbd. 843. ¼ ß

Kayser, C. F. E., die Wirkung der Hilfen für d. Schul- u. Kriegspferd, nebst ein. Prüfung mehrerer Systeme der Hilfen u. ein. Anweisung den gewöhnlichen Fehlern des Pferdes abzuhelfen. 8. (12 B. u. 6 Stnt.) Neuwied 843, v. d. Beeck.

Kayser, K. F. E. Die Wirkung der Hilfen für das Schul- u. Kriegspferd. Mit Taf. Neuwied 1843. 184 S.

Kayser, C. F. E., Wirkung d. Zügel, nebst e. Betracht. üb. d. Pferd in Rücksicht auf Mechanik — dess. Biegsamkeit u. Muskelgebrauch in Hinsicht auf d. Reitkunst — d. Gewalt d. Reiters auf d. Pferd — d. Gebiß u. seine Wirkung — d. Beweglichkeit d. Armes in Beziehung auf d. hervorzubring. Zügelwirkungen — u. d. richtige Hülfe z. Wenden. M. 22 (lith.) Zeichn. 2., unveränd., mit e. Anh. verm. Aufl. gr. 12. (8 B.) Neuwied 832, (Hofbuchhandl.)

Kayser, **Karl, Antwortenheft zu den Rechenaufgaben der Raum- und Formenlehre für Volksschulen. 1. und 2. verb. Aufl. gr. 8. (15 S.) Hannover 876,79, Meyer.** *

Kayser, Karl, das Buch v. der Erkenntniss der Wahrheit od. der Ursache aller Ursachen. Aus dem syr. Grundtext ins Deutsche übers. gr. 8. (XXIII, 367 S.) Strassburg i/E. 893. K. J. Trübner, Verl. n. 15. —

Kayser, C., s. a. Buch, das, v. der Erkenntniss der Wahrheit od. der Ursache aller Ursachen.

Kayser, Karl, Chronik d. im Fürstent. Hildesheim belegenen Sol- u. Fichtennadel-Badeortes Salzdetfurth. gr. 8. (IV, 80 S.) Hannover 884. Feesche. n. 1. —

Kayser, K., Chronik des im hannoverschen Amte Medingen belegenen Kirchspiels Wichmannsburg, nebst einer (chromolith.) Karte des Kirchspiels u. einem Plane der alten Burg Wichman Billungs, sowie angehängten Quellennachweisungen u. Bemerkungen. 4. (VII, 124 S.) Hannover 878. Meyer. n. 4. —

—— die Einführung der Reformation in der Stadt Hildesheim und die Feier derselben am Lutherfeste, 10. Novbr. 1883. Nebst angehängten Actenstücken aus der Reformationszeit. gr. 8. (85 S.) Hildesheim 884, Gude. *

Kayser, Car., de eventu sectionis Caesareae. 8maj. (8 B.) Havniae 841, Höst. *

Kayser, Frhr. Carl v., die wirthschaftlichen Gesetze in der landwirthschaftlichen Betriebsführung. gr. 8. (V, 218 S.) Breslau 882. Korn. n. 4. —

[F.] Die Gewährung von Wohnungsmiete als Art der Armenunterstützung. Zwei Berichte erstattet im Auftr. des Ver. v. Beigeordneten Dr. **Kayser** in Worms, u. Stadtrat [W.] Jakstein in Potsdam. *Leipzig: Duncker & Humblot 1897.* (2 Bl., 68 S.) 1 Bd 8.
= Schriften d. deutschen Vereins f. Armenpflege u. Wohlthätigkeit. H. 31. [97. 5555

Kayser, Karl, der Kampf um die Kirche zu Hottenrode 1597—1616. Ein Beitrag zur hannov. Kirchengeschichte. Vortrag, geh. im Göttinger Geschichtsverein. gr. 8. (52 S.) Göttingen 894. Dieterich's Sort. n. — 75

Kayser, Karl, die Kelten des Bardengaus, nachgewiesen an Ortsnamen. (VIII, 87 S. m. 2 farb. Karten.) gr. 8. Hannover 909. C. Meyer. 3. —

Kayser, Karl, s.: Kirchenvisitationen, d. reformator.

Kayser, Karl, s.: Kunstdenkmäler, die, der Prov. Hannover.

Kayser, Karl, Leitfaden der Raum- u. Formenlehre f. Volksschulen. Unter Berücksicht. e. engen Verbindg. v. Anschaug., Berechng. u. Darstellg. Mit 317 (eingedr.) Fig. (in Holzschn.) gr. 8. (VIII, 112 S.) Hannover 874. Meyer. 1. —

— dasselbe. Antwortenheft. gr. 8. (15 S.) Ebend. 876. n. — 40

Kayser, Karl, Leitfaden der Raum- und Formenlehre für Volksschulen. Unter Berücksicht. einer engen Verbindung von Anschauung, Berechnung und Darstellung vers. 2. verb. und verm. Aufl. gr. 8. (VIII, 117 S. mit 320 eingedr. Fig.) Hannover 879, Meyer. *

Kayser, Karl, fünf Missionspredigten, geh. auf hannov. Missionsfesten. gr. 8. (56 S.) Hildesheim 884. Gerstenberg. — 60

Kayser, [Karl] u. [Georg] Martius: Natural - und Geldunterstützung. Leipzig: Duncker & Humblot 1899. 110 S. 8°
= Schriften d. deutschen Vereins f. Armenpfl. u. Wohlthät. H. 42.

Kayser, Karl. Ordnung der theologischen Prüfungen in den evangelischen Landes- u. Provinzialkirchen d. Preußischen Staates. Ein Wegweiser f. Studierende u. Kandidaten der Theologie. 8. (VIII, 48 S.) [Berl. 890, Aug. Schultze's Verlag.] Braunschw., Wollermann. * 1 —

Kayser, Karl, Ordnung der theologischen Prüfungen in den evangelischen Landes- u. Provinzialkirchen d. preußischen Staates. Ein Wegweiser f. Studierende u. Kandidaten der Theologie. 8. (48 S.) Berlin 892. Braunschweig, H. Wollermann. n. 1. —

— Ordnung d. theol. Prüfgn. in d. evang. Landes- u. Provinzialkirchen des Preuß. Staates. Ein Wegweiser f. Studier. u. Kandidaten d. Theologie. 2., rev. Aufl. 8. (60 S.) Braunschweig 896. H. Wollermann. n. 1. —

Kayser, Karl, die hannoverschen Pfarren u. Pfarrer seit der Reformation. Im Auftrage der Gesellschaft f. niedersächs. Kirchengeschichte unt. Mitwirkg. zahlr. hannov. Geistl. hrsg. (Generaldiöcese Hildesheim. Nr. 26. Insp. Clausthal.) (56 S.) kl. 8. Braunschweig 905. A. Limbach. n. 1. —

— s. a. Pfarren u. Pfarrer, die hannoverschen, seit der Reformat.

Kayser, Karl, Göttingens Reformation. Historisches Festspiel in 5 Akten. 8. (98 S.) Göttingen 902. L. Horstmann. n. — 80

Kayser u. Hildebrand, die Stellung der ehrenamtlichen Organe in der Armenpflege, s. a. Schriften des deutschen Vereins f. Armenpflege u. Wohlthätigkeit. 49. Hft.

— u. Hildebrand, Die Stellung der ehrenamtl. Organe i. d. Armenpflege. »Schriften d. deutschen Vereins für Armenpflege und Wohlthätigkeit. Heft 49.« (94 S.) Ebd. 1900.

—— de versione in caput in situ foetus obliquo. 8maj. (3¾ B.) Hauniae 840, (Reitzel.)

— dissertatio inauguralis de versione in caput in situ foetus obliquo. 8maj. Kopenhag. 841. (Reitzel.) ¼ ₰

—— leichte Vorlagen zum Linearzeichnen für die Mittelstufe der Elementarschulen. 1. und 2. Heft. gr. 4. Ebendas. 876. *

Inhalt:
Heft 1. Gerade Linien. (31 Stnt.) * 25 Pf.
» 2. Krumme Linien. (24 Stnt.) * 50 Pf.

Kayser, Carl, „was war einst Deutschland, was ward es u. was ist es durch Preußen u. seine Könige geworden?" Rede im Preußen-Verein für constitutionelles Königthum zu Halle gehalten. gr 8. (34 S.) Halle 848, Mühlmann in Comm. n. ⅙ ₰

Kayser, Karl, Zeichenheft f. die Mittelstufe. qu. 4. (12 Steintaf.) Hannover 875. Meyer. n.n. — 15

— s.: Zeitschrift d. Gesellschaft f. niedersächs. Kirchengeschichte

Kayser, Karl Ludwig

Kayser's, K. L., homerische Abhandlungen. Hrsg. v. Herm. Usener. gr. 8. (IL, 106 S.) Leipzig 881. Teubner. n. 3. —

Kayser, Car. Lud., Acta Seminar. philolog. Heidelbergensis, s. Acta.

—— Disputatio de diversa Homericorum carminum origine. 8maj. (1½ B.) Heidelbergae 835, J. C. B. Mohr.

Kayser, Carol. Ludov., de interpolatore Homerico, Dissert. 8maj. (2¼ B.) Heidelbergae 842, J. C. B. Mohr. *

Kayser, C. L., De interpolatore Homerico. Hab. 1842. 86 S.

—— Lectiones Pindaricae. 8maj. (6½ B.) Heidelbergae 840, J. C. B. Mohr.

Kayser, C. L., Lectiones Pindaricae. 1840. 99 S. 1.25

—— P. Hordeonius Lollianus geschildert nach e. noch nicht hrsg. athenischen Inschrift. gr. 4. (1¾ B.) Heidelberg 841, J. C. B. Mohr.

Kayser, Car. Lud., Notas criticas in Philostrati vitas Sophistarum scripsit. 8maj. (3½ B.) Heidelbergae 831, Mohr.

Kayser, C. L., Notae criticae in Philostrati vitas sophistarum. 1831. 54 S.

Kayser, C. L., Heidelberger Philologen im 16. Jahrh. S.-A. 1865. 13 S.

— s. Philostrati Flavii, quae supersunt, etc.

—— de Pinacotheca quadam Neapolitana. 4maj. (1½ B.) Heidelbergae 844, J. C. B. Mohr.

Kayser, Karl Phil.

Dr. C. Ph. Kayser. Bemerkungen über eine Stelle des Cicero. Heidelberg, P 1827

Kayser, Karl Phil., s. Cicero de divinatione.

– s. Erasmi Des. institutio hominis etc.

Kayser, K. Phil., interess. Erzähl. a. d. röm. Annal. des T. Livius, e. Uebungsbuch f. Anf. im Lesen d. Alten ꝛc. gr. 8. Erl. Palm. 805.

Kayser, (C. Ph.,) interessante Erzählungen od. Auswahl anziehender u. f. d. Kenntniß d. Röm. Alterthums lehrreicher Abschnitte a. Livius. 2te Aufl. gr. 8. Erlang. 824, Palm u. E.

– s. Mureti M. A.: Institutio - et scripta.

– s. Philetae fragmenta.

Kayser, Karl Wilhelm

KAYSER, K. Wilh.: Ueber die bei gerichtl. Zuschreibung verkaufter unbewegl. Güter eintretenden Pflichten d. Richteramtes in Anseh. verschwiegener Hypotheken, nach sächs. Rechte. Eine processual. Streitschr. *Leipzig*, Weygand. 819. 8. (6 Gr.)

Kayser, Karl Wlh., sieben Sätze in Bezug auf Preußens transitorische Rechts-Gesetzgebung vom Jahre 1833, zu Veranlassung einer wissenschaftl. Kritik derselben aufgestellt. Nebst e. Rechts-Gutachten. gr. 8. Leipzig 835. Franke, jetzt Melzer. 1/6 ℛ

Kayser, Konrad

[F.] Durch Kreuz zur Krone! Phil. 2, 5–11. Konfirmationspredigt am Palmsonntag geh. in d. St. Paulskirche zu Frankfurt a. M. v. C. Kayser, evangel.-luth. Pfarrer. *Halle a. S.: E. Strien [1839].* (15 S.) 1 Bd 8.
= Predigt-Hausschatz, Evangelischer. No 10. [93. 2744]

Kayser, K., Einleitung zu der Besprechung üb. Schundlitteratur u. ihre Bekämpfung bei den Lichtenthaler Versammlungen vom 22.–26. X. 1899. 12. (11 S.) Lichtenthal b. Baden-Baden 900. Christl. Kolportage-Verein. — 03

[F.] Emil Frommel. Ein Lebensbild v. C. Kayser, Pfarrer in Frankfurt a. M. *Karlsruhe: Evangel. Schriftenver. 1897.* (2 Bl., 165 S., 2 Portr., 8 Taf.) 1 Bd 8. [97. 6936]

Kayser, Konrad: Emil Frommel. Ein Lebensbild. Mit 11 Bild. 2. Aufl. Karlsruhe: Ev. Schriftenverein 1898. VI, 165 S. 8⁰

Kayser, C., Emil Frommel. E. Lebensbild. M. 11 Bild., darunter 5 nach Orig.-Zeichngn. v. H. Dobmann. 3. Aufl. 8. (VI, 165 S.) Karlsruhe 898. Ev. Schriftenverein. Geb. in Leinw. n. 2. —

Kayser, C., Emil Frommel u. der Gustav Adolf-Verein, s.: Festschriften f. Gustav Adolf-Vereine. 8. Heft.

50 Jahre Innerer Mission in Frankfurt a. M. Festschrift z. 50. Jahresfeier d. Evang. Vereins f. Innere Mission 1900. Hrsg. von Pfarrer C[onrad] Kayser u. Pfarrer W[ilhelm] Teudt. Frankfurt a. M.: Evang. Ver. f. Innere Mission 1900. (108 S.) 8° [F.] [08. 11804]

— Dr. Friedrich Kayser, Diakonus zu Gernsbach an der Murg, Erweckungsprediger u. Mann der inneren Mission in Baden in der Mitte des 19. Jahrh. (38 S.) gr. 8. Karlsruhe 908. Ev. Schriftenverein. — 40
Sonderabdruck aus: „Monatsschr. f. inn. Miss."

Kayser, C., Konfirmanden-Unterricht nach Luthers kleinem Katechismus, in Gemeinschaft m. Pfarrern W. Busch u. H. Palmer hrsg. 2. Aufl. (64 S.) 8. Frankfurt a/M. (908). (K. Ecklin.) Geb. nn — 70

— von der Kraft des Wortes Gottes. Referat u. daran sich anschließ. Ansprachen bei den Versammlgn. des 31. Jahresfestes des christl. Kolportage-Vereins. 12. (15 S.) Ebd. 899. — 05

— s.: Monats-Blätter f. inn. Mission.

Kayser, C., die Versorgung der Gemeinde m. den Erzeugnissen der christl. Presse. Vortrag. [Sonderdr.] (27 S.) Nürnberg 890. J. L. Schrag's Verl. n. — 40

Kayser, Conr., die Versorgung der Gemeinde m. den Erzeugnissen der christlichen Presse. Vortrag geh. bei d. 26. Kongr. f. innere Mission. [Aus den „Verhandlgn."] gr. 8. (27 S.) Nürnberg 891. J. L. Schrag. n. — 40

Kayser, Curt: Aus d. med. Univ.-Polikl. in Strassburg. ⟨Vorst.: Meyer⟩. Über familiäres Auftreten postdiphtherischer Lähmungen. Strassburg i. E. 1910: Müh. 24 S. 8°
Straßburg, Med. Diss. v. 28. Febr. 1910, Ref. Moritz
[Geb. 27. Sept. 83 Breslau; Wohnort: Straßburg; Staatsangeh.: Preußen; Vorbildung: Gymn. Ohlau Reife M. 03; Studium: Breslau 8, Freiburg i. B. 1, München 1 S.; Coll. 20. Jan. 10; Approb. 28. Jan. 10.] [U 10. 4051

Kayser, Curt: Aus d. Universitätspoliklinik f. Hals- u. Nasenkranke d. Kgl. Charité. Dir.: Fränkel. Beitrag zum Studium des primären Schleimhautlupus und seiner Behandlung. (Berlin 1910: Scholem.) 24 S. 8°
Berlin, Med. Diss. v. 31. Mai 1910, Ref. Hildebrand
[Geb. 14. Sept. 85 Berlin; Wohnort: Berlin; Staatsangeh.: Preußen; Vorbildung: Königstädt. Realgymn. Berlin Reife M. 03; Studium: Berlin 8, München 1, Halle 1 S.; Coll. 31. Mai 10; Approb. 26. Mai 10.] [U 10. 52

Kayser, L., der Kampf um die Echtheit der Evangelien, geschildert am Evangelium Johannis. Vortrag. 8. (39 S.) Bremen 870. (Barmen, Klein.) * — 50

Kayser, L., zur Patentfrage, s. Patentfrage, die.

Kayser, Lina [Übers.]
s. Ross, Charles H.: Die hübsche Witwe. 1869.

Kayser, Ldw., s. Kaiser.

Kayser, Ludwig, aus Schmiedeberg i. R. Kammergerichtsrefer.: Wesen und Wirkungen der Erbunwürdigkeitserklärung. Berlin 1909: Pilz. VI, 45 S. 8°
Jena, Jur. Diss. v. 27. April 1909, Ref. Danz
[Geb. 27. Aug. 80 Penig; Wohnort: Köpenick; Staatsangeh.: Preußen; Vorbildung: Friedrichs-Werdersches Gymn. Berlin Reife O. 03; Studium: Berlin 6 S.; Rig. 5. März 09.] [U 09. 2098

Kayser, Ldw. Chr., Samml. zerstreuter Blätter v. J. 1810. 4. Regensb. 811.

Kayser, M. Krankheitsgesch. der i. J. 1788 z. Stralsund i. Militärlazarett gestorbenen Personen. Stralsund 1789.

Kayser, Matth., geistl. Arzney f. Kranke. 8. Augsb. Wolf. 78 p.

Kayser, Max, Der 18. März. Eine historische Skizze. Festrede, geh. beim allgemeinen Arbeiterfest in Dresden am 18. März 1878. 8⁰. Dresden, Klemich's Selbstverl., s. a.

Kayser, Osc., Edelsteine aus Jean Paul's „Levana" ausgewählt. gr. 8. (VI, 81 S.) Leipzig 879. Wartig's Verl. n. 1. 60; geb. n. 2. 40

Kayser, Oskar, Köln: Die Schulden des Deutschen Reiches in rechtlicher Beziehung. *Stuttgart 1902: Union.* (43 S.) 8°
Würzburg, Jur. Diss. v. 1902

Kayser, Otto [app. Arzt aus Harburg]: Ein Beitrag zur Alkoholfrage. . . . Kiel, Druck v. Schmidt & Klaunig, 1888; 47 + 1 S. 8°
Kiel, Med. Fak., Inaug.-Diss. v. 15. Okt. 1888

Kayser, Otto, ein Beitrag zur Alkoholfrage. Inaugural-Dissertation. gr. 8. (47 S.) Kiel 888, (Lipsius und Tischer.) *

Kayser, Otto, über Parabromtoluol-Amidosulfosäure u. Parabromtoluol-Nitrosulfosäure [Parabromamidosulfitoluol u. Parabromnitrosulfitoluol]. Inaugural-Dissertation. gr. 8. (44 S.) Göttingen 875. (Vandenhoeck & Ruprecht.) n. — 80

Kayser, Paul, Abhandlungen aus dem Process u. Strafrecht. Eine Habilitationsschrift. gr. 8. (IX, 199 S.) Berlin 873. Simion. 5. 40

Kayser, Paul, Gesetz, betr. die Kommanditgesellschaften auf Aktien u. die Aktiengesellschaften vom 18. Juli 1884. Mit Erläutergn. gr. 8. (IV, 173 S.) Berlin 884. H. W. Müller. cart. n. 4. —

Kayser, Paul, Gesetz, betr. die Kommanditgesellschaften auf Aktien u. die Aktiengesellschaften vom 18. Juli 1884. Mit Erläutergn. 2., verb. u. verm. Aufl. gr. 8. (VIII, 212 S.) Berlin 891. H. W. Müller. Kart. n. 4. 50

— Gewerbe-Ordnung f. das Deutsche Reich in der durch die Bekanntmachung vom 1. Juli 1883 veröffentlichten Fassung, nebst den v. Reichswegen erfolgten Ergänzgn. u. Ausführungs-Vorschriften. Aus den Materialien der Gesetzgebg. u. aus der Praxis der Gerichte u. Verwaltungsbehörden erläutert. gr. 8. (250 S.) Ebend. 884. cart. n. 2. —

Kayser, Paul, Gewerbe-Ordnung für das Deutsche Reich, nebst den von Reichswegen erfolgten Ergänzungen und Ausführungs-Vorschriften. Aus den Materialien der Gesetzgebung und aus der Praxis der Gerichte und Verwaltungsbehörden erläutert. 2. verm. und verb. Aufl. (Ausg. für das Reich.) 8. (XII, 368 S.) Berlin 888, H. W. Müller. geb. *

—— dass. — Mit Anhang für Elsaß-Lothringen. 8. (XII, 368, 32 S.) Ebendas. 888. geb. *

—— dass. — Mit Anhang für Preußen. 8. (XII, 368, 48 S.) Ebendas. 888. geb. *

Kayser, Paul, Gewerbeordnung f. das Deutsche Reich, erläutert. 3., gänzlich umgearb. Aufl., hrsg. v. K. Steiniger. Ausg. f. das Reich. 12. (XIV, 783 S.) Berlin 901. H. W. Müller. Geb. in Leinw. n. 5. 50

— dasselbe. Ausg. f. Elsaß-Lothringen. 12. (XIV, 783 u. 86 S.) Ebd. 901. Geb. in Leinw. n 6. —

— dasselbe. Ausg. f. Preußen. 12. (XIV, 783 u. II, 187 S.) Ebd. 901. Geb. in Leinw. n. 6. 50

Kayser, Paul, aus Finsterbergen (Hzgt. Gotha), Unterarzt im Inf.-Reg. Prinz Louis Ferdinand von Preußen (2. Magdeb.) No 27: Aus d. 1. med. Klinik d. Kgl. Charité. (Direktor: Herr Geheimrath Prof. von Leyden.) Die Lysolvergiftung. *Berlin (1903): A. Wernicke & Co.* (29 S.) 8°
Berlin, Med. Diss. v. 24. Febr. 1903

—— „Quid veteris juris Lubecensis codices, quales anno MDCCCXXXIX Hachii curis prodierunt, de hereditatibus statuerint". Dissertatio inauguralis. 8. (VI, 100 S.) Berlin 868, (Puttkammer und Mühlbrecht.) * 1 —

Kayser, Paul, die Reichs-Justizgesetze [mit Ausschluß der Strafprozeßordnung] und die für das Reich und in Preußen erlassenen Ausführungs- und Ergänzungsgesetze. Mit Anmerkungen und Sachregister. gr. 8. (IV, 556, 20 S.) Berlin 879, H. W. Müller.

—— die gesammten Reichs-Justizgesetze und die sämmtlichen für das Reich und in Preußen erlassenen Ausführungs- und Ergänzungsgesetze, Verordnungen, Erlasse und Verfügungen. Mit Anmerkungen, Kostentabellen und Sachregister. 2. verm. und verb. Aufl. gr. 8. (XVI, 991 S.) Berlin 880, H. W. Müller. *ℳ 12.; geb. *
Nachtrag. (XX, 185 S.) *
compl. mit Nachtrag geb. in 1 Bd. *

— dasselbe. Nachtragsheft zur 2. Aufl. [1880.] gr. 8. (XX, 185 S.) Ebend. 881. cart. n. 3. — (Hauptwerk m. Nachtrag in 1 Bd. geb.: n. 16. —)

— dasselbe, nebst den Urtheilen des Reichsgerichts u. den endgültigen Entscheidungen des Kammergerichts. Mit Anmerkungen, Kostentabellen u. Sachregister. 3., verm. u. verb. Aufl. gr. 8. (XXV, 1148 S.) Ebend. 882. n. 16. —; geb. n. 17. 50

—— die gesammten Reichs-Justizgesetze und die sämmtlichen für das Reich und in Preußen erlassenen Ausführungs- und Ergänzungsgesetze, Verordnungen, Erlasse und Verfügungen, nebst den Urtheilen des Reichsgerichts und den endgült. Entscheidungen des Kammergerichts. Mit Anmerkungen, Kostentabellen und Sachregister. 4. verm. und verb. Aufl. In 6 Lfgn. gr. 8. (XXXV, 1153 S.) Ebendas. 887.
1. Lfg. (gratis.); 2. und 3. Lfg. à *ℳ 4.—.; 4. Lfg. *ℳ 3.—.; 5. und 6. Lfg. *ℳ 7.—. * geb. *

— die gesammten Reichs-Justizgesetze u. die sämmtlichen f. das Reich u. in Preußen erlassenen Ausführungs- u. Ergänzungsgesetze, Verordnungen, Erlasse u. Verfügungen, nebst den Urtheilen d. Reichsgerichts u. den endgült. Entscheidgn. d. Kammergerichts. Mit Anmerkgn. u. Sachregister. 5., verb. Aufl., besorgt v. Ernst Kayser. 6 Lfgn. gr. 8. (XLIII, 1144 S.) Ebd. 893. 894. n. 18. —; geb. n.n. 19. 50

— die gesammten Reichs-Justizgesetze u. d. sämmtlichen f. das Reich u. in Preußen erlassenen Ausführungs- u. Ergänzungsgesetze, Verordnungen, Erlasse u. Verfügungen. Mit Anmerkgn. u. Sachregister. 6., neu bearb. Aufl. gr. 8. (XXVI, 1241 S.) Berlin 901. H. W. Müller. n. 18. —; geb. n. 20. —

Kayser, P., die Reichs-Justizgesetze, m. Ausschluß d. Strafprozeßordnung, u. die f. das Reich u. in Preußen erlassenen Ausführungs- u. Ergänzungsgesetze, Verordnungen, Erlasse u. Verfügungen. Mit Anmerkgn u. Sachregister. 7., neu bearb. Aufl. (XX, 1089 S.) gr. 8. Berlin 910. H. W. Müller. 18.—; geb. 20. —

—— die Reichs-Prozeßgesetze und deren Ergänzungen im Reiche. Mit Anmerkungen, Kostentabellen und Sachregister. gr. 8. (VIII, 565 S.) Ebendas. 880. geb. *

— die Reichs-Prozeßgesetze u. deren Ergänzungen im Reiche. Mit Anmerkungen, Kostentabellen u. Sachregister. gr. 8. (VIII, 565 S.) Ebend. 881. geb. n. 4. 50

— die Strafgerichtsverfassung u. das Strafverfahren des deutschen Reichs. Für das Studium u. die Praxis systematisch dargestellt. gr. 8. (X, 326 S.) Paderborn 879. F. Schöningh. n. 4. 50

— der Zeugnißzwang im Strafverfahren in geschichtlicher Entwickelung, s. a. Zeit- u. Streit-Fragen, deutsche.

Kayser P. der Zeugniszwang im Strafverfahren in geschichtlicher Entwicklung. (Zeit- und Streitfragen, Deutsche 117) Berlin 1879

LIEDER, Vermischte, mit Melodien aufs (!) Clavier (von *Philipp Christoph Kayser*). Winterthur 1775.
Anon.-Lex. III. p. 74 (nach Goedeke).

Kayser, R., s.: Bericht üb. die 11. Versammlung der freien Vereinigung bayerischer Vertreter der angewandten Chemie.

Kayser, R., chemisches Hilfsbuch für die Metall-Gewerbe. gr. 8. (IV, 133 S.) Würzburg 885, Stuber's Verlag. *

Kayser, R., chemisches Hilfsbuch f. d. Metall-Gewerbe. 2., verb. u. verm. Aufl. 8. (IV, 173 S.) Würzburg 896. A. Stuber's Verl. Geb. in Leinw. n. 2. 80

Kayser, R., Untersuchungen über das Anilinschwarz. Mittheilungen aus dem Laboratorium des bayerischen Gewerbemuseums zu Nürnberg. gr. 8. (12 S.) Nürnberg 877. Korn. n. — 25

— Untersuchungen über natürliche Asphalte, mit Berücksichtigung ihrer photochemischen Eigenschaften. Mittheilungen aus dem Laboratorium des bayerischen Gewerbemuseums zu Nürnberg. gr. 8. (33 S.) Ebend. 879. n. 1. —

— s.: Vierteljahresschrift üb. d. Fortschritte auf d. Gebiete d. Chemie d. Nahrungs- u. Genussmittel.

— s.: Vorträge aus dem Gebiete der Nahrungsmittel-Chemie.

Anleitung zur Diagnose und Therapie der Kehlkopf-, Nasen- und Ohrenkrankheiten. Vorlesungen geh. in Fortbildungscursen für pract. Aerzte von Dr. Richard Kayser in Breslau. *Berlin: S. Karger 1901.* (109 S.) 8° [00. 10827

Anleitung zur Diagnose und Therapie der Kehlkopf-, Nasen- u. Ohrenkrankheiten. Vorlesungen geh. in Fortbildungscursen f. pract. Aerzte von Dr. Richard Kayser in Breslau. 2. verm. u. verb. Aufl. Mit 130 Abb. *Berlin: S. Karger 1903.* (178 S.) 8° [03. 580

Kayser, Rich., Anleitung zur Diagnose u. Therapie der Kehlkopf-, Nasen- u. Ohrenkrankheiten. Vorlesungen, geh. in Fortbildungskursen f. prakt. Aerzte. 4., verm. u. verb. Aufl. (V, 197 S. m. 132 Abbildgn.) Lex.-8. Berlin 907. S. Karger. n. 4. 80; geb. n. 5. 80
3. Aufl. (V, 186 S.) 905. n. 4. 80; geb. n. 5. 80.

Anleitung zur Diagnose und Therapie der Kehlkopf-, Nasen- und Ohrenkrankheiten. Vorlesungen geh. in Fortbildungskursen f. prakt. Aerzte von Dr. Richard Kayser in Breslau. 5. unveränd. Aufl. Mit 132 Abb. Berlin: S. Karger 1908. (197 S.) 8° [08. 12398

Kayser, Rich., Anleitung zur Diagnose u. Therapie der Kehlkopf-, Nasen- u. Ohrenkrankheiten. Vorlesgn., geh. in Fortbildungskursen f. prakt. Aerzte. 6., verb. Aufl. (V, 204 S. m. 134 Abb.) Lex. 8. Berlin 909. S. Karger. 4.80; geb. 5. 80

— **Bericht üb. die 1891 u. 1892 in der Prof. Gottstein'schen Privatpoliklinik f. Hals-, Nasen- u. Ohrenkrankheiten behandelten Krankheitsfälle. [Aus: „Monatsschrift f. Ohrenheilkde."] gr. 8. (14 S.) Berlin 894. O. Coblentz. n. 1. —**

Ueber Durchlöcherungen des Trommelfells. Von Dr. R[ichard] Kayser ... *Halle a. S.: C. Marhold 1898.* (34 S.) 8.
= Sammlung zwangl. Abhandlungen a. d. Gebiete d. Nasen-, Ohren-, Mund- u. Hals-Krankheiten. Bd III. H. 3. [98. 8636 II.

Über subjektive Gehörsempfindungen v. Dr. R. Kayser in Breslau ... *Halle a. S.: C. Marhold 1897.* (46 S.) 8.
= Sammlung zwangl. Abhandlungen a. d. Gebiete d. Nasen-, Ohren-, Mund- u. Halskrankhtn. Bd II. H. 6. [97. 4606

Kayser, R., zur Geschichte der Cholera speciell der Cholera-epidemien in Breslau. Nach einem im Humboldt-Verein am 22. Juli 1884 gehaltenen Vortrage erweitert und vermehrt. gr. 8. (22 S.) Breslau 884, Preuß und Jünger. *

— Geschichte des seit 25 Jahren bestehenden Vereins der Breslauer Aerzte. Nach e. am 11. II. 1909 im Verein der Breslauer Aerzte geh. Vortrage. (14 S.) 8. Breslau 909. Preuss & Jünger. — 40

Kayser, Richard (*geb. Tarnowitz 13.5.1854*): Zur Lehre von der progressiven Bulbärparalyse. Breslau 1876. (29 S.) 8°
Breslau, Med. Diss. v. 8. Juli 1876

Kayser, R. Die Stellung der Aerzte zu den Krankenkassen. [Nach e. im Verein der Breslauer Aerzte am 1. October 1890 geh. Vortrage.] gr. 8. (27 S. m. 1 Taf.) Bresl. 890, Preuss u. Jünger. — 60

Kayser, Richard [app. Arzt aus Lübeck]: Die Zeichen der Schwangerschaft der ersten vier Monate ... Marburg, Buchdr. F. Sömmering, 1891; 43 S., 1 Bl. 8.
Marburg, Med. Fak., Inaug.-Diss. v. [27. Nov.] 1891

Kayser, Robert: Beitrag zur Aetiologie der tertiären Lues ... Colmar, Buchdr. Decker, 1891, 66 S. 8°
Strassburg, Med. Fak., Inaug.-Diss. v. 1891

Kayser, Rob., Beitrag zur Kosmogenie. Entwickelungsgeschichte der Materie. gr. 8. (22 S.) Nürnberg 875. v. Ebner. n. — 40

Kayser, Rudolf [aus Münster i. W.]: Zur Kenntnis des m-Chlorchinolins und seiner Derivate ... Freiburg i. B., Buchdr. v. Chr. Ströcker, 1891; 42 S., 1 Bl. 8.
Freiburg i. B., Phil. Fak., Inaug.-Diss. v. 1891

— **Rudolf** (Dornburg. Naumburg), Specim. physiolog. de cordis motu. Diss. med.-chir. Bln. (August Petsch) 10. VII. 1826. 28 S. mit Biogr. (M.: Haenert.) (6.50) 17581
Oppon.: R. Sick, C. Boetticher, H. Petermann. — Gew.: J. G. Langermann, Joh. Dan. Kayser (Vater).

Kayser, Rudolf [Gymnasiallehrer am Johanneum in Hamburg]: Placidus von Nonantula: De honore ecclesiae. Ein Beitrag zur Geschichte des Investiturstreits .... Kiel, Druck v. Schmidt & Klaunig, 1888; 65 + 1 S. + 1 Bl. 8°
Kiel, Phil. Fak., Inaug.-Diss. v. 3. März 1888

Kayser, Rud., Placidus von Nonantula: De honore ecclesiae. Ein Beitrag zur Geschichte des Investiturstreits. Inaugural-Dissertation. gr. 8. (65 S.) Kiel 888, (Universitäts-Buchhandlung.) *

Kayser, R(udolf), Dr.: Christian Thomasius und der Pietismus. *Hamburg 1900: Lütcke & Wulff.* (32 S.) 4°
Hamburg, Wilhelm-G, OP 1900 (786)

Kayser, Rud., Christian Thomasius u. der Pietismus. Progr. gr. 4. (32 S.) Hamburg 900. (Herold.) n. 2. 50

Kayser, Seb., Dissertatio de nummis monetariorum veterum culpa vitiosis. Vienn. 736. 8. 1 rthl. 20 gr.

Kayser, Stan., Beschr. d. Einweihung d. uralten Pfarrkirche aus d. Staffelsee in Oberbayern. gr. 8. Augsb. M. Rieger. 783.

— Entw. d. bayersch. Gesch. gr. 8. Ebend. 782.

— Lobred. u. Trostpredigt. a. d. Scapulierfest. gr. 8. Ebend. 782.

— Lob- und Sittenreden b. Feyerlichkeit. 8. Ebend. 784.

— memoria Damasciana in memoriam jubilaeam R. D. D. Abbat. Bartholdi II. in Diessen. fol. ibid. 797.

— d. heil. Messe d. Heiligung des vormittägigen Gottesdienstes z. Gebetbuch. 8. Ebend. 805.

— Predigten v. d. Leiden Jesu C. rc. 8. Ebend. 788.

— — auf alle Festt. Mariens. 8. Ebend. 790.

— — a. d. heiligen Benedikt. 8. Augsb. J. Wolf. 785.

Kayser, Theodor Des Horaz Ars Poetica übersetzt und erläutert. 4 (S. 3—32). Progr. Karls-G. *Stuttgart* 1888 (559).

Kayser, Th., Ars poetica d. Horaz, übers. u. erläutert. 4. (32 S.) Stuttgart 888. (Tübingen, Fues.) n. 1. 60

Kayser, Thdr., Hiob in dramat. Form m. Einleitg. u. Erläutergn. 8. (103 S.) Stuttgart 898. Greiner & Pfeiffer. Geb. in Leinw. n. 1. 50

Kayser, Th., s.: Horatius Flaccus, d. Q., Oden u. Epoden.

Kayser, Theophil Philipp Christian,
s. K a y s e r , Gottlieb Philipp Christian.

Kayser, W., Johann Amos Comenius. Sein Leben u. seine Werke. Mit Brustbild. 1. u. 2. Aufl. gr. 8. (IV, 148 S.) Hannover-Linden 892 Manz & Lange. n. 2. —

— dasselbe. 3. Aufl. Mit e. Anh.: Die Schriften v. u. üb. Comenius. gr. 8. (IV, 160 S. m. 1 Brustbild.) Ebd. 892. n. 2. —

Kayser, W., Führer durch Schottland, s.: Miniatur-Bibliothek.

Kayser, W., Lexikon lateinischer Citate. gr. 8. (279 S.) Zürich 899. F. Schultheß. n. 8. —

Kayser, W., Johann Heinrich Pestalozzi. Nach s. Leben, Wirken u. s. Bedeutg. dargest. Z. nation. Ehrengedenktag v. J. Heinrich Pestalozzi (150. Wiederkehr d. Geburtstages, 12. Jan. 1896). gr. 8. (358 S.) Zürich 896. F. Schultheß. n. 3. 20; geb. in Leinw. n. 4. —

Kayser, Walter [aus Torgau]: Über die Kondensation des Tetrahydrochinolins mit Äthylacetessigester und Malonsäureester. — Über einige neue Abkömmlinge des Phenylhydrazins … Berlin, Druck v. M. Driesner, *1892*; 46 S., 1 Bl. 8.
Berlin, Phil. Fak., Inaug.-Diss. v. 23. März 1892

Kayser, Wilh., auf nach China od. Der verwechselte Gemeindevorsteher, s.a. Jacobi's neues Vereinstheater.

Auf nach China oder der verwechselte Gemeindevorsteher. Schwank in 1 Aufz. v. Wilhelm **Kayser**. Aachen: A. Jacobi & Co. 1907. (20 S.) 8° [F.]
— **Vereinstheater,** Jacobi's Neues. H. 14. 107. 9635 B

Kayser, Wilh., der Baron als Stadtwichser od. Wenn man nur will, es geht gewiß, s.: Radermacher's, J., Vereinsbühne.

— Der Bauer in der Klemme, od.: Der bekehrte Geizhals, s.: Vereinstheater, neues.

Kayser, W(ilhem). Die Beatushöhle. Ritterschauspiel mit Gesang in 7 Bildern. Nach der bekannten und allbeliebten Volkserzählung frei bearbeitet. (4. Aufl.) 96 S. 8. Paderborn, Bernhard Kleine, [1903]. (M. 1.50)
(Kleines Theater. Heft 167.)

Kayser, Wilh., einige Bedenklichkeiten z. Grünschen Vorlesung über wahre Bildung. 8. (1⅓ B.) Münster 844, Wundermann'sche Buchh.

Kayser, Wilhelm: Die beiden B r ü d e r od. Bauer u. Musikant, s. T h e a t e r , Kleines.

— Die gleichen Brüder od.: Irren ist menschlich, s.: Radermacher's, J., Vereinsbühne.

— der Deserteur, s.a. Jacobi's neues Vereinstheater.

Der Deserteur. Volksstück in 5 Aufz. von Wilhelm **Kayser**. ⟨Ohne Damenrollen.⟩ Aachen: A. Jacobi & Co. 1907. (51 S.) 8° [F.]
— **Vereinstheater,** Jacobi's Neues. H. 10. 107. 8178 B

Kayser, Wilh., Joh. Geo. Drüppel im Verhör, s. Theater, kleines.

— Das Duell od.: Der protestierte Wechsel, s.: Vereinstheater, neues.

Kayser, Wilhelm: D ü n n b e i n und Knickebein, s. T h e a t e r , Kleines.

– Die E i n q u a r t i e r u n g , s. T h e a t e r , Kleines.

Kayser, Wilhelm: Die erste E x e r z i e r s t u n d e , s. T h e a t e r , kleines.

Kayser, Wilhelm: Der F e s t t a g s f r e u n d . Eine Sammlung heiterer und ernster Gedichte, komischer Vorträge u. kleiner Theaterstücke. 2. gänzl. umgearb. u. bedeutend verm. Aufl. hrsg. von Hans Eschelbach. Paderborn: B. Kleine 1898. (VIII, 452 S.) 8°
= Theater, Kleines. No. 213.

– Eine G e d u l d s p r o b e , od. D. verwechselte Offiziersbursche, s. T h e a t e r , Kleines.

– Die hl. G e n o v e f a , s. T h e a t e r , Kleines.

— die letzte Gerichtssitzung in Glücksdorf od. Jaunderend als Zeuge, s.: Theater-Bibliothek.

– G l o r i a in excelsis Deo, s. T h e a t e r , Kleines.

— u. J. Boventer, d. Gnadenbild im Walde, od. St. Joseph, uns. Schutzpatron, s.: Theater, kleines.

– G r e g o r der Große, s. T h e a t e r , kleines.

— Grenadier u. Matrose, s.: Theater-Bibliothek.

– Der Baron von H a b e n , s. T h e a t e r , kleines.

Kayser, W., die beiden Hauptleute oder die Verlobung am Christbaume, s.: Dilettanten-Bühne, katholische.

– Der gemüthliche H a u s d i e n e r , s. T h e a t e r , kleines.

— Heil, Kaiser, dir!, s.: Radermacher's, J., Vereinsbühne.

— Der Herrgottsschnitzler od.: Wo die Not am größten, ist Gottes Hilf' am nächsten, s.: Radermacher's, J., Vereinsbühne.

– Die H e x e v. Karrenberge, od. D. Tugend siegt, d. Laster unterliegt, s. T h e a t e r , Kleines.

– Der H e x e n m e i s t e r od. die Dummen werden nicht alle, s. T h e a t e r , kleines.

Hirlanda oder Sieg d. Tugend u. Unschuld. Schauspiel in 3 Aufz., frei bearb. nach e. Erzählung von Christoph v. Schmid von Wilhelm **Kayser**. Aachen: A. Jacobi & Co. 1907. (42 S.) 8° [F.]
= **Vereinstheater,** Jacobi's Neues. H. 11. 107. 8173 B

Kayser, Wilhelm: H i r l a n d a od. Sieg der Tugend u. Unschuld, s.a. J a c o b i ' s neues Vereinstheater.

– Das gestörte J a w o r t , od. Ist die Noth am größten, ist d. Hülfe am nächsten, s. T h e a t e r , Kleines.

– Der dumme J o s e p h , s. T h e a t e r , kleines.

– K a n u t , od. Gelübde u. Schwur, s. T h e a t e r , Kleines.

Die Kapelle auf dem Berge oder Antonius, unser Schutzpatron. Schauspiel in 3 Aufz. von Wilhelm **Kayser**. ⟨Ohne Damenrollen.⟩ Aachen: A. Jacobi & Co. 1907. (52 S.) 8° [F.]
— **Vereinstheater,** Jacobi's Neues. H. 12. 107. 8174 B

– Die K a p e l l e auf dem Berge od. Antonius, unser Schutzpatron, s.a. J a c o b i ' s neues Vereinstheater.

Kayser, Wilhelm: Der Komet, s. Theater, kleines.

– Kurirt, s. Theater, kleines.

– Die Lästerzunge od. die verwechselten Morgenhauben, s. Theater, kleines.

– Leonore. od. D. bekehrte Geizhalz am heil. Weihnachtsfeste, s. Theater, Kleines.

— **Lieder u. Melodien zu der Sammlung Kleines Theater (Familien- u. Vereinstheater) Hft. 1—200. gr. 8. (VIII, 119 S.) Paderborn 892. B. Kleine. 1. 20**

– Lumen de coelo, s. Theater, kleines.

– Lutz v. Rothenburg od. Nazaräer, du hast gesiegt, s. Theater, kleines.

— **Wilhelm (Münster/Westf.). De luxatione claviculae. Diss. med.-chir. Halle (Heynemann) 1. IX. 1847. 31 S. m. Biogr. (M.: K. Webers.) (6.30) 17582**
Oppon.: J. Hoelzenbein, W. Berghaus.

— Das Machtwort der Mutter od. Die musterhafte Vorstandssitzung e. Arbeiter-Vereines, s.: Radermacher's, J., Vereinsbühne.

Maria, Maienkönigin. Schauspiel in 1 Aufz. von Wilhelm **Kayser**. (Ohne Damenrollen.) Aachen: A. Jacobi & Co. 1907. (25 S.) 8° [F.]
= **Vereinstheater**, Jacobi's Neues. H. 15. 07. 9136 B

– Maria, Maienkönigin, s. Jacobi's neues Vereinstheater.

– Meister Martin, s. Theater, kleines.

– O, du mein Mukkelchen, s. Theater, kleines.

– das Namenstagsgeschenk od. der fatale Affe, s. Theater, kleines.

– Schwache Nerven, oder wer hat den Bock geschossen, s. Theater, kleines.

— **Der nichtsnutzige Nichtsnutz, s.: Theater, kleines.**

– Die Ostereier, s. Theater, kleines.

Kayser, Wilh., Pardon wird nicht gegeben! Heitere Erzählgn. aus der Gegenwart. 8. (124 S.) Budapest 900. Sachs & Pollák. 1.20

– Meister Pott, s. Theater, kleines.

– Der Räsonör od. der Schneider als Bürgermeister auf Probe, s. Theater, kleines.

– Hauptmann Ratzius, s. Theater, kleines.

Kayser, Wilhelm, Referendar: **Das Recht des Niessbrauchers auf die Sachfrüchte nach gemeinem Recht und nach dem Bürgerlichen Gesetzbuch.** *Greifswald 1901: J. Abel.* (79 S.) 8°
Greifswald, Jur. Diss. v. [27. Nov.] 1901

– D. Ritter v. Rabenstein u. Falkenhorst, s. Theater, Kleines.

– Der Sanitätsrath, s. Theater, kleines.

– Die gerettete Schatulle, s. Theater, kleines.

– Schmachtkuchen, s. Theater, kleines.

— **Das erste Sedanfest od.: Viel Freud und Leid in Kriegeszeit, s.: Radermacher's, J., Vereinsbühne.**

– E. Ständchen beim Hauptmann Trapp. Auf d. Wacht, s. Theater, Kleines.

— **Stiefel-Diebstahl, s. a. Esser's, J., Sammlung leicht aufführbarer Theaterstücke.**

Stiefel-Diebstahl. Militär-Humoreske in 1 Aufz. von Wilh. **Kayser**. Paderborn: J. Esser [1908]. (16 S.) 8° [F.]
— **Sammlung**, J. Esser's, leicht aufführbarer Theaterstücke. H. 99. 08.9001

– Meister Strebsam, s. Theater, kleines.

– E. toller Streich, od. Er ist Baron u. ahnt es nicht, s. Theater, Kleines.

Studentenleben. Volksstück in 1 Aufz. von Wilhelm **Kayser**. (Ohne Damenrollen.) Aachen: A. Jacobi & Co. 1907. (22 S.) 8° [F.]
= **Vereinstheater**, Jacobi's Neues. H. 9. 07. 8171 B

– Studentenleben, s. a. Jacobi's neues Vereinstheater.

– Starker Tabak, s. Theater, Kleines.

— Der Taler als Talisman, s.: Radermacher's, J., Vereinsbühne.

– Die Thräne, s. Theater, kleines.

— **deutsche Treue, s.: Dilettanten-Bühne, katholische.**

Onkel Treugold oder Die halsstarrige Nichte. Schwank in 1 Aufz. von Wilhelm **Kayser**. Aachen: A. Jacobi & Co. 1907. (26 S.) 8° [F.]
= **Vereinstheater**, Jacobi's Neues. H. 13. 07. 9634 B

– Onkel Treugold od. Die halsstarrige Nichte, s. a. Jacobi's neues Vereinstheater.

– Der treue Valentin. Nach Ferd. Raimunds Orig.-Zaubermärchen „Der Verschwender" frei bearb., s. Theater, kleines.

– Der verstoßene Vater, s. Theater, Kleines.

– Vergriffen, s. Theater, kleines.

– Vorbedeutungen, s. Theater, Kleines.

Am heiligen Weihnachtsabend. Schauspiel in 3 Aufz., frei bearb. nach e. Erzählung von Christoph v. Schmid von Wilhelm **Kayser**. Aachen: A. Jacobi & Co. 1907. (36 S.) 8° [F.]
= **Vereinstheater**, Jacobi's Neues. H. 7. 07. 8160 B

– Am hl. Weihnachtsabend, s. a. Jacobi's neues Vereinstheater.

– Wirrwarr, od. D. verlorene Testament, s. Theater, Kleines.

– Der betrogene Wirth. Es bleibt beim Alten, s. Theater, kleines.

—— **Doctor Wunderlich, s. Dilettanten-Bühne, katholische.**

– Der erste Zank. Der Flurschütze Dierk, od. kleine Ursachen, große Wirkungen, s. Theater, kleines.

— **Zentrum ist Trumpf, s.: Radermacher's, J., Vereinsbühne.**

– Z r i n y , nach Th. Körner, ohne Frauenrollen, frei bearb., s. T h e a t e r , kleines.

Kayser, Wilhelm Karl

Kayser, W. C. Annotationes criticae ad Odysseae exordium v. 51—85. Teil II. 8 S. [I: 1875.] Progr. Sagan 1879.

Kayser: De Aristarchi aetate minoris c a n o n i b u s . Cod. Paris. 2544. 14 S. – Sagan, Progr. 1862.

Kayser, Wilh. Car., Historia critica Tragicorum Graecorum. 8maj. (23¼ B.) Gottingae 845, libr. Dieterich. *

Kayser, W(il.) C(arol.), Observationes criticae in primum Ciceronis librum de re publica. P. II. (Programm.) 4. (32 S.) Sagan 851, (Julien.) *

Kayser, W. C. Quaestionum Tragicarum Pars. I. Fragmenta A g a t h o n i s collecta. 16 S.

Sagan, Progr. 1845

Kayser, W. C.: De versibus aliquot Homeri Odysseae dissertatio critica. (I. 10., 15., 17., 23., 41., 83., 112., 157., 222., 414., VII. 114., XV., 314.) 18 S.– disputatio altera. 15 S. Sagan. Progr. 1854, 57.

— W. C., De versibus aliquot Homeri Odysseae dissertatio critica. Pr. 1854. 18 S. 4°.
— — III. Pr. 1868. 12 S. 4°.

Kayser, Wilh. Reinhard Freih. von, Versuch einer Feststellung der natürlichen u. christlichen Theologie. Bd. 1. Feststellung der natürlichen Theologie. Mainz, Wirth, 1834, gr. 8°, 6 Mk.

In diesem Bde untersucht der Verf. das Verhältnis zwischen Vernunft u. Offenbarung. Vgl. Littztg für die kath. Geistlichkeit 1836, Bd. 1 S. 185—9.

Kayser-Eichberg, Carl, 4 Orig.-Steinzeichnungen, s.: Steinzeichnungen deutscher Maler. Nr. 9.

Kayser-Langerhannß, Agnes, Bausteine für Straßburg. Lieder von 1870. 5. Aufl. gr. 8. (16 S.) Dresden 871, Schulbuchh. [Lehmann'sche Buchdruckerei.] *

Kayser-Langerhannß, A. Gesammelte Dichtungen. 1., 2., 4. u. 5. Bd. 2. Aufl. 8. Großenhain, Baumert u. Ronge. à Bd. * 2 —; * 3 —

1. Waldrose. Novelle. (147 S.) 892. — 2. Das friedliche Thal im Kriege 1813. Erzählendes Gedicht. (157 S.) 892. — 4. Odin. Nordisch-german. Göttersage. Mit dem (Lichtdr.-)Bilde der Dichterin. (185 S.) 891. — 5. Loki. Altgerman. Trauerspiel in 5 Akten. (118 S.) 891.

Kayser-Langerhannß, Agnes, gesammelte Dichtungen. 3., 6. u. 7. Bd. gr. 8. Großenhain, Baumert & Ronge. à n. 2. —; geb. à n. 3. —

3. Gedichte. 5., veränd. Aufl. (VIII, 178 S.) 895.
6. D. Erfinder. Schausp. in 5 Akten. 2. Aufl. (128 S.) 892.
7. D. versunk. Garten. Roman. (227 S.) 895.

Kayser-Langerhanss, Agnes, Erinnerungen aus meinem Leben. (20 S.) Grossenhain 1894. Baumert u. Ronge.

Kayser-Langerhannß, Agnes, Gedichte. gr. 8. (VII und 198 S.) Berlin 865, Schroeder's Verlag. geb. mit Goldschn.

—— Gedichte. Neue Folge. 8. (XII, 260 S.) Dresden 871, Schulbuchh. [Leipzig, Zieger.] geb. mit Goldschn. (* ℳ 4.)

— Gedichte. 3. verb. u. durch neue Gedichte ergänzte Aufl. 8. (X, 246 S.) Dresden 877. Pierson. geb. m. Goldschn. n. 4. —

Kayser-Langerhannß, Agnes, Gedichte. 4. durchges. und bedeutend verm. Aufl. 8. (XII, 271 S.) Leipzig 885, Friedrich. geb. mit Goldschn. *

Kayser-Langerhannß, A., Odin. Nordischgermanische Göttersage. Mit 12 Illustr. in Lichtdr. u. zahlreichen Vignetten (eingedr. Holzschn.) nach C. Ph. Fleischer. gr. 4. (III, 171 S.) München 881. Bruckmann in Comm. geb. m. Goldschn. 45. —

—— das friedliche Thal im Kriege 1813. Erzählendes Gedicht. gr. 16. (IV und 249 S.) Leipzig 866, O. A. Schulz. geb. mit Goldschn. *

—— Waldrose. Novelle. gr. 16. (188 S.) Leipzig 867, O. A. Schulz. *

Kayser von Nilkheim, Vincenz, Nachricht von d. Kuhpockenimpfung zur Aufmunterung d. Einwohner im Markgrafth. Mähren. 8. Brünn 801 u. 3.

Die Geschichte der Heiligen Dichtkunst der hundertjährigen Asche eines der berühmtesten geistlichen Dichter, M. Simon Dachen, ... von einer freyen Gesellschaft gewidmet durch JOHANN JAKOB KÄYSER, ... Den 15. April, 1759. ib. — 4°.

Kayserbarts Leben und Schicksale, von Rupert Becker, mit 1 Kupf. 8. Leipzig, 796. Voß und Comp. 1 Rthl. 10 sgl.
Auch unter dem Titel:
Beckers romantische Chroniken, 2r Theil.

Kayserer, J., d. Kriegslisten d. Alten, f. Gener. u. Offic. a. d. Polyän. u. Frontinus gez. 12. Wien, Binz. (a. Liebeskind in Leipz.) 805.

Kayserlich, J. A., Kazani na wssecky nedele a obwecyne swatky celeho roku, ktera z rozlicnych dobrych gek wyborazwcnich, tak wlastnjch kazatelu wybral, zde onde pr. maril a ztratil a k wsseobecnemu ꝛc. 2 Dily. 8. Brünn, Gastl. 818.

Kayserling, s. Keyserling.

Kayserling, Arthur: Bekämpfung der Lungenschwindsucht in Italien während des 18. Jahrhunderts. Berlin 1910. 27, 13 S. 8°
Jena, Med. Diss. v. 22. Febr. 1910, Ref. Gärtner
[Geb. 19. Juli 74 Hannover; Wohnort: Berlin; Staatsangeh.: Preußen; Vorbildung: Lyz. II Hannover Reife 93; Studium: Heidelberg 10 S.; Coll. 21. März 08; Approb. 25. Juni 98.] [U 10. 2199

Kayserling, A., die Errichtung u. Verwaltung v. Auskunfts- u. Fürsorgestellen f. Tuberkulöse, s.: Pütter.

Kayserling, Arthur: Die Idee der Kausalität in den Lehren der Occasionalisten ... Heidelberg, vorm. Weiss'sche Univ.-Buchh., 1896; VIII, 72 S., 1 Bl. 8.
Heidelberg, Phil. Fak., Inaug.-Diss. v. [27. Apr.] 1897

Kayserling, Arth., d. Idee d. Kausalität in d. Lehren d. Occasionalisten. E. Beitrag z. Geschichte d. Cartesianismus. gr. 8. (VIII, 72 S.) Heidelberg 896. Ch. Th. Groos. n. 1. —

Kayserling, Herbert: Die Willenstheorie bei John Locke und David Hume. o. O. [1909]. 100 S. 8°
Leipzig, Phil. Diss. v. 13. März 1909, Ref. M. Heinze, Wundt
[Geb. 13. Mai 82 Hannover; Wohnort: Hannover; Staatsangeh.: Preußen; Vorbildung: Realgymn. Hannover Reife Aug. 01; Studium: Berlin 3, Leipzig 8 S.; Rig. 29. Juli 07.] [U 09. 2997

Kayserling, Meyer

Kayserling, M., Biblioteca española-portugueza-judaica. Dictionnaire bibliographique des auteurs juifs, de leurs ouvrages espagnoles et portugais et des oeuvres sur et contre les juifs et le judaisme. Avec un aperçu sur la littérature des juifs espagnols et une collection des proverbes espagnoles. Lex.-8. (XXI, 155 S.) Strassburg i/E. 890. Trübner, Verl. n. 6. —

— Christoph Columbus u. der Antheil der Juden an den spanischen u. portugiesischen Entdeckungen. Nach zum Theil ungedr. Quellen bearb. 8. (VII, 164 S.) Berlin 894. S. Cronbach. n. 3. —

Kayserling, M., ein Feiertag in Madrid. Zur Geschichte der spanisch-portugies. Juden. gr. 8. (X und 49 S.) Berlin 857, Springer's Verlag. *

Kayserling, M., ein Feiertag in Madrid. Zur Geschichte der spanisch-portugiesischen Juden. Berlin 859. J. Springer. gr. 8. (X, 49 S.) n. 12 ngr.

Kayserling, M[eyer]: Die jüdischen Frauen in der Geschichte, Literatur u. Kunst. — Leipzig: Brockhaus 1879. VIII, 375 S. 8°

Gedenkblätter. Hervorragende jüdische Persönlichkeiten d. neunzehnten Jhs. In kurzen Charakterist. v. Dr. M[eyer] Kayserling. *Leipzig: Th. Grieben 1892.* (VII, 92 S.) 1 Bd 8.

—— Geschichte der Juden in Spanien und Portugal. 1. Thl.: Die Juden in Navarra, den Baskenländern und auf den Balearen. Lex.-8. (XII und 224 S.) Berlin 861, Springer's Verlag. *

—— Geschichte der Juden in Spanien und Portugal. 2. Thl.: Geschichte der Juden in Portugal. gr. 8. (XI und 368 S.) Berlin 867, Springer's Verlag. *
1. Thl. Ebendas. 1861. * 1 Thlr. 15 Ngr.

Kayserling, Dr. M., Geschichte der Juden in Portugal. Leipzig, O. Leiner, 1867. (Auch titulo: Schriften, hrsg. vom Institute zur Förderung d. israelit. Lit. Jahr 12.) 8°. Hlwdb.
XI—367 S., 1 Bl. Err.

Kayserling, M., Moses Mendelsohn's philosophische und religiöse Grundsätze mit Hinblick auf Lessing dargestellt. Nebst einem Anhang, einige bis jetzt ungedruckte Briefe Moses Mendelsohn's enthaltend. gr. 8. (VII und 103 S.) Leipzig 856, Mendelssohn.

Kayserling, M., Handbuch der israelitischen Geschichte von der Zeit des Bibel-Abschlusses bis zur Gegenwart. Für Schüler jüd. Lehranstalten, höherer Bürgerschulen und Gymnasien, für Familien und Schulbibliotheken. Ursprünglich von E. Hecht bearb., seit der 3. Aufl. von M. K. 6. verm. und verb. Aufl. gr. 8. (VI, 176 S.) Leipzig 888, G. Engel. geb. *

—— s. Hecht, Eman., Handbuch der israelitischen Geschichte.

Kayserling, M., d. Juden als Patrioten. E. Vortrag, geh. in d. Vereinen f. jüd. Geschichte u. Literatur in Berlin u. Leipzig am 18. u. 20. I. 1898. gr. 8. (15 S.) Berlin 898. A. Katz. — 40

(B) **Kayserling, M.**, die Juden als Patrioten. 898. Jetzt: Berlin, M. Poppelauer.

Kayserling, M., die Juden v. Toledo, s.: Vorträge, populär-wissensch., üb. Juden u. Judentum. IV.

Kayserling, M., der Dichter Ephraim Kuh. Ein Beitrag zur Geschichte der deutschen Literatur. gr. 8. (47 S.) Berlin 864, Springer's Verlag. *

— Lehrbuch der jüdischen Geschichte u. Litteratur, s.: Hecht, E.

— d. jüdische Litteratur v. Moses Mendelssohn b. auf d. Gegenwart. [Aus: „Winter u. Wünsche, d. jüd. Litt. seit Abschl. d. Kanons".] gr. 8. (III, 191 S.) Trier 896. S. Mayer. n. 3. —

— M. A. Meisel. Ein Lebens- u. Zeitbild. gr. 8. (IV, 91 S. m. Bild.) Ebd. 891. n. 1. —

—— Menasse Ben Israel. Sein Leben und Wirken. Zugleich ein Beitrag zur Geschichte der Juden in England. Aus den Quellen dargestellt. 8. (VII und 111 S.) Berlin 861, Springer's Verlag. *

—— Moses Mendelsohn. Sein Leben und seine Werke. Nebst einem Anh. ungedr. Briefe von und an Mendelssohn. gr. 8. (VIII und 569 S.) Leipzig 862, Mendelssohn. *

—— Moses Mendelssohn. Sein Leben und Wirken. 2. verm. und neubearb. Aufl. gr. 8. (X, 548 S. mit authent. Illustr. und 1 Facs.) Leipzig 888, Mendelssohn. ℳ 6.—; geb. *

— Moses Mendelssohn. Ungedrucktes u. Unbekanntes von ihm u. über ihn. Bearb. u. hrsg. von M. K. gr. 8. (VIII, 65 S.) Leipzig 883. Brockhaus' Sort. in Comm. n. 1.20

Kayserling, M., die fünf Bücher Moses. [Schulausg.] Durchgeseh. Text, nebst e. Wörterverzeichnisse, e. kurzen hebr. Grammatik u. Conjugations-Tabellen. 5 Bde. gr. 8. Prag, J. B. Brandeis. Geb. in Leinw. n.n. 4. 30
1. Das 1. Buch Moses. (III, 80; II, 48, VI u. 8 S. Tab.) 890. n.n. 1. —
2. Das 2. Buch Moses. (III, 68; VI, 24, 2 u. 8 S. Tab.) 890. n.n. — 90
3. Das 3. Buch Moses. (III, 48; III, 8, VI u. 8 S. Tab.) 890. n.n. — 80
4. Das 4. Buch Moses. (III, 68; II, 11, VI u. 8 S.) 890. n.n. — 80
5. Das 5. Buch Moses. (III, 60; 13, VI u. 8 S.) 892. n.n. — 80

[S.] Ludwig Philippson. E. Biographie v. M[eyer] Kayserling. M. Portr. u. Facs. *Leipzig: H. Mendelssohn 1898.* (VII, 344 S., 1 Portr.) 1 Bd 8.

—— die rituale Schlachtfrage oder ist Schächten Thierquälerei? Auf Grund der eingeholten und mit abgedr. Gutachten von Adam, Bagge, Bouley ꝛc. beantwortet und beleuchtet. gr. 8. (IV und 95 S.) Aarau 867, Sauerländer's Verlag. *

—— Sephardim. Romanische Poesien der Juden in Spanien. Ein Beitrag zur Literatur und Geschichte der spanisch-portugies. Juden. gr. 8. (XII und 371 S.) Leipzig 859, Mendelssohn.

Kayserling, S., hebräische Lesefibel, s.: Krimke, J. J.

v. Kayserlingk, H., Speculative Grundlegung von Religion und Kirche oder Religionsphilosophie. gr. 8. 824. Halle, Colditz'sche Buchh. ½ ℳ

Kayserlingk, H. A. J. Frh. v., Stammtafeln, Nachrichten und Urkunden von dem Geschlecht derer von Keyserlingk. Mit 8 Wappen u. 38 Ahnentfln. u. Stammbäumen. Berlin 1853. 4. Nicht im Handel.

Kayserrecht, s. Keyserrecht.

Kaysersberg [Schlagwort]

Kaysersberg, s.: Vogesen.

Kaysersberg-Münster, s.: Vogesen.

Kaysersberg [Verfasser]

Kaysersberg, s.a. Geiler v. Kaysersberg.

Kaysersberg, Jos. Ant. v., O. Cap., zehntägige geistliche Uebungen. Aus dem Lat. frei übers. u. bearb. v. Franciscus, O. Cap. (888 S.) kl. 8. Saarlouis 907. F. Stein. Nachf. Geb. in Leinw. n. 2. 75

Kaysersberger, Joh., narragonische Schiffahrt. 2 Thle. 4. Augsb. Wolf. 708.

KAYSING: Der Kastanienniederwald. - Berlin 1884. 43 S.

Kaysler, Christian August (Pegau), Diaetam ad longaevitatem. Lpz. (Langenheim) 4. VIII. 1752. 36 Seiten. (6.50) 17583

Kayssarow, Andreas von, s. K a y s a r o w , Andreas von.

Kaysser, Adolf Friedrich: Vergleichende U n t e r s u c h u n g der Säuren $C_3H_6O_3$ aus dem Trimethylenglycol und aus Aethyleneyanhydrin. München Th. Ackermann 1875. 42 S. 8°
Zürich, Phil. Diss. (v. 31. Juli 1875).

Kayßer, Aug., Stelzbein. E. heilwissenschaftl.-volkswirtschaftl. Betrachtg., d. sich bei Heilg. e. kranken Magens ergab. In gemeinverständl. Abfassg. 12. (III, 109 S.) Leipzig 897. H. Hartung & Sohn. n. 1. —

Kaysser, Fr., allgem. faßlicher Abriß d. mathemat. u. physikal. Erdbeschreib., zum Gebrauch in Schulen. 1r Thl., mit 2 Kpf. 8. Leipz. 802. Graffé. 10 gr

— Erdbeschr. v. Chursächs. u. d. dazugehör. Land. 2 Thle. 8. Zeitz, Webel. 803–4.

— Predigten über wichtige Glaubenslehren d. Religion Jesu. 8. Zeitz 801. Webel. 6 gr

Kayßler, über eine auffallend häufige Erkrankung der Schlesier, die Gallensteinkrankheit, ihre Entstehungsursachen u. den Weg, sie zu vermeiden. Geschrieben zum Nutz u. Frommen aller Schlesier, „die da nicht zur Bewegungspartei gehören, doch zu reichlich mit Zucker u. Fetten sich nähren“. gr. 8. (46 S.) Breslau 881. Gosohorsky. n. — 60

Kayßler, An Herrn Proreсtor Menzel, Breslau 1818, 12 S., kl.-8°.

Kayßlerus, Adalbertus: *De Cicerone, Platonis interprete. Particula 1. 15 Bl. 4° (2°)
Halle-Wittenberg, Phil. Diss. v. 7. Okt. 1842
Geb. Glatz 1.3. 1807. V.

Kayssler, A. De physica Platonis doctrina. 18 S. . . . . . .
Glogau, k., Progr. 1835

Kayßler, Adalbert: Lateinisches G e d i c h t (12 Strophen). Oppeln 1867.
Schul-/Univ.-Schrift.

Kayßler: Kurze Geschichte der römischen Staatsverfassung. 17 S.– Oppeln, Progr. 1851.

Kayssler, A. De judicio, quod Plato de Pericle fecit. 11 S. . . Grammat. Abhandlungen üb. Plato s. oben unter Griechische Grammatik 2.
Glogau, k., Progr. 1837

Kayßler Über Platos philosophische Kunstsprache. 19 S. .
Oppeln, Progr. 1847

Kayssler: Noch ein B e i t r a g zur Geschichte der Freundschaft. 16 S. – Oppeln, Progr. 1872.

Kayssler: De rebus a C. I. Caesare apud Ilerdam in Hispania gestis. 8 S. und Karte.–Oppeln, Progr. 1862

Kayßler: Über den Tugendbegriff des Horaz. 18 S. – Oppeln, Progr. 1855.

Kayssler: De solemnibus latinae linguae verbis. 14 S.– Oppeln, Progr. 1868.

Kayßler, Adalbert Bartholomäus

— Begriff d. Ethik als Wissenschaft. 8. Bresl. 816. (Max u. C.) 6 gr

— Progr. Beitrag zur genauen Bestimmung d. Bildung u. Erziehung d. Menschen. 8. Bresl. 814.

Kayßler, Adalb. Barthol.. († d. 12. Dec. 1821.) Beitrr. zur krit. Geschichte d. neuen Philosophie. 1r Bd. gr. 8. Halle 804. Schwetschke u. S. 1 rl 8 gr (A. u. d. T.: Idee d. Schellingschen Philosophie rc.)

Kayßler, A. B., Beyträge z. Gesch. d. neuen Philosophie. 1r Bd. gr. 8. Halle, Hemmerde u. Schw. 804.

Kayßler, A. B., über die religiöse Bildung der Gelehrten und deren Begründung auf Schulen. gr. 8. Breslau, Max. 819. Rthlr.

Kayßler, A. B., Einleitung in das Studium d. Philosophie. 8. Breslau, Max u. Comp. 812. Rthlr.

— de philosophiae forma. 8. maj. Halae, Hemmerde et Schw. 804.

— Progr. Fragmente aus Platon's u. Goethe's Pädagogik. 8. Bresl. 820.

Eb. Grundsätze d. theoret. u. prakt. Philos. als Leitfaden zu Vorless. *Halle*, Hemmerde u. Schwetschke. 812. 8° 1 rl

— üb. d. Natur u. Bestimm des menschl. Geistes. 8. Berl. Dieterici. 804.

Kayßler, Adalb. Barthol., d. Turnfehde des Hrn. Prof. Steffens. Erwiederung auf d. Sendschreiben desselben. 8. Bresl. (Max u. C.) 12 gr

Kayßler, A.: Die Turnfehde des Herrn Prof. Steffens beleuchtet als Erwiderung auf das Sendschreiben des oben genannten. Breslau 1819. 140 S.

Kayßler, Adalbert, u. and., Die Turnfehde des Herrn Prof. Steffens, Breslau 1819, IV u. 140 S., 8°.

— s. Was sind d. Wissenschaften.

Adelb. Bth. **Kayssler** v. d. Wirkungen d. sittl. Kraft im Menschen; e. philos. Abhandl. *Bresl.*, (Max.) 815. 4°

Kayßer, A. B.: Würdigung der Turnkunst nach der Idee. Breslau 1818. 84 S. Breslau, Kgl. Friedrichs-Gymn. P 1818.

— Würdigung d. Turnkunst nach d. Idee. 8. Bresl. 818. Max u. C. 9 1/4

Kayßler, Frdr., der Pan im Salon. (Titelzeichnung v. H. Wieynk.) (207 S.) kl. 8. Berlin 907. [Oesterheld & Co.] E. Reiß. 2.50; geb. n 3.50

— Sagen aus Mjnhejm. (70 S.) Lex. 8. Berlin-Westend (909). Berlin, E. Reiss. 3.50; geb. 5. —

— Schauspielernotizen. 1. Folge. (54 S.) 8. Berlin (910). E. Reiss. 1. —

Friedrich **Kayßler**. Simplicius. Trag. Märchen in 5 Akten. Berlin: B. Cassirer 1905. (152 S.) 8° [F.] [06. 2037

Worte zum Gedächtnis an Josef Kainz von Friedrich **Kayssler**. (Eine Gedenkrede geh. am 22. Okt. 1910 im Deutschen Theater zu Berlin.) Berlin: Reiss (1910). 8 Bl. 4° [Umschlagt.] [11. 4398

Kayssler, L., die Lehre vom russischen Accent. Mit Rücksicht auf die Accentuationssysteme verwandter Sprachen bearb. Berlin 866. [Weber.] 8. (97 S.) n. 15 ngr.

Kayßler, Leopold

Kayßler, L., aus dem Hauptquartier und der Kriegsgefangenschaft. gr. 8. (IV, 328 S.) Berlin 871, Nicolai's Verlag. * 5 —

Kayssler, (Henr.) Mart. (geb. Glogau 3. 12. 1839): De fracturis cranii. Berolini (1863). (32 S.) 8°
Berlin, Med. Diss. v. 11. Apr. 1863

Kazala za določenje telesnine okroglega, obtesanega i rezanega lesa, potem oglarskih kop v metrični meri. V Celovcu, Bertschinger & Heyn, 1876. 108 S.

Kazania na niedziele całego roku kościelnego wybrane z dzieł drukowanych i niedrukowanych znakmitych kaznodziejów nowszych wydał X. Franciszek Wróżewski. 2 Tomy. gr. 8. (VI und 394 S.) Breslau 851(52,) Schletter's Verlag.

Kazania Pogrzebowe Samuela Dambrowskiego oczyszczone z makaronizmow łacinskich oraz Mowy Pogrzebowe z nowszych Autorow. 4. (12 B.) Kwidzynie 843. (Marienwerder, Levysohn.) * —

Kazania na uroczystości i święta całego roku dla użytku chrześcian wyznania katolickiego i wygody x. x. kaznodziejów. Wybrane z dzieł drukowanych i niedrukowanych znakomitych kaznodziejów nowszych. Wydał x. Franciszek Wróżewski. gr. 8. (IV und 238 S.) Breslau 853. [Berlin, Schletter's Verlag.]

Les premiers éléments de l'organisation universelle par Pierre Kazansky [Petr Evgenievič **Kazanskij**], Prof., Odessa. *Bruxelles: Bureau de la Revue; Berlin: Puttkammer & Mühlbrecht 1897.* (12 S.) 8°
Aus: Revue de Droit internat. et de Législ. comp. T. 29. [02. 8767 11

Kazarow, Gawril, Kopriwstitzensis: De foederis Phocensium institutis. *Lipsiae 1899: O. Schmidt.* (46 S.) 8°
Leipzig, Phil. Diss. v. [17. Apr.] 1899

Kazarow, Gawril, de foederis Phocensium institutis. Diss. gr. 8. (47 S.) Leipzig 899. (Kössling.) n.n. 1.20

Kazauerus, Christoph[erus] Stephanus: Disputatio historica solennis de rosaecrucianis. [Resp.:] Joanne Ludovico Wolfio. Vitembergae (1715): Vrae-Gerdesiana. 54 S. 4°
Wittenberg, Histor. Diss. v. Febr. 1715. Kl. 2421. Selten. Enth. eine reiche Literaturangabe. 23. KB.

— — De extispiciis veterum in quantum ad indolem et temperiem regionis dignoscendam valent occasione ex Vitruvii lib. I. cap. IV. desumta. Exercit. acad. Präs. Johann Heinrich Müller. [Altdorf] (Kohles) 24. X. 1711. 8 Bl. (3.50) 17586

— — De ornamentis librorum apud veteres usitatis. Disp. tertia. (Speciatim de voluminibus Judaeorum). Präs. Christian Gottl. Schwarz. Altdorf Febr. 1711. Neudruck: Jod. Wilh. Kohles. 18 Bl. (6.—) 17585

Kazauer, Christoph Stephan (Heroldsberg/Bay.), De philosophia morali veterum Germanorum. Oratio acad. Altdorf (Kohles) Mai 1710. 8 Bl. (5.50) 17584
Widm. v.: Gustav Georg Zeltner, Christian Gottl. Schwarz.

— — Ex philosophia sobria in controversiis recentioribus, disputatio III (Quid sentiendum sit de philosophia Cabbalistica, quatenus distingui pura ab impura solet?) Präs. Heinrich Klausing. Wittenbg. (Wwe. Gerdes) 11. X. 1714. 6 Blatt. (4.80) 17587

Kazauer, Christoph Stephan: De tuba stentorea, germ. das Sprachrohr. Altorfi 1713. 4°

Kazauer, Christoph Stephan [Praes.], s. Türck, Johann Ernst: Philosophematum de philosophia christiana paralipomena.

Kazauer, Christoph Stephan [Praes.], s. Wolf, Johann Ludwig: De Rosaecrucianis.

Kazbunda, Th. E., der kleine Naturfreund. Kurzgefasste Anleitung zum Anlegen einer Naturaliensammlung. Nach den besten fremden und eigenen Erfahrungen für die Jugend bearb. gr. 8. (40 S. mit 1 Stnt.) Jičin 855. (Prag, André.) *

Kazem-Bek, Mirza A., s.a. Kasem-Beg, Mirza A.

Kazem-Bek, Mirza A., Concordance complète du Coran, contenant tous les mots et les expressions des textes pour guider les orientalistes dans les recherches sur la religion, sur la législation, sur l'histoire et la littérature de ce livre disposée dans l'ordre lexique de l'alphabet arabe et renfermant l'indication des clefs ou des mots voulus du Coran, accompagnée de la citation de tous les passages où ils sont employés et qui sont nécessaires dans les recherches et les investigations savantes. Fol. (11 S. latein. und 343 S. arabischer Text.) St. Pétersbourg 859. (Leipzig, Voss.) * *

Kazem-Beg, M. A., Derbend-Nâmeh, or the history of Derbend, s. Derbend-Nâmeh.

Kazenberger, Kilian, s.a. Katzenberger, Kilian.

Kazenberger, Kiliano, O. F. M., scientia salutis seu instructio practica de perfectione christiana. 12. (XIX, 429 S.) Paderborn 901. F. Schöningh. n. 1.80; geb. in Halbldr. n. 2.80

Kazi, Fr., historia Regni Hungariae, seu continuatio histor. Istvanfii. III Tom. Fol. Budae, Typ. 737.

— hist. universitatis Tyrnaviensis. 4. ibid. 737.

KAZI VON LUDWIGSTORFF Ord. S. Bened. Abb. de Szalavár: Die in dem blumenreichen Garten der Römisch-Katholischen Kirchen schon in das zehende Jahr in seiner unverwelcklichen Flor stehende gepurterte May und Pfingst-Rosen d. i. Die Anno 1706. mit dem Kirchenpurpur beehrte Eminenz CHRISTIANUS AUGUSTUS (Herzog v. Sachsen-Zeitz.) Erzbisch. von Gran. Wien 1716. 6 S. - 2°

Kazlaner, J. F., Tafeln vom gemeinsamen Handel und Wandel u. 8. Salzb. Mayr. 781.

Kazlaner, J. F., Tafel vom gemeinsamen Handel u. Wandel, auch Einnahme u. Ausgaben, u. andern diesfalls einschlagenden Vorfallenheiten. 8. Salzb. 801. Mayr. 4 gr.

Kazilek, Johann: Katalog der Lehrerbibliothek. 8 (40 S.). Progr. K. k. Staats-Oberg. *Landskron i. Böhm.* 1899.

Kazinczy, Franz, als Freimaurer. Denkrede. gr. 16. (45 S.) Budapest 879. (Aigner.) n. — 60

Kaźmierski, Boleslaus, s.: Elenchus omnium ecclesiarum et universi cleri archidioecesis Posnaniensis.

Kaznelson, Helene, a. Rußland: Aus der experimentell-biologischen Abteilung des kgl. pathologischen Instituts der Universität Berlin. Scheinfütterungsversuche am erwachsenen Menschen. (Altenburg 1907: S. Geibel u. Co.) (26 S.) 8°
Gießen, Med. Fak., Ref. Frank, Diss. v. 17. Juni 1907
[Geb. 18. Aug. 82 Minsk (Rußland); Wohnort: Gießen; Staatsangeh.: Rußland; Vorbildung: Gymn. Minsk Reife 99; Studium: Halle 2, Zürich 4, Berlin 3, Gießen 2 S.; Rig. 8. Febr. 07.]

Kaznelson, Mark. Über die Therapie der ektopischen Schwangerschaft am Frauenspital Basel-Stadt. ⟨An Hand von 102 Fällen.⟩ Diss. Med. Basel. II + 32 S. 8. Basel, Friedrich Reinhardt, 1908.

KAZNER, Joh. Fridr. (!) August (1732—98), Fabeln, Epigrammen und Erzählungen. Mit Titelkpf. u. 1 Vign. (Goeppfert del. & sc. Darmst.). Frankfurt am Mayn, bey Varrentrap (!) Sohn u. Wenner. 1786. 8°.
Titelkpf., Tit., 2 Bll. Prosa („Aus d. Leben des Apolonius v. Tyana"), 338 S. — Enth. 4 Bücher prosaische Fabeln (S. 1—192); 2 Bücher Epigramme (S. 193—302); Erzählungen (2 poet., 3 in Prosa, S. 303—30).

Kazner, Johann Friedrich August, s. Fabeln, neue.

Kazner, Johann Friedrich August, s. Kriegskunst, die.

Kazner, Johann Friedrich August: Leben des Generals Friedrich von Schomberg. 2 Bde. 8. Mannheim 1786.

— Leben Friedrichs v. Schomberg oder Schönburg. 2 Bände, m. K. gr. 8. Mannh. Schwan u. G. 789.

Katzner. Leben Hans Meinhards v. Schönburg, kurpfälz. Obermarschalls und Obersten. 8. Mannheim 1788.

Kazner, Jh. Fr. Aug., s. Louise, Raugräfin von d. Pfalz.

Louise, Raugräfin zu Pfalz, geborne Freiherrin v. Degenfeld (von *Joh. Friedr. Aug. Kazner*). Mit Anmerkungen u. Urkunden. 3 Thle. Mit 3 Titel-Vignetten. Leipzig, Göschen, 1798. 8° (6 Mk., schadhaftes Expl., Isaak St. Goar, Frankf. a. M., c. 1890.)
155, 165, 168 Seiten.

— Materialien zu e. Denkmale E. F. Frhrn. v. Gemmingen. 8. Frankf. a. M. 791.

Kazner, Joh. Frd. Aug.: Materialien zu einem Denkmal Eberhard Friedrichs, Freiherrn v. Gemmingen[-Burg], Würtenb. Geheimenraths. Mit 1 Schattenriss. Stuttgart: Mezler 1791.

Kazowski, Carl Sigismund (Breslau), De primarum viarum debilitate. Disp. med. Präs. D. Christian Gottlieb Ludwig. Lpz. (Langenheim) 20. IX. 1748. 32 S. (4.50) 17588

Ein arabischer Berichterstatter aus dem 10. Jahrhundert über Fulda, Schleswig, Soest, Paderborn u. andere Städte des Abendlandes. Artikel aus Qazwînîs [Kazwini] Âthâr al-bilâd aus d. Arab. übertr., m. Comm. u. e. Einl. vers. v. Georg Jacob. 3. verm. & verb. Aufl. *Berlin: Mayer & Müller 1896.* (77 S.) 1 Bd 8. [9[illegible]

El-Kazwini's, Zakarija ben Muhammed ben Mahmud, Kosmographie. Nach der Wüstenfeld'schen Textausg., mit Benutzung u. Beifügung der reichhalt. Anmerkgn. u. Verbessergn. des Prof. Dr. Fleischer aus dem Arab. zum ersten Male vollständig übersetzt von Herm. Ethé. 1. Halbbd. Die Wunder der Schöpfung. Leipzig 868. Fues. gr. 8. (XII, 532 S.) n. 3 ℛ 20 ngr.

Kazwînî, Zakarijâ ibn Muhammad ibn Mahmûd al-K., d. Steinbuch aus d. Kosmographie d. K., übers. u. m. Anmerkgn. vers. v. Jul. Ruska. Progr. gr. 4. (44 S.) Heidelberg 896. (Berlin, S. Calvary & Co.) n. 2.40

KC. Jahrbuch 1906. Hrsg. v. Bruno Weil. (III, 168 S.) gr. 8. Strassburg, J. Singer. Geb. in Leinw. n. 8. —

KC. Jahrbuch 1908. Hrsg. v. Bruno Weil. (III, 154 S.) gr. 8. Strassburg, J. Singer. Geb. in Leinw. 3. —

Kczewski, v., Bestimmungen über Ergänzung des Offizier-Corps des stehenden Heeres. gr. 8. (IV und 52 S.) Berlin 863, Bath. *

—— der einjährige Freiwillige. Sammlung der Bestimmungen über den Eintritt der einjähr. Freiwilligen, die Entlassung derselben, ihre Beförderung zu Landwehr-Offizieren und die Beförderung der Landwehr-Offiziere zu höhern Chargen. gr. 8. (IV und 68 S.) Berlin 863, Bath. *

—— das Cadetten-Corps und das See-Cadetten-Institut. Sammlung der Bestimmungen über Organisation, Eintritt und Entlassung rc. gr. 8. (IV und 48 S.) Berlin 863, Bath. *

Keach, B., Reisen d. wahr. Gottseligk. u. Gottlosigk. a. Erden. 12. Halle, Waish. 730.

Keane, D. D. (London), De successione in familia Brunsvico-Luneburgensi usitata. Diss. philos. Götting. 1831. 40 S., tlws. dtsch. (6.—) 17589

Kearn, Ch. G., englisches Lesebuch, eine Auswahl der besten prosaischen und poetischen Schriften der Neuzeit, mit deutschen Anmerkungen und genauer Hinweisung auf alle Regeln in C. G. Clairmont's engl. Sprachlehre. A. u. d. T.: Modern authors tales, sketches, poetry a reading book. gr. 8. (VI und 824 S.) Wien 857, Braumüller's Verlags-Conto. Thlr. *

Tierleben in freier Natur [Wild nature's ways]. Photogr. Aufnahmen frei lebender Tiere von Cherry u. Richard Kearton. Text von Richard Kearton. Übers. von Hugo Müller, (Berlin). Mit 200 Abb. nach d. Natur. Halle a. S.: W. Knapp 1905. (XVI, 317 S.) 8° 106. 1478

Keary, A., Castle Daly, s. Collection of British Authors.

Keary, A., Oldbury, s. Collection of British Authors.

Keasbey, Lindley M. [aus Newark '(New-Jersey)']: Der Nicaragua-Kanal. Gesch. u. Beurteilg d. Projekts. 1. Tl ... [Erschien vollst. 1893 als Heft 11 d. Abh. aus d. staatswiss. Sem. zu Strassburg.] Strassburg, K. J. Trübner, 1892; VI, 67 S. 8.
Strassburg, Rechts- u. staatswiss. Fak., Inaug.-Diss. v. 1892

Keasbey, Lindley M., der Nicaragua-Kanal, s. a. Abhandlungen aus dem staatswissenschaftlichen Seminar zu Strassburg i/E.

Keate, George

— an Account of the Pelew-Islands. gr. 8. Basel, Thurneisen, (a. Tourneisen in Cassel et Levrault in Strasb.) 789.

— an account of the Pelew-Islands. E. engl. Leseb. f. Anf. m. e. Wörterb. v. Friese. 8. Schlesw. Christiani. 800.

Keate, Geo., Epistel an Angelica Kaufmann. a. d. Engl. v. Schaden. gr. 8. Nördl. Beck. 782.

— Nachr. v. d. Pelew-Inseln, s. a. Gesch. d. See- und Landreis. 1c.

Keate, Georg: Nachrichten von den Pelew-Inseln in der Westgegend des stillen Oceans. Aus den Tagebüchern und mündlichen Nachrichten des Capitains Heinrich Wilson, und einiger Officiere, welche daselbst mit ihm im August 1783 in der Antelope, einem Postschiff der englischen ostindischen Compagnie, Schiffbruch litten, zusammengetragen und aus dem Englischen übersetzt von Georg Forster. Mit einer Karte und Kupfern. Hamburg 1789. LVIII, 191 S., 5 Tf. 8°.

— Sketches from nature. 8. Dresd, Walther. 784.

— Skizzen, s. a. Skizzen.

— Skizzen d. Natur auf einer Reise nach Margathe entworfen. Aus d. Engl. 8. Leipz. 780. Weidmann. 16 gr.

Keate, T., Fälle d. Wasserbruchs; aus d. Engl. übers., mit Anmerk. von W. J. R. Langsvert. 8. Prag u. Wien 794. Barth. (Taubert in Leipz.) 10 gr. Schreibp. 12 gr.

Keate, T., Fälle des Wasserbruches. a. d. Engl. 8. Prag, Barth. 796.
Schreibp.

Keating, William

Keating, (W.,) Forschungsreise in d. nördl. Theile d. vereinigten Staaten v. Nordamerika, im J. 823. (Aus d. ethnograph. Archiv abgedr.) gr. 8. Jena 826, Bran.

Die Behandlung des Krebses mittelst Fulguration. Von Dr. de Keating-Hart, Marseille. Übers. von Dr. med. E[rnst] Schümann. Leipzig: Akad. Verlagsgesellsch. 1908. 37 S. 8° 110. 1919 2

Keating-Hart, de, die Behandlung d. Krebses. Jetzt: Tübingen, H. Laupp.

Keats Maschinen Gesellschaft A.G: Unser Absatzmaschinen-System. Frankfurt am Main (1908?)

Keats Maschinen Gesellschaft A.-G: Apparate, Werkzeug und Fournituren für die Schuhwaren-Fabrikation. Frankfurt am Main 1906

Keats Maschinen Gesellschaft A.G: Die Herstellung von Absätzen und das Ausputzen des Schuhwerks mit Maschinen. Frankfurt am Main 1899

Keats Maschinen Gesellschaft A.G: Keats Machine Company. Machines for the manufacture of boots and shoes. Frankfurt am Main (1908?)

Keats Maschinen Gesellschaft A.G: Maschinen, Apparate usw. zur Herstellung von Militär-Schuhwerk. Frankfurt am Main (1904)

Keats Maschinen Gesellschaft A.-G: Maschinen, Apparate, sowie Materialien und Fournituren für das Modelliren. Frankfurt am Main (1903)

Keats Maschinen Gesellschaft A.-G: Maschinen, Apparate usw. für die Schuhwaren-Fabrikation. Frankfurt am Main 1905

Keats Maschinen Gesellschaft A.G: Materialien für die Schuhwarenfabrikation. Frankfurt am Main 1899

Keats Maschinen Gesellschaft A.G: Original K. M. G. Schnittfräser und Poliereisen usw. Frankfurt am Main (1905)

Keats Maschinen Gesellschaft A.G: Sohlennäh- und Bodenbefestigungs-Maschinen. Frankfurt am Main 1899

Keats Maschinen Gesellschaft A.G: Special-Katalog über Maschinen für die Fabrikation von Rahmen-Schuhwerk. Frankfurt am Main (1908?)

Keats Maschinen Gesellschaft, A.G: Spezial-Katalog über Maschinen für die Fabrikation von Wende-Schuhwerk. Frankfurt am Main (1908?)

Keats Maschinen Gesellschaft A.G: Keats Steppstich-Rahmen- und Wende-System. Frankfurt am Main (1908?)

Keats Maschinen Gesellschaft A.G: Welche Pechdraht-Steppstich-Sohlennähmaschinen liefern ein der Handarbeit vollkommen ebenbürtiges Schuhwerk? Frankfurt am Main (1908?)

Keats Maschinen Gesellschaft A.G: Ein ernstes Wort an die Herren Schuhwarenhändler. Frankfurt am Main (1908?)

(John) Keats' Hyperion. Mit Einl. hrsg. v. Johannes Hoops. Berlin: E. Felber 1899. (103 S.) 8°
= Textbibliothek, Englische. 3.

Keats, John, Werke, s.: Gothein, Marie.

FSC
www.fsc.org
MIX
Papier | Fördert
gute Waldnutzung
FSC® C083411

Kolibri 360 GmbH
Ferdinand-Jühlke-Straße 7
99095 Erfurt, Deutschland
produktsicherheit@kolibri360.de